PHILIPS LEHRBRIEFE

PHILIPS LEHRBRIEFE
Elektrotechnik und Elektronik

Band 1: Einführung und Grundlagen
Band 2: Technik und Anwendung

PHILIPS LEHRBRIEFE

Elektrotechnik und Elektronik

Band 2

Technik und Anwendung

6., völlig neubearbeitete und erweiterte Auflage

Neufassung
H. Bahr, Hamburg

1976

Philips Fachbücher

PHILIPS GMBH · HAMBURG

Dieses Buch enthält: XIII + 482 Seiten und 843 Bilder, davon 227 Schwarzweiß-Fotos,
17 vierfarbige Abbildungen, 38 Tabellen

DK 621.3

ISBN 3-87145-002-2

1. Auflage 1955
2. Auflage 1959
3., völlig neubearbeitete Auflage 1962
4. Auflage 1964
5. Auflage 1967
6., völlig neubearbeitete und erweiterte Auflage 1976

Vorwort

Lieber Leser,

Sinn und Zweck der ersten Original-Lehrbriefe im Jahre 1952 war die interne Unterrichtung und Schulung von Mitarbeitern im Verkaufsbereich. Sie sollten das technische Wissen um die Artikel unseres Vertriebsprogramms in zwar umfassender, aber leicht verständlicher Form vermitteln und wurden deshalb in einzelnen Folgen, in »Lehrbriefen«, herausgegeben. Schon bald nach Erscheinen konnten wir feststellen, daß diese außerordentlichen Anklang fanden, und zwar nicht nur in der für sie bestimmten Gruppe, sondern auch bei Technikern und Verkäufern des Fachhandels unserer Branche, in Kreisen der Lehrerschaft und des Ausbildungspersonals an technischen Berufsschulen und nicht zuletzt auch bei all denen, die sich für die faszinierende Welt der Elektrotechnik und Elektronik interessieren.

Während in der 8., völlig neubearbeiteten und erweiterten Auflage des 1. Bandes vor allem die Grundlagen der Elektrotechnik und Elektronik behandelt werden, ist die nun vorliegende, ebenfalls völlig neugegliederte und erweiterte 6. Auflage des 2. Bandes mehr den technischen Belangen und der Anwendungspraxis gewidmet. Stellen die Grundlagen aus dem 1. Band gewissermaßen die erste Stufe auf der elektronischen Wissensleiter dar, so steigt der Leser des 2. Bandes — hierauf aufbauend — tiefer in die technischen Zusammenhänge elektronischer Schaltungen ein, lernt dadurch die Funktionen der betreffenden Geräte näher kennen und wird mit den dafür nötigen Voraussetzungen vertraut gemacht.

Vorangestellt wurden noch zwei Kapitel weiterer Grundlagen, die für das Verständnis des folgenden Stoffes wichtig sind. Die neuen Maßeinheiten nach dem SI-System gehören beispielsweise ebenso dazu wie bestimmte Grundschaltungen mit Widerständen, Kondensatoren und Spulen sowie ihr Verhalten im Stromkreis.

Das Spektrum der übrigen Themen ist wiederum sehr breit und umfaßt nahezu alle Bereiche der klassischen Unterhaltungselektronik und der Audiovision, setzt die Information über digitale Elektronik und Computertechnik weiter fort und vermittelt erste Kenntnisse über Prüf-, Meß- und Regelungstechnik. In das Gebiet höchstfrequenter Wellen führt das Kapitel über Radar, Laser und Holografie, an das sich die Ausführungen über Lichtquellen und ihre Anwendungen anschließen. Neu aufgenommen ist auch das Schlußkapitel »Technik für Haus und Umwelt«.

Mit der Bearbeitung des 2. Bandes der Philips Lehrbriefe ist auch diese Auflage dem heutigen technischen Stand auf den behandelten Gebieten angeglichen worden. Der Dank des Verfassers geht an alle Mitarbeiter des Hauses, die mit Informationen, Veröffentlichungen und Bildmaterial zum Gelingen dieser Bücher beigetragen haben.

Dezember 1975 **PHILIPS GMBH**

Inhaltsverzeichnis

1. Elektrotechnische Formeln und Gesetze

1.1. Maßeinheiten des Internationalen Einheitensystems (SI-System)

Zahlreiche elektrotechnische Größen, wie Volt, Ampere, Ohm oder Watt, sind international gebräuchlich und in ihrer Bedeutung überall bekannt. Es gibt aber daneben eine Anzahl weiterer Größen (und nicht nur im elektrotechnischen Bereich), die nicht in jedem Land gebräuchlich sind oder unterschiedliche Bezeichnungen haben. Daher sind die Bemühungen um eine Vereinheitlichung der betreffenden Begriffe und Größenangaben verständlich. Sie führten zu einem System, das 1960 von der 11. Internationalen Generalkonferenz für Maß und Gewicht als »Système International d'Unités« bezeichnet und festgelegt wurde. Es wird abgekürzt SI-System genannt.

Viele Länder haben das neue Internationale Einheitensystem bereits eingeführt, in der Regel mit einer Übergangs- und Anpassungszeit von mehreren Jahren. Auch Großbritannien und die USA werden es übernehmen, und zwar soll dies im Rahmen der Umstellung auf das metrische System erfolgen. Für die Bundesrepublik trat das »Gesetz über Einheiten im Meßwesen« am 2. Juli 1970 in Kraft. Auch bei uns gibt es entsprechende Übergangsfristen (zumeist bis Ende 1977), während der die alten Größen noch gebraucht werden dürfen. Es ist einleuchtend, daß ein international gültiges Maßsystem mit einheitlichen Begriffen und Formelzeichen sich gerade in den technischen und wissenschaftlichen Bereichen vorteilhaft auswirken wird.

Das SI-System ist im Grunde genommen eine Weiterentwicklung bisheriger Einheitensysteme und stellt keineswegs eine völlige Neuordnung dar. Wenn man sich anfangs manchmal auch scheut, mit einigen noch ungewohnten Maßeinheiten zu arbeiten, so wird man sich doch bald daran gewöhnen. Das Rechnen mit Einheiten aus einem einzigen System ist naturgemäß einfacher als das Rechnen mit Einheiten, die nur eine willkürliche Beziehung zueinander haben. So gibt es keine Umrechnungsfaktoren mehr, wenn man z. B. die Leistung eines Elektromotors mit der Leistung eines Verbrennungsmotors vergleichen will.

Wichtigstes Merkmal des SI-Systems sind die sogenannten Basiseinheiten, mit denen die betreffenden physikalischen Basisgrößen des Systems definiert werden. Es sind sechs Basiseinheiten festgelegt worden, und zwar:

1. Meter (m) für die »Länge«
2. Kilogramm (kg) für die »Masse«
3. Sekunde (s) für die »Zeit«
4. Ampere (A) für den »elektrischen Strom«
5. Kelvin (K) für die »Temperatur«
6. Candela (cd) für die »Lichtstärke«

Daneben gibt es noch drei atomphysikalische Basiseinheiten, und zwar Mol (mol) für »Stoffmenge«, Elektronvolt (eV) für »Energie« und die atomare Masseneinheit (u) für »Teilchenmasse«.

Aus den Basiseinheiten sind weitere Einheiten abgeleitet worden, mit denen wir größtenteils auch bisher schon gearbeitet haben, z. B. Farad, Hertz, Henry, Lux, Ohm, Volt, Watt u. a. m. Von diesen »abgeleiteten Einheiten« gibt es wiederum dezimale Vielfache und Teile, beispielsweise µF, kHz, mH, mlx, MΩ, µV, kW usw. Die Tabelle 1.1 gibt einen Überblick über den Aufbau des SI-Systems, das mit seinen Basis- und abgeleiteten Einheiten ein sogenanntes kohärentes System bildet. Kohärent heißt soviel wie zusammenhängend und deutet auf die Systemeigenschaft hin, daß Umrechnungen seiner Einheiten mit dem Zahlenfaktor 1 zu erfolgen haben.

Im folgenden Abschnitt sind die geläufigsten, abgeleiteten Einheiten für den

Tabelle 1.1 Aufbau des SI-Systems

Gesetzliche Einheiten im Meßwesen

↓

1. SI-Basiseinheiten
Meter (m) für Länge
Kilogramm (kg) für Masse
Sekunde (s) für Zeit
Ampere (A) für elektrische Stromstärke
Kelvin (K) für thermodynamische Temperatur
Candela (cd) für Lichtstärke
Mol (mol) für Stoffmenge
Elektronvolt (eV) für Energie
atomare Masseneinheit (u) für Teilchenmasse

↓

2. Abgeleitete Einheiten aus 1.
z. B. Hertz (Hz), Henry (H), Lux (lx), Ohm (Ω), Volt (V), Watt (W) usw.

↓

3. Dezimale Vielfache und Teile der unter 1. und 2. aufgeführten Einheiten
z. B. µF, kHz, mH, mlx, MΩ, µV, kW oder 10^{-6} F, 10^{3} Hz, 10^{-3} H, 10^{6} Ω usw.

Vorsätze

Zehner-Potenz	Vorsatz	Vorsatz-zeichen
10^{12}	Tera	T
10^{9}	Giga	G
10^{6}	Mega	M
10^{3}	Kilo	k
10^{2}	Hekto	h
10^{1}	Deka	da
10^{-1}	Dezi	d
10^{-2}	Zenti	c
10^{-3}	Milli	m
10^{-6}	Mikro	µ
10^{-9}	Nano	n
10^{-12}	Piko	p
10^{-15}	Femto	f
10^{-18}	Atto	a

elektrotechnischen Bereich aufgeführt und gegebenenfalls durch Beispiele erläutert.

1.1.1. Länge, Zeit, Temperatur

Bei den **Längeneinheiten** hat sich praktisch nichts geändert, wir messen also weiterhin in Meter (m) oder abgeleitet in km, dm, cm, mm und µm. Auch bei Flächen- und Raumgrößen bleibt es bei Quadrat- und Kubikangaben, die aber nur noch mit hochgestellter 2 oder 3 geschrieben werden dürfen, also z. B. m^2 und m^3 oder cm^2 und mm^3. Für den Kubikdezimeter ist außerdem der Liter (l) zulässig. Das Volumen einer Lautsprecherbox kann daher auch weiterhin in Litern angegeben werden (Bild 1.1).

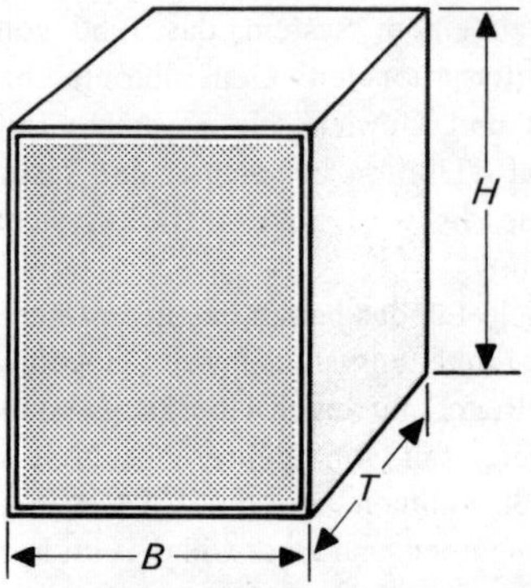

Bild 1.1 Für die Größenangabe von Lautsprecherboxen benutzt man auch weiterhin die Volumenangabe in Litern

Bis auf die Schreibweise gibt es bei den **Zeiteinheiten** ebenfalls keine Veränderungen. Die Basiseinheit Sekunde darf abgekürzt nur noch mit kleinem s angegeben werden, die abgeleiteten Einheiten Minute mit min, Stunde mit h und Tag mit d. Als Beispiel: 1 d = 24 h = 1440 min = 86 400 s. Lediglich bei gemischten Zeitangaben ist eine Hochstellung der Einheiten und eine andere Minutenschreibweise zulässig (3^h, 10^m, 30^s).

Im Zusammenhang hiermit ist auch auf eine geringfügige Änderung bei der Drehzahlangabe hinzuweisen. Sie wurde bisher als Umdrehung pro Minute (U/min) geschrieben und ist jetzt als 1 durch (oder pro) Minute bzw. Sekunde definiert (1/min bzw. 1/s). Somit wird z. B. aus der alten Angabe 45 U/min für die Drehzahl eines Plattentellers nach der neuen Vorschrift eine Drehzahl von 45 pro Minute, abgekürzt 45/min. Man verzichtet bei der neuen Schreibweise also lediglich auf das U (Bild 1.2).

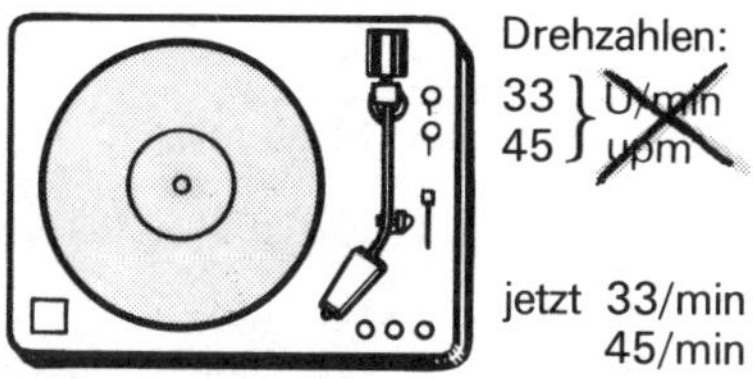

Bild 1.2 Drehzahlangaben erfolgen im Prinzip wie bisher, es wird lediglich auf das U verzichtet

Ähnlich ist es auch bei der **Frequenz**, wo der Vorgang einer Periodendauer nach wie vor als Hertz (Hz) bezeichnet wird. Die Einheit 1 Hz ist hier als 1/s definiert und entspricht damit dem Begriff Schwingung pro Sekunde (Bild 1.3).

Eine relativ kleine Neuerung gab es bei der Temperatur, wo zu den bekannten Celsiusgraden die Einheit **Kelvin** offiziell hin-

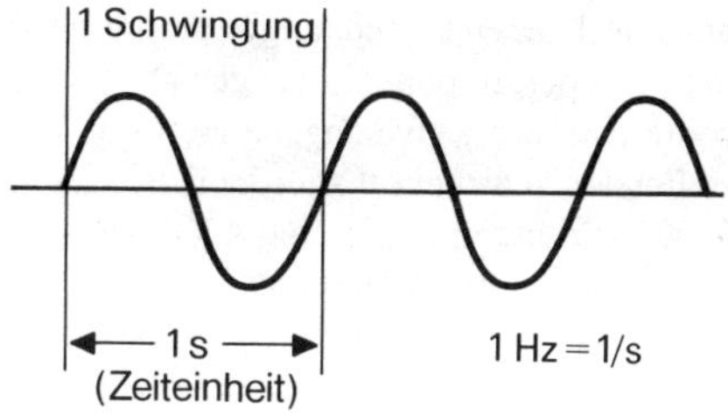

Bild 1.3 Frequenzangaben bleiben als Schwingungsangabe pro Sekunde unverändert (1 Hz = 1/s)

zugekommen ist, und zwar als Basiseinheit für die thermodynamische Temperatur, auch Kelvin-Temperatur genannt. Die Einheit Kelvin darf nicht mit dem Gradzeichen versehen werden (° K war nur bis zum Juli 1975 zulässig).

Kelvin ist nicht mehr als Skalenwert, sondern als physikalische Größe zu verstehen und geht vom absoluten Nullpunkt aus, d. h. minus 273,15 °C sind Null Kelvin (Bild 1.4). Demnach gibt es bei Kelvinangaben nur »Plusgrade«, die aber nicht extra durch ein entsprechendes Vorzeichen kenntlich gemacht werden. Der Celsius-Nullpunkt entspricht also rund 273 K, und kochendes Wasser hat 373 K. Eine Temperaturangabe in Kelvin ist demnach immer um die Zahl 273 höher als eine entsprechende Celsius-

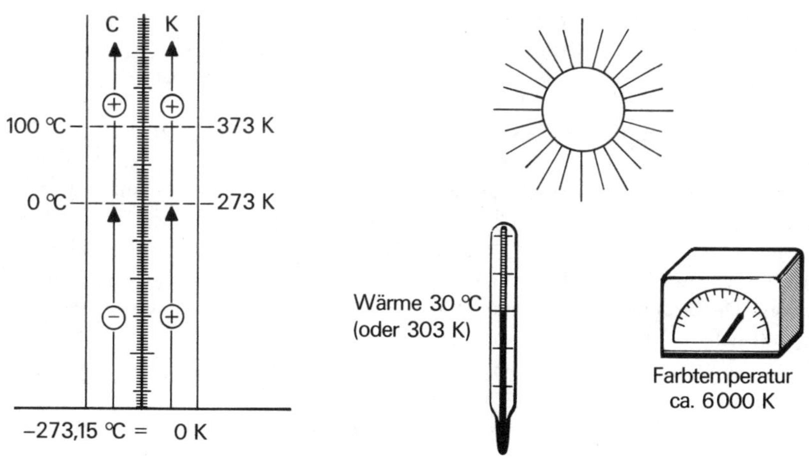

Bild 1.4 Zusammenhänge zwischen den Temperaturangaben in Kelvin (K) und Celsius (C)

angabe. Um eine eindeutige Bestimmung der Temperaturpunkte zu gewährleisten, sollte man der Kelvinangabe stets den betreffenden Wortbegriff zuordnen. Beispiele: 5000 K Farbtemperatur, 390 K Öltemperatur, 300 K Außentemperatur.

Das vertraute Celsius bleibt als Skalenwert für Celsius-Temperaturen in °C erhalten. Temperaturdifferenzen sind jedoch möglichst in Kelvin anzugeben, da hierfür die alte Bezeichnung Grad mit der Kurzform grd für Temperaturdifferenzen in C oder K nicht mehr zulässig ist. Es muß also beispielsweise heißen: abkühlen um 100 K (und nicht 100 grd).

1.1.2. Masse und Kraft

Wir kommen nun zu den auch im elektrotechnischen Bereich gebräuchlichen abgeleiteten SI-Einheiten und beginnen mit **Masse** und **Kraft**. Bereits vor etlichen Jahren versuchte man zwischen der Masse eines Körpers und seiner (Gewichts-)Kraft zu unterscheiden, indem man dem altgewohnten Kilogramm (kg) die entsprechende Einheit Kilopond (kp) zuordnete. Im SI-System hat man das Pond wieder aufgegeben und verwendet statt dessen die neue Einheit Newton (N). Sie wird »njuhtn« ausgesprochen und geht auf den englischen Physiker und Mathematiker Isaak Newton (1643—1727) zurück, der u. a. grundlegende Gesetze der Mechanik aufstellte.

Wir wollen uns den Unterschied zwischen Masse und Kraft am Beispiel des Tonabnehmersystems deutlich machen. Wird der Tonkopf auf eine Balkenwaage gelegt, so kann man die Waage ins Gleichgewicht bringen, wenn auf die andere Schale ein entsprechendes Wägestück gelegt wird. Durch diese vergleichende Wägung läßt sich die **Masse** des Tonkopfs ermitteln. Beträgt sie beispielsweise 10 Gramm (g), so kann man im landläufigen Sinn auch sagen: der Tonkopf wiegt 10 g (Bild 1.5). Er hätte diese Masse auch auf dem Mond, denn an seiner Substanz würde sich ja dort nichts ändern! Die Balkenwaage bliebe daher auch auf dem Mond mit dem 10-g-Wägestück exakt ausgependelt.

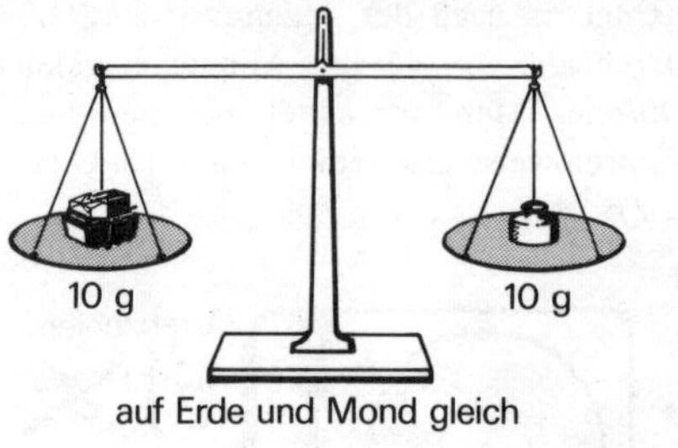

Bild 1.5 Die Masse (kg) eines Körpers ist überall gleich

Anders verhält es sich dagegen mit der **Kraft**, die ein Körper von bestimmter Masse ausübt bzw. die er erfährt. Das Anziehungsvermögen der Erde ist hierfür ein grundlegendes Beispiel, denn alle Körper auf der Erde sind auf diese Weise ständig einer Kraft ausgesetzt (Bild 1.6). Das gilt

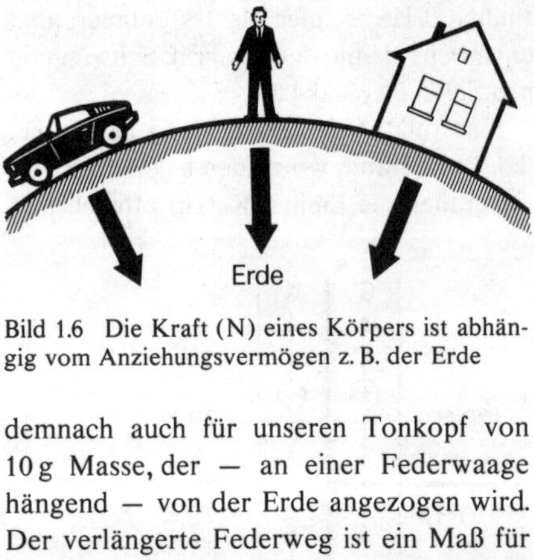

Bild 1.6 Die Kraft (N) eines Körpers ist abhängig vom Anziehungsvermögen z. B. der Erde

demnach auch für unseren Tonkopf von 10 g Masse, der — an einer Federwaage hängend — von der Erde angezogen wird. Der verlängerte Federweg ist ein Maß für die auftretende Kraft, die in diesem Fall etwa 0,1 N betragen würde. Auf dem Mond käme es allerdings zu einem wesentlich kleineren Federweg, da die Mondanziehungskraft ja nur ein Sechstel des Erdwerts beträgt (Bild 1.7).

Die von einem Tonabnehmersystem tatsächlich ausgeübte »Auflagekraft« ist natürlich geringer als 0,1 N oder 10 p, wie der

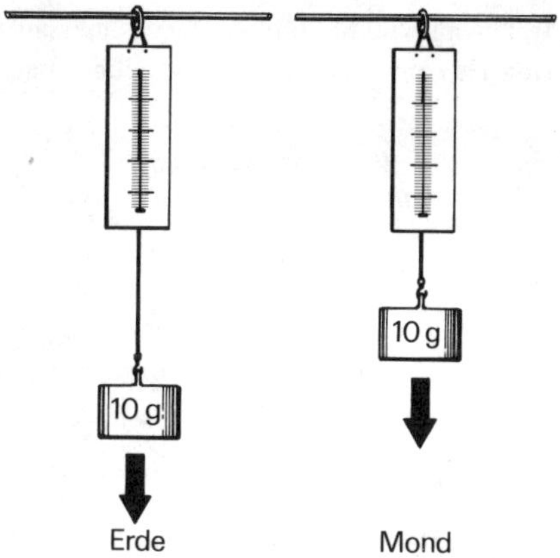

Bild 1.7 Massegleiche Körper haben auf Erde und Mond unterschiedliche Kraftwirkungen

entsprechende Wert bisher lautete. Weil jedoch der Tonarm mit Tonkopf und Gegengewicht eine Art Balkenwaage bildet, bleibt nur die Massen-Differenz als wirksame Kraft übrig. In Bild 1.8 ist dies schematisch angedeutet.

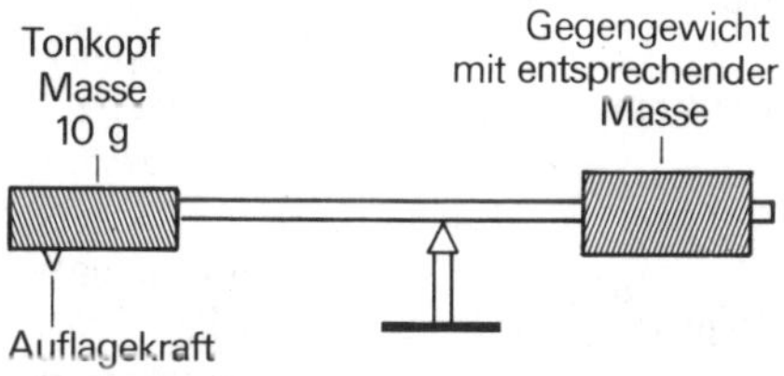

Bild 1.8 Schematische Darstellung der »Auflagekraft« eines Tonkopfs

Neben der erwähnten Anziehungs- oder Gewichtskraft gibt es noch andere Kraftarten, z. B. Magnetkraft, Muskelkraft oder Motorkraft. Allen Kräften ist gemeinsam, daß sie die Lage bzw. den Bewegungszustand eines Körpers ändern. Von dieser Tatsache ging man bei der Definition des Newtons aus, denn es heißt: 1 N ist die erforderliche Kraft, um eine Masse von 1 kg in 1 s aus dem Ruhezustand auf die Geschwindigkeit von 1 m/s zu beschleunigen bzw. ihr die Beschleunigung von 1 m/s^2 zu erteilen. Als Gleichung sieht das so aus:

$$1\,\text{N} = \frac{1\,\text{kg} \cdot 1\,\text{m}}{\text{s}^2} = \frac{1\,\text{kgm}}{\text{s}^2}$$

oder anders geschrieben:

$$1\,\text{N} = 1\,\text{kgms}^{-2}$$

Der Zusammenhang mit der alten Einheit Pond ist gegeben durch 1 kp = 9,8 N; also rund gerechnet entspricht 1 kp ≈ 10 N. (Das Zeichen ≈ bedeutet soviel wie »fast gleich«, wobei hier und bei noch folgenden Angaben der Fehler bei 2 Prozent liegt). Einige Beispiele für die Umrechnung alter und neuer Einheiten sind nachfolgend gegeben.

1 000 000 N	= 10^6 N	= 1 MN	≈ 1000 kp	(1000 kg)
1000 N	= 10^3 N	= 1 kN	≈ 100 kp	(100 kg)
10 N	= 10^1 N	= 0,01 kN	≈ 1 kp	(1 kg)
1 N	= 10^0 N	= 1000 mN	≈ 100 p	(100 g)
0,1 N	= 10^{-1} N	= 100 mN	≈ 10 p	(10 g)
0,01 N	= 10^{-2} N	= 10 mN	≈ 1 p	(1 g)
0,001 N	= 10^{-3} N	= 1 mN	≈ 0,1 p	(0,1 g)

Mit der Kraft (N) steht auch das **Drehmoment** (z. B. von elektrischen Maschinen) in einer bestimmten Beziehung. Bislang definierte man das Drehmoment mit Meterkilogramm (mkg) oder Kilopondmeter (kpm), sie werden beide durch die neue abgeleitete SI-Einheit des Newtonmeters (Nm) abgelöst. Dieses gibt die Drehwirkung der Kraft 1 N an, die senkrecht zu einem Hebelarm 1 m wirkt. Der Zusammenhang mit den alten Größen ergibt sich daraus, daß 1 mkg oder kpm ≈ 10 Nm sind. (1 Nm ist hier nicht mit 1 J oder 1 Ws gleichzusetzen!)

1.1.3. Einheiten für Drücke

Eine einheitliche Bezeichnung erhielten auch die bisher sehr unterschiedlich benannten Größen für den **Druck** in Flüssigkeiten, Gasen und Dämpfen sowie für den Druck als mechanische Spannung. Die alten Bezeichnungen, wie etwa Atmosphäre (at = technische, atm = physikalische Atmosphäre) Torr, Millimeter-Wassersäule (mmWS) und Millimeter-Quecksilbersäule (mmHg), sind nur noch bis zum Ablauf der Übergangsfrist gültig und werden durch die neue abgeleitete Einheit Pascal (Pa) ersetzt. Sie leitet sich vom französischen Physiker und Mathematiker Blaise Pascal (1623–1662) her, der u. a. das Gesetz der kommunizierenden Röhren und den Luftdruck entdeckte. Die Definition heißt: 1 Pa ist gleich dem Druck, bei dem senkrecht auf eine Fläche von 1 m^2 gleichmäßig die Kraft 1 N ausgeübt wird. Als Gleichung ergibt sich:

$$1\ \mathrm{Pa} = \frac{1\ \mathrm{N}}{\mathrm{m}^2} = 1\frac{\mathrm{N}}{\mathrm{m}^2}$$

Bei einer Fläche von 1 cm^2 erhalten wir 10 kPa, bei einer Fläche von 1 mm^2 ergibt sich die Einheit 1 MPa (wobei im Zähler des Bruchs stets mit 1 N gerechnet wird). Die alten Einheiten stehen in folgendem Zusammenhang mit dem neuen Pascal:

1 at (techn. Atm.)	≈ 100 000 Pa	= 0,1 MPa
1 atm (phys. Atm.)	≈ 100 000 Pa	= 0,1 MPa
1 Torr (1 atm/760)	≈ 133 Pa	
1 mmHg	≈ 133 Pa	
1 mWS	≈ 10 000 Pa	= 10 kPa
1 mmWS	≈ 10 Pa	

Die Meter-Wassersäule (mWS) entspricht dem zehnten Teil der technischen Atmosphäre, die Millimeter-Wassersäule (mmWS) dem zehntausendsten Teil. Sie wurde bislang u. a. für die Angabe des Unterdrucks bei Staubsaugern benutzt (Bild 1.9).

Eine besondere Bezeichnung wurde für den zehnten Teil des Megapascals (MPa) festgesetzt, und zwar das Bar mit dem Einheitszeichen bar. 1 Bar ist also 100 000 Pa und damit etwa der technischen und physikalischen Atmosphäre vergleichbar. Der mittlere Luftdruck in Meereshöhe wurde früher mit 760 Millimeter-Quecksilbersäule (mmHg) oder 760 Torr angegeben, nach

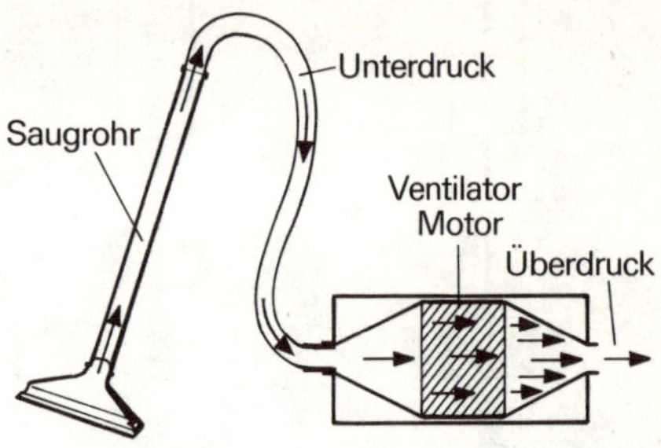

Bild 1.9 Drücke werden in Pascal (Pa) angegeben

dem neuen SI-System beträgt er 1,013 bar bzw. 1013 mbar, also rund 1 at (siehe auch folgende Aufstellung).

1 bar	= 1000 mbar	= 100 000 Pa ≈ 1 at
0,1 bar	= 100 mbar	= 10 000 Pa ≈ 1 mWS
0,01 bar	= 10 mbar	= 1000 Pa ≈ 0,1 mWS
0,001 bar	= 1 mbar	= 100 Pa ≈ 10 mmWS
100 µbar	= 0,1 mbar	= 10 Pa ≈ 1 mmWS
10 µbar	= 0,01 mbar	= 1 Pa ≈ 0,1 mmWS
	1,33 mbar	= 133 Pa ≈ 1 Torr
	1,33 mbar	= 133 Pa ≈ 1 mmHg

Doch nicht nur für den Luftdruck über Meereshöhe ist die Einheit bar wichtig, jeder auftretende Über- oder Unterdruck wird in dieser Einheit gemessen. Der auf der Schirmfläche einer 61-cm-Fernsehbildröhre lastende äußere Druck von 1 bar entspricht einer Kraft von etwa 15 000 N bzw. einem Gewicht von 1500 kg (Bild 1.10). Ein Autoreifen muß einen Luftdruck von etwa 2 bar aufweisen.

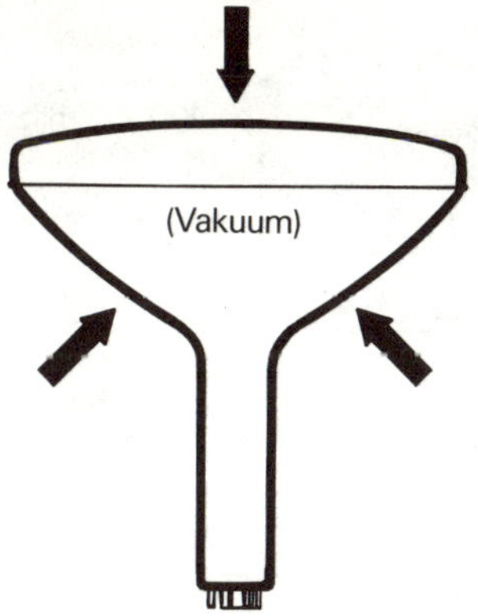

Bild 1.10 Mit etwa 15 000 N (1500 kg) ist der Bildschirm einer evakuierten Fernsehbildröhre belastet

1.1.4. Leistung und Arbeit

In der Elektrotechnik ist das Watt (W) als Einheit für die **Leistung** bekanntlich seit langem gebräuchlich. Nach dem neuen Gesetz muß es auch im Bereich der Mechanik benutzt werden (Bild 1.11), und es gibt ja auch keinen logischen Grund, z. B. die Leistung von Motoren gleich welcher Art nicht einheitlich in Watt auszudrücken.

Die (mechanische) Arbeit *W* ist definiert durch den Ausdruck »Kraft mal Weg«, teilen wir dieses Produkt durch die Zeiteinheit, so ergibt sich die vollbrachte Leistung ($P = W/t$). Je schneller man daher eine bestimmte Arbeit ausführt, um so höher ist die vollbrachte Leistung. Es ergibt sich demnach folgender Ausdruck: Leistung (in Watt) = Kraft mal Weg (in Newton mal Meter) geteilt durch Zeit (in Sekunden), was als Gleichung so aussieht:

$$1\,\text{W} = \frac{1\,\text{N} \cdot 1\,\text{m}}{\text{s}} = 1\,\frac{\text{N m}}{\text{s}}$$

oder anders geschrieben:

$$1\,\text{W} = 1\,\text{Nms}^{-1}$$

Die alte Leistungseinheit PS steht mit dem Watt in folgender Beziehung: 1 PS = 736 W. Die bisher übliche Krafteinheit kp ergab die Leistungseinheit 1 kpm/s, entsprechend etwa 10 W. Alle Zusammenhänge können der anschließenden Übersicht entnommen werden.

$1\,000\,000\,\text{W} = 10^6\,\text{W} = 1\,\text{MW}$
$1000\,\text{W} = 10^3\,\text{W} = 1\,\text{kW} \approx 1{,}36\,\text{PS}$
$736\,\text{W} \approx 1\,\text{PS}$
$10\,\text{W} = 10^1\,\text{W} = 0{,}01\,\text{kW} \approx 1\,\text{kpm/s}$
$1\,\text{W} = 10^0\,\text{W} = 1000\,\text{mW} \approx 0{,}00136\,\text{PS}$

Als neue abgeleitete SI-Einheit für **Arbeit, Energie** und **Wärmemenge** wurde das Joule (gesprochen djaul) geschaffen (Bild 1.12). Die Bezeichnung geht zurück auf den englischen Physiker James Prescott Joule (1818—1889). Das Joule (J) steht in enger Beziehung zum Watt und zum Newton, wie wir zunächst am Beispiel der Arbeitseinheit J sehen werden.

Es wurde bereits gesagt, daß die mechanische Arbeit durch den Ausdruck Kraft mal Weg definiert ist, was $\text{J} = \text{N} \cdot \text{m}$ geschrieben wird. Im SI-Einheitengesetz heißt

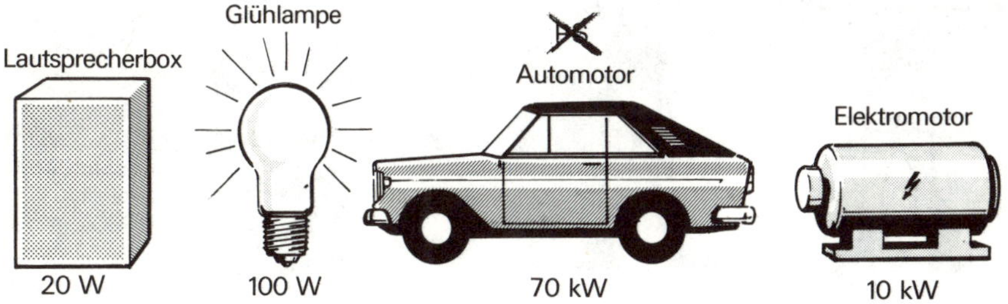

Bild 1.11 Leistungen werden einheitlich in Watt (W) ausgedrückt

Bild 1.12 Arbeit, Energie und Wärmemenge werden in Joule (J) gemessen

es dazu: 1 J ist gleich der Arbeit, die verrichtet wird, wenn der Angriffspunkt der Kraft 1 N in Richtung der Kraft um 1 m verschoben wird. 1 J ist also gleich 1 Nm (gesprochen Newtonmeter). Als Gleichung geschrieben heißt es:

$$1\,J = 1\,Nm$$

Das Beispiel in Bild 1.13 erläutert den Vorgang: Der Gewichtheber verrichtet eine Arbeit von 500 J oder 500 Nm, wenn er die mit der Kraft 1000 N wirkende Hantel von 100 kg Masse um 0,5 m hebt (Arbeit ist Kraft mal Weg). Wird der Faktor Zeit hierbei berücksichtigt, erhält man die erbrachte Leistung. Schafft der Sportler die Arbeit in 0,5 s, so ist seine Leistung größer als wenn er 1 s Zeit gebraucht hätte. Mit anderen Worten: in 0,5 s leistet er 1000 W, in 1 s »nur« 500 W, was wir aus der schon erwähnten Gleichung 1 W = 1 Nm/s leicht errechnen können.

Stellt man die Gleichung 1 W = 1 Nm/s um, so ergibt sich 1 Nm = 1 W · s.

Auch elektrische Arbeit, z. B. die Abgabe von Wärme, wird in Joule gemessen. Eine Heizplatte mit 1000 W Leistung nimmt elektrische Energie auf und gibt sie als Wärme ab (Bild 1.14). 1000 W bedeuten nach der Gleichung 1 W = 1 J/s (die sich durch Umstellung der uns schon bekannten Gleichungen 1 W = 1 Nm/s und 1 J = 1 Nm ergibt), daß die Generatoren im E-Werk pro Sekunde 1000 J mechanische Arbeit verrichten müssen, um die von der Kochplatte aufgenommene elektrische Energie zu liefern, die dann pro Sekunde als 1000 J elektrische Arbeit in Wärme umgesetzt wird. Steht ein Topf mit Wasser z. B. sechs Minuten auf der eingeschalteten Kochplatte, so gibt diese 1000 W · 360 s =

Bild 1.13 Schematische Darstellung einer »Arbeit«

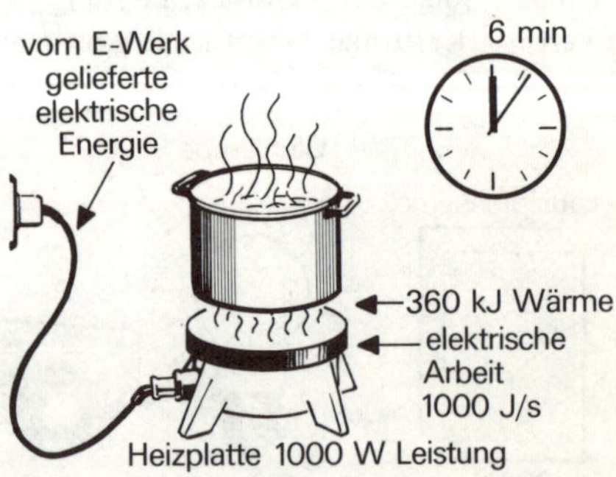

Bild 1.14 Zusammenhang zwischen elektrischer Energie und elektrischer Arbeit

1000 J/s · 360 s = 360 000 J = 360 kJ oder 0,36 MJ Wärme an das Wasser ab.

Elektrische Arbeit muß dem E-Werk bezahlt werden, d. h. wir müssen einen Umrechnungsfaktor finden, um von der Wärmeeinheit J auf die üblichen Kilowattstunden (kWh) zu kommen, die eine Arbeits- oder Energieeinheit darstellen. Hier hilft die Gleichung 1 J = 1 Ws weiter, die sich durch Umstellung aus der Gleichung 1 W = 1 J/s ergibt. Wir setzen ein: 360 000 J geteilt durch 360 s und erhalten 1000 W; multipliziert mit der Zeit von 0,1 h ergeben sich 100 Wh oder 0,1 kWh.

Man kann natürlich auch aus der auf der Kochplatte vorhandenen Leistungsangabe von 1000 W die sich ergebende Arbeits- oder Energieeinheit errechnen, indem man die Leistungseinheit (1 kW) mit der Zeiteinheit (0,1 h) multipliziert.

Aus den Gleichungen 1 J = 1 Nm und 1 J = 1 Ws (Wattsekunde) ergeben sich die Beziehungen 1 J = 1 Nm = 1 Ws. Bei weiterer Umstellung erhält man dann als Definition der Kraft die Gleichung 1 N = 1 J/m und für die Leistung 1 W = 1 J/s. Zusammengefaßt ergeben sich folgende Gleichungen:

1 J = 1 N · 1 m = 1 Nm
1 J = 1 W · 1 s = 1 Ws

und daraus abgeleitet:

$$1\ \mathrm{N} = \frac{1\ \mathrm{J}}{1\ \mathrm{m}} = 1 \frac{\mathrm{J}}{\mathrm{m}}$$

$$1\ \mathrm{W} = \frac{1\ \mathrm{J}}{1\ \mathrm{s}} = 1 \frac{\mathrm{J}}{\mathrm{s}}$$

Ersetzen wir jetzt noch in der letzten Gleichung den Ausdruck 1 J durch 1 Nm, so entsteht wieder die bereits erwähnte Gleichung 1 W = 1 Nm/s, womit sich der Kreis schließt. Newton (N), Watt (W) und Joule (J) ersetzen also die alten Begriffe Kilopond, PS, Kilokalorie usw. Wie man sieht, kommt im neuen SI-System als Umrechnungsfaktor immer nur die 1 vor. Die Beziehungen zwischen den alten und neuen Einheiten für Arbeit, Energie und Wärmemenge werden aus folgender Aufstellung ersichtlich:

3 600 000 J = 1 kWh = 0,86 Mcal
1 000 000 J = 0,28 kWh = 0,24 Mcal
4200 J ≈ 1,18 Wh ≈ 1 kcal
1000 J ≈ 0,28 Wh ≈ 238 cal
10 J ≈ 1 kpm
4,2 J ≈ 1 cal
1 J = 1 Ws = 1 Nm = 0,238 cal

1.1.5. Tabellarische Zusammenstellung

Tabelle 1.2 SI-Basiseinheiten

Größe	SI-Einheit	Kurzzeichen	Formelzeichen
Länge	Meter	m	l
Masse	Kilogramm	kg	m
Zeit	Sekunde	s	t
elektr. Stromstärke	Ampere	A	I
Temperatur	Kelvin	K	T
Lichtstärke	Candela	cd	I

Tabelle 1.3 Abgeleitete SI-Einheiten

Größe	SI-Einheit	Kurz-zeichen	Formel-zeichen	Beziehungen
Kraft	Newton	N	F	$1\,N = 1\,kg \cdot 1\,m/s^2$
Druck	Pascal	Pa		$1\,Pa = 1\,N/1\,m^2$
Druck	Bar	bar		$1\,bar = 10^5\,Pa$
Arbeit	Joule	J	W	$1\,J = 1\,N \cdot 1\,m$
Wärmemenge	Joule	J	Q	$1\,J = 1\,W \cdot 1\,s$
Leistung	Watt	W	P	$1\,W = 1\,J/1\,s$ $(1\,V \cdot 1\,A)$
Elektrizitätsmenge	Coulomb	C	Q	$1\,C = 1\,A \cdot 1\,s$
elektr. Spannung	Volt	V	U	$1\,V = 1\,J/1\,C$ $(1\,W/1\,A)$
elektr. Widerstand	Ohm	Ω	R	$1\,\Omega = 1\,V/1\,A$
elektr. Leitwert	Siemens	S	G	$1\,S = 1/1\,\Omega$
elektr. Kapazität	Farad	F	C	$1\,F = 1\,C/1\,V$
Induktivität	Henry	H	L	$1\,H = 1\,Wb/1\,A$
magn. Feldstärke	Amp./Meter	A/m	H	1 A/m
elektr. Feldstärke	Volt/Meter	V/m	E	1 V/m
magn. Flußdichte	Tesla	T	B	$1\,T = 1\,Wb/1\,m^2$
magn. Fluß	Weber	Wb	Φ	$1\,Wb = 1\,V \cdot 1\,s$
Frequenz	Hertz	Hz	f	$1\,Hz = 1/1\,s$
Leuchtdichte	Candela/m^2	cd/m^2	L	$1\,cd/1\,m^2$
Lichtstrom	Lumen	lm	Φ	$1\,lm = 1\,cd \cdot 1\,sr$
Beleuchtungsstärke	Lux	lx	E	$1\,lx = 1\,lm/1\,m^2$
Drehmoment	Newtonmeter	Nm	M	$1\,Nm = 1\,N \cdot 1\,m$
Drehzahl	Umdr./Zeit	U/t	u	1/s
Geschwindigkeit	Meter/Sek.	m/s	v	1 m/1 s
Beschleunigung	Meter/s^2	m/s^2	a	$1\,m/1\,s^2$

Abschließend einige Bemerkungen zu bisher nicht erwähnten »alten« Einheiten, die speziell im elektrotechnischen Bereich gebräuchlich waren. Es werden ersetzt: Die Längeneinheit Ångström (Å) durch das Nanometer (1 Å = 0,1 nm), das Gauß (Gs) als Größe für die magnetische Flußdichte (Induktion) durch das Tesla ($1\,T = 10^4\,Gs$), das Maxwell (Mx) als Größe für den magnetischen Fluß durch das Weber ($1\,Wb = 10^8\,Mx$), das Oerstedt (Oe) als Größe für die magnetische Feldstärke durch den Ausdruck Ampere/Meter (1 A/m = 0,012566 Oe).

1.2. Kirchhoffsche Gesetze

Das Ohmsche Gesetz wurde bereits im Band 1 erläutert, desgleichen einige andere Formeln zum Ermitteln der Werte bei Parallel- und Reihenschaltungen von Bauelementen (Widerstände, Kondensatoren, Spulen). In der Folge wollen wir uns mit einigen darauf aufbauenden elektrotechnischen Gesetzen beschäftigen.

Ausgehend von den schon bekannten Formeln bei der Reihen- und Parallelschaltung von Widerständen

$$R_{ges} = R_1 + R_2 + R_3 \text{ usw. sowie}$$

$$\frac{1}{R_{ges}} = \frac{1}{R_1} + \frac{1}{R_2} + \frac{1}{R_3} \text{ usw.}$$

werden zunächst die Eigenschaften des »verzweigten« Stromkreises behandelt. Sie sind in der Elektrotechnik als 1. und 2. Kirchhoffsches Gesetz bekannt.

1.2.1. Stromverzweigung und Knotenpunktsatz

In Bild 1.15 ist ein verzweigter Stromkreis gezeichnet, und man sieht, daß hierunter eine Schaltung zu verstehen ist, in der mehrere Widerstände parallelliegende Stromwege bilden, in die sich der Gesamtstrom »verzweigt«. Statt Widerstände kann man natürlich auch elektrische Geräte nehmen, wie es in der Praxis im Haushalt ja auch der Fall ist (Bild 1.16).

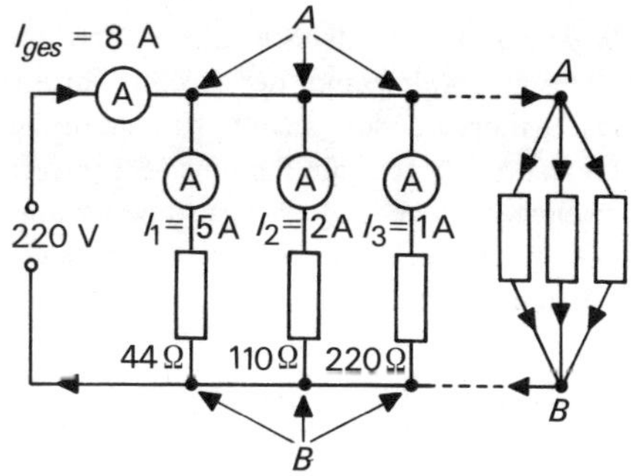

Bild 1.15 Parallelgeschaltete Widerstände in einem Stromkreis (einfache Verzweigungsschaltung)

An den Zuleitungen liegt die vom E-Werk gelieferte Netzspannung von 220 V. Der über den Zähler fließende Gesamtstrom setzt sich aus einzelnen Teilströmen zusammen und steigt mit der Anzahl der eingeschalteten Geräte. Nach Bild 1.15 wird I_{ges} daher größer, wenn man mehr Widerstände parallel schaltet. Aus dieser Überlegung entstand das 1. Kirchhoffsche Gesetz, nach dem bei einer Stromverzweigung der Gesamtstrom gleich der Summe aller Teilströme ist:

$$I_{ges} = I_1 + I_2 + I_3 + I_n$$

Wie aus Bild 1.15 zu ersehen ist, fließt durch jeden Widerstand ein Strom, der sich aus dem Ohmschen Gesetz ergibt, d.h., bei gleicher Spannung fließt im größten

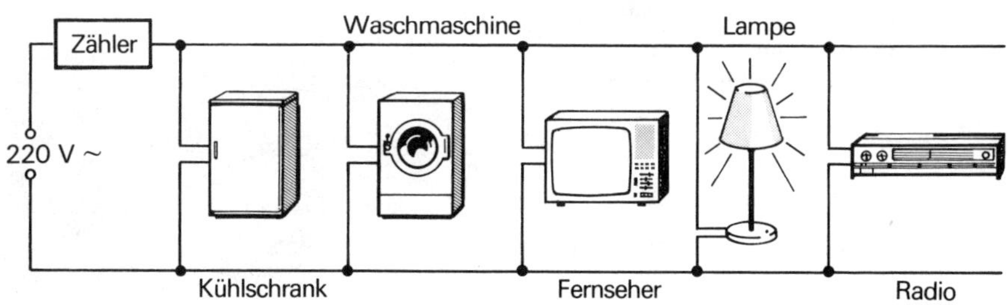

Bild 1.16 Parallelgeschaltete »Verbraucher« im Haushalt

Widerstand der kleinste Strom und im kleinsten Widerstand der größte Strom. Daraus ergibt sich das 2. Kirchhoffsche Gesetz, nach dem die bei einer Stromverzweigung entstehenden Teilströme im **umgekehrten** Verhältnis zu den Einzelwiderständen stehen:

$$\boxed{\frac{I_1}{I_2} = \frac{R_2}{R_1}}$$

Wir erweitern jetzt die einfache Verzweigungsschaltung der Parallelwiderstände in Bild 1.15 auf die in Bild 1.17 angegebene Darstellung. Auch hier lassen sich die Kirchhoffschen Gesetze anwenden bzw. zum sogenannten Knotenpunktsatz erweitern. Als Knotenpunkte sind die in

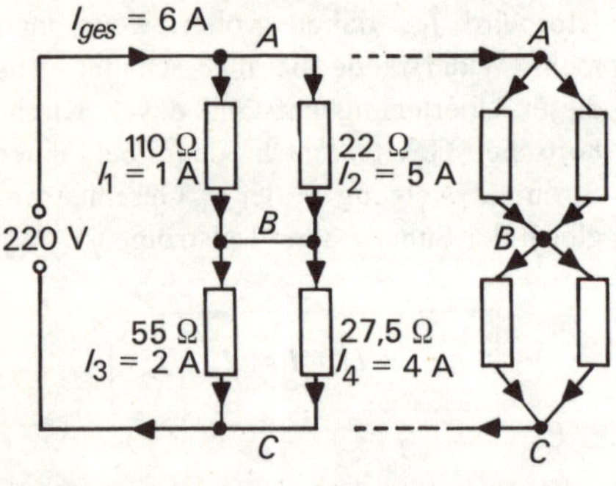

Bild 1.17 Erweiterte Widerstandsschaltung mit den Knotenpunkten *A*, *B* und *C*

Bild 1.15 und 1.17 mit *A* bis *C* bezeichneten Verbindungen zu verstehen. Nach dem vorher Gesagten ist die Summe aller zufließenden Ströme gleich der Summe aller abfließenden Ströme. Das bedeutet beispielsweise für den Knotenpunkt *A* in Bild 1.15, daß

$$I_{ges} = I_1 + I_2 + I_3$$

ist, und für den Knotenpunkt *B* in Bild 1.17 gilt:

$$I_1 + I_2 = I_3 + I_4$$

Hieraus läßt sich außerdem folgern, daß die Summe aller Ströme **in** einem Knotenpunkt gleich Null ist. Auf den Knotenpunkt *B* in Bild 1.17 bezogen heißt das:

$$(I_1 + I_2) - (I_3 + I_4) = 0$$

und für den Knotenpunkt *C* ergibt sich:

$$(I_3 + I_4) - I_{ges} = 0$$

Dies ist auch anhand der eingetragenen Werte für Widerstände, Ströme und Spannungen zu ersehen.

1.2.2. Spannungsteilung und Maschensatz

Der »unverzweigte« Stromkreis nach Bild 1.18 stellt eine Reihenschaltung von Widerständen dar, bei denen es sich in der Praxis z. B. um kleine Glühlampen handeln

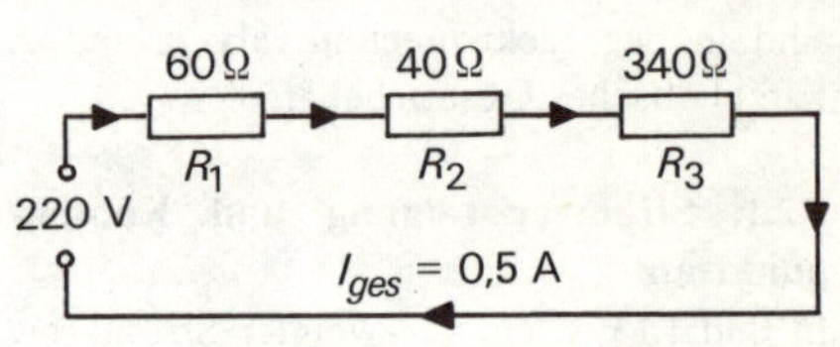

Bild 1.18 In Reihe geschaltete Widerstände in einem Stromkreis

kann, wie sie in Lichterketten verwendet werden (Bild 1.19). Je mehr Widerstände hintereinandergeschaltet werden, desto geringer wird der hindurchfließende Strom. Befindet sich angenommen nur R_1 im Stromkreis, beträgt I = 3,666 A (220 V/

Bild 1.19 Lichterketten bestehen aus einer Reihenschaltung von Glühlampen

60 Ω), liegen dagegen alle drei Widerstände im Stromkreis, sinkt der Strom auf 0,5 A (220 V/440 Ω).

Obwohl die Widerstände unterschiedliche Werte haben, ist der fließende Strom überall gleich groß. Demnach ergeben sich an den Einzelwiderständen unterschiedliche Spannungen, die sich aus dem Ohmschen Gesetz leicht errechnen lassen. Sie betragen für R_1, R_2 und R_3 jeweils 30, 20 und 170 V (Bild 1.20). Die Gesamtspannung

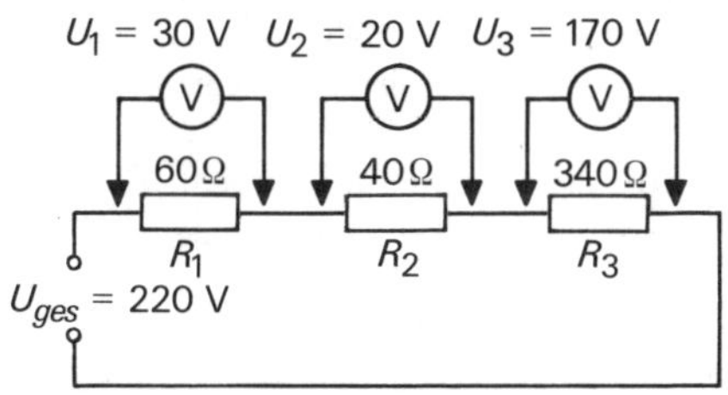

Bild 1.20 Zusammenhang zwischen Widerstandsgröße und Spannungsabfall bei der Reihenschaltung

setzt sich daher aus den einzelnen Teilspannungen zusammen. Als Formel heißt das:

$$U_{ges} = U_1 + U_2 + U_3 + U_n$$

Da durch alle Einzelwiderstände der gleiche Strom fließt, fällt am größten Widerstand die größte Spannung und am kleinsten Widerstand die kleinste Spannung ab. Hieraus läßt sich folgern, daß die beim Hintereinanderschalten von Widerständen entstehenden Teilspannungen im gleichen Verhältnis zu den Einzelwiderständen stehen:

$$\frac{U_1}{U_2} = \frac{R_1}{R_2}$$

bzw.

$$U_1 / U_2 / U_3 / U_n = R_1 / R_2 / R_3 / R_n$$

Kombinieren wir jetzt die Schaltung in Bild 1.15 mit der in Bild 1.18, so ergibt sich eine Reihen-Parallelschaltung nach Bild 1.21. Man sagt auch, daß eine derartige Schaltung aus »Maschen« besteht, die (wie es sich für richtige Maschen gehört) miteinander verknüpft sind. Für diese »Netzwerke« gilt der Kirchhoffsche Maschensatz, wonach in einer Masche der Betrag aller erzeugten Spannungen gleich dem Betrag aller verbrauchten Spannungen ist.

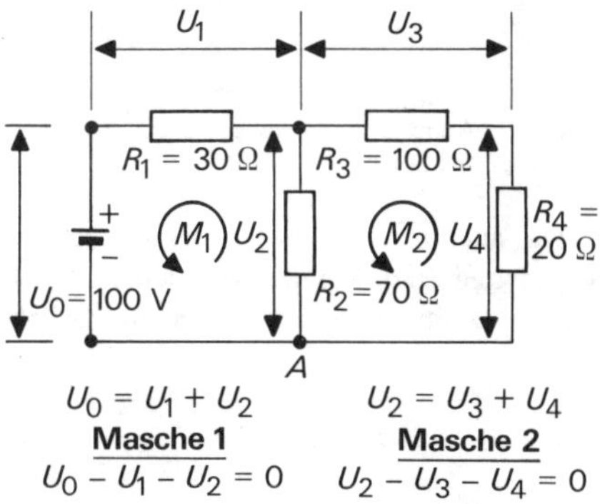

Bild 1.21 Die Kombination einer Reihen- und Parallelschaltung ergibt ein Netzwerk aus »Maschen«

Dies wird anhand von Bild 1.21 deutlich, in dem ein Widerstands-Netzwerk an einer Spannungsquelle liegt, die mit U_0 bezeichnet ist. Für die erste Masche heißt es nach dem vorher Gesagten:

$$U_0 = U_1 + U_2$$

wobei U_0 die erzeugte und U_1 sowie U_2 die verbrauchten Spannungen sind. Für die zweite Masche bildet U_2 die erzeugte Spannung, und U_3 sowie U_4 sind die verbrauchten Spannungen. Daraus ergibt sich:

$$U_2 = U_3 + U_4$$

Dies wird auch klar, wenn man die in Bild 1.22 gezeichnete andere Darstellung derselben Schaltung betrachtet. U_0 setzt sich aus U_1 und U_2 zusammen, U_2 wiederum aus U_3 und U_4.

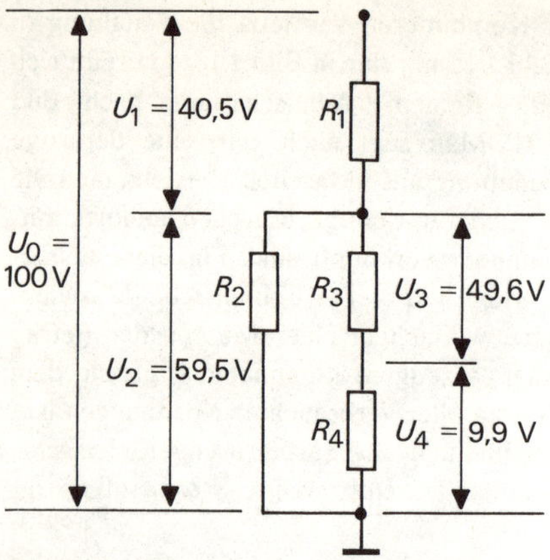

Bild 1.22 Andere Darstellung der in Bild 1.21 gezeigten Schaltung

Da auch im Netzwerk Knotenpunkte vorhanden sind, können wir den Knotenpunktsatz ebenfalls anwenden und erhalten:

$$I_{ges} = I_1 + I_2$$

oder anders ausgedrückt:

$$I_{ges} - I_1 - I_2 = 0 \text{ für den Punkt } A$$

Um die Teilspannungen der ersten Masche zu ermitteln, sind mehrere Rechengänge erforderlich. Der Gesamtwiderstand ergibt sich aus den Formeln für Reihen- und Parallelschaltung von Widerständen und lautet:

$$R_{ges} = R_1 + \frac{R_2\,(R_3 + R_4)}{R_2 + R_3 + R_4}$$

entsprechend

$$30 + \frac{70\,(100 + 20)}{70 + 100 + 20} = 74{,}21 \approx 74\ \Omega$$

Mit U_0 und R_{ges} läßt sich I_{ges} ausrechnen: 100/74 = 1,35 A und U_2 aus $U_0 - U_1$ ermitteln:

$$U_0 - I_{ges} \cdot R_1 = 100 - 1{,}35 \cdot 30 = 59{,}5\ \text{V}$$

U_1 ergibt sich demnach aus $U_0 - U_2 =$ 40,5 V.

Die Teilspannungen U_3 und U_4 der zweiten Masche sind in U_2 enthalten

$$U_{ges} = U_1 + U_2 + U_n$$

und verhalten sich wie die Teilwiderstände, da eine Reihenschaltung vorliegt. U_2 = 59,5 V muß also im Verhältnis 100 : 20 = 5 : 1 aufgeteilt werden, so daß sich für R_3 = 49,6 V und für R_4 = 9,9 V einstellen. Im »Spannungsteiler« nach Bild 1.22 sind die entsprechenden Teilspannungen eingetragen.

Aus den Erläuterungen geht übrigens hervor, daß sich der Maschensatz

$$U_0 = U_1 + U_2 + U_n$$

auch nach der Formel

$$U_0 - U_1 - U_2 - U_n = 0$$

definieren läßt. Im obigen Beispiel bedeutet das:

$$100 - 40{,}5 - 59{,}5 = 0$$

bzw.

$$59{,}5 - 49{,}6 - 9{,}9 = 0$$

1.3. Urspannung und Klemmenspannung

Im letzten Abschnitt wurde die »erzeugte« Spannung mit dem Zeichen U_0 versehen und stillschweigend als Betriebsspannung betrachtet. In Wirklichkeit ist die an den Anschlüssen eines Geräts liegende sogenannte Klemmenspannung keineswegs mit der sogenannten Urspannung einer Spannungsquelle identisch. Weil jede Spannungsquelle im Innern den hindurchfließenden Elektronen einen Widerstand entgegensetzt, der z. B. bei einer Monozelle aus Elektrolyt, Kohlestäbchen, Zinkblechen u. a. besteht, muß dieser beim Schaltungsentwurf auch mit berücksichtigt werden. Man bezeichnet den inneren Widerstand mit dem Formelzeichen R_i.

Da R_i vom Gesamtstrom des Kreises durchflossen wird, entsteht an ihm die Spannung

$$U_i = I \cdot R_i$$

(Bild 1.23). Diese subtrahiert sich von der Urspannung U_0, und es bleibt die eigentlich wirksame Klemmenspannung U_K übrig:

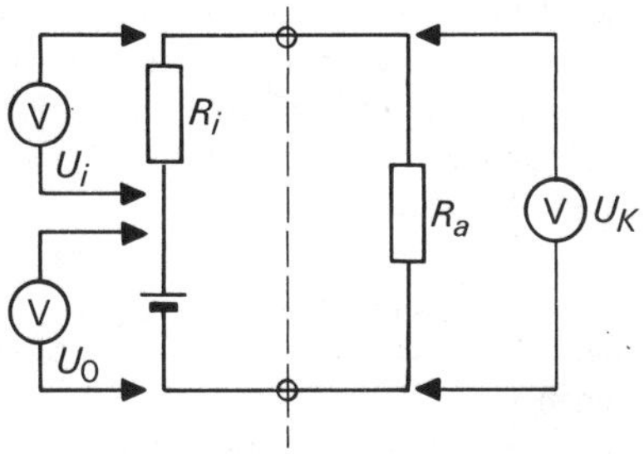

Bild 1.23 Zusammenhang zwischen den inneren und äußeren Größen eines Stromkreises

$$U_K = U_0 - U_i$$

$$U_K = U_0 - I \cdot R_i$$

bzw.

$$U_0 = U_K + U_i$$

$$U_0 = U_K + I \cdot R_i$$

Bei dem Stromkreis in Bild 1.23 handelt es sich ebenfalls um eine Masche, denn die erzeugte Urspannung ist auch hier gleich der Summe der verbrauchten Spannungen. Da der Gesamtstrom stets den Widerstand R_i durchfließt, sinkt die Klemmenspannung bei steigender Stromentnahme. Das ist nicht nur bei Batterien der Fall, sondern macht sich auch am Lichtnetz bemerkbar. So sinkt u.U. abends die Helligkeit der Glühlampen für einen Moment etwas ab, wenn man das Farbfernsehgerät einschaltet, da der auftretende Stromstoß in den Leitungen einen zusätzlichen Spannungsabfall U_L hervorruft, der die wirksame Klemmenspannung U_K um einige Volt herabsetzt (Bild 1.24).

Ein anderes Beispiel gibt die 4,5-V-Taschenlampenbatterie, die einen Innenwiderstand von ca. 1,5 Ω hat. Schließt man die Batterie kurz, so fließt beim Außenwiderstand $R_a = 0\,\Omega$ ein Kurzschlußstrom

$$I_{max} = \frac{U_0}{R_i} = \frac{4{,}5}{1{,}5} = 3\text{ A}$$

Es steht dann keine Klemmenspannung U_K zur Verfügung, weil die gesamte Urspannung U_0 am Innenwiderstand R_i abfällt (Bild 1.25). Der umgekehrte Fall ist in Bild 1.26 zu sehen, wo im Leerlauf bei $R_a = \infty$ im Kreis überhaupt kein Strom fließt und demnach auch über R_i kein Spannungsab-

Bild 1.24 An einer elektrischen Leitung treten Spannungsabfälle auf

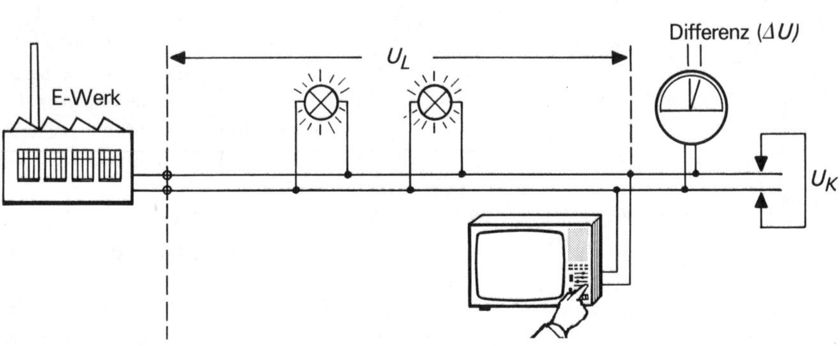

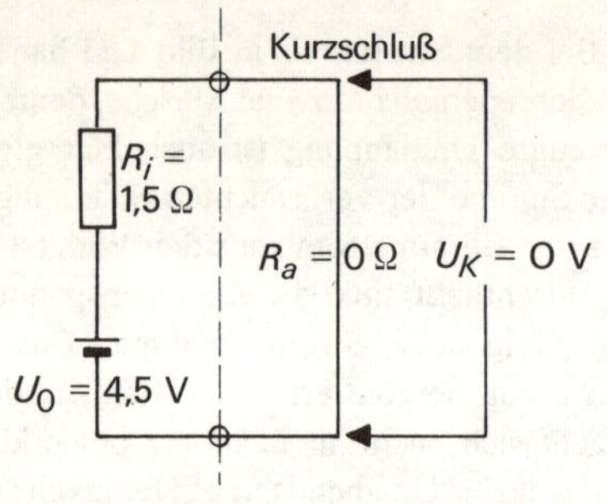

Bild 1.25 Fehlanpassung durch Kurzschluß

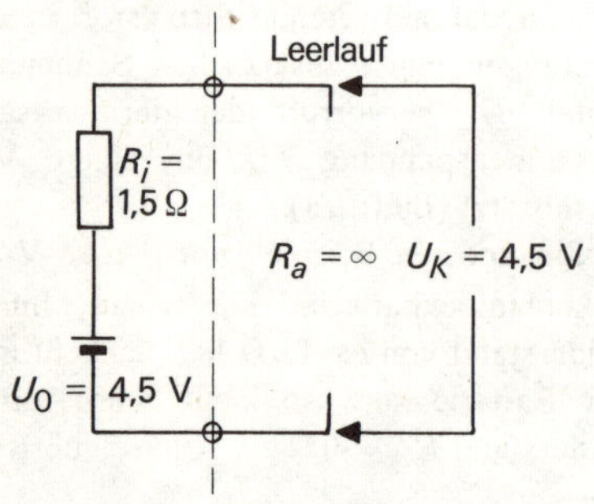

Bild 1.26 Fehlanpassung durch offene Leitung

fall auftreten kann. In beiden Fällen wird übrigens (im äußeren Stromkreis) keine Leistung entnommen, da einmal keine Spannung und das andere Mal kein Strom vorhanden ist.

Maximale Leistung ergibt sich bei richtiger Anpassung des inneren an den äußeren Widerstand ($R_i = R_a$, s. Bild 1.27). Da R_i mit 1,5 Ω festliegt, ist R_a entsprechend zu

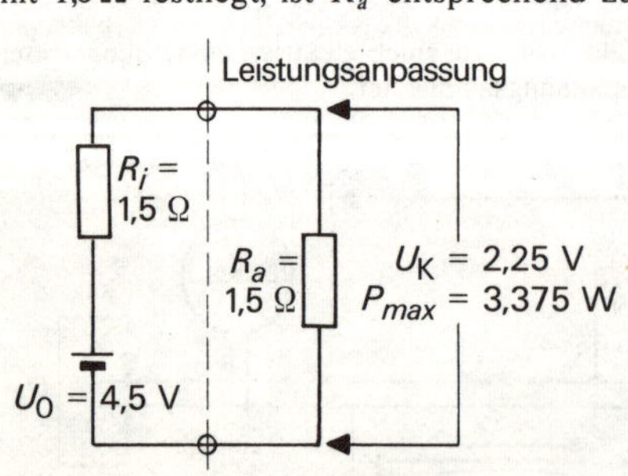

Bild 1.27 Richtige Anpassung durch gleich große innere und äußere Widerstände (Leistungsanpassung)

wählen, und es fließt somit ein Gesamtstrom von

$$I_{ges} = \frac{U_0}{R_i + R_a} = \frac{4{,}5}{1{,}5 + 1{,}5} = 1{,}5\ \mathrm{A}$$

Auf beide Widerstände entfallen jeweils 2,25 V, so daß im äußeren Stromkreis eine maximale Leistung von

$$\frac{U^2}{R} = \frac{2{,}25^2}{1{,}5} = 3{,}375\ \mathrm{W}$$

entnommen werden kann. Diese »Leistungsanpassung« tritt u. a. in Lautsprecher-Endstufen oder in HF-Stufen auf. Bei der Stromversorgung z. B. von Koffergeräten macht man die Belastung wesentlich kleiner und arbeitet damit mehr im Bereich des »Leerlaufs«, um die Batterien wirtschaftlich (lange Betriebszeit) nutzen zu können.

Der Vollständigkeit halber sei erwähnt, daß man einem Akkumulator (Autobatterie) weitaus höhere Ströme als einer Trokkenbatterie entnehmen kann. Der Innenwiderstand eines »Akkus« liegt zwischen 0,01 und 0,001 Ω, so daß (kurzzeitig) Ströme von über 1000 A abgegeben werden können.

1.4. Zählpfeile und Zählrichtungen

Bei den Schaltungsbeispielen und schematischen Prinzipdarstellungen von elektronischen Vorgängen werden in beiden Bänden der Philips Lehrbriefe Spannungs- und Stromwerte angegeben. Hierfür wurde eine Darstellungsart gewählt, die eine möglichst eindeutige Aussage gibt und die auch weitgehend mit den betreffenden Angaben in den Schaltplänen industriell hergestellter Geräte der Unterhaltungselektronik übereinstimmt.

Spannungswerte sind in Schaltbildern bzw. -plänen zumeist so angegeben, wie aus Bild 1.28 ersichtlich ist. Sie werden in der Regel neben die Elektroden des Verstärkerelements geschrieben oder befinden

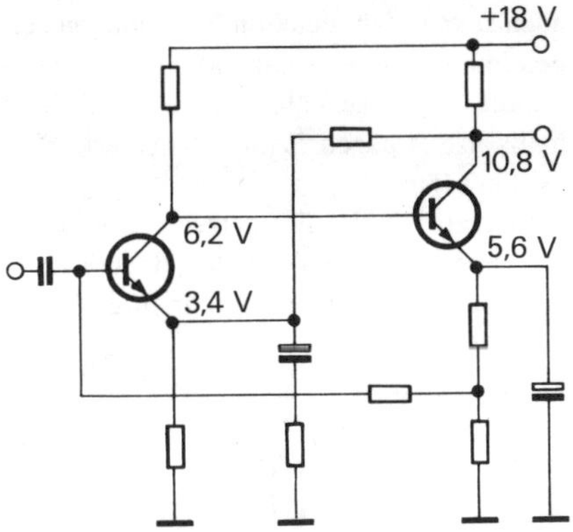

Bild 1.28 Schaltbild mit Spannungsangaben

sich an Verbindungspunkten von Spannungsteilern, an Elektrolytkondensatoren im Netzteil und anderen wichtigen »spannungsführenden« Punkten eines Geräts. Da diese Punkte aber nicht allein, sondern nur in Beziehung zu einem zweiten Punkt etwas über die Spannungshöhe aussagen können, hat man einen entsprechenden Bezugspunkt festgelegt, und zwar allgemein den Minuspol der Schaltung. Er liegt normalerweise am Gerätechassis, d. h. am Metallgestell oder am Metallrahmen, das kurz auch als »Masse« des Geräts bezeichnet wird (Bild 1.29).

Wollen wir beispielsweise die Kollektorspannungen im Verstärker nach Bild

Bild 1.29 Bezugspunkt einer Schaltung ist in der Regel der am Metallchassis liegende Minuspol

1.28 messen, so verbinden wir zunächst die Leitung vom Minuspol des Voltmeters mit der Gerätemasse (im Schaltbild als kräftige waagerechte Striche angegeben). Mit der vom Pluspol des Voltmeters kommenden Leitung tasten wir die Meßpunkte an und messen dabei positive Spannung »gegen« den Massepunkt (Bild 1.30).

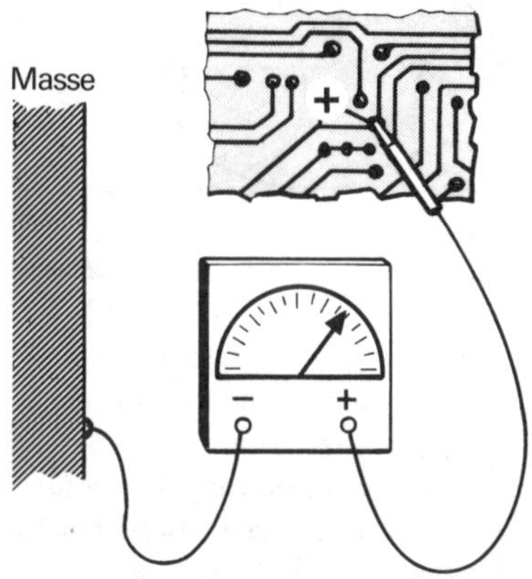

Bild 1.30 Messung einer positiven Spannung

Nun gibt es in vielen Schaltungen auch negative Spannungen, die wir nach der angegebenen Methode ebenfalls »gegen« Masse messen. Dabei müssen natürlich vorher die Anschlüsse am Voltmeter vertauscht werden, damit der Zeiger richtig herum ausschlägt (Bild 1.31). In der Technikersprache bezeichnet man einen Meßpunkt auch als »heißen« und einen Masseanschluß als »kalten« Punkt. Um Meßfehler zu vermeiden, sind in den jeweiligen Schaltbildern zumeist genaue Hinweise auf die Meßvorgänge und die zu verwendenden Meßgeräte angegeben.

Neben der üblichen, vereinfachten Methode zur Wertangabe von Spannungen und Strömen gibt es noch eine andere Art, die mit Zählpfeilen und Zählrichtungen arbeitet. U. a. wegen des größeren Platzbedarfs findet man diese Darstellungsart kaum in üblichen Schaltbildern, sondern mehr in grundsätzlichen Beispielen zur Er-

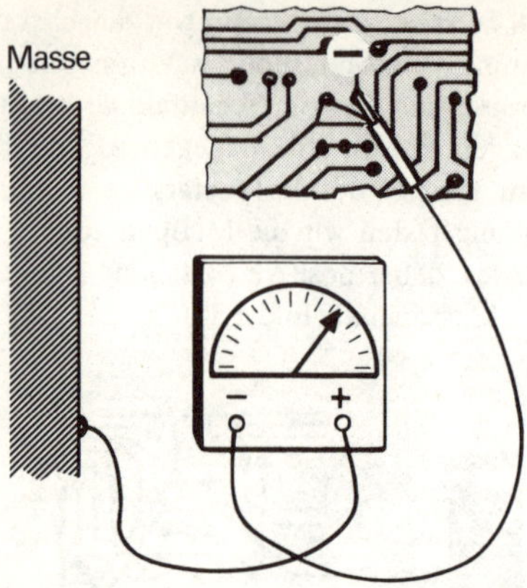

Bild 1.31 Messung einer negativen Spannung

läuterung der Wirkungsweise elektrischer und elektronischer Geräte, so auch in Prinzipdarstellungen von Schaltungsstufen und anderen elektrotechnischen Anlagen. In diesen Fällen wird die Übersichtlichkeit eines Funktionsbilds oder einer Schemadarstellung durch die erläuternden Zählpfeile auch kaum beeinträchtigt, in einem »richtigen« Schaltbild dürfte das dagegen wohl fast immer der Fall sein.

Zählpfeile geben Hinweise auf die Richtung der Spannung, d. h. sie legen fest, von welchem Meßpunkt gegen den Bezugspunkt gemessen wird. Das wird am Beispiel in Bild 1.32 deutlich, in dem die Spannung des Punkts *A* gegen den Punkt *B* festgelegt ist. Wir merken uns als kleine gedankliche Hilfe, daß die Pfeilspitze gleichbedeutend mit dem Ausdruck »gegen« ist. Man kann

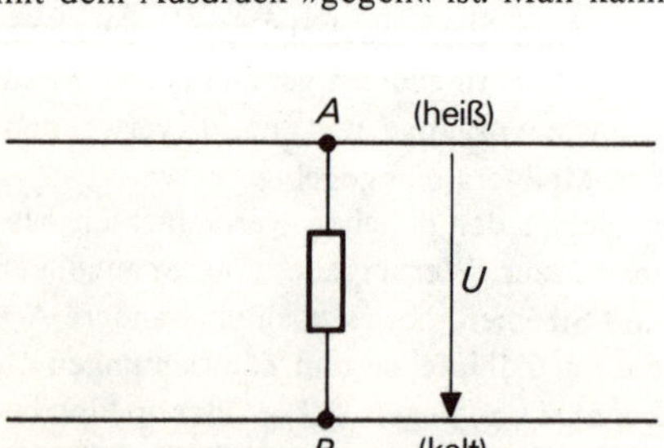

Bild 1.32 Richtung des Zählpfeils für Spannungen (heiß gegen kalt)

auch sagen: Zählpfeile für Spannungen zeigen immer von Plus nach Minus. Die Pfeilrichtung bzw. die Zählrichtung in Bild 1.32 heißt also *A* gegen *B*. (*A* ist »heißer«, *B* ist »kalter« Punkt.)

Ersetzt man das Formelzeichen *U* durch eine Spannungsangabe von z. B. 10 V (Bild 1.33), so sagt die Zählpfeilrichtung aus:

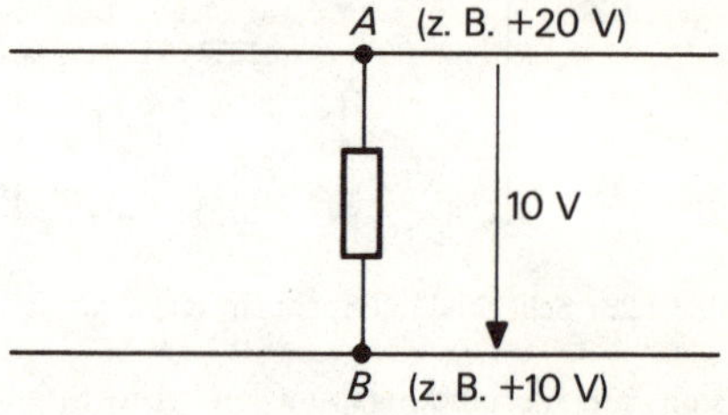

Bild 1.33 Zählpfeil gibt an: *A* ist positiver als *B*

Punkt *A* ist gegen Punkt *B* um 10 V positiver. Hat der Zählpfeil umgekehrte Richtung (Bild 1.34), heißt es dagegen: Punkt *B* ist um 10 V positiver gegen Punkt *A*. Man

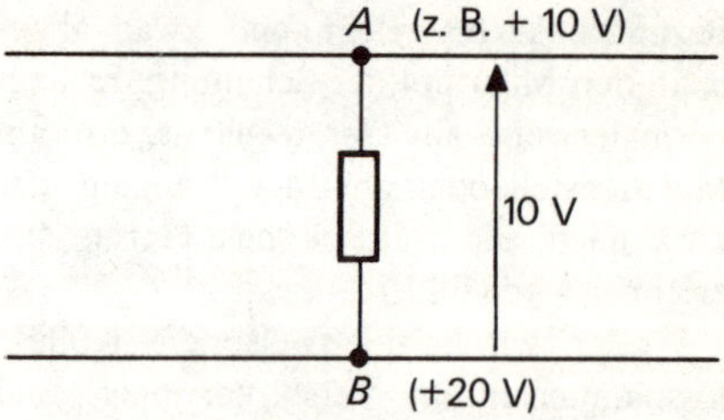

Bild 1.34 Zählpfeil gibt an: *B* ist positiver als *A*

kann auf diese Weise natürlich auch negative Spannungen angeben, denn meßtechnisch ist z. B. Punkt *B* in Bild 1.33 um 10 V negativer gegen Punkt *A*. Da aber Zählpfeile stets die Richtung von Meßpunkt zum Bezugspunkt angeben, andererseits aber auch von Plus nach Minus weisen sollen, muß man den Zählpfeil umdrehen und −10 V danebenschreiben, wenn man für negative Spannungen diese Darstellungsart wählt (Bild 1.35).

Aus diesen Hinweisen ist zu entnehmen, daß die Zählrichtung eigentlich beliebig gewählt werden kann. In der Praxis hat

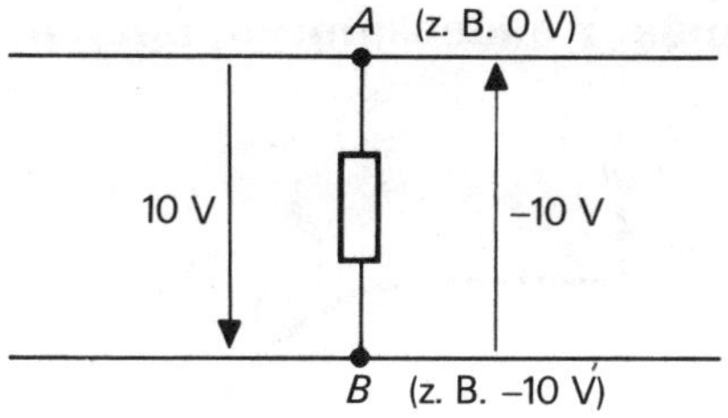

Bild 1.35 Zählpfeil gibt an: *A* ist positiver als *B* (nur bei eingezeichneten negativen Spannungen ändert sich die Pfeilrichtung)

man sich selbstverständlich innerhalb eines Schaltbilds auf eine Richtung festgelegt, so daß die Bedeutung klar ist und man z. B. in Netzwerken (s. Maschensatz) eindeutige Angaben machen kann. Es sollte noch gesagt werden, daß (im Gegensatz zur vereinfachten Spannungsangabe und der Meßmethode gegen Masse) Zählpfeile durchaus nicht immer Spannungen gegen den Massebezugspunkt angeben, sondern daß die Bezugspunkte auch auf einem anderen Potential liegen können. Als Beispiel dient das schon erwähnte Verstärkerschaltbild, in das entsprechende Zählpfeile zur Erläuterung eingezeichnet wurden (Bild 1.36).

Sollen auch Ströme mit Richtungspfeilen gekennzeichnet werden, so ordnet man den Pfeil in dem betreffenden Leitungszweig an, wie es am Beispiel des Endtransistors in Bild 1.36 zu sehen ist. Stromzählpfeile deuten allgemein in die sogenannte technische oder herkömmliche bzw. konventionelle Stromrichtung (von Plus nach Minus) und entsprechen damit der für Spannungen geltenden Regel.

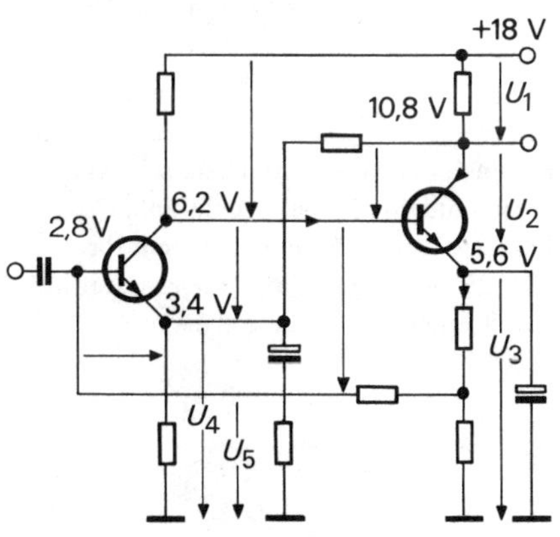

Bild 1.36 Schaltbild mit Spannungsangaben und Zählpfeilen

2. Grundschaltungen: Widerstände, Kondensatoren, Spulen

Unter Grundschaltungen sind hier die als *RC-*, *RL-* und *LC*-Glieder bekannten Anordnungen zu verstehen. Man unterscheidet im Prinzip zwei Formen, die als Tiefpaß und Hochpaß bekannt sind. Sie haben generell die Aufgabe, Frequenzen eines bestimmten Bereichs »passieren« zu lassen und andererseits alle anderen Frequenzen zu sperren. Wie die Bezeichnungen schon sagen, läßt ein Tiefpaß niedrige Frequenzen ungeschwächt durch und sperrt hohe Frequenzen, wogegen ein Hochpaß hohe Frequenzen ungeschwächt durchläßt und niedrige Frequenzen sperrt.

2.1. *RC*-Tiefpaß (Siebglied)

Ein *RC*-Tiefpaß besteht nach Bild 2.1 a aus einem Längswiderstand und einem Querkondensator, die beide als Spannungsteiler wirken. Weil uns die frequenzabhängige

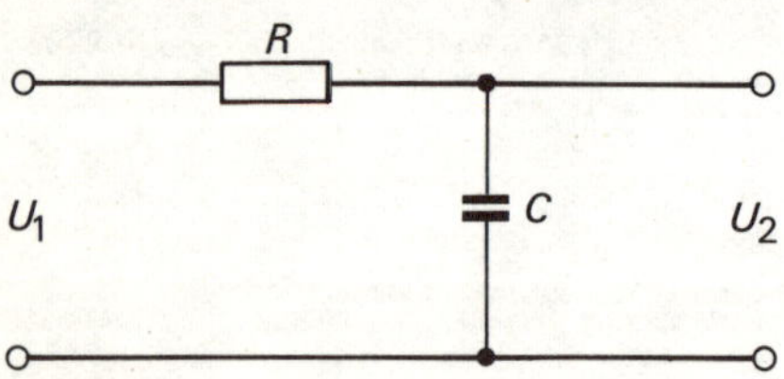

Bild 2.1a *RC*-Tiefpaß

Eigenschaft des Kondensators bekannt ist, können wir leicht einsehen, daß dieser Spannungsteiler nicht linear arbeitet, sondern eine frequenzabhängige Charakteristik aufweist. Da der ohmsche Widerstand für alle Frequenzen einen gleichbleibenden Wert hat, der kapazitive Widerstand des Kondensators mit steigender Frequenz jedoch sinkt, geht dadurch auch die Ausgangsspannung des Teilers zurück. Das wird z.B. aus der Frequenzgangkurve in Bild 2.1 b deutlich.

Bei der sogenannten Grenzfrequenz f_g sind ohmscher und kapazitiver Widerstand

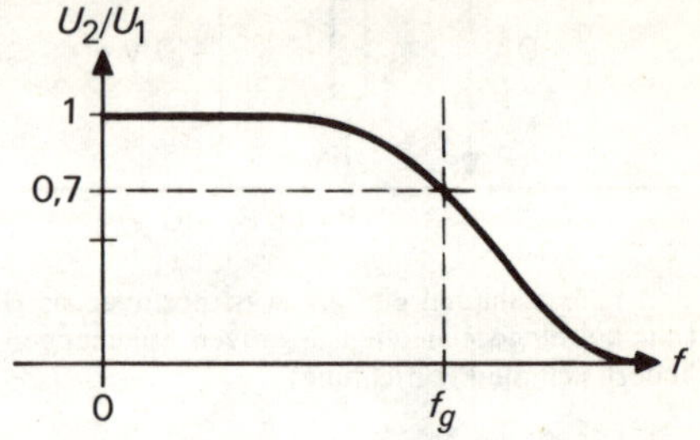

Bild 2.1b Frequenzgangkurve

gleich groß. Aufgrund der Phasenverschiebung am Kondensator (45°) teilt sich die Spannung nun nicht etwa so auf, daß am Ausgang des Tiefpasses 50% der Eingangsspannung steht, sondern die Ausgangsspannung beträgt in diesem Fall noch 70% oder das 0,7fache der Eingangsspannung. Das hängt mit der geometrischen Addition der beiden Einzelwiderstände bei der Grenzfrequenz zusammen.

Die Grenzfrequenz läßt sich wie folgt ermitteln:

$$R = \frac{1}{\omega C} = \frac{1}{2\pi \cdot f \cdot C}$$

durch Umstellung entsteht

$$f = \frac{1}{2\pi \cdot R \cdot C}$$

wobei *R* in Ohm, *C* in Farad und *f* in Hz einzusetzen sind. Wollen wir uns das Rechnen etwas vereinfachen, so dividieren wir vorab 1 durch 6,28(2π), multiplizieren das Ergebnis mit 10^6 und erhalten die Zahl 159235 $\approx$ 159000 im Zähler des Bruchs. Somit ergeben sich die Formeln:

$$f = \frac{159\,000}{R \cdot C} \text{ oder}$$

$$R = \frac{159\,000}{f \cdot C} \text{ oder}$$

$$C = \frac{159\,000}{f \cdot R}$$

Wegen der Multiplikation mit 10^6 im Zähler des Bruchs können im Nenner jetzt andere, praxisnähere Werte eingesetzt werden, z. B. R in kΩ (10^3), C in pF (10^{-12}) und f in kHz (10^3). Sollen andere Größen verwendet werden, so ist auf richtiges Einsetzen zu achten (die Addition der Exponenten muß immer -6 ergeben), z. B. MΩ (10^6), Hz (10^0), pF (10^{-12}) oder Ω (10^0), Hz (10^0), µF (10^{-6}). Ein Beispiel: C = 10 000 pF, R = 120 kΩ, f = ? kHz. Lösung:

$$\frac{159\,000}{120 \cdot 10\,000} = 0{,}133 \text{ kHz}$$

Der Tiefpaß hat eine Grenzfrequenz f_g von 133 Hz, d. h., bei dieser Frequenz ist die Ausgangsspannung am Kondensator auf das 0,7fache der Eingangsspannung gesunken. Frequenzen oberhalb der Grenzfrequenz fallen sehr viel stärker ab, so daß der Tiefpaß wegen dieser Eigenschaft auch als Siebglied verwendet wird.

2.2. *RC*-Hochpaß

Ein *RC*-Hochpaß besteht nach Bild 2.2 a aus einem Längskondensator und einem Querwiderstand, die ebenfalls als frequenzabhängige Spannungsteiler arbeiten. Die

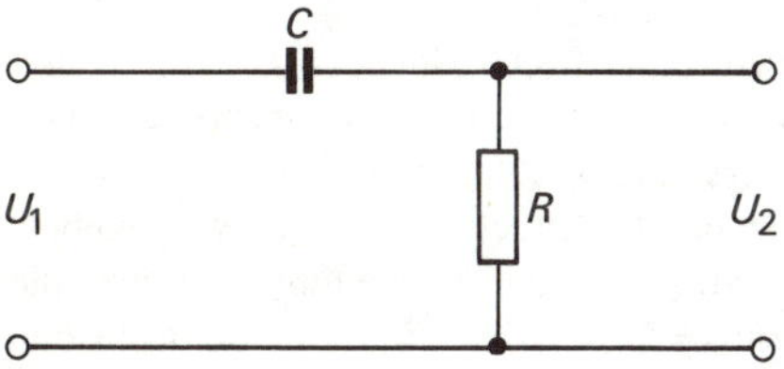

Bild 2.2a *RC*-Hochpaß

Wirkungsweise ist hier allerdings entgegengesetzt wie beim Tiefpaß, was auch aus dem Verlauf der Frequenzgangkurve hervorgeht (Bild 2.2 b). Da der im Längszweig liegende Kondensator Gleichspannung gar nicht und tiefe Frequenzen sehr schlecht

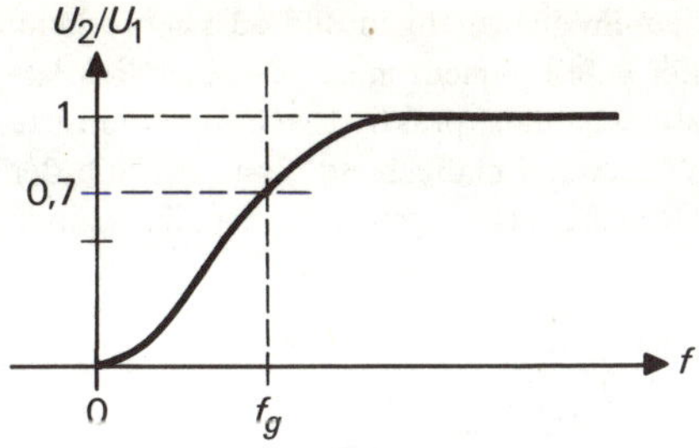

Bild 2.2b Frequenzgangkurve

durchläßt, beginnt die Ausgangsspannung am Widerstand nur langsam anzusteigen. Die Spannungsteilung ist in diesem Bereich deshalb sehr groß.

Erst bei der Grenzfrequenz f_g, die sich wie beim Tiefpaß errechnet, erreicht die Ausgangsspannung den 0,7fachen Wert der Eingangsspannung und kommt im späteren Frequenzverlauf dann nahe an die Eingangsspannungswerte heran. Ein Beispiel: C = 50 pF, R = 47 kΩ, f = ? kHz. Lösung:

$$\frac{159\,000}{47 \cdot 50} = 67{,}659 \text{ kHz}$$

Grenzfrequenz

2.3. *RC*-Kopplung

Bevor auf die *RC*-Kopplung eingegangen wird, muß noch eine *RC*-Glied-Variante erwähnt werden, die in Bild 2.3 a gezeigt ist. Es handelt sich um die Parallelschaltung von Widerstand und Kondensator. Sie wirkt praktisch wie ein Tiefpaß, was auch aus

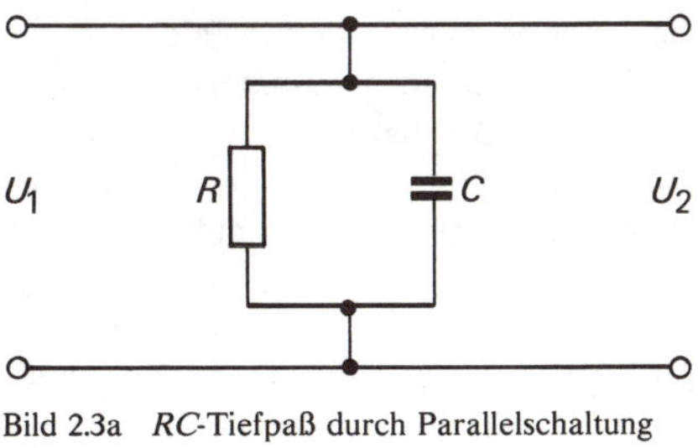

Bild 2.3a *RC*-Tiefpaß durch Parallelschaltung

dem Frequenzgang in Bild 2.3 b hervorgeht. Für tiefe Frequenzen ist bei dieser *RC*-Parallelschaltung praktisch nur der ohmsche Widerstand maßgebend. Erst oberhalb der Grenzfrequenz gewinnt der kapazitive

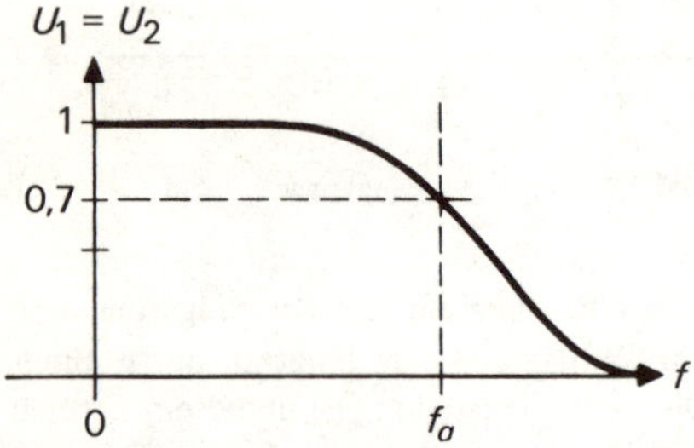

Bild 2.3b Frequenzgangkurve

quenzverstärkern für Bild und Tonsignale gebräuchlich ist. Sie verbindet dort zwei Verstärkerstufen miteinander und ist zwischen dem Ausgang der ersten und dem Eingang der zweiten Stufe geschaltet (Bild 2.4). Der erste Tiefpaß wird vom Ausgangswiderstand R_a und der parallelliegenden Ausgangskapazität C_a der ersten Stufe gebildet; es folgt der Hochpaß aus dem Koppelkondensator C_K und dem Ableit- oder Eingangswiderstand R_e und häufig noch ein weiterer Tiefpaß aus dem Siebwiderstand R_s, dem Siebkondensator C_s und der Eingangskapazität C_e, der als Siebglied für hochfrequente Störungen ausgelegt ist.

Der Frequenzgang des Verstärkers setzt sich aus den schon bekannten Durchlaßkur-

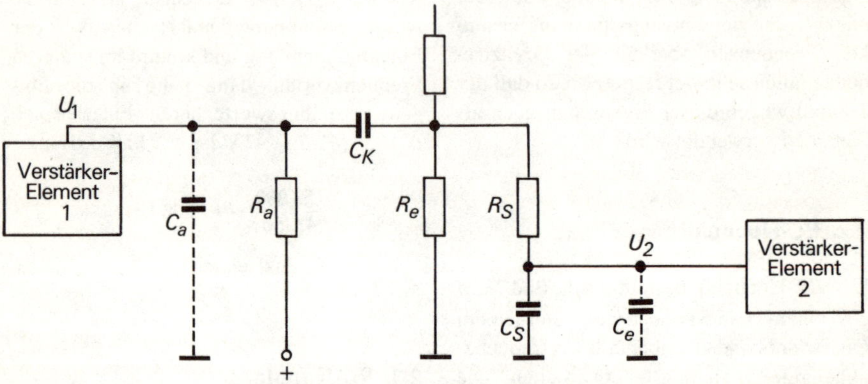

Bild 2.4 *RC*-gekoppelte Verstärkerstufen

Widerstand die Oberhand und bestimmt durch seinen nunmehr immer kleiner werdenden Wert den Gesamtwiderstand. Die an ihm abfallende Spannung wird daher ebenfalls kleiner.

Auffällig ist die andere Anordnung der Elemente beim *RC*-Glied in Bild 2.3 a gegenüber den bisher erwähnten Hoch- und Tiefpaß-Ausführungen. Man bezeichnet die Parallelschaltung wegen der zwei Anschlüsse auch als Zweipol und die beiden anderen *RC*-Glieder als Vierpole.

Alle drei Formen findet man in einer Schaltung wieder, die als *RC*-Kopplung bekannt ist und vorwiegend in Niederfre-

ven für Tief- und Hochpaß zusammen und ist in Bild 2.5 schematisch dargestellt. Der Verstärkungsabfall zu Beginn der Kurve ist durch den Hochpaß C_K/R_e gegeben. Genügend große Werte für C_K können die untere Grenzfrequenz f_{gu} zumeist auf den jeweils gewünschten 0,7-Wert verschieben. Im Mittelbereich der Frequenzgangkurve ist nur der ohmsche Widerstand wirksam. Am Ende der Kurve bestimmt in erster Linie der Tiefpaß aus R_a und C_a die obere Grenzfrequenz, doch kann auch das Siebglied R_s, C_s und C_e hier eine Rolle spielen. Weiteres zum Thema lernen wir im Abschnitt 3.2 kennen.

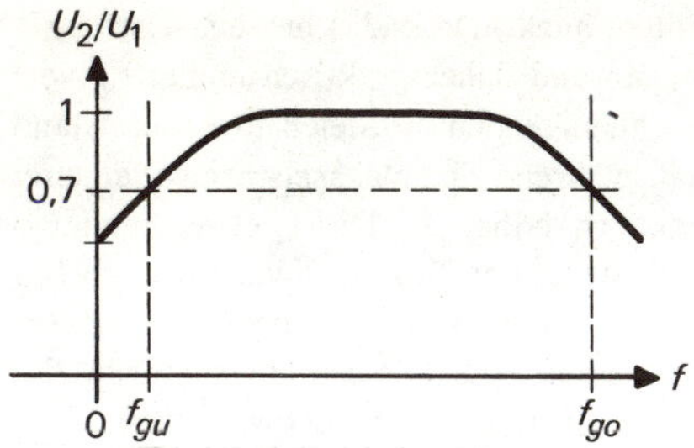

Bild 2.5 Frequenzgangkurve bei *RC*-Kopplung

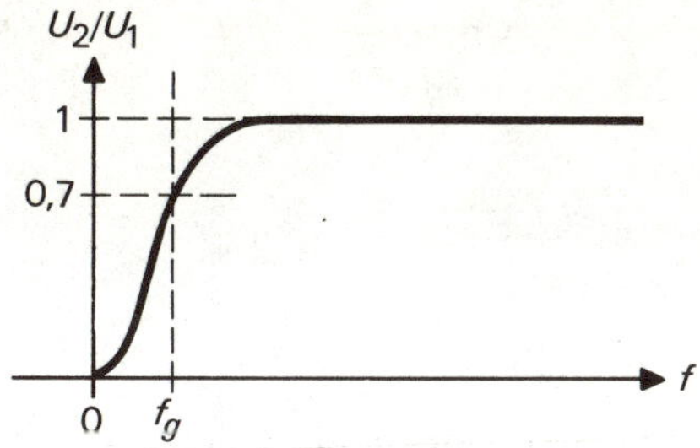

Bild 2.6b Frequenzgangkurve

2.4. *RL*-Glieder

Die im vorangegangenen Abschnitt erläuterten *RC*-Glieder gehören zu den am häufigsten verwendeten Schaltungen in der Elektronik. Tauscht man den Kondensator gegen eine Spule, ergibt sich ein *RL*-Glied, das aber wesentlich weniger verwendet wird. Da auch Spulen eine frequenzabhängige Charakteristik haben, lassen sich *RL*-Glieder ebenfalls als Spannungsteiler mit frequenzabhängigem Verhalten herstellen.

Allerdings sind ihre Wirkungen als Hoch- und Tiefpaß genau entgegengesetzt wie bei *RC*-Gliedern: wenn man die Lage der Quer- bzw. Längswiderstände als Bezugspunkt nimmt. So ist z. B. in Bild 2.6 a ein *RL*-Hochpaß gezeigt. Der dazugehörige Frequenzgang hat Hochpaßcharakter

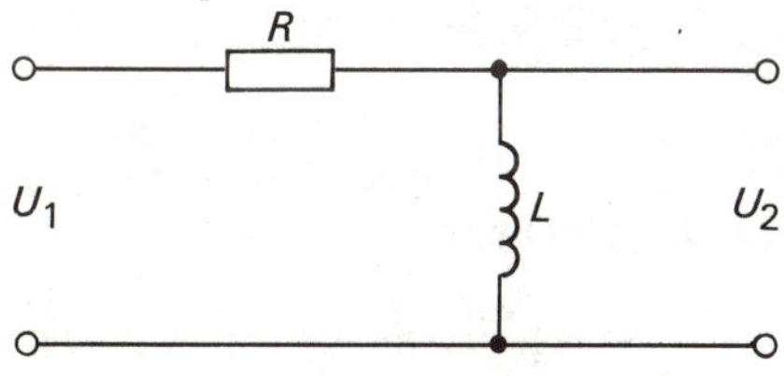

Bild 2.6a *RL*-Hochpaß

(Bild 2.6 b). Ursache hierfür ist der bei Gleichspannung und tiefen Frequenzen wirksame, sehr niedrige induktive Widerstand der Spule. Dieser beginnt erst mit höher werdender Frequenz größere Werte anzunehmen, wodurch die über der Spule stehende Teilspannung gleichfalls größer wird.

Der *RL*-Tiefpaß ist in Bild 2.7 a dargestellt, sein Frequenzgang in Bild 2.7 b. Wie beim *RC*-Glied wird auch hier die Grenzfrequenz erreicht, wenn ohmscher und induktiver Widerstand gleich sind und die

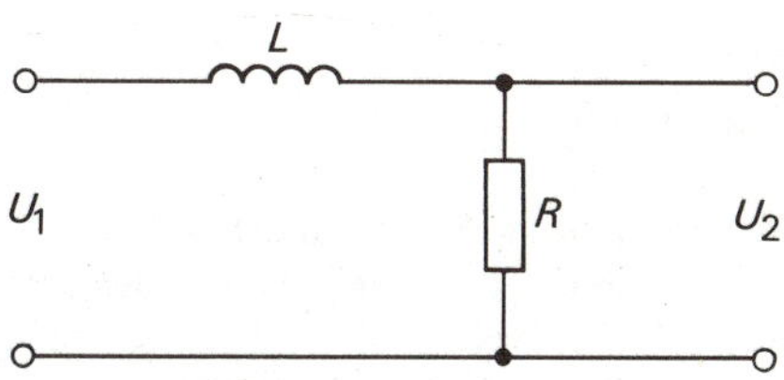

Bild 2.7a *RL*-Tiefpaß

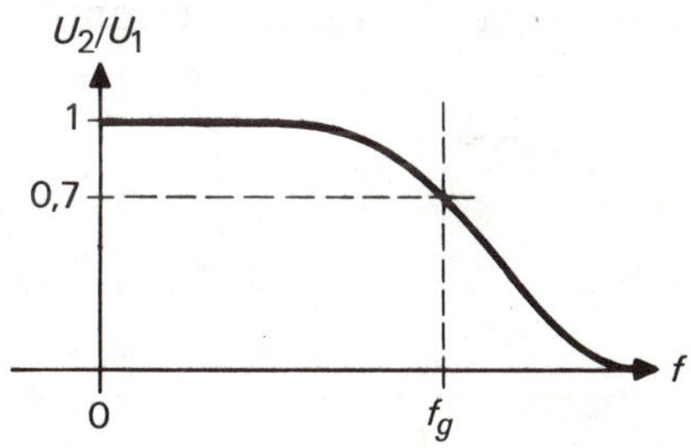

Bild 2.7b Frequenzgangkurve

Ausgangsspannung des *RL*-Glieds auf das 0,7fache der Eingangsspannung abgesunken ist. Die Berechnung der Grenzfrequenz geschieht nach der Formel:

$$R = \omega L = 2\,\pi f \cdot L$$

$$\frac{R}{L} = 2\,\pi f$$

woraus sich ergibt:

$$f = \frac{R}{2\,\pi \cdot L} = \frac{R}{6{,}28 \cdot L}$$

(R in Ω, f in Hz, L in H)

oder in anderen Einheiten ausgedrückt: R in Ω, f in kHz und L in mH.
Ein Beispiel: $R = 1$ kΩ, $L = 15$ mH, $f = ?$ kHz. Lösung:

$$f = \frac{R}{6{,}28 \cdot L} = \frac{1000}{6{,}28 \cdot 15} = 10{,}62 \text{ kHz}$$

2.5. *LC*-Tiefpaß

Schaltungen mit Spulen und Kondensatoren sind in der Elektronik außerordentlich vielfältig anzutreffen. Sie sind gewissermaßen in allen Frequenzbereichen zu Hause und können aufgrund ihrer Eigenschaften nicht nur als Tief- und Hochpaß, sondern auch als selektive Filter, Frequenzweichen und natürlich als Schwingkreise verwendet werden.

Im Niederfrequenzgebiet nutzt man den *LC*-Tiefpaß überwiegend als Siebglied, das in der gebräuchlichen Form in Bild 2.8 a zu

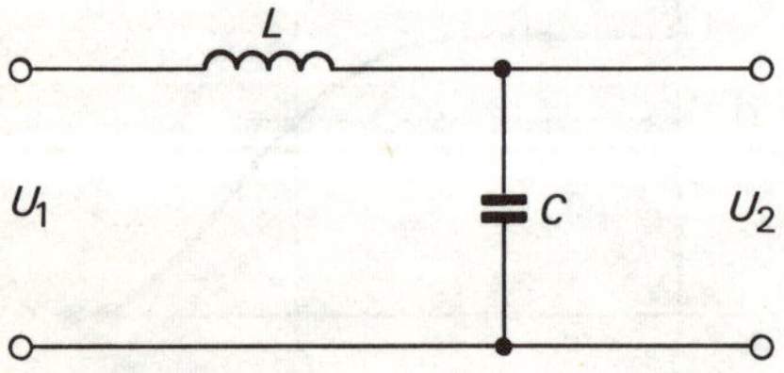

Bild 2.8a *LC*-Tiefpaß

sehen ist und beispielsweise in Netzteilen zur Glättung der Gleichspannung dient, d.h. noch vorhandene 50- oder 100-Hz-Wechselspannungsreste absiebt. Vorteilhaft ist hierbei, daß die Spule (sie heißt in diesen Fällen auch »Drossel«) nur einen sehr geringen und daher praktisch immer zu vernachlässigenden Gleichstromwiderstand hat, während ihr Wechselstromwiderstand ungleich höher ist. Die Gleichspannungsverluste in der Drossel sind also klein (im Gegensatz zu *RC*-Siebgliedern), die erwünschten Wechselspannungsverluste dagegen groß, d.h., die Siebwirkung ist wesentlich besser.

Beachten muß man allerdings, daß nun zwei frequenzabhängige Größen vorhanden sind, die u.U. durch die auftretenden Wechselspannungen in Resonanz versetzt werden können. Um das zu verhindern, legt man die Resonanzfrequenz des *LC*-Tiefpasses zumeist in den Durchlaßbereich unterhalb der Siebfrequenz (Bild 2.8 b). Die

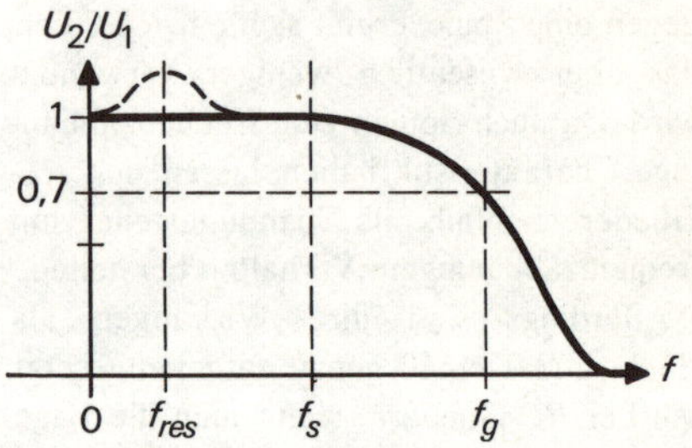

Bild 2.8b Frequenzgangkurve

Siebwirkung bzw. der Siebfaktor ist ein Maß für Abschwächung der Stör-Ausgangsspannung gegenüber der Stör-Eingangsspannung.

2.6. *LC*-Hochpaß

Etwas weniger verbreitet ist der *LC*-Hochpaß (Bild 2.9 a). Man findet ihn beispielsweise in Schaltungen der Impulstechnik. Ein klassisches Anwendungsgebiet ist jedoch die Frequenzweiche in Lautsprecherboxen, was übrigens auch für den *LC*-Tiefpaß gilt. Der Frequenzgang ist schematisch in Bild 2.9 b angegeben, und wir sehen hier wieder eine Übereinstim-

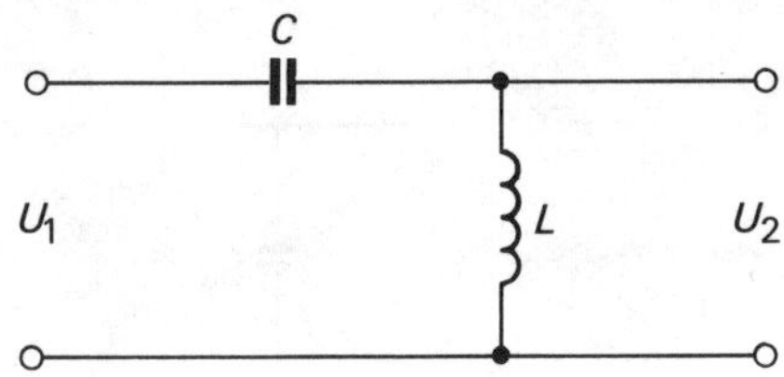

Bild 2.9a *LC*-Hochpaß

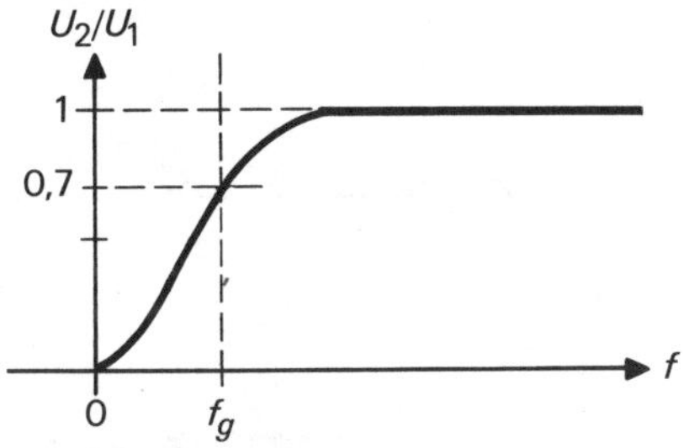

Bild 2.9b Frequenzgangkurve

mung mit der Kurve des *RC*-Hochpaßglieds. Das beim *LC*-Tiefpaß über Frequenzabhängigkeit und Resonanzbildung Gesagte gilt natürlich ebenfalls für den *LC*-Hochpaß.

2.7. *LC*-Filter und *LC*-Sperren

In diesem Abschnitt sollen diejenigen *LC*-Glieder bzw. *LC*-Kreise vorgestellt werden, die in erster Linie speziell im HF-Bereich zu finden sind. Es sind Tief- und Hochpässe sowie Bandpässe und Bandsperren, die es in einfacher und aufwendiger Ausführung gibt und die vor allem in Antennenverstärkern und Eingangsstufen (Tunern) von Rundfunk- und Fernsehgeräten verwendet werden.

Auch für diese *LC*-Glieder gelten hinsichtlich der Grenzfrequenz die gleichen Überlegungen wie bei den vorher erwähnten Tief- und Hochpässen, d.h., sie ist dadurch definiert, daß der kapazitive Widerstand des Kondensators und der induktive Widerstand der Spule in einem bestimmten Frequenzbereich gleich werden:

$$\frac{1}{\omega C} = \omega L$$

Die Ein- und Ausgangsimpedanzen der Filter und Sperren sollen ebenfalls gleich groß sein und den Ein- und Ausgangswiderständen der angeschalteten Verstärker, Antennen usw. entsprechen (richtige Anpassung). Außerdem sollte weder im Durchlaß- noch im Sperrgebiet reine Wirkleistung verbraucht werden, d.h., die Filter dürfen nur Schaltelemente enthalten, die reine Blindwiderstände darstellen, also Spulen und Kondensatoren, aber keine ohmschen Widerstände. In den erwähnten Frequenzgebieten spielen die ohmschen Spulenwiderstände praktisch keine Rolle, das gleiche gilt für die Verluste in den Kondensatoren.

Bei den nachfolgend erwähnten Filtern und Sperren lassen sich drei Arten unterscheiden, die wegen ihres Aufbaus bzw. ihrer Form als *L*-Glied, *T*-Glied und π-Glied bekannt sind. Ihre Schaltungen als **Tiefpaß-Normalfilter** sind in Bild 2.10 bis 2.12 angegeben, die für alle drei geltende (idealisierte) Durchlaßkurve zeigt Bild 2.13.

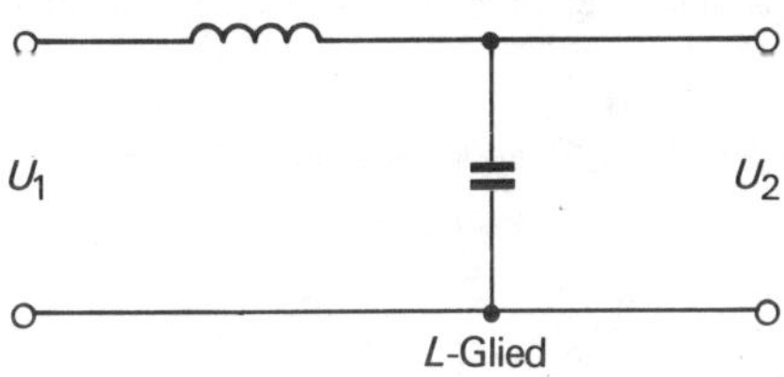

Bild 2.10 *L*-Glied als Tiefpaß-Normalfilter

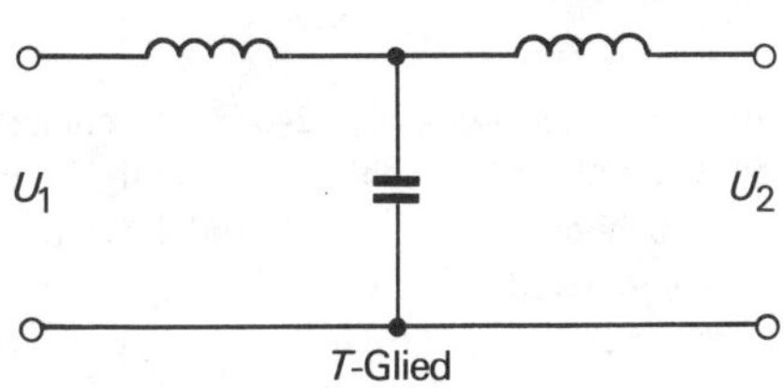

Bild 2.11 *T*-Glied als Tiefpaß-Normalfilter

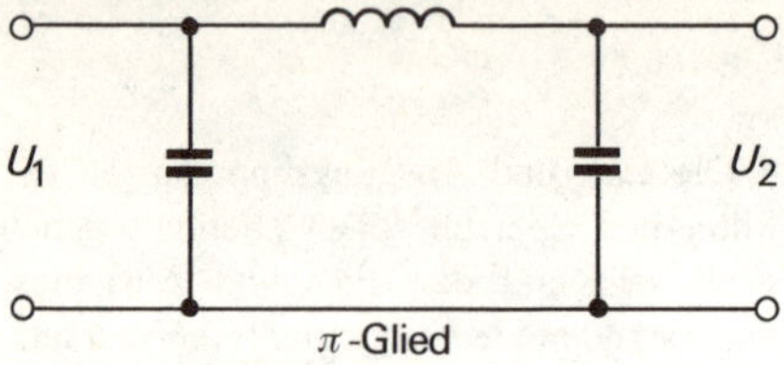

Bild 2.12 π-Glied als Tiefpaß-Normalfilter

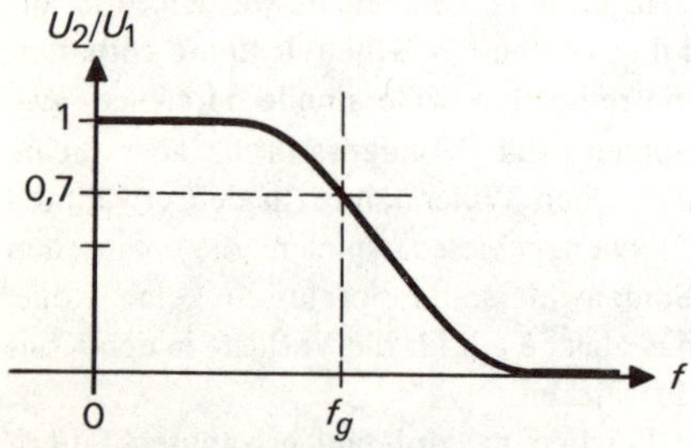

Bild 2.13 Durchlaßkurve (Frequenzgang) der Filter nach Bild 2.10–2.12

Anzumerken ist, daß in der Praxis meist nur sogenannte Vollglieder verwendet werden, die sich aus Halbgliedern zusammensetzen. Bild 2.14 gibt hierfür ein Beispiel: beim unsymmetrischen Filter (z. B. 75 Ω Impedanz) verdoppelt sich die Kapazität und es entsteht ein *T*-Glied. Symme-

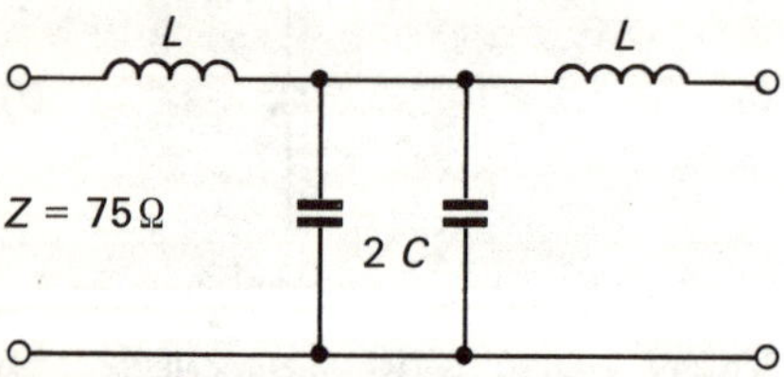

Bild 2.14 Unsymmetrisches Filter aus zwei Halbgliedern (*T*-Glied)

trische Filter (z. B. für 240 Ω Impedanz) sind ebenfalls als Halb- und Vollglieder gebräuchlich, wobei sich die Induktivitäten aufteilen (Bild 2.15) und die Kapazitäten verdoppeln (Bild 2.16). Im weiteren werden aber nur die unsymmetrischen Filterausführungen behandelt.

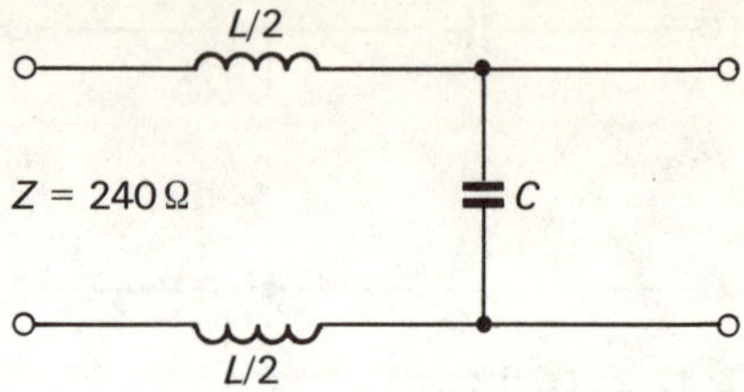

Bild 2.15 Symmetrisches Filter als Halbglied

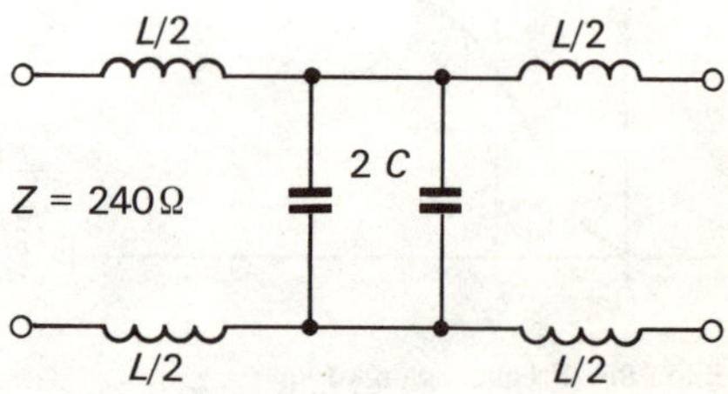

Bild 2.16 Symmetrisches Filter als Vollglied

Muß die Steilheit der abfallenden Filterkurve größer sein, z. B. um einen dort liegenden HF-Träger zu unterdrücken, so versieht man die Tiefpässe mit einem Parallel- oder Serienresonanzkreis. Dieser wird gebildet durch einen zusätzlichen Kondensator parallel zur Längsspule (Bild 2.17 und 2.18) oder durch eine zusätzliche Spule in Reihe mit dem Querkondensator (Bild 2.19 und 2.20). Der Frequenzgang dieser Filter mit der durch Resonanz hervorgerufenen Sperrstelle ist in Bild 2.21 dargestellt.

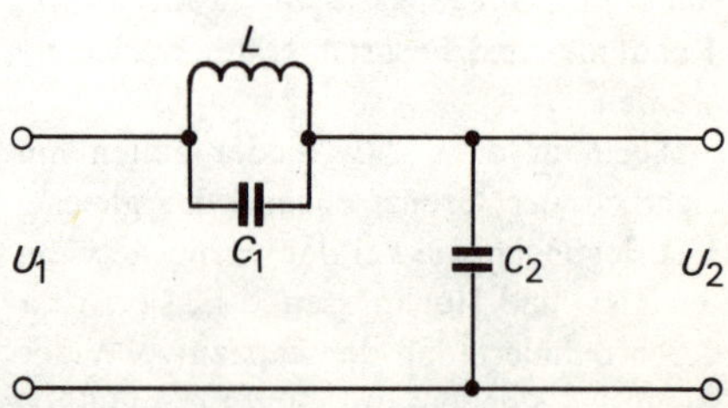

Bild 2.17 Filter mit zusätzlicher Sperrstelle durch Parallelkreis (*L*-Glied)

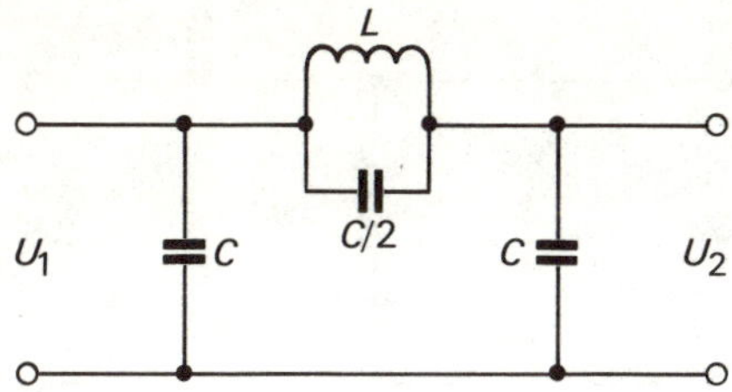

Bild 2.18 Filter mit zusätzlicher Sperrstelle durch Parallelkreis (π-Glied)

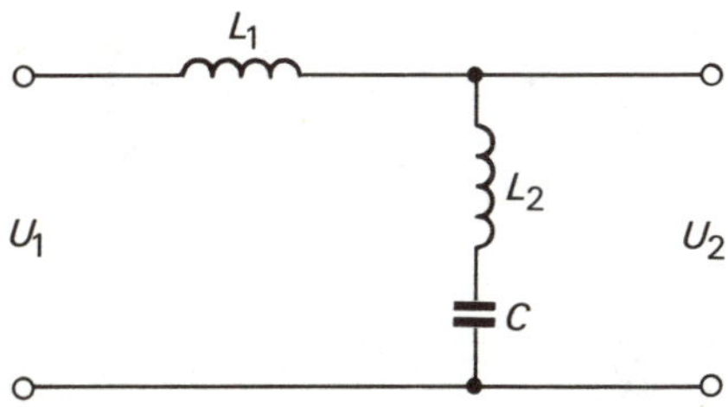

Bild 2.19 Filter mit zusätzlicher Sperrstelle durch Serienkreis (*L*-Glied)

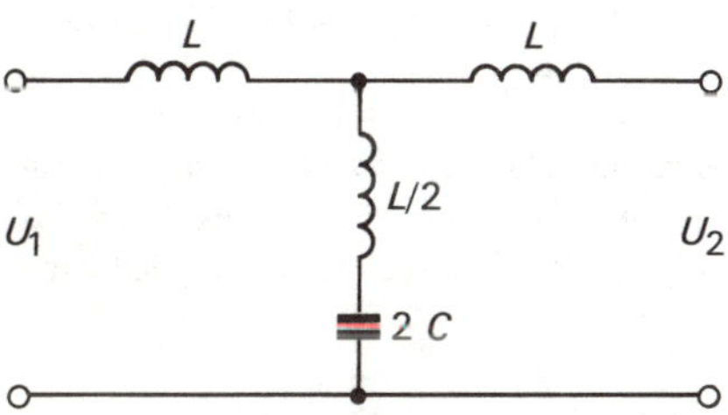

Bild 2.20 Filter mit zusätzlicher Sperrstelle durch Serienkreis (*T*-Glied)

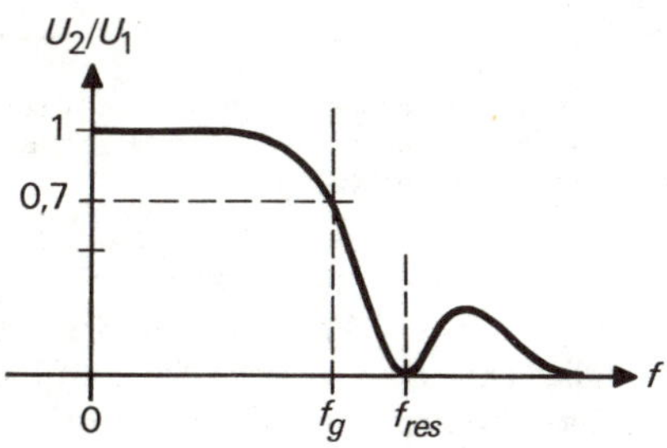

Bild 2.21 Frequenzgang der Filter nach Bild 2.17—2.20

Hochpässe sind Filter, die Frequenzen von Null bis zur Grenzfrequenz sperren und dann beginnen, alle höheren Frequenzen ungeschwächt durchzulassen. Die Schaltungen der drei **Hochpaß-Normalfilter** sind in Bild 2.22 bis 2.24 angegeben, die für alle drei geltende Durchlaßkurve zeigt Bild 2.25. Auch für Hochpässe gilt das vor-

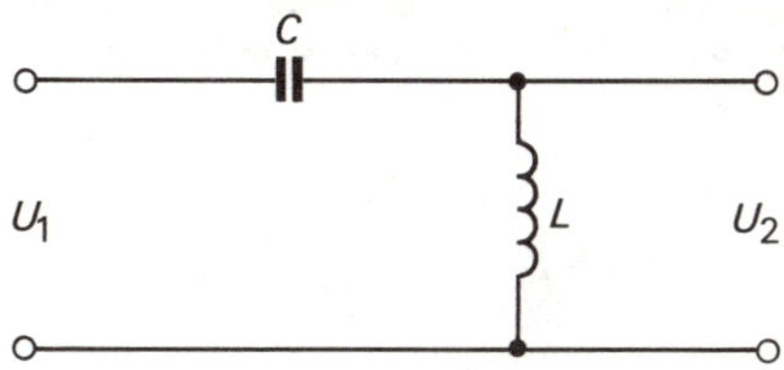

Bild 2.22 *L*-Glied als Hochpaß-Normalfilter

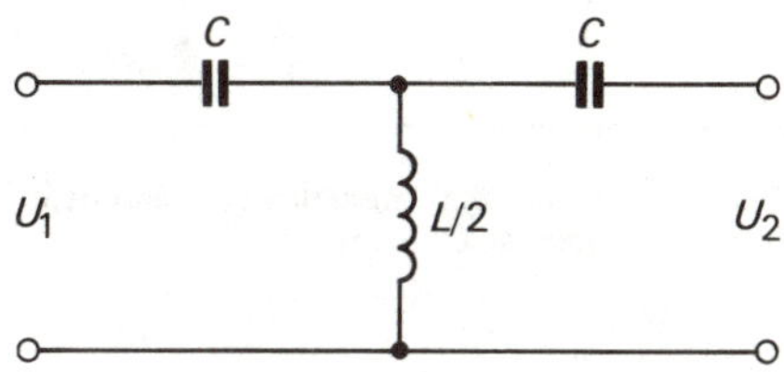

Bild 2.23 *T*-Glied als Hochpaß-Normalfilter

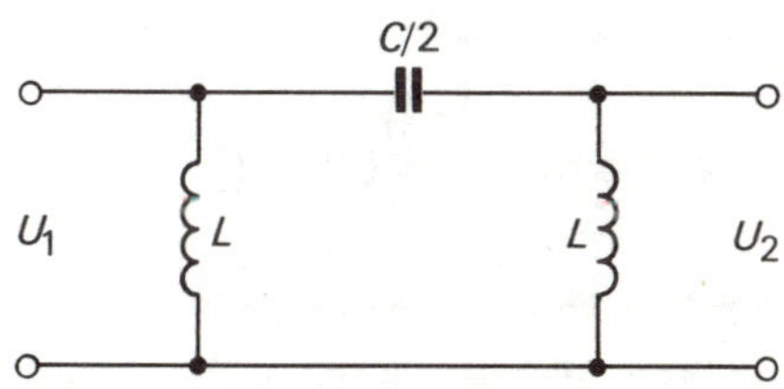

Bild 2.24 π-Glied als Hochpaß-Normalfilter

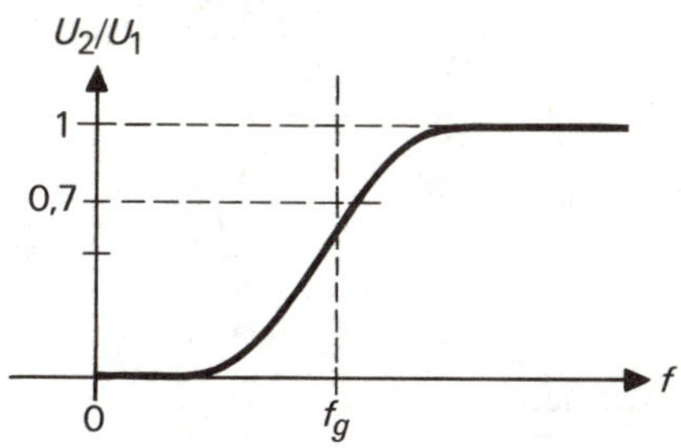

Bild 2.25 Durchlaßkurve (Frequenzgang) der Filter nach Bild 2.22—2.24

her über Halb- und Vollglieder sowie über symmetrische und unsymmetrische Ausführungen Gesagte.

Auch beim Hochpaß kann man eine zusätzliche Sperrstelle erhalten, indem ein Parallel- oder Serienresonanzkreis aufgenommen wird. Die Schaltungen der betreffenden Filter sind in Bild 2.26 bis 2.29 dargestellt, die sich einstellende Durchlaßkurve mit der Sperrstelle ist in Bild 2.30 zu sehen.

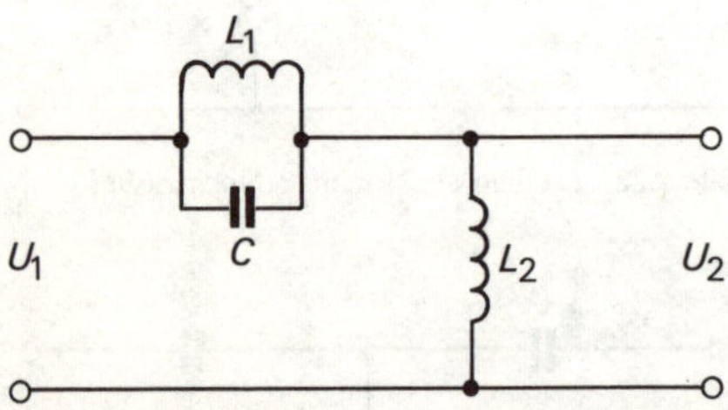

Bild 2.26 Filter mit zusätzlicher Sperrstelle durch Parallelkreis (*L*-Glied)

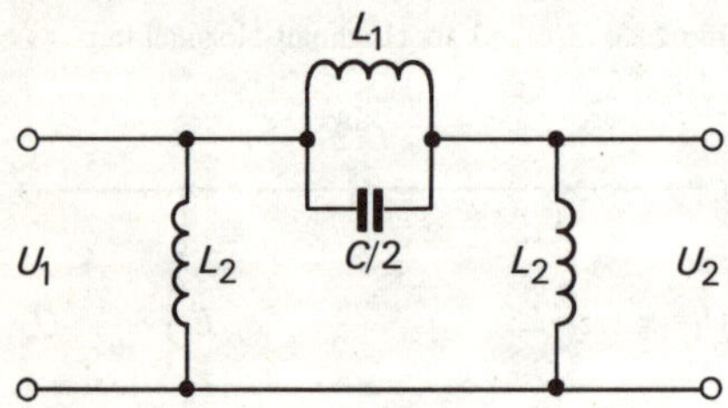

Bild 2.27 Filter mit zusätzlicher Sperrstelle durch Parallelkreis (π-Glied)

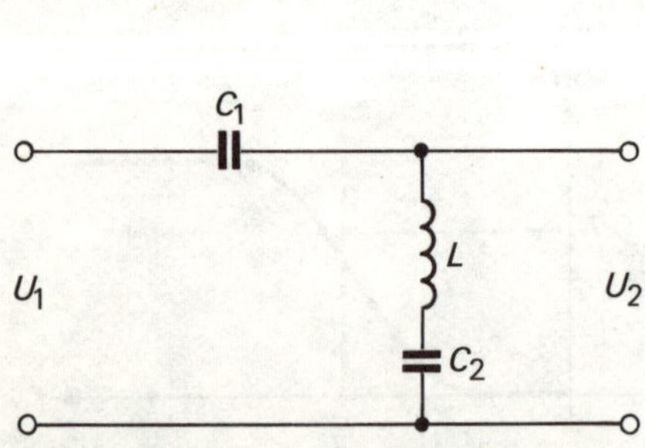

Bild 2.28 Filter mit zusätzlicher Sperrstelle durch Serienkreis (*L*-Glied)

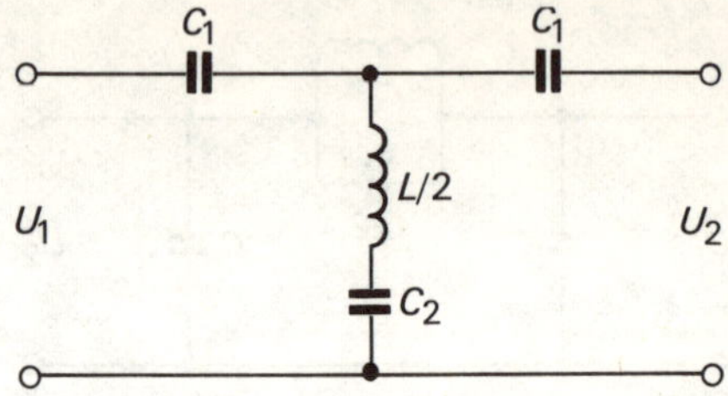

Bild 2.29 Filter mit zusätzlicher Sperrstelle durch Serienkreis (*T*-Glied)

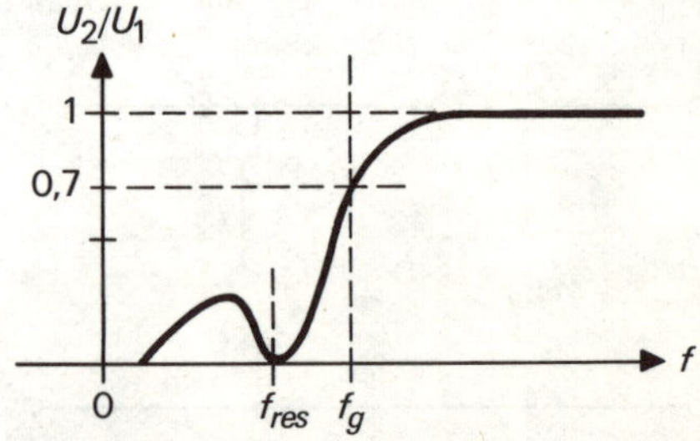

Bild 2.30 Durchlaßkurve (Frequenzgang) der Filter nach Bild 2.26–2.29

Ergänzt man den normalen Tiefpaß durch einen zusätzlichen Kondensator in Reihe mit der Längsspule, so entsteht ein selektiver **Bandpaß**, weil Spule und Zusatzkondensator einen Serienresonanzkreis bilden (Bild 2.31). Aus dem Halbglied kann

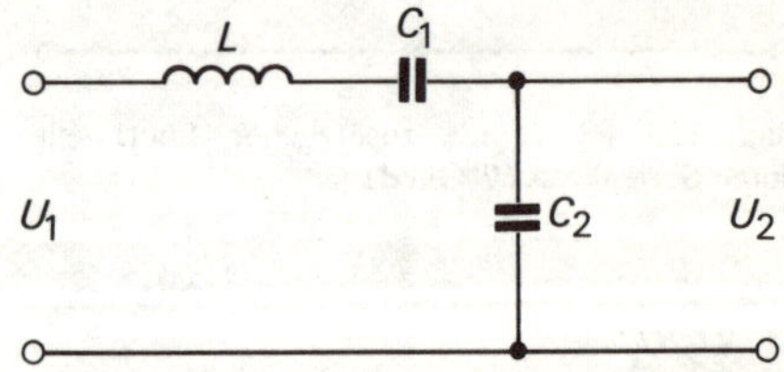

Bild 2.31 Der *L*-Bandpaß entsteht durch Hinzufügen eines Kondensators zur Spule (Serienkreis), hier ein Halbglied

durch Hinzufügen eines zweiten Serienkreises das in der Praxis gebräuchlichere Vollglied entwickelt werden (Bild 2.32). Ein aus Serienkreisen und einem im Querzweig liegenden Parallelresonanzkreis aufgebauter *T*-Bandpaß führt zu noch besseren Er-

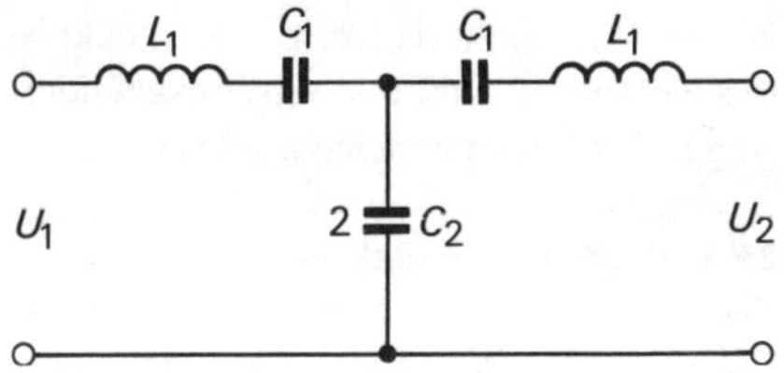

Bild 2.32 *T*-Bandpaß aus zwei Serienkreisen

gebnissen (Bild 2.33), das gleiche gilt für den π-Bandpaß (Bild 2.34), der aus zwei Parallelkreisen und einem im Längszweig liegenden Serienkreis besteht.

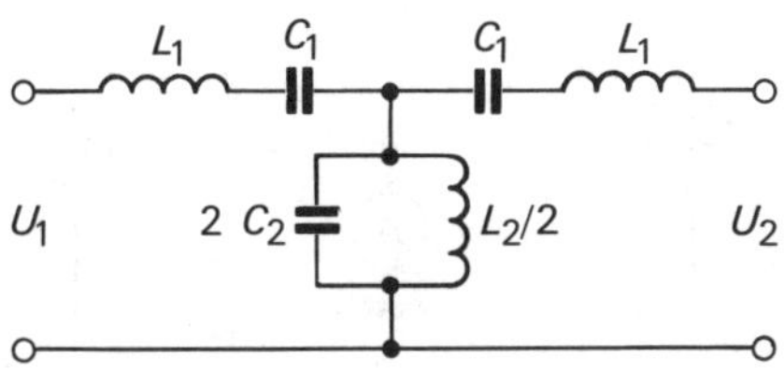

Bild 2.33 *T*-Bandpaß aus zwei Serienkreisen und einem Parallelkreis

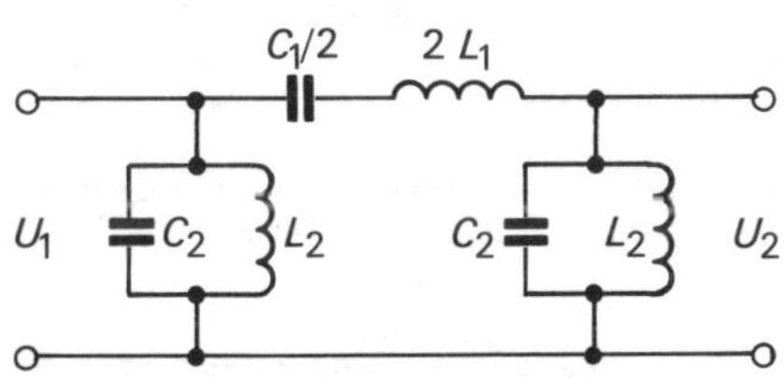

Bild 2.34 π-Bandpaß aus einem Serienkreis und zwei Parallelkreisen

Die Durchlaßkurve in Bild 2.35 zeigt den Frequenzgang der selektiven Bandpässe an. Ihre Bandbreite wird durch die obere und untere Grenzfrequenz definiert, beidseitig des Durchlaßbereichs steigt die Dämpfung und damit die Sperrwirkung wieder an.

Selektive **Bandsperren** sind Filter, die aus dem Hochpaß abgeleitet sind und durch eine Kombination von Serien- und

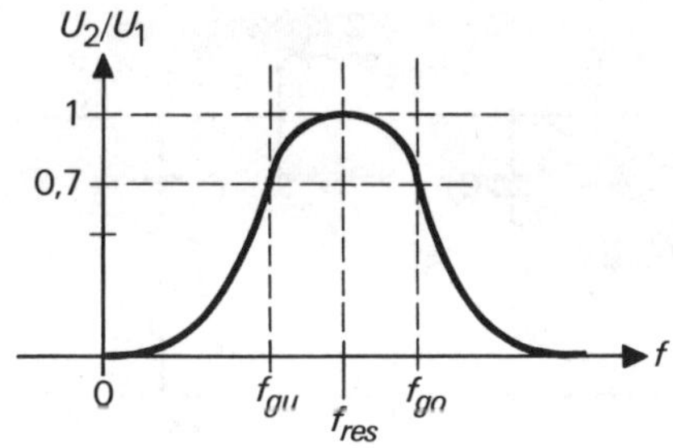

Bild 2.35 Durchlaßkurve (Frequenzgang) der Bandpässe nach Bild 2.31 – 2.34

Parallelresonanzkreisen gebildet werden. Ersetzt man *L* und *C* des Normalfilters durch *LC*-Kreise, so entsteht das Halbglied in Bild 2.36, das zum *T*-Vollglied bzw. zur *T*-Bandsperre (Bild 2.37) oder zum π-Vollglied bzw. zur π-Bandsperre erweitert werden kann (Bild 2.38).

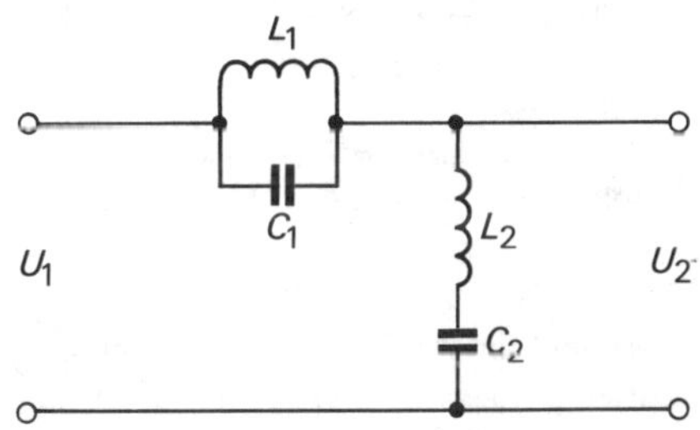

Bild 2.36 *L*-Bandsperre aus Parallel- und Serienkreis

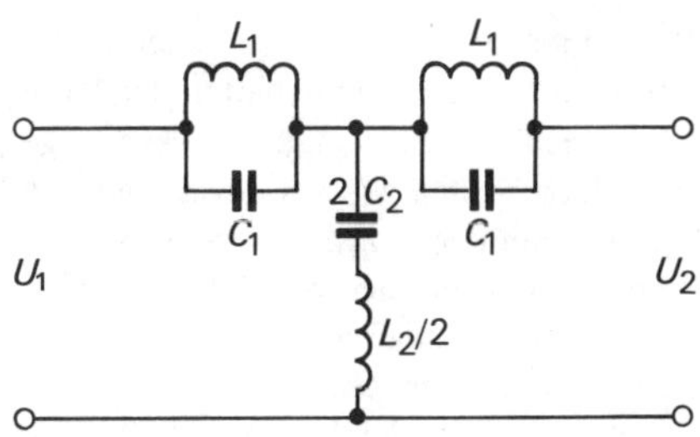

Bild 2.37 *T*-Bandsperre aus zwei Parallelkreisen und einem Serienkreis

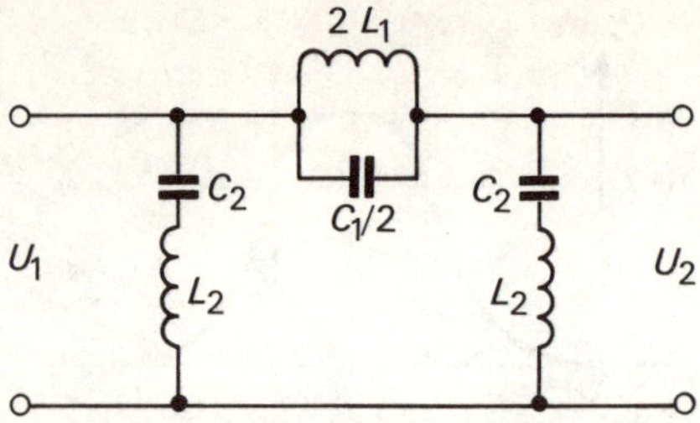

Bild 2.38 π-Bandsperre aus einem Parallelkreis und zwei Serienkreisen

Die Durchlaßkurve in Bild 2.39 zeigt den Frequenzgang der selektiven Bandsperren. Ihre Bandbreite wird ebenfalls durch die

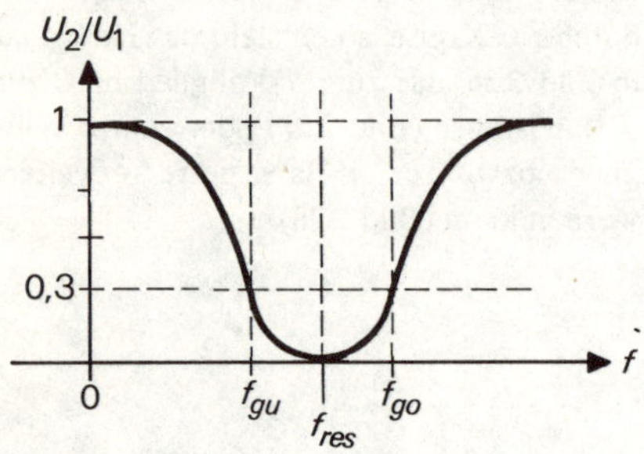

Bild 2.39 Durchlaßkurve (Frequenzgang) der Bandsperren nach Bild 2.36—2.38

obere und untere Grenzfrequenz definiert, beidseitig des Sperrbereichs sinkt die Dämpfung wieder ab.

2.8. Schwingkreise

Wir haben bereits im Band 1 der Philips Lehrbriefe einige Eigenschaften der Parallel- und Reihenschwingkreise kennengelernt. Jetzt wollen wir uns etwas eingehender auch mit den dazugehörenden Formeln beschäftigen, mit denen Spule und Kondensator, Resonanzfrequenz, Kreisgüte und Bandbreite zu ermitteln sind.

Bekanntlich ist das Hauptmerkmal eines geschlossenen Schwingkreises, daß Resonanz dann auftritt, wenn die Bedingung $X_L = X_C$ erfüllt ist, d.h., der induktive Widerstand ωL und der kapazitive Widerstand $1/\omega C$ müssen gleich groß sein.

2.8.1. Reihenresonanzkreis

Zur Darstellung der einzelnen Phasen am Reihenresonanzkreis, der auch als Saugkreis oder Leitkreis bekannt ist, dient eine Meßanordnung wie in Bild 2.40a angegeben. Weiter sei angenommen, daß die Schwingkreiselemente verlustfrei sind (also aus reinen induktiven und kapazitiven Blindwiderständen bestehen) und rückwirkungsfrei an den HF-Generator und die Meßinstrumente angeschlossen sind.

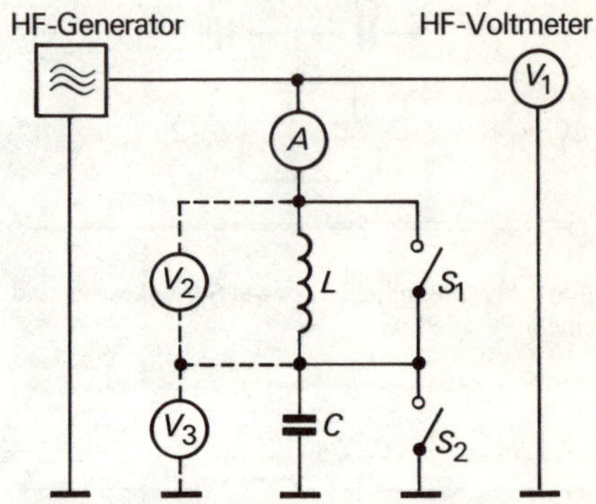

Bild 2.40a Meßanordnung zur Ermittlung des Verhaltens eines Reihenresonanzkreises

Als erstes sei das Verhalten der Spule allein untersucht, der Schalter S_2 ist daher geschlossen. Bei sehr tiefen Frequenzen (oder Gleichspannung) fließt ein relativ großer Strom durch die Spule, da deren Blindwiderstand X_L sehr klein (oder Null) ist. Das ändert sich mit steigender Frequenz, denn dann wird X_L größer und demzufolge der Strom I_L kleiner (Bild 2.40b). Die an der Spule abfallende Spannung bleibt annähernd gleich und hat die durch den Vektor angegebene Richtung.

Prüfen wir den Kondensator allein (Schalter S_1 geschlossen), so zeigt sich ein umgekehrtes Verhalten. Bei sehr tiefen

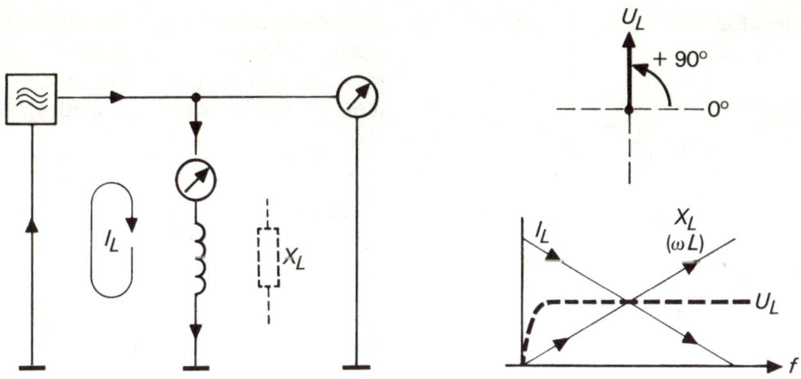

Bild 2.40b Verhalten der Spule allein

Frequenzen fließt ein relativ kleiner Strom durch den Kondensator (bei Gleichspannung gar keiner), da dessen Blindwiderstand X_C sehr groß (oder unendlich) ist. Auch hier ändert sich das Verhalten mit steigender Frequenz, da X_C kleiner wird und deshalb der Strom I_C zunimmt (Bild 2.40 c). Die am Kondensator abfallende

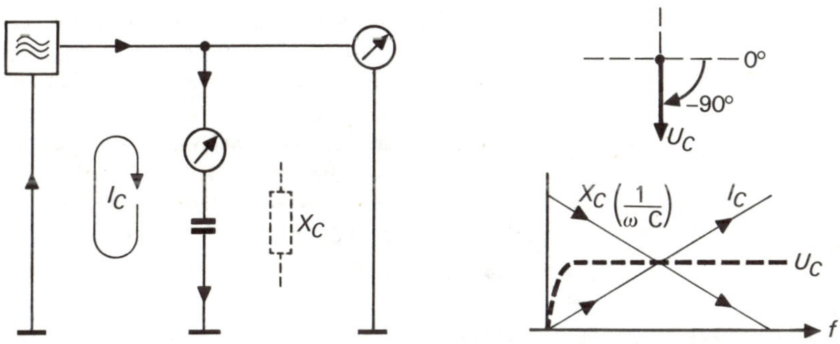

Bild 2.40c Verhalten des Kondensators allein

Spannung bleibt annähernd gleich und hat die durch den Vektor angegebene Richtung.

Sind beide Schalter offen, können wir das Verhalten von beiden Schwingkreiselementen untersuchen. Wie zu erwarten, zeigt sich bei sehr tiefen Frequenzen kein großer Stromfluß durch die Reihenschaltung, da der Kondensator dies mit seinem großen Blindwiderstand X_C verhindert. Die Spannungsteilung über den beiden Blindwiderständen wird von V_2 und V_3 angezeigt, und so ergibt sich an X_L ein sehr kleiner und an X_C ein sehr großer Wert. Am Schwingkreis bzw. über dem Schwingkreis kann daher die vom Generator kommende HF-Spannung mit dem Voltmeter V_1 nahezu in voller Höhe gemessen werden (Bild 2.41).

Bei sehr hohen Frequenzen ist dagegen die Spule mit ihrem jetzt großen Blindwiderstand X_L für den fließenden Strom bestimmend, der deshalb ebenfalls gering ist. Voltmeter V_1 zeigt eine Spannung an, die sich zusammensetzt aus der von V_2 angezeigten abzüglich der von V_3 angezeigten. Die Vektoren in Bild 2.42 machen das deutlich.

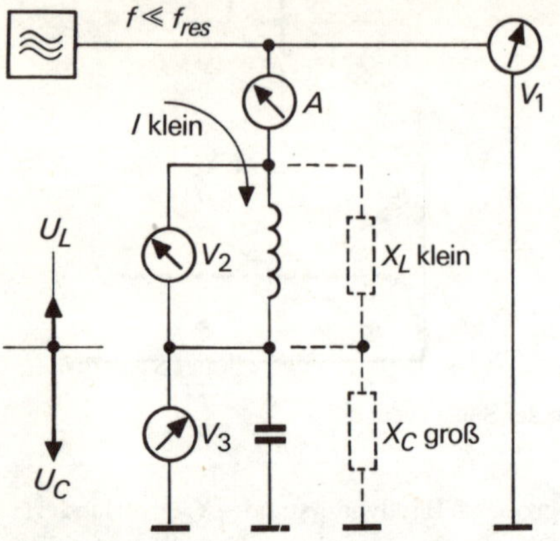

Bild 2.41 Der Reihenresonanzkreis zeigt kapazitives Verhalten

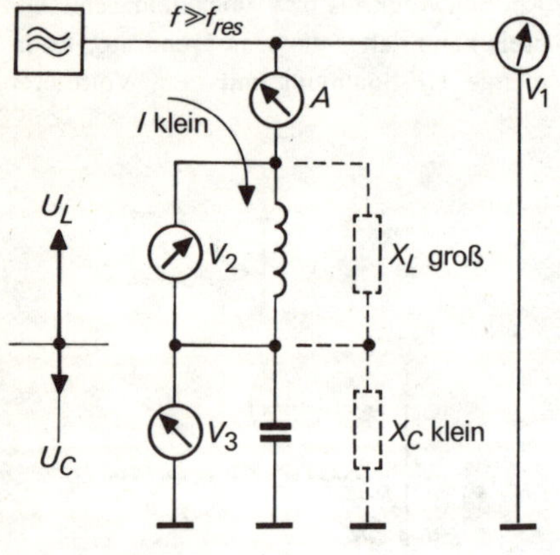

Bild 2.42 Der Reihenresonanzkreis zeigt induktives Verhalten

Zwischen den zwei Extremen

$$f \ll f_{res} \text{ und } f \gg f_{res}$$

liegt der Fall $f = f_{res}$, d. h., die beiden Blindwiderstände sind hier gleich groß. Und da sie einander phasenmäßig um 180° gegenüberliegen, heben sie sich auf, so daß der resultierende Kreiswiderstand jetzt praktisch Null ist! Der durch die Reihenschaltung fließende Strom erreicht dadurch einen Maximalwert. An beiden Blindwiderständen fallen demzufolge außerordentlich hohe Spannungen ab, die von den Voltmetern V_2 und V_3 angezeigt werden (Bild 2.43).

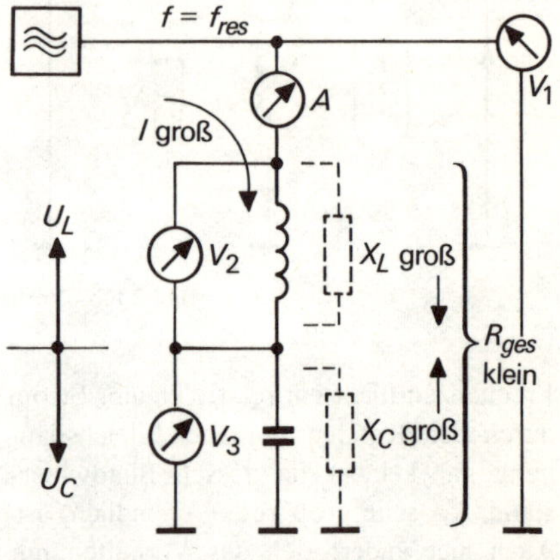

Bild 2.43 Der Reihenresonanzkreis zeigt ohmsches Verhalten

Da aber beide Spannungen in Gegenphase zueinander liegen, heben sie sich auf. Das Voltmeter V_1 zeigt also nichts an, d. h. über dem Schwingkreis steht keine Spannung, er wirkt wie ein Kurzschluß für die Resonanzfrequenz! Der Spannungsverlauf **über** einem Reihenresonanzkreis ist in Bild 2.44 dargestellt, der Stromverlauf **durch** den Kreis ist dick gestrichelt, die jeweilige Größe der beiden Blindwiderstände dünn gestrichelt angegeben.

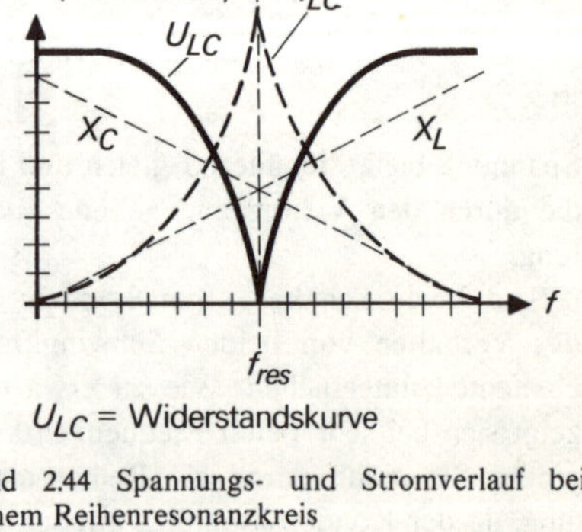

Bild 2.44 Spannungs- und Stromverlauf bei einem Reihenresonanzkreis

Im Resonanzfall zeigt der Reihenkreis also ein rein ohmsches Verhalten. Hier müssen wir jetzt auch die stets vorhandenen Verluste einbeziehen, die in erster Linie durch den ohmschen Widerstand der Spule hervorgerufen werden. Man zeichnet ihn als Reihenwiderstand R_V in das Schaltschema ein (Bild 2.45). Er ist dafür maßgebend, daß der Strom im Resonanzfall begrenzt wird und die Resonanzkurve eine »abgerundete« Form erhält. X_L, X_C und R_V ergeben zusammen die Impedanz Z, die den niederohmigen Resonanzwiderstand des Reihenkreises darstellt.

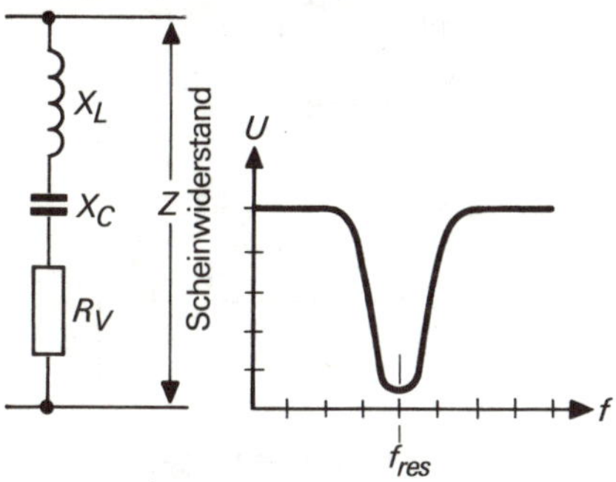

Bild 2.45 Reihenresonanzkreis mit Verlustwiderstand R_V

2.8.2. Parallelresonanzkreis

Für die Untersuchung des Parallelresonanzkreises dient die Meßanordnung nach Bild 2.46. Es gelten die gleichen Voraussetzungen wie zu Beginn beim Reihenresonanzkreis geschildert. Wir stellen als erstes das Verhalten der Spule allein fest, wozu Schalter S_1 geschlossen und am HF-Generator eine sehr tiefe Frequenz eingestellt wird. Die Spule weist in diesem Bereich einen sehr kleinen Blindwiderstand X_L auf, so daß ein relativ großer Strom durch die Spule fließt, der aber mit steigender Frequenz immer geringer wird. Damit trifft der in Bild 2.40 b dargestellte Zustand auch hier zu.

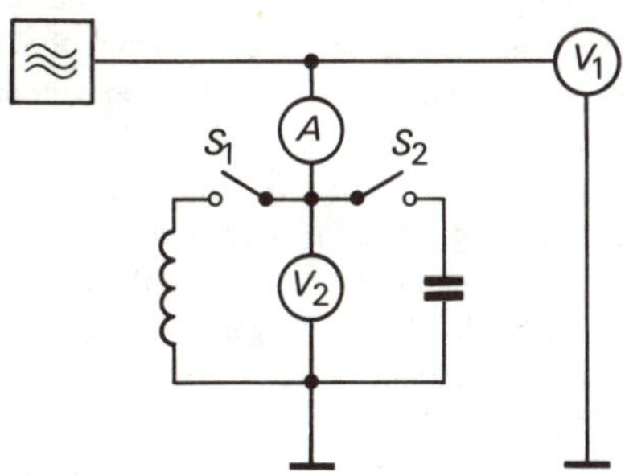

Bild 2.46 Meßanordnung zur Ermittlung des Verhaltens eines Parallelresonanzkreises

Für den Kondensator allein (S_1 geöffnet, S_2 geschlossen) gilt ein umgekehrtes Verhalten: Sein bei tiefen Frequenzen auftretender Blindwiderstand X_C wird mit steigender Frequenz kleiner, und der durch den Kondensator fließende Strom nimmt zu. Dies Verhalten ist mit dem in Bild 2.40 c skizzierten identisch. Um die Spannung an Spule und Kondensator zu messen, benötigt man hier nur ein Voltmeter (V_2), da beide Schwingkreiselemente parallel liegen.

Sind beide Schalter geschlossen, läßt sich das Verhalten des Parallelresonanzkreises bei $f = f_{res}$ nachweisen. Als gedankliche Hilfe sei dabei auf die in Bild 2.47 angegebene Umformung des Reihenkreises in einen Parallelkreis verwiesen. Es wird daraus bereits deutlich, daß der im Resonanzfall fließende Strom unterschiedliche Wege nimmt.

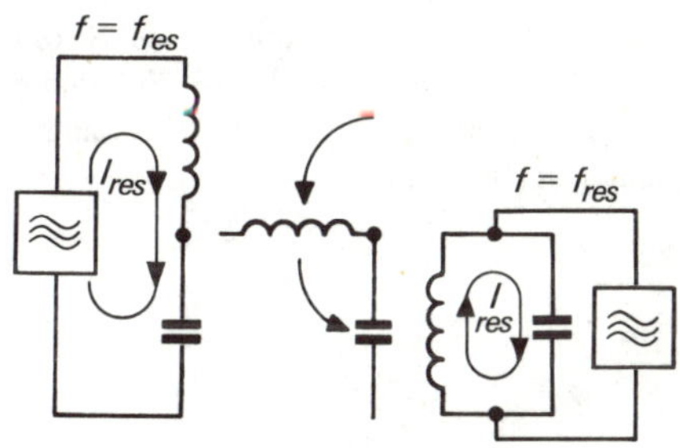

Bild 2.47 Aus einem Reihen- wird ein Parallelresonanzkreis

Doch sei zunächst der Fall $f \ll f_{res}$ anhand von Bild 2.48 betrachtet. Es tritt hier ein grundlegender Unterschied gegenüber der Reihenschaltung auf, da jetzt nicht der große Blindwiderstand X_C, sondern der parallelgeschaltete kleine Blindwiderstand X_L den durch den Kreis fließenden Strom bestimmt. Obwohl der Strom relativ groß ist, hat die am kleinen X_L abfallende Spannung nur einen kleinen Wert: beide Voltmeter zeigen deshalb auch nur einen geringen Ausschlag an.

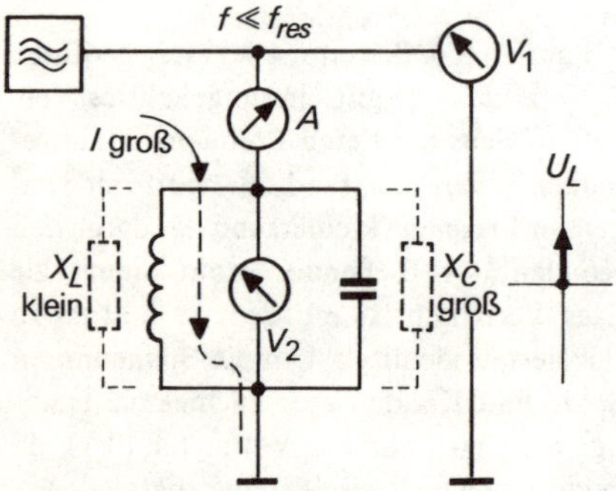

Bild 2.48 Der Parallelresonanzkreis zeigt induktives Verhalten

Im Fall $f \gg f_{res}$ liegt dem jetzt großen Blindwiderstand X_L der dann klein gewordene Blindwiderstand X_C parallel. Der durch ihn fließende, relativ große Strom ruft ebenfalls nur eine kleine Spannung hervor, wie es auch durch den Vektor angedeutet ist (Bild 2.49).

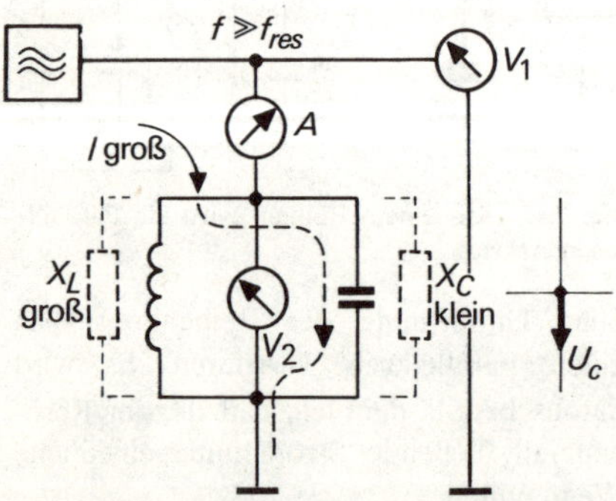

Bild 2.49 Der Parallelresonanzkreis zeigt kapazitives Verhalten

Nähert man nun die Frequenz aus dem HF-Generator der Resonanzfrequenz des Parallelkreises, wird der in den Kreis fließende Strom immer geringer, da der betreffende »kleinere« Blindwiderstand stetig größere Werte annimmt (Bild 2.50). Im

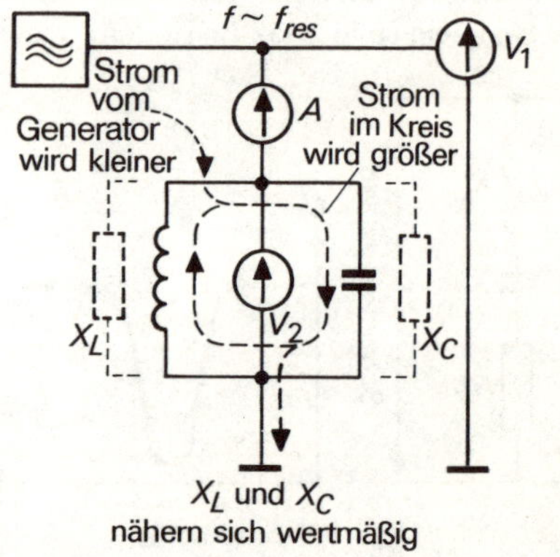

Bild 2.50 Der Parallelresonanzkreis nähert sich dem ohmschen Verhalten

Resonanzfall ergeben sich schließlich zwei gleich große Blindwiderstände, die einander um 180° gegenüberliegen und sich aufheben, so daß der resultierende Widerstand **innerhalb** des Schwingkreises jetzt Null ist!

Diese Vorgänge spielen sich ausschließlich innerhalb des Parallelkreises ab, in dem durch die aufgetretene Entdämpfung (Widerstand Null) ein sehr hoher Resonanzstrom zu fließen beginnt, der seine Richtung im Takt der Resonanzfrequenz ständig wechselt (Bild 2.51). Wenn aber im Kreis ein sehr großer Pendelstrom fließt, fallen wechselseitig an den einzelnen Blindwiderständen auch sehr hohe Spannungen ab, die von den Voltmetern V_1 und V_2 angezeigt werden. Wegen der Parallelschaltung kann man beide Blindwiderstände auch als einen gemeinsamen Resonanzwiderstand ansehen, in den (von außen betrachtet) kein Strom hineinfließt und der, da an ihm eine Spannung abfällt, einen unendlich hohen Widerstandswert mit ohmschem Verhalten haben muß. Der

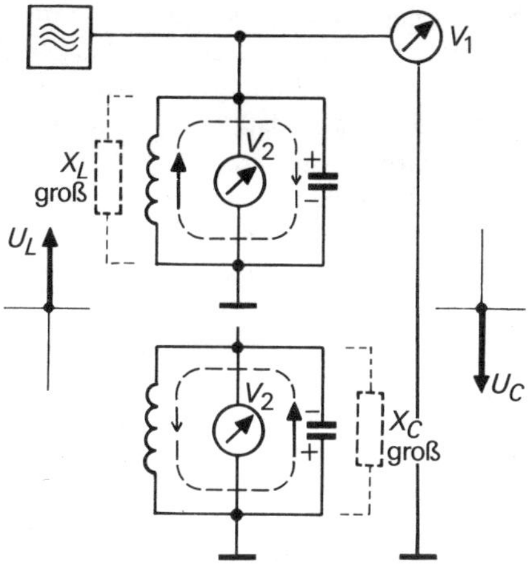

Bild 2.51 Im Resonanzfall fließt innerhalb des Kreises ein großer »Pendel-Strom«

Spannungsverlauf **über** einem Parallelresonanzkreis ist in Bild 2.52 dargestellt, der Stromverlauf **durch** den Kreis ist dick gestrichelt, die jeweilige Größe der Blindwiderstände dünn gestrichelt angegeben.

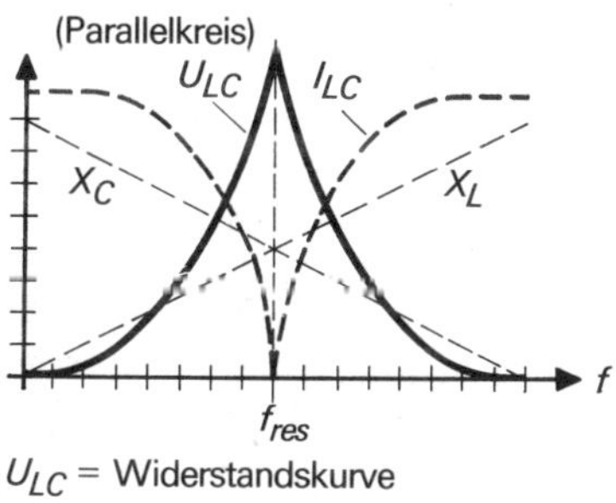

Bild 2.52 Spannungs- und Stromverlauf bei einem Parallelresonanzkreis

Natürlich treten auch beim Parallelkreis ohmsche Verluste auf, die vor allem durch die Spule hervorgerufen werden und die den theoretisch unendlich großen Resonanzwiderstand verkleinern sowie den Kreis bedämpfen. Man zeichnet diese Komponente deshalb zumeist als Dämpfungswiderstand R_d parallel zum Kreis, obwohl man sie auch in Reihe mit der Spule als R_V einfügen kann (Bild 2.53). Er gibt der Resonanzkurve die abgerundete Form. X_L, X_C und R_V bilden die Impedanz Z, die den hochohmigen Resonanzwiderstand des Parallelkreises darstellt.

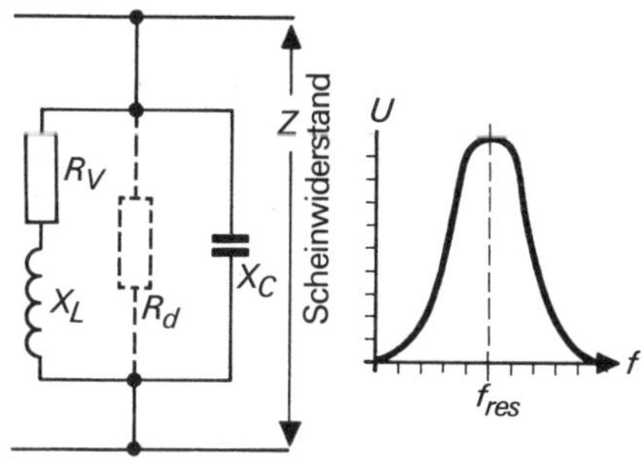

Bild 2.53 Parallelresonanzkreis mit Verlustwiderstand R_V bzw. R_d

2.8.3. Resonanzfrequenz

Für beide Schwingkreisarten gilt die Resonanzbedingung:

$$X_L = X_C$$

entsprechend

$$\omega L = \frac{1}{\omega C}$$

Wird ω herausgestellt, ergibt sich:

$$\omega = \sqrt{\frac{1}{L \cdot C}}$$

und da $\omega = 2\pi \cdot f$ ist, erhält man für f die Gleichung:

$$f = \frac{1}{2\pi\sqrt{L \cdot C}}$$

Diese Formel ist als Thomsonsche Schwingungsformel bekannt und erlaubt das Errechnen der Resonanzfrequenz f_{res} von Parallel- und Reihenresonanzkreisen. Da in obiger Formel die Einheiten mit Hz, H und F eingesetzt werden müssen, empfiehlt sich die Umformung durch Kürzen von 1 gegen 6,28 (2 π) und anschließendes Multiplizieren mit 10^6, aus der sich ergibt:

$$f_{res} = \frac{159\,000}{\sqrt{L \cdot C}}$$

wobei f in kHz, L in µH und C in pF anzugeben sind. Durch Umstellen der Gleichung

$$\omega^2 = \frac{1}{L \cdot C}$$

lassen sich auch C und L ermitteln:

$$C = \frac{1}{\omega^2 \cdot L} \quad \text{und } L = \frac{1}{\omega^2 \cdot C}$$

2.8.4. Resonanzkreisgüte

Wird an die Meßschaltung ein Parallelkreis gelegt und die Resonanzkurve aufgenommen (Bild 2.54), so erhält man z. B. eine Kurvenform A wie in Bild 2.55 dargestellt. Wenn der Kreis mit einem entsprechend

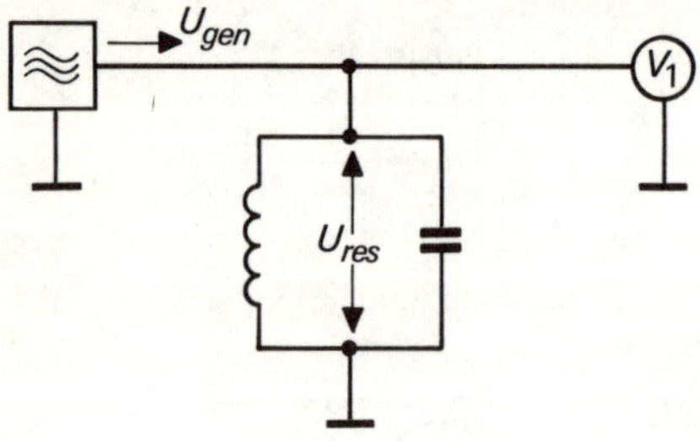

Bild 2.54 Anordnung zur Ermittlung der Resonanzkurve

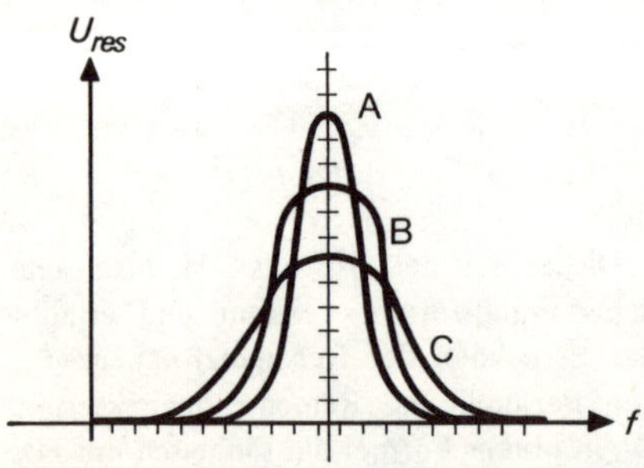

Bild 2.55 Einfluß der Dämpfung auf die Resonanzkurve

bemessenen Widerstand bedämpft wird, ergibt sich die Resonanzkurve B und bei noch stärkerer Dämpfung die Kurve C. Wir erkennen hieraus, daß die »Güte« eines Schwingkreises (sie wird mit Q = Qualität bezeichnet) bei geringer werdender Dämpfung ansteigt, wodurch sich eine ansteigende Resonanzspannung U_{res} einstellt.

Dies erreicht man durch Verwendung von hochwertigen Kondensatoren und Spulen mit möglichst kleinem Verlustfaktor, den man tan δ nennt (tangens delta). Wie schon erwähnt, spielen die Verluste in den Schwingkreiskondensatoren eine untergeordnete Rolle, so daß man zur Berechnung der Güte Q nur die Spule heranzieht und ihren Gütefaktor dem des Resonanzkreises gleichsetzt. Das Verhältnis von Resonanzspannung U_{res} zur zugeführten Spannung U_{gen} aus dem HF-Generator wird deshalb als Maßstab für die Güte genommen (Bild 2.54). Haben wir beispielsweise 0,1 V zugeführt und messen mit dem Voltmeter eine Resonanzspannung U_{res} von 20 V, so beträgt die Güte $Q = 20 : 0{,}1 = 200$. Ist U_{res} kleiner, sinkt auch die Güte des Kreises entsprechend.

Die Güte Q kann aber auch schon vor dem Erproben eines Kreises rechnerisch aus den üblichen Werten ermittelt werden. Dazu noch kurz eine Erläuterung des Spulenverlustwinkels tan δ, der mit dem schon aus Band 1 bekannten Phasenverschiebungswinkel in Beziehung steht. Wie erwähnt, werden der Verlustwiderstand R_V und der Blindwiderstand $X_L = \omega L$ geometrisch addiert (Bild 2.56).

Der Winkel φ gibt dabei die Phasenverschiebung an, und wir sehen, daß die zu 90° auftretende Differenz vom Verlustwinkel δ gebildet wird. Dessen Tangens benutzt man, um die Spulendämpfung d anzugeben, und zwar nach der Formel:

$$\text{Verlustfaktor tan } \delta = \text{Dämpfung } d =$$

$$= \frac{\text{Verlustwiderstand } R_V}{\text{Blindwiderstand } X_l} = \frac{R_V}{\omega L}$$

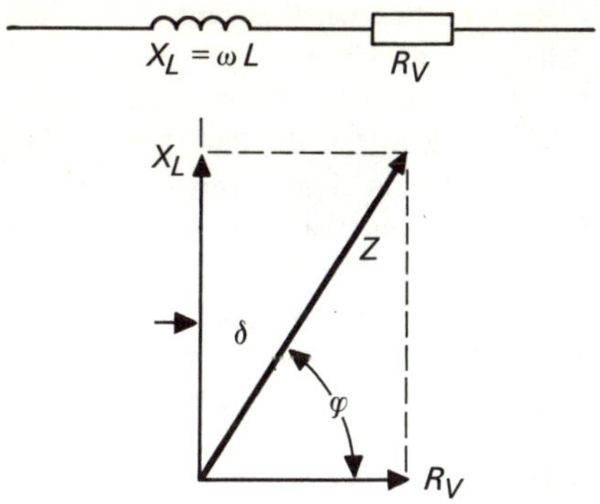

Bild 2.56 Zusammenhang zwischen Verlustwinkel tan δ und Phasenverschiebung φ. Der Verlustwinkel ist gleich der Differenz von 90° und dem Phasenverschiebungswinkel

Die Güte Q einer Spule steht mit dem Verlustfaktor insofern in Beziehung, als sie der Kehrwert ist, d. h.

$$Q = \frac{1}{\tan \delta} = \frac{1}{d} = \frac{\omega L}{R_V}$$

Wie schon erwähnt, setzt man die Spulengüte gleich der Resonanzkreisgüte und erhält als Formel für beide Schwingkreisarten:

$$\boxed{Q = \frac{X_L}{R_V} = \frac{\omega L}{R_V}}$$

Der Resonanzwiderstand eines Parallelkreises ist hochohmig, der des Reihenkreises niederohmig. Beide stehen in enger Beziehung zur Kreisgüte und zum Blindwiderstand X_L, denn der Resonanzwiderstand eines Parallelkreises ist Qmal größer und der des Reihenkreises Qmal kleiner als X_L (oder als X_C, da im Resonanzfall beide Blindwiderstände gleich groß sind).

Für den Parallelkreis kann man also schreiben:

$$\text{Resonanzwiderstand } R_{res} = Q \cdot \omega L$$

$$\text{oder } Q \cdot \frac{1}{\omega C}$$

Da Q aber auch $\omega L / R_V$ ist, kann dieser Ausdruck in die Formel

$$R_{res} = Q \cdot \frac{1}{\omega C}$$

eingesetzt werden, und es entsteht für R_{res} die einfache Formel

$$\frac{L}{C \cdot R_V} \quad (L \text{ in H}, C \text{ in F}, R_V \text{ in } \Omega)$$

Für den Reihenkreis lautet die Formel

$$R_{res} = \frac{\omega L}{Q} \text{ oder } \frac{1}{Q \cdot \omega C}$$

Ein Beispiel: $Q = 180$, $f_{res} = 800$ kHz und $C = 100$ pF. Wir rechnen nach der Formel

$$R_{res} = Q \cdot \frac{1}{\omega C}$$

und bestimmen zunächst

$$\frac{1}{\omega C} = \frac{1}{6{,}28 \cdot 8 \cdot 10^5 \cdot 10^{-10}} = 1990\ \Omega$$

abgekürzte Formel:

$$\frac{159\,000}{f \cdot C} = \frac{159\,000}{0{,}8\ \text{MHz} \cdot 100\ \text{pF}} = 1990\ \Omega$$

Das Ergebnis mit $Q = 180$ multipliziert liefert den Resonanzwiderstand von 358 200 Ω = 358 kΩ. Die Rechnung für den Reihenkreis ergibt nach der Formel

$$\frac{X_C}{Q} = \frac{\frac{1}{\omega C}}{Q} = \frac{1}{Q \cdot \omega C} =$$

$$= \frac{1}{180 \cdot 6{,}28 \cdot 8 \cdot 10^5 \cdot 10^{-10}}$$

einen Resonanzwiderstand von 11 Ω.

2.8.5. Bandbreite

Der Begriff Bandbreite wurde in den vorhergehenden Abschnitten schon verwendet. Man versteht hierunter einen definierten Abstand zwischen den beiden Flanken eines Resonanzkreises, und zwar beim

0,7fachen der Kurvenhöhe bzw. des Scheitelpunkts (Bild 2.57). Es ist leicht einzusehen, daß die Bandbreite von der Kreisgüte abhängig ist, jedoch spielt auch die Resonanzfrequenz eine Rolle. So haben beispielsweise Resonanzkreise im Langwel-

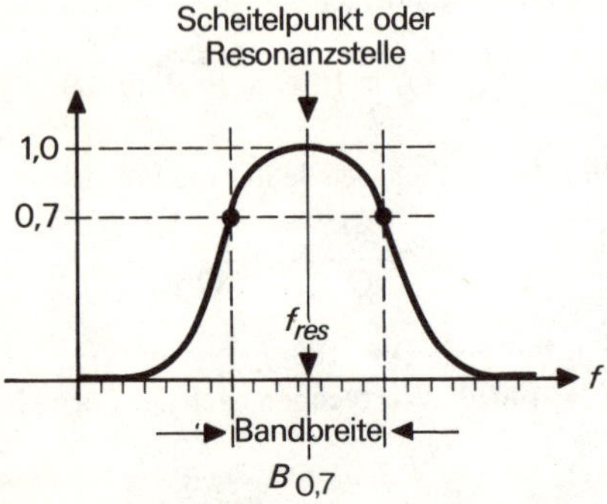

Bild 2.57 Resonanzkurve mit Bandbreitenangabe

lenbereich relativ schmale Bandbreiten (ca. 2–3 kHz) und große Resonanzwiderstände (= Güte), während Resonanzkreise im Kurzwellenbereich Bandbreiten zwischen 50 und 200 kHz aufweisen können. Im UKW-Bereich sind die Bandbreiten der HF-Kreise noch weitaus größer und betragen rund 1 MHz und mehr, die resultierenden Resonanzwiderstände liegen bei einigen kΩ.

Für die Berechnung der Bandbreite *B* gibt es eine Formel, nach der die Resonanzfrequenz durch die Güte geteilt wird. Bei unserem Beispiel mit einem Parallelkreis für 800 kHz und $Q = 180$ erhalten wir nach der Gleichung

$$B_{0,7} = \frac{f_{res}}{Q}$$

eine 0,7-Bandbreite von 800/180 = 4,44 kHz. Ein Resonanzkreis mit geringer Güte, z. B. für den UKW-Bereich, hat bei einer Resonanzfrequenz von 90 MHz und einem *Q* von 100 eine Bandbreite von 900 kHz.

Bei der Resonanzfrequenz haben alle Schwingkreise ein rein ohmsches Verhalten, d. h., Strom und Spannung der anliegenden Frequenz sind miteinander in Phase. Wir haben in diesem Kapitel jedoch erfahren, daß unterhalb und oberhalb der Resonanzstelle Phasenverschiebungen auftreten, d. h., die Kreise zeigen dann induktives oder kapazitives Verhalten. Die Phasenverschiebung beträgt beim 0,7fachen der Bandbreite ± 45° gegenüber dem Scheitelpunkt der Durchlaßkurve (Bild 2.58). Beim Bemessen von Bandfiltern in

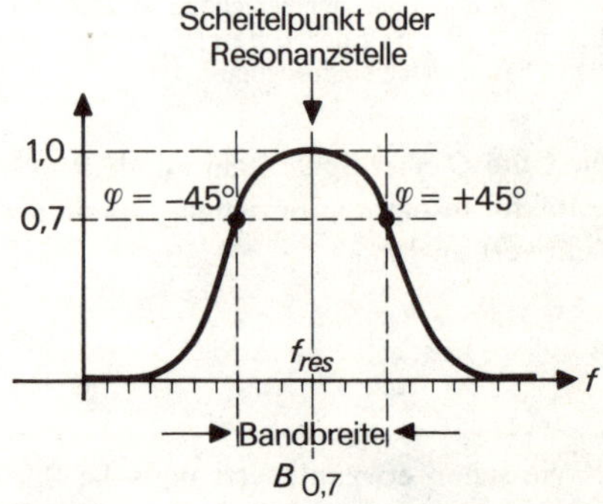

Bild 2.58 Resonanzkurve mit negativer und positiver Phasenverschiebung gegenüber der Resonanzstelle

Zwischenfrequenzverstärkern muß u. a. darauf geachtet werden, daß die Bandbreite nicht zu klein und die Einsattelungen nicht zu groß werden, damit das Signal durch Phasendrehung nicht verfälscht wird. Man sagt hierzu auch: die »Gruppenlaufzeit« durch das Filter muß für alle in Betracht kommenden Frequenzen gleich sein.

2.9. Nomogramme

Nomogramme, auch Rechentafeln genannt, erleichtern bzw. ersparen dem Praktiker in manchen Fällen umständliche und langwierige Rechenoperationen. Die hier gebrachten Nomogramme stellen einige typische und thematisch passende Beispiele dar.

Nomogramm 1

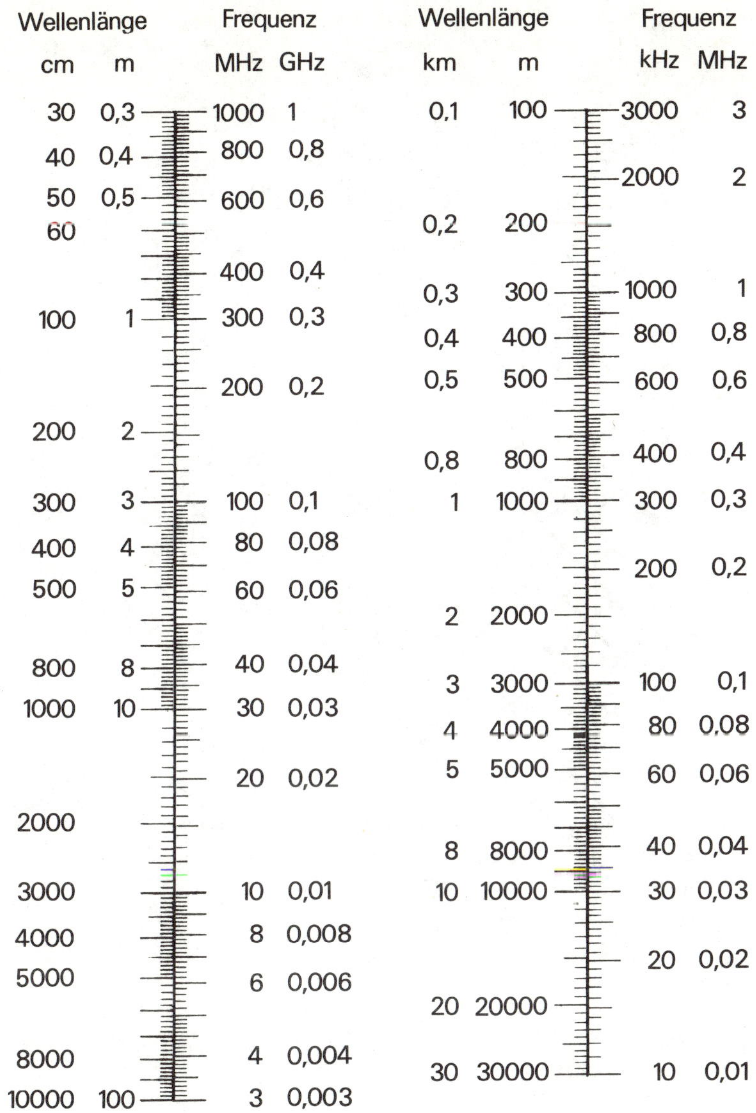

Nomogramm 1

In diesem Nomogramm kann Wellenlänge in Frequenz und umgekehrt Frequenz in Wellenlänge umgesetzt werden. Die grafische Darstellung ersetzt also die Formeln

$$\lambda = \frac{300\,000}{f} \text{ und } f = \frac{300\,000}{\lambda}$$

Zum Ablesen brauchen keine Linien gezogen zu werden, da man unmittelbar vom bekannten auf den danebenliegenden, gesuchten Wert übergehen kann: Einer Frequenz von 300 MHz entspricht eine Wellenlänge von 1 m und einer Wellenlänge von 5000 m sind 60 kHz als Frequenz zuzuordnen.

Nomogramm 2

$\frac{U}{I} = R \quad \frac{U}{R} = I \quad I \cdot R = U \quad P = U \cdot I \quad P = I^2 \cdot R \quad P = \frac{U^2}{R}$ (V, A, Ω, W)

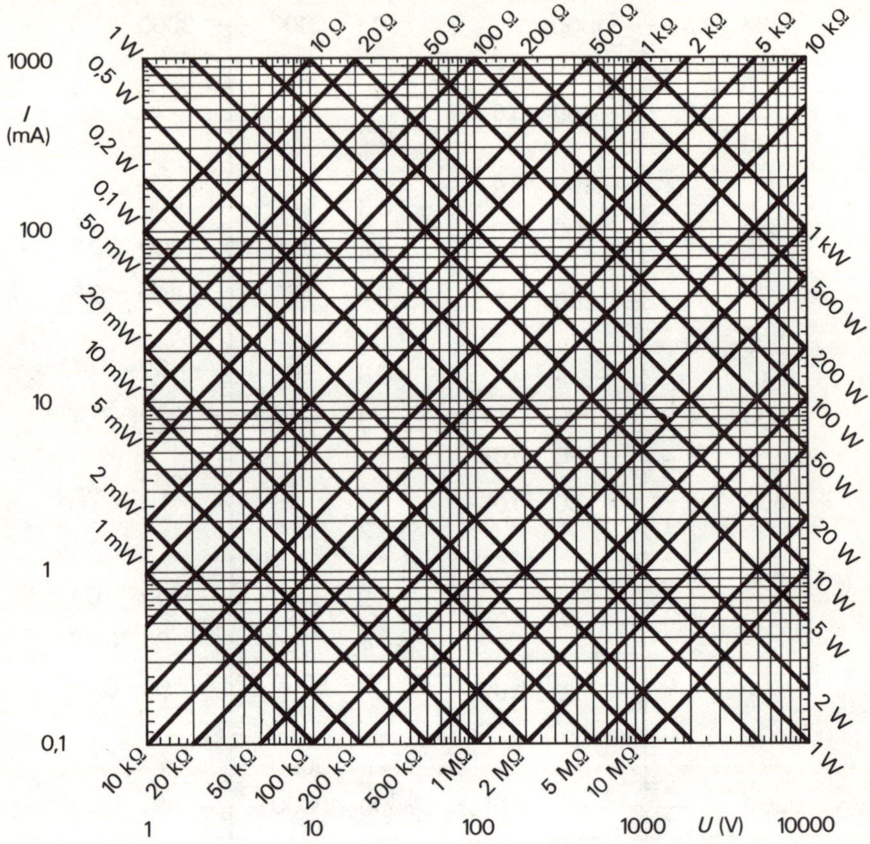

Nomogramm 2

Diese Rechentafel gibt Aufschluß über die Zusammenhänge zwischen Spannung, Strom, Widerstand und Leistung. Es handelt sich demnach um das Ohmsche Gesetz, das hier als Nomogramm dargestellt ist. Widerstände sind als wertgleiche Diagonalen von links nach rechts eingetragen, die Widerstandswerte steigen von oben links nach unten rechts. Die Leistung steigt wertmäßig von unten links nach oben rechts ebenfalls in diagonalen Linien an. Der Strom ist als Skala von 0,1 bis 1000 mA auf der Y-Achse und die Spannung als Skala von 1 bis 10000 V auf der X-Achse eingezeichnet. Einige Beispiele: $U = 10$ V, $R = 100\,\Omega$, $I = ?$ Lösung: 10-V-Senkrechte nach oben, vom Schnittpunkt 100 Ω nach links zur Stromskala, abgelesener Wert = 100 mA. Wird der Widerstand gesucht und sind gegeben $U = 10$ V und $I = 100$ mA, geht man z. B. von der Stromskala nach rechts und liest beim Schnittpunkt 10 V den Wert 100 Ω ab. Sinngemäß ermittelt man aus R und I die Spannung U und die Leistung P (in diesem Fall 1 W auf der Diagonalen durch den Schnittpunkt 10 V — 100 Ω — 100 mA).

Nomogramm 3

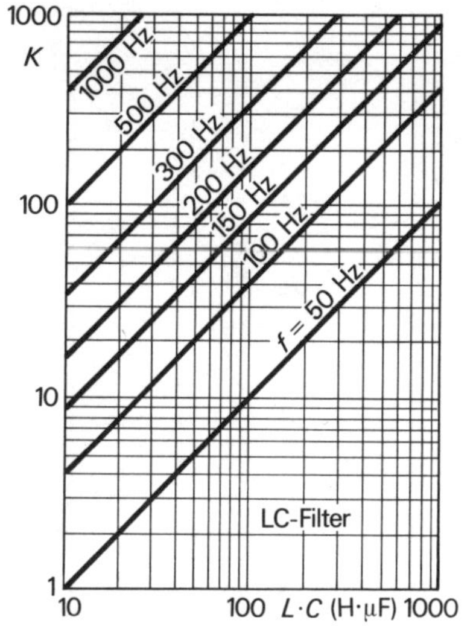

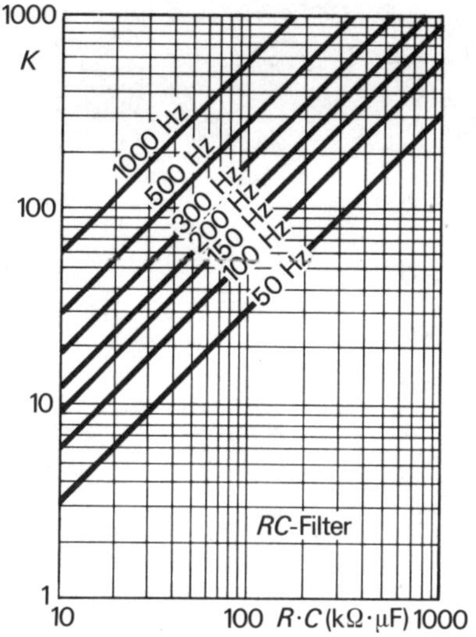

Siebfaktor $K = \frac{U_1}{U_2}$

Nomogramm 3

Bei der Behandlung der *LC*- und *RC*-Filter (Tiefpaß) wurde darauf hingewiesen, daß sie auch als Siebglieder, vorwiegend in Netzteilen, verwendet werden. Ihre Siebwirkung äußert sich darin, daß sie den die Gleichspannung überlagernden, störenden Wechselspannungsanteil herabsetzen. Der »Siebfaktor« *K* eines *LC*- oder *RC*-Filters kann anhand der hier abgebildeten Nomogramme ermittelt werden. Er stellt das Verhältnis von Eingangs- zu Ausgangsspannung des Filters dar. Bei beiden Nomogrammen ist auf der X-Achse das Produkt aus *L* und *C* bzw. *R* und *C* angegeben: z. B. ergeben ein Elektrolytkondensator von 250 µF und eine Drossel von 2 H den Wert 500. Geht man von der X-Achse bei 500 nach oben, so ergibt der Schnittpunkt bei 50 Hz (Einweggleichrichtung) einen Siebfaktor *K* von 50 und bei 100 Hz (Zweiweg- oder Brückengleichrichtung) einen Wert von 200. Ein *RC*-Filter mit 1 kΩ und 100 µF hat bei 50 Hz einen Siebfaktor von 30 und bei 100 Hz von 60.

Nomogramm 4

Im *RC*-Nomogramm Seite 42 können Zeitkonstante und Grenzfrequenz eines *RC*-Glieds festgestellt werden. Die Zeitkonstante $\tau = R \cdot C$ kann hierbei in µs und s, die Grenzfrequenz

$$f_g = \frac{1}{2\,\pi \cdot \tau}$$

in kHz oder MHz angegeben werden. Es ist jedoch beim Ablesen der Werte darauf zu achten, daß der Widerstand in kΩ oder MΩ und der Kondensator in nF oder µF richtig eingesetzt werden. Ein Beispiel: *R* = 200 kΩ, *C* = 5 nF, τ = ? Lösung: Die Punkte 200 kΩ auf der *R*-Skala und 5 nF auf der *C*-Skala werden durch eine Gerade verbunden. Im Schnittpunkt der Geraden mit der τ-Skala kann der Wert 10^3 µs = 1 ms abgelesen werden. Die Grenzfrequenz des *RC*-Glieds von 200 kΩ und 5 nF liegt bei 160 Hz, wäre der Kondensator z. B. nur 50 pF groß, läge die Grenzfrequenz bei etwa 16 kHz.

Nomogramm 4

Zeitkonstante $\tau = R \cdot C$ (s, Ω, F)

Grenzfrequenz $f_g = \frac{1}{2 \cdot \pi \cdot \tau}$ (Hz, s)

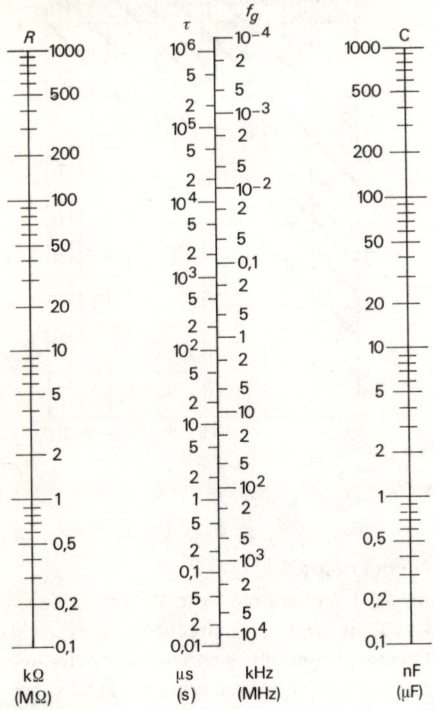

Nomogramm 5

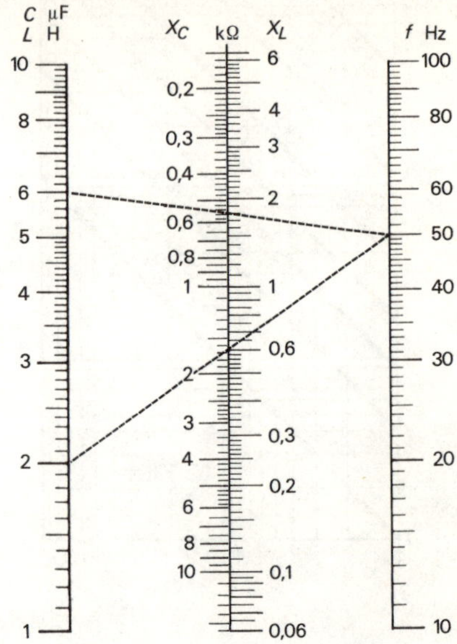

Nomogramm 5

Diese grafische Darstellung ist speziell für Bemessungsfragen bei Elektrolytkondensatoren und Siebdrosseln in Netzteilen, d. h. für den niederfrequenten Bereich der Netzwechselspannung gedacht. Zu ermitteln sind die Blindwiderstände von Kondensatoren und Spulen, d. h., das Nomogramm ist ein Ersatz für die Formeln

$$X_C = \frac{1}{2\,\pi \cdot f \cdot C} \text{ und } X_L = 2\,\pi \cdot f \cdot L$$

Auf der linken Skala befindet sich die Teilung für *C*- und *L*-Werte, die rechte Skala enthält die Frequenzteilung. Die gesuchten Größen der Blindwiderstände können der mittleren Skala entnommen werden, links ist die Teilung für X_C und rechts für X_L eingetragen. Reichen die auf der linken Skala angegebenen Größen für Kondensator und Spule nicht mehr aus, so können die Skalenwerte mit 10 oder 100 multipliziert werden, wobei natürlich die Werte auf der mittleren Skala im gleichen Verhältnis verändert werden müssen. Das heißt, die Werte für X_L müssen mit dem gleichen Faktor multipliziert, die Werte für X_C durch diesen Faktor dividiert werden. Ein Beispiel: f = 50 Hz, C = 2 µF, X_C = 1,6 kΩ; bei C = 20 µF teilen wir 1,6 kΩ : 10 und erhalten 160 Ω, bei 200 µF lautet das Resultat 16 Ω für X_C. Sinngemäß ist zu verfahren, wenn die Werte auf der rechten Skala verändert werden. Ein zweites Beispiel: f = 50 Hz, X_L ca. 1,9 kΩ, L = ? Die Gerade schneidet bei 6 H, das ist der gesuchte Induktivitätswert für die Netzdrossel mit einem Blindwiderstand von ca. 1,9 kΩ.

Nomogramm 6

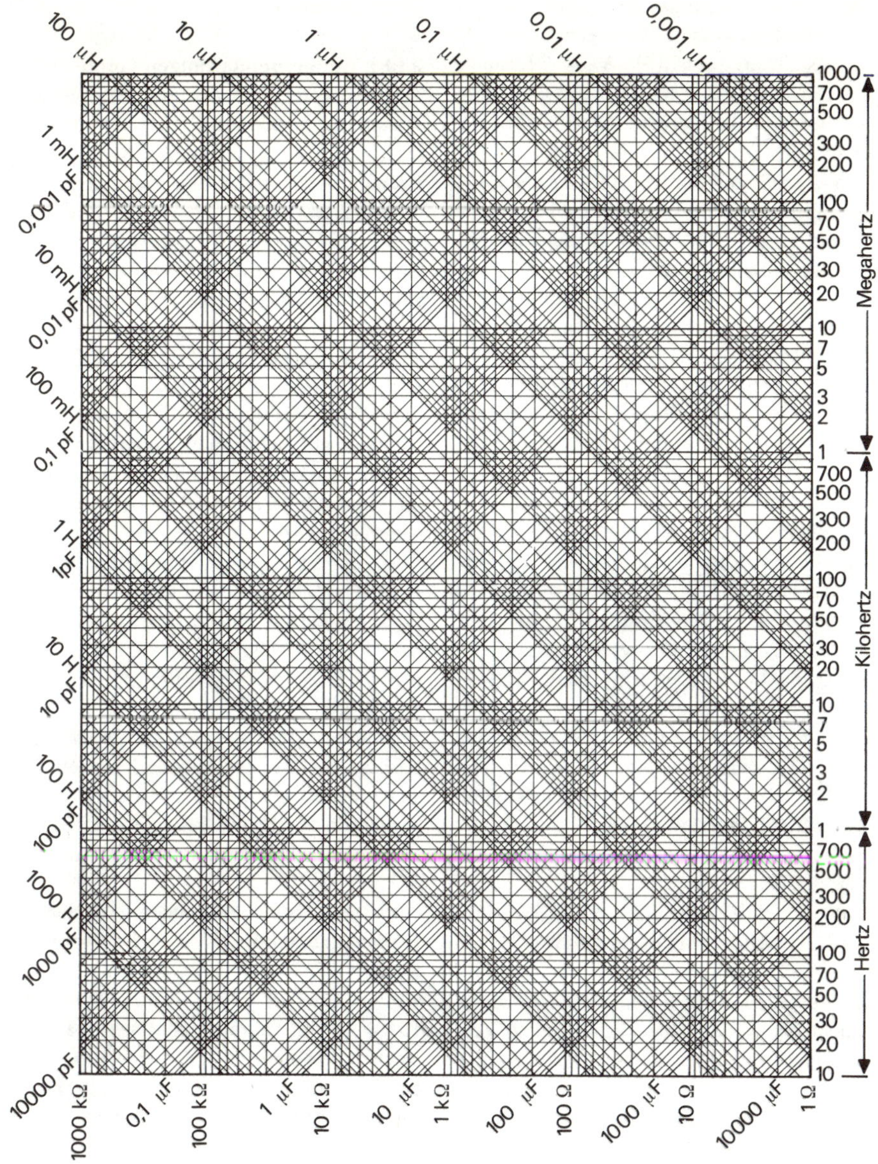

Nomogramm 6
Eine für die praktische Arbeit sehr vorteilhafte Zusammenstellung elektrischer Werte für *L* und *C* sowie Frequenzangaben und Widerstandsgrößen ist im Nomogramm 6 enthalten, das als L-C-X_L-X_C-f-Nomogramm bekannt ist und in der Technikersprache u. a. als »HF-Tapete« bezeichnet wird. Es lassen sich mit dieser grafischen Darstellung die erforderlichen *L*- und *C*-Werte für Schwingkreise ermitteln, desgleichen die Blindwiderstände X_L

und X_C sowie Resonanzfrequenzen, Grenzfrequenzen usw.

Nachfolgend einige Beispiele:

f = 100 kHz, C = 500 pF, X_C = ? Lösung: Auf der 100-kHz-Linie nach links, Schnittpunkt bei 500 pF ergibt auf der R-Skala unten 3,2 kΩ.

Wie groß muß bei f = 100 kHz und C = 500 pF die Spule sein? Lösung: Beim Schnittpunkt 100 kHz/500 pF auf der diagonalen L-Linie ablesen: 5 mH.

Wie groß darf die Parallelkapazität zu einem Widerstand von 3 kΩ sein, wenn die Grenzfrequenz ca. 5 MHz beträgt? Lösung: Bei 3 kΩ nach oben gehen, am Schnittpunkt mit 5-MHz-Linie ablesen: 10 pF; soll bei 5 MHz eine Spule den Frequenzbereich etwas »anheben«, so ergibt sich ein Wert von ca. 100 µH.

Welcher Frequenzbereich wird erfaßt mit einem L von 500 µH und einem Drehkondensator von 50–500 pF? Lösung: Am Schnittpunkt 500 µH/500 pF kann rund 350 kHz abgelesen werden, und am Schnittpunkt 500 µH/50 pF heißt die Frequenz 1 MHz. Die Frequenzvariation Δf beträgt also 1000 − 350 = 650 kHz. Wie ist die Grenzfrequenz eines RC-Glieds von 200 kΩ und 5 nF? Lösung: Am Schnittpunkt 200 kΩ/5 nF ablesen: ca. 160 Hz.

2.10. Rechnen mit dem Dezibel

In fast allen technischen Beschreibungen taucht bei der Angabe von Leistung, Verstärkungsgrad oder ähnlichen Daten der Begriff Dezibel auf, abgekürzt dB geschrieben. Die Bezeichnung erinnert an den amerikanischen Physiker Graham Bell (1847–1922), nach ihm wurde die Einheit »Bel« genannt. Sie ergibt jedoch recht unhandliche Werte, so daß in der täglichen Praxis mit dem zehnten Teil des Bel, dem »Dezi-Bel« (dB) gerechnet wird. Das Dezibel ist jedoch keine Maßeinheit wie etwa Meter oder Gramm. Es läßt lediglich das Verhältnis zweier gemessener Werte zueinander erkennen.

2.10.1. Einige Bemerkungen vorab

Dezibel-Werte sind auf Logarithmen aufgebaut, die bestimmte Rechenvorgänge erleichtern bzw. vereinfachen. Um das zu erkennen, sei an einige mathematische Grundlagen erinnert.

Bei der Gleichung $3^X = 9$ soll eine Zahl gefunden werden, die angibt, wie oft die 3 zum Multiplizieren hintereinandergesetzt werden muß, damit 9 herauskommt. Wir wissen natürlich, daß für x die Zahl 2 zu setzen ist, denn $3^2 = 9$. Das Suchen nach dem Wert des Exponenten, der hochgestellten Zahl, nennt man »logarithmieren«. Und um dieses Logarithmieren geht es im folgenden, da es bei der Dezibel-Rechnung gebraucht wird.

In den bekannten Logarithmentafeln sind viele Zahlenwerte enthalten, mit deren Hilfe schwierige Rechnungen (z. B. $8{,}26^{17{,}4}$ oder $\sqrt[5{,}5]{9}$) leichtgemacht werden. Man findet nämlich in den Zahlenkolonnen der Tafeln alle Werte von Exponenten, die zu einer bestimmten Potenz gehören, wobei die Basis stets 10 ist. Die Tabelle 2.1 macht das an einfachen »glatten« Zahlen deutlich. Die gesuchten Werte der jeweiligen Exponenten stehen in der mittleren Spalte als »Logarithmus«.

Wie aber steht's mit anderen Zahlen als Exponenten mit der Basis 10, bei denen die Rechnung nicht so glatt aufgeht, z. B. bei $10^X = 3$, bei $10^X = 4$, bei $10^X = 16$ oder $10^X = 50$? Es soll hier nicht weiter auf die Rechenmethode eingegangen werden, daher wurden einfach die Resultate zusammengestellt. Auch diese Werte kann man aus den Logarithmentafeln direkt ablesen, wenn man bei 3 oder 4 oder 16 oder 50 nachschaut (Tabelle 2.2).

Tabelle 2.1 Logarithmen für volle Zehnerpotenzen

Aufgabe	Lösung	Probe
$10^X = 1$	$x = 0$	$10^0 = 1$
$10^X = 10$	$x = 1$	$10^1 = 10$
$10^X = 100$	$x = 2$	$10^2 = 100$
$10^X = 1\,000$	$x = 3$	$10^3 = 1\,000$
$10^X = 10\,000$	$x = 4$	$10^4 = 10\,000$

Tabelle 2.2 Logarithmen für beliebige Zahlen

Aufgabe	Lösung	Probe
$10^X = 3$	$x = 0{,}4771$	$10^{0,4771} = 3$
$10^X = 4$	$x = 0{,}6021$	$10^{0,6021} = 4$
$10^X = 16$	$x = 1{,}2041$	$10^{1,2041} = 16$
$10^X = 50$	$x = 1{,}6990$	$10^{1,6990} = 50$

2.10.2. dB-Anwendungen

Das ursprünglich verwendete Bel, mit dem man den Wert des Briggschen Logarithmus des Verhältnisses angibt, lautet als Formel geschrieben:

$$\text{Bel} = \lg \frac{P_2}{P_1}$$

wobei P_1 die Eingangs- und P_2 die Ausgangsleistung darstellt.

Dabeit setzte man fest, daß eine Leistungserhöhung um jeweils das 10fache (also z. B. von 1 auf 10 oder 10 auf 100 usw.) 1 Bel sein soll, d. h. 1 Bel = 10fach, 2 Bel = 100fach, 3 Bel = 1000fach, 4 Bel = 10 000fach, 5 Bel = 100 000fach, 6 Bel = 1 000 000fach. Weil sich von Bel zu Bel jedoch sehr große Zahlensprünge ergeben können, verließ man die verhältnismäßig große Einheit Bel (B) und benutzt in der Praxis jetzt das Dezibel (dB). 1 B sind also 10 dB. Somit gilt als Formel:

$$\text{dB} = 10 \lg \frac{P_2}{P_1}$$

und damit entsprechen 10 dB = 10facher, 20 dB = 100facher, 30 dB = 1000facher, 40 dB = 10 000facher, 50 dB = 100 000facher und 60 dB = 1 000 000facher Leistung.

Wollen wir eine beliebige dB-Angabe »entschlüsseln«, so teilen wir den Wert durch 10 und erhalten dann den Logarithmus des Verstärkungsfaktors. Den absoluten Betrag dieses Faktors zu ermitteln, bereitet keine Schwierigkeit, wenn wir uns erinnern, daß der Logarithmus auf die Basis 10 bezogen ist und angibt, wie oft die 10 mit sich selbst multipliziert werden muß. Hierfür ein Beispiel: Wie hoch ist die Leistungsverstärkung bei 40 dB? Die Antwort heißt: 40 durch 10 = 4, demnach ist $10^4 = 10 \cdot 10 \cdot 10 \cdot 10$ = 10 000fach.

Ganzzahlige Exponentenwerte wie 0, 1, 2, 3 oder 4 lassen also sofort den Verstärkungsfaktor erkennen: 0 = 1fach (10^0), 1 = 10fach (10^1), 2 = 100fach (10^2), 3 = 1000fach (10^3), 4 = 10 000fach (10^4) usw. Bei Exponentenwerten in Dezimalbrüchen geben die Stellen Zwischenwerte an, z. B. 0,6 = 4fach, 1,6 = 40fach, 2,6 = 400fach, 3,6 = 4000fach, 4,6 = 40 000fach. Den Wert 4 ermitteln wir in der Logarithmentafel als Numerus zum Logarithmus 0,6 (genau 0,6021).

Eine Leistungsverstärkung von 37 dB errechnet sich folgendermaßen: 37 durch 10 = 3,7. Die 3 sagt aus, daß es sich um Tausender handelt, und der 7 hinter dem Komma liegt in der Logarithmentafel die Zahl 0,699 am nächsten, deren zugehöriger Numerus ist 5. Das ergibt zusammen 1000 mal 5 = 5000fache Verstärkung. Mit Hilfe der Skala in Bild 2.59, deren obere Seite linear und deren untere Seite logarithmisch geteilt ist, kann man derartige Werte auch ohne Tabelle ermitteln.

Die eben erwähnten Verstärkungsbeispiele sind aber in der genannten Form nicht ganz vollständig, weil keine Angabe über den Bezugspegel vorliegt, sondern lediglich die Größenordnung des Leistungsgewinns von z.B. 40 dB bekannt ist. Der dB-Wert ist daher in dieser Form nur ein relatives Maß, und die Vergleichs- oder Bezugsgröße müßte eigentlich jedesmal mit angegeben werden. Ist die Eingangsleistung eines Verstärkers z.B. 1 mW, so beträgt bei einem Gewinn von 40 dB die Ausgangsleistung 10 W (Tabelle 2.3).

Um von den relativen zu absoluten Angaben zu kommen, hat man feste Normwerte für die Bezugsgrößen eingeführt. Sie erlauben nicht nur eine einfache Anwendung der logarithmischen Rechenweise beim Erfassen der jeweiligen Verstärkungs- oder Dämpfungswerte, sondern ermöglichen auch das leichte Ermitteln der tatsächlichen Spannungs-, Strom- oder Leistungswerte. Leider hat man sich international nicht auf einheitliche Bezugspegel einigen können. So sind in den USA z.B. andere Werte als in Europa gebräuchlich.

Tabelle 2.3 Pegelwerte für Leistungen und Spannungen

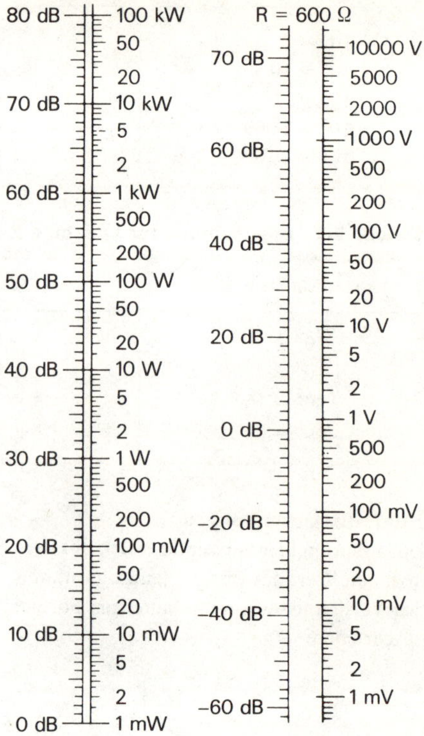

Aus dem Stromkreis in Bild 2.60 gehen die hier geltenden Bezugsgrößen hervor; der Generator mit einem Innenwiderstand von 600 Ω gibt eine Spannung von 0,775 V ab, die am Außenwiderstand von 600 Ω eine Leistung von 1 mW hervorruft, wobei durch den Widerstand ein Strom von 1,29 mA fließt. Damit ist man in der Lage, definierte, d.h. absolute, dB-Werte anzugeben, z.B. hinsichtlich einer Leistungsverstärkung (50 dB sind immer 100 W) oder

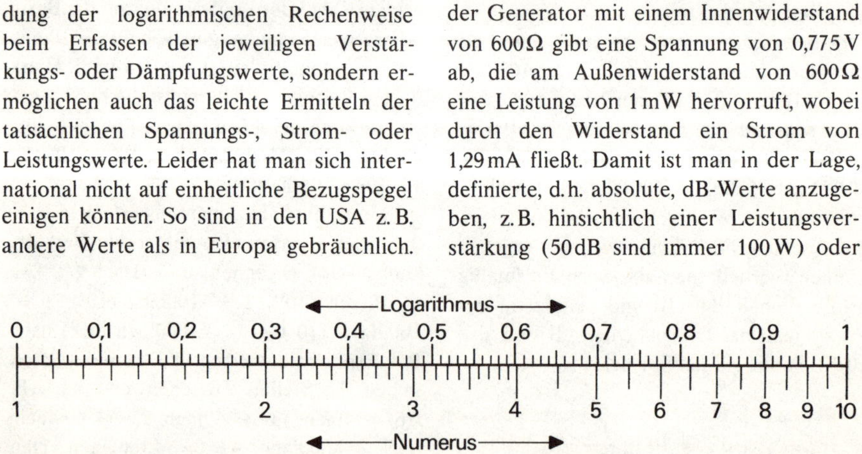

Bild 2.59 Skala zur Ermittlung der dB-Werte

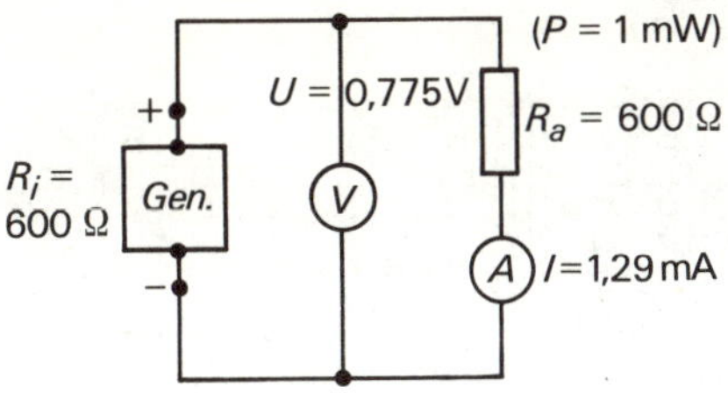

Bild 2.60 Stromkreis zur Darstellung der Bezugsgrößen »Widerstand, Spannung, Strom, Leistung«

einer Spannungsverstärkung (20 dB sind immer 7,75 V).

Beim soeben gemachten Beispiel fällt auf, daß 50 dB Leistungsverstärkung einem Verhältnis von 1 : 100000 (1 mW auf 100 W) entspricht, wogegen 20 dB Spannungsverstärkung nur ein Verhältnis von 1 : 10 ausdrückt (0,775 V auf 7,75 V), obwohl man im ersten Moment doch 20 dB mit 100fachem Gewinn gleichsetzen möchte. Der Grund liegt ganz einfach darin, daß es sich einmal um **Leistungen** und das andere Mal um **Spannungen** handelt.

Zur Klarstellung wieder ein Beispiel anhand des schon erwähnten Stromkreises in Bild 2.60. Erhöht man dort die Spannung um das 10fache auf 7,75 V, so wird durch den Widerstand von 600 Ω ein Strom von ebenfalls 10facher Stärke fließen, nämlich 12,9 mA und die Leistungsaufnahme des Widerstands auf 100 mW steigen (Bild 2.61). Der Faktor 10 bei der Spannung (und beim Strom) wirkt sich demnach als Faktor 100 bei der Leistung aus! Wir müssen daher bei den dB-Angaben zwischen Spannungen und Strömen einerseits sowie Leistungen andererseits genau unterscheiden. Die Tabelle 2.4 und das Bild 2.62 geben hierzu eine Übersicht.

Im Beispiel von Bild 2.61 (1 mW auf 100 mW) beträgt die Leistungsaufnahme des Widerstands:

$$10\lg\frac{P_2}{P_1} = 10\lg\frac{100}{1} = 10\lg 100 = 20\,\text{dB}$$

Ein Blick in die Logarithmentafel bestätigt: lg 100 = 2, multipliziert mit 10 ergibt

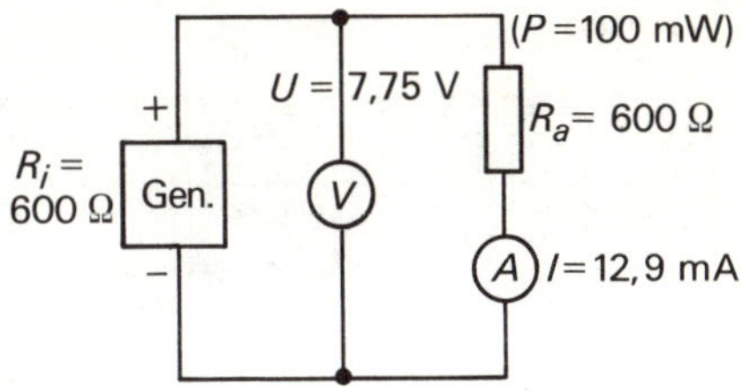

Bild 2.61 Bezugsgrößen-Stromkreis aus Bild 2.60 mit anderen Werten

Tabelle 2.4 Verhältniswerte für Spannungen, Ströme und Leistungen

Spannungen (*U*) und Ströme (*I*)	dB	Leistungen (*P*)
1 : 1	0	1 : 1
1,12	1	1,23
1,26	2	1,59
1,41	3	2,00
1,59	4	2,51
1,78	5	3,16
2,00	6	3,98
2,24	7	5,01
2,51	8	6,31
2,82	9	7,94
3,16	10	10
5,62	15	31,6
10	20	100
20	26	398
31,6	30	1 000
50	34	2 510
100	40	10 000
200	46	39 800
316	50	100 000
500	54	251 000
1 000	60	10^6
3 160	70	10^7
10 000	80	10^8
31 600	90	10^9
100 000	100	10^{10}

die Dezibelzahl 20. Bei den betreffenden Spannungswerten heißt es:

$$10\lg\frac{U_2}{U_1} = 10\lg\frac{7,75}{0,775} = 10\lg 10 = 10\,\text{dB}$$

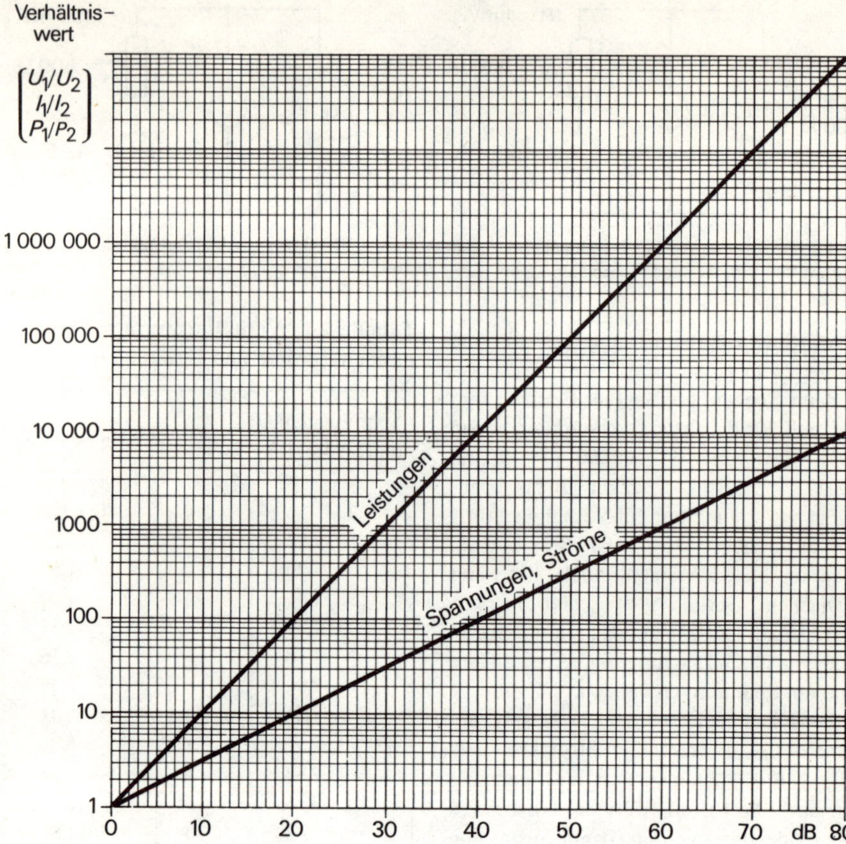

Bild 2.62 Nomogramm der dB-Werte für Spannungen, Ströme und Leistungen

und bei den Stromwerten erhalten wir:

$$10 \lg \frac{I_2}{I_1} = 10 \lg \frac{12,9}{1,29} = 10 \lg 10 = 10 \text{ dB}$$

In den beiden letzten Formeln stellt sich also nur die Hälfte der dB-Werte gegenüber dem Leistungsvergleich ein, woraus zu schließen ist, daß nach Einbringen des Faktors 2 in die Spannungs- und Stromformel auch aus ihnen das **Leistungsverhältnis** erhalten werden kann. Die Gleichung heißt dann:

$$10 \lg \frac{P_2}{P_1} = 20 \lg \frac{U_2}{U_1} = 20 \lg \frac{I_2}{I_1}$$

Das Beispiel in Bild 2.63 beweist die Richtigkeit dieser Behauptung. Bei einer Spannung von 9 V (U_2) ergibt sich in bezug auf den Normwert 0,775 V (U_1) ein Leistungsverhältnis von

$$20 \lg \frac{9}{0,775} = 21,2 \text{ dB}$$

Die Kontrollrechnung, bezogen auf die Leistungen P_2 ($U^2/R = 81 : 600 = 135$ mW) und P_1 (1 mW), ergibt

$$10 \lg \frac{135}{1} = 21,2 \text{ dB}$$

Und rechnen wir nach der Formel für die Vergleichsströme I_2 ($U/R = 9 : 600 =$

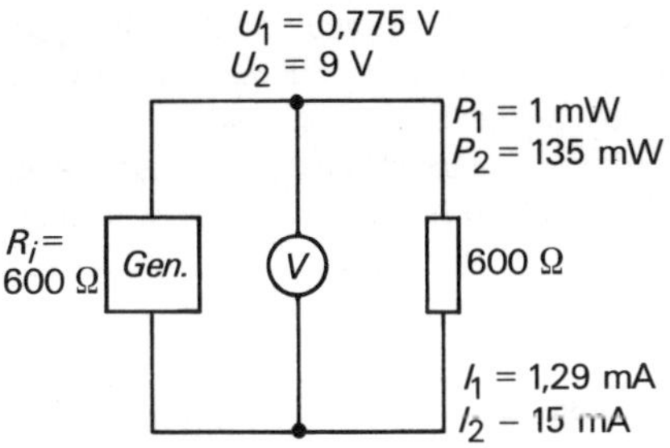

Bild 2.63 Bezugsgrößen-Stromkreis aus Bild 2.60 mit anderen Werten

15mA) und I_1 (1,29mA), so erhalten wir ebenfalls

$$20 \lg \frac{15}{1{,}29} = 21{,}2 \text{ dB}$$

Man kann derartige dB-Werte auch auf der Skala eines Meßinstruments anbringen und bekommt damit eine dB-Angabe für Spannung und Strom. Steht der Zeiger z.B. auf dem 20-dB-Wert, so heißt das: die mit diesem Strom oder dieser Spannung am Normwiderstand von 600Ω erzielbare Leistung ist 100mal größer als die des Vergleichsnormals von 1mW und beträgt daher 100mW. Die dB-Skala hat ihren »Nullpunkt«, d.h. den 0-dB-Wert, natürlich nicht am Anfang oder Ende der Skala, sondern bei 77,5% des Maximalausschlags. In Bild 2.64 ist dies auf der Skala eines Voltmeters gut erkennbar.

Nachzutragen bleibt noch die Erläuterung, welche dB-Angaben bei Spannungs- und Stromwerten gemacht werden, die kleiner als die Bezugsgrößen sind. Der rechte Teil der Tabelle 2.3 beantwortet diese Fragen eindeutig, wir sehen unterhalb der 0-dB-Marke negative Werte, die im gleichen Verhältnis stehen wie die positiven Werte oberhalb von 0dB. Positive dB-Angaben drücken eine Verstärkung, negative dagegen eine Dämpfung aus (gegenüber dem Bezugspegel). 20dB sind daher das Zehnfache und – 20dB nur ein Zehntel des Werts 0,775V.

Einige Beispiele für allgemein übliche dB-Anwendungen sollen diesen Abschnitt

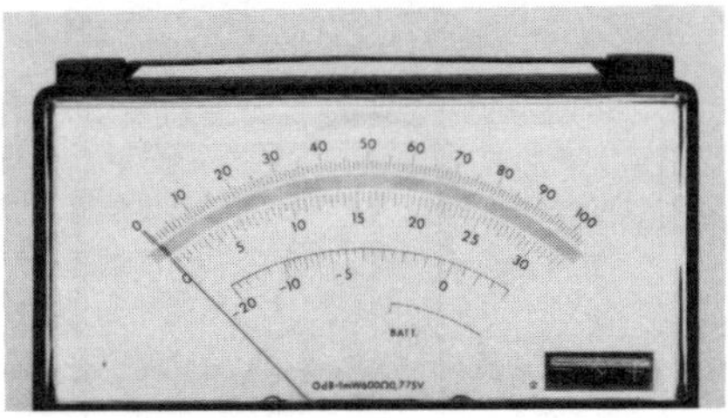

Bild 2.64 Skala eines Meßinstruments mit dB-Einteilung

beschließen. Im Verlauf des Buchs finden sich noch weitere Darstellungen. In einem Verstärker weisen die einzelnen Elemente folgende angenommenen Werte auf: Vorverstärker 100fach, Lautstärkeeinsteller 0,2fach, Klangregelstufe 2fach, Endverstärker 50fach. Den Gesamtverstärkungsfaktor von 2000 erhält man durch Multiplikation der einzelnen Werte (100 · 0,2 · 2 · 50). Eine Eingangsspannung von 2mV würde demnach eine Ausgangsspannung von 4V ergeben. Die dB-Rechnung erfordert nur ein Addieren oder Subtrahieren, und zwar Vorverstärker + 40dB, Lautstärkeeinsteller – 14dB, Klangregelstufe + 6dB, Endverstärker + 34dB. Das Ergebnis ist + 66dB, entsprechend 2000facher Spannungsverstärkung.

In Datenblättern von Geräten der Unterhaltungselektronik findet man z.B. folgende Angaben: Stereo-Übersprechdämpfung – 40dB bei 1000Hz (hier drückt der dB-Wert aus, daß nur 1/100 der Signalamplitude vom einen auf den anderen Kanal einwirken kann). UKW-Trennschärfe bei 300kHz Verstimmung = – 54dB (hier wird angegeben, daß die Trennschärfe 1:500 beträgt, d.h. nur 1/500 der Signalamplitude eines in 300 kHz Abstand auftretenden Störsenders würde wirksam sein, siehe Bild 2.65). Einstellbereich bei 50Hz = + 12dB bis – 10dB (die Angaben sagen aus, daß gegenüber der Mittelstellung des Reglers die Bässe um fast 4fach angehoben und gut 3fach abgesenkt werden können). Alle drei Beispiele bezogen sich auf Spannungen und relative Angaben, weil die Be-

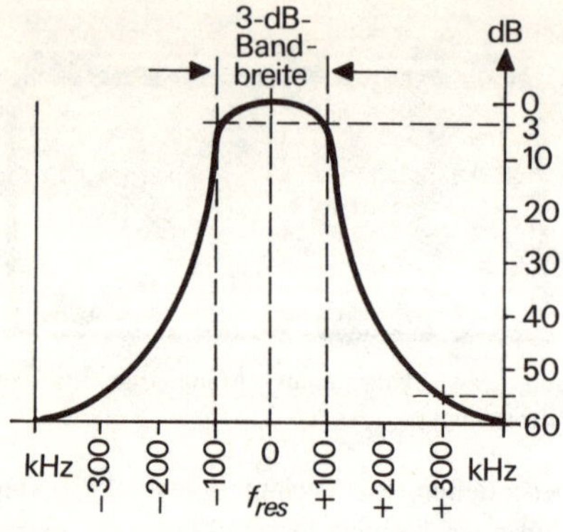

Bild 2.65 Darstellung der Trennschärfe in einem Bandbreite-/dB-Diagramm

zugsgröße fehlt. Sie geben also Verhältniswerte an.

Absolute Spannungswerte ergeben sich beispielsweise in der Tonstudiotechnik, wo die Anzeigeinstrumente eines Regietisches auf den Bezugspegel 0,775 V geeicht sind und damit 0 dB meinen. Abweichungen nach oben und unten werden in positiven oder negativen Werten angegeben. Die Tabelle 2.5 gibt eine Zusammenstellung über diesbezügliche absolute dB-Werte an.

Ein Leistungsbeispiel soll nicht fehlen: Die HF-Leistung eines Senders möge 10 kW betragen, was einem Wert von 70 dB entspricht. Ist die Antenne als Richtstrahler ausgebildet und beträgt der zusätzliche Antennengewinn dadurch 8 dB, so beläuft sich die abgestrahlte Leistung auf 78 dB oder rund 60 kW. Der Bezugspegel ist 1 mW, und es gilt die Tabelle 2.3 auf Seite 46.

Neben der gebräuchlichen Angabe »dB« findet man auch solche mit Zusätzen wie dBm, dBa, dBw u. ä. Hier handelt es sich um Pegelfestlegungen, wenn beispielsweise abweichende Werte verwendet werden oder man Verwechslungen vermeiden möchte. dBm gibt an, daß der Bezugspegel auf 1 mW liegt und entspricht damit dem »normalen« dB. dBa deutet auf einen absoluten Pegel hin, dBw bezieht sich auf einen Pegel von 1 W, dBV auf einen von 1 V. Man hat deshalb stets auf die Bezugsgrößen zu achten. In der rein rechnerischen Behandlung sind alle »dB's« gleich.

Nicht behandelt wurde an dieser Stelle die Einheit dBµV. Sie ist in der Antennentechnik gebräuchlich und wird aus diesem Grund in Abschnitt 6.4.3. erläutert.

Tabelle 2.5 Absolute Pegelwerte im Studiobetrieb

+ 20 dB	= 7,746 V
+ 10 dB	= 2,449 V
+ 6 dB	= 1,545 V*
+ 3 dB	= 1,094 V
+ 0 dB	= 0,775 V
− 3 dB	= 0,548 V
− 6 dB	= 0,388 V
− 10 dB	= 0,245 V
− 20 dB	= 0,077 V
− 40 dB	= 0,007 V

* Im internen Studiobetrieb wird der 6-dB-Pegel als (abweichende) Bezugsgröße benutzt, gilt hier also als 0-dB-Wert. Man kann das auch als Spannungsanpassung bezeichnen, da der 1,545-V-Pegel doppelt so hoch ist wie bei 0 dB = 0,775 V mit Leistungsanpassung ($R_i = R_a = 600\,\Omega$).

3. Verstärker — Plattenspieler — Magnetbandgeräte

3.1. Über das Hören, das Wiedergeben und die HiFi-Norm

3.1.1. Wie arbeitet das menschliche Ohr?

Mit seinen Ohren kann ein erwachsener Mensch normalerweise Schallschwingungen zwischen 16 und 16 000 Hz registrieren. Die obere Grenze steht nicht fest, sondern verschiebt sich mit zunehmendem Alter herunter bis auf etwa 10 000 Hz, während sehr junge Menschen noch Schwingungen bis 20 000 Hz wahrnehmen können.

Die Ohrmuschel fängt den Schall auf, der dann auf seinem Weg durch den äußeren Gehörgang auf das aus einem dünnen Häutchen bestehende Trommelfell trifft, mit dem der äußere Gehörgang abgeschlossen ist (Bild 3.1). Das in Schwingungen versetzte Trommelfell überträgt diese auf die Gehörknöchelchen (Hammer, Amboß, Steigbügel), die mit einem weiteren Häutchen, dem sogenannten ovalen Fenster, verbunden sind. Das sich anschließende innere Ohr ist mit einer Flüssigkeit gefüllt und besteht aus dem Vorhof, den Bogengängen und der Schnecke. Die Schallwellen werden vom ovalen Fenster auf diese Elemente übertragen und im

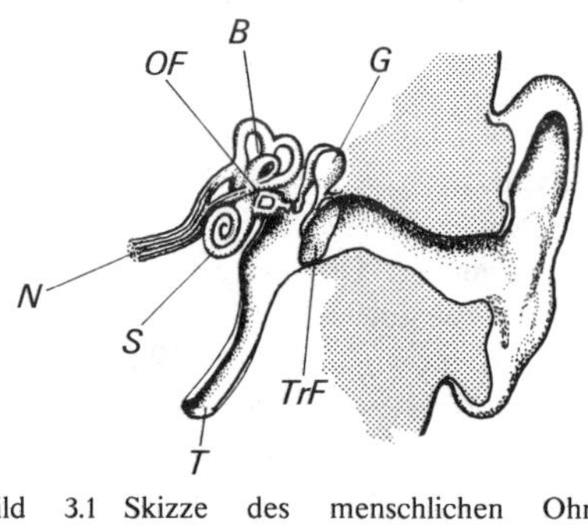

Bild 3.1 Skizze des menschlichen Ohrs: TrF = Trommelfell, T = Trompete (sorgt für den Druckausgleich) G = Gehörknöchelchen (Hammer, Amboß, Steigbügel), OF = ovales Fenster (Innenohrmembran), B = Bogengänge, S = Schnecke, N = Nervenstränge mit »Resonanz«-Fasern

»Cortischen Organ«, einem Bestandteil der Schnecke, mit Tausenden feinster Fasern verschiedener Länge und Dicke in Nervenreize umgewandelt. Dies geschieht dadurch, daß die Fasern durch Resonanz auf die empfangenen Schwingungen ansprechen. Die mit den Fasern verbundenen Nervenstränge führen die auf sie ausgeübten Reize dem Großhirn zu, wo sie als Schalleindrücke bewußt werden.

3.1.2. Oktave — Pegel — Phon

Der Hör-Frequenzbereich von 16 bis 16 000 Hz umfaßt einen Tonumfang von 10 Oktaven. Bekanntlich entspricht eine Oktave einem Frequenzbereich oder einem Tonhöhenunterschied von 1 : 2. Beginnend bei 16 Hz ergibt sich bei jeweiliger Verdopplung eine Grenzfrequenz von 16 384 Hz, die elfte Oktave reicht mit fast 33 kHz bereits in das Ultraschallgebiet hinein. Der Unterschied zwischen den einzelnen Oktaven wird also nicht durch die Differenzwerte zweier Frequenzen ausgedrückt, sondern ist durch ihr Verhältnis bestimmt (Tabelle 3.1).

Innerhalb des erwähnten Frequenzbereichs werden nicht alle Schallwellen gleichmäßig stark vom Gehör registriert. Zwischen etwa 1000 und 4000 Hz ist die Hörempfindlichkeit am größten bzw. die Hörschwelle am niedrigsten. Nach tiefen und hohen Frequenzen hin werden die Hörschwellenwerte größer, mit anderen Worten: es ist ein größerer Schalldruck notwendig, um ein gleich lautes Schallempfinden auszulösen. Vor allem im Bereich der tiefsten Frequenzen steigt der erforderliche Schalldruck relativ stark an (Bild 3.2).

Bei der Bezugsfrequenz von 1000 Hz ist die Hörschwelle durch einen Schalldruck definiert, der einen Pegel von 0 dB hat (Bild 3.3). Hier beginnt also das Hören im eigentlichen Sinn, denn Schalldrücke un-

Tabelle 3.1 Oktaven des hörbaren Tonbereichs

Oktave	Frequenz in Hz
1.	16-32
2.	64
3.	128
4.	256
5.	512
6.	1024
7.	2048
8.	4096
9.	8192
10.	16384
11.	32768

Der hörbare Tonbereich umfaßt 10 Oktaven; beginnend bei 16 Hz ergibt sich durch Verdopplung der Frequenz je eine Oktave. Der Begriff Oktave ist jedoch nicht durch die hier angegebenen Frequenzbereiche festgelegt, sondern gibt lediglich ihr Verhältnis (1 : 2) an. Jedes Frequenzintervall mit diesem Verhältnis ist eine Oktave (z. B. 240–480 Hz oder 1000 bis 2000 Hz)

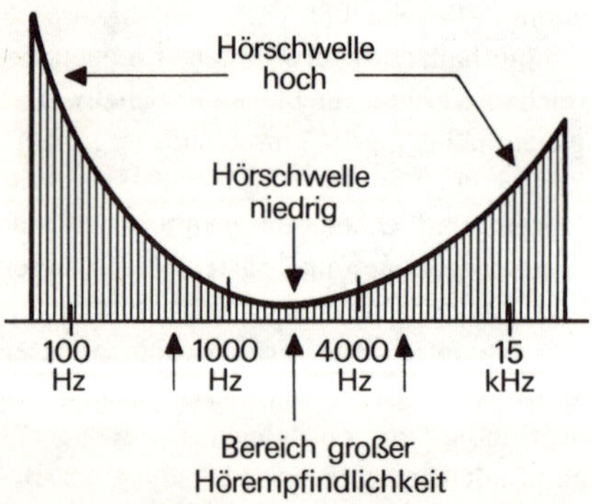

Bild 3.2 Schemadarstellung der unterschiedlichen Hörschwellen in Abhängigkeit von der Frequenz

terhalb dieser Grenze können vom Ohr nicht mehr wahrgenommen werden. Wächst der Schalldruck sehr weit an, so wird bei einem bestimmten Pegel die Schmerzschwelle überschritten. Sie weist nur eine geringe Frequenzabhängigkeit auf und liegt bei einem Schalldruckpegel von etwa 130 dB. Die erwähnten Schalldruckunterschiede sind im linearen Maßstab kaum gut darstellbar. Deshalb wurde der logarithmische Maßstab gewählt, der außerdem in erster Näherung mit der Lautstärkeempfindung des Ohrs übereinstimmt.

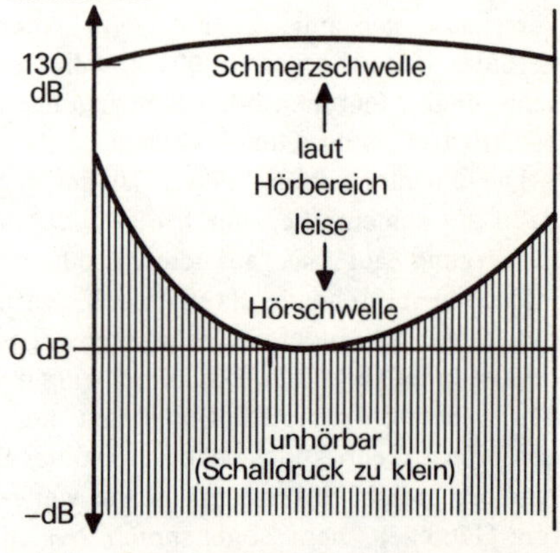

Bild 3.3 Schemadarstellung des Hörbereichs mit Hör- und Schmerzschwelle in Abhängigkeit vom Schalldruck. Von den physikalischen Größen ist vor allem der Schalldruck (gemittelte Luftdruckschwankungen um den barometrischen Druck) für die Stärke der Schallwirkung auf den Menschen maßgebend. Da das Ohr Schalldrücke über den großen Bereich von 6 bis 7 Zehnerpotenzen hinweg unterscheiden kann, wird zweckmäßigerweise der logarithmische Schalldruckpegel als Maß benutzt

Bei Schallmessungen ist zwischen physikalischen Größen (z. B. Schalldruck) und subjektiven Größen (z. B. Lautstärke) zu unterscheiden. Die erstgenannten lassen sich mit geeigneten Geräten direkt messen, während die anderen durch ihre Wirkung auf den Menschen definiert sind.

Die Tatsache, daß das menschliche Gehör bei bestimmten Schalldruckpegeln Töne verschiedener Frequenz unterschiedlich laut empfindet, kann man mit einer Kurvenschar grafisch darstellen. Trägt man diese subjektiv empfundenen Werte in Abhängigkeit von der Frequenz auf, so erhält man die in Bild 3.4 aufgetragenen »Kurven gleicher Lautstärke« bzw. gleicher Hör- oder Ohrempfindlichkeit. Sie sagen aus, daß bei geringer Lautstärke der für ein gleich lautes Schallempfinden notwendige Schalldruck bei tiefen und hohen Frequenzen ungleich größer sein muß als bei der Bezugsfrequenz 1000 Hz, während die Schalldrücke im Bereich der Schmerzschwelle bei tiefen, mitt leren und hohen Frequenzen nahezu gleich sind. Diese Eigenart muß man z. B. bei der physiologischen Lautstärkeregelung beachten.

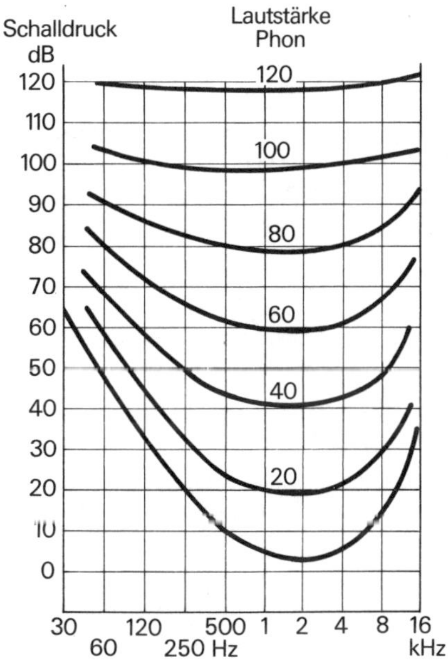

Bild 3.4 Idealisierte Kurven gleicher Lautstärke für das menschliche Ohr (nach Fletcher-Munson). Der Lautstärkepegel ist maßgebend für die allgemeine subjektive Beurteilung der Wahrnehmungsstärke (Einheit Phon)

Die Lautstärke eines Tons wurde früher nur in Phonwerten angegeben. Wenn sie sich auf den vorher erwähnten Bezugswert von 1000 Hz beziehen, stimmen Schalldruckpegelwerte und Phonangaben überein, bei anderen Frequenzen treten Abweichungen auf. In Bild 3.4 ist dies angegeben. Eine Lautstärke von 40 Phon erfordert z. B. bei 60 Hz einen Schalldruck von etwa 70 dB gegenüber 40 dB bei 1000 Hz. Um diese Frequenzabhängigkeit aufzufangen und für den ganzen Frequenzbereich geltende, d. h. dem Hörempfinden angepaßte Meßwerte bzw. Meßmethoden zu erhalten, entwickelte man ein Filter, das mit seinem Frequenzgang das Hörempfinden simuliert (Bild 3.5).

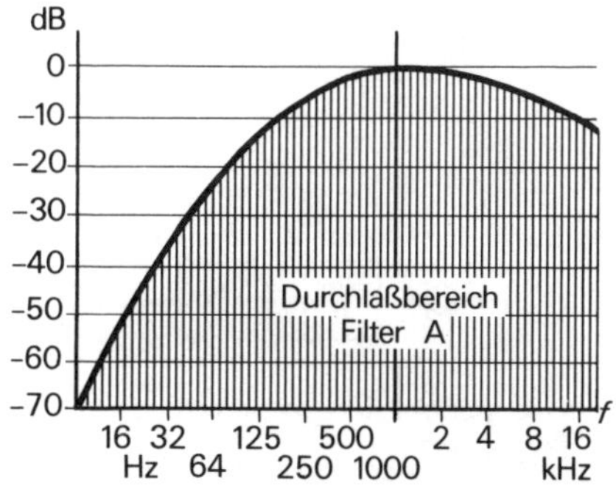

Bild 3.5 Da auch die Frequenz bzw. das Frequenzspektrum für die subjektive Beurteilung eines Schalls maßgebend ist, wird dies bei Schallmessungen durch Bewertungsfilter mit genormten Bewertungskurven (A, B, C, D) annähernd berücksichtigt. Üblich sind Messungen nach Kurve A (im Bild) und D (speziell für Fluglärm)

Die über ein solches Filter (mit der Bezeichnung A) gemessenen Pegel sind sozusagen hörgerecht. Ihre »bewerteten« Meßwerte werden in dB(A) angegeben (Bild 3.6). Mit anderen Worten: Die Schalldrücke **vor** dem Filter A können z. B. gleich hohe Pegel aufweisen (die wie bisher in dB angegeben werden); wenn diese Frequenzen jedoch das Filter durchlaufen haben, werden sie von einem Meßgerät »bewertet« angezeigt. Mißt man mit einem Schalldruck- bzw. Schallpegelmesser (Bild 3.7) daher Geräusche, Töne oder Klänge, so werden diese in ihrer Stärke analog zum Höreindruck angezeigt. Aus Tabelle 3.2 (Seite 55) ist das typische Vorkommen einiger Geräusch- bzw. Schallpegel ersichtlich.

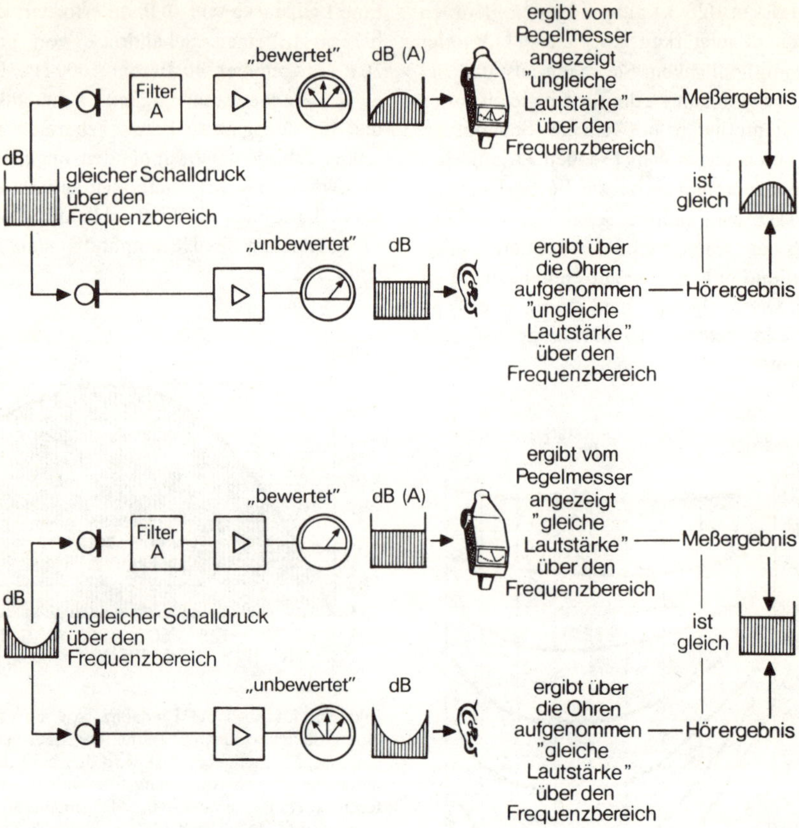

Bild 3.6 Schematische Beispiele für die »Bewertung« von Schallquellen bei Messungen. Das Filter A simuliert das menschliche Hörempfinden, so daß die Meßergebnisse mit den Hörergebnissen weitgehend übereinstimmen

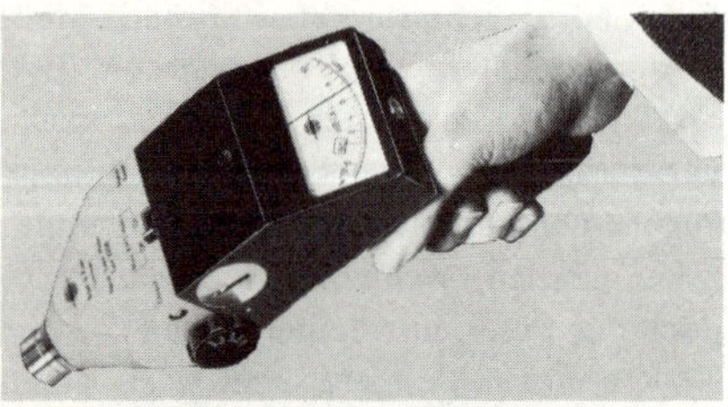

Bild 3.7 Schallpegelmesser (Brüel + Kjaer)

3.1.3. Elektrische Voraussetzungen und technische Anforderungen

Eine absolute Originaltreue ist bei der Reproduktion aus technischen und physikalischen Gründen sowieso nicht realisierbar, wobei die der Übertragungstechnik anhaftenden Eigenschaften die größte Rolle spielen (Einengung der Dynamik, Auftreten von Klirrfaktor, Intermodulation und anderen Störgrößen, z. B. Rauschen, Gleichlaufschwankungen usw.). Wenn man durch den Einsatz von hochwertigen Studiogeräten die erwähnten Fehlerquellen auch nahezu ausschalten kann und eine technisch perfekte Aufnahme erhält – es ist und bleibt eine Kopie des Originals.

Aber es kommt ja schließlich auch gar nicht auf die originalgetreue, allerhöchste Vollendung an, sondern darauf, daß durch die Wiedergabeeinrichtungen (Empfänger,

Tabelle 3.2 Typisches Vorkommen einiger Geräusch- bzw. Schallpegel

Einige Geräuschpegel		Schallpegel in dB		Typisches Vorkommen
			140	
1 mbar	100 Pa	134		Düsentriebwerk
			130	
				Preßlufthammer
			120	
100 µbar	10 Pa	114		
			110	
				Diskothek
			100	
10 µbar	1 Pa	94		Maschinenhalle
			90	
				Fahrzeuginnenraum
			80	
1 µbar	0,1 Pa	74		Verkehrsreiche Straße
			70	
				Sprache
			60	
0,1 µbar	0,01 Pa	54		Büroraum
			50	
				Wohnraum
			40	
0,01 µbar	0,001 Pa	34		
			30	
				Schlafraum
			20	
0,001 µbar	0,0001 Pa	14		
			10	
				Schalltoter Raum
0,0002 µbar	0,00002 Pa		0	

Verstärker, Lautsprecher, Plattenspieler, Tonbandgeräte) keine (hörbare) Verfälschung des angebotenen Schallereignisses eintritt. An die einzelnen Teile einer HiFi-Wiedergabeanlage müssen daher Mindestanforderungen gestellt werden, die aufeinander abgestimmt sein sollen und die in der DIN 45 500 (auch HiFi-Norm genannt) niedergelegt sind. Sie werden in den folgenden Abschnitten im einzelnen erläutert. Hier sollen zunächst einige allgemeingültige Feststellungen vorangestellt werden.

Bei den **linearen Verzerrungen** sind gelegentlich Ausnahmen von den vorgeschriebenen DIN-Größen, wie Frequenzgang usw. möglich oder notwendig. Sie stellen eine Art von Veränderung des Originalklangs dar, die im Verstärker wieder kompensiert werden kann (Bild 3.8). Zu diesem Zweck besitzen die Verstärker Regeleinrichtungen, mit denen man eine Bevorzugung oder Benachteiligung bestimmter Tonlagen ausgleichen kann. Natürlich dürfen die linearen Verzerrungen nicht so weit gehen, daß bestimmte Tonlagen innerhalb des zu übetragenden Frequenzbereichs überhaupt nicht mehr wiedergegeben werden. Eine noch so hohe Verstärkung kann sie dann nicht wieder hervorholen.

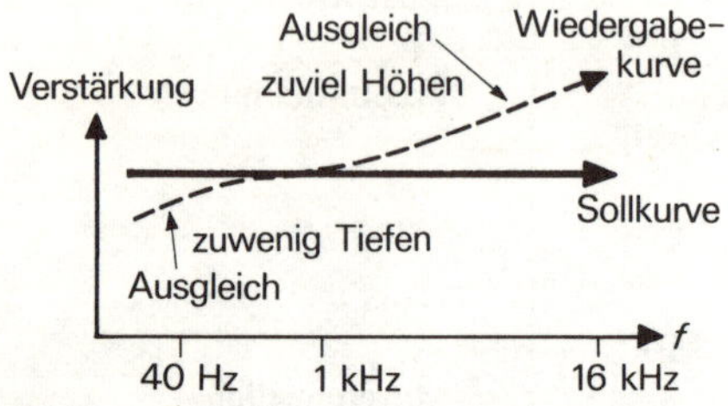

Bild 3.8 Abweichungen vom Sollfrequenzgang können z. B. durch Höhen- und Tiefenregler ausgeglichen werden

Die **Grenzen des Übertragungsbereichs** stellen ein sicheres Merkmal für die Qualität dar. Sie dürfen, vor allem am »oberen Ende«, aus Gründen der geforderten Phasenreinheit nicht zu eng gewählt werden. Von HiFi-Anlagen ist zu erwarten, daß sie alle im Hörbereich liegenden Frequenzen einwandfrei übertragen (Bild 3.9). Das erfordert einen geradlinigen Frequenzgang, der auch an den Grenzen nur sanft abfallen darf.

Um Mißverständnisse über die Interpretation der beiden Ausdrücke »Frequenzbereich« und »Leistungsbandbreite« zu vermeiden, folgt nachstehend deren Definition: Der **Frequenzbereich** wird auch als Übertragungsbereich bezeichnet und mit konstanter Eingangsspannung gemessen. Er ist definiert als der Bereich, in dem nach DIN 45 500 die Ausgangsspannung um nicht mehr als ±1,5 dB von dem bei 1 kHz gemessenen Wert abweicht, und wird meistens in Kurvenform dargestellt (auch Frequenzgang genannt). Der Frequenzbereich von HiFi-Verstärkern beträgt nach DIN 45 500 mindestens 40 Hz bis 16 kHz.

Die **Leistungsbandbreite** ist definiert als derjenige Übertragungsbereich, in dem die Ausgangsleistung bei angegebenem Klirr-

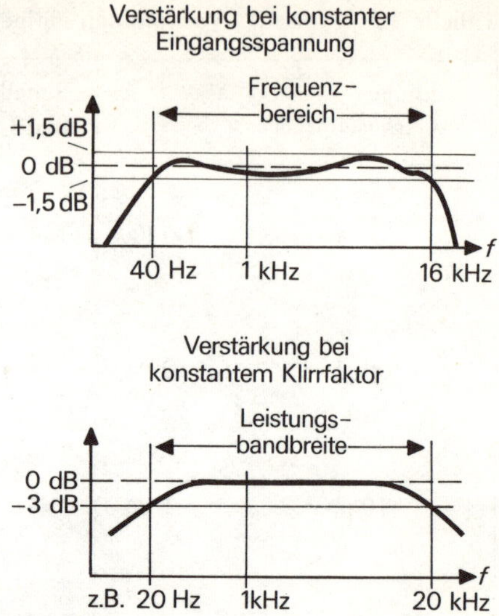

Bild 3.9 Frequenzbereich und Leistungsbandbreite

faktor um nicht mehr als 3 dB gegenüber dem Wert bei 1 kHz abfällt. DIN 45 500 läßt einen Klirrfaktor von höchstens 1 % zu.

Beide Kurven können deshalb voneinander abweichen. Während der Frequenzbereich die frequenzabhängigen Eigenschaften von Verstärkern vor allem bei kleineren Aussteuerungsgraden beschreibt, gibt die Leistungsbandbreite ein zuverlässiges Maß des Übertragungsbereichs bei Vollaussteuerung an.

Je nach vorgesehener Verwendungsart einer HiFi-Anlage muß die erzielbare **Ausgangsleistung** ausreichend bemessen sein. Im Idealfall müßte der Schalldruck ungefähr dem des Originals entsprechen, was jedoch in der Praxis aus mancherlei Gründen nicht durchführbar ist. Moderne, geschlossene Lautsprecherboxen brauchen aber »von Haus aus« schon höhere Leistungen als frühere Konstruktionen, und das erfordert Reserven, die bei Fortissimostellen in der Musik auch in Anspruch genommen werden können. Es ist also gut, bei der Wahl eines Verstärkers die Leistung eher höher zu wählen, als sie den vermeintlichen Anforderungen nach notwendig wäre. Ein korrektes Maß für die Ausgangsleistung eines Verstärkers ist die angegebene Sinus-Dauertonleistung.

Unter den Begriff **nichtlineare Verzerrungen** fallen sehr viele Störungen, die das Originalklanggemisch nachteilig beeinflussen konnen. Hierzu gehören Klirren, Intermodulation sowie Ein- und Ausschwingvorgänge, Brummen, Rumpeln, Rauschen usw. Sie haben unabhängig vom Ort und von der Art ihrer Entstehung alle eines gemeinsam: Sie stellen neue Frequenzen dar und sind im Original nicht vorhanden. Da sie nie völlig vermeidbar sind, muß man sie auf einen unhörbaren Anteil beschränken.

Die aufgezählten Bedingungen gelten nicht nur für Verstärker, sondern für alle Glieder einer HiFi-Wiedergabeeinrichtung (Bild 3.10). Lautsprecher stellen ein besonderes Problem dar. Man braucht sich nur vorzustellen, daß die Lautsprecher im Wiedergaberaum stellvertretend für die Gesamtheit aller zu übertragenden Instrumente stehen und damit selbst zu einem reproduzierenden Musikinstrument werden.

3.1.4. Lautsprecheraufstellung für Stereo- und Quadrowiedergabe

Das Prinzip der stereophonischen Übertragung ist in Bild 3.11 a und 3.11 b angegeben. Aus mindestens zwei Mikrofonen bzw. Mikrofongruppen werden zwei getrennte elektrische Signale gewonnen, die über eine Stereo-Übertragungskette geleitet und von den beiden Lautsprechern des Wiedergaberaums in proportionale Schalldrücke umgewandelt werden. Wegen der automatisch mitübertragenen Richtungsinformationen können die einzelnen Instrumente des Orchesters lokalisiert werden, wodurch sich eine gewisse Transparenz d. h. Durchsichtigkeit des Klangbilds ergibt. Die Ortung der Schallquellen ist nicht nur in Richtung der Lautsprecher möglich, sondern es entstehen auf der gesamten Basislinie virtuelle Schallquellen, die sich in der richtigen Hörposition mit den realen Schallquellen des Originals decken.

Das Stereoklangbild hat also eine echte »Breitenstaffelung« und — in gewissen Grenzen — auch eine »Tiefenstaffelung«. Diese ist jedoch von vielen Faktoren abhängig, die alle mehr oder weniger mit der Akustik des Aufnahmeraums bzw. -orts zusammenhängen. Wenn auch manche dieser Komponenten auf stereophonischem Weg mitübertragen werden, so können sie doch nur »von vorn« und nicht »räumlich« wiedergegeben werden.

Hier kann aber die quadrophonische Übertragung Abhilfe bringen, bei der die Lautsprecher der vier Wiedergabekanäle in den Ecken des Hörraums aufgestellt sind

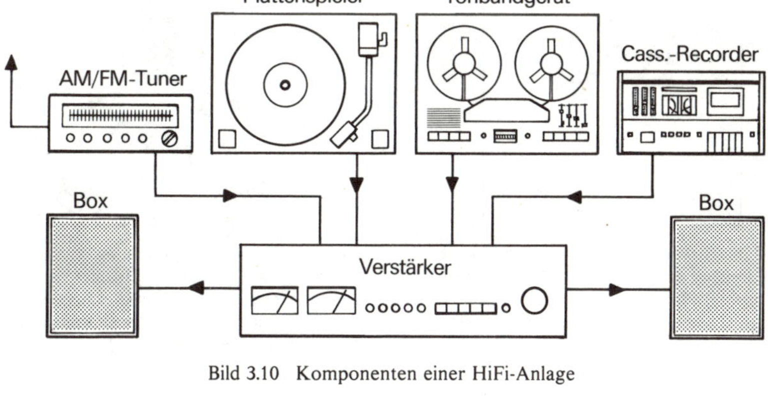

Bild 3.10 Komponenten einer HiFi-Anlage

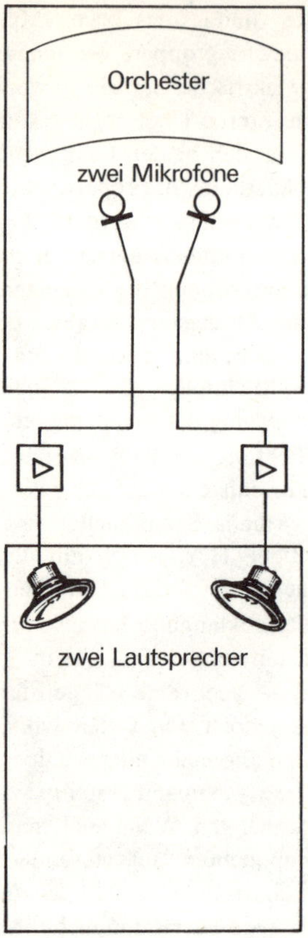

Bild 3.11a Stereophonische Übertragung mit zwei Übertragungswegen

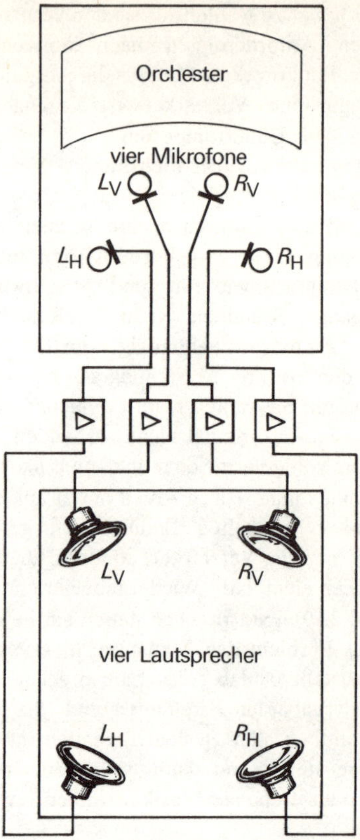

Bild 3.12a Quadrophonische Übertragung mit vier Übertragungswegen

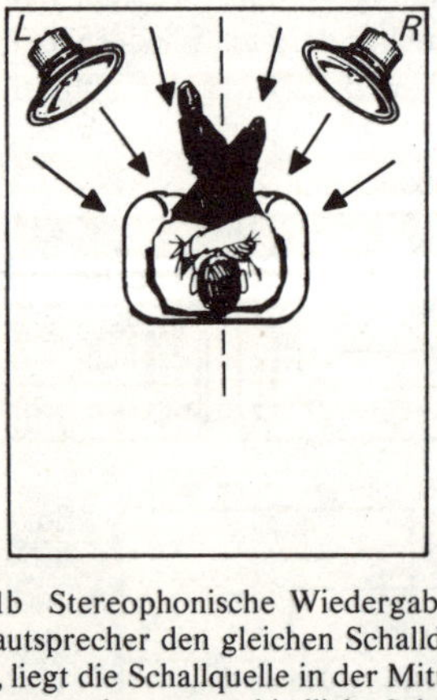

Bild 3.11b Stereophonische Wiedergabe: Wenn beide Lautsprecher den gleichen Schalldruck abstrahlen, liegt die Schallquelle in der Mitte. Wenn beide Lautsprecher unterschiedliche Schalldrücke abstrahlen, ist die Schallquelle entsprechend nach links oder rechts verschoben

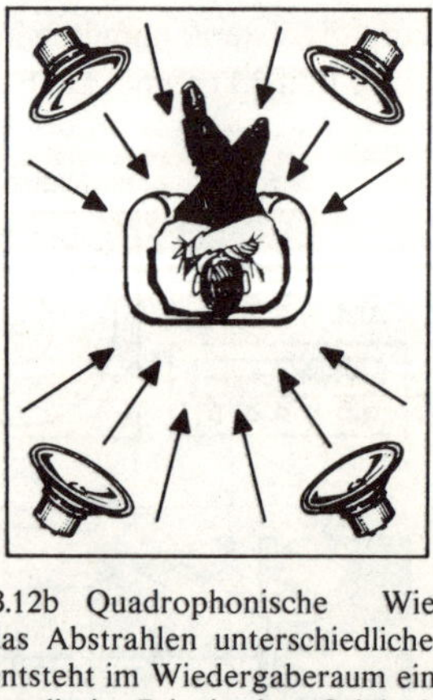

Bild 3.12b Quadrophonische Wiedergabe: Durch das Abstrahlen unterschiedlicher Schalldrücke entsteht im Wiedergaberaum eine Schallverteilung, die im Prinzip dem Original am Aufnahmeort weitgehend entspricht

(Bild 3.12 a). Im Idealfall bilden sich jetzt auf allen Basislinien zwischen den Lautsprechern virtuelle Schallquellen aus, die für einen Hörer in der richtigen Position mit dem Originalschall übereinstimmen und ein räumliches Klangbild vermitteln (Bild 3.12 b).

Es gibt mehrere Möglichkeiten, Lautsprecherboxen für Quadrowiedergabe in einem Raum aufzustellen, in den Bildern 3.13 bis 3.16 sind einige Beispiele angegeben.

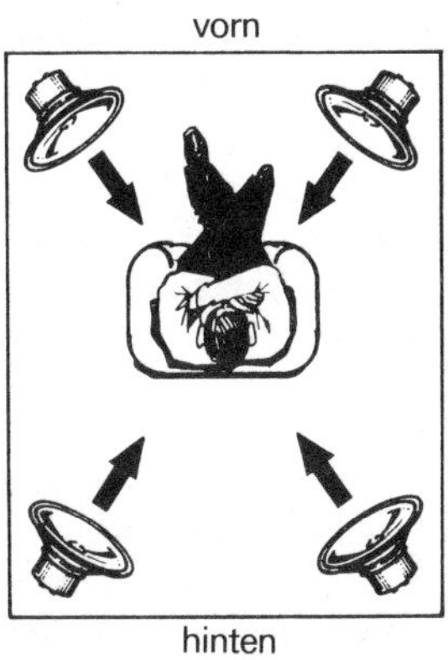

Bild 3.13 Das Aufstellen der Lautsprecherboxen mit diagonaler Ausrichtung ergibt die schärfste Ortung im Schnittpunkt der Lautsprecherachsen, während die Zone breiter Hörmöglichkeit dagegen klein ist. Der Hörer sollte daher möglichst im Schnittpunkt der Lautsprecherachsen sitzen

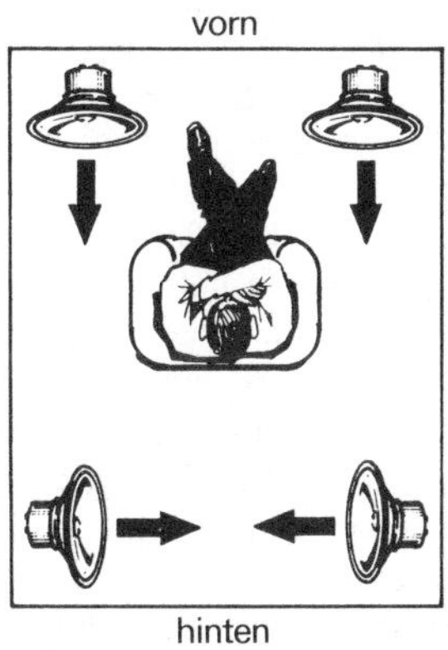

Bild 3.15 Beispiel für die Aufstellung der Lautsprecherboxen in gemischer Ausrichtung, wenn z. B. der Hörplatz nicht symmetrisch in der Mitte der Hörzone sein kann

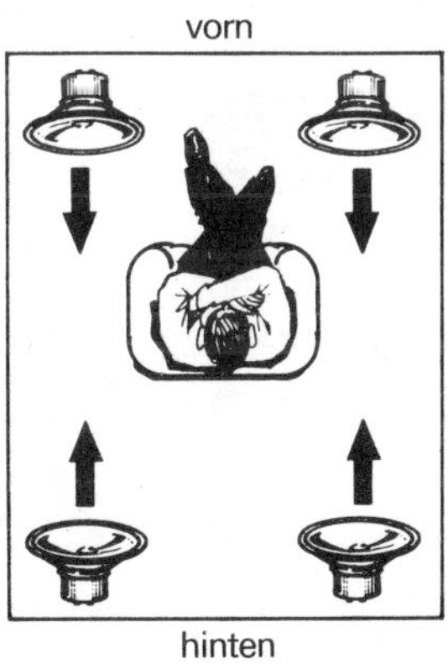

Bild 3.14 Das Aufstellen der Lautsprecherboxen mit frontaler Ausrichtung verkleinert die Ortungsschärfe, vergrößert jedoch die Hörbarkeitszone. Die Boxen können auf diese Weise am besten in Bücherregalen oder als Flachlautsprecher aufgestellt werden

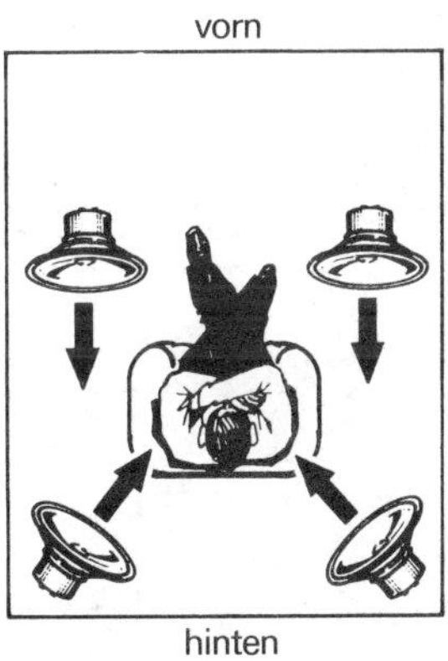

Bild 3.16 Bei der gemischten Aufstellung sollte man die Lautsprecherboxen so ausrichten und drehen, daß eine möglichst große Zone bester Hörbarkeit dort entsteht, wo man sich in der Regel aufhält

3.2. Niederfrequenz-Verstärkertechnik

Niederfrequenz- oder NF-Verstärker haben die Aufgabe, die von den Demodulatoren der Empfangsgeräte oder von den Abtastköpfen der Phono- und Tonbandgeräte kommenden Wechselspannungen so weit zu verstärken, daß sie von den angeschlossenen Lautsprechern oder Kopfhörern in Schallschwingungen umgewandelt und damit hörbar gemacht werden können. Außerdem soll der Benutzer den Frequenzgang mit Klangeinstellern in bestimmten Grenzen nach seinen persönlichen Wünschen oder den Erfordernissen des Wiedergaberaums verändern können.

Bis etwa Anfang der 70er Jahre wurden noch Röhrenverstärker hergestellt, und zwar mit Eintakt- und Gegentakt-Endstufen, bei denen sich gewisse Standardschaltungen herausgebildet hatten. Einige werden in diesem Abschnitt vorgestellt. Heute dominiert eindeutig die Transistortechnik. In manchen Fällen werden auch schon integrierte Schaltungen in den Vorverstärkern verwendet, und zukünftig dürften ICs auch in Endverstärkern mit (zunächst noch) niederen Ausgangsleistungen anzutreffen sein.

3.2.1. Eintakt-Röhrenverstärker mit Klangeinstellern

Die in Bild 3.17 dargestellte Schaltung ist mit der 12-W-Endpentode EL 84 und der NF-Doppeltriode ECC 83 bestückt. Sie verfügt über eine gehörrichtige Lautstärkeeinstellung sowie über getrennte Potentiometer für das Anheben und Absenken der Höhen und Tiefen. Der Lautstärkeregler ist mit den *RC*-Gliedern R_1/C_1 und R_2/C_2 beschaltet. Sie sorgen dafür, daß der untere und obere Frequenzbereich bei geringen Lautstärken angehoben wird, wobei der Schleifer des Potentiometers dann an bzw. unterhalb der Anzapfung steht. Es gibt auch Schaltungen mit zwei oder drei Anzapfungen. Diese Anordnung

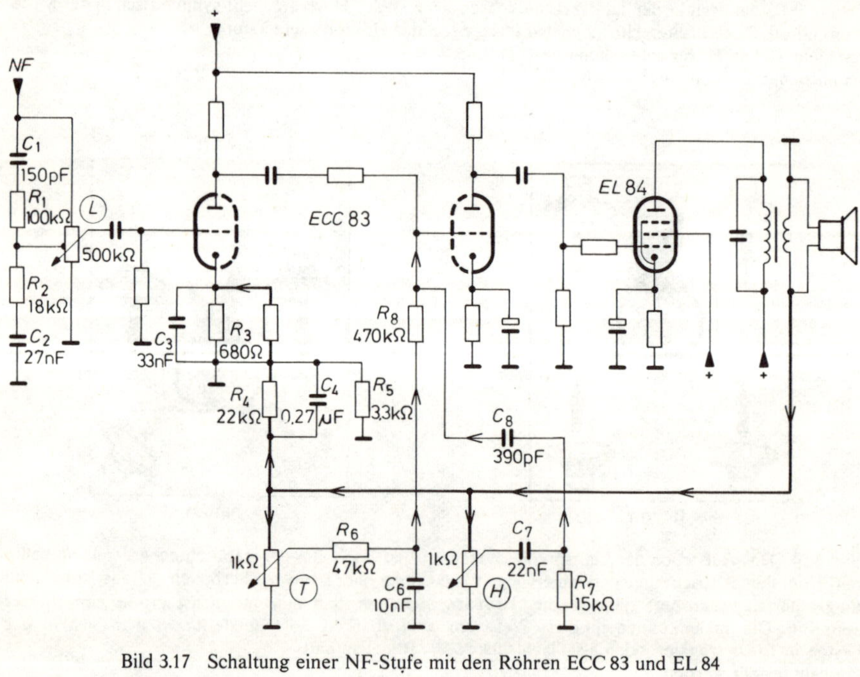

Bild 3.17 Schaltung einer NF-Stufe mit den Röhren ECC 83 und EL 84

wird gehörrichtige oder physiologische Lautstärkekorrektur genannt. Sie ist heute selbstverständlicher Bestandteil eines jeden besseren Rundfunkempfängers und Hi-Fi-Verstärkers.

Die Klangbeeinflussung erfolgt im Gegenkopplungszweig, der in Bild 3.17 vom »heißen« Ende der Lautsprecherwicklung zur Katode des ersten NF-Systems verläuft. Wenn die Schleifer der beiden Klangeinsteller am masseseitigen Anschlag stehen, sind sie wirkungslos, die vorgegebene Höhen- und Tiefenanhebung bleibt also bestehen. Da die niederohmigen Potentiometer aber mit den *RC*-Gliedern R_6/C_6 und R_7/C_7 beschaltet sind, deren Grenzfrequenzen bei 340 Hz bzw. 480 Hz liegen, stehen am Verbindungspunkt R_6/C_6 vorwiegend nur tiefe Frequenzen und am Verbindungspunkt C_7/R_7 überwiegend höhere Frequenzen zum Einkoppeln in den hochohmigen Gitterkreis zur Verfügung.

Je weiter man den Schleifer von *T* vom masseseitigen Ende wegdreht, um so stärker gelangt über R_8 eine Gegenkopplungsspannung für Bässe in den Verstärkungsweg. Damit wird ungefähr in Mittelstellung die Voranhebung aufgehoben (= lineare Verstärkung der Bässe) und am oberen Anschlag die Verstärkung für die Tiefen sogar merklich herabgesetzt (Bild 3.18). Sinngemäß arbeitet das Potentiometer *H* für hohe Töne, die um so kräftiger über C_8 am Gitter der zweiten Röhre

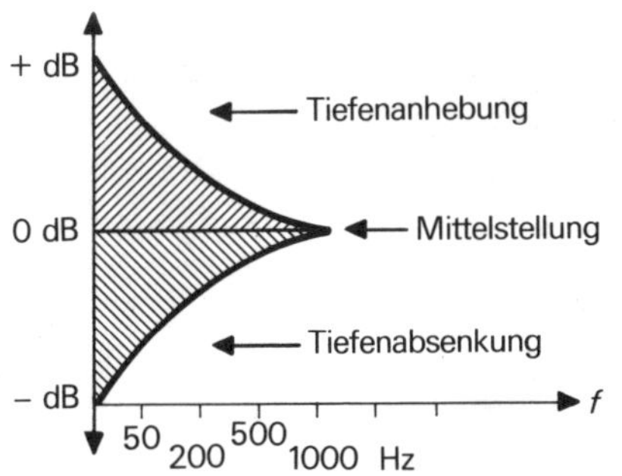

Bild 3.18 Einstellmöglichkeit im unteren Frequenzbereich

wirksam werden, je weiter sich der Schleifer dem oberen Anschlag nähert. Auch bei diesem Potentiometer liegt etwa in der Mitte des Drehbereichs eine neutrale Zone, in der die Höhenvoranhebung gerade kompensiert wird (Bild 3.19).

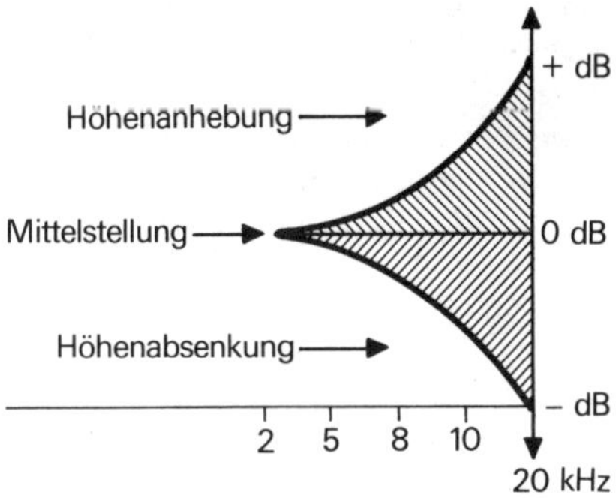

Bild 3.19 Einstellmöglichkeit im oberen Frequenzbereich

Die Endstufe arbeitet in A-Schaltung, d. h., der Arbeitspunkt liegt in der Mitte des geraden Teils der Kennlinie und wird durch die am Katodenwiderstand abfallende Gleichspannung eingestellt (Bild 3.20). Als Arbeits- oder Außenwiderstand dient der Ausgangstransformator, an dessen Sekundärseite auch die Gegenkopplungsspannung abgenommen wird. Die Wicklung ist daher einseitig mit Masse verbunden.

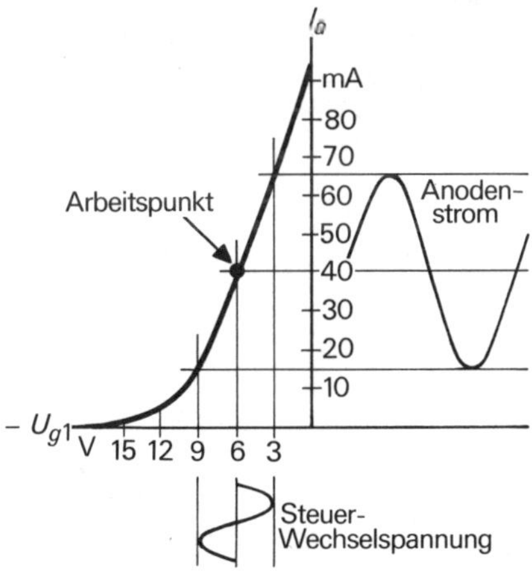

Bild 3.20 Kennlinie mit Arbeitspunkt für A-Schaltung und eingezeichneter Gitterwechselspannung sowie Anodenstromverlauf

3.2.2. Weitere Frequenzgang-Korrekturmöglichkeiten

Eine schaltungstechnisch andere Lösung zeigt Bild 3.21 mit dem sogenannten Fächerentzerrer für getrennte Höhen- und Baßeinstellung. Der Einstellumfang reicht von +10 bis −12 dB bei 50 Hz und von +11 bis −12 dB bei 10 kHz. Die Regelcharakteristik und die gerade Frequenzkurve des Netzwerks entsprechen damit dem in Bild 3.18 und 3.19 angegebenen Schema. Mit der Lautstärkeeinstellung ist auch hier eine gehörrichtige Anhebung der tiefen Frequenzen gekoppelt. Die Balance des Stereoverstärkers läßt sich von 0 bis −20 dB je Kanal verändern. Die Niederfrequenz wird vom Punkt *A* am Ausgang eines Emitterfolgers abgenommen und über R_1 und C_1 den Potentiometern für Tiefen- und Höheneinstellung zugeführt. Beide Schleifer sind mit dem »heißen« Ende des Lautstärkereglers verbunden. Wenn beide am jeweiligen oberen Ende ihres Potentiometers stehen (R_1 bzw. C_1), werden die Höhen und Tiefen angehoben, im entgegengesetzten Fall abgesenkt.

Der »aktive Klangeinsteller« nach Bild 3.22 arbeitet im Gegensatz zu der zuletzt gezeigten, frequenzabhängigen Spannungsteilung mit einer frequenzabhängigen Gegenkopplung vom Kollektor zur Basis eines Transistors. Auch hier werden beide Frequenzgebiete aufgeteilt und die Potentiometerschleifer zusammengeschaltet an die Basis des Transistors gelegt. Der Gegenkopplungszweig verläuft vom Kollektor über das Klangregelnetzwerk zur Basis. Stehen beide Schleifer am linken Ende, so ist die Anhebung am größten und die Gegenkopplung am kleinsten. Im entgegengesetzten Fall werden Höhen und Tiefen maximal gegengekoppelt und damit abgesenkt.

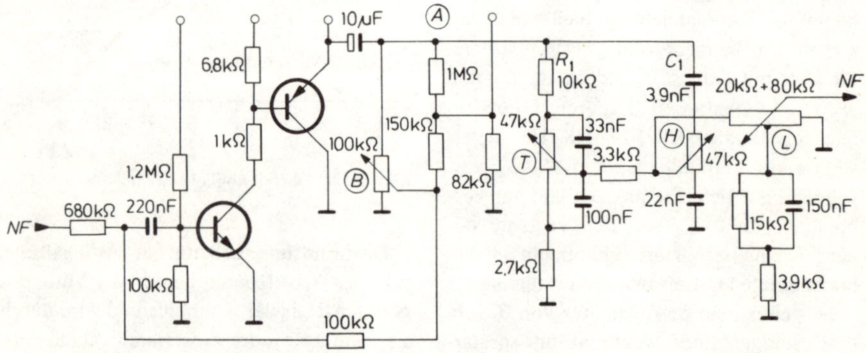

Bild 3.21 Schaltung eines Fächerentzerrers mit Höhen- und Tiefeneinstellung

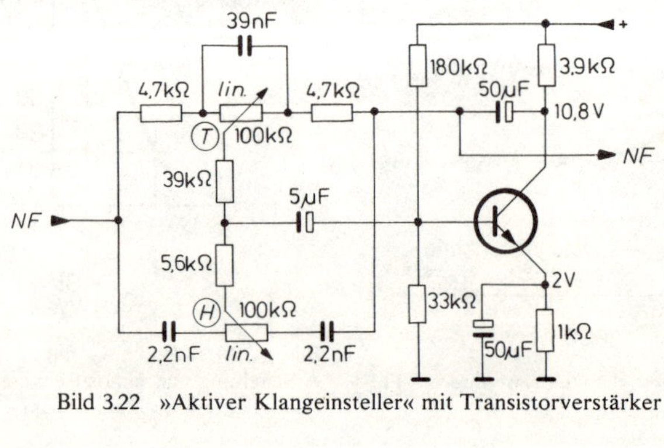

Bild 3.22 »Aktiver Klangeinsteller« mit Transistorverstärker

Den Einstellumfang des aktiven Klangeinstellers zeigt Bild 3.23 mit +19,5 bis −22 dB bei 30 Hz und +19,5 bis −19 dB bei 20 kHz. Der lineare Frequenzgang (Kurve 2) ergibt sich bei Mittelstellung der

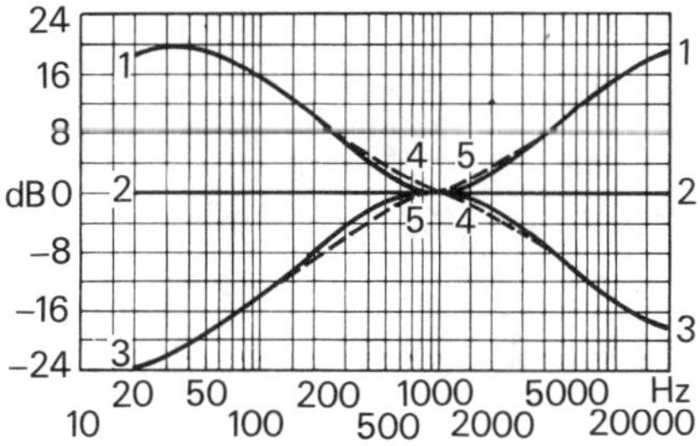

Bild 3.23 Einstellmöglichkeiten des aktiven Klangeinstellers. Kurve 1: maximale Tiefenanhebung, maximale Höhenanhebung, Kurve 2: Mittelstellung (linearer Frequenzgang), Kurve 3: maximale Tiefenabsenkung, maximale Höhenabsenkung, Kurve 4: maximale Tiefenanhebung, maximale Höhenabsenkung, Kurve 5: maximale Tiefenabsenkung, maximale Höhenanhebung

Potentiometer. Die Spannungsverstärkung ist dann etwa 0,9fach. Bei kleiner Aussteuerung (Ausgangsspannung <250 mV) bleibt der Klirrfaktor unter 0,1 %; beträgt die Ausgangsspannung rund 2 V, steigt er bei 12 kHz auf 0,85 % an.

Mit »Präsenz« wird die Eigenschaft eines bestimmten Frequenzgebiets oder Schallbereichs bezeichnet, sich aus dem gesamten Klangbild hervorzuheben. Die Schaltung eines gut für Sprachübertragungen geeigneten aktiven Präsenzeinstellers zeigt Bild 3.24. Zum Anheben der Mittellagen dient das gleiche Schaltungsprinzip wie beim aktiven Klangeinsteller. Im Gegenkopplungsweg liegt hier ein für 2 kHz dimensioniertes Doppel-T-Glied. Mit entsprechend anderer Dimensionierung läßt sich die Schaltung auch für den Ausgleich raumakustischer oder übertragungsbedingter Mängel bei Musikübertragungen einsetzen. Bild 3.25 zeigt die Einstellmöglichkeiten des aktiven Präsenzeinstellers, die maximale Anhebung bei 2 kHz beträgt 13 dB.

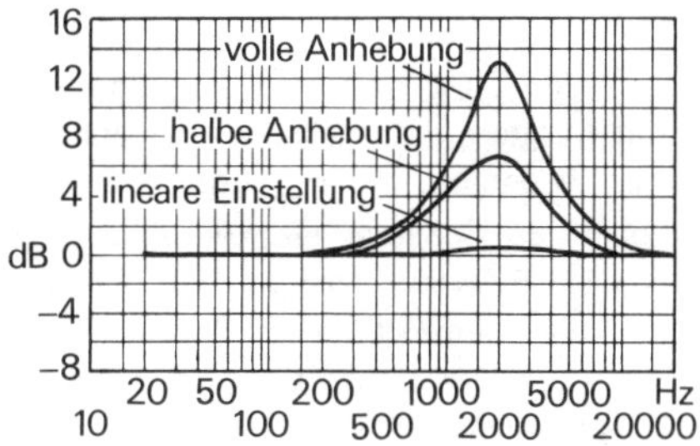

Bild 3.25 Einstellmöglichkeiten des aktiven Präsenzeinstellers

In Bild 3.26 ist die Schaltung eines Rausch- und Rumpelfilters angegeben. Die Tiefen- und Höhenabsenkung erfolgt durch

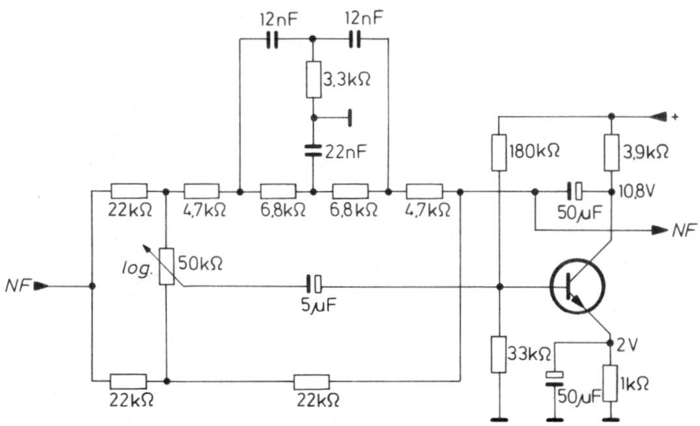

Bild 3.24 »Aktiver Präsenzeinsteller« mit Transistorverstärker

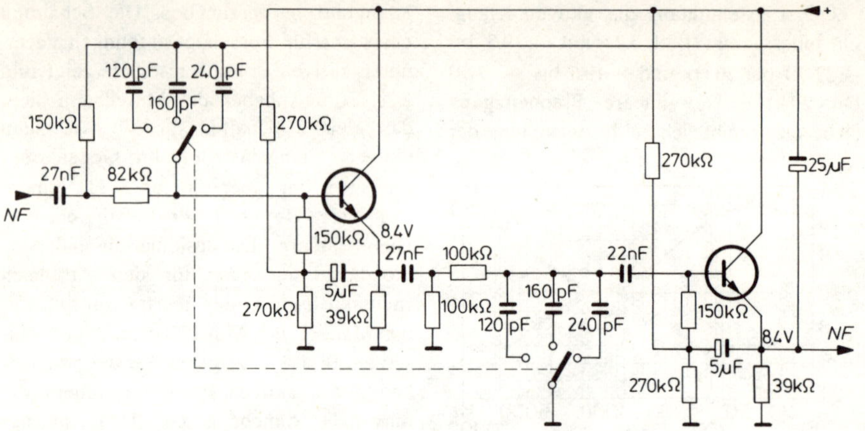

Bild 3.26 Schaltung eines Rausch- und Rumpelfilters

ein zwischen zwei Emitterfolgern angeordnetes *RC*-Glied und eine Rückkopplung vom Ausgang zum Eingang über ein weiteres, ebenfalls umschaltbares *RC*-Glied. Damit wird eine hohe Flankensteilheit von etwa 13 dB/Oktave erreicht. Die Grenzfrequenz des Rumpelfilters ist fest auf 45 Hz eingestellt. Das Rauschfilter kann auf die Grenzfrequenzen 16 kHz, 12 kHz und 7 kHz umgeschaltet werden. Die sich ergebenden Frequenzgänge zeigt Bild 3.27.

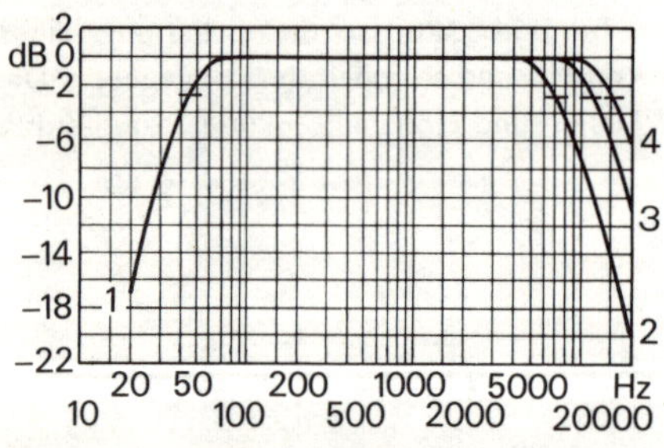

Bild 3.27 Einstellbare Frequenzgänge des Rausch- und Rumpelfilters: 1. f_u = 45 Hz, 2. f_o = 7 kHz, 3. f_o = 12 kHz, 4. f_o = 16 kHz

3.2.3. Von echter Gegentaktschaltung zur Quasi-Komplementärschaltung

Die »klassische« Gegentaktschaltung mit Röhren ergibt höhere Ausgangsleistungen und geringere Klirrgrade als die in Bild 3.17 gezeigte Eintaktschaltung und wird für kleinere Ausgangsleistungen in A- und für größere in B-Betrieb »gefahren«. (Bei B-Betrieb liegt der Arbeitspunkt im unteren Knick der Kennlinie, und es wird von jeder Stufe nur eine Halbwelle verstärkt, die sich im Ausgang zu einer Gesamtschwingung zusammensetzt.) Die schwache Stelle aller Röhren-Endstufen ist der Ausgangsübertrager. Um eine hohe Wiedergabequalität zu erhalten, muß man großzügig kalkulieren und qualitativ hochwertige Übertrager verwenden. Ein zu klein bemessener Transformator verursacht Verzerrungen, ruft Phasendrehungen am oberen und unteren Frequenzbereich hervor und engt den Übertragungsbereich unzulässig stark ein.

3.2.3.1. Eisenlose Endstufen

Ideal ist eine Gegentaktendstufe, die ohne Ausgangsübertrager auskommt. Im Röhrenzeitalter machte Philips die »eisenlose Endstufe« populär. Allerdings brauchte man dafür Lautsprecher mit Impedanzwerten von einigen Hundert Ohm.

Bild 3.28 zeigt in zwei Darstellungen die normale Gegentaktschaltung. Im zweiten Teilbild erkennt man deutlich, daß es sich um zwei getrennte Generatoren handelt, deren Ausgänge magnetisch über den Übertrager gekoppelt sind. Die Ströme in diesen beiden Kreisen sind entgegengesetzt gerichtet, aber gleich groß, so daß man sich die Ausgangsübertragerwicklungen und die Generatoren in Serie geschaltet denken kann. Für die Speisespannung U_B liegen aber beide Endröhren parallel. Die ansteuernden Wechselspannungen an den Gittern sind gleich groß und entgegengesetzt gepolt. Durch die beiden magnetisch verkoppelten Außenwiderstände erfolgt eine wechselspannungsmäßige Serienschaltung der Arbeitswiderstände, wodurch sich die in Bild 3.28 angedeuteten Ausgangswechselspannungen ergeben.

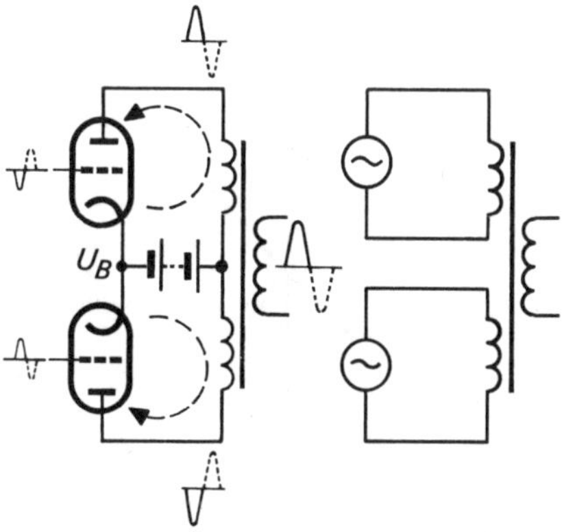

Bild 3.28 Prinzip der normalen Gegentaktschaltung

Der erste Schritt zur eisenlosen Endstufe wird mit der Schaltung in Bild 3.29 gemacht. Hier ist die Lage der Außenwiderstände und der Gleichstromquelle vertauscht (linkes Teilbild), was einen gemeinsamen Außenwiderstand, aber zwei Spannungsquellen erfordert. Die Röhren arbeiten gegenüber Bild 3.28 wechselspannungsmäßig antiparallel. Zwischen den Punkten *A* und *B* befindet sich jetzt eine Quelle doppelter Gleichspannung, während der Außenwiderstand am Verbindungspunkt beider Röhren angeschlossen ist und mit dem »kalten« Ende am Punkt *M* liegt. Da die Punkte *A* und *B* ebenfalls wechselspannungsmäßig »kalt« sind, kann man den Außenwiderstand (Lautsprecher) statt beim Punkt *M* auch ebensogut über einen Kondensator gleichspannungsfrei bei *A* oder *B* anschließen (rechtes Teilbild). Diese Anordnung erlaubt das Einsparen des teuren Ausgangsübertragers.

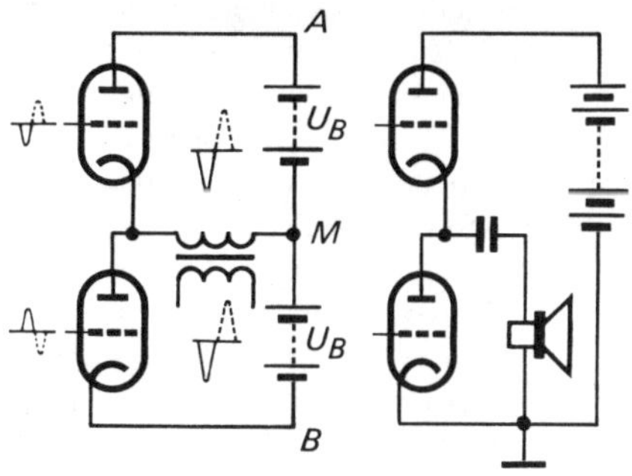

Bild 3.29 Prinzip der »eisenlosen« Endstufe

Die Ansteuerspannungen sind bei der eisenlosen Endstufe ebenfalls gleich groß und entgegengesetzt gepolt. Da die Röhren in Antiparallelschaltung arbeiten, addieren sich die Ausgangssignale gleichfalls. Hierbei verringert sich der gemeinsame Außenwiderstand auf die Hälfte, so daß nur noch ein Viertel des Außenwiderstands gegenüber der transformatorgekoppelten Gegentaktschaltung erforderlich ist. Der Wert liegt bei Röhren in einer Größenordnung von 800 bis 1000 Ω, so daß man Lautsprecher mit dieser Impedanz direkt anschließen kann.

Bei NF-Endstufen mit Transistoren wird heute im allgemeinen der Gegentakt-B-Betrieb bevorzugt. Gegenüber dem A-Betrieb ergibt der B-Betrieb eine bessere Leistungsausnutzung der Transistoren. Für eine bestimmte geforderte Ausgangsleistung können daher kleinere Transistoren verwendet werden, wobei die vergleichsweise geringere Verlustleistung wesentlich kleinere Kühlelemente erlaubt. Die für Gegentakt-B-Schaltungen typischen Übernahmeverzerrungen lassen sich durch Einstellen eines kleinen Ruhestroms auf ein nicht mehr störendes Maß verringern. Dieser Ruhestrom ist in der Regel so klein gegenüber der maximalen Kollektorstrom-

Amplitude, daß man durchaus noch von B-Betrieb sprechen kann.

In hochwertigen NF-Leistungsverstärkern haben heute übertragerlose Gegentakt-B-Endstufen in Komplementär- oder Quasi-Komplementärschaltung alle anderen Schaltungskonzepte verdrängt. Der Fortfall der Übertrager verringert das Gewicht, den Raumbedarf und auch den Preis der Verstärker. Da außerdem die Phasendrehungen bei tiefen und hohen Frequenzen entfallen, kann man starke Gegenkopplungen über mehrere Stufen ausführen und ausgezeichnete Übertragungseigenschaften bei mäßigem Aufwand erreichen.

3.2.3.2. Komplementär-Transistor-endstufen

Wie der Name schon sagt, besteht die Schaltung aus zwei Transistoren unterschiedlicher Leitfähigkeit. Die verwendeten NPN- und PNP-Transistoren liegen gleichspannungsmäßig in Serie und wechselspannungsmäßig parallel (Bild 3.30). Wie bereits im vorhergehenden Abschnitt erwähnt, kann man durch einen entsprechend gewählten Ruhestrom den sonst Verzerrungen verursachenden Knick im unteren Bereich der beiden zusammengesetzten Kennlinien vermeiden (Bild 3.31).

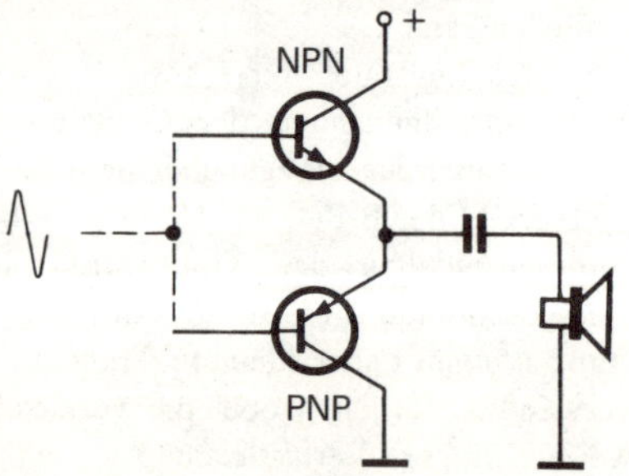

Bild 3.30 Prinzipschaltung der Komplementär-Transistorendstufe

Komplementär-Transistorendstufen steuert man mit gleichphasig gepolten Wechselspannungen an, die von einer Treiberstufe geliefert werden. Bei Endstufen mit hohen Ausgangsleistungen findet man auch aufwendigere Vorstufen, die den erforderlichen höheren Basissteuerstrom liefern können.

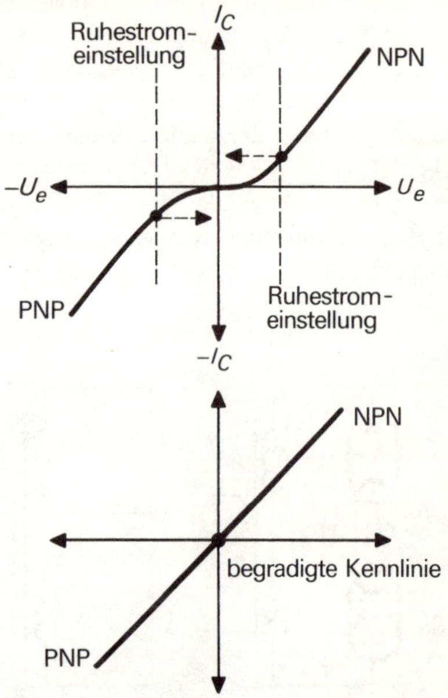

Bild 3.31 »Addition« der Einzel-Kennlinien und »Ruhestromeinstellung« ergibt eine gerade Gesamtkennlinie

In Bild 3.32 ist die Schaltung einer 3-W-Endstufe in Komplementärschaltung angegeben. Sie wird mit einer stabilisierten Spannung von 24 V betrieben. Der Ruhestrom ist auf 10 mA eingestellt. Bild 3.33 zeigt die Abhängigkeit des Klirrfaktors von der Ausgangsleistung bei drei verschiedenen Frequenzen. Man sieht, daß der Klirrfaktor bis etwa 2 W unter 0,5 % bleibt, dann ansteigt, aber auch bei 3 W noch unter 1,5 % liegt.

Der Frequenzgang bei mittlerer Aussteuerung (0,75 W) ist in Bild 3.34 angegeben, die Grenzfrequenzen liegen bei 65 Hz und 16,5 kHz. Aus Bild 3.35 kann man die Leistungsbandbreite entnehmen, bezogen auf einen Klirrfaktor von 3 % reicht sie von < 50 Hz bis zu > 20 kHz. Der Geräuschspannungsabstand beträgt bei 50 mW ca. 74 dB.

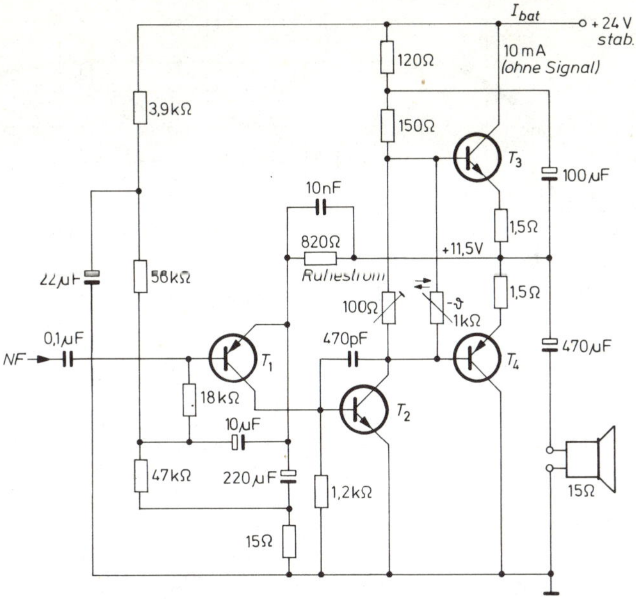

Bild 3.32 Schaltung einer 3-W-Komplementärendstufe

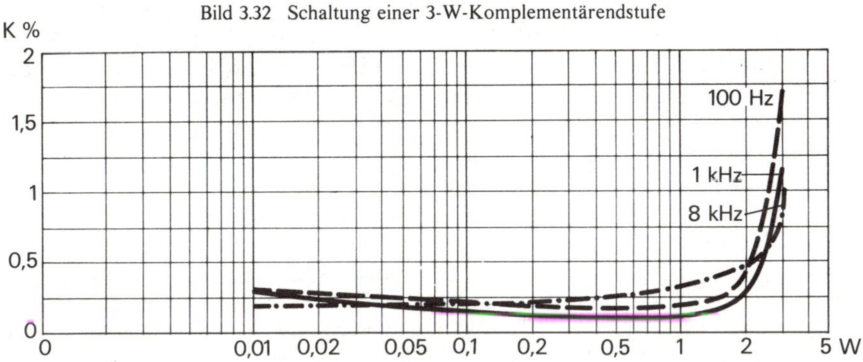

Bild 3.33 Klirrfaktor in Abhänigkeit von Ausgangsleistung und Frequenz

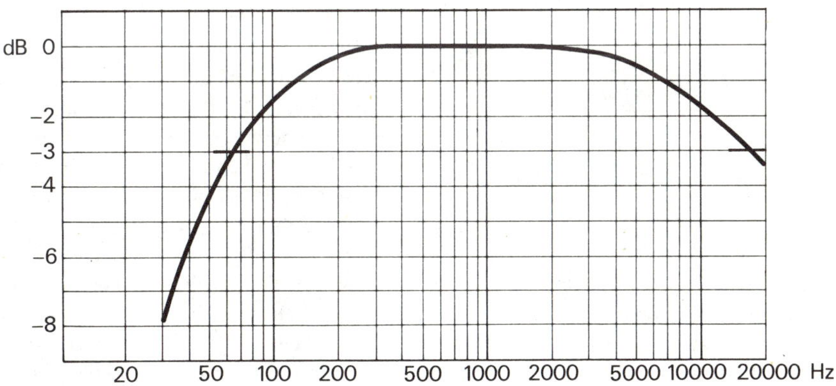

Bild 3.34 Frequenzgang bei mittlerer Aussteuerung

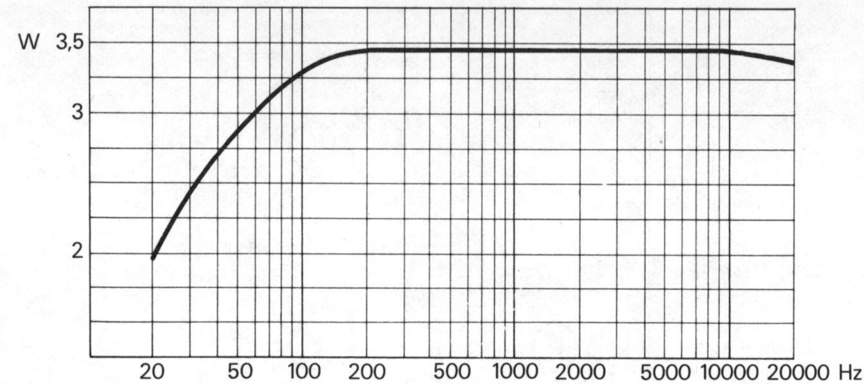

Bild 3.35 Leistungsbandbreite bei einem Klirrfaktor von 3 %

3.2.3.3. Quasi-Komplementär-Transistorendstufen

In dieser Schaltung werden zwei Transistoren gleicher Leitfähigkeit betrieben, und zwar können es sowohl zwei NPN- als auch zwei PNP-Ausführungen sein. Im Gegensatz zur komplementären Endstufe wird die »Quasi«-Ausführung jedoch im Gegentakt angesteuert (Bild 3.36), dies geschieht in der Regel mit entsprechenden

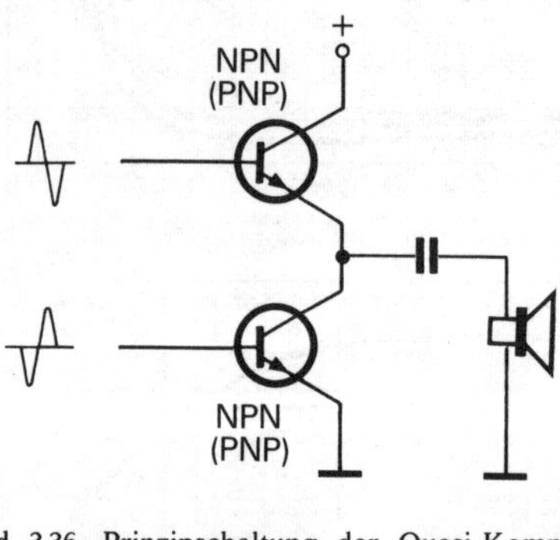

Bild 3.36 Prinzipschaltung der Quasi-Komplementärendstufe

Transistor-Phasenumkehrschaltungen, man kann aber auch Gegentakt-Eingangstransformatoren verwenden. Beide Endtransistoren liegen wieder gleichspannungsmäßig in Serie und wechselspannungsmäßig parallel.

In beiden Komplementär-Transistorendstufen lassen sich (im Gegensatz zur vergleichbaren »eisenlosen« Röhrenschaltung) jetzt ohne weiteres Lautsprecher mit sehr niederohmigen Impedanzwerten direkt anschließen. Eine kleine Rechnung zeigt warum: Ein 8-Ω-Lautsprecherwiderstand und eine Ausgangsleistung von 16 W erfordern einen Strom von ca. 1,4 A. Dieser war seinerzeit von den Röhren nicht aufzubringen. Leistungstransistoren aber schaffen es leicht.

Bild 3.37 zeigt die Schaltung eines 20-W-HiFi-Verstärkers mit zwei NPN-Transistoren (T_8, T_9) in der Quasi-Komplementärendstufe und zwei gesonderten Treibern (T_6, T_7) in NPN/PNP-Ausführung. Ihnen vorgeschaltet sind die Vorstufe (T_1) und eine Vortreiberstufe (T_3). Der zwischen den Basen der Treibertransistoren liegende Transistor T_2 stabilisiert die Ruheströme der Treiberstufe und der Endstufe gegen Schwankungen der Speisespannung und der Umgebungstemperatur.

Eine Schutzschaltung mit zwei Transistoren (T_4, T_5) verhindert eine Überlastung der Endtransistoren bei Übersteuerung und Kurzschluß am Ausgang. Nach Überschreiten des mit den 22-kΩ-Potentiometern einzustellenden Schwellenwerts werden die Schutztransistoren leitend und setzen das Steuersignal an den Basen der Treibertransistoren herab. Dadurch wird der Kollektorstrom der Endstufe auf ungefährliche Werte verringert, er kann bis auf den Ruhestrom zurückgehen. Am Ausgang sind zusätzlich zwei schnelle Schalterdioden (BA 145) zur Begrenzung von Überspannungen eingesetzt.

Der 20-W-HiFi-Verstärker liefert an den 5-Ω-Lastwiderstand bei 1 kHz eine maximale Ausgangsleistung von rund 31 W mit einem Klirrfaktor von 1 %. Bild 3.38 (s. S. 70) zeigt die Abhängigkeit des Klirrfaktors von der Ausgangsleistung. Im Bereich von 300 mW bis 20 W liegt der auftretende Klirrfaktor noch unter 0,1 %.

Der Verstärker hat einen linearen Frequenzgang mit maximalen Abweichungen von ± 0,5 dB im Bereich von < 20 Hz bis > 20 kHz, gemessen 6 dB unter Vollaussteuerung. Den Leistungsfrequenzgang bei einem Klirrfaktor von 1 % zeigt Bild 3.39. Bezogen auf 50 mW beträgt der Fremdspannungsabstand 66 dB und der Geräuschspannungsabstand 81 dB.

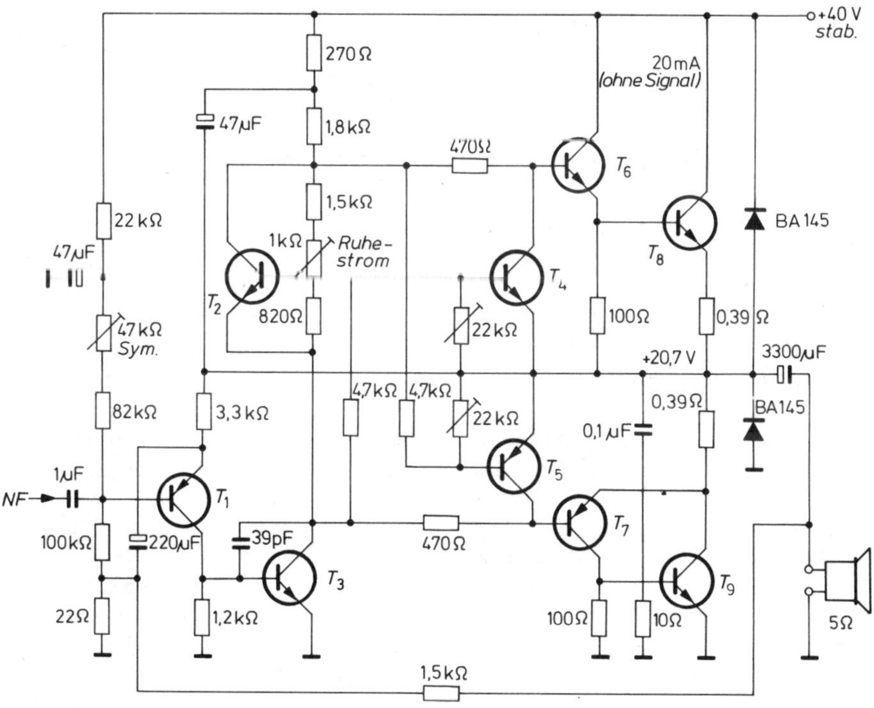

Bild 3.37 Schaltung eines 20-W-HiFi-Verstärkers mit NPN-Transistoren (T_8, T_9) in Quasi-Komplementärschaltung

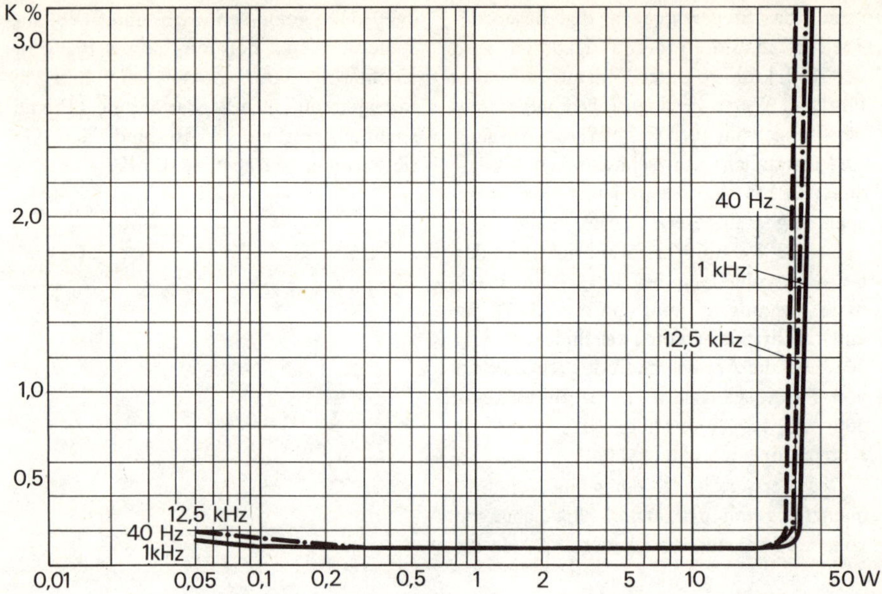

Bild 3.38 Klirrfaktor in Abhängigkeit von Ausgangsleistung und Frequenz

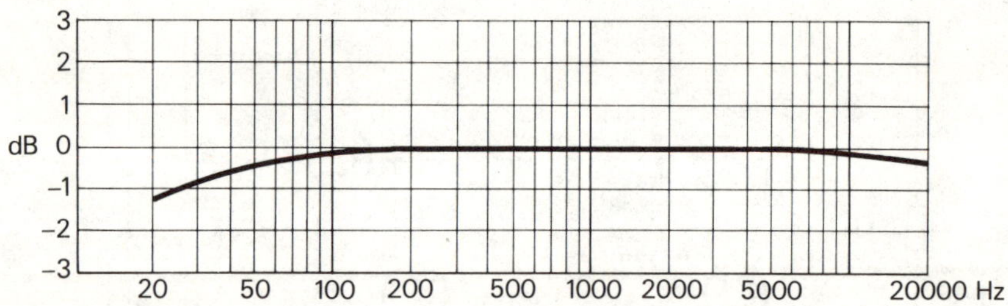

Bild 3.39 Leistungsbandbreite bei einem Klirrfaktor von 1 % und einer Ausgangsleistung von 31 W

3.3. Lautsprecher und Kopfhörer

Die Aufgabe von HiFi-Lautsprecherboxen ist es, zugeführte elektrische Signale in akustische Signale umzusetzen. Das Ergebnis soll völlig neutral sein, d. h., die Lautsprecherbox darf keine eigene Klangfärbung haben und klanglich weder etwas hinzufügen noch weglassen. Da kein Lautsprechersystem das gesamte Tonfrequenzspektrum mit allen Tiefen, Mittellagen und Höhen allein wiederzugeben vermag, ist jede HiFi-Box aus mehreren Lautsprechern aufgebaut. Das Frequenzspektrum wird durch Frequenzweichen aufgeteilt und den einzelnen Lautsprechern zugeführt (Bild 3.40). Die Frequenz- und Leistungscharakteristiken der Lautsprecherboxen sollen so gleichmäßig wie möglich verlaufen, also keine ausgeprägten Spitzen und Einbrüche aufweisen. Auch bei hohen Belastungen müssen die nichtlinearen Verzerrungen niedrig bleiben, und das Ein- und Ausschwingverhalten soll so günstig wie möglich sein.

Für Lautsprecher in NF-Übertragungsanlagen mit hohen Ansprüchen an die Wiedergabequalität hat sich das Prinzip

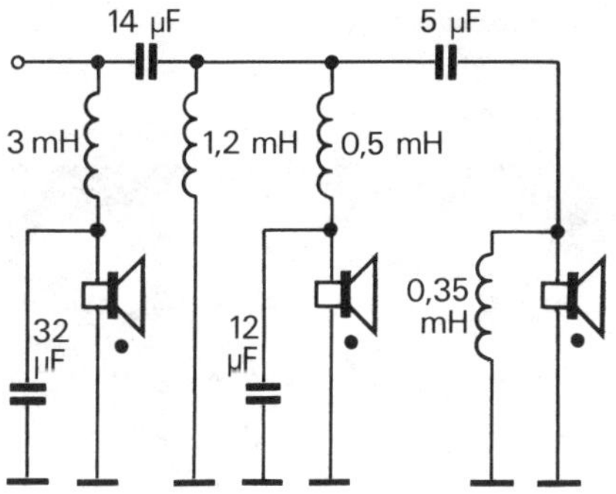

Bild 3.40 Frequenzweiche einer 3-Wege-Lautsprecherbox

der geschlossenen Box allgemein durchgesetzt. Es stellt praktisch eine »unendliche Schallwand« dar und verhindert akustischen Kurzschluß auch bei den tiefsten Frequenzen, so daß die erreichbare untere Grenze des Übertragungsbereichs im wesentlichen nur durch die Resonanzfrequenz des Tiefton-Lautsprechers bestimmt wird. Der einbaubedingte Anstieg der Resonanzfrequenz läßt sich durch den Einsatz sehr tief abgestimmter Systeme kompensieren. Damit ermöglicht das Prinzip der geschlossenen Box auch den Bau von »Kompaktboxen«, die sich bei kleinen Abmessungen durch gute Baßwiedergabe auszeichnen (Bild 3.41).

3.3.1. Messungen an Lautsprecherboxen

Die Wiedergabequalität von Lautsprecherboxen wird von den Eigenschaften der verwendeten Lautsprecher, von der Art und Dimensionierung der elektrischen Weichenschaltung, bei tiefen Frequenzen vom Gehäusevolumen, von der Ausführung des Gehäuses und von den Eigenschaften des im Innenraum verwendeten Dämpfungsmaterials bestimmt.

Die akustischen und elektrischen Eigenschaften der Lautsprecherboxen können nach DIN 45 500, Blatt 7, ermittelt werden. Zur Messung des **Übertragungsbereichs** werden die Lautsprecherboxen beispielsweise im Freien (im sogenannten Schallfeldhalbraum), hinreichend von reflektierenden Gegenständen entfernt, so in den Boden eingegraben, daß die Schallwand in der Ebene des Bodens liegt und der Schall nach oben abgestrahlt wird (Bild 3.42). Der Meßabstand beträgt 1 m. Die Bezugsachse

Bild 3.41 Einige Kompaktboxen aus dem Philips Programm

liegt jeweils in der Mitte der Schallwand. Zur Erfassung der räumlichen Schallverteilung kann außerdem an allen vier Seiten unter Winkeln von z. B. 15° gegen die Bezugsachse gemessen werden.

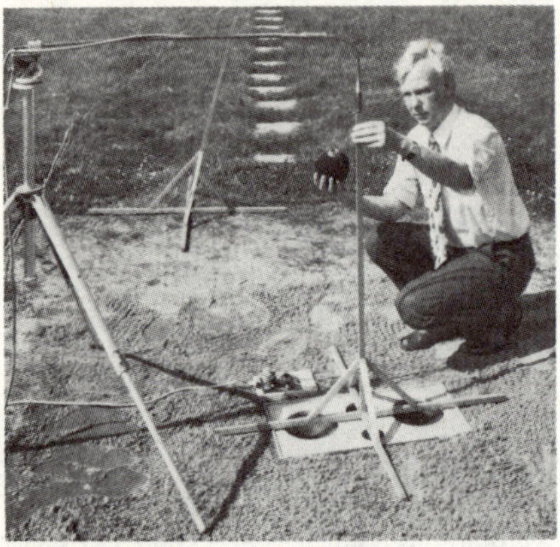

Bild 3.42 Lehren sichern ein genaues Ausrichten des Meßmikrofons für die Aufnahme der Übertragungskurve. Die Lautsprecherbox ist so in den Boden eingegraben, daß die Schallwand in der Ebene des Bodens liegt

Die Messungen der **nichtlinearen Verzerrungen** erfolgen in der Regel im reflexionsarmen Raum (Bild 3.43). Sie können im freien Schallfeldhalbraum wegen störender Umwelteinflüsse auf die sehr kleinen Meßpegel nicht durchgeführt werden.

Um das praktische Verhalten von HiFi-Lautsprecherboxen auch außerhalb der üblichen Meßräume kennenzulernen, werden in den Philips Laboratorien spezielle Meßanlagen benutzt, mit denen zahlreiche Messungen in unterschiedlichen Wohnräumen durchgeführt werden. Unter anderem wurde hierbei bestätigt, daß oberhalb von etwa 600 Hz die akustischen Eigenschaften aller getesteten Wohnräume praktisch gleich sind. Die Einflüsse der Raumabmessungen und der Raumausstattung machen sich vor allem unterhalb dieser Grenze bemerkbar. Im ganzen gesehen ähneln die Eigenschaften der Wohnräume eher denen eines Hallraums (Bild 3.44). Dagegen haben im schalltoten Raum aufgenommene Frequenzcharakteristiken von Lautsprecherboxen nur einen beschränkten Aussagewert.

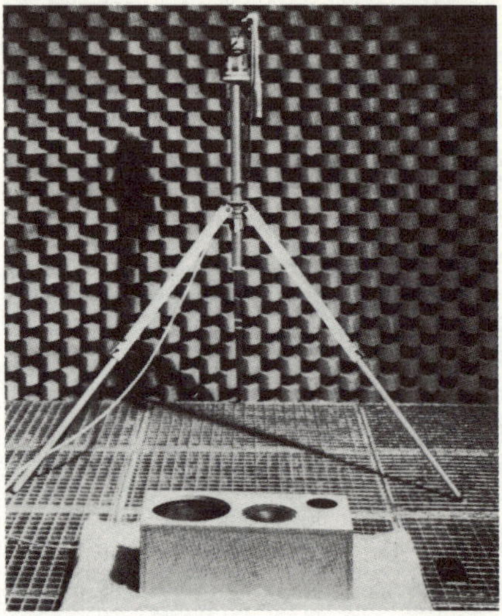

Bild 3.43 Aufbau für die Messung der nichtlinearen Verzerrungen im reflexionsarmen Raum

Bei der Entwicklung von HiFi-Lautsprecherboxen stellt sich u. a. die Frage, ob sie einen Frequenzbereich von 20 Hz bis 20 000 Hz haben müssen oder, anders gefragt, wie breit der Übertragungsbereich eines passiven Schallwandlers überhaupt sein soll. Um diese Frage beantworten zu können, ist es notwendig, die Amplitudenspektren von verschiedenen Musikarten und von speziellen Musikinstrumenten zu analysieren.

So zeigt z. B. das Amplitudenspektrum eines großen Orchesters, daß die Pegel oberhalb von 2000 Hz abfallen und bei 15 000 Hz bereits um mehr als 30 dB unter dem 1000-Hz-Bezugspegel liegen. Popmusik ergibt völlig andere Spektren. Hier ist überhaupt kein ausgeprägter Amplitudenabfall bei den Frequenzen oberhalb von 2000 Hz zu erkennen. Auch bei der Aufnahme eines Zigeuner-Orchesters zeigte sich, daß im oberen Bereich relativ große Pegel vorhanden sind. Die Spektren von Maracas und Tamburin (»live« aufgenom-

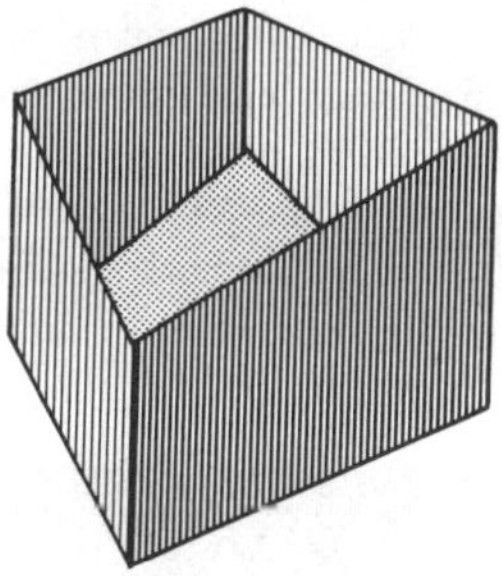

Bild 3.44 Normalerweise werden Schallwellen an Gegenständen im Schallfeld reflektiert, so daß sich die von der Schallquelle ausgehende Welle mit einer oder mehreren reflektierten Wellen vermischt und ein mehr oder weniger diffuses Schallfeld entsteht. In einem vollkommen diffusen Schallfeld bleibt der Schalldruck innerhalb des ganzen Felds gleich. Um solche Reflexionen zu erzeugen, die eine Störung des freien Schallfelds bewirken, müssen die Abmessungen der reflektierenden Gegenstände oder Wände gleich oder größer als die Wellenlänge der Schallwellen sein, wie im Bild schematisch anhand eines Hallraums dargestellt ist

men) lassen deutlich erkennen, daß Frequenzen bis zu 20 000 Hz erzeugt werden. Bild 3.45 zeigt diesen Fall auf dem Meßschirm.

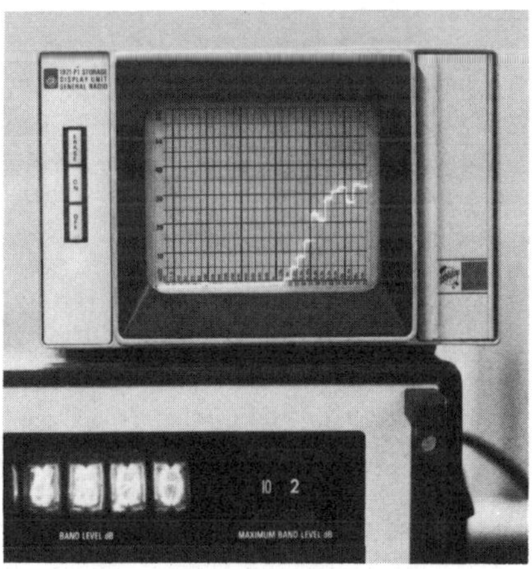

Bild 3.45 Meßanordnung mit Speicheroszillograf zur Erfassung und Darstellung von Frequenzspektren

3.3.2. Motional-Feedback-System

Das größte Problem bei der Entwicklung von HiFi-Lautsprecherboxen ist die Wiedergabe sehr tiefer Baßtöne, die unverfälscht in ihrer Intensität und Klangfarbe abgestrahlt werden sollen. Leider hat jedes geschlossene Gehäuse die physikalisch bedingte Eigenschaft, die Bewegung der Lautsprechermembrane zu bremsen, besonders wenn sie sich in das Gehäuse hineinbewegt. Diese unerwünschte Behinderung macht sich als verfälschte und damit unnatürliche Baßwiedergabe bemerkbar (Bild 3.46). Allerdings kann diese Mem-

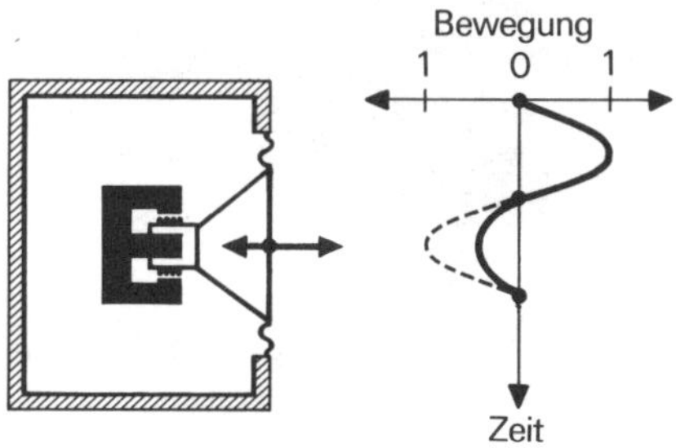

Bild 3.46 Schematische Darstellung einer gestörten Membranbewegung (Ein- und Ausschwingvorgang)

branbehinderung um so kleiner gehalten werden, je größer der Baßlautsprecher und das Gehäuse gewählt werden. Praktische Überlegungen setzen hier allerdings Grenzen, und man sucht daher nach anderen Mitteln, um die Membranbewegung unabhängig vom geschlossenen Gehäuse zu machen. Das Philips MFB-System löst dies Problem durch eine Beschleunigungsgegenkopplung mit einem PXE-Wandler. (MFB = Motional Feedback = Bewegungsrückkopplung, PXE = Piezoxid-Element = piezokeramischer Wandler).

Das Prinzip wird nachfolgend anhand der 1974 zuerst auf den Markt gebrachten Lautsprecherbox RH 532 »Electronic-MFB« erläutert. Sie enthält drei Speziallautsprecher (Bild 3.47), eine Regel- und Steuer-Elektronik sowie zwei Leistungsverstärker mit insgesamt 60 Watt Sinuslei-

Bild 3.47 Vorderansicht der MFB-HiFi-Lautsprecherbox RH 532 bei abgenommener Frontblende. Links oben unterhalb der Einschaltanzeigelampe ist der 25-mm-Kalottenhochtöner befestigt, rechts neben ihm das 12-cm-Mitteltonsystem und unter beiden der 20-cm-Tieftöner

stung (Bild 3.48). Ihr Gehäusevolumen beträgt 15 Liter, wovon 6 Liter auf die Elektronik und 9 Liter auf den Lautsprecherraum entfallen. Einer der beiden Leistungsverstärker steuert mit 40 Watt Si-

Bild 3.48 Ausgeschwenkter Elektronikteil der MFB-Box RH 532

nusleistung den Tieftonlautsprecher, der im Membranzentrum einen Beschleunigungswandler in Form eines piezokeramischen Elements trägt (Bild 3.49). Dieser Wandler gibt eine der Membranbeschleunigung proportionale elektrische Spannung ab, die in einer Komparator-Elektronik mit dem

Bild 3.49 Der piezokeramische Beschleunigungswandler (PXE-Element) ist auf einer Miniprintplatte untergebracht, die oberhalb der Schwingspulenhalterung im Membranzentrum befestigt ist. Er gibt als Kernstück des *Motional-Feedback-Systems* ein Signal ab, das der Konusbeschleunigung proportional ist und mit dem Originalsignal verglichen wird. Ein Feldeffekt-Transistor und zwei Widerstände sind hier ebenfalls angebracht

originalen Steuer-Tonsignal verglichen wird (Bild 3.50).

Die in der Komparator-Elektronik entstandene Fehlerspannung wird als gegenkoppelndes Korrektursignal in den Leistungsverstärker zurückgeführt. Damit wird erreicht, daß Bewegungsfehler der Tieftonmembrane sofort ausgeregelt werden und das abgestrahlte akustische Tonsignal exakt dem elektrischen, originalen Steuer-Tonsignal entspricht. Das bedeutet: Die Bässe werden unverfälscht wiedergegeben (Bild 3.51).

Das durch Filter auf einen Bereich von 35 bis 500 Hz begrenzte Tiefton-Signal steuert die Additionsschaltung an, der gleichzeitig das verstärkte und rückgekop-

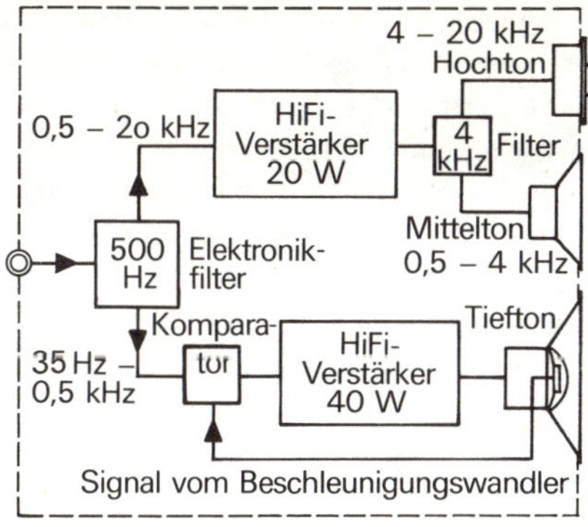

Bild 3.50 Blockbild der Komparator-Elektronik

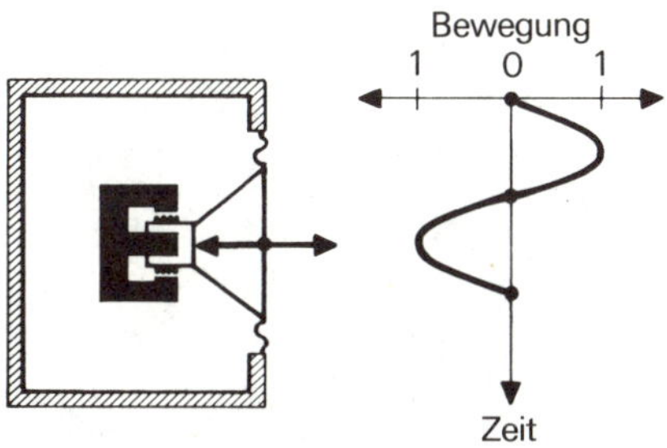

Bild 3.51 Schematische Darstellung einer exakten Membranbewegung (Ein- und Ausschwingvorgang)

pelte Signal vom Beschleunigungsaufnehmer zugeführt wird. Da nur Frequenzen bis zu 500 Hz in den Tieftonlautsprecher gelangen, machen sich weder Teilschwingungen der Tieftonmembrane noch Doppler-Effekte bemerkbar.

Bei der Entwicklung der MFB-Box wurde besonderer Wert auf eine sehr gleichmäßige Wiedergabe-Charakteristik gelegt, die zwischen 35 Hz und ca. 20 kHz nur Amplitudenabweichungen von ± 1 dB aufweist. Da eine unverfälschte Wiedergabe nur durch ein genaues Angleichen der einzelnen Schalldrücke zu erreichen ist, wurden die unterschiedlichen Wirkungsgrade der eingebauten Lautsprecher durch entsprechend angepaßte Leistungen der Verstärker ausgeglichen.

Anpassungsprobleme von Verstärker und Lautsprecherbox entfallen bei der MFB-Box. Da die Verstärker hier eingebaut sind, werden grundsätzlich optimale Anpassung und maximale Leistungsausbeute erzielt. Aus dem gleichen Grund kann es auch nicht geschehen, daß die in der MFB-Box enthaltenen Lautsprechersysteme überlastet werden, selbst wenn die Boxen zu Leistungsgruppen von 120, 180 oder mehr Watt pro Kanal zusammengeschaltet werden. MFB-Lautsprecherboxen können praktisch an jeden Verstärkerausgang angeschlossen werden, dessen Leistung nicht weniger als 3,5 W an 16 Ω und nicht mehr als 90 W an 4 Ω beträgt. Hierfür erhielten die Lautsprecherboxen einen Eingangsschalter, der von 1 V an 3 kΩ auf 7,5 V und 19 V an 25 Ω umgeschaltet werden kann. Bei dieser geringen Belastung arbeiten selbst schaltungstechnisch einfach gehaltene Transistorendstufen sehr verzerrungsarm, so daß auch mit Steuergeräten der niedrigeren HiFi-Klassen eine überraschend hochwertige Musikwiedergabe über MFB-Boxen möglich ist.

Da jede MFB-Lautsprecherbox für Niederfrequenz und Netzspannung jeweils einen Eingang und einen Ausgang hat, sind auch Ringleitungen und Parallelschaltung möglich. Über einen Druckschalter kann die Box wahlweise auf den rechten oder linken Stereokanal geschaltet werden. Zusätzlich zum Netzschalter enthält jede MFB-Box eine signalabhängige Ein- und Ausschaltautomatik, die beim ersten ankommenden Tonsignal automatisch einschaltet und etwa drei Minuten nach Ausbleiben des Signals wieder abschaltet. Wegen der übersichtlichen Anschlußtechnik lassen sich mit MFB-Boxen auf einfache Weise leistungsstarke Anlagen aufbauen.

3.3.3. Kopfhörer — Klänge im Ohr

Gegenüber Lautsprechern sind bei Kopfhörern andere Merkmale zu beachten. Kopfhörer sind keine Leistungswandler, sondern Spannungsdruckwandler, die ein angelegtes elektrisches Signal in einen proportionalen Schalldruck umwandeln. Wegen der verhältnismäßig geringen Amplituden und der minimalen Leistungsübertragung stellen nichtlineare Verzerrungen kaum Probleme dar, ebenso sind Ein- und Ausschwingverhalten zu vernachlässigen. Auch können praktisch beliebig hohe Lautstärken erzielt werden, ohne die Umgebung zu stören (Bild 3.52).

Kopfhörer sind vom Prinzip her hinsichtlich der Baßübertragung und Verzerrungsfreiheit allen anderen Systemen überlegen.

Bild 3.52 Kopfhörer lassen sich an nahezu alle Wiedergabegeräte der Unterhaltungselektronik anschließen

Die Übertragung der Bässe ist allerdings von der Abdichtung zwischen System und Ohr abhängig. Da eine vollkommene Abdichtung auch aus Komfortgründen gar nicht erwünscht ist, haben gute Kopfhörer (z. B. offene Systeme) bestimmte Einrichtungen, mit denen der Frequenzgang kompensiert wird.

Bei monophoner Übertragung mit Kopfhörern scheint es, als läge die Klangquelle punktförmig im Zentrum des Kopfs. Bei stereophoner Übertragung ist diese Empfindung grundsätzlich zwar ebenfalls zu registrieren, die Quelle wird aber außerdem breiter und tiefer, so daß man meint, im Orchester zu sitzen.

Eine wesentliche Bedeutung kommt dem Tragekomfort eines Kopfhörers zu. Er soll auch nach stundenlangem Tragen keine Druckstellen hervorrufen und nach Möglichkeit auch äußere Schallquellen nicht ganz abschließen. Auch der Transpiration ist in diesem Zusammenhang Beachtung zu schenken. Ein nach diesen Grundsätzen konstruiertes Modell ist der in Bild 3.53 gezeigte Philips HiFi-Kopfhörer. Er arbeitet nach dem offenen Prinzip und kann sich in bezug auf Brillanz, Durchsichtigkeit des Klangs und Baßwiedergabe mit den Spitzenprodukten des Markts messen.

Bild 3.53 »Offener« HiFi-Kopfhörer N 6310, ein besonders leichtes Modell

Die großen Schaumstoffpolster sind in der Mitte innen hohl, so daß die Wandlersysteme ganz dicht am Ohr liegen (Bild 3.54). Diese Konstruktion ermöglicht einen ausgeglichenen Frequenzgang bis zu den tiefsten Bässen auch schon bei linearer Einstellung der Klangregler am Verstärker. Es entfällt dabei der von einigen anderen offenen Kopfhörern bekannte Effekt, daß die Baßwiedergabe erst dann akzeptabel wird, wenn die Muscheln fest ans Ohr gedrückt werden oder wenn der Baßregler am Verstärker voll aufgedreht wird.

Die Ohren werden von den Muscheln wegen des offenen Prinzips nicht vollständig eingeschlossen, sondern das weiche Schaumstoffpolster liegt großflächig und

Bild 3.54 Blick auf das Wandlersystem in der Ohrmuschel

leicht auf. Dadurch ist man beim Hören nicht ganz von der Umwelt abgeschlossen und bleibt noch ansprechbar. Der Philips HiFi-Kopfhörer wiegt nur 160 g und eignet sich besonders gut fürs Langzeithören.

3.3.4. Kopfbezogene Stereophonie

Hierunter versteht man die Möglichkeit, mit einem sogenannten Kunstkopf, in dem sich an den Enden der Gehörgänge je ein Mikrofon befindet, zweikanalige Aufnahmen mit sehr naturgetreuen Raum- und Richtungseindrücken zu erstellen. Wenn die Wiedergabe mit Kopfhörern erfolgt, so kommt es zu einer überzeugend intensiven Reproduktion. Mit Lautsprechern ist diese Wirkung nicht in so vollkommener Weise zu erzielen.

Das System hat jedoch auch einige Nachteile, von denen die nicht immer eindeutige Ortungsmöglichkeit von unmittelbar vor dem Zuhörer stattfindenden Schallereignissen der vielleicht auffälligste ist. Auch bei der Aufnahme von Orchesterwerken treten gewisse »Anpassungsschwierigkeiten« auf. Hervorragende Ergebnisse lassen sich aber bei Hörspielen und anderen Sendungen mit überwiegendem Wortcharakter erreichen. Die »kopfbezogene Stereophonie« hatte auf der Funkausstellung 1973 daher auch mit einem Hörspiel ihre sehr eindrucksvolle Premiere.

Das Kunstkopf-Verfahren selbst ist jedoch schon einige Jahrzehnte alt. Beispielsweise wurde bereits 1939 in der Philips Technischen Rundschau ein Artikel über Hörhilfen veröffentlicht, aus dem die folgenden Absätze stammen.

Damit die das Richtungsgefühl verursachenden Schallstärken- und Zeitunterschiede zwischen den von beiden Mikrofonen aufgefangenen Klängen denjenigen beim normalen zweiohrigen Hören genau entsprechen, müssen die Mikrofone in einem »Kunstkopf« angebracht werden, der eine ähnliche Verzerrung des Schallfelds hervorruft wie der menschliche Kopf. Als Kunstkopf genügt eine Kugel, die etwa dieselben Abmessungen hat wie der Kopf (Bild 3.55).

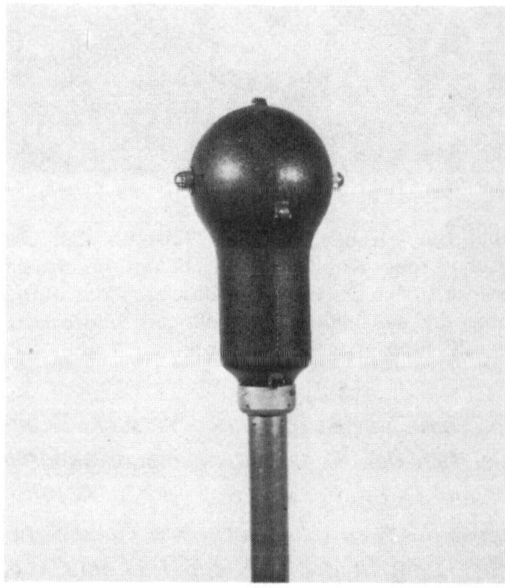

Bild 3.55 Die als »Kunstkopf« benutzte Kugel hat einen Durchmesser von etwa 22 cm. An den Enden einer waagerechten Achse sind die beiden Mikrofone angebracht

Nicht alle Erscheinungen des Richtungshörens sind durch die genannten Schallstärken und Zeitunterschiede zu erklären. Wir haben deshalb Hörversuche mit einem Mikrofonpaar unternommen, bei denen der Kopf nicht durch eine Kugel, sondern

durch einen getreuer herausgearbeiteten Kunstkopf nachgebildet war (Bild 3.56). *Es war jedoch keinerlei Unterschied gegenüber der Wahrnehmung mit der Kugel festzustellen.*

Bild 3.56 »Kunstkopf anno 1939«, mit dem der Einfluß der Kopfform-Einzelheiten untersucht wurde. In den Ohren befinden sich die Mikrofone, über die die beiden Muscheln des Schwerhörigen-Kopfhörers gespeist wurden

Interessant ist folgender Versuch: Befindet sich der Kunstkopf in einem anderen Raum als die Person, welche den Kopfhörer benutzt, so lokalisiert diese einen Sprecher zwar in der richtigen Richtung, d. h. unter dem Winkel, in welchem der Sprecher zum Kunstkopf steht, jedoch immer in der Richtung nach hinten. Offenbar wird die Empfindung hier von der Überzeugung beeinflußt, daß ein Sprecher, der sich vor uns befände, auch sichtbar sein müßte.

3.4. Präzisionsinstrument Plattenspieler

Auf den ersten Blick erscheint der Plattenspieler als ein einfaches mechanisches Gerät: Der Plattenteller soll sich drehen, und der Tonabnehmer wird von einem Tonarm so über die Schallplatte geführt, daß die Abtastnadel dem Verlauf der Rillen folgen kann. Da in den Rillen jedoch ein kompliziertes Gemisch aus Frequenzen und Amplituden enthalten ist, kommt der präzisen Umwandlung dieser mechanischen Komponenten in elektrische Energie eine große Bedeutung zu. Sie ist in hohem Maß von der Qualität des Plattenspielers abhängig.

3.4.1. Plattentellerantrieb und Subchassis

Vom Antrieb eines HiFi-Plattenspielers wird höchste **Gleichlaufkonstanz** verlangt. Bei der in Philips Geräten praktizierten, technisch besonders eleganten Lösung ist der eingebaute Gleichstrommotor mit einem Tachogenerator kombiniert (Bild 3.57). Dieser Generator erzeugt ein Frequenzsignal, das über eine elektronische

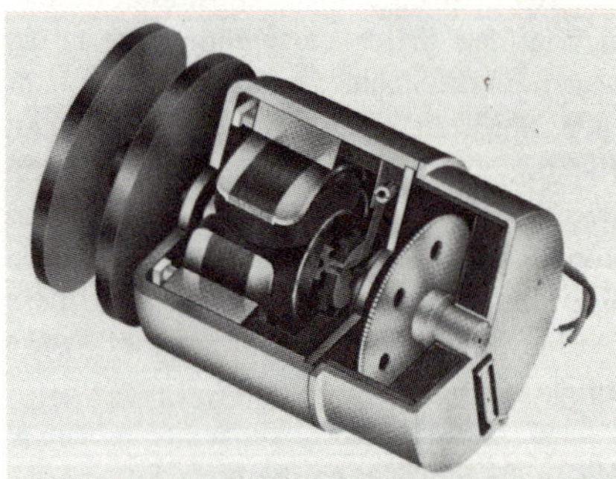

Bild 3.57 Schnittbild des Motors mit Tachogenerator

Schaltung jede Drehzahlabweichung sofort registriert und korrigiert. Die Solldrehzahl wird also weder durch unterschiedliche Belastungen (z. B. mitlaufende Plattenreiniger) noch durch Temperaturschwankungen oder Differenzen in der Netzspannung beeinflußt. Die Drehzahlabweichung ist kleiner als 0,2 %. Außerdem hat der Gleichstrommotor ein großes Drehmoment, das zu einer sehr kurzen Hochlaufzeit führt.

Aufgrund der elektronischen Regelung entfällt auch die sonst für mechanische Laufwerke bestehende Notwendigkeit, einen relativ schweren Plattenteller zu verwenden, um eine Art Schwungradwirkung zu erzielen. Die Masse des Plattentellers kann infolge der elektronischen Gleichlaufgarantie klein sein, und es werden selbst Rückwirkungen der Plattentellermasse über den Antrieb auf den Motor noch ausgeregelt. Das ausgewogene Verhältnis der kinetischen Energie von Plattentellermasse und Motorkraft schafft sehr günstige Voraussetzungen zur Vermeidung von Rumpeln.

Der Antrieb des Plattentellers erfolgt nach Bild 3.58 z. B. von der Motorachse über zwei Stufen mittels Gummiriemen. Das ergibt kleine Übersetzungsverhältnisse und vermeidet praktisch jeden Schlupf. Ein weiterer Vorteil dieses »Kaskaden-Antriebs« besteht darin, daß die zwar sehr geringen, aber nie ganz vermeidbaren Vibrationen des Motors den Plattenteller nicht mehr erreichen können. Da die Riemen sehr kurz sind, liegen eventuelle Resonanzerscheinungen in einem so hohen Frequenzbereich, daß ein nachteiliger Einfluß ausgeschlossen ist. Die gewählte Art des Antriebs unterdrückt wirksam alle denkbaren Störimpulse und ergibt einen hervorragenden Rumpelgeräuschspannungsabstand. Außerdem erübrigt sich im Ruhezustand eine Trennung des Motorantriebs vom Plattenteller. Um ein absolut geräuschloses Arbeiten zu garantieren, setzt man den Motor zusätzlich in ein schallabsorbierendes Gehäuse.

Die federnde Motoraufhängung und der zweifache Riemenantrieb erzielen bereits weitgehend eine Eliminierung mechanischer Störimpulse. Eine weitere Verbesserung der **Erschütterungsdämpfung** ist zu erreichen, wenn die Plattenspieler-Platine, anstatt auf Federn zu stehen, fest mit der Montageplatte verbunden wird, weil dadurch die Masse der Platine beträchtlich vergrößert wird. In diesem Fall muß natürlich die Federung auf eine andere Art erfolgen. Bei Philips HiFi-Plattenspielern sind Plattenteller und Tonarm gemeinsam auf einem zweiten, sogenannten Subchassis montiert, das federnd an der Platine befestigt und mit einem Ausgleichsgewicht versehen ist (Bild 3.59).

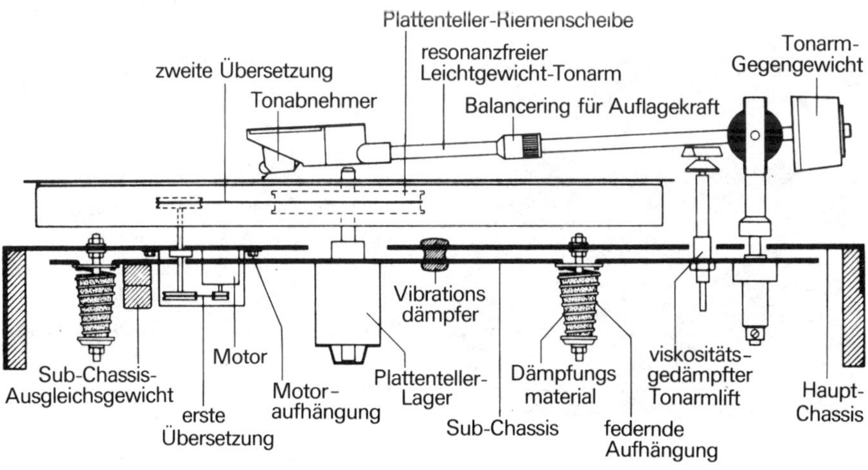

Bild 3.58 Aufbauschema eines HiFi-Plattenspielers mit doppeltem Antrieb

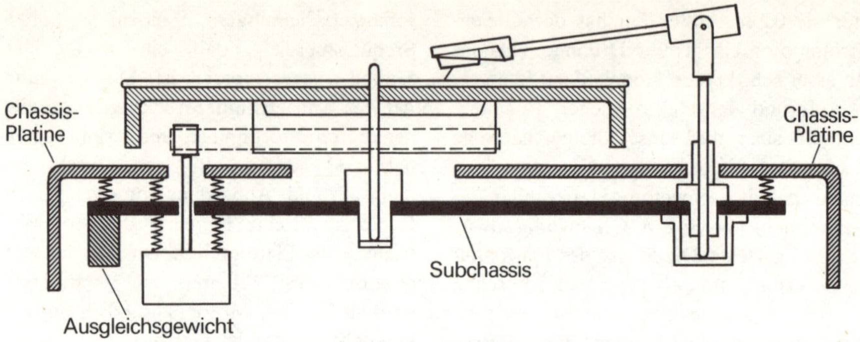

Bild 3.59. Aufbauschema eines HiFi-Plattenspielers mit Subchassis

Es verhindert die Übertragung von äußeren Einflüssen (z.B. Trittschall) auf die für die Tonqualität wichtigen Geräteelemente. Am Subchassis sind Plattentellerlagerung, Tonarmlift und Tonarmlagerung befestigt, d.h. Elemente, die keine Schwingungen verursachen können. Der Motor sitzt fest am Hauptchassis, und der Riemenantrieb kann keine Schwingungen übertragen. Alle kritischen Teile sind so gegen Stöße und Vibration isoliert.

Philips HiFi-Plattenspieler sind mit einer **fotoelektronischen Endabschaltung** ausgestattet. Im Gerät trifft ein Lichtstrahl auf eine lichtempfindliche Cadmium-Sulfid-Zelle. Dieser Strahlengang wird am Ende der Tonarmbewegung unterbrochen (Bild 3.60). Der damit ausgelöste elektrische Impuls leitet zwei Funktionen ein, durch die der Plattenteller-Antriebsmotor elektronisch abgeschaltet und der Tonarm in seine Ausgangsposition zurückgeführt wird. Die fotoelektronische Endabschaltung arbeitet ohne mechanische Einwirkung und damit ohne die geringste Erschütterung.

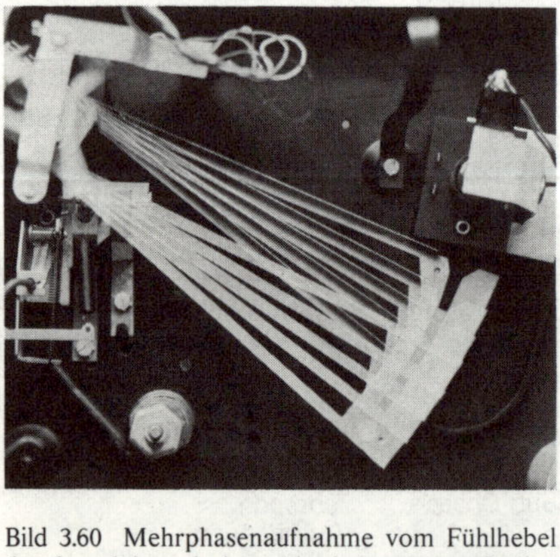

Bild 3.60 Mehrphasenaufnahme vom Fühlhebel des fotoelektronischen Abschaltsystems. Rechts im Bild die Anordnung Glühlämpchen/Fotozelle

3.4.2. Vollelektronisch und vollautomatisch

Mit dem Philips HiFi-Plattenspieler 209 S electronic wurde erstmalig ein »denkender« Plattenspieler mit elektronischer Vollautomatik realisiert (Bild 3.61). Nach dem Auflegen der Schallplatte laufen alle weiteren Vorgänge automatisch gesteuert ab: der Plattenspieler erkennt den Plattendurchmesser, der Plattenteller beginnt mit der richtigen Drehzahl zu rotieren, der Tonarm hebt aus seiner Ruheposition ab, schwenkt exakt über die Einlaufrille, senkt sich behutsam auf die Platte und geht am Schluß des Abspielvorgangs automatisch wieder in die Ausgangsposition zurück. Drei Motoren für den Plattentellerantrieb, die Tonarmbewegungen und den Tonarmlift sind für diese Funktionsabläufe eingesetzt.

Für den automatischen Bedienungsablauf sind im Plattenteller drei Taster untergebracht, die in Verbindung mit der Elektronik das Gerät steuern. Sie sind so geformt, daß eine Beanspruchung der Plattenrillen

Bild 3.61 Der automatische HiFi-Plattenspieler 209 S electronic steuert nach Auflegen der Platte selbständig alle Funktionsabläufe. Er kann jedoch auch manuell bedient werden, wenn der Deckel des Bedienungsfachs geöffnet wird

absolut ausgeschlossen ist. Die Taster sitzen in der Mitte des 290-mm-Plattentellers sowie außerhalb des Stroboskop-Rings (Bild 3.62). Bei einer Single-Platte wird nur der Taster im Zentrum des Tellers betätigt. Bei einer Langspielplatte werden alle drei Taster berührt und bei 25-cm-Langspielplatten nur zwei Taster angetippt.

Bild 3.62 Im Plattenteller sind drei Taster untergebracht, die den Plattentyp registrieren und die notwendigen Steuerungsabläufe auslösen

Wenn der Deckel des Bedienungsfelds geöffnet wird, ist das Gerät wie ein konventioneller Plattenspieler bedienbar.

Die mechanischen Schaltfunktionen wurden auf ein Minimum begrenzt. Für Plattentellerantrieb, Tonarmbewegung und Tonarmlift sind drei elektronisch gesteuerte Gleichstrommotoren eingesetzt, die im Blockschema (Bild 3.63) mit M_1, M_2 und M_3 bezeichnet sind. Der Plattenteller wird hier über einen Gummi-Flachriemen vom langsam laufenden Gleichstrommotor M_1 angetrieben, der mit einem 72poligen Tachogenerator gekoppelt ist und dessen Wechselspannung in einem Frequenzdiskriminator für die Gleichlaufregelung ausgenutzt wird. Sowohl der vibrationsarme Motor als auch der Plattenteller samt Tonarmstütze sind jeweils auf einem federnd aufgehängten Subchassis angeordnet.

Die elektronische Steuerung der Tonarmführungsautomatik überträgt die vom inneren Fühlstift des Plattentellers kommende Information »Platte ist aufgelegt« in Startsignale für die einzelnen Steuerschaltungen. Neben dem Plattentellermotor setzt sie einen zweiten Motor in Bewegung, der eine Kunststoff-Kurvenscheibe antreibt, die über einen Führungsstift und ein Hebelgetriebe den Tonarm in vertikaler und horizontaler Richtung bewegt (Bild 3.64). Dabei drückt der Übertragungshebel von unten gegen eine Kugel an einem auf der vertikalen Tonarmachse gleitenden Rohr.

Das verbreiterte Hebelende und die Kugel bilden eine Friktionskupplung, deren Reibung so bemessen ist, daß alle zum Betrieb notwendigen Bewegungskräfte übertragen werden, bei Behinderung der Tonarmbewegung jedoch Schäden ausgeschlossen sind, z. B. bei noch arretiertem Tonarm oder manuellen Eingriffen in die automatische Tonarmbewegung. Während des Abspielens ist diese Kupplung gelöst, so daß sich der Tonarm frei bewegen kann: Unter anderem ein Grund für die sehr niedrige Tonarmlagerreibung von kleiner als 0,1 mN (10 mp).

Der Tonarmlift wird sowohl bei automatischem als auch bei manuellem Betrieb vom dritten Motor M_3 angetrieben. Beleuchtete Sensoren erlauben eine erschütterungsfreie Bedienung des viskositätsgedämpften Tonarmlifts. Die Schemazeichnung in Bild 3.65 verdeutlicht das Prinzip des sensorgesteuerten Tonarmlifts anhand der wichtigsten Bauteile.

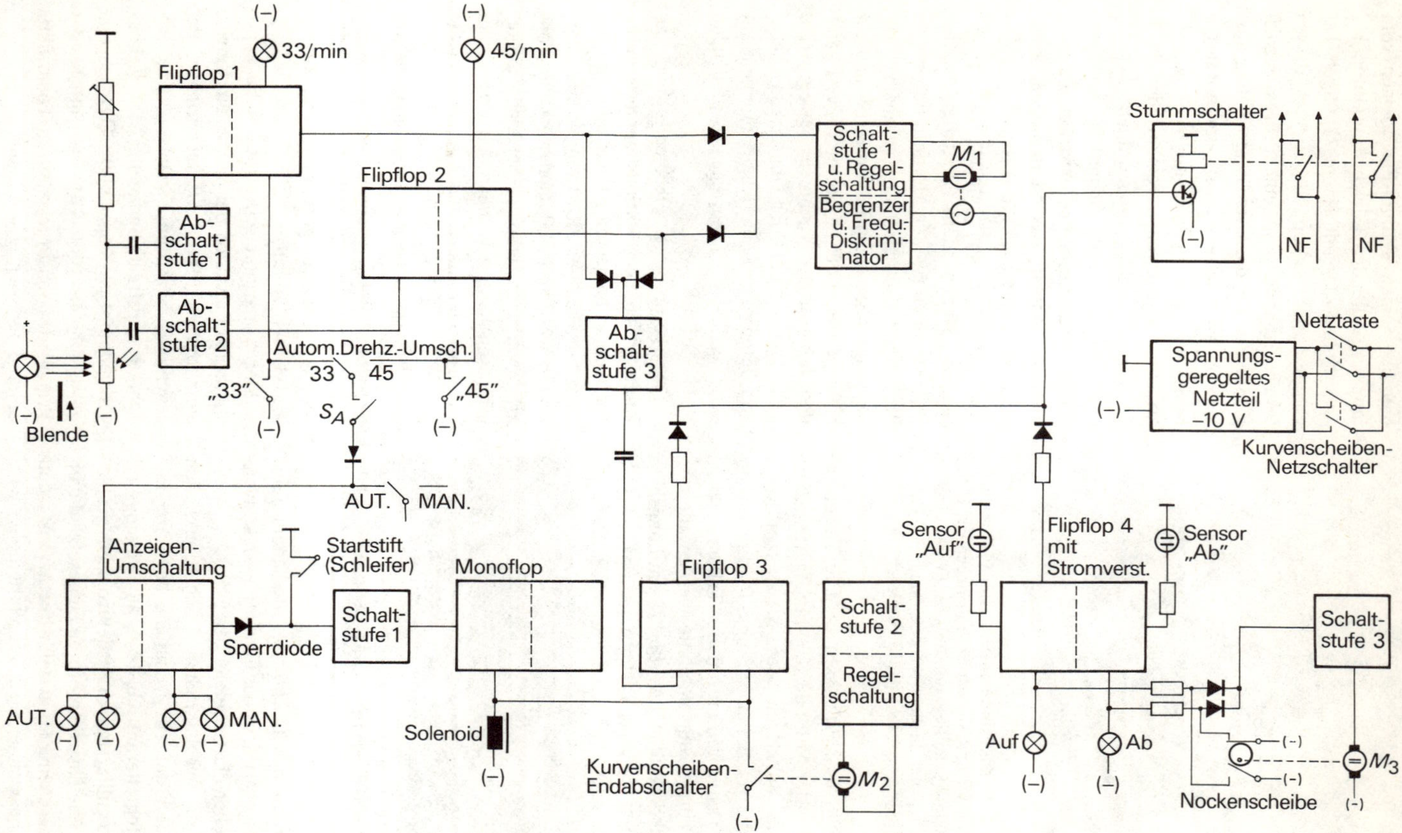

Bild 3.63 Blockschema der Elektronikschaltung des HiFi-Plattenspielers 209 S electronic

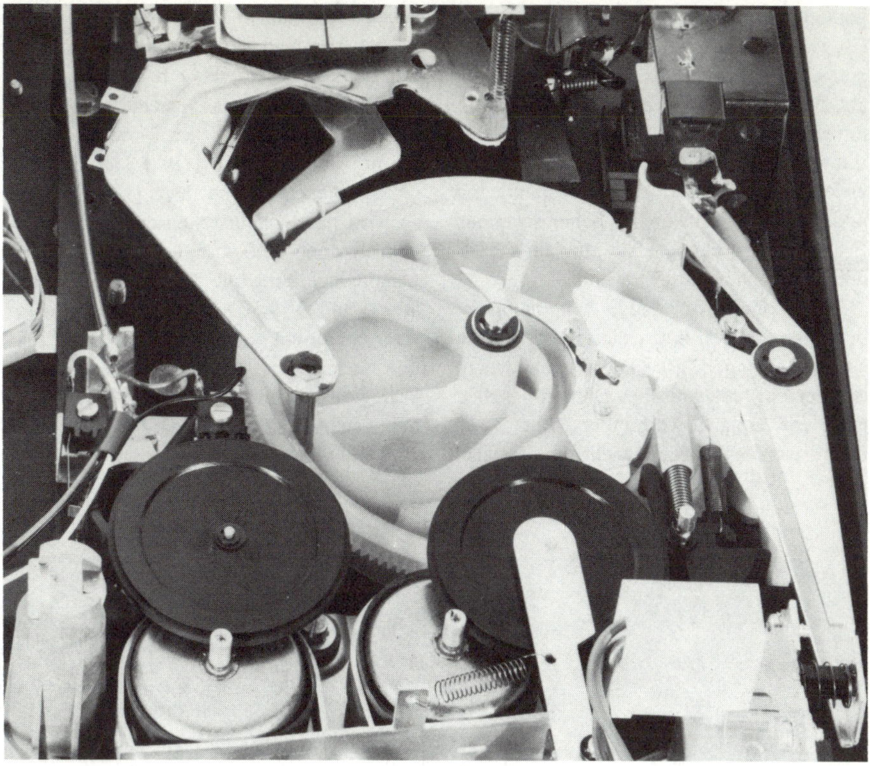

Bild 3.64 Blick auf den Tonarm- und Liftantrieb. Vor der Kurvenscheibe liegen rechts der »Kurvenscheibenschalter«, daneben das Reibrad und der Kurvenscheiben-Antriebsmotor. Links davon befinden sich der Motor und der Antrieb des Tonarmlifts. Deutlich sind der Führungsstift und der Übertragungshebel des Tonarmantriebs zu erkennen

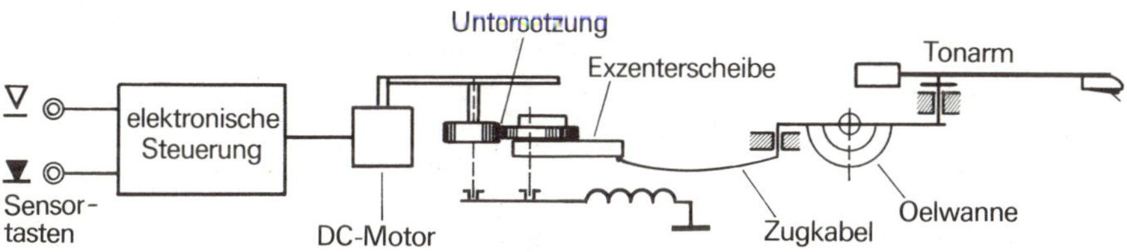

Bild 3.65 Prinzipdarstellung des sensorgesteuerten Tonarmlifts

3.4.3. Tonarm-Merkmale

Der Tonarm hat die Aufgabe, den Diamanten des Tonabnehmersystems unter gleichbleibend guten Bedingungen in der Schallplattenrille zu führen. Dabei ist die Geometrie des Tonarms, seine Lagerung, die Nadelauflagekraft, der Ausgleich der Skatingkraft und noch einiges mehr zu berücksichtigen.

Die sorgfältig aufeinander abgestimmten Eigenschaften des Laufwerks wären ohne eine entsprechende Qualität des Tonarms nicht ausgenutzt. Da der Tonarm eine endliche Länge haben muß, ergeben sich für das Abtasten der Schallplatte zwangsläufig Abweichungen von der idealen Geometrie. Der Tonarm eines HiFi-Plattenspielers wird in der Länge so gewählt, daß der tangentiale Fehlwinkel genügend klein ist (Bild 3.66). Die durch diesen Fehlwinkel entstehenden Verzerrungen sind geringer als die durch das Abtastsystem bedingten, unvermeidlichen Verzerrungen. Zwar lassen sich theoretisch noch bessere Werte erzielen, sie wären jedoch zwangsläufig mit anderen, sehr schwer zu beherrschenden Problemen verbunden, die aber im Endeffekt auch kein besseres Ergebnis bringen.

Das Tonarmrohr aus Aluminium ist schwingungssteif konstruiert und besitzt eine nur geringe Masse. Das Gegengewicht ist über ein mechanisches Dämpfungsglied mit dem Tonarm verbunden (Bild 3.67). Damit werden Gegengewicht und Tonarm voneinander dynamisch isoliert und störende Resonanzen vermieden. Die Auflagekraft der Nadel ist einstellbar, und zwar mit einem Gewicht, das z. B. über die ganze Länge des Tonarms verschoben werden kann. Eine Skala auf dem Tonarm erlaubt die präzise Einstellung (Bild 3.68). Ist eine direkt ablesbare Tonarmwaage vorhanden, so wird das Feineinstellen der Nadelauflagekraft noch einfacher, und man hat eine genaue Sichtkontrolle der richtigen Einstellung (Bild 3.69). Der angezeigte Skalenwert entspricht der Auflagekraft im Punkt der Nadelspitze. Da die richtige Auflagekraft vom jeweils verwendeten Tonabnehmersystem abhängt, muß sie für alle modernen HiFi-Tonabnehmersysteme einstellbar sein.

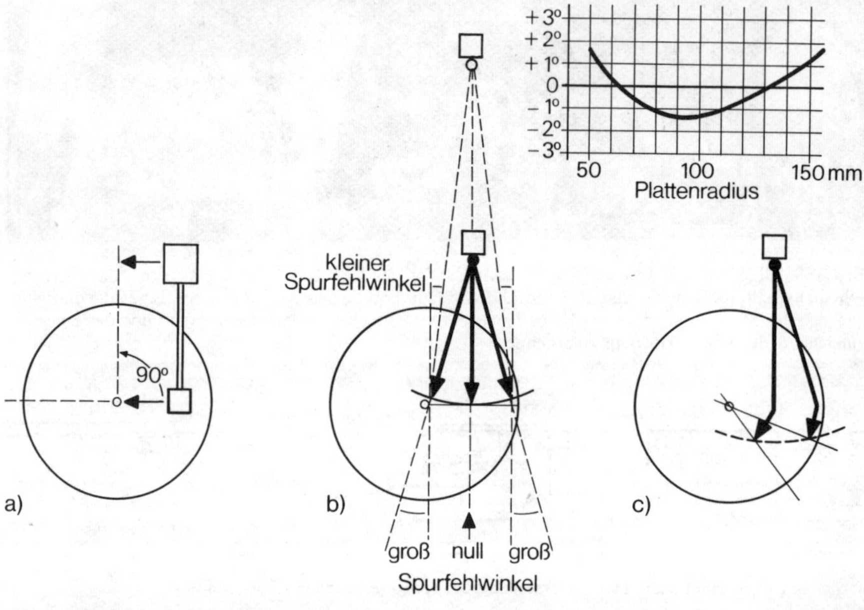

Bild 3.66 Schematische Darstellung zur Erläuterung des »tangentialen Spurfehlwinkels«. Der Schneidstichel bewegt sich auf der Lackfolie bekanntlich in radialer Richtung von außen nach innen (a) und hat einen konstanten Winkel von 90° zwischen seiner Längsachse und dem Plattenradius durch den Abtastpunkt. Da der Tonarm in einem Punkt außerhalb des Plattentellers drehbar gelagert ist, beschreibt die Abtastnadel von außen nach innen einen Kreisbogen, aber keine durch den Mittelpunkt der Platte gehende Gerade (b). Es entsteht also ein »Fehlwinkel« von der idealen 90° Abtastrichtung. Nur ein nicht realisierbarer, unendlich langer Tonarm könnte den hierdurch auftretenden Fehler vermeiden. Um ihn trotzdem klein zu halten, kröpft man den Tonarm oder winkelt ihn nach innen ab und macht außerdem seine Länge größer als der Abstand zwischen Tonarmdrehachse und Plattentellerachse (sogenannter Überhang). Wegen der Kröpfung geht der Spurfehlwinkel für zwei Plattenradien durch Null, schneidet also die ideale Abtastrichtung zweimal (c). Ist der Spurfehlwinkel kleiner als 2°, bleiben die Verzerrungen unhörbar

Bild 3.67 HiFi-Tonarm mit aufgesetztem Gegengewicht

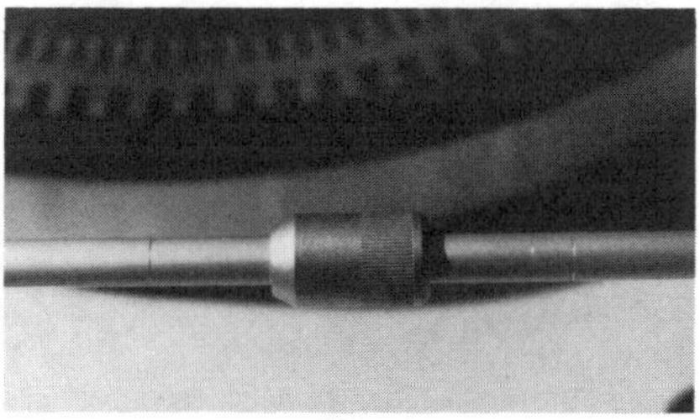

Bild 3.68 HiFi-Tonarm mit Einstellgewicht und Skala für die Auflagekraft

Bild 3.69 HiFi-Tonarm mit ablesbarer Tonarmwaage

Bei den nutzbaren, sehr kleinen Nadelauflagekräften erfordert die auf die Nadel einwirkende **Skatingkraft** während des Abtastvorgangs eine Kompensation. Dadurch wird verhindert, daß der Nadeldruck auf der inneren Rillenflanke größer ist als auf der äußeren. So werden Verzerrungen in der Wiedergabe und eine stärkere Abnutzung der inneren Rillenflanke vermieden. Die Kompensation wird der jeweils gewählten Auflagekraft angepaßt und z. B. durch ein Hebel-Feder-System eingestellt (Bild 3.70). Das System kompensiert automatisch die durch den Weg der Nadel über die Schallplatte sich ändernde Skatingkraft.

Die Lagerung des Tonarms erfüllt heute höchste Qualitätsansprüche: Gemessen an der Nadelspitze betragen die Reibungskräfte horizontal und vertikal weniger als 0,1 mN (10 mp). Dies bedeutet, daß die zwischen Nadel und Schallplattenrille wirksamen Kräfte tatsächlich nur durch die gewählte Auflagekraft bzw. durch die beim Abtastvorgang auftretenden Kräfte bestimmt werden. Hierzu gehören die bewegte Masse des Tonabnehmersystems und die Nachgiebigkeit des Nadellagers, auch Compliance genannt. Für die Abspielqualität ist das von entscheidender Wichtigkeit, denn nur äußerst geringe Nadelführungskräfte erlauben die Verwendung hochwertiger Tonabnehmersysteme.

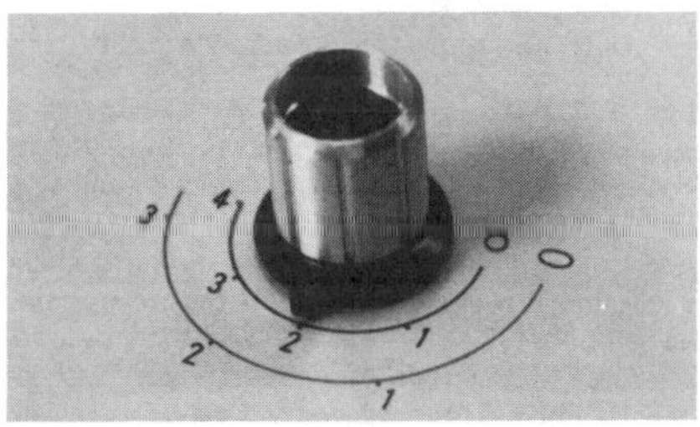

Bild 3.70 Einstellknopf für die Skating-Kompensation (Antiskatingvorrichtung). Ein Tonarm mit Kröpfung ruft beim Abspielen ein Drehmoment hervor, das die Abtastnadel stärker auf die Innenflanke der Plattenrille drückt, wodurch die Abnutzung hier größer ist als auf der Außenflanke. Wird die Skatingkraft durch ein einstellbares Federsystem kompensiert, so kann z. B, die Auflagekraft reduziert werden. Die zur Plattenmitte gerichtete Skatingkraft entsteht dadurch, daß aufgrund der Reibung zwischen Abtastnadel und Plattenrille eine Zugkraft auf die Nadel ausgeübt wird, die wegen der Kröpfung des Tonarms nicht vollständig vom Tonarmlager aufgenommen werden kann, so daß ein Teil der Kraft auf die Innenseite der Rillenflanke drückt.

3.4.4. HiFi-Tonabnehmersysteme

Am Beispiel des zur Spitzenklasse zählenden HiFi-Tonabnehmersystems GP412 sollen die typischen Eigenschaften moderner Abtastsysteme erläutert werden. Die Konstruktion des GP412 basiert auf dem bekannten magnetodynamischen Prinzip. In der Schemazeichnung (Bild 3.71 a) kommt der Aufbau des Systems deutlich zum Ausdruck. Der garantierte Frequenzbereich reicht von 20 bis 20000 Hz mit einer Toleranz von ± 2 dB, wobei die Frequenzkurve jenseits von 20 kHz verhältnismäßig langsam abfällt. Diese Eigenschaften sind sehr wünschenswert, weil ein breiter Frequenzbereich eine deutliche Steigerung der Natürlichkeit und Brillanz des Klangs zur Folge hat, ohne daß zusätzliche Färbung oder Schärfe auftritt.

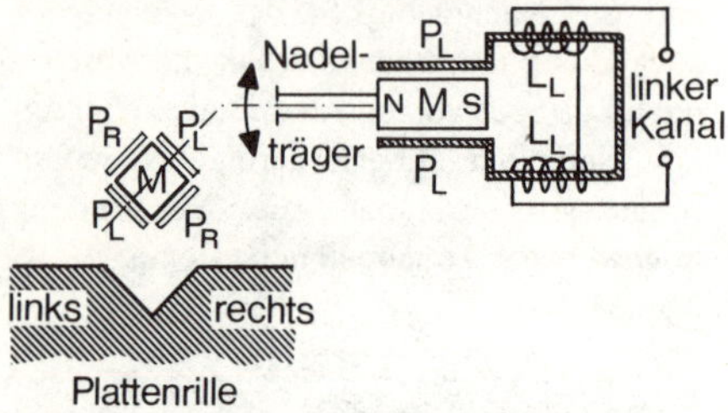

Bild 3.71a Wirkungsprinzip des Super-M-Tonabnehmersystems: Der Magnet M kann sich zwischen den im rechten Winkel angeordneten Polschuhen P_L und P_R frei bewegen. Eine Modulation in der linken Rillenwand verursacht demnach eine Bewegung des Magneten planparallel zu den Polschuhen P_R, was sich als Abstandsänderung der Magnetpole N und S bei den Polschuhen P_L auswirkt. Hierdurch wird eine Wechselspannung in den Spulen L_L des linken Kanals hervorgerufen. In den Spulen des rechten Kanals entsteht dagegen keine Spannung, weil die parallele Bewegung des Magneten keine Änderung des magnetischen Flusses in diesem Kreis bewirkt

Das eigentliche Herz des HiFi-Stereosystems GP412 ist ein winziger Magnet aus dem Werkstoff Ticonal XX. Dieses von Philips entwickelte Magnetmaterial weist eine sehr hohe Energiedichte auf und eignet sich deshalb hervorragend für die Verwendung in magnetodynamischen Systemen, bei denen es auf möglichst kleine Abmessungen der einzelnen Bauteile ankommt, um Gewicht und Masse klein zu halten. So hat der Super-M-Magnet aus Ticonal XX ein Gewicht von nur 7 mg und ist auf einem Nadelträger befestigt, der aus einem 7 mm langen Aluminiumröhrchen besteht, dessen Wandstärke lediglich 0,05 mm beträgt und das nur 1,7 mg wiegt. Aus der Schnittzeichnung in Bild 3.71 b ist zu erkennen, daß der Magnet in einem Gummiblock von 1 mm Kantenlänge eingebettet ist, der seine Lage exakt festlegt und eine dämpfende Wirkung ausübt.

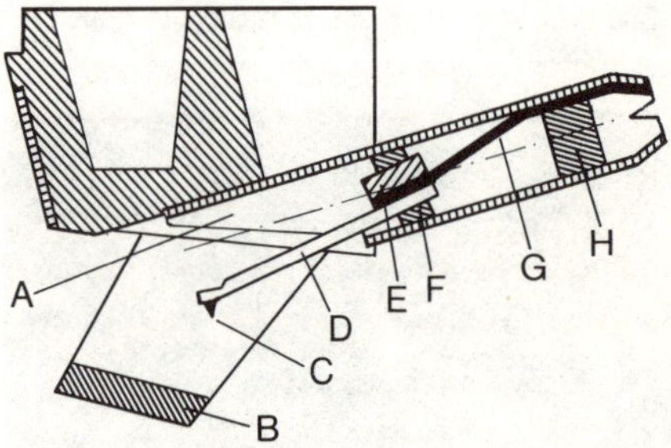

Bild 3.71b Aufbau der Nadelträgereinheit des Super-M-Systems: A = Gehäuse, B = Nadelschutz, C = Diamantnadel, D = Nadelträger, E = Super-M-Magnet, F = Gummiblock, G = Führungsdraht, H = Gummidämpfungsblock

Die Abtastbewegungen der Nadel übertragen sich auf den Magneten, der seinerseits in den Spulen des linken und rechten Kanals proportionale Wechselspannungen induziert. Die erzeugten Spannungen sind verhältnismäßig groß, da der Super-M-Magnet zwar klein, aber sehr kräftig ist und die Spulen aus jeweils 2500 Windungen Kupferdraht bestehen, der halb so dünn wie ein menschliches Haar ist. Die Spulen sitzen auf Polschuhen aus Mu-Metall (ein magnetisch besonders »weiches« Eisen); außerdem ist die gesamte Abtasteinheit von einem Mu-Metallgehäuse umgeben, das äußere Brummfelder abschirmt.

Die laterale, d.h. seitliche Compliance beträgt 25 x 10^{-6} cm/dyn, die vertikale etwa 20 x 10^{-6} cm/dyn. (1 dyn entspricht 10^{-5} N, die Einheit dyn ist nur noch bis zum

31. 12. 1977 zulässig.) Die Nadelnachgiebigkeit ist beim GP 412 nicht aus konstruktiven Gründen, sondern eher aus praktischen Erwägungen heraus auf diesen Wert begrenzt worden. Da der maßgebende Faktor für die Festlegung der Nadelauflagekraft die schwingende Masse des Systems ist und nicht allein die Compliance, wurde der festgelegte Wert im Interesse einer guten Stabilität gewählt.

Die bewegte Masse an der Nadelspitze beträgt maximal 0,75 mg und ist vor allem durch die Nadel, den Nadelträger und den Magneten festgelegt. Die Nadelauflagekraft wurde zwischen 7,5 und 15 mN (0,75 und 1,5 p) ausgelegt. Die Nadelnachgiebigkeit selbst wird durch den sehr kompliziert geformten Zentrierungs- und Dämpfungsblock aus Gummi bestimmt; sie wird gewissermaßen kontrolliert durch einen Führungsdraht von Haaresdicke aus Chromnikkelstahl, der – wie Bild 3.71 b deutlich macht – vom Gummidämpfungsblock zum Nadelträger führt.

Am Ende des Nadelträgers sitzt als eigentliches Abtastelement die Diamantnadel (Bild 3.72). Sie wiegt nur 0,05 mg oder, um es in der Sprache der Diamantenbranche zu sagen, nur 1/4000 Karat. Diese »Winzigkeit« ist nun nicht etwa damit begründet, Diamanten zu sparen, sondern erfolgt wiederum nur unter dem Gesichtspunkt der Gewichtseinsparung, denn gerade an dieser exponierten Stelle zählt jeder Bruchteil eines Milligramms. Die Diamantnadel ist an der Abtastspitze biradial (7/18 µm) verrundet. Der Nadeleinschub kann ohne Schwierigkeiten aus der Fassung herausgezogen und durch einen neuen Einschub ersetzt werden.

Bild 3.72 HiFi-Tonabnehmersystem mit Diamantnadel

3.4.5. Über die Wahl des Diamanten

Ausgehend von den bestehenden Normen für die Schallplatte stellt die Spitzenverrundung eines konisch geschliffenen Diamanten von 15 µm ein Optimum für maximale Abtastfähigkeit dar; die Verrundung ist maßgebend dafür, wie tief der Diamant in die Rille eintaucht. Keine Schallplatte ist besser als ihre Matrize, die das Negativ zur Platte darstellt, wobei die Matrize dort Erhebungen hat, wo sich auf der Platte die Rillen befinden.

Da von einer Matrize immerhin viele tausend Schallplatten gepreßt werden, besteht natürlich die Gefahr einer Beschädigung der oberen Kanten dieser Erhebungen. Als Konsequenz ergeben sich dann gewisse Unzulänglichkeiten der Schallplatte, und zwar meist am Rillengrund oder in dessen Nähe. Deswegen soll der Diamant den Rillengrund nicht berühren. Andererseits muß aber der Kontakt mit der Rillenflanke unter allen Umständen gewährleistet sein.

Es gibt viele Befürworter des biradialen Diamanten und beinahe ebenso viele, die den konischen bzw. sphärischen bevorzugen. Sicher ist, daß ein biradial geschliffener Diamant (7/18 µm) wegen seiner Form (Bild 3.73) weit besser der Geometrie des Schneidediamanten entspricht. Sein kleiner Kontaktradius für die Rillenflanken läßt ihn besser den komplizierten Kurvenformen folgen, die der Schneidediamant aufzeichnet und die aus z. T. impulsförmigen Vorgängen beim Schneiden resultieren.

Da sich mit der Modulation auch die Rillenbreite ändert, spielt der »Klemm-Effekt« eine wesentliche Rolle. Er verursacht eine ungewollte Auf- und Abbewegung des Diamanten, die in einem Mißverhältnis zu den gewollten Bewegungen bei der Stereowiedergabe steht. Der Klemm-Effekt wirkt sich beim konischen Diamanten stärker aus als beim biradialen Typ.

Mit der Verkleinerung des die Kontaktzone bestimmenden Radius steigt beim biradialen Diamanten aber auch der spezifische Flächendruck auf die Rillenflanke an. Dieser kann elastische und plastische Deformationen erzeugen. Elastische Deformationen sind Verformungen, die nur im Augenblick des Abtastens entstehen, plastische Deformationen hingegen sind bleibende Verformungen der Rillenwände.

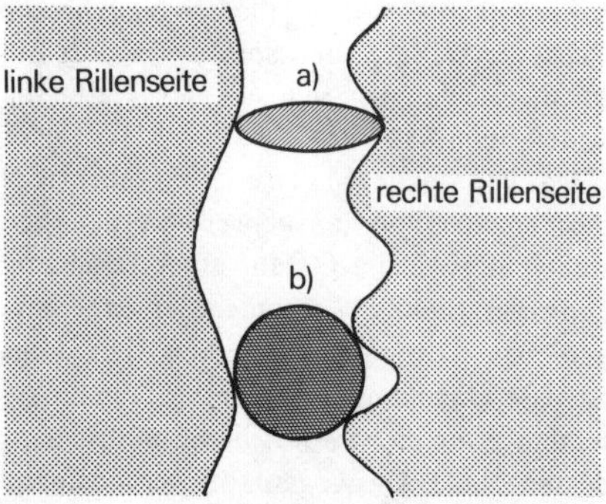

Bild 3.73 Schemadarstellung eines biradialen Diamanten mit 7/18 µm (a) und eines konischen Diamanten mit 15 µm (b) in einer Schallplattenrille

Die während des Abtastvorgangs auftretenden **elastischen Deformationen** verursachen einen Anteil an Verzerrungen, die in Gegenphasen zu den eigentlichen Abtastverzerrungen stehen und (vorausgesetzt, daß sie nicht zu groß sind) diese in gewissen Grenzen kompensieren. Es hat sich herausgestellt, daß das beste Gesamtergebnis aus Abtastverzerrungen und (elastischen) Deformationsverzerrungen mit konischen Diamanten erzielt wird, die einen Radius von 15 µm aufweisen.

Wenn man dabei mit Auflagekräften von 20 mN (2 p) sowie entsprechend kleiner dynamischer Compliance arbeitet und den konischen Diamanten durch einen biradialen ersetzt, dann wird die elastische Deformation wegen der verkleinerten Kontaktzone und des sich daraus ergebenden erhöhten spezifischen Flächendrucks ansteigen, wodurch sich mehr Verzerrungen ergeben.

Hieraus folgt die Überlegung, daß bei Reduzierung von dynamischer Masse und Auflagekraft ein Zustand erreicht werden kann, bei welchem die durch einen konischen Diamanten verursachten (geringen) elastischen Deformationen der Rillenflanken praktisch nicht mehr zu einer Kompensation der Abtastverzerrungen beitragen und so die Gesamtverzerrungen nicht mehr verringern. Demnach müßten die dem biradialen Diamanten eigenen, höheren elastischen Deformationen günstiger sein. Man sieht, daß es sich hier um ziemlich komplizierte und komplexe Vorgänge handelt.

Der biradiale Diamant besitzt infolge seiner kleinen Kontaktzonen und des sich hieraus ergebenden relativ hohen spezifischen Flächendrucks einen theoretischen Nachteil: er kann **plastische Deformationen** der Rillenflanke erzeugen. Plastische Deformationen aber sind nichts anderes als Rillenbeschädigungen. Solche Beschädigungen hat man mit einem Elektronenmikroskop auch tatsächlich festgestellt. Natürlich ist bei dieser Tatsache allein wichtig, inwieweit derartige geringfügige Beschädigungen beim Abspielen einer Schallplatte überhaupt als Verzerrungen wahrnehmbar sind.

Es bleibt also die Frage, ob trotz der grundsätzlich geringeren Abtastverzerrungen des biradialen Diamanten die totale Verzerrung, also die Summe aus Abtast- und plastischer Verzerrung höher ist als bei konischen Diamanten. Die Antwort ergibt sich aus den Untersuchungen unabhängiger Fachleute, die zu dem Schluß kommen, daß auch nach zweihundertmaligem Abspielen einer Schallplatte mit einem biradialen Diamanten der Totalbetrag der Verzerrungen geringer ist als bei einem konischen, obgleich dieser kleinere plastische Verzerrungen erwarten läßt.

Obwohl die mathematisch kalkulierbaren und die empirischen Ergebnisse nicht überzeugend übereinstimmen, kann doch festgestellt werden, daß der biradiale Diamant gewisse Vorteile bietet, die sich besonders beim Abtasten kritischer Modulationen zeigen. Der theoretische Nachteil leicht erhöhter plastischer Deformationen fällt für die Praxis nicht ins Gewicht. In Bild 3.74 ist das Philips Super-M-HiFi-Tonabnehmersystem GP 422 gezeigt, das ebenfalls mit einem biradialen Diamanten ausgestattet ist.

Bild 3.74 Philips Super-M-HiFi-Tonabnehmersystem GP 422 für Stereo- und Quadrowiedergabe

3.5. Konstruktionsmerkmale moderner Tonbandgeräte

In Band 1 der Lehrbriefe wurde das Prinzip der magnetischen Aufzeichnung ausführlich erläutert. Wie moderne Tonbandgeräte konstruktiv aufgebaut sein können und welche Maßnahmen zur Erfüllung bestimmter Forderungen notwendig sind, wird im folgenden dargestellt.

3.5.1. Elektronik statt Mechanik

Mit dem HiFi-Tonbandgerät N 4450 brachte Philips erstmals ein neues Konstruktionskonzept zur Anwendung: Elektronik statt Mechanik. Auch allen nachfolgenden HiFi-Tonbandgeräten (Bild 3.75) ist das Grundkonzept gemeinsam: ein Laufwerk mit drei Motoren sowie die Aufteilung der Elektronik auf Steckmodulen.

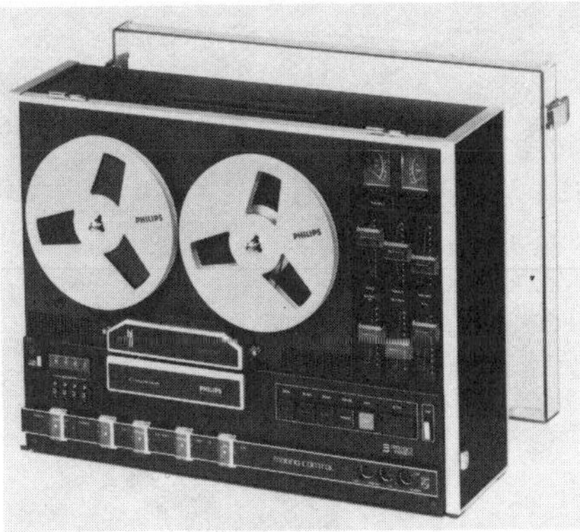

Bild 3.75 HiFi-Tonbandgerät N 4419 mit Longlife-Tonköpfen (acht- bis zehnmal höhere Verschleißfestigkeit als bisher) und elektromagnetischer Steuerung der Laufwerkfunktionen (*magno-control*)

Das Laufwerk mit dem Drei-Motoren-Antrieb ist auf einer verhältnismäßig kleinen Chassisplatte untergebracht. Bild 3.76 vermittelt einen Eindruck von den Chassisabmessungen und demonstriert gleichzeitig den servicegerechten Aufbau der Geräteserie. Nach dem Lösen einiger Schrauben läßt sich das Laufwerkchassis herausnehmen und nach vorn in die vertikale Serviceposition bringen. Es ist voll funktionsfähig und nun von beiden Seiten zugänglich. Wie aus Bild 3.77 erkennbar, kann das Elektronikchassis ebenfalls herausgeklappt und in dieser Service-Stellung fixiert werden.

Die beiden Motoren für den Antrieb der Bandteller sitzen an den äußeren Ecken des Chassis (Bild 3.76). Es sind schnellaufende, flink regelbare Gleichstrom-Motoren, die einen konstanten Bandzug garantieren. Zwei Fühlhebel tasten das Band ab und leiten die Information über Mikroschalter an die Regelelektronik weiter. Der Capstan-Motor (Tonwellenmotor) ist elektronisch gesteuert. Bild 3.78 zeigt seine Anordnung im Chassis und den kleinen Print mit der Ansteuerungselektronik. Für die Drehzahlkonstanz der Tonwelle sorgt eine Tachoregelung mit Abtastung der Ist-Drehzahl

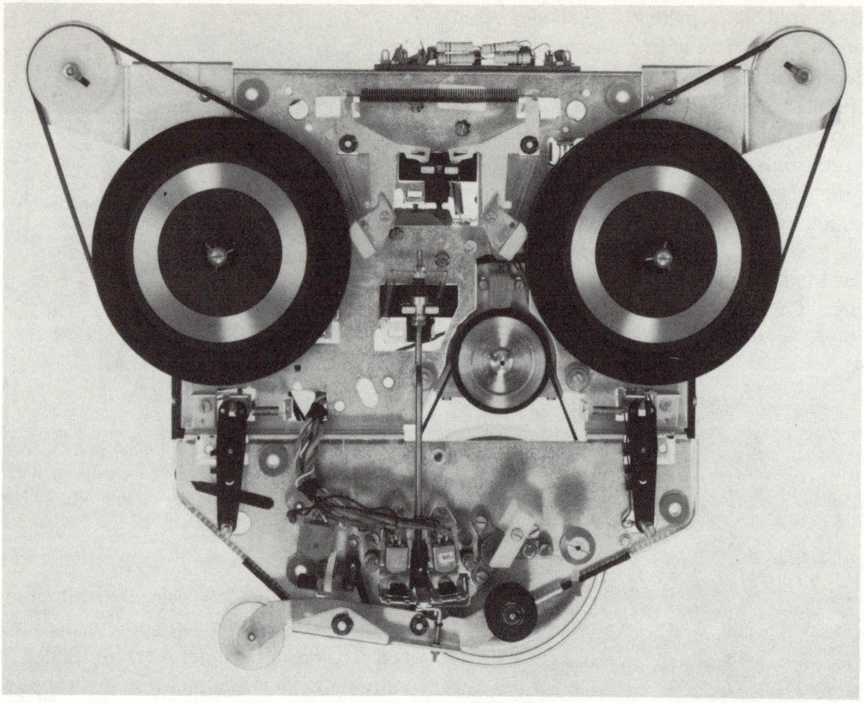

Bild 3.76 Das kleine Laufwerkchassis der HiFi-Tonbandgeräte N 4414 bis 4419 und N 4510/11 mit den drei Motoren kann nach Lösen einiger Schrauben bequem aus dem Gehäuse genommen werden

Bild 3.77 Der überlegt gestaltete Aufbau der Philips HiFi-Tonbandgeräte wirkt sich auch bei Servicearbeiten positiv aus. Nur wenige Minuten dauern die vorbereitenden Handgriffe, um die Chassis in ihre Servicepositionen zu bringen

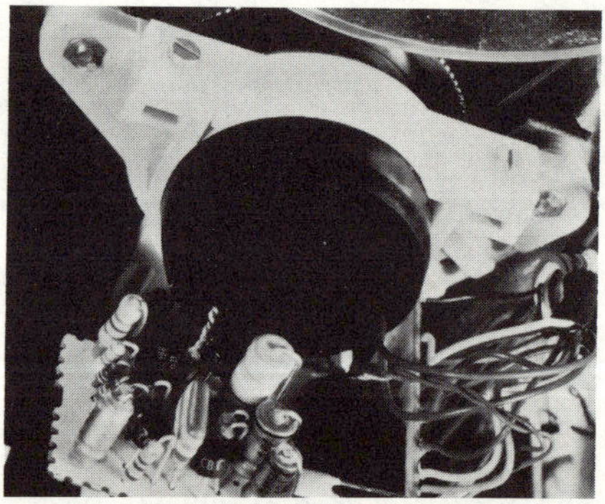

Bild 3.78 Die außergewöhnlich guten Gleichlaufeigenschaften der Philips HiFi-Tonbandgeräte werden u. a. durch den Dreimotorenantrieb erreicht. Zwei über Fühlhebel elektronisch geregelte Gleichstrommotoren sorgen für einen gleichmäßigen Bandzug, während der tachogeregelte Capstan-Motor die hohe Genauigkeit der Bandgeschwindigkeit sicherstellt. Im Bild der Capstan-Motor mit dem Print der Ansteuerungselektronik

über Zahnscheibe und Spule. Wegen der elektronischen Regelung kann eine kleinere Schwungmasse verwendet werden.

Das Elektronikchassis ist mit steckbaren Kabelverbindungen an das Laufwerkchassis angeschlossen (Bild 3.79). Die ankommenden elektrischen Impulse betätigen über Schaltstufen die Zugmagneten für die elektromagnetische Steuerung der Bandlauffunktionen und Betriebsabläufe, einer der Zugmagneten ist in Bild 3.80 dargestellt. Sie schalten beispielsweise die Andruckrolle an die Tonwelle und die Andruckfilze an die Magnetköpfe.

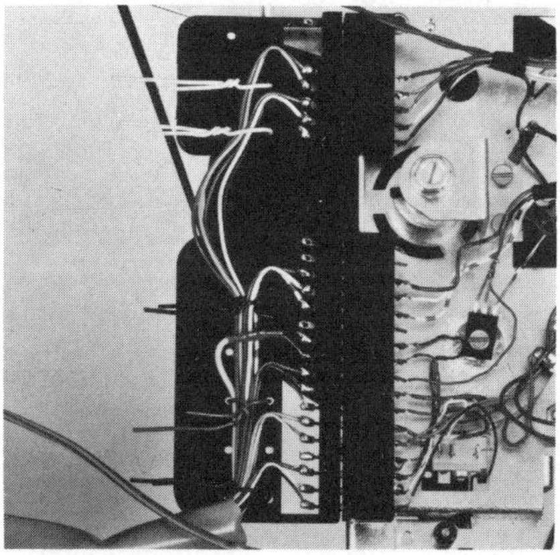

Bild 3.79 Die Verbindung zwischen Steuerelektronik und dem Laufwerkchassis erfolgt über Kabelverbindungen, die über leicht abziehbare Steckleisten angeschlossen werden

Bild 3.80 Die üblichen mechanischen Steuerungen sind bei den Philips HiFi-Tonbandgeräten durch elektromechanische Elemente ersetzt. Im Bild einer der Zugmagneten für das Schalten der mechanischen Vorgänge (*magno-control*)

Aufgrund der Laufwerkkonzeption können die betreffenden Funktionen mit leichtgängigen Tipptasten ausgelöst werden. Die Rückmeldung der eingegebenen Funktion geschieht durch das Aufleuchten der betreffenden Taste (Bild 3.81). Wegen der elektromagnetischen Funktionssteuerung ist auch eine Fernbedienung auf elektronischem Wege möglich. Das Fernbedienungsteil enthält ebenfalls Tipptasten mit Lämpchenanzeige.

Die übersichtliche und sinnvolle Anordnung der Bedienungselemente des HiFi-Tonbandgeräts N 4450 ist in Bild 3.82 gezeigt. Ihre Funktionen sind beziffert und in der Aufstellung unter dem Bild erläutert.

Die großen 26,5-cm-Spulen fassen mehr als einen Kilometer Langspielband und ermöglichen bei einer Bandgeschwindigkeit von 19 cm/s eine Spielzeit von 1,5 Stunden, die sich bei Reversebetrieb auf drei Stunden erhöht. Die Zeit für das automatische Umschalten der Bandlaufrichtung beträgt knapp zwei Sekunden. Mit einem Wahlschalter für große (26,5- und 21-cm-Spulen) und kleine Spulen wird das unterschiedliche Drehmoment berücksichtigt und das Magnetband geschont. In Stellung Reverse kann das Band in beiden Laufrichtungen bespielt werden, und zwar von links nach rechts auf den Spuren 1 und 3 sowie von rechts nach links auf den Spuren 4 und 2. Das Umschalten erfolgt automatisch durch die Schaltfolie am Bandende. Soll die Laufrichtung an einer beliebigen Bandstelle geändert werden, so kann dies durch das Berühren der entsprechenden Tipptaste erfolgen.

Beim N 4450 sorgt ein elektronisches Gedächtnis dafür, daß die Bedienungsbefehle bei allen Bandlauffunktionen in der

Bild 3.81 Funktionell richtig angeordnete und zweckmäßig gestaltete Bedienungselemente erleichtern die Handhabung der Geräte. Die Tipptasten sind äußerst leichtgängig, da sie nur winzige Mikroschalter betätigen. Sie leuchten auf, wenn die Rückmeldung der eingegebenen Funktion erfolgt

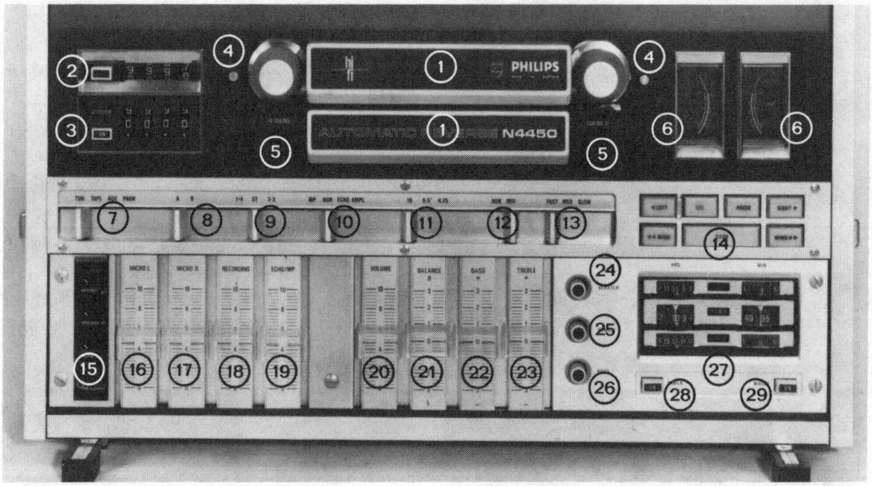

Bild 3.82 Bedienungsteil des HiFi-Tonbandgeräts N 4450: ① abnehmbare Abdeckungen, ② vierstelliges Zählwerk mit Nulltaste, ③ Zählwerk für Suchautomatik, ④ Bandzugfühlhebel, ⑤ Tasten für Cueing, ⑥ beleuchtete VU-Meter für linken und rechten Kanal, ⑦ Eingangswahlschalter (Rdf./TB/ Aux./TA), ⑧ Schalter für Vor- oder Hinterbandkontrolle, ⑨ Spurwahlschalter (1 — 4, ST, 3 — 2), ⑩ Schalter für Multiplay-, Normal-, Echo- oder Verstärkerbetrieb, ⑪ Bandgeschwindigkeitsschalter (19-9,5-4,75 cm/s), ⑫ Betriebsartenschalter Normal — Reverse, ⑬ Wahlschalter für 3 Umspulgeschwindigkeiten, ⑭ Tipptastenaggregat (Linkslauf-Wiedergabe-Pause-Rechtslauf-schneller Linkslauf-Stop-schneller Rechtslauf), ⑮ Eingangsbuchsen und Kopfhöreranschluß (unter Rolljalousie), ⑯ Mikrofoneingangsregler 1, ⑰ Mikrofoneingangsregler 2, ⑱ Regler für andere Tonquellen, ⑲ Regler für Echo und Multiplay, ⑳ Lautstärkeregler, ㉑ Balanceregler, ㉒ Baßregler, ㉓ Höhenregler, ㉔ Rauschfiltertaste, ㉕ Rumpelfiltertaste, ㉖ Physiologie, ㉗ Schaltuhr mit Stunden- und Minuteneinteilung (obere Reihe: Einschaltzeit wählbar, mittlere Reihe: Normalzeit, untere Reihe: Ausschaltzeit wählbar), ㉘ Taste für Schaltuhrbetrieb, ㉙ Netztaste. Die Anschlußbuchsen für Rundfunk, Phono und andere Tonquellen sowie Diodenausgang, Stereo-Lautsprecherboxen und Fernbedienung befinden sich an der Geräterückseite

richtigen Reihenfolge ausgeführt werden und selbst bei unsachgemäßer Betätigung kein Schaden am Band oder am Transportaggregat entsteht. Wenn z. B. während des schnellen Umspulens die Taste für Wiedergabe gedrückt wird, so kommt zunächst der Bandtransport zum Stillstand, und danach beginnt der Wiedergabebandlauf in der gewählten Richtung. Das Kommando wird so lange elektronisch gespeichert, bis der vorhergehende Betriebszustand unterbrochen ist (hier das schnelle Umspulen) und löst erst dann die gewünschte Funktion aus. Die berührte Taste leuchtet auf und gibt ein optisches Signal über den eingegebenen Befehl.

3.5.2. HiFi mit Cassettenrecordern

Die Entwicklung echter HiFi-Cassettenrecorder im Sinne der Norm nach DIN 45 500 brachte neue Impulse für diesen Gerätebereich. Zu den Geräten mit HiFi-Qualifikation gehört z. B. auch der Philips Cassettenrecorder N 2520 (Bild 3.83). Erreicht

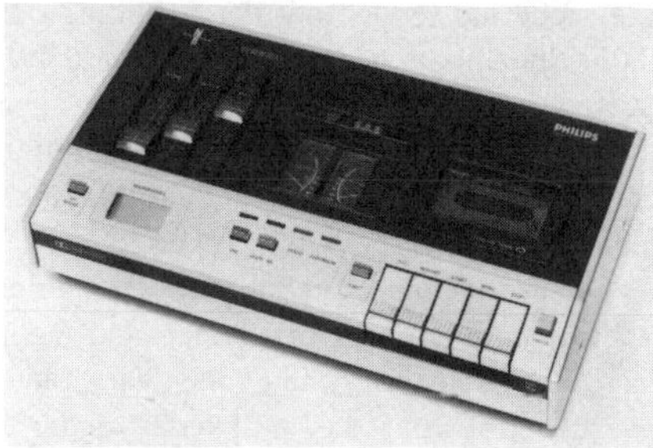

Bild 3.83 HiFi-Cassettenrecorder N 2520

wurde die DIN-Spezifikation ausschließlich durch eine entsprechende mechanische und elektrische Auslegung und durch die Verwendung von Chromdioxid-Cassetten (Bild 3.84).

Man bediente sich also keiner speziellen Schaltungs-Kunstgriffe. In diesem Zusammenhang sei darauf hingewiesen, daß das Gerät N 2520 mit Rauschunterdrückungsschaltungen nach dem DNL- und Dolby-System ausgestattet ist (s. auch 3.6.1.). Diese

Bild 3.84 Das Philips Compact-Cassettenangebot umfaßt die Sorten Standard-Qualität (*Ferro-Low-Noise*), Super-Qualität (*HiFerro-Low-Noise*) und HiFi-Qualität (Chromdioxid). Kennzeichen aller Compact-Cassetten ist die neue »Federfolien-Sicherheitstechnik« (*floating-foil-security*). Hierbei drükken zwei besonders gewellte, transparente Folien federnd von oben und unten gegen die Bandwickel. Zwischen Bandwickel und Folien liegen außerdem zwei Gleitfolien, mit denen die Reibung auf minimale Werte herabgesetzt wird. Mit der Umstellung auf die neue *High-Output*-Qualität liefert Philips jetzt auch alle Lang- und Doppelspielbänder auf attraktiven Kunststoffspulen, die Metallspulen täuschend ähnlich sehen. Konfektioniert sind die neuen Tonbänder in den Spulendurchmessern 13 cm, 15 cm und 18 cm (LP und DP) sowie 26,5 cm (LP)

Tatsache hat jedoch mit der Erfüllung der HiFi-Spezifikation gar nichts zu tun. DNL z. B. wurde lediglich hinzugefügt, um auch beim Abspielen von Eisenoxid-Cassetten sowie von alten, verrauschten Aufnahmen eine Qualitätsverbesserung zu erzielen.

Die großzügige Schaltungsauslegung des Geräts ist u. a. daran erkennbar, daß mehr als 100 Transistoren und Dioden verwendet werden, obwohl keine Niederfrequenz-Endstufen vorhanden sind. Diese verhältnismäßig hohe Zahl von Halbleitern macht den Aufwand zur Erfüllung der HiFi-Spezifikation deutlich. Er liegt heute bei einem modernen HiFi-Stereo-Cassettenrecorder wie dem N 2520 über dem von manchem hochwertigen Spulen-Bandgerät der letzten Jahre.

Die Aufnahme-/Wiedergabeköpfe in Longlife-Technik haben eine hochwirksame Mu-Metallabschirmung und sind außerordentlich präzise poliert. Ihre hohe Lebensdauer, das gute Nutz-/Störsignalverhältnis sowie der nur 1,7 µm breite Kopfspalt gewährleisten die erforderlichen konstanten Übertragungsverhältnisse über eine lange Betriebszeit (Bild 3.85). Um ein einwandfreies Löschen der Chromdioxid-

Bild 3.85 Longlife-Magnetkopf

Cassetten zu erreichen, wird ein Löschknopf in Doppelspaltausführung verwendet.

Bild 3.86 zeigt das ausgeschwenkte Chassis mit den Vorverstärkern für die drei

Bild 3.86 Ausgeschwenktes Chassis mit DNL-Schaltung und den Eingangsvorverstärkern

Eingänge Mikro 1, Mikro 2 und Radio/Phono. Sie weisen durch optimale Auslegung einen Geräuschspannungsabstand von ≧48 dB auf und werden bei Wiedergabe nicht (wie sonst üblich) als Kopfverstärker umgeschaltet. Hierfür sind weitere Verstärker vorhanden, die einen Geräuschspannungsabstand von ≧60 dB haben.

Bei den mechanischen Details ist zunächst die getrennte Anordnung des Antriebsmechanismus auf einem Subchassis zu erwähnen. Dies trägt u. a. entscheidend zu einem niedrigen mechanischen Geräuschpegel bei. Die Antriebseinheit ist in Bild 3.87 zu sehen. Eine konstante Bandgeschwindigkeit wird durch die Verwendung einer großen Schwungmasse in Kombination mit einem Servosystem erreicht. Es arbeitet mit einem auf der Motorachse sitzenden Tachogenerator, dessen Signal mit einem Referenzsignal verglichen wird. Ein anderer wichtiger Punkt ist der konstante Bandzug, den man ohne mechanische Reibungsverluste durch eine eigens dafür entwickelte magnetische Kupplung nach dem Hysteresis-Prinzip verwirklichte (s. auch 3.5.3.).

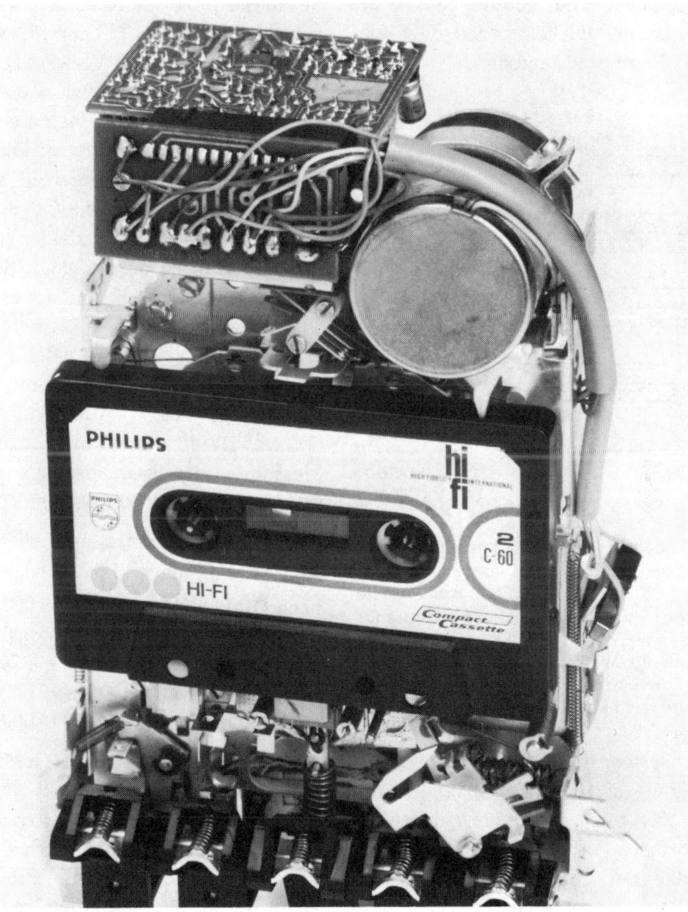

Bild 3.87 Antriebseinheit des HiFi-Cassettenrecorders N 2520

HiFi-Technik bei Cassettenrecordern wurde erst durch neue Tonbänder mit Chromdioxidbeschichtung möglich. Sie weisen gegenüber Eisenoxidbändern eine bessere Höhenaussteuerbarkeit auf und vermindern das Grundrauschen. Allerdings erfordert dieses Bandmaterial geräteseitig eine andere Einstellung der Vormagnetisierung und des Löschstroms. Es wurde daher eine automatische Umschaltvorrichtung genormt (Bild 3.88). Sie besteht aus zusätzlichen Aussparungen an der Cassettenrückseite, in die ein Fühlzapfen eingreift. Ist die Aussparung nicht vorhanden (Eisenoxid-Cassetten), wird der Fühlzapfen zurückgeschoben und betätigt die Umschaltvorrichtung. Ein Lämpchen zeigt den jeweiligen Betriebszustand an.

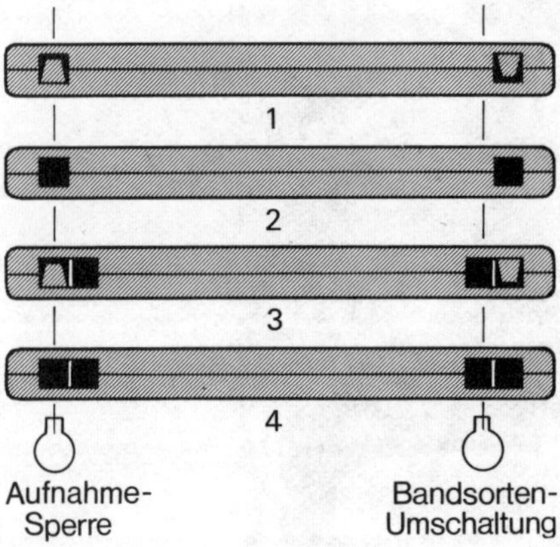

Bild 3.88 Schema der rückseitigen Cassettenaussparungen: 1. Eisenoxid-Cassette für Aufnahme und Wiedergabe, 2. Eisenoxid-Cassette nur für Wiedergabe, 3. Chromdioxid-Cassette für Aufnahme und Wiedergabe, 4. Chromdioxid-Cassette nur für Wiedergabe. Links Fühlzapfen für Aufnahmesperre – rechts Fühlzapfen für Bandsorten-Umschaltautomatik

3.5.2.1. Bewertungsmaßstäbe

Frequenzgang und Geräuschspannungsabstand gehören zu den bekanntesten Bewertungsmaßstäben bei Magnetbandgeräten. Sie werden bei HiFi-Ausführungen von den meisten europäischen Herstellern nach DIN 45500 angegeben. Außerdem gibt es noch die Norm DIN 45511, die in ihren Spezifikationen jedoch unter DIN 45500 liegt, sowie die Angaben nach dem NAB-Standard (National Association of Broadcasters), die vorwiegend auf dem japanischen und amerikanischen Markt gebräuchlich sind und ebenfalls »günstigere« Werte als bei DIN 45500 geben. Welche unterschiedlichen Aussagen ein nicht normbezogener Vergleich möglich macht, soll am Beispiel des HiFi-Cassettenrecorders N 2520 gezeigt werden, und zwar für die beiden vorher erwähnten Parameter.

Da die HiFi-Qualität nach DIN 45500 nur mit Chromdioxid-Cassetten erreichbar ist, müssen die betreffenden Messungen ausschließlich mit diesem Cassettentyp durchgeführt werden. Verwendet man dagegen Eisenoxid-Cassetten, so lassen sich die Eigenschaften des Cassettenrecorders nur nach DIN 45511 angeben. Diese Norm unterscheidet sich naturgemäß von DIN 45500, was z. B. durch die Gegenüberstellung der beiden Toleranzfelder (Bild 3.89) deutlich wird. Toleranzfelder des NAB-Standards schließlich sind unterhalb von 50 Hz und oberhalb von 10 kHz nicht so exakt festgelegt wie bei DIN und lassen deshalb für die Interpretation des Frequenzgangs auch größeren Spielraum (DIN 45500 fordert 40 bis 12500 Hz). Die Messungen des Frequenzgangs (Bild 3.90) ergeben beim N 2520 folgende Werte:

mit Chromdioxid-Cassette

nach DIN 45500:	25 bis 14000 Hz
nach DIN 45511:	20 bis 15000 Hz
nach NAB:	20 bis 16000 Hz

mit Eisenoxid-Cassette

nach DIN 45511:	40 bis 12000 Hz
nach NAB:	30 bis 14000 Hz

Bei der Bewertung des Geräuschspannungsabstands ist zu berücksichtigen, daß DIN und NAB Ohrkurvenfilter mit unterschiedlichen Dämpfungsverläufen vorschreiben und bei NAB die Effektivwerte gemessen werden. Außerdem liegt bei DIN der Bezugspunkt für 0 dB bei 333 Hz, laut

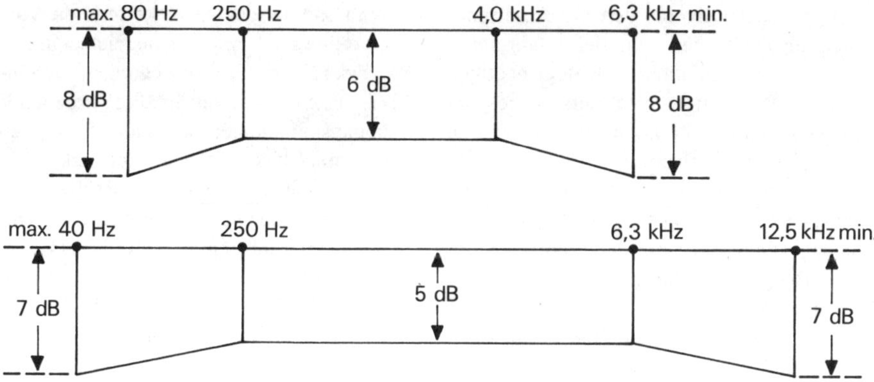

Bild 3.89 Toleranzschema der Normen DIN 45 511 (oben) und DIN 45 500 (unten)

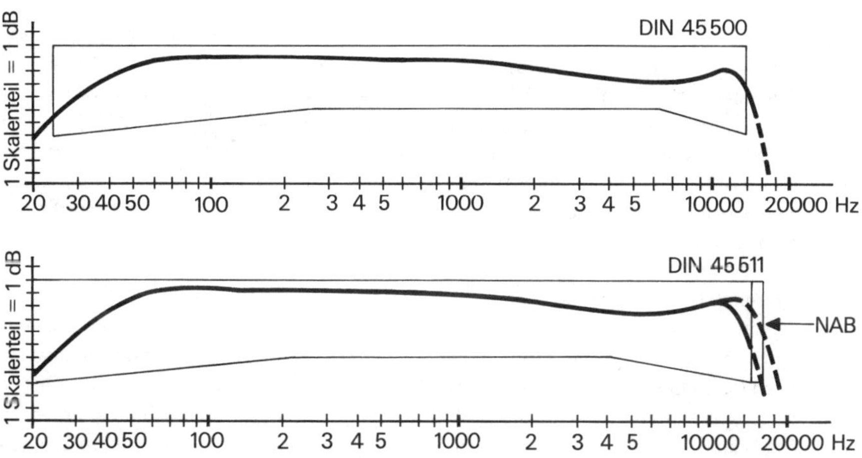

Bild 3.90 Frequenzgang des HiFi-Cassettenrecorders N 2520 mit Chromdioxid-Cassette nach DIN 45 500 und 45 511 sowie NAB

NAB ist er jedoch auf 400 Hz festgelegt. Hieraus erklären sich die bei NAB um 8,5 dB besseren Werte (DIN 45 500 fordert 48 dB). Die Messungen des Geräuschspannungsabstands ergeben beim N 2520 folgende Werte (K_3 bedeutet Klirrfaktor):

mit Chromdioxid-Cassette

nach DIN 45 500	($K_3 < 3\%$): > 48,0 dB
nach DIN 45 511	($K_3 < 5\%$): > 50,0 dB
nach NAB	($K_3 < 3\%$): > 56,5 dB
nach NAB	($K_3 < 5\%$): > 58,5 dB

mit Eisenoxid-Cassette

nach DIN 45 511	($K_3 < 5\%$): > 45,0 dB
nach NAB	($K_3 < 5\%$): > 53,5 dB

Selbstverständlich sind diese Werte ohne DNL-Schaltung gemessen. Addiert man ihre Wirkung hinzu, so beträgt die zusätzliche, subjektiv wahrnehmbare Verbesserung zwischen 4000 und 14 000 Hz noch einmal etwa 11 dB! Diese Verbesserung ist unbewertet gemessen, weil die Bewertungskurven nach DIN für den Geräuschspannungsabstand bereits seit vielen Jahren bestehen und nicht mehr voll dem heutigen Stand der Gerätetechnik entsprechen, da sie den Einfluß der hohen Frequenzen zu wenig berücksichtigen.

Ähnliches wie für den Geräuschspannungsabstand gilt auch für die Gleichlaufschwankungen. Die um den Faktor $\sqrt{2}$ größeren (d. h. schlechteren) Werte bei DIN erklären sich ebenfalls aus der Meßmethode. Danach betragen die zulässigen Gleichlaufschwankungen (gemessen als Spitzenwert) nach DIN $<0{,}2\,\%$ und nach NAB $<0{,}14\,\%$ (Effektivwert). Diese Zusammenstellung zeigt deutlich, wie sorgsam man beim Vergleich von technischen Daten sein muß.

3.5.3. Funktion der Hysteresis-Kupplung

Ein bisher ungelöstes Problem der Cassettenrecorder-Antriebstechnik, nämlich mit einfachen Mitteln die Aufwickelspule in der Compact-Cassette mit konstanten Drehmomenten anzutreiben, wurde von Philips mit der sogenannten Hysteresis-Kupplung gelöst (Bild 3.91). Damit wurde die schlecht zu beherrschende mechanische Reibungskupplung durch eine magnetische ersetzt, die sich in großen Serien mit sehr engen Toleranzen herstellen läßt, wartungsfrei ist und ihre Eigenschaften während der ganzen Lebensdauer des Cassettenrecorders beibehält.

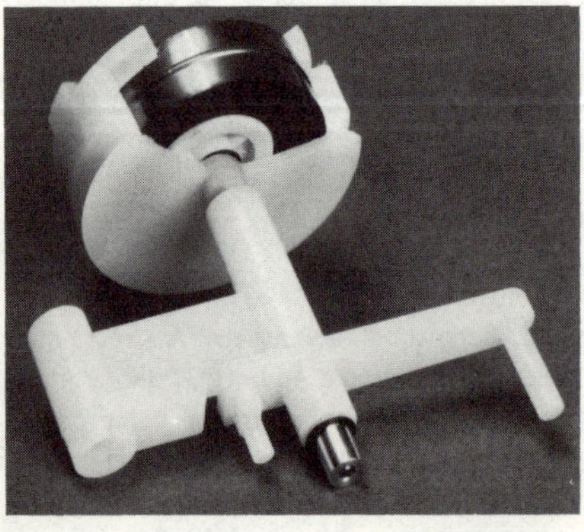

Bild 3.91 Baueinheit der Hysteresis-Kupplung

Während auf der Abwickelseite die voreingestellte Lagerreibung ausreicht, um den Bandwickel an Eigenbewegungen zu hindern, können ungleichmäßig arbeitende Reibungskupplungen auf der Aufwickelseite unterschiedlich feste Bandwickel verursachen, die das Festlaufen des Bands in der Cassette begünstigen. Eingehende Untersuchungen führten zu dem überraschenden Ergebnis, daß entgegen der landläufigen Ansicht die Gefahr des Festlaufens bei kleineren Wickelmomenten geringer ist als bei großen.

Das Prinzip der Hysteresis-Kupplung ist in Bild 3.92 angedeutet, das einen mehrpoligen Permanentmagneten und darunter einen vom Magnetfeld durchflossenen

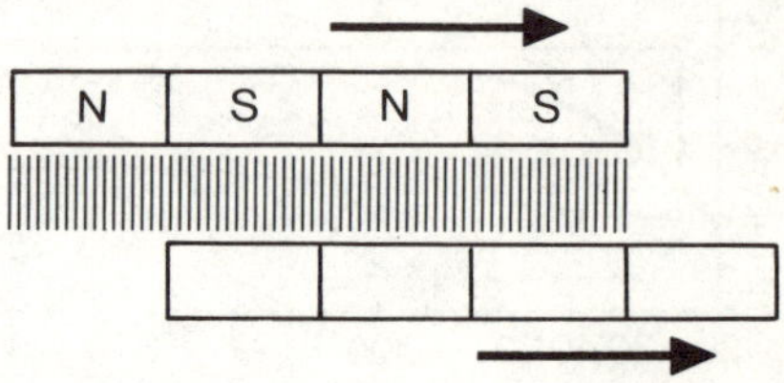

Bild 3.92 Prinzip der Hysteresis-Kupplung

Stahlstreifen zeigt. Wird der Permanentmagnet bewegt, so zieht er den Stahlstreifen mit und überträgt dabei eine bestimmte Kraft. Der Vorgang ist auch umkehrbar, da der Stahlstreifen den Permanentmagneten ebenfalls mitzieht. Magnet und Stahlstreifen lassen sich konzentrisch als Rotationskörper anordnen (Bild 3.93). Dem aufgewickelten, rotierenden Stahlstreifen folgt dann der Magnet synchron, solange er nicht von einer Last gebremst wird, die

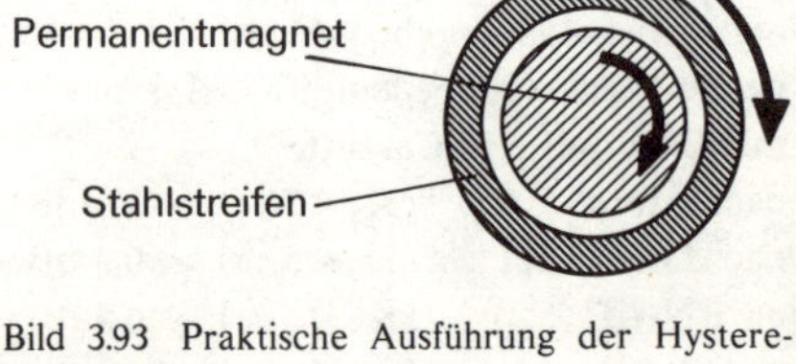

Bild 3.93 Praktische Ausführung der Hysteresis-Kupplung

größer als die übertragene Kraft ist. Diese wird von folgenden Faktoren bestimmt: den magnetischen Eigenschaften der Übertragungsglieder, dem Volumen des Stahlstreifens, der Induktion des Permanentmagneten, der Anzahl seiner Polpaare, der Drehzahl des Stahlstreifens.

Bei entsprechendem Aufbau läßt sich das übertragene Drehmoment dazu ausnutzen, in einem Cassettengerät die Aufwickelspule anzutreiben. Das aufzuwickelnde Band ist die Last, die den Permanentmagneten bremst. Durch das Zusammenspiel von konstantem Aufwickel-Drehmoment und gleichmäßiger Bremskraft wird das Band sauber aufgewickelt. Zugleich resultiert daraus ein äußerst gleichmäßiger Bandtransport, der sich sehr günstig auf die Gleichlaufeigenschaften des Recorders auswirkt.

Der Aufbau der Hysteresis-Kupplung ist in Bild 3.94 gezeigt. Sie besteht im wesentlichen aus der konzentrischen Anordnung eines schmalen Stahlstreifens um einen Ferroxdure-Permanentmagneten. Der Stahlstreifen liegt mit schräg aneinanderstoßenden Enden in einer Plastikwanne, wodurch nur geringe magnetische Verluste auftreten und die Anordnung außerdem vor Feuchtigkeit geschützt wird. Die Kunststoffwanne wird vom Motor des Recorders über einen Riemen angetrieben. Sie nimmt über die magnetische Kupplung den Permanentmagneten mit, dessen Achse am anderen Ende eine Andruckrolle trägt, die gegen den Aufwickelteller preßt und ihn gleichmäßig antreibt.

3.6. Rauschunterdrückungssysteme

Das Rauschen des Magnetbands ist eine vor allem bei niedrigen Geschwindigkeiten noch immer unangenehme Begleiterscheinung und stört besonders in Musikpausen und während leiser Passagen. Es beginnt im hörbaren Spektrum oberhalb von etwa 4 kHz. Mit einfachen passiven Bandpässen läßt sich das Rauschen nicht verringern, weil diese gleichzeitig den Programminhalt beeinflussen. Höhere Grundtöne und Obertöne würden abgeschnitten werden und die Wiedergabe der Musik dumpf und unnatürlich klingen.

Als Rauschunterdrückungssysteme speziell für Cassettenrecorder haben sich zwei Verfahren herausgeschält:

DNL: Die wirksame Unterdrückung aller Rauscharten nur bei Wiedergabe des Tonträgers (passives System).

Dolby: Die wirksame Unterdrückung des Systemrauschens, d. h. Band- und Kopfrauschen (aktives System).

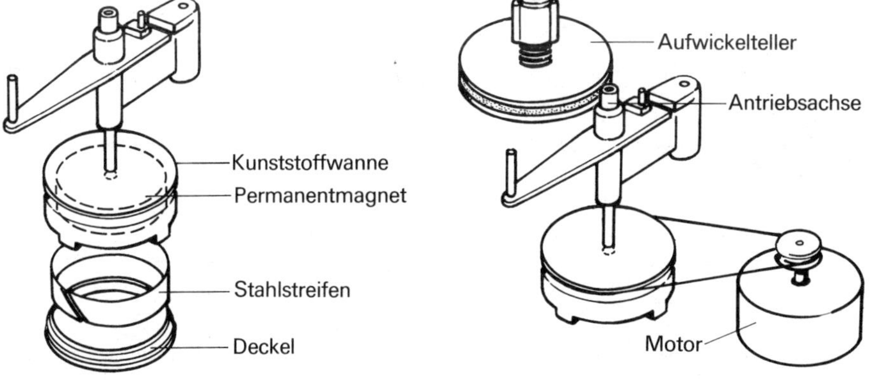

Bild 3.94 Aufbau der Baueinheit Hysteresis-Kupplung

3.6.1. DNL-Verfahren

Der von Musikinstrumenten abgestrahlte Schall enthält während leiser Passagen kaum Oberwellen und besteht deshalb vorwiegend aus Grundtönen. Nur wenige Musikinstrumente haben einen 4,5 kHz übersteigenden Grundtonbereich. Leider wird aber das Bandrauschen gerade während der leisen Passagen und Pausen besonders hörbar.

Bei lautem Spiel ist dagegen der Oberwellengehalt des von den Musikinstrumenten abgestrahlten Schalls sehr hoch und ein ausgedehnter Frequenzbereich notwendig, damit nichts vom Charakter der Musik verlorengeht. Eine Höhenbeschneidung oder Rauschunterdrückung ist jedoch während dieser lauten Passagen viel weniger notwendig, weil die Nutzsignale das Rauschen praktisch vollständig überdecken!

Hieraus folgt, daß die DNL-Rauschunterdrückungsschaltung diese beiden charakteristischen Eigenschaften berücksichtigen muß (DNL = *dynamic noise limiter).* Das ist im Prinzip mit folgenden Maßnahmen möglich:

1. Die Rauschunterdrückung muß bei fehlendem Signal voll wirksam und während lauter Passagen unwirksam sein.
2. Niedrige Tonfrequenzen überdecken das Rauschen nicht zufriedenstellend. Das Steuersignal darf deshalb nur aus den höheren Tonfrequenzen abgeleitet werden. Wenn niedrige Frequenzen den Begrenzer beeinflussen könnten, wäre ein sehr irritierendes Modulationsrauschen zu hören. Wird andererseits die Übernahmefrequenz zu hoch gewählt, verliert die Schaltung an Wirksamkeit.

Beim DNL-Rauschbegrenzer wird nur dann Rauschen unterdrückt, wenn dies durch die Frequenz und die pegelmäßige Zusammensetzung des Signals notwendig ist. Mit anderen Worten: Wenn das Wiedergabesignal klein ist (bei Pianissimostellen) und keine oder nur wenig hohe Frequenzen enthält, ist der DNL-Effekt maximal und setzt das Bandrauschen am stärksten herab. Ist das Wiedergabesignal jedoch groß und enthält es viele mittlere bis höhere Frequenzen, so bleibt der DNL-Effekt ausgeschaltet.

Falls im Eingangssignal bereits Quellenrauschen vorhanden sein sollte, so wird dies durch das DNL-System auf gleiche Art und Weise wie das Systemrauschen unterdrückt. Hier liegt einer der großen Vorteile dieses Systems. Bild 3.95 und 3.96 unterstreichen den Vorgang nochmals.

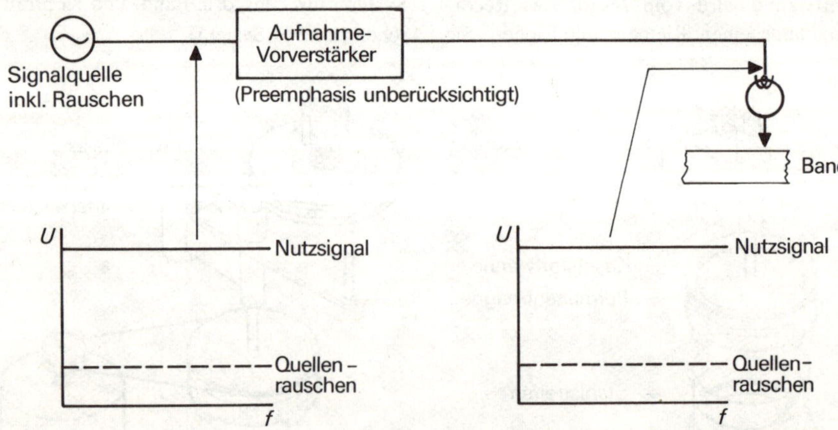

Bild 3.95 Signalverarbeitung bei einem DNL-Gerät während der Aufnahme (Quellenrauschen einbezogen). Es treten keine Veränderungen im Signal-/Rauschabstand auf, da die DNL-Schaltung nur bei Wiedergabe wirksam ist

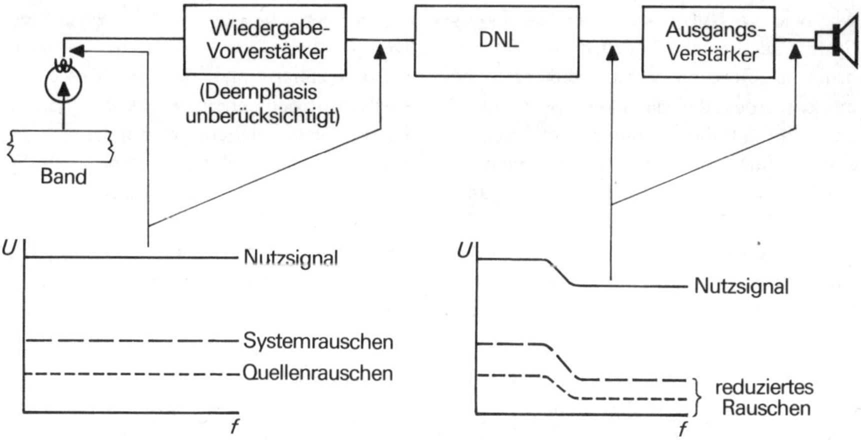

Bild 3.96 DNL-Signalverarbeitung während der Wiedergabe (Quellen- und Systemrauschen einbezogen). Bei einem Nutzsignal mit nur geringen Anteilen von mittleren und hohen Frequenzen werden alle störenden Rauschanteile automatisch abgesenkt. Das Signalbild rechts deutet dieses Verhalten an

3.6.2. Dolby-Verfahren

Das Dolby-Verfahren verarbeitet das aufzunehmende Signal zweimal, und zwar zunächst im aktiven Verfahren während der Aufnahme. Hier werden die pegelmäßig schwächeren mittleren bis hohen Tonfrequenzen um einen bestimmten Faktor mehr verstärkt als die tiefen Signalfrequenzen. Das Signal wird dann pegelmäßig komprimiert auf das Band moduliert (Bild 3.97).

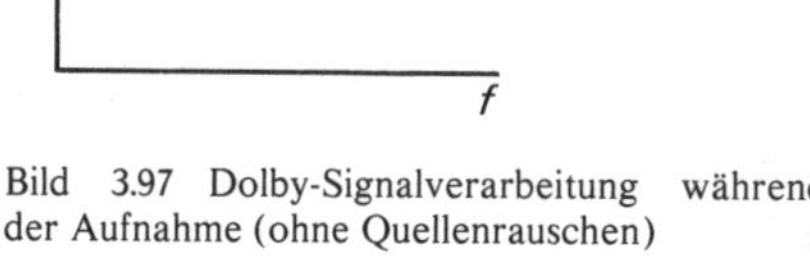

Bild 3.97 Dolby-Signalverarbeitung während der Aufnahme (ohne Quellenrauschen)

Bei der Wiedergabe werden die mittleren bis hohen Frequenzen dann um denselben Faktor abgeschwächt, mit dem sie während der Aufnahme angehoben wurden, wodurch das aufgenommene Signal wieder seine ursprüngliche Form erhält (Bild 3.98). Gleichzeitig wird dadurch aber auch das Systemrauschen wesentlich weniger verstärkt und der Signal-/Rauschabstand entsprechend verbessert.

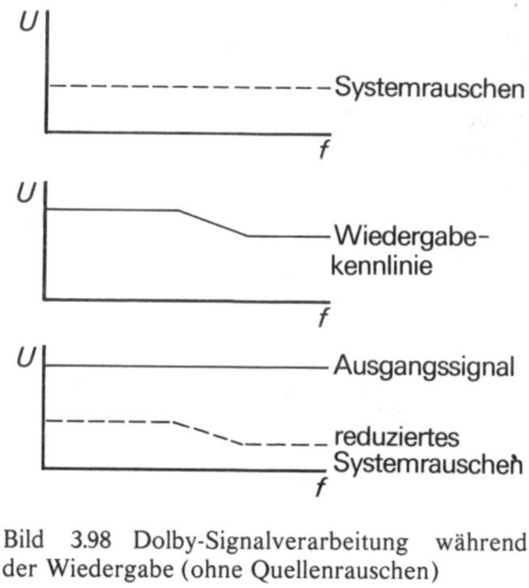

Bild 3.98 Dolby-Signalverarbeitung während der Wiedergabe (ohne Quellenrauschen)

Etwas anders sieht es dagegen aus, wenn bereits im aufzunehmenden Signal ein gewisser Rauschanteil vorhanden ist. Da dieses Quellenrauschen genauso verarbeitet wird wie das Nutzsignal, ist es dem Dolby-System auch nicht möglich, dieses zu unterdrücken. Gerechterweise muß aber bemerkt werden, daß das Dolby-System auch gar nicht für die Quellenrausch-, sondern ausschließlich für die Systemrauschunterdrückung geschaffen wurde. Diese Vorgänge werden durch Bild 3.99 noch verdeutlicht.

Abschließend ist zu sagen, daß trotz der Unvergleichbarkeit beider Systeme diese das gleiche Ziel verfolgen, nämlich den Signal-/Rauschabstand zu vergrößern. Dolby arbeitet einwandfrei bei rauscharmem Quellensignal oder »dolbysierten« Cassetten, bei denen bereits eine zusätzliche Höhenanhebung vorhanden ist. Bei verrauschtem Quellensignal sowie dem Systemrauschen bespielter Cassetten ist dagegen das DNL-System ideal. Beide Systeme ergänzen sich und sollten ihrer Eignung entsprechend verwendet werden.

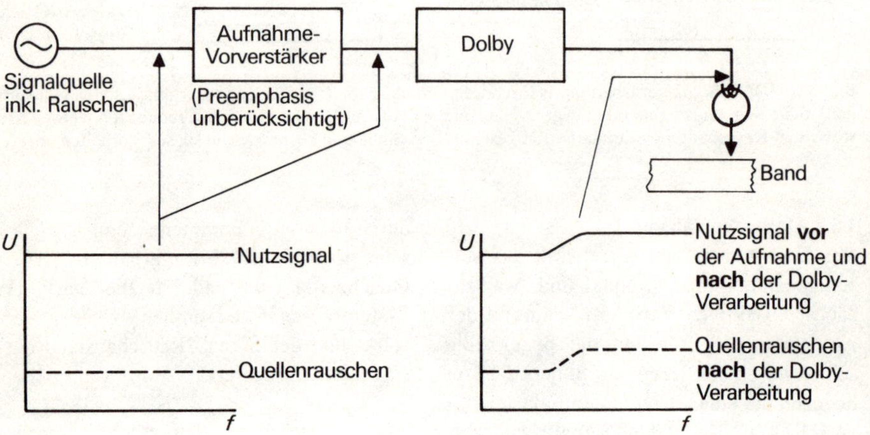

Bild 3.99 Dolby-Signalverarbeitung während der Aufnahme unter Einbeziehung des Quellenrauschens, das hinsichtlich der Anhebung genauso wie der entsprechende Frequenzbereich des Nutzsignals behandelt wird

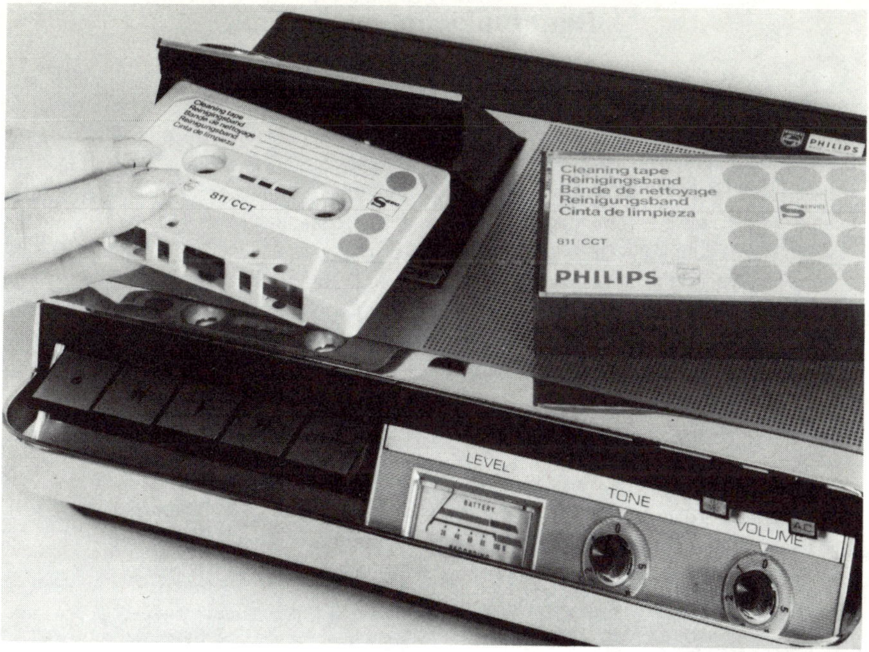

Auch bei einem hochwertigen Tonbandgerät läßt die Aufnahme- und Wiedergabequalität bei längerem Gebrauch nach. Ein Grund dafür können Verunreinigungen sein, die sich im Laufe der Zeit an den Aufnahme- und Wiedergabeköpfen bilden und die Empfindlichkeit des Geräts, besonders im oberen Frequenzbereich, vermindern. Mit einem speziellen Reinigungsband lassen sich diese Verunreinigungen beseitigen. Das Philips Reinigungsband 811/CT für Spulengeräte bzw. die Reinigungsband-Cassette 811/CCT wird in das Gerät eingelegt wie ein normales Tonband bzw. eine übliche Cassette. Dann stellt man das Gerät auf Bandlauf/Wiedergabe oder Bandlauf/Aufnahme und läßt das Reinigungsband einmal durchlaufen.

Zu empfehlen ist eine regelmäßige Reinigung nach etwa 30—35 Betriebsstunden und vor besonders hochwertigen Aufnahmen bzw. Wiedergaben. Nach zehnmaligem Gebrauch sollte das Reinigungsband erneuert werden

4. Rundfunkempfangstechnik

In diesem Kapitel soll ein Überblick gegeben werden, wie sich die Schaltungstechnik der Rundfunkgeräte im Laufe der Zeit gewandelt hat. Behandelt werden Hochfrequenz- und Zwischenfrequenzstufen von AM- und FM-Empfängern, und zwar anhand von typischen Schaltungsbeispielen der Röhren-, Transistor- und IC-Technik.

4.1. Betrachtungen zum Rundfunkempfang

Seit 1945 herrscht auf den AM-Bereichen, speziell aber auf dem Mittelwellenband, ein frequenzmäßiges Chaos. Die Überfüllung mit Sendern, d.h. die Mehrfachbelegung der Sendekanäle, nahm der Mittelwelle die wichtige Eigenschaft der überregionalen Reichweite. An dieser Situation wird sich in absehbarer Zeit wohl kaum etwas ändern. Trotzdem ist das Interesse am Rundfunkempfang auf Mittel- und Langwelle noch verhältnismäßig stark, denn glücklicherweise gibt es immer noch empfangswürdige Sender, und eine gewisse Faszination ist schließlich auch dabei, wenn man mit einem kleinen Dreh am Abstimmknopf Musik und Informationen aus den Nachbarländern in sein Zimmer holt.

Die Sender der AM-Bereiche arbeiten mit Doppelseitenband- (DSB-)Amplitudenmodulation (A3). Es ist die am längsten in Gebrauch befindliche Sendetechnik. Bei ihr werden der Träger sowie das untere und obere Seitenband ausgestrahlt (Bild 4.1). Wollte man mit diesem System die mögliche Senderzahl erhöhen, so ließe sich das nur durch eine Verminderung der Kanalbreite von heute 9 kHz erreichen.

Eine weitere Möglichkeit besteht in der Anwendung der sogenannten Einseitenbandtechnik. Da bekanntlich das obere und untere Seitenband eines AM-Senders inhaltlich identisch sind, kann man bei der Übertragung auf eins der Seitenbänder verzichten. Das würde eine Verdopplung der Senderzahl bedeuten und zu einer wesentlichen Entlastung führen. Leider ist das Einseitenband- oder *Single-Side-Band-* (SSB-)System (A3a) nicht kompatibel mit dem DSB-System und kann daher nicht mit handelsüblichen Rundfunkgeräten empfangen werden.

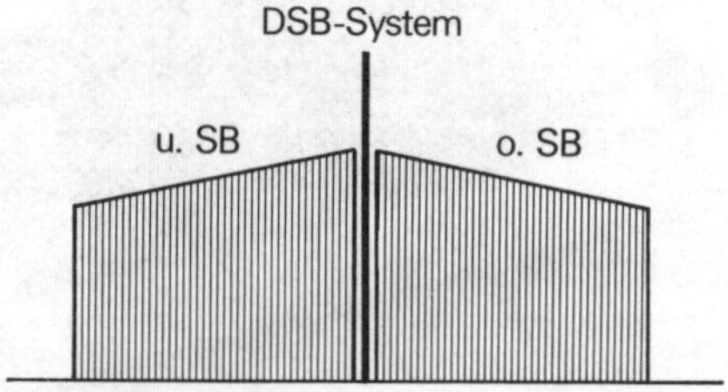

Bild 4.1 Frequenzspektrum bei Doppelseitenband-Modulation (DSB-System)

Das SSB-System ist schematisch in Bild 4.2 dargestellt. Alle Informationen sind im jeweiligen Seitenband enthalten, und zwar entsprechen die bei der Modulation entstehenden Seitenbandfrequenzen der aufgeprägten Niederfrequenz (Bild 4.3). Da der AM-Träger nichts zur Informationsübermittlung beiträgt, kann er teilweise oder sogar ganz unterdrückt werden. Man findet diese Sendetechnik u.a. bei den Funkamateuren, da sie durch die Aussendung nur eines Seitenbands erheblich Leistung einspart.

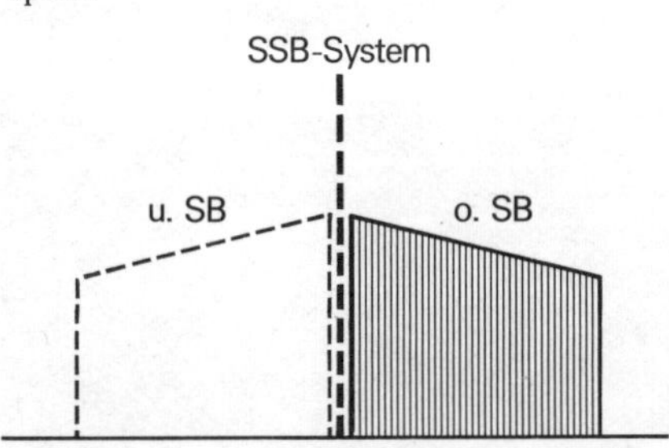

Bild 4.2 Frequenzspektrum bei Einseitenband-Modulation, auch *Single-Side-Band-* (SSB-)System genannt

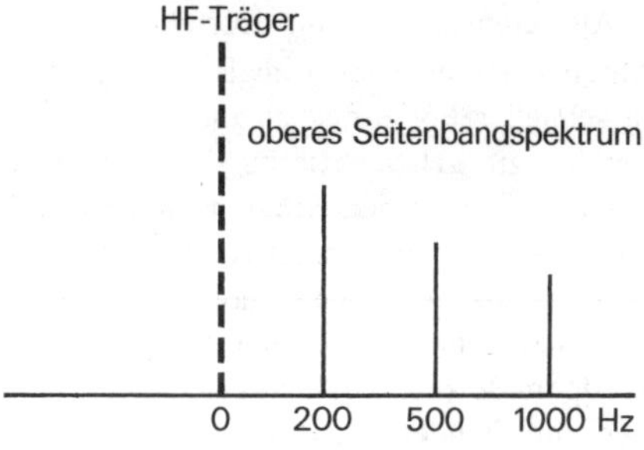

Bild 4.3 Lage der Modulationsfrequenzen 200, 500 und 1000 Hz im oberen Seitenband beim SSB-System

Das Institut für Rundfunktechnik in Hamburg hat mit dem *Independent-Side-Band-* (ISB-)System einen neuen Vorschlag gemacht. Hiernach kann ein Träger mit zwei voneinander unabhängigen Programmen moduliert werden, wodurch sich eine Verdopplung der AM-Sendekanäle ergibt. Das Prinzipschema ist in Bild 4.4 angegeben, die ISB-Modulationsart wird mit A3b bezeichnet. Leider ist auch das ISB-Verfahren nicht kompatibel mit dem DSB-Verfahren, was wegen der unterschiedlichen Seitenbandinformationen ja auch leicht einzusehen ist.

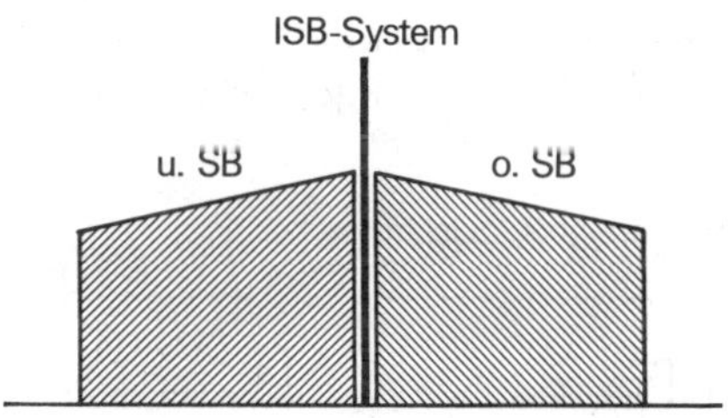

Bild 4.4 Frequenzspektrum beim *Independent-Side-Band-*(ISB-)System

Der Träger darf beim ISB-System nicht unterdrückt werden, da er für die Schwundregelung sowie für die Regenerierung eines Hilfsträgers nötig ist. Im Gegensatz zu Hüllkurvendemodulatoren bei konventionellen DSB-Geräten arbeiten ISB-Empfänger mit sogenannten Produktdemodulatoren (Synchrongleichrichter), denen der erwähnte Hilfsträger zugeführt wird. Beim Einstellen eines ISB-Senders stimmt man nämlich nicht auf den Träger, sondern auf das linke oder rechte Seitenband (1. oder 2. Programm) ab, und dort ist ja kein Träger vorhanden — er muß also im Gerät zugesetzt werden. Ein anderer Unterschied liegt darin, daß zwischen den beiden Seitenbändern nur ein Abstand von 80 Hz besteht, der zweifellos Trennschärfeprobleme aufwirft, die mit üblichen Selektionsmitteln nicht zu lösen sind. Man wird hier andere schaltungstechnische Varianten anwenden müssen.

Beim FM-Rundfunk dürfte es in absehbarer Zeit wohl kaum grundlegende Neuerungen geben. Die Stereophonie (eingeschlossen hier auch das kopfbezogene Verfahren) wird in den kommenden Jahren ihre Stellung halten und sich von der Quadrophonie wohl kaum den Platz streitig machen lassen. Geräteseitig deuten sich interessante Schaltungskonzepte an, die weitgehend auf der Verwendung von ICs beruhen und auch die Digitaltechnik einschließen.

4.2. Rundfunk-Stereophonie

Bei aller Perfektion der Sende- und Empfangstechnik kann das Phänomen der echten räumlichen Musikwiedergabe dem Rundfunkhörer auf monauralem Weg (einkanalig) nicht vermittelt werden. Die für das räumliche, stereophonische Hören erforderlichen zweikanaligen Informationen lassen sich mit dem bekannten AM-Sendeverfahren nicht übertragen. Nur das FM-Verfahren ist in der Lage, aufgrund der Breitbandigkeit seiner Sendekanäle die für Stereo-Rundfunksendungen erforderlichen Signale bzw. Frequenzen auszustrahlen.

In den USA wurde 1961 von der dortigen Bundesnachrichtenbehörde *(Federal Communications Commission)* die sogenannte FCC-Stereo-Norm freigegeben, die auch unter dem Begriff Pilottonsystem bekannt ist. Hierauf aufbauend befaßten sich die europäischen Gremien ebenfalls mit dem Problem, und 1966 empfahl die CCIR-Vollversammlung, ein etwas modifiziertes Pilottonsystem einzuführen. Da sich das Sendersignal aus drei Komponenten zusammensetzt, erhielt es den Namen Stereo-Multiplexsignal.

Eine Stereosendung muß selbstverständlich von einem einzigen Sender ausgestrahlt werden, und es besteht darüber hinaus die Forderung, daß der Empfang des Senders mit allen Rundfunkgeräteausführungen ohne Qualitätseinbußen möglich sein muß. Gerade diese letzte Forderung ist sehr wichtig, denn nur dann ist das Sendeverfahren »kompatibel«.

4.2.1. Prinzip des Pilottonsystems

Bei der Rundfunk- oder HF-Stereophonie geht es darum, über einen Sender zwei zum räumlichen Hören benötigte Signale zu übertragen. Sie werden von zwei Mikrofonen oder Mikrofongruppen geliefert, die unseren beiden Ohren entsprechend auf der Senderseite das Schallereignis getrennt aufnehmen. Die einfach als L-(links) Signal und R-(rechts) Signal bezeichneten Informationen müssen auf der Empfangsseite in zwei getrennt aufgestellten Lautsprechern hörbar gemacht werden.

Als einfache Lösung bietet sich die Möglichkeit an, beide Signale abwechselnd in schneller Folge nacheinander über den Sender zu geben. Hierfür braucht man einen elektronischen Schalter, der z. B. im 38-kHz-Rhythmus abwechselnd das L- und R-Signal auf den Sender gibt. Im Empfänger muß dann ein gleicher Schalter synchron im 38-kHz-Rhythmus die nacheinander eintreffenden, zerhackten L- und R-Signale auf die zugehörigen NF-Kanäle verteilen (Bild 4.5). Die gestrichelt angedeutete Verbindung der beiden Schalter wird in der Praxis von einer 38-kHz-Frequenz übernommen, die vom 19-kHz-Pilotsignal abgeleitet ist. Im Prinzip ist das Verfahren recht einfach. In der Praxis treten allerdings etwas kompliziertere Verhältnisse auf, die vor allem in der Verschachtelung der einzelnen Signale liegen.

Wir nehmen zunächst einmal an, daß von den Mikrofonen (in Bild 4.5) jeweils R- und L-Signale kommen, die beide aus einer Tonfrequenzquelle von 4,22 kHz stammen. Setzt man weiter voraus, daß sich die Schallquelle nicht in der akustischen Mitte zwischen beiden Mikrofonen befindet, dann erhält man zwei Spannungen, deren Amplituden unterschiedlich sind, weil z. B. die vom linken Mikrofon aufgenommene

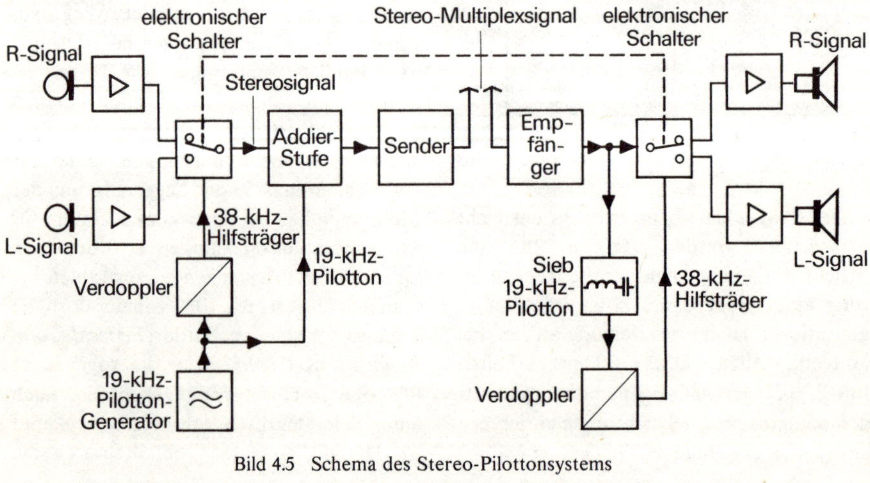

Bild 4.5 Schema des Stereo-Pilottonsystems

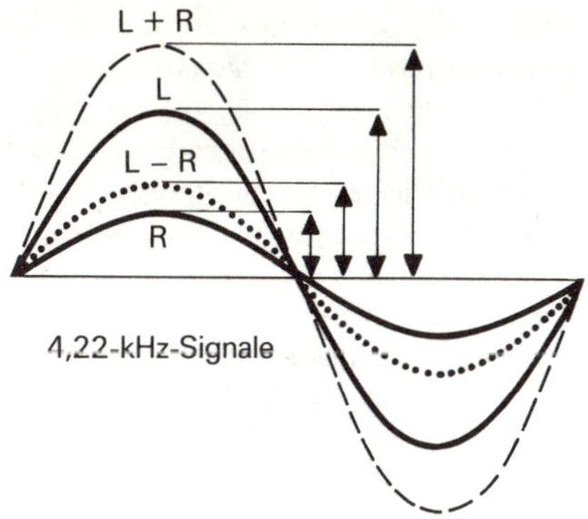

Bild 4.6 Signalamplituden der Mikrofone bei seitlich einfallendem Schall

Lautstärke größer ist als die vom rechten Mikrofon (Bild 4.6).

Wird nun zwischen den Signalen L und R fortlaufend im 38-kHz-Rhythmus umgeschaltet, dann erhält man den in Bild 4.7 gezeigten Kurvenverlauf. Die beiden jetzt ineinander verschachtelten L- und R-Signale sind noch deutlich zu erkennen, weil die Frequenz von 4,22 kHz neunmal in der 38-kHz-Umschaltfrequenz enthalten ist. Man kann hier auch sagen: Die Amplituden der beiden Frequenzen werden durch die 38-kHz-Frequenz kurzzeitig abgetastet, die dabei von einer Kurve zur anderen springt.

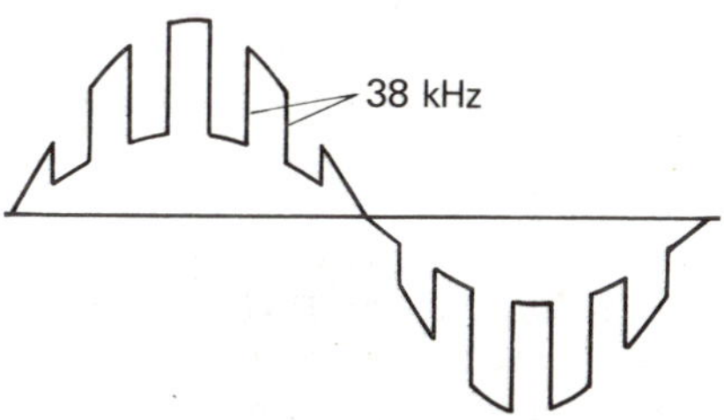

Bild 4.7 Mit 38 kHz ineinander verschachtelte L- und R-Signale, die frequenz- und phasenmäßig übereinstimmen

4.2.2. Summensignal (L + R)

Es wurde bereits erwähnt, daß ein Stereo-Multiplexsignal kompatibel zu sein hat und daher einen Signalteil aufweisen muß, den ein Monogerät verarbeiten kann. Hierfür ist das sogenannte Summensignal (L + R) beider Kanäle vorgesehen. Am Beispiel der 4,22-kHz-Signale aus Bild 4.6 ergibt sich ein (L + R)-Signal, das sich nur durch eine größere Amplitude von den Einzelsignalen unterscheidet.

Andere Kurvenformen stellen sich ein, wenn die L- und R-Signale unterschiedliche Frequenzen haben. Ein Beispiel ist in Bild 4.8 mit 4 kHz und 2 kHz gegeben. Das Frequenzverhältnis von 2 : 1 erlaubt eine verhältnismäßig einfache geometrische Addition oder Subtraktion, die relativ leicht zu übersehen ist. Aus der Addition beider Schwingungen resultiert als Summensignal das (L + R)-Signal in Bild 4.9. Es wird gelegentlich auch mit M (Mitteninformation) bezeichnet.

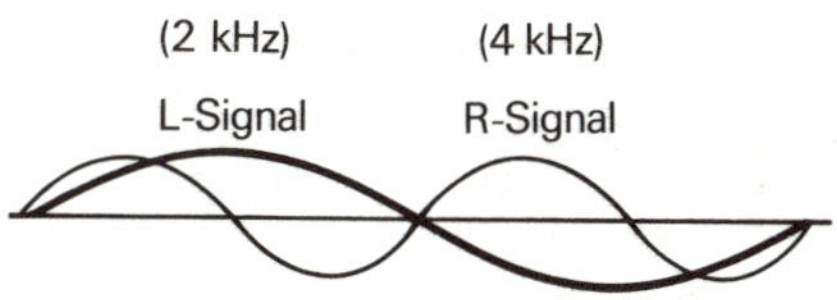

Bild 4.8 L- und R-Signale mit einem Frequenzverhältnis von 2 : 1

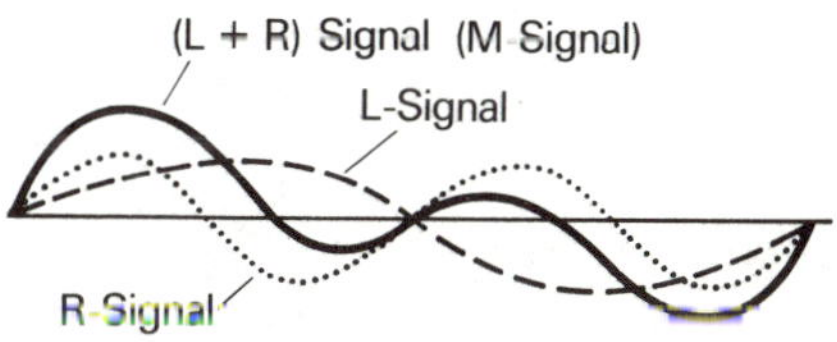

Bild 4.9 (L + R)-Signal aus der Addition beider Einzelsignale nach Bild 4.8

Wir halten fest: Im Stereosignal ist als Summensignal das (L + R)-Signal enthalten. Es entsteht immer, gleichgültig aus welcher Richtung der Schall aufgenommen wird. Es enthält die Monoinformation und wird vom Monoempfänger ausgewertet. Man bezeichnet es daher manchmal auch als das Monosignal oder Hauptsignal.

4.2.3. Differenzsignal (L − R)

Die zusätzlich erforderlichen Stereosignale für die Richtungsinformation werden durch die Differenz der beiden niederfrequenten Signale L und R gebildet. Im Fall der

4,22-kHz-Signale ergibt die Differenz einen Schwingungszug mit kleinerer Amplitude als das Summensignal (Bild 4.6). Das ist einleuchtend, denn es war ja angenommen worden, daß es sich um eine einzige Schallquelle handelt. Die Richtungsinformation ist jedoch eindeutig angegeben, da der »Signalrest« aus dem L-Signal stammt.

Hätte sich die Schallquelle dagegen in der akustischen Mitte befunden, wären beide niederfrequenten L- und R-Signale gleich groß gewesen und hätten sich aufgehoben (Bild 4.10). Das heißt: keine Links-Rechts-Information, sondern nur ein Mittensignal wird angezeigt, was soviel wie Monowiedergabe bedeutet, da nur das (L + R)-Signal wirksam ist.

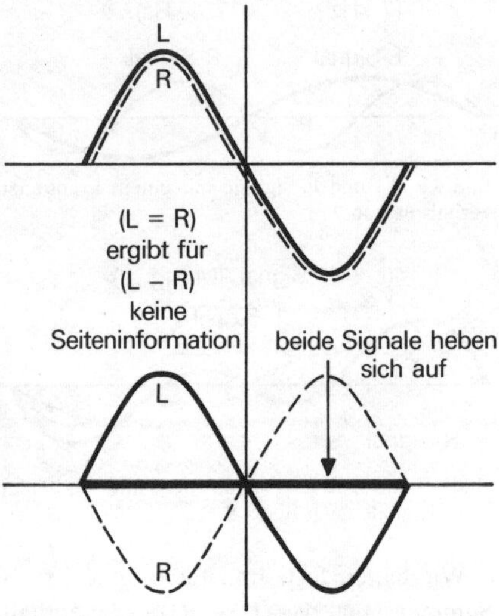

Bild 4.10 Sind L- und R-Signal gleich groß, heben sie sich für die Seiteninformation gegenseitig auf

Wie das (L — R)-Signal bei unterschiedlichen Frequenzen aussehen kann, zeigt das Beispiel der 4-kHz- und 2-kHz-Schwingung in Bild 4.11. Man sieht, es entsteht nur dann eine Spannung, wenn eine Amplitudendifferenz zwischen L und R vorhanden ist. Je größer diese Amplitudendifferenz L — R ist oder je größer die Richtungsabweichung von der akustischen Mitte ist, um so größer wird die maximale Amplitude des (L — R)-Signals.

Wir merken uns: Wenn die aufgenommenen L- und R-Signale unterschiedliche Amplituden haben, ist im Stereosignal ein (L — R)-Signal enthalten, das Differenzsignal (D) heißt und manchmal auch als Seitensignal (S) bezeichnet wird. Es gibt Aufschluß über die Richtungsinformation. Bei einem reinen akustischen Mittensignal ist das (L — R)-Signal gleich Null.

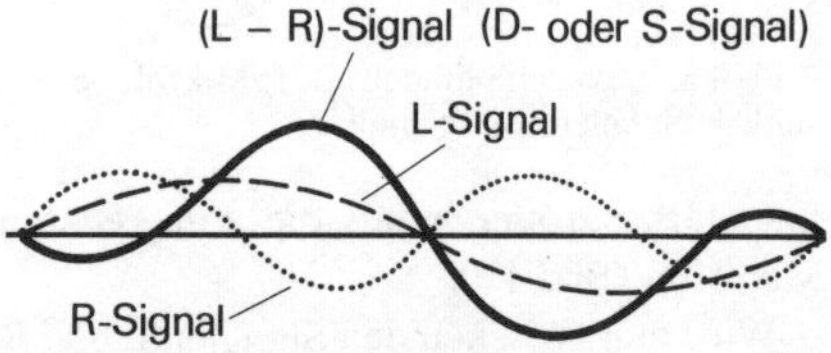

Bild 4.11 (L — R)-Signal aus der Differenz beider Einzelsignale nach Bild 4.8

4.2.4. Pilotton und Stereo-Hilfsträger

Wir kennen nun die für eine Stereowiedergabe erforderlichen Summen- und Differenzsignale. Beide müssen dem Träger des UKW-Senders aufmoduliert werden, und zwar geschieht das beim Summensignal in bekannter Weise als Frequenzmodulation, so daß es von FM-Empfängern aller Kategorien verarbeitet werden kann (Monosignal oder Stereo-Hauptsignal). Das Differenzsignal muß noch »bearbeitet« werden, ehe es vom FM-Träger des Senders ausgestrahlt wird.

Man prägt es zunächst dem Stereo-Hilfsträger als Amplitudenmodulation auf, unterdrückt dabei den 38-kHz-Träger und leitet nur die entstehenden Seitenbänder zum Modulator des FM-Senders. Das kann ohne Nachteile gemacht werden, denn der AM-Träger enthält keine Information. Man muß ihn jedoch im Empfänger auf irgendeine Weise wieder in das Signal einfügen, weil ohne ihn nicht demoduliert werden kann.

Der Pilotton von 19 kHz und der Hilfsträger von 38 kHz stehen im engen Zusammenhang miteinander. Die Norm schreibt vor, daß die 19-kHz-Frequenz mit einer Toleranz von ± 2 Hz eingehalten wird, sie ist deshalb zumeist quarzgesteuert. Den Stereo-Hilfsträger leitet man von der Pilottonfrequenz als zweite Harmonische ab. Damit sind beide phasenstarr miteinander verkoppelt und gehen gleichzeitig durch Null (Bild 4.12).

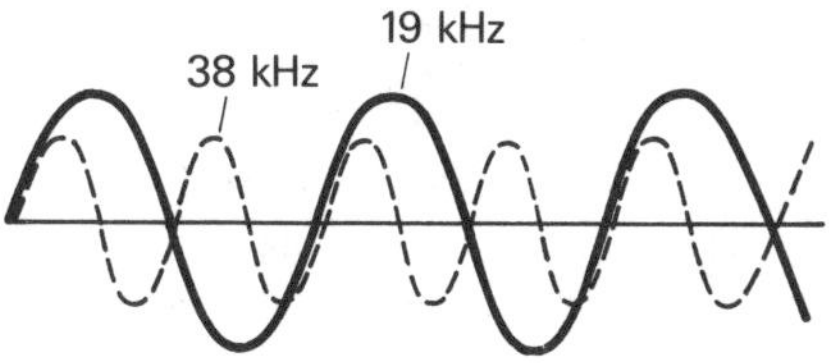

Bild 4.12 Schematische Darstellung der frequenz- und phasenmäßigen Verkopplungen zwischen 19-kHz-Pilotton und dem 38-kHz-Hilfsträger

Wie das Summen- und Differenzsignal wird auch der Pilotton vom FM-Sender als Modulation ausgestrahlt. Er hat die Aufgabe, im Stereoempfänger entweder den dortigen 38-kHz-Oszillator zu synchronisieren oder (was üblicherweise der Fall ist) durch Frequenzverdoppelung selbst als 38-kHz-Träger bei der Gleichrichtung zu wirken.

In Bild 4.13 ist dargestellt, wie ein aus der Frequenzdifferenz von 2 kHz und 4 kHz bestehendes (L − R)-Signal aussieht, wenn es aus dem AM-Modulator kommt. Man erkennt an der Hüllkurve unschwer die in »Gegenphase« liegenden, niederfrequenten Schwingungen des (L − R)-Signals. Wird

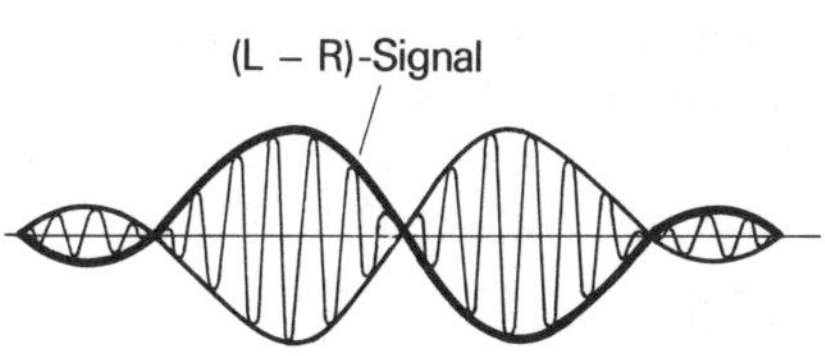

Bild 4.13 (L − R)-Signal mit 38 kHz moduliert

auch noch das (L + R)-Signal hinzugesetzt, ergeben sich durch geometrische Addition die in Bild 4.14 gezeigten Schwingungsfor-

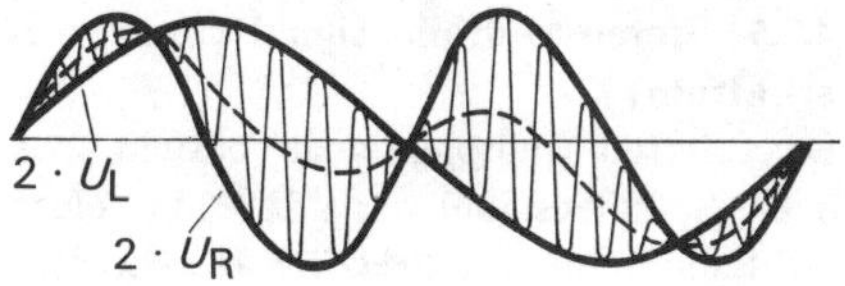

Bild 4.14 (L − R)- und (L + R)-Signal mit 38 kHz moduliert

men. Hier sind ebenfalls die Hüllkurven zu erkennen, und zwar jetzt als die in doppelter Amplitude auftretenden R- und L-Signale.

Um dies zu verdeutlichen, wurde das zusammengesetzte Stereosignal in Bild 4.15 noch einmal gezeichnet, jedoch in einer Form, die mit der zu Beginn in Bild 4.7 verwendeten übereinstimmt. Es ist jetzt gewissermaßen im 38-kHz-Rhythmus zerhackt und wird als hochfrequente Wechselspannung (deren Form sich in Abhängigkeit von den L- und R-Signalen ständig ändert) dem FM-Modulator des UKW-Senders zusammen mit dem hier nicht eingezeichneten 19-kHz-Pilotton zugeführt. Die Verschlüsselung bzw. Verschachtelung der Signale wird auch als Codierung bezeichnet, und man nennt die betreffende Stufe des Senders »Coder« oder »Encoder«.

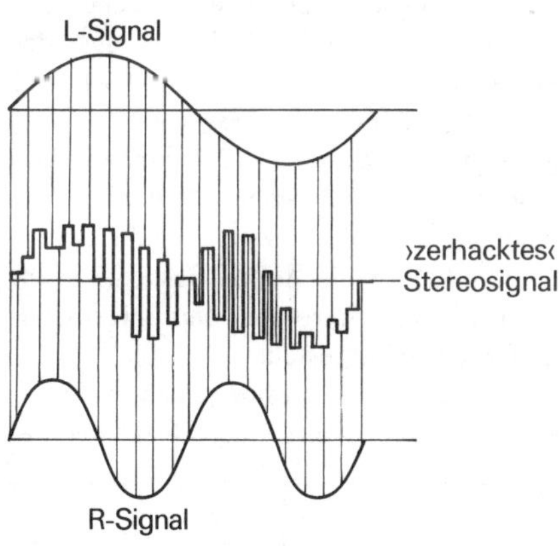

Bild 4.15 Im 38-kHz-Rhythmus »zerhacktes« Stereosignal, das sich aus L- und R-Signal zusammensetzt

4.2.5. Stereo-Multiplexsignal (Frequenzspektrum)

Das Stereo-Multiplexsignal besteht aus dem Summensignal (L + R) mit einer NF-Bandbreite von 30 Hz bis 15 kHz, dem Differenzsignal (L — R), in dem ebenfalls alle NF-Signale von 30 Hz bis 15 kHz enthalten sein können, und dem Pilotsignal mit einer Frequenz von 19 kHz. Durch die Amplitudenmodulation des Hilfsträgers entsteht ein AM-Band, das maximal von 23 bis 53 kHz reicht, wobei der 38-kHz-Träger unterdrückt ist (Restamplitude kleiner als ein Prozent; dies trägt auch dazu bei, Interferenzstörungen in Monogeräten zu vermeiden). Der Pilotton hat eine relativ kleine Amplitude, die nur 8 bis 10 Prozent des maximalen Senderfrequenzhubs von 75 kHz beträgt. Hierdurch vermindert sich die Reichweite des UKW-Senders um ca. 10 Prozent. Das nicht maßstäbliche Modulationsfrequenzspektrum eines Stereo-FM-Senders ist in Bild 4.16 angegeben.

Beide Modulationssignale beeinflussen den **Frequenzhub** des UKW-Senders, d. h., die Vollaussteuerung des 90prozentigen Hubs (100 % minus Pilothub) setzt sich aus beiden Anteilen zusammen. Wir sehen das an den folgenden Beispielen, in denen das Aufnahmesignal einmal genau aus der Mitte kommt (und L — R daher gleich Null ist) und zum anderen schräg von vorn bzw. genau von einer Seite aufgenommen wird (und dadurch z. B. R gleich Null wird, d. h., Summen- und Differenzsignal sind gleich L). In Bild 4.17 ist die Aufnahmesituation anhand zweier Mikrofone und ihrer Charakteristiken dargestellt.

In der akustischen Mitte geben beide Mikrofone gleiche Amplituden ab, die bei maximaler Lautstärke für L = 94 % und für R = 94 % betragen sollen. Das (L + R)-Signal hat ebenfalls eine Amplitude von 94 % und das (L — R)-Signal ist Null. Ein Mittensignal ist also immer ein reines Monosignal, und man erhält ein Modulationsfrequenzspektrum mit der in Bild 4.18 angegebenen Amplitudenverteilung. Da eine (L + R)-Signalamplitude von 100 % einen Hub von 90 % verursacht, beträgt in diesem Fall, da die Signalamplitude nur 94 % ausmacht, der effektive Hub 90 · 0,94 = 84,6 %. Mit 10 % Pilottonaussteuerung erhält man damit 84,6 % + 10 % = 94,6 % Gesamtaussteuerung.

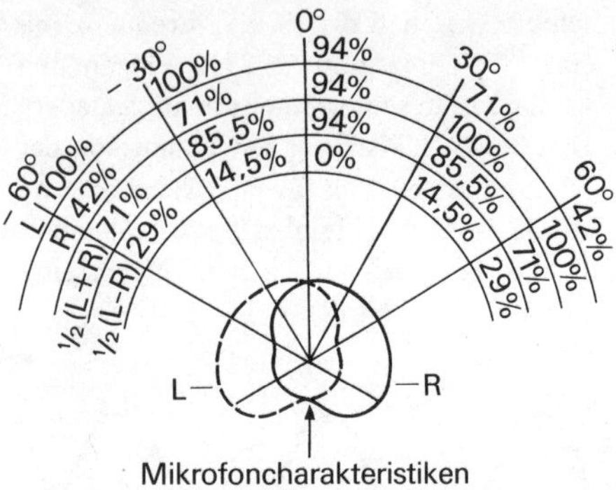

Bild 4.17 Aufnahmecharakteristiken zweier Mikrofone, die gegeneinander versetzt sind

Nach Bild 4.17 betragen in der −60°-Richtung die Mikrofon-Signalamplituden für L = 100 % und für R = 42 %. Daraus ergibt sich für das (L + R)-Signal eine Amplitude von 71 % und für das (L — R)-Signal eine Amplitude von 29 %. Die letzte Amplitude verteilt sich je zur Hälfte (14,5 %) auf die beiden Seitenbänder. Bei der Aussteuerung müssen diese Werte wegen der 90prozentigen Nutzsignalaus-

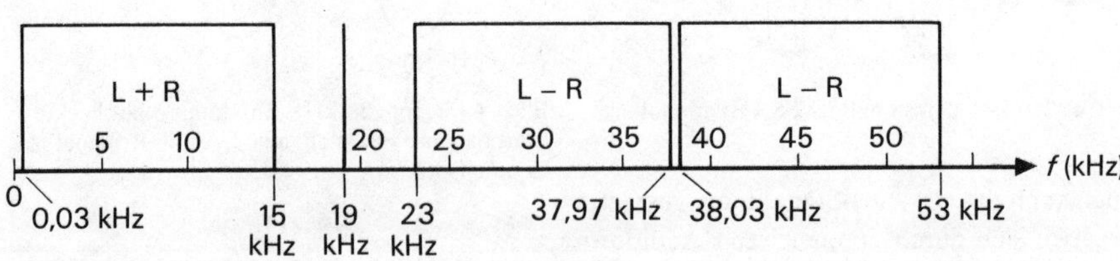

Bild 4.16 Modulationsfrequenzspektrum eines Stereo-FM-Senders (nicht maßstabgerecht)

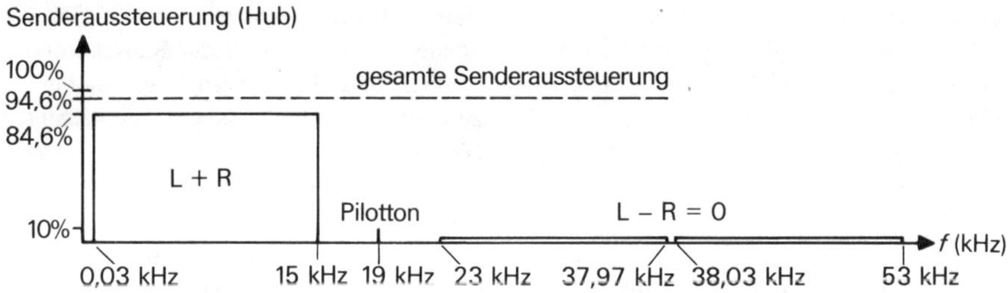

Bild 4.18 Modulationsfrequenzspektrum bei ausschließlichem Mittensignal

steuerung mit 0,9 multipliziert werden, wonach sich für die gesamte Senderaussteuerung das in Bild 4.19 gezeigte Modulationsfrequenzspektrum ergibt.

Wie wir schon sahen, hat das Differenzsignal (L — R) seine größte Amplitude, wenn eines der beiden Signale nicht vorhanden ist. Beträgt die Mikrofonsignalamplitude für L = 100 % und für R = 0 %, so stellt sich ein Modulationsfrequenzspektrum ein, das in Bild 4.20 angegeben ist. Beide Seitenbänder tragen mit je 22,5 %, das Summensignal nur noch mit 45 % zur Aussteuerung bei.

Aus den Bildern 4.18 bis 4.20 ist ersichtlich, wie sich die Amplitude des Stereo-Summen- bzw. Monosignals zwischen 84,6 % und 45 % ändert. Bei einem normalen FM-Monosender wäre die Aussteuerung stets 100 % gewesen. Daraus folgt, daß die durchschnittliche Mono-Amplitude beim FM-Stereosender nur rund 75 % beträgt, also ein Abfall von 3 dB eintritt, was ebenfalls zur Reichweiteneinbuße beiträgt.

Zur **Übertragungsbandbreite** ist folgendes zu sagen. Bei Frequenzmodulation hängt die Anzahl der Seitenfrequenzen und damit die benötigte maximale Übertra-

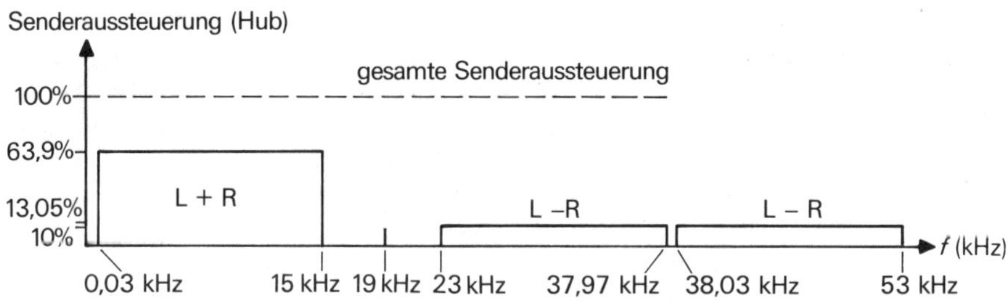

Bild 4.19 Modulationsfrequenzspektrum bei Mittensignal und Seitensignal

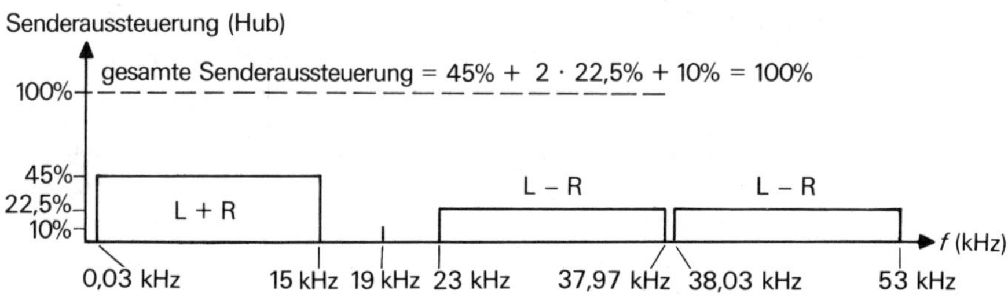

Bild 4.20 Modulationsfrequenzspektrum bei ausschließlichem Seitensignal

gungsbreite B vom maximalen Frequenzhub Δf und der zugehörigen höchsten Modulationsfrequenz f ab. Es gilt dabei die Formel

$$B_{max} = 2\,(\Delta f_{max} + 2 f_{max})$$

Für den normalen FM-Rundfunk ist nach dieser Formel bei f_{max} = 15 kHz als höchster Modulationsfrequenz und einem maximalen Frequenzhub Δf_{max} = 75 kHz eine Bandbreite B_{max} = 210 kHz erforderlich. Aus dieser Sicht wurde im UKW-Bereich ein Sender-Kanalabstand von 300 kHz eingeführt, der für Sender mit größerem räumlichen Abstand auf 100 kHz vermindert wurde (Offsetbetrieb). Auf der Empfängerseite benutzt man aus verschiedenen Gründen (Trennschärfe, Schaltungsaufwand bei preiswerten Geräten) häufig kleinere Bandbreiten für die ZF-Durchlaßkurve und nimmt dafür eine etwas verminderte Übertragungsgüte in Kauf.

Wird der FM-Sender durch das bis f_{max} = 53 kHz reichende Frequenzband eines Stereo-Multiplexsignals moduliert, dann steigt die Übertragungsbandbreite. Soll sie nach der vorstehenden Formel berechnet werden, muß noch bekannt sein, mit welchem maximalen Hub die Frequenz f_{max} = 53 kHz den Sender aussteuert. Das errechnet sich aus dem Gesamthub von ± 75 kHz nach der Aussteuerung des Seitenbands bei größter Amplitude = 22,5 %, was einen Hub von 16,9 kHz ergibt. Mit diesem Frequenzhub ist die erforderliche, maximale Bandbreite nach obiger Formel 246 kHz. Das ist nur die 1,2fache Bandbreite gegenüber Monosendungen. Der Kanalabstand von 300 kHz kann daher bei Stereosendungen beibehalten werden.

Neben der Reichweite verschlechtert sich auch der Rauschabstand bzw. das Signal-Rausch-Verhältnis beim Pilottonsystem. Die Gründe liegen u. a. im verringerten Hub des Senders für das Programmsignal. Dies macht sich besonders in den Versorgungsrandgebieten eines UKW-Senders bemerkbar, wo der Rauschabstand bei kleinen Stereo-Eingangssignalen um bis zu 20 dB geringer ist als bei einkanaliger Mono-Übertragung. Vereinfacht ausgedrückt kann man sagen, daß der etwa dreimal so breite NF-Frequenzbereich bei Stereosendungen auch ein entsprechend stärkeres Rauschen zur Folge hat, wodurch die Reichweite bei Stereosendungen kleiner wird.

4.2.6. Stereo-Decoderschaltungen

Stereo-Decoder haben die Aufgabe, die Codierung des Multiplexsignals rückgängig zu machen, wobei dann wieder beide niederfrequenten Stereosignale L und R entstehen, die den NF-Verstärkern des jeweiligen Geräts zugeführt werden. Für die Decodierung sind seit Einführung der HF-Stereophonie drei Grundschaltungen gebräuchlich, die mit diskreten Bauelementen arbeiten: Matrixdecoder, Hüllkurvendecoder und Schalter- oder Abtastdecoder. Ihr Prinzip wird im folgenden anhand von Blockschaltbildern erläutert. In neuerer Zeit haben auch Decoderschaltungen Eingang in die Schaltungstechnik gefunden, die mit integrierten Schaltungen aufgebaut sind.

Bevor das Stereo-Multiplexsignal dem Decoder zugeführt werden kann, muß es vom ZF-Träger getrennt werden, was üblicherweise im bekannten Ratiodetektor geschieht. Zu den drei »klassischen« Decodern kann gesagt werden, daß sie im Grunde auf der umgekehrten Wirkungsweise des jeweiligen Coders im Sender beruhen. Allen gemeinsam ist die Wiedergewinnung des zur AM-Demodulation benötigten 38-kHz-Hilfsträgers aus dem 19-kHz-Pilotton. Der Pilotton dient in vielen Schaltungen auch zur automatischen Umschaltung des Empfängers auf Mono-/Stereobetrieb und zur Anzeige einer HF-Stereosendung, wobei zumeist ein Lämpchen oder eine Leuchtdiode als Indikator dient.

4.2.6.1. Matrixdecoder

So wie das Multiplexsignal nach Bild 4.15 aus den (L + R)- und (L − R)-Signalen aufbereitet werden kann, lassen sich auf der Empfangsseite auch beide Signale wiedergewinnen. Laut Bild 4.21 trennt man zunächst die Komponenten voneinander, und zwar wird das Summensignal (L + R) durch einen Tiefpaß aus dem Stereosignal entnommen, während ein Bandpaß das (L − R)-Signal herausfiltert. Da es sich hier um ein Amplitudenmodulationssignal mit unterdrücktem Träger handelt, muß zur AM-Demodulation ein 38-kHz-Träger zugesetzt werden, der aus dem Pilotton durch Frequenzverdopplung gewonnen wird.

Bezeichnet man den Amplitudenwert im Summensignal mit (L + R) und die Amplitude im Differenzsignal mit (L − R), so erhält man bei der Addition der Signale (L + R) + (L − R) = 2 L das linke Signal und bei der Subtraktion der Signale (L + R) − (L − R) = 2 R das rechte Signal. Mit einem regelbaren *RC*-Glied können in der Summensignalleitung Phasen- und Amplitudenkorrekturen vorgenommen werden.

4.2.6.2. Hüllkurvendecoder

Das Bild 4.22 zeigt zwei verschachtelte (L + R)- und (L − R)-Signale, die hier unterschiedliche Amplituden und verschiedene Frequenzen haben. Beide Signale sind durch die 38-kHz-Umschaltfrequenz miteinander verbunden. Setzt man nun durch Addition eine phasengleiche und in der Amplitude konstante 38-kHz-Frequenz hinzu, dann wachsen alle 38-kHz-Amplituden um den gleichen Betrag an und die (L + R)- und (L − R)-Signale gehen soweit auseinander, daß sie als äußere Umhüllende der 38-kHz-Frequenz auftreten. Das ist in Bild 4.23 an einem anderen Oszillogramm gezeigt.

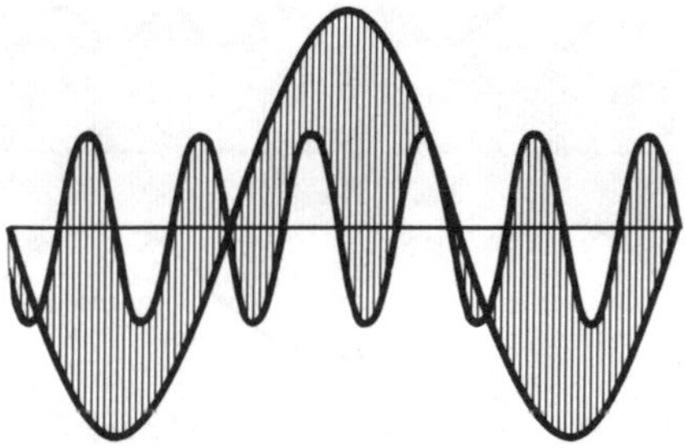

Bild 4.22 »Verschachtelte« L- und R-Signale mit 38 kHz moduliert

Das »angereicherte« AM-Signal wird einer Gleichrichterschaltung zugeführt, in der die entstandenen Hüllkurven demoduliert werden. Die Hüllkurven entstehen bei Addition des Stereosignals und des Hilfsträgers nach der im vorangegangenen Abschnitt genannten Rechnung und enthalten

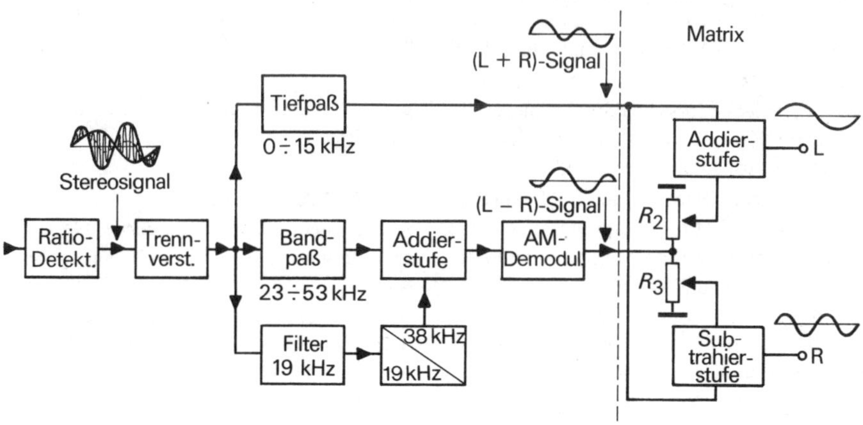

Bild 4.21 Prinzip eines Matrixdecoders

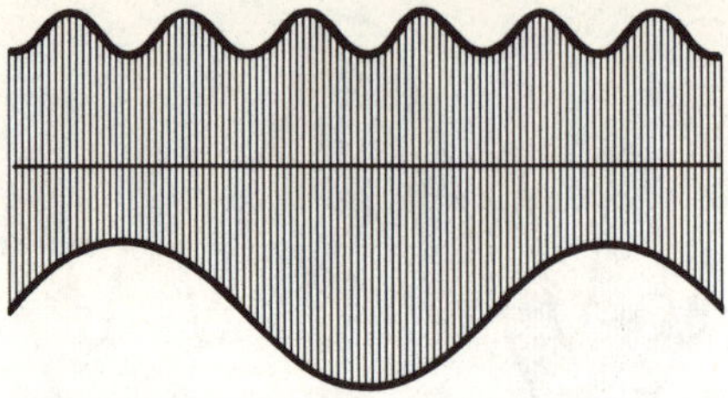

Bild 4.23 »Auseinandergezogene« L- und R-Signale durch Hinzufügen eines entsprechend großen 38-kHz-Trägers

daher 2 R und 2 L. Ein solcher Decoder ist zur Wiedergewinnung der L- und R-Signale mit entgegengesetzt gepolten Einweggleichrichtern ausgerüstet (Bild 4.24).

Ringdemodulator zugeführt, der aus den Dioden D_6 bis D_9 besteht. Wenn Punkt C positiv und Punkt D negativ ist, öffnen die Dioden D_6 und D_9. Das in die Mittelanzapfung von S_{55} eingespeiste Stereosignal gelangt in diesem Moment vom Punkt E über C und D_9 sowie über D und D_6 zum Punkt A und schließlich zum Ausgang 2 für das linke Signal.

Bei umgekehrter Polarität zwischen C und D öffnen die Dioden D_7 und D_8; die anderen Dioden werden gesperrt. Jetzt kann das im Stereosignal enthaltene rechte Signal vom Punkt E über C und D_8 bzw. D und D_7 zum Punkt B und schließlich weiter zum Ausgang 3 für das rechte Signal gelan-

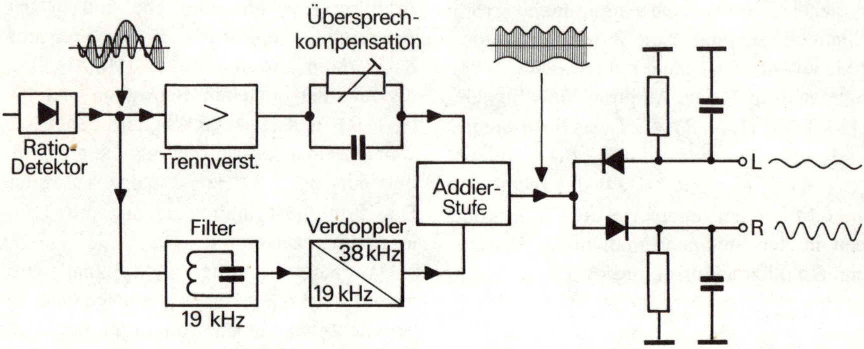

Bild 4.24 Prinzip eines Hüllkurvendecoders

4.2.6.3. Schalter- oder Abtastdecoder

Anhand des Schaltbilds in Bild 4.25 soll die Funktion eines Schalterdecoders erläutert werden. Das vom Ratiodetektor kommende Stereo-Multiplexsignal durchläuft den 19-kHz-Resonanzkreis an der Basis von T_1, wo der 19-kHz-Pilotton ausgesiebt wird. Im Kollektorkreis von T_1 liegt ein 19-kHz-Resonanztransformator, an dem der verstärkte Pilotton an der Sekundärwicklung S_{53} (Mittelanzapfung an Masse) in Gegenphase auftritt. Die angeschlossenen Dioden D_4 und D_5 speisen den Widerstand R_{74} in Doppelweg-Gleichrichtung und liefern eine 38-kHz-Spannung, die von T_2 verstärkt wird. Im Kollektorkreis von T_2 werden die 38 kHz durch S_{54} /C_{118} ausgesiebt und an den Punkten C und D einem

gen. Die als Schalter wirkende Diodenanordnung des Ringdemodulators wurde deshalb gewählt, damit die 38-kHz-Schaltspannung im Ausgangssignal L und R möglichst nicht mit auftritt. Restspannungen werden durch die Brückenschaltung kompensiert und sind im Ausgangssignal kaum enthalten.

4.2.6.4. Decoder mit IC

Als Beispiel für eine moderne Decoderschaltung sei die in Bild 4.26 angegebene Schaltung vorgestellt. Sie verwendet den IC-Typ TCA 290 A und unterscheidet sich damit grundsätzlich von den bisher erwähnten Decodern, denen man zumeist am Aufbau der Schaltung ansehen konnte, welchen Typ von Decoder sie darstellen. Das

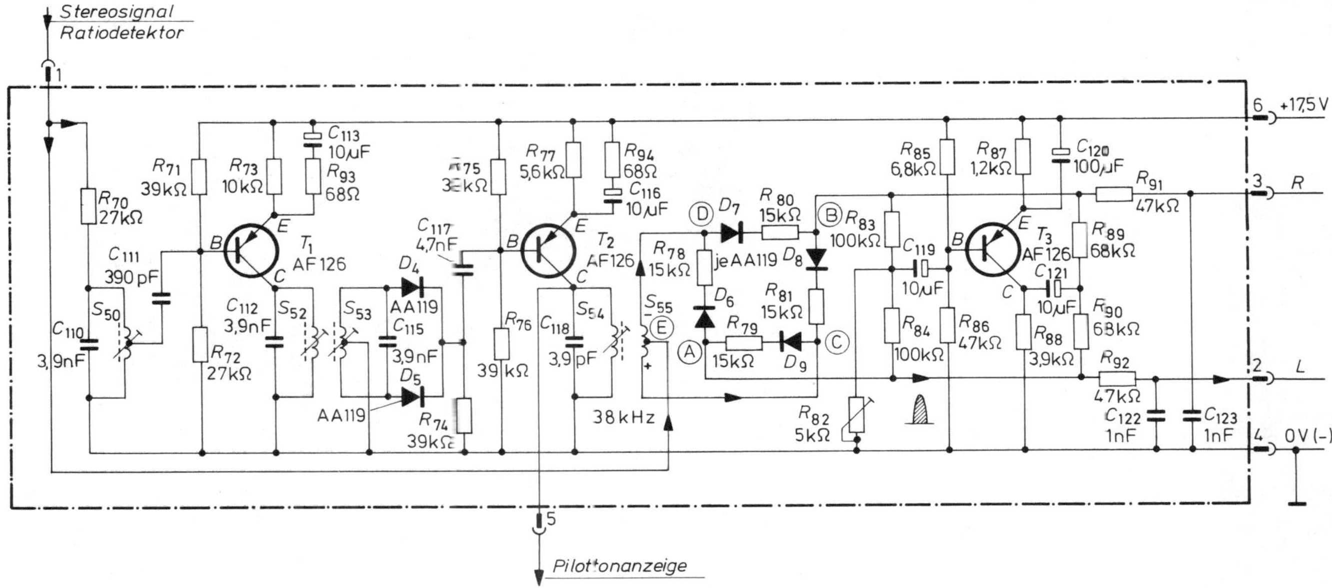

Bild 4.25 Schaltung eines Abtast- oder Schalterdecoders

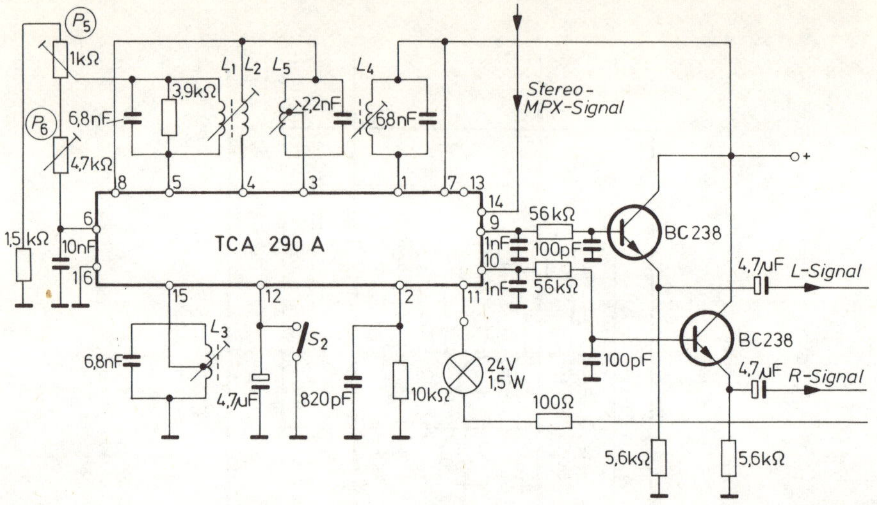

Bild 4.26 Schaltung eines Decoders mit der integrierten Schaltung TCA 290 A

ist bei Verwendung von ICs nahezu unmöglich, weil das Konzept innerhalb des ICs verborgen liegt. Man ist deshalb auf die Schaltungsbeschreibung des Herstellers angewiesen.

Im vorliegenden Fall handelt es sich um einen nach dem Matrix-Verfahren arbeitenden Decoder, der das vom FM-Demodulator kommende Stereo-Multiplexsignal (abgekürzt auch MPX-Signal genannt) zunächst noch um 10 dB verstärkt. Wie man sieht, ist die äußere Beschaltung des Decoders nicht mehr im herkömmlichen Sinn »von links nach rechts« im Signalweg zu finden. Das MPX-Signal wird am Punkt 14 zugeführt, die Kreise L_3 und L_4 sind auf 19 kHz, die anderen Kreise auf 38 kHz abzugleichen. P_5 und P_6 dienen zum Kompensieren der Übersprechdämpfung, und die L- und R-Signale werden über zwei Emitterfolger dem NF-Teil zugeleitet. Der Decoder mit dem TCA 290 A hat eine hohe Übersprechdämpfung, die bei 1000 Hz einen Wert von 40 dB aufweist. Der Aufbau eines modernen ZF-Bausteins mit diesem Decoder geht aus dem Bild 4.27 hervor.

Bild 4.27 ZF-Modul mit dem TCA 290 A als Decoder

4.3. Hochfrequenzstufen

Hochfrequenzstufen für AM- und FM-Empfang unterscheiden sich im Aufbau grundsätzlich voneinander. Während für UKW nahezu von Beginn der Entwicklung an ein Tuner, d. h. ein separates Bauteil verwendet wurde, benutzt man im AM-Teil praktisch bis heute unverändert eine Misch- und Oszillatorstufe, die ohne besondere Vorkehrungen an einer hochfrequenzmäßig günstigen Stelle auf dem Chassis untergebracht ist.

4.3.1. AM-Eingangsschaltungen mit Röhren

In Bild 4.28 ist die AM-Eingangsschaltung und die Misch- und Oszillatorstufe eines Rundfunkempfängers Jahrgang 1965 angegeben.

Die Antenne ist über den Kondensator C_1 von 470 pF angeschlossen, der eine zu starke Beeinflussung des Eingangskreises durch Antennen mit großer Kapazität verhindert. ZF-Störfrequenzen werden durch den hohen Widerstand des folgenden ZF-Sperrkreises C_2/S_1 zurückgehalten. Die Einkopplung der Antennenspannung erfolgt in diesem Fall über den relativ großen Kondensator C_3 von 3 nF am Fußpunkt des Eingangskreises. Dieser wird von den Spulen S_2 und S_3 sowie dem Drehkondensator C_4 gebildet. Beide Spulen sind auf dem Ferritantennenstab angebracht und für Mittelwellenempfang über Sch_2 parallelgeschaltet.

Auf dem *C*-seitigen (hochfrequenten) Ende des MW-Bereichs wird mit C_5 nachgestimmt bzw. abgeglichen, bei LW-Empfang mit C_6, das dann über Sch_2 zugeschaltet ist, wobei gleichzeitig die Parallelschaltung der Spulen aufgehoben wird. Im Kurzwellenbereich geschieht die Antennenankopplung induktiv von S_4 auf die Schwingkreisspule S_5, die über Sch_3 und C_8 am Drehkondensator C_4 liegt. C_3 wirkt jetzt als Ankopplungskondensator. Sch_1 ist selbstverständlich geöffnet. Die Drossel S_6 bildet die galvanische Verbindung des Eingangskreises zur Masse.

In Bild 4.29 sind die fußpunktgekoppelten MW-LW-Eingangskreise in einer vereinfachten Darstellung gezeichnet. Da die auf dem Ferritstab angeordneten Spulen schon Antennenspannung aufnehmen, kann auf eine Außenantenne gegebenenfalls auch verzichtet werden.

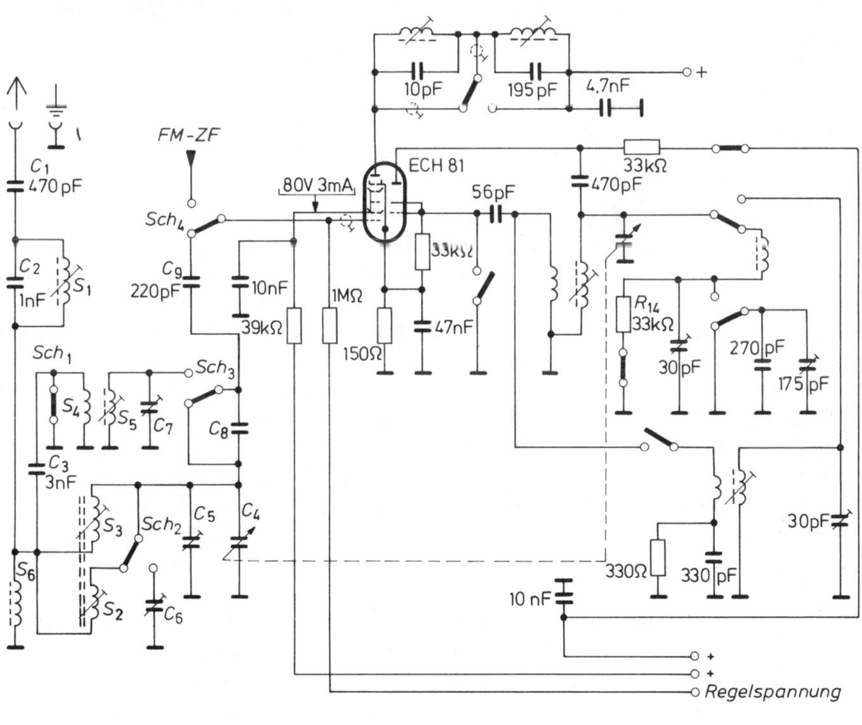

Bild 4.28 Schaltung einer AM-Eingangsstufe mit Röhrenbestückung

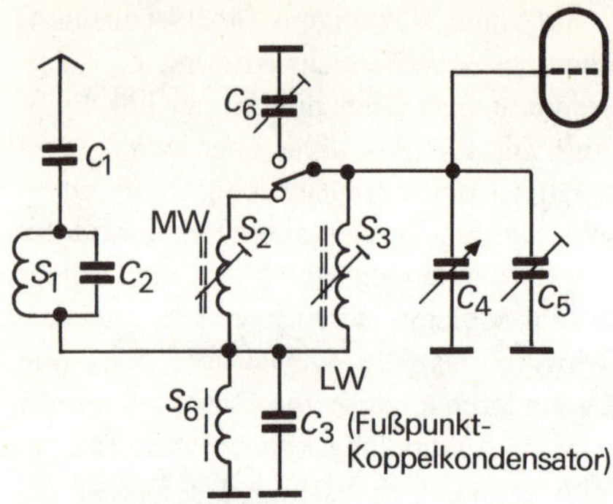

Bild 4.29 Vereinfachte Schaltung der MW-LW-Eingangskreise

Als Misch- und Oszillatorröhre wurde in den Standardschaltungen eine Hexode-Triode verwendet. Die Oszillatorfrequenzen werden im Triodenteil erzeugt, wobei man recht häufig die induktive Rückkopplung gebraucht und den Schwingkreis an die Anode koppelt. In Bild 4.30 ist die Schaltung aus Bild 4.28 in vereinfachter Form angegeben. Neben der Meißner-

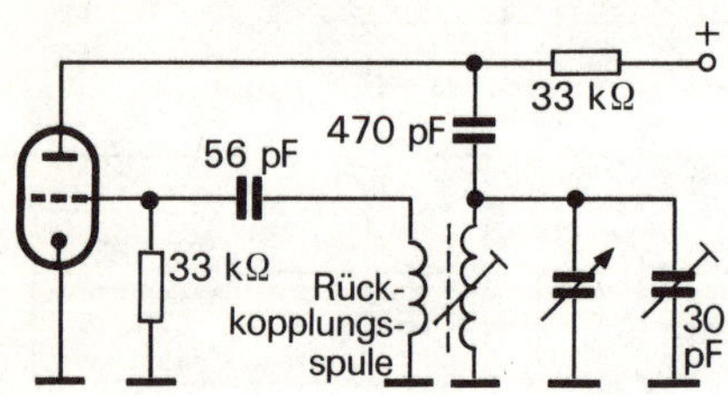

Bild 4.30 Oszillator in Meißner-Rückkopplungsschaltung

Rückkopplungsschaltung kommt für den MW- und LW-Bereich auch sehr häufig die Colpitts-Schaltung zur Anwendung. Bei diesem, auch Dreipunktoszillator genannten Typ, benutzt man eine kapazitive Spannungsteilung für die Rückkopplung. Ein Prinzipschema ist in Bild 4.31 zu sehen.

Durch die interne Verbindung vom Triodengitter zum Hexodengitter 3 wird die Oszillatorspannung in das Mischsystem eingekoppelt, während man die Antennenspannung am Hexodengitter 1 zuführt. Diese Art der Mischung wird als »multiplikative Mischung« bezeichnet. Beide Frequenzen steuern den Elektronenstrom, und aus den sich bildenden Summen- und Differenzfrequenzen siebt der ZF-Anodenkreis die richtige Frequenz heraus ($f_z = f_o - f_e$). Die multiplikative Mischung arbeitet unabhängig vom Arbeitspunkt, daher kann das Hexodensystem auch ohne weiteres in die Verstärkungsregelung des Empfängers einbezogen werden.

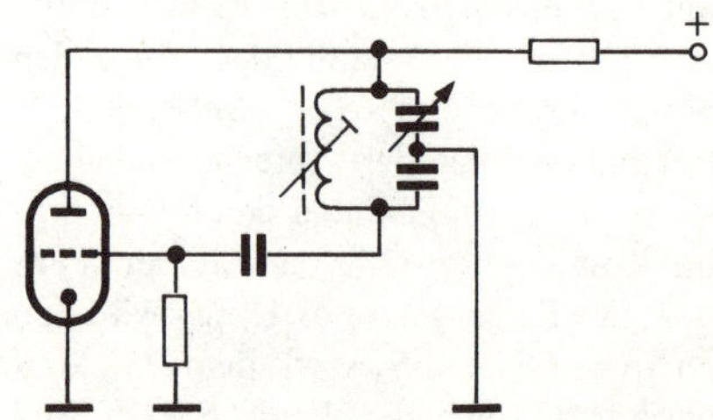

Bild 4.31 Oszillator in Colpitts-Rückkopplungsschaltung

4.3.2. AM-Eingangsschaltungen mit Transistoren

Das auf den vorangegangenen Seiten beschriebene Schaltungsprinzip wird auch bei Geräten mit Transistortechnik verwendet. Die Mittel-Langwellen-Eingangskreise befinden sich auf dem Ferritstab, und die Außenantenne wird in der Regel am Fußpunkt der Spulen über einen Kondensator eingekoppelt. Bei der Mischung kann man jedoch von zwei Möglichkeiten Gebrauch machen, und zwar gibt es die Schaltung mit getrennter Misch- und Oszillatorstufe (bei der man zwei Transistoren braucht) und die sogenannte selbstschwingende Misch- und Oszillatorschaltung, bei der beide Stufen mit einem Transistor arbeiten. Bild 4.32 zeigt beide Verfahren als Blockschema.

Anhand der Schaltung in Bild 4.33 (Seite 120) soll die erstgenannte Möglichkeit beschrieben werden. Die Anordnung der MW- und LW-Eingangsschwingkreise wurde schon erwähnt, hinzuweisen wäre auf den Fußpunktkondensator C_1 von 2,7 nF und den parallelliegenden Widerstand R_1 von 22 kΩ, der die gleiche Aufgabe hat wie

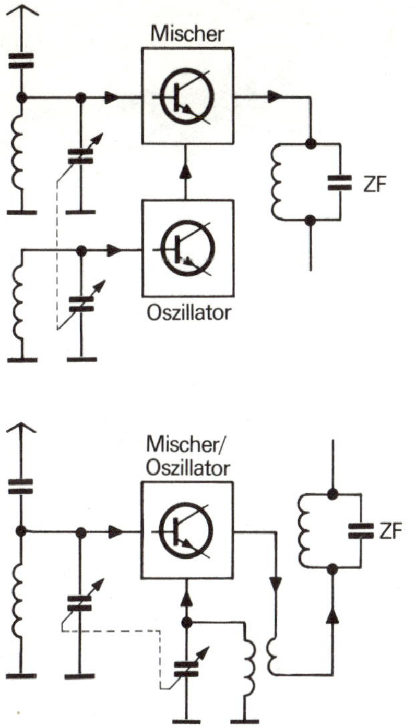

Bild 4.32 Schematische Darstellung zweier AM-Eingangsstufen mit Transistoren: mit getrenntem Oszillator und als selbstschwingende Mischstufe

die Drossel S_6 in Bild 4.28. Der KW-Eingangskreis ist induktiv mit der Antenne gekoppelt. Auffällig sind die Koppelspulen an den MW- und LW-Eingangskreisen sowie die Anzapfung am KW-Eingangskreis. Beides dient zur Anpassung an den niederohmigen Eingangswiderstand des Mischtransistors und stellt sicher, daß die Kreise nicht zu sehr bedämpft werden und die Selektivität (Trennschärfe) genügend groß bleibt.

Der separate Oszillator ist in vereinfachter Form in Bild 4.34 gezeichnet. Der Schwingkreis besteht aus dem Drehkondensator C_2 und der Spule S_1, die wegen der Rückkopplung angezapft ist. Die für die Mischung benötigte Oszillatorspannung wird am niederohmigen Emitterspannungsteiler über den 0,1-µF-Kondensator abgenommen und in den Emitterkreis des Mischtransistors eingekoppelt.

Bei diesem Oszillator handelt es sich um eine sogenannte Dreipunktschaltung (auch Hartley Oszillator genannt), die mit nur einer Spule arbeitet. Diese ist jedoch an drei Punkten mit dem Verstärkerelement verbunden, und zwar an Kollektor, Emitter und Basis beim Transistor (bzw. Anode, Katode und Gitter bei einer Triode), so daß eine induktive Spannungsteilung auftritt. Im vorliegenden Fall ist die Basis kapazitiv an Masse gelegt (Basisschaltung), und die Rückkopplungsspannung tritt am Emitter auf.

In Bild 4.35 ist die Schaltung einer nur auf Mittelwellenempfang ausgelegten, kombinierten Misch- und Oszillatorstufe angegeben (auch selbstschwingender Mischer genannt). Hier wird ausschließlich über die Ferritantenne empfangen, so daß die Eingangsschaltung sehr übersichtlich ist. Die Antennenspannung gelangt über die Koppelspule S_2 und den Kondensator C_3 an die Basis, gleichzeitig aber auch eine Teilspannung der Oszillatorfrequenz, da die Koppelspule an der Anzapfung der Oszillatorschwingkreisspule S_3 liegt. Vom Kollektor besteht keine direkte Verbindung zum Schwingkreis wie in der vorhergehenden Schaltung, sondern die Rückkopplungsspannung wird induktiv über die Spule S_4 mit richtiger Phasenlage in den Schwingkreis eingekoppelt. In Reihe mit dieser Spule liegt der ZF-Kreis, an dem die 460-kHz-Frequenz ausgesiebt wird.

AM-Mischstufen mit Transistoren (und FM-Mischstufen mit Transistoren und Röhren) arbeiten nach dem additiven Mischverfahren. Hierbei werden Eingangs- und Oszillatorfrequenz »addiert« und derselben Elektrode des Mischers zugeführt. Voraussetzung ist eine gekrümmte Kennlinie und eine genügend große Oszillatorspannung, um im Ausgangskreis entsprechende Verzerrungen und damit die gewünschten Mischfrequenzen zu erhalten. Im Gegensatz zur multiplikativen Mi-

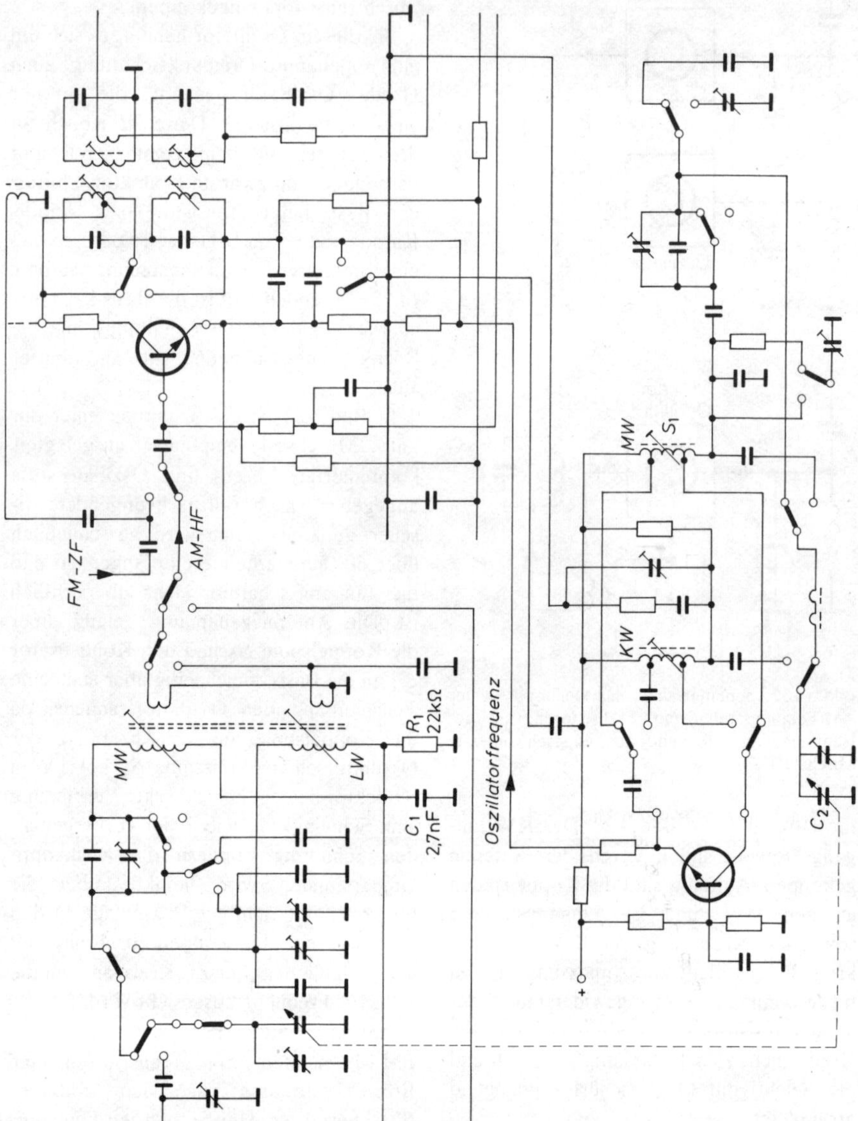

Bild 4.33 Schaltung einer AM-Eingangsstufe mit Transistorbestückung und getrenntem Oszillator

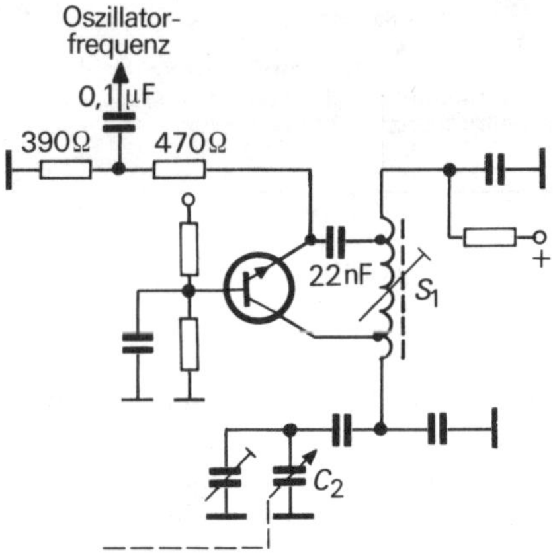

Bild 4.34 Vereinfachte Schaltung des getrennten Oszillators

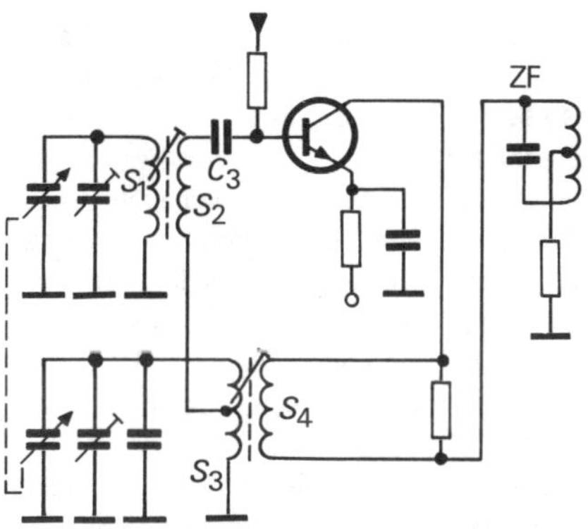

Bild 4.35 Schaltung einer MW-Eingangsstufe mit selbstschwingendem Mischer

schung kann eine additive Misch-Oszillatorstufe nicht geregelt werden, da sich hierbei der Arbeitspunkt in unzulässiger Weise verlagern und die Stufe u. U. aussetzen würde.

Für optimalen AM-Empfang an Außenantennen versieht man die Empfänger mit einer induktiven Antennenankopplung, wobei zwischen hoch- und niederinduktiver Ausführung zu unterscheiden ist. Hierbei darf man nicht vergessen, daß Antennenspule und Antennenkondensator ebenfalls einen Schwingkreis bilden, dessen Resonanzfrequenz natürlich nicht in den Empfangsbereich fallen darf, da u.a. sonst starke Sender »durchschlagen« und auf dem ganzen Bereich zu hören sind. Bei Antennenspulen in niederinduktiver Ausführung liegt die Resonanzfrequenz stets oberhalb des Bereichs, bei der meistens verwendeten hochinduktiven Ausführung dagegen unterhalb des Bereichs (Bild 4.36). Hierdurch werden auch die sogenannten Spiegelfrequenzen gut unterdrückt, die bekanntlich aus Frequenzen im Abstand der doppelten Zwischenfrequenz bestehen und die oberhalb der Empfangsfrequenz liegen (Bild 4.37).

Bei hochinduktiver Ausführung ist außerdem eine »lose« Ankopplung erforderlich, weil sonst die Antenne den Schwingkreis zu sehr verstimmen kann. Lose Kopplung ergibt sich durch einen relativ großen Abstand beider Spulen (Bild 4.38). Der durch die Antennenkreisresonanz am niederfrequenten MW-Bereichsende entstandenen Möglichkeit des Durchschlagens von ZF-Störungen (460 kHz) kann mit entsprechenden Saug- oder Sperrkreisen begegnet werden (Bild 4.39).

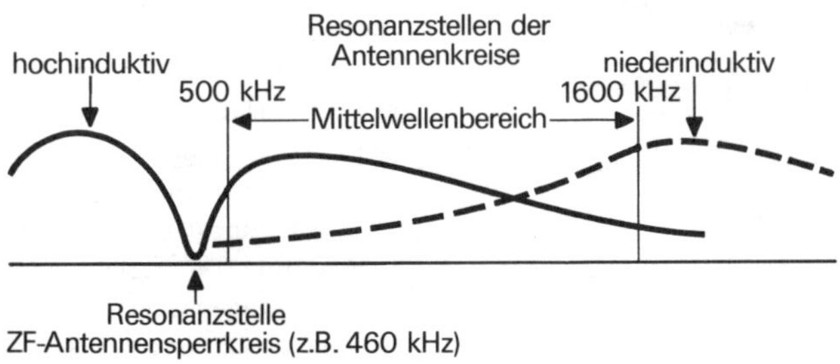

Bild 4.36 Verlauf der Antennenkreisresonanz bei nieder- und hochinduktiver Ankopplung

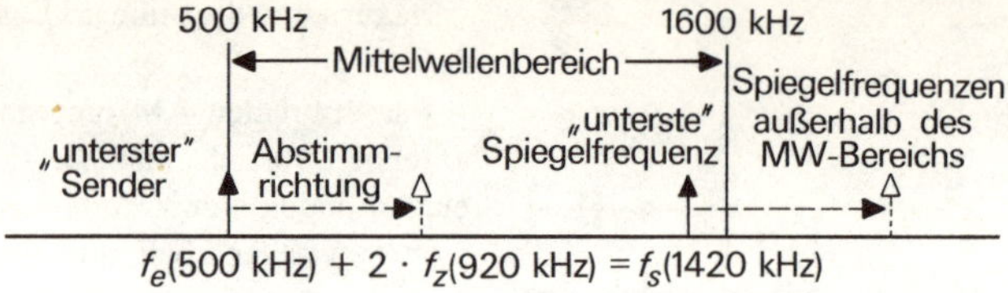

Bild 4.37 Schema des Auftretens von Spiegelfrequenzen

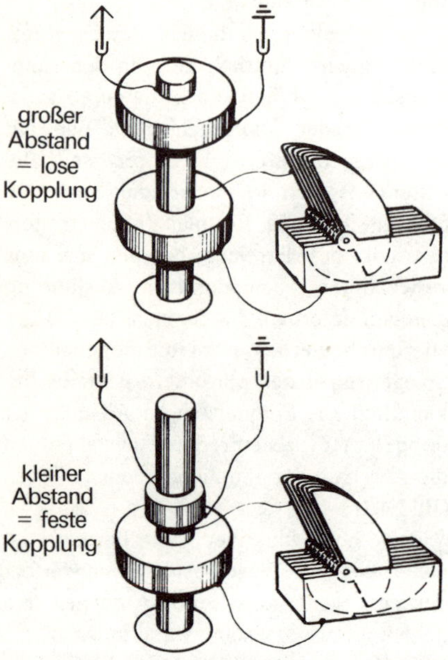

Bild 4.38 Hochinduktive »lose« Antennenankopplung (oben), niederinduktive »feste« Antennenankopplung (unten)

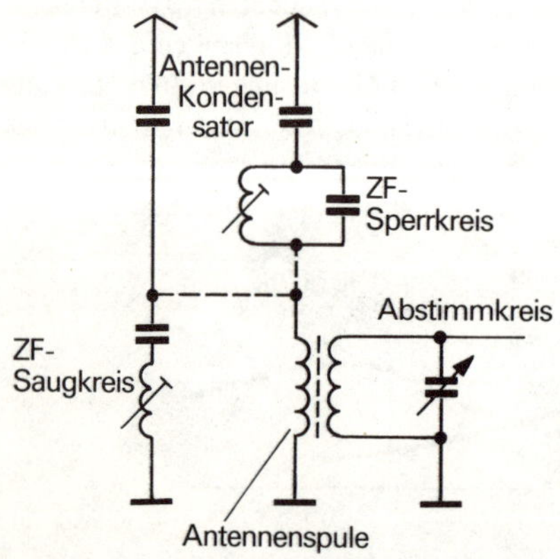

Bild 4.39 AM-Antennenkreis mit ZF-Saug- oder Sperrkreis in der Zuleitung

4.3.3. AM-Eingangsschaltungen mit IC

Integrierte Schaltungen (ICs) werden immer häufiger zum elektronischen Merkmal und Mittelpunkt moderner Geräteschaltungen. Das gilt auch für AM-Eingangsschaltungen, bei denen die bisher mit konventionellen Bauelementen erstellte Stufe zu einem nur Quadratzentimeter kleinen Baustein zusammenschrumpft. Die Miniabmessungen bringen Platzersparnis, die IC-Technik gewährleistet hohe Betriebssicherheit.

Als Beispiel für eine solche elektrische Konzeption dient die Schaltung in Bild 4.40. Das Gerät (hier ein Kofferradio) wurde mit der integrierten Schaltung TBA 570 ausgestattet, die den vollständigen AM-Hochfrequenzteil mit Mischer, Oszillator, ZF-Verstärker und Detektor samt Regelspannungserzeugung sowie außerdem einen Teil des FM-ZF-Verstärkers und den FM-Begrenzer in sich vereint. Darüber hinaus enthält sie den NF-Vorverstärker und die NF-Treiberstufe. Die integrierte Schaltung TBA 570 (Bild 4.41) weist insgesamt 31 Transistor-, 30 Widerstands- und 2 Kondensator-Funktionen auf.

Bei dieser unkonventionellen Schaltungsweise ist es nicht mehr zweckmäßig und auch kaum noch möglich, aus der Anzahl der Halbleiter und Schwingkreise Rückschlüsse auf Empfindlichkeit und Trennschärfe zu ziehen.

Die AM-Eingangskreise in Bild 4.40 sind im MW- und LW-Bereich wieder auf dem Ferritstab angeordnet und werden in der üblichen Weise umgeschaltet bzw. an den IC gelegt. Die Antennenspannung wird im

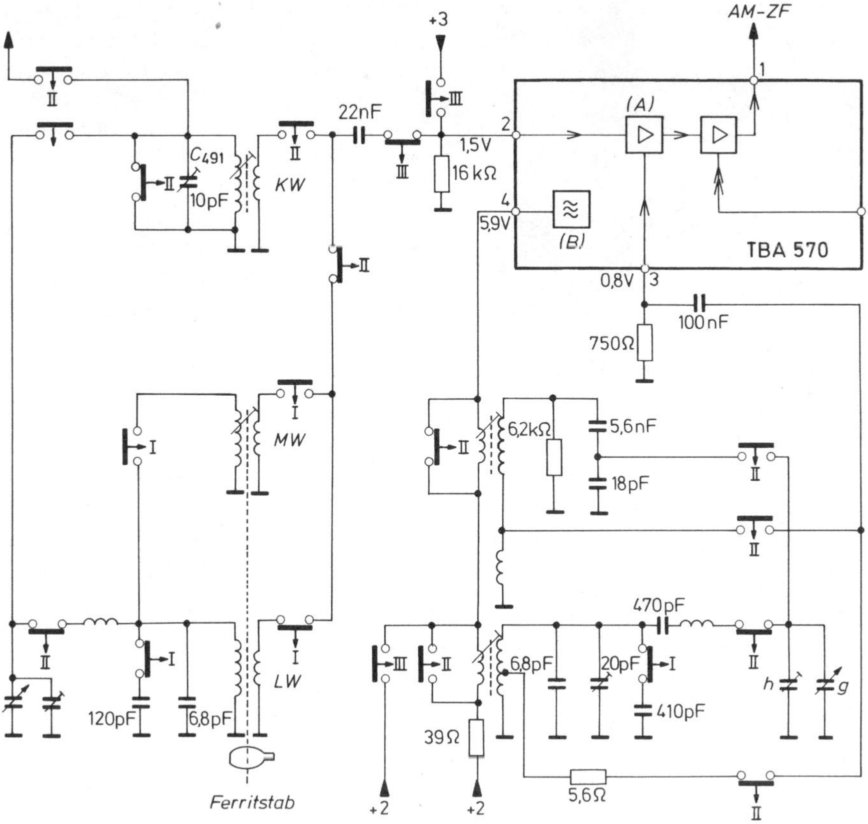

Bild 4.40 Schaltung einer AM-Eingangsstufe mit der integrierten Schaltung TBA 570

Bild 4.41 Printplatte mit dem TBA 570

Punkt 2 in die HF-Stufe (A) des ICs eingekoppelt, während die Abstimmelemente des Oszillators (B) an den Punkten 3 und 4 angeschlossen sind. Die Mischung erfolgt im IC. Außerhalb des ICs befinden sich nur noch die nichtintegrierbaren Bauelemente.

4.3.4. FM-Eingangsschaltungen mit Röhren

Der hier beschriebene UKW-Tuner ist ein Vertreter der letzten röhrenbestückten Ausführungen. Er wurde als Hochleistungstuner entwickelt und ab 1966 in Philips-Rundfunkgeräten eingebaut (Bild 4.42).

Da damals für eine weitere Verbesserung von UKW-Tunern keine neuen E-Röhren verfügbar waren und die Möglichkeiten mit der ECC 85 als ausgeschöpft galten, wurde der Tuner mit zwei Spanngitter-Röhren PC 900 bestückt. Die Entscheidung fiel seinerzeit noch zugunsten eines röhrenbestückten Tuners, weil man mit Transistoren noch nicht die heutigen Werte für Verstärkung, Signal-Rausch-Verhältnis usw. erreichen konnte.

Bild 4.42 Hochleistungs-UKW-Tuner mit zwei Röhren PC 900 und kapazitiver Abstimmung

In der Eingangsstufe (Bild 4.43) wird eine Zwischenbasis-Schaltung (Kompromiß zwischen Gitter- und Katodenbasis-Schaltung) mit kapazitiver Anzapfung auf der Sekundärseite und optimaler Rauschanpassung verwendet. Der Eingangskreis ist breitbandig ausgelegt und braucht nicht abgestimmt zu werden. Zur Unterdrückung von unerwünschten HF-Schwingungen sind die Spulen S_3 auf der Gitterseite und S_4 auf der Anodenseite vorhanden.

Das Gitter der HF-Vorstufe erhält über den Widerstand R_1 vom Ratiodetektor und Begrenzer eine Regelspannung. Zwischen- und Oszillatorkreis werden mit einem Miniatur-Drehkondensator abgestimmt, die Entkopplung von Zwischenkreis und Mischstufe erfolgt mittels einer kapazitiv symmetrierten Brücke.

Um die Dämpfung durch den niedrigen Innenwiderstand der Oszillatorröhre auf den ZF-Kreis zu eliminieren, ist eine schwache Rückkopplung vorhanden. Diese Rückkopplungsspannung entsteht an C_{15} und wird über C_{14} dem Gitter zugeführt. Die ZF-Bandbreite beträgt ca. 235 kHz.

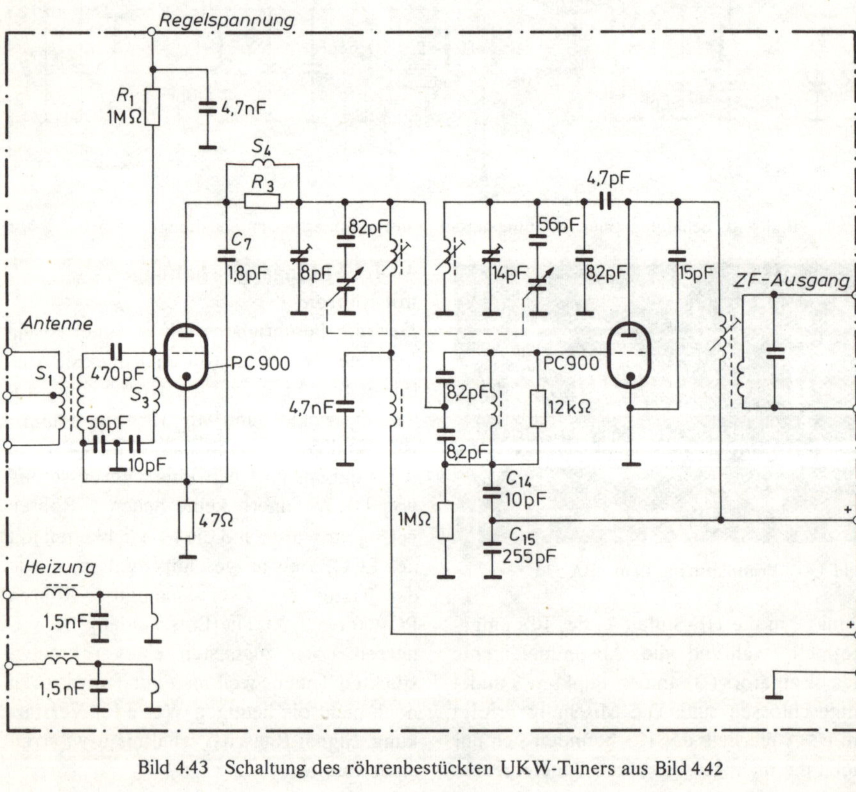

Bild 4.43 Schaltung des röhrenbestückten UKW-Tuners aus Bild 4.42

Mit diesem UKW-Teil erreichte man gegenüber den herkömmlichen Tunern mit der Röhre ECC 85 eine 3- bis 4fach höhere Verstärkung und ein wesentlich günstigeres Rauschverhalten.

4.3.5. FM-Eingangsschaltungen mit Transistoren

Wegen der dichten Belegung des UKW-Bereichs werden an die Trennschärfe heute sehr hohe Anforderungen gestellt. Mit Röhren waren manche Probleme (Regelbarkeit, Kreuzmodulation usw.) leichter zu lösen als mit Transistoren, aber die heutige Schaltungstechnik kann im Verein mit modernen Halbleitern ebenfalls allen Anforderungen gerecht werden.

Bei der Selektion muß zwischen Nah- und Fern- bzw. Weitabselektion unterschieden werden. Für die Nahselektion, d. h. im Bereich um den eingestellten Sender, ist hauptsächlich der ZF-Verstärker zuständig und weniger der UKW-Tuner. Dieser bestimmt dagegen die Weitabselektion. Außerdem ist sein »Großsignalverhalten« maßgebend für die Trennschärfe bei stark einfallenden Störfrequenzen.

Wie schon bei der additiven Mischung erwähnt, erfolgt an einer gekrümmten Kennlinie beim Auftreten von entsprechend kräftigen Signalen eine Mischung, d. h. es bilden sich neue (und zumeist unerwünschte) Frequenzen. Das geschieht nicht nur im Mischtransistor oder in einer Mischdiode, sondern gegebenenfalls auch schon in der UKW-Vorstufe. Da Transistoren nun einmal mit relativ gekrümmten Kennlinien behaftet sind, muß man versuchen, z. B. durch spezielle Schaltungsmaßnahmen in einem möglichst linearen Teil der Kennlinie zu arbeiten bzw. diese zu linearisieren oder die Eingangsspannung nicht über einen bestimmten Betrag ansteigen zu lassen.

Kommen nämlich Störfrequenzen infolge Oberwellenbildung oder Kreuzmodulation in der Vorstufe auch an die Mischstufe, so können die dadurch erzeugten ZF-Frequenzen nicht mehr unterdrückt bzw. aus dem Nutzsignal herausgefiltert werden. Die HF-Verstärkung soll deshalb möglichst linear und damit verzerrungsfrei sein.

Ein Weg hierzu ist z. B. die Verwendung von Feldeffekttransistoren mit ihrem zum Teil röhrenähnlichen Verhalten. Die Schaltung in Bild 4.44 zeigt einen **UKW-Tuner mit Feldeffekttransistor** in der HF-Vorstufe, der ähnlich wie die PC 900 in Bild 4.43 in einer Zwischenbasisschaltung arbeitet. Höhere Eingangswiderstände begünstigen auch die Selektionswerte des abgestimmten Zwischenkreises, der am Gate des Mischers angeschlossen ist. Die in einer separaten Stufe erzeugte Oszillatorspannung wird der Source zugeführt. Die Kapazitätsdiode BA 102 dient zur automatischen Scharfabstimmung. Interessant ist auch das Vierfach-ZF-Filter hinter der Mischstufe, das maßgeblich zur Nahselektion beiträgt.

Ein Beispiel für einen modernen **UKW-Tuner mit Flächentransistoren** ist in Bild 4.45 angegeben. Die Eingangsstufe arbeitet in Basisschaltung (niedriger Eingangswiderstand und hoher Ausgangswiderstand) und ist mit einer Diode gegen unzulässig hohe Eingangsspannung abgesichert. UKW-Tuner dieser Art mit getrennt aufgebautem Oszillator weisen ein gutes Großsignalverhalten und eine hohe Eingangsempfindlichkeit auf: bei 40 kHz Hub und 26 dB Störabstand ergibt sich ein Wert von 2,5 μV an 240 Ω. Die Nahselektion wird durch ein Vierfachbandfilter zwischen dem Tuner und dem ZF-Verstärker sichergestellt. Das Filter hat eine konstante Gruppenlaufzeit (gleiche Laufzeit für alle übertragenen Frequenzen) und garantiert aufgrund des niedrigen Signalpegels an diesem Punkt eine vom Eingangssignal unabhängige ZF-Bandbreite von 220 kHz.

Abschließend soll der von Valvo entwickelte **UKW-Tuner FD 1** vorgestellt werden. Er hat mit nur 53 × 18 × 42 mm sehr kleine Gehäuseabmessungen und paßt

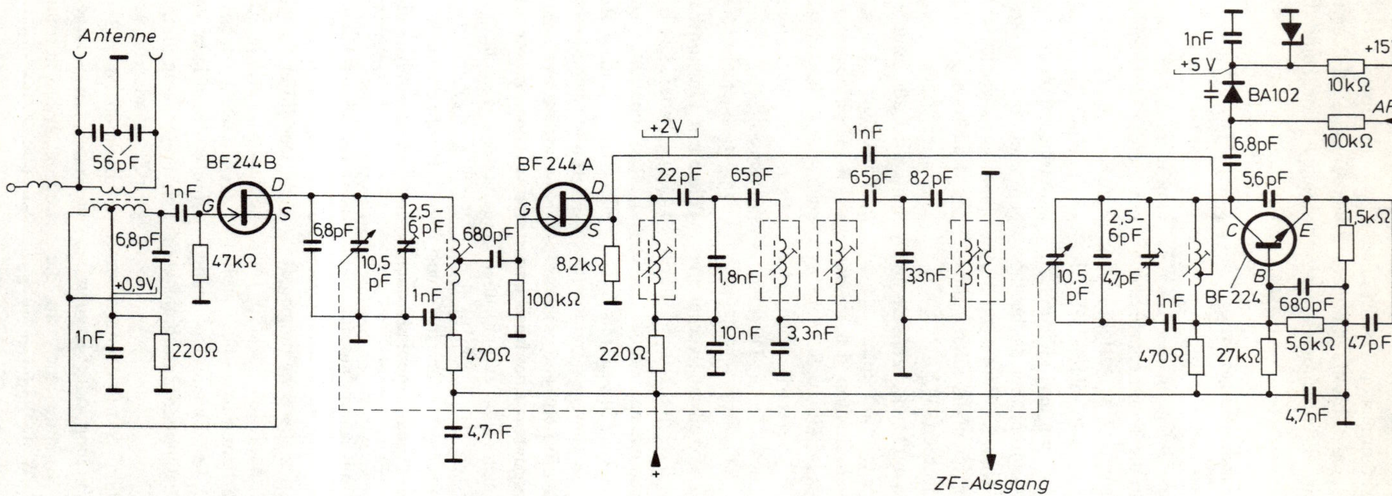

Bild 4.44 Schaltung eines UKW-Tuners mit Feldeffekttransistoren

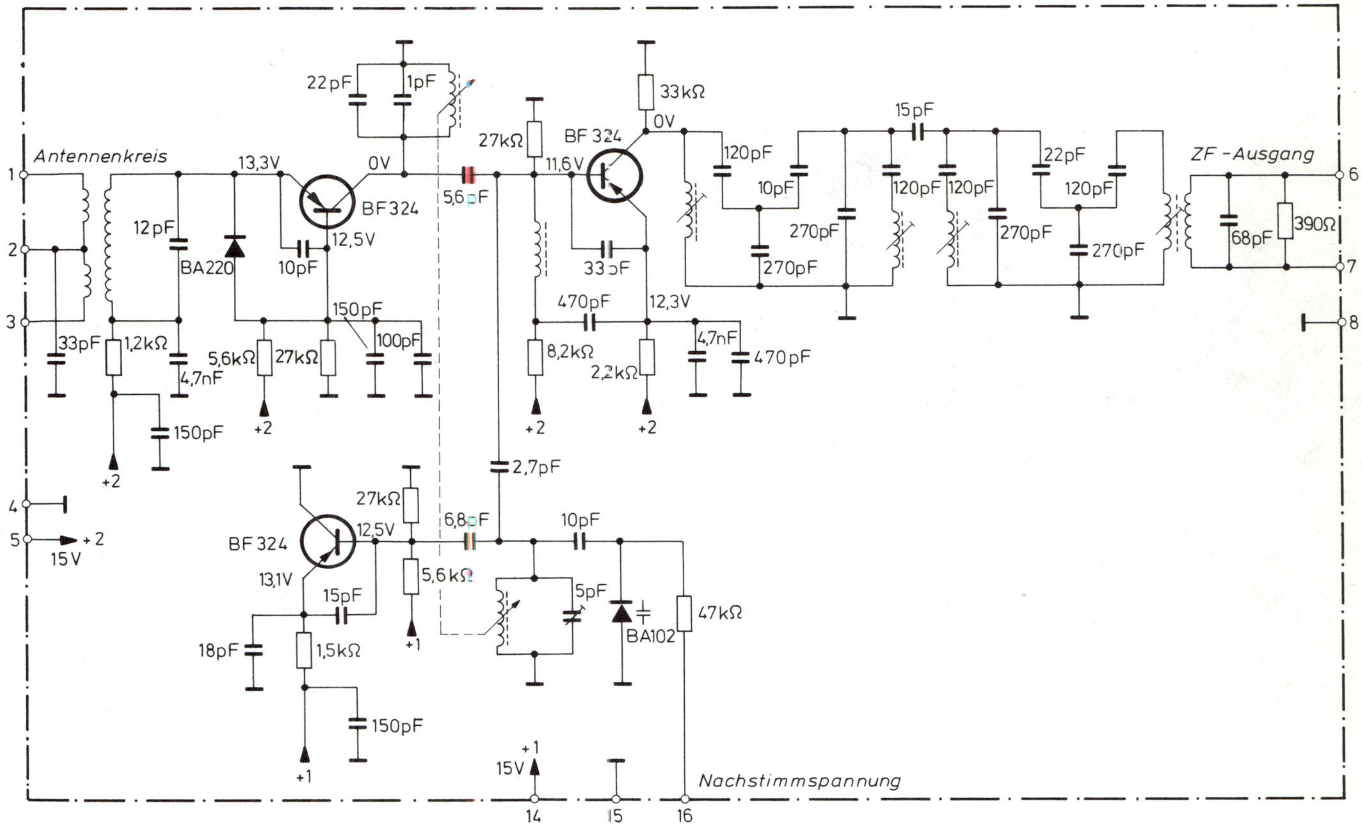

Bild 4.45 Schaltung eines UKW-Tuners mit Flächentransistoren

Bild 4.46 Beispiel eines heutigen UKW-Tuners mit besonders kleinen Abmessungen (Valvo Typ FD 1)

sich damit dem Trend der durch die zunehmende Verwendung von integrierten Schaltungen immer mehr schrumpfenden Gerätechassis an (Bild 4.46). Der UKW-Tuner ist mit Kapazitätsdiodenabstimmung versehen und hat vier abgestimmte Kreise, darunter ein HF-Bandfilter vor der Mischstufe (Bild 4.47). Planar-Epitaxial-Flächentransistoren in Vor- und Mischstufe verleihen ihm gute Großsignaleigenschaften. Der separate Oszillator kann mit einer galvanisch massefrei angeordneten Kapazitätsdiode automatisch scharf abgestimmt werden. Vorstufe, Mischstufe und Oszillator sind durch Trennwände gegeneinander abgeschirmt.

Der UKW-Tuner FD 1 zeigt, wie weit sich eine Schaltung ohne Verwendung von Spezialteilen verkleinern läßt. Die wichtigsten Daten sind: Verstärkung bei 98 MHz = 30 dB, Gesamtbandbreite 300 kHz, maximal zulässige HF-Eingangsspannung für 20 kHz Oszillator-Frequenzverwerfung ≧ 1 V, ZF-Festigkeit bei 98 MHz = 85 dB, Spiegelfrequenzdämpfung = 72 dB.

Ergänzend sei erwähnt, daß sich moderne UKW-Tuner natürlich nicht nur manuell abstimmen lassen, sondern dies auch mit Vorwahltasten oder Berührungssensoren möglich ist.

4.4. AM-FM-Zwischenfrequenzstufen

Für die konventionelle Röhrentechnik hat sich aufgrund der langjährigen Entwicklung eine Art von Standardisierung bei ZF-Schaltungen herausgebildet. Dies gilt für Transistorempfänger (noch) nicht, und auch bei IC-bestückten Geräten sucht man noch nach endgültigen Lösungen.

4.4.1. Zwischenfrequenzverstärker mit Röhren

Der Standard-ZF-Verstärker für AM- und FM-Betrieb in Röhrentechnik ist in Bild 4.48 angegeben. Er wurde in der Regel zweistufig aufgebaut, d. h., auf die Mischstufe (z. B. ECH 81) folgte ein Bandfilter, danach eine regelbare ZF-Verstärkerröhre

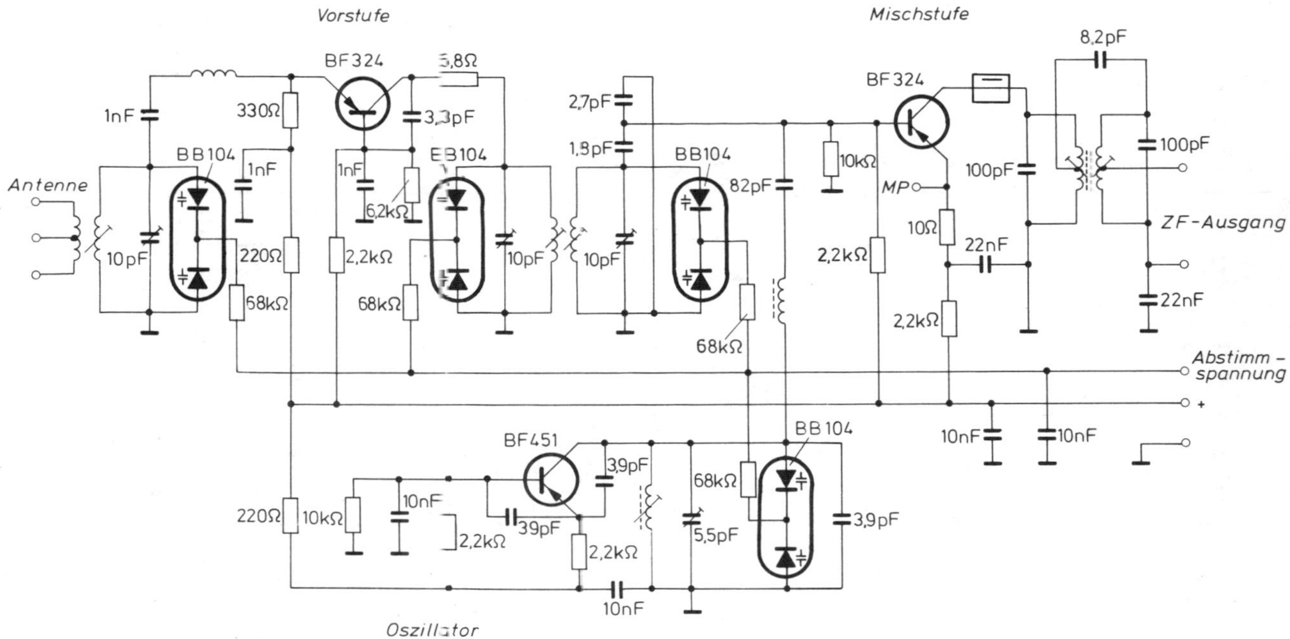

Bild 4.47 Schaltung des UKW-Tuners FD 1 mit Flächentransistoren und Kapazitätsdioden

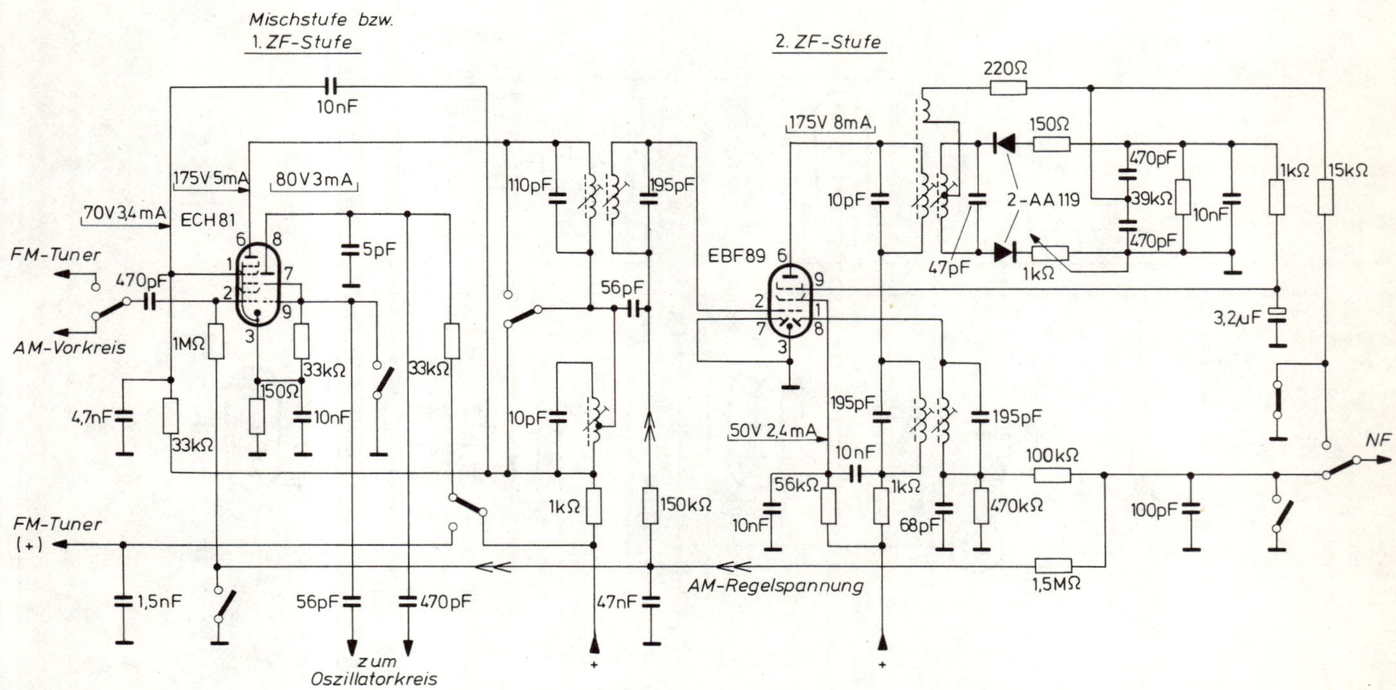

Bild 4.48 Schaltung eines »Standard-ZF-Verstärkers« mit Röhrenbestückung

(z. B. EBF 89) und anschließend der Gleichrichter. Aus ökonomischen Gründen vereinigte man AM- und FM-ZF in einem Verstärker und schaltete die einzelnen Bandfilter in Reihe. Lediglich zur Demodulation verwendete man zwei unterschiedliche Schaltungen, und zwar für AM den bekannten Diodengleichrichter und für FM den Ratiodetektor.

Zur automatischen Verstärkungsregelung bei AM-Empfang wird eine negative Regelspannung benötigt, die abhängig von der Feldstärke ist. Sie fällt sozusagen als Nebenprodukt bei der Diodengleichrichtung ab und kann nach entsprechender Absiebung (Entfernung von niederfrequenten Signalanteilen) den Steuergittern der Misch- und ZF-Röhre zugeführt werden. Prinzip: Schwacher Sender = keine oder kleine Regelspannung = hohe Verstärkung. Starker Sender = große Regelspannung = kleine Verstärkung. In beiden Fällen stellt sich am Demodulator eine etwa gleich große ZF-Spannung ein, so daß dem NF-Teil stets ein einheitlicher Signalpegel angeboten wird, was annähernd gleiche Lautstärke bei schwachen und starken Sendern zur Folge hat.

Bei FM-Empfang liefert der Ratiodetektor keine feldstärkeabhängige Regelspannung, weil er ein »begrenztes« und von Amplitudenschwankungen freies ZF-Signal zugeführt bekommt. Hier kann nur eine von der Abstimmlage abhängige, positiv oder negativ gerichtete Gleichspannung zur automatischen Oszillator-Scharfabstimmung entnommen werden (s. auch Abschnitt 4.5.1.). Eine Regelspannung kann nur durch die zur Signalbegrenzung angewandte Gittergleichrichtung gewonnen werden. Hierzu ordnet man z. B. am Fußpunkt des zweiten FM-ZF-Kreises ein *RC*-Glied an, an dem die negative Spannung abfällt. Dadurch erzeugt sich die Röhre ihre eigene Regelspannung, die außerdem über einen hochohmigen Widerstand der AM-Mischröhre zugeleitet wird, die hier als erste FM-ZF-Röhre arbeitet.

4.4.2. Zwischenfrequenzverstärker mit Transistoren

Die Schaltungstechnik ist hier recht vielfältig. Während man zunächst auch bei Transistoren einen gemeinsamen AM- und FM-ZF-Verstärker verwendete, hat sich das Bild insofern gewandelt, als zunehmend auch getrennte, aber dafür optimal ausgelegte Verstärker benutzt werden. Hier spielt bereits die IC-Technik eine Rolle, da auch für ZF-Verstärker entsprechende ICs zur Verfügung stehen und auf Transistoren verzichtet werden kann.

Die Schaltung in Bild 4.49 zeigt ein Beispiel für einen mit Transistoren bestückten AM-FM-ZF-Verstärker. Bei FM-Empfang wird die 10,7-MHz-Zwischenfrequenz über ein im Tuner angeordnetes Vierfachfilter ausgekoppelt und der Basis des ersten ZF-Transistors zugeführt. Als Selektionsmittel folgten zwei relativ breitbandige Einzelkreise und in der dritten Stufe das Ratiofilter. Der erste Transistor arbeitet bei AM-Empfang als selbstschwingende Misch- und Oszillatorstufe.

Alle AM-ZF-Kreise liegen in Reihe mit den entsprechenden FM-ZF-Kreisen; auf eine Umschaltung bzw. ein Kurzschließen konnte verzichtet werden, da durch geschickte Dimensionierung keine gegenseitigen Beeinflussungen auftreten. Vier AM-ZF-Kreise, darunter ein Bandfilter, sorgen für die nötige Trennschärfe. Vom Diodengleichrichter wird eine feldstärkeabhängige Regelspannung über ein Siebglied zur Basis des zweiten Transistors geführt.

Die Trennschärfe läßt sich durch den Einbau von Keramikschwingern noch steigern, die es sowohl für AM- als auch für FM-ZF-Frequenzbereiche gibt. Man verwendet sie zumeist in Verbindung mit *LC*-Kreisen, da sich dann einige unerwünschte Effekte dieser Filterelemente vermeiden lassen. Bild 4.50 (Seite 134) zeigt die Schaltung eines AM-ZF-Verstärkers, der als Modul aufgebaut wurde und dessen Bandfilter mit einem Keramikschwinger

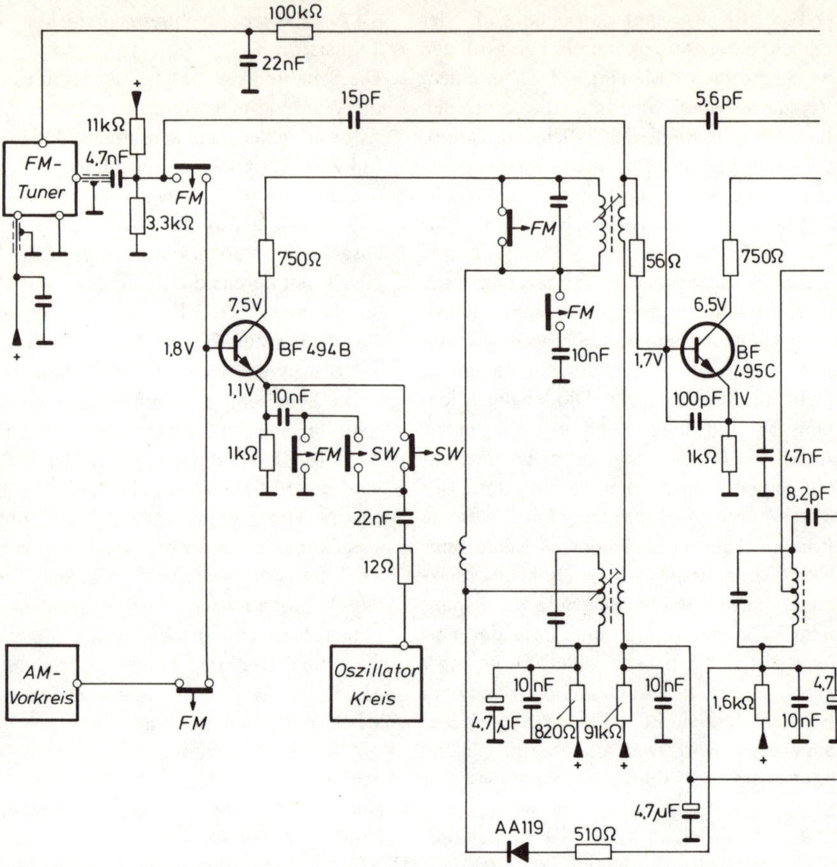

Bild 4.49 Schaltung eines

versehen ist (Bild 4.51). Ein anderes Beispiel gibt der Schaltungsausschnitt in Bild 4.52, bei dem zwei in Reihe liegende keramische Doppelresonatoren zusammen mit einem *LC*-Kreis ein fünfkreisiges Hybridfilter bilden.

Keramische Bauelemente der erwähnten Art bestehen aus einem piezoelektrischen Material, das bekanntlich bei äußerer mechanischer Einwirkung auf seiner Oberfläche elektrische Ladungen entstehen läßt. Umgekehrt rufen elektrischen Spannungen, die an das piezoelektrische Material gelegt werden, mechanische Deformationen hervor, d. h., es ändern sich die Abmessungen des betreffenden Materials. Bei bestimmten Kristallen, z. B. Quarz- oder Seignettesalz, sind diese Eigenschaften von Natur aus vorhanden, wogegen sie bei industriell hergestellten keramischen Materialien (z. B. Blei-Zirkonat-Titanat) erst im Verlauf eines besonderen Arbeitsgangs entstehen. Maßgebend ist hierfür die Polarisation des kristallinen Materials durch Anlegen eines starken elektrischen Felds beim Abkühlen des Materials von der sogenannten Curie-Temperatur an. Dabei erhält der Kristall ein elektrisches Moment in einer Vorzugsrichtung, das auch nach Abschalten der Polarisationsspannung bestehen bleibt.

In Bild 4.53 ist eine idealisierte Darstellung der elektrischen Dipole in den Weiß-

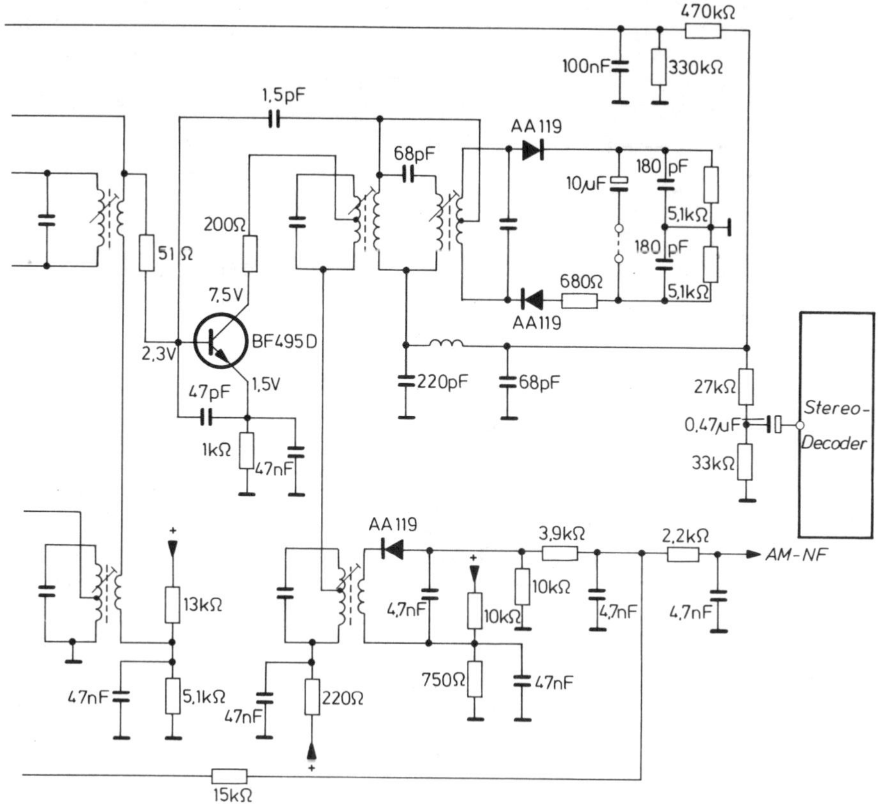

ZF-Verstärkers mit Transistorbestückung

schen Bezirken oder Domänen des Materials (siehe auch Band 1, S. 295) vor und nach der Polarisierung gezeigt. Man erkennt die eingetretene Ausrichtung bzw. »Vorspannung« des so behandelten Stoffs. Wird nun eine Gleichspannung mit gleicher Polarität wie die der elektrischen Dipole an das Material gelegt, so verkürzt es sich (gleichnamige Pole stoßen einander ab), im entgegengesetzten Fall findet eine Verlängerung des keramischen Materials statt (ungleichnamige Pole ziehen einander an). Aufgrund dieser Eigenschaften kann man durch mechanische Formgebung die Resonanzfrequenz bestimmen. Legt man an die piezoelektrische Keramik z. B. eine Zwischenfrequenz von 10,7 MHz, so wird sie sich im Takte dieser Resonanzfrequenz verlängern und verkürzen.

Keramische Resonatoren können sowohl für AM- als auch für FM-ZF-Filter verwendet werden. Sie unterscheiden sich aber in ihren geometrischen Abmessungen und der Polarisation. Im AM-Bereich benutzt man z. B. scheibenförmige Keramikschwinger (Bild 4.54), die axial polarisiert sind und demnach radial schwingen (also ihren Durchmesser vergrößern oder verkleinern), im FM-Bereich dagegen eine als Dickenschwinger bezeichnete Form, bei der das Material Änderungen in der in Bild 4.55 dargestellten Form ausführt.

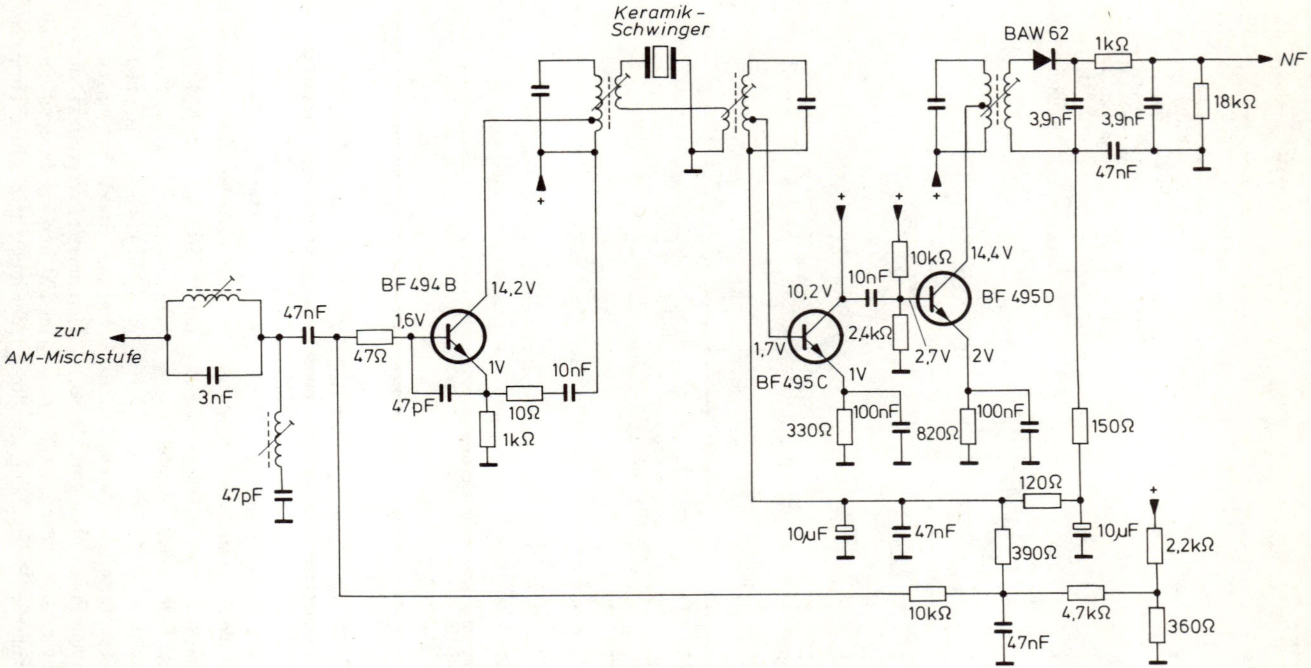

Bild 4.50 Schaltung eines AM-ZF-Verstärkers mit Keramik-Filterelement

Bild 4.51 AM-ZF-Modul mit Bandfiltern und Keramikschwinger (viereckiger Körper vor der mittleren Spule)

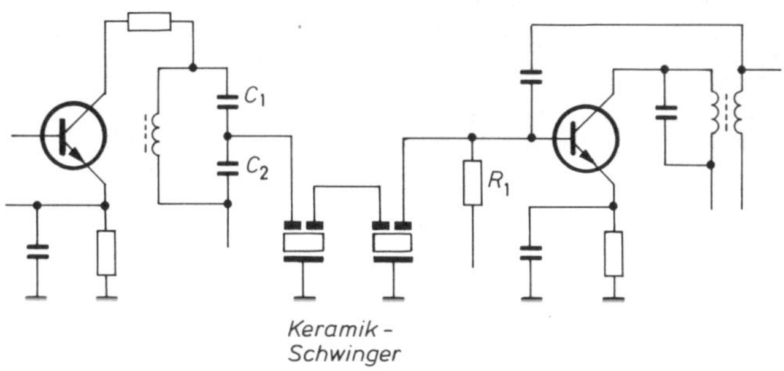

Bild 4.52 Vereinfachte Darstellung einer ZF-Stufe mit fünfkreisigem Hybridfilter aus Spule und keramischem Doppelresonator

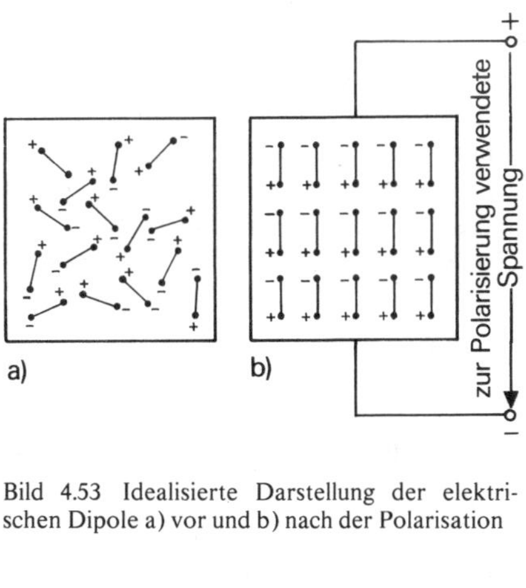

Bild 4.53 Idealisierte Darstellung der elektrischen Dipole a) vor und b) nach der Polarisation

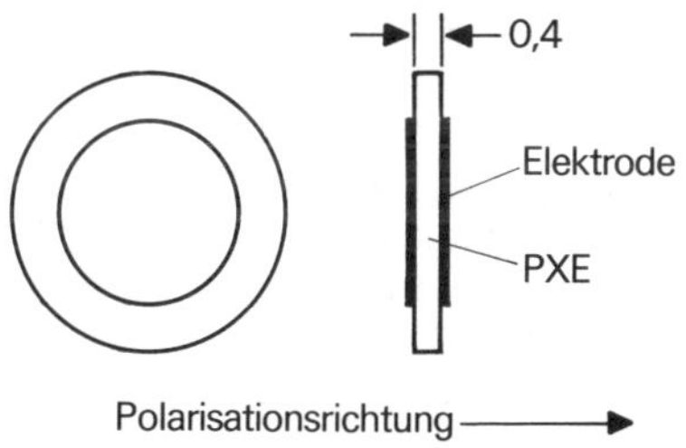

Bild 4.54 Scheibenförmiger Keramikschwinger

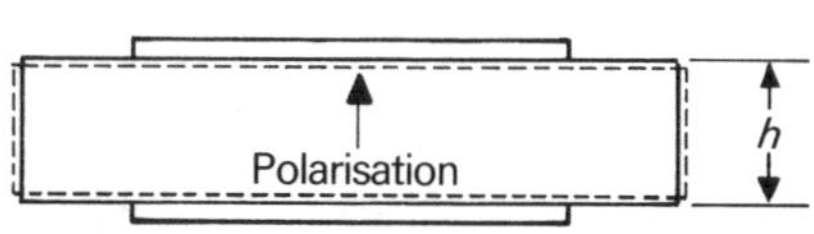

Bild 4.55 Prinzip des Dickenschwingers

Die Durchlaßkurve des 10,7-MHz-Fünfkreisfilters aus Bild 4.52 ist in Bild 4.56 gezeigt. Danach beträgt die 3-dB-Bandbreite ca. 220 kHz. Für die Durchlaßdämpfung werden maximal 10 dB und für die 300-kHz-Selektion maximal 50 dB angegeben.

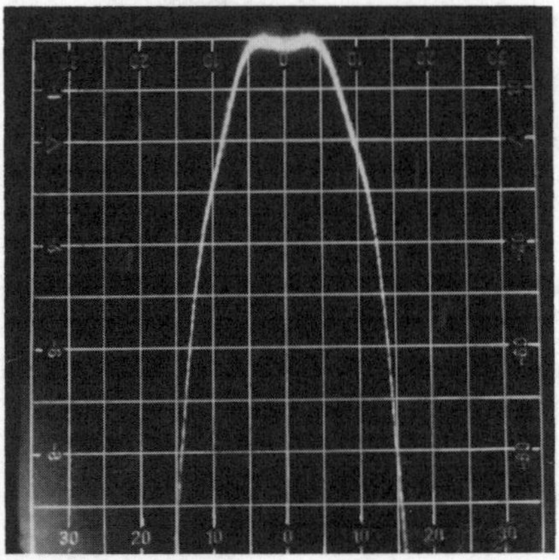

Bild 4.56 Durchlaßkurve eines 10,7-MHz-Filters nach Bild 4.52

4.4.3. Zwischenfrequenzverstärker mit IC

Bereits in Abschnitt 4.3.3. wurde die Verwendung von ICs am Beispiel des TBA 570 angesprochen, beschränkte sich aber auf den AM-Mischteil. Im folgenden wird der AM- und FM-ZF-Teil behandelt.

Die integrierte Schaltungstechnik macht zwangsläufig veränderte Selektionsmittel notwendig. So bestimmt in diesem Gerätekonzept nur ein einziges Bandfilter mit zusätzlichem keramischen Resonator die ZF-Bandbreite des AM-Teils. Im FM-ZF-Teil wird die Selektion dagegen mit einem Zweikreisfilter nach der Mischstufe, einem Einzelkreis nach der ersten ZF-Transistorstufe (BF 194) und einem zweikreisigen Filter im symmetrischen Ratiodetektor hergestellt. Eine Übersicht in Blockform zeigt Bild 4.57.

Der Signalweg für AM beginnt nach der Mischstufe *(A)* mit einer Verstärkung des ZF-Signals in der Stufe *(C)*. Über Punkt 1 erreicht die AM-Zwischenfrequenz das die Trennschärfe bestimmende Bandfilter mit dem keramischen Resonator, wird im Punkt 15 wieder in den IC eingespeist, durchläuft den Verstärker *(D)* und wird anschließend gleichgerichtet. Der AM-Demodulator *(F)* liefert neben der Niederfrequenz, die am Punkt 5 aus- und nach der Lautstärkeeinstellung am Punkt 12 erneut in den IC eintritt, eine Regelspannung für den AM-ZF-Verstärkerteil. Die Niederfrequenz verläßt nach Vorverstärkung *(G)* den IC bei Punkt 11 hinter der Treiberstufe *(H)*. Gegenkopplungszweige sind an den Punkten 10 und 13 angeschlossen.

Die FM-Zwischenfrequenz wird in den IC am Punkt 15 eingespeist, im Verstärker *(D)* angehoben und anschließend in Stufe *(E)* noch einmal verstärkt und begrenzt, bevor sie den getrennt aufgebauten Ratiodetektor über Punkt 7 erreicht. Die Betriebsspannung ist an den Punkten 6 und 8, die Masseleitung an 9 und 16 angeschlossen. Über Punkt 14 kann der Arbeitspunkt der AM-Regelschaltung eingestellt werden.

An den in Abschnitt 4.3.5. behandelten UKW-Tuner (Bild 4.45) schließt sich der in Bild 4.58 gezeichnete FM-ZF-Verstärker an. Er besteht im wesentlichen aus dem IC vom Typ TCA 420 A, in dem das vom Tuner kommende ZF-Signal (nachdem es ein Vierfach-Bandfilter passiert hat) vierstufig verstärkt und begrenzt wird, bevor es den speziellen FM-Detektor erreicht. Dieser als Quadraturdemodulator bezeichnete Gleichrichter ist ebenfalls im TCA 420 A enthalten, seine Wirkungsweise wird in Abschnitt 4.5.2. erläutert. Darüber hinaus sind noch der Begrenzer, die abschaltbare, automatische Scharfabstimmung (AFC) und die Erzeugung der Schaltspannung für den Stereodecoder im IC untergebracht. Das steckbare Modul des FM-ZF-Verstärkers ist in Bild 4.59 zu sehen.

Als Abschluß unserer Betrachtungen soll hier das **Konzept eines modernen HiFi-Stereoempfängers** folgen, das durch einander angepaßte, integrierte Valvo Schaltungen gekennzeichnet ist. Es handelt sich

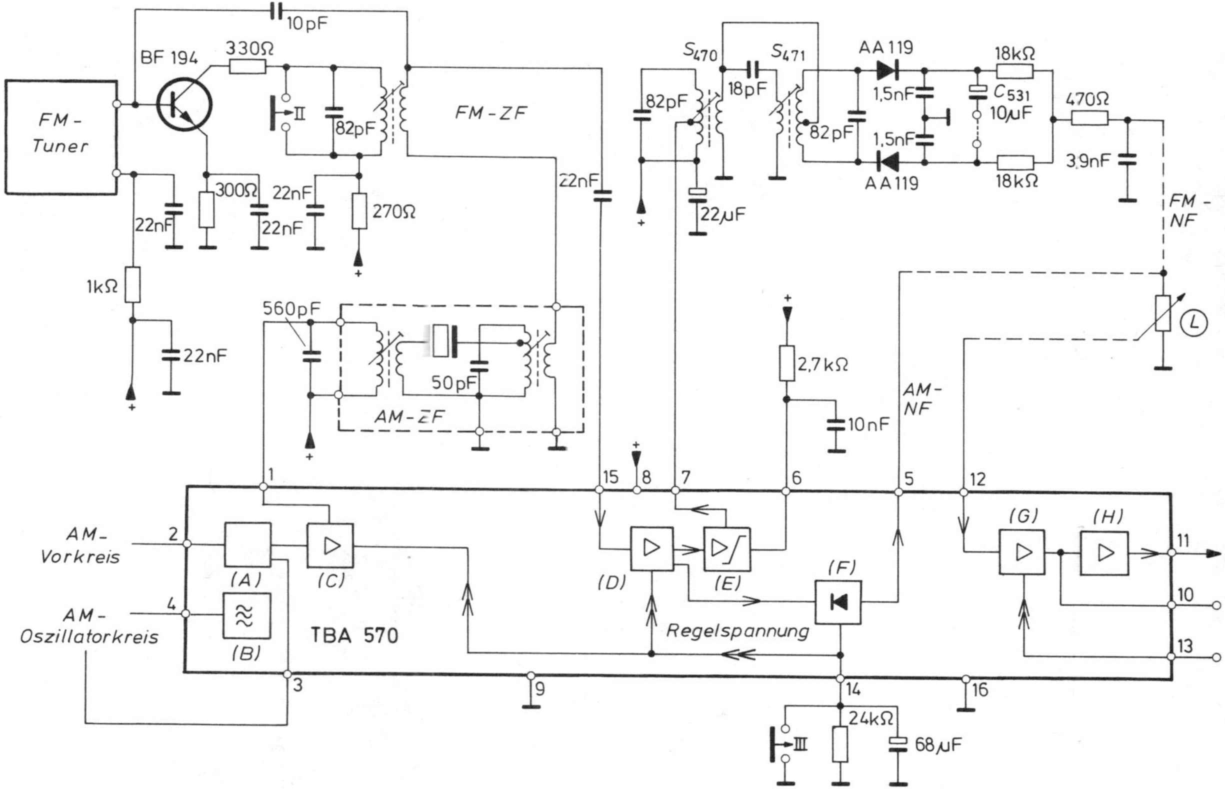

Bild 4.57 Schaltung eines ZF-Verstärkers mit der integrierten Schaltung TBA 570

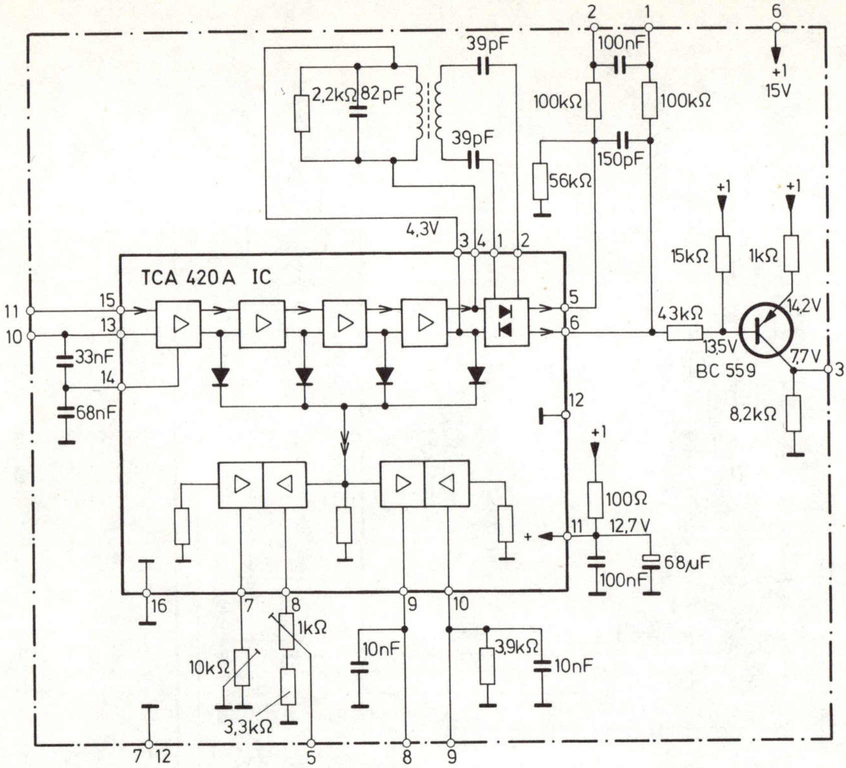

Bild 4.58 Schaltung eines FM-ZF-Verstärkers mit der integrierten Schaltung TCA 420 A

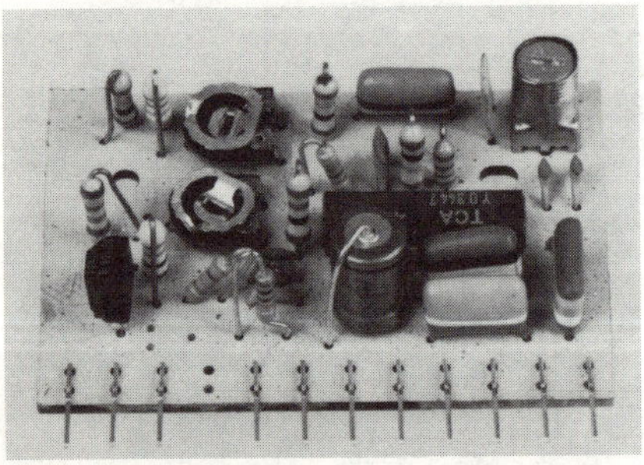

Bild 4.59 FM-ZF-Modul mit der integrierten Schaltung TCA 420 A

um die ZF-Verstärkerschaltung TCA 420 A, die Stereodecoderschaltung TCA 290 A und die steuerbare Konstantspannungsquelle (Stabilisierungsschaltung für Abstimmdioden) TCA 530. Ergänzt wird dieses IC-Tripel durch das Tunermodul FD 1, so daß für den FM-Empfänger bis zu den NF-Verstärkern alle aktiven Schaltungsteile zur Verfügung stehen. Mit den genannten Bausteinen kann man sowohl relativ einfache als auch sehr hochwertige FM-Rundfunkempfänger aufbauen. Das Blockschema mit den erwähnten ICs ist in Bild 4.60 angegeben.

Die ZF-Verstärkerschaltung im TCA 420 A (sein technisches »Innenleben« ist in Bild 4.61, Seite 142 skizziert) enthält den schon erwähnten vierstufigen, symmetrisch aufgebauten Begrenzerverstärker. Um eine von der Größe des Eingangssignals abhängige Abstimmanzeigespannung zu gewinnen, ist jede der vier ZF-Stufen mit einer Gleichrichterschaltung ausgestattet. Die so gewonnenen Gleichströme werden in einem Widerstandsnetzwerk addiert

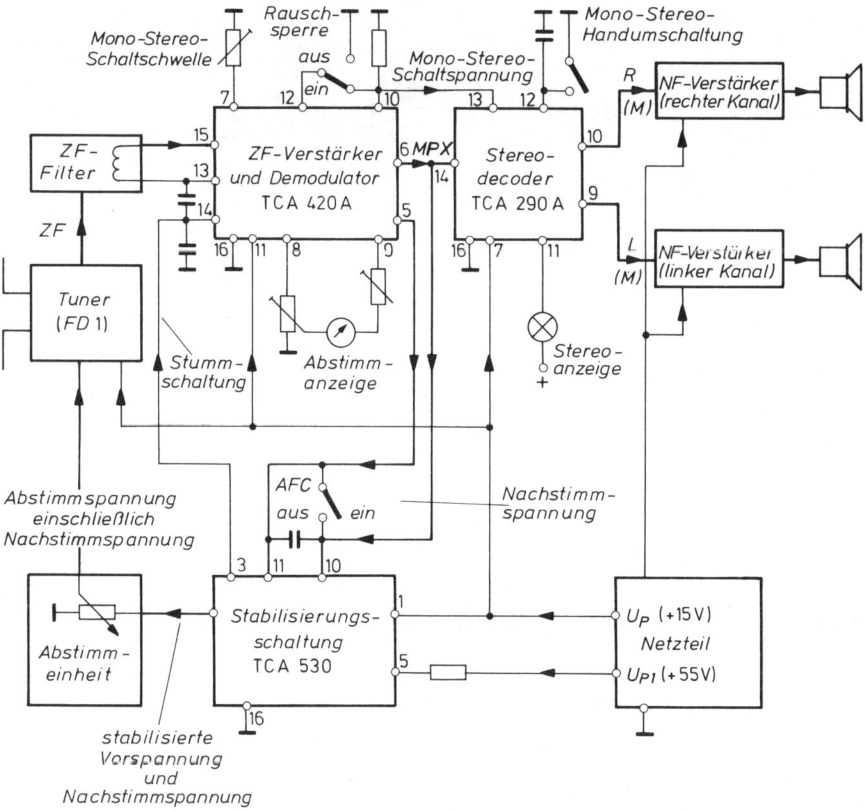

Bild 4.60 Blockschema eines modernen HiFi-Stereoempfängers nach Valvo Konzept

und der Indikator-Treiberstufe sowie einem extern einstellbaren Differenzverstärker zur Erzeugung der Stereodecoder-Schaltspannung zugeführt. Die Abstimmanzeigespannung verläuft logarithmisch über nahezu vier Dekaden. Der Schwellenwert des Differenzverstärkers wird üblicherweise so eingestellt, daß der Stereodecoder bei Vorhandensein eines nahezu rauschfreien Signals die erforderliche Schaltspannung für »Stereo« erhält.

Zur Demodulation des ZF-Signals dient der bereits angesprochene Quadraturdemodulator. Hervorragende AM-Unterdrückung, günstige Verzerrungseigenschaften und hoher Signal-Rausch-Abstand des TCA 420 A machen die Verwendung aufwendiger Ratiodetektorschaltungen überflüssig. Am Ausgang des Demodulators steht neben dem NF-Signal eine AFC-Regelspannung zur Verfügung.

Für die weitere Betrachtung ziehen wir das komplette Schaltbild eines solcherart konzipierten Empfängers hinzu (Bild 4.62). Es unterscheidet sich vom Bild 4.60 durch den zweiten TCA 420 A.

Mit Hilfe einer abschaltbaren Stördämpfungsschaltung kann durch ein auf die Demodulatorschaltung wirkendes Stellglied sowohl das zwischen den Sendern auftretende Rauschen als auch das bei Abstimmung auf die Flanke der Selektionskurve auftretende Störgeräusch gedämpft werden.

Die NF-Ausgangsspannung des Demodulators wird dem nach dem Matrix-Ver-

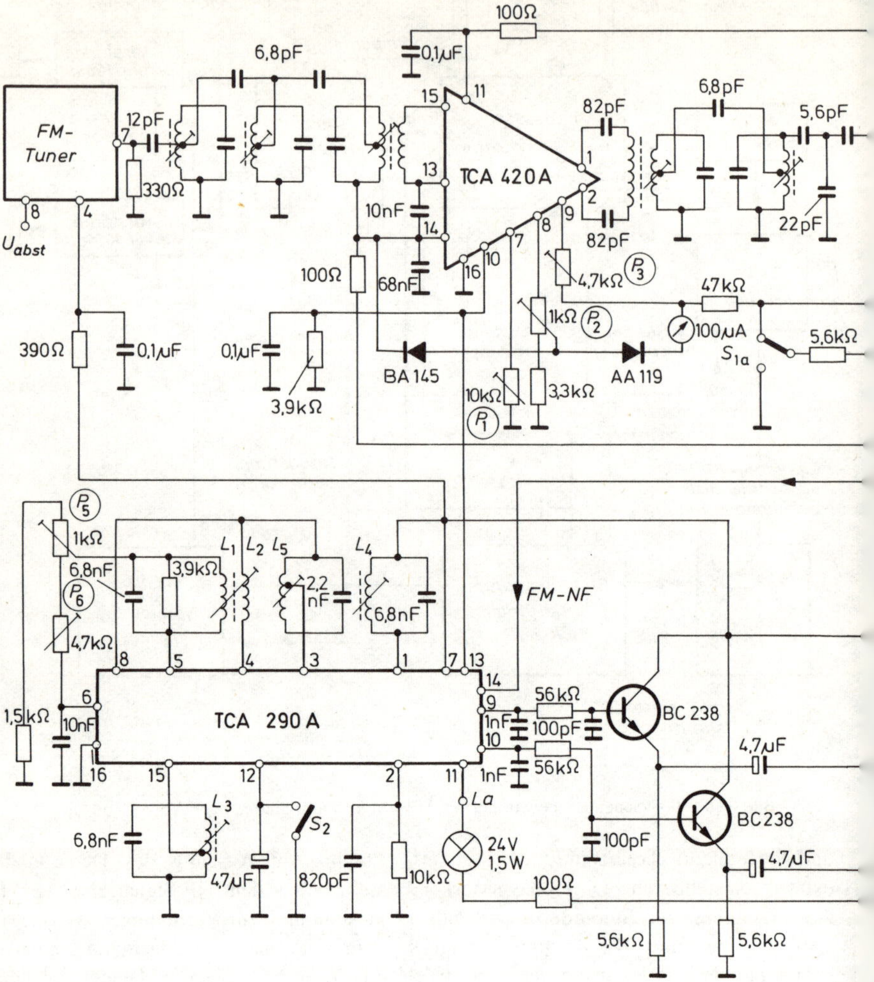

Bild 4.62 Erweiterte Schaltung eines HiFi-Stereoempfänger

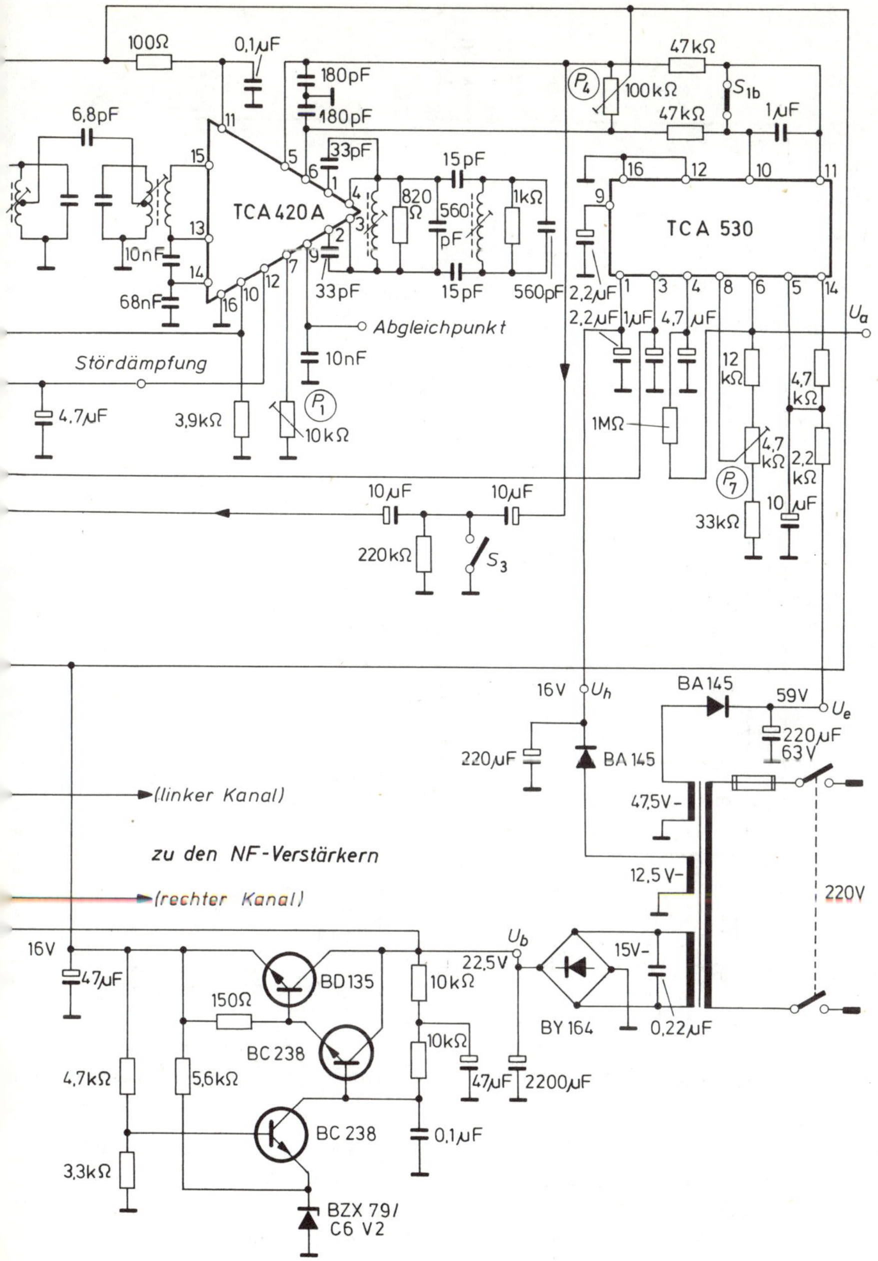

ıch dem Konzept aus Bild 4.60 (Innenaufbau des ICs TCA 420 A siehe Bild 4.61, Seite 142)

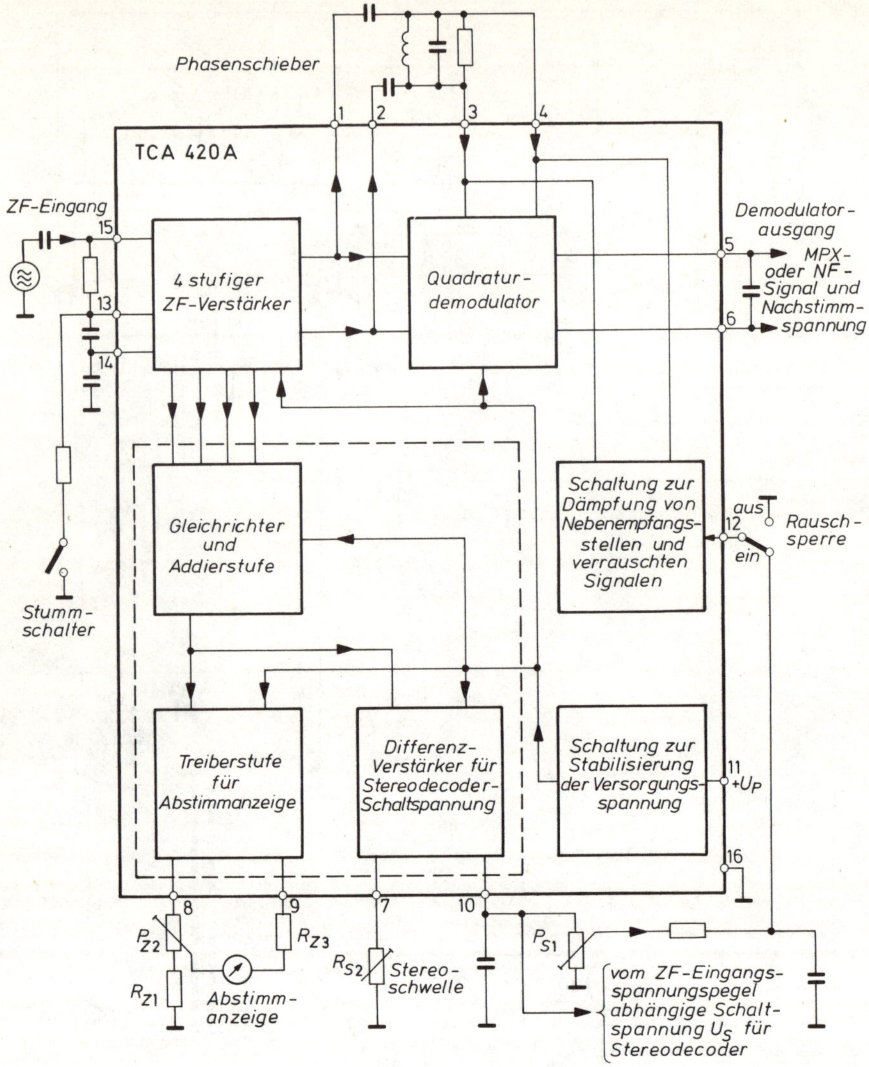

Bild 4.61 Innenaufbau der integrierten Schaltung TCA 420 A, die als ZF-Verstärker und Demodulator ausgelegt ist (Text siehe Seite 138)

fahren arbeitenden Stereodecoder TCA 290 A zugeführt, der sie um etwa 10 dB verstärkt. Der Schalter S_3 im Signalweg ist der während des Umschaltens schließende Stummschalter eines mechanischen Tastenaggregats für die Senderwahl. Wird er, z. B. bei der Senderwahl mit einer Sensor-Elektronik, nicht benötigt, so kann der Demodulator-Ausgang mit dem Stereodecoder über einen 4,7-μF-Elektrolytkondensator (Plus-Anschluß an TCA 420 A) verbunden werden.

Die Schaltspannung des Stereodecoders wird dem ersten ZF-Verstärker TCA 420 A entnommen und die Stereo-Einschaltschwelle des Decoders mit P_1 eingestellt. P_5 und P_6 dienen zum Einstellen der Übersprechdämpfung. Falls gewünscht, kann mit dem Schalter S_2 unabhängig von der Art des empfangenen Signals auf Mono-Wiedergabe umgeschaltet werden. Die Ausgangssignale des Stereodecoders führt man zum Ausfiltern eventuell noch vorhandener Störanteile über Tiefpässe.

Zur automatischen Scharfabstimmung (automatische Frequenzregelung AFR, engl. AFC) ist eine Nachstimmspannung erforderlich, die von der Differenz zwischen der ZF-Filter-Mittenfrequenz und der durch den Tuner in den ZF-Bereich umgesetzten Nutzsignal-Trägerfrequenz abhängt und die ebenfalls von der ZF-Verstärkerschaltung TCA 420 A geliefert wird. Diese an den Anschlüssen 5 und 6 auftretende Gleichspannung wird aber nicht direkt dem Tuner, sondern der Stabilisierungsschaltung TCA 530 zur Beeinflussung der stabilisierten Abstimmspannung zugeführt, wodurch sich ein Regelhub der Ausgangsgleichspannung von ± 0,5 V bis ± 1 V ergibt. Eine solche Regelung der Abstimmspannung erfaßt alle Schwingkreise im Tuner. AFC-Schaltungen mit Nachstimmdioden wirken dagegen üblicherweise nur auf den Oszillatorkreis. Die Stabilisierungsschaltung arbeitet also im Regelkreis für die automatische Scharfabstimmung als gesteuerte Konstantspannungsquelle.

Einige Meßergebnisse belegen die hervorragende Leistung dieser Empfängerschaltung. Der Begrenzungseinsatz liegt noch unterhalb der für einen Signal-Rausch-Abstand von 26 dB erforderlichen Eingangsspannung (Bild 4.63), die Begrenzung setzt bereits bei einer Antennenspannung von 0,48 µV an 60 Ω ein. Mit den Maximalwerten für den Signal-Rausch-Abstand von mehr als 70 dB bei Mono und 65 dB bei Stereo ist die Grenze des heute technisch Möglichen erreicht. Die 3 dB-Bandbreite beträgt 120 kHz, und die 300-kHz-Selektion weist mit 71 dB einen hervorragenden Wert auf (Bild 4.64).

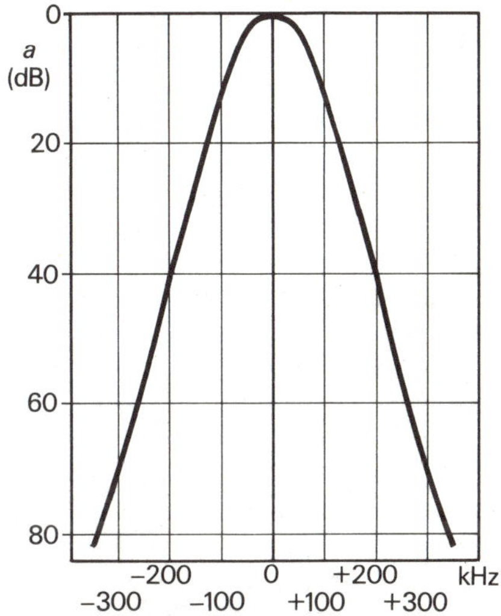

Bild 4.64 Selektionskurve, gemessen bei f_0 = 100 MHz unterhalb der Begrenzung, 3-dB-Bandbreite: 120 kHz, 300-kHz-Selektion: 71 dB

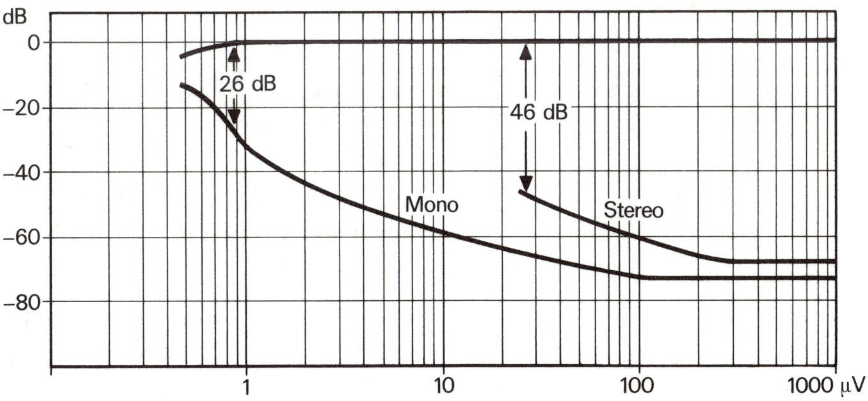

Bild 4.63 Signal/Rauschabstand des HiFi-Stereoempfängers nach Bild 4.62

4.5. Demodulatorschaltungen

Das AM-ZF-Signal wird in der üblichen Diodenschaltung gleichgerichtet. Neben dem niederfrequenten Signal entsteht gleichzeitig eine (je nach Diodenpolarität) negative oder positive Richtspannung, die man als feldstärkeabhängige Größe zur Regelung der Empfängerverstärkung heranzieht. Das FM-ZF-Signal wird in der Regel im Ratiodetektor demoduliert. Vereinzelt wurden auch Phasendetektoren (Röhre EQ 80) und Synchrondetektoren bzw. Mitnahme-Oszillatoren verwendet. Im Zeichen der integrierten Schaltungen beginnen sich aber neue Konzepte durchzusetzen. Mit dem Quadraturdemodulator wird eine dieser Möglichkeiten im Anschluß an den Ratiodetektor beschrieben.

4.5.1. Ratiodetektor

Das Ratiofilter (auch Umwandelfilter genannt) besteht aus dem Primärkreis sowie dem induktiv und lose angekoppelten Sekundärkreis, in dessen Mitte die ZF-Spannung der mit dem Primärkreis fest gekoppelten Tertiärspule eingespeist wird (Bild 4.65). Hierdurch ergeben sich die in Bild 4.66 und 4.67 eingezeichneten zwischenfrequenten Spannungsverhältnisse. Der ZF-Strom I_p induziert in der Tertiärspule die ZF-Spannung U_T und gleichzeitig in der Sekundärspule die ZF-Spannung U_S. Diese hat gegenüber U_T eine Phasenverschiebung von 90°. An beiden Dioden liegen also gegen Masse die ZF-Spannungen U_1 und U_2, die jeweils als geometrische Summe aus U_T und $U_S/2$ anzusehen sind.

Im Resonanzfall, d. h. bei unmoduliertem Sender f_s, gilt das in Bild 4.68 a angegebene Vektorbild. Wenn eine Modulation vorhanden ist, entstehen Abweichungen von der Resonanzfrequenz f_0, wodurch sich die Phasenlage der Sekundärkreisspannung U_S zur Spannung U_T ändert (Bild 4.68 b und c). Daraus resultiert ein Schwanken der Teilspannungen U_1 und U_2 im Takt der Modulationsfrequenz, wobei die Größe der Spannungsschwankungen proportional dem Hub ist. Auf diese Art wird die FM in eine AM umgewandelt und kann mit den angeschlossenen Dioden in üblicher Weise demoduliert werden. Bild 4.69 zeigt eine Ersatzschaltung in symmetrischer Form mit zwei Lastwiderständen (R_L) und zwei Ladekondensatoren (C_L).

Bei unmoduliertem Sender sind die ZF-Spannungen U_1 und U_2 gleich groß und rufen an den Lastwiderständen entgegengesetzt gepolte Gleichspannungen hervor. Der Punkt M führt dann keine Spannung gegen Masse. Wird die Trägerfrequenz höher ($f_s > f_0$), nimmt der Strom durch die untere Diode zu und der positive Gleichspannungsanteil am Punkt M überwiegt. Wird die Trägerfrequenz niedriger

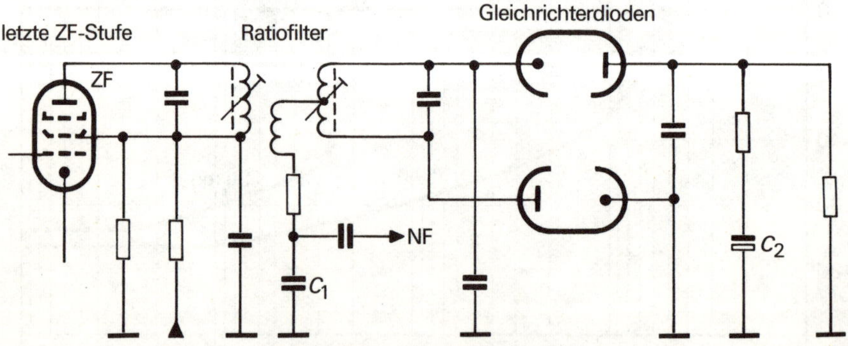

Bild 4.65 Schaltung eines Ratiodetektors

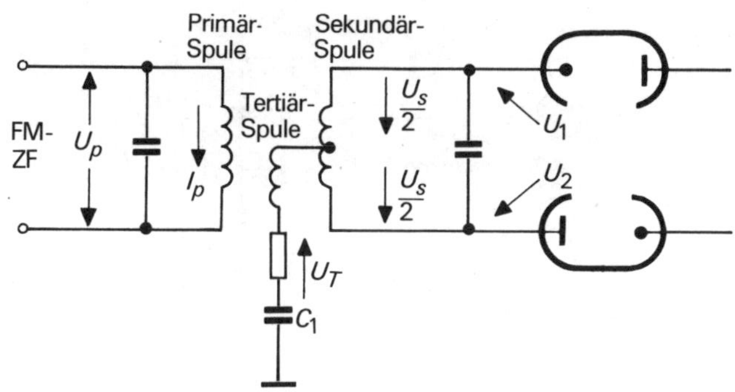

Bild 4.66 ZF-Spannungsverhältnisse am Ratiodetektor

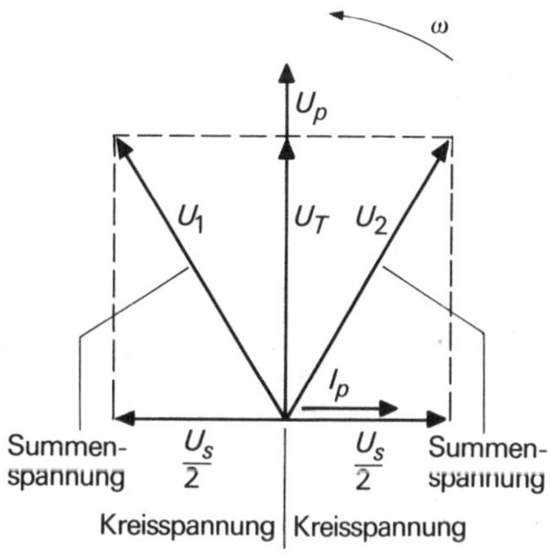

Bild 4.67 Vektordarstellung der ZF-Spannungen an den Kreisen

($f_s < f_0$), steigt der Strom durch die obere Diode, und der negative Anteil an Punkt M überwiegt. Man könnte daher am Punkt M gegen Masse eine der Modulation proportionale NF-Wechselspannung abnehmen.

Das gilt jedoch auch für den Kondensator C_1 an der Mittelanzapfung des Sekundärkreises (Bild 4.69). Bei $f_s = f_0$ ist der »NF-Punkt« ebenfalls spannungsfrei, bei von f_0 abweichender Trägerfrequenz wird der Kondensator entsprechend geladen bzw. entladen und stellt mit diesen positiven und negativen Spannungsschwankungen ein Abbild der Modulation, d. h. der Niederfrequenz, dar. Nimmt man mit einem Prüfsender oder Wobbelgenerator (siehe

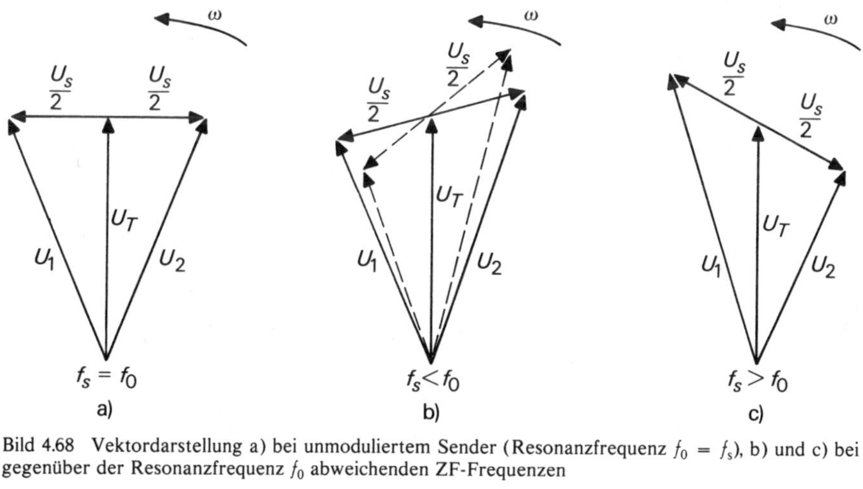

Bild 4.68 Vektordarstellung a) bei unmoduliertem Sender (Resonanzfrequenz $f_0 = f_s$), b) und c) bei gegenüber der Resonanzfrequenz f_0 abweichenden ZF-Frequenzen

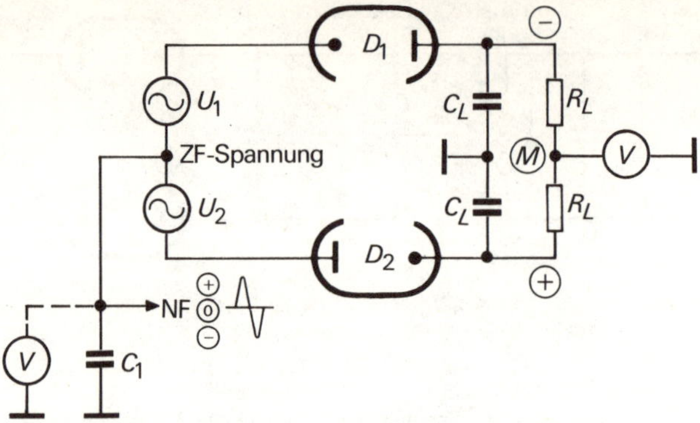

Bild 4.69 Ersatzschaltung eines symmetrischen Ratiodetektors

Abschnitt 9.3.3.) die »Durchlaßkurve« eines Ratiodetektors auf, so muß das Anzeigeinstrument oder der Oszillograf an einem dieser beiden Punkte angeschlossen werden. Es stellt sich dann beim Durchstimmen des Generators eine S-Kurve mit dem Nulldurchgang bei der Resonanzfrequenz ein (Bild 4.70).

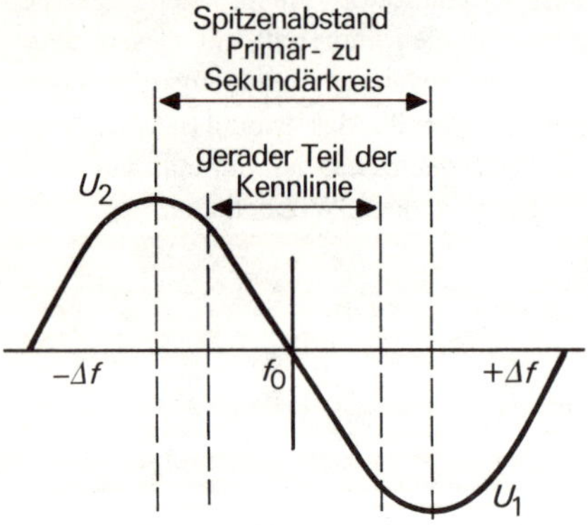

Bild 4.70 Demodulator Kennlinie (S Kurve) des Ratiodetektors

In unserer Betrachtung fehlt noch der in Bild 4.65 gezeichnete Elektrolytkondensator C_2. Seine Bedeutung liegt darin, daß er kurze Amplitudenschwankungen der ZF-Spannung weitgehend ausgleichen kann. Wird er parallel zu den Lastwiderständen (bzw. dem Lastwiderstand) angeschlossen, so lädt er sich bei $f_s = f_0$ auf eine Spannung auf, die aus der Summe der Teilspannungen besteht (Bild 4.71).

Steigt die ZF-Spannung kurzzeitig an, so hat dies nicht ein sofortiges Ansteigen der Summengleichspannung zur Folge, da die Zeitkonstante viel zu groß ist. Der Elektrolytkondensator »schluckt« also den auftretenden Ladestrom, belastet damit die Gleichrichterschaltung zusätzlich und wirkt so der kurzzeitigen Spannungserhöhung entgegen.

Der umgekehrte Fall tritt ein, wenn die ZF-Spannung absinkt. Dann vermindert sich die Summengleichspannung nicht sofort, weil der Elektrolytkondensator jetzt einen Entladestrom »liefert«, wodurch die Gleichrichterschaltung entlastet und dem Spannungsrückgang entgegengewirkt wird. Mit Spannungsänderungen sind hier natürlich in erster Linie impulsförmige Störsignale gemeint (Zündfunken usw.), die durch diese Begrenzerwirkung des Ratiodetektors ausgeschaltet werden können.

Bei dieser Art von AM-Unterdrückung treten im Sekundärkreis durch die starke Dämpfung (bzw. Entdämpfung) aber zusätzliche Phasenverschiebungen auf, die den Umwandlungswirkungsgrad des Ratiodetektors herabsetzen und damit die Störunterdrückung wieder verschlechtern. Mit speziellen Schaltungsmaßnahmen und Dimensionierungen kann man aber eine

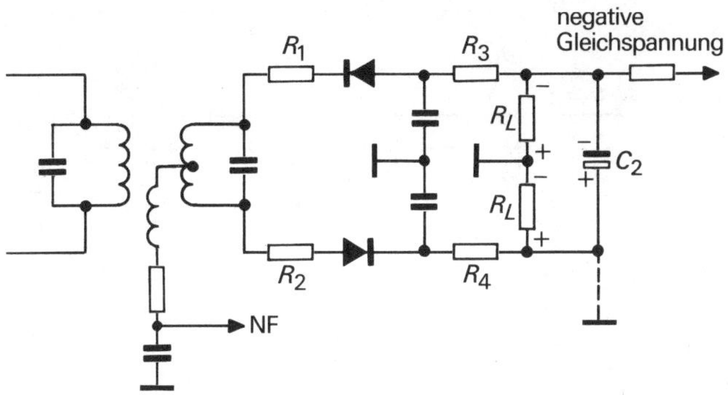

Bild 4.71 Schaltung eines Ratiodetektors mit eingezeichneten Spannungspotentialen am Elektrolytkondensator C_2 und den Lastwiderständen R_L. In der symmetrischen Ausführung ist die Mitte der beiden Lastwiderstände an Masse gelegt, in der unsymmetrischen benutzt man nur einen Widerstand und schließt die Masse an der Plusseite des Elektrolytkondensators an

weitgehende Störunterdrückung erreichen, hierzu dienen z. B. auch die Widerstände R_1 bis R_4 in Bild 4.71.

4.5.2. Quadraturdemodulator

Innerhalb der integrierten Schaltung TCA 420 A ist auch der sogenannte Quadraturdemodulator enthalten. Er ist ein hochmoderner FM-Gleichrichter und liefert eine NF-Ausgangsspannung mit sehr niedrigen Verzerrungen: der Klirrfaktor bleibt bei einem 75-kHz-Frequenzhub noch unter 1 %. Die Wirkungsweise dieser erst neuerdings in Rundfunkgeräten verwendeten Schaltung ist im folgenden beschrieben.

Der Quadraturdemodulator arbeitet nach dem Prinzip des multiplikativen Gegentaktmischers und wird mit dem verstärkten und begrenzten Original-ZF-Signal (Rechteckform) sowie einem daraus abgeleiteten ZF-Signal (Sinusform) angesteuert. Ein multiplikativer Gegentaktmischer (auch als Ringmischer oder Ring(de)modulator bezeichnet) besteht nach der Prinzipschaltung in Bild 4.72 aus zwei gesteuerten Stromquellen (T_5, T_6) und zwei kreuzgekoppelten Differenzverstärkerstufen (T_1 bis T_4). Das Ausgangssignal ist im wesentlichen vom Produkt der beiden Eingangssignale abhängig und nur dann vorhanden, wenn beide Eingangsspannungen U_{e1} und U_{e2} von Null verschieden sind. Es treten dann am Ausgang nur Mischprodukte auf, während die Eingangssignale aufgrund der Schaltungssymmetrie unterdrückt werden. Außerdem verhindert die Gegentaktschaltung weitgehend die Bildung von geradzahligen Oberwellen und hiervon abhängigen Mischprodukten.

Wie aus Bild 4.72 hervorgeht, wird mit Hilfe des Transistors T_7 der Gesamt(gleich)strom I_{ges} durch den Demodulator konstant auf einem so niedrigen Wert gehalten, daß die Transistoren T_1 bis T_6 nicht in die Sättigung kommen können. Bei der Steuerspannung U_{e1} handelt es sich um die verstärkte und begrenzte ZF-Spannung, die im IC über ein Spannungsteilernetzwerk den Basen von T_5 und T_6 direkt zugeführt wird. Die zweite Steuerspannung U_{e2} gelangt nach Bild 4.73 über die Anschlüsse 3 und 4 des ICs nach außen an einen ZF-Kreis und von dort über die Anschlüsse 1 und 2 wieder in den IC zurück, wo sie über zwei stark gegengekoppelte Transistorstufen (sind in Bild 4.72 nicht enthalten) die Basen der kreuzgekoppelten Differenzverstärker T_1 bis T_4 erreicht. Durch die im Signalweg von U_{e2} liegenden zusätzlichen Transistorstufen wird eine Entkopplung zwischen dem eigentli-

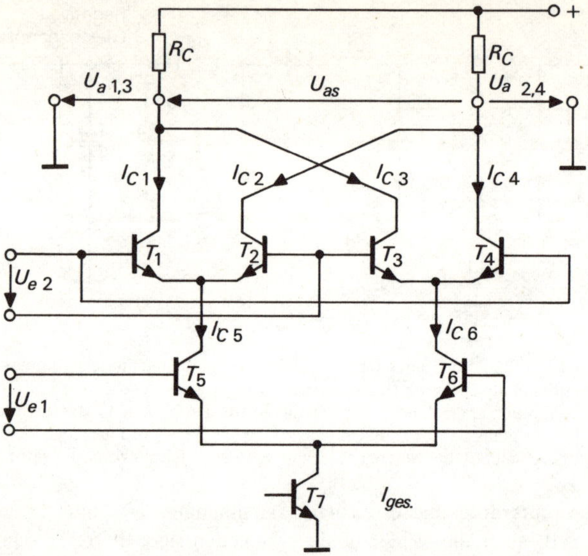

Bild 4.72 Prinzipschaltung eines Gegentaktmischers, aufgebaut als integrierte Schaltung

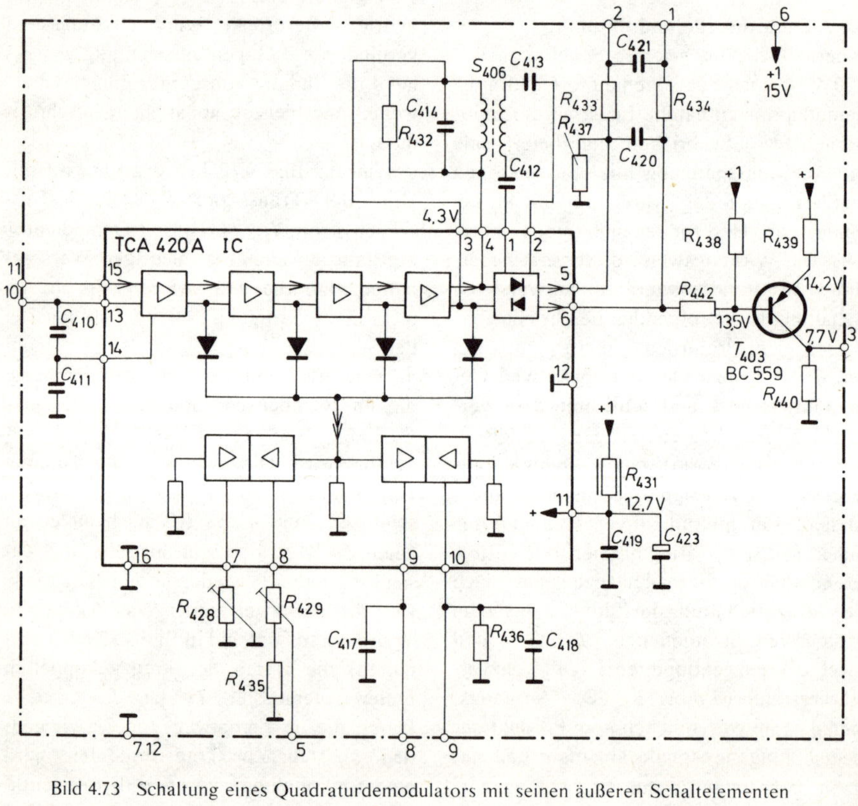

Bild 4.73 Schaltung eines Quadraturdemodulators mit seinen äußeren Schaltelementen

chen Demodulator und den Anschlüssen 1 und 2 erzielt, d. h., die zweite äußere Steuerspannungsquelle (zumeist ein ZF-Schwingkreis) wird gleichmäßig belastet. Die Ausgangsspannung des Demodulators entsteht an den Kollektorwiderständen R_C.

Der konstantgehaltene Gesamtstrom der Demodulatorstufe verteilt sich je nach Amplitude und Polarität der Eingangsspannung U_{e1} auf die beiden Transistoren T_5 und T_6 und, entsprechend der zweiten Steuerspannung U_{e2}, auf die Transistoren T_1 bis T_4. Im Kollektorkreis der Differenzverstärker entstehen daher die auf Masse bezogenen Ausgangsspannungen $U_{a1,3}$ und $U_{a2,4}$, die proportional zu den Summen der Ströme $I_{C1} + I_{C3}$ und $I_{C2} + I_{C4}$ sind. Beide Steuerspannungen sind normalerweise so groß, daß die erwähnten Transistoren voll durchgesteuert werden und alle Kollektorströme daher einen rechteckförmigen Verlauf haben.

Der zeitliche Verlauf dieser Spannungen und Ströme ist aus Bild 4.74 zu entnehmen. Da die Schaltung als Demodulator arbeiten soll, muß die Eingangsspannung U_{e2} die gleiche Frequenz wie U_{e1} haben, sie soll aber gegenüber der Grundwelle von U_{e1} um den Winkel φ phasenverschoben sein. Die Nulldurchgänge dieser Spannung fol-

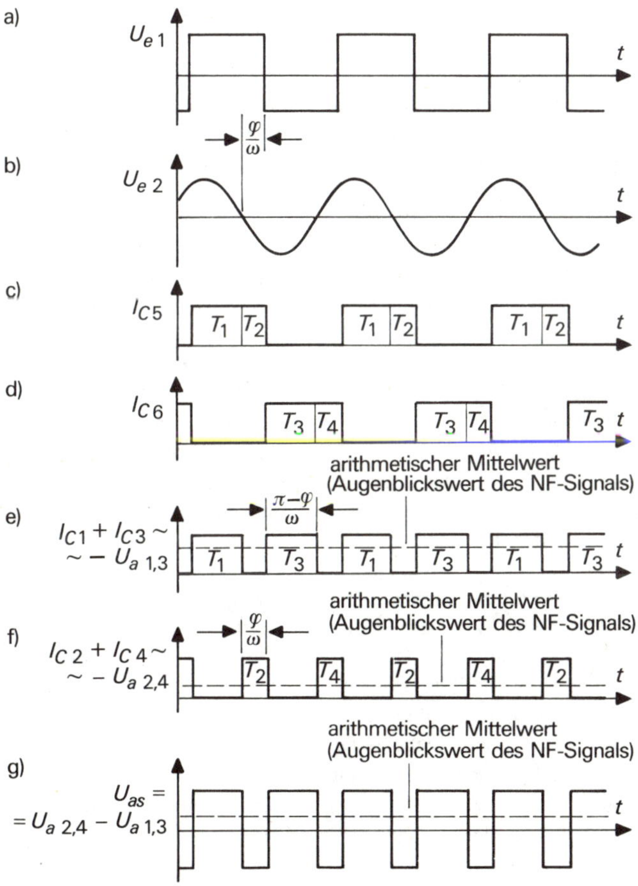

Bild 4.74 Zeitlicher Verlauf der Signalkomponenten an der multiplikativen Gegentaktmischstufe des Quadraturdemodulators

gen also in einem zeitlichen Abstand auf die Nulldurchgänge der anderen Spannung, was aus Bild 4.74 a und 4.74 b hervorgeht. In Bild 4.74 c und 4.74 d ist neben den Verläufen der Ströme I_{C5} und I_{C6} zusätzlich eingetragen, wann unter den genannten Bedingungen die Transistoren T_1 bis T_4 stromführend sind.

Das ist bei T_1 und T_4 der Fall bei positiver U_{e2}-Spannung, während T_2 und T_3 bei negativer U_{e2}-Spannung Strom führen. Daraus kann man die in Bild 4.74 e und 4.74 f angegebenen Formen der Summenströme $I_{C1} + I_{C3}$ und $I_{C2} + I_{C4}$ ableiten: zum einen ist die Breite der Stromlücken (4.74 e) und zum anderen die Breite der Stromimpulse (4.74 f) proportional zur Phasenverschiebung φ. Man erkennt, daß die Frequenz der Grundwelle dieser Ströme doppelt so groß ist wie die der Eingangssignale, d. h., ungeradzahlige Harmonische der Eingangssignale können die Stufe nicht passieren.

Die arithmetischen Mittelwerte der Ausgangssignale lassen sich leicht mit Hilfe von Tiefpässen oder einer direkt an den symmetrischen Ausgang gelegten Kapazität gewinnen. Wie u. a. aus Bild 4.74 g hervorgeht, hängen auch diese Mittelwerte linear von der Phase φ zwischen den beiden Eingangsspannungen ab.

Um als Demodulator zu arbeiten, muß die U_{e2}-Spannung in der Frequenz mit U_{e1} übereinstimmen und ihre Phase relativ zur U_{e1}-Spannung von der Frequenz abhängen. Das ist der Fall, wenn U_{e2} über einen frequenzabhängigen Phasenschieber (ZF-Schwingkreis in Bild 4.73) aus der Signalspannung U_{e1} gewonnen wird. Bei der ZF-Mittenfrequenz (unmodulierte ZF-Trägerfrequenz bei richtiger Empfängerabstimmung) sollte der Phasenschieber eine Phasendrehung von 90° bewirken, damit der Arbeitspunkt bei dieser Frequenz genau in der Mitte des Demodulatorbereichs liegt und die symmetrische Ausgangsspannung dann Null wird. Sie eignet sich deshalb sehr gut als Steuerspannung für eine automatische Scharfabstimmung. Wegen der 90°-Phasendifferenz zwischen den beiden Eingangsspannungen bei der Trägerfrequenz werden diese Anordnungen als Quadraturdemodulatoren bezeichnet.

4.6. Das Autoradio

An ein Autoradio werden besonders große Anforderungen hinsichtlich Empfangsleistung und Betriebssicherheit gestellt. Die Autoradioanlage unterscheidet sich deshalb von der stationären Heimempfangsanlage in manchen Details, die auf die speziellen Verhältnisse im Auto abgestimmt sind. Zu den oft schwierigen Raumproblemen beim Einbau des Geräts kommen die relativ schlechten akustischen Gegebenheiten, zu denen sich noch die stark wechselnden Empfangsbedingungen gesellen. Nicht außer acht zu lassen sind auch die »störenden« Eigenschaften eines Autos, die zwar für den Fahrbetrieb keine Rolle spielen, aber beim Rundfunkempfang sehr unangenehm werden können.

4.6.1. Schaltungsentwicklung

Anhand der folgenden Bilder läßt sich die technische Entwicklung der Autoradios ablesen. Die erste Generation arbeitete mit Hochvoltröhren und brauchte deshalb ein umfangreiches Stromversorgungsteil für die Umwandlung der Batteriegleichspannung in die erforderliche hohe Betriebsgleichspannung (Bild 4.75). Der hierfür benötigte »Zerhacker« oder Wechselrichter machte aus der Batteriegleichspannung eine niedrige Wechselspannung, die anschließend mit einem Transformator auf den gewünschten Wert gebracht und dann gleichgerichtet wurde.

Die zweite Generation enthielt erstmals Transistoren; man mußte aber wegen der noch recht großen anderen Bauelemente bei Spitzengeräten ebenfalls zwei Gehäuseteile verwenden.

Bild 4.75 Das Foto zeigt links ein UKW-Autoradio, Baujahr 1956, das völlig mit Röhren bestückt ist (1. Generation). Das Gerät besitzt ein umfangreiches Stromversorgungsteil mit Zerhacker und Transformator (hinterer Geräteteil), in diesem Teil ist auch die Gegentakt-Tonendstufe untergebracht. Die vorderen Gehäuseteile enthalten den Empfangsteil. Die sogenannte 2. Generation begann Anfang der 60er Jahre, war mit Transistoren bestückt und konnte auf ein aufwendiges Netzteil verzichten. Die übrige Technik erforderte aber noch ein Zweiblock-Gehäuse (Bild rechts)

Der augenblickliche Stand der Technik ist in Bild 4.76 dargestellt. Am Prinzip des Überlagerungsempfängers hat sich auch bei der dritten Generation nichts geändert. Es fehlt allerdings das große Netzteil; die Transistoren und integrierten Schaltungen werden direkt aus der Autobatterie gespeist, und die Versorgungsspannung braucht nur gesiebt zu werden. Wie vorteilhaft sich die Umstellung von Röhren auf Halbleiter auswirkte, zeigen Bild 4.77 und Bild 4.78 mit entsprechenden Geräten.

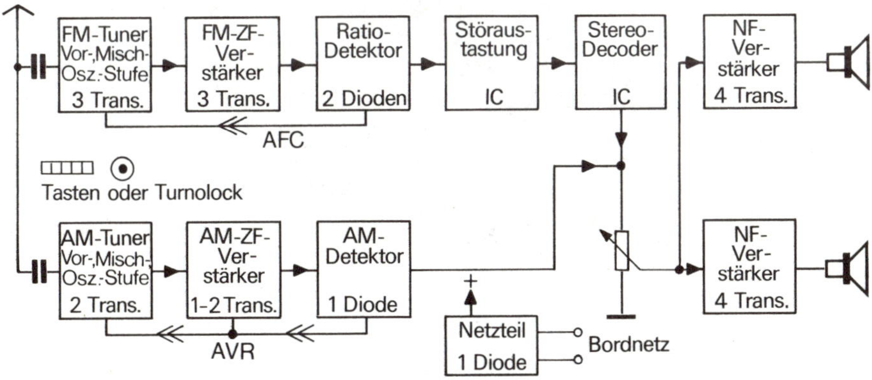

Bild 4.76 Blockschema des heutigen Stands der Autoradiotechnik

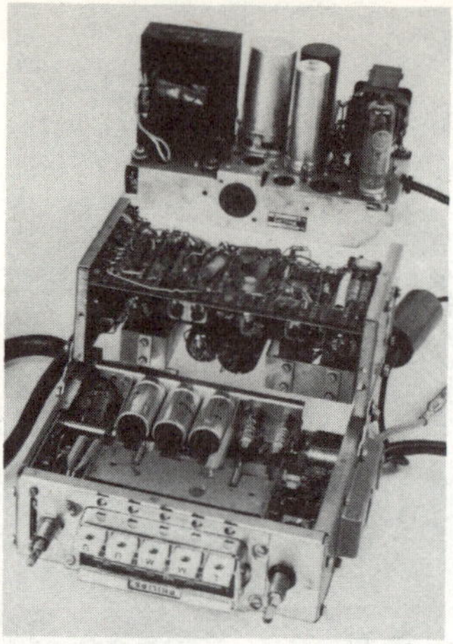

Bild 4.77 Innenaufbau des röhrenbestückten Autoradios aus Bild 4.75

Die kommende Entwicklung (teilweise schon in einigen Varianten bei heutigen Autoradios benutzt) ist in Bild 4.79 aufgezeigt. Hervorstechendes Merkmal sind die integrierten Schaltungen, mit denen sich die steigenden Anforderungen in den Bereichen Senderwahl, Stereophonie, Verkehrsfunk, Störunterdrückung usw. sowie hinsichtlich der Geräteabmessungen besser erfüllen lassen als auf herkömmliche Weise. Damit wird der Weg angedeutet, den die Autoradioentwicklung vermutlich nehmen wird.

Ob neben der weiteren Integration der eigentlichen Empfängerschaltung auch noch andere Funktionen des Kraftfahrzeugs elektronisch verarbeitet und angezeigt werden können (z. B. Bremsen und

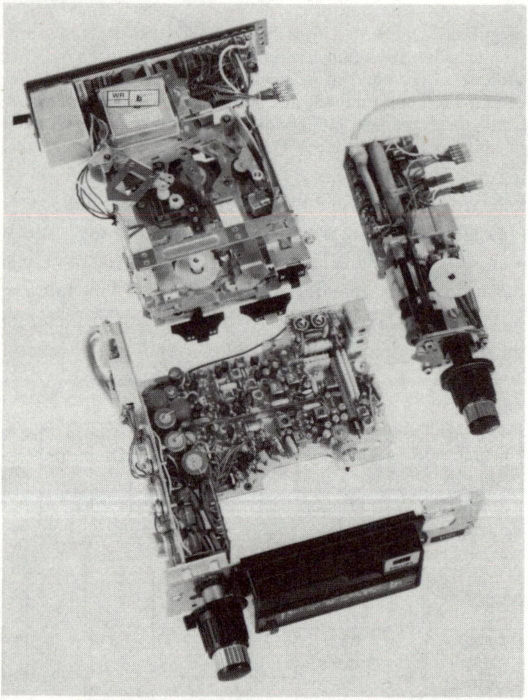

Bild 4.78 Chassisbaugruppen eines modernen Philips Autoradios mit AM-FM-Empfangsteil, Niederfrequenzverstärker, Turnolockabstimmeinheiten und Stereo-Cassettenrecorder-Laufwerk. Die Baugruppen sind elektrisch steckbar miteinander verbunden und in einem Einblockgehäuse untergebracht

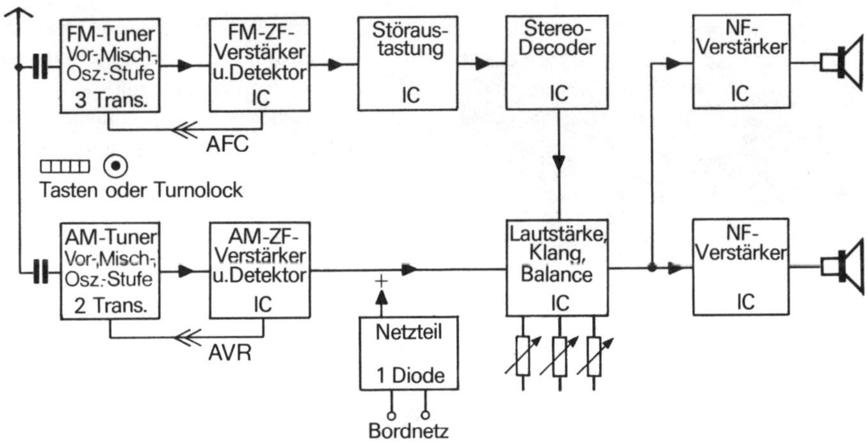

Bild 4.79 Blockschema der sich abzeichnenden Autoradiotechnik

Beleuchtung) bleibt abzuwarten, möglich ist es jedoch. Ähnliche Überlegungen gelten auch für zukünftige elektronische Leitsysteme verschiedener Art, die aber dann wohl nicht mehr Bestandteil des Autoradios, sondern eine eigene Anlage sein werden.

4.6.2. Autoradio-Geräteklassen

Aus dem einfachen Mono-Autoradio mit mehr oder weniger bescheidenem Lautsprecher im Armaturenbrett haben sich viele Geräteausführungen gebildet, die bis hin zur kompletten Stereo-Musikanlage mit Raumklangeffekt reichen. Wir sind mitten in einer Entwicklung, die nicht nur der Empfängertechnik, sondern auch der früher oft recht stiefmütterlich behandelten Musikwiedergabe im Auto ganz neue Akzente gibt. Der musikalische Ohrenschmaus hat jedoch auch seinen Preis und der wiederum ist abhängig vom technischen Aufwand der gewünschten Anlage. Betrachten wir in diesem Abschnitt zunächst die Geräteseite.

Einfache Autoradios werden der sogenannten **Standardklasse** zugeordnet. Sie war früher nur reinen AM-Geräten für Mittel- und Langwellenempfang vorbehalten. Diese besitzen eine Drehknopfabstimmung, während die Wellenbereichsumschaltung durch Drucktasten erfolgt. Klangregler sind nicht immer vorhanden, häufig geschieht die Klangfärbung durch einen einfachen Schalter. Auf dem deutschen Markt ist diese Geräteklasse aber nahezu bedeutungslos geworden, weil der UKW-Bereich fehlt.

Heute dominiert auch in der Standardklasse der AM-FM-Empfänger. Vorherrschend ist das Zweiwellengerät für MW und UKW (Bild 4.80). Neben einfachen Schaltwippen findet man hier auch Drucktasten, die aber zumeist nur der Wellenbereichswahl dienen. Um zu einem relativ niedrigen Preis zu kommen, wird bei dieser zweiten Gruppe der Standardklasse in der Regel auf eine mechanische Speicherung von Festsendern verzichtet, eine Ausnahme ist z. B. das Philips Turnolocksystem. Es gibt aber schon automatische Scharfabstimmung im UKW-Bereich und Klangkorrektur mit stetig verstellbarem Potentiometer.

Autoradios mit höherem technischen Aufwand gehören der **Komfortklasse** an. Ihr äußeres Zeichen ist ein Drucktastenaggregat — in der Regel sind fünf, als Ausnahme sogar sechs Tasten vorhanden —, mit dem die Wellenbereichsumschaltung

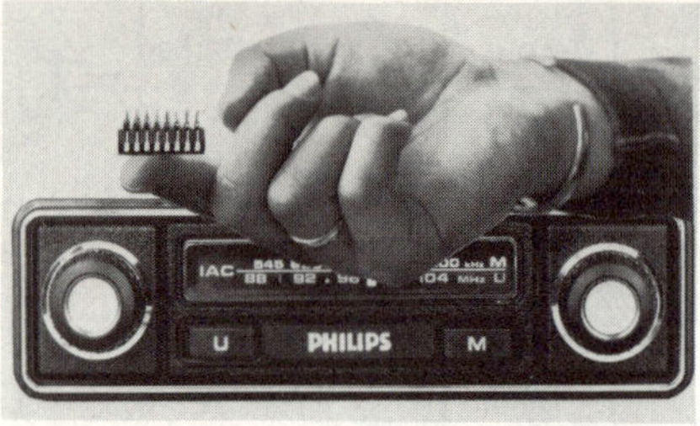

Bild 4.80 Philips Autoradio »Sprint IAC« mit elektronischer Störunterdrückung. Moderne Elektronik macht es möglich: Fahrzeugeigene und fremde Zündfunkenstörungen können im UKW-Autoradio künftig nicht mehr den Empfang beeinträchtigen. Die im Bild gezeigte und von Philips entwickelte, äußerlich nur zentimetergroße IAC-Schaltung (*Interference Absorption Circuit*) unterdrückt in damit ausgerüsteten Autoradios automatisch alle nicht zur Musik oder Sprache gehörenden störenden Nebengeräusche. Dank der neuartigen elektronischen Störunterdrückung wird nicht nur der »saubere« Empfangsbereich um den UKW-Sender herum vergrößert, sondern die sonst oft erforderliche zusätzliche Entstörung des Wagens überflüssig

und zugleich eine Senderwahl vorgenommen werden kann (Bild 4.81). Man stellt seine Lieblingssender ein, legt sie durch einen einfachen mechanischen Vorgang »auf Taste« und kann fortan durch simplen Tastendruck zwischen mehreren Programmen wählen. Neben UKW-, MW- und LW-Bereich haben diese Geräte sehr häufig auch noch einen KW-Bereich, der im allgemeinen das 49-m-Band (Europa-Band) umfaßt. Klangregler und UKW-Scharfabstimmautomatik zählen in dieser Gruppe zur Selbstverständlichkeit. Desgleichen dürfte sich auch hier die in den Autoradios

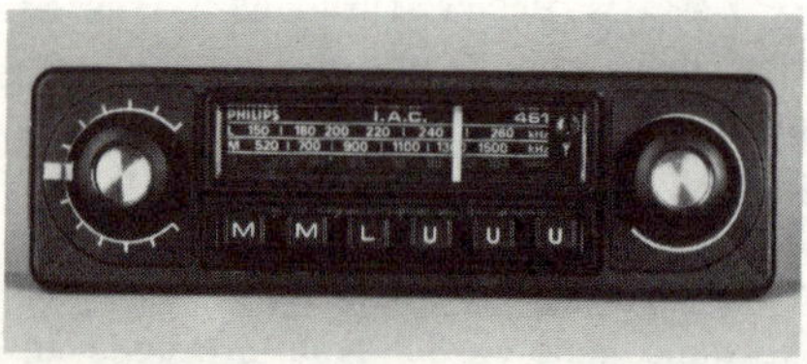

Bild 4.81 Philips Autoradio »Spyder IAC« als Beispiel für ein »Sendertastengerät«. Es ist ausgestattet mit dem Single-Six-Prestolocksystem für die Vorwahl von 3 UKW-Sendern, 2 MW- und 1 LW-Station

von Philips zuerst eingeführte elektronische Störaustastung IAC (*Interference Absorption Circuit*) durchsetzen.

Zur Komfortklasse muß man heute auch die erste Gruppe der Kombinationsempfänger rechnen, d. h. Geräte mit Monoradio und Mono-Cassettenspieler bzw. vereinzelt auch Stereo-Cassettenspieler (Bild 4.82). Wegen des nur begrenzt verfügbaren Raums verzichtet man hier auf Drucktasten und schaltet die Wellenbereiche mit einem Drehschalter.

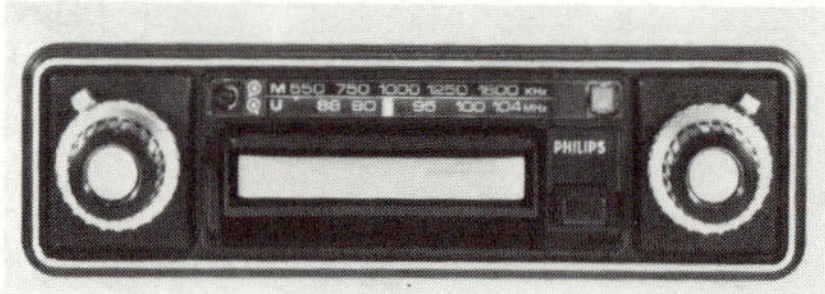

Bild 4.82 Die Kombination »Autoradio-Cassetta S« ist für den Empfang von UKW und Mittelwelle eingerichtet und enthält einen Stereo-Cassettenspieler. Wegen der kleinen Gehäuseabmessungen ist der Einbau praktisch in alle Fahrzeuge möglich

Zur **Spitzenklasse** gehören AM-FM-Geräte mit mindestens drei, unter Einbeziehung des KW-Bereichs (49-m-Band) auch vier Wellenbereichen und Drucktastenabstimmung mit Festsenderwahl sowie UKW-Scharfabstimmautomatik und HF-Stereoempfang. In diese Kategorie fallen auch die mit Turnolocksystem ausgestatteten Kombinationen. Durch den Fortfall des Drucktastensatzes gewinnt man Platz für das Cassettenlaufwerk, braucht aber gleichzeitig nicht auf die Annehmlichkeit der programmierten Festsender und deren Schnellwahl zu verzichten (Bild 4.83).

Automatische Senderabstimmung auf allen Bereichen mit einer Suchlaufautomatik findet man bei den Autoradios im oberen Teil dieser Gruppe. Durch Drücken einer Taste wird die Automatik in Gang gesetzt, sie stellt im gewählten Wellenbereich den gefundenen Sender scharf ein und wandert auf erneutes Tastenkommando zur nächsten Station. Ein Wahlschalter erlaubt das Einstellen auf starke oder alle Stationen des eingestellten Wellenbereichs.

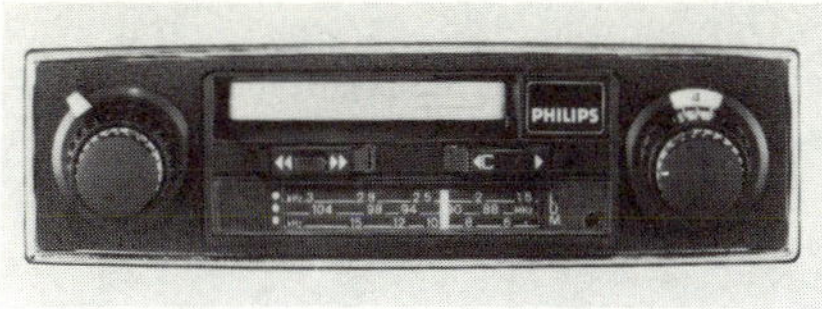

Bild 4.83 Philips »Autoradio Cassetta Stereo de Luxe«, Auto-Musikanlage mit Radioteil für UKW-, Mittel- und Langwellenempfang und eingebautem Stereo-Cassettenspieler. Vorwahl von 6 Sendern (3 × UKW, 2 × MW, 1 × LW) durch das »Turnolock«-System mit automatischer Wellenbereichsumschaltung. Stereo-Cassettenspieler mit arretierbarem schnellen Vor- und Rücklauf sowie automatischer Umschaltung auf Rundfunkempfang bei Bandende

4.6.2.1. Auto-Cassettenspieler

Auto-Cassettenspieler gehören heute fast schon zum Ausrüstungsstandard. Sie komplettieren das Nur-Autoradio zur »Musikanlage«. Man unterscheidet zwischen Abspielgeräten für den Anschluß an das Autoradio und Abspielgeräten mit eigenem Verstärker. Zwei Ausführungen werden nachfolgend kurz vorgestellt.

Die »Auto-Cassetta N 2605« läßt sich problemlos einbauen und wird durch ein Kabel mit dem vorhandenen Autoradio verbunden, über dessen Verstärker und Lautsprecher die Wiedergabe der Cassettenmusik erfolgt (Bild 4.84). Nach dem Einlegen der Cassette beginnt automatisch das Abspielen, am Bandende schaltet das Gerät selbsttätig auf Rundfunkempfang um. Die beiden Tasten an der Vorderfront steuern schnellen Vor- und Rücklauf. Geringe Abmessungen (15 x 11 x 3,5 cm) lassen genügend Spielraum für einen individuellen Einbau.

Bild 4.84 Philips »Auto-Cassetta N 2605« für den Einbau ins Auto. Die Wiedergabe erfolgt über den Verstärker und Lautsprecher des angeschlossenen Autoradios

Die unabhängig vom Autoradio zu betreibende »Auto Cassetta Stereo N 2607« ist mit einem Stereoverstärker von 2 x 5 W Sinusausgangsleistung ausgestattet und hat Lautstärke-, Balance- und Klangregler (Bild 4.85). Sie entspricht im Aufbau sonst weitgehend dem Monospieler N 2605. Zur Wiedergabe werden zwei Lautsprecher benötigt.

Bild 4.85 Philips »Auto-Cassetta-Stereo N 2607« ist ein vom Autoradio unabhängiger Stereo-Cassettenspieler mit eingebautem Verstärker. Das nur 15 × 11,2 × 5,7 cm kleine Gerät kann sowohl auf als auch unter dem Armaturenbrett oder auf dem Getriebetunnel eingebaut werden

4.6.3. Verkehrsfunk

In der Bundesrepublik gibt es neun Rundfunkanstalten, die jeweils bis zu drei UKW-Programme ausstrahlen. Aus verschiedenen Gründen hat man sich geeinigt, Verkehrsnachrichten nur auf bestimmten UKW-Sendern zu bringen. Damit stellt sich für den Autofahrer das Problem der Suche nach dem »richtigen Sender«, nämlich dem mit Verkehrsmeldungen.

Um hier nicht nur auf den Zufall angewiesen zu sein, haben sich findige Techniker der Rundfunkanstalten und der gerätebauenden Industrie einige Einstellhilfen einfallen lassen, die dem Autofahrer die Suche nach dem richtigen Sender erleichtern bzw. sogar ersparen (ARI-System = Autoradio-Informations-System). Eine entscheidende Voraussetzung hierfür war die elektronische Markierung aller UKW-Verkehrsfunksender mit normalerweise unhörbaren Signalen. Damit läßt sich 1. eine Senderkennung, 2. eine Bereichskennung und 3. eine Durchsagekennung möglich machen.

4.6.3.1. Senderkennung

Eine verhältnismäßig einfache Maßnahme zur Markierung eines Verkehrsfunksenders besteht darin, der Trägerwelle des UKW-Senders einen unhörbaren 57-kHz-Ton aufzuprägen, und zwar zusätzlich zum hörbaren Programm. Mit dieser vom Autoradio empfangenen Frequenz läßt sich automatisch eine optisch wahrnehmbare Anzeige betätigen, z. B. in Form eines kleinen gelben Lämpchens. Dieses Verfahren wird bereits seit 1972 praktiziert und hat sich glänzend bewährt. Es erfordert ein kleines Zusatzkästchen, dessen Elektronik die 57-kHz-Frequenz aus dem empfangenen Senderprogramm herausfiltert und das außerdem die Anzeigelampe und eine Taste zur Unterdrückung aller »Nicht-Verkehrsfunksender« enthält.

Das in Bild 4.86 gezeigte Gerät wird einfach mit einer Steckverbindung an das Autoradio angeschlossen und ist unter der

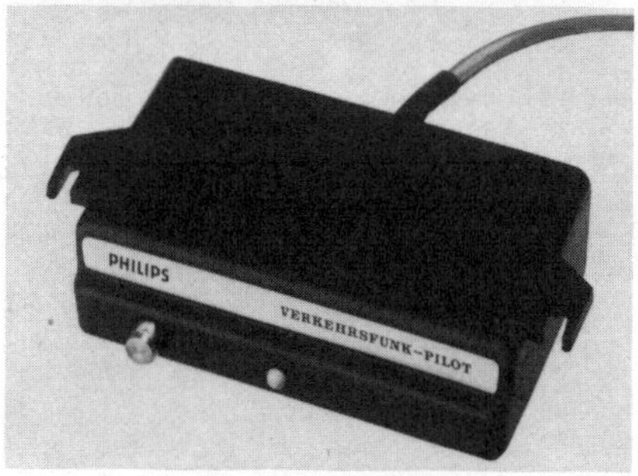

Bild 4.86 Philips Verkehrsfunk-Pilot zur optischen Anzeige von Verkehrsfunksendern mit einem Lämpchen

Bezeichnung Verkehrsfunk-Pilot, Verkehrsfunk-Decoder oder SK-Decoder bereits seit längerem im Handel erhältlich. Das Prinzipschema des Modulationsspektrums ist in Bild 4.87 zu sehen.

So narrensicher die Verkehrsfunkanzeige durch das Lämpchen auch ist, sie kann leider aus systembedingten Gründen nicht zwischen Stationen aus verschiedenen Sendebereichen unterscheiden, sondern zeigt nur an: hier ist ein Verkehrsfunksender. Das ist im heimischen Versorgungsbereich nicht weiter tragisch, da man nur am Abstimmknopf des Autoradios zu drehen

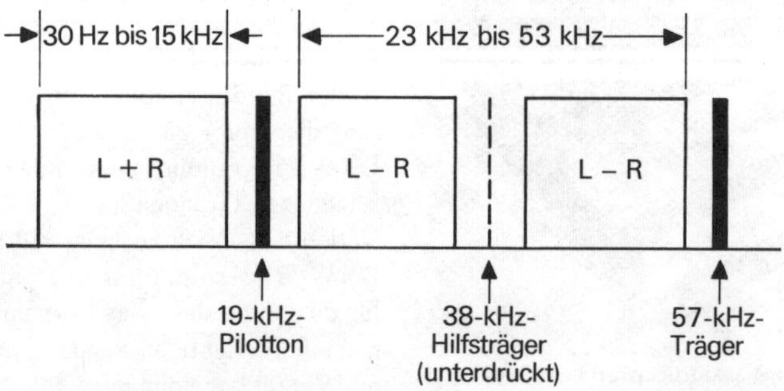

Bild 4.87 Modulationsfrequenzspektrum eines UKW-Stereosenders mit 57-kHz-Träger für die Senderkennung

braucht, um den nächsten örtlichen Sender (kenntlich gemacht durch das aufleuchtende Lämpchen) einzustellen. Schwieriger wird es in den Überlappungsgebieten und in »fremden« Sendebereichen. Das Pilotlämpchen zeigt zwar an, aber welchen Sender?

Ein besonders prägnantes Beispiel bietet hierfür der mittlere Teil der Bundesrepublik, in dem man Verkehrsfunksender von mehreren Rundfunkanstalten gleich gut empfangen kann. Autofahrer auf der Nord-Süd-Route drehen dann mehr oder weniger ratlos am Abstimmknopf. Kanal- und Frequenzangaben auf den Hinweisschildern an der Autobahn sind zwar eine lobenswerte Einrichtung (Bild 4.88), doch wer findet auf den kleinen Skalen der Autoradios schon auf Anhieb die richtige Einstellung? Abhilfe kann hier die sogenannte regionale Bereichskennung bringen.

Bild 4.88 An allen Autobahnen findet man Hinweisschilder auf die zu empfangenden Verkehrsfunksender

4.6.3.2. Bereichskennung

Wie der Name schon sagt, soll ein eindeutiges Erkennen der Verkehrsfunksender eines bestimmten Sendebereichs ermöglicht werden. Man verfährt hierbei in ähnlicher Weise wie bei der allgemeinen 57-kHz-Markierung und prägt den Verkehrsfunksendern noch eine weitere Frequenzmarkierung auf. Damit lassen sich sechs Bereiche kennzeichnen, die sich nach dem in Tabelle 4.1 (Seite 160) gezeigten Schema auf die Bundesrepublik aufteilen. Wegen der begrenzten UKW-Senderreichweite kommt man mit sechs Kennungen aus und kann diese mehrfach auf geographisch weit auseinanderliegende Gebiete verteilen.

Für die Bereichskennung muß das Zusatzkästchen in seiner technischen Ausstattung erweitert werden. Es kann z. B. mit sechs Tasten oder mit einem entsprechenden Drehschalter versehen werden, so daß man einen der sechs Bereiche A bis F wählen kann (Bild 4.89). Hat man dies während einer Nord-Süd-Fahrt für den Bereich F getan und stimmt dann den UKW-Bereich des Autoradios ab, so sind im schon erwähnten mittleren Teil der Bundesrepublik nur die Verkehrsfunksender der Service-Welle HR 3 zu hören, die eindeutige Informationen über die Verkehrslage in diesem Gebiet geben. Wird über die Spessart- oder Rhön-Autobahn der bayerische Raum erreicht, so ertönen nach dem Drücken der Taste C und Abstimmen auf einen Verkehrsfunksender die Durchsagen der Service-Welle Bayern 3.

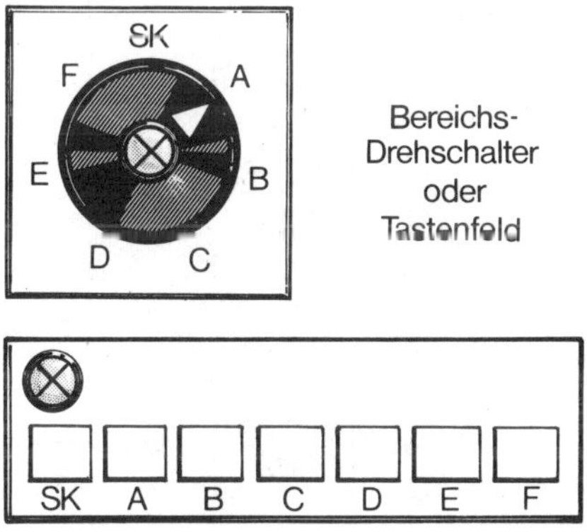

Bild 4.89 Über Tasten oder einen Drehschalter können die einzelnen Bereiche bzw. ihre Kennfrequenzen eingestellt werden

Technisch gesehen funktioniert die Sache folgendermaßen: Die 57-kHz-Frequenz zur Senderkennung teilt man elektronisch auf sechs Frequenzen zwischen 23,75 Hz und 53,98 Hz herunter (Bild 4.90) und setzt im Sender jeweils einen dieser

Töne dem 57-kHz-Senderkennungssignal zu. Jeder Bereich von A bis F hat also seinen eigenen Kennton, der bei der Wahl des betreffenden Bereichs elektronisch den Weg für das Programm des dort zuständigen Verkehrsfunksenders freigibt.

4.6.3.3. Durchsagekennung

Wird dem 57-kHz-Senderkennungssignal noch ein dritter Ton (125 Hz in Bild 4.90) aufgeprägt, dann ergibt sich die Möglichkeit der automatischen Einschaltung des Autoradios bei einer Verkehrsmeldung. Deshalb nennt man diese Tonfrequenz auch »Durchsagekennung«. Der 125-Hz-Ton wird im Zusatzkästchen aus dem Frequenzgemisch elektronisch herausgefiltert und so aufbereitet, daß mit ihm automatisch arbeitende Schaltungen gesteuert werden können. Dazu gehört z. B. auch ein eingeschaltetes, aber auf Lautstärke Null stehendes Autoradio, das sich

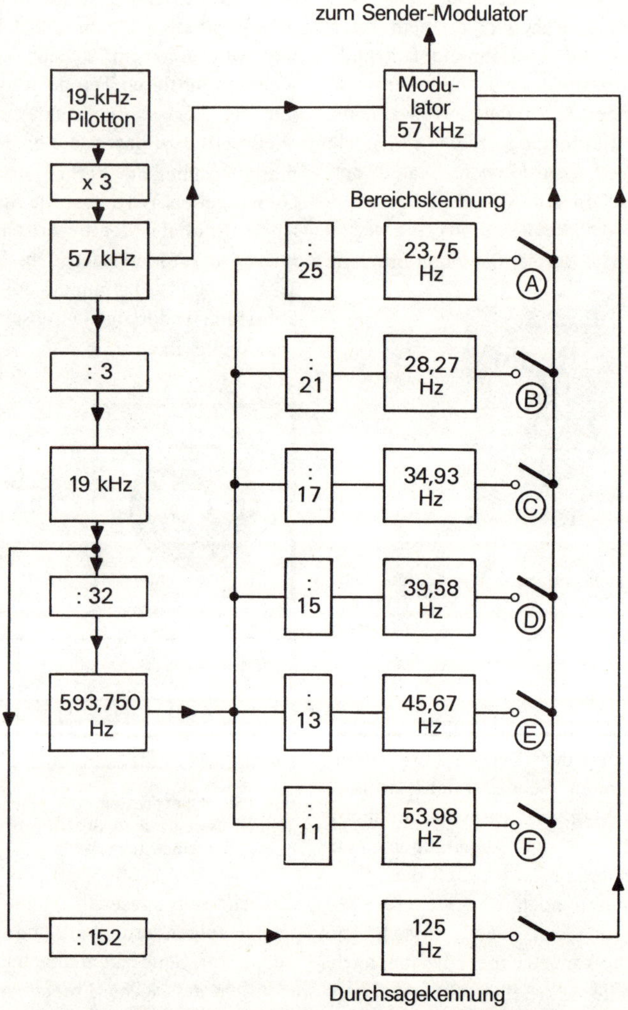

Bild 4.90 Schema der Bereichs- und Durchsagekennung bzw. deren Frequenzteilung aus der 57-kHz-Frequenz

für die Durchsagedauer selbst auf »laut« stellt, so daß die Verkehrsinformation gehört werden kann. Dieses automatische Einschalten erlaubt dem Fahrer auch einmal eine akustische Ruhepause ohne Gefahr, wichtige Durchsagen zu versäumen. Selbst bei Wiedergabe von Musik-Cassetten funktioniert das automatische (Um-) Schalten auf eine Verkehrsdurchsage. Das Modulationsspektrum mit zusätzlicher Bereichs- und Durchsagekennung ist schematisch in Bild 4.91 angegeben.

Neben den erwähnten Zusatzgeräten wird es in immer stärkerem Maße auch Autoradios geben, die — neben der bereits jetzt verwirklichten integrierten Senderkennung durch das gelbe Lämpchen (Bild 4.92) — auch mit technischen Einrichtungen für andere Kennungsarten ausgerüstet sind. Es wäre sogar möglich, daß separate Verkehrsfunkempfänger entwickelt werden, die mit optimal ausgelegter Technik versehen sind und über einen eigenen Lautsprecher verfügen bzw. das »Unterhaltungsradio« bei Durchsagen entsprechend beeinflussen. Diese Verkehrsfunkempfänger könnten irgendwo im Wagen (z. B. Kofferraum) untergebracht sein, wären über einen Dreh- oder Tastenschalter elektrisch fernbedienbar, suchten stets automatisch den richtigen Verkehrsfunksender und ließen sich unter Umständen sogar für bestimmte Strecken programmieren, so daß jede Bedienung entfiele.

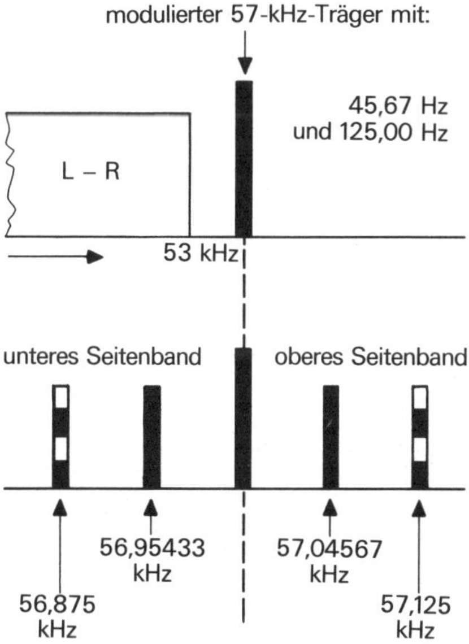

Bild 4.91 Modulationsfrequenzspektrum eines UKW-Stereosenders für alle drei Kennungsarten: Senderkennung 57 kHz (Mitte), Bereichskennung z. B. E mit 45,67 Hz (1. Seitenbandfrequenz), Durchsagekennung mit 125 Hz (2. Seitenbandfrequenz)

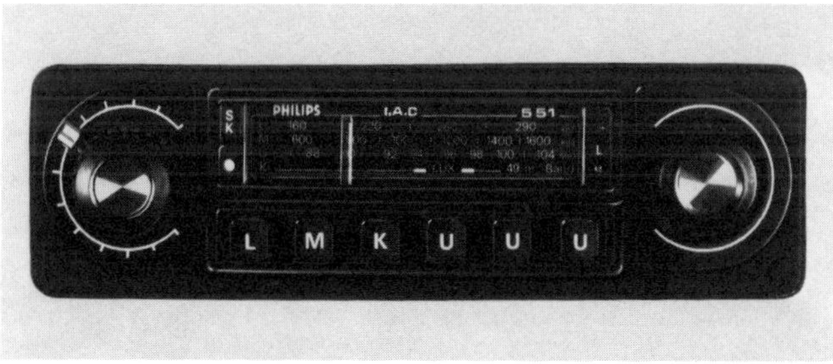

Bild 4.92 Modernes Philips Autoradio mit eingebautem Decoder für die Senderkennung und Lämpchenanzeige (links neben der Skala) sowie einem weiteren Abstimmhilfsmittel, dem sogenannten Senderlotsen, auch Transmitter-Pilot (TP) genannt. Auch diese Einrichtung arbeitet mit optischer Anzeige durch ein Lämpchen (rechts neben der Skala), mit dem alle empfangswürdigen, über einem bestimmten Feldstärkewert liegenden UKW-Sender eindeutig gemeldet werden

Tabelle 4.1 Bereichskennung der Verkehrsfunksender

Bereichs-kennung	Gebiet	Rundfunkanstalt
A	Nordbaden Nordwürttemberg	Süddeutscher Rundfunk (SDR 1)
B	Saarland Niedersachsen	Saarländischer Rundfunk (SR 1) Norddeutscher Rundfunk (NDR 2)
C	Bayern	Bayerischer Rundfunk (BR 3)
D	Rheinland-Pfalz Berlin Hamburg, Schleswig-Holstein, Nord-Niedersachsen	Südwestfunk (SWF 1) Sender Freies Berlin (SFB) Norddeutscher Rundfunk (NDR 2)
E	Südbaden, Südwürttemberg, Hohenzollern	Südwestfunk (SWF 1)
F	Hessen Bremen	Hessischer Rundfunk (HR 3) Radio Bremen (RB 1)

5. Fernsehempfangstechnik

Die allgemeinen Grundlagen des Fernsehens wurden bereits in Band 1 behandelt. In diesem Kapitel werden u. a. die Prinzipien des Farbfernsehens sowie die Schaltungstechniken der Schwarzweiß- und Farbfernsehgeräte erläutert. Dabei wird von einer kurzen Darstellung der verhältnismäßig leicht zu übersehenden, klassischen Röhrenschaltung ausgegangen, auf die dann die entsprechende neuzeitliche Transistorschaltung oder IC-Stufe folgt.

5.1. Fernseh-Normen und -Kanäle

Die in der Welt verwendeten Fernsehsysteme sind durch technische Spezifikationen gekennzeichnet, die nicht in allen Fällen übereinstimmen. Man unterscheidet zunächst allgemein nach »Normen«, denen die jeweilige Zeilenzahl des Systems zugrunde liegt. Aber da es auch innerhalb einer Norm gewisse Unterschiede gibt, unterteilte man die Systeme nochmals nach »Standard A bis N« (Tabelle 5.1).

In der **Bundesrepublik Deutschland** und zahlreichen anderen Ländern der Welt wird als Fernsehnorm der vom CCIR 1950 empfohlene europäische 625-Zeilen-Standard benutzt (CCIR = Comité Consultatif International des Radiocommunications = International beratender Ausschuß für den Funkdienst). Nach dem Vorsitzenden des Unterausschusses, der damals diese Norm ausarbeitete, wird sie auch »Gerber-Norm« genannt. Außerdem ist die Bezeichnung »Europäische Standardnorm« gebräuchlich. Den Kanalzahlen wird zur Kurzbezeichnung der Norm der Buchstabe E vorangestellt.

Die Breite eines Fernsehkanals nach Standard B in den VHF-Bereichen I (47—68 MHz) und III (174—230 MHz) beträgt 7 MHz. Die Bildträgerfrequenz liegt jeweils 1,25 MHz oberhalb der unteren Kanalgrenze und die Tonträgerfrequenz 0,25 MHz unterhalb der oberen Kanalgrenze (Bild 5.1). Der Abstand zwischen Bild- und Tonträger beträgt 5,5 MHz.

Die Kanalbreite nach Standard G im UHF-Bereich (469—853 MHz) beträgt 8 MHz, wobei die Kanalbezeichnung von 21 bis 68 geht. Insgesamt stehen 48 Empfangskanäle zur Verfügung. Die Bildträgerfrequenz liegt 2,25 MHz oberhalb der unteren Kanalgrenze, da die einzelnen Kanäle durch einen 1-MHz-Abstand voneinander getrennt sind und nicht — wie im VHF-Bereich — unmittelbar aufeinander folgen (Bild 5.2). In der Bundesrepublik sind die Kanäle 61 bis 68 z. Zt. nicht belegt, außerdem werden die Kanäle 36 und 38 für Navigations-Funkdienste und Radio-Astronomie freigehalten.

In **Italien** arbeiten die VHF-Sender nach der CCIR-Norm, haben aber eine vom europäischen Standard (E) abweichende Kanalaufteilung mit Buchstaben-Bezeichnung A—G (52—68 MHz, 81—88 MHz, 174—216 MHz). Von den 7 Kanälen dekken sich 3 voll mit E-Kanälen, und zwar B = K 4, D = K 5 und G = K 10.

Die in den **Ostblockländern** benutzte OIRT-Schwarzweiß-Fernsehnorm entspricht der europäischen »Gerber-Norm« mit Ausnahme folgender Kennwerte: Breite des Videofrequenzbands 6 MHz, Kanalbreite 8 MHz, Abstand Bild-Tonträger 6,5 MHz. Farbige Fernsehsendungen werden nach dem französischen SECAM-Verfahren ausgestrahlt. Die VHF-Fernsehkanäle der OIRT-Norm haben vor der Kanalzahl als Kurzbezeichnung ein R (48—66 MHz, 76—100 MHz, 174—230 MHz).

In **Großbritannien** gibt es zwei Fernsehnormen nach den Standards A und J. BBC 1 und das ITV (Werbefernsehen) senden in Schwarzweiß im VHF-Bereich mit 405 Zeilen (Standard A) und BBC 2 im

Tabelle 5.1 Übersicht der Fernsehnormen

System Standard	Norm	Kan.-Kurzbez.	Zeilenzahl	Kan.-Breite in MHz	Bild/Ton-Abstand in MHz	Restseitenband MHz	Bild-Mod.-Richtung	Ton-Mod.-Verf.	Zeilenfrequenz in Hz
A	engl. 405-Z.-Norm	B	405	5	– 3,5	0,75	+	AM	10125
B	europ. VHF-Norm	E	625	7	+ 5,5	0,75	–	FM	15625
C	fläm. Norm (Belgien)	–	625	7	+ 5,5	0,75	+	AM	15625
D	OIRT-Norm	R	625	8	+ 6,5	0,75	–	FM	15625
E	franz. VHF-Norm	F	819	14	± 11,15	2,00	+	AM	20475
F	wallon. Norm (Belgien)	–	819	7	+ 5,5	0,75	+	AM	20475
G	europ. UHF-Norm	E	625	8	+ 5,5	0,75	–	FM	15625
H	z. Z. nicht benutzt	–	625	8	+ 5,5	1,25	–	FM	15625
J	engl. UHF-Norm	–	625	8	+ 6,0	1,25	–	FM	15625
K	z. Z. nicht benutzt	–	625	8	+ 6,5	0,75	–	FM	15625
K'	afrikanische Norm	K'	625	8	+ 6,5	1,25	–	FM	15625
L	franz. UHF-Norm	–	625	8	+ 6,5	1,25	+	AM	15625
M	RTMA-Norm (FCC-Norm)	A	525	6	+ 4,5	0,75	–	FM	15750
N	modif. RTMA-Norm	–	625	6	+ 4,5	0,75	–	FM	15625

UHF-Bereich mit 625 Zeilen in Farbe (Standard J). Um auch die beiden erstgenannten Programme farbig ausstrahlen zu können, werden zwei neue Senderketten errichtet, die parallel zum 405-Zeilen-Schwarzweiß-Standard (der in absehbarer Zeit entfällt) das Programm zusätzlich mit 625 Zeilen im UHF-Bereich übertragen. Die ersten neuen Sender wurden 1969 in Betrieb genommen. Fernsehkanäle der englischen VHF-Norm haben als Kurzbezeichnung vor den Kanalzahlen ein B (40–68 MHz, 175–221 MHz).

In **Frankreich** gibt es neben der 819-Zeilen-Norm (Standard E) ebenfalls eine 625-Zeilen-Norm (Standard L), mit der im UHF-Bereich IV/V in Farbe gesendet wird. Die Farbübertragungen erfolgen nach dem SECAM-Verfahren, das in Frankreich entwickelt wurde. Wegen der großen Bandbreite bringt man die Sender z. T. paarweise im gleichen Frequenzbereich unter: die Frequenzspektren liegen dann spiegelbildlich zueinander. Fernsehkanäle der französischen VHF-Norm haben als Kurzbezeichnung vor den Kanalzahlen ein F (40–67 MHz, 160–215 MHz).

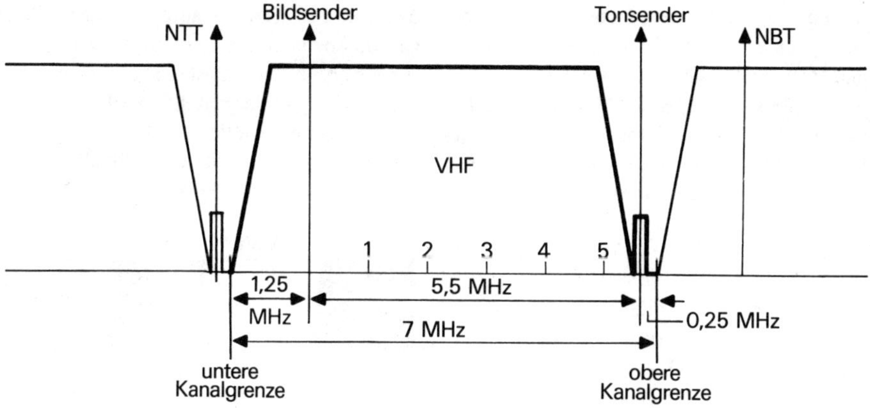

Bild 5.1 Fernseh-Kanaleinteilung im VHF-Bereich

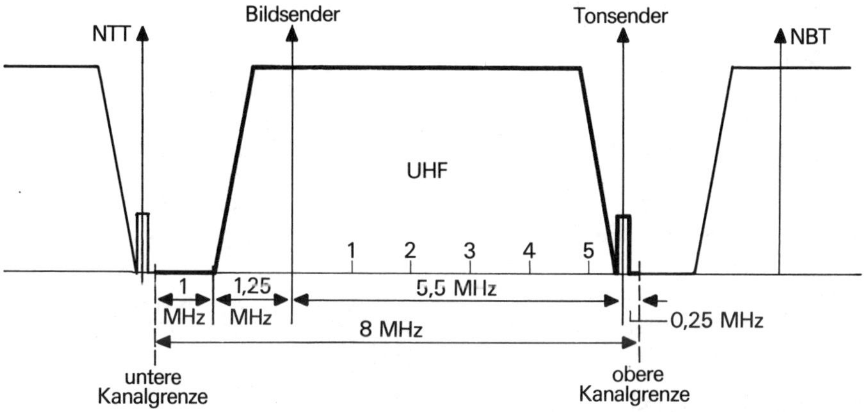

Bild 5.2 Fernseh-Kanaleinteilung im UHF-Bereich

Belgien benutzt im VHF-Bereich eine abgewandelte 625-Zeilen-Norm (Standard C), die als sogenannte flämische Norm bezeichnet wird. Sie entspricht in den wesentlichen Werten (Kanalbreite, Abstand Bild-Tonträger, Zeilenzahl, Halbbildwechsel- und Zeilenfrequenz) der CCIR-Norm, verwendet jedoch eine positiv gerichtete AM-Bildmodulation und einen amplitudenmodulierten Ton.

Luxemburg sendet im VHF-Bereich nach einem modifizierten 819-Zeilen-System, das als sogenannte wallonische Norm (Standard F) früher auch in Belgien gebräuchlich war. Zeilenzahl und Zeilenfrequenz entsprechen der französischen VHF-Norm, desgleichen die Modulationsarten für Bild und Ton. Die Kanalbreite und der Bild-Tonträgerabstand sind dagegen mit der CCIR-Norm identisch (7 bzw. 5,5 MHz). Eine Umstellung auf CCIR-Norm (Standard B) ist im Gange, so daß der Standard F in absehbarer Zeit entfällt.

Die **amerikanische Norm** (Standard M) ist in den USA, Kanada, Südamerika, Japan und einigen weiteren Ländern gebräuchlich. Sie wird auch FCC-Norm oder RTMA-Norm genannt. Farbsendungen werden nach dem NTSC-Verfahren ausgestrahlt. Lediglich Argentinien benutzt wegen der dort gebräuchlichen 50-Hz-Netzwechselspannung abweichende Daten für Zeilenzahl und Bildwechselfrequenz (625 Zeilen und 50 Hz = Standard N). In den USA werden Fernsehsendungen im VHF- und UHF-Bereich ausgestrahlt. Die Fernsehkanäle der amerikanischen Norm haben als Kurzbezeichnung vor den Kanalzahlen ein A (VHF von 54–88 MHz und 174–216 MHz, UHF von 470–890 MHz).

Abweichend von der amerikanischen Kanaleinteilung ist der VHF-Bereich in **Japan** gegliedert (90–102 MHz, 170–222 MHz). Als Kurzbezeichnung vor den Kanalzahlen wird ein J verwendet.

Obwohl in **Australien** und **Neuseeland** die CCIR-Norm nach Standard B benutzt wird, ist die Einteilung der VHF-Kanäle eine andere. Sie umfaßt mit unregelmäßigen Kanalabständen den Frequenzbereich von 45–108 MHz, 137–144 MHz und 174–222 MHz.

5.2. Bild-, Synchron- und Tonsignale

Die folgenden Ausführungen beziehen sich auf das in der Bundesrepublik angewandte Sendeverfahren (Standard B und G).

5.2.1. Restseitenband-Sendeverfahren

Fernsehsender arbeiten mit zwei voneinander unabhängigen Sendern für Bild- und Tonsignalübertragung. Der Tonsender ist wie beim UKW-Rundfunk frequenzmoduliert und hat einen Hub von ± 50 kHz für 100% Modulation. Die Vorverzerrung (Preemphasis) beträgt 50 µs. Empfängerseitig wird die Höhenanhebung durch ein *RC*-Glied (Deemphasis) wieder aufgehoben. Die Leistung des Tonsenders steht in einem bestimmten Verhältnis zum Bildsender und darf nach den Empfehlungen des CCIR ein Fünftel bis ein Zehntel der Bildsenderleistung betragen.

Der Bildsender ist amplitudenmoduliert, und zwar wird die sogenannte Negativ-Modulation angewendet. Das heißt: Je dunkler das von der Kamera aufgenommene Bild ist, um so mehr Leistung strahlt der Bildsender ab. In Bild 5.3 ist dies an einem einfachen Beispiel dargestellt. Wird das in die Fernsehkamera fallende Licht weniger (negativer), so hat das eine Zunahme der abgestrahlten Senderleistung zur Folge.

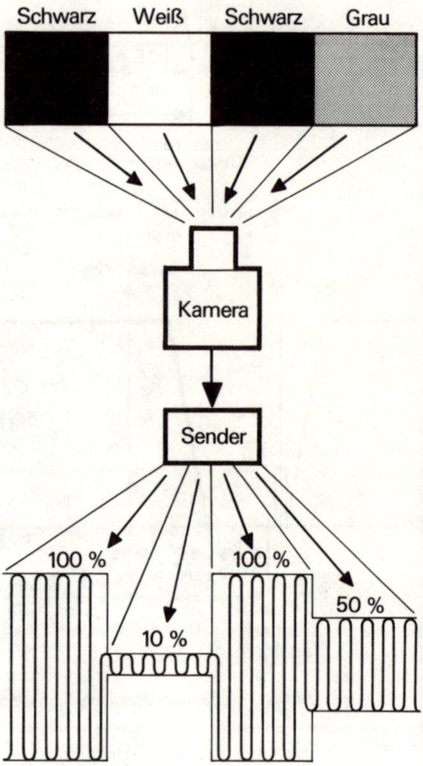

Bild 5.3 Je dunkler das Bild, um so mehr Leistung strahlt der Sender ab

Wie wir schon aus Band 1 wissen, benutzt man beim AM-Rundfunk das Zweiseitenband-Modulationsverfahren. Bei einem 4-kHz-Ton strahlt der Hörfunksender neben dem Träger (z. B. 1 MHz) dann noch zwei Seitenbandfrequenzen von 0,996 MHz und 1,004 MHz aus, die beide vom Empfänger aufgenommen, verstärkt und gleichgerichtet werden. Die Durchlaßkurve des Empfängers muß demnach wie in Bild 5.4 verlaufen und beide Seitenbänder voll

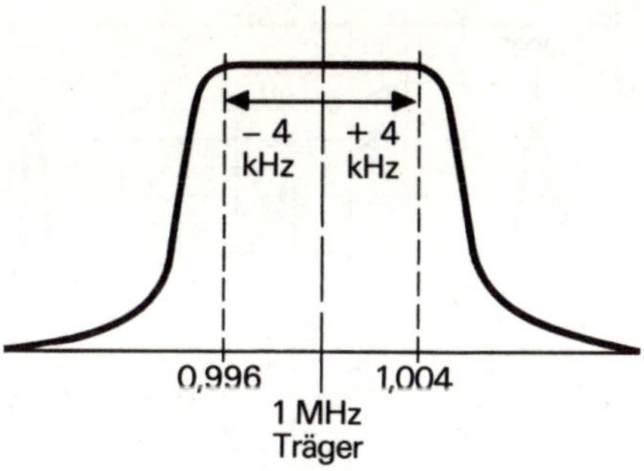

Bild 5.4 Symmetrische Durchlaßkurve eines AM-Rundfunkempfängers

übertragen. Das Zweiseitenbandverfahren ist beim AM-Hörfunk gewissermaßen historisch bedingt. Man könnte nämlich – wie in Kapitel 4 schon erwähnt – ohne Qualitätseinbuße auch nur ein Seitenband übertragen und käme dann mit der halben Bandbreite aus. Diesen Kunstgriff macht man sich beim Fernsehen seit langem zunutze und arbeitet im Bildsender mit einem modifizierten Einseitenband-Übertragungsverfahren.

Leider ist es in der Praxis nicht möglich, die **Sender-Durchlaßkurve** in der Nähe der Trägerfrequenz mit der an sich erforderlichen steilen Flanke abzusenken, um einen echten Fernseh-Einseitenbandsender zu betreiben. Deshalb unterdrückt man das untere Seitenband nicht vollständig, sondern läßt es in einem bestimmten Verhältnis auf Null abklingen, wodurch sich ein »Restseitenband-Verfahren« ergibt. Bild 5.5 zeigt den Amplitudenverlauf des Bildsenders, dessen unteres Seitenband bis –750 kHz voll übertragen wird und dann bis –1,25 MHz steil abfällt. Das obere Seitenband wird dagegen bis 5 MHz voll übertragen und fällt dann ebenfalls steil ab. Der Tonträger liegt mit 5,5 MHz Abstand oberhalb des Bildträgers außerhalb des Seitenbands.

Die **Empfänger-Durchlaßkurve** entspricht allerdings im Bereich von –750 bis +750 kHz nicht der Sender-Durchlaßkurve, sondern weist hier eine bestimmte Schräge auf, die nach ihrem Erfinder als »Nyquist-Flanke« bezeichnet wird. Sie dient zur amplitudengerechten Übertragung der tiefen Modulationsfrequenzen, wie im folgenden Beispiel erläutert wird.

Aus Bild 5.6 ist zu entnehmen, daß z. B. die Frequenz 300 kHz im unteren Seitenband mit 30 % und im oberen Seitenband mit 70 % Amplitude enthalten ist. Die Summe beider Amplituden ergibt 100 % und erreicht damit den gleichen Wert wie die Frequenzen im Bereich von 750 kHz bis 5 MHz. Mit anderen Worten bildhaft ausgedrückt: das »fehlende Dreieck« im oberen Teil der Nyquistflanke wird durch »Herumklappen« des »unteren Dreiecks« ergänzt, so daß sich zusammen die gleiche Amplitudenhöhe wie für die anderen voll übertragenen Modulationsfrequenzen er-

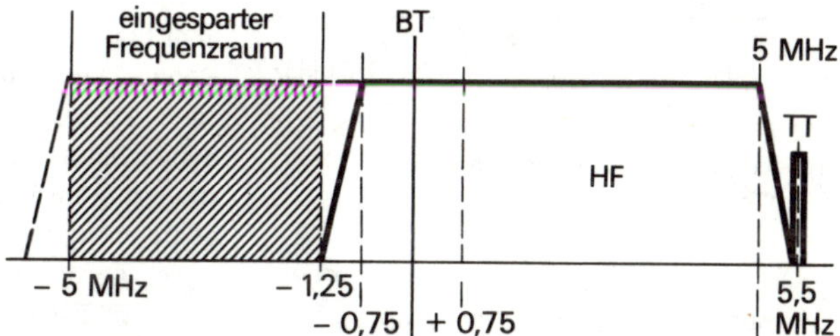

Bild 5.5 Amplitudenverlauf des Fernseh-Bildsenders beim Restseitenband-Verfahren

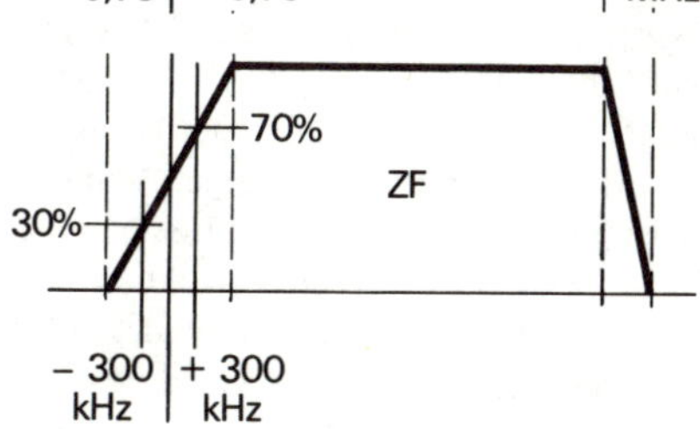

Bild 5.6 Prinzip der amplitudengerechten Übertragung der tiefen Bildfrequenzen im Bereich der Nyquist-Flanke

gibt (Bild 5.7). Dies Verfahren ist möglich, weil im unteren wie oberen Seitenband absolut die gleiche Information enthalten ist.

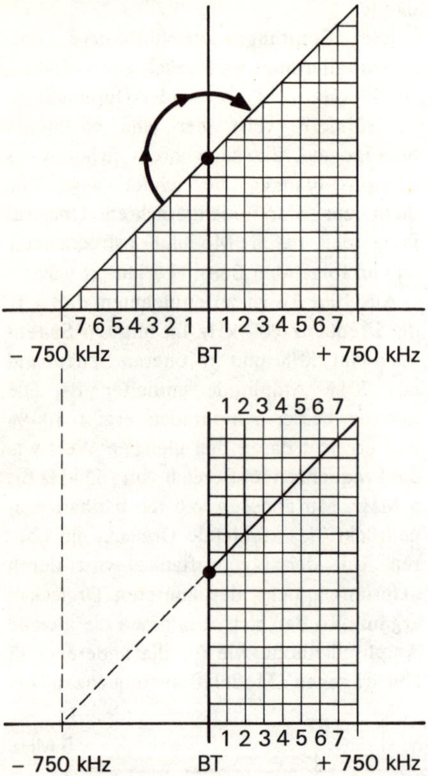

Bild 5.7 Das »herumgeklappte« untere Dreieck ergänzt das fehlende Stück im oberen Teil der Nyquist-Flanke

Die vom FTZ (Fernmeldetechnisches Zentralamt der Bundespost) empfohlenen Werte für die Nachbarkanal-Unterdrükkung betragen: Nachbarton minimum 40 dB, Nachbarbild minimum 40 dB, Eigenton 20 dB; alle Werte bezogen auf Mitte Nyquistflanke (6 dB gegen Mitte Durchlaßband). Eine derartige Durchlaßkurve ist in Bild 5.8 angegeben. Für alle anderen Frequenzen außerhalb des Durchlaßbereichs wird eine Dämpfung besser als 30 dB gefordert. Die Spiegelfrequenzsicherheit soll besser als 60 dB sein.

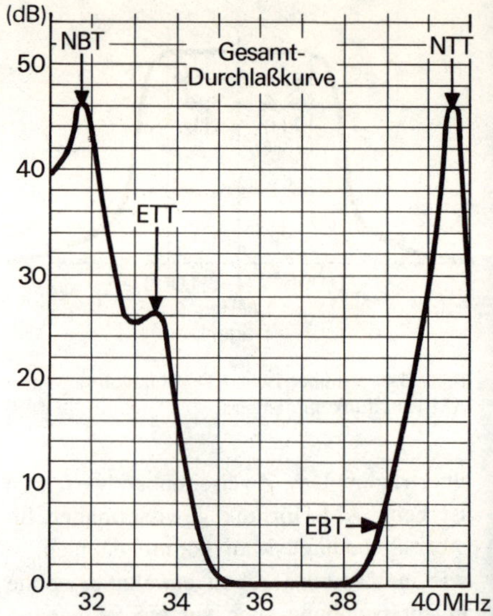

Bild 5.8 Durchlaßkurve eines Fernsehempfängers mit Dämpfungswerten für die Nachbarkanal- und Eigentonträger-Unterdrückung. In der Praxis liegen die Werte für NBT und NTT zumeist über 50 dB

5.2.2. Normsignal

Bei der negativen Amplitudenmodulation liegt der Weißpegel bei 10 %, die Austastschulter bei 75 % der maximalen Trägerleistung. Die Synchronimpulse entsprechen dem Pegel von 75 bis 100 % der Trägerleistung. Die Bildträgermodulation besteht aus dem eigentlichen Bildinhalt und den Synchronisationszeichen zur Gleichlaufsteuerung im Empfänger. Die Pegel des Signalgemisches gehen aus Bild 5.9 hervor.

Für Farbfernsehsendungen benutzt man das PAL-Farbübertragungssystem mit einem Farbträger von 4,43 MHz und Quadratur-Modulation. Zur Synchronisation des empfängerseitigen Farbträgers dient ein Signal von 10 Perioden des senderseitigen Farbträgers (Burst) auf der hinteren Austastschulter des Horizontal- oder Zeilensynchronimpulses.

Der Vertikalimpuls ist wesentlich länger als der Horizontalsynchronimpuls und besteht aus 5 vorderen Ausgleichsimpulsen im halben Zeilenabstand, dem eigentlichen

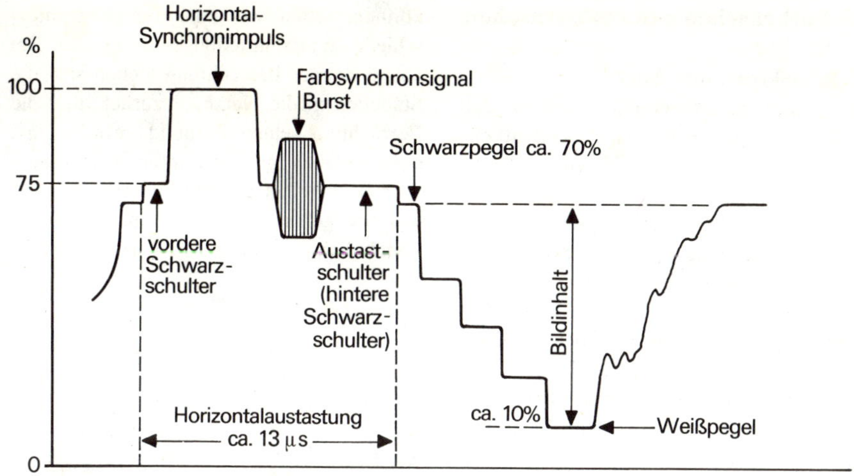

Bild 5.9 Pegel des Fernsehsignalgemisches

Vertikalsynchronimpuls (»halbzeilig gezahnt«) und 5 hinteren Ausgleichsimpulsen (Bild 5.10). Er ist in diesem Teil 7,5 Zeilen lang, es folgt aber noch eine 12—15 Zeilen lange, hintere Austastschulter, so daß der gesamte Vertikalsynchronimpuls rund 20 Zeilen, also etwa 6 % der Rasterfläche einnimmt.

Das Verhältnis Breite zu Höhe des Fernsehbilds beträgt bei der CCIR-Norm 4:3. Die Abtastung erfolgt zeitlinear von links nach rechts und von oben nach unten. Das Bild ist aus 625 Zeilen mit einem 2:1-Zeilensprung aufgebaut. Es werden 25 volle Bilder pro Sekunde gesendet, die Halbbildfrequenz ist 50 Hz. Die Zeilenfrequenz beträgt somit 25 × 625 = 15 625 Hz ± 0,1 % zulässige langsame Änderung.

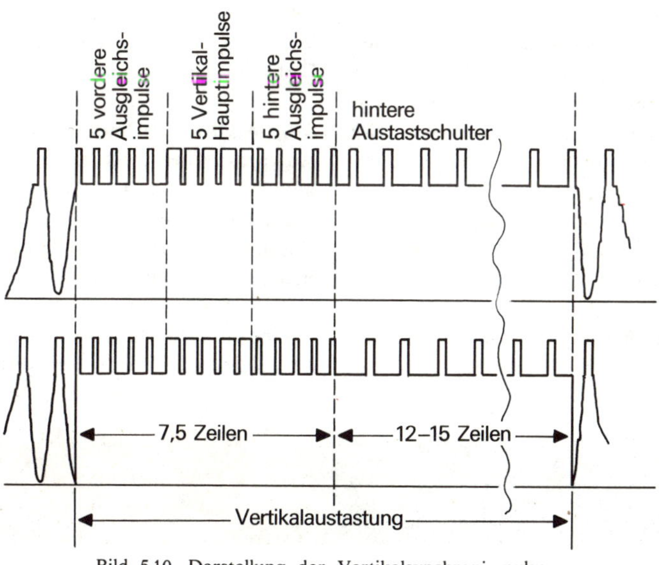

Bild 5.10 Darstellung der Vertikalsynchronimpulse

5.3. Farbensehen und Farbfernsehen

5.3.1. Spektrum und Auge

Den ersten experimentellen Beweis, daß weißes Sonnenlicht keine einheitliche Strahlung ist, führte Isaac Newton 1666. Er leitete das Sonnenlicht durch ein Prisma in einen dunklen Raum und erhielt durch unterschiedliche Beugung der im Sonnenlicht enthaltenen Wellenlängen das bekannte Regenbogenspektrum (Bild 5.11). Die Zerlegung des Lichts in die Spektralfarben führte zu der Erkenntnis, daß Licht als ein elektromagnetisches Wellenspektrum betrachtet werden kann, bei dem die einzelnen Farben durch die Länge oder die Frequenz der betreffenden Welle bestimmt sind.

Der Vorgang der Zerlegung ist umkehrbar: durch Zusammensetzung entsprechender Anteile von Spektralfarben oder auch anderer Farben läßt sich wieder »weißes Licht« bilden.

Wie in Bild 5.12 dargestellt, wird ein betrachteter Gegenstand auf der Netzhaut (Retina) abgebildet. Die aufgenommenen Helligkeits- und Farbreize werden anschließend durch zwei Arten von »organischen Photozellen« (Stäbchen und Zapfen) in Nervenreize umgewandelt und über den Sehnerv zum Gehirn geleitet. Erst hier erfolgt die Umsetzung in bewußte Helligkeits- oder Farbwahrnehmungen. Die Mehrzahl der Zapfen steht in der Mitte der Netzhaut (Fovea centralis = gelber Fleck), zum Rand hin nimmt der Anteil der Zapfen ständig ab und die Zahl der Stäbchen entsprechend zu.

Bei geringer Helligkeit wird die Lichtempfindung nur durch Stäbchen vermittelt; da diese keine Farben unterscheiden können, sehen wir nur Helligkeitsunterschiede und damit lediglich Graustufen. Bei ausreichender Beleuchtung ziehen sich die Stäbchen in die Netzhaut zurück, und die Betrachtung eines Farbbilds erfolgt fast ausschließlich mit den Zapfen. Wir können daraus schließen, daß ein Farbeindruck nur wiedergegeben werden kann, wenn die Leuchtdichte genügend groß ist.

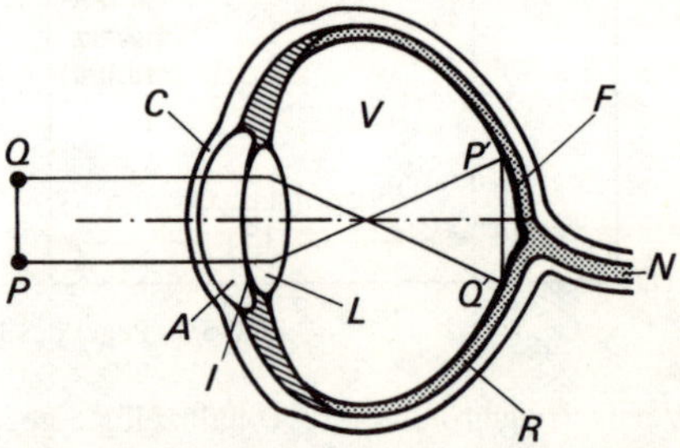

Bild 5.12 Schema des Auges und des Sehvorgangs. C = Hornhaut (Cornea), A = vordere Augenkammer, I = Irisblende, L = Augenlinse, V = Glaskörper (Corpus vitreum), R = Netzhaut (Retina), F = Netzhautgrube (Fovea centralis), N = Sehnerv

Da die Umwandlung der Seheindrücke in ein bewußtes Bild erst im Gehirn erfolgt, haben neben rein physiologischen (körperlichen) auch psychologische (seelische) Vorgänge einen starken Einfluß auf die Farbempfindung.

5.3.2. Additive Farbmischung

Aus praktischen Gründen hat man für die additive Mischung Rot, Grün und Blau als sogenannte Primärfarben festgelegt. Durch Zusammensetzung dieser drei Primärfarben in den richtigen Anteilen lassen sich fast alle Spektralfarben ermischen.

Eine anschauliche Vorstellung der additiven Mischung der drei Primärfarben

Bild 5.11 Zerlegtes Sonnenlicht ergibt ein farbiges Spektrum

wurde bereits im Band 1 mit dem Bild der drei Scheinwerfer gegeben, die über vorgesetzte Filter je einen grünen, roten und blauen Kreis projizieren. Als Mischprodukt aller drei Farben entsteht in der Mitte ein weißer Fleck (Bild 5.13). Außerdem sieht man in der Überschneidungszone der beiden grünen und roten Kreise als Mischprodukt die Farbe Gelb. Beim gleichen Vorgang mit Grün und Blau entsteht als Mischfarbe Blaugrün, auch Cyan genannt. Und bei Rot und Blau ergibt sich als Mischfarbe Purpur, auch Magenta genannt.

Bild 5.13 Additive Mischung der drei Primärfarben Rot, Grün und Blau

Die Purpurfarben sind keine Spektralfarben, weil sie nur durch Mischung von Rot und Blau darstellbar sind. Cyan und Gelb sind dagegen Spektralfarben, weil diese Farbtöne als Strahlung mit einer bestimmten Wellenlänge im Spektrum vorkommen.

Die Farben Gelb, Cyan und Purpur, die durch Mischung der Primärfarben entstehen, werden als Komplementärfarben bezeichnet (Bild 5.14). Auch bei Mischung der drei Komplementärfarben erhalten wir wieder Weiß: ebenso wenn je eine Primärfarbe mit einer Komplementärfarbe gemischt wird, in der sie selbst nicht enthalten ist, also Blau mit Gelb, Grün mit Purpur und Rot mit Cyan.

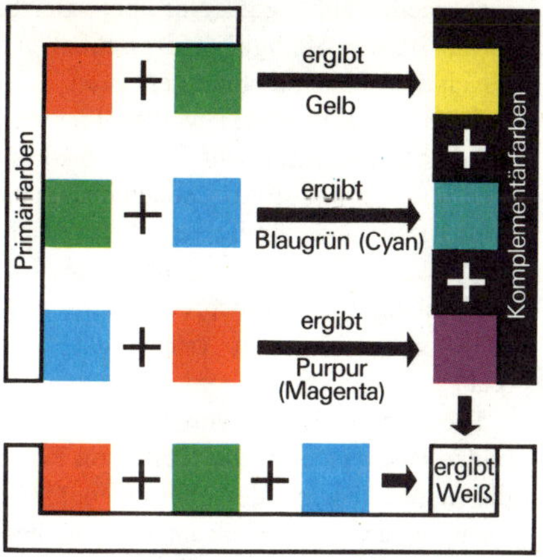

Bild 5.14 Zusammenstellung der Primär- und Komplementärfarben

5.3.3. Wichtige farbliche Begriffe

Mit der Augenempfindlichkeitskurve (Bild 5.15) kann gezeigt werden, daß und wie die Helligkeitsempfindung des menschlichen Auges von der Farbe der Lichtquelle abhängig ist. An einem Beispiel erklärt: Bei zwei gleichen Glühlampen mit gleicher Leuchtdichte befindet sich vor der einen ein grünes und vor der anderen ein orangefarbenes Filter. Dann erscheint das grüne Licht heller als das orangefarbene, weil das Auge im Bereich von Grün doppelt so empfindlich ist wie im Bereich von Orange.

Wir halten also fest: Die **Leuchtdichte** ist unabhängig vom Farbton und propor-

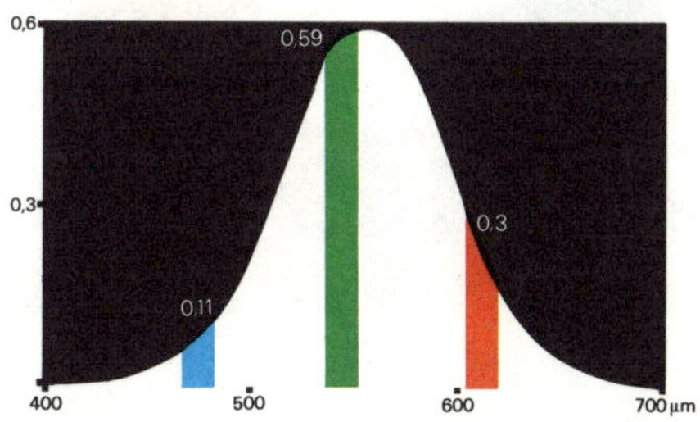

Bild 5.15 Augenempfindlichkeitskurve

tional zur Stärke der jeweiligen Lichtquelle. Die **Helligkeit** – also die Empfindung des Auges – ist von der Stärke und Farbe der Lichtquelle abhängig. Nur bei gleicher Farbe ist der Helligkeitsunterschied auch gleich dem Leuchtdichteunterschied.

Beim Betrachten von weißen Lichtquellen durch rote Filter sehen wir rotes Licht; wenn wir grüne Filter benutzen, grünes Licht usw. Unabhängig von Leuchtdichte und Helligkeit wird der **Farbton** von der Wellenlänge der entsprechenden Lichtschwingung bestimmt (siehe auch Bild 5.11).

Die Spektralfarben von Rot bis Violett bilden eine geschlossene Kette von Farben die fließend ineinander übergehen. Ordnet man die Farben als Kreis an, so kann dieser über die Purpurfarben, die ja durch Mischung von Blau und Rot entstehen, geschlossen werden (s. auch Bild 5.16). Die spezifischen Eigenschaften der einzelnen Farben, also z. B. rot, gelb, grün oder blau werden als Farbton bezeichnet, um eine Unterscheidung gegenüber dem allgemeinen Begriff Farbe zu bekommen.

Neben den »reinen« gesättigten Farben, wie sie im Spektrum vorkommen, gibt es

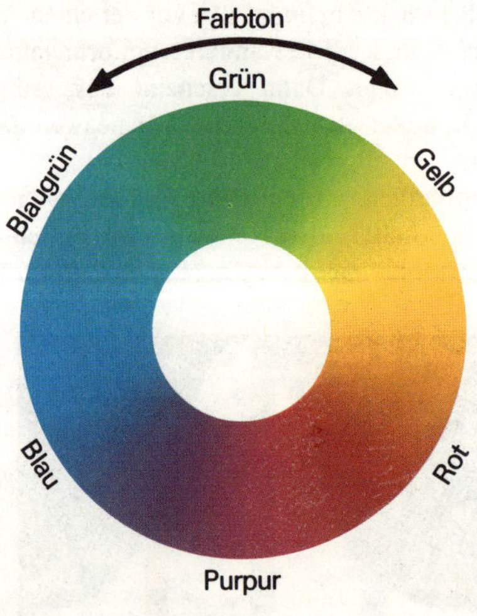

Bild 5.16 Spektralfarben und Purpurfarben als Farbkreis angeordnet

noch die blasseren, pastellfarbigen. Sie entstehen, wenn reinen Farben ein Weißanteil zugesetzt wird.

Wenn beispielsweise ein Scheinwerfer mit vorgesetztem Rotfilter eine weiße Fläche beleuchtet, so ist das von ihr reflektierte Licht reines sattes Rot. Bestrahlt daraufhin ein zweiter Scheinwerfer einen Teil der Rotfläche mit weißem Licht, dann bleibt der Farbton Rot dort zwar bestehen, aber die vorher satte Farbe wird um so blasser, je stärker sie zusätzlich mit Weiß bestrahlt wird. Umgekehrt nimmt die Intensität der roten Farbe – ihr Sättigungsgrad – wieder zu, je schwächer der zusätzliche Weißanteil wird.

Es lassen sich also alle gewünschten Rottönungen durch Mischen mit Weiß bilden. Das gleiche gilt natürlich für die Abstufungen der Farben Grün und Blau, die in Bild 5.17 – zusammen mit Rot – in verschiedenen Sättigungsabstufungen dargestellt sind.

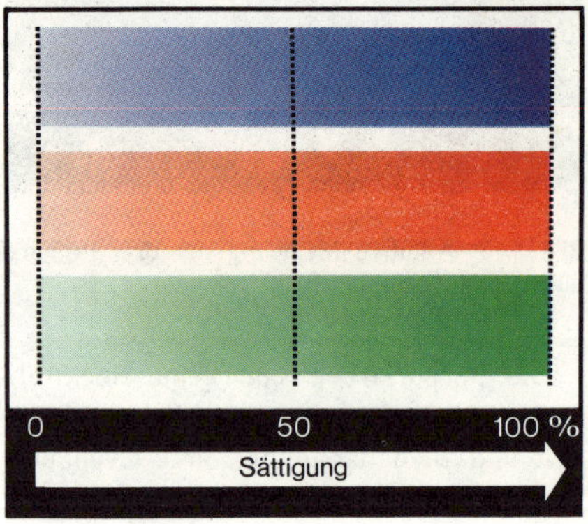

Bild 5.17 Farbsättigungsabstufungen bei Blau, Rot und Grün

Das Maß für die »Reinheit« einer Farbe ist die **Farbsättigung**. Reine Farben – sie kommen in der Natur, außer im Spektrum, kaum vor – haben eine Farbsättigung von 100%. Je mehr »Weiß« eine Farbe enthält, desto geringer ist ihre Farbsättigung. Ein reines Weiß hat die Sättigung Null.

Als **besondere Farben** müssen Schwarz, Weiß und Braun bezeichnet werden. Der Eindruck **Schwarz** entsteht, wenn alles sichtbare Licht fehlt. Im Fernsehen erhalten wir diesen Eindruck, weil das Auge nur einen begrenzten Helligkeitsumfang wahrnehmen kann und deshalb auf dem an sich grauen Fernsehschirm einer dunklen Fläche in einer hellen Umgebung den Bildeindruck »schwarz« zuordnet.

Die »unbunte« Farbe Weiß ist eine Mischung von Licht verschiedener Wellenlängen und kann durchaus farbliche Unterschiede aufweisen. Bild 5.18 zeigt die spektrale Energieverteilung von verschiedenen Lichtquellen. Das Licht der Glühlampe ist gelber — also steigt die Energie zu längeren Wellenlängen an. Alle farblichen Betrachtungen beim Farbfernsehen beziehen sich auf ein »Weiß gleicher spektraler Energiedichte«, und aus Bild 5.18 ist zu entnehmen, daß der Sonnenschein dieser theoretischen Festlegung doch sehr nahekommt.

Im vorletzten Absatz wurde gesagt, daß eine graue Fläche innerhalb einer hellen Umgebung als schwarz empfunden werden kann. Die Farbe **Braun** entsteht auf ähnliche Weise, da eine dunkle gelbe oder orangefarbene Fläche in einer hellen Umgebung als Braun empfunden wird.

5.3.4. Farbdreieck

Um die Zusammenhänge anschaulich zu machen, kann man die drei Grundfarben Rot, Grün und Blau so anordnen, daß sie die Achsen eines räumlichen Koordinatensystems X, Y, Z bilden (Bild 5.19).

Ergänzt man dieses System durch eine schrägliegende Dreiecksfläche, so verläuft die »Weißgerade« durch das Zentrum dieses Dreiecks. Auf dem Rand der Dreiecksfläche liegen dann zwischen den Punkten Blau, Grün und Rot die Mischfarben, wobei

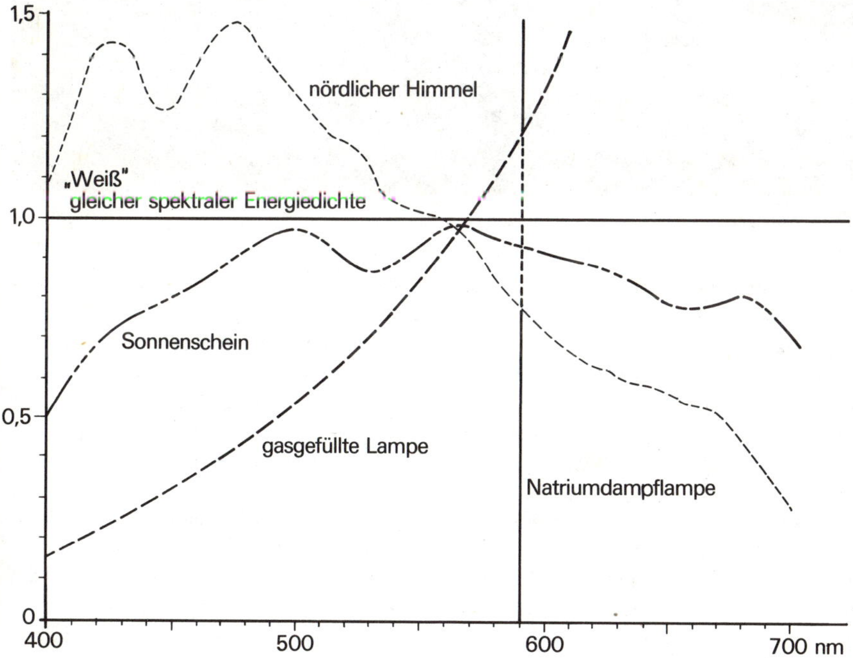

Bild 5.18 Spektrale Energieverteilung verschiedener Lichtquellen

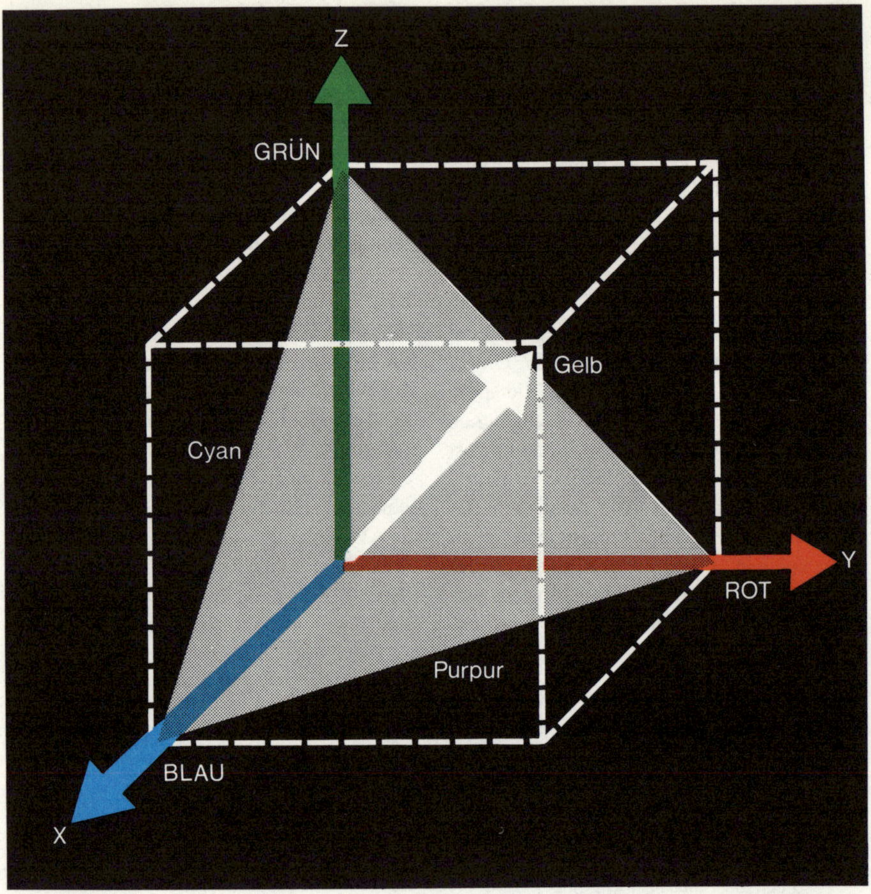

Bild 5.19 Anordnung der Primärfarben in einem räumlichen Koordinatensystem X, Y, Z

die Komplementärfarben Cyan, Gelb und Purpur in der Mitte liegen. Die Verbindungsgeraden zwischen Blau, Grün und Rot und der jeweils gegenüberliegenden Komplementärfarbe gehen immer durch den sogenannten Weißpunkt, woraus zu schließen ist, daß die Mischung dieser Farbpaare immer Weiß ergibt. Die Eckpunkte des Dreiecks und die verbindenden Geraden stellen den geometrischen Ort für die 100% gesättigten Farben dar. Vom Rand bis zur Dreiecksmitte nimmt die Sättigung immer mehr ab, bis sie im Mittelpunkt bei der unbunten Farbe Weiß zu Null wird.

Ausgehend von dieser Darstellungsart wurde von der Internationalen Beleuchtungskommission (I.B.K.) oder C.I.E. (Commission Internationale de l'Eclairage) das Farbdreieck festgelegt (Bild 5.20). Den Eckpunkten dieses Dreiecks sind sogenannte »übersättigte« Farben zugeordnet, die in der Natur nicht vorkommen. Der Vorteil dieser Festlegung ist, daß die 100% gesättigten Spektralfarben jetzt auf einem geschlossenen Linienzug innerhalb des Dreiecks liegen. Am Rand der »Hufeisenkurve« sind die Wellenlängen des jeweiligen Farbtons angegeben; am unteren Rand ist die Kurve durch die Purpurlinie ge-

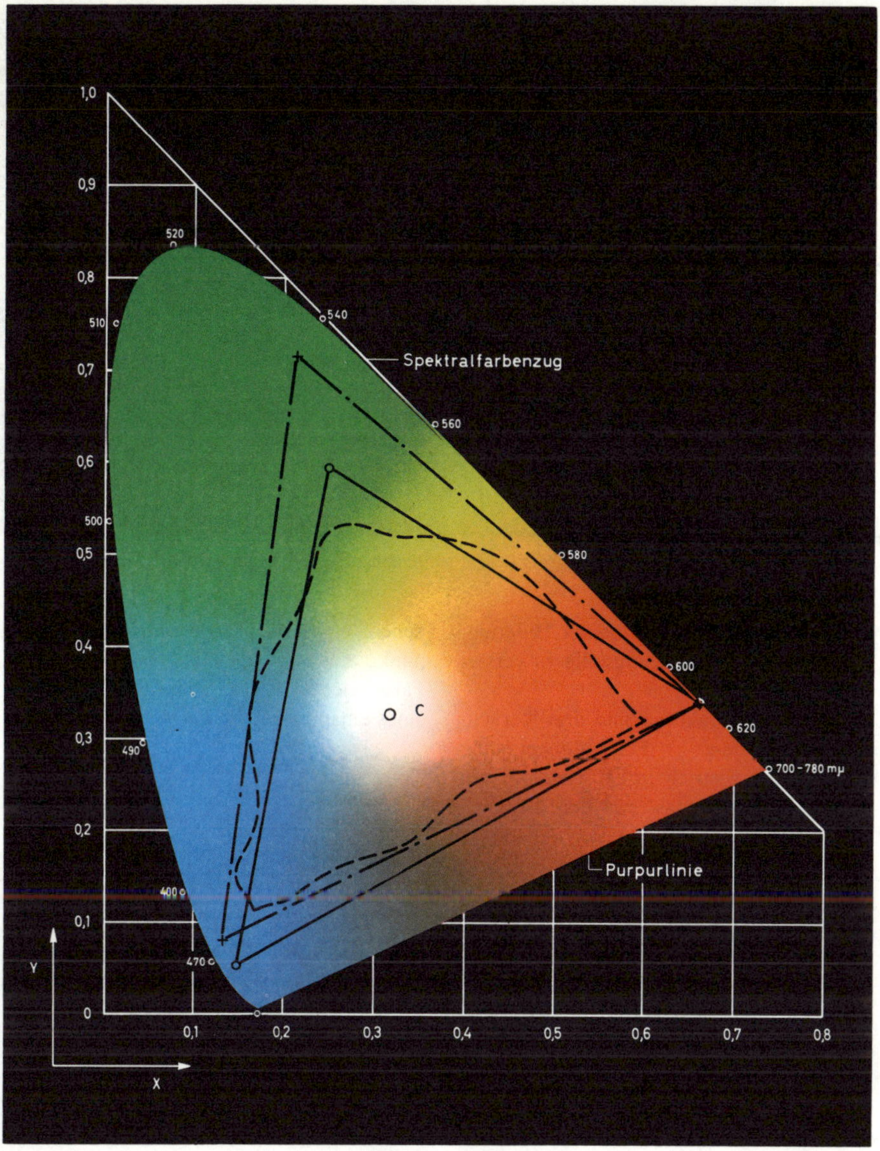

Bild 5.20 Farbdreieck

schlossen, an der keine Wellenlängenangaben vermerkt sind, weil diese Farben im Spektrum nicht vorkommen, sondern durch Mischung von Rot und Blau entstehen.

Das Farbdreieck macht auch die Begriffe Farbton und Farbsättigung deutlich: Vom Weißpunkt in der Mitte der Hufeisenkurve ausgehend ist der Farbton durch die Drehung eines vom Weißpunkt ausgehenden Zeigers bestimmt. Die Entfernung der Zeigerspitze vom Weißpunkt zum Rand der Kurve gibt das Maß für die Farbsättigung. Druckfarben können keine 100% gesättigten Farben wiedergeben, deshalb

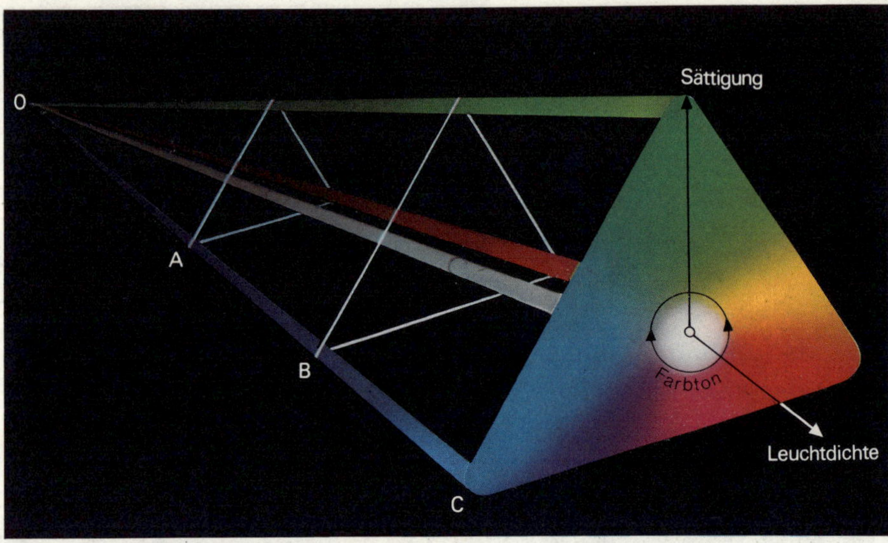

Bild 5.21 Erklärung des Begriffs Leuchtdichte anhand einer räumlichen Darstellung

ist die farbliche Wiedergabe der Hufeisenkurve nur als Orientierungshilfe zu verstehen.

In der Hufeisenkurve sind drei Kurvenzüge vorhanden: a) Eine unregelmäßig verlaufende, gestrichelte Kurve, die ein Gebiet begrenzt, das mit den heutigen Druckfarben oder Tinten wiedergegeben werden kann. b) Das Dreieck mit durchgehender Linie gibt die Farborte an, die mit einer modernen Farbbildröhre erreicht werden. c) Für das Farbfernsehen wurden drei Primärfarben als Bezugspunkte festgelegt (erstmals seinerzeit beim NTSC-System). Die strichpunktierte Linie verbindet diese Farborte; wesentlich ist, daß sich alle Gleichungen und Berechnungen auf diese drei Bezugspunkte beziehen.

Farbton und Farbsättigung lassen sich gut im zweidimensionalen Farbdreieck darstellen. Um die Leuchtdichte anschaulich zu erklären, benötigt man aber eine räumliche Darstellung. In Bild 5.21 breiten sich vom Nullpunkt »Schwarz« drei Farbstrahlen aus und bilden die Ecken des im Vordergrund sichtbaren Farbdreiecks. In der Mitte liegt die »Weißgerade«, und wir sehen, daß die Entfernung vom Nullpunkt ein Maß für die Leuchtdichte des Farbdreiecks ist und damit die Helligkeit eines entsprechenden Farbbilds bestimmt.

5.3.5. Kompatibles Farbfernsehsignal

Die von den Farbkamera-Aufnahmeröhren gelieferten Bildsignale werden in einer Matrix (Schaltung zur Addition und Subtraktion verschiedener Signale) so zusammengesetzt, daß die Informationen nach entsprechender Modulation in einem normalen Fernsehkanal übertragen werden können (Bild 5.22).

Aus unterschiedlichen Anteilen der drei Grundfarben wird das Leuchtdichtesignal, das man mit dem Buchstaben Y bezeichnet, nach der Formel

$$Y = 0{,}3\ R + 0{,}59\ G + 0{,}11\ B$$

gebildet. Hierdurch wird bei Schwarzweißfernsehgeräten die einwandfreie Wiedergabe des aufgenommenen Bilds in Schwarzweiß sichergestellt. Zusätzlich werden die beiden Signale $(R-Y)$ und $(B-Y)$ erzeugt, mit denen die Farbinformationen übertragen werden. Sie sind in den normalen Fernsehkanal sinnvoll eingeschachtelt, ohne das Schwarzweißbild zu stören.

Der Farbfernsehempfänger empfängt alle übertragenen Signale gleichzeitig, verstärkt sie und trennt sie über Filterschaltungen wieder, wodurch sich das Leuchtdichtesignal Y und die beiden Farbdifferenzsignale $(R-Y)$ und $(B-Y)$ ergeben.

Für die Steuerung der Farbbildröhre wird aber auch noch eine Information für »Grün« benötigt, also das Farbdifferenzsignal $(G-Y)$. Diese Information wird über eine Matrix im Farbfernsehempfänger aus den anderen Signalgrößen gewonnen. Das ist möglich, weil ja im Leuchtdichtesignal Y ein Anteil »Grün« enthalten ist (0,59 G).

Zur Steuerung der Farbbildröhre stehen jetzt vier Signale zur Verfügung. Aus Bild 5.22 ist zu erkennen, daß durch die gleichzeitige Steuerung der drei Katoden mit dem Signal $-Y$ und der Steuergitter mit den Farbdifferenzsignalen hier das Y-Signal herausfällt und nur die drei Farbsteuerungsspannungen R, G und B für die Gittersteuerung der Bildröhre wirksam sind. Für Rot zum Beispiel: $(R-Y) - (-Y) = R$.

Neben der hier ausführlich behandelten und weit verbreiteten Differenzsignalsteuerung der Farbbildröhre gibt es auch noch die sogenannte RGB-Steuerung. Bei dieser Methode wird die Farbbildröhre direkt mit den vollständigen Signalen der Rot-, Grün- und Blaufarbauszüge angesteuert.

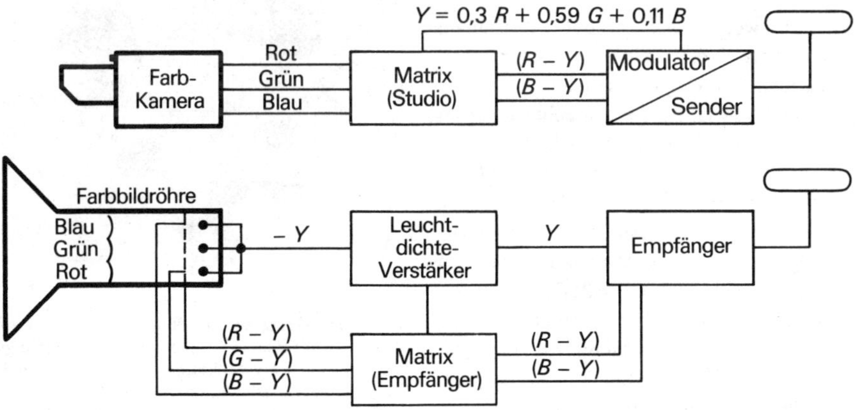

Bild 5.22 Prinzip der gleichzeitigen Steuerung der Katoden und Wehnelt-Zylinder einer Farbbildröhre

5.3.5.1. Leuchtdichtesignal

Beim Schwarzweißfernsehen liefert die Aufnahmekamera ein Leuchtdichtesignal, das dem Helligkeitsempfinden des menschlichen Auges entspricht, weil die Empfindlichkeitskurve der fotoaktiven Schicht in der Kameraröhre der Empfindlichkeit des menschlichen Auges angeglichen ist.

Eine Farbfernsehkamera liefert bei der Aufnahme eines Bilds die drei Grundfarben Rot, Grün und Blau. Die unterschiedlichen Helligkeitswahrnehmungen des Auges bei verschiedenen Farben gleicher Leuchtdichte führen dazu, daß nicht einfach eine Farbe, z. B. Grün, als Information für den Helligkeitswert übertragen werden kann. Dem Betrachter erscheint dann die Helligkeitsverteilung unnatürlich. An den Bildern 5.23 a bis d sieht man, wie unterschiedlich die Helligkeitswahrnehmung bei den Farben Rot, Grün und Blau sowie bei empfindungsrichtiger Aufnahme ist.

Beim Farbfernsehen wird daher durch Addition der drei Grundfarbenanteile in einer Matrix ein Leuchtdichtesignal gebildet, das bei der Wiedergabe im Schwarzweißgerät ein empfindungsrichtiges Bild liefert. Die schon erwähnte Gleichung für das Leuchtdichtesignal

$$Y = 0{,}3\,R + 0{,}59\,G + 0{,}11\,B$$

gibt an, welche Anteile der Farbsignale benötigt werden, um ein empfindungsrichtiges Leuchtdichtesignal zu bilden.

In Bild 5.24 ist ein Leuchtdichtesignal im Verlauf einer Zeile aufgezeichnet, wie es beim Abtasten der darüber abgebildeten Farbbalkenfolge entsteht. Wird also die Farbe Grün übertragen, muß in dem zur Verfügung stehenden Modulationsraum (0 für Schwarz bis 1,0 für Weiß) der Pegel des Leuchtdichtesignals 0,59 betragen.

Die Abstufung der Helligkeitswerte ist nicht linear. Wie aus Bild 5.24 hervorgeht, sind die einzelnen Spannungssprünge zwischen den Stufen aufgrund der Gleichung

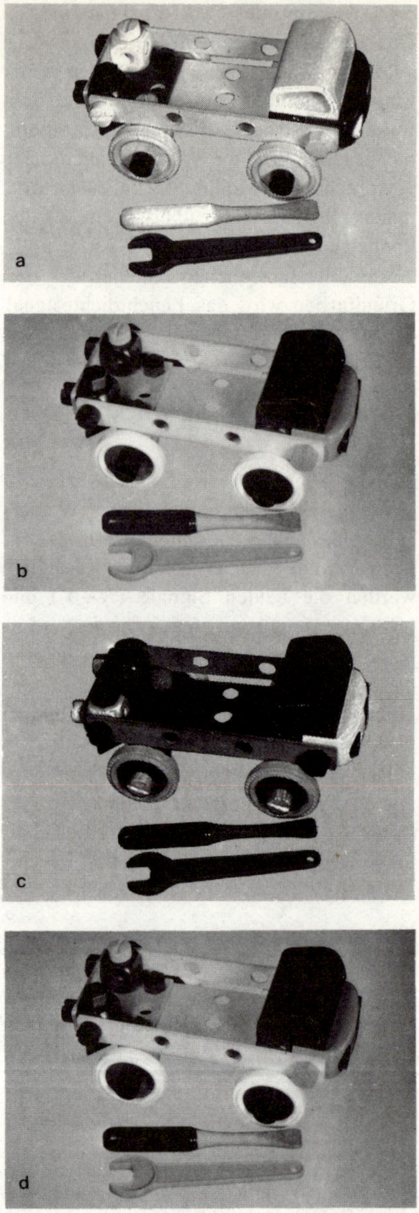

Bild 5.23 Helligkeitsverteilung bei Rot (a), bei Grün (b), bei Blau (c) und bei einer empfindungsrichtigen Schwarzweißaufnahme (d). Die Aufnahmen (a) bis (c) entstanden über ein rotes, grünes und blaues Filter mit anschließender Wiedergabe in Schwarzweiß

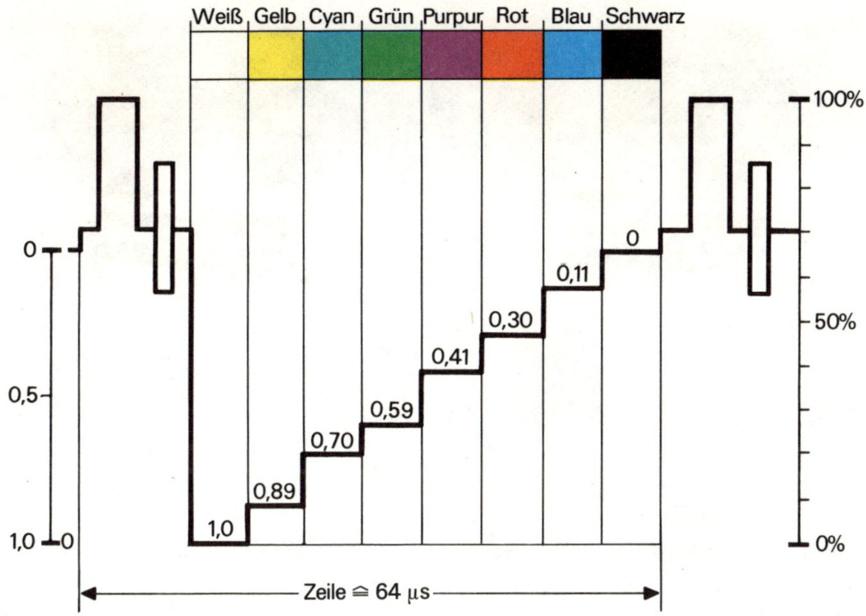

Bild 5.24 Aus der Addition der Leuchtdichteanteile U_{Rot}, $U_{Grün}$ und U_{Blau} entsteht für eine Farbbalkenfolge eine Treppenspannung, die im Schwarzweißempfänger eine empfindungsrichtige Helligkeitsabstufung zur Folge hat

für das Leuchtdichtesignal Y unterschiedlich groß. Die folgende Aufstellung gibt darüber Aufschluß:

Weiß	= 1,00	
		> 0,11
Gelb	= 0,89	
		> 0,19
Cyan	= 0,70	
		> 0,11
Grün	= 0,59	
		> 0,18
Purpur	= 0,41	
		> 0,11
Rot	= 0,30	
		> 0,19
Blau	= 0,11	
		> 0,11
Schwarz	= 0,00	

5.3.5.2. Farbsignalbandbreite

Eingehende Untersuchungen haben ergeben, daß das Auge die Farben mit einer geringeren Auflösung als die Schwarzweiß-Helligkeitsunterschiede wahrnimmt. In Bild 5.25 a ist ein unscharfer Farbauszug dargestellt. Wird dieser mit dem in Bild 5.25 b gezeigten Leuchtdichteauszug guter Auflösung (Schärfe) überlagert, so entsteht ein kontrastreiches und einwandfreies Farbbild (Bild 5.25 c).

Das Frequenzspektrum eines Farbfernsehkanals ist in Bild 5.26 skizziert. Die Bandbreite für das Leuchtdichtesignal beträgt etwa 5 MHz. Im Bereich der höheren Modulationsfrequenzen wird nun das Farbsignal (Trägerfrequenz = 4,43 MHz) mit einer Bandbreite von ungefähr 1 MHz hinzugefügt.

Durch das Einfügen eines zusätzlichen Signals in den Fernsehkanal entstehen gewisse Störungen, die aber für den Betrachter praktisch unsichtbar bleiben. Zur Erläuterung ist in Bild 5.27 ein Ausschnitt aus der spektralen Energieverteilung eines Fernsehsignals gezeichnet. Die Energie ist nicht gleichmäßig über den zur Verfügung stehenden Bandbreitenbereich verteilt. Es bilden sich vielmehr an den Stellen, die ein Vielfaches der Zeilenfrequenz sind, Energiekonzentrationen, und die Seitenbänder dieser Energieballungen treten wieder im Abstand von Vielfachen der Bildfrequenz auf. Die Seitenbandenergie dieser Spektral-

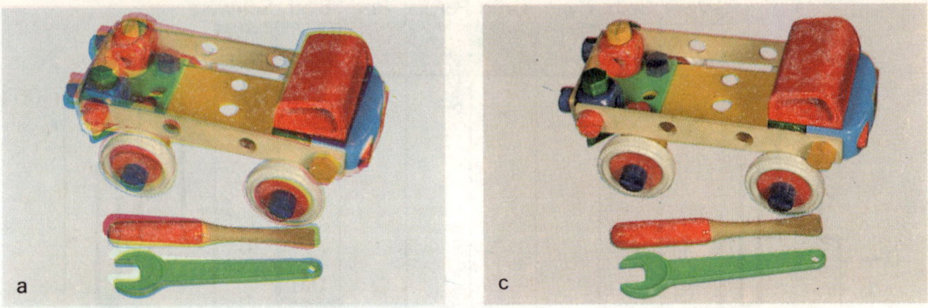

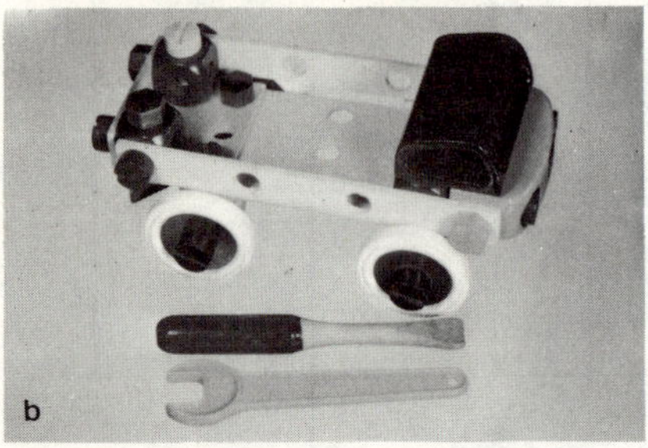

Bild 5.25 Durch die Deckung eines unscharfen Farbauszuges (a) mit einem Leuchtdichtebild (Schwarzweißauszug) hoher Auflösung (b) entsteht ein kontrastreiches, scharfes Farbfernsehbild (c)

linien nimmt aber rasch ab, so daß zwischen ihnen Platz für das Farbsignal bleibt, wobei zwei Bedingungen einzuhalten sind:

a) Der Farbträger muß bei etwa 4,43 MHz liegen, weil dann ein im Bild auftretendes Störmuster nur aus »feinen« Bildpunkten besteht. Außerdem muß die Frequenz des Farbträgers in einem günstigen

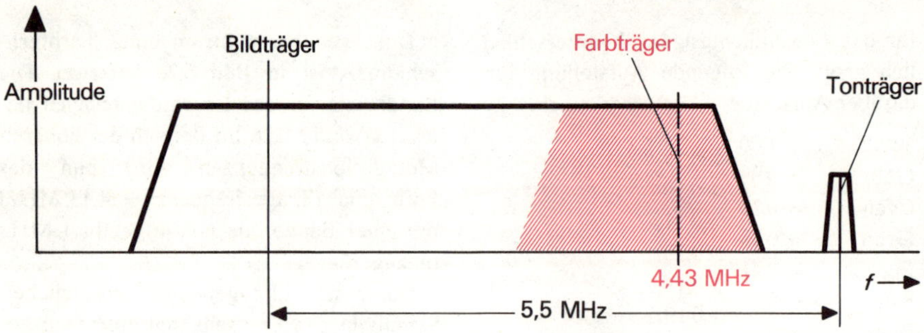

Bild 5.26 Frequenzspektrum eines Farbfernsehkanals

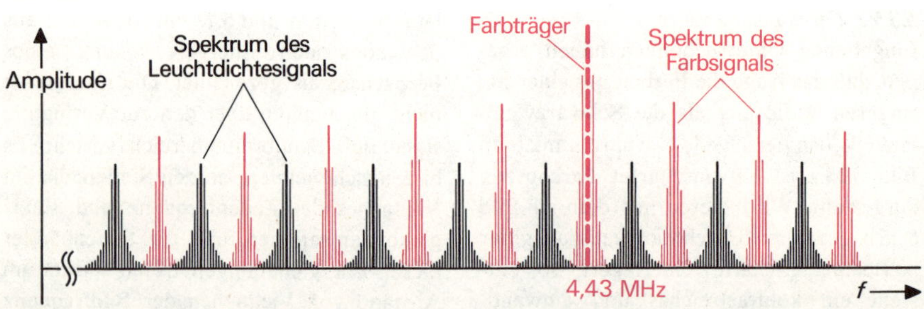

Bild 5.27 Das Spektrum des Farbsignals ist in das Spektrum des Leuchtdichtesignals eingeschachtelt

Verhältnis, dem sogenannten Offset = Versatz, zu einem Vielfachen der Ablenkfrequenzen stehen.

b) Zur weiteren Störverminderung wird der Farbträger selbst bereits im Sender unterdrückt, und nur seine Seitenbänder werden übertragen. Der Farbträger muß durch besondere Schaltungen im Farbfernsehempfänger wieder zurückgewonnen werden.

5.3.5.3. Farbdifferenzsignale

Von der Empfängerröhre her ist bekannt, daß der Anodenstrom sowohl durch das Verändern der Gitterspannung als auch durch eine entsprechende Änderung der Katodenspannung gesteuert werden kann. Bei der in Bild 5.28 gezeigten Schaltung

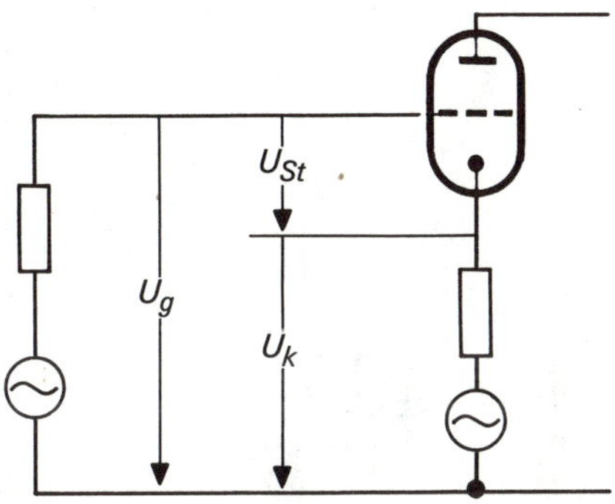

Bild 5.28 Steuerung einer Triode

entsteht die für den Anodenstrom wirksame Steuerspannung U_{St} aus der Differenz von Eingangs- und Katodenspannung:

$$U_{St} = U_g - U_k$$

Wird dieses Beispiel auf die Farbbildröhre übertragen, so stellt sich das in Bild 5.29 für das Elektronenstrahlsystem »Rot« gezeichnete Schema ein. Daraus ergibt sich:

$$\begin{aligned} U_{St} \text{ »Rot«} &= U_{(R-Y)} - U_{(-Y)} \\ &= U_R - U_Y - (-)\, U_Y \\ &= U_R \end{aligned}$$

Im Übertragungsbereich der Farbe (Videofrequenzen bis etwa 1 MHz) entfällt also bei 100 Prozent Sättigung das Leucht-

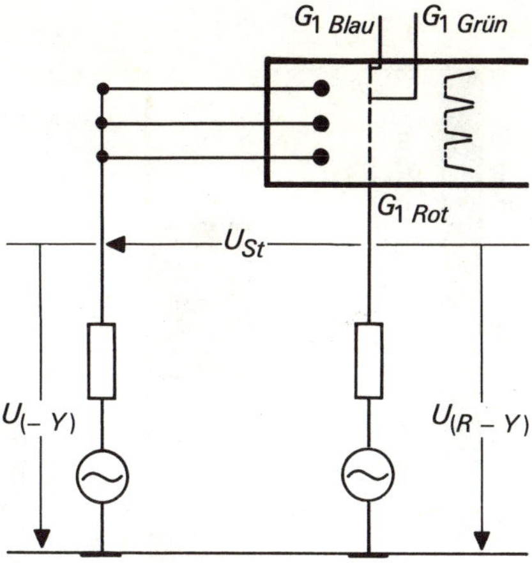

Bild 5.29 Steuerung einer Farbbildröhre

dichtesignal U_Y, und wir erhalten für das Elektronenstrahlsystem »Rot« die gewünschte Steuerspannung U_R. Sinngemäß gilt diese Steuerung auch für die beiden anderen Strahlsysteme »Grün« und »Blau«. Im Videofrequenzbereich oberhalb von 1 MHz ist sowieso keine Farbinformation mehr enthalten, so daß hier die Steuerung der Bildröhre allein durch das Leuchtdichtesignal $U_{(-Y)}$ an der Katode erfolgt.

In Bild 5.30 sind die relativen Spannungen U/U_0 an den Katoden und den Steuergittern der Farbbildröhre dargestellt. Bei der Wiedergabe eines weißen Balkens müssen alle drei Strahlsysteme der Farbbildröhre voll ausgesteuert werden. Da aber bei »Weiß« keine Farbinformation notwendig ist — die Farbsättigung ist hier gleich Null —, sind die Farbdifferenzspannungen $U_{(R-Y)}$, $U_{(G-Y)}$ und $U_{(B-Y)}$ natürlich ebenfalls Null. Die Helligkeitssteuerung erfolgt nur durch die Katodenspannung $U_{(-Y)}$, die in diesem Fall alle drei Elektronenstrahlsysteme voll öffnet.

Aus Abschnitt 5.3.2. wissen wir, daß ein gelber Farbbalken durch die additive Mischung von Rot und Grün entsteht. Für die Farbe Gelb hat das Leuchtdichtesignal $U_{(-Y)}$ den hohen Wert von $U/U_0 = -0{,}89$, und daher benötigen die Farbdiffe-

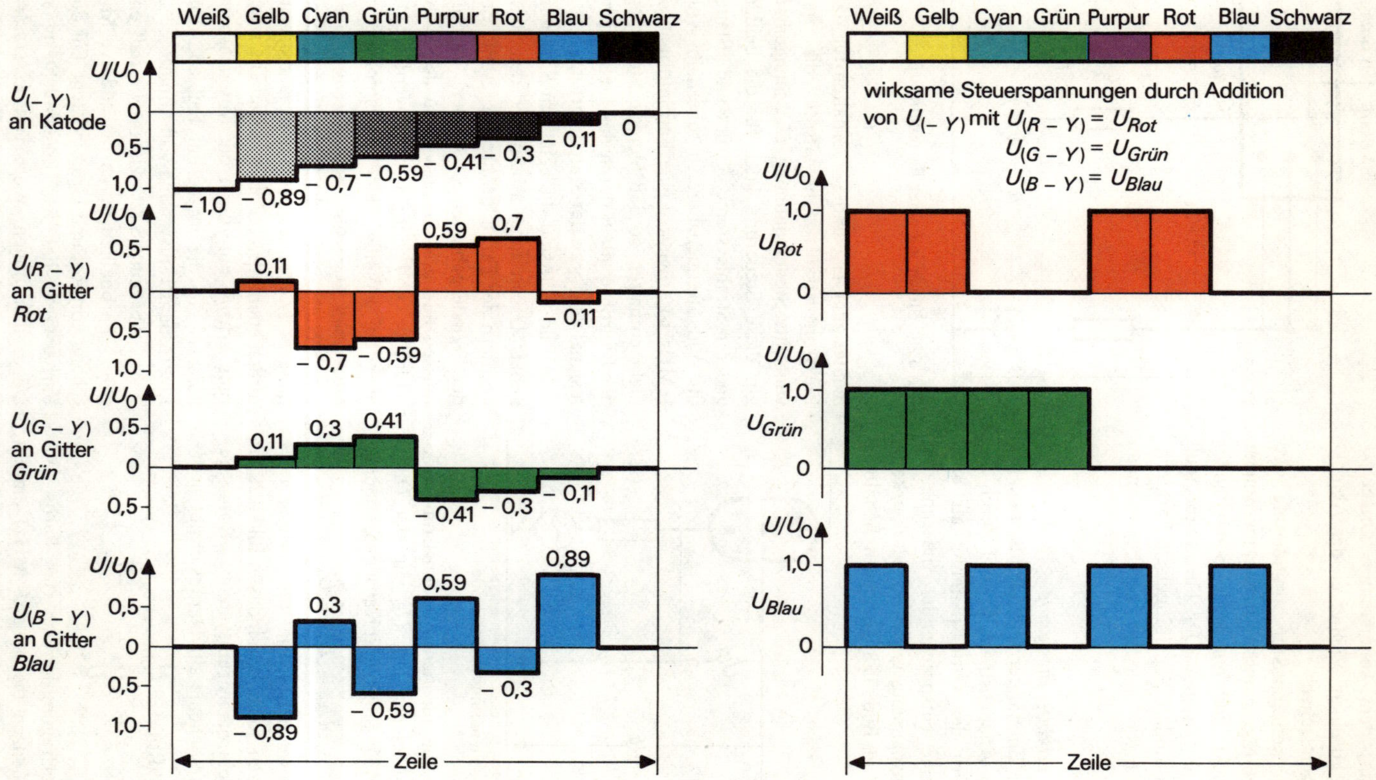

Bild 5.30 Farbdifferenz- und Leuchtdichtesignale an den Gittern und Katoden der Farbbildröhre

renzsignale $U_{(R-Y)}$ und $U_{(G-Y)}$ jeweils nur eine Amplitude von $U/U_0 = 0{,}11$, um die beiden Strahlsysteme voll zu öffnen.

Im Abschnitt 5.3.5. hatten wir erfahren, daß das »grüne« Farbdifferenzsignal $U_{(G-Y)}$ im Empfänger aus den beiden anderen Signalen gebildet werden kann. Die Formel dafür heißt:

$$U_{(G-Y)} = -0{,}51\ U_{(R-Y)} - 0{,}187\ U_{(B-Y)}$$

Für eine Farbfernsehübertragung genügt es daher, den in den Schwarzweißkanal eingeschachtelten Farbträger nur mit $U_{(R-Y)}$ und $U_{(B-Y)}$ zu modulieren.

Die Farbdifferenzsignale werden in einer sogenannten »Quadratur-Amplituden-Modulation« übertragen. Zur Erläuterung dieses Modulationsverfahrens sind in Bild 5.31 einige Beispiele aufgezeigt. Im oberen Teil sind zwei Trägerfrequenzen zu sehen (f = 4,43 MHz), dargestellt durch die um 90° in der Phase versetzten Zeiger A und B. Sie stehen also zueinander in »Quadratur«. Die beiden Träger werden durch die Farbdifferenzsignale in der Amplitude moduliert, und zwar Träger A durch $U_{(R-Y)}$ und Träger B durch $U_{(B-Y)}$. Rechts daneben ist die Zeigerbewegung (Drehung) auf der Zeitachse abgewickelt, und man erkennt daraus die resultierende Amplitudenmodulation beider Träger.

Werden nun im Sender in einer besonderen Schaltung die Trägerfrequenzen A und B unterdrückt, so bleiben nur die Schwingungszüge V(Rot) und U(Blau) übrig. Dies ist in Bild 5.31 unten gezeigt. Man kann auch sagen: Es werden nur die Seitenbänder des Trägersignals übertragen. Aus dem Zeigerdiagramm links wird deutlich, daß aus den beiden Seitenbandzeigern $U_{(R-Y)}$ und $U_{(B-Y)}$ ein Summenzeiger U_F entsteht, der die gesamte Farbinformation in verschlüsselter Form enthält.

Da von diesem zusammengesetzten, sogenannten Farbartsignal U_F nur die Seitenbänder übertragen werden, müssen im Farbfernsehempfänger besondere Demodulatoren – die sogenannten Synchrongleichrichter – verwendet werden, um die zwei Farbdifferenzsignale wiederzugewinnen. Die Arbeitsweise der Synchrongleichrichter ist in Bild 5.31 links unten angedeutet. Durch einen im Farbfernsehempfänger selbst erzeugten Farbträger werden die Gleichrichter immer nur während der kur-

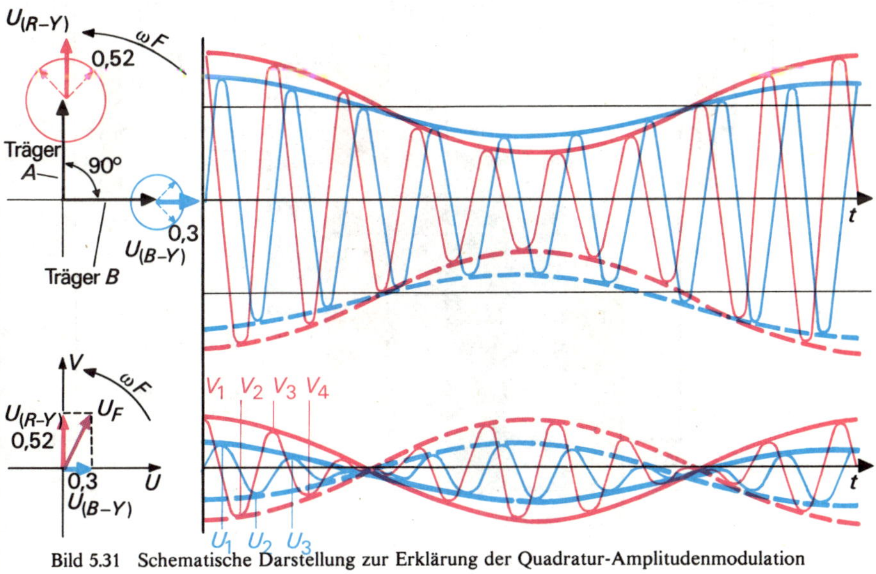

Bild 5.31 Schematische Darstellung zur Erklärung der Quadratur-Amplitudenmodulation

zen Intervalle V_1, V_2... und U_1, U_2... eingeschaltet und fragen dabei die Informationen vom Farbartsignal U_F ab. Die Öffnungszeiten der Gleichrichter sind um 90° gegeneinander versetzt, so daß z. B. beim Abfragen von V das Signal U an dieser Stelle durch Null geht und daher keine Information von U nach V »übersprechen« kann. Auf diese Weise können die zum Betrieb der Farbbildröhre benötigten Farbdifferenzsignale aus dem kompliziert zusammengesetzten Farbartsignal U_F wiedergewonnen werden.

5.3.5.4. Farbartsignal

Das durch eine geometrische Addition der zwei geträgerten Farbdifferenzsignale entstandene Farbartsignal U_F überträgt Farbton und Farbsättigung. Dem Bild 5.30 können die Amplitudenwerte für die einzelnen Farben direkt entnommen werden. Bei der Übertragung des Farbfernsehbilds wird das Farbartsignal U_F dem Leuchtdichtesignal überlagert. Dies ist in Bild 5.32 dargestellt. Da außerdem durch die geometrische Addition der beiden Farbdifferenzsignale die resultierende Amplitude für das Farbartsignal U_F noch ansteigt, würde der Modulator des Fernsehsenders bei weitem übersteuert werden. Deshalb reduziert man die Farbdifferenzsignale vor der Modulation, und zwar

in der V-Achse auf $U_V = 0{,}877\ U_{(R-Y)}$

und

in der U-Achse auf $U_U = 0{,}493\ U_{(B-Y)}$

Das Reduzieren erfolgt mit unterschiedlichen Faktoren, um möglichst günstige Signal-Rausch-Verhältnisse zu erreichen. Im Farbfernsehempfänger selbst werden die Unterschiede durch entsprechend dimensionierte Farbdifferenzsignal-Verstärker wieder ausgeglichen.

In Bild 5.33 ist der Farbkreis angegeben, die Farben werden durch die unterschiedlichen Amplituden der Farbdifferenzsignale V und U bestimmt. Dabei ist zu erkennen, daß durch den Winkel φ, den der Zeiger U_F (Farbartsignal) gegen die positive U-Achse

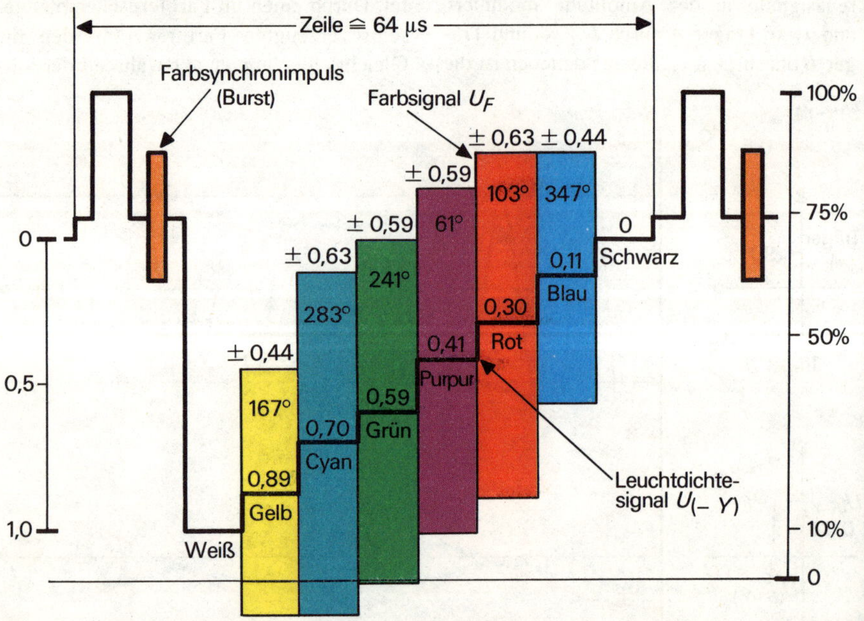

Bild 5.32 Leuchtdichte- und Farbartsignal

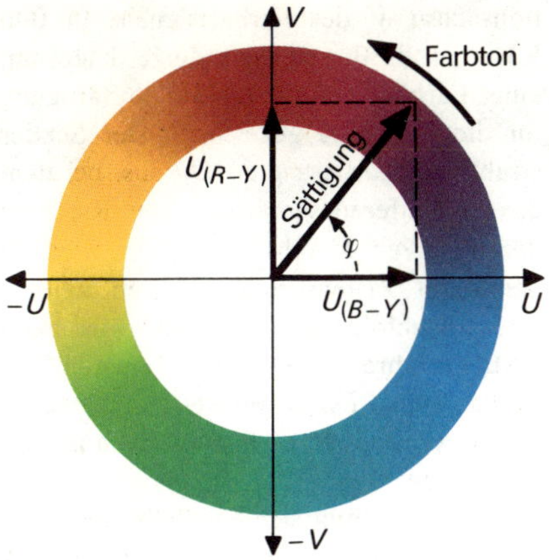

Bild 5.33 Farbkreis mit prinzipiellen Darstellungen von Farbsättigung und Farbton

einnimmt, der Farbton festgelegt ist und durch die Länge des Zeigers ein Maß für die Sättigung der jeweiligen Farbe gegeben wird.

Wenn daher *U* und *V* proportional kleiner werden, wird auch der Zeiger U_F kürzer, und damit nimmt die Sättigung der betreffenden Farbe ab. Für »Weiß« sind die Farbdifferenzsignale Null, also ist auch der resultierende Zeiger U_F für das Farbartsignal = Null. Ändert sich z. B. nur das Farbdifferenzsignal *V*, dann erfolgt eine Drehung des Zeigers U_F, und der Farbton ändert sich. (Je nach Amplitude kann hierbei natürlich auch gleichzeitig eine Sättigungsänderung erfolgen!)

Der Farbkreis in Bild 5.33 gibt diese Zusammenhänge in vereinfachter Form wieder, und es ist jetzt auch der Zusammenhang mit der in Bild 5.21 gebrachten räumlichen Darstellung von Leuchtdichte, Farbsättigung und Farbton zu erkennen. Das Leuchtdichtesignal steuert die Katoden der Farbbildröhre und bestimmt damit den Helligkeitswert des Farbbilds. Die Farbdifferenzsignale — aus denen sich ja der Zeiger des Farbartsignals U_F zusammensetzt — steuern an den Gittern Farbton und Farbsättigung.

5.3.5.5. Farbsynchronsignal (»Burst«)

Der Farbton wird durch den Winkel φ bestimmt, der sich aus der Stellung des Zeigers U_F gegen die *U*-Achse bildet. Damit der gesendete Farbton vom Empfänger richtig wiedergegeben wird, muß vom Sender ein Bezugssignal geliefert werden, mit dem eine eindeutige Bestimmung dieses Winkels möglich ist. Diese Aufgabe übernimmt der Farbsynchronimpuls oder Burst (gesprochen: börst), der in jeder Zeile auf der hinteren Austastschulter des Zeilensynchronimpulses in Form von etwa 10 bis 12 Schwingungen des Farbträgers f = 4,43 MHz gesendet wird (s. auch Abschnitt 5.2.2.).

Im Fernsehempfänger wird der Burst durch entsprechende Filter herausgesiebt. Er synchronisiert dann über eine Phasenvergleichsschaltung (ähnlich wie bei der Zeilensynchronisation) einen sogenannten »Referenzträger-Oszillator«. Dieser Oszillator steuert die Synchrongleichrichter im Empfänger. Der Referenzträger muß genau die gleiche Phasenlage wie der im Sender unterdrückte Farbträger haben, weil nur dann in den Synchrongleichrichtern die richtigen Farbdifferenzsignale entstehen, die für eine einwandfreie Wiedergabe des Farbtons notwendig sind.

5.3.5.6. PAL-Verfahren

Bei der Übertragung eines so komplizierten Signalgemisches, wie es das Farbartsignal darstellt, können naturgemäß Fehler auftreten. Bei den Untersuchungen stellte sich heraus, daß das menschliche Auge auf eine fehlerhafte Farbtonwiedergabe am empfindlichsten reagiert. Die sogenannten »Fleischfarben« sind ein sehr gutes Kriterium für die Übertragungsgüte, weil unsere Augen Abweichungen im Bereich der Gesichtsfarben besonders leicht registrieren. Darauf beruht z. B. ein Teil der Schwierigkeiten beim amerikanischen NTSC-Verfahren, denn es ist empfindlich gegenüber Phasenfehlern bei der Farbtonwiedergabe. Beim PAL-Verfahren können derartige Übertragungs-Verzerrungen weitgehend kompensiert werden, so daß die Wiedergabequalität auch in gestörten Fällen erhalten bleibt und die Bedienung des Empfängers grundsätzlich einfacher wird.

Das wesentliche Merkmal von PAL ist die zeilenweise Umschaltung der Modulationsachse V des Farbartsignals. In Bild 5.34 a ist als Beispiel das Zeigerdiagramm einer Farbbalkenfolge mit 100 % Sättigung für die Zeile 100 gezeichnet. Der Sender strahlt ein Farbartsignal U_F aus, bei dem das Farbdifferenzsignal $U_{(R-Y)}$ in Richtung der positiven V-Achse moduliert wird. In der beim Zeilensprungverfahren zeitlich direkt nachfolgenden Zeile 102 wird beim PAL-Verfahren die Modulationsrichtung für das Signal $U_{(R-Y)}$ um 180° in die negative V-Achse gedreht. In Bild 5.34 b ist dies angegeben.

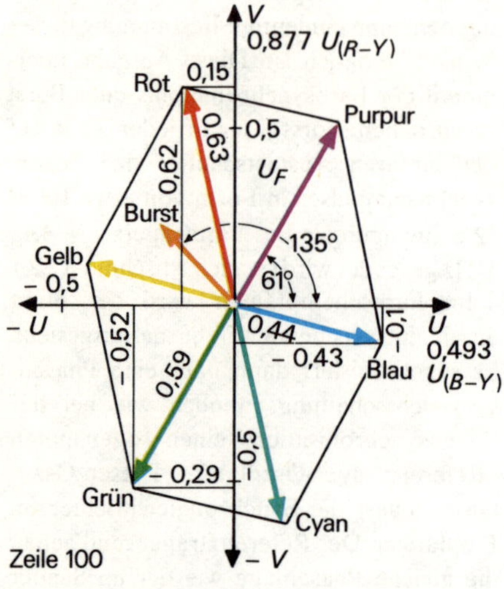

a)

Bild 5.34a »Zeile 100« mit entsprechendem Zeigerdiagramm

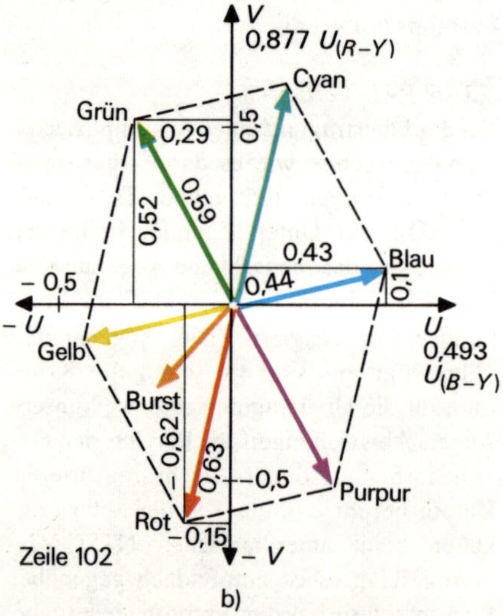

b)

Bild 5.34b »Zeile 102« mit entsprechendem, entgegengesetzt gerichtetem Zeigerdiagramm

Der Burst dreht sich ebenfalls, und zwar von 135° bei Modulation in Richtung $+V$ auf 225° bei Modulation in Richtung $-V$. Aus diesem Wechsel der Phasenlage des Farbsynchronsignals lassen sich die notwendigen Synchronisations-Spannungen für den bei PAL nötigen Umschalter auf V-Informationen gewinnen. Auf die Phasenlage des Referenzträgers im Empfänger hat dieser sogenannte »alternierende Burst« keinen Einfluß, weil die Zeitkonstanten der Siebung in der Phasenvergleichsschaltung die Wechsel voll unterdrücken.

Die Kompensation von Phasenfehlern kann anhand von Bild 5.35 erklärt werden. Das Farbfernsehgerät empfängt die Zeile 102, also ein Farbartsignal, das original aus einem etwas bläulichen Purpur besteht. Auf dem Übertragungsweg (dieser schließt natürlich auch Fehler im Empfänger ein) soll nun eine Phasendrehung um 30° auftreten. Dabei ändert sich der Farbton noch weiter nach Blau. Es ergibt sich als Folge im Diagramm der Zeiger Z_2. Im Empfänger wird nun durch Spiegelung an der U-Achse, d. h. also Umpolen des V-Anteils durch den bereits oben erwähnten Umschalter, der Zeiger Z_2 in die Lage Z_3 gebracht.

Zur Kompensation wird weiter das Signal der zeitlich vorhergehenden Zeile 100 (bei der der Sender in $+V$-Richtung modulierte) mit Hilfe einer Laufzeitleitung genau für die Dauer einer Zeile verzögert. Wie aus Bild 5.35 zu erkennen, muß die

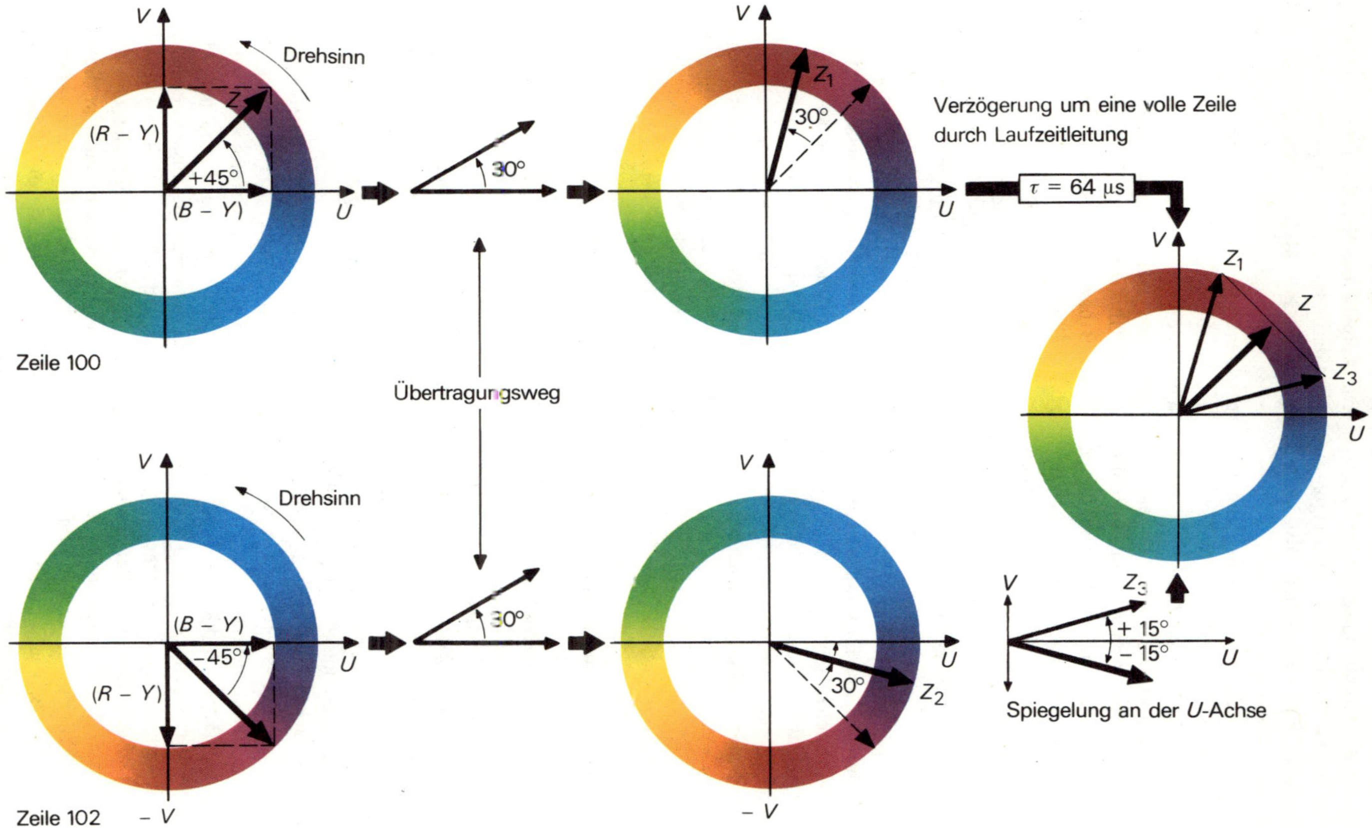

Bild 5.35 Prinzip der Kompensation von Farbfehlern beim PAL-Verfahren

Phasenabweichung auch 30° betragen, aber weil die Modulationsrichtung $U_{(R-Y)}$ hier in Richtung $+V$ lag, ist der Zeiger Z_1 in Richtung Rot verschoben, also genau entgegengesetzt wie in Zeile 102.

Werden nun die Signale von Zeile 102 (Zeiger Z_3) und das verzögerte (oder auch gespeicherte) Signal von Zeile 100 (Zeiger Z_1) addiert, so ergibt sich wieder das ursprünglich vom Sender ausgestrahlte Farbartsignal mit dem Zeiger Z. Bei dieser Kompensation wird vorausgesetzt, daß der Bildinhalt von zwei aufeinanderfolgenden Zeilen praktisch gleich ist. Außerdem tritt bei dieser Kompensation eine Entsättigung der Farben ein, weil der resultierende Zeiger bei Vorliegen von Phasenfehlern immer kürzer als der ursprünglich gesendete Zeiger ist. Diese Entsättigung läßt sich durch Nachstellen des Farbsättigungsreglers ausgleichen. Außerdem ist die Entsättigung bei Phasenfehlern bis zu 30° kleiner als 15% und im Bild kaum zu bemerken.

5.4. Schaltungstechnik

Wie schon zu Beginn des Kapitels gesagt, wird zuerst die Funktion der Stufe anhand der klassischen Röhrenschaltung vorgestellt. Es folgen dann die Versionen in Transistor- und IC-Technik, so daß man hieraus die schaltungstechnische Entwicklung der betreffenden Stufe ablesen kann.

Das Blockschema in Bild 5.36 enthält alle Stufen eines Schwarzweiß- und Farbfernsehempfängers in herkömmlicher Aufteilung. Die einfachen Kästchen sind in beiden Geräteausführungen zu finden, die doppelt gerahmten Kästchen enthalten nur Stufen für Farbempfänger. Moderne Schaltungskonzepte vereinigen oft schon mehrere Stufen in integrierten Schaltungen bzw. in Modulen, so daß dann diese Betrachtungsweise entsprechend abgewandelt werden muß. Einige Beispiele für die Stufenintegration sind in Bild 5.36 durch die gestrichelten Blöcke angedeutet.

5.4.1. Hochfrequenzstufen

Die Aufgabe der Kanalwähler (Tuner) besteht darin, HF-Eingangssignale in ZF-Frequenzen (38,9 MHz Bildträger und 33,4 MHz Tonträger) umzuformen und durch genügende HF-Vorverstärkung ein günstiges Signal-Rausch-Verhältnis sicherzustellen. Diese Forderung kann bei Röhren-Tunern mit einer Cascodeschaltung erfüllt werden (Bild 5.37). Der **VHF-Kanalwähler** dieser Bauart ist als Trommelwähler aufgebaut (Bild 5.38).

Die erste Triode ($Rö_1$) arbeitet als Katodenbasisstufe mit geerdeter Katode und die zweite Triode als Gitterbasisstufe mit geerdetem Steuergitter. Gleichspannungsmäßig sind beide Trioden hintereinandergeschaltet, so daß jede Röhre mit der halben Versorgungsspannung arbeitet. Über R_1 wird der HF-Stufe eine automatische Regelspannung zugeführt, die für beide Trioden wirksam ist.

Die Verbindung zwischen Cascode- und Mischstufe wird von einem Bandfilter hergestellt. Die Triode $Rö_{2'}$ arbeitet als Colpitts-Oszillator, eine Feinabstimmung erfolgt mit dem Kondensator C_o, der in seiner Kapazität über eine voreinstellbare Schaltwippe beeinflußt wird. Die Verkopplung des Oszillators mit der Mischstufe $Rö_2$ ist durch die räumliche Anordnung der gedruckten Spulen auf dem Kanalstreifen und die Röhrenkapazität gegeben. Der ZF-Ausgang führt zu einem niederohmigen Auskopplungspunkt E, so daß nur eine minimale Oszillator-Störstrahlung auftreten kann.

Bei röhren- und transistorbestückten **UHF-Kanalwählern** der sechziger Jahre wurde als Schwingkreisform ein sogenannter Topfkreis benutzt und mit einem Mehrfach-Drehkondensator zusammengeschaltet. Laut Bild 5.39 ist der Kanalwähler in fünf Kammern unterteilt, die neben der abschirmenden Wirkung auch in die elektrische Funktion der Dezimeter-Abstimmkreise eingehen, da sie die Außenwandungen der Topfkreise bilden.

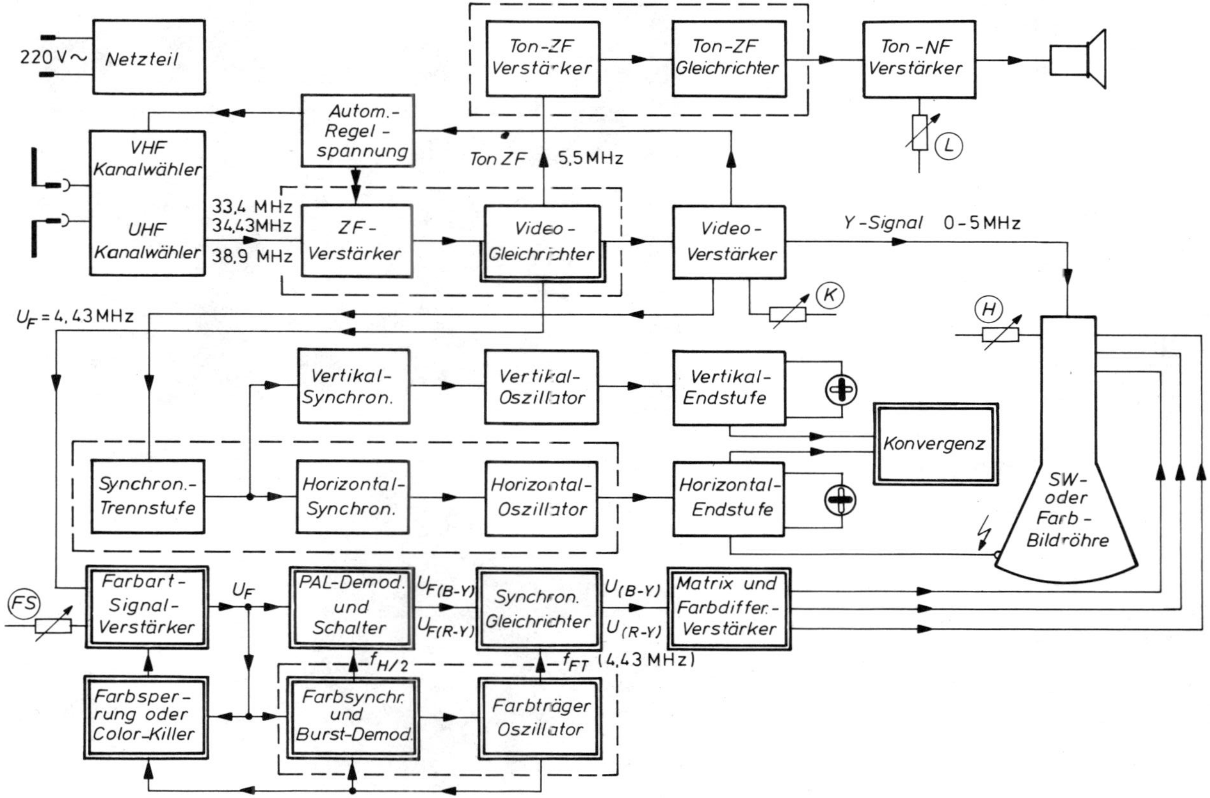

Bild 5.36 Blockschema der Schaltung eines Farbfernsehgeräts in herkömmlicher Aufteilung

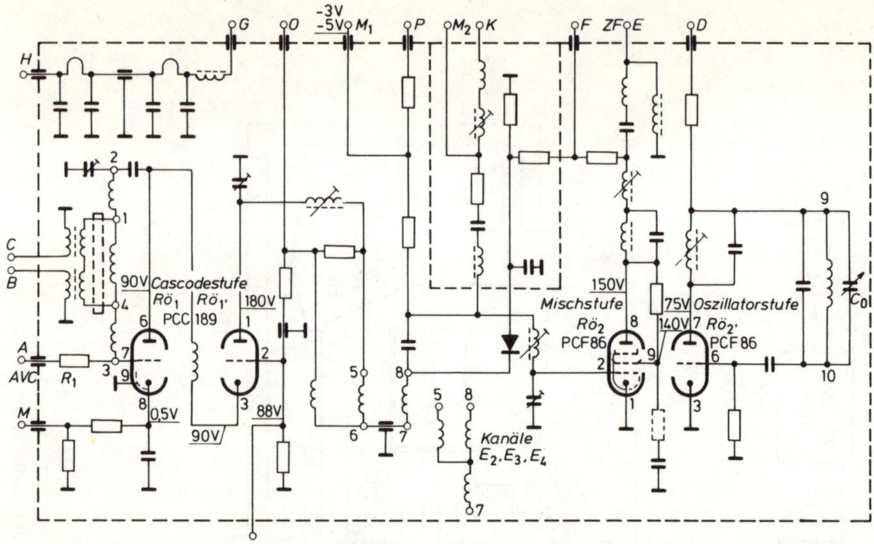

Bild 5.37 Schaltung eines VHF-Kanalwählers mit Röhren

Bild 5.38 VHF-Kanalwähler als Trommelschalter

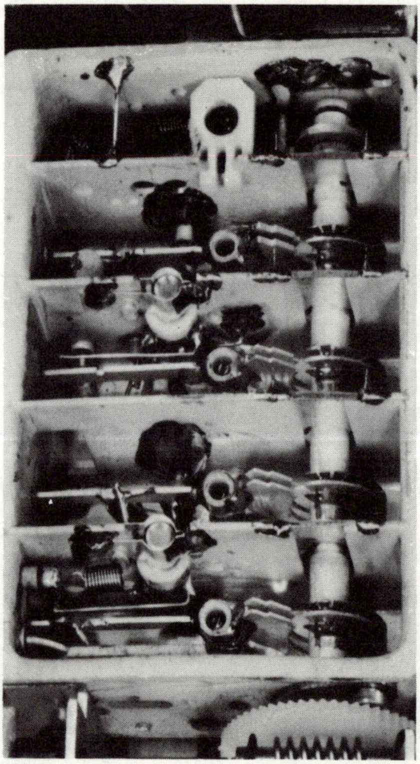

Bild 5.39 UHF-Kanalwähler mit Topfkreisen und Vierfach-Drehkondensator. Topfkreise sind Schwingkreise, die aus einem Mittelleiter mit umgebender Wandung bestehen (*L* und *C* sind hier sozusagen miteinander verschmolzen, der Schwingungsvorgang spielt sich ausschließlich im Innern des Topfkreises ab, er kann mittels Kurzschlußschieber oder Kapazität abgestimmt werden)

Die Schaltung eines röhrenbestückten UHF-Kanalwählers ist in Bild 5.40 angegeben. Der durch den Eingangswiderstand der Gitterbasisstufe gedämpfte, breitbandige Katodenkreis ist fest auf Bandmitte (650 MHz) abgestimmt und wirkt elektrisch als π-Glied. Die Kopplung der Vorröhre an die selbstschwingende Mischröhre erfolgt mit einem Bandfilter, das aus zwei einzelnen Topfkreisen besteht und dessen Kopplung mit der Koppelschleife S_{10} und einer Koppelspule S_{11} geschieht.

Die zweite Triode arbeitet als selbstschwingende Mischröhre in Gitterbasisschaltung. Der Oszillator-Topfkreis liegt an der Anode und wird durch den Innenleiter S_{18} sowie die angeschlossenen Kondensatoren gebildet.

Moderne, transistorbestückte Kanalwähler weisen einen völlig anderen Aufbau als die konventionellen Röhren-Tuner auf. Sie sind nicht nur äußerlich kleiner geworden, sondern haben auch elektrisch eine völlig andere Gestaltung erfahren.

Gute Signalverträglichkeit und Kreuzmodulationsfestigkeit (Sicherheit gegen Störungen, die durch Mischung von Frequenzen verschieden stark einfallender Sender in der HF-Vorstufe entstehen können) sind heute die wichtigsten Eigenschaften eines Tuners, nachdem die Probleme des Rauschens und der Verstärkung als gelöst gelten können. Auch die Anforderungen des Services treten mehr und mehr in den Vordergrund, d. h., ein defekter Kanalwähler muß sich schnell und mühelos auswechseln lassen. Diese Überlegungen wurden z. B. bei den Kanalwählern UD 1 und VD 1 in erster Linie berücksichtigt.

Als Besonderheit dieser Kanalwähler sei erwähnt, daß beide Bausteine vollständig auf Blech aufgebaut sind und die bisher

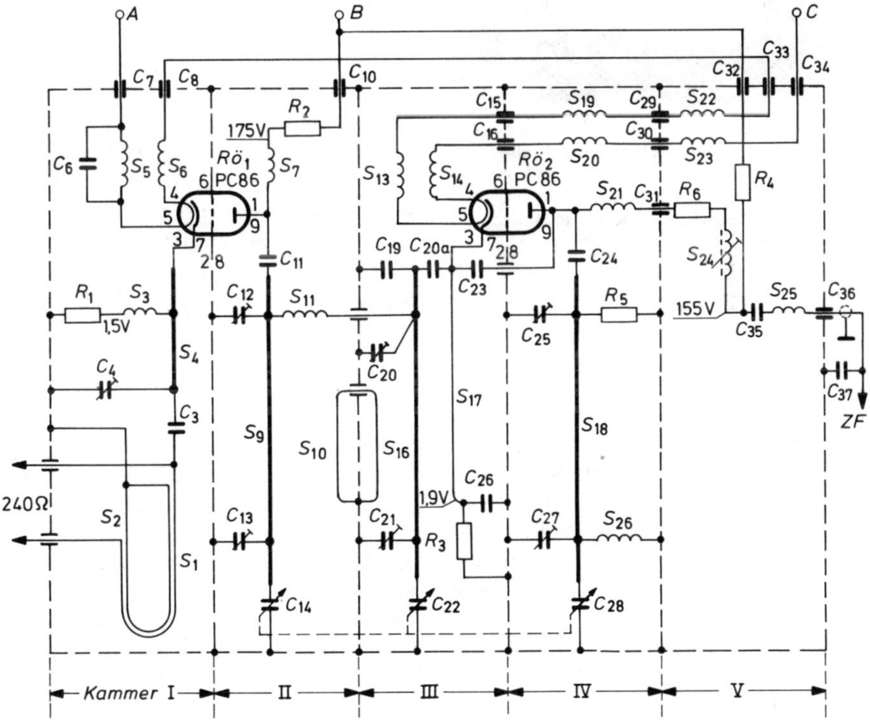

Bild 5.40 Schaltung eines UHF-Kanalwählers mit Röhren

übliche Printplatte dadurch entfallen konnte. Alle Entkopplungskondensatoren und alle Masseverbindungen sind direkt auf das Blech gelötet, wodurch sich außerordentlich gute elektrische Eigenschaften und ein übersichtlicher mechanischer Aufbau ergeben (Bild 5.41).

Bild 5.41 Innenaufbau der Valvo Tuner VD 1 (oben) und UD 1 (unten). Beide Kanalwähler sind als steckbare Module ausgeführt und können einzeln aus dem Chassis herausgenommen werden, ohne die Betriebsbereitschaft des anderen zu beeinträchtigen

Die Antennenspannung gelangt über eine koaxiale Antennenbuchse nach DIN 45 325 an die beiden Kanalwähler. Ihre Eingangsimpedanzen sind so gewählt, daß eine direkte Parallelschaltung der Eingänge am Koaxial-Antennenanschluß möglich ist. Der **VHF-Tuner** (Bild 5.42) ist mit getrennten Vorstufen für Band I und III aufgebaut. Beide Transistoren arbeiten in Basisschaltung. Es werden keine selektiv abgestimmten Vorkreise verwendet, sondern fest eingestellte Bandpässe.

Beide VHF-Vorstufen arbeiten auf induktiv fußpunktgekoppelte Bandfilter, die mit Kapazitätsdioden (Varicaps) abgestimmt werden. Hierzu wird eine veränderbare Gleichspannung aus der Memomatic-Speichereinheit zugeführt (Bild 5.43). Beide Bandfilter sind am Emitter des Mischtransistors angeschlossen, eine Umschaltung zwischen dem VHF-Band I und dem VHF-Band III entfällt. Der Kanalwähler VD 1 schaltet sich z. B. beim Durchstimmen vom VHF-Band I kommend ohne Schaltspannung automatisch auf das VHF-Band III um. Dies erreicht man durch eine entsprechende Dimensionierung des Oszillators, der nach Durchstimmen des VHF-I-Bands aussetzt und wieder zu schwingen anfängt, wenn das VHF-Band III erreicht ist. Die Anzahl der Bereichsschalterstellungen ist somit auf zwei zurückgegangen (VHF — UHF).

Der **UHF-Tuner** (Bild 5.44, s. S. 192) zeigt auf den ersten Blick kaum Besonderheiten. Auffallend ist, daß als Schwingkreise für das Bandfilter und für den Oszillator keine Dezi-Leitungskreise wie bei den vorher erwähnten Röhren-UHF-Tunern, sondern konzentrierte Bauelemente in Form von Spulen und Kondensatoren bzw. Abstimmdioden verwendet werden. Auch hier ist die Schaltung nicht auf einer Printplatte, sondern freitragend aufgebaut. Auf einer verzinnten Grundplatte als einheitliche Masse sind Keramikscheibenkondensatoren aufgelötet, die als Stützpunkte für die übrigen Bauelemente dienen. Durch die definierten Masseverhältnisse lassen sich wesentlich bessere Selektionseigenschaften als bisher erreichen, was in der hohen Kreuzmodulationsfestigkeit des Tuners zum Ausdruck kommt.

Beide Kanalwählerausgänge sind parallel und direkt auf den ZF-Verstärker geschaltet. Man kann daher im Reparaturfall einen Kanalwähler herausziehen, ohne daß die Betriebsbereitschaft auf dem anderen Empfangsbereich beeinträchtigt wird.

Neue Abstimm- und Speichertechniken werden in zunehmendem Maße auch Praktiken und damit Bauelemente der Digitaltechnik verwenden. Auf der Funkausstellung 1975 stellte Philips ein Farbfernseh-

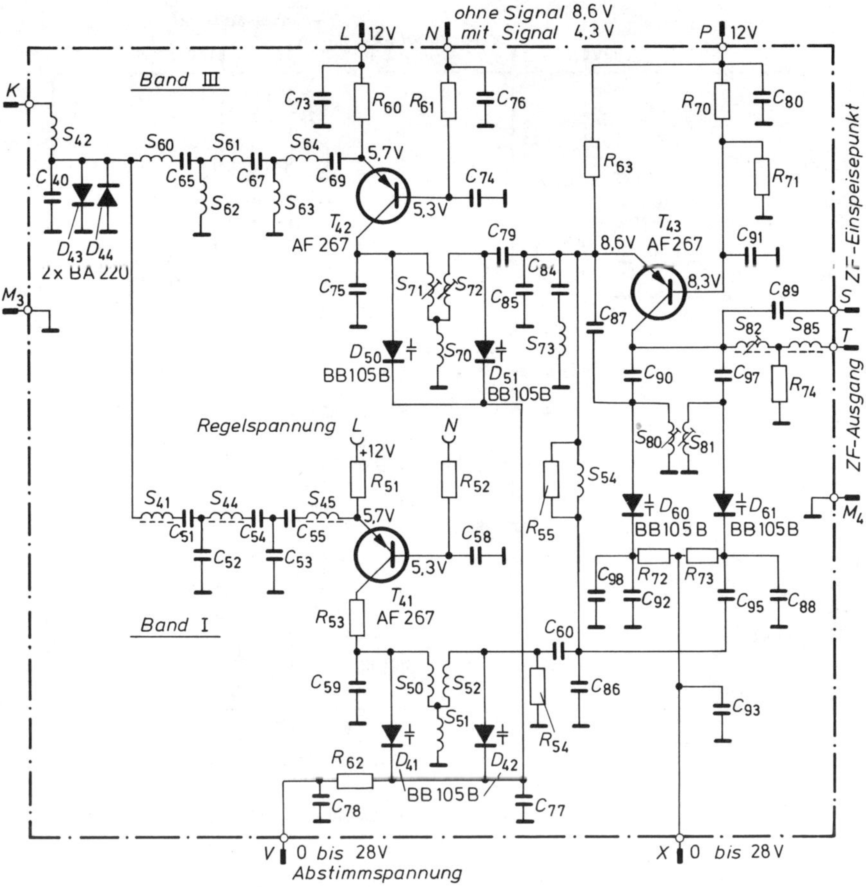

Bild 5.42 Schaltung des VHF-Tuners VD 1

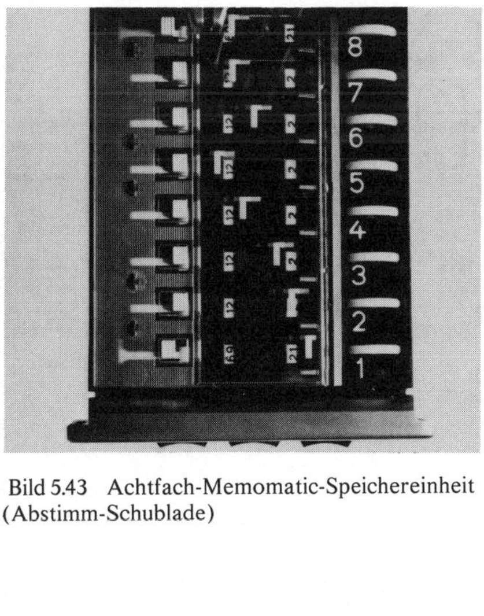

Bild 5.43 Achtfach-Memomatic-Speichereinheit (Abstimm-Schublade)

gerät vor, das bereits mit einer solcherart ausgestatteten Kanalwählereinheit ausgerüstet war.

5.4.2. Zwischenfrequenzstufen und Gleichrichtung

In Bild 5.45 ist die Schaltung eines dreistufigen **Röhren-ZF-Verstärkers** mit Bandfilterkopplung zu sehen. Die Bandfilter bestimmen durch ihre Abstimmfrequenzen und ihre Einzelkreis-Bandbreiten die Form der Gesamtdurchlaßkurve, wobei an den Bandgrenzen die zusätzlich angeordneten Sperr- und Saugkreise (Wellenfallen) einen maßgebenden Einfluß auf die Flankensteil-

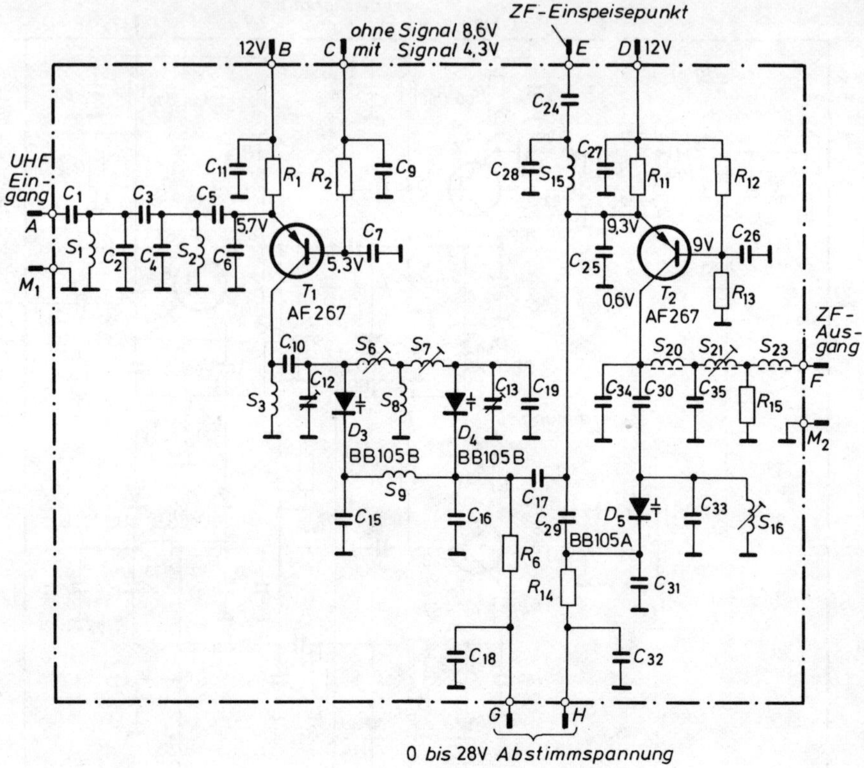

Bild 5.44 Schaltung des UHF-Tuners UD 1

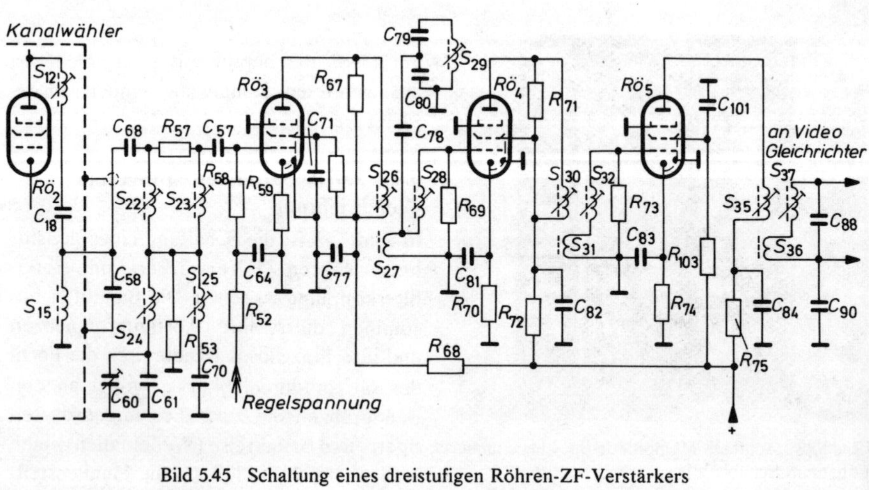

Bild 5.45 Schaltung eines dreistufigen Röhren-ZF-Verstärkers

heit ausüben. In Bild 5.46 ist die Gesamtdurchlaßkurve aus den hintereinandergeschalteten Bandfiltern dargestellt.

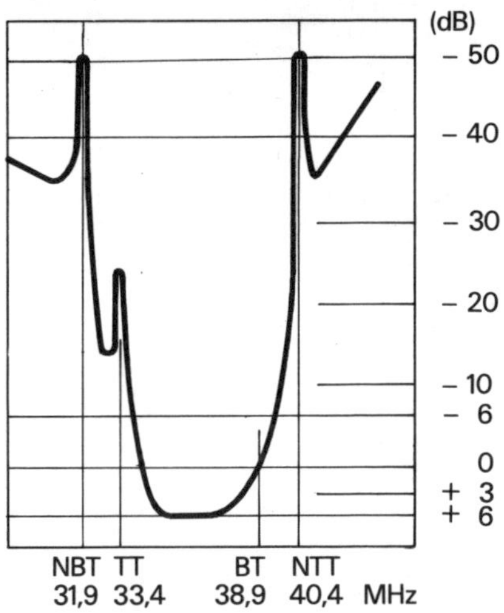

Bild 5.46 Gesamtdurchlaßkurve eines Bild-ZF-Verstärkers

Um ein günstiges L/C-Verhältnis und damit größte Verstärkung zu erzielen, wurden die vier Bandfilter nicht mit zusätzlichen Parallelkapazitäten versehen. Als Kreiskapazität wirkt nur die Röhren- und Schaltkapazität (ca. 10 bis 15 pF je Kreis).

Mit einer automatisch arbeitenden Regelschaltung wird die ZF-Ausgangsspannung, unabhängig von der Eingangsspannung, konstantgehalten.

Die Schaltung eines in zwei Baugruppen aufgeteilten **Transistor-ZF-Verstärkers** mit Bandfilterkopplung ist in Bild 5.47 (s. S. 194) angegeben. Zu den Aufgaben der ersten Einheit gehört die Anpassung an den Kanalwähler, die Selektion und die Verstärkungsregelung. In ähnlicher Form wie in Bild 5.45 sind auch hier die Nachbarbild- und Nachbartonfalle am Eingang des ZF-Verstärkers mit den beiden Bandfilterkreisen verkoppelt.

Zur Stabilisierung des Arbeitspunkts liegen Gegenkopplungswiderstände im Emitterkreis der beiden Transistoren. Über Anschluß 5 wird sowohl die (feste) Basisspannung als auch die Regelspannung zugeführt. Soll die Verstärkung der Stufe herabgesetzt werden, muß die Basisspannung erniedrigt werden, so daß der Kollektorstrom sinkt (Abwärtsregelung bei NPN-Transistoren). In der zweiten Einheit wird das ZF-Signal nachverstärkt und mit S_{524} / C_{522} / C_{523} der Eigentonträger auf die erforderliche Höhe abgesenkt. Der Transistor wird nicht geregelt und erhält eine feste Basisspannung.

Bei der modernen **Modultechnik** (Bild 5.48) wird ein im Prinzip gleicher elektrischer Aufbau angewandt. Dies geht auch

Bild 5.48 Steckbares ZF-Modul aus einem Philips Farbfernsehgerät

aus der Schaltung der ZF-Einheit in Bild 5.49 deutlich hervor. Im Modul sind am Eingang des ZF-Verstärkers als Selektionsmittel ein überbrücktes T-Filter mit den Fallen für die Unterdrückung der Nachbarkanalsignale untergebracht. Die beiden Verstärkerstufen sind aperiodisch

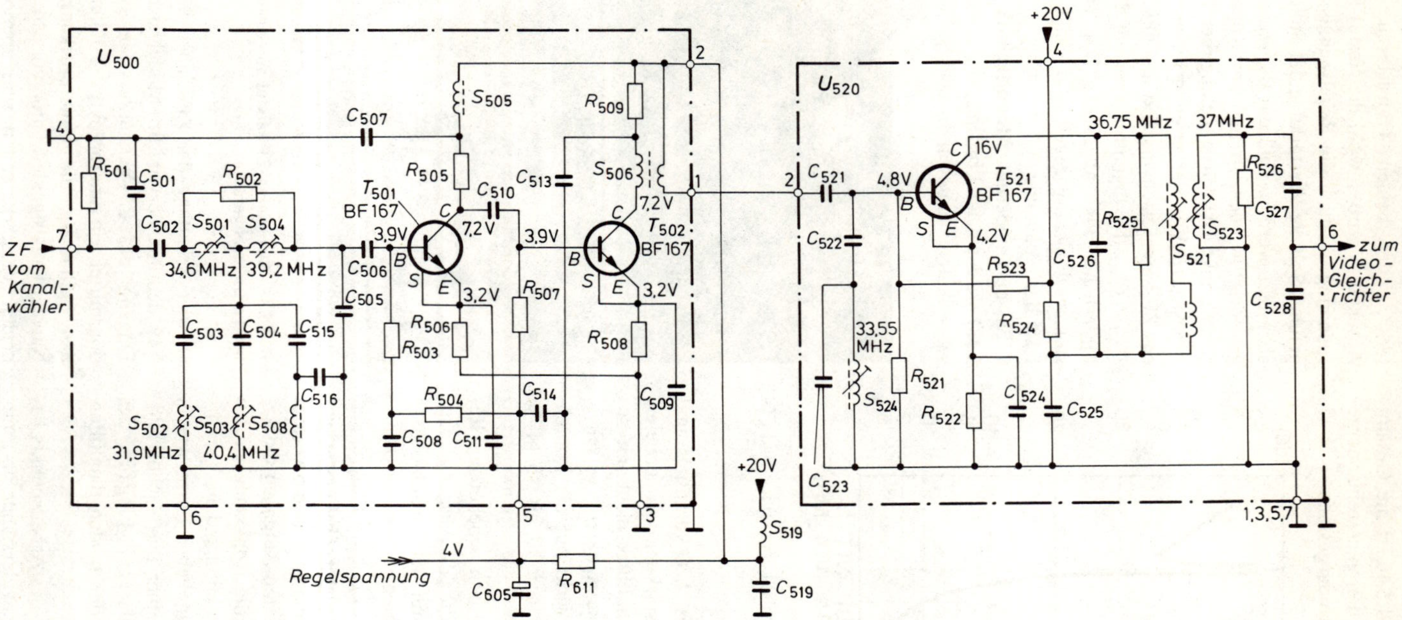

Bild 5.47 Schaltung eines Transistor-ZF-Verstärkers

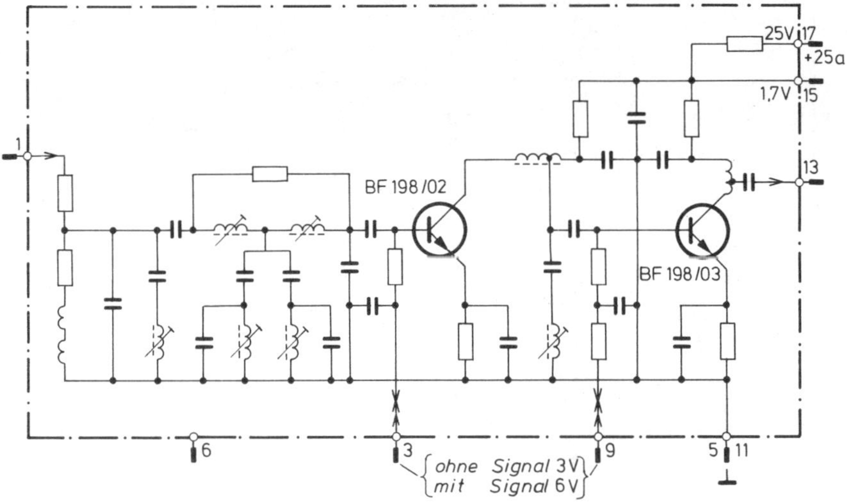

Bild 5.49 Schaltung eines ZF-Moduls

gekoppelt (breitbandige Übertragung, d. h. ohne spezielle Abstimmkreise) und werden automatisch geregelt.

Im folgenden Modul (Bild 5.50) befindet sich die Endstufe des ZF-Verstärkers. Dort wird auch die Zwischenfrequenz in zwei Signalzweige aufgeteilt, weil es sich hier um einen »farbtüchtigen« ZF-Verstärker bzw. Gleichrichter handelt. Durch den vorgeschalteten Sperrkreis S_1 / C_1 wird die Eigenton-Trägerfrequenz unterdrückt. Damit vermeidet man eine Bildstörung, die durch Überlagerung der Eigenton-ZF (33,4 MHz) mit dem Farbartsignal (34,47 MHz) entstehen könnte. Die Störung hätte eine Frequenz von 1,07 MHz und wäre als Streifenmuster auf dem Bildschirm sichtbar. Nach der Gleichrichtung in der Diode OA 90 führt man die Luminanzspannung, d. h. das *Y*-Signal, über einen Emitterfolger weiter zur nächsten Stufe, dem Schwarzweiß-Videoverstärker bzw. der Leuchtdichte-Endstufe.

Im anderen Zweig der Demodulator-Einheit werden in einem als Gleichrichter geschalteten Transistor aus den zwischenfrequenten Trägersignalen die Farbinformation 4,43 MHz und das 5,5-MHz-Tonsignal gewonnen. Da die Mittenfrequenz des nachfolgenden Farbartsignalverstärkers 4,43 MHz beträgt, kann hier die Differenzträger- (*Intercarrier*-)Ton-ZF (5,5 MHz) ausgekoppelt werden, ohne daß Störungen auftreten, weil die mögliche Störfrequenz von 1,07 MHz außerhalb der Übertragungsbereiche der beiden folgenden Verstärker liegt.

Aber auch bei Schwarzweißgeräten verwendet man häufig zwei Gleichrichterkreise, und zwar einen für das Videosignal und einen für die FM-Intercarrierfrequenz von 5,5 MHz. Diese entsteht durch additive Mischung des AM-Bildträgers (38,9 MHz) mit dem frequenzmodulierten Tonträger (33,4 MHz) an der gekrümmten Diodenkennlinie. Durch die Trennung von Videodemodulation und Ton-ZF-Differenzbildung konnte der Störabstand im Intercarrier-Tonkanal verbessert werden, was auch dem Wunsch nach einer höheren Fernseh-Tonqualität entgegenkommt.

An einem Beispiel soll gezeigt werden, daß heute auch im 5,5-MHz-Ton-ZF-Verstärker die IC-Technik angewandt wird (Bild 5.51). Der Verstärker besteht im wesentlichen aus der integrierten Schaltung

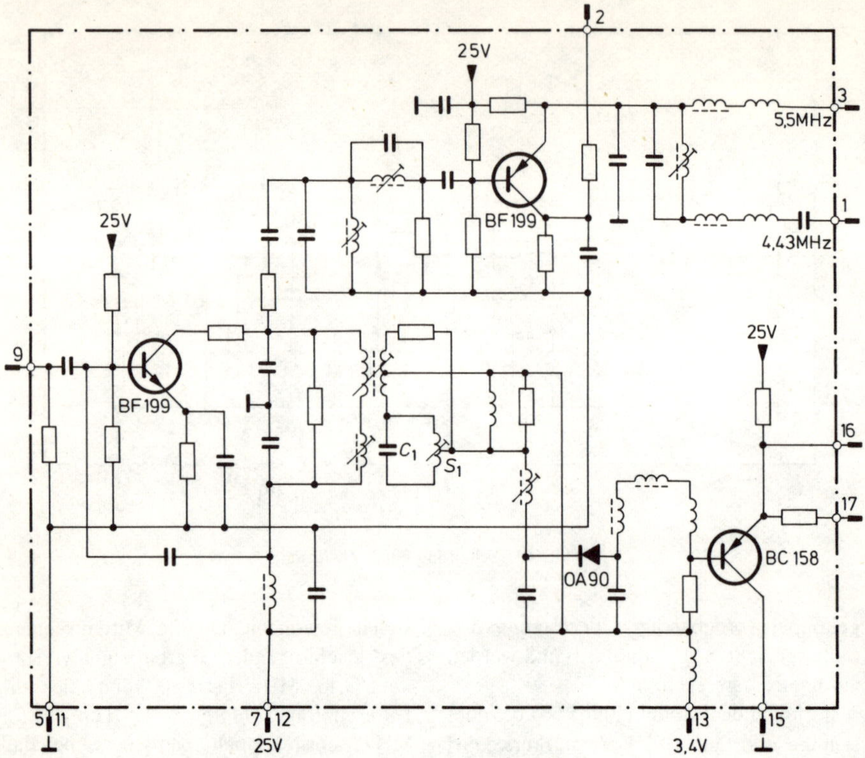

Bild 5.50 Schaltung eines Demodulator-Moduls

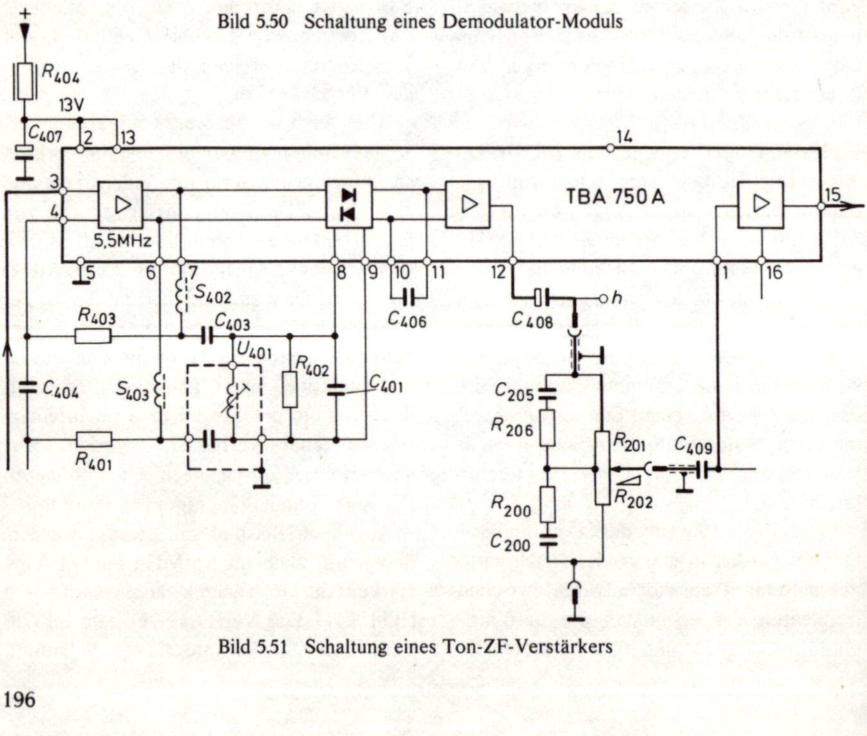

Bild 5.51 Schaltung eines Ton-ZF-Verstärkers

TBA 750 A. Im ersten Teil wird das 5,5-MHz-Signal verstärkt, über den Resonanzkreis ausgekoppelt und dem im gleichen IC befindlichen Diskriminator zugeführt. Vom integrierten NF-Vorverstärker gelangt das NF-Signal zum Lautstärkeregler, wird dann noch einmal im TBA 750 verstärkt, um danach direkt die Tonendstufe anzusteuern.

5.4.3. Regelspannungserzeugung

Die Regelspannungserzeugung erfolgte bei den leistungslos steuerbaren Röhrenschaltungen mit Hilfe der sogenannten getasteten Regelung. Sie arbeitet nach dem in Bild 5.52 skizzierten Prinzip. Hierbei wird eine Röhre am Gitter oder an der Katode mit dem Videosignal angesteuert, während an der Anode eine negative Gleichspannung auftritt, die durch die Gleichrichtung des Horizontalrückschlagimpulses an dem als Diode wirkenden VDR-Widerstand entsteht. Die Röhre wird lediglich während der positiven Auftastung geöffnet, also zu einer Zeit, an der nur der vom Bildinhalt und evtl. Störungen unabhängige und damit konstante senderseitige Horizontalsynchronimpuls wirksam ist. Dadurch arbeitet die Röhre als veränderlicher Widerstand, der von der Größe des Synchronimpulses abhängig ist und somit den Wirkungsgrad der Gleichrichtung im Anodenkreis bestimmt.

Bei Transistorschaltungen werden weniger große Regelspannungen benötigt, und außerdem kann hier nicht mehr leistungslos gesteuert werden. Man verwendet daher etwas andere Regelspannungsschaltungen, ein Beispiel ist in Bild 5.53 gegeben. Hauptteil ist ein aus zwei Transistoren bestehender Verstärker, der in bestimmter Weise mit den Basis-Spannungsteilern in den zu regelnden Stufen der ZF- und HF-Verstärker verbunden ist, wobei deren »feste«

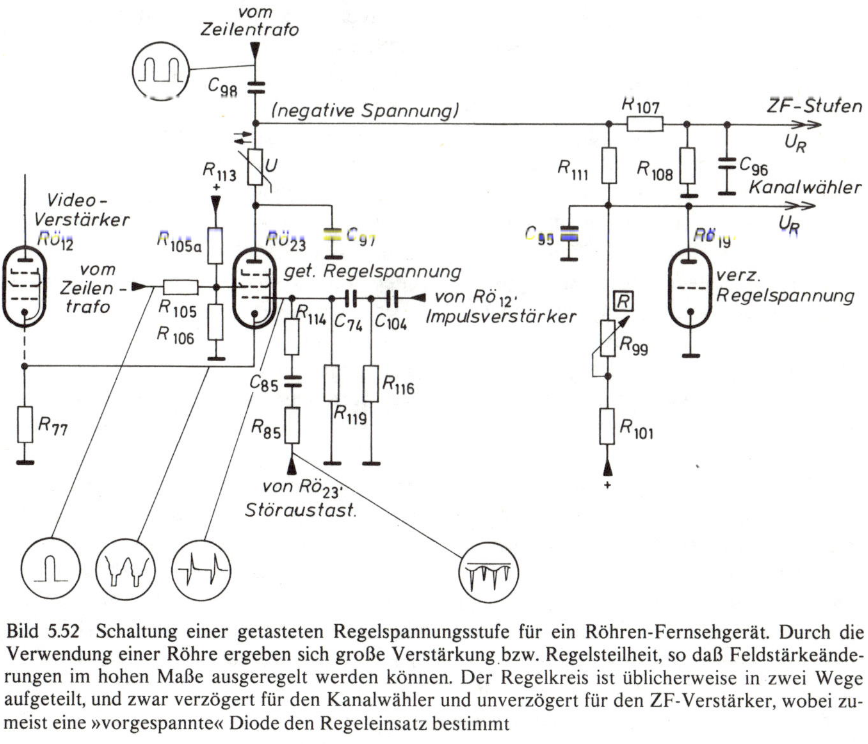

Bild 5.52 Schaltung einer getasteten Regelspannungsstufe für ein Röhren-Fernsehgerät. Durch die Verwendung einer Röhre ergeben sich große Verstärkung bzw. Regelsteilheit, so daß Feldstärkeänderungen im hohen Maße ausgeregelt werden können. Der Regelkreis ist üblicherweise in zwei Wege aufgeteilt, und zwar verzögert für den Kanalwähler und unverzögert für den ZF-Verstärker, wobei zumeist eine »vorgespannte« Diode den Regeleinsatz bestimmt

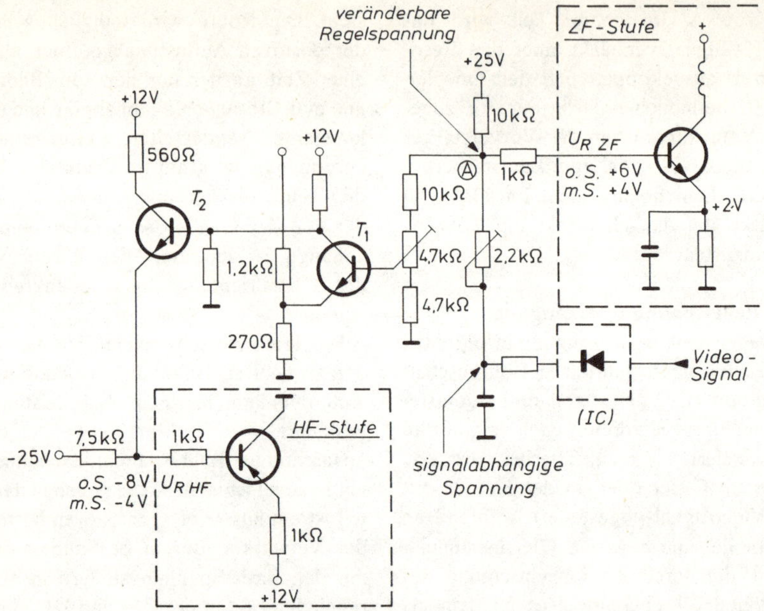

Bild 5.53 Schaltung einer Regelspannungsstufe für ein Transistor-Fernsehgerät

Spannung mit einer entsprechend veränderbaren Gegenspannung beaufschlagt wird. Dadurch ändert sich die wirksame Basisspannung im gewünschten Sinn und damit auch die Verstärkung der Stufen.

Gesteuert wird die Regelspannungsschaltung auch hier vom Videosignal, das über eine Diodenschaltung in einem IC auf den Regelkreis einwirkt. Bei größer werdendem Signalpegel wird die positive Teilerspannung am Punkt *A* zurückgehen, so daß sich die Basis des ZF-Transistors potentialmäßig dem (negativen) Emitter nähert, was im gewünschten Sinn ist, da es beim NPN-Transistor einen Verstärkungsrückgang bedeutet. Von einem bestimmten Signalpegel an wird die zurückgehende Spannung auch den Kollektorstrom des ersten Regeltransistors T_1 sperren. Die resultierende hohe Kollektorspannung öffnet den Transistor T_2 voll, wodurch am Emitterwiderstand eine positive Spannung abfällt, die der negativen Spannung an der Basis des HF-Transistors entgegenwirkt. Damit verschiebt sich die wirksame Basisspannung in Richtung des positiven Emitterpotentials, was beim PNP-Transistor ebenfalls einen Verstärkungsrückgang zur Folge hat.

Daß die Integration auch vor den Regelspannungsschaltungen nicht haltmacht, zeigt das Schaltungsbeispiel in Bild 5.54. Dort ist der Regelspannungserzeuger als Element des ICs zu erkennen, Einzelheiten über Aufbau und Wirkungsweise können aber nicht mehr abgelesen werden. Man kann nur noch die hinein- und herausgehenden Spannungen registrieren.

Die Schaltung in Bild 5.54 zeigt übrigens gut, wie die IC-Technik dazu beiträgt, das Schaltungsvolumen zu verringern und frühere Aufbaukonzepte und Betrachtungsweisen völlig umzustoßen. Das IC enthält fünf Schaltungsstufen, und zwar neben der Regelspannungserzeugung noch einen Teil des Videoverstärkers sowie das Amplitudensieb (Synchrontrennstufe), den Horizontal-Phasenvergleich und eine Vertikalimpulsstufe.

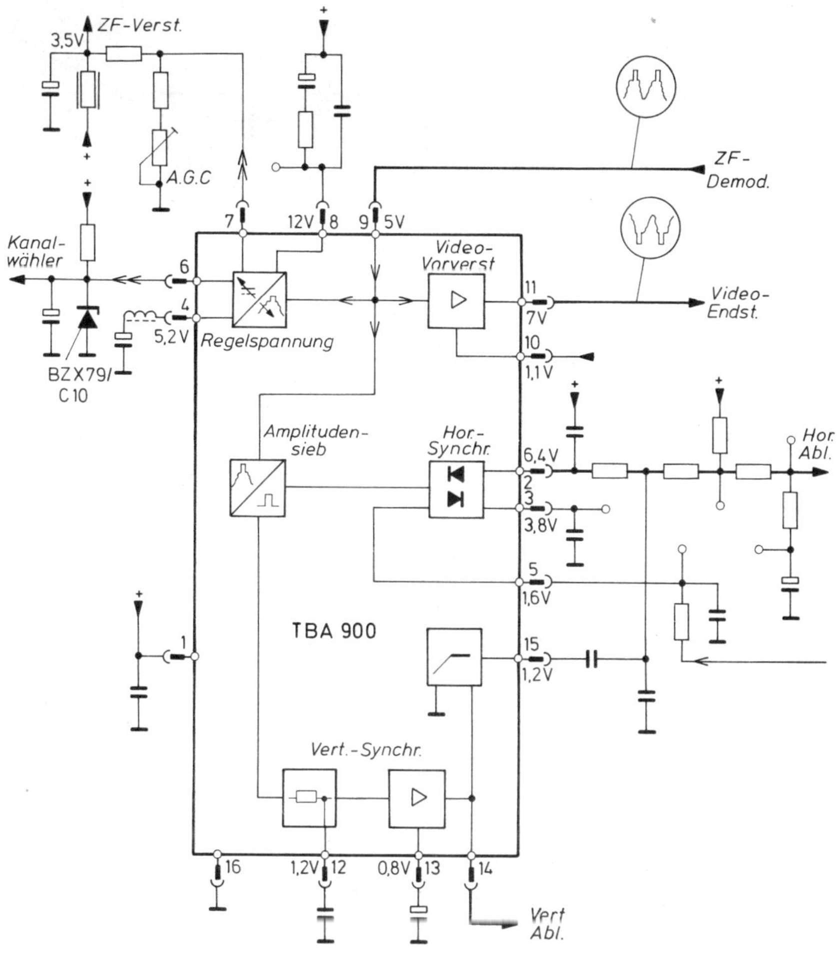

Bild 5.54 Schaltung mit dem TBA 900 im Video- und Synchronteil eines Schwarzweiß-Fernsehgeräts

5.4.4. Videostufen und Schwarzweiß-Bildröhre

Die Grundschaltung eines Röhren-Videoverstärkers ist in Bild 5.55 zu sehen. Der Endröhre wird das von der Diode gleichgerichtete Videosignal mit negativer Polarität zugeführt, damit es an der Anode die zur Katodenansteuerung der Bildröhre nötige positive Polarität hat. Die Spule S_{29} dient ebenso wie die Spule S_{28} im Gitterzweig zur Anhebung der oberen Videofrequenzen, während die Kombination S_{24} / R_{61} in Serie mit dem Anodenarbeitswiderstand R_{49} eine zusätzliche Frequenz- und Phasenkorrektur des Videofrequenzgangs vornehmen.

Zur Kontrastregelung wird mit dem Potentiometer R_{51} die Schirmgitterspannung der Videoendröhre verändert. Da sie auch die Katodengleichspannung der Videoendröhre bestimmt, diese aber gleichzeitig als Vorspannung der Regelspannungsröhre dient, kann mit Hilfe dieser Vorspannung die HF- und ZF-Regelspannung verändert werden. Die Kontrastregelung wird also über die Verstärkungsregelung der HF-

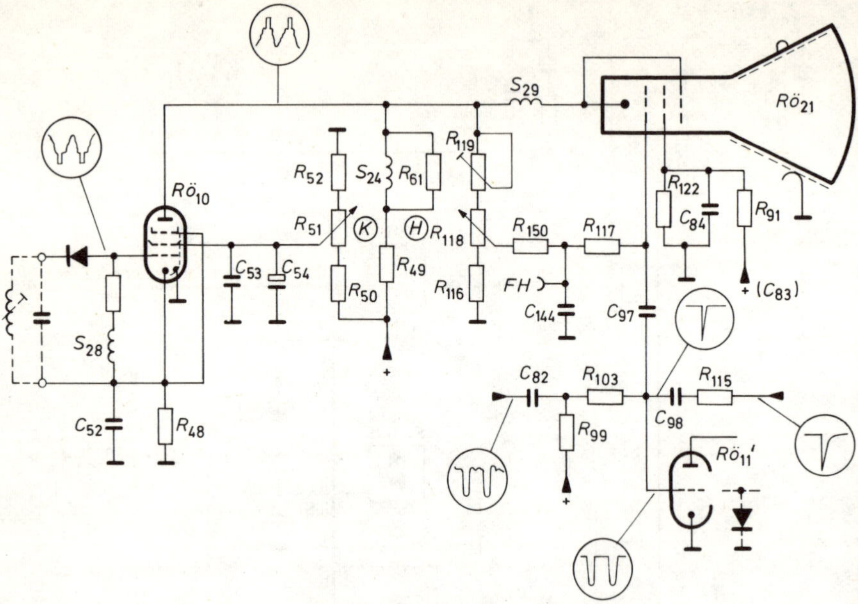

Bild 5.55 Schaltung eines Röhren-Videoverstärkers

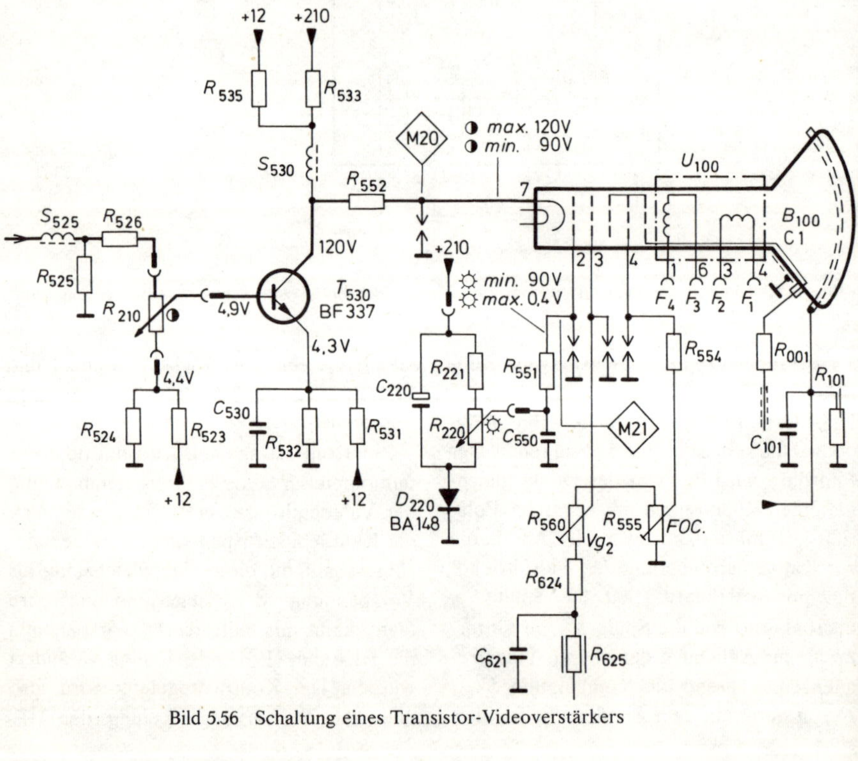

Bild 5.56 Schaltung eines Transistor-Videoverstärkers

und ZF-Stufen vorgenommen. Dies kann auch durch Anordnung des Potentiometers in der Katodenleitung von $Rö_{10}$ erreicht werden.

Ein Videoverstärker in Transistortechnik ist in Bild 5.56 dargestellt. Die Basis ist über den niederohmigen Kontrastregler R_{210} mit Punkt 11 des ICs in Bild 5.54 verbunden, an dem das vorverstärkte Videosignal mit negativer Polarität steht. Der Endstufentransistor steuert die Bildröhre ebenfalls an der Katode an. Eine Spule in Reihe mit dem Kollektorarbeitswiderstand und die *RC*-Kombination im Emitterkreis sorgen für den erforderlichen Videofrequenzgang.

Die am Wehneltzylinder sowie an G_2 und G_4 der Bildröhre liegenden Potentiometer dienen zur Einstellung von Helligkeit, Sperrpunkt (Einsatz der Helligkeit bei bestimmter Katodenspannung) und Schärfe. Zur Sicherung gegen Überschläge leitet man der Katode die Steuerspannung über einen 1,5-kΩ-Widerstand zu, des weiteren sind die Bildröhrenelektroden zur Ableitung der Energie bei Bildröhrenüberschlägen mit Funkenstrecken versehen.

5.4.5. Synchronisations-Trennstufen und Phasenvergleich

Prinzip und Funktion einer Synchronisations-Trennstufe (auch Amplitudensieb genannt) werden aus Bild 5.57 deutlich, das eine klassische Grundschaltung in Röhrentechnik zeigt. In der Pentode werden die Synchronimpulse vom kompletten Videosignal getrennt. Zu diesem Zweck hat die Röhre eine verhältnismäßig niedrige Anoden- und Schirmgitterspannung, so daß sich ein relativ kleiner Gitteraussteuerbereich ergibt. Das Videosignal ruft während

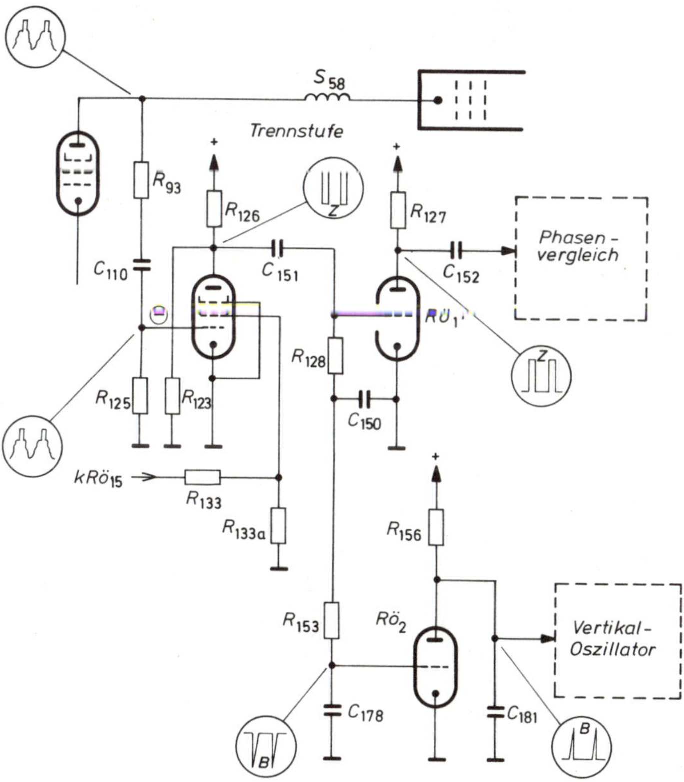

Bild 5.57 Schaltung einer Synchronisations-Trennstufe (Amplitudensieb) mit Röhren

der positiven Synchronimpulse am Gitter 1 einen Gitterstrom hervor, der am hochohmigen Gitterableitwiderstand eine negative Richtspannung aufbaut. Sie ist so groß, daß nur die positiven Synchronimpulse in den Gitteraussteuerbereich hineinragen und den Anodenstrom beeinflussen können. In Bild 5.58 a ist dargestellt, daß die positiven Spitzen der Synchronimpulse durch den Gitterstrom auf der Gitterspannungs-Nulllinie »festgehalten« werden, während das eigentliche Videosignal durch den unteren Kennlinienknick abgeschnitten wird und keinen Steuereinfluß auf den Anodenstrom ausüben kann. Die negative Richtspannung im Gitterkreis entsteht durch die Gleichrichterwirkung der Gitter-Katoden-Strecke und die Zeitkonstante des gitterseitigen *RC*-Glieds.

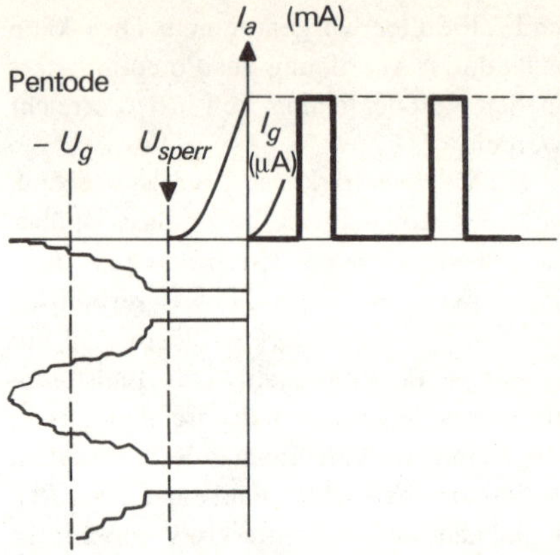

Bild 5.58 a Arbeitsprinzip der Trennstufe im Pentodenteil

Vom Anodenwiderstand der Pentode wird das Synchronimpulsgemisch in negativer Polarität kapazitiv an das Gitter der Triode ($Rö_{1'}$) geführt. Hier findet durch den unteren Kennlinienknick eine Begrenzung der Impulsspitzen statt (Bild 5.58 b). Das in der Triode verstärkte Signal leitet man dem Horizontal-Phasenvergleich zu.

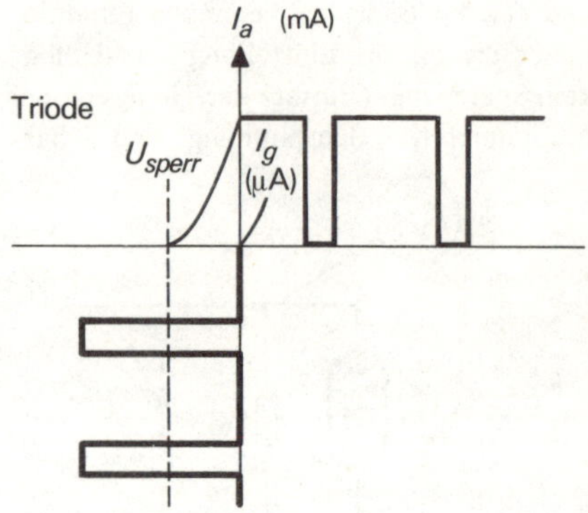

Bild 5.58 b Arbeitsprinzip der Trennstufe im Triodenteil

Für die Vertikal-Synchronisation wird das Impulsgemisch an den *RC*-Gliedern R_{128}/C_{150} und R_{153}/C_{178} integriert und dem Gitter der Impulsverstärkerröhre $Rö_2$ zugeführt.

In Bild 5.59 ist die Prinzipschaltung der ersten Stufe eines Transistor-Amplitudensiebs angegeben. Der verwendete Transistor ist ein NPN-Typ, d. h. eine negativer werdende Basisspannung verringert den Stromfluß im Transistor und sperrt ihn bei entsprechender Amplitude ganz. Deshalb wird das Videosignal (genau wie bei der Röhrenschaltung) mit positiven Synchronimpulsen der Basis zugeführt. Infolge des kleinen Aussteuerbereichs genügt ein Signalpegel von nur einigen Volt.

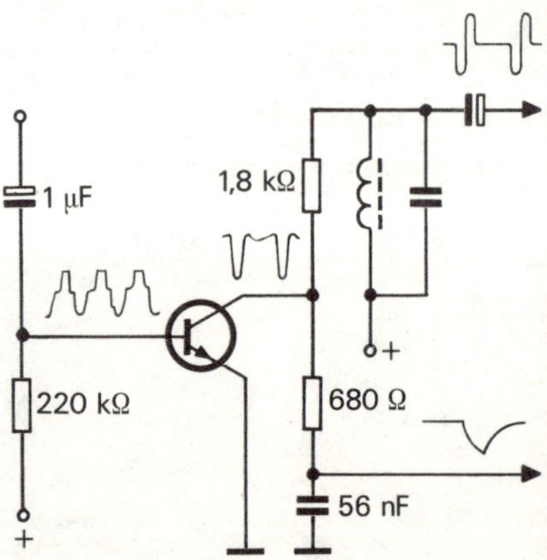

Bild 5.59 Schaltung eines Amplitudensiebs (auch Clipper genannt) mit Transistor

In Bild 5.60 ist das Prinzip des Phasenvergleichs mit der Entstehung der Regelspannung angegeben. Der Mitte beider Dioden wird der Horizontalsynchronimpuls

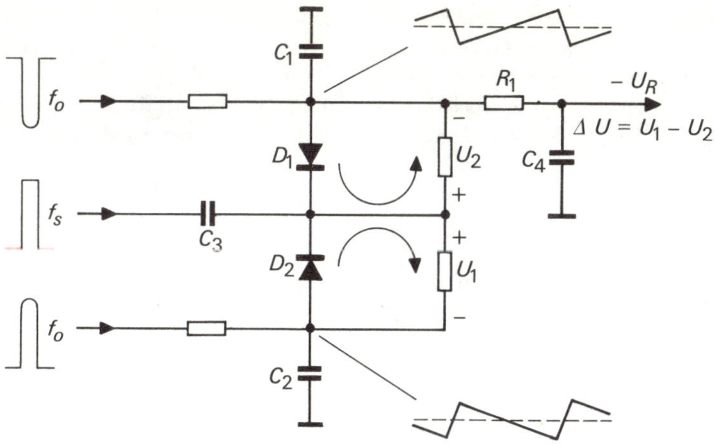

Bild 5.60 Prinzipschaltung eines Horizontal-Phasenvergleichs

des Senders über C_3 zugeführt, während der positive bzw. negative Rückschlagimpuls an C_1 bzw. C_2 integriert wird und sich eine Sägezahnspannung ausbildet, deren steiler Anstieg als Vergleichsflanke dient. An jeder Diode sind also gleichzeitig zwei Wechselspannungen vorhanden.

Die Dioden sind gegeneinander geschaltet, so daß sich die Gleichspannungen bei gleichen Amplituden aufheben oder am Ausgang nach der Absiebung über R_1 / C_4 nur eine von der gegenseitigen Phasenlage zwischen Synchron- und Rückschlagimpuls bestimmte Spannungsdifferenz auftritt. In Bild 5.61 a ist zu erkennen, daß die Regelspannung Null ist, wenn die Synchronimpulse mit dem Nulldurchgang der Vergleichsflanke zusammenfallen. Ist der Synchronimpuls gegen den Nulldurchgang zeitlich versetzt, so entsteht entweder eine positive oder negative Regelspannung (Bild 5.61 b und 5.61 c).

Zwei Begriffe sind bei derartigen Vergleichsschaltungen von Bedeutung: der Haltebereich und der Fangbereich. Als **Haltebereich** wird das Frequenzgebiet bezeichnet, wo im **synchronisierten** Zustand und bei langsamen Frequenzänderungen von Sender- oder Geräte-Oszillator die Synchronisation voll erhalten bleibt. In

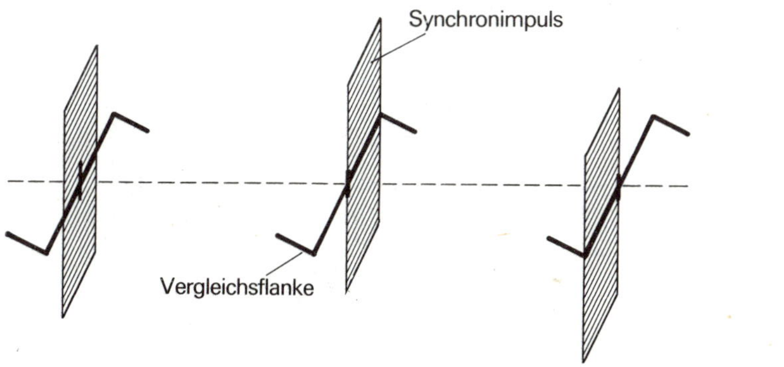

a) Regelspannung Null b) Regelspannung positiv c) Regelspannung negativ

Bild 5.61 Phasenvergleich im Sollzustand ($f_s = f_0$) (a) und bei abweichender Frequenz ($f_s < f_0$ bzw. $f_s > f_0$) (b und c)

diesem Fall wandert also der Synchronimpuls von der Mitte der steilen Vergleichsflanke bis zur unteren bzw. oberen Spitze der Vergleichsflanke. Die hierbei auftretende Phasendifferenz (keine Frequenzdifferenz!) macht sich unter Umständen als leichtes seitliches Auswandern des Bilds auf dem Bildschirm bemerkbar.

Das Frequenzgebiet, in dem der Phasenvergleich in der Lage ist, **automatisch** vom unsynchronisierten in den synchronisierten Zustand zu gelangen, wird als **Fangbereich** bezeichnet. Mit Rücksicht auf die unbedingt erforderliche Störbefreiung, die ja der wesentliche Vorteil der Phasenvergleichsynchronisation überhaupt ist, muß am Ausgang der Diskriminatorschaltung ein Regelglied mit verhältnismäßig großer Zeitkonstante zur Glättung der Regelspannung vorhanden sein. Diese Glättung und Absiebung bestimmt normalerweise im wesentlichen die Größe des Fangbereichs.

Bei manuell einstellbaren Horizontal-Oszillatoren ist der Fangbereich kleiner als der Haltebereich (1 : 4 bis 1 : 5), bei den heute ausschließlich angewandten Automatikschaltungen kann der Fangbereich dagegen bis zu ± 500 Hz betragen.

Abschließend zwei moderne Synchron-Trennstufen in IC-Technik. Sie sind auf Modulen angeordnet und machen die durch diese Schaltungstechnik eingetretene Vereinfachung des Aufbaus deutlich.

Im Modul U_{330} sind das Amplitudensieb, der Phasenvergleich für die Horizontalsynchronisation und der Oszillator zum Erzeugen der Ansteuerspannung für die Horizontalendstufe untergebracht (Bild 5.62). Auf der Printplatte des Moduls befinden sich zwei integrierte Schaltungen vom Typ TBA 240 B und TBA 720. Im TBA 240 B durchläuft das ankommende Videosignal (Punkt 10) zunächst eine Amplitudenbegrenzerschaltung mit Störaustastung und wird dann einem Phasenvergleich zugeführt, dessen Gleichspannung über eine Filterschaltung die Reaktanzstufe des Horizontal-Oszillators im TBA 720 steuert.

Auch die Printplatte des Moduls U_{335} (Bild 5.63) trägt zwei integrierte Schaltkreise (TBA 760 und TBA 730). Im TBA 760 werden die durch Integration heraus-

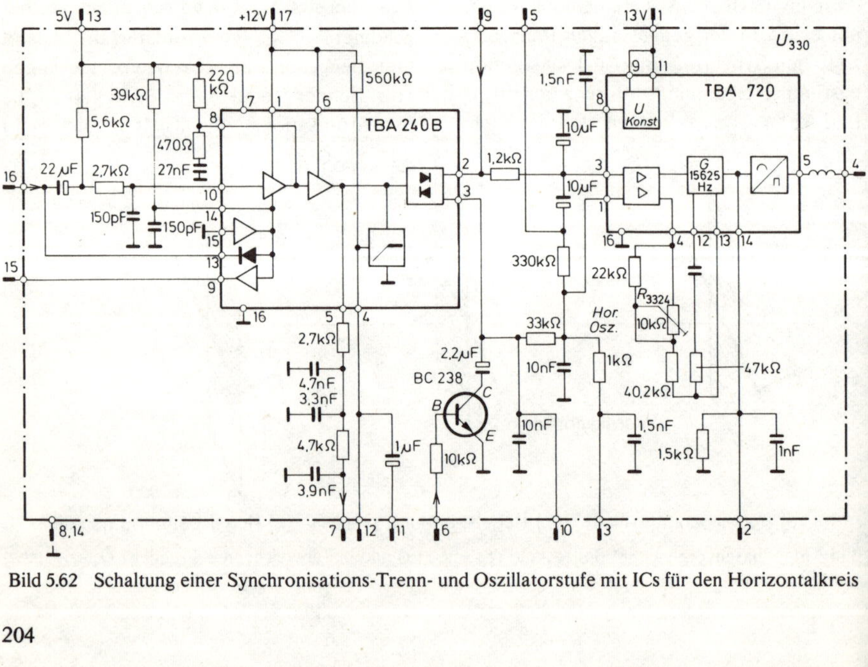

Bild 5.62 Schaltung einer Synchronisations-Trenn- und Oszillatorstufe mit ICs für den Horizontalkreis

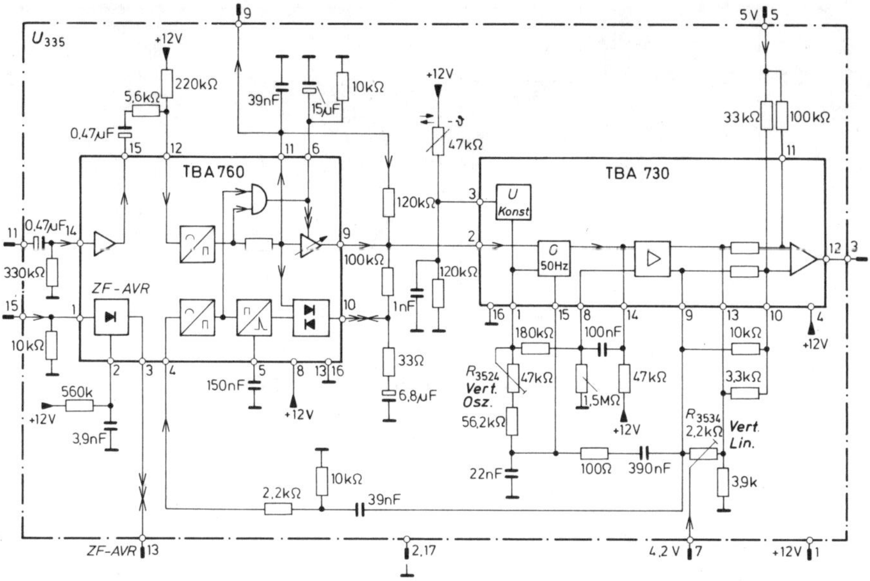

Bild 5.63 Schaltung einer Synchronisations-Trenn- und Oszillatorstufe mit ICs für den Vertikalkreis

gefilterten Vertikalsynchronimpulse aus dem Modul U_{330} noch einmal begrenzt. Weiterhin ist in diesem IC ein Phasenvergleich vorhanden, der die im Vertikal-Oszillator des TBA 730 erzeugte 50-Hz-Frequenz mit den einkommenden Vertikalimpulsen vergleicht und hieraus eine Steuergleichspannung ableitet, die dann wieder dem TBA 730 zur Frequenzregelung des Vertikal-Oszillators zugeführt wird. Die Schaltung ist in der Lage, Frequenzabweichungen von ± 10 Hz automatisch einzufangen und den Vertikal-Oszillator zu synchronisieren.

Der Vertikal-Oszillator im TBA 730 arbeitet als sogenannter Miller-Integrator (siehe Abschnitt 5.4.6.). Im Ausgangsverstärker des ICs zum Ansteuern der Vertikalendstufe ist ein Linearitätseinsteller vorhanden. Die vom Modul U_{335} abgegebene Steuerspannung gelangt zur Vertikalendstufe.

5.4.6. Vertikal-Ablenkstufen

Als Vertikal-Oszillatoren werden in Fernsehgeräten mit Röhren- oder Transistorbestückung vorwiegend drei verschiedene Ausführungen benutzt, und zwar Sperrschwinger, Multivibrator und Miller-Integrator. Multivibratoren werden im Abschnitt 8.2. behandelt, die Grundschaltungen der beiden anderen Oszillatoren sind nachfolgend erläutert.

Die Sperrschwingerschaltung (Bild 5.64) besteht aus der Triode und dem Sperrschwingertransformator S_1 / S_2. Beim Sperrschwingertransformator handelt es sich um eine Rückkopplungsschaltung, d. h. eine positive Spannungsänderung in der Wicklung S_1 macht sich als negative Spannungsänderung in S_2 bemerkbar. Das Übersetzungsverhältnis beträgt etwa 2 : 1 von S_1 zu S_2, so daß eine sehr feste Rückkopplung vorhanden ist. In Bild 5.65 ist der Spannungsverlauf im Gitterkreis des Sperrschwingers für den synchronisierten und unsynchronisierten Zustand eingezeichnet. Die aus C_1 und C_2 sowie R_1 und R_2 gebildete Gitterzeitkonstante bestimmt das Einsetzen des Anodenstroms der Triode und damit die Eigenfrequenz des Sperrschwingers. Durch die Veränderung der Entlade-

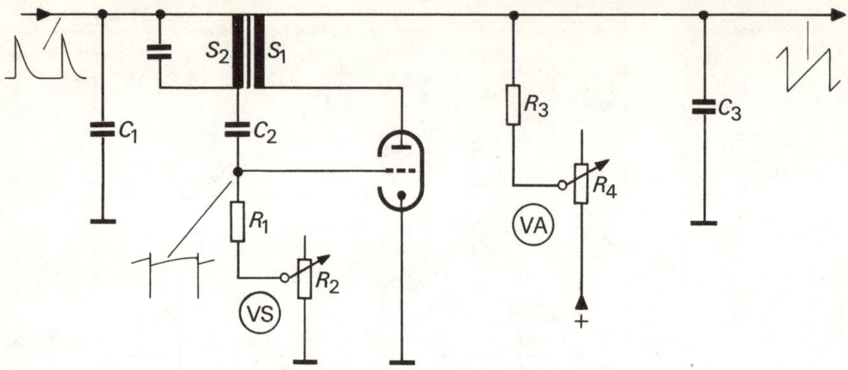

Bild 5.64 Schaltung einer röhrenbestückten Vertikal-Sperrschwingerstufe

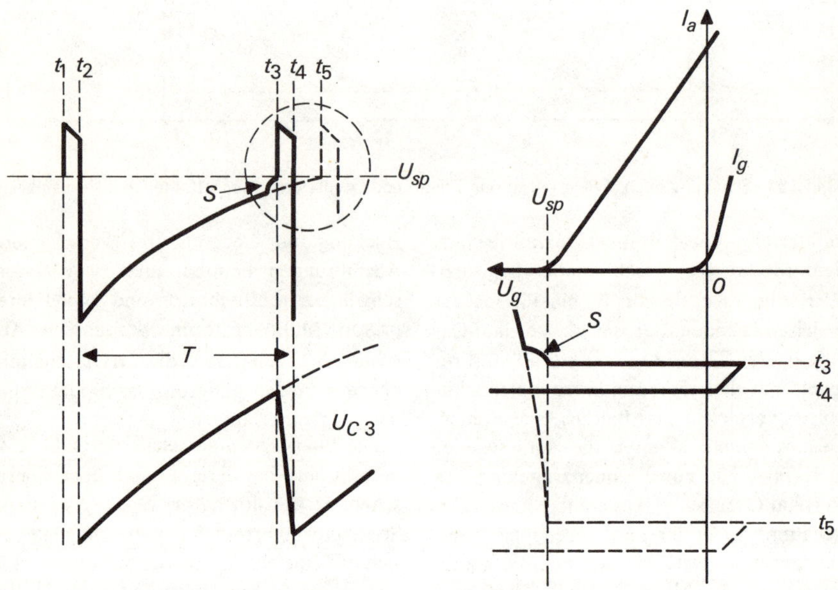

Bild 5.65 Spannungsverläufe im Gitterkreis des Sperrschwingers im synchronisierten Zustand (t_1 bis t_4) und im unsynchronisierten oder freilaufenden Zustand (t_5)

zeit von C_1 über R_1 / R_2 kann die Eigenfrequenz des Sperrschwingers variiert werden.

Der zur Synchronisation benötigte positive Impuls bestimmt am Steuergitter den Anodenstromeinsatzpunkt. Im Anodenkreis der Triode liegt der Ladekondensator C_3, an dem durch die Schalterwirkung der Röhre eine Sägezahnspannung aufgebaut wird. Im Zeitraum $t_2 - t_3$ ist die Triode gesperrt und stellt einen sehr hohen Widerstand dar, so daß C_3 von der Speisespannung sägezahnförmig aufgeladen werden kann. Von $t_3 - t_4$ führt die Röhre Gitterstrom und hat damit einen sehr kleinen Innenwiderstand, so daß C_3 über die Triode entladen wird. Mit dem Potentiometer R_4 läßt sich die Amplitude der Sägezahnspannung an C_3 verändern (Bildhöhe).

In Bild 5.66 wird das Grundschema einer Kombination von Miller-Integrator und Transitron dargestellt. Das Merkmal dieser

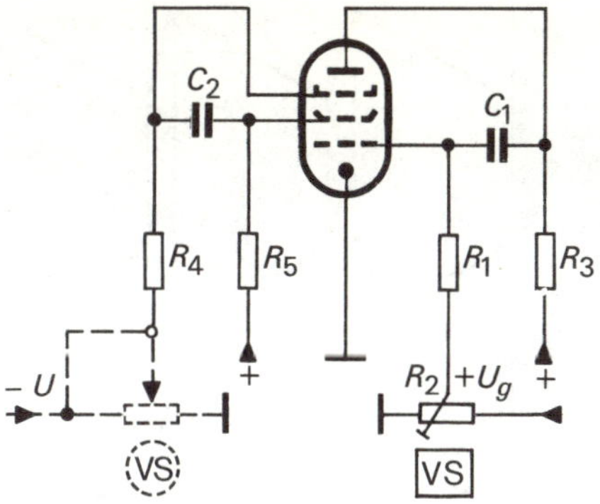

Bild 5.66 Prinzipschaltung einer Kombination von Miller-Integrator und Transitron

auch Phantastron genannten Schaltung sind die Kopplungskondensatoren C_2 vom Bremsgitter zum Schirmgitter und C_1 vom Steuergitter zur Anode. Der Verlauf einer Kipp-Periode ist in Bild 5.67 gezeichnet.

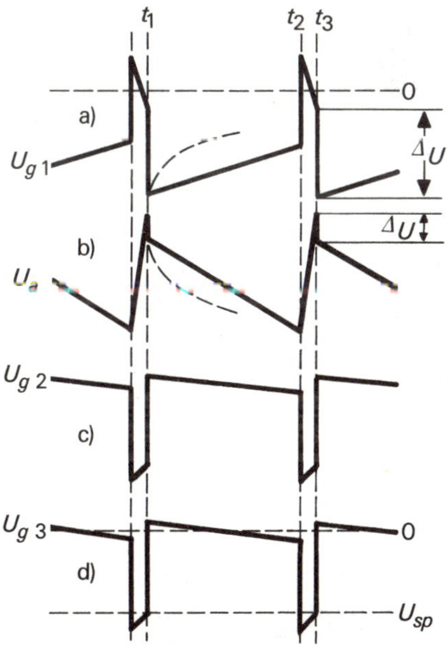

Bild 5.67 Verlauf einer Kipp-Periode

Das Steuergitter sei negativ vorgespannt, d. h. der Kondensator C_1 ist gitterseitig negativ aufgeladen, wie Bild 5.67 a zum Zeitpunkt t_1 zeigt. Diese negative Ladung wird über die Gitterableitwiderstände R_1 und R_2 abfließen. In Bild 5.67 b ist zu sehen, daß die Anodenspannung U_a im gleichen Verhältnis abnimmt, wie das Gitterpotential positiver wird. Vom Zeitpunkt t_1 aus gesehen, wird der positiv werdenden Gitterspannung die negativ werdende Anodenspannung über den Kondensator C_1 entgegenwirken und eine starke Gegenkopplung hervorrufen. Der Entladungsvorgang am Steuergitter wird dadurch wesentlich verlangsamt, wodurch an der Anode ein sehr linear abfallender Sägezahn entsteht. Am Schirmgitter (Bild 5.67 c) und am Bremsgitter (Bild 5.67 d) sinkt die Elektrodenspannung ebenfalls sehr langsam ab und ist vereinfacht während der Hinlaufperiode als konstant anzusehen.

Erreicht die Anodenspannung U_a den sogenannten Kniepunkt (Zeitpunkt t_2 in Bild 5.67 b), so wird der fließende Katodenstrom in kurzer Zeit fast vollständig vom Schirmgitter übernommen. Der Kondensator C_1 wird im Zeitraum $t_2 - t_3$ bei gesperrtem Anodenstrom über R_3 positiv aufgeladen. Über C_1 koppelt diese positive Anodenspannungsänderung auf das Steuergitter zurück und ruft hier einen Gitterstrom hervor. Der Aufladevorgang von C_1 verläuft also bei fließendem Steuergitterstrom und erfolgt bis zum Zeitpunkt t_3, wo sich der Kondensator C_2 so weit entladen hat, daß wieder Anodenstrom zu fließen beginnt.

Als Folge davon wird der Schirmgitterstrom kleiner und die Schirmgitterspannung positiver. Dieser Spannungsanstieg am Schirmgitter wird über C_2 auf das Bremsgitter gekoppelt und unterstützt den Vorgang, so daß infolge der Rückkopplung Schirmgitter- und Bremsgitterspannung schlagartig positiver werden und dadurch plötzlich auch der Anodenstrom steigt und die Anodenspannung sinkt. Dieser Spannungssprung (in Bild 5.67 b mit ΔU eingetragen) wird über C_1 auf das Steuergitter gekoppelt. Nach erfolgter negativer Aufladung der Gitterseite des Kondensators C_1

nehmen Schirmgitter- und Anodenspannung wieder das Potential ein, das zum Zeitpunkt t_1 vorherrschte. Eine Kipp-Periode ist damit beendet.

Vertikal-Oszillatoren der erwähnten Art sind mit Endstufen zusammengeschaltet, die ähnlich wie Ton-Endstufen aufgebaut sind. Eine Besonderheit bilden jedoch die Maßnahmen zur Erzeugung der Parabelanteile. Die Endröhre muß nämlich einen Anodenstrom liefern, der sich aus dem Strom durch den ohmschen Widerstand der Ablenkspulen und dem Strom durch die Induktivität der Ausgangstransformatorwicklung zusammensetzt.

Für eine lineare Ablenkung ist es erforderlich, daß durch den ohmschen Widerstand der Ablenkspulen ein sägezahnförmiger Strom fließt. In Bild 5.68 ist dieser Strom mit I_R bezeichnet. Hierdurch bedingt hat dann auch die Spannung an den Ablenkspulen eine Sägezahnform, die transformiert auch an der Anodenwicklung des Ausgangstransformators liegt. Eine Sägezahnspannung an einer Induktivität aber hat einen parabelförmigen Strom zur Folge (I_S Bild 5.68). Durch Summierung der beiden Ströme $I_R + I_S = I_a$ erhält man die erforderliche Form des Anodenstroms der Endröhre. Es muß daher dem Gitter der Endröhre eine Steuerspannung zugeführt werden, die diese Form des

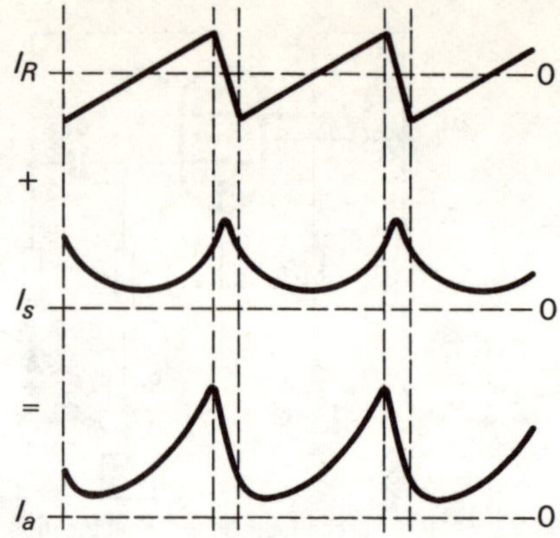

Bild 5.68 Stromfluß durch die Vertikal-Ablenkspulen

Anodenstroms hat. Ein Beispiel ist in Bild 5.69 gegeben.

Die Steuerspannung kann man mit R_{602} verändern, so daß damit eine Vertikal-Linearitätsregelung durchgeführt wird. Die Vertikal-Ablenkspulen S_{355} / S_{356} werden über die Sekundärseite S_{605} des Ausgangstransformators angekoppelt, während die Wicklung S_{602} die Gegenkopplungsspannung liefert und von S_{604} die negativen Rückschlagimpulse zur zusätzlichen Dunkelsteuerung der Bildröhre abgenommen werden.

In vielen Schaltungen sind Oszillator- und Endstufe zu einer Einheit zusammengefaßt worden. Beispielsweise wird dann auf einen

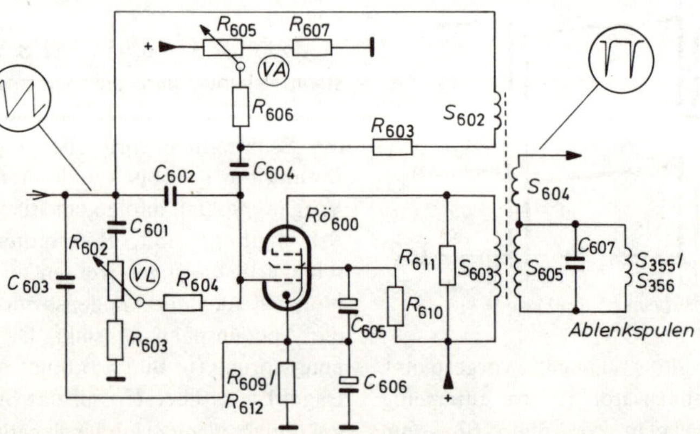

Bild 5.69 Schaltung einer röhrenbestückten Vertikal-Endstufe

Sperrschwingertransformator verzichtet, und man legt dafür den Ausgangstransformator so aus, daß beide Funktionen von ihm ausgefüllt werden können.

Transistorschaltungen für die Vertikal-Ablenkung sind dagegen anders aufgebaut. Hier kann wegen der Niederohmigkeit auf den Ausgangstransformator verzichtet werden, und die Ablenkspulen können als Außenwiderstand direkt an die Endtransistoren gelegt werden. Ein Vertikal-Oszillator in moderner Modul-Bauart wurde bereits in Bild 5.63 erwähnt, wegen der IC-Technik kann eine genaue Funktionsbeschreibung nicht mehr gegeben werden. Eine sehr einfache Vertikal-Oszillatorschaltung ist in Bild 5.70 dargestellt, sie arbeitet mit einem Thyristor (D_{702}). Die Frequenz kann mit R_{706} eingestellt werden. Die Synchronisation erfolgt über den Kondensator C_{702} durch Differenzierung des vom TBA 900 abgegebenen Vertikalimpulses. Die vom Vertikal-Oszillator gelieferte Sägezahnspannung wird gleichstrommäßig über den Vertikalamplitudenregler R_{710} an den Vorverstärker geführt. Der parallelgeschaltete Zweig mit dem Regler R_{707} ermöglicht durch eine mehr oder weniger große Addition des Parabelanteils eine Linearitätsregelung.

Zwei Vorverstärker-Transistoren (BC 157, BC 337) steuern die Gegentakt-B-Stufe an (BD 135, BD 227). Im Fußpunkt der Vertikal-Ablenkspulen liegen die Widerstände R_{723} bis R_{725} (zusammen 0,3 Ω) als Gegenkopplung. Die Rückschlagspannung an der Basis des BD 227 wird durch die Zenerdiode BZX 79/C 30 begrenzt.

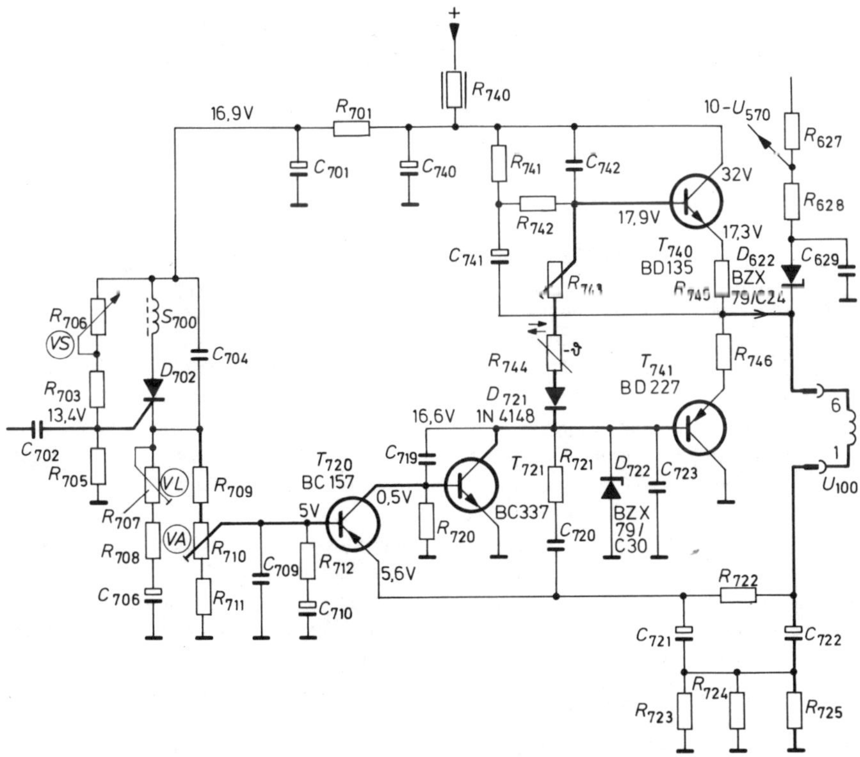

Bild 5.70 Schaltung einer transistor-/thyristorbestückten Vertikalstufe

5.4.7. Horizontal-Ablenkstufen

Als Standardschaltung für Horizontal-Oszillatoren hat sich im »Röhrenzeitalter« die Sinusgeneratorschaltung herausgebildet. Der Oszillator ist hierbei mit einer Reaktanzröhre gekoppelt, die von der Regelspannung aus dem Phasenvergleich nachgesteuert wird und die phasenstarre Verkopplung mit der Sender-Horizontalfrequenz garantiert.

In Bild 5.71 ist die Schaltung eines Horizontal-Oszillators dargestellt. Die Pentode schwingt zwischen Schirmgitter, Steuergitter und Katode. Der frequenzbestimmende Oszillatorkreis wird aus S_{46} und C_{115} gebildet. S_{45} ist die Rückkopplungswicklung. Es bilden sich steile Anodenstromimpulse mit einem zeitlichen Abstand der Horizontalfrequenz (Bild 5.72). Der Anodenkreis kann dadurch die für ein Kippgerät erforderliche Schalterwirkung ausüben, d. h. die Pentode ist zwischen den Anodenstromimpulsen gesperrt und stellt einen sehr hohen Widerstand dar, während der Innenwiderstand beim Erscheinen der Anodenstromimpulse sehr klein ist. Am Anodenwiderstand entsteht daher eine rechteckförmige Spannung, der eine schwache sägezahnförmige Komponente überlagert wird.

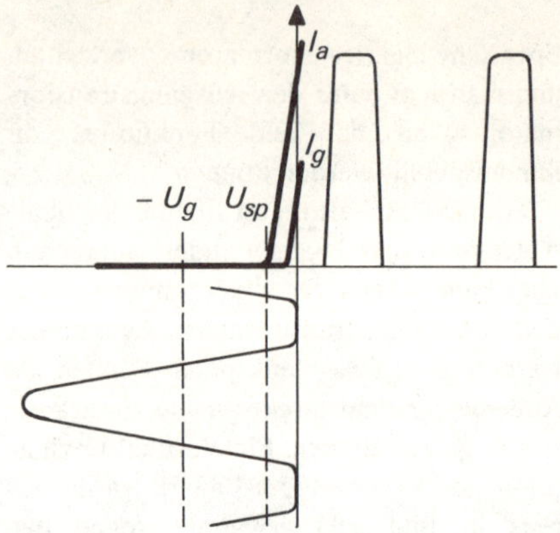

Bild 5.72 Prinzip der Gewinnung von steilen Anodenstromimpulsen

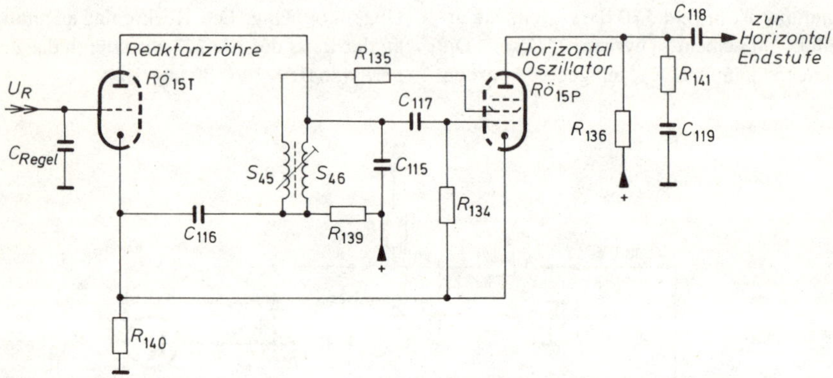

Bild 5.71 Schaltung eines Horizontal-Oszillators mit Röhre

Wie eine Horizontal-Oszillatorschaltung in IC-Technik aussieht, wurde schon in Bild 5.62 gezeigt (TBA 720). Sie ist hier in einer Variante mit ihren äußeren Schaltelementen noch einmal dargestellt (Bild 5.73). Die Horizontalfrequenz wird bestimmt durch den Kondensator C_{605} (Punkt 12/13) und das Potentiometer R_{611}; der spulenlose Oszillator wird über eine Reaktanzstufe aus dem Phasenvergleich gesteuert. Eine oft verwendete Schaltungsversion: Damit der Horizontal-Oszillator sicher anschwingt, wird die Versorgungsspannung (+ 11) aus dem Netzteil zugeführt, während die übrigen ICs ihre Betriebsspannung aus der Horizontalendstufe erhalten.

Da die **Horizontalendstufe** (auch Zeilenendstufe genannt) am längsten einer »Transistorisierung« widerstand und noch in den ersten siebziger Jahren zahlreiche

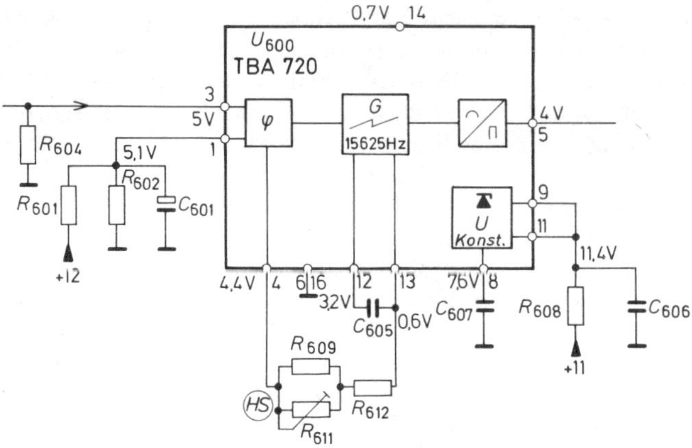

Bild 5.73 Schaltung eines IC-Horizontal-Oszillators

Fernsehempfänger mit röhrenbestückten Horizontalendstufen gebaut wurden, soll auch das Funktionsprinzip zunächst anhand einer Röhrenschaltung erklärt werden. Außerdem ist sie sehr gut überschaubar und daher leicht verständlich. Die Erläuterung gilt gleichermaßen für Schwarzweiß- und Farbfernsehempfänger.

Zur Ablenkung des Elektronenstrahls wird ein sägezahnförmiger Strom benötigt, der von der Horizontalendstufe geliefert wird. Gleichzeitig erzeugt diese Stufe die Hochspannung für die Bildröhre sowie weitere Impuls- und Hilfsspannungen für den Betrieb anderer Stufen des Fernsehempfängers. Relativ einfache Schaltungen findet man bei Schwarzweißempfängern, wogegen bei Farbempfängern aufgrund der zusätzlichen Stufen (Konvergenz, Rasterkorrektur, Stabilisierung usw.) zumeist ein recht hoher Aufwand getrieben werden muß.

Das Funktionsprinzip läßt sich an einem vereinfachten Schaltbild gut erläutern (Bild 5.74). Der Sägezahnstrom wird auf zwei Wegen erzeugt, die miteinander verkoppelt

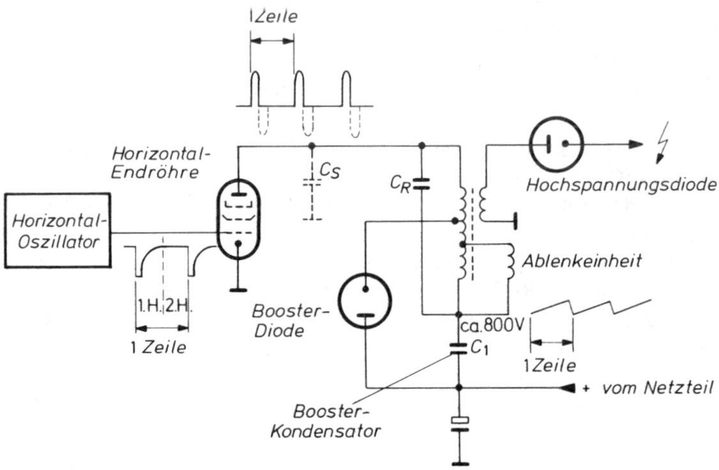

Bild 5.74 Prinzipschaltung einer röhrenbestückten Horizontalendstufe

sind. Vereinfacht wollen wir zunächst annehmen, daß die Horizontalendröhre den Hinlauf des Elektronenstrahls in der rechten Bildschirmhälfte von A nach B allein bewirkt (Bild 5.75). In diesem Abschnitt ist die Röhre am Gitter 1 geöffnet, an der Anode liegt eine Gleichspannung, und der Strom in der Spule steigt linear an, bis zu jenem Zeitpunkt, an dem die Horizontalendröhre am Gitter einen negativen Sperrimpuls erhält. Dieser ist zeitlich identisch mit dem Horizontal- oder Zeilensynchronimpuls, und gibt – da der Elektronenstrahl am rechten Bildrand angekommen ist – das Zeichen für den Rücklauf (Punkt B in Bild 5.75).

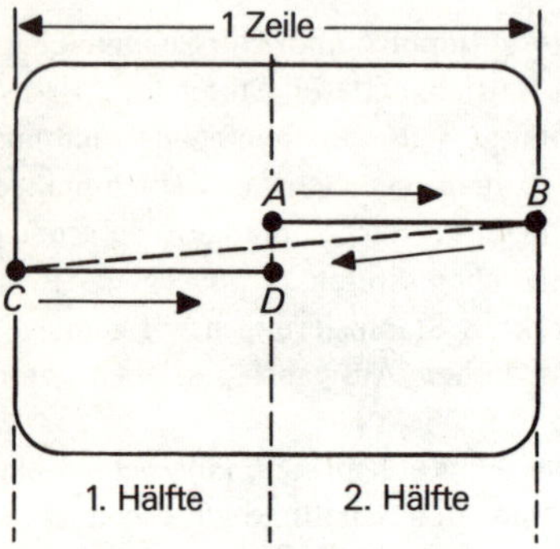

Bild 5.75 Schema der Strahlablenkung für die linke und rechte Hälfte des Bildschirms

Durch den Sperrimpuls wird die Horizontalendröhre schlagartig vom Transformator abgeschaltet, d.h. sie belastet ihn nicht mehr mit ihrem Innenwiderstand. Dadurch bricht das Magnetfeld zusammen, der Strom kehrt seine Richtung um und der nun unbelastete Transformator beginnt mit dem Kondensator C_R sowie den Schalt- und Röhrenkapazitäten C_S auf einer Frequenz zu schwingen, die auf die Rücklaufzeit abgestimmt ist. Dabei entsteht zuerst die positive Halbwelle, die etwa so breit ist wie die Rücklaufdauer. Durch das Umkehren der Stromrichtung bedingt, bewegt sich der Elektronenstrahl jetzt vom rechten zum linken Bildrand (Rücklauf von Punkt B nach C in Bild 5.75). Wenn er dort angekommen ist, muß die Stromrichtung erneut umgepolt werden, denn der Elektronenstrahl muß ja nun den Hinlauf über die erste Bildschirmhälfte zurücklegen. Dies geschieht mit Hilfe der Diode, die beim Auftreten der negativ gerichteten Halbwelle leitend wird und den Kondensator C_1 aus dem Magnetfeld des Transformators auf eine relativ hohe Spannung auflädt. Dadurch wird die Eigenschwingung des Transformators unterbrochen, und der durch den Transformator fließende Strom geht linear auf Null zurück. Damit ist eine »Sägezahn«-Periode beendet.

In Bild 5.76a bis d sind die einzelnen Phasen des Hin- und Rücklaufs angegeben. Wir sehen im ersten Bild den Stromfluß durch die leitende Endröhre und den Transformator. Der Strom durch die Spulenwicklung steigt von Null linear bis zum positiven Maximum an, da er aus einer Gleichspannungsquelle (hier als Batterie gezeichnet) angetrieben wird. Wenn der Sperrimpuls nach dem zweiten Teil des Hinlaufs die Endröhre blockiert, ist dieser Gleichstrom gewissermaßen »abgeschaltet«. Die Energie aus dem Magnetfeld der Induktivität pendelt in den Kondensator C_R und von dort wieder in die Induktivität zurück (Bild 5.76 b und c), dabei entsteht über der Spule eine hohe positive Spannungsspitze, während der Spulenstrom im gleichen Zeitraum vom positiven zum negativen Maximum verläuft (Rücklauf des Elektronenstrahls).

Die Diode war bisher gesperrt, weil ihre Katode potentialmäßig stets positiver war als ihre Anode. Beim Erscheinen der negativen Halbwelle an der Spule wird aber auch die Katode potentialmäßig abgesenkt, und die Diode beginnt sofort zu leiten. Über ihren sehr kleinen Innenwiderstand wird die Batterie mit der Spule verbunden, so daß die Energie aus dem Magnetfeld in die Batterie fließen kann. Der Strom durch die Spule »steigt« dabei gleichmäßig vom negativen Maximum nach Null an und lädt dabei die Batterie wieder auf (Bild 5.76d).

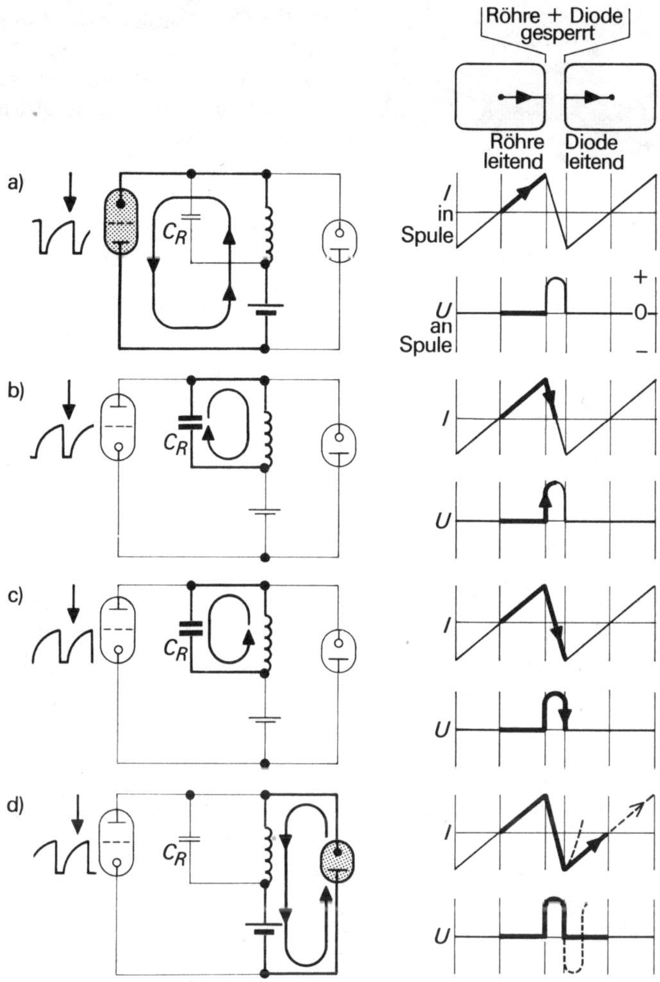

Bild 5.76 Die Einzelphasen einer Hin- und Rücklaufperiode in der röhrenbestückten Horizontalendstufe

Der Ladevorgang ist beendet, wenn der Strom die Nullinie erreicht hat und damit der zweite Teil des Hinlaufs beginnt.

Diese Arbeitsweise gilt natürlich nur für eine verlustfrei arbeitende Schaltung, bei der die aus der Batterie in Phase 1 aufgenommene Energie in Phase 4 wieder vollständig zurückgeliefert wird, so daß der mittlere Strom gleich Null ist. Man nennt den Vorgang daher auch »Energierückgewinnung«. In Wirklichkeit treten natürlich Verluste auf, und so verteilt man Röhren- und Diodenstrom nahezu über den gesamten Hinlaufbereich, wobei im ersten Teil der Diodenstrom und im zweiten Teil der Röhrenstrom überwiegt (Bild 5.77).

Wenn wir die Batterie in Bild 5.76 a bis d durch einen Kondensator ersetzen, ergibt sich wieder die schon eingangs erwähnte Schaltung (C_1 in Bild 5.74). Im allgemeinen liegt der Kondensator in Reihe mit der Betriebsspannung. Man nennt ihn auch

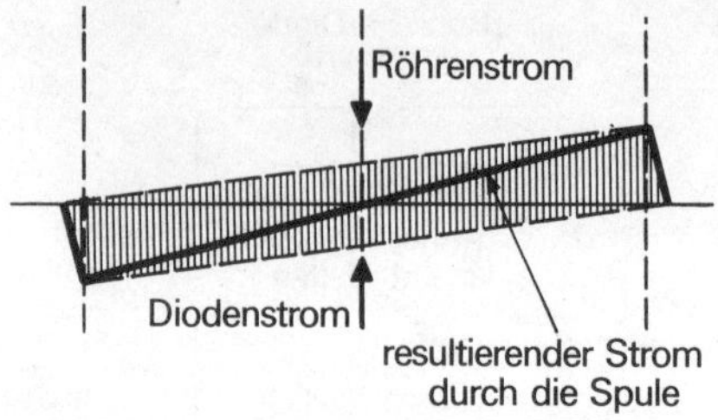

Bild 5.77 Schematische Darstellung der Überlappung von Röhren- und Diodenstrom

Boosterkondensator, weil er die Anodenspannung der Horizontalendröhre um seine Speicherspannung (bis zu 800 V) vergrößert bzw. zusätzlich anhebt (boost = heben, verstärken). Die Diode heißt dementsprechend Boosterdiode oder auch Schalter- bzw. Dämpfungsdiode. Der im unbelasteten Zustand auftretende sogenannte Rückschlagimpuls wird in einer gesonderten Hochspannungswicklung auf die benötigte Amplitude transformiert und mit einer speziellen Röhrendiode oder Halbleiter-Diodenkaskade gleichgerichtet. Wegen der relativ hohen Frequenz (15625 Hz) kommt man mit geringen Siebmitteln aus, es genügt meistens schon die Kapazität der Bildröhre.

Bei einer **Transistor-Horizontalendstufe** fällt vor allem das Fehlen der Boosterdiode auf (Bild 5.78). Sie wird durch den Endtransistor ersetzt, der damit gleichzeitig die Funktionen der Horizontalendröhre und Boosterdiode ausübt. Dies ist deshalb möglich, weil die verwendeten Transistoren für den Betrieb »in beiden Richtungen« ausgelegt sind, d. h. sie können sowohl im Normalbetrieb als auch im Inversbetrieb eingesetzt werden. Die Umschaltung erfolgt in ähnlicher Weise wie bei der Boosterdiode; wenn die gegen Ende der Rücklaufzeit auftretende negative Halbwelle die Schwellenspannung der Kollektor-Basis-Strecke des Endtransistors überschreitet, wird dieser für den Inversbetrieb leitend.

Bei den vier Einzelphasen *A* bis *D* in Bild 5.79 beginnen wir wieder in Bildmitte mit dem von Null linear ansteigenden Strom, wobei der Endtransistor im Normalbetrieb arbeitet (Bild 5.80 a). In dieser zweiten Hälfte des Hinlaufs fließt der Strom aus der Gleichspannungsquelle (hier ebenfalls als »Batterie« gezeichnet) über die Ablenkeinheit und den Endtransistor. Der negative Steuerimpuls an der Basis sperrt den Endtransistor dann am Ende des Hinlaufs und schaltet ihn ab. Dadurch setzt der Rücklauf

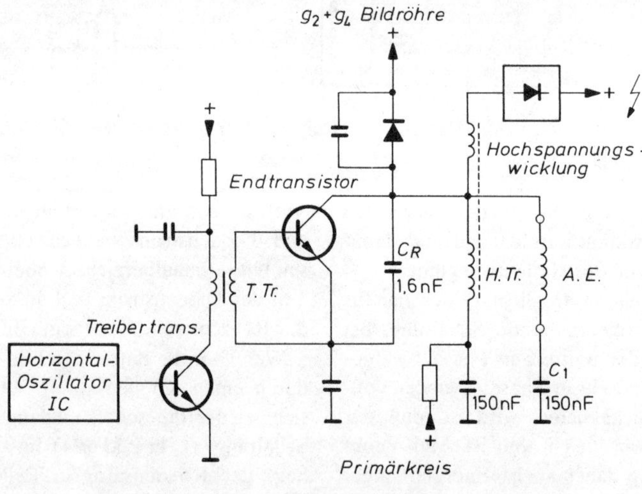

Bild 5.78 Prinzipschaltung einer transistorbestückten Horizontalendstufe

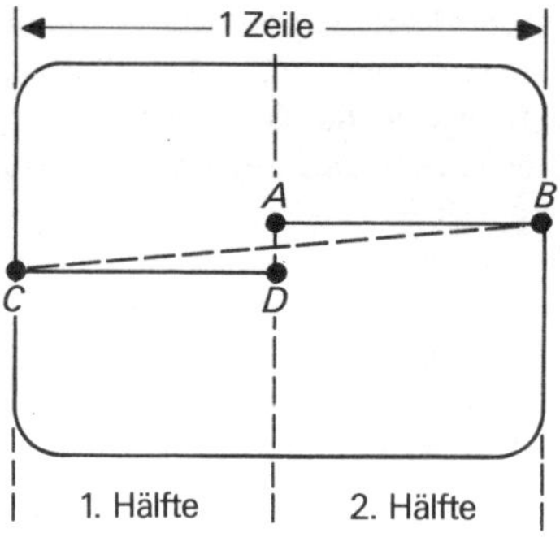

Bild 5.79 Schema der Strahlablenkung für die linke und rechte Hälfte des Bildschirms

ein, wobei der von den Induktivitäten des Ablenkkreises und dem Rückschlagkondensator C_R gebildete Schwingkreis mit seiner Eigenfrequenz sinusförmig ausschwingt. Die in den Spulen gespeicherte Energie pendelt in den Kondensator und unter Umkehrung der Stromrichtung wieder in die Spulen zurück (Bild 5.80 b und c). Mit Beginn der positiven Halbwelle polt die Spannung an C_R und auch am Kollektor des Endtransistors um.

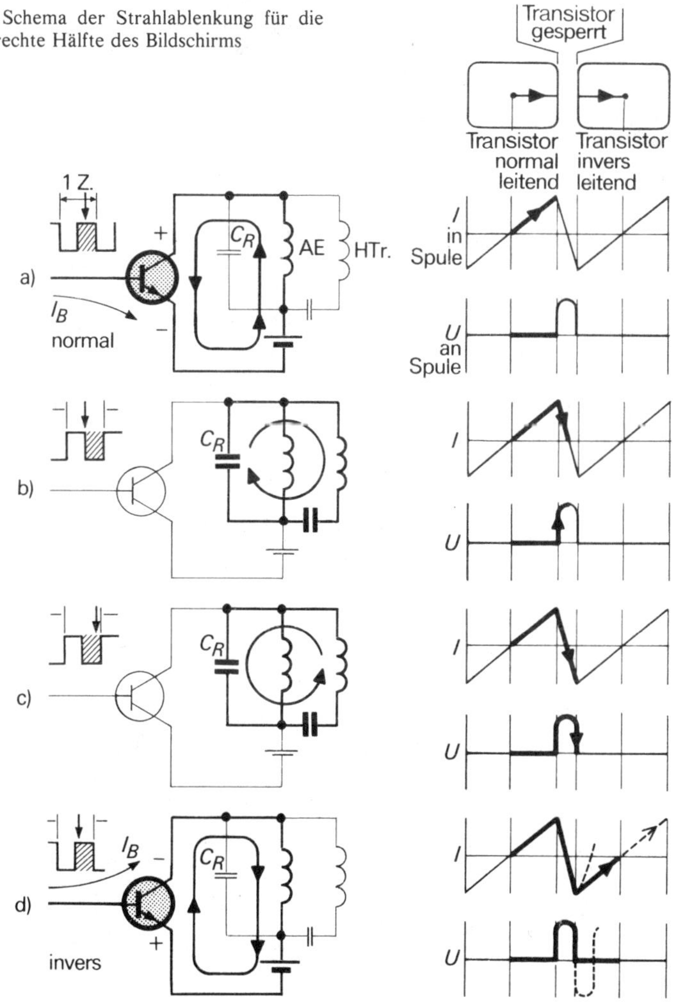

Bild 5.80 Die Einzelphasen einer Hin- und Rücklaufperiode in der transistorbestückten Horizontalendstufe

Sobald die Kollektor-Basis-Strecke negativ und der Schwellenwert überschritten wird, beginnt der Transistor invers zu arbeiten; der »Schalter« ist geschlossen, und der neue Hinlauf beginnt (Bild 5.80 d). Jetzt kehrt die in den Spulen gespeicherte Energie in die »Batterie« zurück, und zwar solange, bis sie wieder Strom in den Ablenkkreis liefern muß. Weil die Spannung durch die Batterie (die ja in der Praxis durch den Rückgewinnungskondensator C_1 ersetzt wird) konstantgehalten wird, ändert sich der Strom linear (Bild 5.81).

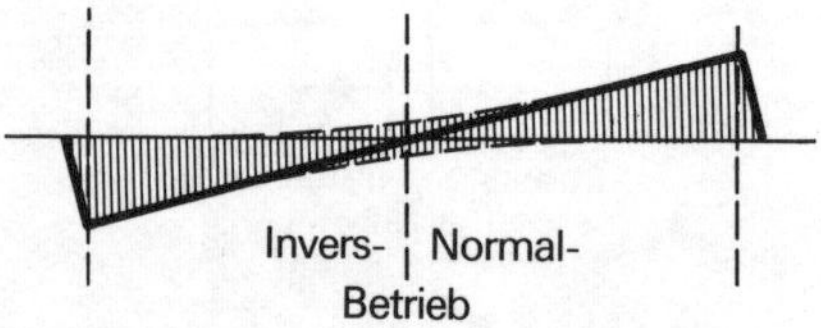

Bild 5.81 Schematische Darstellung des Invers- und Normalbetriebs

In höher belasteten Schaltungen wird der invers arbeitende Endtransistor häufig durch eine Diode unterstützt, die parallel zur Basis-Emitter-Strecke geschaltet ist. Sie übernimmt dann einen Teil des Stroms und verringert dadurch die Verlustleistung des Endtransistors. Sobald die Energierückgewinnung abgeschlossen ist (Bildmitte) beginnt der Endtransistor wieder »normal« zu arbeiten, bis der nächste negative Steuerimpuls an der Basis erscheint.

Neben den Transistoren lassen sich auch Thyristoren verwenden. Diese »gesteuerten Halbleiterschalter« müssen zwar mit einer besonderen Schaltung (Kommutierungsstufe) beeinflußt werden, aber im Prinzip spielen sich auch hier die vorstehend erwähnten Zusammenhänge ab.

5.4.8. Farbsignalstufen

Nachdem wir bisher die gemeinsamen Stufen von Schwarzweiß- und Farbfernsehgeräten kennengelernt haben, sollen jetzt die Farbsignalstufen behandelt werden. Dies geschieht in einer mehr allgemein gehaltenen Form, in der die Besonderheiten zwar vorgestellt, aber nicht ausführlich erläutert werden. Dies würde den hier verfügbaren Rahmen erheblich übersteigen, und es muß daher auf die spezielle Literatur verwiesen werden.

Wir beginnen im Videogleichrichter, der u. a. auch das Farbartsignal U_F liefert. Doch zunächst muß noch ein Blick auf den Helligkeits-, Luminanz-, Leuchtdichte- oder Y-Kanal genannten Schwarzweiß-Videoverstärker geworfen werden (Bild 5.82). Im Y-Kanal ist nämlich eine Laufzeitleitung

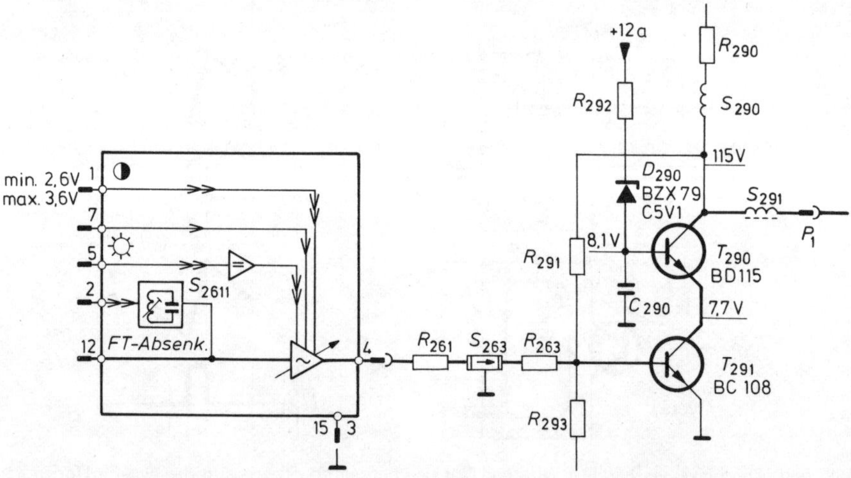

Bild 5.82 Schaltung einer Leuchtdichte-Endstufe im Farbfernsehgerät

(S_{263}) angeordnet, die eine Verzögerungszeit von 0,8 µs hat. Sie ist notwendig, weil das Farbartsignal auf seinem Weg mehr Empfängerstufen zu durchlaufen hat als das Leuchtdichtesignal. Außerdem ist der Leuchtdichteverstärker breitbandig (Bandbreite ca. 5 MHz), während der Farbartsignal-Verstärker eine Bandbreite von nur 1,0 MHz hat, was zu wesentlich längeren Impulsanstiegszeiten führt. Wie Bild 5.83 zeigt, sind die Sprungverläufe für das Leuchtdichtesignal und das Farbartsignal am Ausgang der Gleichrichter (A) so zueinander gestellt, daß sie sich in der Mitte überschneiden. Im Sender wird dafür gesorgt, daß sich die Mitten der beiden Sprünge mit einer Toleranz von nur 0,05 µs treffen. Im Empfänger würde die längere Übertragungszeit der Farbstufen dazu führen, daß der relativ flache Farbsprung (B) viel später kommt als der steilere Leuchtdichtesprung. Die Folgen wären verschmierte Bildränder, da das Farbartsignal dann zeitlich nicht mit dem Schwarzweißsignal übereinstimmt. Deshalb verzögert man im Leuchtdichteverstärker das Signal mit einer Laufzeitleitung und bringt dadurch die beiden Spannungssprünge wieder zur Deckung.

Die Signalwege sind anhand des Blockschemas in Bild 5.36 beschrieben. Das vom Videogleichrichter kommende Farbartsignal U_F wird über Filter ausgesiebt und im Farbartsignalverstärker verstärkt. Hier erfolgt auch die Einstellung der Farbsättigung. Die Bandbreite des Farbartsignalverstärkers beträgt ca. 1,0 MHz.

Das verstärkte Signal U_F wird dem PAL-Demodulator zugeführt. Mit Hilfe einer weiteren Laufzeitleitung werden hier aus dem Farbartsignal U_F die beiden Komponenten $U_{F(B-Y)}$ und $U_{F(R-Y)}$ gewonnen. Dabei erreicht man die schon in Abschnitt 5.3.5.6. geschilderte Kompensation von Farbtonfehlern, die durch Phasenänderungen auf dem Übertragungsweg entstehen können. Die Komponente in der Modulationsachse $V = \pm U_{F(R-Y)}$ muß durch einen elektronischen Schalter von Zeile zu Zeile umgeschaltet werden, damit

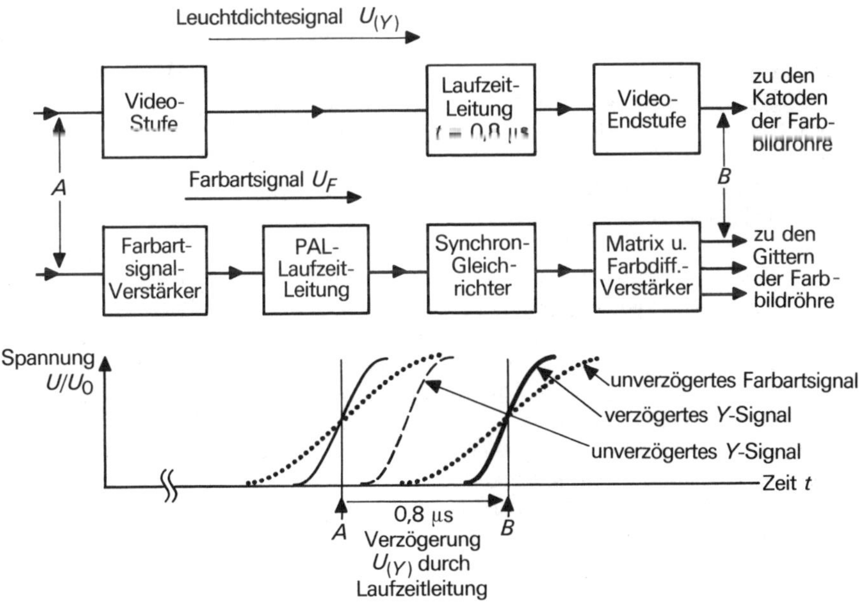

Bild 5.83 Laufzeitverzögerung für das Leuchtdichtesignal

am Ausgang immer nur + $U_{F(R-Y)}$ erscheint. Die beiden geträgerten Komponenten des Farbartsignals erreichen dann die Synchron-Gleichrichter. Da weder $U_{F(B-Y)}$ noch $U_{F(R-Y)}$ vom Sender mit einem Träger übertragen werden, führt man diesen mit der Frequenz f_{FT} = 4,43 MHz vom Farbträgeroszillator zu. Die notwendige Phasenverschiebung des Farbträgers gegenüber $U_{F(R-Y)}$ von $-90°$ und gegenüber $U_{F(B-Y)}$ von $-180°$, bezogen auf die »Burst«-Phasenlage, wird durch Filter eingestellt.

Am Ausgang der Synchron-Gleichrichter stehen dann die beiden Farbdifferenz-Signale $U_{(B-Y)}$ und $U_{(R-Y)}$ zur Verfügung. Mit diesen werden die Matrix und die Farbdifferenzsignal-Endverstärker angesteuert. Dabei bildet sich das Farbdifferenzsignal $U_{(G-Y)}$ durch die Addition von Teilspannungen der beiden anderen: $U_{(G-Y)} = -0{,}51\ U_{(R-Y)} - 0{,}187\ U_{(B-Y)}$. Gleichzeitig werden hier die Signalpegel für $U_{(R-Y)}$ und $U_{(B-Y)}$, die ja vor der Modulation zum Farbartsignal U_F reduziert waren, ausgeglichen.

Eine typische Farbdifferenz-Endstufenschaltung ist in Bild 5.84 angegeben. Die Ausgangsspannung der Leuchtdichte-Endstufe $U_{(-Y)ss}$ beträgt ca. 120 V ohne Synchronanteil. Das Y-Signal kommt von der in Bild 5.82 gezeigten Stufe und wird den drei Katoden gemeinsam zugeführt.

Die Farbdifferenzsignale aus dem Modul U_{280} werden in den drei Farbdifferenzverstärkerstufen, bestückt mit den Transistoren BF 337, verstärkt und an die Gitter der Farbbildröhre gegeben. Die Klemmung (Festhalten an einem Bezugspegel) der Farbdifferenzsignale erfolgt an den Gittern über Halbleiterdioden BA 145.

Zum Abgleich der Farbbalance (Weißton) ist in den Katodenleitungen für Grün und Blau je ein Potentiometer zum Einstellen der Ansteuerspannung eingebaut. Das Y-Signal steuert die Rot-Katode direkt. Die Einstellung der Sperrpunkte der Farbbildröhre geschieht über Gitter_2 -Potentiometer. Die Helligkeitseinstellung der Farbbildröhre erfolgt für alle drei Katoden gemeinsam über die Leuchtdichte-Endstufen-Transistoren. Zu diesem Zweck wird die Helligkeitseinstellspannung dem Video-Vorverstärker als Gleichspannung zugeführt und zur Endstufe weitergeleitet.

Damit stehen jetzt die zur Erzeugung eines Farbbilds notwendigen Steuerspannungen zur Verfügung, und zwar an den Katoden das Leuchtdichtesignal $U_{(-Y)}$ und an den Gittern die Farbdifferenzsignale $U_{(B-Y)}$, $U_{(G-Y)}$ und $U_{(R-Y)}$.

Empfängt der Farbfernsehempfänger eine Schwarzweißsendung, ist es nicht notwendig, daß die gesamte Farbschaltung in Betrieb ist. Vor allem bei verrauschten Signalen kann ein Weiterarbeiten der Farbschaltung dazu führen, daß das Schwarzweißfernsehbild nicht mehr schwarzweiß, sondern mit farbigen Flecken wiedergegeben wird. Deshalb ist eine Farbsperrung (auch color killer genannt) vorgesehen, die vom Burst-Diskriminator angesteuert wird. Ist ein Farbartsignal vorhanden, also auch ein Burst, dann wird der Farbartverstärker geöffnet, andernfalls sperrt der »color killer« den Farbartverstärker.

Aus der Blockschaltung könnte man zunächst annehmen, daß der Farbartverstärker eigentlich immer gesperrt sein müßte, weil ja der Burstverstärker erst aus dem Farbartverstärker sein Signal erhält. Aber der color killer bzw. der Burstverstärker werden mit Zeilenrückschlagimpulsen getastet, und das Signal wird während dieser Zeit abgefragt, ob ein Burst vorhanden ist oder nicht. So erreicht man, daß bei Schwarzweißempfang der Farbartverstärker gesperrt bleibt und bei Farbempfang (Burst vorhanden) geöffnet ist.

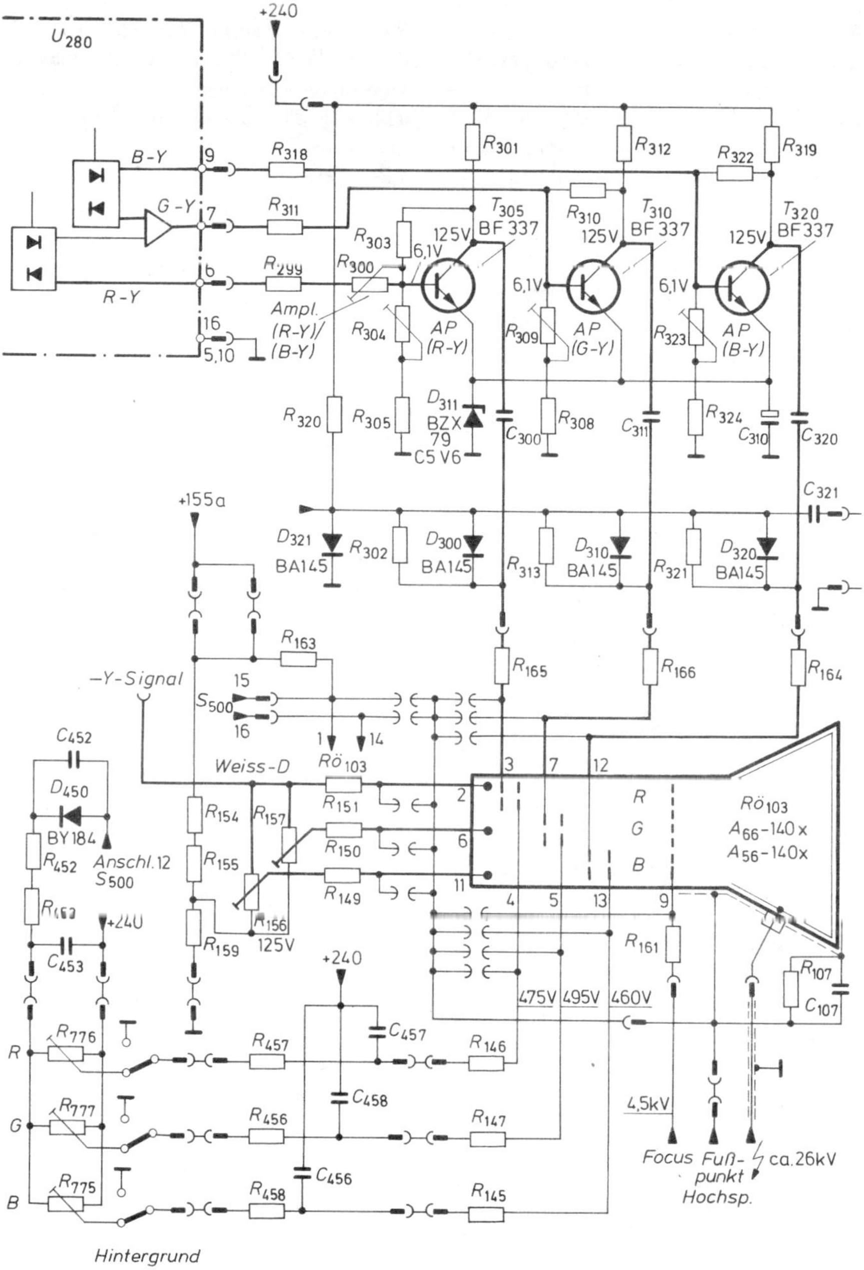

Bild 5.84 Schaltung eines Farbdifferenzverstärkers

5.4.9. Netzteil

Die Versorgung moderner Farbfernsehgeräte geschieht entweder mit Thyristor-Netzteilen, wobei von der Phasenanschnittsteuerung Gebrauch gemacht wird, oder durch sogenannte Schaltnetzteile, die bei Philips Geräten mit dem K9-Chassis eingeführt wurden. Sie sind notwendig, weil man Transistor-Horizontalendstufen nicht mit relativ einfachen Regelschaltungen stabilisieren kann, sondern hier die Versorgungsspannung konstanthalten muß. Dafür benötigt man ein elektronisch recht aufwendiges Netzteil, dessen Grundprinzip kurz erläutert wird.

Bild 5.85 zeigt das Blockschema. Nach Gleichrichtung und Siebung an C_1 wird die Gleichspannung von 300 V durch den Schalttransistor T_1 periodisch mit einer Frequenz von ca. 18 kHz und einem Tastverhältnis von 0,5 auf die Speicherdrossel geschaltet. Die vom Gleichrichter gelieferte Spannung ist also mit ihrem Mittelwert — d.h. zu 50 % — am Lastwiderstand R_L wirksam. Ändert man das Tastverhältnis, stellt sich die Ausgangsspannung auf die entsprechenden Werte ein.

Bei geschlossenem Schalter fließt der Strom von C_1 über die Drossel in den Kondensator C_2 und den Lastwiderstand R_L. Öffnet der Schalter, bricht das magnetische Feld der Speicherdrossel zusammen. Es würde (ähnlich wie bei der Horizontalendstufe) eine schnelle Ausgleichsschwingung auftreten, wenn nicht die Diode D_1 öffnen und damit den Kreis **Speicherdrossel-C_2-R_1-D_1** schließen würde. Die in der Spule gespeicherte Energie kann daraufhin in den Kondensator C_2 fließen (Stromrückgewinnung). Hätte man die Spannungsdifferenz von ca. 145 V mit anderen Mitteln auffangen wollen, müßte eine erhebliche Leistung in nutzlose Wärme umgesetzt werden. Das Schaltnetzteil hat da-

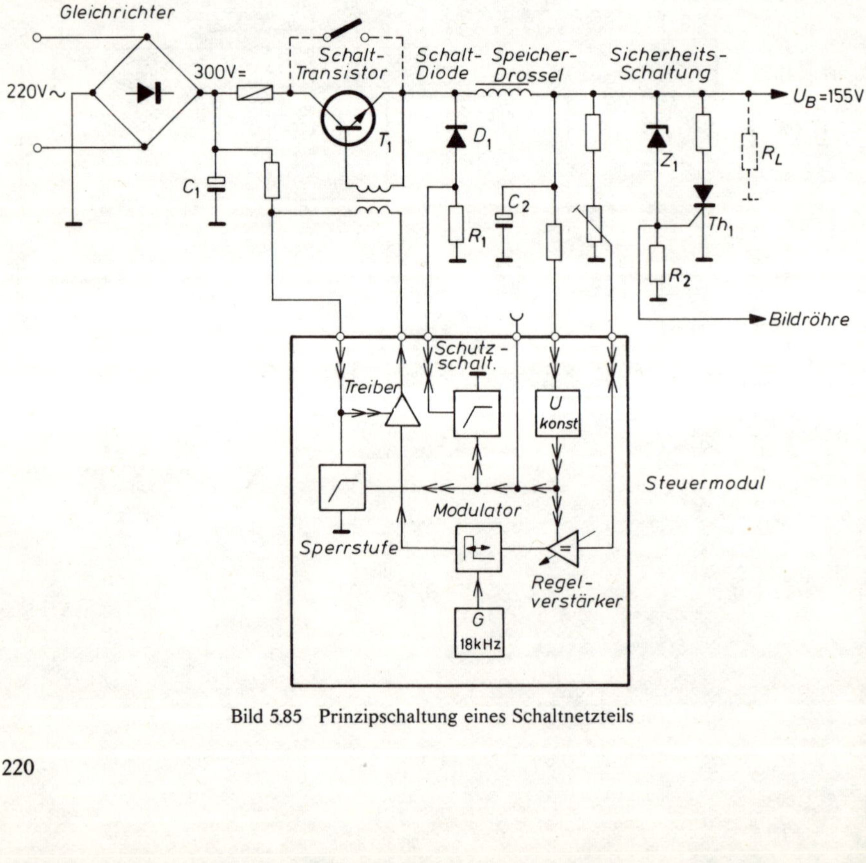

Bild 5.85 Prinzipschaltung eines Schaltnetzteils

gegen bei einer Abgabe von 150 W nur einen Eigenbedarf von 22 W.

Ein Teil der Ausgangsspannung wird dem Regelverstärker im Steuermodul zugeführt: die Abweichung gegenüber einer festgelegten Bezugsspannung führt über einen Impulsbreitenmodulator zu einer Verlängerung oder Verkürzung der Einschaltdauer des Schalttransistors.

Im Kurzschlußfall wird zur Strombegrenzung von einem in Reihe mit der Diode D_1 liegenden Widerstand R_1 (0,56 Ω) ein elektronischer Schalter in der Schutzschaltung geöffnet, wenn der Strom am Ausgang größer als 1,5 A wird. Spricht die Schutzschaltung an, wird der Schalttransistor T_1 voll gesperrt. Nach ca. 0,9 Sekunden ist dieser Vorgang so weit abgeklungen, daß die Stufe wieder zurückschaltet und der Schalttransistor neue Leistung liefert. Besteht der Kurzschluß weiterhin, spricht diese Schaltstufe sofort wieder an und unterbricht die Leistungszufuhr aufs Neue. Es handelt sich hier um eine automatisch arbeitende, selbstprüfende Überstromsicherung. Sie ist auch bei Überspannungen und Bildröhrenüberschlägen wirksam, da die Z-Diode Z_1 ab 165 V leitend wird und der Spannungsabfall an R_2 den Thyristor Th_1 zündet, wodurch ein »gewollter Kurzschluß« entsteht. Dieser löst dann die Sicherheitsschaltung aus. Somit ist ein außerordentlich guter Schutz der Halbleiterbauelemente des Fernsehempfängers gewährleistet.

5.5. Über den Umgang mit Fernsehempfängern

Soll ein Farbfernsehempfänger in einem Schrank oder einer Regalwand aufgestellt werden, so muß eine ausreichende Kühlung des Geräts gewährleistet sein. Andernfalls können durch Überhitzung schwere Schäden im Gerät auftreten, und der entstehende Hitzestau kann sich unter Umständen auch zu einem Brandherd entwickeln.

Aus dem gleichen Grund dürfen auch die Lüftungsschlitze in der Rückwand des Geräts nie mit Zeitungen, Zierdecken oder anderen Gegenständen verdeckt werden.

Bei genügend großen Schrank- oder Regalfächern erübrigen sich zusätzliche Maßnahmen. Reicht der zur Verfügung stehende Platz jedoch nicht für eine zuverlässige Belüftung des Empfängers aus, so muß durch Unterlegen von Leisten bzw. durch Aussägen der Regalbretter eine ausreichende Luftzirkulation sichergestellt werden.

Die angegebenen Maße in den folgenden Bildern sind Mindestangaben und dürfen auf keinen Fall unterschritten werden. Bei eingebauten Fernsehgeräten sollte unbedingt darauf geachtet werden, daß der Netzstecker an einer bequem erreichbaren Netzsteckdose angeschlossen wird.

Für **ausschließlich mit Halbleitern bestückte Farbfernsehgeräte** genügt das in Bild 5.86 gezeigte Einstellfach, es ist so groß, daß eine ausreichende Belüftung des Farbfernsehgeräts gewährleistet ist. Daher sind hier keine zusätzlichen Maßnahmen erforderlich. Bei den in Bild 5.87 gezeigten geringen Zwischenräumen (oberhalb und seitlich des Geräts jeweils nur 1 cm) müssen für eine ausreichende Belüftung die Boden- und Deckplatte des Einstellfachs in voller Tiefe der Geräterückwand ausgesägt werden. Die in Bild 5.88 gezeigten Zwischenräume (seitlich des Geräts jeweils 5 cm, oben 1 cm) sind so groß, daß es genügt, nur die Deckplatte des Einstellfachs auszu-

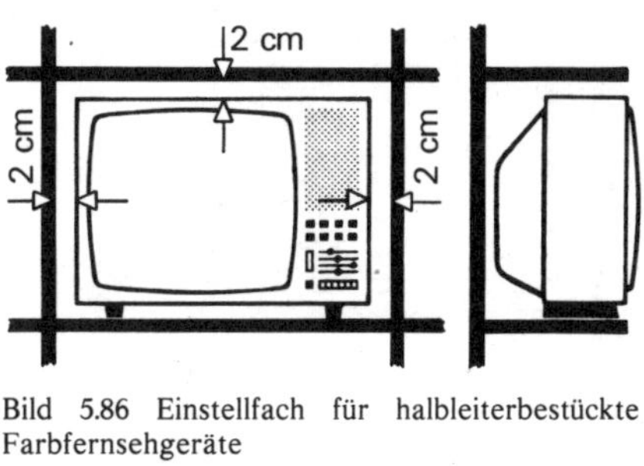

Bild 5.86 Einstellfach für halbleiterbestückte Farbfernsehgeräte

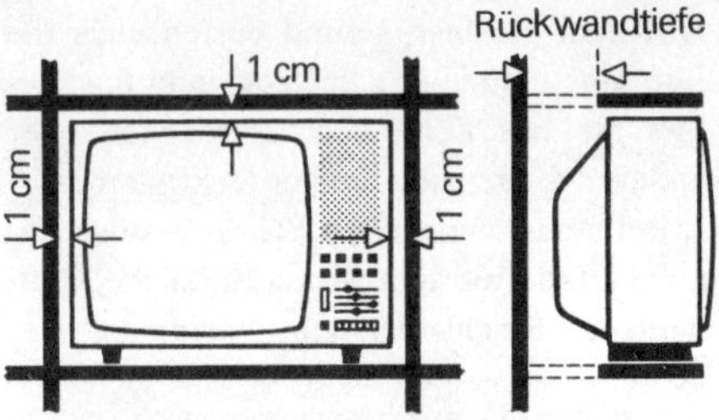

Bild 5.87 Einstellfach für halbleiterbestückte Farbfernsehgeräte mit rückseitiger Zusatzentlüftung durch die Boden- und die Deckplatte

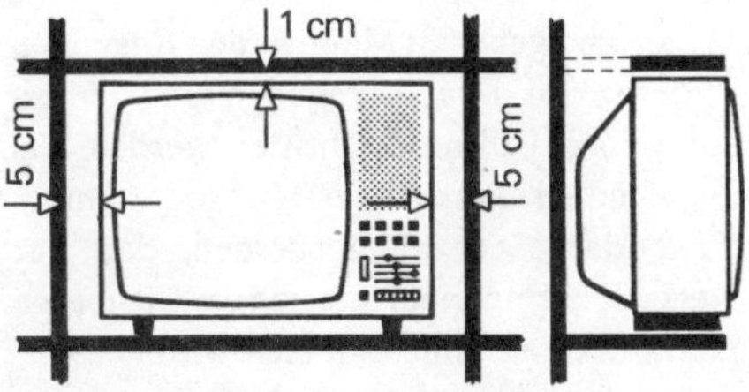

Bild 5.88 Einstellfach für halbleiterbestückte Farbfernsehgeräte mit rückseitiger Zusatzentlüftung durch die Deckplatte

sägen. Eine ausreichende Kühlung des Farbfernsehgeräts ist dann sichergestellt.

Farbfernsehgeräte mit Röhrenbestükkung benötigen zur Kühlung wesentlich mehr Luftzufuhr. Es müssen mindestens die in Bild 5.89 gezeigten Zwischenräume (seitlich und oberhalb des Geräts jeweils 10 cm) vorhanden sein, um ohne zusätzliche Maßnahmen einen sicheren Betrieb des Farbfernsehgeräts zu gewährleisten. In den Bildern 5.90 bis 5.92 beträgt der Abstand

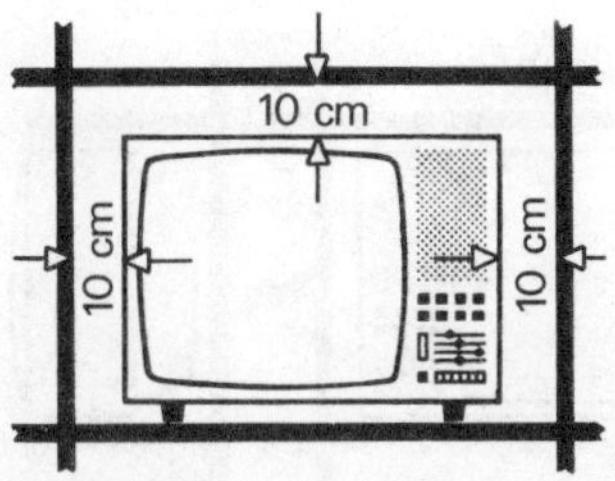

Bild 5.89 Einstellfach für röhrenbestückte Farbfernsehgeräte

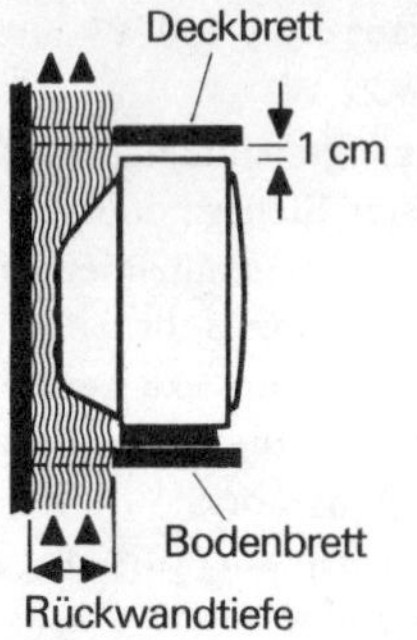

Bild 5.90 Einstellfach für röhrenbestückte Farbfernsehgeräte mit rückseitiger Zusatzentlüftung durch die Boden- und die Deckplatte

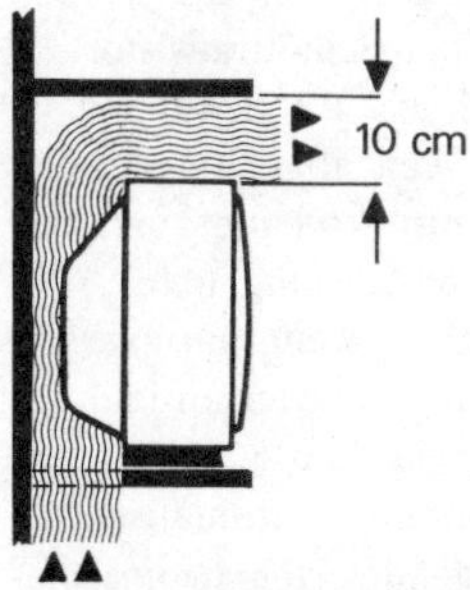

Bild 5.91 Einstellfach für röhrenbestückte Farbfernsehgeräte mit rückseitiger Zusatzentlüftung durch die Bodenplatte

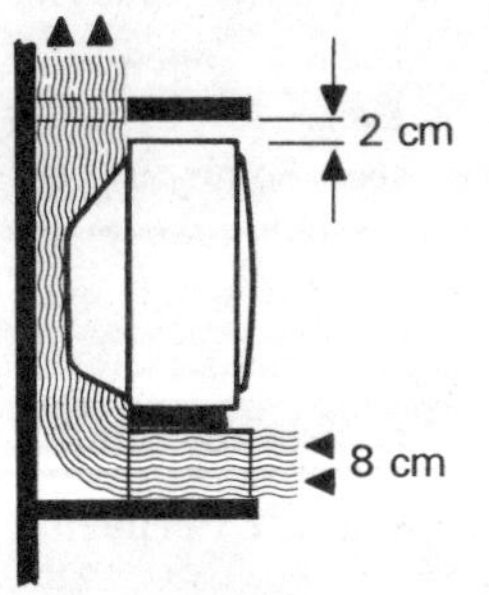

Bild 5.92 Einstellfach für röhrenbestückte Farbfernsehgeräte mit rückseitiger Zusatzentlüftung durch die Deckplatte

zwischen Gerät und Seitenwänden nur etwa 1 cm. Ist auch über dem Gerät nur noch ein Zwischenraum von etwa 1 cm vorhanden (Bild 5.90), so müssen Boden- und Deckplatte des Einstellfachs in voller Tiefe der Empfänger-Rückwand ausgesägt werden. Wenn wie in Bild 5.91 über dem Gerät noch ein Zwischenraum von etwa 10 cm vorhanden ist, genügt es, nur die Bodenplatte auszusägen. In Bild 5.92 ist nur die Deckplatte des Einstellfachs ausgesägt. Hier wurde der Empfänger auf etwa 8 cm hohe Leisten gestellt, um eine ausreichende Kaltluftzufuhr zu erreichen.

Bei Schränken und Regalwänden, deren Tiefe nicht zum Einstellen eines Farbfernsehempfängers ausreicht, bietet sich folgende Möglichkeit an: Der Schrank bzw. die Regalwand wird um die volle Tiefe der Farbfernsehempfänger-Rückwand von der Zimmerwand abgerückt. Die Rückwand des Einstellfachs wird so ausgesägt, daß die Rückwand des Farbfernsehempfängers hindurchpaßt. Dann wird der Farbfernsehempfänger so in das Fach hineingestellt, daß die Empfänger-Rückwand in ihrer vollen Tiefe an der Rückseite der Regalwand herausragt (Bild 5.93).

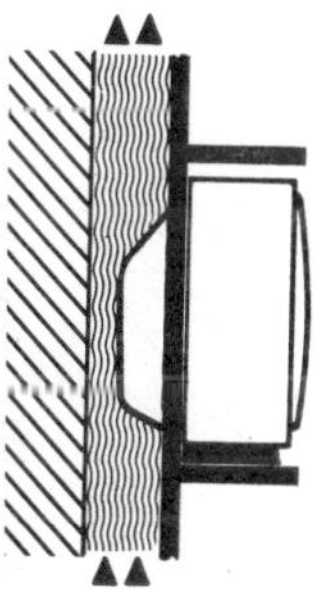

Bild 5.93 Einstellfach für Farbfernsehgeräte mit ganz herausgenommener Fachrückwand

Sollte sich durch besonders ungünstige Umstände ein Brand mit Flammenbildung entwickeln, muß zuerst unbedingt der Netzstecker gezogen oder die Sicherung herausgedreht bzw. ausgeschaltet werden. Dann kann man den Brand z. B. mit einer nassen Wolldecke zu ersticken versuchen. Am besten ist es natürlich, einen Pulverlöscher für elektrische Anlagen zu benutzen.

Zum Thema Umgang mit Fernsehgeräten noch ein lustiger, aber durchaus ernstgemeinter Comic-Strip (für Fachleute zum Weitersagen, für Laien zum Behalten).

1. Vor dem ersten Einschalten des neuen Fernsehgeräts sollte man die Bedienungsanleitung sorgfältig lesen. Bei unklar erscheinenden Punkten den Fachhändler fragen.
2. Das Fernsehgerät so aufstellen, daß es einen sicheren Stand hat und nicht durch einen unbeabsichtigten Stoß gefährdet wird.

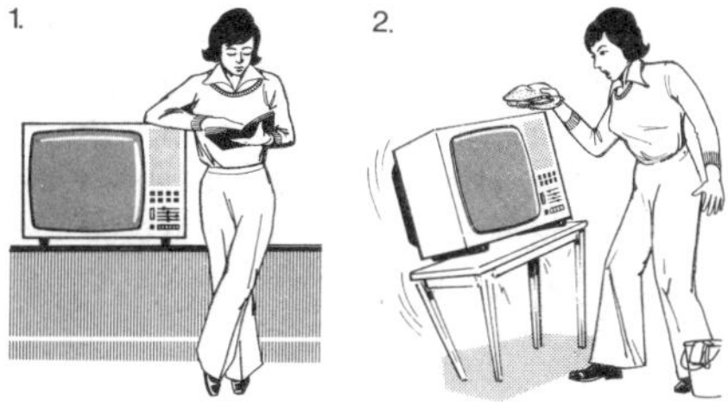

3. Keine Blumenvasen, Aquarien oder andere Behälter mit Wasser auf den Fernsehempfänger stellen.
4. Keine weichen Unterlagen verwenden, da sonst die Ventilation behindert wird.

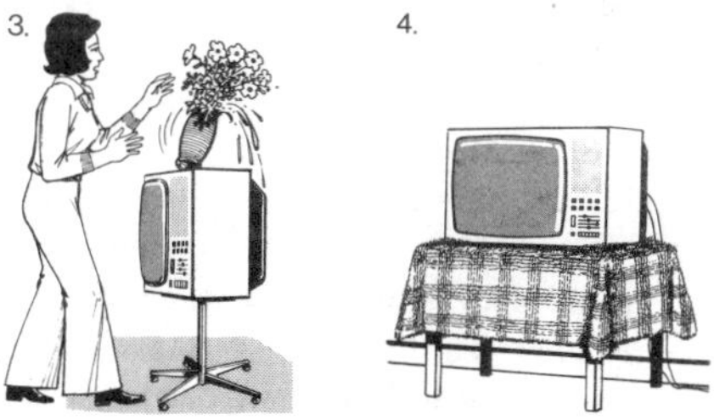

5. Fernsehgerät nicht in unmittelbarer Nähe von Öfen oder anderen Heizkörpern betreiben.
6. Für ausreichende Belüftung sorgen und niemals die Lüftungsschlitze der Rückwand mit einer Decke, Zeitung oder ähnlichem bedecken.

5.
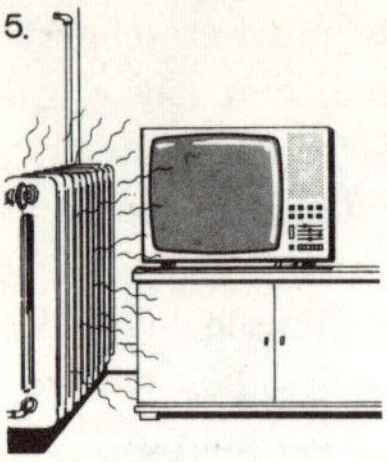

6.

9.
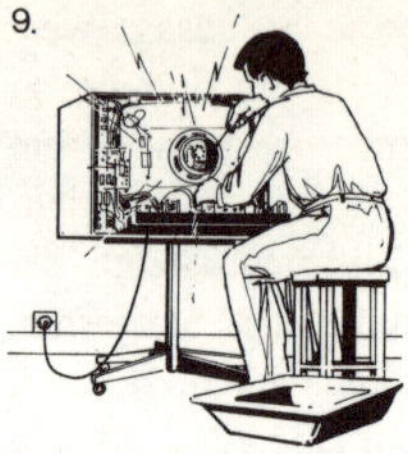

10.
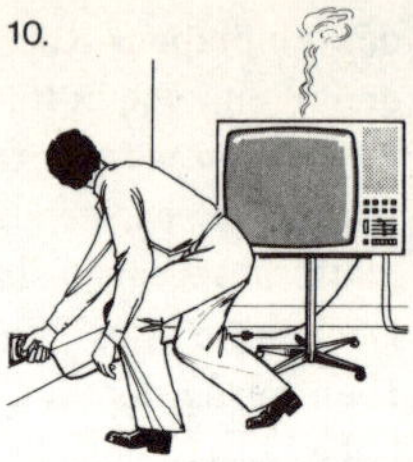

7. Nur eine gute, fachgerecht installierte Antenne garantiert einen einwandfreien Empfang. Eine schlechte Antenne ist eine Quelle ständigen Ärgers.
8. Niemals an Einstellreglern innerhalb des Geräts herumdrehen oder gar mit dem Schraubenzieher im Chassis herumstochern. Wenn das Gerät nicht zufriedenstellend arbeitet, zieht man den Netzstecker und ruft den Händler oder die Service-Werkstatt an.

7.

8.

9. Bei auftretenden Störungen jede Reparatur einem Fernsehfachmann überlassen und nicht versuchen, selbst den Schaden zu beheben (Kurzschlußgefahr). Es ist nicht erlaubt, das Gerät zu öffnen, solange der Netzstecker nicht gezogen wurde.
10. Bei knisternden Geräuschen oder Brandgeruch das Fernsehgerät sofort ausschalten und den Netzstecker ziehen. Anschließend den Fernsehfachmann rufen und das Gerät nicht wieder einschalten (auch nicht »zur Probe«).

11. Vor allem in ländlichen Gebieten mit erhöhter Blitzeinschlags-Gefahr bei Gewitter Antennenzuleitung und Netzstecker herausziehen. Das ist auch zu empfehlen, wenn man die Wohnung für längere Zeit verläßt (Wochenende oder Ferien). Deshalb besonders beim Einbau in Schränke oder Regalwände darauf achten, daß Netzstecker und Antennenzuleitung gut erreichbar sind.

11.

5.6. Keine Gefahr durch Röntgenstrahlung

Zum Schluß noch einige Bemerkungen zum Thema Röntgenstrahlung bei Fernsehgeräten. Röntgenstrahlen sind bekanntlich elektromagnetische Wellen, die noch kürzer als Lichtwellen sind. Sie entstehen beim Aufprall schneller Elektronen auf feste Körper, und zwar in Form der sogenannten Bremsstrahlung. Diese Möglichkeit besteht auch in einem Fernsehgerät beispielsweise in der Bildröhre und einigen Röhrentypen in der Horizontalendstufe, die mit hohen Anodenspannungen arbeiten und dadurch die Elektronen entsprechend beschleunigen. Nach dem Aufprall auf dem Bildschirm können die entstandenen (allerdings sehr weichen) Röntgenstrahlen durch die Glaswand in den umgebenden Raum austreten. So weit die theoretischen Zusammenhänge auf der Geräteseite, die noch durch die Frage nach der allgemeinen Strahlenbelastung des Menschen ergänzt werden müssen. Die jährliche Strahlenbelastung eines Menschen (ausgedrückt in der Einheit r = Röntgen, bzw. mr oder μr) setzt sich zusammen aus:

natürlicher Strahlung:	127 mr/Jahr
künstlicher Strahlung, durch menschliche Technik verursacht:	30 mr/Jahr
Summe	157 mr/Jahr

Diese Gesamtstrahlung von 157 mr oder 157 000 μr/Jahr setzen wir in Vergleich zur Strahlenbelastung durch ein Farbfernsehgerät.

Die Meßprotokolle der Physikalisch-technischen Bundesanstalt in Braunschweig weisen z. B. für nachstehende Philips Farbfernsehgeräte folgende Dosisleistungen pro Stunde aus:

»Raffael Color« mit 46-cm-Farbbildröhre	20 μr/Stunde
»van Gogh 450« mit 56-cm-Farbbildröhre	120 μr/Stunde
»Goya Royal 565« mit 66-cm-Farbbildröhre	30 μr/Stunde

Das Umweltschutzgesetz und die Röntgen-Verordnung lassen 500 μr/Stunde als ungefährlich zu. Rechnen wir für den ungünstigsten Fall (120 μr/Stunde) und mit drei Fernsehstunden täglich, so ergibt sich eine Jahresdosis von:

$365 \times 3 \times 120\ \mu r = 131\,400\ \mu r$

und damit fast derselbe Wert wie bei der Belastung durch natürliche und künstliche Strahlung. **Der große Trugschluß** ist aber, daß die Messungen lt. Protokoll in nur 5 cm Entfernung vom Gerät vorgenommen werden. Da die Intensität aber im Quadrat zur Entfernung abnimmt und selbst im Extremfall wohl niemand näher als 50 cm am Gerät sitzen dürfte, wäre dann nur noch eine Dosis von:

$131\,400 : 10^2 = 1314\ \mu r/\text{Jahr}$,

also einem Hundertstel, zu erwarten. Der Wert 10^2 entsteht wie folgt: 50 cm : 5 cm = 10 zum Quadrat. Eine dauernd getragene Armbanduhr mit Leuchtziffern bringt es dagegen bereits auf eine Dosisleistung von 2000 μr/Jahr. Man darf daher mit Recht sagen: Fernsehgeräte können hinsichtlich Röntgenstrahlung unbedenklich betrieben werden.

Um gegenseitige Störungen von Rundfunk- und Fernsehgeräten zu vermeiden, wurden Grenzwerte für die Abstrahlung der Oszillator-Energie festgelegt. Bisher nahm man die Störstrahlungsmessungen bei einem Abstand von 30 m (VHF) bzw. 10 m (UHF) zwischen Empfänger und Meßantenne vor. Wegen der verhältnismäßig großen Meßentfernung ließen sich die Messungen praktisch nur im Freien durchführen und waren je nach Ausstattung des Meßplatzes mehr oder weniger witterungsabhängig.
Nach der neuen, von der IEC (International Electrotechnical Commission) ausgearbeiteten Meßmethode beträgt der Meßabstand nur noch 3 m, so daß die Messungen unter gewissen Voraussetzungen auch in einem geschlossenen Raum durchgeführt werden können. Zu diesen Voraussetzungen zählen u. a. reflexionsfreie Wände. Auf dem Gelände der Philips Fernsehgerätefabrik in Krefeld wurde für Störstrahlungsmessungen ein halbkugelförmiges Meßgebäude aus 90 glasfaserverstärkten Kunststoffplatten errichtet. Die Platten werden von etwa 4000 Nylonschrauben und -muttern zusammengehalten. Der Durchmesser des Meßgebäudes beträgt rund 13 m, die lichte Höhe 8 m. Die Störstrahlungsmessungen werden auf einer 6 × 9 m großen metallenen Meßfläche vorgenommen

6. Antennen und Empfangsanlagen

»Eine gute Antenne ist der beste Hochfrequenzverstärker« hieß es in der Anfangszeit des Rundfunks, als die Empfänger noch in den Kinderschuhen steckten und jedes Mehr an Antennenspannung den Empfang spurbar verbesserte. Heute sind Rundfunkgeräte viel leistungsfähiger und haben eine Empfangsempfindlichkeit, von der man damals nur träumen konnte.

Moderne Rundfunkempfänger haben eingebaute Ferritantennen für den Mittel- und Langwellenempfang, und die gute alte »Hochantenne« aus Kupferlitze ist für diese Bereiche fast aus der Mode gekommen. Wegen der viel zu großen Anzahl von Sendern bringt eine Hochantenne auf diesen Bereichen auch kaum noch wesentliche Empfangsverbesserungen. Sie kann zwar die Antennenspannung vergrößern und das Verhältnis von Nutz- zu Störspannung verbessern, aber das wesentlich wichtigere Problem der mangelnden Trennschärfe infolge der Mehrfachbelegung von Kanälen mit Sendern ist auch durch eine noch so gute Hochantenne nicht zu lösen. Ausgesprochenen Wellenjägern kann sie vielleicht noch einige Vorteile bringen, besonders für den Empfang von Kurzwellensendungen. Im allgemeinen jedoch sind Rundfunkempfänger, die an einer LMKU-Gemeinschaftsantennenanlage betrieben werden, antennenmäßig gut versorgt.

Wer heute von Antennen spricht, meint in erster Linie solche für den UKW- und Fernsehempfang. Und hier gilt der eingangs zitierte Satz immer noch voll und ganz. Erst mit einer guten Antenne kann die Empfangsleistung moderner Rundfunk- und Fernsehgeräte voll ausgeschöpft werden, Störungen lassen sich wirkungsvoll unterdrücken, und die Bild- und Tonwiedergabe ist frei von Schwankungen und Rauschen. Für den einwandfreien Empfang von Stereosendungen ist gerade der letztgenannte Punkt von besonderer Wichtigkeit, weil hier durch technisch bedingte Umstände eine höhere Antennenspannung benötigt wird als bei Monoempfang.

6.1. Physikalische Begriffe

Im Band 1 wurden bereits einige grundsätzliche Eigenschaften der Wellenausbreitung und der Antennen behandelt. Sie werden hier ergänzt und vertieft.

6.1.1. Wellenausbreitung im Raum

Elektromagnetische Wellen sind sinusförmige Schwingungen, die als Energieträger bei der drahtlosen Übertragung von Signalen dienen und aus sich entsprechend ändernden elektrischen und magnetischen Feldern bestehen. Beide Felder entstehen an der Sendeantenne und breiten sich mit Lichtgeschwindigkeit in den freien Raum aus (Bild 6.1). Die abgestrahlte Energie wird mit wachsender Entfernung vom Sender ständig schwächer, da sie sich auf einen immer größer werdenden Raum verteilt (Bild 6.2).

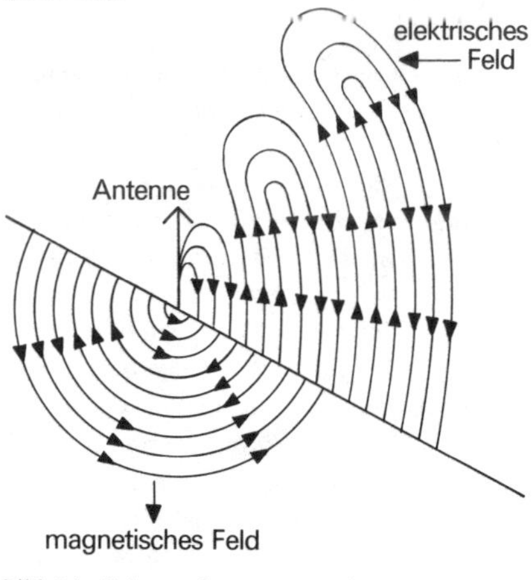

Bild 6.1 Schema des Antennenfelds mit elektrischer und magnetischer Komponente

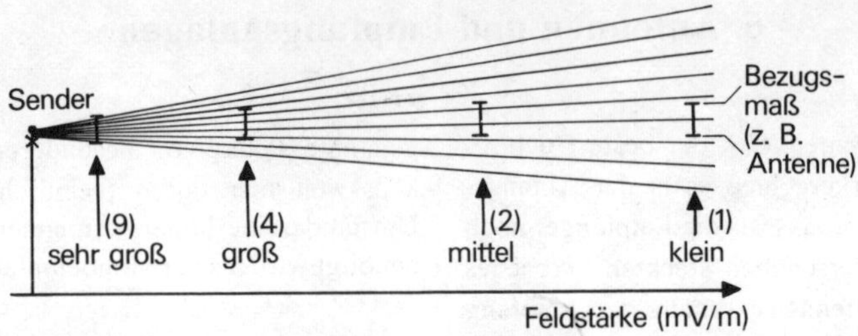

Bild 6.2 Die Senderenergie nimmt mit wachsender Entfernung ab, hier schematisch durch die Anzahl der von der Antenne aufgenommenen »Feldlinien« angedeutet

Um die Stärke von elektromagnetischen Wellen zu definieren, benutzt man die Größe mV/m (Spannung pro Meter) oder auch dBµV/m und drückt damit die gemessene »Feldstärke« aus (Bild 6.3). Allgemein wird das elektrische Feld bei Betrachtungen über Antennen herangezogen, weil es leichter zu überschauen ist und die Antennen größtenteils auch spannungsmäßig behandelt werden.

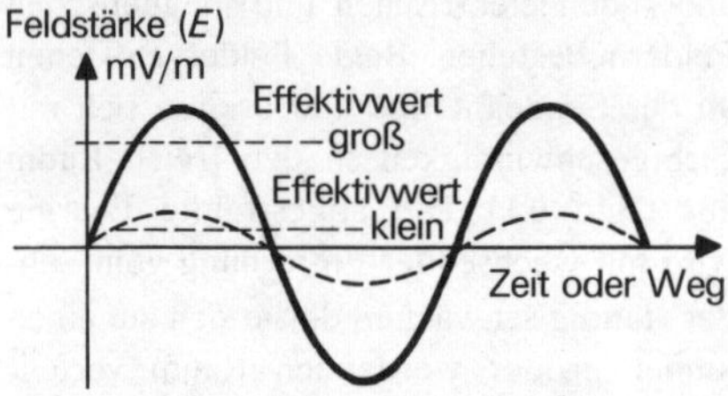

Bild 6.3 Die Feldstärke definiert die Senderenergie am Empfangsort

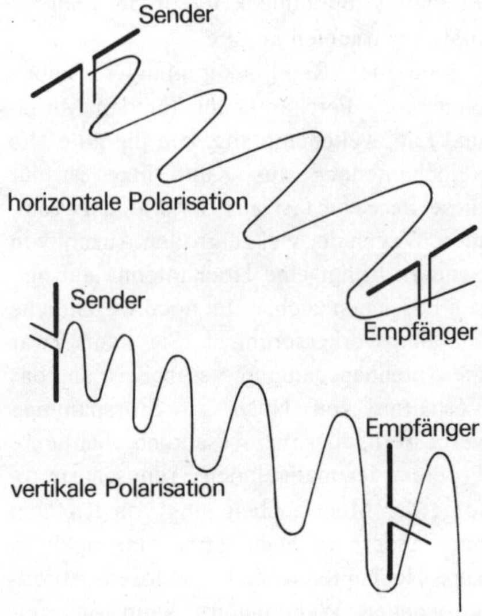

Bild 6.4 Schematische Darstellung von horizontal polarisierten Wellen (oben) und vertikal polarisierten Wellen (unten)

Elektrische und magnetische Felder können zwei verschiedene Schwingungsrichtungen haben, und zwar breiten sie sich vertikal oder horizontal aus. Diese Schwingungsrichtung des Felds bzw. der Feldstärke wird als Polarisation bezeichnet. Die Elemente der Empfangsantennen müssen in der gleichen horizontalen oder vertikalen Polarisationsebene liegen wie die der Sendeantennen, um ein Maximum an Energie aus dem Feld entnehmen zu können (Bild 6.4). Durch bestimmte äußere Einflüsse (z. B. Reflexionen) kann die Wellenpolarisation jedoch auch gedreht werden.

Die Wellenausbreitung im Raum ist abhängig von der Wellenlänge, der Erdoberfläche und den Verhältnissen in der Lufthülle. Man unterscheidet bei Lang-, Mittel- und Kurzwellen zwischen Raum- und Bodenwelle, wobei die Ausbreitung der Langwellen nahezu ausschließlich durch die Bodenwelle erfolgt, während bei Mittelwellen beide an der Ausbreitung beteiligt sind und bei Kurzwellen praktisch nur die Raumwelle bedeutsam ist (Bild 6.5).

Überlagern sich Boden- und Raumwelle eines Senders am Empfangsort, so kommt es zu den bekannten Schwunderscheinungen, die wir alle speziell im Mittelwellenbereich kennen. Häufig treten gleichzeitig auch noch Empfangsverzerrungen auf, die

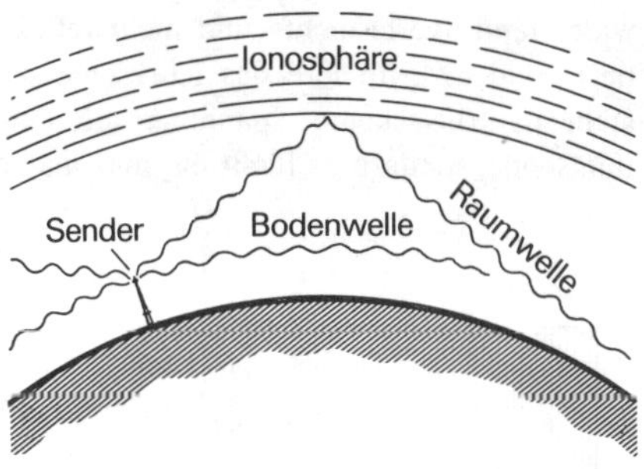

Bild 6.5 Lang-, Mittel- und Kurzwellen können sich als Raum- und Bodenwellen ausbreiten

auch von der besten Schwundregelung nicht ausgeglichen werden können.

Je kürzer die Wellen werden, um so geradliniger breiten sie sich aus, eine Beugung an der Erdoberfläche tritt praktisch nur in einem relativ kleinen Bereich am Ende der »optischen Sichtweite« auf. Hier spielen aber auch Brechungseffekte in erdnahen Luftschichten eine Rolle, die in besonders ausgeprägten Fällen eine erhebliche Reichweitenzunahme verursachen können. UKW-Überreichweiten kommen in der Regel durch Inversionsschichten zustande, wenn sich eine Warmluftzone über einer Kaltluftzone befindet.

Sehr selten werden Ultrakurzwellen dagegen an der Heaviside-Schicht reflektiert, legen dann aber verhältnismäßig große Strecken zurück. Testbilder und Fernsehprogramme aus Spanien, Rußland, Italien oder Rumänien kann man gelegentlich (vor allem im Sommer und im Fernsehbereich I) auch in Deutschland empfangen (Bild 6.6).

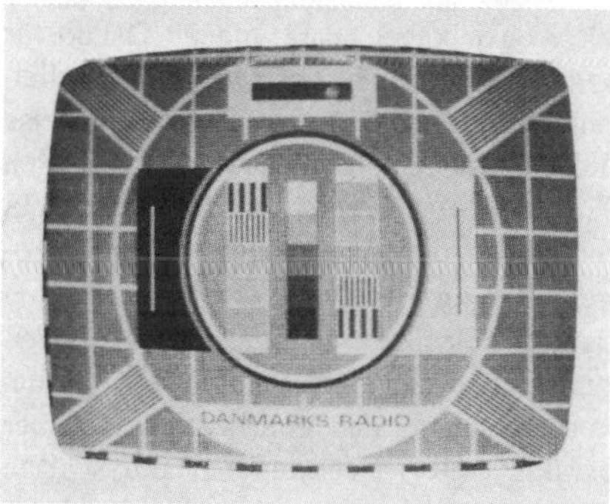

Bild 6.6 Bildschirmfotos von Überreichweitenempfang

6.1.2. Wellenausbreitung auf Leitungen

Wie wir bereits aus Abschnitt 1.3. wissen, ist bei der korrekten Übertragung von elektrischen Größen die »Anpassung« zu beachten. Es heißt also $R_i = R_a$, wobei dies strenggenommen nur für ohmsches Verhalten zutrifft. Bei hohen Frequenzen spielen jedoch Blindwiderstände eine Rolle und müssen ebenso berücksichtigt werden wie der Wellenwiderstand Z des Verbindungskabels zwischen Antenne und Empfangsgerät. Bei einer idealen Anpassung sind daher der Antennenfußpunktwiderstand R_i, der Wellenwiderstand Z der Leitung und der Eingangswiderstand R_a des Empfängers gleich groß, und die Formel lautet:

$$R_i = Z = R_a$$

Der Wellenwiderstand *Z* ist abhängig von der Induktivität und der Kapazität des Kabels (also von den Maßverhältnissen des Leiterdurchmessers zum Dielektrikum und zur Abschirmung) und nicht von der Frequenz oder Länge einer Leitung (Bild 6.7). Die beiden letztgenannten Faktoren spielen dagegen bei der »Dämpfung« des Antennenkabels eine Rolle, und zwar nimmt die Dämpfung pro Längeneinheit mit steigender Frequenz zu. Das hängt mit der bei steigender Frequenz immer ausgeprägter werdenden Tendenz zusammen, nicht durch den gesamten Querschnitt des Kabels zu fließen, sondern sich vorwiegend an der Oberfläche den Weg zu suchen. Deshalb nennt man dies den Haut- oder *Skin*-Effekt.

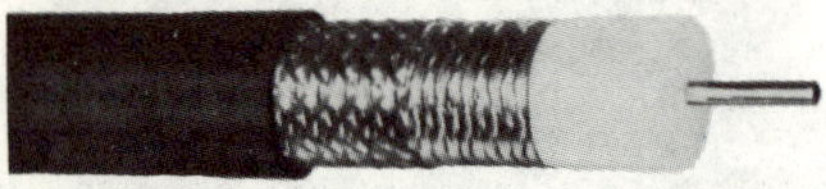

Bild 6.7 Aufbau eines Hochfrequenz-Kabels

Gebräuchliche Wellenwiderstände sind für Koaxialkabel 60 Ω und 75 Ω und für symmetrische, nicht geschirmte Doppelleitungen 240 Ω. Die Tabelle 6.1 gibt Hinweise auf die Kabeldämpfung bei verschiedenen Frequenzen. Sie wird in dB ausgedrückt und ist auf die Längeneinheit 100 m bezogen. Daß im HF-Kabel je nach Isolierung bzw. Dielektrikum eine geringere Ausbreitungsgeschwindigkeit als im freien Raum vorherrscht, sei der Vollständigkeit halber erwähnt. Der »Verkürzungsfaktor« gibt diese Verminderung an; er beträgt beim Koaxialkabel zwischen etwa 0,7 bis 0,8 (je nach Material) und beim symmetrischen Bandkabel etwa 0,85.

Hat man eine Leitung an einen HF-Generator angeschlossen, so können am Ende der Leitung im Prinzip drei Abschlußmöglichkeiten auftreten: 1. offene Leitung, 2. kurzgeschlossene Leitung und 3. abgeschlossene (angepaßte) Leitung. Im dritten Fall wird kein Fehler auftreten, denn die Energie wird im »richtigen« Abschlußwiderstand »verbraucht« und nicht reflektiert (Bild 6.8). Im Fall des Kurzschlusses steht natürlich keine Spannung am Leitungsende, sondern es fließt ein maximaler

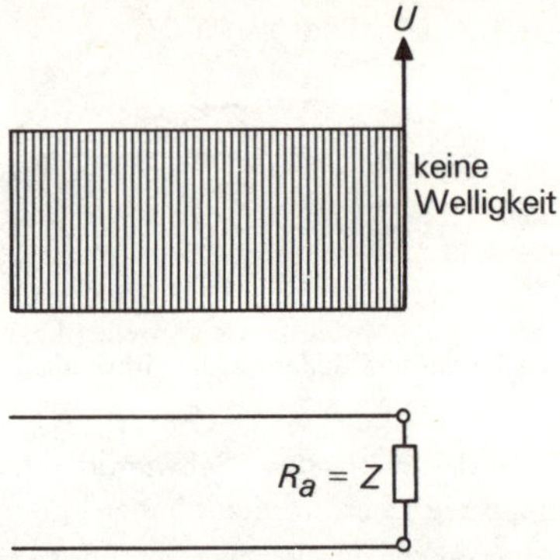

Bild 6.8 Richtige Anpassung ergibt im Prinzip keine stehenden Wellen auf der Leitung

Strom. Auf der Leitung bilden sich stehende Wellen mit λ/2-Abständen zwischen den Maxima bzw. Minima (Bild 6.9). Am Ende

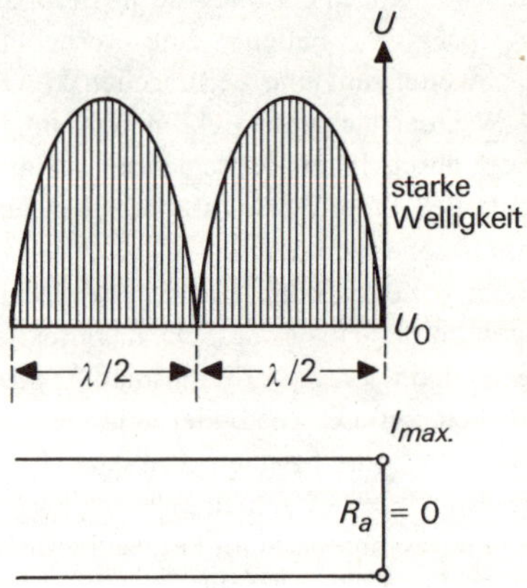

Bild 6.9 Eine kurzgeschlossene Leitung hat stehende Wellen im λ/2-Abstand zur Folge, die mit einem Spannungsminimum beginnen

einer offenen Leitung hat dagegen die Spannung stets ihren Höchstwert, weil dort kein Strom fließt. Gegenüber vorher hat sich hier das Spannungsmaximum um eine λ/4-Wellenlänge verschoben, es bilden sich aber ebenfalls im Abstand einer halben Wellenlänge Maximum bzw. Minimum (Bild 6.10).

Tabelle 6.1 Dämpfungswerte verschiedener Koaxial-Antennenkabeltypen

Wellenwiderstand des CATV-Kabels in Ω	75	75	75	75	75	75	75	75
Toleranz des Wellenwiderstands in % ±	4	4	2	2	2	4	4	4
Kapazitätsbelag in pF/m	67	67	67	67	67	53	53	53
Relative Fortpflanzungsgeschwindigkeit	0,66	0,66	0,66	0,66	0,66	0,85	0,85	0,85
Solldämpfung in dB/100 m bei								
10 MHz	2,2	1,6	1,05	0,75	0,51	1,75	1,15	0,95
50 MHz	5,1	3,7	2,45	1,75	1,22	3,9	2,6	2,1
100 MHz	7,3	5,3	3,6	2,55	1,77	5,5	3,7	2,95
230 MHz	11,4	8,4	5,8	4,1	2,97	8,5	5,8	4,6
470 MHz	16,9	12,5	8,9	6,4	4,66	12,5	8,5	6,9
860 MHz	23,9	17,8	13,0	9,3	6,97	17,5	12,0	9,8
Gleichstrom-Serienwiderstand bei 20 °C in Ω/100 m	5,00	3,10	1,25	0,70	0,45	3,00	1,95	1,10

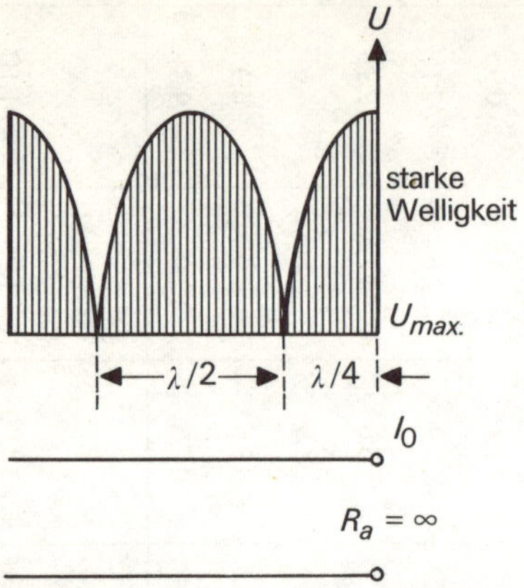

Bild 6.10 Eine offene Leitung hat ebenfalls stehende Wellen zur Folge, die aber mit einem Spannungsmaximum beginnen

Die Darstellungen in den vorhergehenden Bildern sind natürlich idealisiert und beziehen sich auf verlustfreie Leitungen. In Wirklichkeit treten selbst bei guter Anpassung noch geringe Fehler auf, die eine gewisse Welligkeit auf der Leitung entstehen lassen. So tritt bei Unteranpassung (R kleiner als Z) eine niedrigere Spannung und bei Überanpassung (R größer als Z) eine höhere Spannung als bei Sollanpassung $Z = R_a$ auf. Die Welligkeit bei »fast richtiger« Anpassung ist in Bild 6.11 schematisch dargestellt.

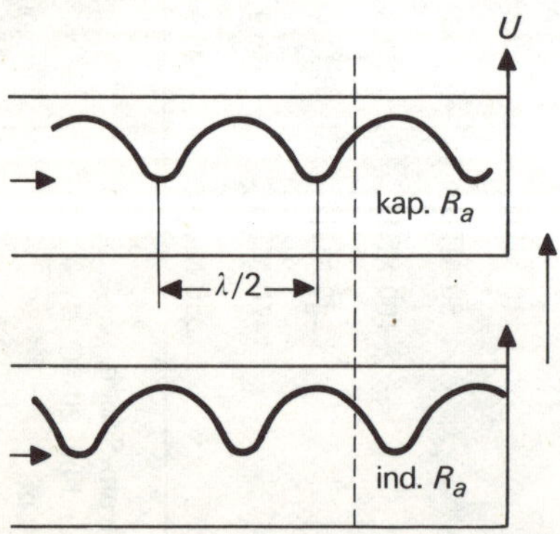

Bild 6.11 In der Praxis tritt infolge von Verlusten und kleinen Anpassungsfehlern keine vollkommen exakte Anpassung auf, und es verbleibt auf der Leitung eine geringe Welligkeit

Es leuchtet ein, daß stehende Wellen nur eine bestimmte Größenordnung aufweisen dürfen, wenn sie nicht als Störfaktor, z. B. als Spannungsverlust, in Erscheinung treten sollen. Man hat daher das Verhältnis des größten Spannungswerts zum kleinsten Spannungswert als Gradmesser für die Welligkeit genommen (Bild 6.12) und bezeichnet sie mit dem Buchstaben S. Da bei idealer Anpassung $S = 1$ ist, ergeben sich für die Welligkeit stets größere Werte als 1. Um die Fehlanpassung in Grenzen zu halten, darf eine maximale Welligkeit von $S =$ 3,5 bei Fernsehantennenanlagen für VHF und $S = 5$ bei UHF nicht überschritten werden. Für Welligkeit kann man auch den Kehrwert nehmen und erhält dann den Anpassungsfaktor $m = 1/S$.

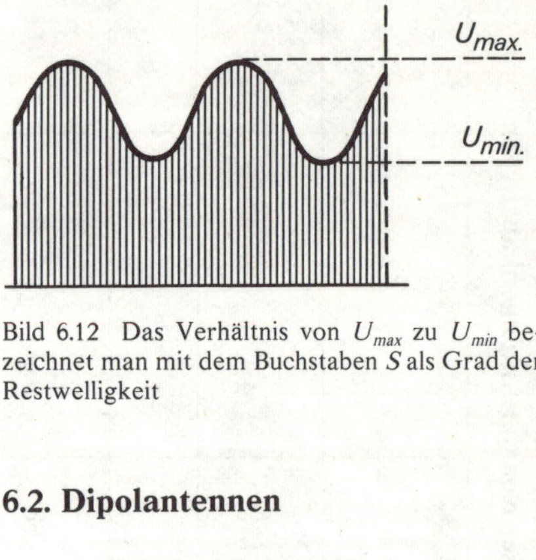

Bild 6.12 Das Verhältnis von U_{max} zu U_{min} bezeichnet man mit dem Buchstaben S als Grad der Restwelligkeit

6.2. Dipolantennen

Für den Empfang von UKW- und Fernsehsendern werden Antennenformen benutzt, die als Dipole bekannt sind, d. h. sie haben eine zweipolige symmetrische Ausführungsform und gehören zu den abgestimmten Antennen. Als Grundtyp ist der gestreckte Dipol zu erwähnen, der aus zwei gleich langen Stäben besteht. Zur Erläuterung der Funktionsweise soll uns jedoch zunächst ein auf die halbe Wellenlänge abgestimmter, ungeteilter Stab dienen.

6.2.1. Halbwellen- oder λ/2-Dipol

In Bild 6.13 ist die Strom- und Spannungsverteilung längs eines Stabs angegeben, wenn er sich im Empfangsfeld in Richtung der elektrischen Feldlinien befindet. Bei Resonanz bildet sich eine stehende Spannungswelle aus, deren Maxima an den Enden liegen und die in Dipolmitte ihren Nulldurchgang hat. Man nennt diese Form auch »Spannungsknoten«. Der Strom ist gegenüber der Spannung um 90 ° phasenverschoben, d. h., an den Stabenden liegen die Minima und in der Mitte das Maximum. Sinngemäß spricht man hier von einem »Strombauch«.

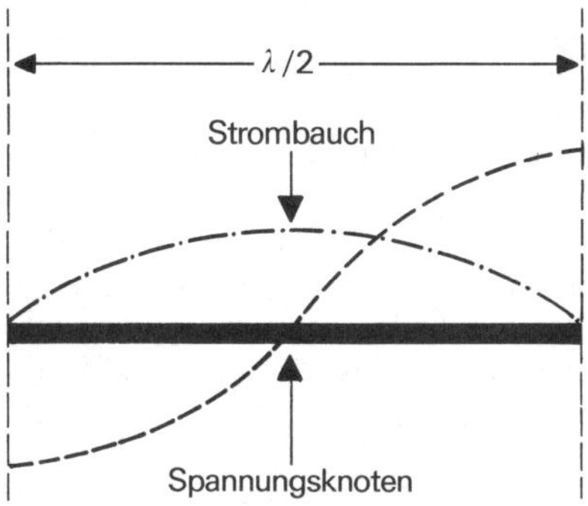

Bild 6.13 Strom- und Spannungsverteilung auf einem Halbwellendipol

Um eine symmetrische Ableitung anschließen zu können, trennt man den Dipolstab in der Mitte auf. Dabei treten (von der theoretischen Nulldurchgangsstelle aus gesehen) nach beiden Enden ansteigende Spannungswerte auf, und die an den Anschlüssen vorhandene Spannung gelangt über die Zuleitung zum Empfänger (Bild 6.14). Der gestreckte Dipol hat im allgemeinen einen Fußpunktwiderstand von 60 bis 75 Ω (u. a. abhängig von der Stabdicke).

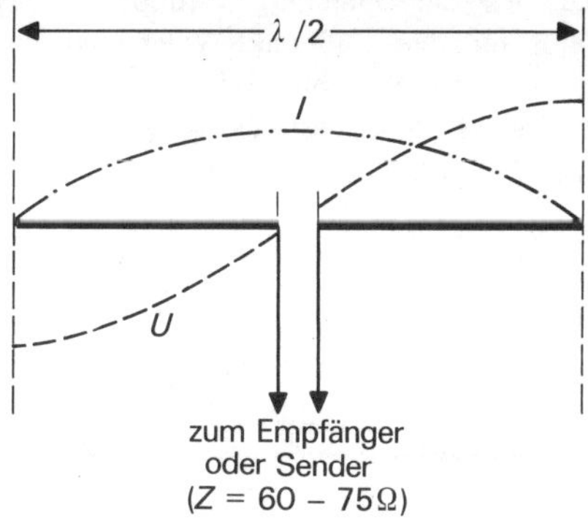

Bild 6.14 Der Halbwellendipol wird im Spannungsknoten angeschlossen

In der Praxis wird nicht der gestreckte Dipol, sondern der Faltdipol verwendet. Er besteht aus zwei parallelen Stäben, die an den Enden verbunden sind und von denen der untere mit Anschlußklemmen versehen ist (Bild 6.15). Wegen seiner Form wird der Faltdipol häufig auch Schleifendipol genannt.

Da die Schleifenbreite üblicherweise klein ist gegenüber der Wellenlänge, nimmt der Halbwellen-Faltdipol aus dem Empfangsfeld nicht mehr Leistung auf als ein einfacher gestreckter Halbwellendipol. In beiden Stäben fließt daher insgesamt auch ein annähernd gleich großer Strom wie im gestreckten Dipol, nur teilt er sich beim

Bild 6.15 Der Faltdipol oder Schleifendipol ist das Hauptelement von UKW- und Fernsehantennen

Faltdipol auf beide Stäbe auf. Das bedeutet: wenn hier nur der halbe Strom fließt, aber die gleiche Leistung aufgenommen wird, hat sich die Spannung verdoppelt. Das heißt für den Fußpunkt-Widerstand des Halbwellen-Faltdipols: vierfacher Wert gegenüber dem gestreckten Dipol, also etwa 240 bis 300 Ω (Bild 6.16).

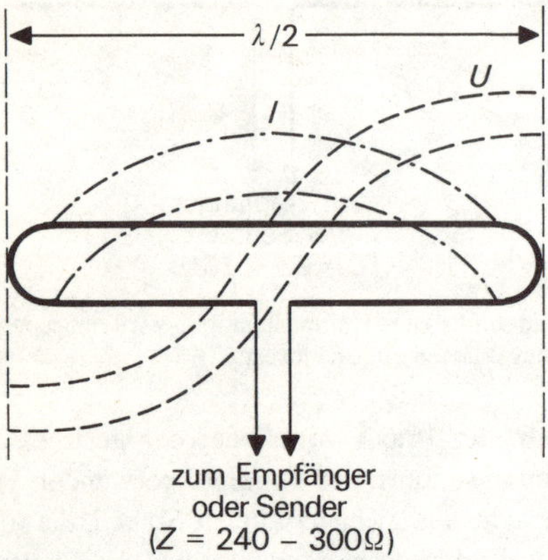

Bild 6.16 »Doppelter« Spannungsverlauf auf einem Faltdipol ergibt höheren Anschlußwert bzw. Fußpunktwiderstand

Wir können uns diese Tatsache auch durch eine andere Betrachtungsweise verdeutlichen. Nach Bild 6.17 hat die Spannung an den Enden eines gestreckten Dipols ihren Höchstwert und setzt sich naturgemäß in den unteren Stäben fort. Denken wir uns dazu den Faltdipol als gestreckten Stab, so ergibt sich eine Spannungsverteilung wie in Bild 6.17 oben angegeben. Darunter ist die Verteilung an den Parallelstäben in Form von zwei übereinanderliegenden Spannungsknoten dargestellt. Weil die Mitte des durchgehenden Stabs elektrisch gesehen Null ist, kann der Faltdipol hier ohne Beeinträchtigung an geerdeten Masten montiert werden.

Halbwellendipole verhalten sich wie Reihenschwingkreise, bei denen sich die induktiven und kapazitiven Blindwiderstände im Resonanzfall aufheben. Der Antennenstrom fließt durch den übrigbleibenden ohmschen Wirkwiderstand, der gewis-

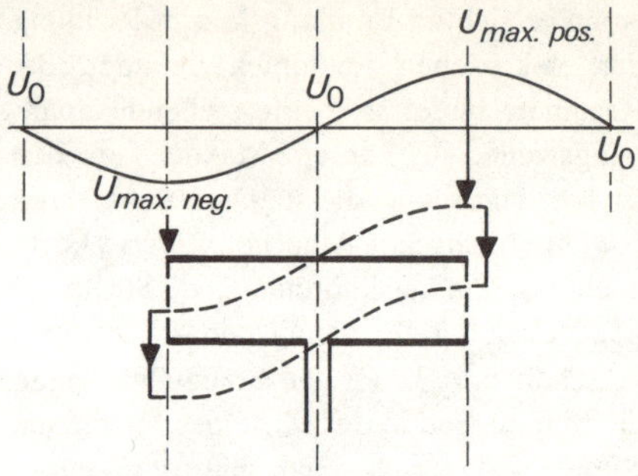

Bild 6.17 Andere Darstellung der Spannungsverteilung auf einem Faltdipol

sermaßen als »Verbraucher« der von der Antenne abgestrahlten bzw. aufgenommenen Leistung betrachtet werden kann und deshalb häufig auch Strahlungswiderstand genannt wird, was bei guter Anpassung sinngemäß gleichbedeutend mit Fußpunkt- oder Anschlußwiderstand ist. Die Empfangscharakteristik eines Faltdipols ist in Bild 6.18 dargestellt.

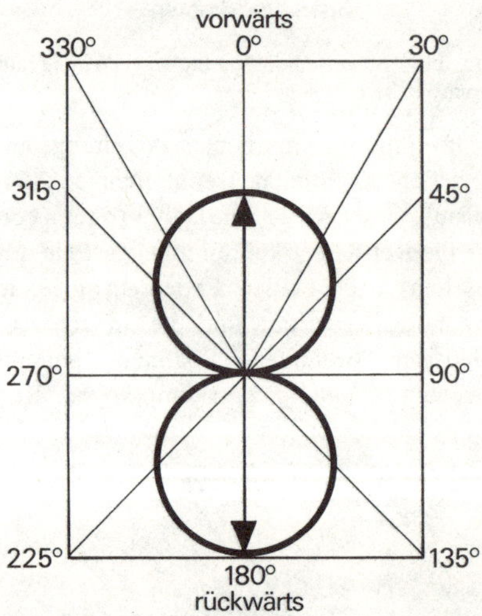

Bild 6.18 Empfangscharakteristik eines Faltdipols

Neben Halbwellen-Faltdipolen sind auch Ganzwellendipole gebräuchlich, vor allem im UHF-Bereich. Im Prinzip ist der Fußpunktwiderstand dieser Antennenart höher als bei Halbwellenantennen, weil die

Strom- und Spannungsverteilung anders verläuft (Bild 6.19). Beide Hälften des Ganzwellendipols weisen zwar gleiche Verhältnisse wie beim Halbwellendipol auf, aber am Anschlußpunkt steht jetzt eine hohe Spannung bei sehr geringem Strom, was einen relativ hohen Anschlußwiderstand zur Folge hat.

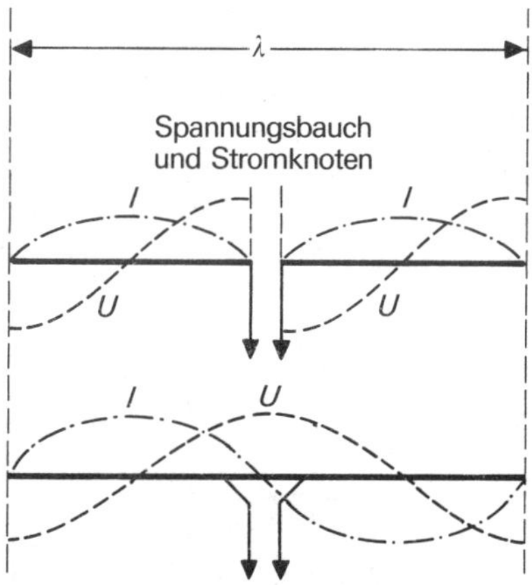

Bild 6.19 Strom- und Spannungsverläufe auf einem Ganzwellendipol

Bei den gebräuchlichen UHF-Antennen sorgt man durch konstruktive Maßnahmen für einen Widerstandswert, der den üblichen 240 Ω bzw. 75 Ω entspricht. Das gilt auch für sogenannte UHF-Breitband-Ganzwellendipole, die nicht nur aus Stäben (Bild 6.20), sondern auch aus Metallgeflecht unterschiedlicher Konstruktion bestehen können, deren Form für den Fußpunktwiderstand maßgebend ist.

6.2.2. Reflektoren und Direktoren

Einelementige Dipolantennen sind kaum gebräuchlich, sie haben einen zu geringen Gewinn und sind wegen ihrer Achtercharakteristik für ein Ausblenden von Reflexionen nicht sehr geeignet. Um das Vorwärts-Rückwärts-Verhältnis zu verbessern, bringt man auf einer Seite des Dipols einen durchgehenden Stab an, der einige Prozent länger als der Dipol ist und einen Abstand

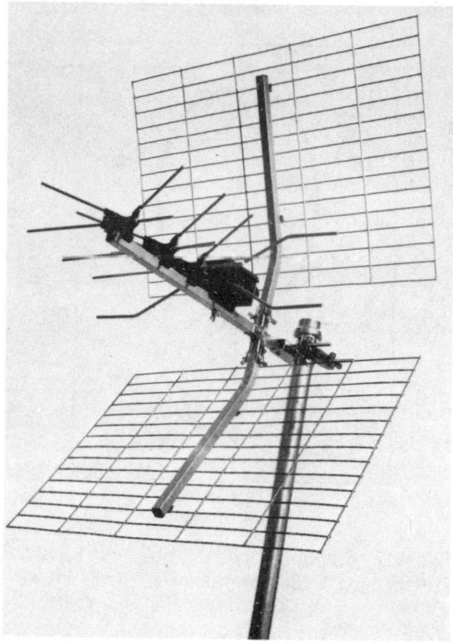

Bild 6.20 UHF-Dipol mit Ganzwellenelementen

von etwas weniger als einer Viertelwellenlänge von ihm hat (Bild 6.21).

Dieser als Reflektor bezeichnete Stab strahlt die dem Empfangsfeld entnommene Energie zurück auf den Dipol und dreht dabei die Polarität so, daß die reflektierte Welle mit der momentan vom Dipol aufgenommenen Senderwelle phasenmäßig übereinstimmt und so ein verstärkter Wellenzug entsteht. Von hinten eintreffende

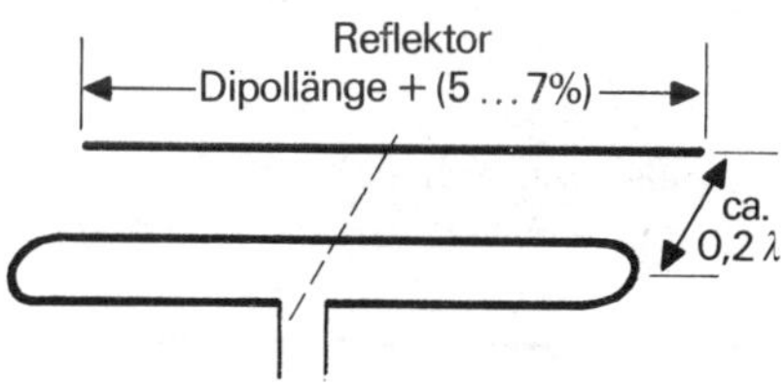

Bild 6.21 Faltdipol mit Reflektor

Wellen werden dagegen stark abgeschwächt, und die Empfangscharakteristik einer Reflektorantenne hat deshalb die in Bild 6.22 gezeigte Form. Im UKW- und VHF-Bereich begnügt man sich mit einem oder zwei Stab-Reflektoren, wogegen im

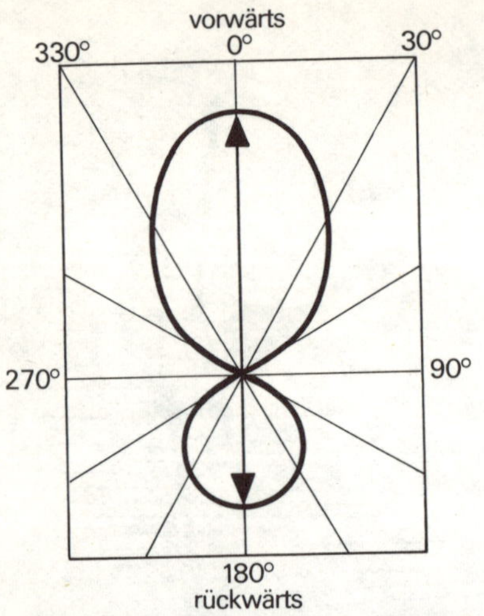

Bild 6.22 Empfangscharakteristik bzw. Richtdiagramm einer Reflektorantenne

UHF-Bereich häufig auch Reflektorwände aus Metallgitter verwendet werden.

Eine weitere Bündelung der »Empfangskeule« in Senderrichtung kann durch sogenannte Direktoren erreicht werden, die vor dem Dipol angeordnet sind. Auch hier handelt es sich um durchgehende »strahlungsgekoppelte« Stäbe, die allerdings nicht länger, sondern einige Prozent kürzer als der Dipol sein müssen (Bild 6.23). Sie können in nahezu beliebiger Anzahl verwendet werden; in der Praxis sind aber bestimmte Grenzen gesetzt, die z. B. von der resultierenden Bandbreite der Antenne und dem Fußpunktwiderstand bestimmt werden.

Dipolantennen dieser Art werden Yagi-Antennen genannt und sind allgemein gebräuchlich für den Rundfunk- und Fernsehempfang. Die Empfangscharakteristik oder das Richtdiagramm in horizontaler Ebene zeichnet sich durch eine relativ schmale und lange Keule in Senderrichtung aus, was auf guten Antennengewinn (angegeben in dB) schließen läßt und die Eignung der Antenne zum Ausblenden von seitlich einfallenden Wellen unterstreicht. Im Prinzip sind Antennen mit vielen Elementen schmalbandig und daher häufig als spezielle Kanalantennen oder Kanalgruppenantennen mit hohem Gewinn ausgelegt (Bild 6.24 a). Durch geeignete Wahl der geometrischen Abmessungen lassen sich jedoch auch breitbandigere Ausführungen in Form von Bereichsantennen herstellen (Bild 6.24 b).

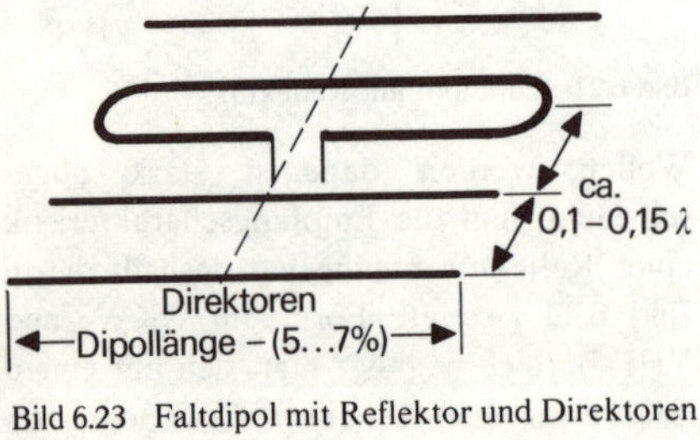

Bild 6.23 Faltdipol mit Reflektor und Direktoren

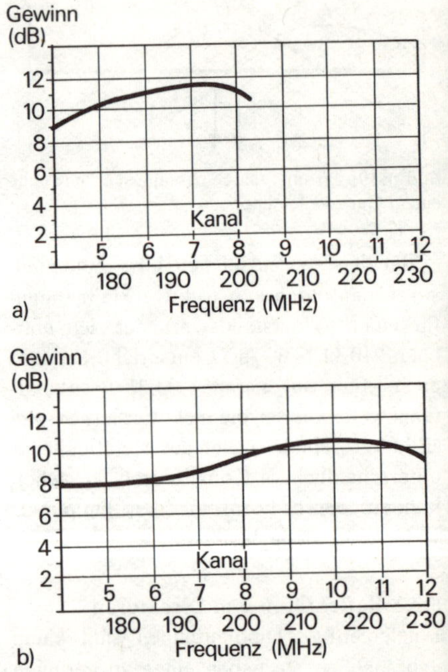

Bild 6.24 Kanalantennen-Gewinndiagramm (a), Breitbandantennen-Gewinndiagramm (b)

Zur Ausblendung von Reflexionen ist ein schmales horizontales Richtdiagramm erforderlich. In manchen Fällen müssen jedoch auch Störungen aus vertikaler Richtung unterdrückt werden (z. B. Zündstörungen), wozu sich allerdings Reflektoren oder Direktoren allein weniger gut eignen. Eine vertikale Bündelung der Empfangskeule bei gleichzeitiger Erhöhung des Antennengewinns erreicht man in erster Linie durch Mehrebenen-Antennen in Zweier- oder Viereranordnung mit Halbwellenabstand (Bild 6.25).

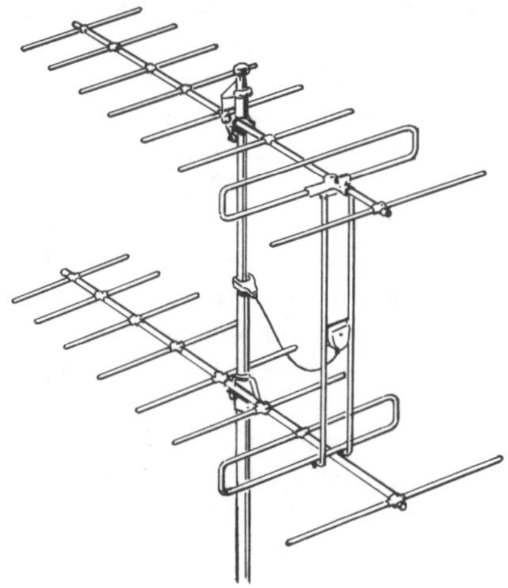

Bild 6.25 Mehrebenen-Antennen

Um die von den einzelnen Antennen aufgenommenen Spannungen phasenrichtig zu addieren, müssen die Verbindungsleitungen entsprechend angeschlossen werden. Die Zusammenschaltung hat nicht nur Einfluß auf die Breit- oder Schmalbandigkeit der Antenne, sondern auch auf den resultierenden Fußpunktwiderstand. Würde man zwei 240-Ω-Halbwellendipole zusammenschalten, ergäbe sich ein Fußpunktwiderstand von 120 Ω und damit eine zu starke Fehlanpassung; bei einer Viereranordnung wären es sogar nur rund 60 Ω. Um auf den bei symmetrischer Ableitung vorgeschriebenen Wellenwiderstand von 240 Ω zu kommen, werden Viertelwellen-Transformationskabel oder -Anpassungsleitungen verwendet, die bei Mehrebenen-Antennen zumeist aus den entsprechend bemessenen Antennenverbindungen bestehen. Industriell hergestellte Antennen sind natürlich in dieser Hinsicht optimal ausgelegt, so daß man sich bei der Montage nur an die Anleitung zu halten braucht.

Anpaßelemente werden auch gebraucht, um symmetrische Faltdipole an unsymmetrisches Koaxialkabel anzuschließen. Hier muß die Widerstandstransformation von 240 Ω auf 75 Ω erfolgen. In allen modernen Antennen sind für diesen Zweck bereits Transformationsglieder eingebaut (Bild 6.26). Man kann deshalb wahlweise symmetrisches oder unsymmetrisches Antennenkabel verwenden.

Bild 6.26 Anschlußteil einer Gemeinschaftsantenne für LMKU

6.3. Anschluß von Zweit- und Drittgeräten

Fernseh-Zweit- oder gar -Drittgeräte werden bereits in vielen Wohnungen betrieben, sei es, weil ein Farbfernsehgerät den Platz des alten Schwarzweißempfängers eingenommen hat und das bisherige Gerät nun in einem anderen Raum der Wohnung weiter betrieben werden soll, oder weil ein kleines Portable neu hinzugekommen ist. Damit beginnen in den meisten Fällen auch Empfangsprobleme aufzutauchen, weil man nun zwar zwei oder drei Geräte, aber nur einen Antennenanschluß hat. In Sendernähe ist unter Umständen ein ausreichender Empfang häufig mit einer Zimmerantenne oder mit den eingebauten Antennen der Portables möglich, aber es muß doch von Fall zu Fall recht häufig experimentiert werden, bis man den besten Platz für das Gerät und die günstigste Anordnung der Antenne gefunden hat. Zahlreiche Faktoren beeinflussen die Senderfeldstärke am Empfangsort. Sie kann deshalb unterschiedlich sein und beispielsweise innerhalb eines Zimmers von Meter zu Meter schwanken. Man muß deshalb einschränkend sagen, daß Zimmerantennen und eingebaute Teleskopantennen nur dann einen guten Empfang liefern können, wenn die Voraussetzungen besonders günstig sind.

Leider sind sie es nicht immer, so daß man Mittel und Wege suchen muß, um die Fernsehempfänger an eine vorhandene Außenantenne anzuschließen.

Natürlich muß diese Antenne genügend Energie liefern, damit die durch die zusätzlich montierten Anschlußdosen und die Verkabelung auftretende Dämpfung nicht das Fernsehbild beeinträchtigt. Ein sicheres Zeichen für zu geringe Antennensignale ist das Rauschen im Fernsehbild. In diesem Fall muß das Signal durch einen Antennenverstärker verstärkt werden. Es ist zweckmäßig, diesen Verstärker bei Gemeinschaftsantennenanlagen möglichst in unmittelbarer Nähe der Antennensteckdose oder bei Einzelantennenanlagen in der Nähe der Antenne, beispielsweise auf dem Dachboden oder sogar direkt an der Antenne bzw. am Mast zu befestigen. Dadurch erhält man die günstigsten Verstärkungsergebnisse, weil das von der Antenne kommende und in den Verstärker eingespeiste Signal noch nicht geschwächt ist und kein Rauschen aufweist.

Die Industrie liefert heute für jeden Anwendungszweck und für jede Empfangssituation passende Antennen und Verstärker mit Zubehör. Ein einschlägiges Beispiel für die Ausstattung einer Wohnung mit zusätzlichen Antennenanschlüssen ist in Bild 6.27 a angegeben und hier kurz erläutert.

Der alte Antennenanschluß befindet sich oben rechts im Grundriß. Nach Festlegung der endgültigen Standorte werden die neuen Antennensteckdosen montiert und das 75-Ω-Verbindungskabel verlegt und angeschlossen. Unmittelbar neben dem alten Antennenanschluß wird nun ein kleiner Verstärker eingebaut (Bild 6.27 b). Hinter dem Verstärker verteilt ein Doppelverteiler die Energie auf die Anschlüsse Wohn- und Elternschlafzimmer und auf die zweite Leitung für die Anschlüsse Gäste- und Kinderzimmer.

Es ist zu beachten, daß Antennenverstärker genehmigungspflichtig sind. Die Deutsche Bundespost erteilt jedoch auf Antrag die Betriebsgenehmigung.

6.4. Hinweise für den Antennenbau

Für den Bau und den Betrieb von Rundfunk-Empfangsantennenanlagen (unter diesen Begriff fallen natürlich auch Anlagen für Fernsehempfang) gibt es in der Bundesrepublik schon seit Jahren spezielle Vorschriften. Wenn die Anlagen nicht bestimmte Mindestforderungen erfüllen, ist der Empfang häufig ungenügend und nicht mehr störungsfrei. Außerdem kann die Antenne selbst zur Störquelle werden und den Rundfunk- und Fernsehempfang in der Umgebung beeinträchtigen.

6.4.1. Richtlinien und Vorschriften

Der »Arbeitskreis Rundfunkempfangsantennen« hat Richtlinien erarbeitet, die die wichtigsten technischen Vorschriften und gesetzlichen Bestimmungen enthalten. Der

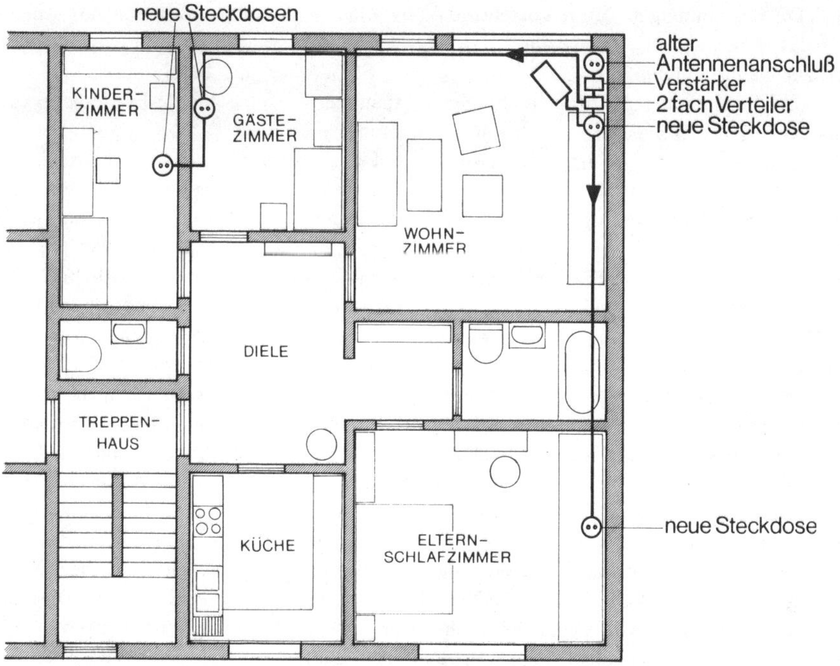

Bild 6.27 a Grundriß einer Wohnung mit Antennenanschlußplan

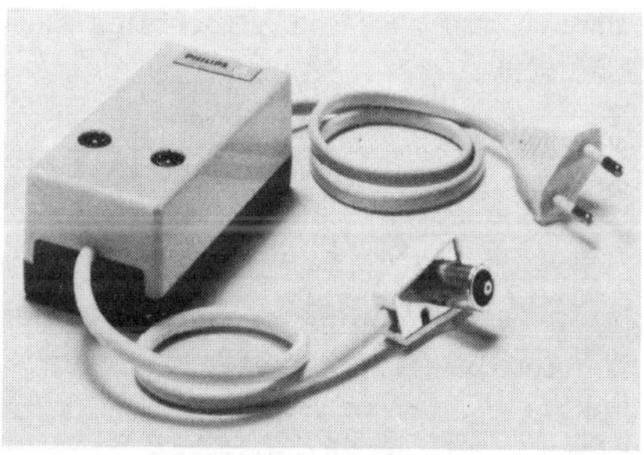

Bild 6.27b Philips Zweitgeräte-Antennenverstärker mit eingebautem Zweifach-Verteiler

Titel der Richtlinien heißt »RGA« und bedeutet: Richtlinien für Planung, Aufbau, Übergabe, Wartung und Betrieb von Gemeinschaftsantennenanlagen. Zu beziehen sind diese Richtlinien beim Fachverband Empfangsantennen im ZVEI, 8500 Nürnberg, Urbanstraße 40.

Neben den RGA-Richtlinien gibt es eine Reihe von weiteren Bestimmungen und Vorschriften. Die bedeutendsten sind nachfolgend angegeben.

1. Zu den wichtigsten gehören die Amtsblätter des Bundespostministeriums mit ihren entsprechenden Verfügungen. Sie enthalten z. B. die technischen Vorschriften für die verwendeten aktiven elektrischen Baueinheiten (Verstärker und Umsetzer) sowie Bestimmungen über Konzeption, Errichtung und Betrieb von Rundfunk-Empfangsantennenanlagen (Amtsblatt Nr. 125/1971, Verfügung Nr. 754, und Amtsblatt Nr. 105/1971, Verfügungen Nr. 616, 617, 618, sowie Amtsblatt Nr. 103/1974, Verfügungen Nr. 536 und 537).

2. Allgemeine Blitzschutz-Bestimmungen (ABB).

3. VDE-Bestimmungen 0855 für Antennenanlagen Teil 1: Vorschriften für die Errichtung (Neufassung Juli 1971); Teil 2: Empfangsantennenanlagen und ihre Betriebseignung.

4. VDE-Bestimmungen 0100: Vorschriften für das Errichten von Starkstrom-Anlagen bis zur Nennspannung von 1000 V.
5. VDE-Bestimmungen 0190: Richtlinien für das Erden von Starkstrom-Anlagen mit Spannungen bis 1000 V am Wasserrohrnetz.
6. DIN-Blatt 45 004: Meßverfahren für Antennenverstärker für Ton- und Fernseh-Rundfunk-Anlagen im Bereich von 0,1 MHz bis 1000 MHz (September 1971).
7. DIN-Blatt 45 005: Technische Vorschriften für alle übrigen Bauteile von Empfangsantennenanlagen (z. B. Antennenanschlußkabel, Verteiler usw.).

Die Empfehlungen des Verbandes Deutscher Elektrotechniker (VDE) haben zwar keine unmittelbare Gesetzeskraft, aber in Zivil- oder Strafprozessen wird ihnen von den Gerichten entscheidende Bedeutung beigemessen. Nur wenn die VDE-Vorschriften erfüllt sind, wird von den Gerichten anerkannt, daß eine elektrische Anlage sachgemäß und mit angemessener Sorgfalt ausgeführt ist.

Die Neufassung der VDE-Bestimmungen 0855, Teil 1, gültig seit dem 1. Juli 1971, enthält verschärfte Bestimmungen in bezug auf die mechanische Sicherheit von Antennengebilden und ihren Befestigungsteilen. Hier einige allgemein interessierende Neuerungen: Im Punkt **mechanische Sicherheit** wurde u. a. die mechanische Festigkeit von Antennenanlagen, insbesondere von Antennenstandrohren, und die zulässige Belastung der Standrohre neu geregelt.
1. Die freie Länge des Standrohrs darf nur noch 6 m betragen (früher 10 m).
2. Bei Bauwerken bis zu 8 Geschossen (ca. 20 m Höhe) gilt ein Staudruck von $q = 800$ N/m^2 (80 kp/m^2). Bei höheren Bauwerken kann der Staudruck mit 1000 bis 1100 N/m^2 (100 bis 110 kp/m^2) angesetzt werden.
3. Für den Beiwert »C«, der für die Einflüsse von Antennenoberflächen und -formen gilt, muß jetzt mit 1,2 gegenüber früher 1,0 gerechnet werden.
4. Gas- und Wasserrohre sind als Antennenstandrohre nicht mehr erlaubt.
5. Standrohre aus Stahl müssen im Einspannbereich eine Mindestwanddicke von 2 mm haben.
6. Die Befestigung von Antennenstandrohren an Schornsteinen ist nach Möglichkeit zu vermeiden und darüber hinaus nur bis zu einem Einspannmoment von 250 Nm (25 kpm) zulässig. Dies gilt vorbehaltlich der örtlichen Auflagen, die heute oft schon so geregelt sind, daß Antennen an Schornsteinen nicht angebracht werden dürfen.

Der Punkt **elektrische Sicherheit** weist die meisten Änderungen bei den Erdungsproblemen der Antennenanlagen auf. So dürfen beispielsweise Außenantennen, wenn sie nicht geerdet sind, nur noch 1,5 m (früher 2 m) von der Außenfront des Gebäudes entfernt bzw. 2 m unter der Dachkante angeordnet sein (Bild 6.28). Dies hat besondere Bedeutung für Fenster- oder Balkonantennen. Rohrnetze dürfen für Erdungszwecke nur noch mit Genehmigung des Rohrnetzinhabers (örtliche Versorgungsunternehmen) verwendet werden (siehe hierzu auch die Vorschriften nach VDE 0190).

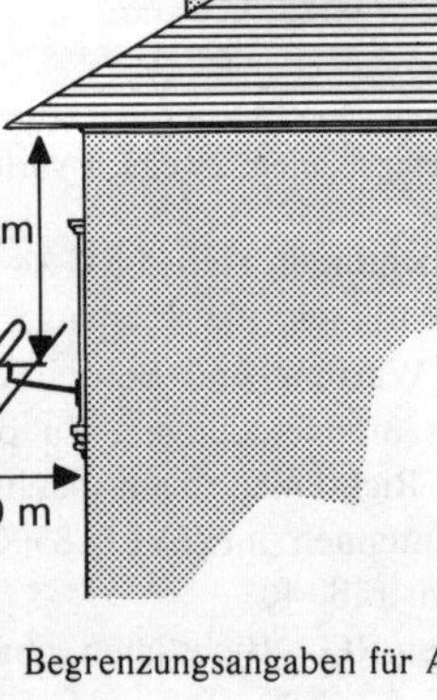

Bild 6.28 Begrenzungsangaben für Außenantennen

Die VDE-Bestimmungen 0855, Teil 2, befassen sich mit der Betriebseignung von Antennenanlagen. So werden z. B. besondere Maßnahmen bezüglich Stereoempfang, Übersteuerungssicherheit von Verstärkern und der Kopplungsdämpfung zwischen den Anschlüssen für die Geräte gefordert.

Neu ist beispielsweise auch, daß die in Gemeinschaftsantennenanlagen garantierten Mindestpegel beim Teilnehmer (incl. Empfänger-Anschlußkabel 1,5 m lang) nur noch für Mittel- und Langwellenbereiche auf Bezugsantennenpegel abzüglich 6 dB = 50 % Abfall basieren. Insbesondere muß für UKW-Rundfunk ein Pegel von 40 dBμV (Mono) bzw. 50 dBμV (Stereo) garantiert werden. Die entsprechenden Minimalpegel für die Fernsehbereiche sind bei F I = 52 dBμV, F III = 54 dBμV, F IV/V = 57 dBμV (Tabelle 6.2).

Hinsichtlich der Störminderung in Gemeinschaftsantennenanlagen wurde neu aufgenommen, daß keine Reflexionen innerhalb der Anlage auftreten dürfen. Das bedeutet optimale Anpassungswerte für alle verwendeten aktiven und passiven Bauteile, besonders im gefährdeten Bereich I.

Tabelle 6.2 Minimal- und Maximalpegel für UKW-Rundfunk- und Fernsehempfang

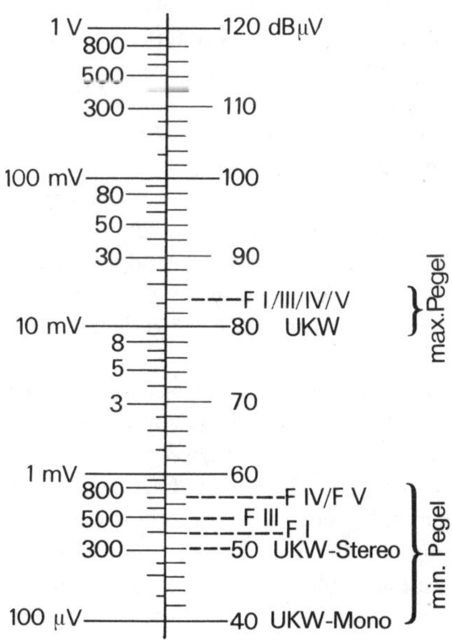

6.4.2. Bauteile einer Antennenanlage

Auf die vielfältigen Formen handelsüblicher Antennen für den UKW und Fernsehempfang, ihre speziellen Anwendungsbereiche und elektrischen Werte soll und kann hier nicht näher eingegangen werden, weil das einfach zu weit führen würde. In den einschlägigen Katalogen der Hersteller sind alle wissenswerten Daten enthalten.

In der Regel bringen Antennen oberhalb des Dachs den besten Empfang, das gilt speziell für den Bereich Fernsehen. Für kleinere Anlagen oder Einzelantennen kann in entsprechend versorgten Gebieten jedoch auch eine Unterdachmontage gute Ergebnisse liefern (Bild 6.29). Fernseh-

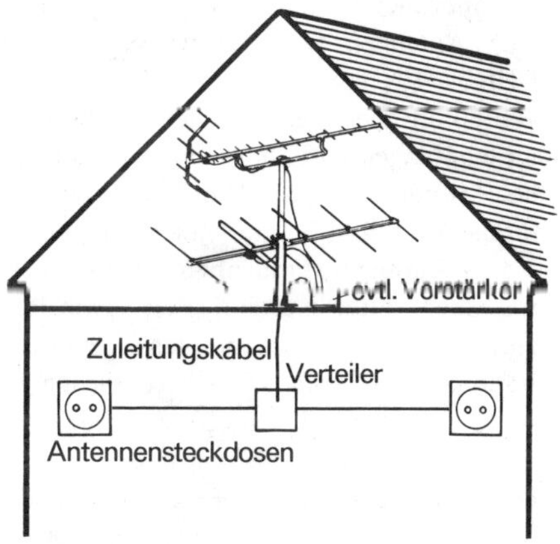

Bild 6.29 Schema einer Unterdachantenne

Zimmerantennen bringen nur in Sendernähe brauchbare Resultate, wobei der Platz auf dem Fernsehgerät nicht in jedem Fall auch der günstigste Empfangsort sein muß (Bild 6.30). Für UKW-Empfang verwendet man als Hilfs- oder Zimmerantenne meistens ein kurzes Drahtstück, dessen örtliche Lage weniger kritisch ist.

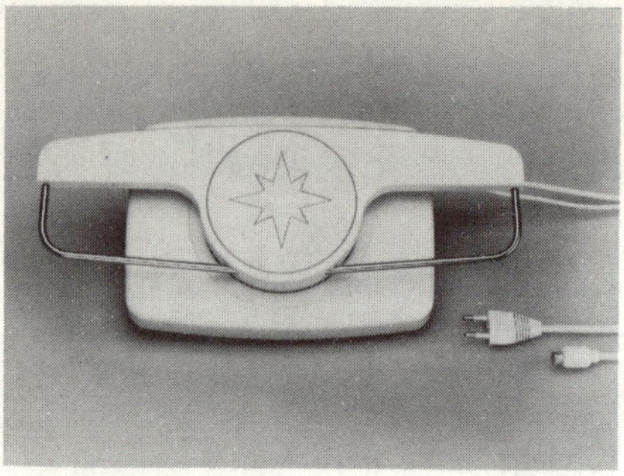

Bild 6.30 Moderne elektronische Philips Fernseh-Zimmerantenne mit eingebautem Verstärker

Bei der Errichtung von Dach- und Unterdachantennen ist zu beachten, daß der Antennenstandort möglichst außerhalb der Störfelder liegt, die durch Kraftfahrzeuge, elektrische Hausgeräte usw. hervorgerufen werden. Sofern die Möglichkeit gegeben ist, soll freie Sicht zum Sender vorhanden sein. Aus dem Schema in Bild 6.31 ist ersichtlich, wie man die verschiedenen Antennen anordnet. Demnach gilt als Faustregel: Alle Antennen für die Fernsehbereiche F III bis F V sollen einen Mindestabstand von 80 cm haben. Sofern auch der Bereich F I empfangen wird, muß der Abstand 110 bis 140 cm betragen. Die Einspannlänge für das Standrohr beträgt mindestens 1 m.

Das **Antennenstandrohr** muß allen auftretenden Witterungseinflüssen sowie den einwirkenden mechanischen Kräften standhalten können. Die obere Einspannstelle des Standrohrs muß dem Biegemoment der gesamten Windlast des Antennenaufbaus entsprechen. Es empfiehlt sich, die Berechnung der mechanischen Festigkeit nach VDE 0855, Teil 1, vorzunehmen.

Jede Antennenanlage muß vorschriftsmäßig geerdet sein, da sonst durch nicht einwandfreien Blitzschutz und unsachgemäße Ausführung der Anlage Gefahrenquellen auftreten können. Alle Fragen über Blitzschutz und Erdung von Antennenanlagen sind der VDE-Vorschrift 0855/1 und den Vorschriften des Ausschusses für Blitzableiterbau zu entnehmen.

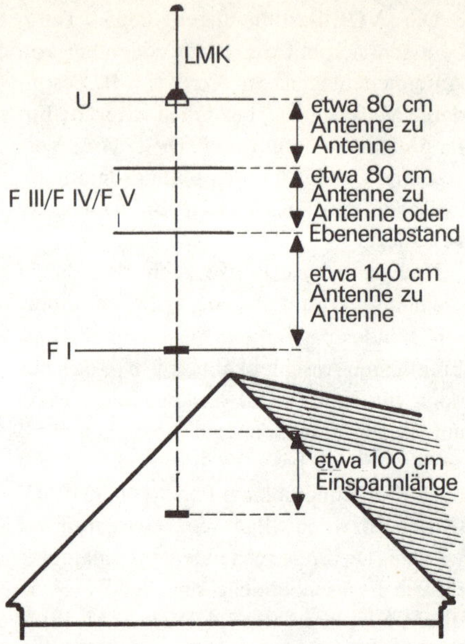

Bild 6.31 Schema einer Gemeinschaftsantenne mit Angabe der Mindestabstände

Verstärker in Antennenanlagen können möglicherweise durch stark einfallende Orts- oder Bezirkssender gestört werden. Man benutzt dann **Bereichs-** oder **Kanalsperren**, um derartige Störungen auszublenden. In einigen Verstärkern sind für LM bzw. U bereits Sperren eingebaut. **Weichen** dienen zum Zusammenschalten von zwei oder mehreren Antennen verschiedener Bereiche auf eine bzw. mehrere Ableitungen. Das Gehäuse der Antennenweichen ist wetterfest und für wahlweise Befestigung am Antennenstandrohr (durch beigefügte Mastschelle) oder Innenmontage unter dem Dach eingerichtet (Bild 6.32).

Die abgegebene Empfangsleistung einer Einzel-Fernsehantenne reicht im Normalfall aus, um einen oder zwei Empfänger zu speisen. Bei Gemeinschaftsantennenanlagen muß jedoch den angeschlossenen Geräten für den einwandfreien Empfang eine bestimmte Mindestmenge an Empfangsleistung über einen **Verstärker** zugeführt

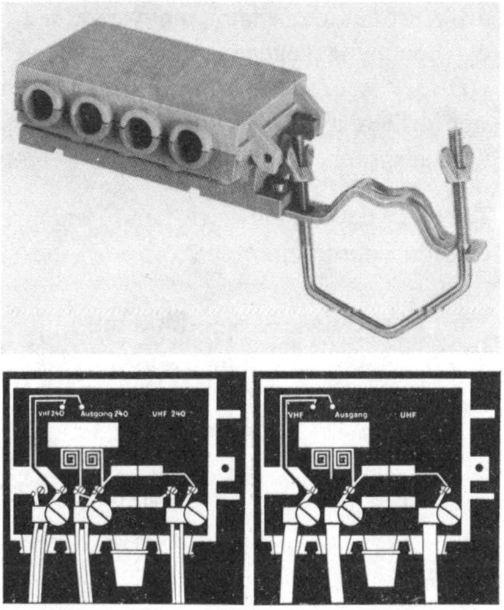

Bild 6.32 Antennenweiche für Mastbefestigung (oben) und Anschlußschema für symmetrische 240 Ω-Leitung (links unten) bzw. 75-Ω-Koaxialkabel (rechts unten)

werden (Bild 6.33). Zur Bestimmung der notwendigen Verstärkung muß als erstes die Gesamtdämpfung des Signals von der Antenne bis zur ungünstigsten Antennensteckdose errechnet werden. Die Gesamtdämpfung ergibt sich durch Addition der Einzeldämpfungen in den verschiedenen Bereichen (siehe Pegelrechnung, Abschnitt 6.4.3.).

Bild 6.33 Hochleistungs-Antennenverstärker der Philips ESB-Serie

Häufig wird bei Antennenanlagen die Direktübertragung bevorzugt, d. h. alle Signale werden bis zum letzten Teilnehmer in ihrem Originalwellenbereich übertragen. Bei Anlagen größerer Dimensionen ist es jedoch aus Kostengründen (höhere Dämpfung im UHF-Bereich) oft vorteilhafter, diese Frequenzen mit einem **Konverter** in den VHF-Bereich umzusetzen. Weiterhin ist in Gebieten mit großer Empfangsfeldstärke die Bildung eines sogenannten Vorgeistes durch Direkteinstrahlung in die Fernsehempfänger möglich. In diesem Fall kann nicht nur eine Umsetzung von UHF-Kanälen in den VHF-Bereich erforderlich sein, sondern sogar auch eine Umsetzung von VHF-Kanälen innerhalb der VHF-Bereiche I und III. Bei allen Umsetzungen ist zu beachten, daß bei Konverterbetrieb die Kanalwahl nicht freigestellt ist, da durch unerwünschte Mischprodukte Störungen im ausgewählten Kanal oder einem bereits am Ort belegten Kanal auftreten können.

Bei **Antennensteckdosen** unterscheidet man zwischen widerstandsentkoppelter Steckdose, Weichensteckdose und Steckdose nach dem Richt- bzw. Richtungskoppler-Prinzip, die Philips z. B. in Gemeinschaftsantennenanlagen verwendet (Bild 6.34). Der wesentliche Vorteil liegt darin, daß z. B. Störquellen (verursacht innerhalb der Stammleitung) bei Verwendung von Richtkoppler-Steckdosen kaum Einfluß auf die angeschlossenen Teilnehmer haben.

Für **Kabel und Leitungen** empfiehlt es sich, grundsätzlich 75-Ω-Koaxialkabel zu verwenden. Einzelanlagen können auch mit symmetrischer 240-Ω-Leitung aufgebaut werden, allgemein ist aber davon abzuraten, weil diese Leitung gegen Witterungseinflüsse empfindlich ist und deshalb im Laufe der Zeit eine Dämpfungssteigerung auftritt. Bei Gemeinschaftsantennenanlagen ist ausnahmslos 75-Ω-Koaxialkabel zu verwenden.

Das Empfänger-Anschlußkabel von der Antennensteckdose zum Rundfunk- und Fernsehgerät sorgt für richtige Übertragung, Anpassung und Entkopplung zwischen Antenne und Empfänger. Eine einwandfreie Funktion kann jedoch nur durch das vorgeschriebene, zur Anlage passende Anschlußkabel gewährleistet werden.

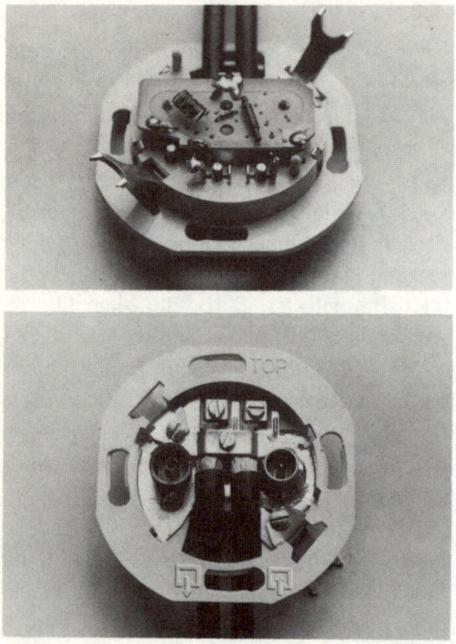

Bild 6.34 Innenteil einer Richtkopplersteckdose (oben) und Kabelanschluß (unten)

6.4.3. Pegelrechnung in dB-Werten

Schon seit einiger Zeit wird in der Antennentechnik nicht mehr mit Antennenspannungen, sondern mit Pegelwerten gerechnet. Selbst größere Gemeinschaftsantennenanlagen kann man mit Pegelwerten durchrechnen, indem man lediglich Pegelwerte addiert oder subtrahiert. Man formt also Antennen-Eingangsspannungen in Pegelwerte um und addiert die Dämpfungen bzw. Verstärkungen einer Anlage entsprechend bzw. subtrahiert sie.

Das Wort Pegel deutet schon an, daß es sich bei den Pegelwerten um Spannungen handelt, die in einem bestimmten Verhältnis zu einer Grundspannung stehen, und zwar zu 1 µV gemessen an 75 Ω. Wenn z. B. eine höhere Spannung als 1 µV vorhanden ist, so drückt man diese Spannung in einem dB-Wert aus, der angibt, um wieviel höher die Spannung gegenüber dem Grundwert von 1 µV ist (Tabelle 6.3). Die neue Dimension erhielt die Bezeichnung »dBµV« und wird gesprochen dB über µV.

Tabelle 6.3 Pegelwerte und entsprechende Spannungen an 75 Ω

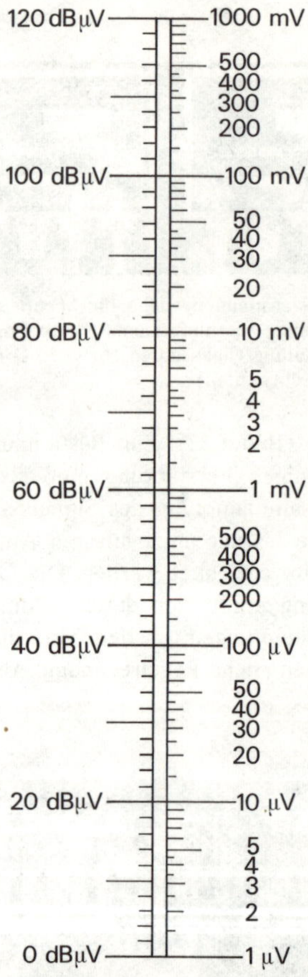

Gemäß dem Pegelschema in der Tabelle 6.4 soll nun gezeigt werden, wie einfach die Berechnung einer Gemeinschaftsantennenanlage ist; als Beispiel dient die Anlage in Bild 6.35. Der Eingangspegel je Kanal wird zweckmäßig bei VHF mit einer 4-Elemente-Breitband-Antenne mit einem Gewinn von ca. 5 dB gemessen und bei UHF mit

Tabelle 6.4 **Pegelschema einer Antennenanlage mit 4 Fernsehprogrammen und UKW bei gegebener Eingangsspannung (alle Werte in dB bzw. dBμV)**

Bereich	F I, K 4	F III, K 9	F IV, K 26	F V, K 55	UKW
Antennen-Spannungspegel	65	64	67	65	62
Dämpfung des Verteilers	3,5	3,5	4	4	3,5
Dämpfung des Anschlusses	26	16	10	8	22
Dämpfung des Kabels (35 m)	2	5	9	10	3
7 x Durchg.-Dämpfung	2,8	1,4	4,9	9,8	2,8
Gesamtdämpfung	34,3	25,9	27,9	31,8	31,3
resultierender Spannungspegel an der letzten Anschlußdose	30,7	38,1	39,1	33,2	30,7
geforderter Mindest-Spannungspegel nach VDE	52	54	57	57	50
erforderliche Mindest-Verst.	21,3	15,9	17,9	23,8	19,3
Verstärkung des eingesetzten Ant.-Verst.	26	26	26	26	26
Ausgangspegel des Verstärkers (Antennenspannungspegel + Verstärkungsfaktor)	91	90	93	91	88
Rauschmaß des Verstärkers	5	6	8	9	6
erzielter Rauschabstand	60	58	59	56	56

einer 12-Elemente-Breitbandantenne mit einem Gewinn von ca. 7 dB. Für UKW mißt man die Spannungen mit einer entsprechenden UKW-Antenne (siehe hierzu Bild 6.36).

Außerdem sind die in der Anlage auftretenden Dämpfungen (Kabel, Verteiler, Dosen) zu ermitteln, und zwar bezogen auf den ungünstigsten Teilnehmeranschluß. Unter Berücksichtigung der Dämpfungswerte und des Eingangspegels erhält man nunmehr den resultierenden Spannungspegel, der ohne Verstärkung beim ungünstigsten Teilnehmeranschluß auftritt (letzte Anschlußdose).

Die vom VDE geforderten Mindestpegelwerte (s. Tabelle 6.2) zeigen im Zusammenhang mit den Pegelwerten an der letzten Dose deutlich an, welche Verstärkung in dB erforderlich ist und von dem einzu-

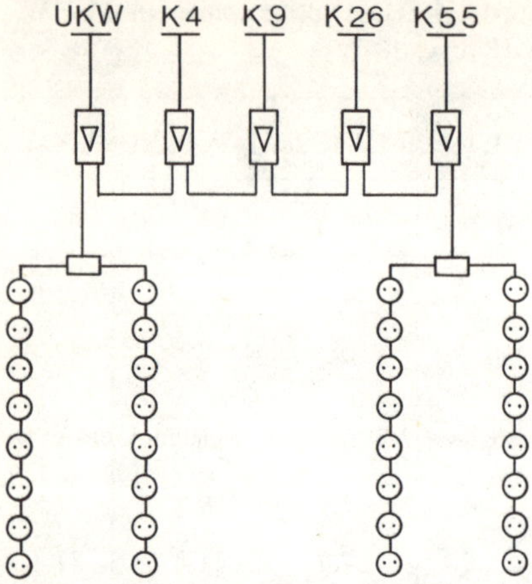

Bild 6.35 Anlagenschema einer Gemeinschaftsantenne

setzenden Verstärker geliefert werden muß. Der gemessene Eingangspegel zuzüglich der Verstärkung des einzusetzenden Verstärkers ergibt den Verstärkerausgangspegel. Dieser Ausgangspegel muß auf jeden Fall unterhalb des im Katalog angegebenen Werts für den betreffenden Verstärker liegen, um Übersteuerungen zu vermeiden.

Bei der Betrachtung des Rauschabstands zieht man das im Katalog für den Verstärker angegebene Rauschmaß vom Antennen-Eingangspegel ab und erhält damit den Rauschabstand, der einen bestimmten Wert nicht unterschreiten darf, um eine vernünftige Ton- und Bildqualität zu garantieren. Abstandswerte von 40 bis 60 dB sind die in der Praxis üblicherweise vorkommenden Größenordnungen.

6.5. Gemeinschaftsantennenanlagen

Antennenanlagen lassen sich vom Umfang her grundsätzlich in Einzelantennenanlagen (EA), Gemeinschaftsantennenanlagen (GA) und Groß-Gemeinschaftsantennenanlagen (GGA) einteilen. Die Einzelantennenanlage dient in der Regel zur Versorgung nur eines Teilnehmers, wobei im allgemeinen keine aktiven Bauteile (Antennenverstärker) verwendet werden. Sofern in einem Einzelhaus mehrere Rundfunk-

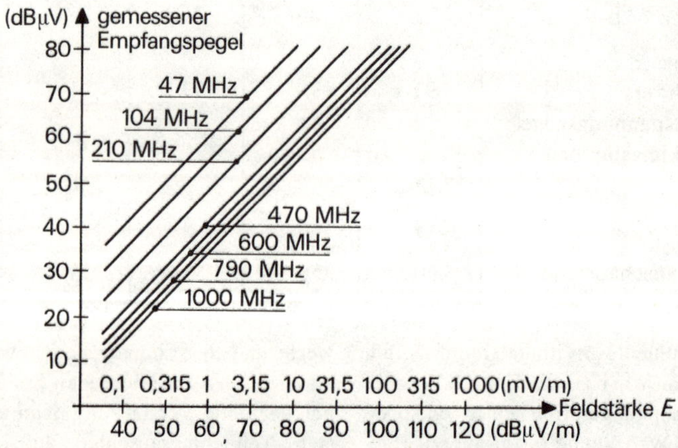

Bild 6.36 Die in der Fernseh- und UKW-Technik üblichen Dipole entziehen dem freien Feld in Abhängigkeit von ihrer effektiven Länge Energie. Es ergibt sich hieraus, mit steigender Frequenz beispielsweise im UHF-Gebiet, daß die induzierte Spannung gleichfalls kleiner wird. Hieraus folgt, daß – je länger ein Dipol ist – bei gleichen Feldstärkewerten eine höhere Spannung am Fußpunkt der entsprechenden Antennen induziert wird. Man muß also bei der Umrechnung von Feldstärkewerten in Pegelwerte die Frequenz des entsprechenden Signals mit betrachten, um zu eindeutigen Ergebnissen zu kommen. In dem vorstehenden Diagramm sind für einige Frequenzen die entsprechenden Kurven angegeben

oder Fernsehgeräte über einen Verstärker gespeist werden, findet bereits ein Übergang in Richtung der Gemeinschaftsantennenanlage statt.

Die Gemeinschaftsantenne ist besser als viele eng benachbarte Einzelantennen auf einem Gebäude. Sie mindert in ihrer übersichtlichen Anordnung Empfangsstörungen und Unfallgefahr, verunstaltet nicht die Gebäude und trägt zu einer ansprechenden Gestaltung des Orts- und Straßenbilds bei. Deswegen sollte in jedes Bauvorhaben für Einzel-, Reihen- sowie Mehrfamilien- und Geschäftshäuser eine Gemeinschaftsantennenanlage (GA) eingeplant werden. Wenn die örtlichen Empfangsbedingungen eine normale Versorgung nicht gewährleisten oder wirtschaftliche Gesichtspunkte es wünschenswert machen, kann auch eine Groß-Gemeinschaftsantennenanlage (GGA) für größere Ortsteile oder ganze Ortschaften zweckmäßig sein.

Komplizierte Gebilde, wie es Gemeinschaftsantennenanlagen nun einmal sind, müssen vor der Inbetriebnahme fachmännisch geprüft und später regelmäßig gewartet werden, wenn sie einwandfrei funktionieren sollen. Aus Kostengründen wurde aber in der Vergangenheit häufig darauf verzichtet, obwohl Sparsamkeit hier fehl am Platz ist. Von allen Beteiligten (Mietern, Vermietern, aber auch vom Handel, Handwerk und der Industrie) wurde deshalb die Abnahmemessung für Antennenanlagen gefordert.

Die Deutsche Bundespost ist dieser Forderung mit neuen Antennenvorschriften nachgekommen. Sie verlangt jetzt einen Abnahmebericht für Gemeinschaftsantennenanlagen (GA), die mit aktiven elektronischen Bauelementen bestückt sind. Wer eine solche Antennenanlage errichten läßt, sollte deshalb bereits bei der Vergabe den Auftragnehmer in schriftlicher Form zur Erstellung des erforderlichen Abnahmeberichts verpflichten. Die Deutsche Bundespost erteilt dem Besitzer der Antennenanlage die Genehmigung nämlich erst dann, wenn dieser innerhalb von vier Wochen nach der Fertigstellung der Anlage den ordnungsgemäß ausgestellten Abnahmebericht einreicht.

Die neuen Genehmigungsbestimmungen, die im übrigen noch besondere Vorschriften für die Groß-Gemeinschaftsantennenanlagen (GGA) und für die zusätzliche Nutzung solcher Anlagen enthalten, sind am 1. April 1975 in Kraft getreten.

Zum Prüfen und Einstellen von Fernseh-Antennenanlagen werden Geräte wie z. B. der »Fernseh-Prüfempfänger T 111« benötigt (Bild 6.37, s. S. 248). Mit ihm lassen sich die Antennen-Pegel von Bild- und Tonträgern direkt in dBμV messen, Reflexionen in der Horizontalaustastlücke beobachten und auswerten, sowie die Antennen nach Maximumanzeige sowie nach der Tonhöhe eines eingebauten NF-Generators ausrichten. Alle Messungen können auf einer 23-cm-Bildröhre überwacht werden. Der T 111 ist für Netz- und Batteriebetrieb vorgesehen und auf die Kanäle 2—4, 5—12 und 21—68 abstimmbar. Über einen getrennten Meß-ZF-Verstärker wird der direkt ablesbare Meßbereich von 37 dBμV bis 133 dBμV erfaßt. Die Antennenspannungen werden auf einem eingebauten Instrument angezeigt. Sie lassen sich in drei Stufen (2 × 20 dB, 1 × 10 dB) sowie kontinuierlich abschwächen. Mit der Tonträgertaste wird eine weitere geeichte 10-dB-Stufe geschaltet, so daß Bild- und Tonträger unmittelbar miteinander verglichen werden können.

6.5.1. Aufbauschema

Wie schon eingangs erwähnt, besteht der Unterschied zwischen einer Gemeinschaftsantennenanlage (GA) und einer Groß-Gemeinschaftsantennenanlage (GGA) in der Anzahl der versorgten Wohnungen und damit im erforderlichen technischen Aufwand. Eine GA beliefert die Wohnungen bzw. Wohneinheiten (WE) eines oder mehrerer Gebäude von einer Empfangsstelle aus mit Programmen, die

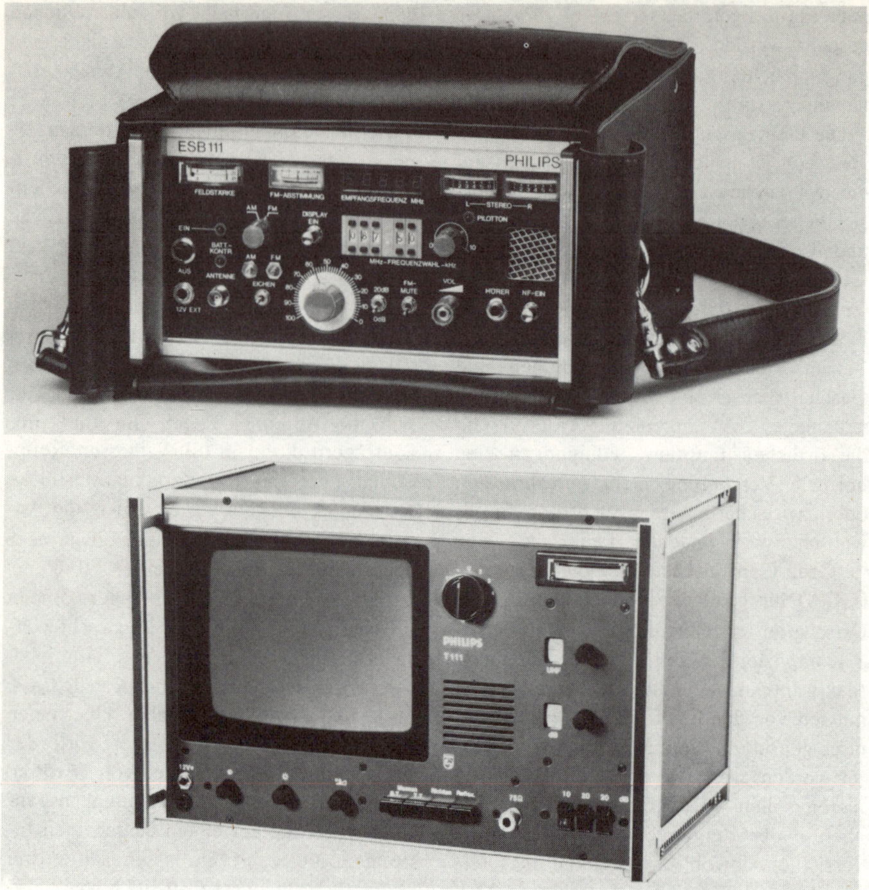

Bild 6.37 Zwei Philips Antennenprüfgeräte: ESB 111 für die Rundfunkbereiche und T 111 für die Fernsehbereiche

im allgemeinen über eine Verstärkerzentrale in das Verteilernetz eingespeist werden. Es hängt natürlich von der Anzahl der Programme ab, wie aufwendig die Empfangs- und Verstärkerzentrale ausgelegt werden muß (Bild 6.38).

Das Schema einer Gemeinschaftsantennenanlage für ein Einzelhaus ist in Bild 6.39 angegeben. Man erkennt die sternförmige Verteilung der Leitungen zu den Räumen des Hauses. Für größere Anlagen reicht dieses einfache System nicht mehr aus, und man verwendet statt dessen Anlagen mit einem Stammleitungssystem oder einem Stichleitungssystem. Das »Stammleitungssystem« ist schematisch in Bild 6.40 (s. S. 250) dargestellt, hier zweigen die Stammleitungen vom Verteiler ab und versorgen hintereinanderliegende Steckdosen.

Beim »Stichleitungssystem« speist der Verstärker mehrere hintereinanderliegende Abzweigdosen (Bild 6.41). Der Stamm dieses Systems kann z. B. im Kabelschacht des Treppenhauses nachträglich verlegt werden, von wo aus die Stichleitungen dann zu den Wohnungen abzweigen. Falls erforderlich, können in der Wohnung dann wieder kleine Verteilersysteme von einem Zusatzverstärker versorgt werden. Wenn die Verteilersysteme nicht UHF-tüchtig sind, wird in den Verstärkerzentralen auch ein UHF-VHF-Konverter installiert, der die Programme in freie VHF-Kanäle umsetzt.

Groß-Gemeinschaftsantennenanlagen (GGA) kann man als Zusammenfassung mehrerer Gemeinschaftsantennenanlagen (GA) ansehen. Auch hier werden in einer einzigen Empfangsstelle sämtliche Programme aufbereitet, verstärkt und in das Verteilernetz eingespeist. Dieses unterscheidet sich jedoch in der Leitungsführung von dem einer GA. Abhängig von der Ausdehnung der GGA werden über ein mehr oder weniger umfangreiches »Strecken- und Liniennetz« nachgeschaltete Stammverstärker versorgt. Diese ersetzen also die bei Gemeinschaftsantennenanlagen üblichen Empfangs- und Verstärkerzentralen. Wegen der Hintereinanderschaltung von Verstärkern bezeichnet man diese Technik als »Kaskadierung«.

Bild 6.38 Empfangs- und Verstärkerzentrale einer Groß-Gemeinschaftsantennenanlage

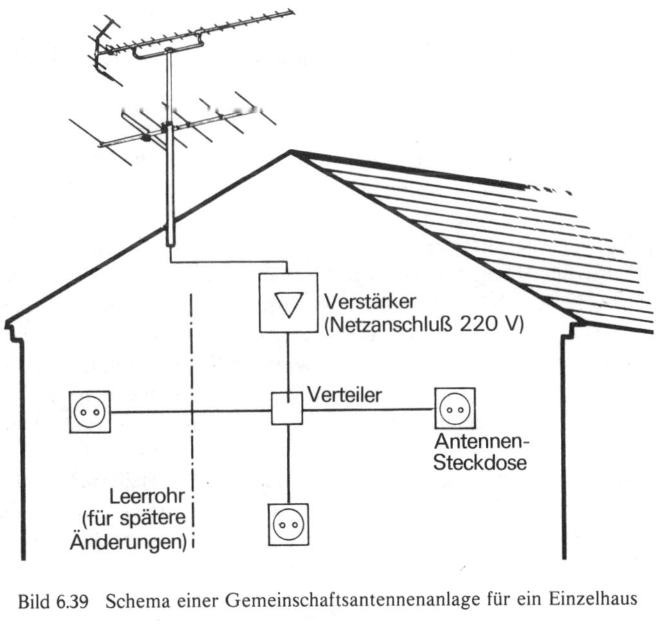

Bild 6.39 Schema einer Gemeinschaftsantennenanlage für ein Einzelhaus

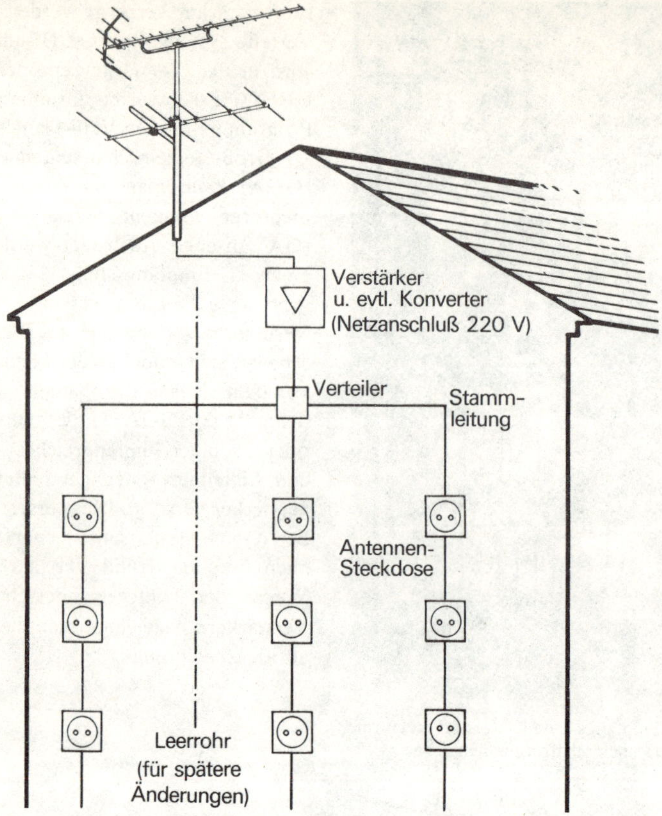

Bild 6.40 Schema einer Gemeinschaftsantennenanlage nach dem Stammleitungssystem für ein Mehrfamilienhaus

In Bild 6.42 (s. S. 252) ist ein Anlagenschema zu sehen. Das Streckennetz geht von der Empfangsstelle aus und besteht aus einem hochwertigen HF-Kabel. Zum Dämpfungsausgleich sind Streckenverstärker erforderlich, von denen das jeweilige Liniennetz abzweigt. Auch in der »Linie« werden Verstärker benötigt, da hier u. a. größere Kabeldämpfungen auftreten als auf der Strecke. Die angeschlossenen Stammnetze dienen zur Versorgung der Empfänger.

In der Großanlagentechnik haben sich einige englische Fachausdrücke eingebürgert; die gebräuchlichsten sind: *head-end* (Empfangsstelle, Kopfstation), *trunk-line* (Strecke), *line* (Linie), *distribution-line* (Stamm), *cascadeability* (Kaskadierbarkeit), *splitter* (Verteiler), *tap-off* (Abzweiger).

6.5.2. Frequenzbereiche und Kanäle

Von den Kopfstellen der Groß-Gemeinschaftsantennenanlagen können alle Sender in den Fernseh- und Hörfunkbereichen empfangen werden. Aus technischen und wirtschaftlichen Gründen wird jedoch häufig der LMK-Bereich nicht über die zentrale Empfangsstelle aufgenommen, sondern gegebenenfalls erst auf der Stammebene in das Verteilernetz eingespeist.

In Bild 6.43 ist ein Schema der Übertragungsbereiche angegeben. Die untere Frequenzgrenze liegt bei rund 50 MHz, die obere bei rund 300 MHz. Das bedeutet: alle

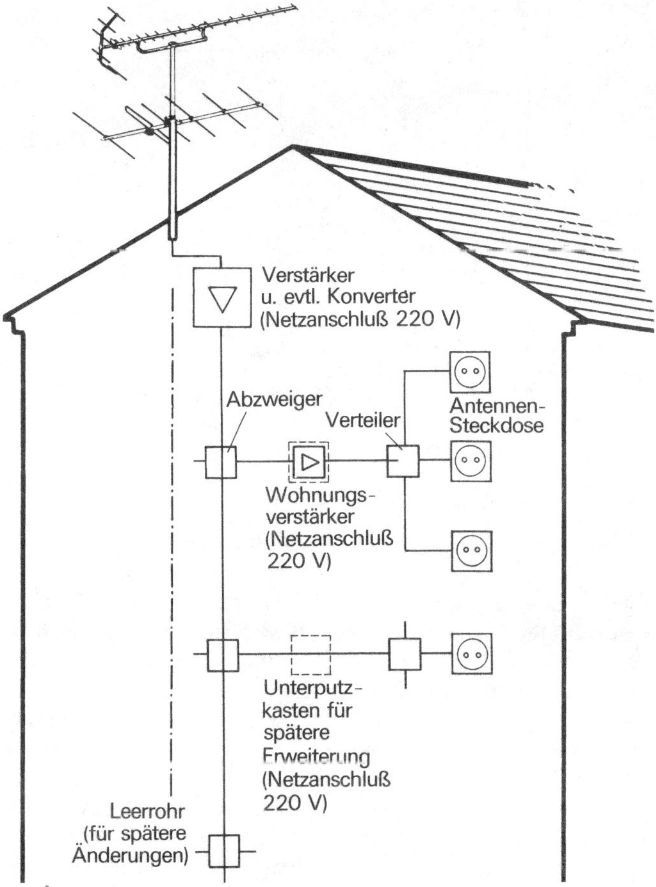

Bild 6.41 Schema einer Gemeinschaftsantennenanlage nach dem Stichleitungssystem für ein Mehrfamilienhaus

Programme werden in VHF-Bereichen verteilt. Wenn es die Anlage technisch zuläßt, kann jedoch auch eine Verteilung im UHF-Bereich benutzt werden.

Auf den üblichen Fernsehkanälen 2–12 können 11 Programme übertragen werden, wenn alle Kanäle belegt sind. Da man aber die Nachbarkanäle aus technischen Gründen möglichst freihält, beläßt man es in der Praxis bei 6 Programmen. In geschlossenen Kabelsystemen kann aber der »freie Raum« zwischen den Standardbereichen ebenfalls für Übertragungs- bzw. Verteilungszwecke genutzt werden, und daher stehen in den unteren und oberen Sonderbereichen zusätzlich weitere 19 Kanäle zur Verfügung.

Von den insgesamt 30 Fernsehkanälen im genannten Übertragungsbereich wird man in der Praxis 12 Kanäle belegen. Weil aber Fernsehgeräte nur zum Empfang der Standardkanäle eingerichtet sind, müssen Signale aus den Sonderkanälen mit einem Konverter wieder in Standardkanäle umgesetzt werden. Man nimmt hier zumeist UHF-Kanäle und setzt den Konverter z. B. vor ein Stamm- oder Stichleitungssystem. Möglich wäre auch eine Ausrüstung der

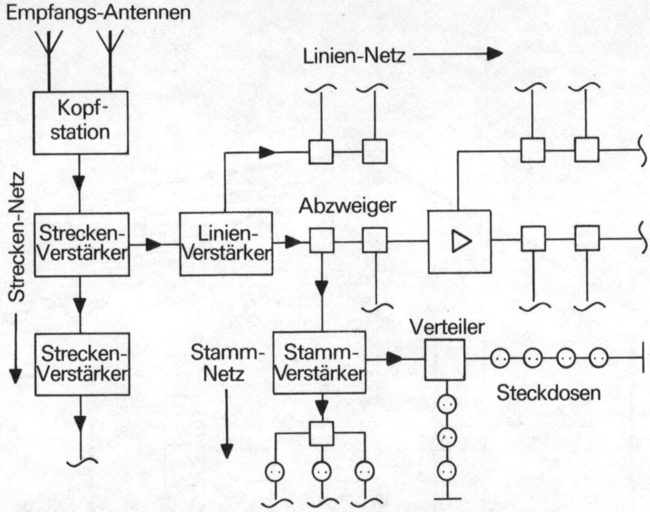

Bild 6.42 Blockschema einer Großanlage mit Linien- und Streckennetzen

Empfänger selbst mit einem Spezialkanalwähler, der auch auf die Sonderkanäle abstimmbar ist.

Wie aus Bild 6.43 zu entnehmen ist, wird der UKW-Bereich breitbandig übertragen. In bestimmten Fällen kann es aber notwendig sein, auch UKW-Programme selektiv zu übertragen, d. h. sie aufzubereiten, pegelmäßig zu regeln und dann wieder in das Verteilernetz einzuspeisen.

Als Musterbeispiel einer von Philips errichteten Groß-Gemeinschaftsantennenanlage ist das Olympische Dorf in München zu nennen. Die ursprünglich 4200 angeschlossenen WE's (WE = Wohnungseinheit) wurden inzwischen noch um einige Hundert erweitert. Technisch war dies ohne Schwierigkeiten möglich, da das verwendete **Letterboxsystem** einen praktisch beliebigen Ausbau erlaubt (Bild 6.44). Die Anlage ist u. a. für 12 Fernsehprogramme ausgelegt.

Mit Hilfe von Groß-Gemeinschaftsantennenanlagen für Tausende von Teilnehmern lassen sich auch örtlich bedingte Empfangsstörungen, wie etwa die immer kritischer werdenden Hochhausabschattungen, vermeiden. Die Auftraggeber verlangen nämlich häufig vom Hersteller, daß die Anlage neben den Ortsfernsehsendern auch noch den Empfang weiter entfernt liegender Regionalsender mit gleichen

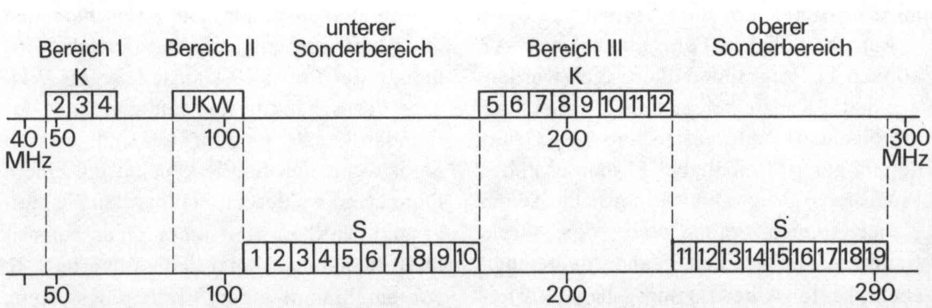

Bild 6.43 Schema der Übertragungsbereiche einer GGA mit Standard- und Sonderkanälen

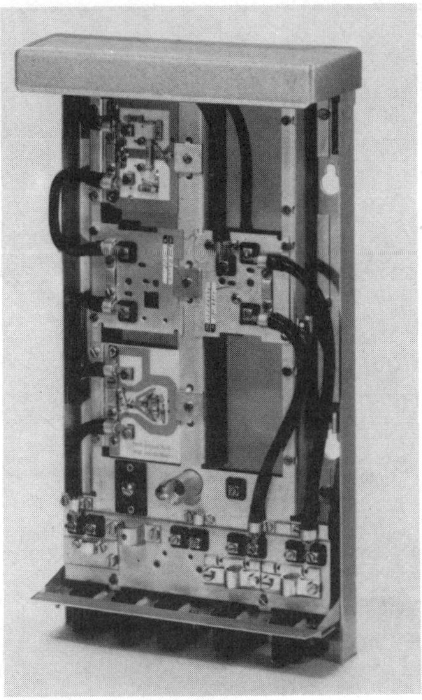

Bild 6.44 Das Philips Letterboxsystem erlaubt einen problemlosen Auf- und Ausbau von Empfangs- und Verteilnetzen

Programmen gewährleistet. Fällt einer der Ortssender aus oder macht sich in dem betreffenden Kanal eine permanente Hochhausabschattung bemerkbar, so kann der Teilnehmer auf den anderen, nicht gestörten Kanal mit gleichem Programm umschalten (Bild 6.45).

6.6. Kabelfernsehen und Breitbandkommunikation

Kabelfernsehanlagen sind im Prinzip programmseitig erweiterte Groß-Gemeinschaftsantennenanlagen, d. h., sie bieten eine größere Auswahlmöglichkeit an. Der Informationsfluß verläuft ebenfalls nur in einer Richtung, da auch Kabelfernsehanlagen lediglich Verteilerfunktionen haben (sieht man einmal von den nach »rückwärts« zur Zentrale laufenden Kontrollsi-

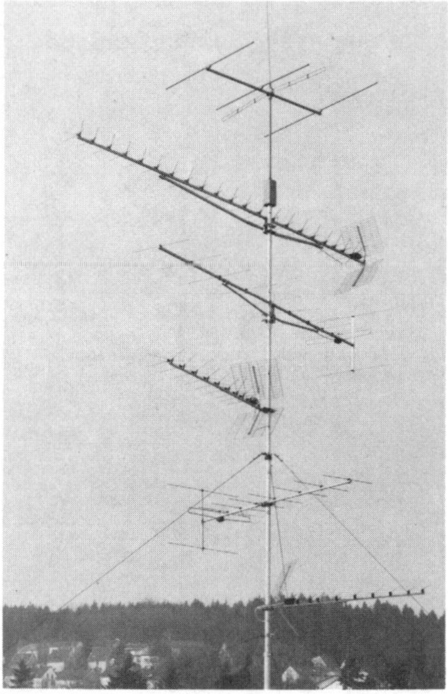

Bild 6.45 Philips Antennensystem für eine Multi-Empfangsanlage

gnalen ab). Zusätzliche Programme auf privater Basis dürfen in der Bundesrepublik z. Z. nicht verbreitet werden.

Breitbandkommunikationsnetze übernehmen darüber hinaus die Verbindung zwischen Teilnehmer und Zentrale sowie auch zwischen Teilnehmer und Teilnehmer. Hier kann man also weitaus mehr machen als nur Fernseh- und Hörfunkprogramme übertragen (Bild 6.46). Für den Transport in beiden Richtungen eignen sich z. B. Lehrprogramme, alle Arten von Daten (Fahrpläne, Adressen, Konten, Karteien), aktuelle Texte und Bilder, Bildtelefonie, Konferenzübertragungen und vieles andere mehr.

6.6.1. Kabelfernsehnetze

Im Ausland sind die rechtlichen Voraussetzungen zur Errichtung und Betreibung von KTV-Anlagen (Kabel-TV-Netze) jedoch teilweise anders als bei uns, und daher gibt es in Ländern, deren Rundfunk- und Fernmeldegesetze hierfür einen größeren

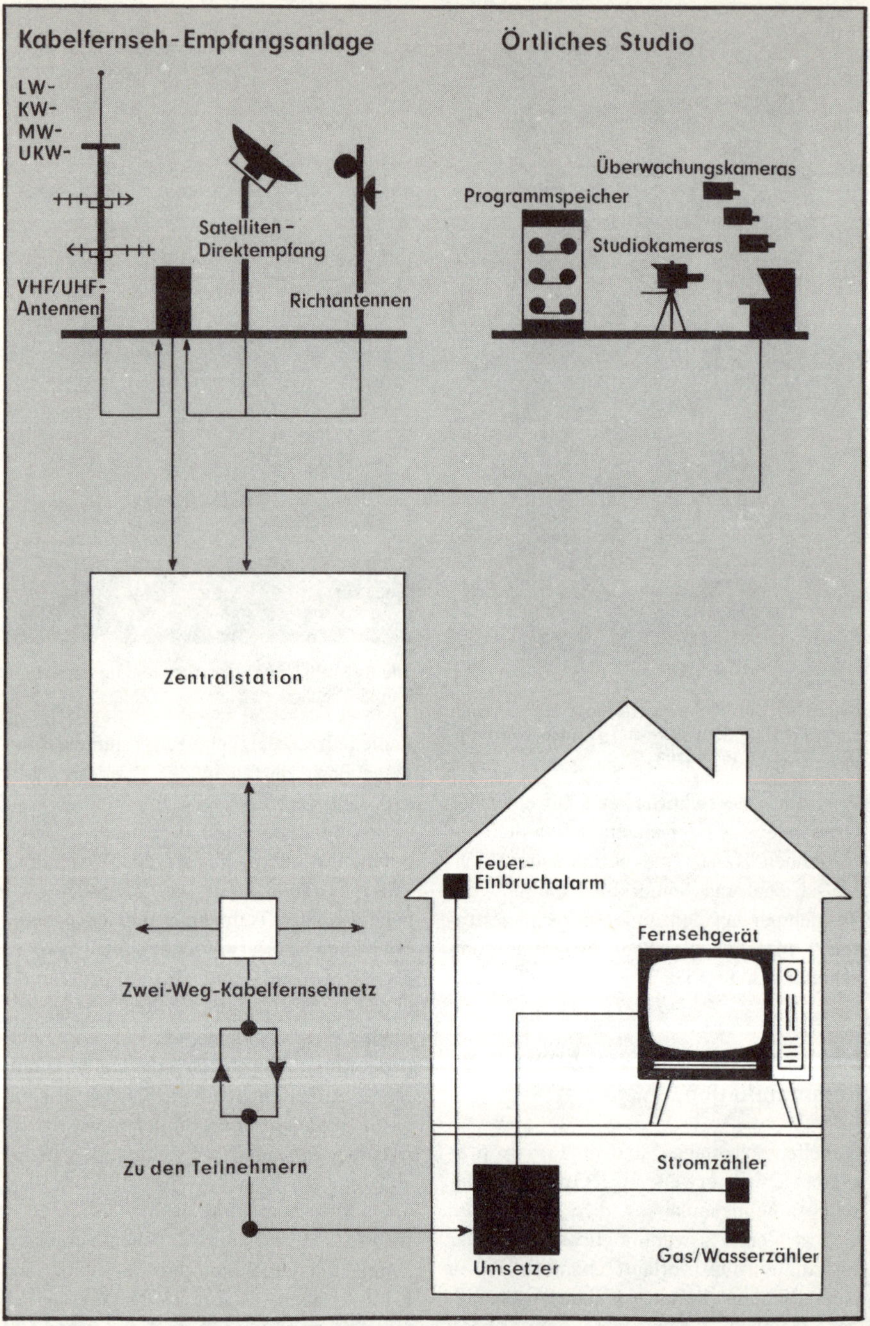

Bild 6.46 Schematische Darstellung eines Breitband-Kommunikationssystems

Spielraum lassen, bereits zahlreiche Kabelfernsehanlagen, die international als CATV-Systeme bezeichnet werden (CATV = *cable antenna television* oder auch *community antenna television*). Ihr wichtigstes Merkmal: Sie übertragen nicht nur die örtlichen, d. h. regionalen Fernseh- und Rundfunkprogramme, sondern auch zusätzliche Programme. Diese können beispielsweise in eigener Regie live produziert sein (aktuelle Sendungen mit kommunalem, wirtschaftlichem oder anderem Inhalt), aus gespeicherten, vorproduzierten Programmen bestehen (VCR-Cassetten, Videoplatten) oder in Form von üblicherweise nicht erreichbaren Fernsehprogrammen (Ausland, Satelliten) in das Kabelfernsehnetz eingespeist werden.

Zu den größten Projekten dieser Art gehört die Philips CATV-Anlage im Großraum Brüssel. Dort wurden mehrere Stadtteile verkabelt und an eine Zentrale angeschlossen. Diese empfängt u. a. neun Fernsehprogramme (siehe Bild 6.47) sowie eine Anzahl Rundfunkprogramme, wobei auch einige Sender aus den AM-Bereichen (Mittelwelle) in den UKW-Bereich umgesetzt werden. Bild 6.48 zeigt einen Teil des Kontrollraums mit 12 Schwarzweiß- und zwei Farbmonitoren sowie die Kopfstation zum Empfang und Aufbereiten der Signale.

Das CATV-System im Brüsseler Raum ist für 150 000 Teilnehmeranschlüsse projektiert. Im Jahre 1975 waren bereits über 80 000 fertiggestellt, d. h. diese Anzahl von Haushalten wird mit Programmen beliefert.

Als Großprojekte können auch die beiden Philips KTV-Anlagen in Madrid und Barcelona bezeichnet werden, über deren erste Baustufe jeweils rund 40 000 Teilnehmer versorgt werden und an die nach Fertigstellung ein etwa zehnmal so großer Abnehmerkreis angeschlossen sein wird.

Bild 6.48 Blick in den Kontrollraum der Brüsseler Anlage

Zum Lieferumfang dieses »Trunkline-Systems« gehören die technische Ausstattung der Zentrale mit einer professionellen Kopfstation sowie Antennenanlagen, spezielle Breitbandverstärker und hochwertige Koaxialkabel für die Stamm- und Hauptleitungen. Die Programme werden mit garantierten Pegeln sozusagen bis vor die Haustür geliefert, d. h. die eigentliche Hausversorgung ist von diesen Übergabepunkten dann Sache der Abnehmer und kann von ihnen individuell durchgeführt werden.

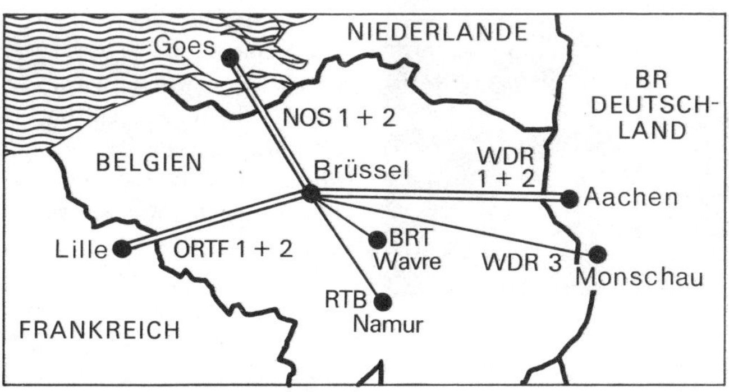

Bild 6.47 In die CATV-Anlage Brüssel werden u. a. 9 Fernsehprogramme eingespeist

6.6.2. Professionelle Technik

Die von Philips für große Kabelfernsehanlagen entwickelten professionellen Kopfstationen zeichnen sich durch einen hohen technischen Standard und vielseitige Anwendungsmöglichkeiten aus. So lassen sich z. B. auch lokale Videoprogramme gleich welcher Art über die Station in das Verteilernetz einspeisen, alle ankommenden bzw. empfangenen Signale werden automatisch kontrolliert, aufbereitet und verlassen die Zentrale mit definierten Werten. Deshalb ist ein weitgehend automatischer Betrieb möglich.

Zu den technischen Besonderheiten der in Bild 6.49 gezeigten Kopfstation gehören: quarzgesteuerte VHF-Kanäle mit unabhängig voneinander einstellbaren Video- und Audiopegeln; Pilotgenerator; Signaleinblendung bzw. -überblendung ohne Programmunterbrechung; Status-Monitoring, d. h. Einrichtungen zur ständigen Fernüberwachung des Kabelnetzes, wozu ein Subträger zwischen 5 und 40 MHz benutzt wird, auf dem die Informationen in beiden Richtungen (Zwei-Wege-Betrieb) durch das Kabelnetz laufen. Ein weiterer Subträger kann verwendet werden, um spezielle Videoprogramme in beide Richtungen zu schicken, und zwar ebenfalls zusätzlich zum Ein-Weg-Betrieb im »normalen« Anlagen-Frequenzbereich von 47 bis 272 MHz.

Bild 6.49 Die in professioneller Technik ausgeführte Philips Kopfstation für große Kabelfernsehanlagen und Breitband-Kommunikationssysteme

6.6.3. Breitband-Übertragungsnetze

Die Deutsche Bundespost befaßt sich seit einigen Jahren mit Studien und Vorarbeiten für die Einführung der Breitbandkommunikation (BBK), wobei als erster Schritt großflächige Kabelfernsehanlagen errichtet werden, die aber im ersten Stadium nur als Groß-Gemeinschaftsantennenanlagen arbeiten. Zwei Versuchsnetze wurden 1974 in Nürnberg und Hamburg in Betrieb genommen.

Bei der Nürnberger Anlage handelt es sich um die erste Anlage im Postbereich, in der man die künftig unumgängliche Zweiwege-Übertragung mit Rückkanälen ausnutzt. Sie ist also ein erster Schritt zu einem echten Breitbandkommunikationsnetz.

Da das in Bild 6.46 schematisch dargestellte Konzept bereits heute alle Möglichkeiten zukünftiger BBK-Netze berücksichtigt, ist es möglich, in der einen Richtung über das Koaxialkabel Fernseh- und UKW-Programme im Frequenzbereich zwischen 47 und 272 MHz zu den einzelnen Teilnehmern zu übertragen, während gleichzeitig im Bereich von 5 bis 40 MHz andere Informationen in umgekehrter Richtung zurückgeleitet werden können. Mit anderen Worten: Wie in den unter 6.6.1. erwähnten Anlagen könnte man auch hier z. B. Kamerabilder von Kinderspielplätzen, lokale Fernsehprogramme bis hin zu Sonderangeboten aus Kaufhäusern usw. in die Anlage einspeisen und auf jedem angeschlossenen Fernsehgerät wiedergeben.

Nun einige Details zum Fernsehnetz in Nürnberg, das Abschattungsgebiete versorgt, die durch Hochhausbauten entstanden sind (Bild 6.50). Schon in der ersten Ausbaustufe des Netzes konnten die Teilnehmer fünf Fernseh- und sechs UKW-Programme empfangen, das ist bereits mehr als mit normalen GA-Anlagen am Ort bisher möglich war. Alle selektiv übertragenen UKW-Programme haben selbstverständlich Stereoqualität. Damit ist die Kapazität der Anlage aber noch nicht erschöpft. Es sind die technischen Möglichkeiten vorhanden, insgesamt 12 Fernseh- und 12 UKW-Programme zu übertragen.

Für den ersten Ausbau der Nürnberger Anlage wurden über 30 km Spezialkabel verlegt und etwa 100 Übergabepunkte angeschlossen, die insgesamt ca. 2200 Wohneinheiten versorgen. Die technische Vorrüstung des Netzes sieht jedoch den Anschluß von weit mehr als 500 Übergabepunkten vor. Alle Zentraleinrichtungen sind so ausgelegt, daß die Kabelfernsehanlage jederzeit zu einem Ortsnetz von ca. 75 km^2 Größe erweitert werden kann.

Mit der Verkabelung ganzer Stadtteile bzw. größerer Gebiete steigt natürlich auch das Risiko einer Störung bzw. eines totalen »Black out«, wovon dann eine große Anzahl Teilnehmer gleichzeitig betroffen wäre. Um solche Ausfälle zu vermeiden, müssen die eingesetzten Geräte eine äußerst hohe Betriebssicherheit aufweisen. Für die von TEKADE und Felten & Guilleaume Fernmeldeanlagen GmbH projektierte und errichtete Kabelfernsehanlage Nürnberg wurden zu diesem Zweck speziell für Kabelfernsehanlagen entwickelte hochwertige Philips Breitbandverstärker in Steckmodultechnik eingesetzt (Bild 6.51). Außerdem sind Fernüberwachungseinrichtungen vorhanden, die eine ständige Kontrolle des Netzes ermöglichen. U. a. lassen sich die Ausgangspegel aller im Kabelnetz vorhandenen Verstärker von der Zentrale aus überwachen, von der aus auch sämtliche Verstärker ferngespeist werden. Darüber hinaus können in der Kopfstation (s. Bild 6.49) bei Störungen automatisch Ersatzschaltungen ausgelöst werden.

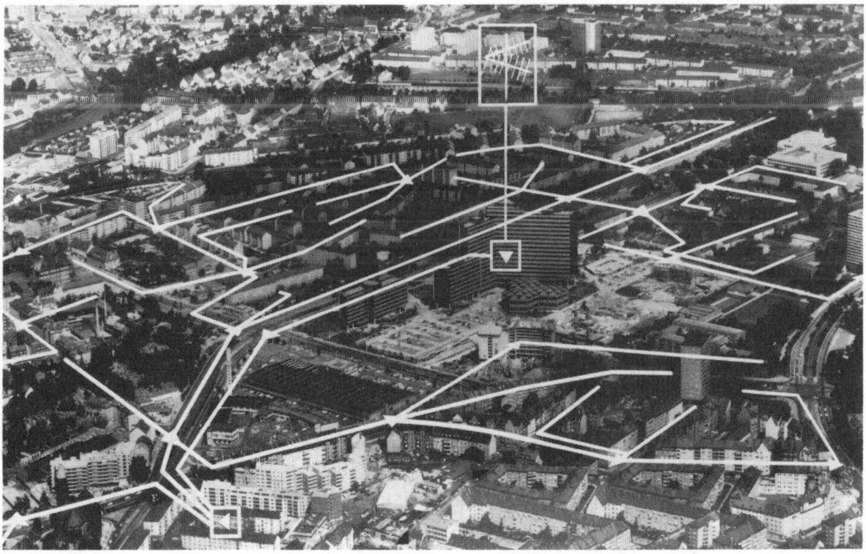

Bild 6.50 Erster Ausbaubereich der Nürnberger Anlage

Bild 6.51 Innenansicht der professionellen Philips Breitbandverstärker für Kabelfernsehanlagen

6.7. Fernsehempfang im 12-GHz-Bereich

Während die Wellenlängen der üblichen Fernsehsender zwischen 40 cm (UHF-Bereich V) und 6 m (VHF-Bereich I) liegen, haben die extrem kurzen Wellen des 12-GHz-Bereichs nur eine Länge von rund 2,5 cm. Sie verhalten sich daher fast wie Lichtwellen und breiten sich praktisch geradlinig aus. Eine Funkverbindung ist zwischen zwei Punkten nur dann möglich, wenn sich zwischen ihnen keine Hindernisse befinden. Außer bei freier Sichtverbindung ist ein ausreichender Empfang teilweise auch noch bei streifendem Einfall der Senderstrahlung möglich.

Einen großen Einfluß üben die Witterungsbedingungen aus, und zwar kann der Empfang durch Regen oder Schnee erheblich verschlechtert werden. Deshalb muß die Empfangsanlage so bemessen sein, daß eine Verstärkungsreserve für Zusatzdämpfungen durch Wettereinfluß vorhanden ist. Mit Reflexionen braucht bei der Errichtung von 12-GHz-Empfangsanlagen nur in seltenen Fällen gerechnet zu werden. Bei der verwendeten vertikalen Antennen-Polarisation sind die Reflexionen am Boden geringer als bei horizontaler Polarisation. Außerdem schließen die starke Bündelung (Öffnungswinkel ca. 3°) und die hohe Nebenzipfeldämpfung der als Empfangsantennen verwendeten Parabol-Reflektoren den Empfang von Reflexionen weitgehend aus.

Diese Eigenschaften lassen nur die Verwendung im örtlichen Bereich zu, wobei man sowohl die direkte Versorgung durch einen 12-GHz-Sender, als auch Aufgaben innerhalb von Kabelverteilanlagen bzw. Breitbandkommunikationsnetzen versteht. Im letztgenannten Fall kann z. B. der Programm-Transport über bestimmte Entfernungen von GHz-Strecken übernommen werden. Um Erfahrungen zu sammeln, wurden bereits mehrjährige Forschungs- und Erprobungsarbeiten durchgeführt. Neben der Entwicklung von Sende- und Empfangsanlagen stand hier auch die praktische Durchführung von Testsendungen im Vordergrund. So baute beispielsweise die Deutsche Bundespost in Berlin ein Erprobungsnetz mit drei 12-GHz-Sendern und weit über hundert Empfangsstellen auf.

Der Frequenzbereich VI von 11,7 bis 12,5 GHz (auch SHF-Band genannt, abgeleitet von *super high frequencies*) soll zukünftig aber auch weitgehend vom Satellitenfunk genutzt werden können, so daß dem erdgebundenen GHz-Rundfunkdienst nur ein Teil des Bereichs VI zugewiesen werden dürfte (siehe hierzu Abschnitt 6.8.).

6.7.1. Übertragungstechnik

Im 12-GHz-Bereich wird sender- und empfängerseitig im Prinzip die gleiche Technik wie in den VHF- und UHF-Bereichen angewendet. Hinzugekommen sind nur Einrichtungen für die senderseitige Umsetzung der nach CCIR-Norm belegten Kanäle in den 12-GHz-Bereich sowie für die empfängerseitige Rücksetzung in die bestehenden Empfangsbereiche.

Im Bild 6.52 ist das Prinzip der 12-GHz-Fernsehversorgung dargestellt. Der Fernsehsender im linken unteren Bildteil steuert den Aufwärtsumsetzer, der nur das obere Seitenband an den Endverstärker (Wanderfeldröhre oder Klystron) weitergibt; die 12-GHz-Trägerfrequenz und das untere Seitenband werden unterdrückt. Das von der Rundstrahlantenne abgegebene Signal unterscheidet sich von im VHF- oder UHF-Bereich ausgestrahlten Fernsehsignalen nur durch die höhere Trägerfrequenz. Auch im 12-GHz-Bereich wird mit Restseitenband-Amplitudenmodulation für das Bild und Frequenzmodulation für den Ton gearbeitet.

Empfangsseitig wird das Sendersignal durch Frequenzdifferenzbildung in den UHF-Bereich umgesetzt, so daß es jedem handelsüblichen Fernsehempfänger zugeführt werden kann. Zur Umsetzung der Signale aus dem GHz- in den UHF-Bereich benötigt man einen HF-Träger, der am

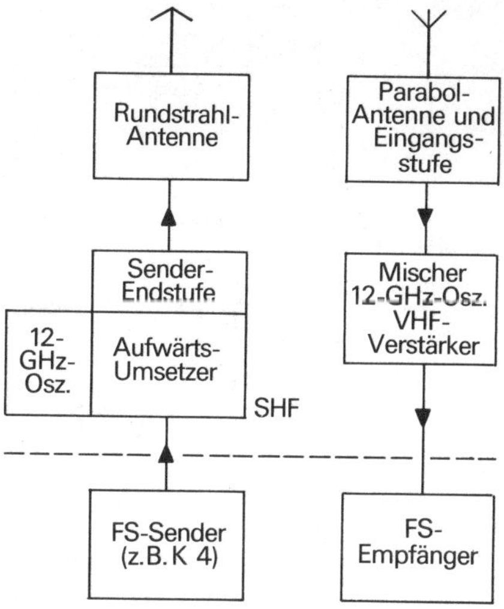

Bild 6.52 Prinzip einer 12-GHz-Fernsehversorgung

Empfangsort erzeugt wird. Bei einer senderseitigen Ausstrahlung des Trägers zur direkten Rücksetzung der Signale ließe sich nur eine Trägerleistung in der Größenordnung von nW bis µW übertragen. Eine derart geringe Trägerleistung würde zu großen Mischverlusten und zu einer Erhöhung der Gesamtrauschzahl des Umsetzers führen. Die Erzeugung des Hochfrequenzträgers am Empfangsort bietet außerdem noch den Vorzug, daß das Fernsehprogramm aus dem GHz-Bereich in jeden gewünschten Kanal des VHF- oder UHF-Bereichs umgesetzt werden kann.

In dem Berliner 12-GHz-Erprobungsnetz arbeiteten auch einige Philips Empfangsanlagen, die das 12-GHz-Signal in den UHF-Bereich umsetzten. Bild 6.53 zeigt das Blockschaltbild einer solchen Anlage. Es können bis zu 6 Kanäle umgesetzt werden, unter der Voraussetzung, daß die Zwischenkanäle frei sind.

Als Empfangsantenne wird ein Parabol-Reflektor von 60 cm Durchmesser verwendet (Bild 6.54). Diese Antennengröße ist ein guter Kompromiß zwischen Antennengewinn und wirtschaftlichem Aufwand. Bei größerem Reflektor-Durchmesser würden

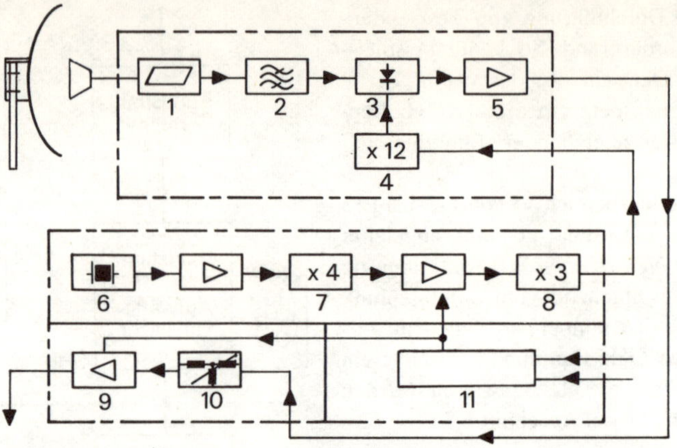

Bild 6.53 Blockschema einer 12-GHz-Empfangsanlage. 1. Eingangsabschwächer, 2. Eingangsfilter, 3. Mischer, 4. Vervielfacher, 5. UHF-Vorverstärker, 6. Empfänger-Oszillator, 7. und 8. Vervielfacher, 9. UHF-Verstärker, 10. Abschwächer, 11. Netzteil

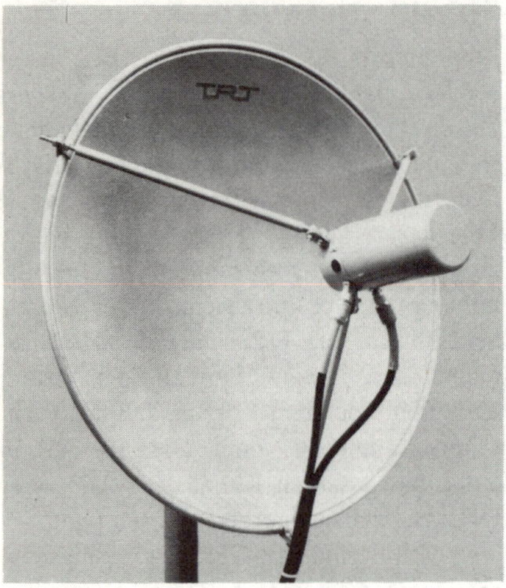

Bild 6.54 12-GHz-Empfangsantenne (Parabol-Reflektor mit 60 cm Durchmesser)

nicht nur die Kosten der Antenne selbst stark anwachsen, sondern auch der Aufwand für die Haltekonstruktion erheblich ansteigen. Der Gewinn der Antenne beträgt 34 dB und der Öffnungswinkel (3-dB-Halbwertsbreite der Hauptkeule) ca. 3°. Um Pegelschwankungen zu vermeiden, dürfen die mechanischen Schwankungen des Parabol-Reflektors maximal 20% des Öffnungswinkels betragen. Das bedeutet, daß die Antenne um höchstens 0,6° von der vorgegebenen Richtung abweichen darf.

6.8. Fernsehen via Satelliten

Satelliten eignen sich nicht nur als Funkbrücke zwischen den Kontinenten, sondern auch zur Versorgung von großen Gebieten mit Fernsehprogrammen. 1971 wurden auf der Konferenz für Funkdienste im Weltraum dem Satelliten-Fernsehfunk drei Frequenzbereiche zugewiesen, und zwar 700 MHz sowie 2,5 und 12 GHz.

Für einen direkten Empfang über Einzel- und Gemeinschaftsantennenanlagen kommt nur der Frequenzbereich um 12 GHz in Betracht, da hier die vom Satelliten abgestrahlte Senderleistung für eine einwandfreie Übertragung groß genug ist.

Die Umlaufbahn, auf der ein Satellit scheinbar stillsteht, befindet sich in einer Höhe von ca. 36 000 km (Bild 6.55). Mit entsprechend ausgelegten Parabolantennen lassen sich Gebiete unterschiedlicher Größe versorgen; Bild 6.56 zeigt ein Beispiel für die Bundesrepublik und Bild 6.57

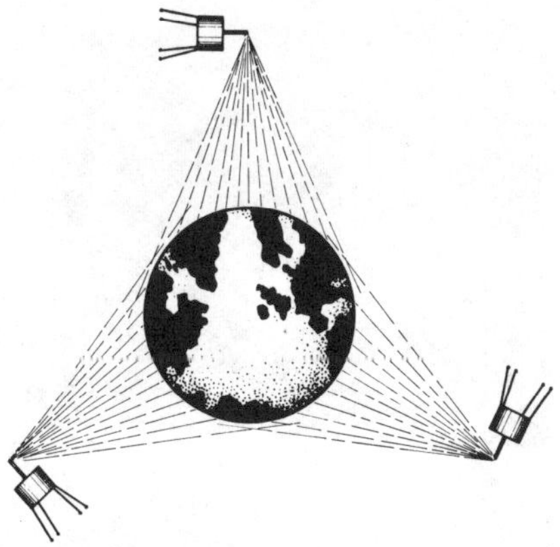

Bild 6.55 Auf einer geostationären Umlaufbahn in rund 36 000 km Höhe stehen die Satelliten scheinbar still über einem bestimmten Punkt der Erde

eins für den indischen Subkontinent. Die Energieversorgung eines Fernsehsatelliten geschieht über Solarzellen in großflächigen Auslegern. Der Empfängerteil erhält das Fernsehsignal von einer Erdefunkstelle, bereitet es auf und führt es dann dem Satelliten-Sender zu. Vermutlich wird man (abweichend von der bei uns üblichen Norm) mit Frequenzmodulation auch für den Bildsender arbeiten, und zwar wegen des sonst erheblich höheren Energiebedarfs.

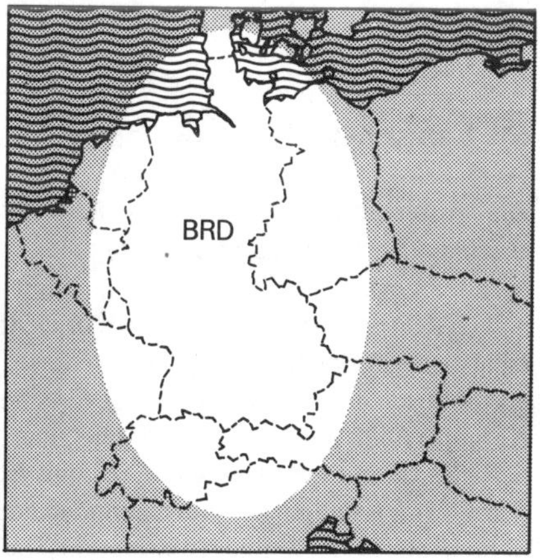

Bild 6.56 Schema eines Satelliten-Versorgungsbereichs für die Bundesrepublik

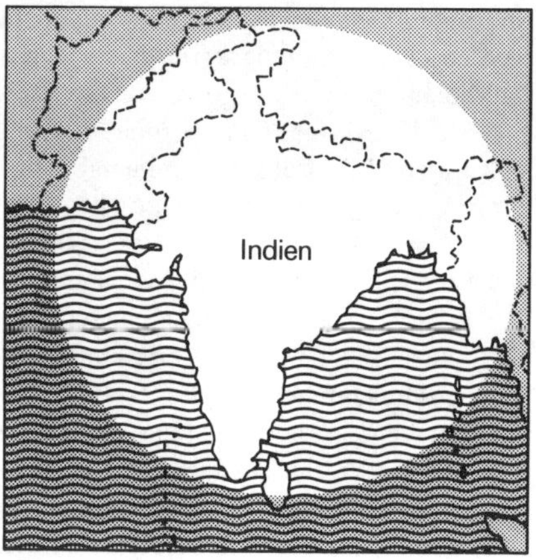

Bild 6.57 Schema eines Satelliten-Versorgungsbereichs für Indien

Für die Empfangsanlagen wird ein Parabolspiegel in der schon beschriebenen Art benötigt, er kann auf dem Hausdach in fester Position zum Satelliten angebracht werden. Die empfangenen Signale müssen in einem Konverter umgesetzt, verstärkt, demoduliert und danach einem VHF- oder UHF-Träger aufmoduliert werden, der den Empfangsgeräten zugeführt wird.

Der 12-GHz-Bereich muß wegen der Mehrfachnutzung durch erdgebundenen (terrestrischen) und Satelliten-Fernsehfunk in getrennte Bereiche aufgeteilt werden. Eine endgültige Kanalbelegung für beide Funksysteme ist jedoch noch nicht erfolgt.

Neben den technischen Problemen spielt auch die finanziell-wirtschaftliche Seite eine wichtige Rolle. Dies trifft besonders für Entwicklungsländer zu, die eine große Anzahl von Empfangsstationen zur Versorgung der Bevölkerung mit Informations- und Bildungsprogrammen brauchen. Die hier vorgestellte Philips Studie für eine preisgünstige Satellitenempfangsanlage kann Lösungsmöglichkeiten aufzeigen.

Die Empfangsstation ist für den Empfang sehr schwacher Satelliten-Fernsehsignale geeignet, zeichnet sich durch niedrige Kosten aus und kann leicht den besonderen

Spezifikationen des Abnehmers angepaßt werden. Die Empfangskette besteht aus Parabolantenne, Frequenzkonverter, FM-AM-Konverter und normalen Fernsehgeräten (Bild 6.58). Der minimal erforderliche Eingangspegel liegt bei nur 27,5 μV an 75 Ω. Es hat sich herausgestellt, daß Frequenzmodulation der einzige Weg ist, bei derart niedrigen Signalpegeln noch eine gute Bildqualität zu erreichen. Die bisher durchgeführten simulierten Empfangsversuche bewiesen die hervorragende Eignung des Verfahrens auch bei Farbsendungen. Der FM-AM-Konverter liefert ein Fernsehsignal, das von normalen Geräten verarbeitet werden kann.

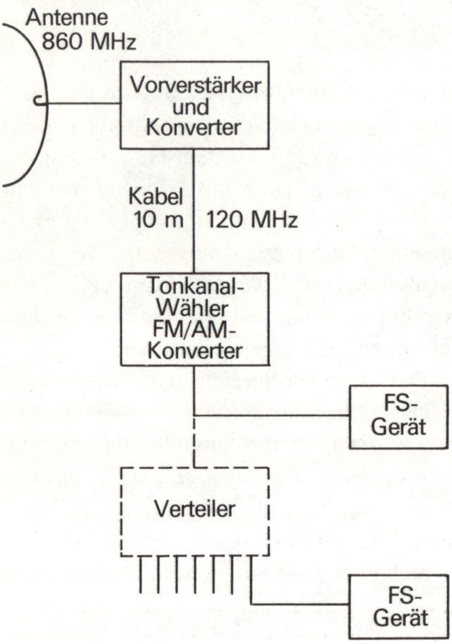

Bild 6.58 Blockschema der Philips Satelliten-Versuchs-Empfangsanlage

Kernstück der Empfangsanlage ist die 20 kg wiegende Parabolantenne (Bild 6.59). Sie hat eine Verstärkung von 23 dB, einen Durchmesser von 2,10 m und besteht aus wetterfesten Einzelelementen, die mit 13-mm-Maschengitter »bespannt« sind. Zwei Personen können die Parabolantenne in einer Stunde komplett zusammenbauen.

Bild 6.59 Parabolantennen für den direkten Satellitenempfang

Das vom 80-W-Sender eines ATS/F-Synchronsatelliten der NASA in 36 000 km Höhe abgestrahlte Signal wird von der Parabolantenne aufgefangen und einem an der Antenne befindlichen Vorverstärker zugeführt. Die Empfangsfrequenz beträgt 860 MHz, sie wird nach Vorverstärkung auf 120 MHz umgesetzt. Im FM-AM-Konverter erfolgt neben der Signalumwandlung die Auswahl eines der beiden verfügbaren Tonträger. Es können im Normalfall ohne zusätzliche Verstärkung bis zu 25 Wiedergabegeräte angeschlossen werden.

6.9. Fernsehempfangsstörungen

Die Antennenanlage soll dem Fernsehempfänger eine Empfangsspannung ausreichender Größe mit störungsfreiem Bildinhalt zuführen. Der Tonempfang braucht nicht besonders behandelt zu werden, weil er praktisch immer einwandfrei ist, wenn ein gutes Bild empfangen wird. Die erforderliche Größe der Antennenspannung ist durch das Verhältnis der Nutzspannung zur Summe der Störspannungen bestimmt. Das Nutz-Stör-Verhältnis wird auch als Störabstand bezeichnet und in dB ausgedrückt.

Die Nutzspannung ist die vom eingestellten Sender stammende Spannung am Empfängereingang. Störspannungen können aus unterschiedlichen Quellen kommen und dementsprechend verschiedene Bildfehler verursachen.

6.9.1. Mögliche Störquellen

Das **Rauschen** entsteht im Empfängereingang und erzeugt im Fernsehbild tanzende Punkte, die man beim Schwarzweißbild »Schnee« oder »Grieß« und beim Farbfernsehen auch »Konfetti« nennt (Bild 6.60).

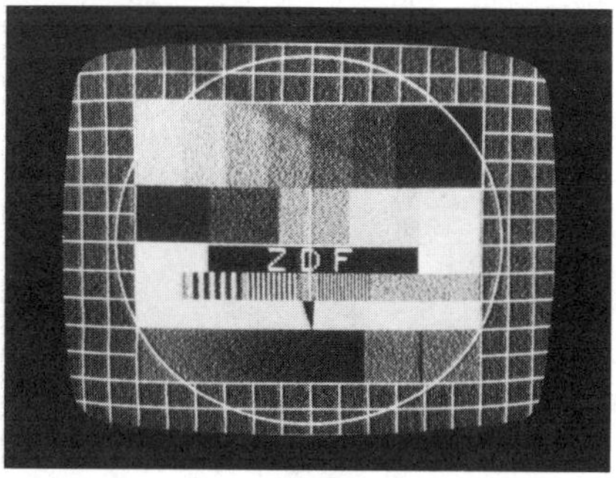

Bild 6.60 »Rauschen«, »Schnee« oder »Grieß« deuten auf zu geringe Nutz-Antennenspannung hin

Moiré-Störungen werden verursacht durch aufgefangene Wellen, die entweder gar keine oder eine andere Modulation haben als die Welle des empfangenen Senders. Sie bewirken, daß Flächen, die im ungestörten Bild gleichmäßige Tönungen haben, ein Web- oder Strickmuster zeigen, das man »Moiré« nennt. Wenn solche Moiré-Störungen sehr stark sind, wird das Bild verzerrt (Bild 6.61).

Funkenstörungen machen sich im Ton als knackende oder prasselnde Geräusche und im Bild als unregelmäßig durchlaufende Punktreihen bemerkbar (Bild 6.62).

Geisterbilder entstehen durch reflektierte Wellen des empfangenen Senders. Sie erzeugen gegenüber dem Hauptbild in der Regel seitlich nach rechts versetzte Doppel- oder Mehrfachbilder, die »Geisterbilder« genannt werden (Bild 6.63). In einzelnen Fällen bilden sich auch »Vorgeister«, d.h. störende Konturen vor dem Hauptbild.

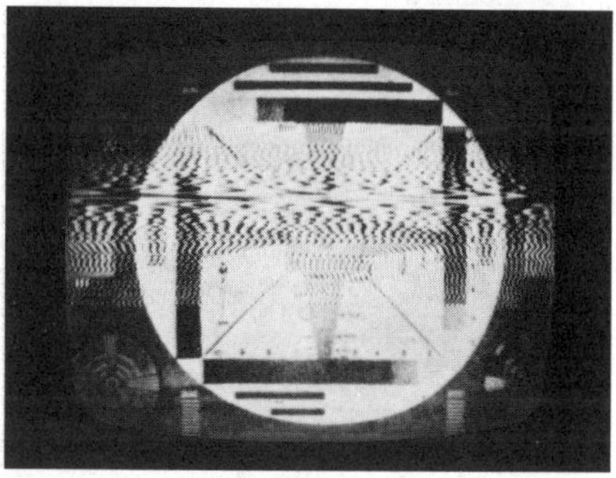

Bild 6.61 Moiré-Störungen dieser Art können auch von Diathermiegeräten verursacht werden

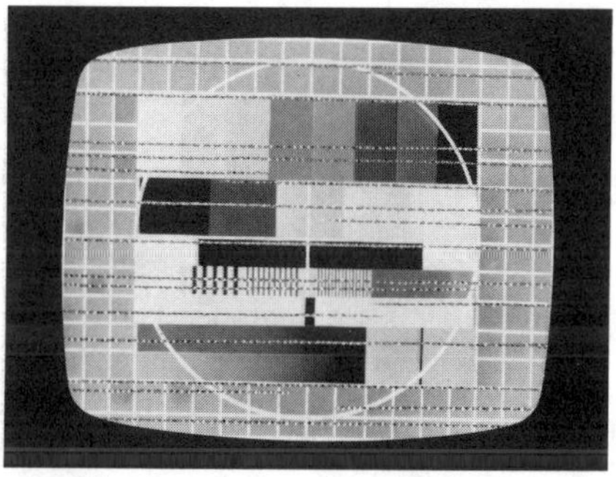

Bild 6.62 Kollektor- und Zündfunkenstörungen sind unverkennbar

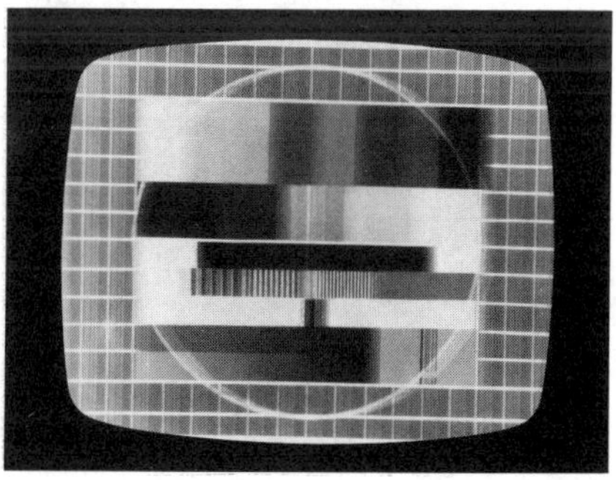

Bild 6.63 Geisterbilder können mit unterschiedlicher Intensität auftreten

Lineare Verzerrungen entstehen, wenn einzelne Frequenzen des Empfangskanals in der Antennenanlage nicht gleichmäßig gedämpft oder verstärkt werden. Man spricht dann beispielsweise von einem ungleichmäßigen Frequenzgang eines Antennenverstärkers oder einer Antennenweiche (Bild 6.64).

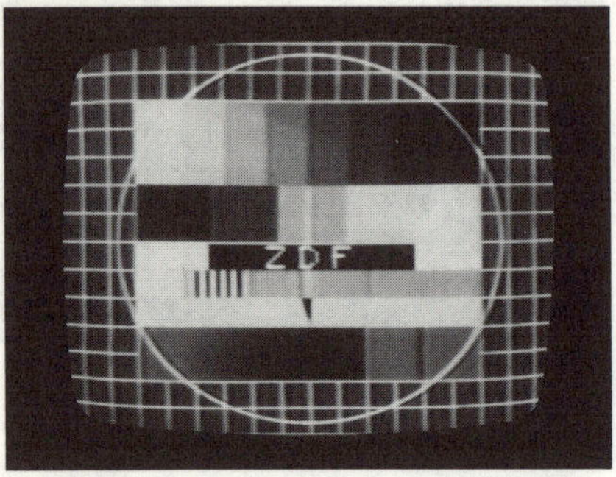

Bild 6.64 Mangelnde Auflösung kann seine Ursache in einem defekten Antennenverstärker haben

Nichtlineare Verzerrungen können z. B. durch übersteuerte Verstärker verursacht werden, wenn an gekrümmten Teilen der Kennlinien von Röhren oder Transistoren durch Überlagerung mehrerer Spannungen mit verschiedenen Frequenzen neue Spannungen mit anderen Frequenzen entstehen, die durch Addition und Subtraktion der ursprünglichen Frequenzen gebildet sind und in den Empfangskanal fallen.

Dieser Vorgang wird als Intermodulation oder Kreuzmodulation bezeichnet. Lineare und nichtlineare Verzerrungen können im Farbbild stärker in Erscheinung treten als im Schwarzweißbild. Auch bei falscher Sendereinstellung am Kanalwähler können derartige Verzerrungen auftreten, wie in Bild 6.65 an einem Beispiel gezeigt ist.

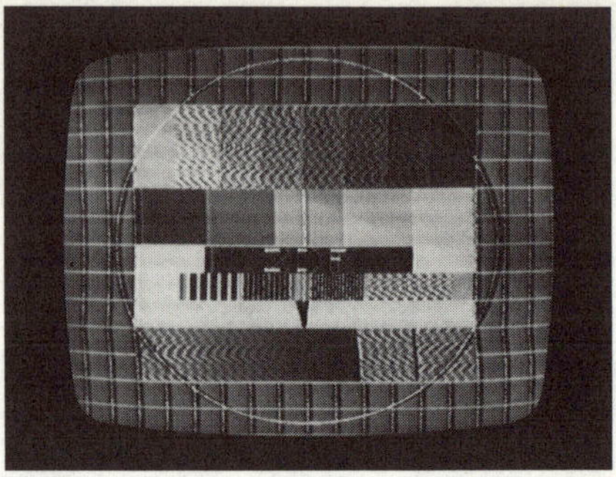

Bild 6.65 Verzerrte Bilder dieser Art zeigen in der Regel eine Fehlabstimmung des Kanalwählers an; man sagt, der Empfänger ist »zu spitz« abgestimmt. Durch unkorrekte Amplitudenverhältnisse von Bild- zu Tonträger entstehen dann die im Bild sichtbaren Störungen

7. Audiovisuelle Verfahren und Systeme

»Audiovision« gehört wohl zu den meiststrapaziertesten Wörtern im Bereich von Unterhaltung und Bildung im weitesten Sinn. Wenn es nach den Aussagen der Werbung geht, kann Audiovision heute nahezu alles sein, angefangen von Lehrbüchern, Dia-Serien und Filmen über Schallplatten, Magnetbänder und Cassetten bis zu Projektoren, Fernkursen und kompletten Bild-Ton-Programmen auf verschiedenen Medien einschließlich der Sendungen im Fernsehen.

Grenzt man den Begriff jedoch ein und trennt das ab, was es schon lange gibt, nämlich das geschriebene und gedruckte Wort sowie gezeichnete, gedruckte und auf fotografischem Weg hergestellte Bilder einschließlich der hierfür schon immer benutzten Verbreitungsformen, dann bleibt ein relativ enger Kreis von Kommunikationsmitteln übrig, die unter dem Begriff »Audiovision« (kurz AV) einzureihen sind. Wichtigstes Merkmal: Alle neuen Methoden bedienen sich in sehr hohem Maße der Elektronik und benutzen das Farbfernsehen als Wiedergabemedium. Doch es sollen darüber nicht die anderen bewährten Wissensvermittler vergessen sein, und so wird in diesem Kapitel auch über die Dia- und Schmalfilmvertonung berichtet und das P.I.P.-System vorgestellt.

7.1. Allgemeines über die Vermittlung von Informationen

Ein sicher schon oft gehörter Satz heißt: »Wir Menschen leben in einer sich immer schneller wandelnden Umwelt«. Natürlich ist das recht trivial ausgedrückt, denn wir merken ja selbst, wie schnell sich alles in den letzten zehn, zwanzig Jahren gerade im Bereich der Elektronik geändert hat. Um nur einiges zu nennen (und in Bild 7.1 thememengemäß auch visuell darzubieten): 1950 gab es Röhren und Rundfunk, aber noch kein Fernsehen, keine Tonbandgeräte und keine »Elektronik«. 1960 gab es noch Röhren und schon Transistoren; Schwarzweißfernsehen und Tonbandgeräte waren tägliche Praxis, aber es gab noch kein Farbfernsehen, keine HiFi-Stereophonie, keine Compact-Cassetten und keine ICs. 1970 gab es fast nur noch Transistoren, Farbfernsehen war »in«, HiFi samt Stereophonie setzten neue Maßstäbe und die ICs begannen ihren Siegeszug, aber es gab noch keine Quadrophonie, keine VCR-Geräte,

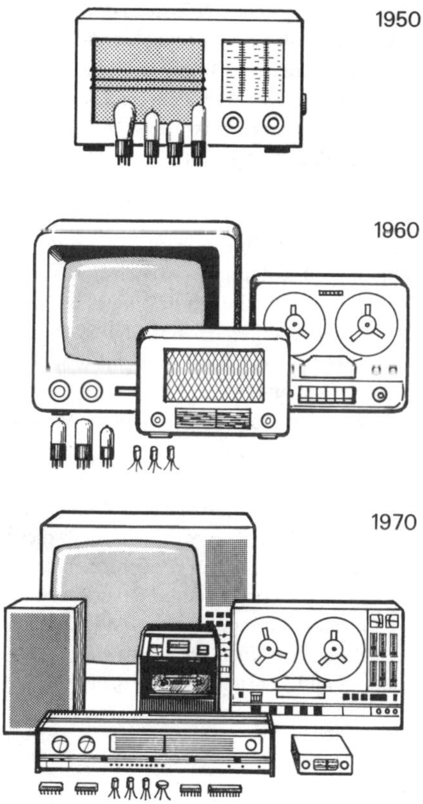

Bild 7.1 Darstellung der technischen Entwicklung über zwei Jahrzehnte

keine Bildplatten und keine Taschenrechner zu Minipreisen.

Und heute, mitten in einem neuen Jahrzehnt, ist das zuletzt genannte alles schon Realität. Wir müssen mit diesem enormen technischen Tempo schritthalten und unser Wissen laufend anpassen. Dabei können moderne elektronische Verfahren helfen, zumal nahezu überall das Fernsehgerät als Wiedergabemedium vorhanden ist. Wenn auch nicht exakt definiert, so belegen die gegebenen Beispiele doch recht eindeutig die These, daß sich unser Gesamtwissen etwa alle 10 Jahre verdoppelt; zumindest trifft das für diesen Bereich der Technik zu. Glücklicherweise baut jedoch manches Neue auf bekannten Dingen auf, aber es gilt – gerade in der Elektronik – immer häufiger, völlig neues Wissen zu erarbeiten.

Man muß also bei der wachsenden Fülle der angebotenen Informationen nach neuen Wegen zur Wissensvermittlung suchen. Hierbei macht man sich die Tatsache zunutze, daß Wissen nach verschiedenen Methoden mit unterschiedlichem Erfolg erarbeitet werden kann. Wie in Bild 7.2 angedeutet, gilt allgemein, daß durch Lesen allein nur 10 % der angebotenen Lehrstoffe behalten werden, die Quote steigt auf 20 % ausschließlich durch Hören und 30 % nur durch Sehen. Vermittelt man die angebotenen Informationen jedoch durch Hören und Sehen, so steigt das behaltene Wissen auf ca. 50 % (Bild 7.3).

Zu den Mitteln ist zu sagen: Alle Systeme, die auf elektronischer Basis Bild- und Ton-Informationen verarbeiten und diese über den Fernsehschirm wiedergeben, kann man in den engeren Rahmen der echten AV-Geräte einreihen. Geräte und Anlagen bezeichnet man auch als *»hardware«*, Programme und Lehrmittel als *»software«*.

Bild 7.2 Prozentsatz des »Behaltens« bei nur Lesen, nur Hören und nur Sehen

Bild 7.3 Prozentsatz des »Behaltens« bei Hören und Sehen

7.2. Methoden der audiovisuellen Informationsspeicherung

Beginnen wir die Aufzählung der Vollständigkeit halber mit dem Urtyp der audiovisuellen Speicherung, dem Tonfilm. Auf diese Weise wurde schon vor Jahrzehnten Unterhaltung und Wissensstoff vermittelt, aber das Medium war und ist auch heute noch nicht jederzeit verfügbar, man muß in's Kino oder in den Vortragssaal gehen, um die Information zu erhalten. Ein wenig hat sich dies durch den Super-8-Farbfilm mit Tonspur gewandelt, den man ja auch im eigenen Heim vorführen kann. »Elektronisch« wird der Tonfilm erst dann, wenn man ihn mit einem Bildabtaster koppelt und die Wiedergabe über den Fernsehschirm erfolgt. Das Verfahren der elektronischen Filmabtastung hat aber im privaten Bereich kaum Bedeutung, sondern wird hauptsächlich in den Fernsehstudios und bei der Programmproduktion benutzt.

Technisch interessant, aber gleichfalls ohne große praktische Bedeutung für unseren Markt ist das EVR-Verfahren. Es heißt *»electronic video recording and reproduction«* und wurde 1968 von der CBS erstmals vorgestellt. Als Träger der Information wird ein 8,75 mm breiter Schwarzweißfilm in Cassetten verwendet, der das Helligkeitssignal als Schwarzweißbilder und das Farbsignal in codierter Form enthält. Bei der Reproduktion über ein spezielles Abspielgerät liefert der Fernsehschirm farbige Bilder. Das Verfahren hat z. Z. nur in Japan einige Verbreitung.

Das ebenfalls vor einigen Jahren von RCA angekündigte Selectavisions-Verfahren ist ganz zurückgezogen worden. Hier waren die Bild- und Ton-Informationen auf einer durchsichtigen Folie in Form eines Hologramms aufgebracht, das von einem Laserstrahl abgetastet wurde. Vermutlich ist dies technisch außerordentlich bemerkenswerte System zum heutigen Zeitpunkt zu kompliziert, zu teuer und damit noch nicht marktreif.

Es bleiben daher zwei praktische Verfahren übrig: die Informationsspeicherung auf Magnetband und die auf Platte. Beim Magnetband gibt es für den Heim- und den halbprofessionellen Bereich mehrere Systeme (die neben der Wiedergabe auch für die Aufzeichnung eigener Programme eingerichtet sind), die aber nicht kompatibel sind und ihre Bandcassetten deshalb nur auf systemeigenen Geräten nutzen können. Zu den bedeutendsten Verfahren zählt das von Philips entwickelte VCR-System, das in 7.3. eingehend beschrieben wird.

Als erste AV-Platte wurde 1970 die mit mechanischer Abtastung arbeitende TED-Bildplatte von Telefunken-Teldec-Decca vorgestellt (Bild 7.4). Sie hat einen Durch-

Bild 7.4 TED-Bildplatte

messer von 21 cm, eine Spielzeit von 10 Minuten und wurde im Frühjahr 1975 in den Handel gebracht. Als Informationsträger dient eine dünne Folie, der die codierten Bild-Ton-Signale in mechanischer Form eingeprägt sind. Sie werden auf dem Abspielgerät mit einem sogenannten Druckabtaster ausgelesen (Bild 7.5). Bei der Drehzahl von 1500/min ist pro Umdrehung ein Fernsehbild gespeichert. Die Speicherdichte ist hoch, es kommen 280 Rillen auf einen Millimeter (Bild 7.6). Farbbild und Begleitton werden über handelsübliche Fernsehgeräte wiedergegeben. Diese Feststellung gilt auch für alle anderen Bildplattensysteme.

Ein neues Verfahren wurde 1972 mit der Philips Video-Langspielplatte (VLP) vor-

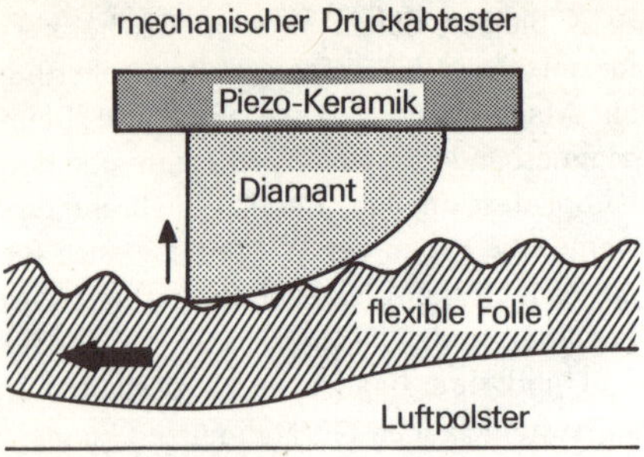

Bild 7.5 Prinzip der Druckabtastung beim TED-System

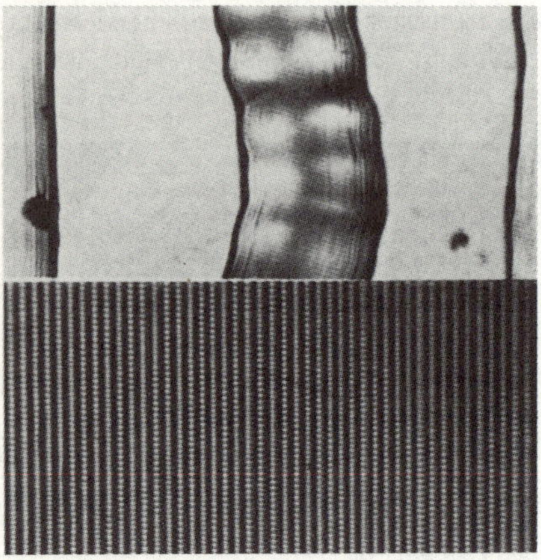

Bild 7.6 Größenvergleich einer Schallplattenrille (oben) mit TED-Plattenrillen

gestellt, bei der man erstmals ein berührungsloses Auslesen der gespeicherten Information auf opto-elektronischem Weg praktizierte. Das VLP-System wird in Abschnitt 7.4. ausführlich erläutert. Wie sehr die Video- oder Bildplatte »in der Luft« lag, bewies das Erscheinen weiterer Systeme innerhalb relativ kurzer Zeit. In den USA stellten MCA und Zenith, in Frankreich Thomson-CSF entsprechende opto-elektronische Systeme vor, hinzu kamen RCA mit einem kapazitiven Verfahren und das magnetische MDR-System *(magnetic disc record)* von E. Rabe aus Nürnberg. 1975 war jedoch noch keines der genannten Verfahren auf dem Markt.

7.3. Video-Cassetten-Recorder

Im ersten Band der Philips Lehrbriefe wurden einige allgemeine Grundlagen über die magnetische Aufzeichnung und Wiedergabe von Videosignalen behandelt. Im folgenden ist speziell das VCR-System beschrieben, das heute als eine optimale Lösung für ein preiswertes Bildaufzeichnungsgerät der Konsum-Elektronik bezeichnet werden darf.

Das VCR-System ist ein Verfahren zum magnetischen Aufzeichnen und Wiedergeben von Schwarzweiß- und Farbfernsehprogrammen. Als Informationsträger dient ein Halbzoll-Magnetband auf Chromdioxidbasis, das in einer Cassette enthalten ist. Die Bild- und Tonwiedergabe erfolgt mit handelsüblichen Fernsehempfängern.

Die Systembezeichnung mit der Buchstabenkombination VCR stellt eine Abkürzung von *»video cassette recording«* dar. In dieser Definition steckt mit dem Begriff *»recording«* die wichtigste Eigenschaft des Systems, nämlich die der Eigenaufnahme. Maßgebende europäische Hersteller haben sich dem Philips VCR-System angeschlossen und bringen eigene VCR-Gerätekonzeptionen auf den Markt. Da die Systemeigenschaften übereinstimmen, können VCR-Cassetten ohne Einschränkung auf Geräten aller Hersteller abgespielt werden, so daß die Kompatibilität gegeben ist. Aufgrund dieser Eigenschaften und der Zusammenarbeit hat sich das VCR-System praktisch zu einem europäischen Standard entwickelt.

7.3.1. Geräte-Entwicklung

In der Normalausführung (Bild 7.7) enthalten VCR-Geräte nach dem PAL-System neben dem Aufnahme-Wiedergabeteil auch einen Fernsehempfangsteil. Die Fernsehsender können in einer Programm-Memomatic gespeichert und zur Aufzeichnung über sechs Drucktasten gewählt werden (Bild 7.8). Der eingebaute Empfangsteil macht einen speziellen Aufnahmeanschluß

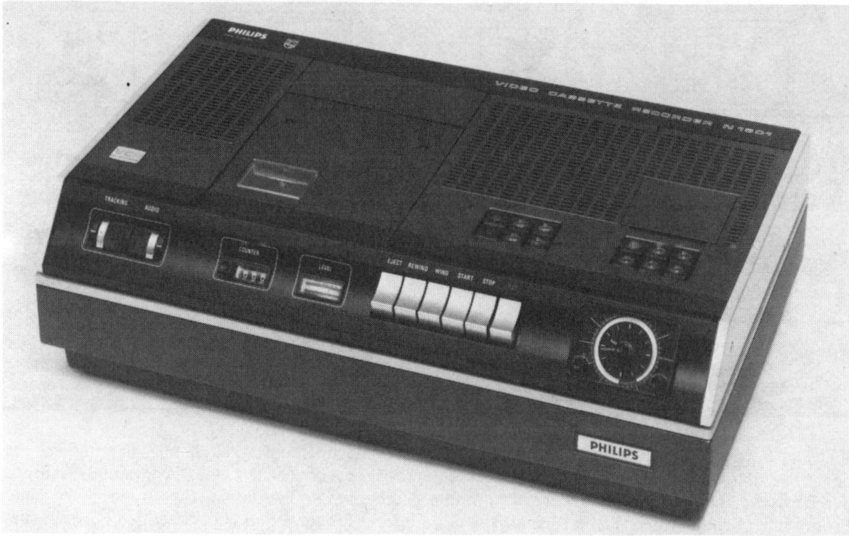

Bild 7.7 Video-Cassetten-Recorder vom Typ N 1501 mit zusätzlicher Stehbildwiedergabe und Trackinganzeige. Nachfolger des ersten Philips Modells N 1500

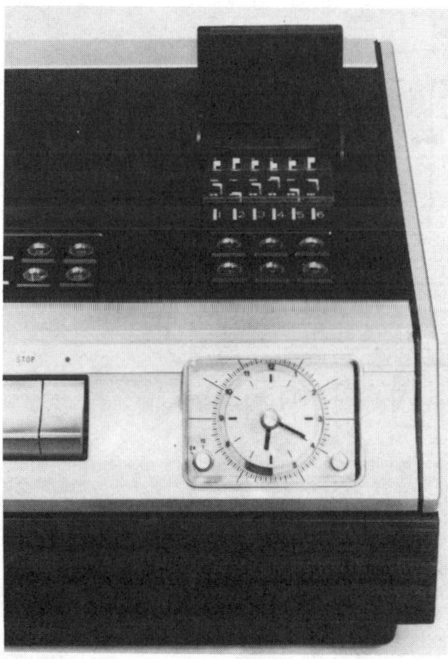

Bild 7.8 Der eingebaute Fernsehempfangsteil des Philips Video-Cassetten-Recorders ist mit einem Programmspeicher für sechs verschiedene Fernsehsender ausgestattet, die über Tasten gewählt werden können. Eine Schaltuhr erlaubt das Aufzeichnen von Programmen zu vorbestimmten Zeiten in Abwesenheit des Besitzers

im Fernsehgerät überflüssig und erlaubt es, eine Sendung auch dann aufzuzeichnen, wenn man sich zeitgleich auf einem anderen Kanal ein Programm direkt auf dem Fernsehschirm ansieht. Zur Ausstattung gehört außerdem eine Schaltuhr, mit der das Gerät zu einem bestimmten Zeitpunkt innerhalb von 24 Stunden automatisch in Betrieb gesetzt werden kann. Die Aufnahmedauer bis zu einer Stunde läßt sich in Schritten von 5 Minuten einstellen. In Bild 7.9 sind die Betriebsmöglichkeiten eines VCR-Geräts schematisch dargestellt.

Weil das aufzunehmende Programm im VCR-Gerät selbst empfangen wird, braucht man das Fernsehgerät nur zur Wiedergabe. Die Verbindung wird mit einem Kabel hergestellt, das vom VCR-Gerät zu den Antennenbuchsen des Fernsehempfängers führt. Über dieses Kabel gelangt das aufgezeichnete Fernsehsignal hochfrequent (im UHF-Bereich) zum Empfangsteil und ist wie bei einer Direktsendung auf dem Fernsehschirm sichtbar. Die Fernsehantenne bleibt ständig mit dem VCR-Gerät verbunden, weil der Anschluß »durchgeschleift« ist. Deshalb werden Recorder und Fernseh-

Bild 7.9 Betriebsmöglichkeiten eines VCR-Geräts: 1. Aufzeichnen eines Programms, das zugleich auf dem angeschlossenen Fernsehempfänger betrachtet wird; 2. Aufzeichnen eines Programms, während der Fernsehempfänger auf ein anderes Programm geschaltet ist; 3. Automatisches Aufzeichnen eines Programms (Schaltuhrbetrieb); 4. Wiedergabe des aufgezeichneten Programms über den Fernsehempfänger

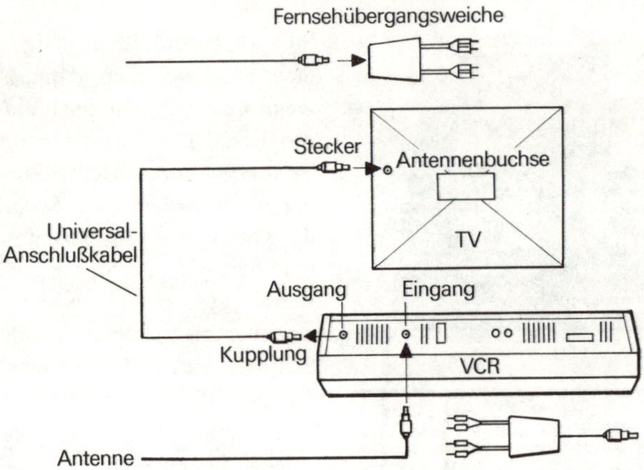

Bild 7.10 Anschlußschema für VCR- und Fernseh-Gerät

gerät gleichzeitig mit Antennenspannung versorgt (Bild 7.10).

Es ist jedoch auch möglich, eine Schwarzweiß-Fernsehkamera anzuschließen und eigene Aufnahmen zu machen (Bild 7.11 und 7.12). Ein synchroner Kommentar kann über ein Mikrofon aufgesprochen werden, das man an der Audiobuchse anschließt. Außerdem ist noch eine Video-

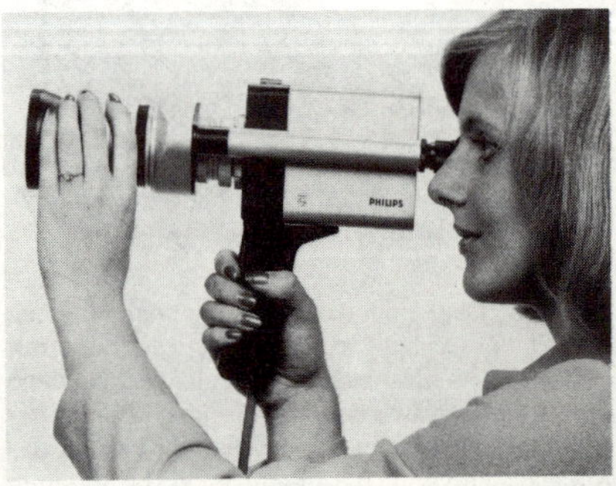

Bild 7.11 Philips SW-Fernsehkamera

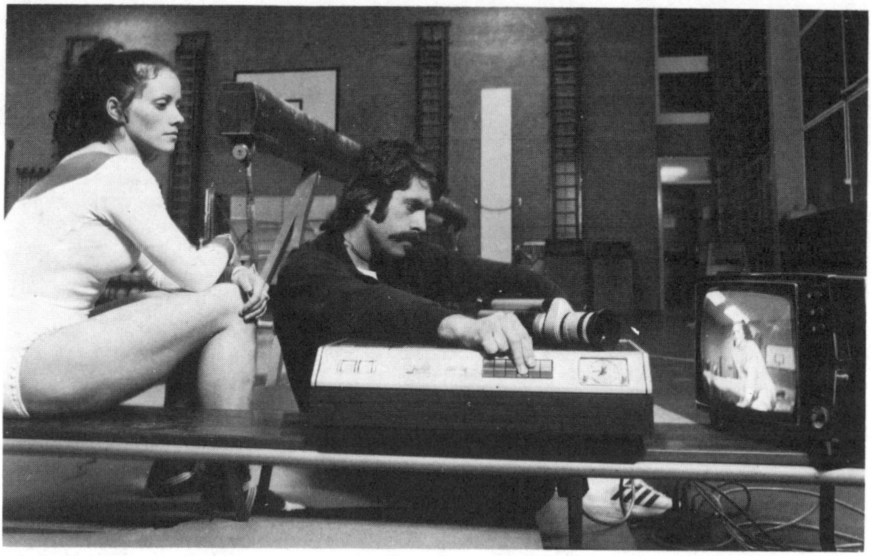

Bild 7.12 Beispiel für die Nutzung eines Video-Cassetten-Recorders im Bereich des Sporttrainings

buchse vorhanden, über die adaptierte Schwarzweißgeräte mit Videoeingang oder Schwarzweißmonitoren mit den aufgezeichneten Signalen versorgt werden können.

Anfang 1972 begann Philips als erste Firma mit der Auslieferung von VCR-Geräten des Typs N 1500 an den Fachhandel. Marktbefragungen haben ergeben, daß sich das gewählte Konzept hervorragend bewährt hat. Im semiprofessionellen und institutionellen Bereich besteht darüber hinaus jedoch auch ein Bedarf an Video-Cassetten-Recordern, die speziell für Aufzeichnungen mit Videokameras konstruiert sind.

Philips entwickelte deshalb das VCR-Modell N 1520, das besonders für Anwendungen in Unterricht und Erziehung wie auch in Wirtschaft und Handel geeignet ist, da sich mit ihm Videoprogramme sehr rationell und mit geringem Kostenaufwand herstellen lassen (Bild 7.13). Mit diesem Gerät können Schwarzweiß- und Farbprogramme aufgenommen und wiedergegeben werden. Es ist mit Videoeingängen versehen, die den Anschluß einer Fernsehkamera, eines Dia- oder Filmabtasters sowie eines Fernsehgeräts ermöglichen. Die Ausgangssignale lassen sich sowohl video- als auch hochfrequent entnehmen; ein HF-Modulator für den Bereich 560–640 MHz (Kanal 32–42 einstellbar) ist eingebaut.

Besonders wichtig für den erwähnten Anwenderkreis ist eine elektronische Schnitteinrichtung, die Möglichkeit der Nachvertonung auf beiden Tonspuren und Stehbildwiedergabe. Der elektronische Schnitt ist in zwei Versionen realisierbar, und zwar als Montage *(assemble)*, bei der eine exakt begrenzte neue Aufnahme (Bild und Ton) einer vorhandenen Aufzeichnung lückenlos hinzugesetzt wird, und als Einfügung *(insert)*, bei der bestimmte Szenen eines aufgezeichneten Programms durch andere Aufnahmen ersetzt werden. Im zweiten Fall wird die ursprüngliche Tonaufzeichnung nicht gelöscht. Neben der Stehbildwiedergabe *(stop-motion)* hat der Typ N 1520 auch eine Bereitschaftsstellung *(stand-by-position)*. Die Bandbreite des

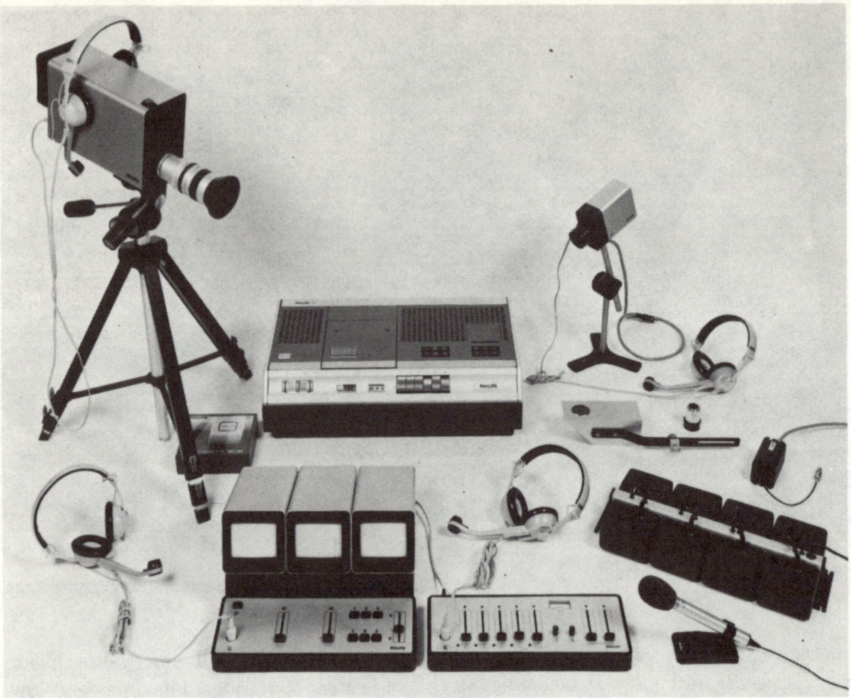

Bild 7.13 Philips Mini-Studio Typ 8310 mit Bild- und Tonregie. Der Video-Cassetten-Recorder N 1520 kann mit der Anlage verbunden werden

Recorders wurde für Schwarzweißaufzeichnungen auf 3,1 MHz erweitert.

Im Zuge der Ausdehnung des Philips VCR-Gerätesortiments wurde 1975 mit der Auslieferung des Video-Cassetten-Spielers N 1460 begonnen (Bild 7.14). Seine Gehäuseform entspricht den Video-Cassetten-Recordern für Länder, in denen Farbfernsehsendungen nach dem SECAM- und NTSC-System ausgestrahlt werden. Da die Konstruktion der meisten französischen Fernsehempfänger einen relativ einfachen Anschluß des Video-Cassetten-Recorders erlaubt, ist das SECAM-Modell N 1481/29 im Gegensatz zum PAL-Modell N 1500 nicht mit einem Tuner ausgerüstet. Statt dessen ist eine direkte Verbindung über einen kleinen Adapter vorgesehen, der es gestattet, das eingestellte Empfänger-Fernsehprogramm mit dem VCR-Gerät aufzuzeichnen.

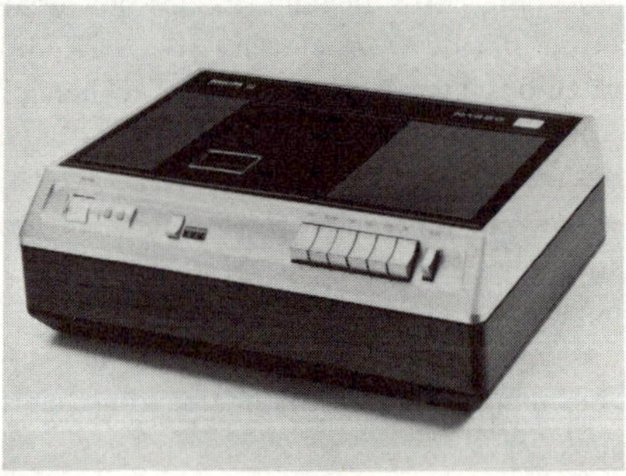

Bild 7.14 Philips Video-Cassetten-Spieler N 1460 zur Wiedergabe von bespielten Cassetten. Er hat keinen Magnetband-Aufnahmeteil und keinen Fernseh-Empfangsteil, ist aber auch für Stehbildwiedergabe eingerichtet. Die Gehäuseausführung entspricht den VCR-Geräten für SECAM- und NTSC-Länder, die auch ohne Fernseh-Empfangsteil, wohl aber mit dem Magnetband-Aufnahmeteil geliefert werden. Mit 48 × 16 × 34 cm stellen sie die kleinsten VCR-Geräte dar

Für die USA und Kanada wurde ein VCR-Gerätetyp für den Anschluß an 60-Hz-Netze entwickelt, der die Bezeichnung N 1481/44 trägt. Auch das NTSC-Modell wird ohne eingebauten Fernsehempfangsteil geliefert. Das entspricht den amerikanischen Marktgepflogenheiten, außerdem ist dort bereits ein größeres Software-Angebot auf VCR-Cassetten vorhanden.

7.3.2. VCR-Cassette

Das wichtigste Element des VCR-Systems ist die einheitliche Cassette (Bild 7.15). Sie enthält das Magnetband als gemeinsamen Träger der Ton- und der Bildinformation. Es kann vielhundertfach für neue Aufnahmen wiederverwendet werden, da wie bei einem Tonbandgerät die alte Aufzeichnung bei der Neuaufnahme gelöscht wird.

Bild 7.15 VCR-Cassetten sind durch eine Archivbox geschützt

Die Cassette bringt wesentliche Bedienungsvorteile und ist für den Benutzer einfach zu handhaben, weil das umständliche Einlegen des Bands in das Gerät entfällt. Außerdem schützt die Cassette das Band vor Beschädigung und Verschmutzung. Das Gehäuse der VCR-Cassette hat die Außenmaße 13 × 15 × 4 cm und besteht aus Kunststoff. In der Cassette sind zwei Bandteller übereinander untergebracht, die von entsprechend geformten koaxialen Antriebszapfen in Bewegung gesetzt werden (Bild 7.16).

Bild 7.16 Die übereinanderliegenden Bandspulen werden über zentrisch angeordnete Nocken angetrieben

Wenn die Cassette nicht benutzt wird, ist die Cassettenöffnung durch eine Klappe verschlossen. Sie öffnet sich automatisch beim Einschieben der Cassette in das Cassettenfach (Bild 7.17). Bei industriell bespielten Cassetten verhindert eine Aufnahmesperre das versehentliche Löschen. Verwendet wird ein hochkoerzitives Magnetband mit einer Breite von 12,7 mm. Die VCR-Cassette wiegt ca. 370 g und ist mit Laufzeiten von 30, 45 und 60 Minuten im Handel.

Bild 7.17 Beim Einschieben der Cassette öffnet sich die Bandabdeckung

Auf dem Magnetband der VCR-Cassette sind neben den Bildspuren und einer Impulsspur für Steuerungszwecke auch zwei Tonspuren vorgesehen. Zwei Tonspuren bedeuten entweder stereophonische Begleitmusik oder zweisprachigen Kommentar oder die Verwendung der einen Spur als Schüler- und der anderen als Lehrerspur im programmierten Unterricht.

Das VCR-System ist farbtüchtig. Durch entsprechende Maßnahmen in den Geräteschaltungen kann die Farbinformation ohne zusätzlichen Bandverbrauch aufgenommen werden. Das bedeutet: keine verkürzte Spieldauer für Farbprogramme, sondern gleiche Laufzeiten wie bei Schwarzweißprogrammen. Die Farbaufzeichnung ist kompatibel und kann daher auch in Schwarzweiß wiedergegeben werden, z. B. über einen älteren Fernsehempfänger.

7.3.3. VCR-Aufzeichnungsprinzip

Im Gegensatz zur magnetischen Tonaufzeichnung, bei der Frequenzen von etwa 20 Hz bis 20 000 Hz verarbeitet werden, hat man es bei der magnetischen Bildaufzeichnung in Studioqualität mit Frequenzen im Bereich von 0 Hz bis 5 MHz zu tun. Bei Heim-Videorecordern schränkt man den Frequenzbereich auf eine obere Grenzfrequenz von 2,5 bis 3 MHz ein und nimmt dabei eine etwas verminderte Auflösung zugunsten eines akzeptablen Preises in Kauf.

Das Magnetband wird mit der recht langsamen Vorschubgeschwindigkeit von 14,29 cm/s halbkreisförmig um die rotierende Kopfscheibe herumgeführt. Die erforderliche hohe Relativgeschwindigkeit zwischen den Videoköpfen und dem Band wurde für VCR-Geräte mit 8,1 m/s festgelegt. In Bild 7.18 ist die Bandführung dargestellt.

Die Kopfscheibenachse ist gegenüber der Bandlaufrichtung geneigt, so daß jeweils einer der beiden um 180° versetzt angebrachten Videoköpfe während einer halben Kopfscheibenumdrehung auf dem Band eine Schrägspur von der oberen zur unteren Bandkante schreibt (Bild 7.19). Dabei wird am oberen und unteren Rand

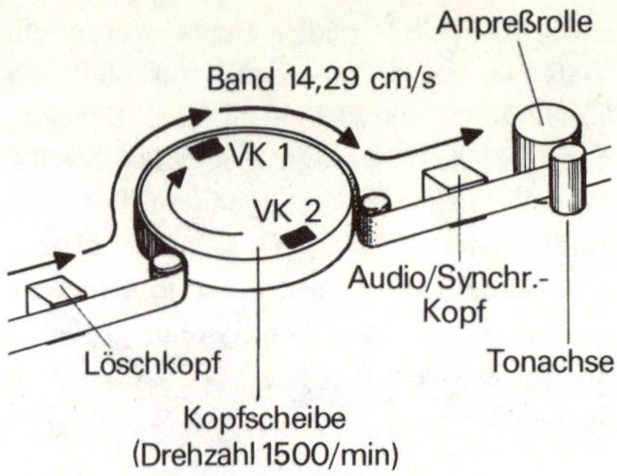

Bild 7.18 Bandführung beim VCR-System

ein schmaler Streifen für die Tonaufzeichnung freigelassen. Auf jeder Schrägspur ist ein Fernseh-Halbbild untergebracht, so daß bei einer ganzen Kopfscheibenumdrehung ein komplettes Bild mit 625 Zeilen (zwei Halbbilder) aufgezeichnet wird.

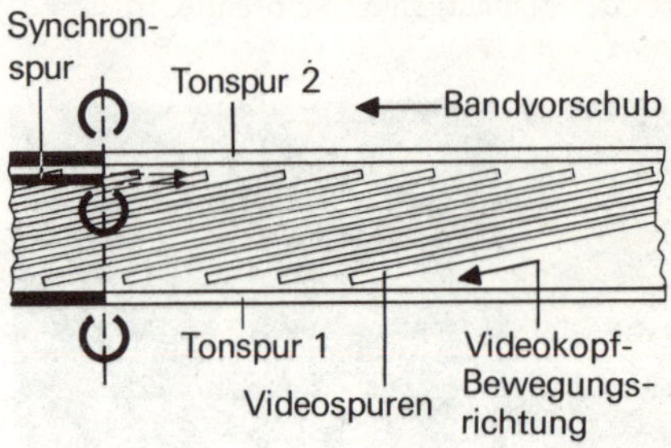

Bild 7.19 VCR-Spurschema (nicht maßstabgerecht)

Da in jeder Sekunde 25 Fernsehbilder übertragen werden, muß sich die Kopfscheibe mit einer Drehzahl von 1500/min drehen (60 × 25). Die Video-Schrägspur auf dem Magnetband hat eine Länge von 165 mm und Platz für 312,5 Zeilen. Eine aufgezeichnete Fernsehzeile ist also nur ca. 0,5 mm lang! Sie enthält alle Informationen, die bei späterer Wiedergabe auf der rund 50 cm langen Bildschirmzeile zu sehen sind.

7.3.3.1. Aufbereitung des Helligkeitssignals

Aus dem Blockschema in Bild 7.20 geht hervor, daß hinter dem Fernsehempfangsteil eine Aufteilung des Videosignals in Helligkeits- und Farbkomponente erfolgt. Gleichzeitig sind die vom Helligkeitssignal

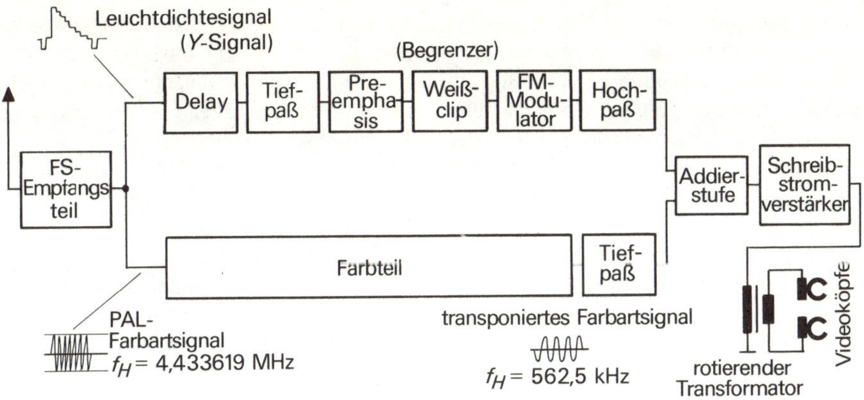

Bild 7.20 Blockschema der VCR-Schaltung bei Aufnahme

bei Aufnahme zu durchlaufenden Stufen angegeben.

Das breite Frequenzband des Helligkeitssignals (*Y*-Signal) läßt sich nämlich aus bestimmten Gründen nicht komplett direkt aufzeichnen. Das Spektrum von wenigen Hz bis rund 2,5 MHz ist so breit, daß mit der erreichbaren Spaltbreite des Videokopfs von ca. 1 μm und der gewählten Bandgeschwindigkeit zwar die hohen Frequenzen noch brauchbar verarbeitet werden können, jedoch Schwierigkeiten bei ganz tiefen Frequenzen auftreten. Es kommt außerdem hinzu, daß durch den nicht immer konstanten Band-Kopf-Kontakt bei direkter Aufzeichnung eine zusätzliche Amplitudenänderung hervorgerufen würde, die bei Wiedergabe ein Helligkeitsflimmern zur Folge hätte. Man vermeidet diese Nachteile durch Umwandlung des amplitudenmodulierten *Y*-Signals in eine Frequenzmodulation (FM), da sich dann u. a. die störenden Amplitudeneinbrüche bei Wiedergabe durch eine Begrenzerstufe unterdrücken lassen.

Das frequenzmodulierte Signal enthält in seinem Frequenzhub alle Grauwerte des Bilds, d. h. die Helligkeitsverteilung, während der Bildinhalt des *Y*-Signals durch die Frequenzänderungen dargestellt wird. Beim VCR-System beträgt der Hub-Bereich der Frequenzmodulation 1,4 MHz, innerhalb dieses Bereichs sind alle Videofrequenzen von wenigen Hz bis ca. 3 MHz vorhanden.

Damit keine Intermodulation zwischen dem Original-Videosignal und dem umgesetzten, frequenzmodulierten Signal auftritt, muß das Frequenzband der FM oberhalb der höchsten zu übertragenden Videofrequenz liegen. Daher wurde der FM-Hub-Bereich für VCR-Geräte zwischen 3 und 4,4 MHz festgelegt, wobei 3 MHz dem Pegel der Synchronspitze und 4,4 MHz dem Weißpegel entsprechen (Bild 7.21).

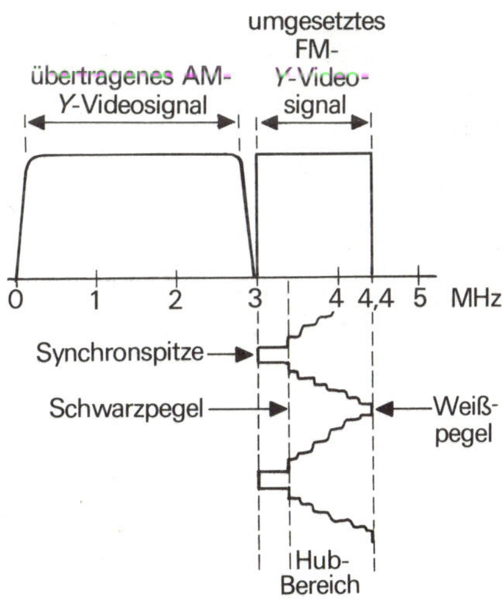

Bild 7.21 Lage des FM-Hub-Bereichs und des übertragenen *Y*-Bereichs

Das Helligkeits- oder Y-Signal passiert eine Laufzeitkette (um gegenüber dem langsameren Farbsignal »gebremst« zu werden und gleichzeitig bei der Addierstufe einzutreffen), einen Tiefpaß mit der Grenzfrequenz von 3 MHz, wird in den Höhen angehoben (die bei Wiedergabe wieder abgesenkt werden), im Begrenzer von »überschießenden« Weiß-Signalspitzen befreit und dann einem FM-Modulator zugeführt.

7.3.3.2. Aufbereitung des Farbsignals

Die PAL-Farbträgerfrequenz von 4,43 MHz wird im VCR-Gerät nicht direkt aufgezeichnet, sondern auf eine niedrigere Frequenz umgesetzt. Das Konzept zum VCR-Farbsystem kann am besten anhand des in Bild 7.22 dargestellten Spektrums der aufgezeichneten Signale erklärt werden.

Wenn man eine Y-Auflösung von etwa 2,7 MHz anstrebt, ist bei den gegebenen Hubwerten die Seitenbandenergie des FM-Spektrums unterhalb von 1,1 MHz bereits ziemlich klein und kann durch zusätzliche Filter ganz unterdrückt werden. In diesem Bereich wird deshalb die Farbinformation aufgezeichnet. Interessanterweise ist es nämlich möglich, zusätzlich zur »hochfrequenten« Y-Information gleichzeitig eine »niederfrequente« Farbinformation mit kleiner Amplitude aufzuzeichnen, ohne daß sich die beiden Signale gegenseitig beeinflussen. Man kann diesen Schreibprozeß, bei dem zwei Signale linear überlagert werden, mit der Tonaufzeichnung vergleichen: das hochfrequente Y-Signal stellt für das niederfrequente Farbsignal eine Art Vormagnetisierung dar.

Aus den vorgenannten Gründen transponiert man den 4,43-MHz-Farbträger auf 562,5 kHz. Diese Frequenz kann dann direkt aufgezeichnet werden. Eine Umwandlung des amplitudenmodulierten Farbsignals in eine FM ist nicht erforderlich, weil das Farbsignal nur eine geringe Bandbreite hat (ca. 1 MHz senderseitig).

Die Unabhängigkeit des Farbsignals von Zeitbasisschwankungen wird beim VCR-System durch einen Trick erreicht. Die Frequenz von 562,5 kHz des transponierten Farbträgers ist mit der Zeilenfrequenz verkoppelt, und zwar ist sie genau 36mal so hoch. Bei Wiedergabe wird aus der Zeilenfrequenz eine Information über Zeitbasisschwankungen abgeleitet und zur Fehlerkompensation benutzt. Das Blockschaltbild für die Aufbereitung des Farbsignals zeigt Bild 7.23. Bei Aufnahme wird vom ankommenden 4,43-MHz-PAL-Farbartsignal eine 4,43-MHz-Frequenz auf die gleiche Art abgeleitet, wie dies in Farbfernsehgeräten üblich ist. Gleichzeitig wird die Frequenz eines 562,5-kHz-Oszillators durch 36 geteilt und mit der Zeilenfrequenz verglichen. Mit der entstehenden Regelspannung wird der 562,5-kHz-Oszillator in seiner Frequenz nachgesteuert und auf diese Art mit der Zeilenfrequenz verkoppelt.

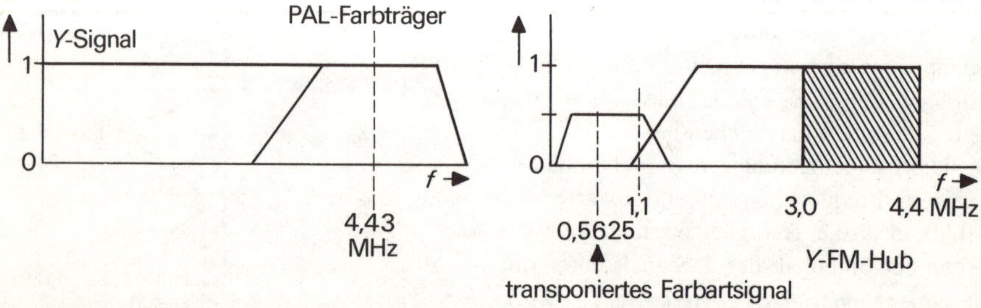

Bild 7.22 Spektrum des ursprünglichen PAL-Signals und Spektrum des auf das Band aufgezeichneten Signals

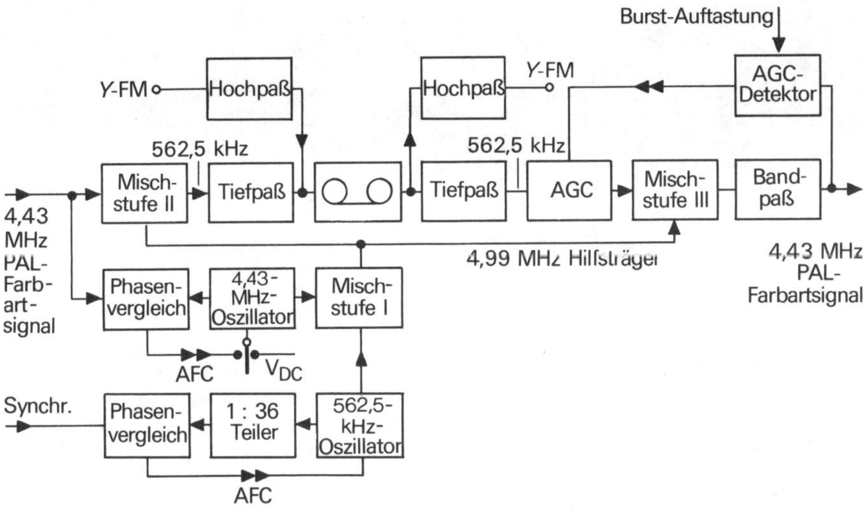

Bild 7.23 Blockschaltbild für die Aufbereitung des VCR-Farbsignals

In Mischstufe I werden 4,43 MHz zu 562,5 kHz addiert, so daß ein Hilfsträger von 4,99 MHz entsteht, mit dem in Mischstufe II das 4,43-MHz-PAL-Signal auf 562,5 kHz transponiert wird. Dieses Signal wird anschließend dem *Y*-Signal direkt überlagert und auf Band aufgezeichnet.

Bei Wiedergabe können die gleichen Schaltkreise verwendet werden. Der 4,43-MHz-Oszillator läuft nun frei, und der 562,5-kHz-Oszillator wird nicht mit den Zeilenimpulsen des aufzunehmenden Signals, sondern mit den Zeilenimpulsen des aufgezeichneten Signals verkoppelt. Auf diese Art erreicht man, daß der 562,5-kHz-Oszillator alle Informationen über Gleichlaufschwankungen des Bands und der Kopfscheibe erhält.

Wie man leicht nachrechnen kann, entsteht bei der Rückmischung des 562,5-kHz-Chrominanzsignals mit dem 4,99-MHz-Hilfsträger, dessen Frequenz nunmehr auch gleichphasig alle Gleichlaufschwankungen enthält, wieder eine konstante Farbträgerfrequenz von 4,43 MHz, auch wenn die Kopfscheibe langsamer oder schneller laufen sollte und dadurch die Frequenz des 562,5-kHz-Signals, das vom Band kommt, nicht genau stimmt. Man erhält auf diese Art ein PAL-Signal, dessen Trägerfrequenz von der Genauigkeit des freilaufenden Quarzoszillators bestimmt wird. Die Verkopplung mit der Zeilenfrequenz geht natürlich verloren.

Dieses Farbsystem hat sich als sehr sicher und stabil erwiesen. Die Tatsache, daß jede Art von Transcodierung vermieden und das Farbsignal nur zweimal transponiert wird, ohne daß eine weitere Behandlung des Signals notwendig ist, führt zu sehr einfachen Schaltungen.

Der **Dropout-Kompensator** ist ein sehr wichtiges Schaltungsdetail im VCR-Gerät. Dropouts sind kurze Pegeleinbrüche im Wiedergabekopfsignal, die durch Störstellen am Band und durch Staub verursacht werden. Sie sind im Bild als kurze, horizontale, graue Striche zu erkennen, die relativ störend empfunden werden.

Um dies zu vermeiden, enthalten VCR-Geräte einen Dropout-Kompensator, der im wesentlichen aus einer Verzögerungsleitung besteht, in der die *Y*-Information der vorhergehenden Zeile gespeichert wird. Sobald die Wiedergabekopfspannung unter einen bestimmten Wert absinkt, wird im Wiedergabekanal automatisch auf die Information der vorhergehenden Zeile umge-

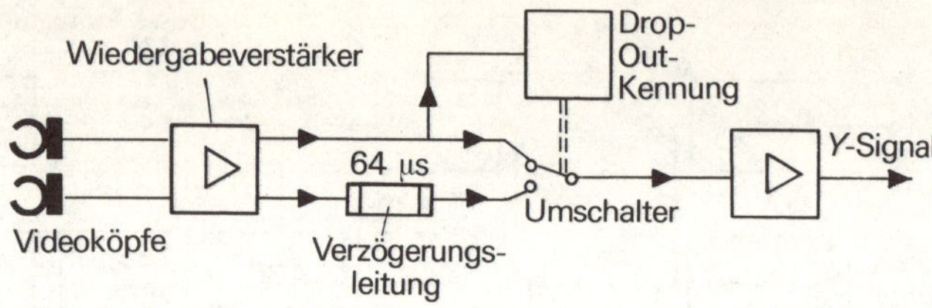

Bild 7.24 Prinzip der Dropout-Kompensation

schaltet (Bild 7.24). Da Dropouts selten länger als eine Zeile dauern, wird auf diese Art eine gute Störbefreiung erreicht.

7.3.3.3. Servostufen

Das VCR-Gerät enthält zwei Servokreise, und zwar für die Kopfscheiben- und die Bandvorschubgeschwindigkeit.

Bei Magnetbandaufzeichnungen mit diagonalen Spuren entsteht beim Spurwechsel jedesmal eine kurze Aufzeichnungslücke. Damit diese nicht auf dem Bildschirm als Störung erscheint, legt man sie unmittelbar vor dem Vertikalsynchronimpuls an den unteren Rand des Bilds.

Mit der **Kopfscheiben-Servostufe** wird die Kopfscheibe daher während der Aufnahme so gesteuert, daß nach jedem Spurwechsel die neue Spur mit den Restzeilen des vorherigen Teilbilds beginnt, dann der Vertikalsynchronimpuls folgt und anschließend das neue Teilbild bis kurz vor dem Ende geschrieben wird. Der Rest dieses Teilbilds kommt wieder auf die nächste Spur.

Die Kopfscheiben-Servostufe vergleicht hierzu die Phasenlage zwischen einem Referenzimpuls und einem von der Kopfscheibe selbst erzeugten Vergleichsimpuls (Bild 7.25). Durch Auswertung der Phasenlage beider Impulse entsteht eine Regelspannung, mit der über einen Verstärker eine Wirbelstrombremse geregelt wird, die die Kopfscheibe steuert (Bild 7.26).

Bei Aufnahme wird der Referenzimpuls aus dem Bildsynchronimpuls des Videosignals gewonnen. Bei Wiedergabe gewinnt man den Referenzimpuls dagegen aus der 50-Hz-Netzfrequenz und hält somit die Kopfscheibe bei Wiedergabe im gleichen Winkel zum Band wie vorher bei der Aufnahme.

Mit der **Band-Servostufe** wird während der Aufnahme die Bandvorschubgeschwindigkeit gesteuert. Hierzu vergleicht man einen Referenzimpuls und einen von der

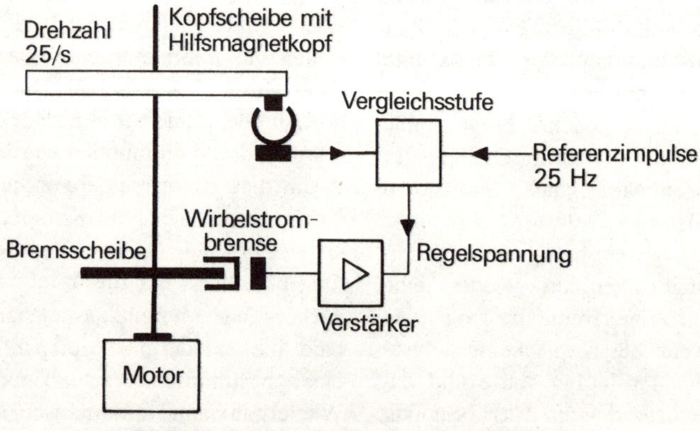

Bild 7.25 Schema der Kopfscheiben-Servostufe

Bild 7.26 Die Kopfscheiben-Wirbelstrombremse besteht aus einer Spule, in deren Eisenkern-Luftspalt eine Aluminiumscheibe rotiert, die an der Kopfscheibenachse montiert ist und die — je nach Stärke des Magnetfelds — mehr oder weniger abgebremst wird

Schwungmasse selbst erzeugten Vergleichsimpuls miteinander. Die durch die Phasenlage der beiden Impulse entstandene Regelspannung steuert auch hier eine Wirbelstrombremse ähnlich wie beim Kopfservo.

Bei Wiedergabe wird die Bandgeschwindigkeit durch aufgezeichnete Vertikalsynchronimpulse kontrolliert, und zusätzlich wird das Band in die richtige Phasenlage zu den Videoköpfen gebracht, um eine optimale Videospurabtastung zu erhalten.

Die Band-Servostufe vergleicht also bei Wiedergabe die aufgezeichneten Referenzimpulse mit den aus dem Lichtnetz gewonnenen Referenzimpulsen. Der von der Schwungmasse erzeugte Vergleichsimpuls wird hierbei nicht verwendet. Um auch Aufnahmen von anderen VCR-Geräten abspielen und die vorhandenen Toleranzen ausgleichen zu können, wird der abgetastete Synchronimpuls auf einen steuerbaren Phasenschieber gegeben. Dadurch kann von Hand mit dem »Tracking-Regler« auf optimale Spurabtastung eingestellt werden.

7.3.3.4. Steuer- und Sicherungsschaltungen

VCR-Geräte weisen folgende Steuer- und Sicherungsvorkehrungen auf:

1. Das Gerät wird ca. 45 s nach dem Einschalten automatisch wieder ausgeschaltet, wenn keine Bandtransport-Taste gedrückt ist. Diese Maßnahme ist erforderlich, um bei Stillstand ein zu langes Abtasten des Bands durch die Videoköpfe an ein und derselben Stelle zu verhindern. Das Band kann hierdurch beschädigt werden.
2. Am Anfang und Ende des Cassetten-Magnetbands befindet sich eine Metallfolie. Diese Folie schließt einen Kontakt kurz und wirkt als Bandendabschalter. Dadurch werden die Tasten für Start, schnellen Vor- und Rücklauf und Aufnahme entriegelt. Anschließend schaltet sich das Gerät, wie unter 1. beschrieben, nach ca. 45 s aus.
3. Wird die Videokopftrommel aus irgendeinem Grund blockiert, entriegeln sich die Tasten für Einschalten, Start, schnellen Vor- und Rücklauf und Aufnahme; außerdem schaltet die Automatik das Gerät so-

fort aus. Diese Sicherung ist erforderlich, weil bei blockierter Kopftrommel auch der Antriebsmotor stehenbleibt und dadurch beschädigt werden kann.

4. Die Tasten für Einschalten, Start, schnellen Vor- und Rücklauf und Aufnahme entriegeln sich bei Netzspannungsausfall von selbst. Wenn die Netzspannung zurückkommt, wird das Gerät automatisch ausgeschaltet.

5. Die Tasten für Einschalten, Start, schnellen Vor- und Rücklauf und Aufnahme werden nach dem Zurückkommen der Netzspannung nochmals entriegelt. Dies ist erforderlich, weil während des Netzausfalls die Bandtransporttasten und die Einschalttaste versehentlich wieder gedrückt worden sein können.

6. Der Bandendabschalter ist für ca. 25 s nach dem Einschalten des Geräts außer Betrieb, sofern das Gerät vor dem Einschalten bereits in Stellung Aufnahme geschaltet wurde. Dieser Fall tritt ein, wenn mit Hilfe der Schaltuhr eine Aufnahme gemacht wird. Die Maßnahme ist erforderlich, damit der Bandendabschalter bei voll zurückgespultem Band nicht in Tätigkeit tritt.

7.3.4. Adaptierung des Wiedergabegeräts

Die schon erwähnten und bei preiswerten Videorecordern allgemein auftretenden Gleichlaufschwankungen ergeben bei der Wiedergabe gewisse Abweichungen von der Normzeilenfrequenz. Da diese Frequenzänderungen kurzzeitig sind, werden sie vom herkömmlichen Phasenvergleich des Fernsehempfängers nicht einwandfrei erkannt und ausgeregelt (Bild 7.27). Die Zeitkonstante des Phasenvergleichs ist nämlich relativ groß und kann unterschiedliche Phasenlagen zwischen VCR- und Empfänger-Horizontalimpulsen nicht sofort korrigieren.

Bei älteren Fernsehempfängern muß die Zeitkonstantenänderung vom Servicetechniker nach Herstellerangabe vorgenommen werden. Fernsehgeräte neuerer Produktion mit Modultechnik sind zumeist von vornherein mit einer derartigen Zeitkonstanten-Umschaltung ausgestattet, die automatisch beim Drücken der »AV-Taste« (VCR-Programm) eingeschaltet wird.

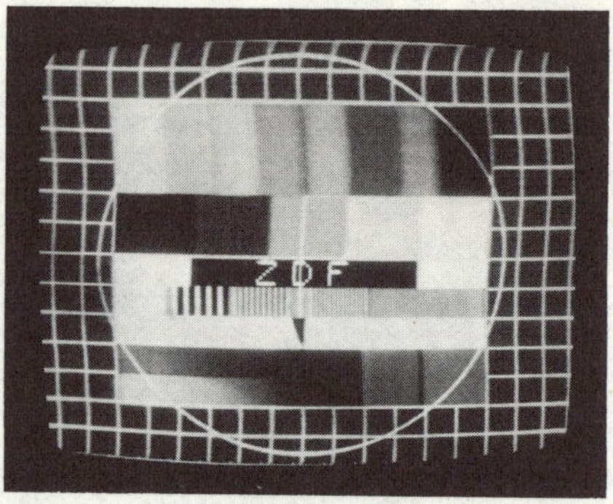

Bild 7.27 Schirmbildfoto einer VCR-Aufnahme, die über einen Fernsehempfänger mit unkorrigierter Horizontal-Zeitkonstante wiedergegeben wurde

7.4. Videosystem »Bildplatte«

Seit Jahrzehnten gehört die Schallplatte mit ihren in Rillen gepreßten musikalischen Informationen zu den alltäglichen Dingen unseres Lebens. Die »Musik-Konserve« läßt sich verhältnismäßig einfach und schnell in großen Mengen herstellen, ist preiswert und weist einen hohen Qualitätsstandard auf. Es tauchte deshalb zwangsläufig die Frage auf, ob es nicht möglich sei, auf ähnliche Weise auch visuelle Informationen als »Bild-Konserve« zu speichern und bei Bedarf wiederzugeben.

Das große Bedürfnis nach mehr Kommunikation, verbunden mit einer individuellen Information bei freier Zeitwahl sowie die schnelle Vervielfältigungsmöglichkeit und die sofortige Verfügbarkeit der Video-Informationen auf einer Platte waren so überzeugende Argumente, daß schon Ende der 60er Jahre in den Philips Forschungslaboratorien mit eingehenden Untersuchungen dieser Probleme begonnen wurde. Im September 1972 konnte man auf einer internationalen Fachpressekonferenz erste Ergebnisse der Arbeiten vorstellen: Das Philips Bildplatten-System, bestehend aus dem Informationsträger »Video-Langspielplatte« und einem Plattenspieler mit neuartiger, berührungsloser Lichtstrahlabtastung, war damit in den Kreis der neuen audiovisuellen Medien eingetreten. Zur Internationalen Funkausstellung 1973 wurde auch die Öffentlichkeit mit den vielfältigen, vorteilhaften Eigenschaften des Systems bekanntgemacht (Bild 7.28). Die Bezeichnung VLP ist eine Kurzbezeichnung für *»Video Long Play«* und weist auf eines der wichtigsten Merkmale dieses Systems, die relativ lange Spieldauer, hin. Das hier beschriebene System beruht auf dem technischen Stand Herbst 1975 (Bild 7.29).

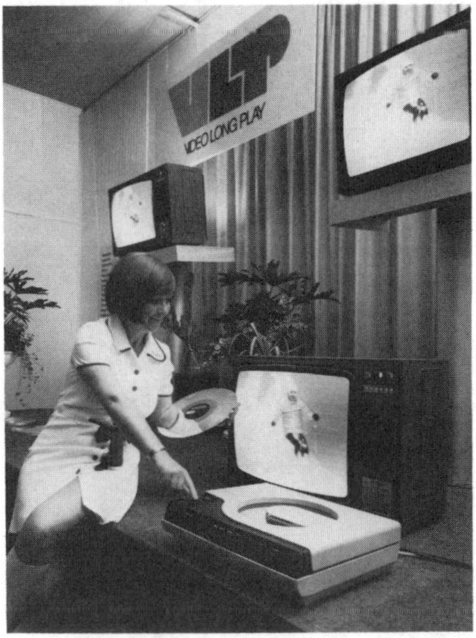

Bild 7.28 Das Philips VLP-System wurde 1973 in Berlin zum erstenmal öffentlich vorgeführt

7.4.1. Video-Langspielplatte

Die »optische« Bildplatte ist mit 30 cm Durchmesser gleich groß wie eine Audio-Langspielplatte und wird ebenfalls in einem vergleichbaren Preßvorgang hergestellt. Sie besteht jedoch aus einem transparenten Polyvinyl-Material, das einseitig mit einer hauchdünnen, reflektierenden Metallauflage überzogen ist (Bild 7.30). Das transparente Material hält Verschmutzungen und Kratzer von der Informationsspur fern, so daß die Video-Langspielplatte einfach und unkompliziert zu handhaben ist (Bild 7.31).

Weitere Unterschiede zur Schallplatte bestehen u. a. in der Informationsspeiche-

Bild 7.29 Philips VLP-Bildplattenspieler mit frontseitiger Tastenbedienung

Bild 7.30 Die VLP-Bildplatte hat 30 cm Durchmesser und ist mit einer reflektierenden Metallisierung versehen

rung und Abspielgeschwindigkeit. Die Bild- und Toninformationen sind nicht in einer fortlaufenden Rille untergebracht, sondern in codierter Form als eine Reihe aufeinanderfolgender, länglicher Vertiefungen (genannt »Pits«), die zusammen eine spiralförmige Spur bilden. Der Spuranfang liegt innen, d.h. die Philips VLP-Bildplatte wird von innen nach außen abgespielt.

Die mikroskopisch kleinen Vertiefungen sind einheitlich 0,1 µm tief und 0,5 µm breit. Sie haben jedoch unterschiedliche Abstände und variieren gleichfalls in ihrer Länge, hierin verbergen sich die codierten Bild- und Toninformationen (Bild 7.32). Der Abstand von Spurwindung zu Spurwindung ist ebenfalls mikroskopisch klein und beträgt 1,66 µm (Spurmittenabstand). Auf einen Millimeter kommen also 600 Spurwindungen. Wie groß die Speicherdichte dieser Bildplatte ist, zeigt folgende Rechnung: Länge der Innenrille $(120 \times 3{,}14) = 376{,}8$ mm mal Gesamtspur-

Bild 7.31 Die VLP-Bildplatte wird in einem Plattenspieler mit berührungsloser Abtastung verschleißfrei abgespielt und von einem Fernsehempfänger wiedergegeben. Sie ist in der Handhabung unempfindlicher als eine Schallplatte, da die Informationsspur beidseitig durch das transparente Material geschützt ist

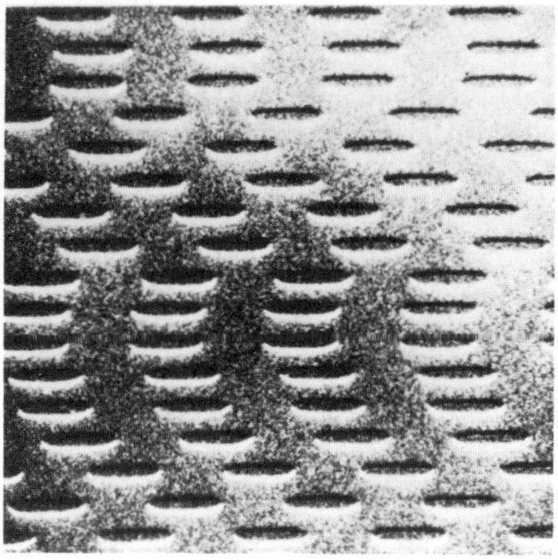

Bild 7.32 Raster-Elektronenmikroskop-Aufnahme der Oberfläche einer VLP-Bildplatte mit dem Spurmuster

breite (1,66 µm) ergibt 0,625 mm². Auf knapp zwei Drittel eines Quadratmillimeters ist also ein komplettes Fernsehbild gespeichert.

Als Abspielgeschwindigkeit wurde eine Drehzahl von 1500/min gewählt, entsprechend 25 Umdrehungen in der Sekunde. Da in der Spur pro Umdrehung ein vollständiges Fernsehbild gespeichert ist, erhält man bei der Wiedergabe über das Fernsehgerät ein ruhig stehendes, flimmerfreies Schirmbild. Außerdem ergeben sich Vorteile bei der Realisierung verschiedener Betriebsarten (Tricktechniken, siehe Abschnitt 7.4.2.1.).

7.4.2. Optisches Spurlesen

Zum Auswerten derart schmaler Spuren eignet sich sehr gut ein optisches Verfahren, bei dem im Gegensatz zur mechanischen Abtastung die Informationsspur berührungslos »gelesen« wird (abtasten kann man beim berührungslosen Verfahren eigentlich nicht mehr sagen). Die Abtastnadel gehört hier der Vergangenheit an, so daß jeglicher Verschleiß auf der Plattenoberfläche entfällt. Die Qualität der Bild-Ton-Information bleibt deshalb auch nach vielhundertfachem Abspielen so gut wie beim ersten Mal.

Beim VLP-Plattenspieler benutzt man einen Lichtpunkt, der über ein Linsen-Spiegel-System auf die Spur projiziert wird (Bild 7.33). Der Lichtpunkt besteht aus den im Brennpunkt einer Linse auftretenden Beugungsfiguren mit einem zentralen Maximum; sein Durchmesser beträgt bei der Hälfte der maximalen Helligkeit ca. 1 µm.

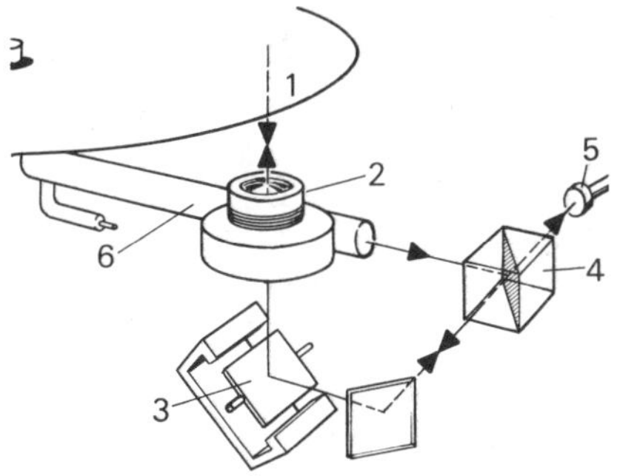

Bild 7.33 Prinzip des optischen Systems: 1. VLP-Bildplatte, 2. Objektiv, 3. Drehspiegel, 4. teildurchlässiger Spiegel, 5. Fotodiode, 6. Laser

Trifft der Lichtpunkt zwischen den Pits die metallisierte Fläche der Platte, so wird praktisch alles Licht reflektiert und in das Objektiv zurückgespiegelt. Fällt der Lichtpunkt dagegen auf einen Pit, so tritt eine Beugung auf (Diffraktion), und der größte Teil des Lichts geht am Objektiv vorbei. In Bild 7.34 ist dies an zwei Beispielen gezeigt. Auf diese Weise wird die Intensität des Lichts durch das Muster der aufeinanderfolgenden Pits moduliert. Die vom Objektiv aufgenommenen, modulierten Lichtanteile werden anschließend von einer Fotodiode in ein proportionales elektrisches Signal umgewandelt.

Um ein gutes Nutzsignal mit hohem Störabstand zu erhalten, muß das reflektierte Lichtbündel eine möglichst hohe Intensität haben. Als Lichtquelle wurde daher ein kleiner Helium-Neon-Laser gewählt, der rotes Licht mit einer Wellenlänge von ca. 600 nm (1 Nanometer = 1/1 000 000 Millimeter) abgibt. Seine Ausgangsleistung beträgt nur ca. 1 mW = 1/1000 Watt. Form

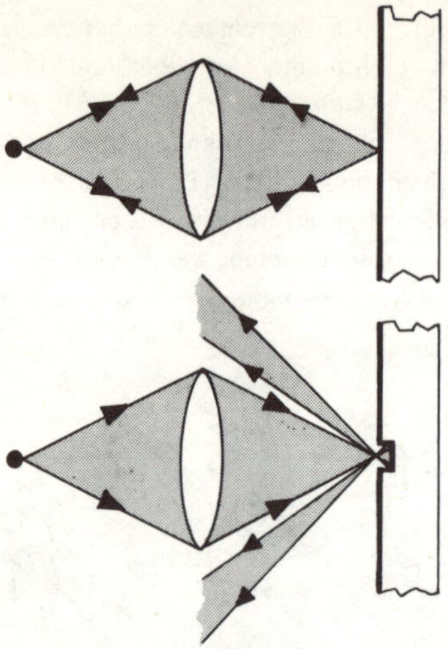

Bild 7.34 Prinzip der Lichtbeugung und Reflexion an der VLP-Bildplatte

und Größe eines solchen Lasers werden aus Bild 7.35 deutlich.

Die Spurinformation kann vom Laserstrahl ohne Beeinträchtigung durch die transparente Schutzschicht der Bildplatte gelesen werden. Der fokussierte Lichtfleck liegt nämlich aufgrund der optischen Auslegung des Objektivs und einer elektronischen Regelung immer unmittelbar in der Ebene der Pits, so daß Verunreinigungen auf der höherliegenden Oberfläche der VLP-Bildplatte praktisch keinen Einfluß auf das Signal der Fotodiode haben. Einen Schnitt durch die Platte gibt Bild 7.36 wieder, während in Bild 7.37 der Strahlengang schematisch angegeben ist.

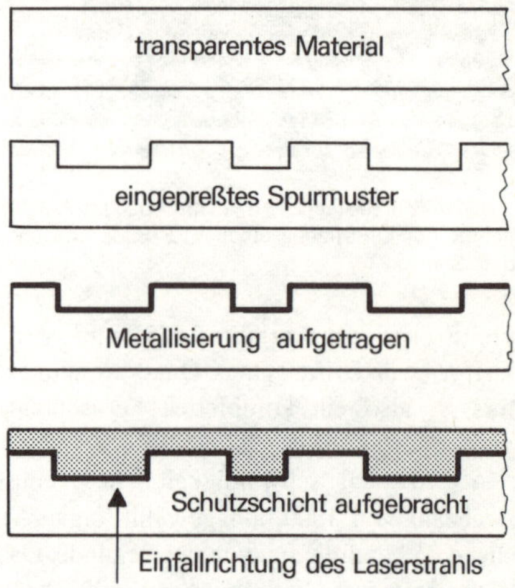

Bild 7.36 Schnittbilder der Einzelphasen bei der VLP-Bildplattenherstellung

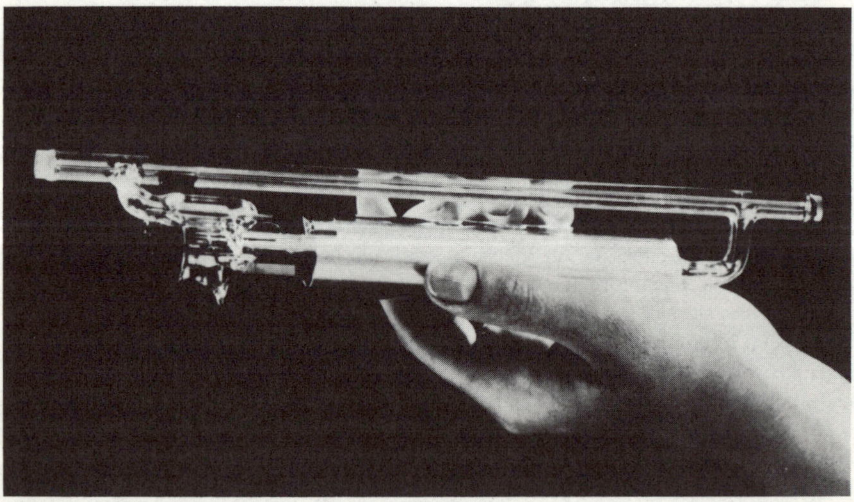

Bild 7.35 Als Lichtquelle dient ein kleiner Helium-Neon-Laser, der rotes Licht ausstrahlt (Wellenlänge ca. 600 nm)

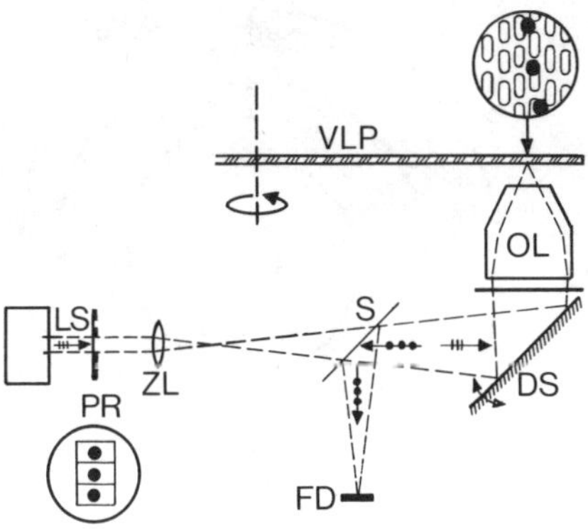

Bild 7.37 Im optischen System bildet eine Zwischenlinse den Laserstrahl in der benötigten Weise auf der Eintrittsöffnung der Objektivlinse ab und stellt aufgrund des Strahlengangs zugleich eine korrekte Abbildung des reflektierten Lichtpunkts auf der Fotodiode sicher. Schema des optischen Systems: LS = Laserstrahl, PR = Phasenraster, ZL = Zwischenlinse, S = teildurchlässiger Spiegel, FD = Fotodiode, DS = Drehspiegel, OL = Objektivlinse

Die »Masterplatte«, die als Originalvorlage zur Herstellung der Preßmatrizen dient, wird ebenfalls mit einem Laser »geschnitten«, der allerdings eine erheblich höhere Ausgangsleistung hat.

7.4.2.1. Tricktechniken

Wegen der opto-elektronischen Auswertung der Informationsspur ergeben sich einige Anwendungen, die mit herkömmlichen mechanischen Abtastverfahren nicht möglich sind, z.B. uneingeschränktes Stehbild, sichtbarer Bildrücklauf und der sofortige wahlfreie Zugriff (*random access*). Der Philips VLP-Plattenspieler ist in Verbindung mit einem Fernsehgerät für folgende Funktionen eingerichtet: Normale Bildwiedergabe vorwärts, schneller Vorlauf (Zeitraffereffekt), schneller Rücklauf, Stehbild, Einzelbildschaltung, Zeitlupe vorwärts und rückwärts (einstellbar bis zu 4 s pro Bild), numerische Bildanzeige.

Diese vielfältigen Betriebsarten lassen sich deshalb realisieren, weil die Plattendrehzahl mit der Bildfrequenz des Fernsehens übereinstimmt. Da ein Fernsehbild aus zwei aufeinanderfolgenden Halbbildern besteht, hat man diese Aufteilung auch bei der VLP-Bildplatte übernommen. Auf jede Spurwindung entfallen also zwei Halbbilder und damit auch zwei Vertikal-Synchronisierzeichen, die folglich immer an der gleichen Stelle der Spursignale liegen, nämlich einander diametral um 180° gegenüber (Bild 7.38a).

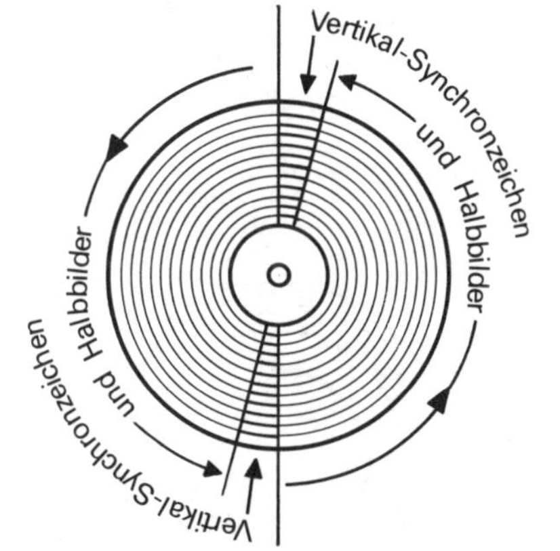

Bild 7.38a Verteilung der Videoinformation und der Synchronisierzeichen auf der VLP-Bildplatte

Da in dieser Zeit das Fernsehbild dunkel gesteuert wird, kann man den abtastenden Lichtpunkt innerhalb der schmalen Sektoren von einer zur anderen Spurwindung springen lassen, ohne daß es im wiedergegebenen Fernsehbild sichtbar wird (Bild 7.38b). Dazu dient ein Regelsystem, mit dem die einzelnen Funktionen gesteuert werden.

Wegen der guten Übersprechdämpfung zwischen benachbarten Spuren (ca. 43 dB) ist es u. a. möglich, pro Umdrehung ein jeweils völlig anderes Bild in der Spur zu speichern. Somit könnte man z. B. Bildplatten mit 30 Minuten Laufzeit und 45 000 Einzelbildern herstellen, wobei jedes Bild seine eigene elektronisch eingeprägte Nummer trägt, die auf Tastendruck auf dem Bildschirm eingeblendet werden kann (Bild 7.39). Anhand dieser numerischen Bildanzeige können Bildfolgen und Einzelbilder ohne weiteres »herausgesucht« werden.

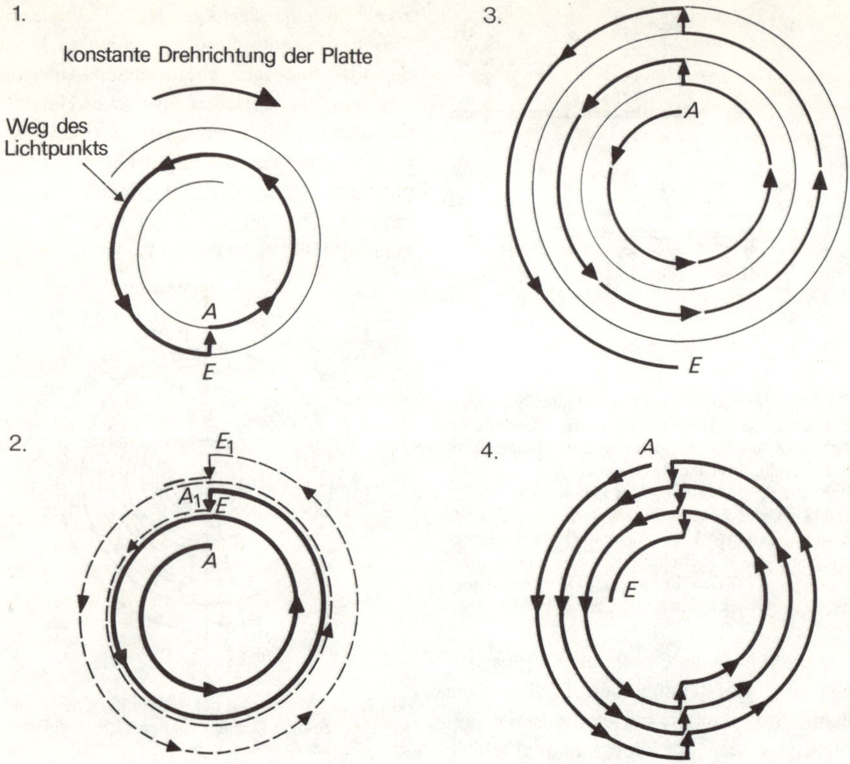

Bild 7.38b Darstellung einiger Tricktechniken, wobei *A* den Anfang und *E* das Ende des jeweils nötigen Lichtpunktwegs in der Spur kennzeichnen: 1. Stehbild, 2. halbe Geschwindigkeit vorwärts, 3. doppelte Geschwindigkeit vorwärts, 4. normale Geschwindigkeit rückwärts

Bild 7.39 Beim VLP-Bildplattensystem lassen sich die einzelnen Bildnummern per Tastendruck auf dem Bildschirm einblenden

7.4.3. Servosysteme

Die im Spurmuster enthaltenen sehr kleinen Details machen es erforderlich, das optische System mit großer Genauigkeit zu führen, damit der auslesende Laserstrahl präzise in der Spur bleibt. Die Anforderungen lassen sich mit mechanischen Steuerungen nicht mehr verwirklichen, so daß man elektronische Regelsysteme einsetzen muß.

7.4.3.1. Spurhaltung und Fleckfokussierung

Zur Korrektur der horizontalen Abweichungen des auslesenden Lichtpunkts von der Spurmitte wurde ein spezielles optoelektronisches Regelsystem entwickelt. Hierfür werden zwei Hilfslichtbündel gebraucht, die man aus dem Laserstrahl abzweigt. Beide Hilfsbündel haben gegenüber der Spurmitte etwas nach links und rechts versetzte Auftreffpunkte und werden nach Reflexion in einer elektronischen Schaltung ausgewertet (Bild 7.40).

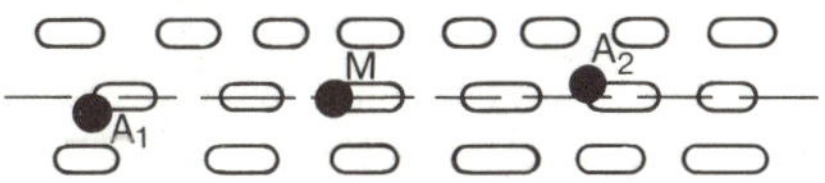

Bild 7.40 Lage der Hilfslichtbündel A_1 und A_2 mit 15 μm vor und hinter dem Leselichtbündel M

Es entsteht dabei ein Korrektursignal, das Abweichungen von der Spurmitte ausgleicht, indem es einen beweglichen Drehspiegel steuert. Bedingt durch die elektronische Auslegung des Regelsystems können die ballistischen Eigenschaften des Drehspiegels ausgenutzt werden, um den Lichtpunkt für die erwähnten Tricktechniken schnell von einer Spurwindung auf die andere springen zu lassen (Bild 7.41).

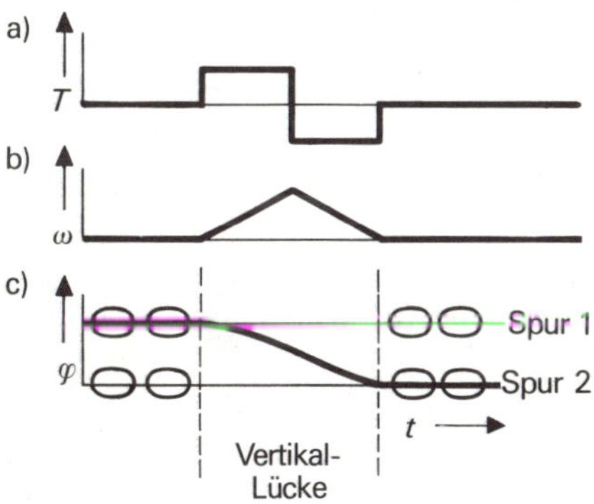

Bild 7.41 Steuerung des Drehspiegels bei einem Spurwechsel: a) = rechteckförmig modulierter Strom durch die Spule des Systems, b) = Winkelgeschwindigkeit ω des Spiegels, c) = Position φ des Spiegels

Ein ähnliches System wird auch zur vertikalen Fokussierung des Lichtpunkts auf der Informationsspur angewandt (u. a. um den Höhenschlag der Platte auszugleichen). Es besteht im wesentlichen aus einer elektrodynamisch arbeitenden Einheit, die eine kontrollierte Verschiebung des Objektivs möglich macht (Bild 7.42). Sie wird von einem Signal gesteuert, das abhängig ist von der momentanen Position eines aus dem Laserstrahl abgezweigten Hilfslichtbündels auf der Plattenoberfläche; Bild 7.43 zeigt dies schematisch.

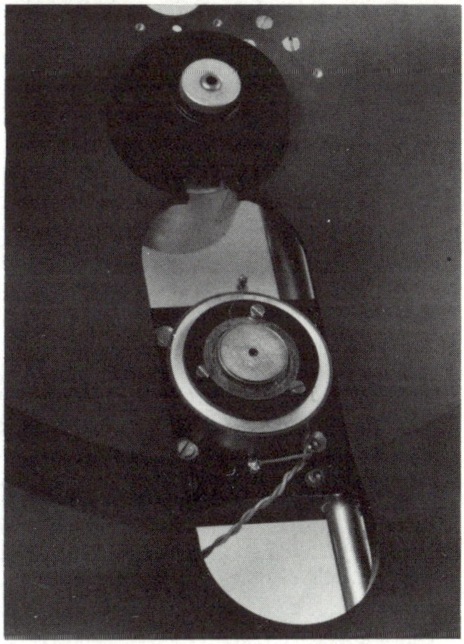

Bild 7.42 Prinzipielle Möglichkeit zur Fleckfokussierung. Das Laserlicht tritt durch die kleine Öffnung in der Mitte der runden Platte aus, unter der sich die Objektivlinse befindet, die beweglich in einem Schwingspulensystem angeordnet ist. Oben ist der Platten-Antriebsmotor mit Tachogenerator zu erkennen

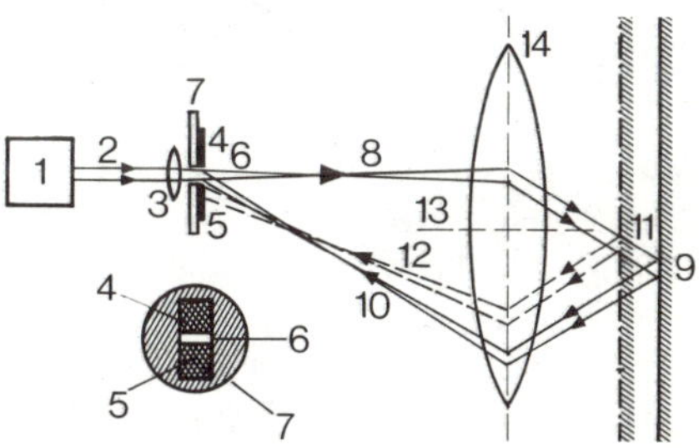

Bild 7.43 Mögliches Schema der Fleckfokussierung: 1 = Laserquelle, 2 = Laserstrahlbündel, 3 = Hilfslinse, 4 u. 5 = Detektoren, 6 = Spaltöffnung, 7 = lichtundurchlässige Platte, 8 = gebündelter Hilfsstrahl, 9 u. 11 = Reflexionspunkte, 10 u. 12 = reflektierte Hilfsstrahlen, 13 = optische Achse der Objektivlinse 14

7.4.3.2. Radialer Systemtransport und Drehzahlregelung

Beim Abspielen der Bildplatte muß das gesamte optische System (einschließlich des Lasers) langsam in radialer Richtung verschoben werden, und zwar um 1,66 µm pro Umdrehung, was einer radialen Geschwindigkeit von ca. 2,5 mm/min entspricht. Während sich das optische System bei normaler Bildwiedergabe radial zum Plattenrand bewegt, muß es z. B. beim Stehbild an der entsprechenden Stelle verharren und beim Rücklauf sogar seine Richtung ändern. Mechanisch wird dies von einem Elektromotor und einem Zahnradantrieb ausgeführt. Die Elektronik des radialen Transportsystems erhält ihr Steuersignal von dem durch die Drehspule des Umlenkspiegels fließenden Steuerstrom des Spurhaltesystems.

Die zulässige Exzentrizität der Video-Langspielplatte wird beim Abspielen durch den beweglichen Umlenkspiegel ausgeglichen, der auch bei den verschiedenen speziellen Betriebsarten, wie Stehbild, Zeitlupe und Zeitraffer, eine wichtige Rolle spielt.

Die Plattendrehzahl von 25/s muß mit einer Genauigkeit von $10^{-3} = 0{,}1\,\%$ konstantgehalten werden. Dazu dient ein Gleichstrommotor mit Tachogenerator, der eine Wechselspannung abgibt, deren Frequenz ein Maß für die Drehzahl der Motorachse ist. Über ein *RC*-Netzwerk liefert dieses Signal eine Regelspannung zur Drehzahlkonstanthaltung des Gleichstrommotors.

7.4.4. Signalverarbeitung

Im Pit-Muster der VLP-Spur sind sämtliche Informationen zur Wiedergabe eines Farbfernsehbilds und des korrespondierenden Tonsignals in codierter Form enthalten. Das Helligkeitssignal ist dabei das Hauptsignal, das Farbsignal entspricht dem PAL-System und ist zusammen mit dem Tonträger in das Frequenzspektrum integriert.

Aus verschiedenen Gründen wurde eine obere Video-Frequenzgrenze von 3 MHz festgelegt. Es kann eine mehrkanalige Tonwiedergabe erfolgen, z. B. als Stereosendung oder als mehrsprachige Kommentierung bestimmter Programme. Die Video-Langspielplatte kann ab einem Durchmesser von 12 cm benutzt werden und wird, wie bereits erwähnt, von innen nach außen abgespielt.

7.4.4.1. Aufnahme

Bei der Aufnahme wird, ähnlich wie bei VCR, ein Träger von 6 MHz mit dem auf 3 MHz begrenzten *Y*-Signal frequenzmoduliert, und zwar im Bereich von 5,6 bis 7,0 MHz (Bild 7.44). Das untere Seitenband wird bis 3,0 MHz übertragen, das obere fällt dagegen bei 7,0 MHz ab. Am unteren Ende des Frequenzspektrums ist Platz für die Farb- und Tonsignale. Der PAL-Farbhilfsträger wird hierbei von 4,43 MHz auf 1,68 MHz mit einer Bandbreite von ± 500 kHz umgesetzt. Die beiden möglichen Tonträgerfrequenzen wurden auf 425 und 700 kHz festgelegt, der maximale Frequenzhub beträgt in beiden Fällen ± 50 kHz, die NF-Bandbreite ist 16 kHz und ermöglicht eine ausgezeichnete Tonqualität.

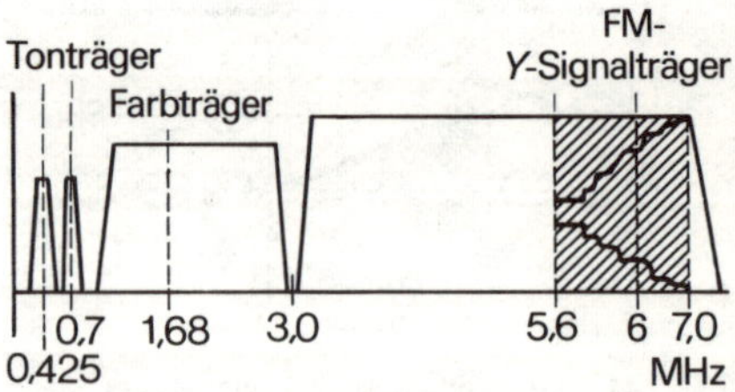

Bild 7.44 Frequenzverteilung beim VLP-System

Die Signale für Helligkeit, Farbinformation und Ton werden in einem bestimmten Amplitudenverhältnis addiert, wobei die Amplituden der Farb- und Tonsignale kleiner sein können als die des Helligkeitssignals, weil wegen der geringeren Übertragungsbandbreite auch der Rauschanteil niedriger ist. Durch eine symmetrische Begrenzung des resultierenden Summensignals enthält man ein Impulssignal (Rechtecksignal) mit zwei konstanten Pegeln und variierenden Abständen. Es besteht aus dem frequenzmodulierten Helligkeitssignal, das seinerseits mit dem Farb- und Tonsignal impulsbreitenmoduliert ist (Bild 7.45). Das begrenzte Signal wird dann dem Lichtmodulator zugeleitet, der den Prozeß der Pit-Erzeugung durch den Laserstrahl auf der Masterplatte steuert.

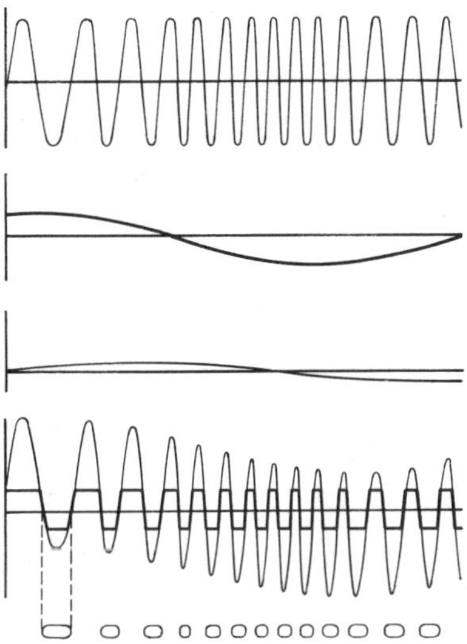

Bild 7.45 Die VLP-Signale für Helligkeit (a), Farbinformation (b) und Ton (c) werden in einem Amplitudenverhältnis 20 : 4 : 1 addiert. Durch eine symmetrische Begrenzung des resultierenden Summensignals erhält man ein Impulssignal (Rechtecksignal) mit zwei konstanten Pegeln und variierenden Abständen (d). Dieses begrenzte Signal steuert im Lichtmodulator den Prozeß der Pit-Erzeugung durch den Laserstrahl auf der Master-VLP (e)

7.4.4.2. Wiedergabe

Bei der Wiedergabe muß das Ausgangssignal der Fotodiode elektronisch aufbereitet werden, damit es auf einem Monitor oder Fernsehempfänger als sichtbares Bild wahrgenommen werden kann. Neben dem Demodulieren des FM-Helligkeits- und FM-Tonsignals kommt hierbei dem Transponieren und Korrigieren des Farbhilfsträgers sowie der Kompensation von eventuellen Signalunterbrechungen (Dropouts) die größte Bedeutung zu.

Laut Bild 7.46 durchläuft das Signal des Fotodetektors zunächst einen Vorverstärker und wird anschließend durch Filter frequenzmäßig in seine drei Bestandteile Helligkeit (3,0—7,0 MHz), Farbe (0,8 bis 2 MHz) und Ton (425 und 700 kHz) zerlegt. Das FM-Helligkeitssignal erhält dann eine Laufzeit- und Frequenzkompensation, so daß sich eine lineare Frequenzcharakteristik ergibt. Der folgende FM-Detektor liefert das videofrequente Helligkeitssignal an eine Schaltstufe, wo es korrigiert wird und über eine Verzögerungsleitung an eine Klemm- und Addierstufe gelangt. Dort koppelt man das komplette FBAS-Signal (Farb-Bild-Austast-Synchronsignal) aus (zwecks Überspielung usw.) und leitet es gleichzeitig dem eingebauten UHF-Sender als Modulation zu. Das gilt auch für die Tonmodulation.

Man führt das FM-Helligkeitssignal des Vorverstärkers außerdem über eine Verzögerungsleitung von 64 µs zu einer zweiten Begrenzer- und Demodulatorschaltung. Dieses verzögerte, videofrequente Signal dient als Ersatzsignal, falls das Hauptsignal infolge eines Dropouts gestört sein sollte. Dropouts werden in einer separaten Detektorschaltung erkannt, die daraufhin das Umschalten von der gestörten auf die gespeicherte Zeile auslöst. Da die Laufzeit des gestörten Signals durch Begrenzer und FM-Detektor länger ist als die Zeit, die der Dropout-Detektor braucht, um umzuschalten, ist der Weg für das gestörte Signal bereits gesperrt, wenn es die Schaltstufe erreicht.

Das Farbsignal mit der Trägerfrequenz 1,68 MHz wird zunächst vom übrigen Signal getrennt und auf ein konstantes Niveau gebracht. In der Mischstufe I entsteht dann durch Mischung mit einer ersten Hilfsfrequenz (2,75 MHz) wieder die PAL-Farbträgerfrequenz von 4,43 MHz. In der Mischstufe II wird aus dem 1,68-MHz-Farbsignal und einer zweiten Hilfsfrequenz

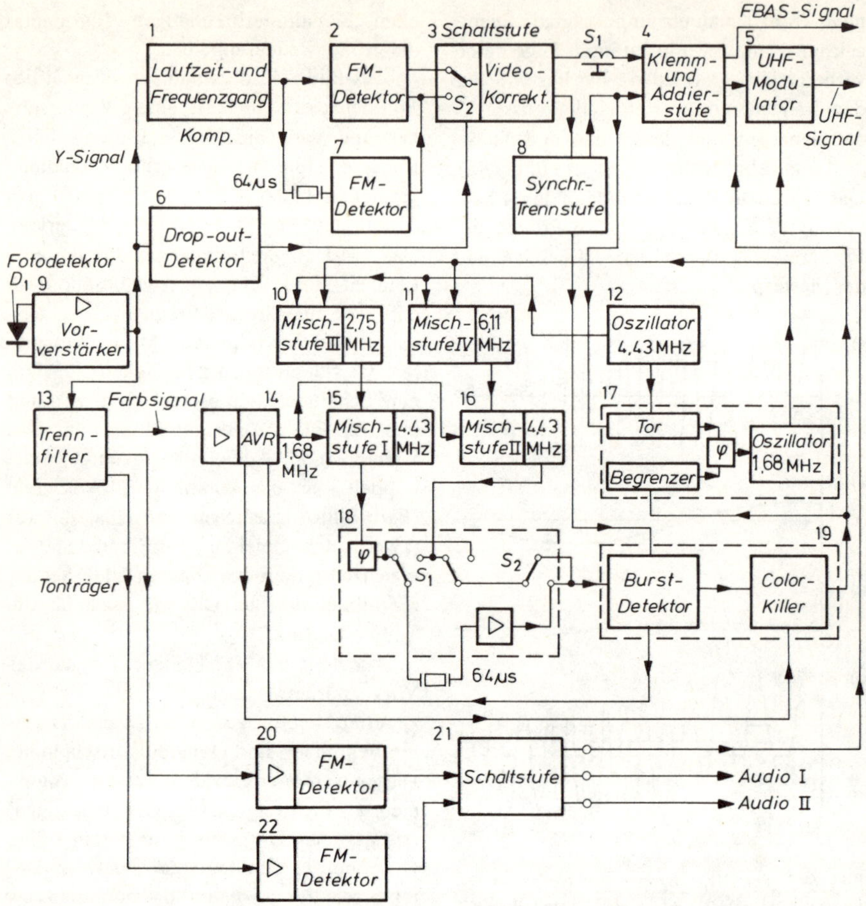

Bild 7.46 Blockschema der Schaltung des VLP-Plattenspielers

(6,11 MHz) ebenfalls die PAL-Farbträgerfrequenz von 4,43 MHz gewonnen. Beide Hilfsfrequenzen entstehen als Mischprodukte eines quarzgesteuerten 4,43-MHz-Oszillators mit einem 1,68-MHz-Oszillator, der über einen Phasenvergleich starr mit der Burstfrequenz verkoppelt ist. Der Phasenvergleich erhält die Burstfrequenz aus dem Videosignal der Platte sowie einen zeilenfrequent getasteten Burst aus dem 4,43-MHz-Quarzoszillator. Bei Änderungen der Quarzoszillatorfrequenz oder der Platten-Burstfrequenz aufgrund einer Drehzahlabweichung entsteht daher an den Ausgängen der beiden 4,43-MHz-Mischstufen stets die exakte PAL-Farbhilfsträgerfrequenz von 4,43 MHz, so daß auftretende Zeitfehler eliminiert werden.

In einer weiteren Stufe kann das Farbsignal bei Bedarf elektronisch umgeschaltet werden, und zwar ist der eine Schalter bei Stehbildwiedergabe tätig und der andere bei einem Dropout. Eine vom Burstdetektor abgeleitete Regelspannung schaltet den Color-Killer bei fehlendem Burstsignal ein.

Beide Tonkanäle liefern nach Begrenzung und Demodulation entsprechende Niederfrequenzen, die über eine Schaltstufe an die betreffenden Ausgänge bzw. an die Klemm- und Addierstufe geführt werden.

Bei einem Dropout wird der Tonkanal für die Dauer der Störung ausgetastet und damit eine hohe Störbefreiung erzielt.

7.6. P.I.P.-System

Das von Philips entwickelte P.I.P.-System *(**P**rogrammed **I**ndividual **P**resentation)* nutzt die Möglichkeiten der Tonbildschau und des Super-8-Films, d. h. es kombiniert das Stehbild mit dem Laufbild auf eine neuartige Weise und unterlegt beides mit dem zugehörigen Ton. Das P.I.P.-System dient zur audiovisuellen Information und Unterweisung einzelner Personen oder kleiner Gruppen in Industrie, Handel, Handwerk, Werbung und anderen Bereichen (Bild 7.47). Als Wiedergabegerät wird

Bild 7.47 Das Philips P.I.P.-System dient der audiovisuellen Information und Unterweisung. Als Wiedergabegerät wird ein »Cassettescope« verwendet

ein sogenanntes Cassettescope verwendet, das mit einer speziellen Super-8-Filmcassette und einer Compact-Cassette C 60 arbeitet (Bild 7.48).

Die Funktionsweise des Systems läßt sich wie folgt erläutern: Das mit einer konstanten Geschwindigkeit von 4,75 cm/s laufende Tonband enthält auf einer Spur

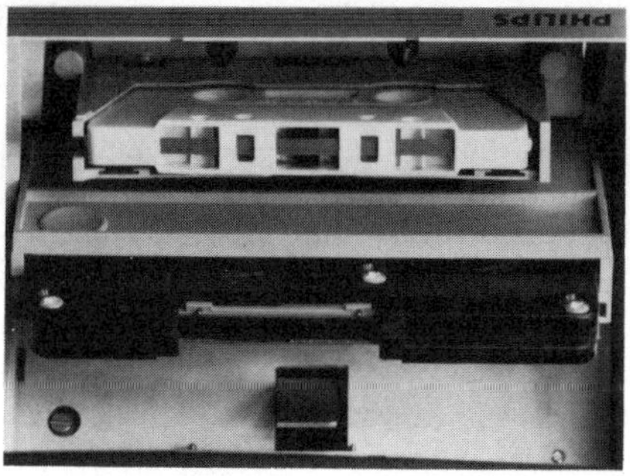

Bild 7.48 Super-8-Filmcassette und Compact-Cassette werden in getrennte Halterungen eingelegt

den Begleitton (Text und Musik) des Programms und auf einer zweiten, parallellaufenden Spur die Steuerimpulse für den Ablauf des Films. Da jeder Impuls einen Bildwechsel auslöst, wird die Filmgeschwindigkeit von der Häufigkeit der Impulse auf dem Tonband bestimmt (Bild 7.49).

Dieses Prinzip macht es möglich, einen Super-8-Film als Laufbild, Stehbild oder Intervallbildfolge vorzuführen. Der Film wird mit einem Greifermechanismus ruck-

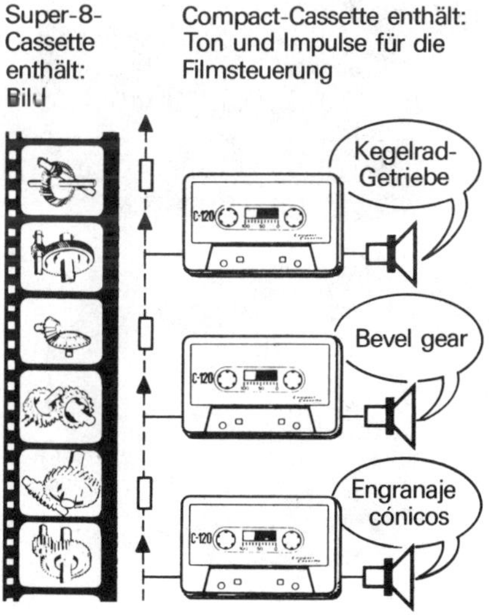

Bild 7.49 Schematisches Beispiel für die Universalität des P.I.P.-Systems

weise — der Impulsfolge entsprechend — transportiert. Eine einflügelige Umlaufblende rotiert, ohne Rücksicht auf die jeweilige Filmgeschwindigkeit, ständig mit einer Drehzahl von 54/s. Dadurch tritt auch bei hoher Bildleuchtdichte kein Flimmern auf, und die Leuchtdichte des Bildschirms bleibt bei jeder Filmgeschwindigkeit sowie beim Stehbild konstant. Durch eine entsprechende Konstruktion ist sichergestellt, daß der Greifermechanismus den Film immer nur dann transportiert, wenn der Strahlengang durch die Umlaufblende abgedeckt ist.

Die im oberen Teil des Cassettescopes eingebaute Fresnellinse dient als Bildschirm und hat eine Diagonale von 20 Zentimetern. Eine Betrachtung der Bilder ist bei Kunst- und Tageslicht möglich. Für größere Zuschauergruppen gibt es das Cassettescope auch für Aufbildprojektion (Bild 7.50). Der Ton des P.I.P.-Programms wird von einem eingebauten Lautsprecher wiedergegeben. Um andere Personen nicht zu stören, kann der Ton auch über Kopfhörer wahrgenommen werden.

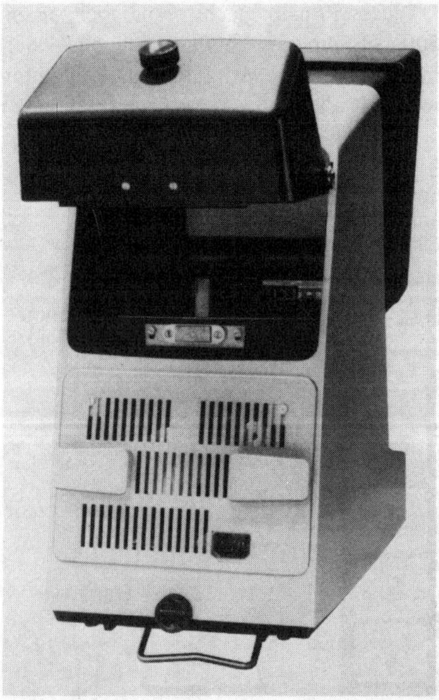

Bild 7.50 Das Cassettescope kann auch für die Aufbildprojektion eingerichtet werden

Die Dauer der AV-Programme wird von der Spieldauer des Tonbands bestimmt; eine C 60-Cassette ergibt also eine Laufzeit von 30 Minuten. Die Laufzeit eines üblichen Super-8-Films von 15 Metern Länge, der ca. 3600 Einzelbilder enthält, beträgt bei einer Filmgeschwindigkeit von 24 B/s dagegen nur rund $2^1/_2$ Minuten. Um Bewegungsabläufe sichtbar zu machen, genügen jedoch zumeist schon 12 Bilder je Sekunde, vielfach kommt man auch mit 4 Bildern aus. In zahlreichen Fällen ist für die Information sogar nur ein Stehbild nötig. Da beim Cassettescope jede Filmgeschwindigkeit realisierbar ist, können die vorhandenen 3600 Einzelbilder eines Super-8-Films beliebig auf die möglichen 30 Minuten Spielzeit verteilt werden. Für eine gleichlange Laufzeit würde man beim Super-8-Verfahren etwa 180 Meter Film benötigen.

Die Wirtschaftlichkeit des P.I.P.-Systems ist in den Variationsmöglichkeiten des Filmablaufs begründet; bei der Produktion eines AV-Programms können bis zu 90 Prozent der Filmkopierkosten gespart werden. Aus diesem Grund dürfte es für viele Anwendungsfälle sehr vorteilhaft sein, fertige Filme, Dia-Serien und andere Filmprogramme für das P.I.P.-System umzuwandeln, mit einem Begleitton zu ergänzen und mit dem Cassettescope vorzuführen.

7.7. Dia- und Filmvertonung

Über diese Themen kann man sehr viel sagen, besonders was die Filmvertonung betrifft. Aus Platzgründen ist es jedoch unmöglich, hier alle gängigen bzw. interessanten Verfahren vorzustellen. Wir beschränken uns daher auf die Dia-Vertonung mit Cassetten- und Spulengeräten sowie auf eine kurze Darstellung einiger einfacher, nichtsynchroner Methoden zur Filmvertonung, bei denen die Compact-Cassette benutzt wird. Moderne Filmvertonungssysteme, die z. B. im Zweibandverfahren elektronisch eine absolut lippensynchrone Übereinstimmung zwischen Bild und Ton ermöglichen oder im Einbandverfahren bereits bei der Aufnahme den Ton synchron aufzeichnen, müssen hier aus Platzgründen leider unberücksichtigt bleiben.

7.7.1. Dia-Vertonung mit Cassettenrecordern

Cassettenrecorder mit eingebautem Impulskopf (z. B. Philips 2209 AV) bieten eine einfache Vertonungsmöglichkeit mit Compact-Cassetten. In Verbindung mit einem geeigneten Dia-Steuergerät (z. B. Philips N 6401) können elektrische Impulse für die automatische Dia-Projektion oder die Synchronisation von vertonten Schmalfilmen auf das Magnetband gesetzt bzw. vom Band abgenommen werden (Bild 7.51). Der integrierte Impulskopf ermöglicht die Verwendung der kleinen Cassetten für Vertonungszwecke bei gleichzeitiger synchroner Steuerung des Film- oder Dia-Projektors. Über die Spurlagen auf dem 3,8 mm breiten Cassettenband informiert Bild 7.52.

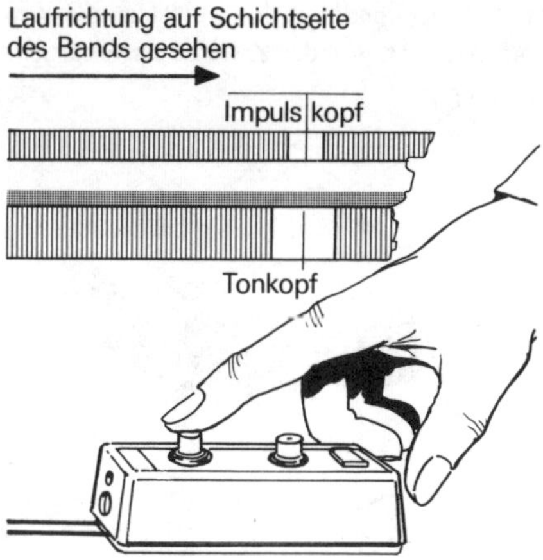

Bild 7.52 Spurlagenverteilung auf dem Band der Compact-Cassette

Das Steuergerät enthält u. a. einen Impulsgenerator, dessen Ausgangssignal dem Impulskopf im Recorder zugeführt wird. Die beiden Anschlußkabel werden mit dem Recorder (rechte Buchse) und dem Projektor (Impulsbuchse) verbunden (Bild 7.53). Es können alle handelsüblichen Automatik-Projektoren benutzt werden. Mit den Tasten des Steuergeräts wird auf Aufnahme/Wiedergabe geschaltet bzw. das Setzen der Impulse vorgenommen. Die

Bild 7.51 Philips Cassettenrecorder 2209 AV und Dia-Steuergerät N 6401 für Dia- und Filmvertonung

Impulsfrequenz beträgt 1000 Hz, die Impulsdauer ist von der Zeit des Tastendrucks abhängig.

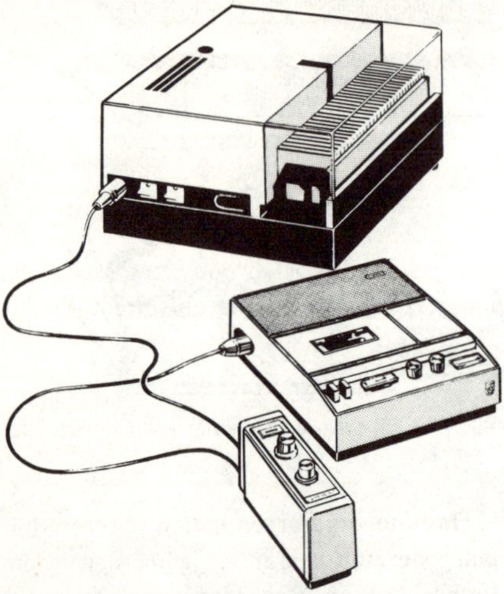

Bild 7.53 Zusammenschaltung der Geräte für die Dia-Vertonung bzw. -Projektion

Stehen allerdings Dia-Projektoren mit eingebautem Impulsgenerator und Tastatur zur Verfügung, braucht man kein Steuergerät. Der Cassettenrecorder mit eingebautem Impulskopf kann dann direkt mit dem Projektor verbunden werden.

Zum **Vertonen** ordnet man die Dias in der vorgesehenen Reihenfolge in das Magazin ein. Um einen reibungslosen Ablauf der Vertonungsarbeiten zu erhalten, bereitet man anhand der gewählten Dia-Folge ein Manuskript vor, aus dem die jeweiligen Einsätze für den Kommentar und die Geräusch- und Musikuntermalung hervorgehen. Für die Begleitmusik gibt es mehrere Möglichkeiten der Aufnahme.

Erstens kann man sie in einem Durchlauf zusammen mit dem erläuternden Kommentar aufzeichnen, indem man das Mikrofon abwechselnd vor den Lautsprecher des Musikgeräts und den Mund des Sprechers hält. Zweitens läßt sich dies dadurch noch verfeinern, daß die Begleitmusik vor dem Beginn eines Kommentars mit dem Lautstärkeregler des Musikgeräts langsam ausgeblendet und am Ende der Sprechstelle wieder eingeblendet wird. Auf diese Weise kann man beim Ein- und Ausblenden mit dem Lautstärkeregler auch vorteilhaft die Begleitmusik wechseln oder an ihrer Stelle für ein bestimmtes Bildmotiv ein typisches Geräusch einblenden und außerdem bei einem Versprecher das Band an einer Ausblendstelle verhältnismäßig leicht stoppen und aufs neue besprechen.

Drittens kann man die Vertonungsarbeit mit einem Überblendadapter vornehmen, der als kleines »automatisches Mischpult« wirkt (Bild 7.54). Der Überblendadapter ist in ein kleines Polystyrolkästchen eingebaut und hat einen Dreistufenschalter. Mit ihm kann die Art der Signaleinspeisung gewählt werden. Wird der Überblendadapter zwischen Mikrofon, Plattenspieler und Automatik-Cassettenrecorder angeschlossen, ersetzt der Adapter jegliche Bedienung von Lautstärkereglern.

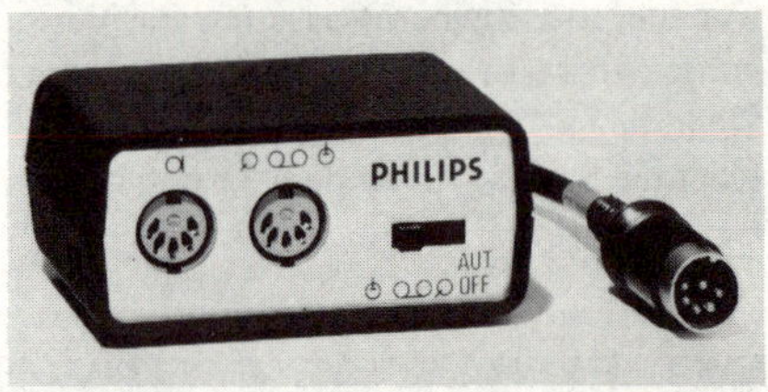

Bild 7.54 Automatischer Überblendadapter N 6728 für Cassettenrecorder mit automatischer Aussteuerung

Zeichnet man beispielsweise Musik für eine Dia-Vertonung auf und soll gleichzeitig ein Kommentar gegeben werden, so braucht nur ins Mikrofon gesprochen zu werden, um auf dem Band die gewünschten Spracheinblendungen zu erhalten. Das kräftigere Mikrofonsignal regelt nämlich den Aufnahmeverstärker des Cassettenrecorders automatisch so ein, daß die Sprache deutlich lauter als die Musik aufgezeichnet wird. Wenige Sekunden nach dem Ende des letzten Worts erreicht die

Musik dann wieder ihre ursprüngliche Lautstärke.

Es ist nicht unbedingt nötig, das Einspielen von Hintergrundmusik und Bild-Erläuterungen anhand einer gleichzeitig ablaufenden Dia-Schau vorzunehmen. Wenn die möglichst knappen und prägnanten Kommentare vorher schriftlich niedergelegt worden sind, fällt es nicht mehr schwer, sie ohne Bild exakt in das Mikrofon zu sprechen, die Pausen nach den im Manuskript angegebenen Zeiten einzuhalten und den Begleitton aufzunehmen. Es entfallen dann auch die unter Umständen störenden Geräusche des laufenden Projektors und des Dia-Wechsels.

Das **Setzen der Impulse** ist sehr einfach. Wenn man das Dia-Magazin in den Projektor eingesetzt und die Kabelverbindungen zum Steuergerät und zum Cassettenrecorder hergestellt hat, wird auf Impulsaufnahme geschaltet und die bespielte Compact-Cassette eingelegt. Der Recorder wird mit dem Mikrofonschalter gestartet, und die ersten Takte der aufgespielten Musik erklingen. Ein kurzer Druck auf die Impulsgebertaste am Steuergerät (nicht länger als 0,5 Sekunden) leitet den ersten Dia-Wechsel ein. Gleichzeitig ist im Lautsprecher ein kurzer Ton zu hören, der nur eine Kontrollfunktion hat und bei der späteren Wiedergabe nicht auftritt.

Auf diese Weise werden alle Impulse an den sich aus der Kommentierung und der Begleitmusik oder den eingespielten Geräuschen ergebenden Stellen des Tonbands gesetzt. Ein versehentlich aufgenommener Impuls kann wieder gelöscht werden. Mit ein wenig Übung lassen sich zu bestimmten Bildern exakt die betreffenden musikalischen Effekte oder Geräusche gleichzeitig »auf den Bildwechsel« genau einfügen.

Zur **Wiedergabe** der Tonbildschau wird die an ihren Anfang zurückgespulte Cassette in den Recorder gelegt und das Dia-Magazin eingesetzt; die Geräte werden untereinander ordnungsgemäß mit ihren Anschlußkabeln verbunden und eingeschaltet. Jedesmal, wenn ein vorher aufgenommener Impuls den Magnetkopf im Recorder passiert, wird ein Schaltvorgang ausgelöst, und der Dia-Projektor wechselt synchron zum Tonprogramm.

Um auch Dia-Projektoren anschließen zu können, die nicht mit einer genormten Anschlußbuchse ausgerüstet sind, ist der Stecker am Projektorkabel des Steuergeräts N 6401 gegen einen zum Projektor passenden Stecker auszutauschen. Es ist darauf zu achten, daß der Stecker der benötigten Schaltspannung entspricht. Einige Dia-Projektoren besitzen außer der Möglichkeit zur Fernbedienung des DiaWechsels auch eine Fernfokussierung. Wenn das Steuergerät an einem derartigen Projektor angeschlossen ist, besteht diese Möglichkeit normalerweise nicht mehr. Um sie dennoch aufrechtzuerhalten, muß ein Kabelzwischenstück angefertigt werden, das auf der einen Seite einen Stecker für die Projektorbuchse trägt und auf der anderen Seite zwei entsprechende Kupplungen für das Dia-Steuergerät und für die Fernfokussierung des Projektors. Auch hier müssen Stecker und Buchsen für die Schaltspannung des Projektors zugelassen sein.

Als weiterer Vorteil des Steuergeräts N 6401 ist die Verwendbarkeit zur synchronen Schmalfilmvertonung zu nennen. Falls die Schmalfilmkamera einen Synchronkontakt besitzt (aber keinen eingebauten Impulsgenerator), kann dieser Kontakt über ein Verbindungskabel mit der Kopierbuchse des umgebauten Steuergeräts verbunden werden. Es werden dann Impulse im Takt der Kamera auf den Cassettenrecorder 2209 AV aufgezeichnet. Die Laufgeschwindigkeit der Kamera wird dabei dem Cassettenband aufgeprägt (elektronische Perforation).

7.7.2. Dia-Vertonung mit Spulentonbandgeräten

Der eigentliche Vertonungsvorgang mit Spulengeräten entspricht im Prinzip dem vorstehend geschilderten Verfahren, es muß jedoch ein anderes Dia-Steuergerät verwendet werden. Da Spulengeräte üblicherweise keinen eingebauten Impulskopf haben, muß das Magnetband von der Spule weggeführt und um den Magnetkopf eines Dia-Steuergeräts (z. B. Philips EL 1995) herumgeführt werden (Bild 7.55).

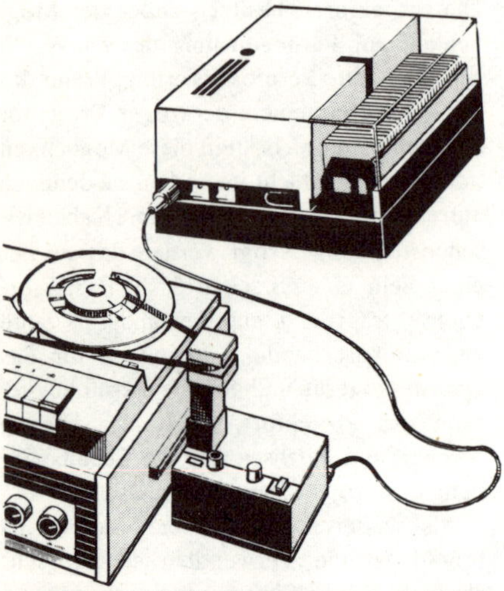

Bild 7.55 Zusammenschaltung der Geräte für die Dia-Vertonung bzw. -Projektion bei Verwendung von Spulentonbandgeräten und dem Philips Dia-Steuergerät EL 1995

Das Steuergerät kann mit handelsüblichen Tonbandgeräten und automatischen Dia-Projektoren verwendet werden, ist für Batteriebetrieb eingerichtet und wird von sechs Zellen à 1,5 V gespeist; die Batterielebensdauer beträgt ca. 100 Stunden. Ein Lämpchen zeigt den Aufnahmezustand an. Die Impulsfrequenz des drucktastengesteuerten Geräts beträgt 1000 Hz. Als einzige Kabelverbindung ist eine Anschlußleitung zum Dia-Projektor erforderlich.

Voraussetzung für eine exakte Bandführung ist die korrekte Höhenanpassung des Steuergeräts an das Tonbandgerät. Während dies im allgemeinen durch eine vertikale Verschiebung des ganzen Steuergeräts erreicht wurde, erfolgt hier lediglich eine Höhenverstellung des Magnetkopfs. Das rund 600 g schwere Steuergerät bleibt fest auf dem Tisch stehen, macht eine leichte und bequeme Justierung des Magnetkopfs möglich und garantiert einen sicheren Stand während der Vorführung. Die Schaltleistung des Steuergeräts EL 1995 beträgt 125 Watt. Dieser Wert erlaubt auch die Steuerung anderer elektrischer Anlagen über das Tonbandgerät, wie z. B. Modelleisenbahnen oder Beleuchtungseinrichtungen in Schaufenstern.

Das Impulskabel ist mit einem fünfpoligen Stecker versehen, der mit der gleichartigen Buchse des Dia-Projektors verbunden wird. Fast alle Projektoren sind mit dieser Buchse (Mab 5 oder Mab 6, Beschaltung auf Kontakt 2 und 3) ausgerüstet. Bei abweichender Eingangsbuchse oder anderer Kontaktbelegung ist ein entsprechendes Adapterkabel anzufertigen oder der Stecker auszutauschen. Ist der Projektor mit nur einer Buchse für Steuergerät und Fernfokussierung versehen, so werden die Kabel des Steuergeräts und der Fokussierung über ein Adapterkabel gemeinsam mit dieser Buchse verbunden. Dieses Kabel wird im allgemeinen vom Projektorhersteller geliefert.

Da nach Bild 7.56 die Wechselimpulse des Steuergeräts auf Spur 4 (unten) liegen, sind bei Vierspurtonbandgeräten die Spuren 1 und 3 zur Duoplay-, Multiplay- oder Stereovertonung verwendbar. Bei Zweispurgeräten kann man nur die obere Spur für die Vertonung benutzen, da die Impulse auf der unteren Hälfte der zweiten Spur liegen. Es ist selbstverständlich möglich, falsch gesetzte Steuerimpulse ohne Beeinflussung der Vertonung zu löschen und an einer anderen Stelle neu zu setzen. Ebenso werden noch vorhandene Informationen auf der Impulsspur in Stellung »Aufnahme« vom Steuergerät gelöscht.

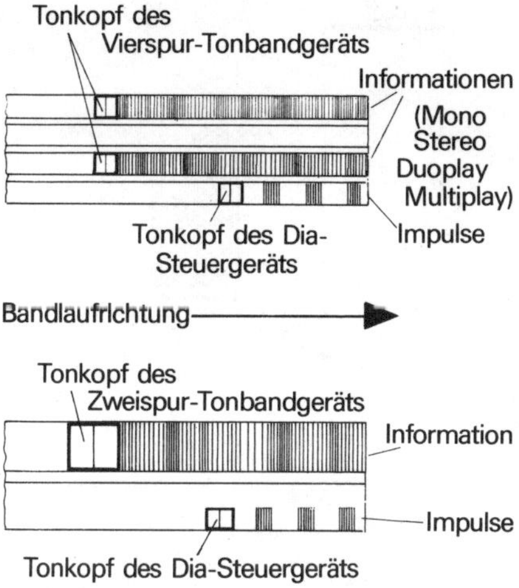

Bild 7.56 Spurlagenverteilung auf dem Spulentonband bei Vierspurbetrieb (oben) und Zweispurbetrieb (unten)

7.7.3. Nichtsynchrone Filmvertonung

»Schmalfilmvertonung für jedermann« setzt voraus, daß auch Anfänger ohne Angst vor allzuviel Technik ihre Erfahrungen auf diesem Gebiet sammeln können. Sie brauchen zur Vertonung ein Tonbandgerät, und dieses sollte einfach zu handhaben sein und keine besonderen technischen Kenntnisse des Bedienenden voraussetzen. Nimmt man also einmal den einfachsten Fall der Schmalfilmvertonung an, so kommt eine **Tonuntermalung** in Betracht, die nur aus Sprache, nur aus Musik oder auch aus beiden zusammen bestehen kann.

Bereits auf diese einfache Art kann ein Film durch den Ton mehr Lebendigkeit erhalten. Da auf eine direkte Kopplung des Vorführapparats mit dem Tonbandgerät verzichtet wird, ist ein »lippensynchroner« Tonfilm nicht möglich, für den Anfänger jedoch auch nicht erforderlich. Fast alle Schmalfilme können mit relativ einfachen Mitteln zu einem Tonfilm erweitert werden, man benötigt für dieses nichtsynchrone Zweibandverfahren lediglich ein Tonbandgerät.

Die einfachste Vertonungsmöglichkeit besteht darin, mit einer fertig bespielten »MusiCassette« einen Film akustisch zu unterlegen. Da es inzwischen Tausende von »MusiCassetten« mit unterschiedlichen Musiktiteln gibt, dürfte es nicht schwerfallen, für den betreffenden Film auch eine passende Hintergrundmusik zu finden. Nach dem Filmeinlegen braucht man nur noch die »MusiCassette« in den Recorder einzusetzen, und der »Tonfilm« ist vorführbereit (Bild 7.57). Zugegebenermaßen ist dies eine sehr einfache Art der Filmvertonung, und es liegt auf der Hand, daß man nach den ersten Versuchen bald wünscht, nicht nur musikalisch, sondern auch mit eigenen Kommentaren und Sprachtexten den Film akustisch zu beleben.

Es ist verständlich, daß bei einer Schmalfilmvertonung der exakten Ausarbeitung des Manuskripts bzw. der Texte besondere Bedeutung zukommt. Genaue Zeitangaben über die Dauer einzelner Szenen sind wichtig, weil die Vertonung nicht bei laufendem Filmprojektor vorgenommen werden sollte, um keine Laufgeräusche mit auf das Tonband zu bekommen und den Film zu schonen. Die genauen Zeitintervalle können z. B. mit einem Recorder ermittelt werden, wenn man während der Vorführung Beginn und Ende der einzelnen Filmszenen akustisch als Tonbandnotizen festhält (und jetzt Strandszene... immer noch Strand... jetzt Schnitt Fischerboot...). Anhand dieser Bemerkungen können später ohne Mühe zeitlich passende Kommentare verfaßt und eingepaßt werden.

Will man aus dem »besprochenen« Film einen »klingenden« machen, so ist für den Anfang auch dafür kein großer Aufwand nötig. Cassettenrecorder und Mikrofon genügen als Aufnahmegeräte, und als Tonquelle reicht bereits ein Plattenspieler mit Lautsprecherwiedergabe, um das Ein- und Ausblenden von Musik zu lernen und anzuwenden. Selbstverständlich kann die Musik auch von einem Cassettenrecorder kommen. Mit dem Lautstärkeregler wird

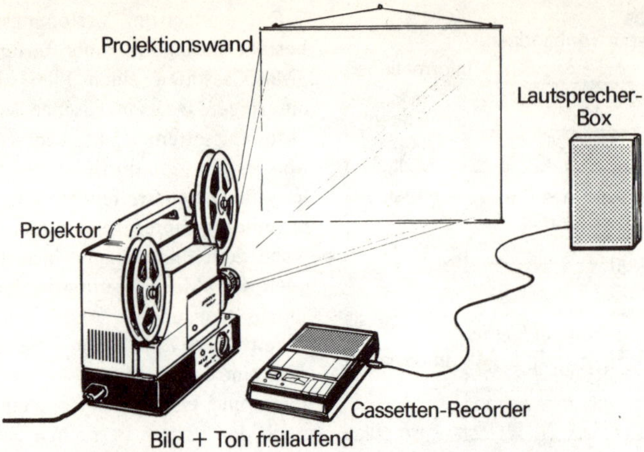

Bild 7.57 »Freilaufende« Begleitmusik oder Kommentare zum Schmalfilm machen nur eine grobe szenensynchrone Vertonung möglich, die aber in vielen Fällen bereits ausreicht

die jeweils erforderliche Lautstärke gewählt und im richtigen Verhältnis dem Sprechtext beigemischt. Musik und Sprache nimmt man in diesem Fall natürlich gemeinsam über das Mikrofon auf.

Eine elegantere Methode besteht darin, Sprache und Musik über ein Mischpult aufzunehmen. Damit werden beide Kanäle, z. B. Mikrofon und Plattenspieler, einstellbar, und man ist bei den Musikaufnahmen nicht mehr zu absoluter Ruhe verurteilt, weil die Musik nun nicht über das Mikrofon, sondern über ein Verbindungskabel direkt vom Plattenspieler auf die Cassette überspielt wird. Ein Überblendadapter leistet hier ebenfalls gute Dienste. Im übrigen gelten die bei der Dia-Vertonung gegebenen Hinweise.

Diese Vertonungsart setzt sicherlich schon eine etwas größere Routine und Vertrautsein mit der Technik voraus. Andererseits ist es aber ja nicht unbedingt erforderlich, einen 15-Minuten-Film in einem Durchgang von Anfang bis Ende zu vertonen, sondern man kann dies auch abschnittsweise machen. Ein kleines Drehbuch mit Textnotizen und Hinweisen für die Musikuntermalung leistet unentbehrliche Dienste bei der Vertonungsarbeit, die — und das sei hier noch einmal betont — bestenfalls nur eine **szenensynchrone** sein kann. Selbstverständlich ist es notwendig, Film und Ton synchron zu starten, z. B. wird der Recorder mit der an den Anfang zurückgespulten Cassette stets bei Erscheinen des ersten Filmbilds eingeschaltet und läuft dann »parallel« mit.

Dieses nicht gekoppelte »Zweibandverfahren« wurde mit dem Erscheinen der Noris-Tonfilmprojektoren weiter verbessert und so verfeinert, daß hier auch eine lippensynchrone Vertonung zu erzielen ist. Der Grund liegt in der Konstruktion des Projektors, der mit einem eingebauten Cassettenrecorder ausgestattet ist (Bild 7.58). Da die Antriebsvorrichtung des Projektors mechanisch mit der des Cassettenrecorders verbunden ist, ergibt sich der Synchronismus an jeder Stelle des Films von selbst. Das setzt natürlich voraus, daß zu Beginn der Film und das Tonband mit ihren Startmarken übereinstimmen, was übrigens bei allen Zweibandverfahren der Fall sein muß.

Projektoren mit eingebautem Cassettenrecorder sind eine reizvolle Alternative zu

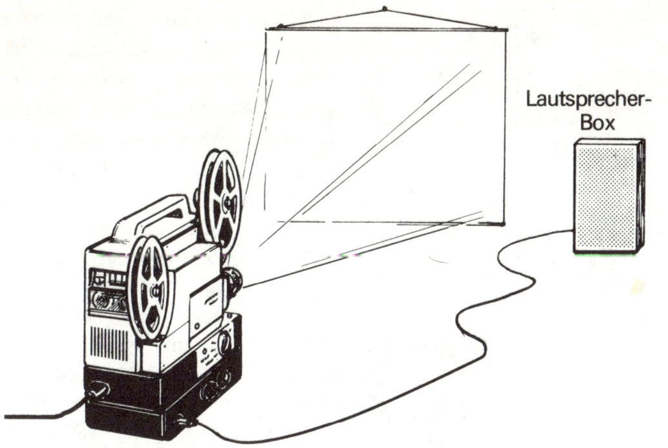

Bild 7.58 Eine exakte szenensynchrone, ja sogar auch lippensynchrone Vertonung ist mit Projektoren möglich, bei denen der Cassettenrecorder als fester Bestandteil des Projektors mechanisch mit dessen Antriebssystem verbunden ist

anderen Verfahren. Mit Mischpult und Tricktaste lassen sich praktisch alle Vertonungen durchführen, z. B. können Musik, Sprache und Geräusche nacheinander auf das Band gebracht werden. Weiche Ein- und Ausblendungen erleichtern die Vertonungsarbeiten.

7.7.4. Tonband-Tricktechniken

Moderne Tonbandgeräte sind von einer bestimmten Klasse an mit einem **Mischpult** ausgestattet. Man kann damit das Lautstärkeverhältnis von zwei Aufnahmesignalen nach Wunsch einstellen und dies über Kopfhörer kontrollieren. Weiche Ein-, Aus- und Überblendungen sind mit einem Mischpult leicht zu realisieren und stellen die einfachste Form einer Tricktechnik dar (Bild 7.59).

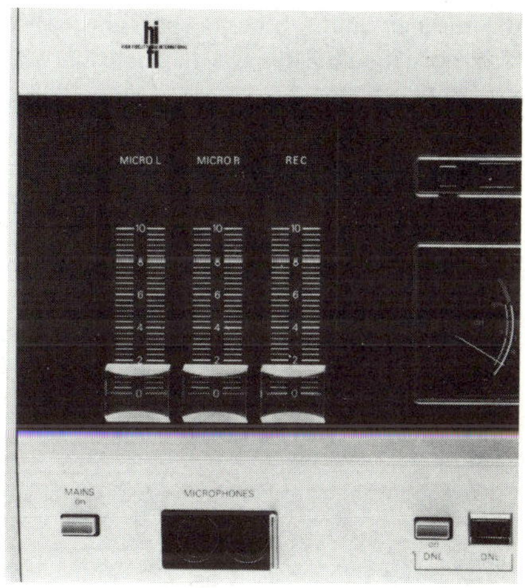

Bild 7.59 Mischpult eines modernen Tonbandgeräts

Duoplay (früher auch Playback genannt) bedeutet das getrennte Aufnehmen von zwei Signalen auf verschiedenen Spuren und anschließendes gemeinsames Wiedergeben, wobei beide Spuren parallelgeschaltet werden (Bild 7.60). Man nimmt also das erste Signal (z. B. Gesang) auf, hört die Aufnahme über Kopfhörer ab und stellt gleichzeitig synchron die zweite Aufnahme her (z. B. Gitarrenbegleitung). Der große Vorteil dieser Tricktechnik: Beide Spuren können einzeln gelöscht und korrigiert werden.

Multiplay ist ein Verfahren, mit dem man nahezu beliebig viele Aufnahmen nacheinander machen und alle gemeinsam wiedergeben kann. Das Schema in Bild 7.61 erläutert den Vorgang. Bei jeder neuen Aufnahme bleibt die vorhergegangene Aufnahme auf ihrer Originalspur erhalten

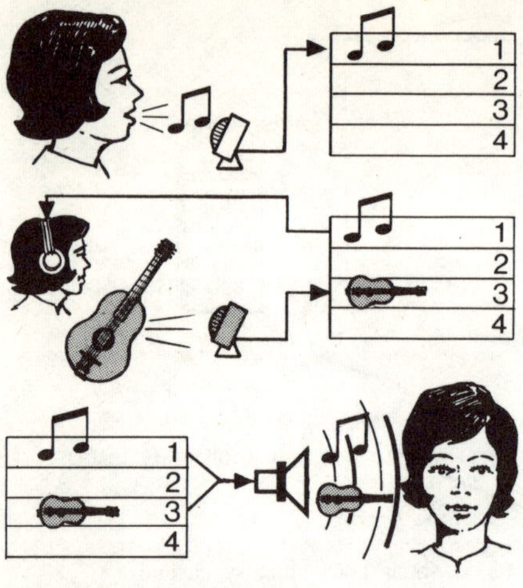

Bild 7.60 Prinzip des Duoplay

und wird zugleich mit dem neuen Signal auf die momentane Aufnahmespur überspielt. Wie bei Duoplay kann man auch hier die Synchronität über Kopfhörer kontrollieren und gegebenenfalls das zuletzt aufgenommene Signal löschen und neu einspielen, ohne die Summe der bisher gemachten Aufnahmen zu beeinträchtigen.

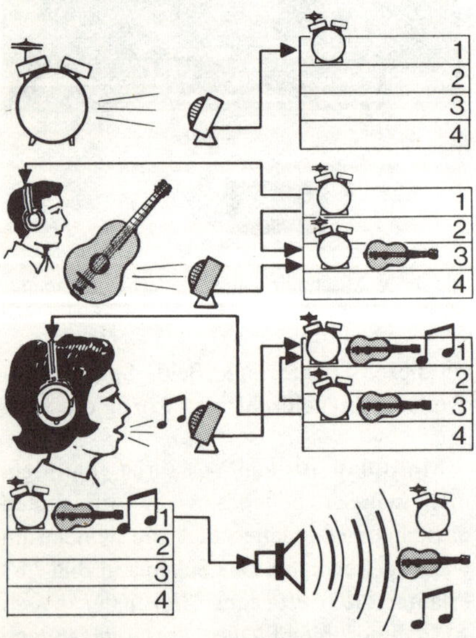

Bild 7.61 Prinzip des Multiplay

Tricktaste nannte man bei älteren Tonbandgeräten eine Vorrichtung, über die in eine bestehende Aufnahme nachträglich ein Signal (Musik oder Sprache) eingeblendet werden konnte. Bei heutigen Geräten ist die Tricktaste nicht mehr gebräuchlich, weil ein Mischpult oder Duoplay zu besseren Ergebnissen führt.

Echo und Nachhall können nur mit Tonbandgeräten hergestellt werden, die separate Vorverstärker und Magnetköpfe für Aufnahme und Wiedergabe haben und deshalb eine **Hinterbandkontrolle** möglich machen. Dabei wird das aufgezeichnete Signal noch während des Aufnahmevorgangs über Kopfhörer abgehört, nachdem es Aufnahmeverstärker, Aufnahmekopf, Band, Wiedergabekopf und Hinterbandverstärker durchlaufen hat. Echo- und Nachhallaufnahmen entstehen dadurch, daß man einen Teil des aufgezeichneten Signals vom Wiedergabekopf zum Aufnahmekopf zurückführt und dort dem soeben aufgenommenen Signal beifügt.

Alle Philips Tonbandgeräte und Cassettenrecorder sind mit **Vierspurtonköpfen** ausgerüstet, d.h. jedes Tonband kann mit vier Spuren bespielt werden (Bild 7.62). Gegenüber der Zweispurtechnik ergeben sich doppelte Bandausnutzung und halbierte Bandkosten bei gleichbleibender Klangqualität.

Nur mit Vierspurtonköpfen (also zwei Magnetköpfe als eine Einheit) sind auch bei preiswerten Tonbandgeräten die genann-

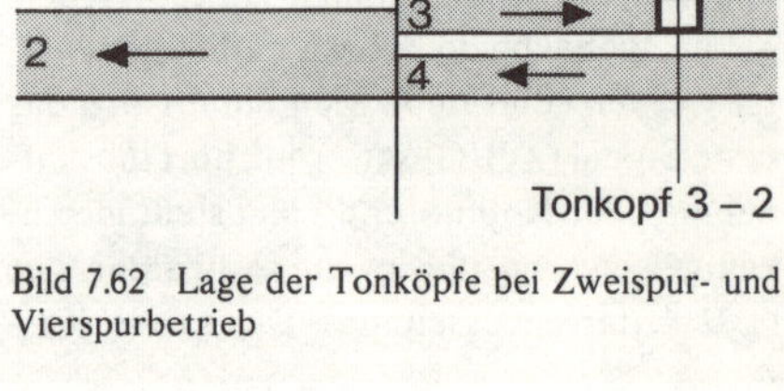

Bild 7.62 Lage der Tonköpfe bei Zweispur- und Vierspurbetrieb

ten Tricktechniken zu realisieren. Natürlich kann auch in **Stereo** aufgenommen werden. Die Spurverteilung bei Spulen-Tonbandgeräten ist aus Bild 7.63 zu entnehmen.

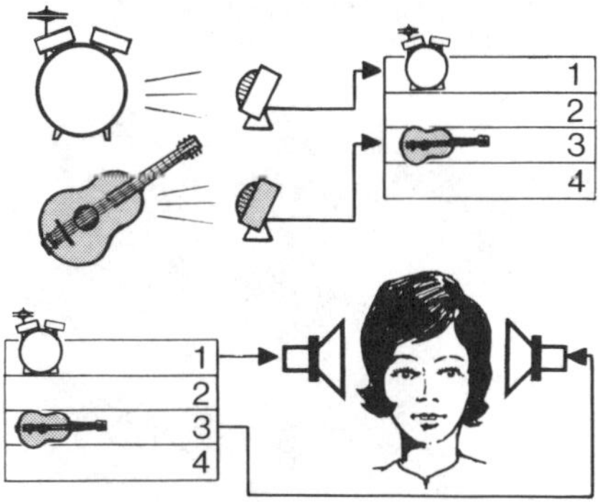

Bild 7.63 Prinzip der Stereoaufnahme und -wiedergabe

7.8. Fernsehtelefon und Fernsehzeitung

Das Fernsehtelefon wurde bereits 1936 von der Deutschen Reichspost zwischen Berlin und Leipzig als Versuchsbetrieb eingerichtet und blieb mehrere Jahre bestehen. Unzureichende Technik (damals) und mangelndes Interesse (bis heute) sind die Hauptgründe für das Nichtvorhandensein des Fernsehtelefons als Kommunikationsmittel. Versuche gab und gibt es genug (vor allem in den USA), und auch auf Ausstellungen zeigt sich das Fernsehtelefon immer wieder als Gag und Anziehungspunkt (Bild 7.64). In der letzten Zeit nahm man sich des auch »Bildfernsprecher« oder »Videophon« genannten Fernsehtelefons wieder verstärkt an und hat auch erste internationale Normungsgespräche geführt.

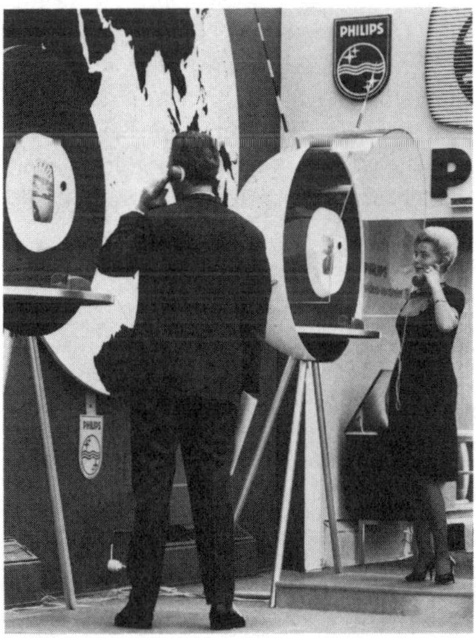

Bild 7.64 Auf vielen Messen und Ausstellungen wurden »Fernsehtelefone« von Philips gezeigt

7.8.1. Technik eines Fernsehtelefon-Versuchsnetzes

Mit einer Simultan-Pressekonferenz via Fernsehtelefon in Eindhoven, Hilversum und Den Haag eröffnete Philips in Zusammenarbeit mit der niederländischen Postverwaltung 1974 ein nicht öffentliches Fernsehtelefon-Versuchsnetz mit 65 Anschlüssen. Dieses Netz soll der technischen Erprobung und der Sammlung von Erfahrungen auf dem Gebiet der Fernsehtelefonie dienen. Angeschlossen an dieses Netz sind die Hauptverwaltungen der niederländischen Postverwaltung in Den Haag, der N.V. Philips' Gloeilampenfabrieken und der nationalen holländischen Philips Organisation sowie das Philips Forschungslaboratorium in Eindhoven, die Philips Telecommunicatie Industrie, Hilversum, und das Laboratorium der niederländischen Postverwaltung in Leidschendam. Das Streckennetz ist in Bild 7.65 angegeben.

Die Entwicklung dieses Fernsehtelefons für den kommerziellen und privaten Bereich begann bei Philips im Jahre 1968. Bereits zwei Jahre später konnten mit der niederländischen Postverwaltung die ersten Ergebnisse der technischen Entwicklung sowie die organisatorischen und wirtschaftlichen Probleme erörtert werden.

In den meisten Fällen dürften beim Fernsehtelefon Bilder der Kopf- und Schulterpartie übertragen werden. Das bedeutet

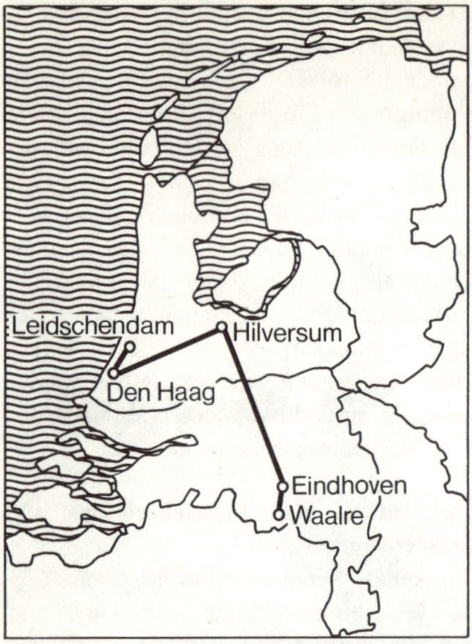

Bild 7.65 Streckennetz des 1974 eröffneten Fernsehtelefon-Versuchsnetzes in den Niederlanden mit 65 Anschlüssen

bzw. erlaubt eine Reduzierung der zu übertragenden Information gegenüber einer üblichen Fernsehsendung auf etwa 25% des Bilds, wie es in Bild 7.66 angedeutet ist. Das könnte man mit einer Bandbreite übertragen, die ebenfalls nur rund 25% des normalen Videofrequenzbereichs beträgt und wäre zu erreichen, wenn man die Zeilenzahl um 50% herabsetzt (entsprechend einer Verminderung der vertikalen Auflösung um 50%) und ebenfalls eine Reduzierung der horizontalen Auflösung um 50% akzeptiert. Die resultierende Bandbreite von rund 1 MHz erlaubt es, auch Telefonkabel für die Übertragung zu benutzen.

Bild 7.66 Bei der Fernsehtelefonie muß man sich auf die Übertragung wirklich bildwichtiger Einzelheiten beschränken, um mit der reduzierten Bandbreite auch Telefonkabel benutzen zu können

Die Parameter des Versuchssystems unterscheiden sich außerdem noch hinsichtlich der Synchronisation und der Tonübertragung vom konventionellen System (Bild 7.67). Anstelle eines breiten Zeilensynchronimpulses wird eine Folge aus 1-µs-Impulsen benutzt, die einen speziellen Oszillator im Empfangsgerät synchronisieren, und während der vertikalen Rücklaufzeit werden ebenfalls Impulse übertragen, die

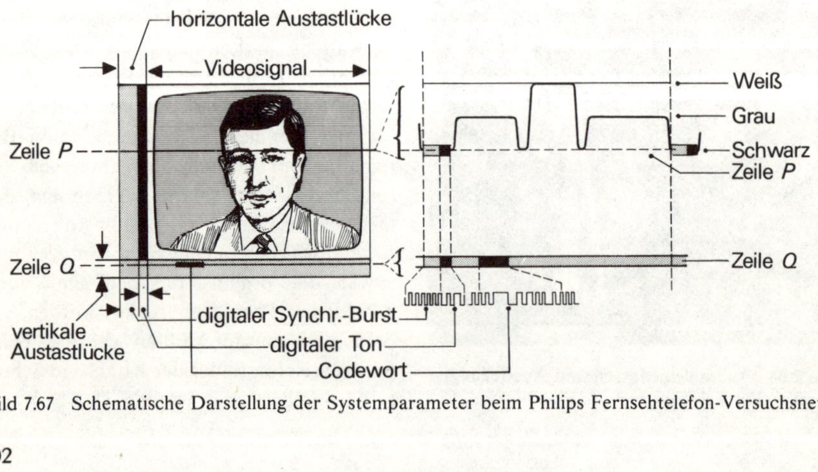

Bild 7.67 Schematische Darstellung der Systemparameter beim Philips Fernsehtelefon-Versuchsnetz

jeweils ein bestimmtes Codewort bilden. Dieses digitalisierte Synchronisationssystem macht die Verwendung eines einfachen Tonübertragungssystems *(sound in sync)* möglich: hinter jedem Zeilenimpuls wird eine Tonimpulsreihe übertragen.

Das Philips Fernsehtelefon-Versuchssystem arbeitet mit 325 Zeilen und einer Bandbreite von ca. 1,3 MHz im Gegensatz zur üblichen Fernsehnorm mit 625 Zeilen und ca. 5 MHz Bandbreite. Zur Übertragung der Bild- und Tonsignale werden drei Leitungspaare benötigt. Die Tonübertragung ist sprachgesteuert, d. h. erst wenn ein Teilnehmer spricht, wird der zugehörige Tonkanal automatisch geöffnet und der Partner kann ihn hören. Beide Benutzer haben also ihre Hände frei, was bei der Demonstration von Objekten usw. sehr vorteilhaft ist (Bild 7.68). Bei sehr lauten Umfeldgeräuschen kann man auch einen üblichen Telefonhörer benutzen.

Das Teilnehmergerät enthält eine Bildröhre mit einer Schirmfläche von 19 x 14 cm, den Lautsprecher, das Mikrofon und die Kamera. Ein herausziehbarer Umlenkspiegel erlaubt auch die Bildaufnahme von Vorlagen und Gegenständen auf dem Schreibtisch des Teilnehmers. Das Bedienungsteil hat ein Tastenfeld für die Anwahl

Bild 7.68 Blick auf einen der Teilnehmerplätze

des Gesprächspartners sowie weitere Tasten mit folgenden Funktionen: Eigenbild (Kontrolle des Sendebilds bei Gesprächen), Privat (Anrufsperre) und Prüfen (Kontrolle des Sendebilds vor einem Gespräch). Außerdem können eingestellt werden: Lautstärke, Helligkeit und Kontrast, Kamera-Zoom, Kamera-Blickwinkel, Kamera-Schärfe und ein Tonschalter für »Mikrofon Aus« während eines Fernsehtelefonats.

In zahlreichen Versuchen haben sich folgende Abstände zwischen Teilnehmer und

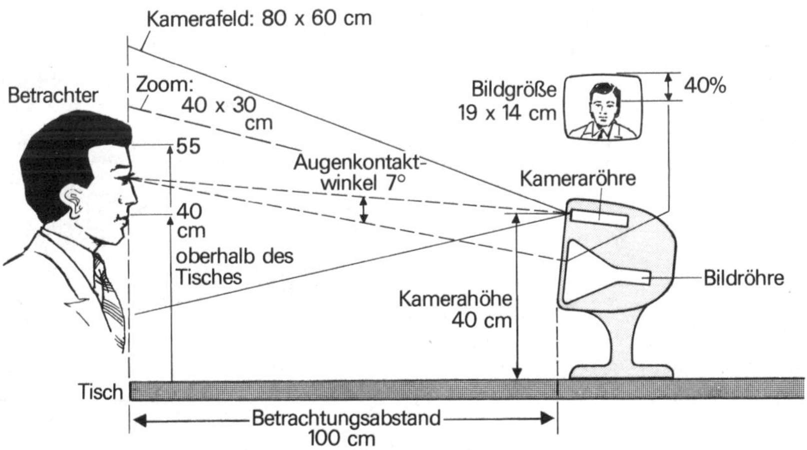

Bild 7.69 Schematische Darstellung der ergonomischen Parameter

Gerät als am günstigsten herausgestellt: Sichtabstand 100 cm, Kamerahöhe 40 cm, erfaßtes Bildfeld 80 × 60 cm. Bei einem Sichtabstand von 150 cm ergibt sich ein Bildfeld von 120 × 90 cm, ausreichend groß für zwei Personen. Die ergonomischen Parameter sind in Bild 7.69 angegeben. Wichtig ist hierbei der sogenannte Augenkontaktwinkel, d. h. der Winkel zwischen Kameraachse und der Blickrichtung des Teilnehmers. Das Hauptinteresse spielt sich nämlich auf dem Bildschirm im Bereich der Augen des Partners ab, d. h. auf einer Fläche von 40 % des Bildschirms. Untersuchungen ergaben, daß ein kleinerer Winkel als 5,5° zum »Kontaktverlust« führt; der hier auftretende Winkel von rund 7° ist annehmbar und wird nicht lästig.

Für Konferenzschaltungen ist das Fernsehtelefon ein sehr gutes Kommunikationsmittel, bei größerer Personenzahl müssen entsprechend viele Geräte aufgestellt werden. Bild 7.70 gibt Einblick in einen Konferenzraum, Bild 7.71 zeigt das Blockbild einer Konferenzanlage mit Fernsehtelefonen und eingeschränkter Bandbreite (oben) und darunter das einer konventionellen Übertragungsanlage mit 5 MHz Bandbreite im Studioformat. Konferenzschaltungen dieser Art sind auch unter dem Namen »Confravision« bekannt.

Bild 7.70 Fernsehtelefon-Konferenz

7.8.2. »Ceefax« und »Oracle« Fernsehzeitung der Zukunft?

Anfang 1975 begannen die beiden englischen Sendeanstalten BBC und IBA mit Versuchsausstrahlungen eines völlig neuen Programmdienstes. Beide hatten seit Jahren daran gearbeitet, die BBC taufte ihr System Ceefax (was soviel heißt wie »see facts«, also Fakten, Aktualitäten sehen) und die IBA nannte ihr Verfahren Oracle (zusammengesetzt aus ***O****ptional* ***r****eception of* ***a****nnouncement by* ***c****oded* ***l****ine* ***e****lectronics*). Vorher hatte man sich mit der britischen

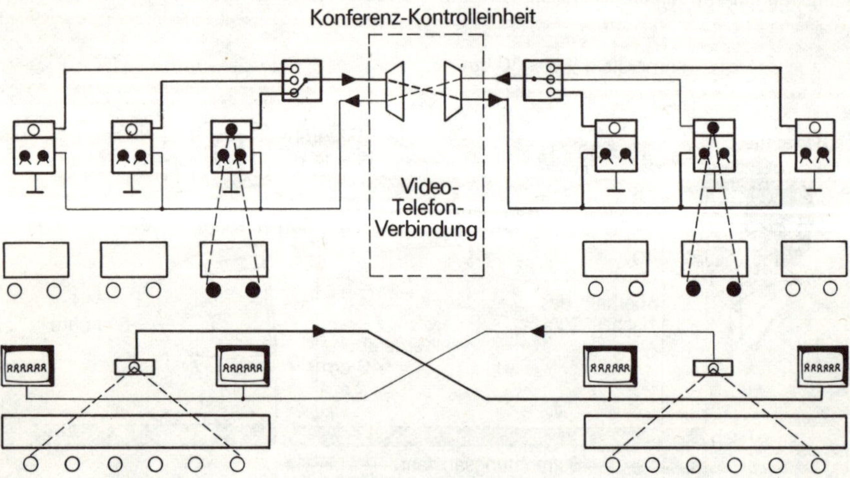

Bild 7.71 Blockschema einer Konferenzanlage des Fernsehtelefonnetzes (oben) und einer konventionellen Studioanlage (unten)

Post auf eine gemeinsame Norm geeinigt, und so können alle Fernsehteilnehmer in Großbritannien dieses neue Programm (auch »Teletext« genannt) empfangen, wenn sie ein Zusatzgerät an ihren Fernsehempfänger anschließen. Mit dem Zusatzgerät werden die Teletext-Signale decodiert und die gewünschten Informationen ausgewählt. Als Preisvorstellung für diese Geräte wurden etwa 400 DM genannt.

Ceefax und Oracle stellen ein ganz neues Informationsmedium dar, das quasi »auf dem Rücken« der bisherigen Fernsehprogramme in den Empfänger gelangt und über den Bildschirm die aktuellsten Nachrichten aus allen nur denkbaren Bereichen vermittelt. Im Prinzip handelt es sich dabei um Schrifttafeln und einfache Diagramme (Bild 7.72), die durch Knopfdruck jederzeit über das Zusatzgerät abgerufen werden können.

Die Ceefax-Programme bestehen z. B. aus 99 Seiten zu je 24 Zeilen mit je 40 Buchstaben, von denen nach Anwahl jede Seite beliebig lange auf dem Fernsehbildschirm stehenbleiben kann. Die 99 Seiten werden im gleichen Kanal wie das normale Programm übertragen, d. h. unsere drei bundesdeutschen Fernsehprogramme könnten fast 300 Seiten zusätzliche Informationen ausstrahlen, ohne daß hierfür neuer Frequenzraum benötigt wird.

»Teletext«-Signale werden in die Vertikalaustastlücke eingeschachtelt und übertragen. Da nur während der Rücklaufzeit Informationen vom Sender kommen, kann es maximal bis zu 20 Sekunden dauern, bevor die gewünschte Seite auf dem Bild-

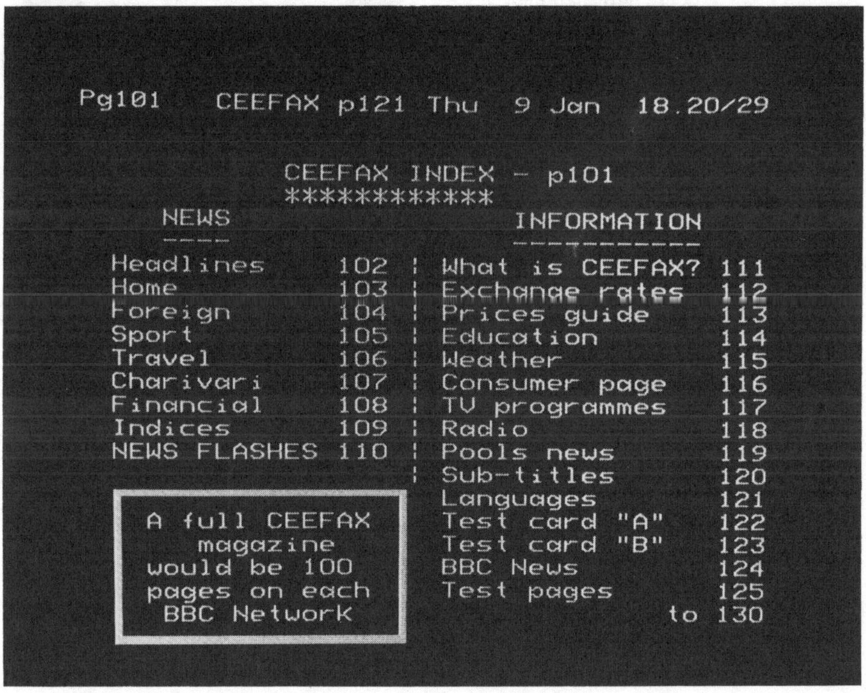

Bild 7.72 Beispiel einer Ceefax-Seite aus dem neuen britischen Fernseh-Programmdienst »Teletext«. Auf ähnliche Weise kann in Form einer Datenzeile auch die ARD oder das ZDF programm-, sender- oder anstaltsbezogene Mitteilungen für die Zuschauer übermitteln oder z. B. Untertitel für hörgeschädigte Zuschauer übertragen, die nur von diesem Kreis per Knopfdruck eingeschaltet werden

schirm erscheint. Neben der »ganzseitigen« Information besteht auch die Möglichkeit, sich besonders wichtige Nachrichten als sogenannte *»flashes«* in das laufende Fernsehprogramm einblenden zu lassen.

Ob und wann in der Bundesrepublik Deutschland mit einem Verfahren auf dieser Basis ein zusätzlicher Programmdienst eingerichtet bzw. eine Übermittlung bestimmter Informationen durchgeführt werden wird, läßt sich zum Zeitpunkt der Drucklegung dieses Buchs nicht sagen.

7.9. Weitere Darstellungsmöglichkeiten auf dem Bildschirm

Weitere Möglichkeiten für die Nutzung des Fernsehbildschirms bieten sich auch dadurch, daß beispielsweise die Uhrzeit eingeblendet wird oder Informationen über das jeweils eingeschaltete Programm und andere Einstellfunktionen des Fernsehempfängers gegeben werden (Bild 7.73).

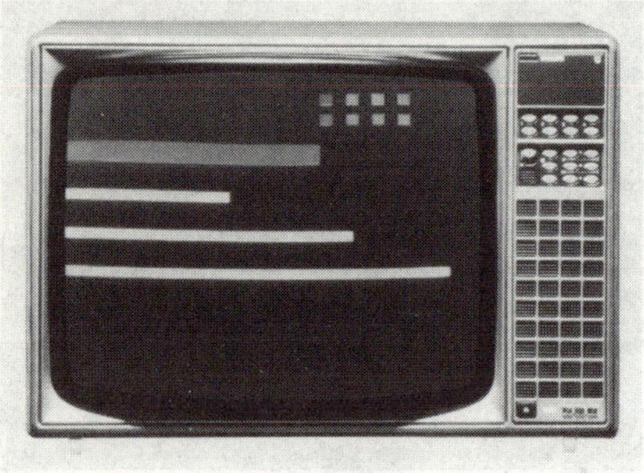

Bild 7.73 Daß der Fernsehbildschirm auch für »empfängereigene« Informationen über Einstell- und Abstimmfunktionen herangezogen werden kann, wurde auf der Funkausstellung 1975 zum erstenmal in großem Umfang gezeigt. Veränderbare Balken für die Lautstärke-, Helligkeits- und Kontrasteinstellung sowie die Abstimmung der Kanalwähler erscheinen »auf Wunsch« genauso wie die genaue Uhrzeit und die Programmanzeige

Bei Fernsehempfängern mit elektronischer Speicherung für die einzelnen Einstellfunktionen ist eine solche Bildschirmanzeige erforderlich, weil diese Geräte keine Bedienungsknöpfe aufweisen, an denen man ablesen könnte, in welchem Teil des Einstellbereichs das Gerät bedient wird. Dies gilt insbesondere für die Sendereinstellung.

Eine aktive Form des »Fernsehens« ist in Bild 7.74 dargestellt. Das »Tele-Spiel« läßt sich an jedes Fernsehgerät anschließen. Es macht den Bildschirm zum Spielfeld, auf dem sich die sonst passiven Zuschauer aktiv und individuell nach Geschick und Temperament betätigen können. Dieses elektronische Sportspiel macht nicht nur viel Spaß, sondern trainiert auch gleichzeitig das Reaktionsvermögen und die Konzentrationsfähigkeit.

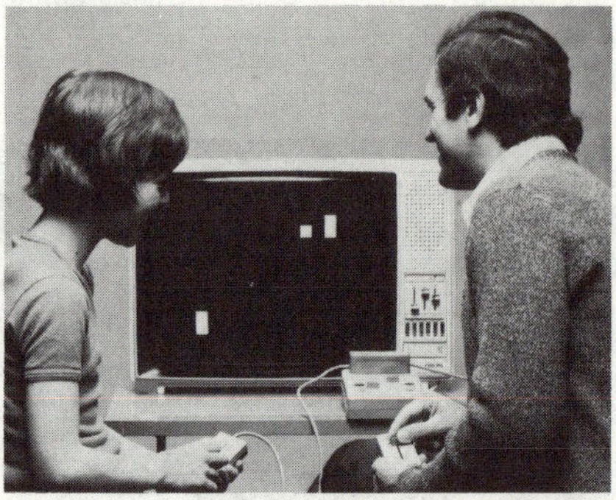

Bild 7.74 Beim Philips Federball-Tele-Spiel muß ein kleiner heller Punkt von zwei am seitlichen Bildrand befindlichen weißen Rechtecken, den elektronisch steuerbaren Schlägern, getroffen werden. Da die Geschwindigkeit des hin- und herfliegenden Balls einstellbar ist, können sowohl gemütliche Ping-Pong-Partien gespielt, als auch rasante Schmetterball-Duelle ausgetragen werden

8. Digitale Elektronik

Im ersten Band der Philips Lehrbriefe wurden bereits einige Grundlagen der digitalen Elektronik und Impulstechnik behandelt. Hierauf aufbauend folgen in diesem Kapitel ergänzende Ausführungen, und zwar zunächst über Impulse und Impulsverarbeitung. Anschließend wird auf digitale Bauelemente, Codierung, Programmierung und weitere Einzelheiten der Datenverarbeitung eingegangen.

8.1. Vom Sinus zum Impuls

In der Impulstechnik und speziell in der digitalen Elektronik werden unterschiedliche Impulsformen verwendet. Eine Übersicht über gebräuchliche Impulse ist in Bild 8.1 dargestellt, wobei der am häufigsten benutzte Typ sicherlich der rechteckförmige Impuls ist. Auch der Sägezahn und die durch Differenzieren und Integrieren eines

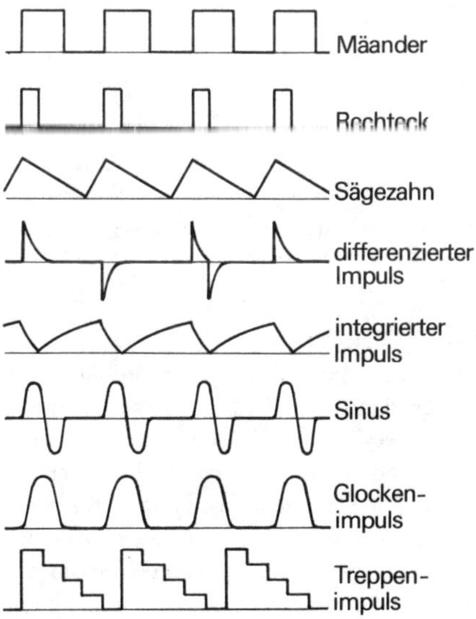

Bild 8.1 Zusammenstellung möglicher Impulsformen

Rechteckimpulses entstandenen Spannungskurven zählen zu den bekannten Impulsarten.

Wenn man von einer fortlaufenden Sinusschwingung als Grundwelle (auch 1. Harmonische genannt) ausgeht, so kann man mit Hilfe der Oberwellen bzw. der folgenden Harmonischen eine Rechteckschwingung konstruieren. Sie wird um so vollkommener, je mehr ungeradzahlige Oberwellen benutzt werden (Bild 8.2). Es entsteht hieraus eine Impulsfolge mit gleichen Flankenabständen, die man als Mäanderkurve bezeichnet.

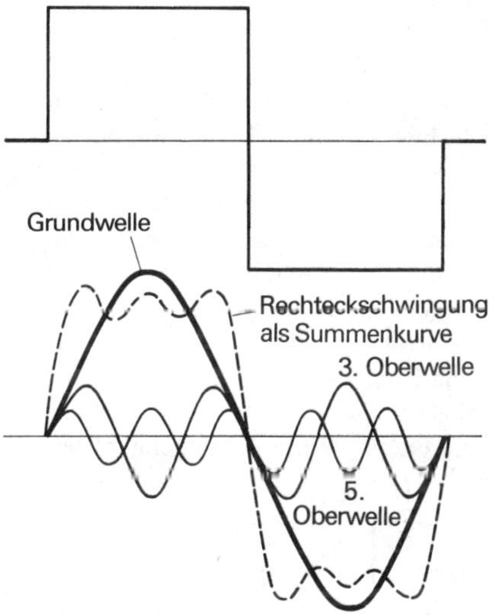

Bild 8.2 Rechteckwechselspannungen setzen sich aus der Sinus-Grundwelle und ungeradzahligen sinusförmigen Oberwellen zusammen

Wir sehen aus den bisherigen Bildern von Rechteckimpulsen, daß sich die Flanken (im idealisierten Zustand) nahezu übergangslos ausbilden, d. h. für den nötigen Anstieg oder Abfall wird praktisch keine Zeit benötigt. Wegen dieser Eigenschaft nennt man die Impulsflanken auch positiver und negativer »Sprung« und die Ausbildung der Flanke »Sprungcharakteristik«. In der Praxis gibt es aber keine un-

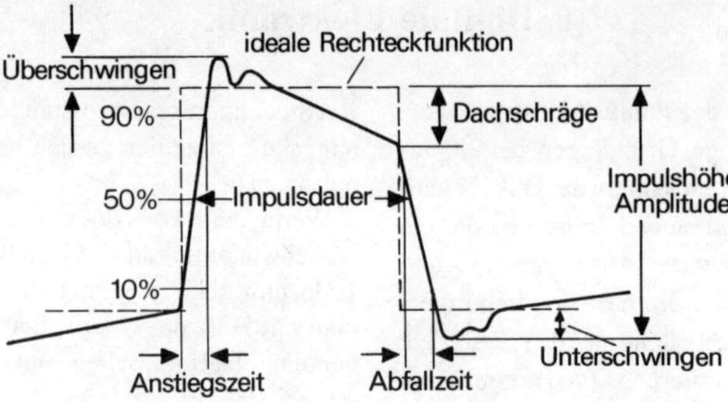

Bild 8.3 Impulsdarstellung mit den wichtigsten Begriffen

endlich steilen Impulsflanken, sondern stets mehr oder weniger schräg verlaufende Sprünge. Die gegenüber einem idealen Impuls auftretenden Abweichungen sind in Bild 8.3 mit den betreffenden Bezeichnungen angegeben.

Zu den weiteren Kennzeichen gehören die Begriffe Impulsbreite, Periodendauer, Folgefrequenz und Tastverhältnis. Sie sind in Bild 8.4 bis 8.7 erläutert. Wenn eine Impulsreihe über ein Kondensator-Widerstandsglied weitergeleitet wird, so kann dies bei genügend großer Kapazität und entsprechend hohem Widerstandswert ohne Beeinträchtigung der Impulsform geschehen, die ja im Grunde genommen aus zahlreichen Wechselspannungen besteht.

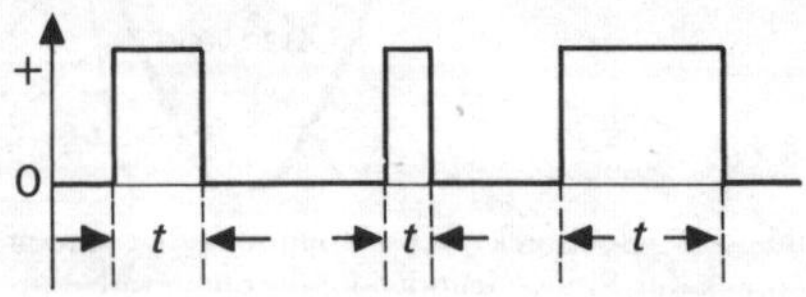

Bild 8.4 Die Impulsbreite (oder -dauer) wird mit t angegeben

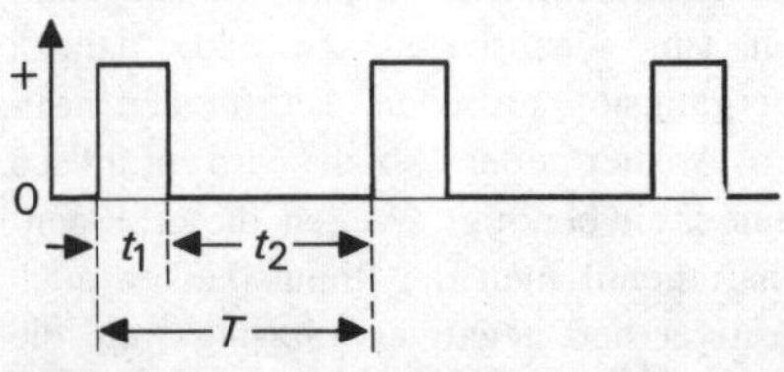

Bild 8.5 Die Periodendauer T ist die Summe aus t_1 (Breite) und t_2 (Pause)

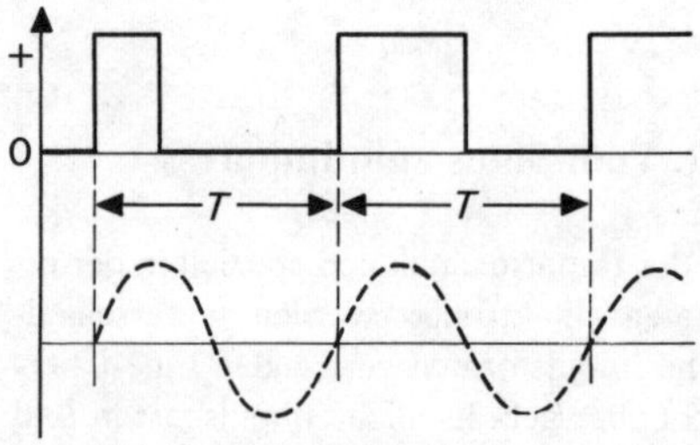

Bild 8.6 Die Folgefrequenz f ist gegeben aus T (Periode) durch s (Sekunde)

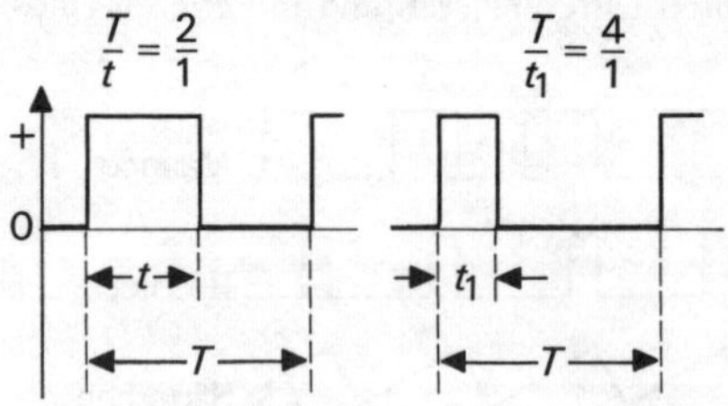

Bild 8.7 Das Tastverhältnis V ist gegeben aus T (Periode) durch t (Breite), z. B. $T/t = 2/1 = 2$ oder $T/t_1 = 4:1 = 4$

Eine Gleichspannungskomponente wird allerdings nicht übertragen, so daß sich hinter dem *RC*-Glied eine Wechselspannungs-Nullinie ausbildet. Da hierbei oberhalb und unterhalb der Nullinie gleich große Flächen entstehen, verläuft die Nulllinie bei Impulsen mit unsymmetrischen Tastverhältnissen nicht wie gewohnt in der Mitte zwischen den beiden Scheitelpunkten einer Schwingung, sondern verlagert sich jeweils wie in Bild 8.8 angegeben.

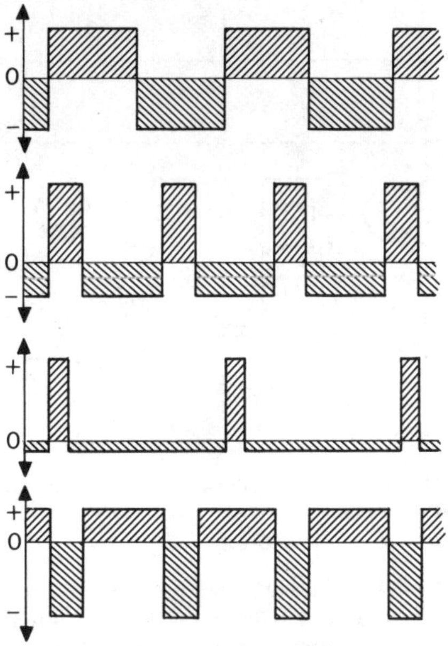

Bild 8.8 Wechselspannungs-Nullinie hinter einem *RC*-Glied bei symmetrischen und unsymmetrischen Impulszeichen

8.2. Impulserzeugung und -verarbeitung

8.2.1. Multivibratoren

Wir haben den astabilen Multivibrator schon in Band 1 kennengelernt und wissen, daß er als Schwingungserzeuger eine kontinuierliche Folge von Impulsen liefert. Als Prinzipschaltung ist dieser Typ in Bild 8.9 dargestellt. Zur Familie der Multivibratoren

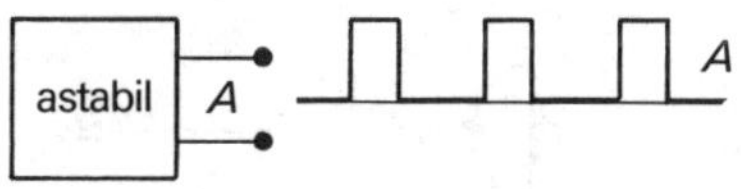

Bild 8.9 Der astabile Multivibrator liefert eine kontinuierliche Impulsfolge

gehören aber noch zwei weitere Ausführungen, die in Bild 8.10 als monostabiler und in Bild 8.11 als bistabiler Multivibrator angegeben sind. Wir sehen, daß bei ihnen Steuer- oder Synchronisierzeichen (als positive Impulse angedeutet) benötigt werden,

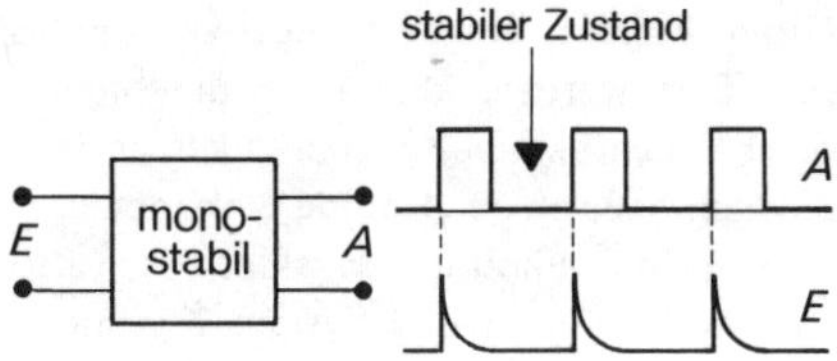

Bild 8.10 Der monostabile Multivibrator muß durch einen Eingangsimpuls »angestoßen« werden, um eine Schwingung zu vollführen, und verharrt dann im stabilen Zustand

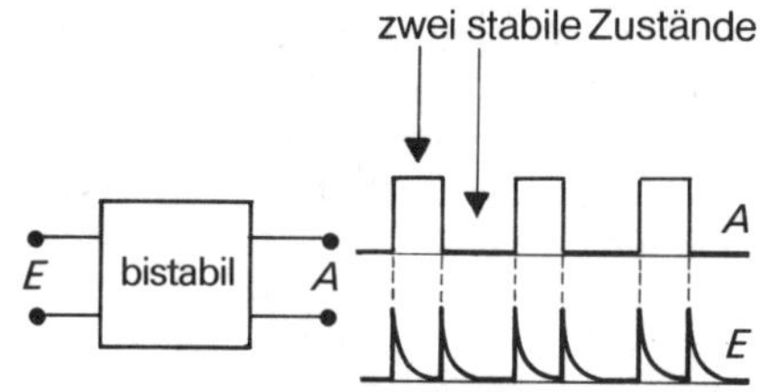

Bild 8.11 Der bistabile Multivibrator kann zwei stabile Zustände einnehmen und wird durch entsprechende Eingangsimpulse gesteuert

um eine kontinuierliche Impulsreihe zu erhalten.

Für die digitale Elektronik ist der bistabile Multivibrator besonders wichtig, der in diesem Anwendungsbereich durchweg als **Flipflop** bezeichnet wird. Seine Funktionsweise soll im folgenden an drei Beispielen erläutert werden. In Bild 8.12 ist die Schaltung eines röhrenbestückten Flipflops zu sehen. Auffallend sind hier die parallelgeschalteten *RC*-Glieder im Gitterkreis. Es sei zunächst angenommen, daß sich ein Zustand eingestellt hat, in dem System 1 gesperrt und System 2 geöffnet ist. Die Arbeitspunkte liegen daher an den in den Kennlinien angedeuteten Punkten.

Ein »Umkippen« des Flipflops kann durch einen Steuerimpuls erreicht werden, der an verschiedenen Punkten der Röhrenschaltung in entsprechender Polarität zugeführt wird. Die Kondensatoren ermöglichen eine gute Übertragung der Impulsflanken und stellen so eine exakte Synchronisierung sicher. In unserem Fall muß dem Flipflop in Bild 8.12 z. B. am Gitter 1 ein positiver und (wenn möglich) am

Gitter 2 gleichzeitig ein negativer Impuls zugeführt werden. Man kann die Steuer- oder Synchronimpulse aber auch an den Anoden oder an der Katode einkoppeln.

Wenn das Flipflop umgekippt ist (also System 1 geöffnet und System 2 gesperrt ist) und keine weiteren Steuerimpulse erscheinen, bleibt es in der neuen Position. Dies ist das wesentliche Merkmal des Flipflops, das damit zum Speicherelement wird. Jeder der beiden möglichen Zustände bleibt (während der Einschaltdauer des Geräts) beliebig lange stabil und ändert sich erst dann, wenn die Stufe durch einen neuen Steuerimpuls in den anderen Zustand geschaltet wird.

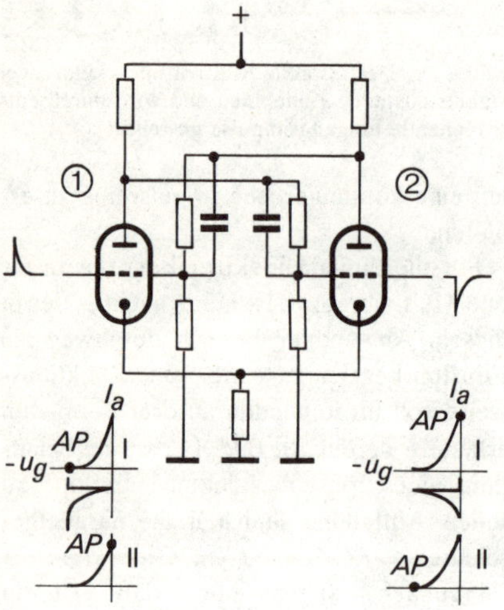

Bild 8.12 Prinzipschaltung eines Flipflops (bistabiler Multivibrator) mit Röhren

Bild 8.13 zeigt die Prinzipschaltung eines Transistor-Flipflops. Auch hier sind die *RC*-Glieder im Basiskreis parallelgeschaltet, so daß ebenfalls eine galvanische Verbindung zum »gegenüberliegenden« Kollektorkreis besteht. Die Umschaltung vom einen in den anderen Betriebszustand kann mit positiven Steuerimpulsen geschehen, die den Basen über die im richtigen Sinn abwechselnd geöffneten Dioden zugeleitet werden.

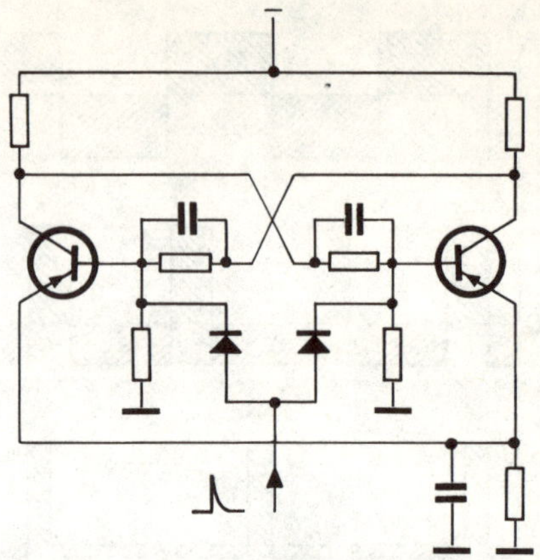

Bild 8.13 Prinzipschaltung eines Flipflops mit Transistoren

8.2.2. RS-Flipflops

Als integrierte Schaltung sieht das Flipflop am einfachsten aus. Es besteht aus zwei NAND- oder NOR-Gattern, die über Kreuz miteinander gekoppelt sind. Wir betrachten zunächst die Schaltung in Bild 8.14, die aus zwei NOR-Gattern besteht, sowie die folgende Funktionstabelle. Die beiden Flipflop-Eingänge werden hier mit S (*set* = setzen) und R (*reset* = rücksetzen, löschen) bezeichnet (daher der Name RS-Flipflop) und die beiden Ausgänge mit Q_1 und Q_2 oder Q und $\bar{Q}$.

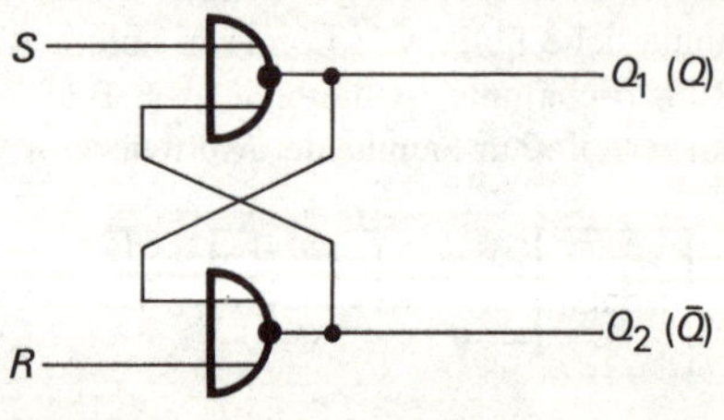

Bild 8.14 RS-Flipflop aus zwei NOR-Gattern

Das RS-Flipflop ist die Grundform einer Reihe von bistabilen Schaltelementen und wird deshalb etwas ausführlicher erläutert, wobei die folgende Funktionstabelle 8.1 sozusagen als Wegweiser dient. Wenn der S-Eingang an logisch-1 und der R-Eingang an

Tabelle 8.1 Funktionen des NOR-Gatter-RS-Flipflops

S	R	Q_1	Q_2	
1 ↓	0	0	1	
0	0 ↓	0	1	keine Änderung des Schaltzustands
0	1 ↓	1	0	umschalten (»flip«)
0 ↓	0	1	0	keine Änderung des Schaltzustands
1	0 ↓	0	1	umschalten (»flop«)
1	1	~~0~~	~~0~~	undefinierter Schaltzustand

logisch-0 liegt, führt der Q_1-Ausgang logisch-0 und der Q_2-Ausgang logisch-1 (1. Zeile der Funktionstabelle). Pegelmäßig ausgedrückt: Q_1 führt L-Signal und Q_2 ein H-Signal. Durch die kreuzweise Kopplung liegen diese Signale auch an den nicht bezeichneten zweiten Eingängen der beiden NOR-Gatter und wirken damit unterstützend für den Schaltzustand der Ausgänge.

Führt man dem S-Eingang weitere positive Impulse (logisch-1) zu, so ändert sich dadurch nichts auf der Ausgangsseite. Auch wenn der S-Eingang auf logisch-0 geschaltet wird, bleiben beide Ausgänge auf dem vorherigen Potential, solange am R-Eingang ebenfalls logisch-0 vorhanden ist (2. Zeile der Tabelle). Hierin drückt sich die Speichereigenschaft des Flipflops aus.

Betrachten wir jetzt die 3. Zeile der Tabelle. Dem R-Eingang wird ein positiver Impuls zugeführt (logisch-1), worauf das NOR-Gatter umschaltet und am Q_2-Ausgang ein L-Signal entsteht (logisch-0). Dies koppelt auf den zweiten Eingang des anderen NOR-Gatters zurück und läßt am Q_1-Ausgang ein H-Signal erscheinen, entsprechend logisch-1. Damit haben beide Ausgänge ihre Polarität gewechselt (bildhaft hat es »geflipt«). Wenn der positive Impuls am R-Eingang entfällt, bleibt der Ausgangs-Schaltzustand trotzdem erhalten (4. Zeile der Tabelle). Auch er ist also speicherbar.

Wird anschließend der S-Eingang wieder auf logisch-1 gelegt, schaltet das bistabile Element wieder um (es »flopt«), und wir haben auf's neue den Ausgangs-Schaltzustand von Spalte 1. In Zeile 6 ist der einzige »verbotene« Eingangs-Schaltzustand angegeben, und zwar zweimal logisch-1. Hier stellt sich ein undefinierter Zustand ein (beide Gatter leitend). Ein Flipflop als Kippschalter kann aber niemals gleichzeitig zwei gleiche Schaltzustände einnehmen.

Ein aus NAND-Gattern aufgebautes RS-Flipflop zeigt Bild 8.15. Der Aufbau ist ebenfalls symmetrisch wie beim Flipflop in Bild 8.14. Die jeweiligen Schaltzustände gehen aus der Funktionstabelle 8.2 hervor, begonnen wird mit logisch-1 am S-Eingang und logisch-0 am R-Eingang. Wie aus der 6. Zeile zu erkennen ist, darf man die Eingänge beim RS-Flipflop mit NAND-Gattern nicht in die »verbotene« Stellung zweimal logisch-0 schalten, weil sich dann an den Ausgängen wieder ein undefinierter Schaltzustand einstellen würde (beide Gatter gesperrt).

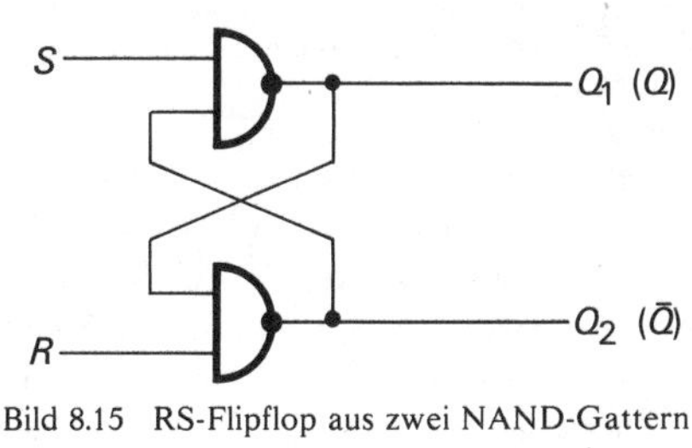

Bild 8.15 RS-Flipflop aus zwei NAND-Gattern

Tabelle 8.2 Funktionen des NAND-Gatter-RS-Flipflops

S	R	Q_1	Q_2	
1	0 ↓	0	1	
1 ↓	1	0	1	keine Änderung des Schaltzustands
0 ↓	1	1	0	umschalten (»flip«)
1	1 ↓	1	0	keine Änderung des Schaltzustands
1 ↓	0	0	1	umschalten (»flop«)
0	0	*	*	undefinierter Schaltzustand

Das Umschalten des NAND-Gatter-RS-Flipflops wird durch logisch-0-Zeichen an den Eingängen ausgelöst (»Setzen« einer zu speichernden Bit-Information am S-Eingang und »Löschen« einer bereits gespeicherten am R-Eingang). Das vorher beschriebene RS-Flipflop mit NOR-Gattern kann dagegen nur mit logisch-1-Zeichen gesetzt und gelöscht werden. Die Schaltungssymbole beider RS-Flipflops (auch **Speicher-Flipflops** genannt) sind in Bild 8.16 angegeben.

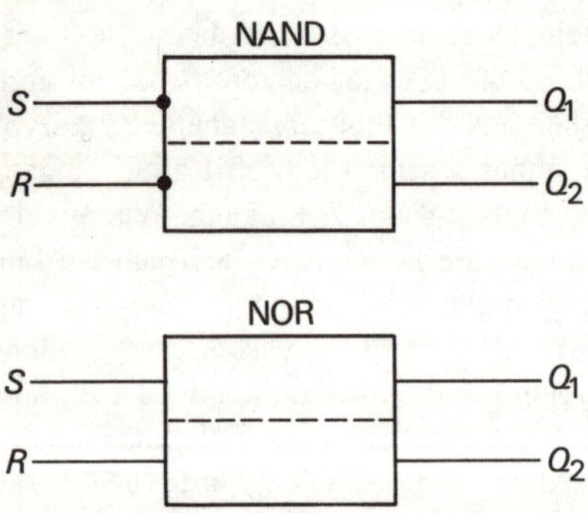

Bild 8.16 Schaltungs- oder Logiksymbole der RS-Flipflops (Speicher-Flipflop) aus NAND- und NOR-Gattern

Aus verschiedenen Gründen ist es in digitalen Schaltungen häufig erforderlich, viele Flipflops gleichzeitig zu schalten. Hierfür verwendet man sogenannte Steuer-, Synchronisier- oder Taktimpulse, die den betreffenden Flipflops an einem besonderen Eingang zugeführt werden. Er ist üblicherweise mit C oder CP bezeichnet, abgeleitet von *»clock-pulse«*. Man spricht in diesem Fall auch davon, daß die angeschlossenen Flipflops »getaktet« werden.

Das Blockschema dieses auch als **Auffang-Flipflop** bezeichneten Typs ist in Bild 8.17 zu sehen. Vor das Flipflop sind zwei UND-Gatter geschaltet, die sicherstellen,

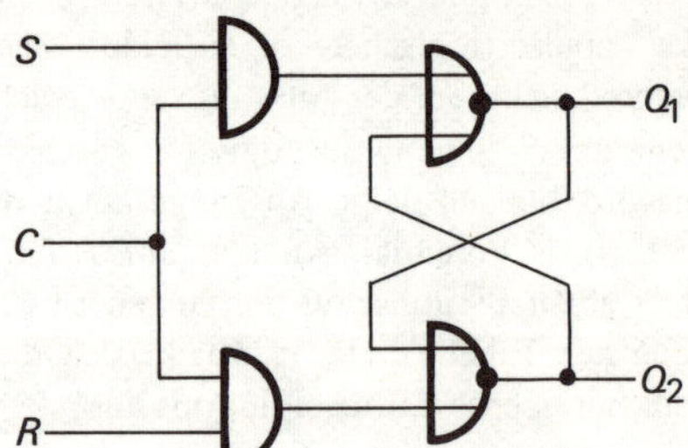

Bild 8.17 Das Auffang-Flipflop besteht im Prinzip aus einem RS-Flipflop, dem zwei UND-Gatter vorgeschaltet sind (getaktetes RS-Flipflop)

daß das Flipflop erst dann umschaltet, wenn außer den R- und S-Signalen auch das C-Signal (Taktsignal) vorhanden ist. Die R- und S-Eingänge nennt man auch Vorbereitungseingänge, weil die bei zusammenwirkenden Flipflops u. U. mit unterschiedlichen Zeitabständen eintreffenden R- bzw. S-Signale hier auflaufen und warten, bis der Taktimpuls die UND-Gatter durchschaltet und damit den Weg freigibt. Das Schaltungssymbol eines getakteten RS-Auffang-Flipflops zeigt Bild 8.18, der

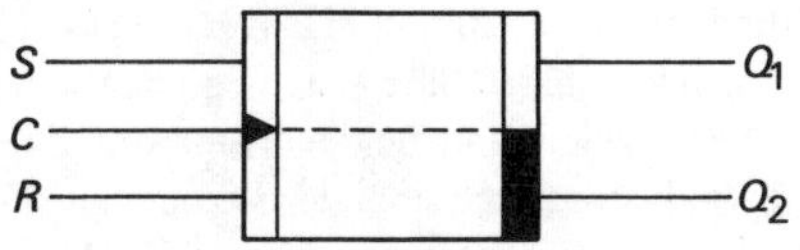

Bild 8.18 Schaltungssymbol eines Auffang-Flipflops mit Zwischenspeicherwirkung

schwarze Balken am Q_2-Ausgang weist auf die Vorzugslage (Ruhelage) hin. Ein schwarzer Pfeil am *C*-Eingang bedeutet, daß das Taktsignal von 1 nach 0 laufen muß, während ein offener Pfeil ein von 0 nach 1 laufendes Taktsignal bedeutet. Dies ist in Bild 8.19 an einer Impulsreihe dargestellt.

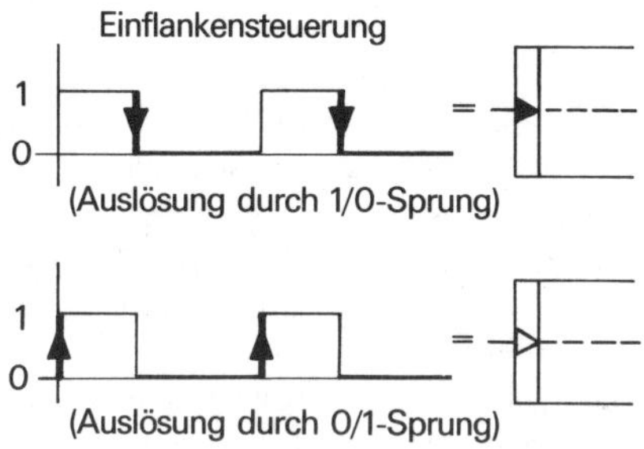

Bild 8.19 Darstellung der Zusammenhänge zwischen Schaltrichtung und Symbolzeichen bei Einflankensteuerung

Neben den beiden erwähnten Flipflop-Arten gibt es noch weitere Ausführungen, die hier aber nur kurz vorgestellt werden können. Es sind dies das D-Flipflop (Bild 8.20), das T-Flipflop (Bild 8.21), das JK-Flipflop (Bild 8.22) und das DV-Flipflop (Bild 8.23).

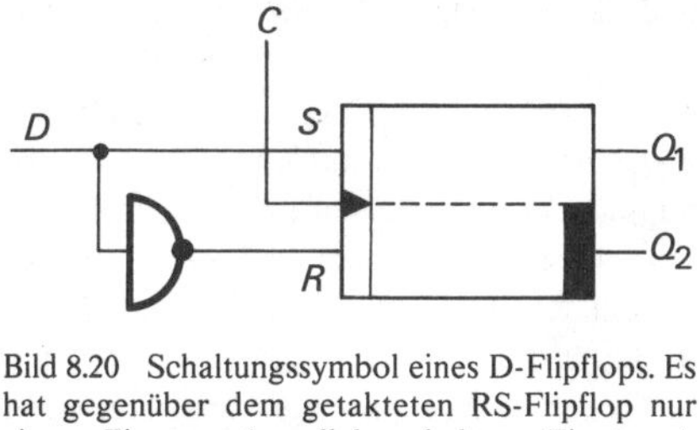

Bild 8.20 Schaltungssymbol eines D-Flipflops. Es hat gegenüber dem getakteten RS-Flipflop nur einen Eingang (parallelgeschaltete Eingänge), wobei dem *R*-Eingang eine NICHT-Logik vorgeschaltet ist

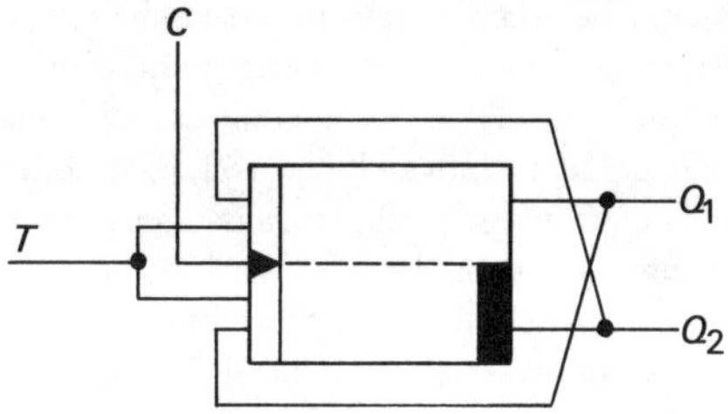

Bild 8.21 Schaltungssymbol eines T-Flipflops. Es hat direkt parallelgeschaltete Eingänge, außerdem werden die Ausgänge kreuzgekoppelt auf die UND-Gatter zurückgeführt

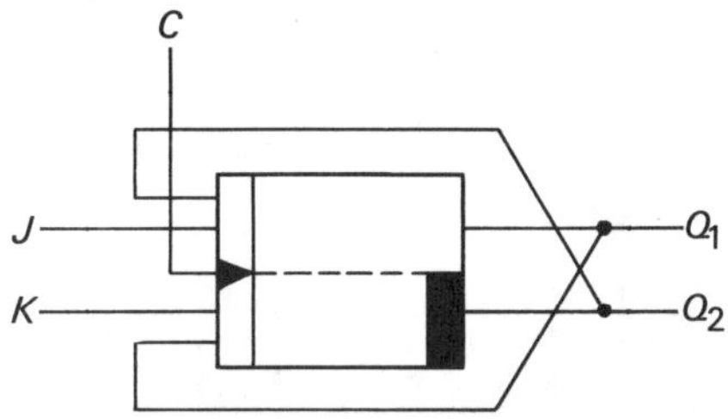

Bild 8.22 Schaltungssymbol eines JK-Flipflops. Es hat getrennte Eingänge und entspricht im Prinzip ebenfalls dem Auffang-Flipflop mit Zwischenspeicherwirkung. Auch hier haben die Ausgänge für besondere Zwecke eine Verbindung zu den Eingangs-UND-Gattern. Dieses Flipflop ist aufgrund seiner Universalität in der digitalen Elektronik weit verbreitet

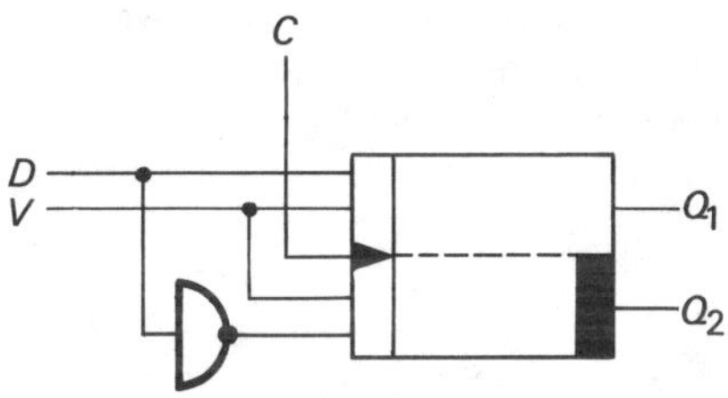

Bild 8.23 Schaltungssymbol eines DV-Flipflops. Hier liegt wiederum eine andere Eingangsbeschaltung vor, und zwar sind die UND-Gattereingänge einmal direkt (wie beim T-Flipflop) und einmal über eine NICHT-Logik (wie beim D-Flipflop) miteinander verbunden

8.2.3. Schmitt-Trigger

Ein sehr vielfältig verwendetes Bauelement ist der Schmitt-Trigger. Man setzt ihn überall dort ein, wo elektrische Signale in eine bestimmte Form gebracht werden müssen, damit sie von den betreffenden Schaltungsstufen ordnungsgemäß verarbeitet werden können. In der Regel handelt es sich hierbei um die Umwandlung von mehr oder weniger unregelmäßigen (analogen) Spannungsformen in digitale Wechselspannungen. Der Schmitt-Trigger arbeitet also als **Schwellenwertschalter**, dessen Wirkungsprinzip aus Bild 8.24 hervorgeht.

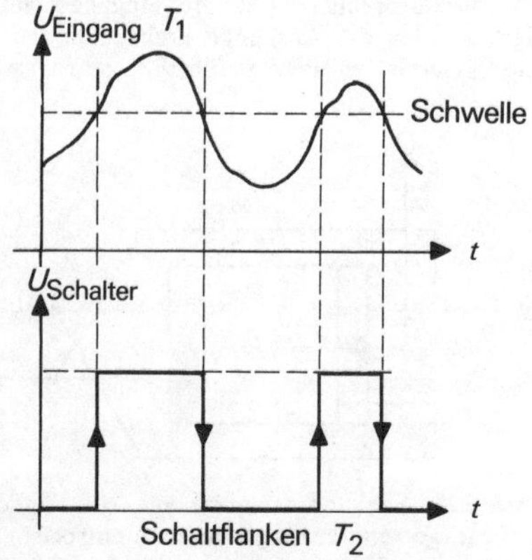

Bild 8.24 Zusammenhänge beim Schmitt-Trigger zwischen analogen Eingangsspannungen und digitalen Ausgangsspannungen

Um die erforderlichen steilen Schaltflanken zu erhalten, muß der Schmitt-Trigger von einer bestimmten Schwelle an schlagartig an- und abschalten können. Dieses Verhalten wird mit einer rückgekoppelten zweistufigen Verstärkerschaltung erreicht (Bild 8.25). Der Rückkopplungsweg führt über den gemeinsamen Emitterwiderstand beider Transistorstufen, die galvanisch miteinander verbunden sind. Für den nichtangesteuerten Zustand stellt man die Schaltung so ein, daß der Transistor T_1 voll gesperrt und der Transistor T_2 voll geöffnet (übersteuert) ist. Bestimmend ist hierfür der am gemeinsamen Emitterwiderstand auftretende Spannungsabfall, hervorgerufen durch den Strom des Transistors T_2, der seinerseits durch die vom Kollektor T_1 kommende, positive Spannung an der Basis offengehalten wird.

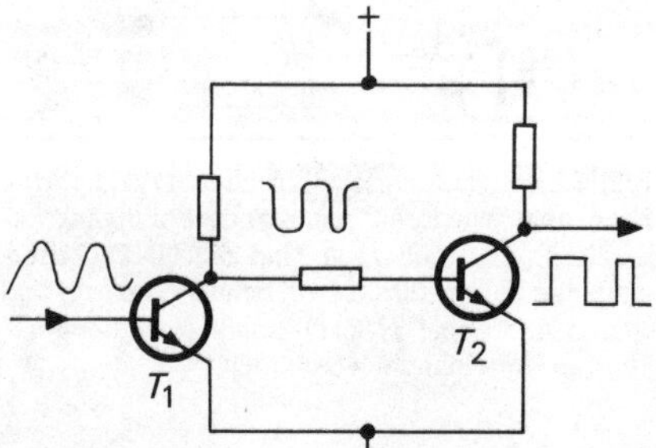

Bild 8.25 Prinzipschaltung eines Schmitt-Triggers

Tritt jetzt ein Eingangssignal auf, dessen ansteigende Amplitude zu irgendeinem Zeitpunkt die Sperrspannung des Transistors T_1 überschreitet, beginnt auch durch T_1 ein Strom zu fließen. Das bewirkt ein Ansteigen der Emitterspannung und gleichzeitig einen stetig geringer werdenden Basisstrom für den Transistor T_2. Nach kurzer Zeit wird ein Zustand erreicht, von dem an der Strom in T_2 nun schlagartig abnimmt und der in T_1 ebenso zunimmt. Dieser Vorgang entspricht der positiv gehenden Impuls-Schaltflanke in Bild 8.24. Eine weitere Zunahme der Eingangsspannung hat keinen Einfluß mehr auf die Schaltung, es kann lediglich eine restlose Übersteuerung des Transistors T_1 auftreten.

Bei fallender Eingangsspannung spulen sich die erwähnten Vorgänge gewissermaßen rückwärts ab. Zu einem bestimmten Zeitpunkt kommt der Transistor T_1 aus dem Übersteuerungsbereich heraus, der Strom durch T_1 wird dann stetig abnehmen und der Basisstrom für T_2 langsam ansteigen. Hierbei wird alsbald ein Punkt erreicht, von dem an der Strom im Transistor T_2 schlagartig zunimmt und der in T_1 abnimmt. Die resultierende Spannungsänderung am Kollektor des Transistors T_2 entspricht der negativen Impuls-Schaltflanke in Bild 8.24.

Schmitt-Trigger können natürlich nicht nur aus diskreten Bauelementen aufgebaut werden, sondern sind auch als integrierte

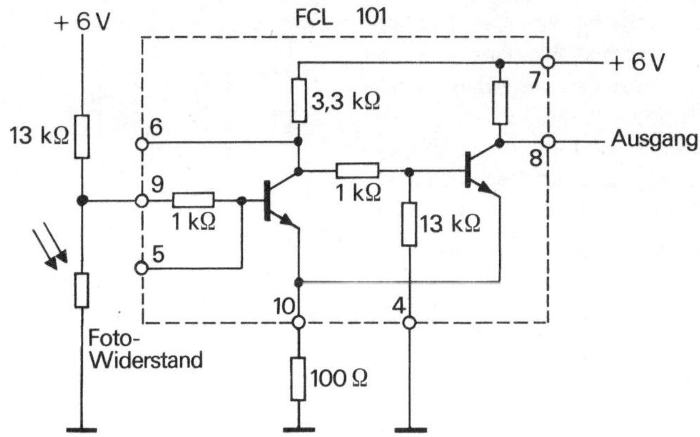

Bild 8.26 Schaltung einer Lichtschranke mit Schmitt-Trigger-IC FCL 101

Schaltungen erhältlich. Eine praktische Anwendung als Lichtschranke ist in Bild 8.26 dargestellt.

8.2.4. Differenzieren und Integrieren

Das Wesen der Zeitkonstante sowie das Laden und Entladen eines Kondensators haben wir schon in Band 1 (Abschnitt 3.4.) kennengelernt. Hier soll nun näher auf das Verhalten der Rechteckimpulse an *RC*-Gliedern eingegangen werden.

In Bild 8.27 ist ein *RC*-Glied mit einer Spannungsquelle dargestellt. Die von ihr gelieferte Eingangsspannung U_e soll eine Folge von Rechteckimpulsen sein, deren Tastverhältnis 2 : 1 = 2 ist. Uns interessiert, wie die Ausgangsspannung U_a aussieht und wie es zu den unterschiedlichen Kurvenformen kommt. Beim angegebenen *RC*-Glied

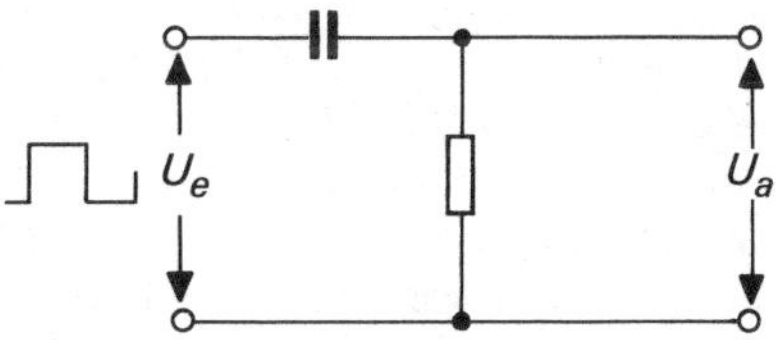

Bild 8.27 *RC*-Glied mit rechteckförmiger Eingangsspannung

handelt es sich um ein differenzierendes Glied, dessen Zeitkonstante von Fall zu Fall unterschiedlich ist. Für die Betrachtung der Vorgänge ist natürlich auch die Impulsdauer bzw. die Folgefrequenz wichtig, denn sie gibt ja den (zeitlichen) Abstand zwischen den Impulsflanken an und steht damit im engen Zusammenhang mit der Zeitkonstante des *RC*-Glieds.

Ladung und Entladung eines Kondensators vollziehen sich bekanntlich nach einer e-Funktion, beide Kurven sind zur Erinnerung in Bild 8.28 aufgetragen. Nach Ablauf einer Zeitkonstante ($\tau = R \cdot C$) ist der Kondensator auf ca. 63 % der angelegten Gleichspannung geladen bzw. auf ca. 37 % entladen. Wenn im folgenden erwähnt wird, daß die Zeitkonstante »sehr viel kleiner« ($\ll$) oder »sehr viel größer« ($\gg$) ist als die Impulsdauer, dann versteht man

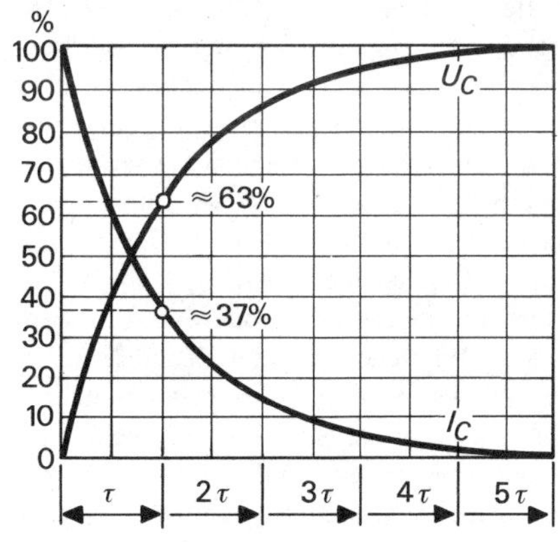

Bild 8.28 e-Funktionen der Ladung und Entladung eines Kondensators

hierunter ein Verhältnis von etwa 1 : 30 und größer, der Ausdruck »kleiner« (<) oder »größer« (>) liegt darunter, und »gleich« (=) heißt natürlich 1 : 1.

Die auftretenden Impulsverformungen beim **Differenzieren** eines Rechteckimpulses (Bild 8.29) sind in Bild 8.30 a) bis e) ein-

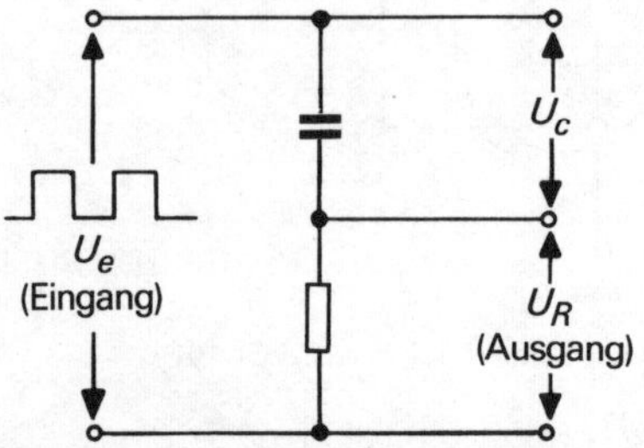

Bild 8.29 *RC*-Glied mit Spannungsangaben beim Differenzieren

getragen. Bei a) ist die Zeitkonstante sehr viel kleiner als die Impulsdauer, wodurch am **Widerstand** spitze, nadelförmige Impulse entstehen. Es wird praktisch nur die Schaltflanke übertragen, die man sich als hochfrequente Anteile der Harmonischen (Oberwellen) vorstellen kann. Demgegenüber weist die Spannung am **Kondensator** wegen der relativ kurzen Zeitdauer für Ladung und Entladung im Verhältnis zur Impulsdauer nur kleine Verformungen gegenüber dem Original auf.

Bei b) ist die Zeitkonstante lediglich kleiner als die Impulsdauer und der differenzierte Impuls daher entsprechend breiter geworden. Für eine exakte Differenzierung sollte die Zeitkonstante den hier vorliegenden Wert von etwa $^1/_5$ der Impulsdauer nicht überschreiten. Die Darstellungen bei c) und d) geben die Spannungen am Widerstand für gleiche und größere Zeitkonstanten an. Wir sehen, daß der Rechteckimpuls sich langsam seiner Originalform nähert. Die Dachschräge ist zwar noch mehr oder minder ausgeprägt und verschwindet erst, wenn die Zeitkonstante sehr groß gegenüber der Impulsdauer gemacht wird (Bild 8.30 e).

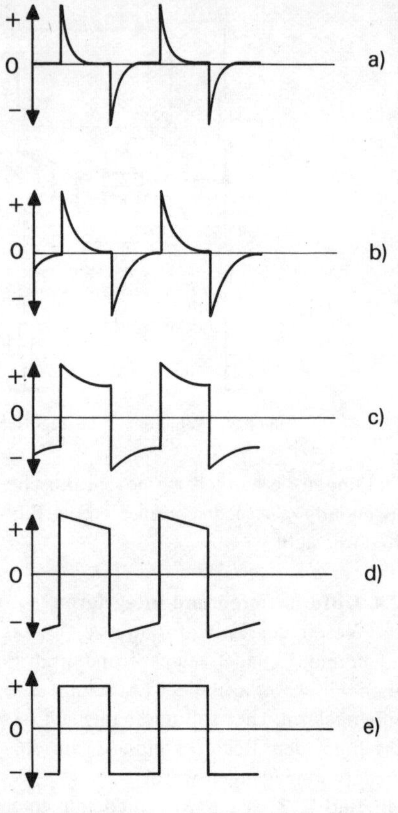

Bild 8.30 Spannungsformen am Ausgang des Differenzierglieds in Abhängigkeit von der Zeitkonstante

Beim **Integrieren** eines Rechteckimpulses wird ein *RC*-Glied nach Bild 8.31 verwendet. Die Ausgangsspannungen U_c für verschiedene Zeitkonstanten sind in Bild 8.32 a) bis c) dargestellt. Wie schon im vorletzten Absatz erwähnt, ist die Zeitdauer für die Ladung und Entladung des Kondensators (und damit die Zeitkonstante) so klein gegenüber der Impulsdauer, daß die Impulse nahezu unverformt übertragen werden. Mit anderen Worten: Die Spannung am Kondensator kann der Folgefrequenz der Impulse fast ungehindert folgen, es tritt nur ein leichtes Verschleifen der Impulse ein (Bild 8.32 a).

Bei b) und erst recht c) ist die integrierende Wirkung dagegen schon deutlich zu

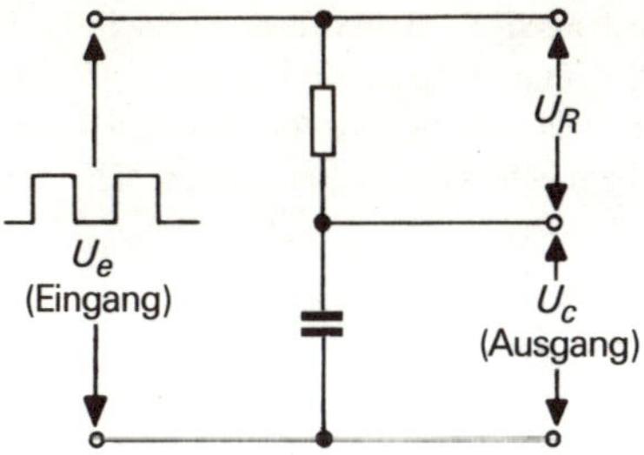

Bild 8.31 *RC*-Glied mit Spannungsangaben beim Integrieren

sehen. Die Kondensatorspannung kann hier den Änderungen der Wechselspannung nur noch unvollkommen folgen, da die Zeitkonstante größer geworden ist. Bei

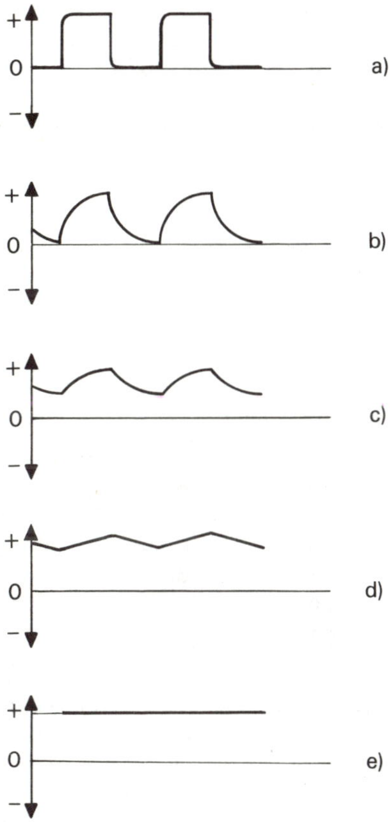

Bild 8.32 Spannungsformen am Ausgang des Integrierglieds in Abhängigkeit von der Zeitkonstante

einer rund zehnmal so großen Zeitkonstante wie die Impulsdauer tritt nur noch eine leichte Welligkeit auf und bei noch größeren Werten entsteht am Kondensator praktisch eine Gleichspannung (Bild 8.32 d und e).

Ein Differenzierglied (Hochpaß) liefert demnach nur dann eine Ausgangsspannung, wenn sich die Eingangsspannung ändert (Impulsflanken), wogegen ein Integrierglied (Tiefpaß) eine Ausgangsspannung abgibt, die sich mit steigender Zeitkonstante immer mehr einer Gleichspannung nähert.

8.3. Logische Grundbausteine

Zu den in Band 1 vorgestellten logischen UND-, ODER-, NICHT- sowie NAND- und NOR-Funktionen und Schaltelementen kommen noch einige andere hinzu, die wir anschließend kennenlernen. Der besseren Übersicht wegen werden alle wichtigen Grundbausteine kurz vorgestellt und erläutert.

UND-Funktion. Sie wird auch als **Konjunktion** bezeichnet, hat das in Bild 8.33 a angegebene Schaltungssymbol und kann vergleichsweise wie in Bild 8.33 b gezeichnet werden. Die Definition lautet: Die

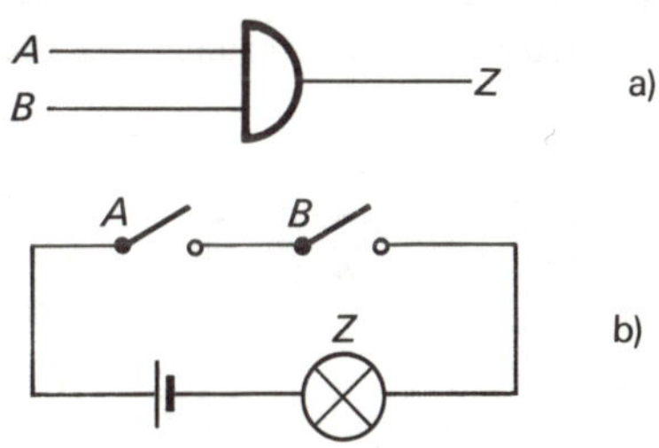

Bild 8.33 Schaltungs- oder Logiksymbol der UND-Funktion mit Schaltbeispiel

Ausgangsvariable Z nimmt dann — und nur dann — den Wert 1 an, wenn **alle** Eingangsvariablen den Wert 1 aufweisen. Daher sieht die Funktionstabelle 8.3 wie folgt aus:

Tabelle 8.3 UND-Funktion

A	*B*	*Z*
0	0	0
1	0	0
0	1	0
1	1	1

ODER-Funktion. Sie wird auch als **Disjunktion** bezeichnet, hat das in Bild 8.34 a angegebene Schaltungssymbol und kann vergleichsweise wie in Bild 8.34 b gezeichnet werden. Die Definition lautet: Die

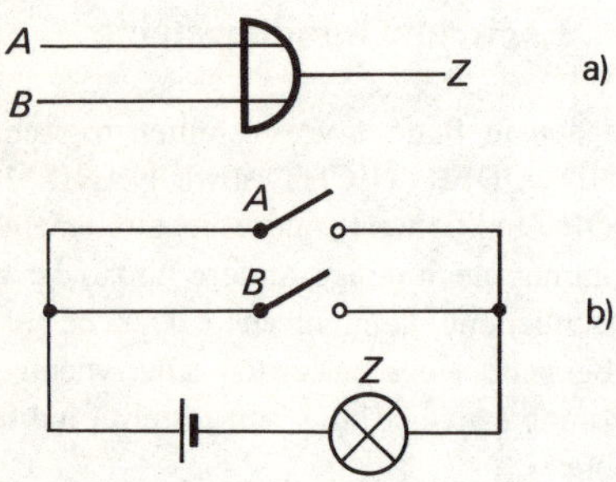

Bild 8.34 Schaltungssymbol der ODER-Funktion mit Schaltbeispiel

Ausgangsvariable nimmt dann – und nur dann – den Wert 1 an, wenn **mindestens eine** Eingangsvariable den Wert 1 aufweist. Die Funktionstabelle 8.4 lautet:

Tabelle 8.4 ODER-Funktion

A	*B*	*Z*
0	0	0
1	0	1
0	1	1
1	1	1

Exklusiv-ODER-Funktion. Sie gehört nicht zu den beiden vorstehend erwähnten Grundfunktionen, hat aber doch eine wichtige Bedeutung in der Digitaltechnik und wird auch als **Antivalenz** bezeichnet. Die Schaltungssymbole sind in Bild 8.35 a, eine Vergleichsdarstellung in Bild 8.35 b angegeben. Die Definition lautet: Die Aus-

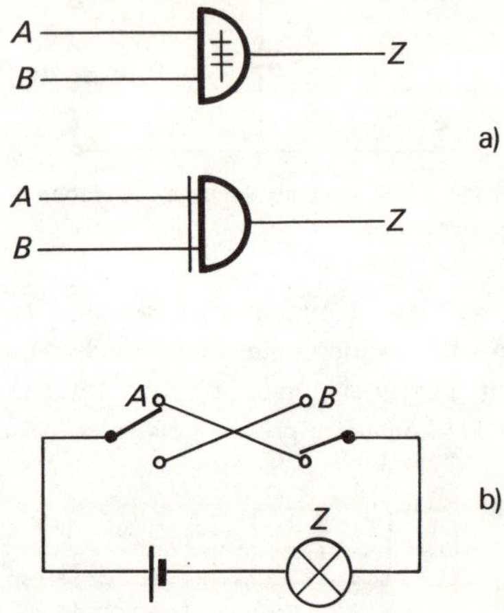

Bild 8.35 Schaltungssymbole der Exklusiv-ODER-Funktion mit Schaltbeispiel

gangsvariable nimmt dann – und nur dann – den Wert 1 an, wenn beide Eingangsvariablen **entgegengesetzten** Signalwert aufweisen. Die Funktionstabelle 8.5 macht dies deutlich:

Tabelle 8.5 Exklusiv-ODER-Funktion (Antivalenz-Funktion)

A	*B*	*Z*
0	0	0
1	0	1
0	1	1
1	1	0

NICHT-Funktion. Sie wird auch negierte Identität oder kurz **Negation** bzw. Inversion genannt, hat das in Bild 8.36 a gezeichnete Schaltungssymbol und kann vergleichsweise wie in Bild 8.36 b dargestellt werden. Man drückt die Negation allgemein durch einen schwarzen Punkt aus,

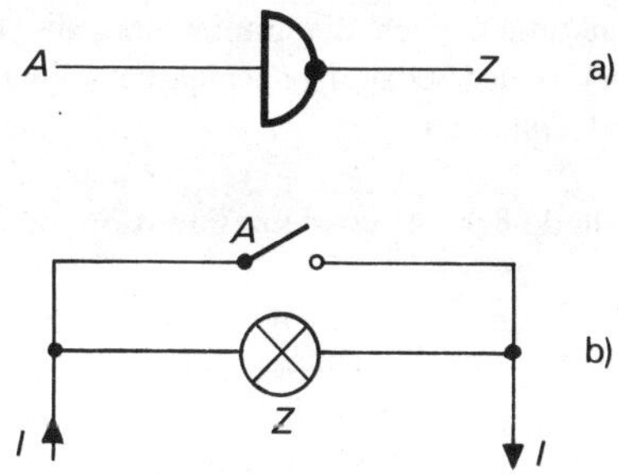

Bild 8.36 Schaltungssymbol der NICHT-Funktion mit Schaltbeispiel

der in einigen Fällen auch vor ein logisches Element gesetzt wird. Die Definition lautet: Die Ausgangsvariable nimmt dann — und nur dann — den Wert 1 an, wenn die Eingangsvariable den Wert 0 aufweist. Hat diese dagegen den Wert 1, so weist die Ausgangsvariable den Wert 0 auf, was sich in der Funktionstabelle 8.6 so ausdrückt:

Tabelle 8.6 NICHT-Funktion

A	Z
0	1
1	0

NAND-Funktion. Sie ist eine Konjunktion mit anschließender Negation, hat das in Bild 8.37 a gezeichnete Schaltungssymbol und kann vergleichsweise wie in Bild 8.37 b dargestellt werden. Die Definition lautet: Die Ausgangsvariable nimmt dann — und

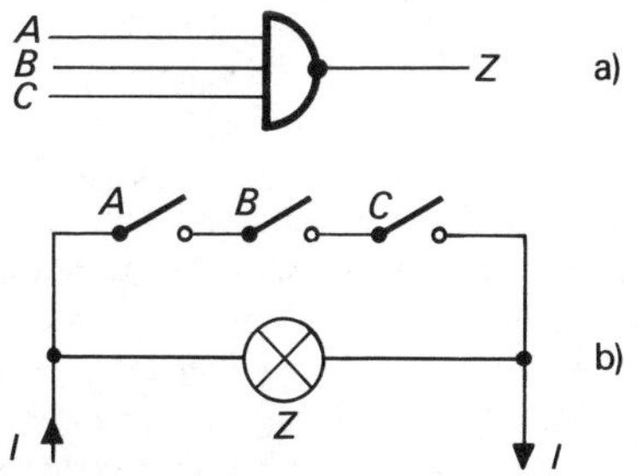

Bild 8.37 Schaltungssymbol der NAND-Funktion mit Schaltbeispiel

nur dann — den Wert 0 an, wenn **alle** Eingangsvariablen den Wert 1 aufweisen. Die Funktionstabelle 8.7 für beispielsweise drei Variablen lautet daher:

Tabelle 8.7 NAND-Funktion

A	B	C	Z
0	0	0	1
1	0	0	1
0	1	0	1
1	1	0	1
0	0	1	1
1	0	1	1
0	1	1	1
1	1	1	0

NOR-Funktion. Sie ist eine Disjunktion mit anschließender Negation, hat das in Bild 8.38 a angegebene Schaltungssymbol und kann vergleichsweise wie in Bild 8.38 b gezeichnet werden. Die Definition lautet:

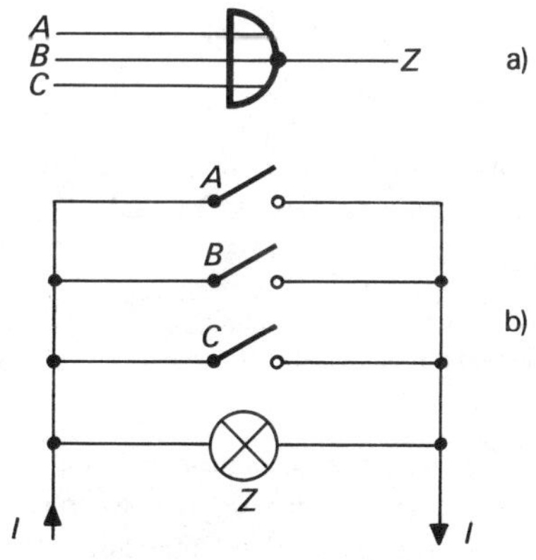

Bild 8.38 Schaltungssymbol der NOR-Funktion mit Schaltbeispiel

Die Ausgangsvariable nimmt dann — und nur dann — den Wert 0 an, wenn **mindestens eine** Eingangsvariable den Wert 1 aufweist. Dies zeigt die Funktionstabelle 8.8 deutlich:

Tabelle 8.8 NOR-Funktion

A	*B*	*C*	*Z*
0	0	0	1
1	0	0	0
0	1	0	0
1	1	0	0
0	0	1	0
1	0	1	0
0	1	1	0
1	1	1	0

Äquivalenz-Funktion. Sie ist das entsprechende Gegenstück zur Antivalenz, stellt also eine negierte Exklusiv-ODER-Funktion dar. Ihr Schaltungssymbol ist in Bild 8.39 a, eine Vergleichsdarstellung in Bild 8.39 b angegeben. Die Definition lau-

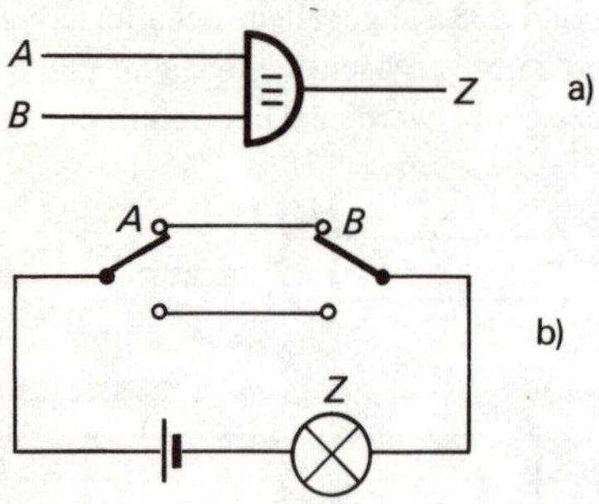

Bild 8.39 Schaltungssymbol der Äquivalenz-Funktion mit Schaltbeispiel

tet: Die Ausgangsvariable nimmt dann — und nur dann — den Wert 1 an, wenn beide Eingangsvariablen den **gleichen** Wert haben (also einheitlich 1 oder 0 aufweisen). Dies geht auch aus der Funktionstabelle 8.9 hervor.

Bekanntlich lassen sich alle logischen Verknüpfungen bzw. Funktionen mit den universellen NAND- und NOR-Schaltungen aufbauen. Wie dies zu realisieren ist, zeigen die Darstellungen in Bild 8.40. Es enthält außer den vorstehend erwähnten Funktionen noch die Implikation, die jedoch in der Schaltungstechnik keine große Bedeutung hat.

Tabelle 8.9 Äquivalenz-Funktion

A	*B*	*Z*
0	0	1
1	0	0
0	1	0
1	1	1

8.4. Codierung und Programmierung

8.4.1. Umwandlung von Daten in Codes

Um mit einem Computer »reden« zu können, muß die menschliche Sprache in die einfachen Ja-Nein-Aussagen der Maschinensprache umgewandelt werden. Im Prinzip haben wir dies am Beispiel der Dezimal-/Dualzahlen bereits kennengelernt (Band 1, Kapitel 13). Die Dualzahlen basieren auf den Ziffern 1 und 0, sie sind den entsprechenden zehn Dezimalziffern nachfolgend gegenübergestellt.

dezimal	**dual**
0	0
1	01
2	10
3	11
4	100
5	101
6	110
7	111
8	1000
9	1001

In obiger Form lassen sich dual-codierte Zahlen aber nur für spezielle, technisch-wissenschaftlich orientierte Rechenoperationen verwenden. Sie werden dann gewissermaßen fortlaufend in die Bytes eingebaut, wie am Beispiel der dual-codierten Dezimalzahl 2478 gezeigt ist (Bild 8.41). Die sich ergebende Dualzahl

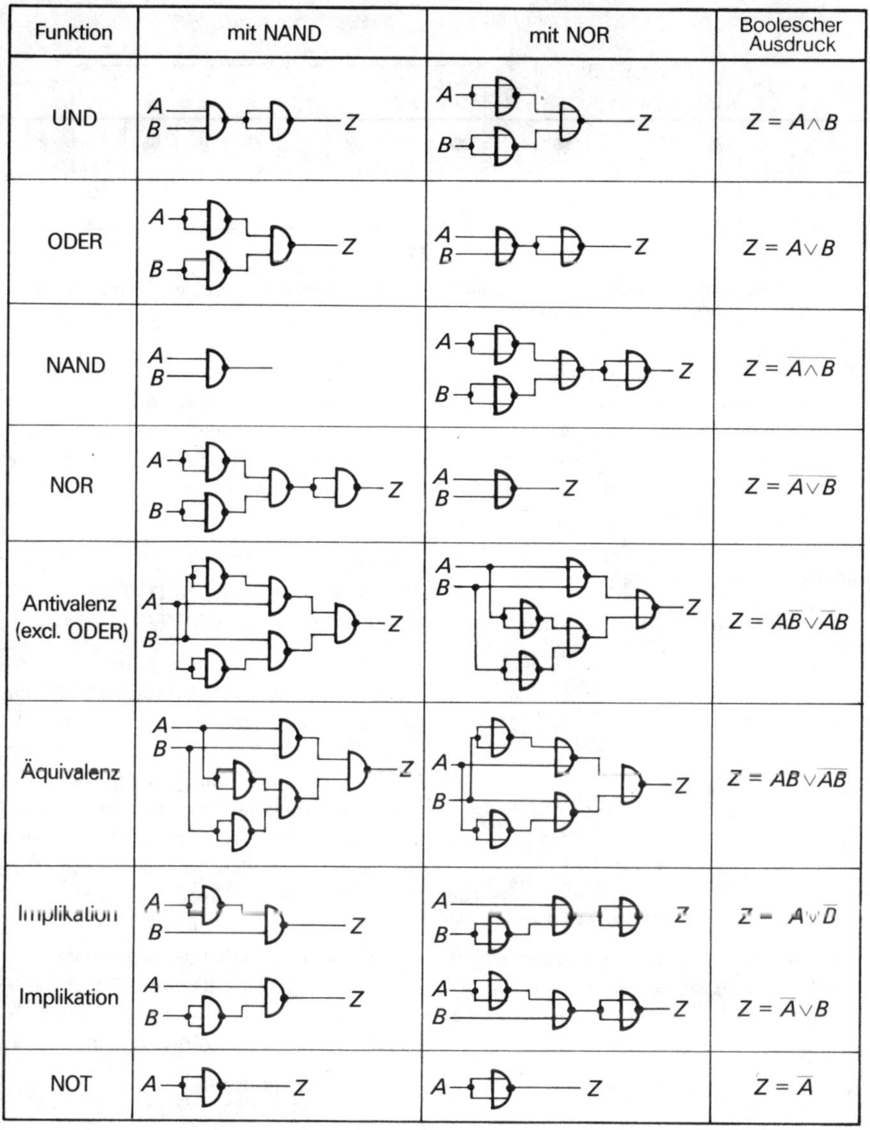

Bild 8.40 Zusammenfassung der logischen Funktionen und ihrer Realisierung mit NAND- oder NOR-Gattern

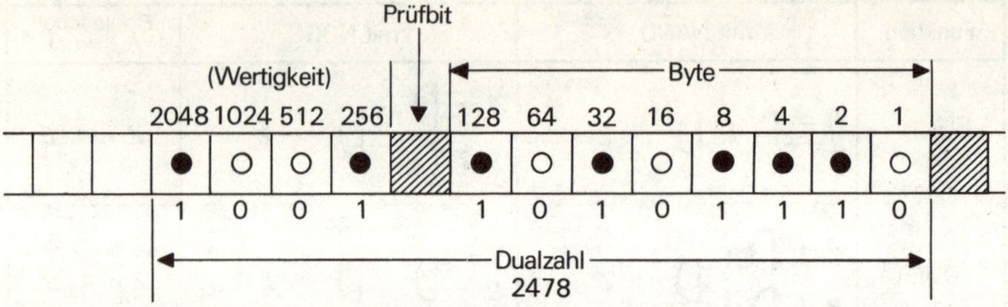

Bild 8.41 Dual-codierte Darstellung der Dezimalzahl 2478 in einer Bytefolge (Byte = Einheit von 8 bit Länge, kleinste addressierbare Einheit)

100110101110 wird entsprechend ihrer Wertigkeit eingeordnet.

Für alle anderen Rechenoperationen ergänzt man die ersten acht Dualzahlen mit Nullen, damit sie alle gleich lang, d.h. vierziffrig werden. Jede binäre Vierergruppe (auch Tetrade genannt) bedeutet dann eine binär-codierte Dezimalzahl.

dezimal	**binär-codiert**
0	0000
1	0001
2	0010
3	0011
4	0100
5	0101
6	0110
7	0111
8	1000
9	1001

Diese Vierergruppen lassen sich in einem achtstelligen Byte (auch Wort oder Oktade genannt) sehr gut unterbringen. Während also bei einer rein dualen Verschlüsselung jede Dezimal**zahl** eine ureigene Dualziffernkombination erhält, ordnet man bei der binären Verschlüsselung jeder Dezimal**ziffer** eine festgelegte Dualziffernreihe zu. Als Beispiel sei dies wieder an der Zahl 2478 erläutert.

dezimal = 2478
dual-codiert = 100110101110
binär-codiert = 0010-0100-0111-1000

Wie die binär-codierte Ziffernreihe innerhalb der Bytes untergebracht wird, kann aus Bild 8.42 entnommen werden. Die sehr einfache binäre Verschlüsselung ist in der Fachsprache als *»binary coded decimal code«* bekannt, in Kurzform **BCD-Code,** geschrieben. Er dürfte der wohl gebräuchlichste Code in elektronischen Rechengeräten, Zählern und anderen digital arbeitenden Geräten sein.

Mit vier Binärstellen (4 Bits) lassen sich insgesamt 16 Ziffernkombinationen aufstellen. Zehn von ihnen haben wir schon als binäre Codierung für die Dezimalzahlen

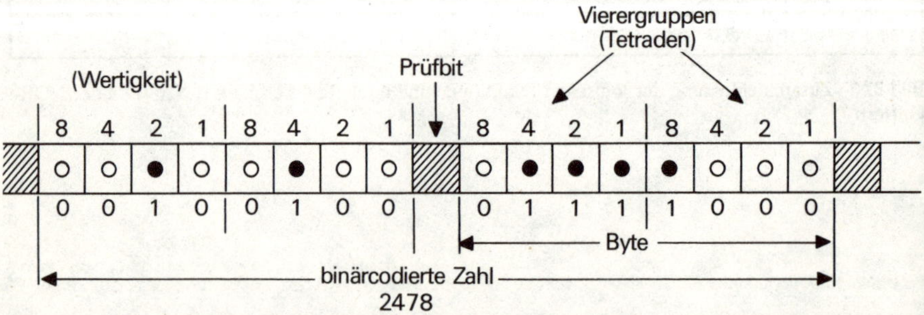

Bild 8.42 Binär-codierte Darstellung der Dezimalzahl 2478 in einer Bytefolge

0—9 kennengelernt, sie sind mit den restlichen sechs in der folgenden Tabelle 8.10 aufgeführt, die einige weitere Zahlencodes nach dem BCD-Muster enthält.

Wegen der ausschließlichen Verwendung von Ziffern wird diese Codierung auch als »numerischer« Code bezeichnet. Man benutzt ihn vorwiegend für Rechenoperationen relativ einfacher Art. Wie aus der Tabelle 8.10 zu entnehmen ist, unterscheiden sich die Verschlüsselungen u. a. dadurch, daß die jeweils nicht benötigten Positionen an unterschiedlichen Stellen des Schemas liegen. Alle Codes dieser Art haben bestimmte Vor- und Nachteile, die dazu führen, daß die Codes nach speziellen anwendungs- und schaltungstechnischen Anforderungen und Gegebenheiten (z. B. automatische Fehlererkennung u. a. m.) eingesetzt werden. Zu den gebräuchlichsten gehört der Code 8 — 4 — 2 — 1 (auch »natürlicher« BCD-Code genannt), dessen Bezeichnung sich von der Stellenwertigkeit des reinen Binär- bzw. Dualcodes herleitet, wie aus der Aufstellung deutlich wird:

2^3	2^2	2^1	2^0	Potenzen
8	4	2	1	Wertigkeit
1000	100	10	1	Stellen

Wie man leicht feststellen kann, ist die höchste Wertigkeit gleichbedeutend mit der vierstelligen Binärzahl 1111, die in der BCD-Codetabelle daher auch an 16. Stelle steht.

Nun genügen aber zehn codierte Dezimalziffern nicht immer zur Darstellung eines Computerprogramms, es müssen auch Buchstaben des Alphabets und besondere Zeichen eingegeben werden können. Das ist z.B. mit einem erweiterten BCD-Code möglich, bei dem zusätzliche Vierergruppen für die Darstellung von Buchstaben und Zeichen verwendet werden. Man bezeichnet diesen alpha-numerischen Code in Kurzform als EBCDI-Code,

Tabelle 8.10 BCD-Codes

Binärstellen oder Bits				Reiner Binär-Code	8-4-2-1-Code	Excess-3-Code (XS-3)	Aiken-Code	5-4-2-1-Code	White-Code
4	3	2	1						
0	0	0	0	0	0		0	0	0
0	0	0	1	1	1		1	1	1
0	0	1	0	2	2		2	2	
0	0	1	1	3	3	0	3	3	2
0	1	0	0	4	4	1	4	4	
0	1	0	1	5	5	2			3
0	1	1	0	6	6	3			
0	1	1	1	7	7	4			4
1	0	0	0	8	8	5		5	5
1	0	0	1	9	9	6		6	6
1	0	1	0	10		7		7	
1	0	1	1	11		8	5	8	7
1	1	0	0	12		9	6	9	
1	1	0	1	13			7		8
1	1	1	0	14			8		
1	1	1	1	15			9		9

Tabelle 8.11 EBCDI-Code

Bits																				
				D	b8	0				0				1				1		
				C	b7	0				1				0				1		
				B	b6	0	0	1	1	0	0	1	1	0	0	1	1	0	0	1	1
8	4	2	1	A	b5	0	1	0	1	0	1	0	1	0	1	0	1	0	1	0	1
b4	b3	b2	b1																		
0	0	0	0			NUL	DLE	DS		SP	&	–						¦	¦	\	0
0	0	0	1			SOH	DC1	SOS				/		a	j	~		A	J		1
0	0	1	0			STX	DC2	FS						b	k	s		B	K	S	2
0	0	1	1			ETX	DC3							c	l	t		C	L	T	3
0	1	0	0			PF	RES	BYP	PN					d	m	u		D	M	U	4
0	1	0	1			HT	NL	LF	RS					e	n	v		E	N	V	5
0	1	1	0			LC	BS	EOB	UC					f	o	w		F	O	W	6
0	1	1	1			DEL	IDL	PRE	EOT					g	p	x		G	P	X	7
1	0	0	0				CAN							h	q	y		H	Q	Y	8
1	0	0	1			RLF	EM							i	r	z		I	R	Z	9
1	0	1	0			SMM	CC	SM		ç	!	′,	:								LVM
1	0	1	1			VT	CU1	CU2	CU3	·	$	,	ǂ								
1	1	0	0			FF	IFS		DC4	<	*	%	α					ʃ		┐	
1	1	0	1			CR	IGS	ENG	NAK	(	)	-	'								
1	1	1	0			SO	IRS	ACK		+	;	>	=					└┘			
1	1	1	1			SI	IUS	BEL	SUB	|	¬	?	‖								

abgeleitet von »*extended* ***b****inary coded* ***d****ecimal* ***i****nterchange* ***c****ode*«.

Um ein übersichtliches Codierungsschema zu erhalten, teilt man das Byte wieder in zwei Gruppen und benutzt die Bits 8—5 als Zonenteil (gewissermaßen die »Code-Anschrift«) und die Bits 4—1 als Ziffernteil (womit der eigentliche »Code-Inhalt« gemeint ist). Das Schema wird aus der nebenstehenden Tabelle 8.11 deutlich.

Danach sind beispielsweise in der Zone 1101 die Großbuchstaben von J—R zu finden, die ihrerseits durch den Zahlencode 0001—1001 gekennzeichnet sind. Wie aus der Tabelle zu entnehmen ist, werden unter dieser Ziffernfolge auch noch andere Buchstaben, Sonderzeichen und Ziffern angegeben, die aber nur über einen anderen Zonenteil zu erreichen sind. Bei den Ziffern ist dies z.B. die Kombination 1111, bei den Kleinbuchstaben von a—i die Kombination 1000.

Der alpha-numerische Begriff »PHILIPS 1980« sieht nach EBCDI-Code folgendermaßen aus, wobei die Prüfbits zunächst unberücksichtigt bleiben (Tabelle 8.12).

Zum alpha-numerischen Typ gehört auch der ASCII-Code *(****a****merican* ***s****tandard* ***c****ode for* ***i****nformation* ***i****nterchange).* Er ist ähnlich aufgebaut wie der EBCDI-Code, es werden aber nur sieben Bits zur Darstellung verwendet (3 als Zonen-, 4 als Ziffernteil), wozu noch ein Prüfbit kommt. Auch der 5-Bit-Telex- bzw. Fernschreibcode ist alpha-numerisch aufgebaut, hier können jedoch entweder nur Buchstaben oder nur Ziffern und Zeichen gesendet werden, wozu jeweils umgeschaltet werden muß (Bild 8.43).

Zu erwähnen sind in diesem Zusammenhang auch die Sicherungen gegen Übermittlungsfehler. Man gibt dem codierten Zeichen dafür ein oder mehrere Signale zusätzlich mit auf den Weg und kann bei einer Störung aufgrund der sich ergebenden Signalfolge auf das ursprünglich gesendete Zeichen schließen. Das zusätzliche Anhängen von Signalen, die nichts mit dem eigentlichen Code zu tun haben, wird als »Redundanz« bezeichnet, was sinngemäß soviel wie »Weitschweifigkeit« bedeutet. An einem Beispiel (Bild 8.44) sei dies erläutert.

Tabelle 8.12 Der alpha-numerische Begriff »Philips 1980« im EBCDI-Code

D b8	C b7	B b6	A b5	8 b4	4 b3	2 b2	1 b1	Codebits
← Zonenteil →				← Ziffernteil →				
1	1	0	1	0	1	1	1	P
1	1	0	0	1	0	0	0	H
1	1	0	0	1	0	0	1	I
1	1	0	1	0	0	1	1	L
1	1	0	0	1	0	0	1	I
1	1	0	1	0	1	1	1	P
1	1	1	0	0	0	1	0	S
1	1	1	1	0	0	0	1	1
1	1	1	1	1	0	0	1	9
1	1	1	1	1	0	0	0	8
1	1	1	1	0	0	0	0	0

← Byte →

(P H I L I P S 1 9 8 0: alpha-numerischer Begriff)

Nr.	Bu	Zi	1	2	3	4	5
1	A	–	●	●			
2	B	?	●			●	●
3	C	:		●	●	●	
4	D	✠	●			●	
5	E	3	●				
6	F	▧	●		●	●	
7	G	▧		●		●	●
8	H	▧			●		●
9	I	8		●	●		
10	J	⍾	●	●		●	
11	K	(	●	●	●	●	
12	L	)		●			●
13	M	.			●	●	●
14	N	,			●	●	
15	O	9				●	●
16	P	0		●	●		●
17	Q	1	●	●	●		●
18	R	4		●		●	
19	S	`	●		●		
20	T	5					●
21	U	7	●	●	●		
22	V	=		●	●	●	●
23	W	2	●	●			●
24	X	/	●		●	●	●
25	Y	6	●		●		●
26	Z	+	●				●
27	<					●	
28	≡			●			
29	Bu		●	●	●	●	●
30	Zi		●	●		●	●
31	#				●		
32	⊖						

Zeichenerklärung

✠	Wer da?
⍾	Klingel
< ; WR	Wagenrücklauf
≡; ZL	Zeilenvorschub
#; ZW	Zwischenraum
Bu; A…	Buchstabenumschaltung
Zi ; 1…	Ziffernumschaltung
▧	frei für Sonderzeichen
⊖	nicht benutzt

Bild 8.43 Aufstellung des Telex- bzw. Fernschreibcodes

Der einfache BCD-Code mit vier Bits hat keine Redundanz, ist also nicht fehlererkennend oder gar fehleridentifizierend. Alle Bits werden hier zur Übermittlung des Zeichens selbst benötigt. Dies gilt im Prinzip auch für den erweiterten BCD-Code, bei dem alle acht Bits für den Zonen- und Ziffernteil benutzt werden. Setzt man jedoch das schon erwähnte Prüfbit vor das Byte, so kann hiermit eine gewisse Redundanz und damit Absicherung erfolgen.

Das Prinzip ist einfach, denn es beruht darauf, im Byte (durch die Hinzunahme einer 1 oder 0 als Prüfbit) z. B. stets eine ungerade Anzahl von 1-Signalen zu haben. In Bild 8.44 ist dies für das Wort Philips angegeben. Wird bei der Kontrolle dann eine gerade Anzahl 1-Signale festgestellt, liegt ein Übermittlungsfehler vor. Dieses System kann soweit ausgebaut werden, daß Fehler nicht nur erkannt, sondern bei hoher Redundanz auch korrigiert werden können.

	Zonenteil	Ziffernteil	
P =	1 1 0 1	0 1 1 1	1
H =	1 1 0 0	1 0 0 0	0
I =	1 1 0 0	1 0 0 1	1
L =	1 1 0 1	0 0 1 1	0
I =	1 1 0 0	1 0 0 1	1
P =	1 1 0 1	0 1 1 1	1
S =	1 1 1 0	0 0 1 0	1

ohne (Zonenteil + Ziffernteil)

mit (Zonenteil + Ziffernteil + Prüfbit)

Redundanz (z. B. ungerade 1-Signale)

Bild 8.44 Beispiel für eine einfache Absicherung gegen Übermittlungsfehler durch Prüfbits. Das Anhängen von Prüfsignalen bezeichnet man als Redundanz; je höher sie ist, umso besser können Fehler erkannt und korrigiert werden

8.4.2. Programme und Programmiersprachen

Die codierten Daten und Informationen einer bestimmten Aufgabe müssen nicht nur in eine maschinenorientierte Sprache gebracht werden, damit der Computer sie verstehen kann, sondern sie müssen auch in einer vorgeschriebenen Weise geordnet und mit Befehlen angereichert werden, damit der Computer sie im gewünschten Sinn verarbeiten kann. Ein in dieser Sprache verfaßter Text enthält daher alle Instruktionen über den Arbeitsablauf, stellt also gewissermaßen ein Drehbuch dar, das die Schrittfolge festlegt. Die Zusammenfassung aller steuernden Informationen wird **Programm** genannt.

Wenn man eine bestimmte Aufgabe zergliedert und in die notwendigen kleinen Arbeitsschritte aufteilt, dann **programmiert** man den betreffenden Komplex. Hierbei wird die problemorientierte Fachsprache in die maschinenorientierte Computersprache umgewandelt. Das geschieht üblicherweise in mehreren Stufen, wie noch gezeigt wird. Zuvor aber jedoch einige Gedanken über die Zusammenhänge zwischen der Maschinengröße bzw. den Verarbeitungsmöglichkeiten und den erforderlichen Programmen bzw. dem Programmierungsaufwand.

Wenn ein Computer mit nur einer einfachen logischen Einheit ausgestattet ist, können beispielsweise nur Rechenoperationen ausgeführt werden, die auf der Addition beruhen. Natürlich kann diese Maschine auch multiplizieren und dividieren, aber diese Vorgänge erfordern ein sehr langes Programm, weil sie auf einfache Abläufe zurückgeführt werden, deren Schritte alle einzeln festgelegt und programmiert sein müssen. Als **Mikrobefehle** laufen diese Einzelschritte nacheinander durch die gesamte Rechenanlage, was sehr viel Zeit erfordert.

Ein Vergleich aus dem Straßenverkehr kann dies deutlich machen. Es gäbe einen äußerst zeitraubenden Verkehrsablauf, wenn beispielsweise während der Spitzenzeiten jedes Auto einer langen Kolonne innerhalb eines Straßenzugs an jeder Ampel halten und erst nach einem nur ihm geltenden Grünzeichen weiterfahren darf.

Um einen vernünftigen Datenfluß für die Verarbeitung in der Maschine zu bekommen, schließt man hinsichtlich des Aufwands einen Kompromiß. Die logischen Einheiten des Computers werden so ausgelegt, daß die Datenverarbeitung in wesentlich größeren Portionen ablaufen kann. Man arbeitet nun gewissermaßen mit **Makrobefehlen.** Verglichen mit dem Verkehrsbeispiel heißt dies, daß jetzt in einer verhältnismäßig langen Grünphase eine ganze Autokolonne den Straßenzug passieren kann, bevor wieder ein Haltsignal erscheint. Der Verkehr fließt deshalb wesentlich rationeller.

Das Programm für Datenverarbeitungsmaschinen muß heute nicht mehr in jedem Fall durch den Programmierer selbst aufgestellt werden. Es gibt auch fertige Programme, die für eine ganze Reihe von immer wiederkehrenden Aufgaben in zahlreichen Anwendungsbereichen anwendbar sind. Sie werden zumeist vom Computerhersteller entwickelt und lösen die betreffenden Aufgaben in optimaler Weise. Man bezeichnet sie ihres Konzepts wegen als **Standardprogramme.** Es gibt sie beispielsweise für die Aufstellung von Gehaltsabrechnungen, für Sprachübersetzungen sowie Lagerhaltungs- und Bestellabwicklungen ebenso wie für Maschinensteuerungen in zahlreichen Branchen (Bild 8.45), wozu auch die Satzherstellung in Druckereien zählt. Nahezu alle Routine- oder Wiederholungsarbeiten können in dieser

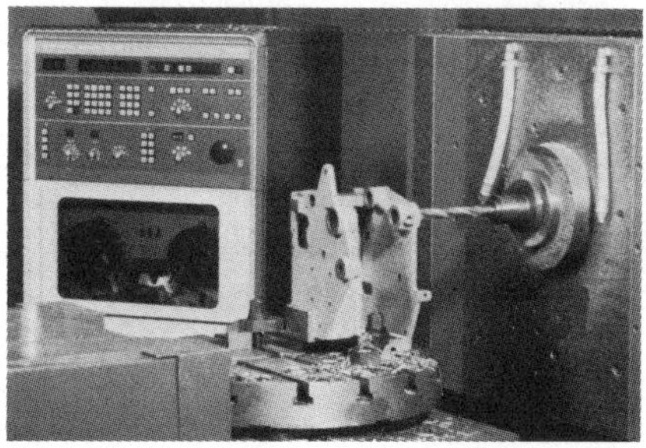

Bild 8.45 Beispiel für eine Maschinensteuerung durch einen Philips Prozeßrechner

Form computergerecht aufbereitet werden. Zu den Standardprogrammen gehören auch Hilfs- oder Unterprogramme, die an bestimmten Stellen eines Hauptprogramms eingebaut werden können, und Übersetzungsprogramme für die sogenannten höheren Programmiersprachen.

Unter problemorientierten höheren **Programmiersprachen** versteht man die maschinenunabhängige Beschreibung einer Aufgabe. Zu den bekanntesten gehören FORTRAN *(formular translater)* – eine Sprache für den mathematischen Formalismus, ALGOL *(algorithmic language)* – eine mathematische Programmiersprache und COBOL *(common business oriented language)* – eine für den kommerziellen Bereich entwickelte Programmiersprache. Bei diesen Sprachen braucht man nicht mehr jeden Einzelschritt genau auf die Eigenschaften bzw. Arbeitsweise des Computers abzustimmen, sondern nur noch nach den Regeln der betreffenden Sprache problemorientierte Befehle aufzustellen. Der Programmierer muß sich daher unabhängig vom Maschinentyp nur in einer Programmiersprache auskennen und kann seine Aufgaben wesentlich schneller erledigen.

Mit einem **Compiler** genannten Übersetzungsprogramm werden diese Instruktionen dann vom Computer in die eigentliche Maschinensprache übersetzt. Hierbei kann es durchaus vorkommen, daß von einem Befehl der Programmiersprache hundert oder mehr Befehle in der Maschinensprache ausgelöst werden. Man bezeichnet derartige Programmiersprachen deshalb auch als »Eins/Mehr-Sprachen«, und die sich einstellenden Vielfach-Instruktionen als Makrobefehle (Bild 8.46). Weil der überwiegende Teil der Übersetzung automatisch programmgesteuert erfolgt, werden mögliche Fehlerquellen und die Programmierzeiten drastisch reduziert.

Neben den erwähnten höheren gibt es auch **einfache Programmiersprachen.** Sie unterscheiden sich durch eine andere Übersetzung der Instruktionen, und zwar wird hier jeder symbolische Programmierbefehl in nur einen Maschinenbefehl umgewandelt. Deshalb nennt man diese einfachen Programmiersprachen auch »Eins/Eins-Sprachen«. Für sie gibt es gleichfalls Übersetzungsprogramme, die als **Assembler** bezeichnet werden und die Umcodierung automatisch durchführen.

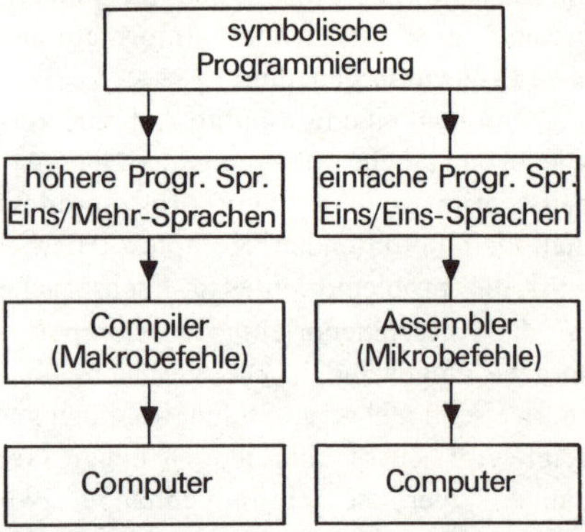

Bild 8.46 Schema der Programmierung durch Compiler und Assembler

Wenn auch Standardprogramme und Programmiersprachen den Umfang und Zeitbedarf für die eigentliche Programmierung erheblich vermindert haben, so sind andererseits die Maschinenzeiten, d.h. die Durchlaufzeiten nicht im gleichen Maße zurückgegangen, sondern häufig sogar noch gestiegen. Der Grund liegt darin, daß diese Programme wegen ihrer Allgemeingültigkeit einen größeren Umfang haben als maßgeschneiderte. Das spielt aber heute keine Rolle, denn die Kosten für den zusätzlichen Speicherbedarf sind durch die technische Entwicklung stark gesunken, und die Zugriffszeiten sind ebenfalls erheblich kürzer geworden, so daß die Nachteile des längeren Durchlaufs mehr als wettgemacht wurden.

Eine entscheidende Verbesserung brachten hier außerdem die sogenannten Dienst- oder **Betriebsprogramme.** Sie steuern die Maschinenzeit so, daß ein optimaler Fluß aller zur Verarbeitung anstehenden

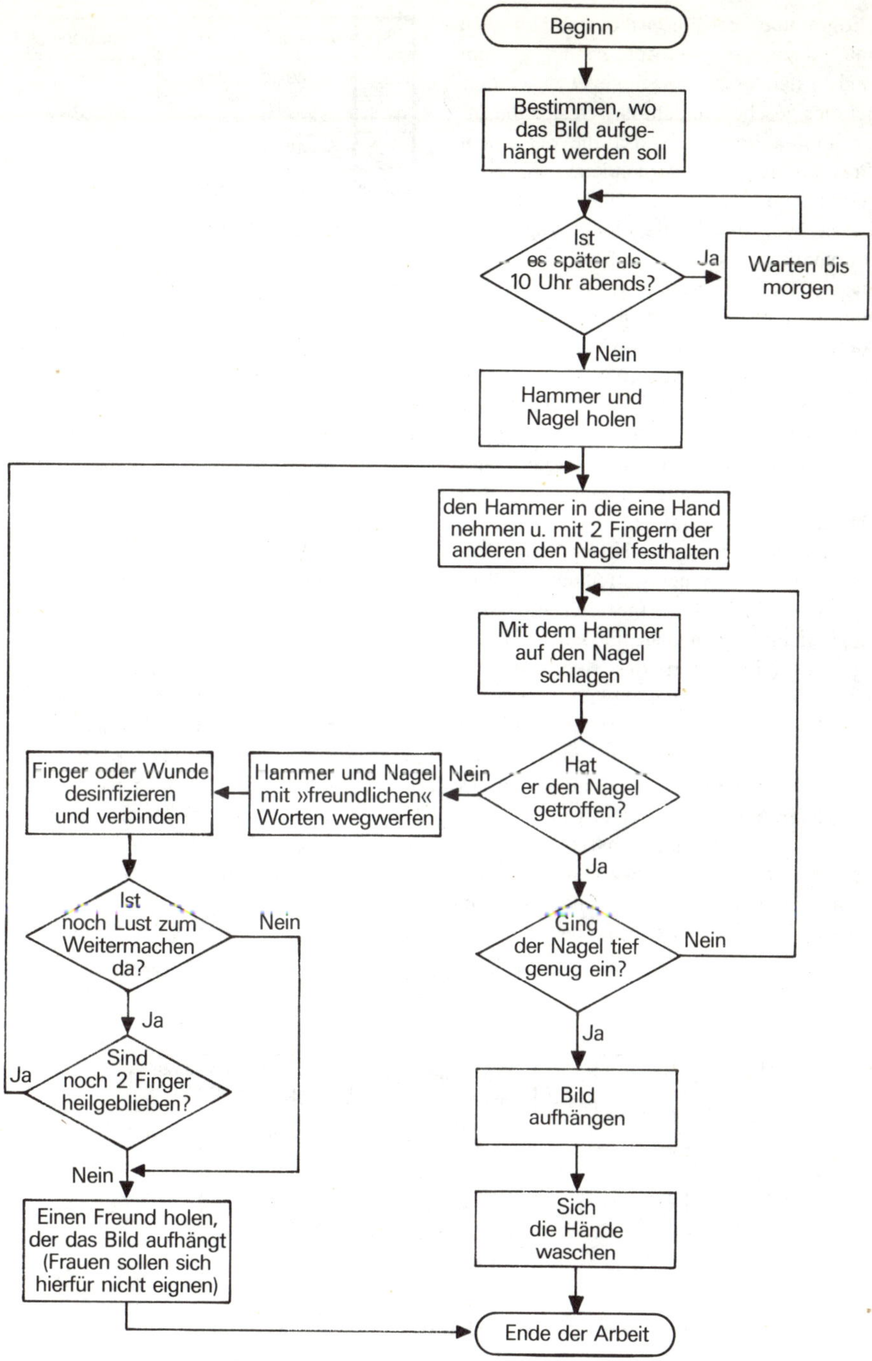

Bild 8.47 Beispiel für ein im Prinzip korrektes, aber nicht wörtlich zu nehmendes Block-, Fluß- oder Ablaufdiagramm (Text siehe Seite 330)

Programme gewährleistet ist. Natürlich muß auch das Dienstprogramm geplant und in den Computer eingegeben werden. Ist dies geschehen, dann lassen sich die sogenannten Rüstzeiten, d.h. die mit einem Programmwechsel verbundenen Arbeiten nahezu vollständig beseitigen, weil jetzt bereits vor dem Ende eines Programms automatisch die Startvorbereitungen für das nächste Programm getroffen werden und somit ein nahtloser Übergang erfolgen kann. Dienstprogramme kontrollieren ständig den Arbeitsablauf, wählen gegebenenfalls die einzelnen Folgen nach der Dringlichkeit aus, geben Anweisungen an das Bedienungspersonal und tragen somit in erheblichem Maße zu einem sicheren und schnellen Ablauf bei.

Wie schon erwähnt, besteht das Programmieren aus einer Aufteilung des Problems in viele kleine Einzelschritte. Man beginnt im allgemeinen mit einem Block- oder **Flußdiagramm,** das eine Übersicht gibt, wie die einzelnen Folgen gegliedert sind (Bild 8.47). Das Diagramm wird mit Symbolen gezeichnet, die international verbreitet sind. Jedes Symbol im Ablauf des Flußdiagramms ist eine Instruktion. Sie enthält normalerweise mehrere Anweisungen, die ebenfalls in Symbolen oder Kürzeln geschrieben werden (Bild 8.48). Im Operationsteil ist die Aufgabe enthalten

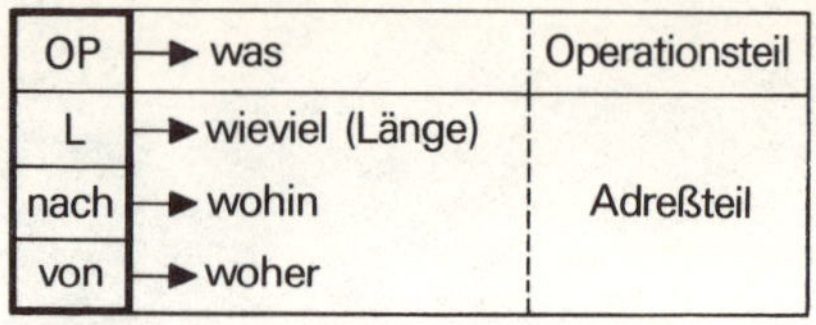

Bild 8.48 Schema einer Instruktion

(**was** der Computer tun soll), und im Adreßteil ist die Ausführung gespeichert (**wie** der Computer es tun soll). Die symbolische Sprache wird anschließend von der Datenverarbeitungsanlage mit Hilfe des Übersetzungsprogramms in die eigentliche Maschinensprache umgewandelt. Sie kann auf Lochkarte, Lochstreifen, Magnetplatten- oder -bänder gespeichert werden und steht dann immer wieder zur Verfügung.

8.4.3. Arbeitsprinzip eines Computers

Nachdem wir in den vorangegangenen Abschnitten die wichtigsten Einzelheiten einer Datenverarbeitungsanlage kennengelernt haben, wollen wir uns abschließend mit ihrem Zusammenspiel beschäftigen. Man kann das Arbeitsprinzip eines Computers gut mit der Handlungsweise eines Menschen vergleichen. Wie das Verarbeiten von Daten (Informationen) beim Menschen vor sich geht, ist in Bild 8.49 als Blockschema angegeben. Die Informationen werden auf verschiedenen Wegen auf-

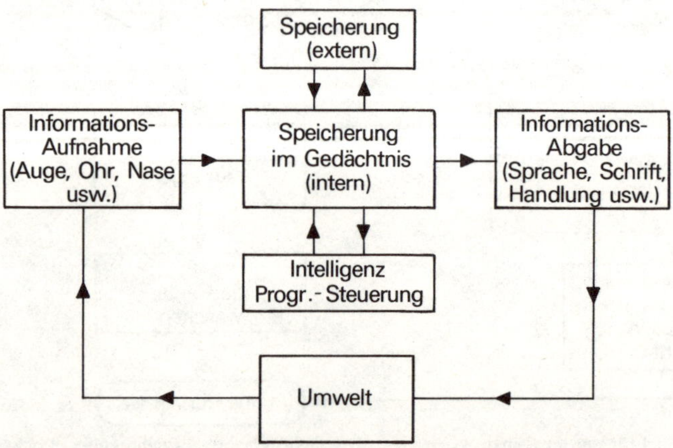

Bild 8.49 Blockschema der Verarbeitung von Daten beim Menschen

genommen, z. B. über Augen und Ohren als visuelle und akustische »Daten«, und zunächst im Gedächtnis gespeichert.

Wenn die aufgenommenen Informationen dann verarbeitet werden sollen, beginnt der Mensch zu denken. Er holt aus seinem Gedächtnis die für den betreffenden Vorgang notwendigen Regeln und Anweisungen und steuert nach diesem »Programm« kraft seiner Intelligenz den Ablauf der Aufgabe. Hierzu gehören neben dem eigentlichen Rechenvorgang (falls es sich um eine derartige Aufgabe handelt) auch das Prüfen, Kontrollieren und Entscheiden. Das Ergebnis dieses Denk- oder Verarbeitungsprozesses speichert der Mensch ebenfalls in seinem Gedächtnis und kann es bei Bedarf wiederum auf verschiedenen Wegen, z. B. über Mund und Hände als Sprache, Schrift oder Gesten der Umwelt mitteilen.

Das Blockschema einer elektronischen Datenverarbeitungsanlage kann dem Bild 8.50 entnommen werden. Es ähnelt weitgehend dem des menschlichen Arbeitsprinzips. Am Anfang steht die Dateneingabe, wobei die verschiedenartigen Informationen (Klarschriftleser, Lochstreifen, Magnetband, Tastatur usw.) in maschineneigene Signale, d. h. zu elektrischen Impulsfolgen umgewandelt werden.

Vor der eigentlichen Datenverarbeitung muß aber erst die betreffende Arbeitsanweisung — das »Programm« — in den Computer eingegeben werden. Es gelangt in den Hauptspeicher der Zentraleinheit und wird dort gespeichert. Das Programm liefert die für den betreffenden Vorgang notwendigen Instruktionen an das Steuerwerk, das hiernach den Ablauf im Verarbeitungssystem steuert. Es veranlaßt das Einlesen der zu verarbeitenden Daten, speichert sie im Haupt- bzw. Arbeitsspeicher, leitet sie schrittweise in das Rechenwerk und sorgt anschließend für die ordnungsgemäße Datenausgabe (Bild 8.51).

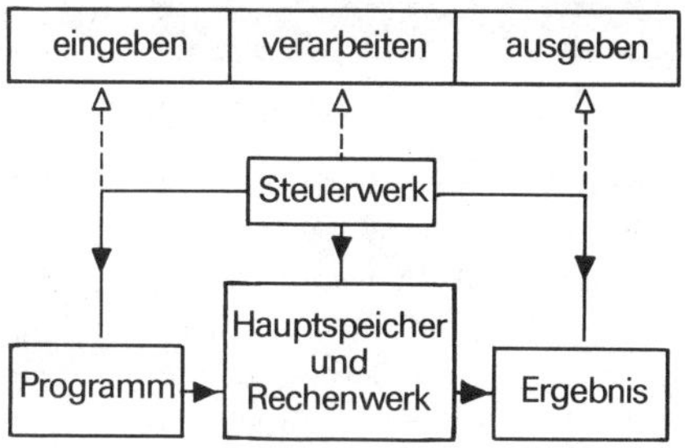

Bild 8.51 Blockschema des Arbeitsablaufs bei einem Computer

Man unterscheidet also drei wesentliche Vorgänge: die Eingabeoperation, die Verarbeitungsoperation und die Ausgabeoperation. Vor dem Eingeben müssen die In

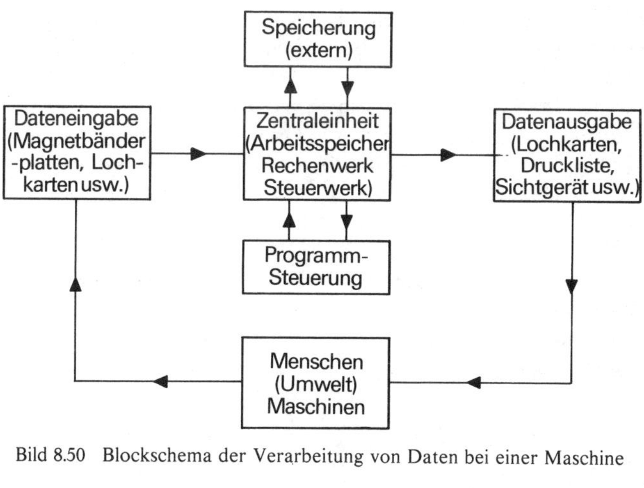

Bild 8.50 Blockschema der Verarbeitung von Daten bei einer Maschine

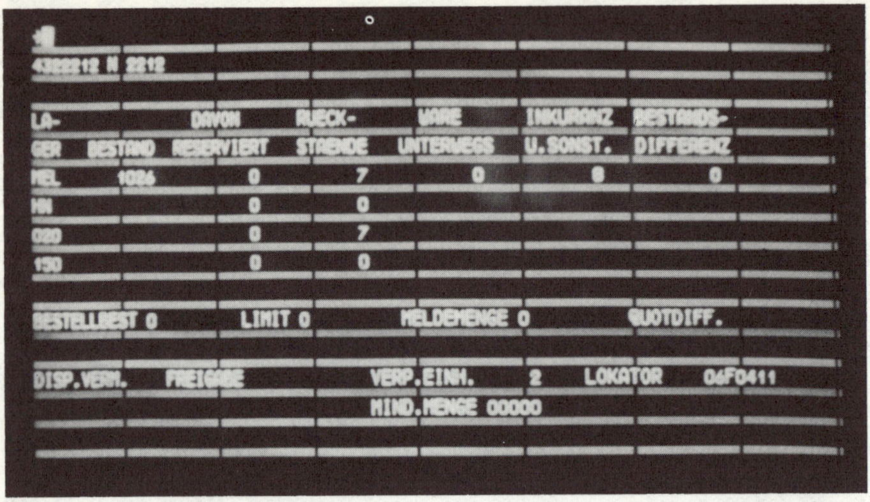

Bild 8.52 Datenausgabe über den Bildschirm eines Sichtgeräts

formationen so codiert werden, daß sie im Eingabeteil ohne Schwierigkeiten in digitale Signale (Impulsfolgen) umgewandelt werden können. Im Ausgabeteil erfolgt dann eine Decodierung der Maschinensprache. Über Schnelldrucker oder Bildschirm wird auch im Klartext angegeben, wenn der Mensch die Ergebnisse in gewohnter Form erhalten und weiterverarbeiten möchte (Bild 8.52).

Wenn der Computer nicht alle Daten im relativ kleinen internen Speicher der Zentraleinheit aufbewahren kann, werden die nicht unmittelbar gebrauchten Daten in externe Speicher gegeben und von dort bei Bedarf wieder abgerufen. In gleicher Weise verfährt auch der Mensch, wenn er sein Gedächtnis entlasten will. Seine externen Datenspeicher sind aber Notizblock, Karteien, Telefonbuch, Diktiergerät und anderes.

Naturgemäß konnte auf diesen Seiten nur ein kleiner Einblick in die Grundzüge der Datenverarbeitung gegeben werden. Sie ist heute so umfangreich und komplex geworden, daß man hier unmöglich alle Erscheinungsformen und Prinzipien aufzählen kann und sich deshalb auf die Grunddarstellungen beschränken mußte.

8.4.4. Digitale Nachrichtenübertragung (Pulscode-Modulation)

Üblicherweise werden Nachrichtensignale in analoger Form übertragen. Sie benötigen hierfür eine bestimmte Bandbreite im Übertragungsband, wir kennen dies z. B. vom Rundfunk und aus der Fernsprechtechnik. Um im letztgenannten Bereich eine bessere Ausnutzung der Verbindungsstrecken zu erhalten, wendet man die Trägerfrequenztelefonie an, mit der man heute bis zu 2700 Sprachkanäle über ein spezielles Koaxialkabel oder eine Richtfunkverbindung leiten kann. Die Sprachfrequenzen von 300 bis 3400 Hz werden nach Bild 8.53 in einen höheren Frequenzbereich umgesetzt (moduliert), mehrfach in Gruppen zusammengefaßt und an den Empfangsorten wieder getrennt (demoduliert).

Neben diesem analogen Verfahren können auch mit der digitalen Methode Nachrichten übertragen werden, wobei außerdem eine nahezu fehlerfreie und ungestörte Signalübermittlung erzielt wird. Das Verfahren ist unter der Bezeichnung **Pulscode-Modulation** (PCM) bekannt. Es setzt zeitkontinuierliche, analoge Signale in eine digitale Zeichenfolge um, die weitgehend unempfindlich gegen überlagerte Störun-

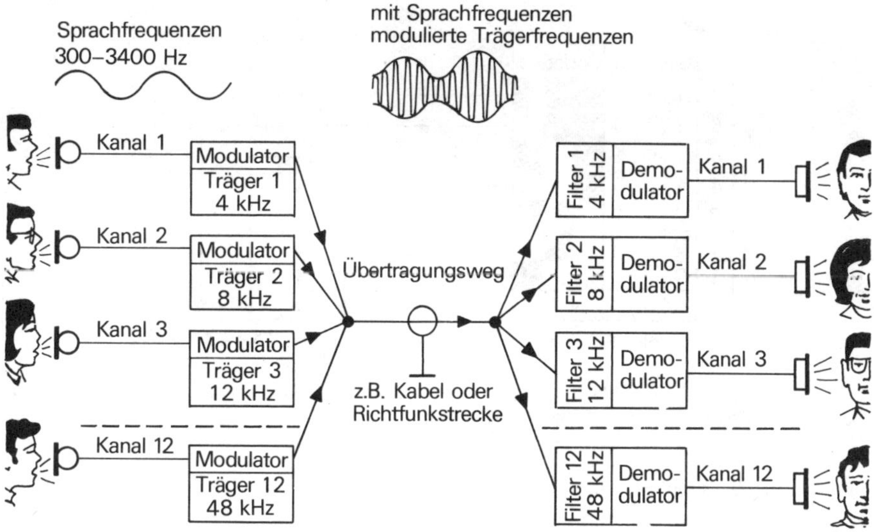

Bild 8.53 Prinzipdarstellung der analogen Nachrichtenübertragung am Beispiel des Trägerfrequenztelefoniesystems

gen ist. Außerdem erlaubt das Übertragungsverfahren nicht nur eine Reduzierung der Störungen, sondern gleichzeitig eine Signalregenerierung, was in dieser Form bei einer analogen Übertragung nicht möglich ist. Die neue Pulscode-Modulation erlaubt selbst auf kürzeren Strecken eine wirtschaftliche Mehrfachausnutzung auch einfacher Kabelnetze.

Das Verfahren der Analog-Digital-Umwandlung ist in Bild 8.54 angegeben. Man sieht, daß die Tonfrequenzen in bestimmten Abständen von Impulsen abgetastet werden, deren Amplituden ein Maß für die Information darstellen. Mit anderen Worten: Man entnimmt dem Analogsignal schmale Ausschnitte und ordnet diese dann entsprechend ihrer Amplitudenwerte in ein Ordnungsschema ein, das aus 256 Spannungsstufen besteht. Das Einordnen der Abtastwerte bzw. Messen der Impulshöhen bezeichnet man als »quantisieren«. Jeder

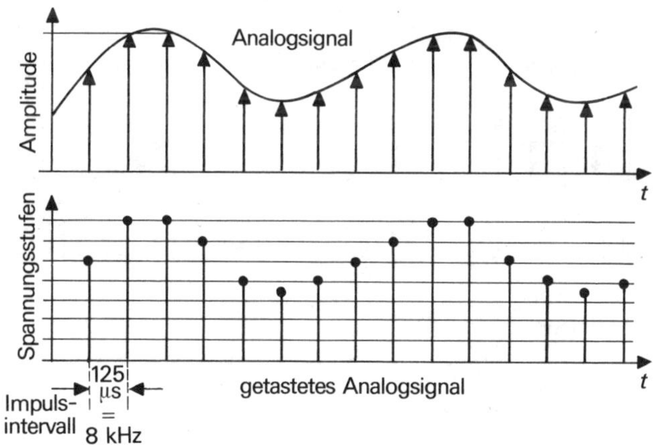

Bild 8.54 Schema der Analog-Digital-Umwandlung eines Signals durch Impulsabtastung

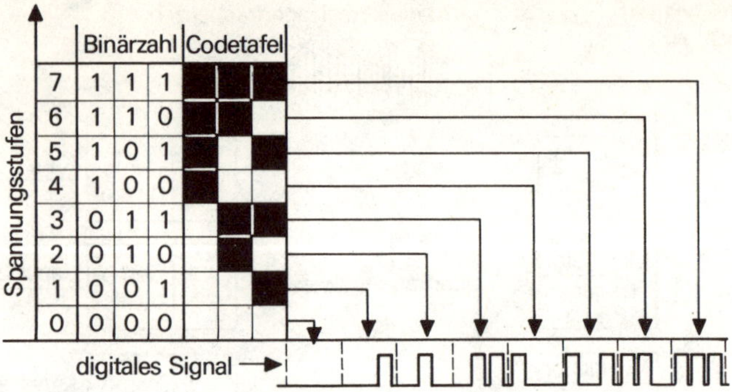

Bild 8.55 Vereinfachtes Beispiel für eine achtstufige Amplitudenskala und deren Umsetzung in digitale Signale

Stufe ist eine Binärzahl zugeordnet, die anschließend in codierter Form als Impulsfolge übertragen wird (Bild 8.55).

Für jeden Spannungsstufenwert sind acht Bits vorgesehen, die Abtastfrequenz beträgt 8 kHz, entsprechend 125 µs, die benötigte Bandbreite ist 4 kHz. Wenn innerhalb des Impulsintervalls mehrere digitalisierte Sprachkanäle zeitlich nacheinander verschachtelt sind und auf die Leitung gegeben werden, läßt sich auf einfache Weise eine Mehrfachausnutzung der betreffenden Leitung erreichen (Bild 8.56). Hierauf beruht die Bezeichnung PCM-Zeitmultiplexsystem, das in Bild 8.57 als Prinzipschema dargestellt ist. In der Praxis ist es für 30 Sprachkanäle ausgelegt und kommt dann mit normalen doppeladrigen Leitungen aus. Es können bei Bedarf auch mehrere PCM-30-Grundsysteme zusammengefaßt werden, wobei dann aber höhere Anforderungen an die Qualität der Leitung gestellt werden (Koaxialkabel, Hohlleiter). Wegen der einfachen und störsicheren Übertragung sowie der guten Anpassung des digitalen Verfahrens an Computersysteme und andere, auf digitaler Basis arbeitende Techniken, kommt dem PCM-Verfahren eine immer größer werdende Bedeutung zu.

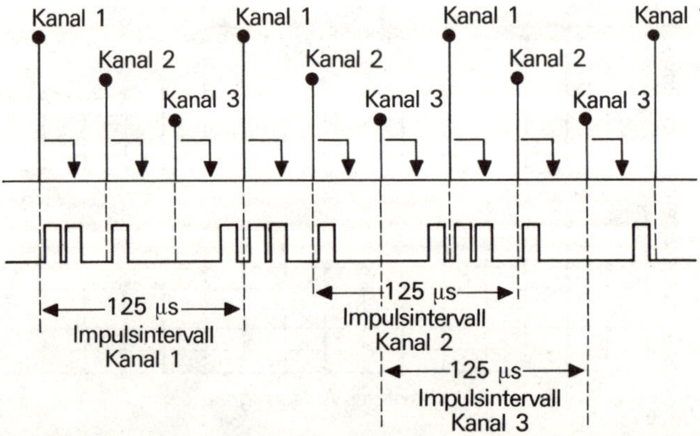

Bild 8.56 Durch Verschachteln mehrerer digitalisierter Sprachkanäle läßt sich eine Mehrfachausnutzung der Leitung erreichen

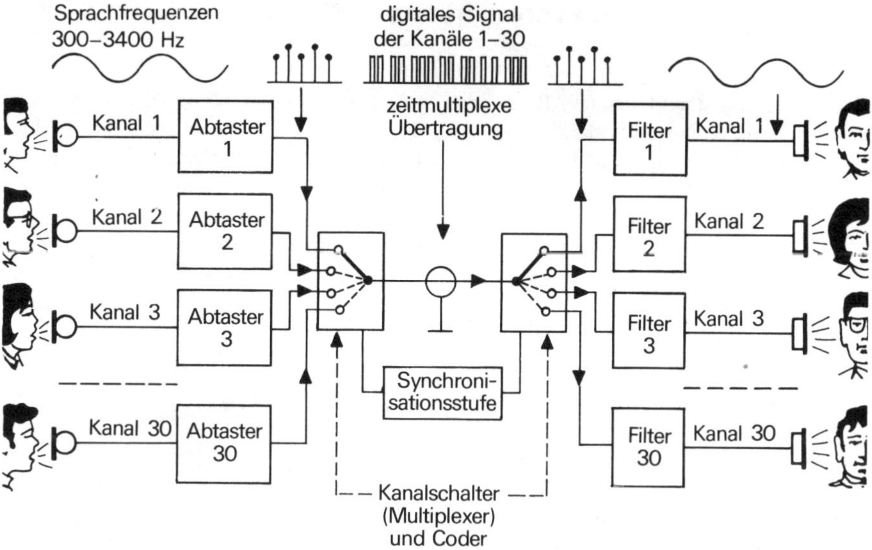

Bild 8.57 Prinzipdarstellung der digitalen Nachrichtenübermittlung am Beispiel des PCM-Zeitmultiplexsystems

9. Prüfen, Messen, Regeln

Zur Überprüfung und bei der Reparatur elektronischer Geräte aus dem Unterhaltungssektor müssen hauptsächlich folgende Arbeitsgänge durchgeführt werden:

1. Gleich- und Wechselspannungs-Messungen
2. Oszillografische Kontrolle von Impulsspannungen
3. Abgleicharbeiten

Hierbei bestimmen die spezifischen Merkmale der verwendeten Meßgeräte die jeweiligen »Meßgrenzen«. Sie müssen bei den Messungen unbedingt beachtet werden, weil sie von entscheidendem Einfluß auf das Meßergebnis sein können, wie im folgenden an einigen Beispielen gezeigt wird.

Zur Begriffserkärung einige Sätze vorab: **Prüfen** bedeutet im wesentlichen das Feststellen, ob ein Bauteil, eine Stufe oder ein Gerät funktioniert oder nicht. Hierfür reichen relativ einfache Prüfmittel und Methoden aus. Genauere Untersuchungen setzen dann sorgfältige **Messungen** voraus, mit denen man Spannungen oder Ströme ermittelt, um aus diesen Größen z. B. auf den Fehler schließen zu können.

9.1. Messungen im Gleich- und Wechselspannungsbereich

Für Spannungsmessungen verwendet man Universalmeßinstrumente (auch Multimeter genannt) oder Transistor- und Röhrenvoltmeter. Da Gleichspannungsmessungen häufiger als Wechselspannungsmessungen vorkommen, sollen zunächst diese und die dafür wichtigen Voraussetzungen erläutert werden. Entscheidend für das Meßergebnis ist der **Eingangs-** oder **Innenwiderstand** des Meßgeräts, der deshalb auch stets angegeben wird. Während moderne Universalmeßinstrumente im Gleichspannungsbereich Innenwiderstände zwischen 20 und mehreren 100 kΩ aufweisen können (Bild 9.1), haben »elektronische Voltmeter« (also Transistor- oder Röhrenvoltmeter) Eingangswiderstände von etwa 10 MΩ und in Einzelfällen sogar von 100 MΩ (Bild 9.2). Der Innenwiderstand von Universalmeßinstrumenten ist vom gewählten Meßbereich abhängig, während er bei elektronischen Voltmetern hiervon nicht berührt wird.

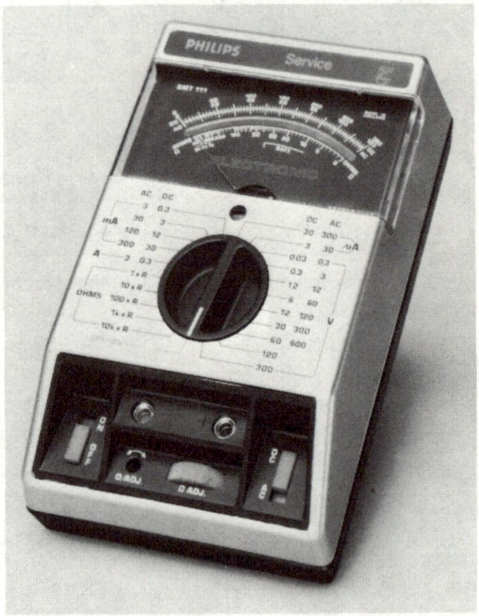

Bild 9.1 Service-Vielfachmeßgerät »Multitester SMT 111« mit 500 kΩ/V in den Gleichspannungsbereichen und 50 kΩ/V in den Wechselspannungsbereichen

Bei sehr hochohmigen Spannungsquellen kann ein zu niedriger Innenwiderstand die Meßwerte verfälschen. In Bild 9.3 ist dieser Einfluß für eine einfache Spannungsmessung angedeutet. Durch die Parallelschaltung des Meßgeräts mit R_i = 10 MΩ zum gegebenen Spannungsteilerwiderstand R_2 = 10 MΩ ergibt sich ein Gesamtwiderstand von 5 MΩ. Das Meßgerät zeigt also nur 33 V an, während an R_2 unbelastet 50 V vorhanden sind. Der Meßwert wäre noch niedriger, würde ein Universalmeßinstrument mit 20 kΩ/V benutzt. Im 100-V-Be-

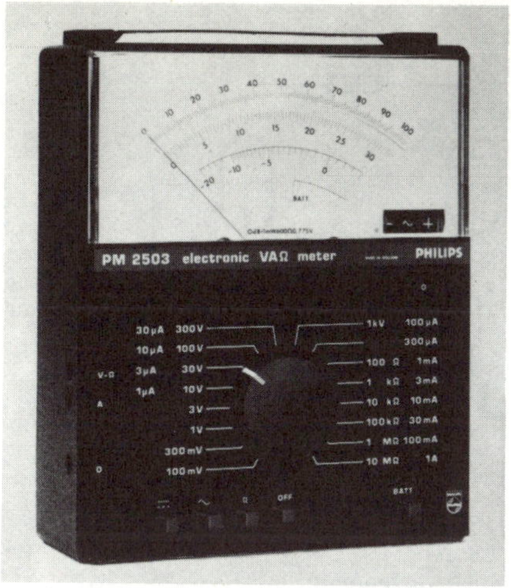

Bild 9.2 Elektronisches Vielfachmeßgerät PM 2503 mit einem Eingangswiderstand von 20 MΩ im 100-mV-Bereich und 10 MΩ ab 1-V-Bereich

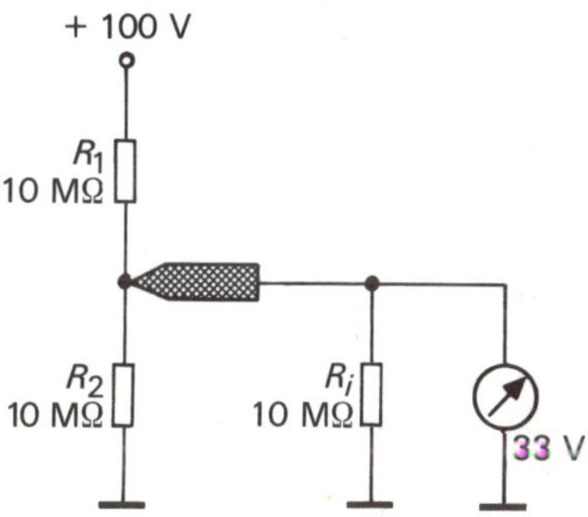

Bild 9.3 Beispiel für eine Verfälschung der Meßspannung durch den Eingangswiderstand des Meßgeräts

reich ist dessen Innenwiderstand 2 MΩ, so daß der Gesamtwert von $R_2 \| R_i$ dann auf ca. 1,7 MΩ sinkt und die Spannungsanzeige nur ca. 14 V beträgt.

Universal- oder Vielfachmeßinstrumente sind im Prinzip so aufgebaut, wie in Bild 9.4 angegeben. Mit dem Bereichsschalter werden die Meßspannungen an das Instrument gelegt, wobei der Innenwiderstand mit dem Meßbereich größer wird. Bei einem »50-kΩ-pro-Volt-Meßwerk« hat der 3-V-Bereich nur einen Innenwiderstand

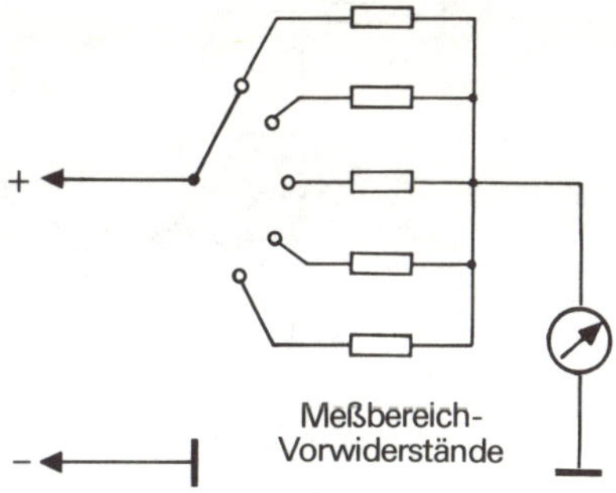

Bild 9.4 Prinzipaufbau eines einfachen Universalmeßgeräts

von 150 kΩ, der im 300-V-Bereich auf 15 MΩ ansteigt. Als Faustregel kann man sich merken: der Innenwiderstand des Vielfachmeßinstruments muß mindestens um den Faktor 10 größer als der Innenwiderstand der zu messenden Gleichspannungsquelle sein, wenn der Meßfehler nicht größer als 10 % sein soll.

Die grundsätzliche Schaltung eines elektronischen Voltmeters veranschaulicht Bild 9.5. Die zu messende Spannung wird am konstanten Eingangsspannungsteiler von z. B. 11 MΩ abgegriffen und beeinflußt das Gitter einer Röhre so, daß in ihr ein der Eingangsspannung proportionaler Strom fließt. Die Differenz zwischen dem Meßstrom (linkes System) und einem geeichten Ruhestrom (rechtes System) wird in einer Brückenschaltung vom Meßinstrument angezeigt.

Wenn Wechselspannungen gemessen werden sollen, spielt bei höheren Meßfrequenzen vor allem die **Eingangskapazität** des Meßinstruments eine entscheidende Rolle, während der ohmsche Eingangswiderstand zumeist unberücksichtigt bleiben kann. Auch bei Gleichspannungsmessungen kann die Eingangskapazität des Instruments zu erheblichen Fehlanzeigen führen, wenn die Spannung durch Gleichrichtung einer Wechselspannung entsteht, die am Meßpunkt beeinflußt werden kann. Dies ist z. B. der Fall, wenn die Gleichspannung am Gitter einer auf hoher Frequenz

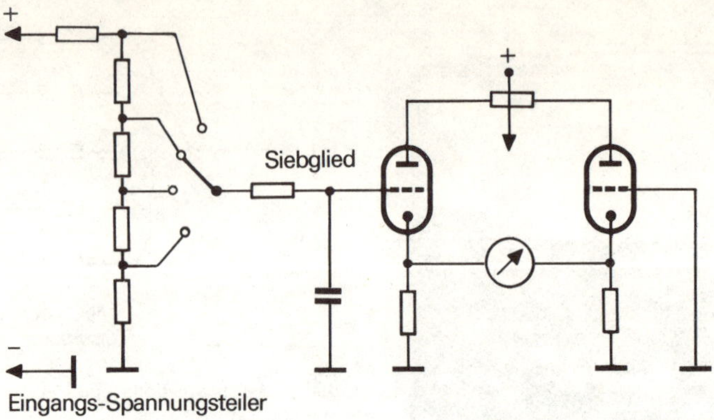

Bild 9.5 Prinzipschaltung eines elektronischen Voltmeters. Statt der Röhren werden heute allgemein Transistoren oder integrierte Schaltungen benutzt

schwingenden Oszillatorröhre gemessen werden soll (Funktionsprüfung des Oszillators), Bild 9.6 erläutert dies. Legt man den Tastkopf eines Röhrenvoltmeters mit ca. 10 pF Eingangskapazität direkt an das Steuergitter des Oszillators, so bewirkt die Eingangskapazität eine Verstimmung, die sogar zum Aussetzen der Schwingung führen kann. Die Gittergleichspannung $-U_g$ kann daher nicht genau gemessen werden. Wird jedoch vor dem Tastkopf zusätzlich ein Widerstand von ca. 100 kΩ angeordnet, so spielt die kapazitive Belastung durch den Tastkopf des Röhrenvoltmeters keine

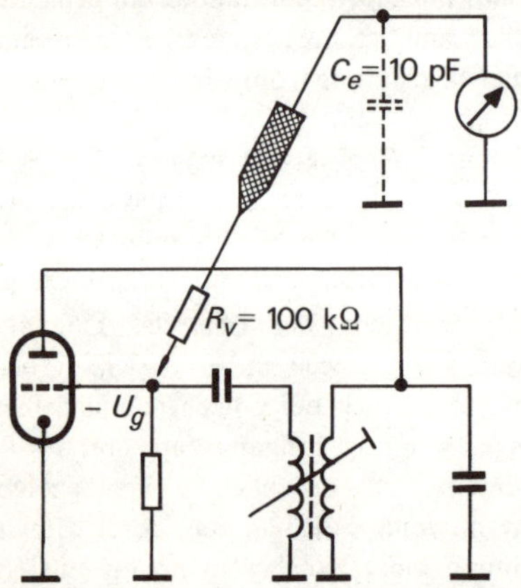

Bild 9.6 Ein Vorwiderstand vermindert bzw. unterbindet Meßfehler, die durch zusätzliche kapazitive Belastung hervorgerufen werden

entscheidende Rolle mehr, und die Funktion des Oszillators wird nicht mehr gestört.

Für die Gleichspannungsmessung ist die zusätzliche Spannungsteilung über die Widerstände 100 kΩ/10 MΩ gleichfalls zu vernachlässigen. Es ist selbstverständlich, daß dieser zusätzliche Vorwiderstand direkt am Tastkopf mit möglichst kurzen Enden angebracht wird. Auch bei Regelspannungsmessungen im ZF- und HF-Verstärker, wenn sie z. B. an den Elektroden der Röhren oder Transistoren direkt vorgenommen werden, ist hierauf zu achten, da sonst die entsprechenden Resonanzkreise verstimmt werden können, wodurch sich die Verstärkung ändert und eine falsche Regelspannung erzeugt wird.

Elektronische Voltmeter haben heute in der Regel eine Dezibel-Skala. Der Pegel 0 dB entspricht dann einer Spannung von 0,775 V (Bild 9.7). Sind für die Meßbereiche des Voltmeters zwei verschiedene Skalen vorhanden (0...100 und 0...300 Teilstriche), so entsprechen die Meßbereichumschaltungen von beispielsweise 1 V auf 3 V, von 3 V auf 10 V, von 10 V auf 30 V usw. jeweils 10 dB. Für den Meßbereich 3 V reicht dann die Dezibel-Skala von −10... +12 dB; das entspricht einem Spannungsbereich von 0,25... 3 V. Muß auf den nächsthöheren Bereich umgeschaltet

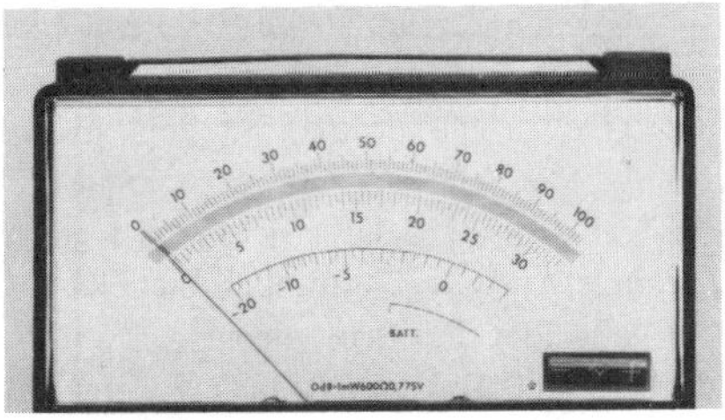

Bild 9.7 Beispiel für eine Meßgeräteskala mit dB-Einteilung

werden, addiert man einfach 10 dB zum angezeigten Wert hinzu.

Zum Messen von Wechselspannungen sind elektronische Voltmeter mit einem sogenannten Diodentastkopf ausgestattet, in dem die Gleichrichtung durchgeführt wird. Angezeigt wird dann wieder eine Gleichspannung, die der Wechselspannungsgröße proportional ist. Spezielle Diodenvoltmeter können bis in den Bereich der Höchstfrequenzen benutzt werden.

Ohne eine zusätzliche Verstärkung sind mit Röhrendioden Spannungen unter 0,1 Volt nicht mehr meßbar. Spezielle Verstärker-Voltmeter gibt es für Gleich- und Wechselspannungen mit verschiedenen Frequenzbereichen. Der Vorteil dieser Meßgeräte liegt darin, daß man auch Spannungen im Milli- und Mikrovolt-Bereich messen kann (Bild 9.8).

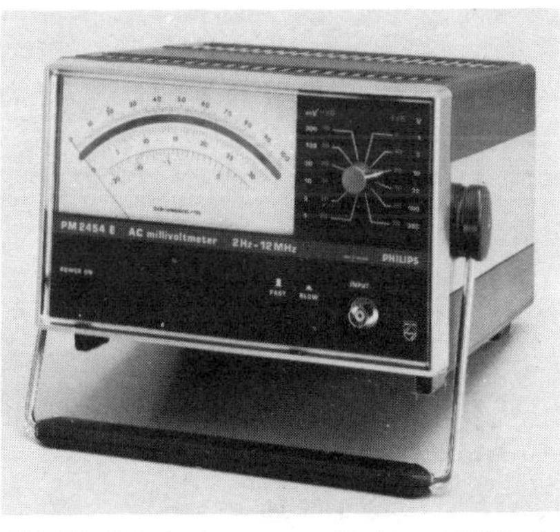

Bild 9.8 Wechselspannungs-Breitband-Millivoltmeter PM 2454 E mit Meßbereichen von 1 mV bis 300 V und einem Frequenzbereich von 2 Hz bis 12 MHz

Das Ergebnis einer Messung wird bei den bisher besprochenen Meßinstrumenten durch einen der Meßgröße »analogen« Zeigerausschlag dargestellt. Beim Ablesen vergleicht der Beobachter diesen Ausschlag mit der darunter befindlichen Skala und verwandelt den analogen Wert in einen digitalen, der sich in einer dezimalen Ziffernfolge ausdrücken und niederschreiben läßt. Das Meßergebnis wird also vom Beobachter in eine digitale Form umgewandelt. Neben diesem »klassischen« Verfahren wird jedoch heute auch die sofortige digitale Ausgabe der Meßergebnisse angewandt. Dabei wird das Ergebnis der Messung direkt in Zahlenform, d.h. digital dargestellt. Es kann daher ohne jeden Genauigkeitsverlust abgelesen werden. Ein Digital-Multimeter moderner Bauart ist in Bild 9.9 zu sehen. Es hat 26 Meßbereiche und ist für Spannungs-, Strom- und Widerstandsmessungen geeignet. Der Eingangswiderstand beträgt 10 MΩ.

Bild 9.9 Digital-Multimeter PM 2522 A mit 26 Meßbereichen und einer Auflösung von 100 µV, 100 nA und 100 mΩ

9.2. Widerstands-, Kapazitäts- und Induktivitätsmessungen

Nahezu alle Vielfachmeßinstrumente sind neben der Spannungs- und Strommessung auch zur Widerstandsmessung eingerichtet (siehe z. B. Bild 9.2). Während Widerstände verhältnismäßig einfach gemessen werden können (der aus einer konstanten Spannungsquelle durch den Widerstand fließende Strom wird vom Instrument angezeigt), lassen sich Kapazitäten und Induktivitäten nicht so einfach messen. Zur Ermittlung ihrer Werte braucht man Wechselspannungen und besondere Meßschaltungen, auf die hier aber nicht näher eingegangen werden soll. Lediglich das Prinzip einer Meßbrücke soll anhand der Schaltung in Bild 9.10 kurz erläutert werden. Sie ist mit Widerständen aufgebaut, es können in den entsprechenden Zweigen aber auch Kondensatoren oder Spulen angeordnet werden, die dann aus einer Wechselspannungsquelle gespeist werden.

Die Skizze veranschaulicht den grundsätzlichen Aufbau der sogenannten Wheatstoneschen Brücke (nach dem britischen Physiker Charles Wheatstone, 1802–1875). Die eigentliche Brücke ist in der Zeichnung dick ausgezogen. R_1 ist ein unbekannter Widerstand, dessen Wert bestimmt werden soll. R_2, R_3 und R_4 sind genaue Meßwiderstände bekannter Größe. Verbindet man die Punkte M und N der Brückenschaltung mit einer Gleichspannungsquelle, dann geschieht folgendes: der von der Batterie gelieferte Gleichstrom I verzweigt sich bei M, ein Teilstrom I_1 fließt über R_1 weiter, der andere Teilstrom I_2 über R_2. Ist keine »Brücke« vorhanden, dann fließt I_1 von R_1 über R_4 nach N, wo er sich mit dem Teilstrom I_2 (der über R_2 und R_3 nach N gelangt) wieder zum ursprünglichen Gesamtstrom I vereint, der zur Batterie zurückfließt.

Fügen wir die Brücke mit dem Instrument in die Schaltung ein, dann kann z. B. der Fall eintreten, daß bei O eine weitere Stromverzweigung stattfindet. Ein Teil von I_2 fließt über den Brückenzweig, während der restliche Teil von I_2 über R_3 nach N gelangt. Der bei M abgezweigte Teilstrom I_1 fließt über R_1 nach P, vereint sich hier mit dem Brückenstrom und erreicht den Punkt N. Da Strom durch den Brückenteil und mithin durch das Instrument fließt, schlägt der Zeiger aus.

Es kann auch der Fall eintreten, daß der Teilstrom I_1 sich in P verzweigt und über das Instrument nach O fließt. Die Stromverteilung ist dann natürlich eine andere als im ersten Beispiel, und der Zeiger schlägt zur anderen Richtung aus. Bringt man jetzt durch Ändern der Widerstandswerte von R_2, R_3 und R_4 (im Bild 9.10 angedeutet) die Brücke ins Gleichgewicht, und zwar so, daß kein Strom mehr durch das Instrument fließt, dann ist die Brücke »abgeglichen« und der unbekannte Widerstandswert ermittelt. Das ist dann der Fall, wenn sich der Widerstandswert von R_1 zu dem von R_4 so verhält wie der von R_2 zu R_3. Die Gleichung heißt also:

$$\frac{R_1}{R_4} = \frac{R_2}{R_3}$$

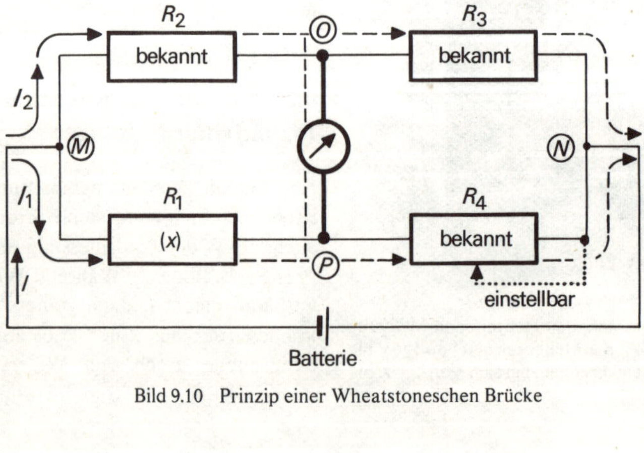

Bild 9.10 Prinzip einer Wheatstoneschen Brücke

Wenn R_4 als Potentiometer ausgebildet ist, kann auf einer entsprechend geeichten Skala der Wert des unbekannten Widerstands abgelesen werden, wenn das Instrument Null anzeigt.

Eine moderne *RCL*-Meßbrücke mit außergewöhnlich großen Meßbereichen ist in Bild 9.11 zu sehen. Sie mißt Widerstände von 0,1 Ω bis 100 MΩ, Kondensatoren von 1 pF bis 1000 μF und Spulen von 1 μH bis 1000 H. Neben der zusätzlichen Messung von Verlustfaktoren können Elektrolytkondensatoren auch mit einer Vorspannung gemessen werden. Eine spezielle Suchstellung gestattet eine schnelle Bestimmung des richtigen Meßbereichs. Zur Einstellung der Empfindlichkeit wird keine unnötige Zeit aufgewendet; sie erfolgt automatisch.

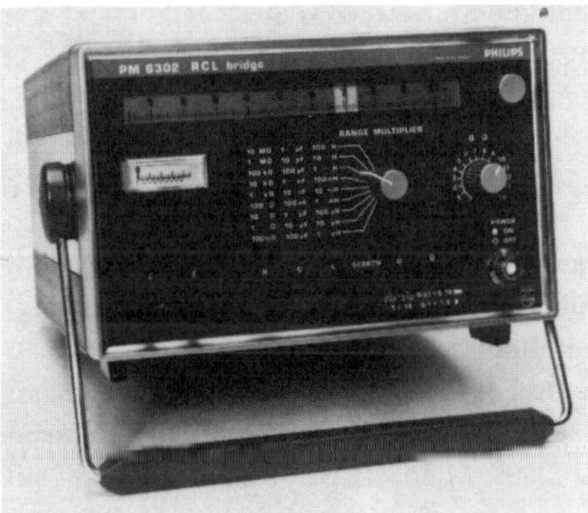

Bild 9.11 *RCL*-Meßbrücke PM 6302

9.3. Oszillografen

Oszillograf heißt soviel wie Schwingungsschreiber: oszillieren = hin- und herschwingen, graphein = schreiben. Da der Oszillograf Schwingungsvorgänge aufzeichnet, man also auf dem Leuchtschirm z.B. eine Sinusschwingung als Welle mit Berg und Tal sehen kann, nennt man dieses Gerät auch Oszilloskop (skopein = sehen). Beide Ausdrücke sind »gleichberechtigt«, wobei Oszillograf die ältere Bezeichnung ist. Das leuchtende Kurvenbild auf dem Schirm nennt man »Oszillogramm«.

9.3.1. Aufbau der Geräte

Wichtigster Bestandteil der Oszillografen ist eine Elektronenstrahlröhre (Bild 9.12), die ähnlich arbeitet wie die Bildröhre eines Fernsehempfängers. Während der Elektronenstrahl in der Fernsehbildröhre jedoch die ganze Bildfläche von links nach rechts und von oben nach unten bestreicht, zeichnet der Elektronenstrahl des Oszillografen vergleichsweise wie ein Kreidestift auf einer schwarzen Tafel.

Bild 9.12 Eine kleine Oszillografenröhre vom Valvo Typ DG 7-32 im Vergleich mit einer Empfängerröhre

Die Helligkeitseinstellung erfolgt auch bei einer Oszillografenröhre am Wehneltzylinder, der Elektronenstrahl wird in einer Elektronenoptik fokussiert (Bild 9.13). Häufig wird nur die Spannung an der ersten Anode veränderlich gemacht. Sie beträgt zumeist einige hundert Volt (Schärfeeinstellung). Die Spannung an der zweiten Anode bleibt im allgemeinen konstant und liegt zwischen einigen hundert und einigen tausend Volt. Die positiven Spannungen an den Anoden beschleunigen die Elektronen um so mehr, je höher sie sind, das gilt besonders für die Spannung an der zweiten Anode. Je größer die Elektronenbeschleunigung ist, um so heller wird der Leuchtfleck auf dem Schirm. Diese Spannung ist auch unter dem Begriff »Nachbeschleunigung« bekannt.

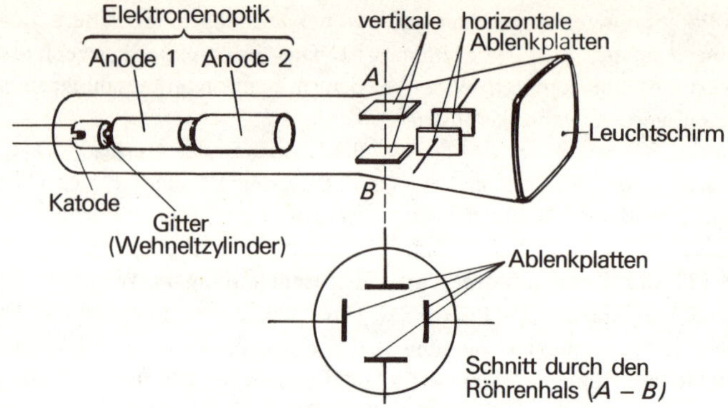

Bild 9.13 Aufbauprinzip einer Oszillografenröhre

Das Oszillogramm auf dem Leuchtschirm kommt nach dem in Bild 9.14 gezeigten Schema zustande. Der Leuchtpunkt bewegt sich in Abhängigkeit von der Spannungspolarität nach oben oder unten (Vertikalplatten oder *Y*-Platten) sowie nach links oder rechts (Horizontalplatten oder *X*-Platten). Beim Wechselspannungsanschluß bilden sich senkrechte bzw. waagerechte Leuchtstriche aus, die bei gleichzeitiger Speisung der Ablenkplatten ein Kurvenbild ergeben.

Da die dem Oszillografen zugeführten Meßspannungen in den meisten Fällen zu niedrig sind, um eine brauchbare Anzeige auf dem Leuchtschirm zu ergeben, müssen sie verstärkt werden. Das geschieht für die vertikalen Platten über den *Y*-Verstärker. An diesen Verstärker müssen hinsichtlich Bandbreite und Frequenzgang spezielle Anforderungen gestellt werden, wenn die Leuchtkurven getreue Abbilder der zugeführten Spannungsformen sein sollen. Die für die horizontale Strahlauslenkung benötigte Spannung wird in der Regel innerhalb des Oszillografen erzeugt und im *X*-Verstärker auf die nötige Amplitude gebracht. In den meisten Fällen kann auch von außen (extern) eine Ablenkspannung über den *X*-Verstärker zugeführt werden.

In modernen Elektronenstrahlröhren steckt eine ganze Menge Technik und »know how«. Aus einem einfachen Elektronenstrahlsystem, zwei Ablenkplattenpaaren und einem fluoreszierenden Schirm entstanden Röhren mit größeren Schirmflächen, beleuchtbaren Innenrastern, Nachbeschleunigungssystemen, Netzelektroden und geteilten Ablenkplatten. Die Netzelektrode schirmt die empfindlichen Ablenkplatten von den elektrischen Nachbeschleunigungsfeldern ab und ermöglicht dadurch die Anwendung größerer Nachbeschleunigungsspannungen. Hieraus ergeben sich drei Vorteile: kürzere Röhren, größere Bildschirmflächen und gesteigerte Ablenkempfindlichkeiten.

Bild 9.15 zeigt das Blockschema eines Oszillografen mit der heute üblichen technischen Mindestausstattung. Weil er mit »nur« einem *Y*-Verstärker arbeitet, nennt man diesen Typ auch Einkanal-Oszillograf. Zweikanal-Oszillografen sind mit zwei *Y*-Verstärkern und einer Einstrahl-Elektronenröhre ausgerüstet, die elektronisch auf die Verstärker umgeschaltet wird und zwei Schirmbilder hat. Ebenfalls zwei Schirmbilder zeigt naturgemäß die Zweistrahl-Elektronenröhre, die mit zwei *Y*-Verstärkern den »echten Zweistrahler« bildet. Oszillografen, die das zugeführte Signal direkt auf dem Schirm abbilden, werden auch als Echtzeit-Oszillografen bezeichnet. Im Gegensatz dazu stehen die Speicher- und Sampling-Oszillografen.

Die häufigste Methode der Darstellung

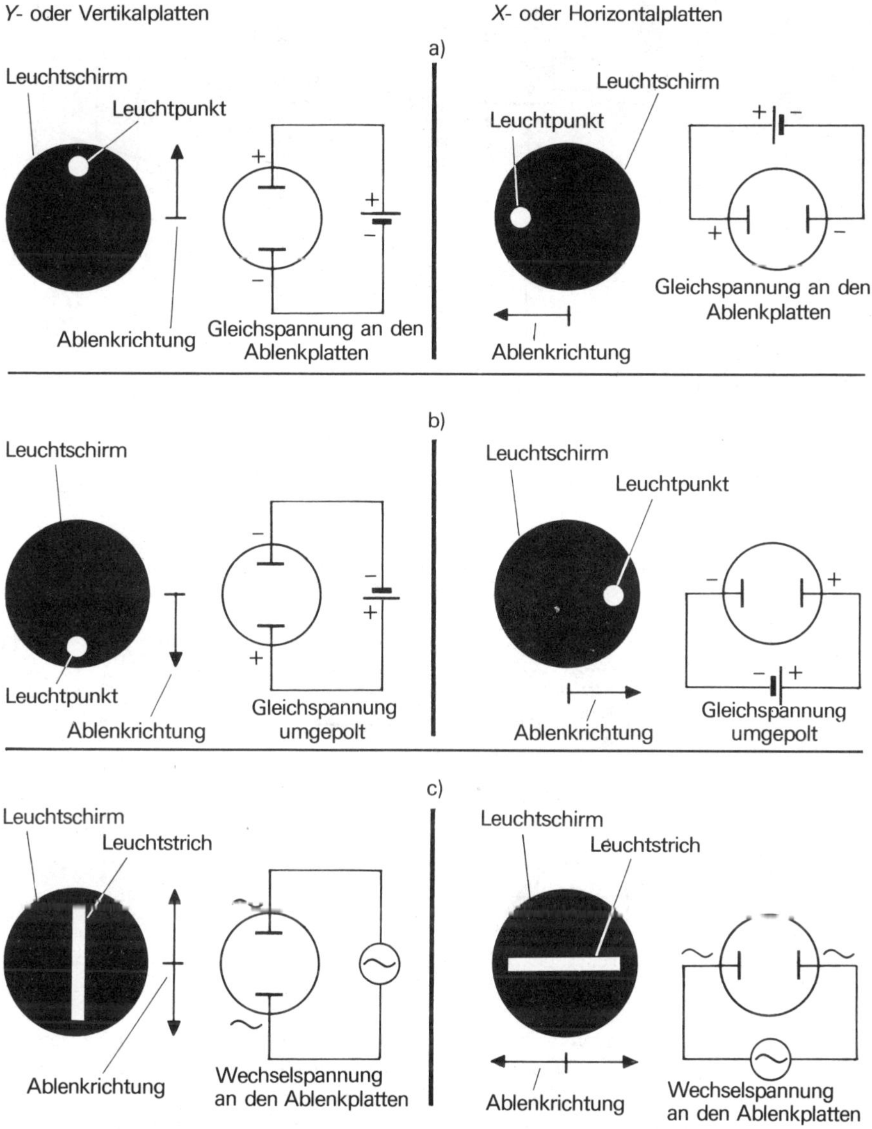

Bild 9.14 Einzelphasen der Leuchtpunktablenkung auf dem Schirm

von zwei unterschiedlichen Signalen im Zweikanalbetrieb ist die zeitmultiplexe Ausnutzung eines Strahls und eines vertikalen Ablenksystems. Dieses vertikale Ablenksystem wird abwechselnd für das Schreiben von zwei Vorgängen verwendet. Hierbei werden die beiden Signale von Kanal *A* und Kanal *B* abwechselnd über einen elektronischen Schalter auf die Vertikalplatten geschaltet (Bild 9.16). Der wichtigste Vorteil dieser Methode ist die verhältnismäßig einfache Realisierung. Es gibt keine Probleme mit Konvergenzfehlern, da nur ein vertikales Ablenksystem ver-

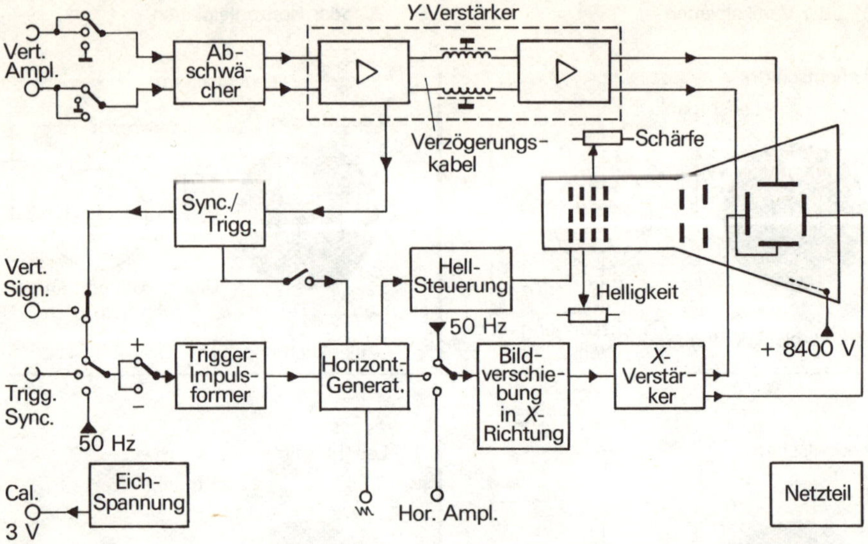

Bild 9.15 Blockschema eines Oszillografen mit der heute üblichen technischen Mindestausstattung

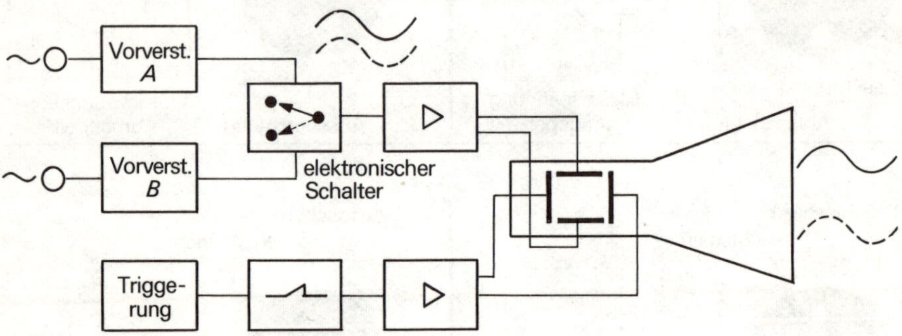

Bild 9.16 Blockschema eines konventionellen Zweikanal-Oszillografen mit je einem Ablenksystem und dem elektronischen Umschalter für die beiden Eingangskanäle

wendet wird, und es kann auch für die Darstellung von mehr als zwei Signalen verwendet werden.

Auf der anderen Seite steht durch die zeitliche Aufspaltung nicht die volle Lichtintensität für jeden Kanal zur Verfügung. Als Nachteil der alternierenden Betriebsart kommt hinzu, daß gleichzeitig auftretende, einmalige Vorgänge nicht auf zwei Kanälen dargestellt werden können und daß Phasenfehler zwischen den Kanälen durch die nicht gleichzeitige Darstellung auftreten können (Bild 9.17). Diese Probleme lassen sich zwar mit der »gechoppten« Betriebsart lösen, jedoch sind auch hier durch die Umschaltfrequenz Grenzen gesetzt, da nur Teile der Signale dargestellt werden (Bild 9.18).

Die zweite Methode ist der Einsatz einer Elektronenstrahlröhre mit zwei getrennten Elektronenstrahlen (Bild 9.19). Moderne Zweistrahlröhren erzeugen den Elektronenstrahl in einer Kanone, spalten den Strahl dann auf und lenken jeden Einzelstrahl über ein eigenes, vertikales Ablenksystem aus (Split-Beam-Technik). Die Dar-

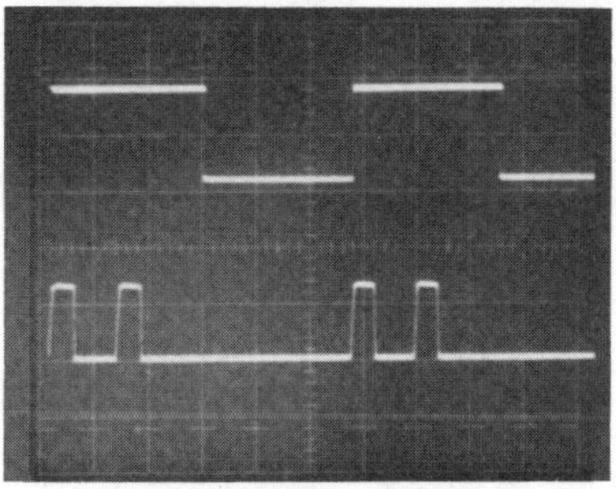

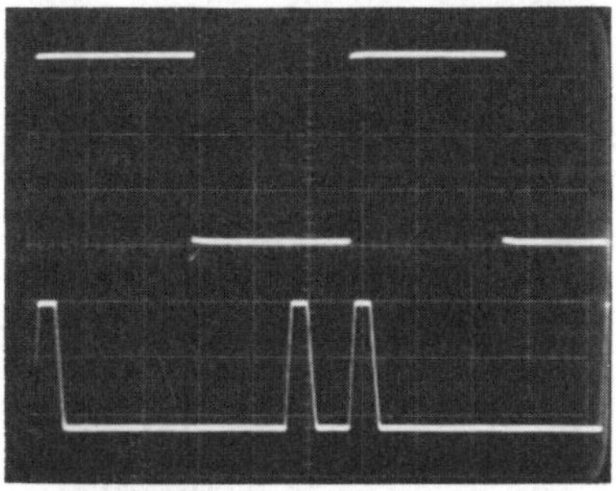

Bild 9.17 Das obere Schirmbild zeigt die korrekte Wiedergabe zweier Signale im Hinblick auf Phasenbeziehung und Signalform. Das untere Schirmbild kann bei alternierendem Betrieb bei einem geschalteten Zweikanal-Oszillografen entstehen und zeigt einen Phasenfehler durch die unterschiedlichen Triggerbedingungen

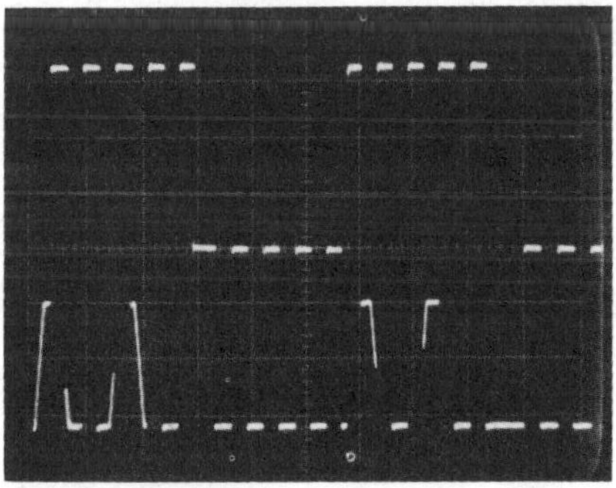

Bild 9.18 Das Schirmbild des Zweikanal-Oszillografen zeigt einen möglichen Fehler bei gechoppter (»zerhackter«) Ablenkung. Dargestellt wird die Signalform aus Bild 9.17 oben. In dieser Betriebsart wird bei einmaligen Vorgängen nur die Hälfte der Signalform dargestellt, so daß kein geschlossener Kurvenzug erscheint

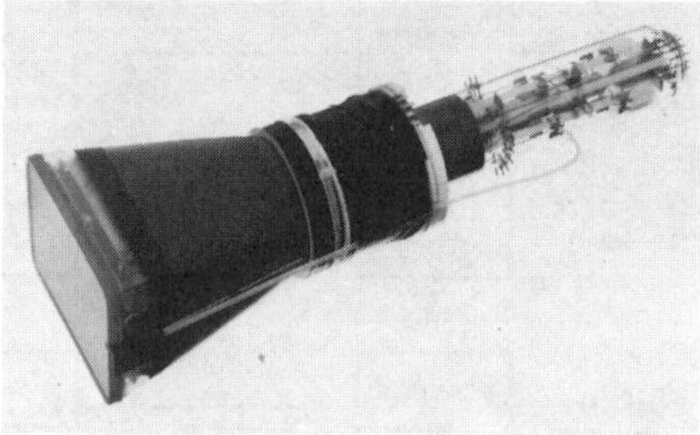

Bild 9.19 Valvo Zweistrahl-Oszillografenröhre

stellung der beiden Signale erfolgt daher kontinuierlich und nicht, wie bei Zweikanalgeräten, gechoppt oder abwechselnd nacheinander (alternierend). Durch den kleinen Abstand zwischen beiden Strahlen gibt es keine Konvergenzprobleme mehr, außerdem konnte durch den Einbau einer Netzelektrode die Beschleunigungsspannung auf 10 kV gebracht werden. Bild 9.20 zeigt das Prinzip des echten Zweistrahl-Oszillografen.

In Echtzeit-Oszillografen wird ein Vorgang in der Zeitspanne dargestellt, in der er tatsächlich abläuft. Das bedeutet, daß die Schaltkreise des Oszillografen eine Anstiegszeit haben müssen, die unter der des Signals liegt, damit nicht Signalverfälschungen durch unzureichende Verstärkereigenschaften auftreten. Trifft dies nicht zu, können die charakteristischen Daten sehr schneller Bauteile bzw. sehr hochfrequenter Schwingungen nicht mehr bzw. nur mit großen Fehlern dargestellt werden. Für die Abbildung solcher Hochfrequenzereignisse wurde deshalb die Abtast- oder Sampling-Technik entwickelt.

Das Grundprinzip der Sampling-Technik ist einfach, und als Vergleich wird gern die Stroboskopie herangezogen, mit der man schnelle mechanische Bewegungen studieren kann. Kommt man in der HF-Technik in Frequenz- und Anstiegsbereiche, die nicht mehr mit konventionellen Echtzeit-Oszillografen zu messen sind, wählt man als Darstellung ein zeitlich gedehntes Äquivalenzsignal (Bild 9.21). Hierzu wird das

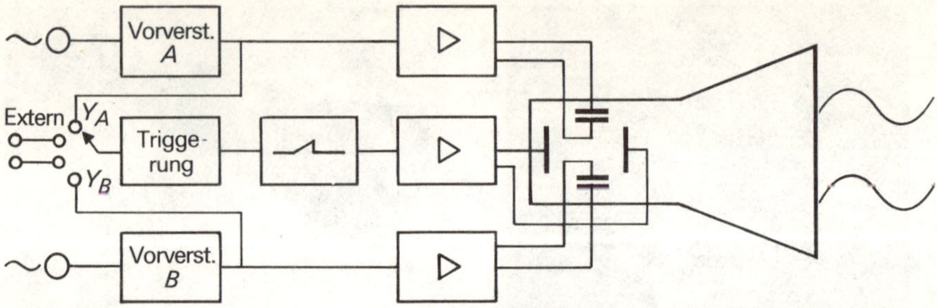

Bild 9.20 Blockschema eines echten Zweistrahl-Oszillografen, bei dem der in einer Elektronenkanone erzeugte Elektronenstrahl »gesplittet« und anschließend unabhängig voneinander in zwei *Y*-Ablenksystemen beeinflußt wird

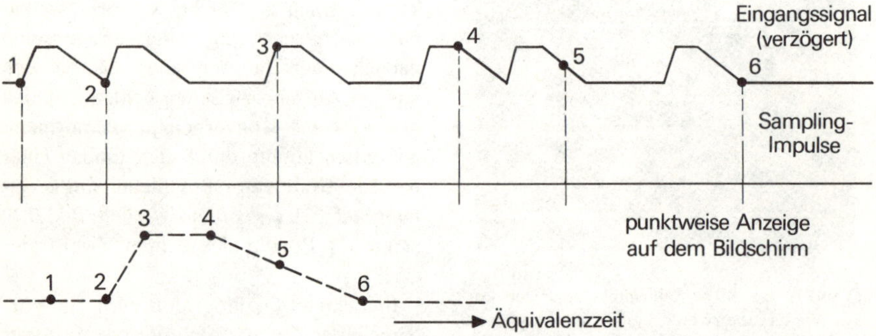

Bild 9.21 Ein zeitlich gedehntes Äquivalenzsignal wird aus Amplitudenmessungen an Tausenden von aufeinanderfolgenden Signalen gewonnen

Originalsignal auf elektronische Weise amplitudengerecht abgetastet und punktweise in eine langsamere, zeitäquivalente Darstellung transformiert. Diese Technik ist begrenzt auf periodische oder aperiodische Signale, die sich genügend oft und in identischer Form wiederholen, denn von jedem Originalvorgang wird nur ein »Sample« (= Muster) entnommen.

Das Blockschaltbild in Bild 9.22 zeigt den Grundaufbau eines Sampling-Oszillografen. Ein Teil des Eingangssignals wird sofort dem Triggerkreis zugeführt, der den schnellen Sägezahngenerator zum Anlaufen bringt. Erreicht dessen Rampenspannung das gleiche Potentional wie der die *X*-Ablenkung bestimmende Treppengenerator, so gibt der Komparator einen Impuls ab, der das Sampling-Tor für einen kurzen Moment öffnet. Der gleiche Komparatorimpuls bewirkt die Dunkelsteuerung in *Z*-Richtung und die Anregung einer elektronischen »Pumpe«, die den Treppengenerator um eine Potentialstufe erhöht. Dem verzögerten Originalsignal wird während der kurzzeitigen Öffnung des Sampling-Tores ein »Sample« entnommen, das verstärkt einen rückgekoppelten Speicher erreicht. Von hier aus gelangt es an die *Y*-Ablenkplatten der Elektronenstrahlröhre.

Die Abtast-Technik ermöglicht das Herabsetzen der Frequenz des zu messenden Signals in einen Bereich, in dem konventionelle Bauteile Verwendung finden. Damit entfällt weitgehend die Begrenzung durch die Bandbreite. Der Sampling-Oszillograf hat Eigenschaften, die sich mit Echtzeit-Oszillografen nicht erreichen lassen. So können mit dem Philips Sampling-Oszillografen PM 3400 z. B. 1,7-GHz-Signale

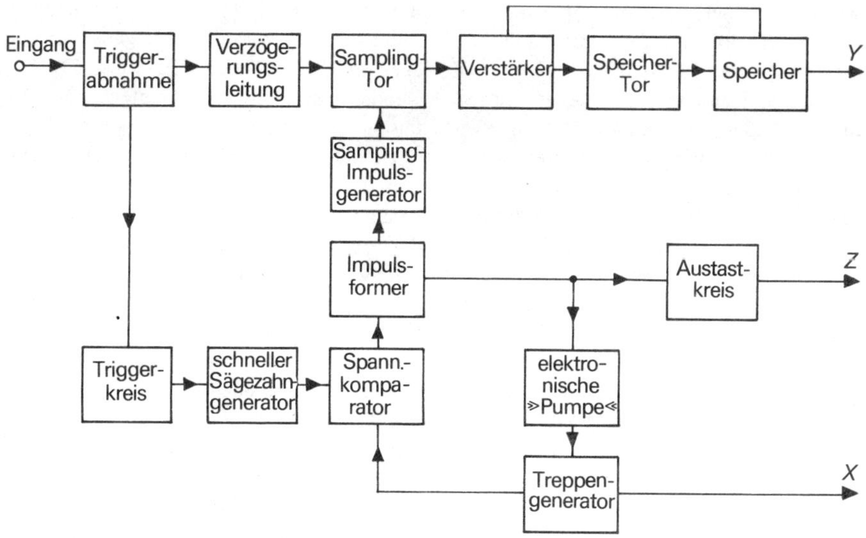

Bild 9.22 Blockschema eines Sampling-Oszillografen

dargestellt werden. Der wohl wichtigste Anwendungsbereich für die Sampling-Technik ist die Untersuchung von schnellschaltenden Bauteilen und Schaltkreisen. Für diese Anwendungen ist die Darstellung und das Ausmessen der Anstiegsflanken von großer Bedeutung.

9.3.2. Spannungsmessungen mit dem Oszillografen

Neben Gleichspannungsmessungen kann es in elektronischen Geräten erforderlich sein, die an vielen Punkten vorhandenen Wechsel- bzw. Impulsspannungen zu überprüfen. Das ist nur mit einem Oszillografen möglich.

Um ein stillstehendes Bild zu erhalten, muß man das Frequenzverhältnis von Meßspannung zur Ablenkspannung entweder gleich eins (ein Bild) oder ganzzahlig größer als eins machen (mehrere Schwingungszüge werden nebeneinander abgebildet). Das Verfahren zur Erzeugung und Haltung des Gleichlaufs nennt man auch hier (wie beim Fernsehen) Synchronisation. Sie kann wahlweise mit einer aus der Meßspannung abgezweigten Teilspannung oder mit einer fremden Frequenz bzw. mit der Netzfrequenz erfolgen.

Eine andere Art, stehende Bilder vor allem auch bei nichtperiodischen Spannungsvorgängen zu erhalten, ist das **Triggern**. Es ist einzusehen, daß die Ablenkspannung nicht periodisch sein muß, wenn z. B. Impulse dargestellt werden sollen, deren Impulsfolge unterschiedlich ist. Der Ablenkgenerator des Oszillografen muß hier in seinem Startpunkt steuerbar sein. Nach jedem Ablenkvorgang bezieht er sozusagen eine Wartestellung, die so lange dauert, bis ein neuer Startimpuls erscheint und einen weiteren einmaligen Strahlhin- und -rücklauf auslöst. Auch das Triggern (Starten) des Generators kann durch die Meßspannung selbst erfolgen (intern) oder mit einer von außen zugeführten Spannung (extern).

Neben der mit dem Oszillografen möglichen visuellen Kontrolle eines Spannungsverlaufs kann, speziell bei Impulsspannungen, die Feststellung der Spitzenspannung erforderlich sein. Die Größe normaler Wechselspannungen, vor allem sinusförmiger Spannungen, wird zumeist in Effektivwerten angegeben. Diese Spannungsangabe ist für Impulsspannungen häufig unbrauchbar oder sogar sinnlos. Hier kann nur mit Spitzenwerten gearbeitet werden. In Bild 9.23 ist der Zusammenhang zwischen Spitzen- und Effektivwerten bei sinusförmigen Spannungen wiedergegeben. Man unterscheidet dabei zwischen der einfachen Spitzenspannung von der Null-Linie zum positiven oder negativen Maximum (U_s) und der Spannung von Spitze zu Spitze (U_{ss}), die die maximale Größe zwischen dem positiven und dem negativen Maximum darstellt. Bei einer rein sinusförmigen Spannung ist der Spitze-zu-Spitze-Wert 2,8mal größer als der Effektivwert.

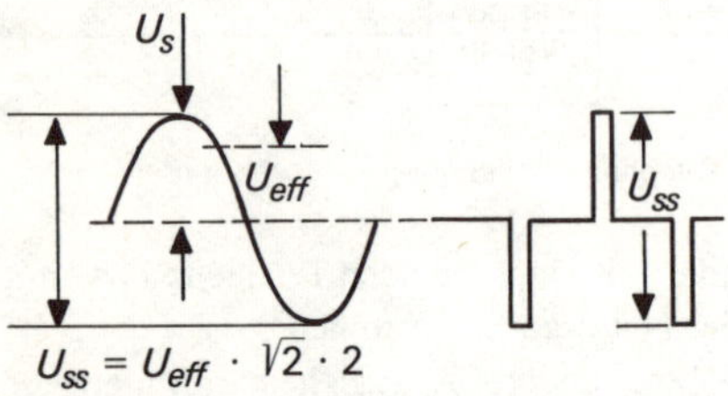

Bild 9.23 Zusammenhang zwischen Spitzen- und Effektivwerten

Hat ein Oszillograf keinen eingebauten, geeichten Spannungsteiler oder eine entsprechende Vergleichsspannungsquelle, so kann man mit sinusförmigen Spannungen, deren Effektivgröße bekannt ist, einen Vergleichsmaßstab herstellen. Es genügen für derartige Vergleichsmessungen zwei oder drei bekannte Wechselspannungsgrößen. Die (effektive) Netzspannung von 220 V wird z. B. auf dem Oszillografenschirm genau so groß abgebildet wie eine Impulsspannung mit einem Spitze-zu-Spitze-Wert von 620 V.

Will man Impulsspannungen mit besonders steilen Flanken abbilden, so muß der *Y*-Verstärker eine genügend große Bandbreite besitzen. Die obere Grenzfrequenz wird bei schmalen Impulsformen mindestens das Hundertfache der Impulsfolgefrequenz betragen müssen. Bei einer Grundfrequenz der Fernseh-Horizontalimpulse von 15 625 Hz würde dies also eine Bandbreite des *Y*-Verstärkers von mindestens 1,5 MHz voraussetzen, günstiger ist aber eine Bandbreite von rund 5 MHz, wenn auch Video-Signalanteile unverfälscht wiedergegeben werden sollen. Gleichzeitig muß aber auch sichergestellt sein, daß die untere Grenzfrequenz tief genug liegt, da sich sonst eine Verfälschung der Impulsspannungen in Form einer Dachschräge ergeben kann. Aus diesem Grunde besitzen die meisten modernen Oszillografen für den *Y*-Verstärker einen gleichspannungsmäßigen Eingang, d. h., die untere Grenzfrequenz reicht bis 0 Hz. Wenn zum Oszillografen kein zusätzlicher Spannungsteilermeßkopf vorhanden ist, so ist darauf zu achten, daß — genauso wie bei der Spannungsmessung bereits erwähnt — die Eingangsimpedanz des Meßgeräts in hochohmigen Stufen zu falschen Meßergebnissen führen kann. Diese Eingangsimpedanz liegt bei Oszillografen ohne Spannungsteilermeßkopf bei ca. 1 MΩ und 30—50 pF. Durch den Spannungsteilermeßkopf wird sie auf ca. 10 MΩ und 5—10 pF verändert.

Enthält der Oszillograf einen umschaltbaren *X*-Verstärker, so lassen sich zwei verschiedene Meßfrequenzen auf dem Bildschirm des Oszillografen miteinander vergleichen. Dies kann für bestimmte Frequenzmessungen oder zur Kontrolle bestimmter Phasenlagen ausgenutzt werden. Das Grundprinzip ist in Bild 9.24 angegeben. Als einfachstes Beispiel sollen zwei sinusförmige Spannungen gewählt werden. Führt man sowohl dem *X*-Verstärker als auch dem *Y*-Verstärker eine sinusförmige Wechselspannung gleicher Amplitude und Frequenz zu, so wird auf der Schirmfläche ein Kreis abgebildet, wenn beide Wechselspannungen eine gegenseitige Phasenverschiebung von 90° haben.

Dies ist folgendermaßen zu erklären: Liegt am *Y*-Verstärker eine sinusförmige Wechselspannung, so wird die vertikale Ablenkamplitude an jeder Stelle der zeitlichen Größe der Sinuskurve entsprechen.

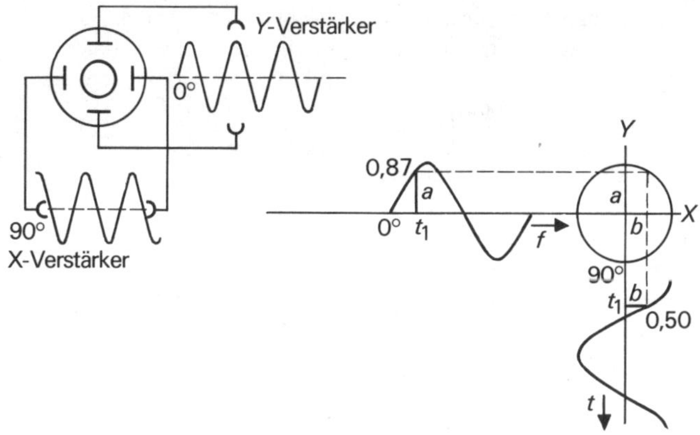

Bild 9.24 Darstellung zweier Frequenzen über *X*- und *Y*-Verstärker

Für den angegebenen Zeitpunkt t_1 ergibt sich der relative Wert + 0,87 (*a*). Wird dem *X*-Verstärker gleichzeitig eine um 90° verschobene Wechselspannung (Cosinus) zugeführt, so ist die horizontale Ablenkung proportional den entsprechenden Cosinus-Amplituden (zum Zeitpunkt t_1 = + 0,50). Der Elektronenstrahl befindet sich dann also auf der Oszillografenröhre um die Amplituden a = 0,87 nach oben und b = 0,50 nach rechts abgelenkt. Betrachtet man diese zusammengehörenden Ablenkamplituden für die ganze Schwingungsperiode, so ergänzen sich beide Werte rechtwinklig jeweils zur gleichen Gesamtgröße, und man erhält als Abbildung einen Kreis. Liegen andere Phasenverhältnisse oder gar verschiedene Frequenzen vor, so ergeben sich die sogenannten Lissajousschen Figuren (Bild 9.25 und 9.26).

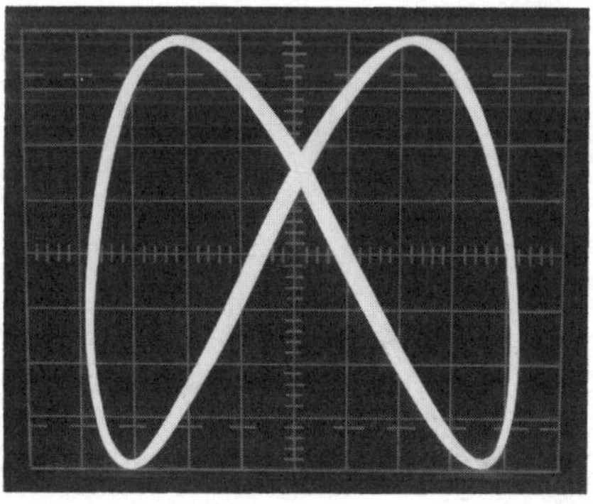

Bild 9.25 Lissajous-Figur im Frequenzverhältnis 2 : 1

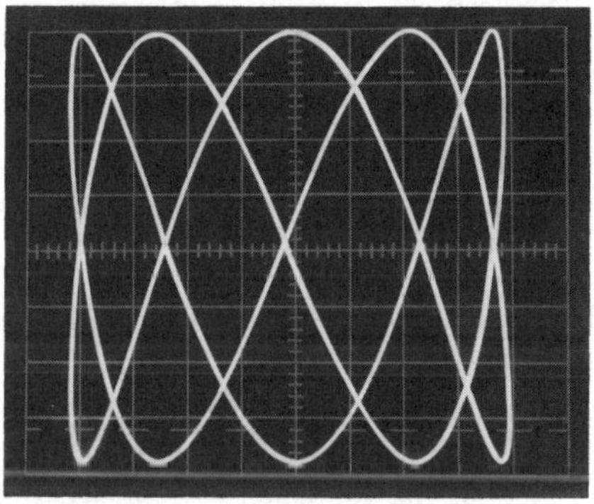

Bild 9.26 Lissajous-Figur im Frequenzverhältnis 5 : 2

9.3.3. Abgleicharbeiten mit dem Oszillografen

Wenn Abgleicharbeiten auch nicht so häufig wie Spannungsmessungen oder die oszillografische Kontrolle von Impulsspannungen vorgenommen werden müssen, so sind sie doch besonders kritisch, da Fehler sich auf die Empfangsleistung und Wiedergabeeigenschaften der Geräte auswirken. Ein wichtiges Gebot bei allen Abgleicharbeiten ist die sichere HF-mäßige Erdung der benutzten Meßgeräte und die Zusammenschaltung über möglichst kurze und eindeutige Leitungswege. Sonst besteht die Gefahr der Einstreuung von Impulsspannungen und Brummstörungen infolge von Erdschleifen, die das gesamte Meßergebnis verfälschen können.

Üblicherweise wird nicht die Wechselspannungsamplitude am Resonanzkreis direkt gemessen, sondern über einen Diodentastkopf eine gleichgerichtete Spannung abgenommen, falls nicht schon im Meßobjekt die Spannung hinter einem Demodulator abgegriffen werden kann. In Rundfunk- oder Fernsehgeräten ist dies fast immer am AM-Gleichrichter, am FM-Diskriminator oder am Video-Gleichrichter der Fall. Die grundsätzliche Meßanordnung für den Abgleich von Einzelkreisen oder Bandfiltern gibt Bild 9.27 wieder.

Da man mit Meßsender und einem Voltmeter die richtige Form der Durchlaßkurve nur durch punktweise Aufnahme der Verstärkungswerte bei vorgegebener Frequenzbandbreite feststellen kann, hat man speziell für die schnelle und übersichtliche Darstellung von kritischen Empfänger-Durchlaßkurven den Wobbler entwickelt. Das Grundprinzip des Wobblers besteht darin, daß er in periodischer Folge das, was man sonst manuell beim Durchstimmen eines Meßsenders macht, automatisch vornimmt. Im Normalfall »durchfährt« der Wobbler im Rhythmus von 50 Hz periodisch die interessierende Bandbreite. In Bild 9.28 ist dies angedeutet.

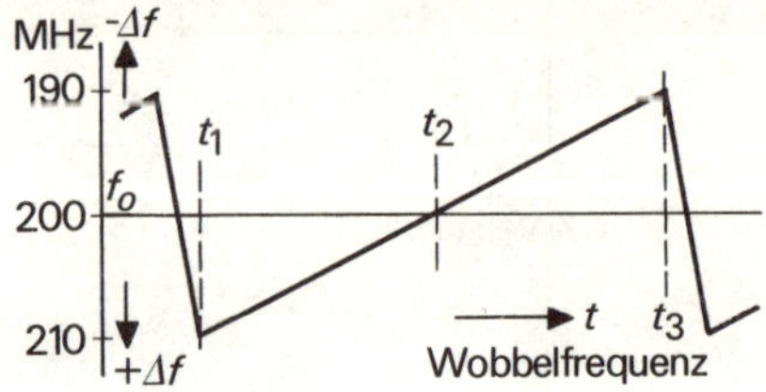

Bild 9.28 Sägezahn für das Durchfahren des Frequenzbereichs von 210 bis 190 MHz (t_1 bis t_3)

Der Wobbler soll seine Frequenz durch die Ansteuerung mit einem linearen Sägezahn ändern. Wenn der Hub (Δf) z. B. ± 10 MHz beträgt und der Oszillator im Wobbler auf 200 MHz schwingt, so wird sich die Oszillatorfrequenz im Bereich zwischen 190 MHz und 210 MHz ändern. Geschieht dies mit 50 Hz, so steht ein Sendersignal zur Verfügung, das 50mal in der Sekunde den eingestellten Frequenzbereich (Bandbreite) periodisch überstreicht.

Damit sich ein stillstehendes Schirmbild ergibt, müssen Wobbler und Oszillograf elektrisch starr miteinander verkoppelt werden. Die Zeitbasisfrequenz des Oszillografen wird also entweder von der periodischen Wobbelfrequenz synchronisiert oder

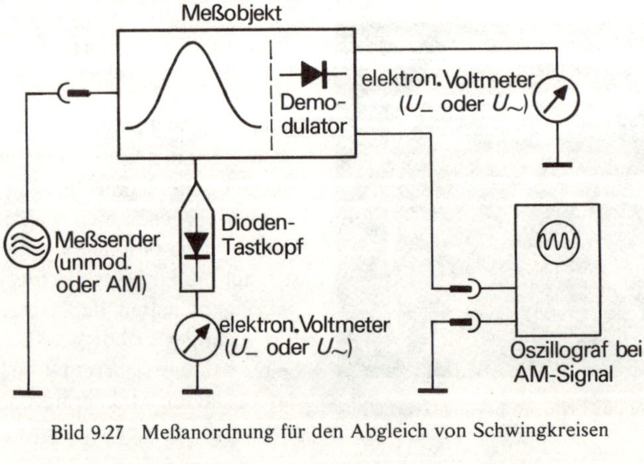

Bild 9.27 Meßanordnung für den Abgleich von Schwingkreisen

aber der Wobbler muß diese Frequenz vom Zeitbasisgerät des Oszillografen erhalten. Beide grundsätzlichen Verkopplungsmöglichkeiten sind in Bild 9.29 dargestellt.

Da die Meßspannung für den Oszillografen als Richtspannung hinter einem Detektor abgenommen wird, bestimmt die diglich noch die Oberwellen, bedingt durch die Form der Durchlaßkurve, hinzukommen.

Besonders wichtig und interessant wird die Aufnahme und Kontrolle von Durchlaßkurven im Fernsehempfänger. Hier liegt beim Bild-ZF-Verstärker eine spezielle

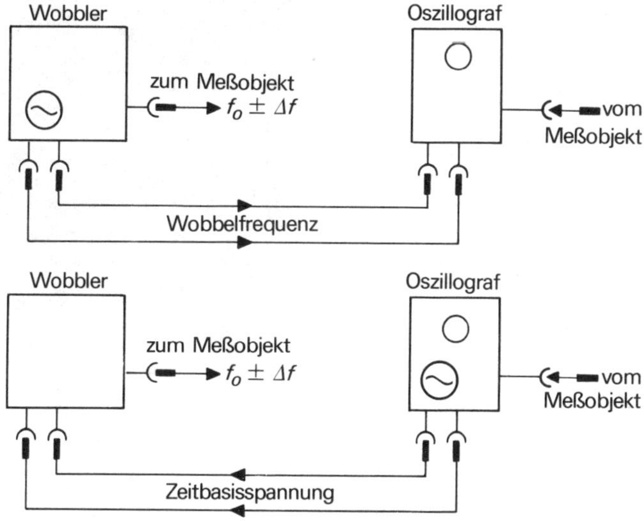

Bild 9.29 Schema der Verkopplungsarten von Wobbler und Oszillograf

Wobbelfrequenz und nicht der Wobbelhub oder gar die Mittenfrequenz des zu messenden Verstärkers die erforderliche Bandbreite des Meßverstärkers im Oszillografen. Es genügt also bei der Wobblung mit 50 Hz ein niederfrequenter Meßverstärker, weil zur 50-Hz-Grundfrequenz le- Durchlaßkurvenform vor, die aus der Restseitenbandtechnik der Fernsehsendernorm resultiert (Bild 9.30). Zum Ausmessen der Durchlaßkurve muß ein zusätzliches Meßsendersignal (Markengenerator) benutzt werden. Die meisten Wobbler sind mit einem derartigen Markengenerator

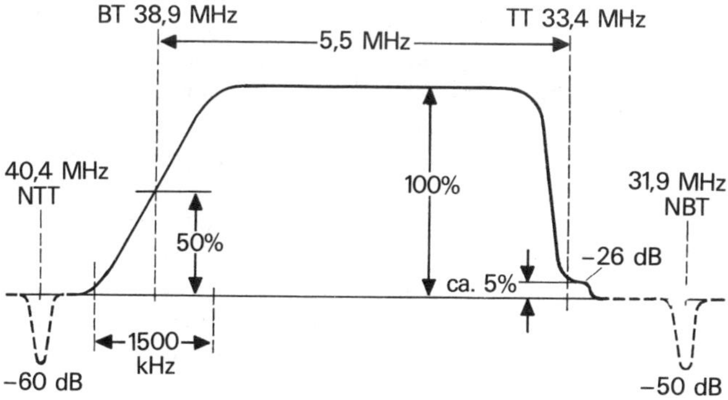

Bild 9.30 Schema der Durchlaßkurve eines Fernseh-ZF-Verstärkers

versehen. Selbstverständlich läßt sich jeder separate Prüf- oder Meßsender auch als Markengenerator verwenden.

Das Prinzip der Markenerzeugung beruht darauf, daß zusätzlich zur periodisch sich ändernden Oszillatorfrequenz ein festes Sendersignal eingegeben wird. Da die Abnahme der Meßspannung für die Durchlaßkurven immer hinter einer Detektorschaltung erfolgt (im Fernsehempfänger hinter dem Video-Gleichrichter), findet hier eine Mischung zwischen Oszillatorsignal und der Senderfrequenz statt. Um die »Markenfrequenz« herum bildet sich dabei eine Schwebungsfrequenz aus, die höher wird mit größer werdender Differenz zwischen Oszillator- und Senderfrequenz. Das Grundprinzip zeigt Bild 9.31 a.

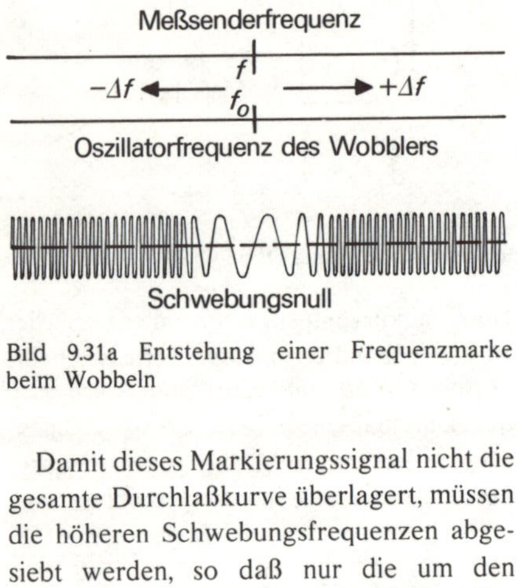

Bild 9.31a Entstehung einer Frequenzmarke beim Wobbeln

Damit dieses Markierungssignal nicht die gesamte Durchlaßkurve überlagert, müssen die höheren Schwebungsfrequenzen abgesiebt werden, so daß nur die um den Schwebungs-Nullpunkt liegenden tiefen Frequenzteile als schmales Schwebungssignal sichtbar bleiben (Bild 9.31b). Dies kann z. B. durch einen vor dem Oszillografeneingang liegenden Tiefpaß erfolgen (z. B. 40 pF Eingangskapazität und Vorwiderstand von ca. 200 kΩ).

In manchen Fernsehwobblern wird das Markierungssignal bereits in einem eingebauten Mischverstärker erzeugt, wodurch keine Nebenbeeinflussung der Durchlaßkurvenform auftreten kann. Wird nämlich ein getrenntes Sendersignal als Markierungssignal benutzt, so muß darauf geachtet werden, daß dessen Amplitude nicht zu groß wird, weil sonst am Detektor des Empfängers eine Übersteuerung und damit Verfälschung der Durchlaßkurvenform auftritt.

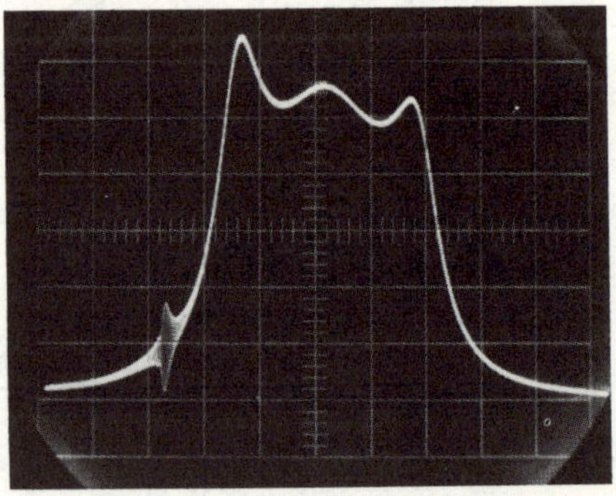

Bild 9.31b Praktisches Beispiel für die gewobbelte Durchlaßkurve eines 3fach-Bandfilters (es ist noch nicht korrekt abgeglichen) und einem Markensignal (in der Technikersprache z. B. auch Pips genannt) auf der linken Flanke der Kurve

9.4. Dioden- und Transistorprüfung

Gehörte früher das Röhrenprüfgerät zum unentbehrlichen Werkstatt- und Laborinventar, so ist an seine Stelle heute das Dioden- und Transistorprüfgerät getreten. Lange nicht mehr so voluminös im Aufbau und umständlich in der Bedienung (zumindest in den einfachen Ausführungen) hilft es dem Techniker, bei den Halbleitern »die Spreu vom Weizen« zu unterscheiden. Mit verhältnismäßig einfachen Mitteln kann man sich selbst ein Kontrollgerät bauen oder zumindest einzelne Prüfvorgänge an Dioden oder Transistoren durchführen. Es geht hier ja nicht um die Ermittlung von Kennlinien oder Spannungs- und Stromwerten, sondern lediglich um die Frage, ob das Bauelement noch funktionsfähig ist oder nicht. Dazu braucht man aber nur das Verhalten der einzelnen PN-Übergänge zu untersuchen. Dies wird im folgenden an einfachen Beispielen erläutert.

Bei **Dioden** ist eine Prüfung insofern unkompliziert, weil nur der Stromfluß in zwei Richtungen zu untersuchen ist. Hierzu wird eine Spannungsquelle benötigt, die nach Bild 9.32 mit einem Anzeigeinstrument und einem Vorwiderstand in Reihe geschaltet ist. Je nach der Empfindlichkeit des Instruments wird bei kurzgeschlossenen Eingangsklemmen mit dem Potentiometer auf Vollausschlag eingestellt (bei einem 1-mA-Instrument ist der Vorwiderstand ca. 3 kΩ groß).

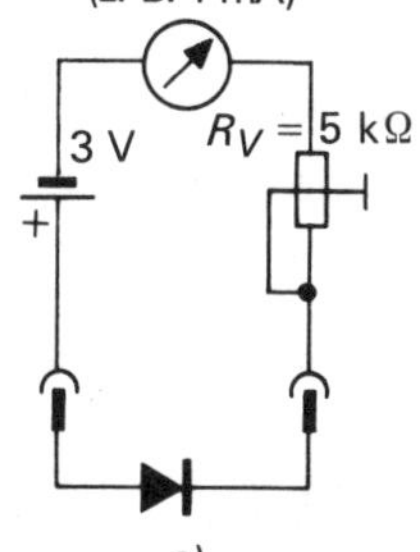

Bild 9.32 Prüfschaltung für Dioden in Durchlaßrichtung (a) und Sperrichtung (b)

Eine intakte Diode wird bei Anschluß nach Bild 9.32 a) einen großen Zeigerausschlag hervorrufen (kleiner Durchlaßwiderstand), im umgekehrten Fall nach Bild 9.32 b) dagegen kaum einen Zeigerausschlag verursachen (großer Sperrwiderstand). Läßt eine Diode in beiden Richtungen den Zeiger voll ausschlagen, hat sie einen Kurzschluß. Wird in beiden Prüfvorgängen überhaupt kein Zeigerausschlag registriert, hat sie eine Unterbrechung und ist ebenfalls unbrauchbar.

Für die Prüfung von **Transistoren** sind zwar einige Schritte mehr erforderlich, das Prinzip bleibt jedoch dasselbe. Bekanntlich kann man sich den Transistor als zwei gegeneinander geschaltete Diodenstrecken vorstellen, deren Funktion es zu prüfen gilt (Bild 9.33). Wir erkennen bei den beiden Transistortypen je eine Basis-Emitter-Diode und eine Basis-Kollektor-Diode. Sie werden nach dem gleichen Schema geprüft.

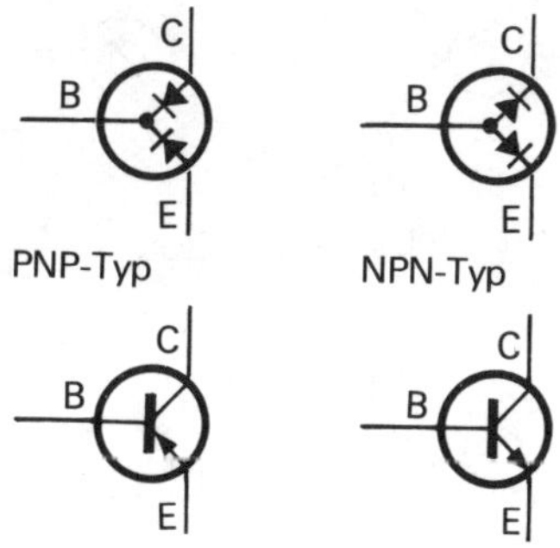

Bild 9.33 Darstellung von Transistoren als gegeneinandergeschaltete Dioden

In Bild 9.34 a) ist der Vorgang für die Basis-Kollektor-Diode eines NPN-Transistors angegeben, bei intakter Strecke wird der Zeiger ausschlagen; das gleiche gilt für den in Bild 9.34 b) skizzierten Fall der Basis-Emitter-Diode. Werden die Anschlüsse vertauscht, sind die betreffenden Diodenstrecken in Sperrichtung geschaltet, und das Instrument zeigt praktisch keinen Zeigerausschlag an.

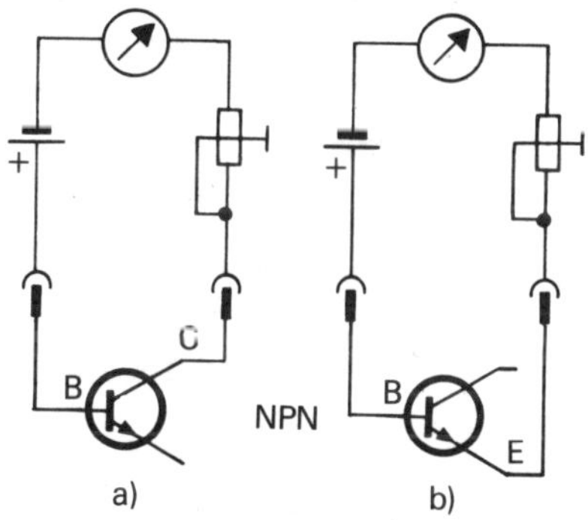

Bild 9.34 Prüfschaltung für die Durchlaßrichtung der Basis-Kollektor-Strecke (a) und der Basis-Emitter-Strecke (b) bei NPN-Transistoren

Für PNP-Transistoren müssen bei der Durchlaß- und Sperrprüfung die Spannungspole gegenüber der NPN-Prüfung gewechselt werden. Bild 9.35 zeigt das Schema für die Prüfung beider Diodenstrecken in Durchlaßrichtung.

Will man sich die Meßanordnungen in Form eines kleinen Prüfgeräts zusammenbauen, so kann dies anhand der Schaltung

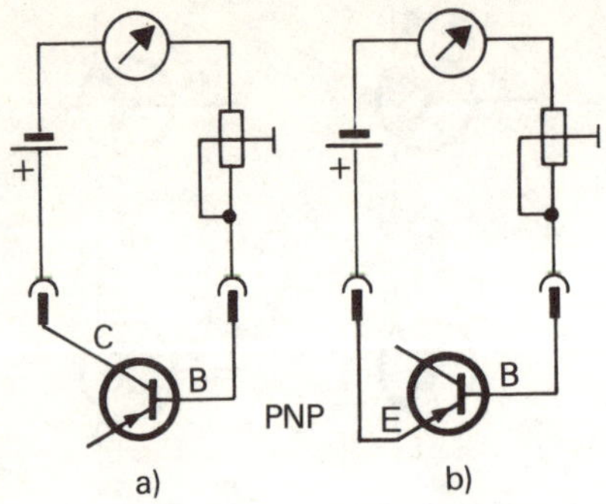

Bild 9.35 Prüfschaltung für die Durchlaßrichtung der Basis-Kollektor-Strecke (a) und der Basis-Emitter-Strecke (b) bei PNP-Transistoren

in Bild 9.36 geschehen. Erforderlich sind lediglich ein zweipoliger und ein einpoliger Umschalter sowie einige Klemmbuchsen für den Anschluß der zu prüfenden Dioden und Transistoren. Die Schalter ersparen bei der Diodenkontrolle das Umklemmen des Prüfobjekts und dienen bei Transistoren zur Typwahl und zum schnellen Einschalten der beiden Diodenstrecken in den Prüfzweig. Wie bei einer Diodenprüfung kann übrigens auch noch die Emitter-Kollektor-Strecke eines Transistors auf Hochohmigkeit geprüft werden. Die Spannungspolarität braucht hier nicht berücksichtigt zu werden, da es sich um zwei gegeneinander geschaltete Dioden handelt. Es darf in jedem Fall kein wesentlicher Zeigerausschlag erfolgen, da eine Strecke ja immer in Sperrrichtung betrieben wird.

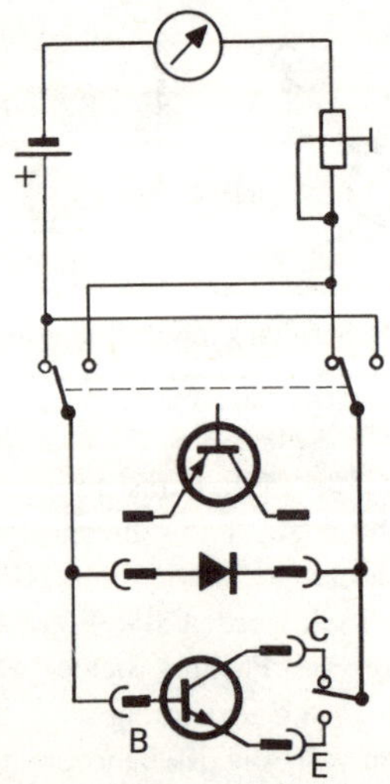

Bild 9.36 Schaltung für die Prüfung von Dioden und Transistoren

Um mit dem kleinen Prüfgerät vertraut zu werden, empfiehlt es sich, mit intakten Dioden und Transistoren verschiedener Ausführungen einige Vergleichsmessungen durchzuführen. Dabei bekommt man relativ schnell einen Überblick, wie groß die Zeigerausschläge im Sperr- und Durchlaßbereich etwa sein dürfen.

9.5. Grundbegriffe der Regelungstechnik

Regeln, einstellen, steuern sind Tätigkeiten, die wir mehr oder weniger häufig täglich tun. Hierfür einige Beispiele: die Lautstärke oder Helligkeit des Fernsehgeräts **einstellen,** das Auto oder Fahrrad **steuern,** die Blende und Entfernung am Fotoapparat **einstellen,** den Ablauf einer Veranstaltung **steuern** - alles Dinge, in die der Mensch direkt eingreifen kann, wenn Störungen oder andere Umstände ein Handeln erforderlich machen. **Regeln** ist etwas anderes, kurz gesagt: eine höhere Stufe der beiden anderen Vorgänge.

Regeln im technischen Sinn heißt nämlich, bei Abweichungen von einem gewünschten Wert eine (Ein-)Stellvorrichtung automatisch so zu beeinflussen, daß sich dadurch die Abweichung verringert und man dem gewünschten Wert möglichst weitgehend wieder nahekommt. Wir stellen bei den täglichen Regelvorgängen also nur den gewünschten Zustand ein, z. B. wählen wir die Temperatur der Raumheizung oder des Automatik-Bügeleisens. Die eigentlichen Regelvorgänge laufen danach automatisch ab.

9.5.1. Definitionen und einfache Regelkreise

Regeln ist ein Vorgang, bei dem die zu regelnde Größe (Regelgröße) mit einer anderen Größe (Führungsgröße) verglichen wird. Die Differenz beider Größen wirkt mittelbar auf die zu regelnde Größe so ein, daß die Regelgröße *x* sich möglichst nahe an die Führungsgröße *w* angleicht. Regeln setzt daher einen geschlossenen Wirkungskreis voraus. Hieraus geht hervor, daß eine Regelkette durchweg aus mehreren Gliedern besteht. Ein einfacher Regelkreis ist in Bild 9.37 skizziert. Eine Meßvorrichtung (Meßfühler) ermittelt den augenblicklichen Wert der Regelgröße. Der zwischen Meßfühler und Stellgerät für die Eingangsgröße liegende Komplex wird üblicherweise als Regler bezeichnet, der Rest des Regelkreises, das Objekt der Regelung, wird gewöhnlich »Strecke« genannt.

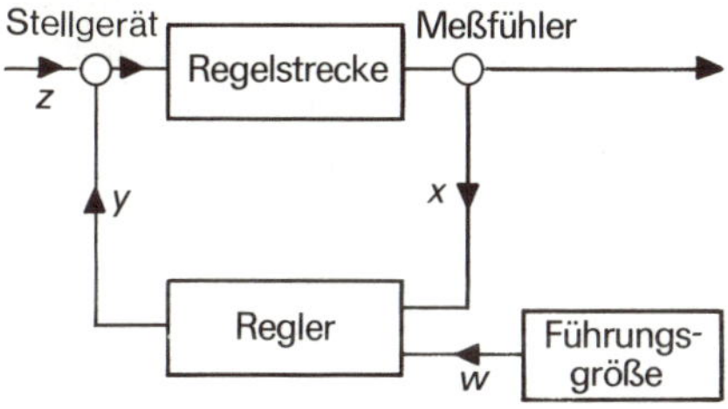

Bild 9.37 Schema eines einfachen Regelkreises

Unter der Eingangsgröße *z* versteht man alle Einflüsse auf die Strecke, die eine Veränderung der Regelgröße *x* herbeiführen. Man nennt sie daher auch Störgrößen. Der Kreis am Eingang der Regelstrecke symbolisiert das Stellgerät, das die Eingangsgröße *z* aufgrund der Reglerausgangsgröße *y* ändern kann. Es besteht z. B. aus einem Stellantrieb und dem Stellglied, mit dem der Energie- oder Massenstrom beeinflußt werden kann.

Wenn wir hier auch nur technische Vorgänge betrachten, dürfen wir doch nicht vergessen, daß auch in der Natur Regeleinrichtungen bestehen, die von großer Bedeutung sind. Ihnen verdanken wir z. B. unsere konstante Körpertemperatur, den aufrechten Gang, einen stets funktionierenden Blutkreislauf und vieles andere. Die Regelvorrichtungen der Technik und der Natur werden von den Gesetzmäßigkeiten regiert, die sich von den Eigenschaften der Regelkreisglieder und der Art der Verknüpfung ableiten.

Drei Regelkreis-Beispiele sollen das bisher Gesagte deutlich machen. Zunächst eine einfache Niveauregelung (Bild 9.38). In

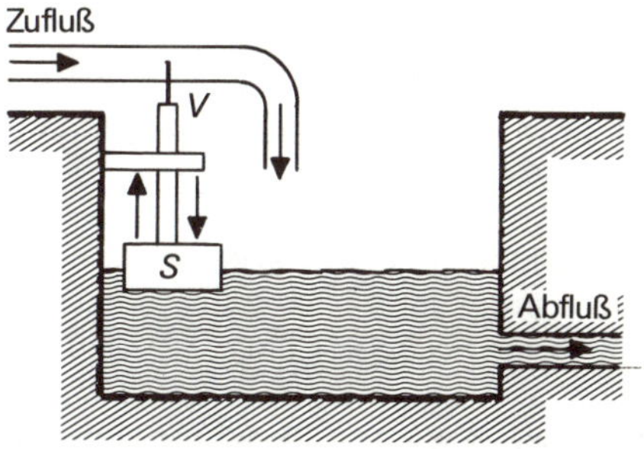

Bild 9.38 Prinzip einer einfachen Niveauregelung ohne Hilfsenergie

einem Flüssigkeitsbehälter soll auch bei veränderlichem Abfluß ein annähernd konstantes Flüssigkeitsniveau aufrechterhalten bleiben. Wird der Schwimmer *S* vom Wasserspiegel angehoben, verringert der Schieber *V* den Querschnitt im Zulaufrohr und damit den Zufluß. Sinkt der Wasserspiegel, sinkt auch der Schwimmer, und der Schieber gibt einen größeren Querschnitt im Zulaufrohr frei, so daß der Flüssigkeitsspiegel wieder steigt. Somit bleiben die Pegelschwankungen in den durch den Hub des Schwimmers gegebenen Grenzen. Diese Anordnung arbeitet ohne zusätzliche Energie, und man spricht daher von einem Regler ohne Hilfsenergie.

Bei der Temperaturregelung eines gasbeheizten Ofens wird die Temperatur von einem Thermoelement *Th* gemessen (Bild 9.39). Der Regler vergleicht die Thermospannung mit der vorgegebenen Führungsgröße *w* und wandelt die Differenz in einen elektrischen Strom um, der über

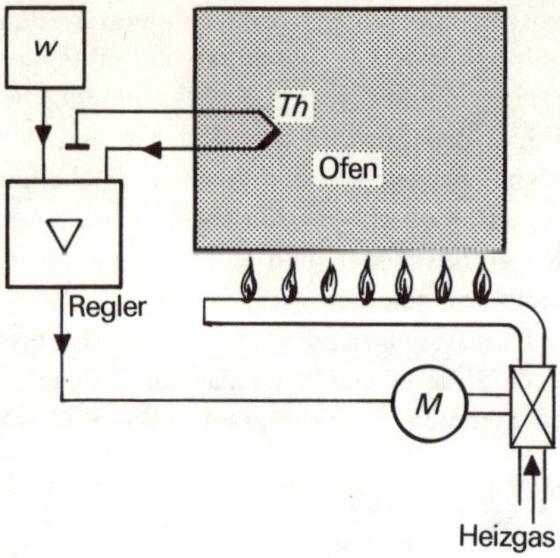

Bild 9.39 Prinzip einer Temperaturregelung mit Hilfsenergie

einen Motor das Ventil in der Gasleitung je nach Bedarf mehr oder weniger öffnet. Da in diesem Beispiel Hilfsenergie in Form von elektrischem Strom nötig ist, spricht man hier von einem Regler mit Hilfsenergie.

Ein elektronisches Beispiel ist in Bild 9.40 angegeben, und zwar handelt es sich um die automatische Feinabstimmung des Oszillators im Kanalwähler eines älteren Fernsehempfängers, bei dem die einzelnen Regelglieder besonders deutlich herausgestellt sind. Im Blockschaltbild ist das Zusammenwirken des gesamten Regelkreises der automatischen Feinabstimmung wiedergegeben.

Das ZF-Signal wird nach Auskopplung und Verstärkung in der Trennröhre einem 38,9-MHz-Diskriminator zugeführt. Die vom Diskriminator gelieferte Regelgleichspannung U_R steuert einen Gleichstromverstärker, der den Steuerstrom I_d für die Nachstimmdiode im Kanalwähler liefert. Mit ihrer wirksamen, vom Steuerstrom abhängigen Kapazität übt die Nachstimmdiode einen frequenzbestimmenden Einfluß auf den Oszillator des VHF-Kanalwählers aus. Gestrichelt ist im Blockschaltbild angedeutet, wie die Oszillatorfrequenz f_o vom Kanalwähler zur Mischstufe gelangt und dann die ZF über den ZF-Verstärker zur Trennstufe geführt wird, womit der Regelkreis geschlossen ist.

Die Führungsgröße w wird in diesem Fall von dem festeingestellten, vorgegebenen 38,9-MHz-Diskriminator gebildet, die Regelgröße x entspricht der Zwischenfrequenz, die Reglerausgangsgröße y steuert die Nachstimmdiode, die wiederum über den Oszillator und die Mischstufe die Zwischenfrequenz beeinflußt.

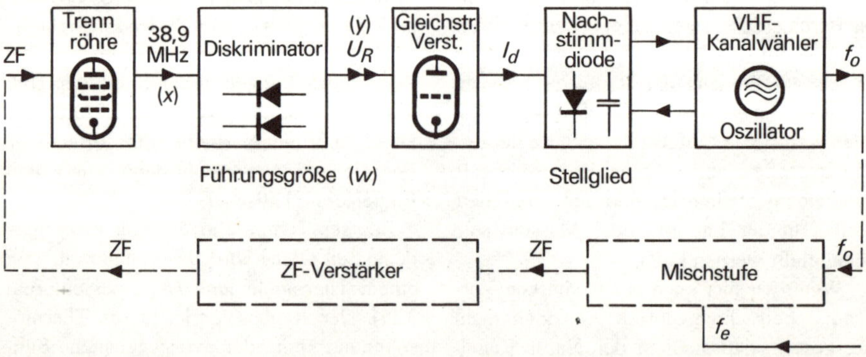

Bild 9.40 Prinzip eines elektronischen Regelkreises im HF-ZF-Teil eines Fernsehempfängers. Ähnliche Regelkreise findet man z. B. auch in den Horizontal-Phasenvergleichsschaltungen

Zur Messung von Materialbeanspruchungen verwendet man Dehnungsmeßstreifen (DMS) in Verbindung mit nachgeschalteten Verstärkern. Dabei werden die Dehnungsmeßstreifen auf das zu messende Objekt geklebt. Sie wandeln die durch die statische oder dynamische Belastung hervorgerufene Längenänderung an der Oberfläche von Werkstoffen in eine Widerstandsänderung um. Die Messung der Widerstandsänderung erfolgt in einer Wheatstoneschen Brückenschaltung. Das Bild zeigt Dehnungsmessungen am Fuß von Propellerblättern einer verstellbaren Schiffsschraube

10. Radar, Laser, Holografie

Die drei Begriffe in der Überschrift stellen typische Verfahren modernster Technik dar, die sich darüber hinaus durch besondere Attraktivität und Faszination auszeichnen. Im folgenden werden die allgemeinen Funktionen und einige Anwendungen beschrieben.

10.1. Radarprinzip

*»**R**adio **d**etecting **a**nd **r**anging«, unter dieser Bezeichnung wurde im zweiten Weltkrieg* auf alliierter Seite ein elektronisches Verfahren zur Entdeckung und Erkennung von Objekten mittels elektromagnetischer Wellen entwickelt. Man nannte es abgekürzt »Radar«, und sein Einsatz hatte in hohem Maß entscheidende Bedeutung für den Ausgang des Krieges. Das deutsche Gegenstück dieses elektronischen Echolotverfahrens war unter dem Begriff Funkmeßtechnik bzw. Funkmeßortung bekannt (Bild 10.1). Heute hat das Radar auch im zivilen Bereich viele Aufgaben zu erfüllen und wird sich aufgrund immer neuer technologischer Fortschritte noch viele Anwendungsgebiete erschließen können.

Bild 10.1 »Freya LZ« (FuMG), eines der ersten deutschen Funkmeßgeräte aus den 40er Jahren. Leistung: 36 kW, Frequenz: 91-100 MHz, Reichweite: 120 km

Das Grundprinzip ist in Bild 10.2 angegeben. Von einer entsprechend geformten Antenne werden kurze hochfrequente elektromagnetische Impulse in den Raum abgestrahlt. Treffen sie auf ein reflektierendes Objekt, wird ein Teil der Strahlung zurückgeworfen und von der Antenne wieder empfangen. Aus der Zeitdifferenz zwischen Sende- und Echoimpuls kann die Objektentfernung berechnet werden. Im Prinzip lassen sich auch noch andere Informationen, z. B. Größe und Geschwindigkeit des Objekts, gewinnen. Doch auch die »umgekehrte« Verwendung des Radars ist gebräuchlich (Bild 10.3). Hierbei erhält man ein elektronisch abgetastetes Bild der Erdoberfläche, das einer Landkarte ähnlich ist. Wegen der unterschiedlichen Reflexionsgrade der angestrahlten Materialien (Wasser, Erde, Steine) sind die zurückkommenden Radarechos verschieden stark, wodurch sich auf dem Radarschirm entsprechende topografische Merkmale ausbilden können.

Das vereinfachte Schema eines Radargeräts ist in Bild 10.4 zu sehen. Die Radarfrequenzen werden in einem Sender erzeugt, der mit Röhren (Magnetrons, Klystrons) oder speziellen Halbleiterelementen (Gunn-Elementen) bestückt sein kann

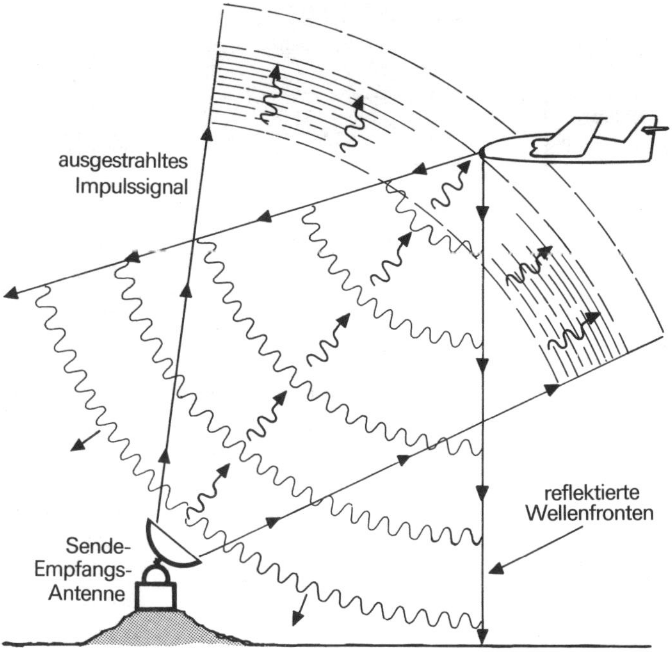

Bild 10.2 Prinzip des Radars: Aussenden eines Impulssignals und Empfangen des reflektierten Signals (Impulsecho)

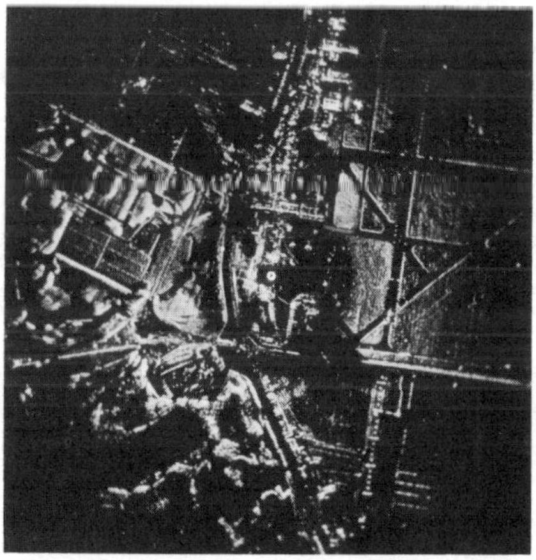

Bild 10.3 Typisches Radarbild beim Abtasten der Erdoberfläche

(siehe hierzu Abschnitt 10.2.). Eine drehbare oder feststehende Antenne strahlt die Wellen in den Raum und empfängt darüber hinaus auch die reflektierten Anteile. Hierzu dient eine Schaltstufe, die während der Sendezeit die Antenne auf den Sender und während der Empfangszeit die Antenne auf den Empfänger schaltet. Es können aber auch zwei getrennte Antennen verwendet werden.

Zur Panorama-Anzeige benutzt man eine Bildröhre mit radialer Ablenkung, d. h. der Elektronenstrahl wird vom Mittelpunkt des Leuchtschirms zum Rand hin abgelenkt und überstreicht in einer Drehbewegung die gesamte Schirmfläche (Bild 10.5). Da die Drehbewegung des Elektronenstrahls synchron mit der Drehung der Antenne verläuft, werden die Radarechos im richtigen »Azimut« (Richtungswinkel) auf dem Bildschirm angezeigt. Werden keine Signale empfangen, bleibt der Bildschirm dunkel, es findet also eine sogenannte Hellsteuerung statt.

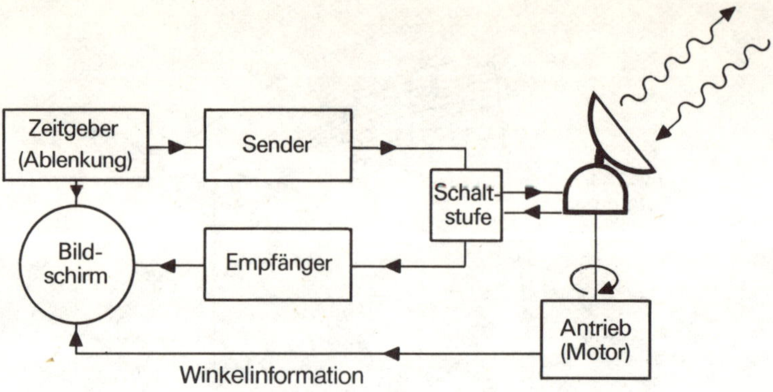

Bild 10.4 Vereinfachte Darstellung eines Radargeräts

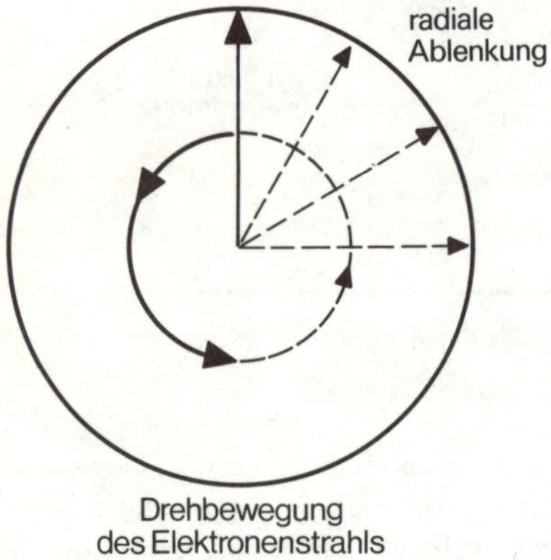

Bild 10.5 Schema der Strahlablenkung in einer Radarbildröhre

10.2. Erzeugung höchstfrequenter Schwingungen

Der Frequenzbereich für Radaranlagen reicht von etwa 1000 MHz bis weit über 30 GHz. Da man mit konventionell aufgebauten Spezialröhren (Scheibentrioden) nur Frequenzen bis zu einigen GHz erzeugen kann, verwendet man in diesem Bereich anders konzipierte Schwingungserzeuger.

Bekanntlich wird in üblichen Elektronenröhren der von der Katode gleichmäßig emittierte Elektronenstrom am Gitter in seiner Intensität oder Dichte gesteuert (Bild 10.6). Die Elektronengeschwindigkeiten müssen hierfür immer wesentlich höher sein als die Änderungen der an den Elektroden liegenden Wechselspannungen bzw. der von ihnen ausgehenden elektrischen Wechselfelder. Bei höher werdenden Arbeitsfrequenzen macht man zunächst die Elektrodenabstände kleiner, um diese Bedingungen einzuhalten, kommt aber bald an eine Grenze, wo die Elektronen für den

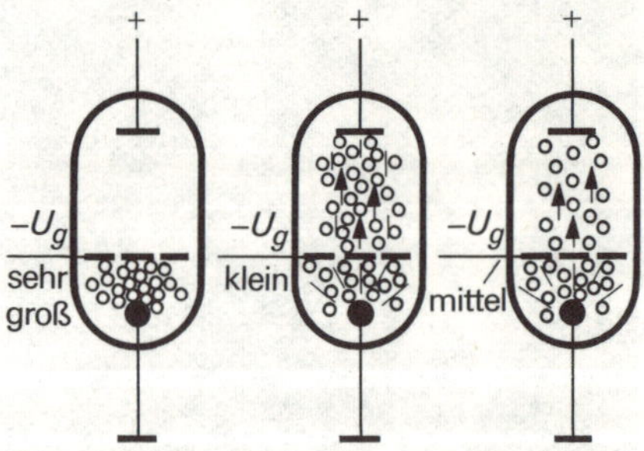

Bild 10.6 Prinzip der Steuerung des Elektronenstroms in einer herkömmlichen Röhre durch Ändern der Gittervorspannung (Intensitäts- oder Dichtesteuerung)

Weg durch die Röhre eine längere Zeit brauchen als die Wechselspannung an der Anode für eine Schwingungsperiode. Damit treten störende Phasenverschiebungen auf, die letztlich eine Rückkopplungsschaltung funktionsunfähig machen können.

Periodische Änderungen des Elektronenstroms lassen sich aber auch ohne Dichtesteuerung am Gitter erreichen, und zwar verwendet man hierfür Mikrowellenröhren, bei denen das übliche Steuergitter durch andere Anordnungen bzw. Einwirkungsmöglichkeiten auf den Elektronenstrom ersetzt ist. Weil diese Röhren vom Prinzip her eine verhältnismäßig lange Laufstrecke für die Elektronen aufweisen, nennt man sie auch Laufzeitröhren. Im Gegensatz zur üblichen Elektronenröhre nutzt man hier also die Laufzeiteffekte bewußt aus. Es gibt sehr viele Ausführungsformen, zu den bekanntesten gehören Klystrons und Magnetrons.

Beim **Klystron** (Bild 10.7) macht man von einer sogenannten Geschwindigkeitssteuerung mit anschließender Dichtemodulation der Elektronen Gebrauch. Der von der Katode kommende und zunächst noch gleichmäßige Elektronenstrom wird hierbei durch ein elektrisches HF-Feld beeinflußt, das dem Elektronenstrom eine wechselnde Komponente in Flußrichtung aufprägt, die sich durch Verlangsamen und Beschleunigen der Elektronen ausdrückt. In einem anschließenden feldfreien Laufraum holen die schnellen Elektronen die langsamen ein, so daß sich an bestimmten Stellen Verdichtungs- und Verarmungszonen bilden (Bild 10.8). Dimensioniert man den Lauf-

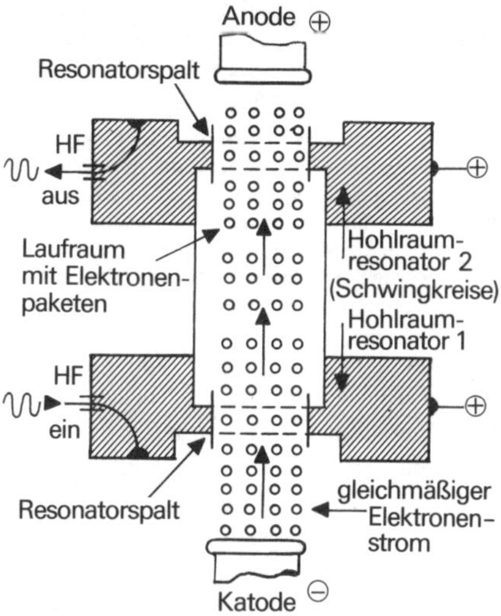

Bild 10.8 Prinzip der Steuerung des Elektronenstroms in einem Zweikammerklystron durch ein HF-Feld, wodurch sich im Laufraum anschließend Elektronenhäufchen bilden (Dichtemodulation durch Geschwindigkeitssteuerung)

Bild 10.7 Einige Klystrons aus der Valvo Fertigung

raum so, daß die Auskopplung in einer Verdichtungszone liegt, so kann die im ersten Kreis eingekoppelte HF-Energie am zweiten Kreis verstärkt wieder ausgekoppelt werden. Der durch die Energieabgabe abgebremste Elektronenstrom wird anschließend von der Anode aufgefangen. Die in Bild 10.8 skizzierte Laufzeitröhre ist ein Zweikammerklystron, weil sie mit zwei Hohlraumresonatoren arbeitet. Üblich sind heute auch drei- und vierkreisige Ausführungen, die als Verstärker einen hohen Wirkungsgrad haben (Senderöhren).

Das sogenannte **Reflexklystron** hat dagegen nur einen Resonator und ist nach Bild 10.9 aufgebaut. Es dient grundsätzlich zur Schwingungserzeugung. Hier werden die von der Katode kommenden Elektro-

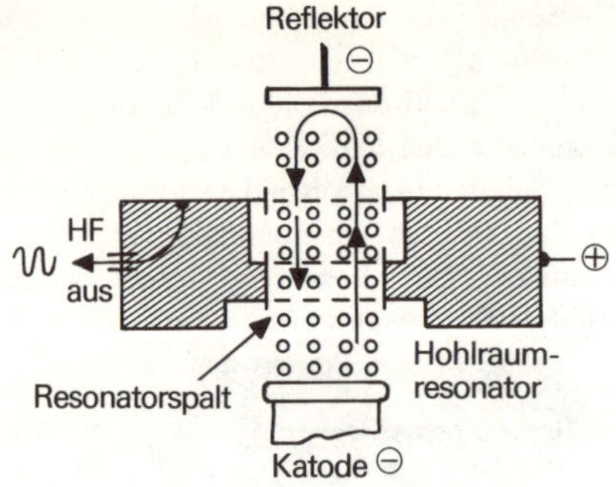

Bild 10.9 Prinzip der Steuerung des Elektronenstroms in einem Reflexklystron, das ausschließlich zur Schwingungserzeugung dient. Die Elektronen durchlaufen hier zweimal den Resonatorspalt, wodurch sie ebenfalls beschleunigt oder verlangsamt werden (Dichtemodulation durch Geschwindigkeitssteuerung)

nen von dem an positiver Spannung liegenden Resonator (Anode) beschleunigt, durchfliegen den Resonatorspalt und nähern sich dem Reflektor, der eine negative Spannung gegenüber der Anode aufweist. Dieser reflektiert den Elektronenstrom, wobei die schnelleren Elektronen gegenüber den langsameren längere Wege zurücklegen. Dadurch entsteht auch hier eine wechselnde Strahldichte beim Passieren des Resonatorspalts. Wenn die Phasenlage richtig ist, beginnt das Reflexklystron zu schwingen, die durch den Resonator laufenden Elektronen werden beschleunigt oder verlangsamt, und es entstehen wie beim Zweikammerklystron Verdichtungs- und Verarmungszonen. Wenn die Elektronen im Resonator vom HF-Feld abgebremst werden, geben sie Energie an den Resonator ab, wenn sie beschleunigt werden, entziehen sie dem Resonator Energie.

Die Frequenz ist in erster Linie von den geometrischen Abmessungen des Schwingkreises, also des Hohlraumresonators, abhängig und kann daher mechanisch durch Volumenänderung abgestimmt werden. Elektronisch ist eine Abstimmung durch Ändern der Reflektorspannung möglich, und das Klystron kann daher auch über die Reflektorspannung moduliert werden.

Während man beim Klystron echte Laufzeiteffekte ausnutzt, gehört das **Magnetron** (Bild 10.10) in eine Gruppe der Mikrowellenröhren, bei denen Lauffeldeffekte die entscheidende Rolle spielen. Es handelt sich dabei um Wechselwirkungen zwischen dem emittierten Elektronenstrahl im beschleunigenden elektrischen Feld zwischen Anode und Katode sowie einem magnetischen Feld, das von den Polschuhen des Magneten ausgeht, der das eigentliche Magnetron umschließt. Beim Magnetron verwendet man ebenfalls Hohlraumresonatoren als Schwingkreise, die nach Bild 10.11 zu einem kreisförmigen System angeordnet sind.

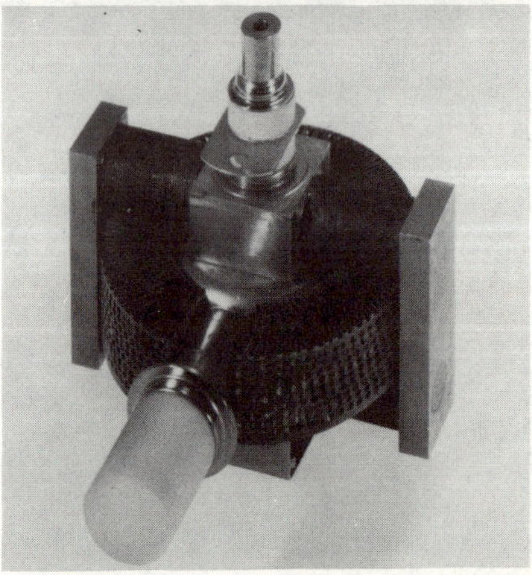

Bild 10.10 Zwei Magnetrons aus der Valvo Fertigung

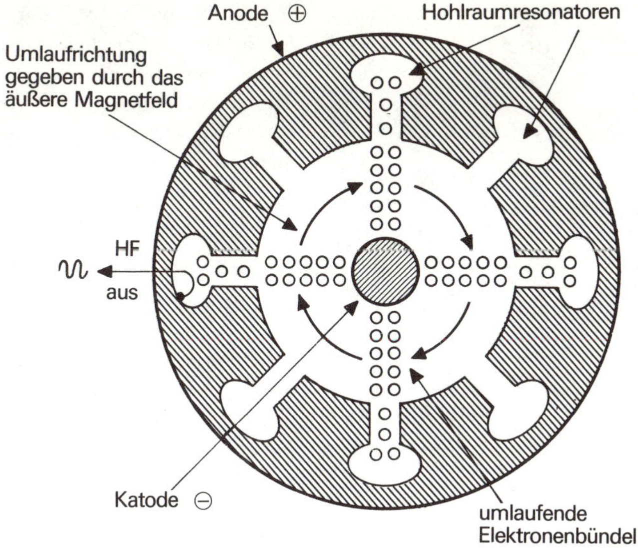

Bild 10.11 Prinzip des Elektronenstroms in einem Magnetron, das ausschließlich zur Schwingungserzeugung dient. Der dichtemodulierte Elektronenstrom beschreibt kreisförmige Umlaufbahnen (Dichtemodulation durch Überlagerung des elektrischen und magnetischen Felds)

Die von der Katode kommenden Elektronen werden zunächst in Richtung Anode von der dort anliegenden positiven Spannung beschleunigt, unterliegen aber gleichzeitig der vom feststehenden äußeren Magnetfeld auf sie einwirkenden Ablenkung. Diese Faktoren zwingen den Elektronenstrom in dichtemodulierte kreisförmige Bahnen zwischen der im Mittelpunkt des Systems liegenden Katode und der sie umgebenden Anode. Wie in Bild 10.11 angedeutet, laufen die Elektronen in kleinen Bündeln auf dieser Bahn um und regen dabei die anodenseitigen Hohlraumresonatoren zu HF-Schwingungen an.

Hochfrequenzfeld und Elektronen haben durch die verzögernde Wirkung der Schwingkreise gleiche Umlaufgeschwindigkeiten. Wenn daher nach einem Umlauf die Ausgangsphasenlage der HF-Schwingungen mit der Eingangsphasenlage übereinstimmt, arbeitet das Magnetron als Oszillator. Die Leistung kann über eine Auskoppelschleife aus dem Resonator ausgekoppelt werden.

Erwähnt werden soll hier noch die **Wanderfeldröhre,** die im Gegensatz zu den beiden bisher genannten Ausführungen nur als Verstärker betrieben wird. Der Elektronenstrom wird dabei nicht von einem räumlich feststehenden HF-Feld beeinflußt, sondern von einem sich räumlich parallel dazu bewegenden (daher die Bezeichnung Wanderfeldröhre). Durch die Wechselwirkung zwischen Elektronen und dem durch eine Verzögerungsleitung »gebremsten« HF-Feld tritt auch hier eine Dichtemodulation des Elektronenstroms ein. Die Wanderfeldröhre wird von Oszillatoren geringer Leistung angesteuert und verstärkt die eingekoppelte Energie so weit, daß sie mit genügender Leistung über eine Antenne abgestrahlt werden kann.

Von den neuzeitlichen Bauteilen auf Halbleiterbasis ist neben speziellen Transistoren (bis 2 GHz) besonders das **Gunn-Element** (Bild 10.12) für die Schwingungserzeugung im GHz-Bereich geeignet und hat in vielen Fällen bereits die herkömmliche Röhrentechnik verdrängt. Das

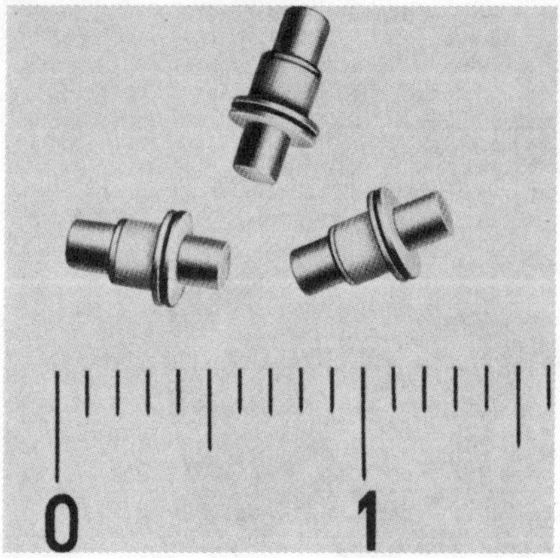

Bild 10.12 Gunn-Elemente aus der Valvo Fertigung

Gunn-Element ist keine PN-Diode, sondern aus mehreren Schichten gleichartigen, aber unterschiedlich dotierten Halbleitermaterials aufgebaut (Bild 10.13). Zur Verwendung kommen u.a. Galliumarsenid (GaAs), Indiumphosphid (InP) oder Cadmiumtellurid (CdTe). Das Gunn-Element ist nach dem britischen Physiker S.B. Gunn benannt, der um 1960 die Wirkung hoher Feldstärken in Halbleitermaterialien untersuchte. Beim GaAs entdeckte er das Auftreten höchstfrequenter Schwingungen bei Feldstärken um 2000 V/cm.

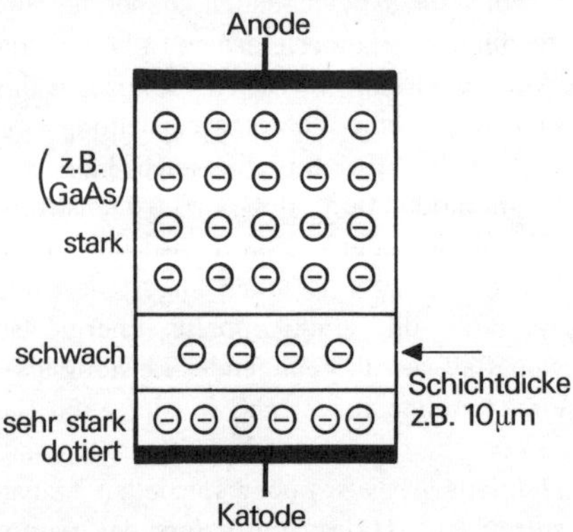

Bild 10.13 Aufbauprinzip eines Gunn-Elements

Das Grundprinzip geht aus der Strom-Spannungs-Kennlinie in Bild 10.14 hervor. Solange die Spannung unterhalb des Punkts U_1 bleibt, folgt der resultierende Strom dem ohmschen Gesetz, d. h. er nimmt proportional zu. Oberhalb des Punkts U_1 benimmt sich das Gunn-Element dagegen wie ein negativer Widerstand, d. h. die weiter zunehmende Spannung hat einen abnehmenden Strom zur Folge. Dieses Verhalten führt zu periodischen Schwingungen, deren Frequenz von den Abmessungen der geringer dotierten Halbleiterschicht abhängt. Die Wirkungsweise beruht auch hier auf einem Laufzeiteffekt, den man sich etwa wie folgt vorstellen kann: Bei Überschreiten der kritischen Feldstärke entstehen Störungen an der Katodenseite des Elements (Stromunstabilitäten), worauf ein konzentriertes Elektronenhäufchen (auch Domäne genannt) durch den Kristall von der Katode auf die Anode zuläuft. Wenn dieser Bereich hoher Feldstärke die Anodenseite erreicht, verschwindet er, und ein neuer Bereich löst sich von der Katode. Die Zeit, die eine Domäne für diesen Weg benötigt, ist bestimmend für die Schwingungsfrequenz. Ein dünner Kristall schwingt daher auf einer höheren Frequenz als ein dicker Kristall (wobei die Schichtdicken im allgemeinen nur wenige µm betragen, 10 µm können z. B. eine Frequenz um ca. 13 GHz ergeben bei einer Betriebsspannung von rund 10 V).

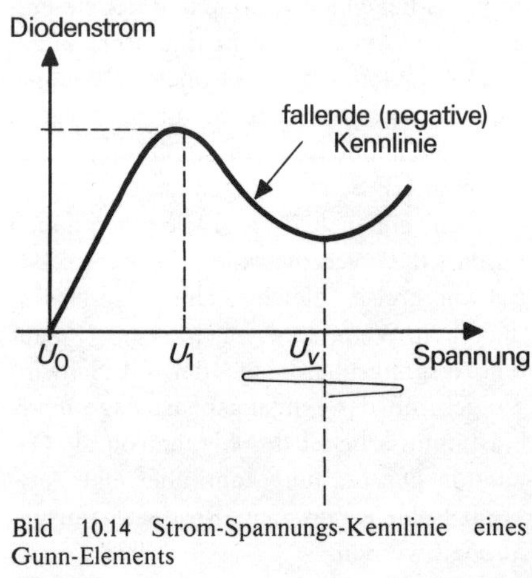

Bild 10.14 Strom-Spannungs-Kennlinie eines Gunn-Elements

Setzt man das Gunn-Element in Mikrostrip-, Koaxial- oder Hohlraumresonatoren geeigneter Abmessungen ein (Bild 10.15), so sind diese stabilisierenden »Schwingkreise« naturgemäß die frequenzbestimmenden Elemente, d. h. der Arbeitsmodus ist dann nicht mehr rein laufzeitbedingt, sondern die Arbeitsfrequenz liegt etwas oberhalb oder unterhalb der Laufzeitfrequenz. Der Arbeitspunkt eines Gunn-Elements wird mit einer Vorspannung U_v festgelegt, die oberhalb des Punkts U_1 in Bild 10.14 liegt. Ein Gunn-Oszillator kann im Prinzip über die Vorspannung moduliert werden, man verwendet aber sehr häufig auch nachgeschaltete, separate Diodenmodulatoren.

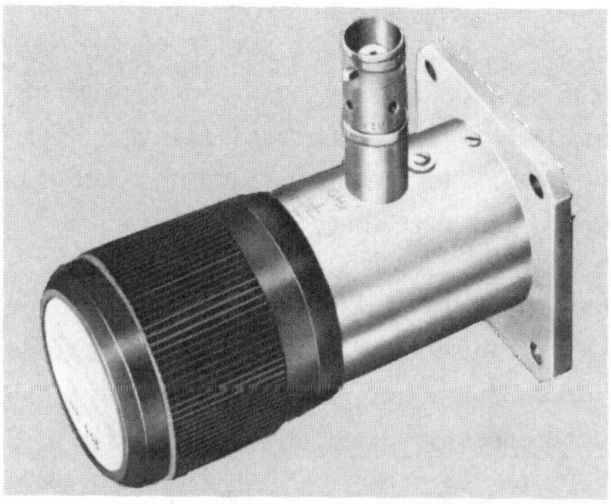

Bild 10.15 Mikrowellen-Oszillator mit Gunn-Diode, die in einem abstimmbaren Hohlraum-Resonator montiert ist. Die Speisespannung wird über eine BNC-Buchse zugeführt

Bei allen Oszillatoren unterscheidet man zwischen Ausführungen für Impulsbetrieb, die kurzzeitig in bestimmter Folge relativ hohe Leistungen abgeben können und Oszillatoren für Dauerstrichbetrieb (auch CW-Generatoren genannt, abgeleitet von *continous-wave*), die ein Dauersignal geringerer Leistung abgeben.

10.3. Doppler-Effekt

In der Radartechnik spielt der Doppler-Effekt eine bedeutende Rolle. Diese Erscheinung wurde von dem österreichischen Physiker Chr. Doppler 1842 zuerst beschrieben und tritt sowohl bei akustischen als auch elektromagnetischen Wellen auf. Der Doppler-Effekt beruht auf einer Frequenzverschiebung zwischen dem von einer Quelle ausgehenden Signal und dessen von einem bewegten Objekt reflektiertem Echo.

Ein Prinzipaufbau ist in Bild 10.16 angegeben. Das vom Oszillator über eine An-

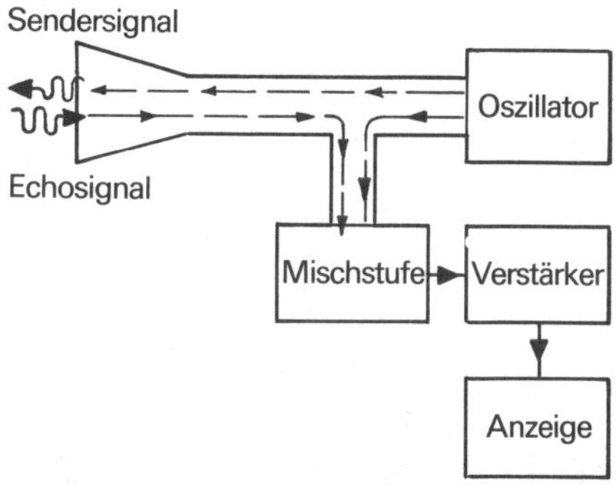

Bild 10.16 Blockschema eines Dauerstrich-Radargeräts nach dem Doppler-Prinzip

tenne ausgestrahlte Dauerstrichsignal wird vom Zielobjekt reflektiert. In der Mischstufe entsteht eine Differenzfrequenz aus dem »festen« und dem »beweglichen« Radarsignal, die ein Maß für die Geschwindigkeit des Zielobjekts ist und einer Anzeigevorrichtung zugeführt wird. Bewegt sich das Zielobjekt beispielsweise auf die Signalquelle zu, so wird die Wellenlänge des Radarechos wegen der Zielbewegung und der konstanten Ausbreitungsgeschwindigkeit der elektromagnetischen Welle kürzer werden (Bild 10.17). Entfernt es sich von der Signalquelle, so entsteht ein Radarecho mit länger werdenden Schwingungen (Bild 10.18).

Wir alle kennen den akustischen Doppler-Effekt u. a. bei Polizei- und Feuerwehrwagen oder Eisenbahnzügen, die mit eingeschalteten Signalhörnern, -sirenen oder -pfeifen vorbeifahren. Im Augenblick des Passierens schlägt die Tonhöhe des »ankommenden« Signals plötzlich um und wird mit dem sich entfernenden Objekt niedriger.

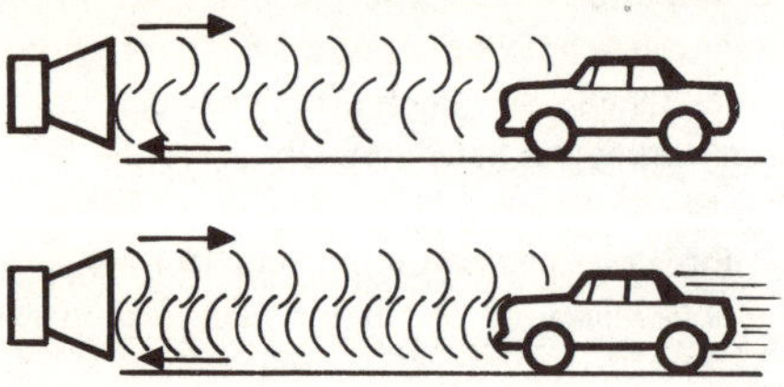

Bild 10.17 Prinzip der Entstehung von Frequenzverschiebungen bei kleiner werdendem Abstand des Ortungsobjekts. Die reflektierten Wellen sind kürzer, weil sie wegen der Zielbewegung gewissermaßen »zusammengedrückt« werden

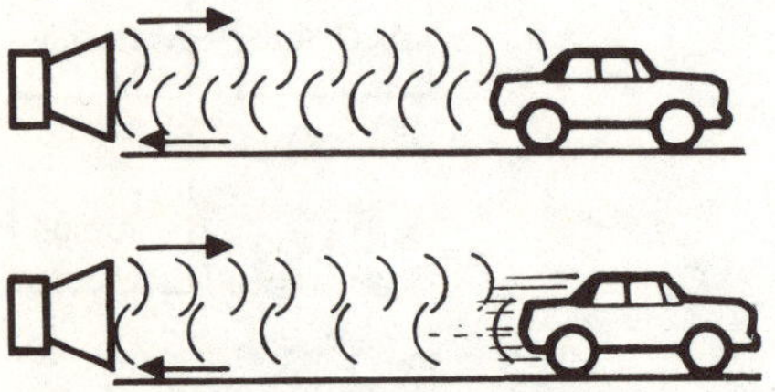

Bild 10.18 Prinzip der Entstehung von Frequenzverschiebungen bei größer werdendem Abstand des Ortungsobjekts. Die reflektierten Wellen sind hier länger, weil sie wegen der Zielbewegung weiter »auseinandergezogen« werden

10.4. Radar-Anwendungen

Zur Sicherung von Objekten jeder Art gegen Unbefugte lassen sich kleine Doppler-Radargeräte vorteilhaft einsetzen. Der Anwendungsbereich umfaßt beispielsweise die allgemeine Überwachung und den Schutz von Werksgelände, öffentlichen Gebäuden, Kaufhäusern, Lagern, Laboratorien, Praxen, Apotheken, Tresorräumen, Tankstellen, Häusern, Zweitwohnungen, Fahrzeugen aller Art usw.

Ein weiterer großer Anwendungsbereich ist der Verkehr. Hierzu gehören Annäherungs-Warnanlagen für Schienen-, Straßen- und Wasserfahrzeuge, Verkehrsüberwachung, Verkehrssteuerung, Zählen und Registrieren von Fahrzeugen und Bahnen, Geschwindigkeitsmessungen sowie das Schalten von Verkehrsanlagen, z. B. bei Annäherung von Fahrzeugen.

Miniatur-Radargeräte können auch zum Steuern, Messen, Zählen und Registrieren in der Industrie verwendet werden. Hierzu gehören automatische Tür- und Torbetätigung (Garagen, Hallen usw.), Zähleinrichtungen im Fabrikationsablauf, kontaktfreies Messen von Vibrationen und Laufgeschwindigkeiten von Maschinen und das Einschalten der Wegebeleuchtung bei Annäherung von Personen.

Um auch bei geringen Geschwindigkeiten Frequenzänderungen im Tonfrequenzbereich zu erhalten, muß die Sendefrequenz hinreichend groß gewählt werden. Bei einer Schrittgeschwindigkeit von ca. 5 km/h ergibt sich bei einer Sendefrequenz von 9,35 GHz eine Differenz von 87 Hz. Ein Eindringling, der mit einer Geschwindigkeit von rund 1,5 km/h in Richtung auf das Gerät zuschleicht, führt eine Frequenzänderung von 26 Hz herbei. Zur Alarmauslösung muß daher der NF-Verstärker für die Doppler-Frequenz untere Frequenzwerte von ca. 20 Hz noch verarbeiten können. Bei der Verkehrsüberwachung können dagegen Geschwindigkeiten bis 300 km/h vorkommen, wobei sich eine Dopplerverschiebung von 5,2 kHz ergibt. Der NF-Verstärker kann also relativ einfach aufgebaut sein.

Das in Bild 10.19 gezeigte kleine Doppler-Radargerät ist für den Geschwindigkeitsbereich von 0,5 bis 5 km/h ausgelegt und damit besonders für Überwachungsaufgaben geeignet, da auch langsame, vorsichtige Bewegungen detektiert werden. Das abgebildete Modell ist für den Betrieb in Innenräumen gedacht, für den Betrieb im Freien ist ein zusätzliches, wasserdichtes Gehäuse erforderlich. In der praktischen Ausführung wird die von Valvo entwickelte Baugruppe in der Wand oder der Decke verborgen, damit sie vom Eindringling nicht wahrgenommen werden kann.

Als Antenne kommt ein Mikrowellen-Hornstrahler in Frage. In Bild 10.20 ist die

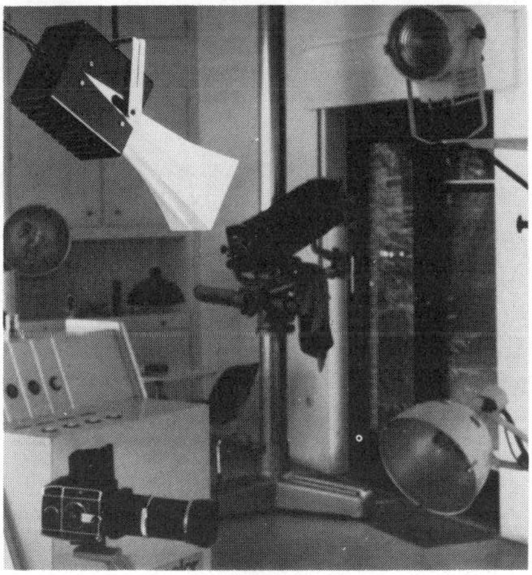

Bild 10.19 Modell eines Doppler-Radargeräts für Überwachungsaufgaben (Baugruppe MRX 05 Valvo)

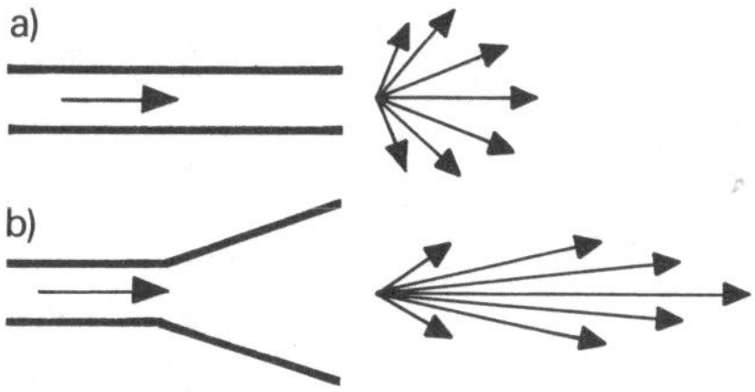

Bild 10.20 Abstrahlung bei einem offenen Hohlleiter (a) und bei einem Hornstrahler (b)

Entwicklung vom offenen Hohlleiter zum Hornstrahler angedeutet. Ein Antennenfeld ist stets dreidimensional, wird aber aus praktischen Gründen gewöhnlich als zweidimensionales Feld in mehreren Ebenen dargestellt. Für eine Hornantenne sind dieses die *E*- und *H*-Ebenen (Bild 10.21). Die Wände des Hornstrahlers sind exponentiell geformt, um eine gute Anpassung zwischen Hohlleiter und freiem Raum zu erhalten.

In Bild 10.22 ist das Arbeitsprinzip derartiger Antennen angedeutet. Eine Wellenfront wird im Hohlleiter mehrfach reflektiert und tritt dann in den Raum aus, und zwar abhängig vom jeweiligen Reflexionswinkel. Der Hornstrahler verbessert die Anpassung und damit auch das Strahlungsdiagramm. Dielektrische (also nichtmetallische) Antennen sind in diesen Frequenzbe-

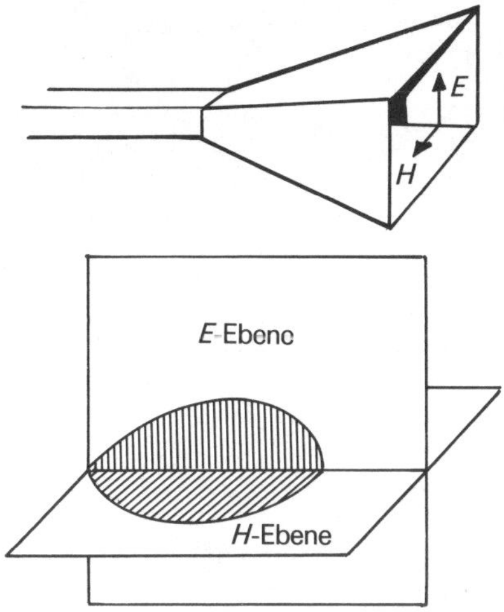

Bild 10.21 Definition von *E*- und *H*-Ebene bei einem Hornstrahler

reichen ebenfalls gebräuchlich. Hier tritt — ähnlich wie in der Optik — bei bestimmten Einfallswinkeln neben der Reflexion auch ein Teil der Strahlung nach außen, wobei eine Brechung stattfindet. Hieraus ergibt sich eine Summierung der in die gleiche Richtung fallenden Anteile und damit eine stärkere Bündelung. Es werden von diesem Antennentyp runde und quadratische Rohr- bzw. Stielstrahler verwendet. Für größere Anlagen benutzt man Spiegel- oder Parabolantennen. Die bekanntesten sind im rechten Teil von Bild 10.22 dargestellt. Zur Einspeisung der Energie wird zumeist ein Hornstrahler benutzt.

Zu den »großen« Radaranlagen gehören u. a. die Einrichtungen zur Vermeidung von Kollisionen im Flugverkehr (Luftraumüberwachung, siehe hierzu Bild 10.23) sowie Wetterradarsysteme, die sowohl stationär als auch an Bord von Schiffen und Flugzeugen installiert sind. In fast allen Häfen und großen Flußmündungen werden die Schiffe mit unfehlbarer Sicherheit durch Radarsysteme geleitet (siehe hierzu Bild 10.24, S. 369). Ebenso erfolgreich werden Radarwellen zur Erforschung des Weltraums und unseres eigenen Planeten eingesetzt (z. B. das Seitensichtradar für kar-

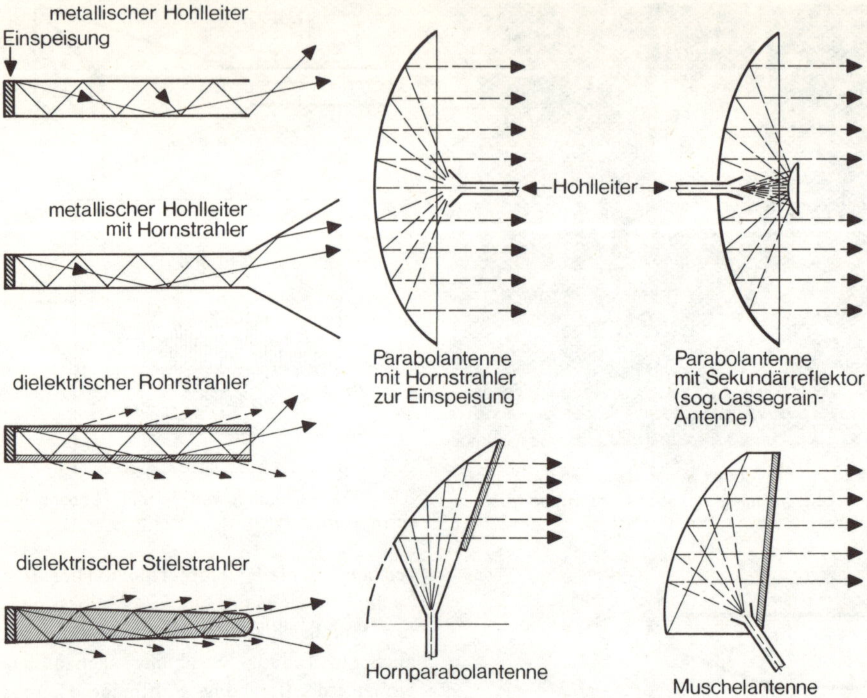

Bild 10.22 Prinzip der Arbeitsweise von Hohlleitern, Horn- und Rohrstrahlern. Wie der rechte Bildteil zeigt, werden diese Strahler u. a. auch zur Einspeisung von Parabolantennen benutzt. Die Hohlleiterwände sind exponentiell geformt, um eine gute Anpassung zwischen Strahler und freiem Raum zu erhalten

tografische, topografische und geologische Zwecke in bestimmten Gebieten der Erde).

Bild 10.23 Blick auf den Arbeitsplatz eines Radar-Controllers für die An- und Abflug-Überwachung in der modernen Philips Radarstation des Flughafens Schiphol/ Amsterdam

10.5. Laser und was es bedeutet

Der Laser ist eine Lichtquelle mit besonderen Eigenschaften. Optische Systeme mit Laserlicht schließen sich im Prinzip an die im bisherigen Teil dieses Kapitels behandelten Mikrowellensysteme an, arbeiten jedoch mit wesentlich höheren Frequenzen. Es gibt verschiedene Laserarten, die sich durch das verwendete Material voneinander unterscheiden.

Das Wort Laser hat dank großer Publizität in den Sprachschatz rasch Eingang gefunden, obwohl seine Herkunft vielen kaum bekannt ist. Der erste Laser wurde 1960 vom amerikanischen Physiker Th. Maiman mit einem Rubinkristall verwirklicht. Laser ist ein Kunstwort wie Radar und bedeutet die Zusammenfassung des sehr umständlichen englischen Ausdrucks *»**l**ight **a**mplifi-*

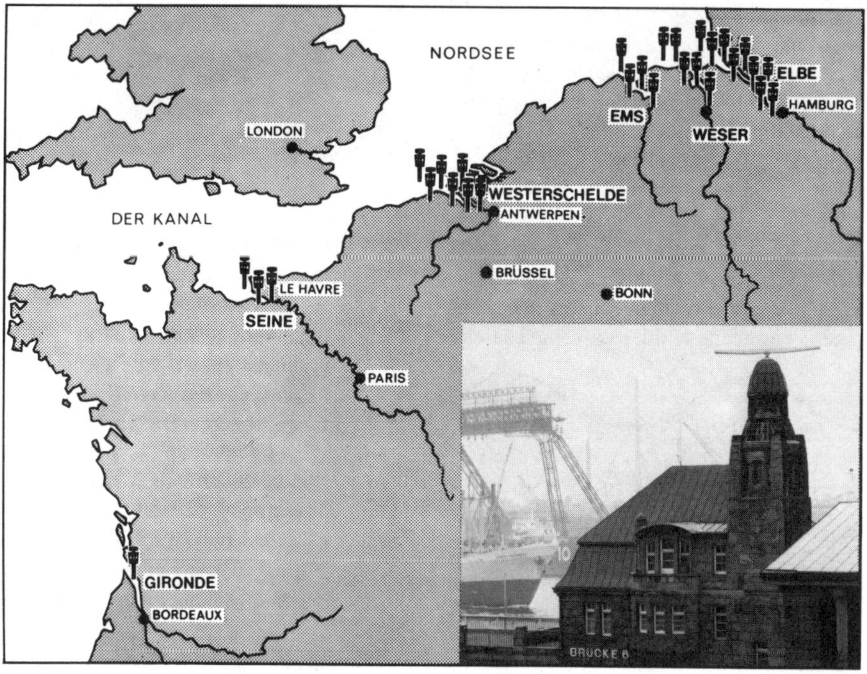

Bild 10.24 Nahezu alle großen westeuropäischen Fluß-Schiffahrtswege bzw. deren Mündungsgebiete wurden mit Philips Radarketten ausgerüstet. Das kleine Foto zeigt eine der Stationen

cation by stimulated emission of radiation« oder auf deutsch »Lichtverstärkung durch erzwungene bzw. angeregte Emission von Strahlung«. Was sich hinter diesem Ausdruck verbirgt wird deutlich, wenn wir uns mit den Vorgängen im Atom beschäftigen. Ein Modell ist in Bild 10.25 skizziert.

Je weiter eine Elektronenbahn vom Kern entfernt ist, desto größere Energie besitzen die auf ihr umlaufenden Elektronen. Durch Energiezufuhr von außen (Strahlung, Stoß) kann das Elektron auf eine weiter außen verlaufende Bahn gelangen und besitzt damit eine höhere potentielle Energie.

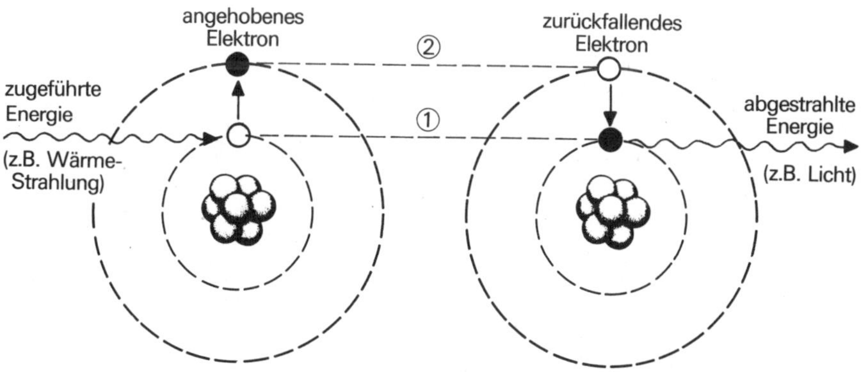

Bild 10.25 Modelldarstellung für die Energiezufuhr und Energieabgabe bei einem Atom

Nach einer Verweilzeit fällt das Elektron zu einem zufälligen Zeitpunkt wieder auf die niedrigere Bahn zurück. Die Energiedifferenz zwischen beiden Bahnen wird dabei als elektromagnetische Strahlung (UV, Licht, IR) abgegeben. Diese Ausstrahlung erfolgt üblicherweise völlig unkontrolliert, d. h. die Elektronen beeinflussen sich gegenseitig nicht, und die Ausstrahlung besteht aus einem Gemisch verschiedener Wellenlängen (Frequenz, Farbe) mit beliebiger Phasenlage (Bild 10.26). Nahezu alle

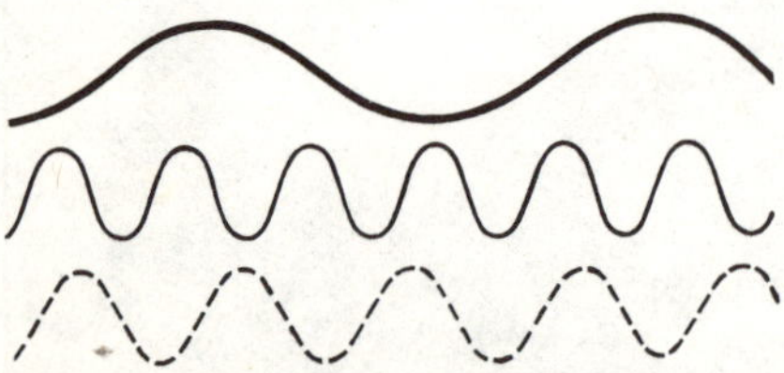

Bild 10.26 Strahlung verschiedener Frequenzen mit unterschiedlichen Phasenlagen

Lichtquellen (z. B. Glühlampen, Leuchtstofflampen) sind derartige Strahlungssender. Bei einigen Lichtquellen kann man zwar erreichen, daß sie vorzugsweise nur eine Wellenlänge abstrahlen (z. B. Natriumdampflampen), aber auch hier ist die Phasenlage beliebig (Bild 10.27).

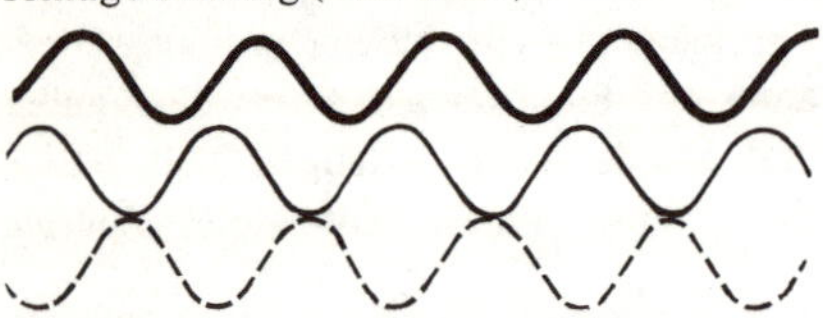

Bild 10.27 Strahlung gleicher Frequenzen mit unterschiedlichen Phasenlagen

10.5.1. Monochromatisches und kohärentes Licht

Wie erreicht man nun die für den Laserstrahl typische einfarbige (monochromatische) und gleichphasige (kohärente) Ausstrahlung, die in Bild 10.28 angedeutet ist? Hierzu greifen wir wieder auf das Atom-Modell zurück. Im »Normalfall« geschieht der zufällige (spontane) Rückfall eines Elektrons ohne äußeren Anlaß. Will man den Rückfall gezielt von außen erzwingen,

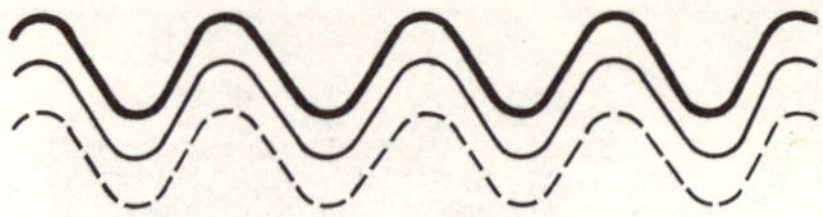

Bild 10.28 Strahlung gleicher Frequenzen mit gleicher Phasenlage

ist es nur nötig, daß eine Strahlung gleicher Wellenlänge auf das Elektron einwirkt. Sofort fällt das angehobene Elektron zurück und gibt dabei Strahlung gleicher Wellenlänge und gleicher Phase wie die Einwirkstrahlung ab. Man bezeichnet diesen Vorgang auch als erzwungene (induzierte oder angeregte) Emission von Strahlung. Das Licht der Einwirkstrahlung wird hierbei gewissermaßen verstärkt, und man muß jetzt nur noch dafür sorgen, daß möglichst viele »rückfallwillige« Elektronen gleichzeitig vorhanden sind und daß die auslösende Strahlung möglichst günstig einwirkt.

Befindet sich eine Substanz temperaturmäßig im Gleichgewicht, so enthält sie Atome in verschiedenen Anregungs- bzw. Energiezuständen, wobei Atome mit niedrigeren Energiezuständen in der Überzahl sind (Bild 10.29). Aus dieser Energieanordnung läßt sich keine Energie entnehmen. Durch Energiezufuhr von außen (sogenannte Pumpstrahlung) kann man jedoch

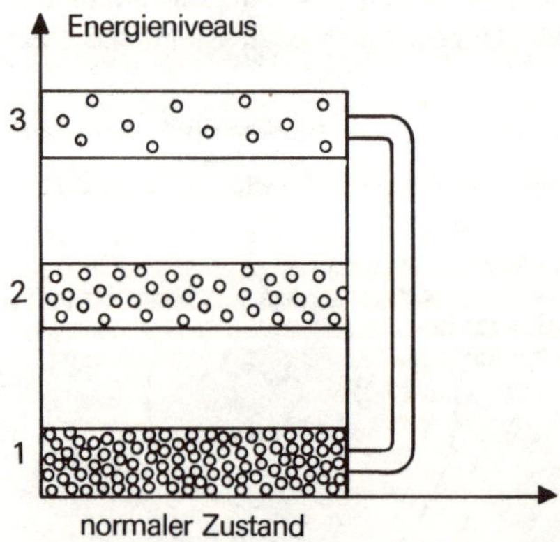

Bild 10.29 Modelldarstellung einer Substanz, deren Atome unterschiedlicher Energiezustände sich im Gleichgewicht befinden

eine Energieanordnung nach Bild 10.30 erreichen, die in der Lage ist, Energie abzugeben, um damit den Gleichgewichtszustand

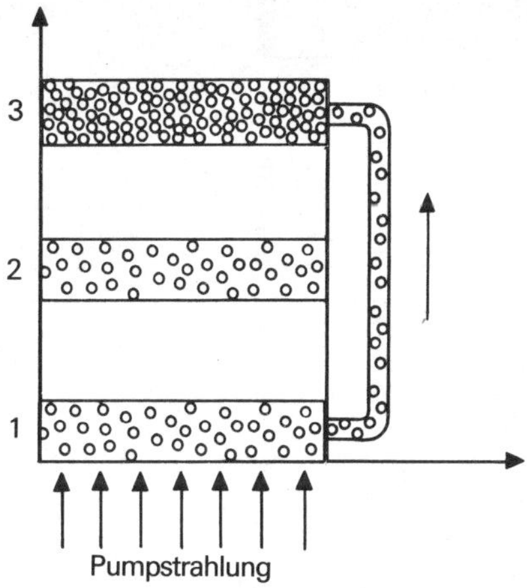

Bild 10.30 Durch äußere Energiezufuhr (Pumpstrahlung) kann das atomare Gleichgewicht verändert werden. Das dritte Energieniveau ist »überbesetzt«

wieder herzustellen. Zuvor wird ein Zwischenstadium durchlaufen, in dem sich das zweite Energieniveau auffüllt, wobei lediglich Wärmestrahlung abgegeben wird (Bild 10.31). Läßt man dann auf diese Energieanordnung Strahlung der wirksamen Wellenlänge einwirken (Induktionsstrah-

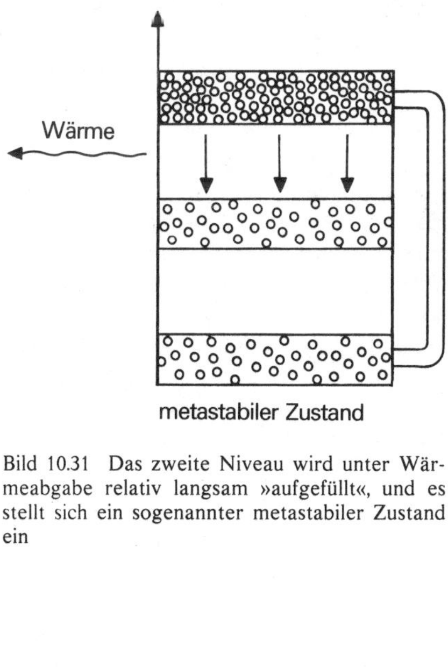

Bild 10.31 Das zweite Niveau wird unter Wärmeabgabe relativ langsam »aufgefüllt«, und es stellt sich ein sogenannter metastabiler Zustand ein

lung), so setzt schlagartig der Rückfall ein, was die gewünschte Verstärkung des einfallenden Lichts zur Folge hat (Bild 10.32).

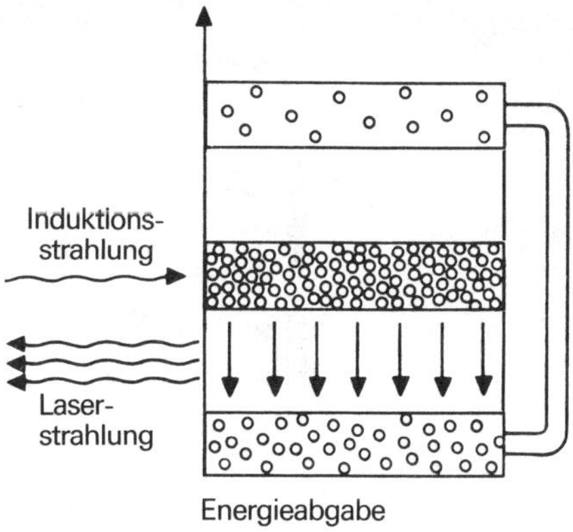

Bild 10.32 Durch eine von außen zugeführte, gezielte Induktionsstrahlung wird die eigentliche Laserstrahlung ausgelöst (stimulierte Emission), wobei sich unter schlagartiger Energieabgabe der ursprüngliche Energiezustand in allen drei Niveaus wieder einstellt

Aus den Bildern 10.29 bis 10.32 sieht man auch, daß wenigstens drei verschiedene Energiezustände für den Lasereffekt erforderlich sind. Bei nur zwei Energieniveaus wären Pumpstrahlung und Induktionsstrahlung gleich, d. h. man würde mit der Pumpstrahlung gleichzeitig den Rückfall erzwingen und damit den Effekt aufheben.

10.6. Erzeugung der Laserstrahlung

Vom reinen Laserverstärker ist es nur noch ein kleiner Schritt zum Laseroszillator und damit zur Laserlichtquelle. Zu diesem Zweck bringt man die aktive Substanz in einen optischen Resonanzraum, d. h. in der Praxis zwischen zwei Parallelspiegel, von denen der eine vollkommen reflektiert, während der andere eine geringe Durchlässigkeit besitzt (Bild 10.33). Mit dieser Spiegelanordnung erreicht man, daß nur achsenparalleles Licht längere Zeit auf die aktive Substanz einwirken kann und dadurch verstärkt wird, während schräg ver-

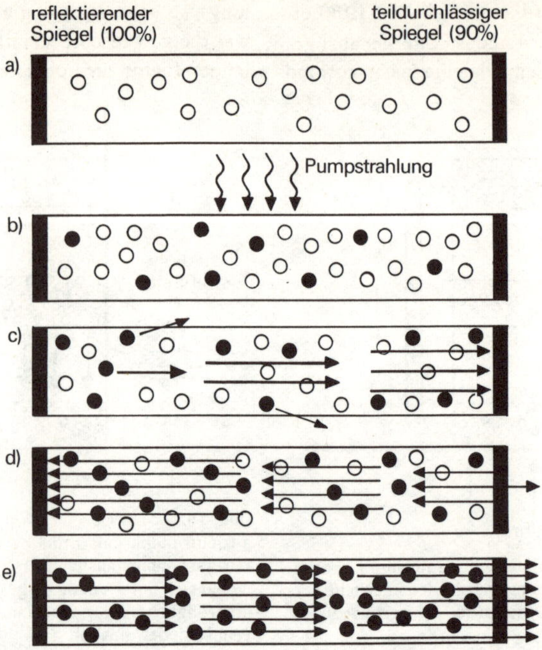

Bild 10.33 Prinzip des Laseroszillators: Ruhezustand (a), Einwirkung der Pumpstrahlung (b), Beginn der Kettenreaktion (c), Verstärkung der Kettenreaktion (d), maximale Lichtverstärkung (e)

laufende Strahlen nach wenigen Reflexionen aus den Längsseiten des Resonanzraums heraustreten.

Der konstante, definierte Abstand zwischen den beiden Spiegeln bewirkt, daß nur für eine bestimmte Wellenlänge Resonanz auftritt. Der Laser wird damit zu einem auf eine bestimmte Wellenlänge optimal abgestimmten Oszillator. Sobald genügend Atome der aktiven Substanz durch Pumpen angeregt sind, erregt er sich selbst, da ein zufälliger Rückfall eines Atoms in achsenparalleler Richtung eine Kettenreaktion auslöst. Den zeitlichen Verlauf gibt das Schema in Bild 10.33 wieder. Bild 10.33 a) zeigt den Ursprungszustand, wo sich alle Atome im Grundzustand befinden, während in Bild 10.33 b) die Pumpstrahlung auf die Substanz einwirkt und einige Atome auf das Energieniveau 3 anhebt. Nach kurzer Verweilzeit geht ein Teil der Atome ohne Strahlung in den Zustand 2 über. Einige Atome fallen dann spontan in den Grundzustand unter Aussendung von Strahlung zurück, die zum Teil als Streustrahlung seitlich verlorengeht, während der achsenparallele Teil sich zu einer Lichtlawine entwickelt (Bild 10.33 c).

Nach den Reflexionen an den Spiegeln durchläuft das Licht unter ständiger kohärenter monochromatischer Verstärkung die Lasersubstanz. Es trifft dabei auf den teildurchlässigen Spiegel, durch den z. B. 10 % als Laserlicht nach außen gelangen, während 90 % wieder in die Lasersubstanz reflektiert werden und auf dem Weg zum 100 %-Spiegel neues Laserlicht hervorrufen (Bild 10.33 d). Nach mehreren Reflexionen ist schließlich der ganze Querschnitt erfaßt, und es tritt maximale Induktion von Strahlung und damit auch Lichtverstärkung ein (Bild 10.33 e). Beim Auftreffen auf den 90 %-Spiegel treten jedesmal 10 % als Laserlicht nach außen, während 90 % wieder reflektiert werden. Falls jetzt nicht genügend Nachschub an angeregten Atomen durch entsprechendes Pumpen zur Verfügung steht, werden die letzten noch angeregten Atome zum Rückfall gezwungen, und das Laserlicht klingt ab.

10.7. Laserarten und Anwendungen

Man unterteilt die Laser nach ihrer Anregungssubstanz in Festkörperlaser, Gaslaser, Flüssigkeitslaser und Halbleiterlaser. In Bild 10.34 ist der grundsätzliche Aufbau eines **Festkörperlasers** dargestellt. Er besteht aus der optisch aktiven Substanz, die meist in Form eines Zylinderstabs mit verspiegelten Endflächen gleichzeitig den Resonatorraum darstellt. Als aktive Substanz wird vorzugsweise ein Rubinkristall verwendet. Die Anregung des Rubinkristalls erfolgt meist durch »optisches Pumpen« mit einer Xenonblitzröhre. Man erreicht dadurch kurzfristig einen starken Überschuß an Atomen, deren Elektronen auf ein höheres Energieniveau gebracht worden sind. Die Abstrahlung erfolgt daher auch in Form eines Laserblitzes. Durch spezielle Anordnungen kann man aber auch dem Festkörperlaser so viel Strahlung einpumpen, daß ein kontinuierliches Laserlicht abgegeben wird. Hierfür werden z. B. mit flüssigem Stickstoff gekühlte Rubinkristalle und wassergekühlte Quecksilber-Kapillarlampen mit Thallium-Zusatz in Ellipsoidreflektoren verwendet, die die gesamte Pumpstrahlung auf den Laserkristall lenken.

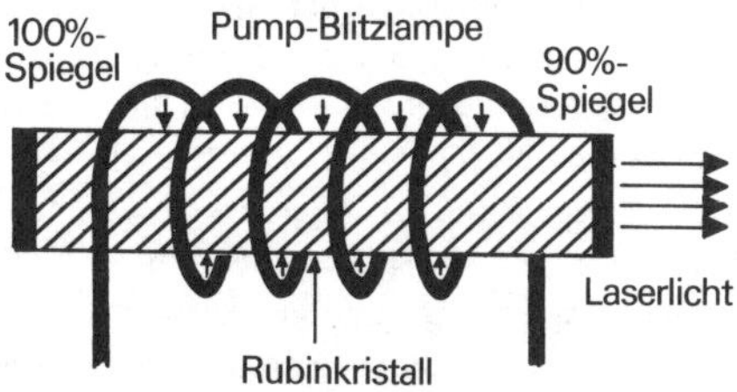

Bild 10.34 Prinzipaufbau eines Festkörperlasers

Beim **Gaslaser** besteht die aktive Substanz aus einem Gas bzw. Gasgemisch in einem Glas- oder Quarzrohr (Bild 10.35).

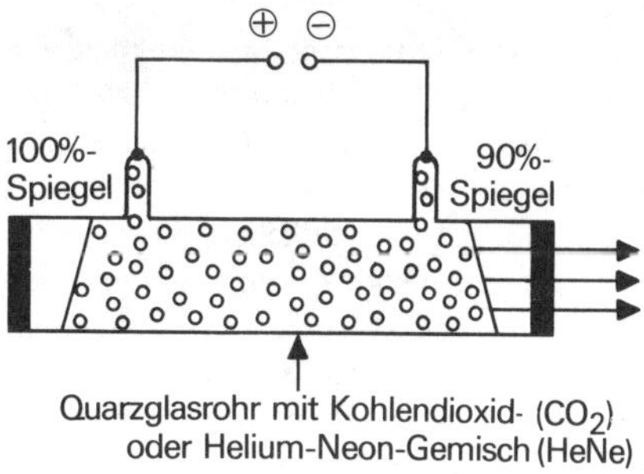

Bild 10.35 Prinzipaufbau eines Gaslasers

Die Reflektoren des Resonators befinden sich in zahlreichen Fällen außerhalb des Entladungsraums, und es ist dann üblich, die seitlichen Abschlußflächen abzuschrägen, um die Reflexionsverluste klein zu halten. Die Anregung des Gases erfolgt im allgemeinen nicht durch optisches Pumpen, da die Energieniveaus sehr schmal sind, sondern durch eine Gasentladung (Hochfrequenz oder Gleichstrom), wobei die Energie durch Elektronenstoß übertragen wird. Als Anregungssubstanz wird sehr gern ein Helium-Neon-Gemisch benutzt.

Der **Flüssigkeitslaser** weicht in seinem Aufbau kaum von einem Festkörperlaser ab (Bild 10.36). Als aktive Substanz dienen Flüssigkeiten und Gemische, die optisch gepumpt werden können. Konzentrationsänderungen und Kühlung lassen sich natürlich viel leichter realisieren als beim Festkörper- oder Gaslaser, jedoch können ungleichmäßige Schichtungen und Unbestän-

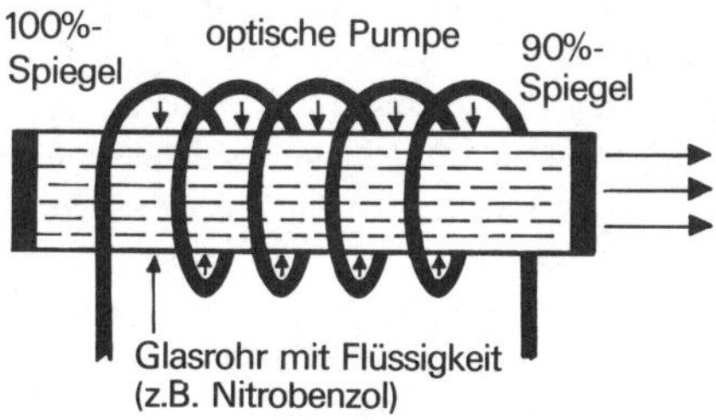

Bild 10.36 Prinzipaufbau eines Flüssigkeitslasers

digkeit der Substanzen den Lasereffekt sehr stören. Als aktive Substanz kann unter anderem Nitrobenzol verwendet werden.

Beim **Halbleiterlaser** benutzt man eine spezielle Flächendiode mit P- und N-Zonen (Bild 10.37). Als aktives Material kommt sehr oft die Verbindung Galliumarsenid zur Anwendung. Die Endflächen der nur millimetergroßen Diode sind senkrecht zur Übergangszone planparallel geschliffen, womit der Resonatorraum gebildet wird. Infolge des hohen natürlichen Reflexionsgrads der Übergangszone ist eine besondere Verspiegelung kaum erforderlich. Legt man eine elektrische Spannung in Durchlaßrichtung an diese Anordnung, so entsteht bei nur geringem Strom lediglich ein einfaches Lumineszenzlicht. Bei hundertmal stärkerem Strom tritt jedoch ein solcher Überschuß an rückfallfähigen Elektronen und Löchern auf, daß kohärentes Laserlicht entsteht. Der Wirkungsgrad des Halbleiterlasers kann bei sehr tiefen Temperaturen den hohen Wert von 50% erreichen.

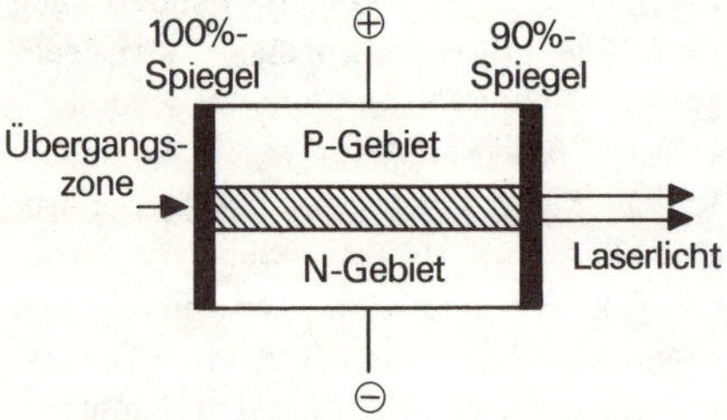

Bild 10.37 Prinzipaufbau eines Halbleiterlasers

Die besonderen Eigenschaften des Laserlichts ergeben auch seine außergewöhnlichen Anwendungsmöglichkeiten. Von den (ebenfalls monochromatischen und kohärenten) Rundfunkwellen unterscheiden sie sich durch die sehr viel kürzere Wellenlänge (10^{-6} m), von den üblichen Lichtquellen durch die Abstrahlung einer einzigen Frequenz mit geringer Bandbreite und einer hohen Phasengleichheit. Darüber hinaus ist die Parallelität der Strahlung so stark, daß die Ausstrahlung in einem Winkel von Bruchteilen eines Grads sämtliche Strahlungsquellen an Intensität übertrifft. Man kann daher entweder mit kleinen Energien infolge sehr niedriger Streuverluste relativ große Entfernungen überbrücken oder durch zusätzliche Bündelung extrem hohe örtliche Energiekonzentrationen erreichen.

Von den **Anwendungsmöglichkeiten** des Lasers seien abschließend einige Beispiele zitiert. Für die Nachrichtenübermittlung wurde ein nur 450 g schwerer Lasersender gebaut, der bei Verwendung eines Gaslasers die gleichzeitige Übertragung von zehn Telefongesprächen über eine Entfernung von 1,5 km gestattet. Da die Lichtstrahlung durch Regen, Dunst und Nebel geschwächt wird, sind hier die Anwendungen natürlich begrenzt. Vorteilhaft bleibt jedoch die geringe Störungs- und Abhörmöglichkeit infolge der scharfen Bündelung. Im störungsfreien Weltraum könnte es wegen der geringen Energien und der hohen Informationskapazität vermutlich die ideale Nachrichtenverbindung sein. Auf der Erde dürfte eine breitere Anwendung nur dann Interesse finden, wenn es gelingt, äußerst verlustfreie »Licht«-Leitkabel, sogenannte Glas- oder Kunststoffaserkabel, praxisreif zu entwickeln.

Anstelle des Mikrowellen-Radars hätte das Laserradar bei geeigneten Witterungsbedingungen den Vorteil der wesentlich höheren Genauigkeit und ein wesentlich gesteigertes Auflösungsvermögen. Mit einem meteorologischen Laserradar wurden z. B. Reichweiten bis zu 65 km erzielt. Die Entfernungsmessung ist ein Spezialfall der Lasertechnik (Mondlandungen und Koppelmanöver der Raumschiffe sind hierfür Paradebeispiele). Mit einem tragbaren Rubinlaser konnte eine Reichweite von 5 km bei Tage und von 10 km bei Nacht erreicht werden. Selbst in 10 km Entfernung konnten noch zwei Objekte in 3 m Abstand voneinander getrennt werden. Dem optischen Entfernungsmesser ist der Laser in bezug auf Genauigkeit, Schnelligkeit und Durchdringung von Dunst weit überlegen. In der Optik ist der kohärente, monochromatische Strahl nicht nur für sehr genaue Längenmessungen, sondern auch für die Beleuchtung von Mikropolarimetern und Mikroskopen von Interesse.

Wie bereits erwähnt, ist es durch den sehr kleinen Ausstrahlungswinkel möglich, das Licht so stark in einem Punkt zu konzentrieren, daß man damit jedes beliebige Material (Diamant, Stahl) verdampfen kann. In der Werkstofftechnik gestatten Mikroschweißmaschinen die Punktschweißung in der Größe von 0,1 bis 0,5 mm Durchmesser mit Impulsen von 1/1000 s. Die gezielte Verdampfung von kleinsten Partikeln ist für die Spektrochemie von großer Bedeutung, da die bisherigen Verfahren keine so exakte Ausrichtung ohne sonstige Störeinflüsse gestatten. Aber nicht nur der Werkstoffbearbeitung, sondern auch der medizinischen Technik sind damit ganz neue Möglichkeiten gegeben. Beispielsweise können bestimmte Zellen örtlich »beschossen« werden oder Netzhautablösungen »geschweißt« werden.

Bild 10.38 Laboraufbau eines sogenannten Laserablenkers im Philips Forschungslaboratorium Hamburg und ein durch ihn geschriebener Text

Die erstmalige Anwendung des Lasers in der Unterhaltungselektronik wurde mit dem von Philips entwickelten optischen VLP-Bildplattensystem Wirklichkeit, bei dem ein kleiner Helium-Neon-Laser als Lichtquelle zum Lesen der Spurinformationen dient (siehe auch Abschnitt 7.4.2.). Bild 10.38 zeigt einen sogenannten Laserablenker, mit dessen Hilfe Informationen in optischen Speichern aufgezeichnet und ausgelesen werden können. Über die Verwendung des Lasers bei der Holografie wird auf den folgenden Seiten berichtet.

10.8. Holografie ist Bildspeicherung

Holografie kann durchaus als ein Abkömmling des Lasers bezeichnet werden, obwohl der ungarisch-britische Wissenschaftler D. Gabor bereits 1948 das Holografie-Verfahren vorstellte. Perfekt zu funktionieren begann es nämlich erst mit dem streng kohärenten Laserlicht, mit dessen Hilfe eine neue Art von Bildspeicherung umfassend möglich wurde. Ein Vergleich mit der Fotografie liegt nahe; während diese jedoch nur zweidimensionale Bilder liefert, kann die Holografie dreidimensionale Reproduktionen von außerordentlicher Wirklichkeitstreue hervorbringen.

Ein wesentliches Merkmal der Holografie liegt in der Möglichkeit, das von einem beleuchteten Objekt ausgehende Licht auf einer Fotoplatte zu speichern und diese »eingefrorenen« Lichtwellen bei Bedarf mit einem lichttechnischen Trick gewissermaßen weiterlaufen zu lassen, sie also zu rekonstruieren und in ein sichtbares Schwarzweiß-Bild umzuwandeln.

Nun werden bei der Fotografie ebenfalls Lichtwellen verarbeitet, die auf der Fotoplatte eine der Objekthelligkeit proportionale Schwärzung hervorrufen. Bei der Aufnahme wird die durch das Objektiv bzw. den Sucher sichtbare Szene auf den Film gebannt. Wenn dabei ein Objekt einen anderen Gegenstand verdeckt, bleibt dies auch auf dem entwickelten Foto so (Bild 10.39). Man kann demnach bei einem zweidimensionalen Bild nicht hinter einen Gegenstand sehen, weil es keine Tiefenwirkung hat.

Bild 10.39 Ein zweidimensionales Foto hat keine Tiefenwirkung

Dies liegt im Prinzip daran, daß eine Fotoplatte oder ein Film lediglich auf die Helligkeit der aufgenommenen Szene reagiert, nicht aber auf die jeweiligen Phasenlagen der Lichtquellen. Diese sind außerdem wegen der normalerweise vorhandenen Beleuchtung mit unkohärentem Licht (Sonne, Glühlampen) derart vielfältig und damit undefiniert, daß sie nicht für eine dreidimensionale Wiedergabe geeignet sind.

Beleuchtet man das aufzunehmende Objekt aber mit streng kohärentem (monochromatischem und gleichphasig schwingendem) Licht, so kann man aus den reflektierten Lichtwellen und einer Bezugs- oder Referenzwelle ein genaues Abbild des Objekts auf der Fotoplatte erhalten. Das sich ergebende »Bild« ist allerdings kein Negativ oder Positiv im herkömmlichen Sinn, da keine gegenständlichen Dinge erkennbar sind. Das auf der Fotoplatte gespeicherte »Hologramm« besteht vielmehr aus einem wirren Muster von Strichen und Linien (Bild 10.40).

Bild 10.40 Ausschnitt einer Hologramm-Fotoplatte

10.9. Interferenz macht es möglich

Das Muster des Hologramms entsteht durch Interferenzen zwischen der Objektwelle und der Bezugswelle. Dies ist in Bild 10.41 schematisch anhand des holografischen Aufnahmeprinzips gezeigt. Hier beleuchtet das Laserlicht den Aufnahmegegenstand und gleichzeitig über den teildurchlässigen Umlenkspiegel auch die Fotoplatte. Treffen die kohärenten Laserlichtwellen auf den Gegenstand, so werden sie entsprechend seiner Gestalt und Oberflächenstruktur verformt, und zwar in ihrer Amplitude und Phase. Die reflektierte »Objekt-Wellenfront« enthält daher alle äußeren Merkmale des Gegenstands.

Um die normalerweise nicht speicherbaren Phasenunterschiede auf einer Foto-

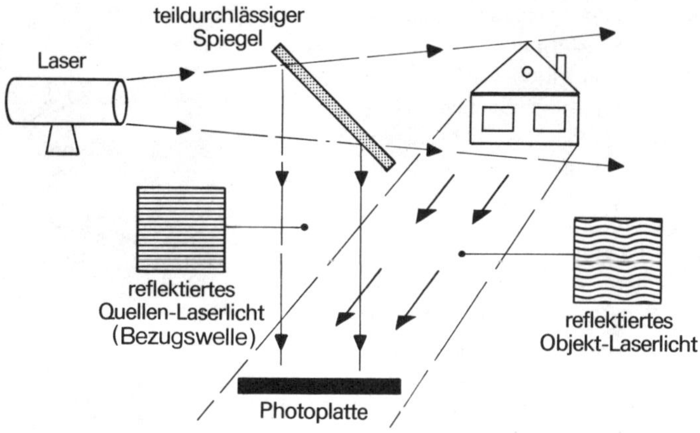

Bild 10.41 Darstellung des holografischen Aufnahmeprinzips

platte abzubilden, muß man die reflektierte Objektwelle mit der schon erwähnten Bezugswelle überlagern. Dabei spielen sich ähnliche Vorgänge ab, wie sie aus der Funktechnik bei der Addition und Subtraktion von Schwingungszügen bekannt sind. Die bei der Überlagerung bzw. Interferenz entstehenden Intensitätsunterschiede können dann ohne weiteres als Helligkeitsverteilung fotografisch registriert werden. Mit diesem optischen Trick lassen sich daher auch die wichtigen Phasenbeziehungen der reflektierten Objektwellen speichern.

Nach der Entwicklung kann das Hologramm zur räumlichen Wiedergabe der aufgenommenen Szene verwendet werden. Hierzu beleuchtet man das Hologramm mit der Bezugswelle, die dabei sozusagen mit dem gespeicherten Muster moduliert wird (Bild 10.42). Aus dem Hologramm kommt also u.a. eine Wellenfront heraus, die durch Beugung an der Hologrammstruktur entstanden ist, wobei die lichtdurchlässigen

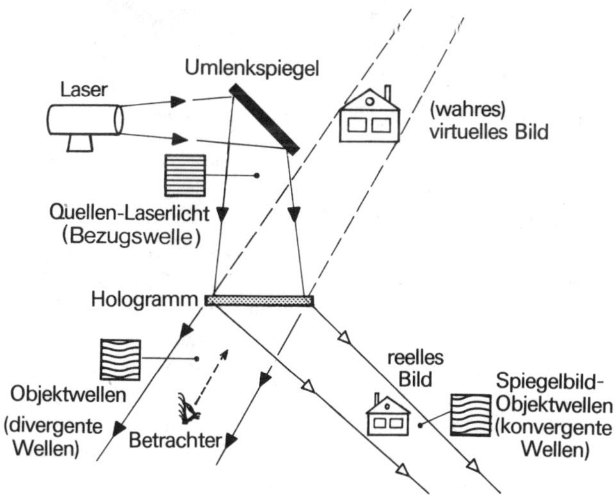

Bild 10.42 Darstellung des holografischen Wiedergabeprinzips

Punkte der Fotoplatte winzige Lichtquellen darstellen. Die »verformte« Wellenfront aus dem Hologramm wirkt so, als käme sie direkt vom vorher aufgenommenen Gegenstand. Der Beobachter sieht daher durch das »Hologramm-Fenster« die Originalszene hinter der Fotoplatte. Man bezeichnet dies als virtuelles Bild, für das man auch wahres Bild sagen kann.

Neben der das virtuelle Bild liefernden Wellenfront entstehen noch weitere Beugungswellen, die eine Art von Spiegelbild entstehen lassen, das reelles Bild genannt wird. Die hierzu aus dem Hologramm kommenden Lichtwellen enthalten ebenfalls alle Bildinformationen, jedoch laufen sie letztlich in einem Punkt zusammen und heißen daher auch konvergente Wellen. Demgegenüber bezeichnet man die für das virtuelle Bild verantwortlichen Beugungswellen als divergente Wellen. Sie streben auseinander, wie das ja auch in der Natur beim »wahren Bild« der Fall ist.

Wenn der Beobachter daher in diesem divergenten Wellenfeld seine Blickrichtung ändert, kann er in gewisser Weise auch einen Blick hinter die Objekte werfen (Bild 10.43). Die Perspektive ändert sich, weil im Hologramm ja ebenfalls die räumliche Komponente gespeichert ist. Beim reellen Bild, das für den Betrachter in Bild 10.42 vor dem Hologramm zu stehen scheint, treffen diese Dinge nur im spiegelbildlichen Sinn zu und rufen deshalb ungewohnte und merkwürdige Erscheinungsformen hervor.

Bild 10.43 Zweidimensionale Prinzip-Darstellung der »holografischen« Betrachtungsmöglichkeiten, die durch Ändern der Blickrichtung eintreten

10.10. Holografische Eigenschaften

Die Holografie hat aber noch mehr bemerkenswerte Eigenschaften als nur die dreidimensionale Wiedergabe. Weil überall auf der Fotoplatte — ganz gleich, ob als Negativ oder Positiv entwickelt — aufgrund der Interferenzen ein Objektbild gespeichert ist (wenn auch aus verschiedenen Blickwinkeln), so kann selbst mit einem kleinen Bruchteil der Fotoplatte ein vollständiges Bild reproduziert werden. Es tritt bei sehr kleinen Hologrammstücken zwar eine mehr oder minder große Unschärfe auf, aber das räumliche Bild bleibt davon unberührt. Kratzer und andere Oberflächenbeschädigungen haben gleichfalls keinen Einfluß auf die Wiedergabe. Zu erwähnen ist außerdem, daß nicht unbedingt paralleles, enggebündeltes Laserlicht zur Szenenbeleuchtung nötig ist. Läßt man die Laserstrahlen z.B. durch eine geeignete optische Vorrichtung divergieren (auseinanderlaufen) und benutzt sie bei Aufnahme und Wiedergabe, so kann man auch größere Objekte holografisch aufnehmen und erreicht bei der Wiedergabe ebenfalls eine maßstabgerechte Darstellung.

Praktische Anwendung findet die Holografie in erster Linie in der Schwingungs-Meßtechnik, und zwar im Interferometriebereich. Man nutzt hierbei den Umstand aus, daß sich schon allerkleinste Differenzen zwischen zwei holografischen Aufnahmen in Interferenzbildern äußern. Materialprüfungen und Untersuchungen an besonders exponierten Stellen einer Konstruktion gehören daher zu den wichtigsten Aufgaben der Interferometrie (Bild 10.44). Ob die Holografie beispielsweise auch im audiovisuellen Bereich oder in der Datenverarbeitung als Speichermedium Chancen hat, kann heute noch nicht mit Bestimmtheit gesagt werden. Dazu müßtc u. a. das Problem der farbigen Holografie gelöst werden.

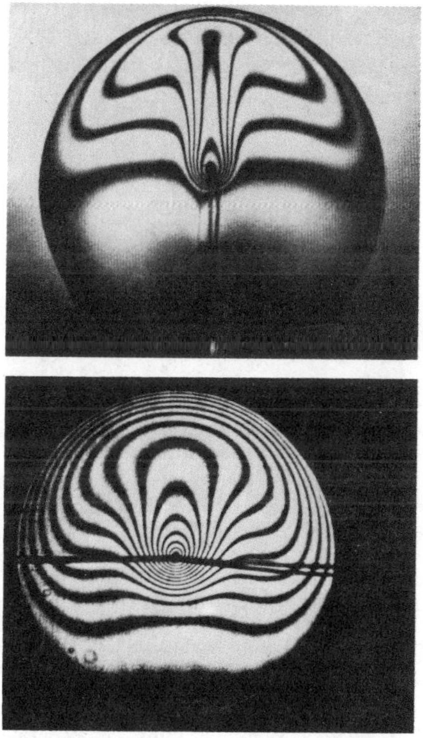

Bild 10.44 Interferenzbilder bzw. Interferogramme über die Temperaturfelder in einer Haushaltsglühlampe (oben) und einer speziellen zylindrischen Testlampe (unten)

11. Lichtquellen und ihre Anwendungen

11.1. Mensch und Licht

Die Mehrzahl aller Sinneseindrücke ist optischer Natur, z.B. Helligkeits- und Farbunterschiede, Formen und Bewegungsabläufe. Das Licht dient hierbei als Informationsträger. Es liefert über das Auge aber nicht nur Informationen zum Sehzentrum im Gehirn, sondern es beeinflußt über gesonderte Nervenbahnen auch die Regelorgane des vegetativen Nervensystems, das den gesamten Stoffwechsel und die Körperfunktionen steuert (Bild 11.1). So ist es zu erklären, daß gutes Licht nicht nur das Sehen und Erkennen erleichtert, sondern auch Arbeitsfreude und Wohlbefinden steigert, die Konzentrationsfähigkeit erhöht und vorzeitige Ermüdung verhindert.

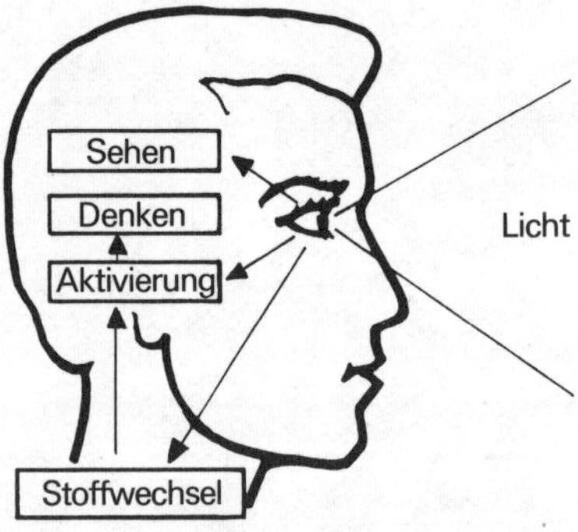

Bild 11.1 Licht liefert Informationen und beeinflußt Körperfunktionen

Die meisten elementaren Sehfunktionen, wie z. B. Sehschärfe (Bild 11.2), das Wahrnehmen von Helligkeitsunterschieden oder das Entfernungssehen, zeigen eine gesetzmäßige Abhängigkeit von der Beleuchtungsstärke. Beim Menschen als Tageswesen erreichen diese Sehfunktionen ihre Maximalwerte erst bei Beleuchtungsstärken um 10000 Lux, wie sie tagsüber im Freien vorkommen. Gewisse Sehstörungen, z.B. altersbedingte Sehschwäche, können durch eine ausreichende Beleuchtung teil-

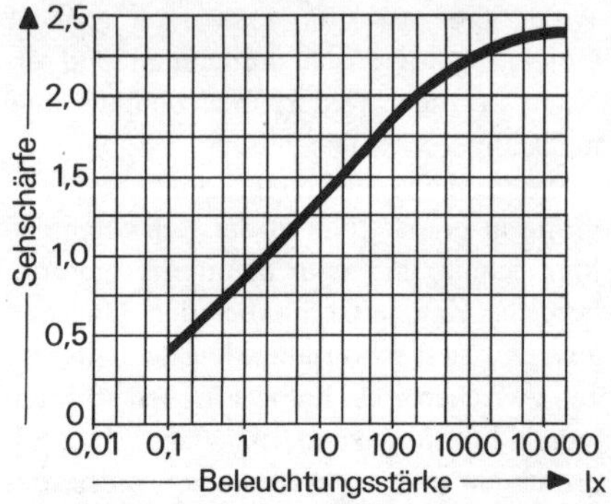

Bild 11.2 Die Sehschärfe ist abhängig von der Beleuchtungsstärke und erreicht erst ihren Endwert bei Beleuchtungsstärken wie tagsüber im Freien

weise wieder ausgeglichen werden. Je höher die Beleuchtungsstärke, desto weniger ist der ältere gegenüber dem jüngeren Menschen benachteiligt (Bild 11.3).

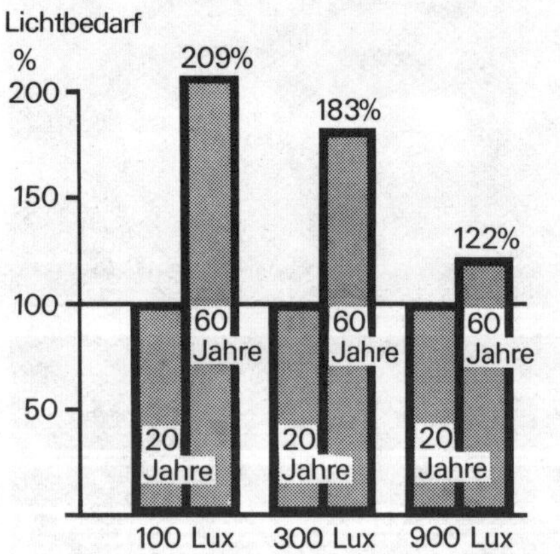

Bild 11.3 Höhere Beleuchtungsstärken können altersbedingte Sehschwäche ausgleichen

Licht und **Wohlbefinden** stehen insofern in einem Zusammenhang, als verschiedene »Licht-Faktoren« unmittelbar und mittelbar auf den Menschen einwirken. Hierzu gehören auch die durch hohe Leuchtdichten verursachten Blendungserscheinungen. Eine geringe Blendung beeinträchtigt zwar nicht das Erkennen, ist aber unangenehm und mindert Arbeitsfreude und Leistungsbereitschaft. Grundsätzlich wirkt eine künstliche Beleuchtung dann angenehm, wenn sie den natürlichen Lichtverhältnissen angepaßt ist, d.h. wenn das Licht überwiegend von oben einfällt und aus diffusen (Himmel) und gerichteten Anteilen (Sonne) zusammengesetzt ist. Die Lichtfarbe beeinflußt die Atmosphäre des Raums, das Aussehen des Menschen und damit ebenfalls das Wohlbefinden.

Licht wirkt nicht nur auf das Sehzentrum im Gehirn, sondern auch auf das Zwischenhirn, das den Wachheitsgrad beeinflußt. Außerdem werden über die Hirnanhangdrüse das vegetative Nervensystem und der Stoffwechsel angeregt. Auch dadurch steigert sich die Wachheit und die **Aktivität** des Menschen. Selbst wenig oder gar nicht sehabhängige Tätigkeiten werden auf diese Weise durch Licht beeinflußt. So konnte nachgewiesen werden, daß die Merkfähigkeit, das logische Denken sowie Ausdauer, Sicherheit und Schnelligkeit im Rechnen durch gutes Licht gefördert werden (Bild 11.4).

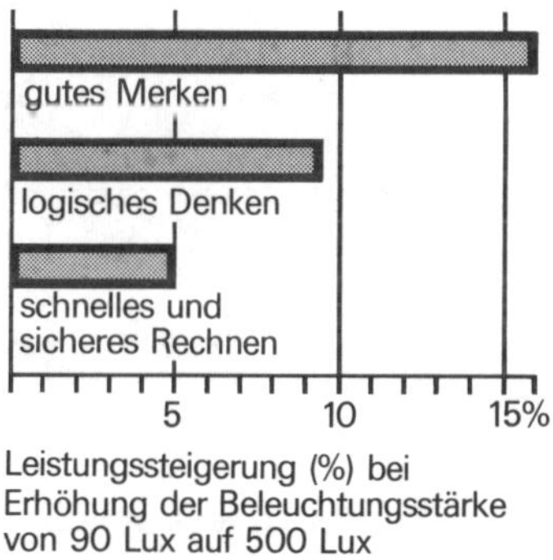

Bild 11.4 Höhere Beleuchtungsstärken steigern die Aktivität des Menschen

Leichteres Sehen, gesteigertes Wohlbefinden und Aktivierung durch Licht führen zu besserer Arbeitsleistung (Bild 11.5) und vermindern Fehlerzahl, Ausschuß und Unfälle. Eine gute Betriebsbeleuchtung kann

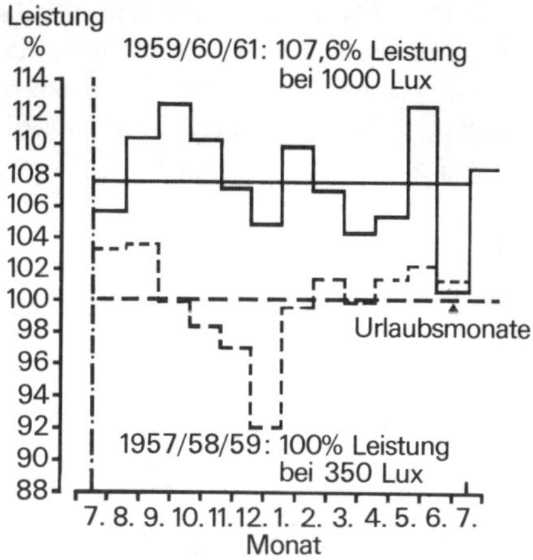

Bild 11.5 Höhere Beleuchtungsstärken haben insgesamt bessere Arbeitsleistungen zur Folge, wie aus dem Diagramm der 3-Jahres-Mittel hervorgeht

daher als wirksamer Rationalisierungsfaktor betrachtet werden.

Der Bereich der wahrnehmbaren und praktisch auswertbaren Leuchtdichten beträgt rund zehn Zehnerpotenzen (1:10 Milliarden). Dabei wird allerdings niemals der ganze Bereich gleichzeitig wahrgenommen, sondern die **Empfindlichkeit** des Auges wird stets dem allgemeinen Leuchtdichteniveau automatisch angeglichen. Die Änderung der Empfindlichkeit des Auges läßt sich zunächst durch Veränderung des Pupillendurchmessers erreichen. Da dieser jedoch nur im Verhältnis 1:4 einstellbar ist, ändert sich auch die Empfindlichkeit der Netzhautzellen selbst.

Den Vorgang der Empfindlichkeitsanpassung nennt man **Adaption.** Man unterscheidet zwischen Dunkeladaption (von Hell nach Dunkel, max. in ca. 30 min.) und Helladaption (von Dunkel nach Hell, in nur wenigen Sekunden). Die Adaption wird dadurch erleichtert, daß bei sehr kleinen Leuchtdichten anstelle der Zapfen die Stäbchen »eingeschaltet« werden. In Bild 11.6 ist eine Kurve für die Dunkeladaption in Abhängigkeit von der Zeit wiedergegeben, wobei die kleinste, gerade noch erkennbare Leuchtdichte als Maß für den Adaptionszustand dient. Der Knick in der Kurve markiert deutlich den Zeitpunkt, an dem die Stäbchen anfangen zu arbeiten.

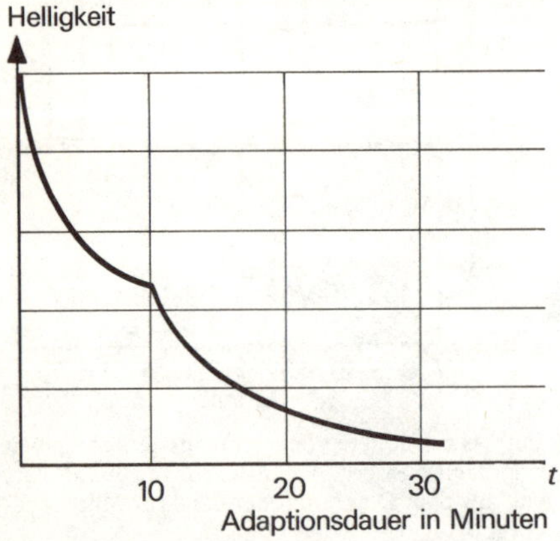

Bild 11.6 Dunkeladaption des Auges in Abhängigkeit von der Zeit

Unter **Kontrast** versteht man das Verhältnis zweier nebeneinander (Simultankontrast) oder nacheinander (Sukzessivkontrast) beobachteter Leuchtdichten. Für das Erkennen von Gegenständen ist im allgemeinen der Simultankontrast entscheidend. Die Unterschiedsempfindlichkeit hängt von den Leuchtdichteverhältnissen im Gesichtsfeld ab, d. h., es muß stets ein Mindestkontrast zwischen Gegenstand und Umfeld vorhanden sein. Diese Feststellung gilt natürlich auch in bezug auf die Mindestleuchtdichte.

Die Fähigkeit, auch die genaue Form von Flächen unterschiedlicher Leuchtdichte festzustellen und damit die Gestalt von Gegenständen wahrzunehmen, wird als Formen- oder Gestaltsempfindlichkeit bezeichnet. Als Sonderfall dieser Größe wird im allgemeinen die **Sehschärfe** angesehen, die das Auflösungsvermögen des Auges kennzeichnen soll. Ist das Auge in der Lage, zwei Punkte, die um einen Sehwinkel α (in Bogenminuten) auseinanderliegen, noch als getrennte Punkte wahrzunehmen, so hat es die Sehschärfe $s = 1/\alpha$. Bei $\alpha = 1'$ (eine Bogenminute) ist die Sehschärfe gleich 1.

Die Sehschärfe ist außer von der Leuchtdichte und dem Kontrast auch von der Lichtfarbe abhängig. Besonders hoch ist sie bei monochromatischem Licht größerer Wellenlänge, z.B. bei Natriumdampf-Niederdrucklampen. Zur Sehschärfemessung wurden früher die Snellenschen Buchstabentafeln benutzt, denen ein Kontrast von 1:20 bis 1:30 zugrunde liegt. Meistens verwendet man heute aber Landoltsche Ringe (Bild 11.7), bei denen die Testpersonen angeben müssen, wo sich die Öffnung des Rings befindet.

Bild 11.7 Landoltsche Ringe zur Prüfung der Sehschärfe

Unsere Augen können also Informationen aus der Umwelt liefern, wenn genügend Licht vorhanden ist. Wenn das Tageslicht nicht ausreicht oder verschwunden ist, müssen künstliche Lichtquellen nachhelfen bzw. an seine Stelle treten. Fachleute haben sieben wichtige Merkmale für derartige Lichtquellen aufgestellt, die zusammen »gutes Licht« ergeben. Es handelt sich um das Beleuchtungsniveau, die harmonische Helligkeitsverteilung, um Blendungsbegrenzung, Lichtrichtung und Schattigkeit sowie Lichtfarbe/Farbwiedergabe und Konditionierung/Raumklima. Sie alle stehen in mehr oder weniger festen Beziehungen zueinander.

11.2. Gütemerkmale von Innenraumbeleuchtungen

Als Basis für die Projektierung von Innenraumbeleuchtungsanlagen stehen zwei Normblätter zur Verfügung, und zwar die Ausgaben »DIN 5035 — Innenraumbeleuchtung mit künstlichem Licht« und »DIN 67526 — Sportstättenbeleuchtung«.

Die im folgenden gegebenen Erläuterungen beziehen sich auf das erstgenannte Normblatt DIN 5035. Es erschien im Januar 1972 und ist die 6. Ausgabe seit 1923, als die ersten Leitsätze der Deutschen Beleuchtungstechnischen Gesellschaft herauskamen. Gegenüber der 5. Ausgabe wurde das Normblatt wesentlich erweitert und eine Reihe grundsätzlicher Änderungen durchgeführt, um eine klare und umfassende Bewertung von Beleuchtungsanlagen zu ermöglichen. Gleichzeitig wurde angestrebt, das neue Blatt den sich international herausbildenden Bewertungsmethoden anzugleichen.

Die Ausgabe DIN 5035 besteht aus drei Blättern. Im Blatt 1 »Allgemeine Richtlinien« sind die grundlegenden Gütemerkmale der Beleuchtung erfaßt und zusammengestellt. Sie gelten für alle Anwendungsgebiete, außer Krankenhaus- und Sportstättenbeleuchtung. Das Blatt 2 »Spezielle Empfehlungen für verschiedene Beleuchtungsaufgaben« enthält im wesentlichen wichtige Angaben über Beleuchtungsstärke, Lichtfarbe, Farbwiedergabeeigenschaften von Lichtquellen und die Vermeidung von Blendung. Das Blatt 3 weist ausschließlich auf »Spezielle Empfehlungen in Krankenhäusern« hin.

Die für die Beleuchtung von Sportstätten gültige Ausgabe DIN 67526 gibt im Blatt 1 »Anforderungen an die Beleuchtung mit künstlichem Licht« Empfehlungen für verschiedene Sportstätten, während »Anforderungen für Fernseh- und Filmaufnahmen« im Blatt 2 enthalten sind. Im zuständigen Fachnormenausschuß waren Vertreter der Lampen- und Leuchtenindustrie, der lichttechnischen Institute sowie Architekten und Mediziner an der Erarbeitung der Normblätter beteiligt.

11.2.1. Einteilung der Räume

Je nach Art eines Raums und der dort auszuübenden Tätigkeit sind die lichttechnischen Anforderungen an die Beleuchtungsanlage unterschiedlich. Auch ästhetische Belange und wirtschaftliche Überlegungen orientieren sich an dem Verwendungszweck des Raums. Im Normblatt DIN 5035 werden die Raumarten im Hinblick auf die speziellen Anforderungen an die Beleuchtung in Gruppen unterteilt.

Arbeitsräume: Bei der Beleuchtung von Arbeitsräumen stehen die guten Sehbedingungen am Arbeitsplatz im Vordergrund der Überlegungen, d. h., die für die jeweilige Tätigkeit wesentlichen Sehobjekte sind der Ausgangspunkt für die lichttechnische Planung. Darüber hinaus soll die Beleuchtung dazu beitragen, Wohlbefinden und Stimmung des Menschen zu fördern, seine Leistungsbereitschaft zu erhalten und vorzeitigem Ermüden entgegenzuwirken.

Optimale Beleuchtungsbedingungen im Arbeitsraum lassen sich im allgemeinen durch künstliche Beleuchtung besser verwirklichen als durch das in seiner Intensität schwankende und in der Einfallsrichtung fixierte Tageslicht. Lediglich bei Räumen bis zu etwa 6 m Raumtiefe kann man unter bestimmten Voraussetzungen noch mit ausreichendem Tageslicht rechnen. In tiefen Geschoßbauten und in Fertigungsräumen mit hohen Anforderungen an ein konstantes Raumklima ist eine ausreichende Beleuchtung mit Tageslicht dagegen ganz unmöglich (Bild 11.8). Die Aufgabe der Fen-

Bild 11.8 Für die Beleuchtung, Klimatisierung und Akustik in großen Büro- und Arbeitsräumen dienen Philips Integrierte Lichtmodule als Grundelemente

ster liegt hier im wesentlichen darin, die visuelle Verbindung zur Außenwelt herzustellen.

Verkaufs- und Ausstellungsräume: In Verkaufs- und Ausstellungsräumen soll die Beleuchtung in erster Linie die Verkaufs- und Ausstellungsobjekte wirkungsvoll zur Geltung bringen. Bei der Verkaufsraum- und Schaufensterbeleuchtung stehen darüber hinaus werbliche Gesichtspunkte im Vordergrund, denen z.B. durch hohe Beleuchtungsstärken, akzentuierte Beleuchtung, farbiges Licht sowie durch Schalteffekte entsprochen werden kann. Die bei Tageslicht oft auftretenden Spiegelungen in der Schaufensterscheibe können durch ein hohes Beleuchtungsniveau im Schaufenster oder eine Beschränkung des Tageslichts durch Vordächer vermieden werden, so daß eine einwandfreie Betrachtung der ausgestellten Gegenstände auch am Tage möglich ist.

In Museen ist bei der Bemessung des Beleuchtungsniveaus und der Wahl der betreffenden Lampe zu berücksichtigen, daß Textilien, Dokumente und Farben unter Umständen empfindlich gegen auftretende Strahlung sein können. Tageslicht ist zur Beleuchtung weder bei Verkaufs- noch bei Ausstellungsräumen erforderlich, in Museen und Ausstellungshallen ist es sogar nur bei Verwendung künstlichen Lichts möglich, die Beleuchtung in bezug auf Niveau, Richtung und Farbe genau den jeweiligen Erfordernissen anzupassen.

Stimmungsbetonte Räume sind laut Normblatt DIN 5035 alle Räume, die dem Wohnen, der Entspannung sowie dem kulturellen und gesellschaftlichen Leben dienen (Bild 11.9). In besonderem Maße spielen hier Aspekte der Ästhetik und Behaglichkeit eine Rolle, die sich nicht in Richtlinien festlegen lassen. Nur wenn in solchen Räumen auch gearbeitet wird oder sie einer

Bild 11.9 Beispiel für eine »gemischte« Beleuchtung aus verdeckt angebrachten Leuchtstofflampen (Lichtfarbe Comfort de Luxe) und abgehängten Leuchten für Glühlampen

Freizeitgestaltung mit vergleichbaren Sehanforderungen dienen, sind die für Arbeitsräume geltenden Punkte zu beachten.

In Eingängen, Fluren und Treppenhäusern sowie Raumzonen mit ähnlichen Aufgaben soll die Beleuchtung in erster Linie der Sicherheit dienen. Darüber hinaus sind in diesen Verkehrszonen für die Wahl der Beleuchtung auch oft Gründe der Repräsentation, der Ästhetik und des Gleichgewichts mit der Beleuchtung angrenzender Räume maßgebend.

11.2.2. Nennbeleuchtungsstärke

Die wichtigsten lichttechnischen Begriffe sind in Tabelle 11.1 zusammengefaßt und in Bild 11.10 grafisch dargestellt. Sie wurden in Band 1 ausführlich erläutert und werden auch in diesem Kapitel immer wieder benutzt.

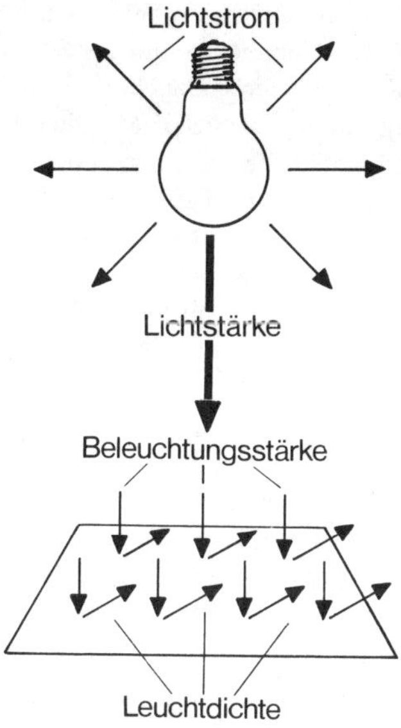

Bild 11.10 Symbole für die wichtigsten lichttechnischen Begriffe

Tabelle 11.1 Lichttechnische Begriffe

Größe und Formelzeichen	Maßeinheit und Kurzzeichen	Erklärung
Lichtstrom Φ	Lumen (lm)	Lichtstrom ist die von einer Lichtquelle abgestrahlte Lichtleistung
Lichtstärke I	Candela (cd)	Lichtstärke stellt die Intensität der Lichtstrahlung in einer bestimmten Richtung dar (Lichtstrom/Raumwinkel)
Beleuchtungsstärke E	Lux (lx)	Beleuchtungsstärke ist ein Maß für das auf eine Fläche auftreffende Licht. Die mittlere Beleuchtungsstärke ist der auf eine Fläche auffallende Lichtstrom geteilt durch die Fläche
Leuchtdichte L	Candela/m^2 cd/m^2; cd/cm^2 1 sb = 1 cd/cm^2 1 sb = 10^4 cd/m^2 (alte Bezeichnung)	Leuchtdichte ist das Maß für den Helligkeitseindruck, den das Auge von einer Fläche hat, oder die Lichtstärke einer leuchtenden Fläche geteilt durch die Größe der Fläche oder die Helligkeit einer diffus reflektierenden Fläche, ermittelt durch die Multiplikation Beleuchtungsstärke mal Reflexionsgrad

Im jetzigen DIN-Blatt 5035 wurde der Begriff der »Nennbeleuchtungsstärke« neu eingeführt. Die Nennbeleuchtungsstärke ist der empfohlene örtliche Mittelwert der Beleuchtungsstärke im Raum oder in der einer bestimmten Tätigkeit dienenden Raumzone und bestimmt das Beleuchtungsniveau. Die Nennbeleuchtungsstärke bezieht sich auf den mittleren Betriebszustand der Beleuchtung. Die für eine bestimmte Tätigkeit empfohlene Nennbeleuchtungsstärke hängt von der Art der damit verbundenen Sehaufgabe ab. Daher sind die Nennbeleuchtungsstärken in 12 Stufen gegliedert (Tabelle 11.2).

Diese Zuordnung gilt für Personen mittleren Alters. Da sich die Leistungsfähigkeit des menschlichen Auges mit zunehmendem Alter, auch bei optisch korrigiertem Auge vermindert, sollten die Nennbeleuchtungsstärken in Arbeitsräumen, die vorwiegend mit älteren Menschen besetzt sind, um eine Stufe erhöht werden. Dasselbe gilt, wenn besonders schwierige Bedingungen hinsichtlich Reflexionsgrad, Farbe und Kontrast des Arbeitsguts sowie bezüglich des Arbeitstempos vorliegen.

Bei der Planung sind die angegebenen Werte der Nennbeleuchtungsstärken im allgemeinen mit dem Faktor 1,25 zu multiplizieren, um den durch Alterung und Verschmutzung bedingten Rückgang der Beleuchtungsstärke zu berücksichtigen (siehe Tabelle 11.3). In Ausnahmefällen, z.B. bei starkem Staubanfall oder ungünstigen Reinigungsmöglichkeiten der Beleuchtungsanlage, muß ein entsprechend größerer Faktor angewendet werden.

Tabelle 11.3 Toleranzwerte der Nennbeleuchtungsstärke

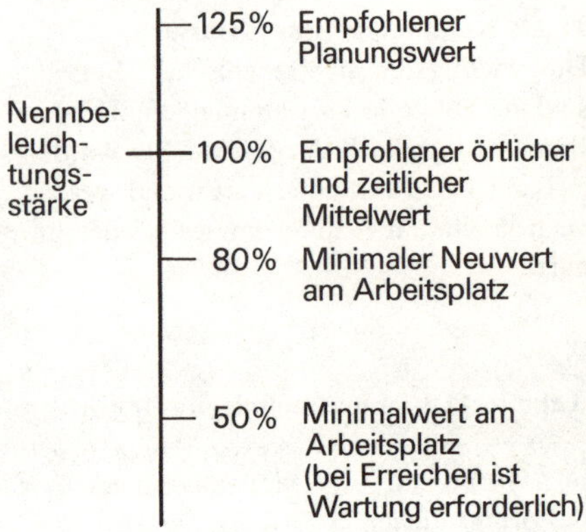

Tabelle 11.2 Nennbeleuchtungsstärken

Beleuchtungsstufe	Nennbeleuchtungsstärke *E* in Lux	Zuordnung von Sehaufgaben (Spezielle Empfehlungen siehe DIN 5035, Blatt 2)
1 2 3	15 30 60	Lediglich zur Orientierung; nur vorübergehender Aufenthalt
4 5	120 250	Leichte Sehaufgaben; große Details mit hohen Kontrasten
6 7	500 750	Normale Sehaufgaben; mittelgroße Details mit mittleren Kontrasten
8 9	1 000 1 500	Schwierige Sehaufgaben; kleine Details mit geringeren Kontrasten
10 11	2 000 3 000	Sehr schwierige Sehaufgaben; sehr kleine Details mit sehr geringen Kontrasten
12	5 000 und mehr	Sonderfälle; z. B. Operationsfeldbeleuchtung

Bei einer neuen Anlage soll die Beleuchtungsstärke an keinem Arbeitsplatz geringer als 80% der Nennbeleuchtungsstärke sein. Die Nennbeleuchtungsstärke bezieht sich im allgemeinen auf die horizontale Bezugsebene in 0,85 m Höhe über dem Fußboden. Eine solche Bedingung entspricht den tatsächlichen Gegebenheiten in Arbeitsräumen besser als die bisher üblichen Vorschriften über die Gleichmäßigkeit der Beleuchtungsstärke. Tabelle 11.4 gibt einige Beispiele für Anforderungen an die Beleuchtungsstärke.

Man muß bei der neuen Festlegung berücksichtigen, daß eine weitgehend gleichmäßige Beleuchtungsstärke vernünf-

Tabelle 11.4 Beispiele für Anforderungen an die Beleuchtungsstärke in verschiedenen Räumen bzw. bei verschiedenen Arbeiten (Beleuchtungsstufen 4—11)

Beleuchtungsstufe			
4	5	6	7
120 lx	250 lx	500 lx	750 lx
Treppenhäuser Lagerräume Eisengießen Gußputzen Grob-Walzen Grob-Ziehen Grob-Schmieden Tankstellen	Sägen Hobeln Fräsen Drehen Formen Tapezieren Buchbinden Backen Schlachten Kochen Klassenzimmer	Montieren Polieren Feine Dreh- und Hobelarbeiten Zuschneiden Spinnen Drucken Stanzen Büroarbeit Frisieren	Weben Wirken Putzmacherei Haarfärben Dekorieren Sortieren Kontrollieren Schleifen optischer Gläser Nähen
Beleuchtungsstufe			
8	9	10	11
1 000 lx	1 500 lx	2 000 lx	3 000 lx
Retusche Lithographie Werkzeug- und Lehrbau Justieren Eichen Zeichnen Großraumbüro Feinmontage Nähen Farbabmustern	Kunststopfen Edelsteinschleifen Farbprüfen	Stahl- und Kupferstich Ziselieren Gravieren Fertigen von Subminiaturteilen	Fertigen von Elektronik-Bauteilen Uhrmacher- und feine Goldschmiedearbeiten

tigerweise nur für Arbeitsplätze gefordert werden kann und sich eine entsprechende Forderung für stimmungsbetonte Räume erübrigt. Wenn die Beleuchtungsstärke am ungünstigst beleuchteten Arbeitsplatz auf 50% der Nennbeleuchtungsstärke gesunken ist, muß die Anlage gereinigt, gewartet und in ihrer Funktion überprüft werden.

11.2.3. Blendung, Reflexe, Schatten

Die Beleuchtungsstärke allein sagt noch nichts über eine ausgewogene harmonische Helligkeitsverteilung innerhalb eines Raums aus. Daß hier subjektive Empfindungen eine große Rolle spielen, versteht sich von selbst. Man erhält beste Sehbedingungen dann, wenn die Leuchtdichtekontraste zwischen dem Sehobjekt und den Umgebungsflächen nicht größer als 3 : 1 und nicht kleiner als 1 : 3 sind.

Hohe Beleuchtungsstärken können sich nur dann günstig auswirken, wenn die Beleuchtungsanlage eine möglichst geringe **Blendung** aufweist und die Arbeitsfläche bzw. das Sehobjekt frei von störendem Glanz ist. Absolut zu hohe Leuchtdichten (z. B. durch blendende Lichtquellen) führen zu einer Absolutblendung, wogegen zu hohe Leuchtdichteunterschiede benachbarter Flächen (Kontraste) eine Relativblendung bewirken. Diese Leuchtdichten können entweder gleichzeitig im Gesichtsfeld sein (Simultanblendung, ständige Blendung) oder sie treten nacheinander auf, z. B. dann, wenn man aus einem dunklen Zimmer in den hellen Sonnenschein tritt (Sukzessivblendung, kurzzeitige Blendung).

Fällt das Licht der Blendquelle direkt ins Auge, spricht man von **Direktblendung.** Sehr störend wirkt sich in der Praxis aber auch die **Reflexblendung** aus, bei welcher das Licht der Blendquelle auf dem Umweg über glänzende oder spiegelnde Oberflächen in das Auge gelangt (Bild 11.11). Fallen Blendquelle und Sehobjekt zusammen oder liegen sie dicht beieinander, so spricht man von Infeldblendung. Bei dieser direkten Blendung ist vor allem das zentrale Gesichtsfeld betroffen. Infeldblendung tritt besonders häufig als Reflexblendung auf. Die Blendungserscheinungen werden um so schwächer, je seitlicher die Blendquelle im Blickfeld liegt. Bei dieser indirekt wirkenden Umfeldblendung ist deshalb in erster Linie der Rand des Gesichtsfelds betroffen.

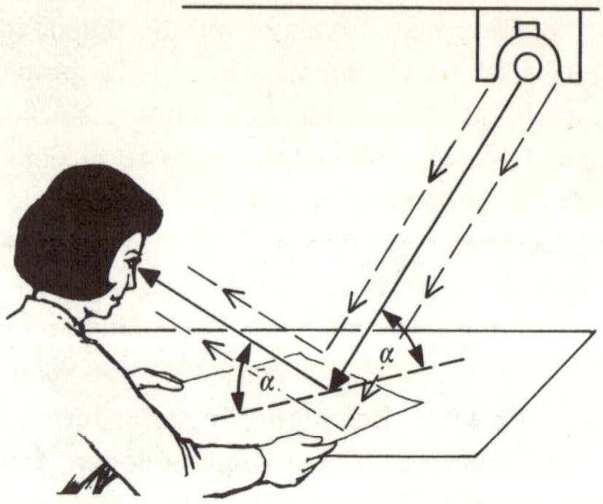

Bild 11.11 Beispiel für Reflexblendung und Glanz, wenn die Lichtquelle durch die beleuchtete Fläche ins Auge gespiegelt wird

Glänzende Oberflächen (z. B. Kunstdruckpapier) können bei ungünstiger Lichtquellenanordnung aber auch zu einem negativen Effekt führen, wenn der Kontrast zwischen Sehobjekt (z. B. Buchstaben) und Hintergrund durch störenden Glanz verringert wird (Bild 11.12).

Das Nachlassen der Sehleistung oder ihr völliges Versagen durch Blendung wird als

Bild 11.12 Der Kontrast kann durch störenden Glanz verringert werden

physiologische Blendung bezeichnet, während durch längere Einwirkung hervorgerufene Ermüdung oder Unbehagen infolge Umfeld- und Relativblendung auf **psychologische** Blendung zurückzuführen ist.

Um bereits bei der Planung einer Beleuchtungsanlage ermitteln zu können, ob eine Anlage störende Blendung verursacht, wurde im jetzt gültigen DIN-Blatt erstmalig ein System zur Blendungsbegrenzung eingeführt. Die Grundlagen für dieses Blendungsbegrenzungsverfahren wurden in der lichttechnischen Gruppe des Philips Forschungslaboratoriums in Aachen ermittelt. Dieses Verfahren wurde ebenfalls in die Beleuchtungsempfehlungen von Österreich, Frankreich, Italien und den Niederlanden aufgenommen.

Die Blendung hängt vornehmlich von den Leuchtdichten und Größen aller gesehenen leuchtenden Flächen der im Blickfeld befindlichen Leuchten sowie deren Lage zum Gesichtsfeld ab (Bild 11.13). Man geht davon aus, daß alle im Blickwinkel bis 45° über der Horizontalen befindlichen Leuchten blenden können und muß deshalb in diesem Bereich die Blendung begrenzen. Auch die Leuchtdichte der Umgebung und des Hintergrunds spielt eine Rolle.

In zwei Diagrammen (Bild 11.14 a und 11.14 b) sind maximal zulässige Werte für

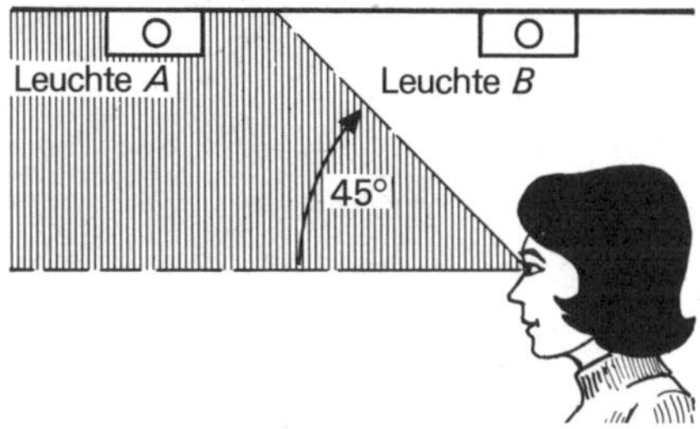

Bild 11.13 Im Blickwinkel bis 45° können Leuchten blenden (z. B. Leuchte *A*), wogegen Leuchte *B* außerhalb des Winkels liegt

Güteklasse	gültig für Nennbeleuchtungsstärke (lx)							
1	3000	2000	1000	500	≦ 250			
2				2000	1000	500	≦ 250	
3					2000	1000	500	≦ 250

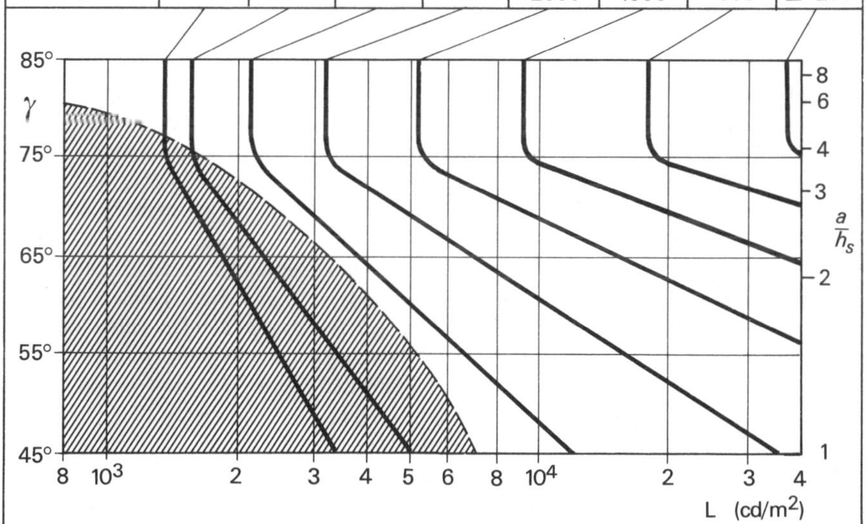

Bild 11.14a Leuchtdichte-Grenzkurven, gültig für alle Leuchten, deren Lichtaustrittsfläche nur in einer horizontalen Ebene liegt, insbesondere deckenbündige Einbauleuchten, sowie alle langgestreckten Leuchten, die parallel zur Blickrichtung montiert sind. Links ist die Lichtverteilungskurve (LVK) einer Leuchte eingezeichnet

Güteklasse	gültig für Nennbeleuchtungsstärke (lx)							
1	3000	2000	1000	500	≦ 250			
2				2000	1000	500	≦ 250	
3					2000	1000	500	≦ 250

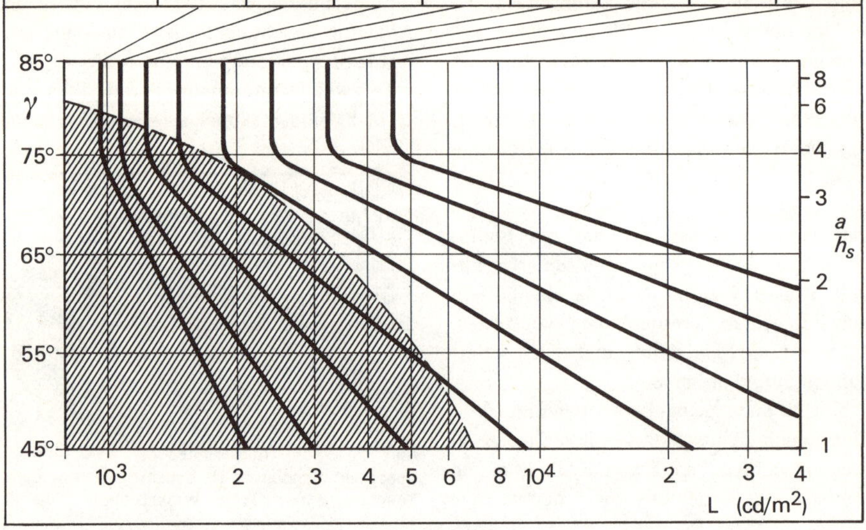

Bild 11.14b Leuchtdichte-Grenzkurven, gültig für quer zur Blickrichtung angeordnete, langgestreckte, quadratische und runde Leuchten mit leuchtenden Seitenteilen, z. B. freistrahlende Leuchtstofflampen und Wannenleuchten. Links ist die Lichtverteilungskurve (LVK) einer Leuchte eingezeichnet

die Leuchtdichte von Leuchten im Ausstrahlungsbereich zwischen 45° und 85° zur Vertikalen angegeben. Diese **Leuchtdichte-Grenzkurven** sind entsprechend den empfohlenen Nennbeleuchtungsstärken abgestuft. Je nach den Anforderungen an die Beleuchtungsanlage sind zur Blendungsbegrenzung im DIN-Blatt 5035 drei Güteklassen aufgeführt. Die Güteklasse 1 gilt für hohe Ansprüche an die Beleuchtungsgüte (z. B. Bürobeleuchtung). Bei geringeren Ansprüchen an die Beleuchtungsgüte sind die höheren Leuchtdichten der Güteklassen 2 (z. B. für Lagerräume, grobe Arbeiten) und 3 (nur selten verwendet) zulässig.

Das Diagramm in Bild 11.14 a gilt z. B. für deckenbündige Einbauleuchten sowie für alle langgestreckten Aufbauleuchten, die parallel zur Blickrichtung montiert sind. Die 1000-Lux-Grenzkurve rechts von der eingetragenen Lichtverteilungskurve (LVK) gibt den Maximalwert der Nennbeleuchtungsstärke an, bis zu der die vorgesehene Leuchte als blendfrei gelten kann. Das Diagramm in Bild 11.14 b gilt für quer zur Blickrichtung angeordnete, langgestreckte sowie quadratische und runde Aufbauleuchten mit leuchtenden Seitenteilen, z.B. freistrahlende Leuchtstofflampen und Wannenleuchten. Hier kann man in der Güteklasse 1 nur eine maximale Beleuchtungsstärke von ≦ 250 Lux vorsehen, wenn Blendung vermieden werden soll.

Bei der Anwendung der Grenzkurven ist zu beachten (siehe hierzu Bild 11.15): Die Grenzkurven müssen für Leuchten-Ausstrahlungswinkel von größer als 45° bis zu dem Winkelwert eingehalten werden, der sich durch den größten horizontalen Abstand *a* eines Raumbenutzers von einer zu bewertenden Leuchte und von der Leuch-

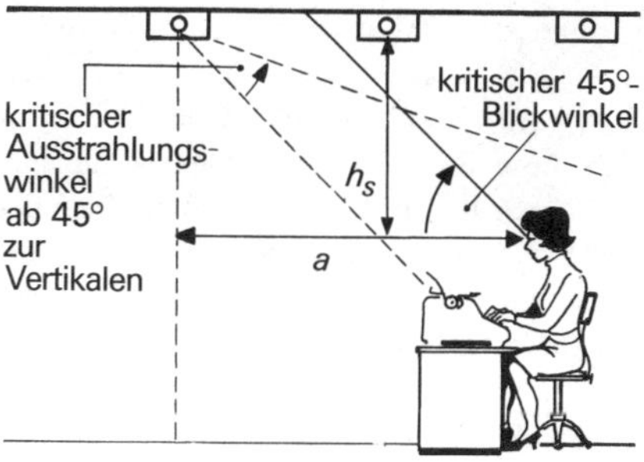

Bild 11.15 Im kritischen Leuchten-Ausstrahlungswinkel von größer als 45° zur Vertikalen muß die Leuchtdichtebegrenzung eingehalten werden

tenhöhe h_s über der horizontalen Ebene in Augenhöhe (sitzend 1,2 m, stehend 1,5 m) ergibt. Bei regelmäßiger Anordnung der Leuchten in einem Raum ist der größte wirksame Ausstrahlungswinkel γ_{max} praktisch durch den Abstand a_{max} zwischen einem Beobachterauge, das den Raum in ganzer Länge vor sich hat, und der letzten sichtbaren Leuchte bestimmt.

Direktblendung als Folge zu hoher Leuchtdichte von Lichtquellen kann durch teilweise oder vollständige Abschirmung mittels Streugläsern, Rastern, Lamellenblenden oder Reflektoren unterdrückt werden. **Reflexblendung** wird vermieden durch Änderung des Lichteinfalls- oder Beobachtungswinkels (Einfallswinkel = Ausfallswinkel), durch Verminderung der Leuchtdichte der Leuchten (z.B. mit Abdeckgläsern) und durch Verringerung der Leuchtdichtekontraste (z.B. Aufhellung von Wänden und Decke). **Störender Glanz** läßt sich ebenfalls durch geeignete Orientierung der Leuchten zu den Arbeitsplätzen vermeiden. Bei gegebener Leuchten- und Platzanordnung wird sich Glanz um so weniger störend auswirken, je größer der nichtspiegelnde Anteil des Lichts ist.

Schattenbildung wird durch die Richtung des einfallenden Lichts bestimmt. Man muß daher auch auf diesen Punkt achten, weil Lichteinfall und Schattigkeit wesentlich zur optischen Information über die Sehobjekte beitragen. Eine sehr diffuse, schattenlose Beleuchtung erschwert das plastische Sehen und wirkt monoton. Sie sollte genauso vermieden werden wie harte Schlagschattenbildung durch sehr helle Einzelleuchten. Am günstigsten für die Allgemeinbeleuchtung von Innenräumen haben sich ausgewogene Schatten mit weichen Übergängen herausgestellt. Im allgemeinen wird eine Beleuchtung dann als natürlich empfunden, wenn sie seitlich von oben kommt.

11.2.4. Lichtfarbe und Farbwiedergabe

Allen Temperaturstrahlern von der rötlichweiß leuchtenden Kerze (etwa 1900 K) über die Glühlampe (etwa 2700 K) und die Sonne (rund 5000 K) bis zum bläulichweißen Himmelslicht (max. 26000 K) kann man aus der Farbtemperatur einen Farbort im Farbdreieck zuordnen. Die Verbindung dieser Farborte ergibt den Kurvenzug der Temperaturstrahler (Bild 11.16). Dieser

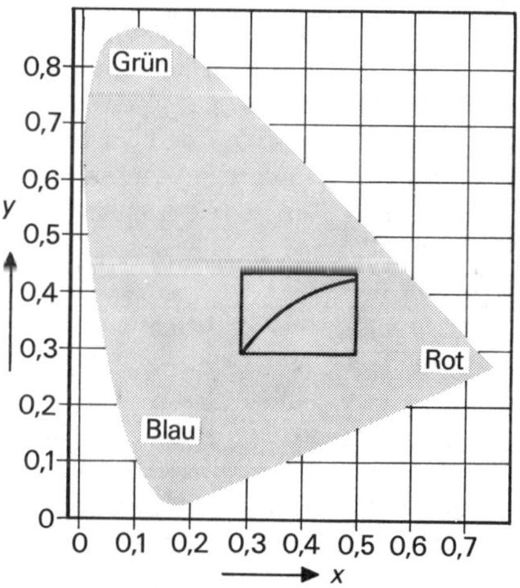

Bild 11.16 Im Farbdreieck (siehe auch vierfarbige Darstellung des Farbdreiecks auf Seite 173) kann man allen Temperaturstrahlern einen sogenannten Farbort zuordnen, der sich aus ihrer Farbtemperatur ergibt. Der Farbort einer Lichtquelle wird ausschließlich durch die Anteile an Strahlung bestimmt, die sie bei verschiedenen Wellenlängen (von Violett über Blau, Grün, Gelb, Orange, Rot zum Purpur) aussendet (relative Spektralverteilung)

Kurvenzug ist sehr bedeutsam für die Beurteilung der Lichtfarbe einer Lichtquelle. Es hat sich nämlich herausgestellt, daß die Lichtfarbe einer Lichtquelle dann als natürlich und angenehm empfunden wird, wenn sie auf oder nahe beim Kurvenzug der Temperaturstrahler liegt. Offenbar hat sich der Mensch an die Lichtfarbe dieser »natürlichen« Lichtquellen gewöhnt.

Von der Lichtfarbe und den Farbwiedergabeeigenschaften der verwendeten Lampen hängt es also in erheblichem Maße ab, ob ein beleuchteter Raum als angenehm empfunden wird oder nicht. Bei bestimmten Anwendungsfällen, wie in Museen, Verkaufsräumen und grafischen Betrieben, ist die farbrichtige Wiedergabe der Objekte sogar eine der Hauptaufgaben der Beleuchtung. Bei den für allgemeine Beleuchtungszwecke verwendeten Lampen sind im Normblatt DIN 5035, Blatt 1, folgende drei Lichtfarbengruppen aufgeführt:

tageslichtweiße Lichtfarben **(tw)** mit einer Farbtemperatur im Bereich über 5000 K (z. B. Halogen-Metalldampflampen)

neutralweiße Lichtfarben **(nw)** mit einer Farbtemperatur im Bereich um 4000 K (z. B. Leuchtstofflampen »Weiß de Luxe«)

warmweiße Lichtfarben **(ww)** mit einer Farbtemperatur im Bereich unter 3000 K (z. B. Glühlampen, Leuchtstofflampen »Comfort de Luxe«).

Warmweiße Lichtfarben bei relativ niedrigen Beleuchtungsstärken erzeugen in Räumen, die der Entspannung dienen, eine behagliche Stimmung. In Arbeitsräumen dagegen schaffen neutralweiße Lichtfarben bei hoher Beleuchtungsstärke eine der Arbeit förderliche Atmosphäre. Tageslichtweiße Lichtfarben wirken bei niedrigen Beleuchtungsstärken unbehaglich. Bei hohen Beleuchtungsstärken können sie dagegen einen belebenden, frischen Eindruck hervorrufen.

Ein weiteres Phänomen, das die Auswahl einer Lichtfarbe beeinflußt, ist das Temperaturempfinden im Zusammenhang mit bestimmten Farben. Rötlichgelbe Farben verbindet der Mensch mit dem Temperaturbegriff »warm«, bläulichweiße Farben dagegen empfindet er als »kalt«. Man kann sich diese Empfindungen zunutze machen und einen Raum durch die Wahl einer bestimmten Lichtfarbe »kälter« oder »wärmer« machen. Natürlich wirkt hier nicht nur die Lichtfarbe allein, sondern auch die Farbe der Raumoberflächen und die Wechselwirkung zwischen beiden spielen eine Rolle. Aus diesen Zusammenhängen ergibt sich das sogenannte **Raumklima.**

Alle Lichtfarben von Lichtquellen, die im gleichen Raum zusammentreffen, sollen zueinander passen. Sonst entsteht ein unharmonischer Eindruck bei Beleuchtung oder gar Zwielicht. Bild 11.17 zeigt die Lage der Farbgruppen tageslichtweiß, neutralweiß und warmweiß im Ausschnitt aus dem Farbdreieck in unmittelbarer Umgebung der Kurve der Temperaturstrahler. Außerdem ist der Farbort des Glühlampenlichts (gl.) mit einer Farbtemperatur von ca. 2700 K eingezeichnet.

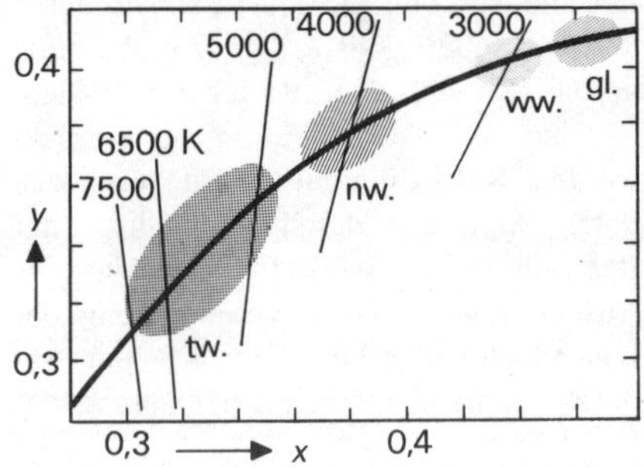

Bild 11.17 Ausschnitt aus dem Farbdreieck (Bild 11.16) mit Farbtemperaturen und den Farborten für die Farbgruppen tageslichtweiß, neutralweiß, warmweiß und glühlampengleich in unmittelbarer Umgebung der Temperaturstrahlerkurve

Die Objekte in unserer Umgebung reflektieren jeweils selektiv einen bestimmten Teil des Lichtspektrums. Gras ist grün, weil es die grüne Strahlung reflektiert und fast alle sonstigen Farben absorbiert. Es wirkt aber nur dann grün, wenn es von einer

Lichtquelle beleuchtet wird, die genügend Strahlung im »grünen Teil« des Spektrums erzeugt (Bild 11.18). Um eine gute Farbwiedergabe sämtlicher Farben zu gewährleisten, muß das Licht einer Lampe auch sämtliche Farben des Spektrums enthalten. Fehlt nämlich eine bestimmte Farbe im abgestrahlten Licht, so kann sie auch nicht vom Objekt reflektiert werden.

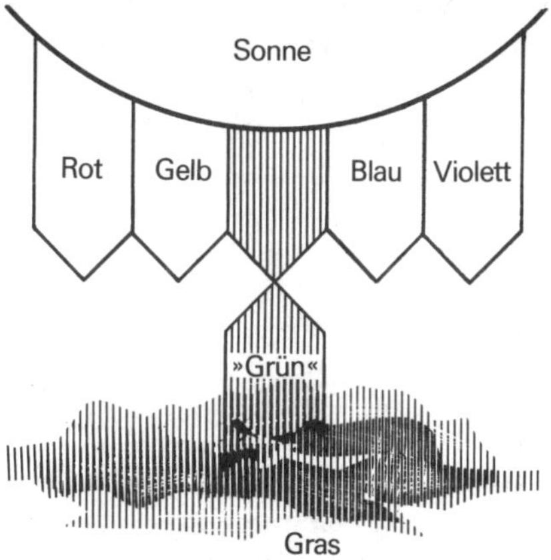

Bild 11.18 Farbige Objekte reflektieren selektiv den ihnen zugeordneten Teil des Lichtspektrums

Die beste **Farbwiedergabe** wird erreicht, wenn man bei allen Wellenlängen des Spektrums Licht ausstrahlen läßt, d.h. auch in den Endbereichen, wo die Hellempfindlichkeit des Auges nur noch gering und damit auch die Lichtausbeute schlecht ist (Bild 11.19). Die höchste **Lichtausbeute**

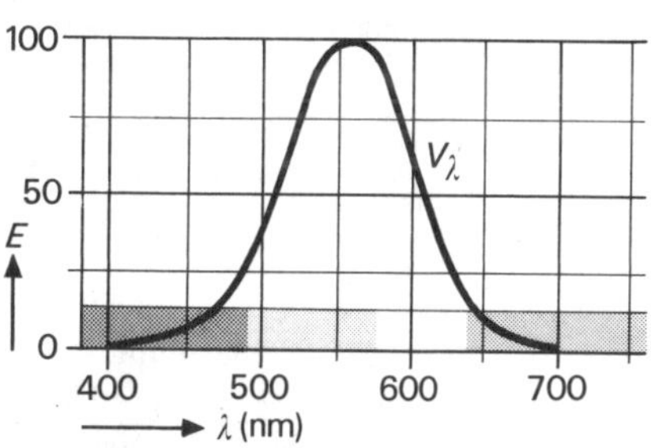

Bild 11.19 Beste Farbwiedergabe stellt sich bei einer gleichmäßigen Lichtstrahlung über das gesamte Spektrum hinweg ein

erzielt man demgegenüber, wenn die Strahlung möglichst nur im oder nahe dem Maximum der Augenempfindlichkeit erfolgt (Bild 11.20).

Beide Bilder geben ein Beispiel für Lichtquellen, die gleiche Strahlungsleistung besitzen, jedoch völlig verschiedene Spektren aufweisen. Eine Lampe nach Bild 11.19 strahlt gleichmäßig über alle Wellenlängen und hat daher eine sehr gute Farbwiedergabeeigenschaft, jedoch eine niedrige Lichtausbeute. Eine Lampe nach Bild 11.20 strahlt nur auf zwei Wellenlängen und zeigt schlechte Farbwiedergabeeigenschaften, hat jedoch eine hohe Lichtausbeute.

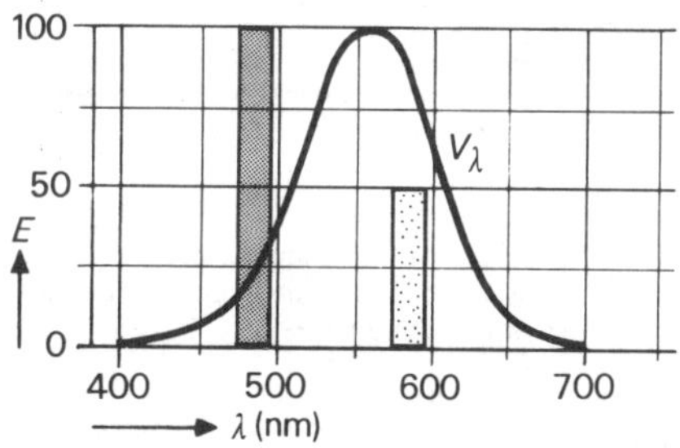

Bild 11.20 Höchste Lichtausbeute ergibt sich bei einer selektiven Lichtstrahlung im Bereich der maximalen Augenempfindlichkeit

Bei der Beurteilung der Farbwiedergabe darf man nur Lichtquellen gleicher Farbtemperatur untereinander vergleichen. Zur Kennzeichnung der Farbwiedergabe dient der »Allgemeine Farbwiedergabe-Index R_a«, der von einem Satz aus acht Testfarben abgeleitet ist. Er kann durch sechs spezielle Indizes ergänzt werden, zu denen beispielsweise auch die menschliche Hautfarbe gehört. Der ideale R_a-Wert 100 für eine absolut natürliche Farbwiedergabe ergibt sich bei Beleuchtung eines Gegenstands mit einer Bezugslichtquelle, die aus dem schon erwähnten Temperaturstrahler (auch Schwarzer Strahler genannt) besteht. Sobald die Spektralverteilung der zu beurteilenden Lichtquelle vom entsprechenden Temperaturstrahler abweicht, ergeben sich R_a-Werte unter 100. In Bild 11.21 ist die spektrale Zusammensetzung der Temperaturstrahler angegeben. Man sieht, daß bei

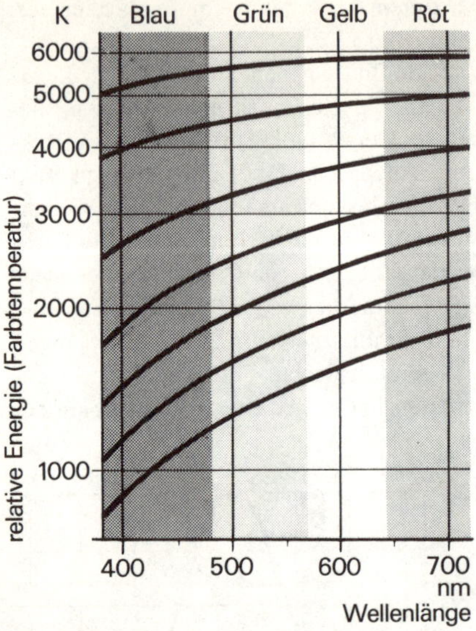

Bild 11.21 Spektrale Zusammensetzung der Temperaturstrahler in Abhängigkeit von der jeweiligen Farbtemperatur in K

niedrigen Farbtemperaturen die langwellige Rot-Gelb-Strahlung überwiegt und bei hohen Farbtemperaturen eine ausgeglichene Verteilung vorliegt. Das Spektrum des Tageslichts (Bild 11.22) hat also eine Farbtemperatur von mehr als 5000 K, während das der Glühlampe (Bild 11.23) im Bereich um 2500 K liegt.

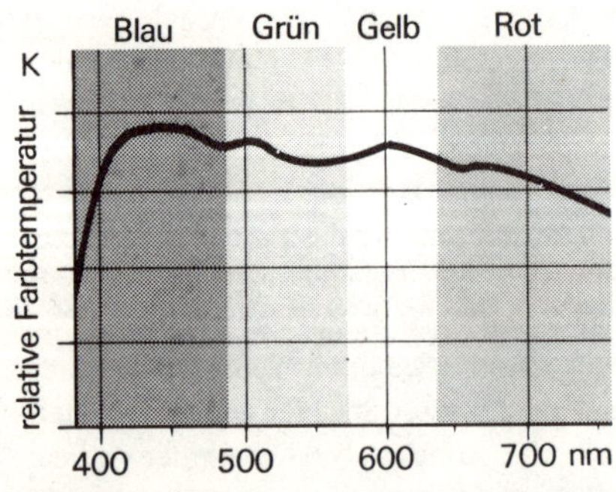

Bild 11.22 Spektrum des Tageslichts bei einer Farbtemperatur von mehr als 5000 K

Für die praktische Beleuchtungstechnik legte man im Normblatt eine entspre-

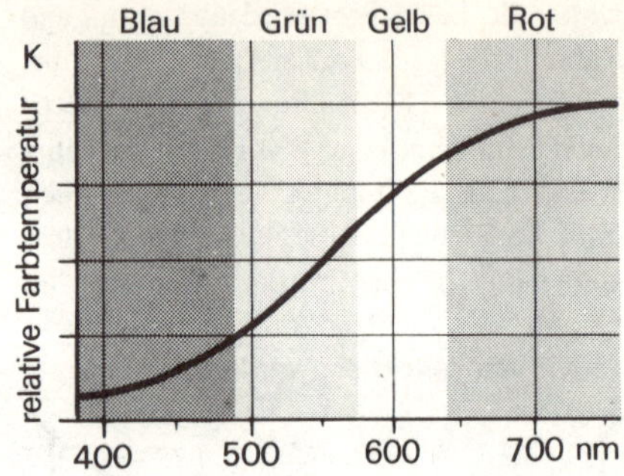

Bild 11.23 Spektrum des Glühlampenlichts bei einer Farbtemperatur um 2500 K

chende Stufeneinteilung der Farbwiedergabeeigenschaften von Lichtquellen fest, und zwar von 1 bis 4 (siehe Tabelle 11.5)

Stufe 1 (R_a 85—100)
Stufe 2 (R_a 70— 84)
Stufe 3 (R_a 40— 69)
Stufe 4 (R_a unter 40).

Ein R_a von mindestens 90 gewährleistet eine sehr gute Farbwiedergabe aller Objekte. Im Bereich darunter bis zum Index 70 ist die Farbwiedergabe noch als gut zu bezeichnen, während sie im Bereich von 40 bis 69 nur noch als mäßig angesehen werden kann. Ein R_a von unter 40 (Stufe 4) hat nur ungenügende Farbwiedergabeeigenschaften.

11.2.5. Leuchtstofflampen und Farbklima

Ohne Leuchtstofflampen ist die moderne Beleuchtungstechnik heute einfach unvorstellbar. In den Laboratorien wird ständig an der weiteren Steigerung ihrer Lichtausbeute und Lebensdauer sowie an der Verbesserung der Farbwiedergabeeigenschaften gearbeitet.

Die bei der Entladung in der Leuchtstofflampe — einer Quecksilber-Entladungslampe niederen Drucks — erzeugte Ultraviolettstrahlung hat ihre Hauptwellenlänge bei 254 nm. Neben dieser »Resonanzlinie« enthält die Quecksilberstrahlung noch weitere Spektrallinien geringer Intensität im sichtbaren Bereich (400 bis 760 nm). Sie ergeben einen schwach bläuli-

Tabelle 11.5 Stufeneinteilung der Farbwiedergabeeigenschaften von Lichtquellen

Stufe	1			2			3			4
Lichtfarbe	tw ca. 6000 K	nw ca. 4000 K	ww ca. 3000 K	tw ca. 6000 K	nw ca. 4000 K	ww ca. 3000 K	tw ca. 6000 K	nw ca. 4000 K	ww ca. 3000 K	
Lichtquellen	Xenonlampen, Leuchtstofflampen, Halogen-Metalldampflampen	Leuchtstofflampen	Glühlampen, Halogen-Glühlampen, Leuchtstofflampen	Leuchtstofflampen, Halogen-Metalldampflampen	Leuchtstofflampen	Leucht stofflampen		Leuchtstofflampen, Quecksilberdampf-Hochdrucklampen mit Leuchtstoff, Mischlichtlampen	Leuchtstofflampen	Natriumdampflampen, Quecksilberdampf-Hochdrucklampen ohne Leuchtstoff
Bemerkungen		mit Tageslicht kombinierbar	mit Glühlampen kombinierbar		mit Tageslicht kombinierbar	mit Glühlampen kombinierbar		mit Tageslicht kombinierbar		

chen Lichteindruck. Auf der Innenseite des Glaskolbens ist ein Leuchtstoff aufgetragen, der die UV-Strahlung mit hohem Wirkungsgrad in sichtbares Licht umwandelt.

Philips Leuchtstofflampen werden in folgenden Farbgruppen und Farbtemperaturen für die allgemeine Beleuchtung hergestellt:

Glühlampenähnlich	(2700 K und 3000 K)
Weiß	(4200 K)
Tageslichtähnlich	(5000 K).

In Tabelle 11.6 sind die gebräuchlichen Philips Leuchtstofflampen mit ihren Lichtfarben, Farbtemperaturen und einigen Anwendungsbereichen aufgeführt. Grundsätzlich kann gesagt werden, daß die »Comfort de Luxe«-Leuchtstofflampe in erster Linie für die Beleuchtung von Wohnräumen, Restaurants, Theatern usw. geeignet ist, da ihre glühlampengleiche Lichtfarbe Behaglichkeit und Wärme verbreitet. Leuchtstofflampen mit einer Farbtemperatur von 3000 K können ebenfalls für Restaurants, Aufenthaltsräume und auch Verkaufsräume verwendet werden.

Bei »weißen« Leuchtstofflampen liegt die Lichtfarbe zwischen dem natürlichen Tageslicht und dem bekannten Glühlampenlicht. Sie sind vorwiegend für Arbeitsräume geeignet, weil der Mensch am Tage die mit weißem Leuchtstofflampenlicht beleuchteten Räume als angenehm und hell empfindet. Außerdem treten keine störenden Zwielichterscheinungen mit dem natürlichen Tageslicht während der Dämmerungszeit am Morgen und am Abend auf.

Die »tageslichtähnliche« Leuchtstofflampe mit ihrer bläulichweißen Lichtfarbe kommt praktisch für allgemeine Beleuchtungszwecke nicht in Frage, weil bei der Auswahl der Lichtfarbe auch die im Raum erwünschte Beleuchtungsstärke eine Rolle spielt. Sie muß um so höher gewählt werden, je weißer die Lichtfarbe, d.h. je höher die Farbtemperatur ist, da Tageslicht erst bei sehr hohen Beleuchtungsstärken (mehr als 1000 Lux) als angenehm empfunden wird.

Von großer Wichtigkeit ist die spektrale Zusammensetzung des von der Lampe ausgesandten Lichts. Sind im Spektrum der Lampe nicht alle Farben in einem ausgewogenen Verhältnis vorhanden, so werden beleuchtete Gegenstände in einem unnatürlichen Licht wiedergegeben. Man denke hierbei nur an die Natriumdampflampe mit ihrem orangegelben Licht. Diese Lampe hat in ihrem Spektrum nur eine »gelbe« Linie, und das bedeutet, daß unter dem Natriumdampflicht nur diese eine gelbe Farbe richtig wiedergegeben wird, während alle anderen Farben nicht in ihren bekannten Farbtönen erscheinen. Diese Eigenschaft der Natriumdampflampe bringt aber in der Straßenbeleuchtung gerade den Vorteil großer Sehschärfe und guten Kontrastsehens.

Die Grafiken in Bild 11.24 zeigen an verschiedenen Beispielen, daß man zur Erzielung höchster Lichtausbeute die in der Gegend der maximalen Empfindlichkeit des Auges liegenden Anteile des Spektrums verstärkt. Es sind dies vor allem die gelbgrünlichen Lichtanteile. Will man dagegen beste Farbwiedergabe erreichen, so ist im Prinzip ein möglichst kontinuierliches Spektrum erforderlich, neue Forschungsergebnisse haben hier jedoch einen technologischen Durchbruch gebracht und neue Verfahren ermöglicht (siehe Abschnitt 11.2.5.1.).

Eine Entscheidung über die günstigste Lichtfarbe bei Innenraum-Beleuchtungsanlagen ist nicht immer leicht zu treffen, zumal auch der persönliche Geschmack und die vorhandenen Farben im Raum eine wesentliche Rolle bei der Wahl des Farbklimas spielen. Auf jeden Fall sollte man aber vermeiden, in einem Raum Leuchtstofflampen mit verschiedenen Lichtfarben zu verwenden. Leuchtstofflampen der erwähnten Farbgruppen können in der Praxis in folgender Weise gemischt werden.

1. Ideal mischbar mit Glühlampen
Farbtemperatur: ca. 2700 K
Bezeichnung: Glühlampenlicht

Tabelle 11.6 Lichtfarben, Farbtemperaturen und Anwendungsbereiche der gebräuchlichsten Philips Leuchtstofflampen

Glühlampenähnlich			Weiß			Tageslicht-ähnlich
Lichtfarbe 27 Comfort de Luxe Lichtausbeute 35 lm/W 2700 Kelvin	Lichtfarbe 32 Warmton de Luxe Lichtausbeute 40 lm/W 3000 Kelvin	Lichtfarbe 29 Warmton Lichtausbeute 64 lm/W 3000 Kelvin	Lichtfarbe 34 Weiß de Luxe Lichtausbeute 40 lm/W 4200 Kelvin	Lichtfarbe 25 Weiß U Lichtausbeute 50 lm/W 4200 Kelvin	Lichtfarbe 33 Weiß Lichtausbeute 64 lm/W 4200 Kelvin	Lichtfarbe 47 de Luxe Lichtausbeute 38 lm/W 5000 Kelvin
Lichtausbeute errechnet für TL 40-W-Lampen			Lichtausbeute errechnet für TL 40-W-Lampen			
Wohnungen Restaurants	Büros Schulen Theater Verkaufsräume	Außenbeleuchtung Schwerindustrie	Büros Schulen Verkaufsräume Schaufenster Lebensmittel-, Textilgeschäfte	Verwaltungsgebäude Verkaufsräume Schaufenster	Industrie Außenbeleuchtung Lagerräume	Schaufenster Vitrinen Prüfen, vergleichen und ansprechen von Farben mindestens 1000 Lux
← bessere Farbwiedergabe		höhere Lichtausbeute →	← bessere Farbwiedergabe		höhere Lichtausbeute →	← bessere Farbwiederg.
Lichtfarbe 83 in Vorbereitung			Lichtfarbe 84 Lichtausbeute 64 lm/W 4000 Kelvin Die neue Generation. TL-Lampen mit **höchster Lichtausbeute und höchster Farbwiedergabe-qualität** decken den gesamten Anwendungsbereich der weißen Lichtfarbe ab.			Lichtfarbe 86 in Vorbereitung

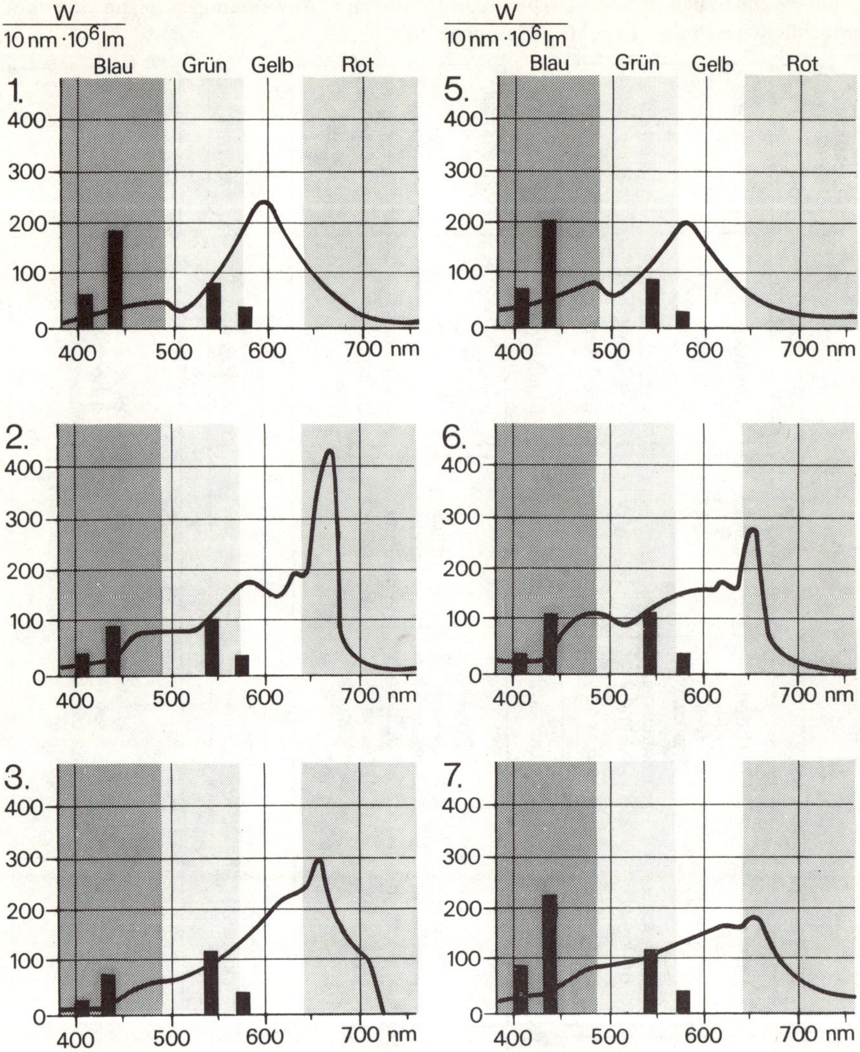

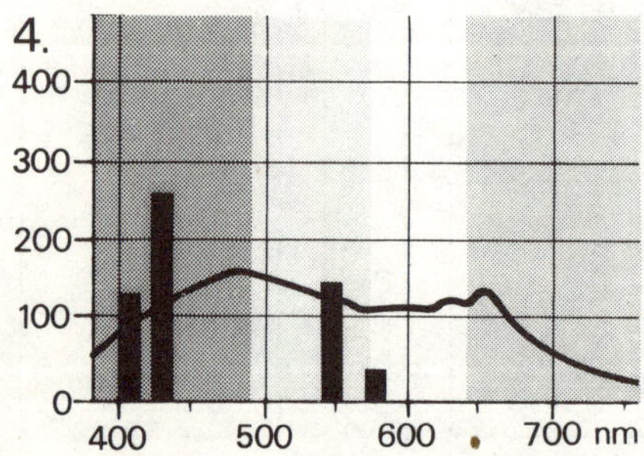

Bild 11.24 Spezifische spektrale Strahlungsverteilung für TL-Leuchtstofflampen: 1. W/9 Warmton, 2. W/32 Warmton de Luxe, 3. Comfort de Luxe, 4. W/47 Tageslichtähnlich, 5. W/33 Weiß, 6. W/25 Weiß U, 7. W/34 Weiß de Luxe

2. Gut mischbar mit Glühlampen
Farbtemperatur: ca. 3000 K
Bezeichnung: glühlampenähnlich
3. Mischbar mit Glühlampen und natürlichem Tageslicht
Farbtemperatur: ca. 4200 K
Bezeichnung: weiß
4. Gut mischbar mit natürlichem Tageslicht
Farbtemperatur: ca. 5000 K
Bezeichnung: tageslichtähnlich

11.2.5.1. Mehr Licht aus neuen Leuchtstoffen

Bisher war es bei Leuchtstofflampen nur möglich, eine gute Farbwiedergabe bei einer niedrigen Lichtausbeute bzw. eine hohe Lichtausbeute bei einer weniger guten Farbwiedergabe zu erzielen.

Bei der neuen Philips Leuchtstofflampe TL-H/84 konnte zum erstenmal beides gleichzeitig verwirklicht werden, wobei das Prinzip der Gasentladung unverändert beibehalten worden ist. Der Grund dafür liegt in der Anwendung neuer Leuchtstoffe. Während das Spektrum der bisherigen Lampen möglichst kontinuierlich sein sollte, emittieren die neuen Lampen in drei schmalen Bändern, deren Schwerpunkte bei den Wellenlängen 450, 540 und 610 nm liegen (Bild 11.25). Als Leuchtstoffe verwendet man für den Blauanteil Barium-Magnesium-Aluminium-Oxid, dotiert mit zweiwertigem Terbium (Seltene Erde) und Yttrium-Oxid mit dreiwertigem Europium für den Rotanteil. Eine hohe Quantenausbeute und wenig Emission im langwelligen Rot bewirken eine hohe Lichtausbeute. Wegen des komplizierten chemischen Aufbaus und der schwierigen Herstellung sind die mit seltenen Erden aktivierten, sogenannten hexagonalen Aluminaten, wesentlich teurer als die bisher verwendeten Substanzen.

Durch unterschiedliche Mischung der drei Leuchtstoffe lassen sich alle Lichtfarben von Warmton bis Tageslicht erzeugen. Das Spektrum der neuen Leuchtstofflampe TL-H/84 mit einer Farbtemperatur von

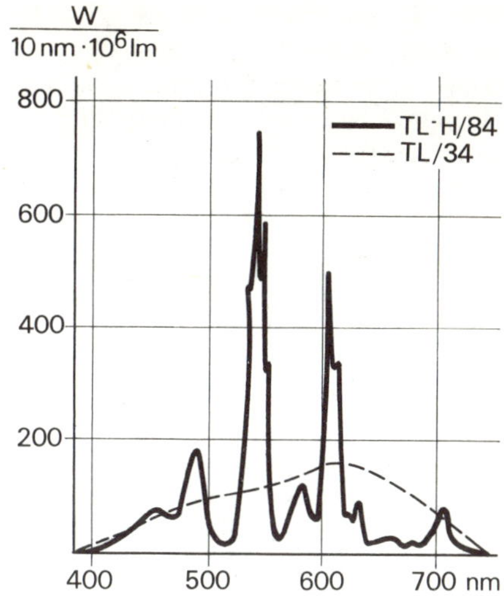

Bild 11.25 Spektren der Leuchtstofflampen TL-H/84 (durchgehende Linie) und TL/34 (gestrichelte Linie, siehe hierzu Nr. 7 in Bild 11.24)

4000 K ist in Bild 11.25 als durchgehende Linie im Vergleich zur Leuchtstofflampe TL/34 dargestellt (gestrichelte Linie).

Die Leuchtstofflampen der Lichtfarbe 84 liegen nach DIN 5035 in der Farbwiedergabestufe 1 und lassen sich in die Gruppe der »weißen« Lampen einordnen. Die Lichtströme der neuen Lampen betragen z. B. für die 20-W-Ausführung 1250 lm, für den 40-W-Typ 3200 lm und für die 65-W-Ausführung 5100 lm. Das bedeutet eine Steigerung um 60 % gegenüber den Lampen mit der Lichtfarbe 34.

Bei vorgegebenem Beleuchtungsniveau ergeben sich in Neuanlagen Einsparungen in den Stromkosten von 60 % bzw. 30 % gegenüber Lampen der Lichtfarbe 25 (weiß *U*). Zusätzlich wird in klimatisierten Anlagen die Wärmebelastung entsprechend reduziert, was zur weiteren Einsparung elektrischer Energie führt. In bestehenden Anlagen mit »de Luxe-Lampen« kann die Beleuchtungsstärke (bei gleicher Farbwiedergabe) ohne zusätzliche Stromkosten erhöht werden. Anlagen mit Standardlampen (TL/33) lassen sich auf gute Farbwiedergabe umrüsten, wobei Beleuchtungsstärke und Energiebedarf gleichbleiben.

Die Philips Leuchtstofflampe TL-H/84 mit neutralweißer Lichtfarbe ist die erste Lampe einer neuen Generation, die sich dadurch auszeichnet, daß sie elektrische Energie besonders rationell in hochwertiges Licht umwandelt. Diese Vorteile sollen in Zukunft auch bei der TL-Lampenfertigung mit anderen Lichtfarben genutzt werden.

11.3. Licht für Heim und Garten

Die Beleuchtung soll die behagliche Atmosphäre eines Heims fördern und ein ausreichendes Beleuchtungsniveau für alle vorkommenden Tätigkeiten gewährleisten. Beim Betreten eines Raums muß eine Allgemeinbeleuchtung eingeschaltet werden können, die eine gute Orientierung im Raum ermöglicht. An allen Plätzen, an denen besondere Arbeiten ausgeführt werden, muß eine Sonderbeleuchtung vorhanden sein, die am besten durch bewegliche Leuchten erfolgt. Über dem Eßtisch gibt eine vorwiegend direkt strahlende Leuchte das beste Licht.

Leuchtstofflampen gelten zwar allgemein als reine Zweckbeleuchtung für Büros, Werkhallen, Verkaufsräume und andere Arbeitsplätze, sind aber seit dem Erscheinen der Philips Leuchtstofflampe »Comfort de Luxe« im Jahr 1967 auch für die Wohnbeleuchtung bestens geeignet. Sie sind sehr wirtschaftliche Lichtquellen, da sie dreimal mehr Licht als Glühlampen gleicher Wattzahl geben und ihre Lebensdauer um das Siebenfache höher ist.

11.3.1. Leuchtstofflampen für alle Räume

Die folgenden Vorschläge zur Installation von Leuchtstofflampen in verschiedenen Räumen eines Hauses erheben selbstverständlich keinen Anspruch auf Vollständigkeit. Sie sollen nur anregen, sich mit den vielfältigen Anwendungsmöglichkeiten weiter zu beschäftigen. Der Vollständigkeit halber sei erwähnt, daß es auch farbige Leuchtstofflampen gibt, und zwar in Rot (TL/15), Gelb (TL/16), Grün (TL/17) und Blau (TL/18).

Diele und Flur sind die Visitenkarte einer jeden Wohnung, und gut gewähltes Licht schafft eine einladende Atmosphäre. Die Leuchtstofflampe könnte beispielsweise quer über einer Zwischendecke aus Holzlamellen montiert sein. So ist die Lichtquelle dem unmittelbaren Blickfeld entzogen und bietet trotzdem eine gute, gleichmäßige Beleuchtung (Bild 11.26).

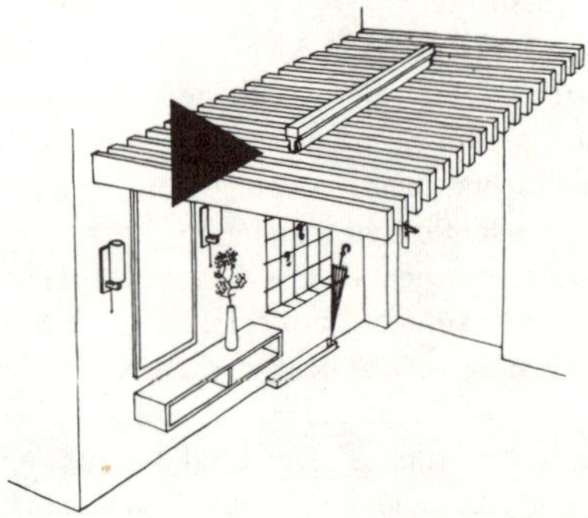

Bild 11.26 Beleuchtungsvorschlag für einen Flur

Um sich im Spiegel sehen und schönmachen zu können, darf man selbst nicht im Schatten stehen. Zwei hinter dem Spiegel montierte Leuchtstofflampen lösen dieses Problem auf einfache Weise. Das Licht der Lampen wird durch zwei seitlich montierte mattweiße Reflektoren nach vorn auf den Betrachter gelenkt (Bild 11.27).

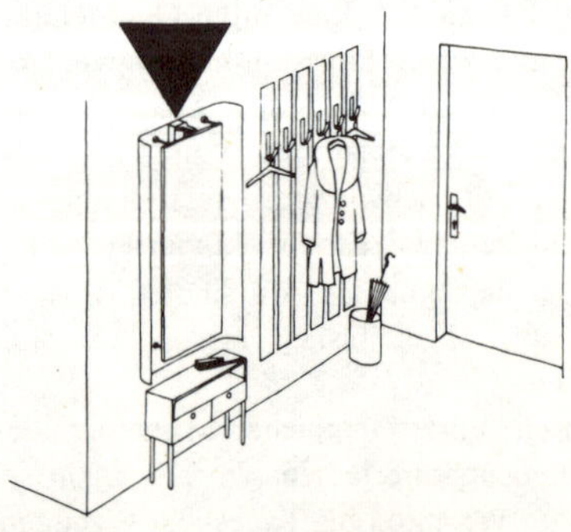

Bild 11.27 Beleuchtungsvorschlag für eine Garderobe

Der Charakter des Raums wird nicht nur durch die individuelle Auswahl und Zusammenstellung von Möbeln, Tapeten, Textilien und Raumschmuck, sondern auch durch geschickt gesetzte Lichtakzente bestimmt. In Regalen oder an Bücherborden verdeckt angebrachte Leuchtstofflampen schaffen Lichteffekte, die den wohnlichen Charakter betonen (Bild 11.28).

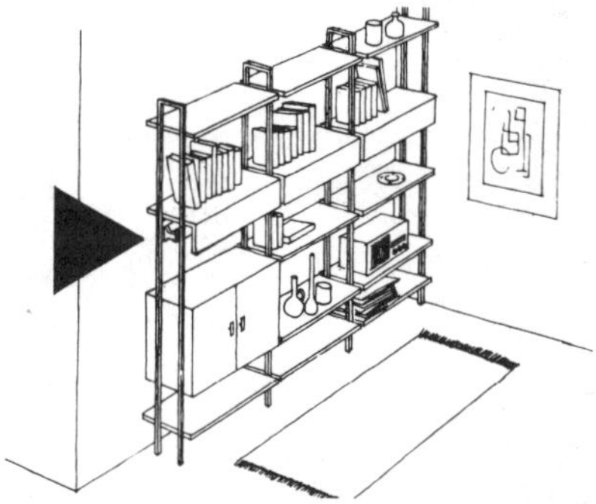

Bild 11.28 Beleuchtungsvorschlag für eine Bücherwand

Eine ausgesprochen attraktive Beleuchtung entsteht durch die indirekte Anstrahlung von Gardinen oder Vorhängen. Die jeweilige Form der Blende leitet das Licht der Leuchtstofflampen entweder nur nach unten oder aber zusätzlich auch nach oben an die Decke. Natürlich lassen sich so auch fensterlose Wände anstrahlen (Bild 11.29).

Bild 11.29 Beleuchtungsvorschlag für eine indirekte Anstrahlung

Bei einer indirekten Beleuchtungsanlage über den Betten sollen Abstand und Blendenhöhe so festgelegt sein, daß die Leuchtstofflampen immer verdeckt bleiben (Bild 11.30). Wenn zwischen Kleiderschrank und Decke noch wenigsten 50 cm frei sind, so läßt sich auch dort eine Leuchtstofflampe anbringen, die gegebenenfalls auch hinter einer Blende montiert werden kann.

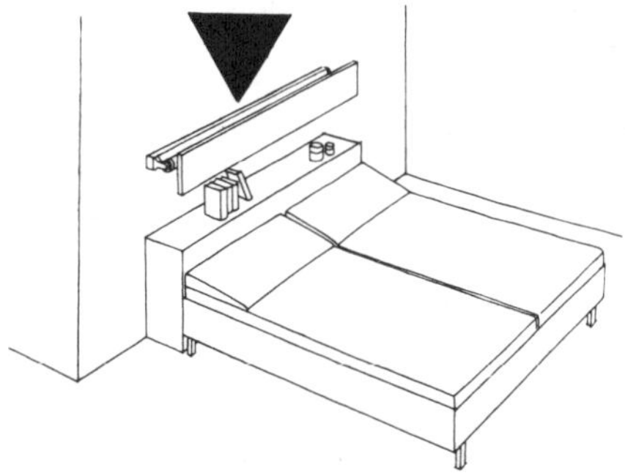

Bild 11.30 Beleuchtungsvorschlag für ein Schlafzimmer

Der Tagesablauf beginnt im Badezimmer. Hier empfiehlt es sich, für die Leuchtstofflampe eine formschöne Wannenverkleidung zu wählen. Das Licht wirft keine Schatten und ist blendungsfrei (Bild 11.31).

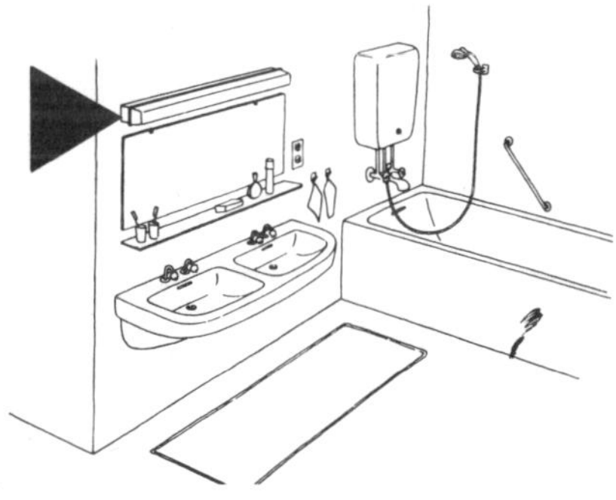

Bild 11.31 Beleuchtungsvorschlag für ein Badezimmer

In einer modernen Küche kommt es nicht nur darauf an, der Hausfrau durch gutes Licht die Arbeit zu erleichtern, sondern auch Gemütlichkeit zu schaffen, besonders dann, wenn Küche und Eßecke kombiniert sind. Unser Beispiel zeigt, wie der im Schatten einer zentral angebrachten Küchenleuchte liegende Arbeitsplatz mit einer verblendeten Leuchtstofflampe aufgehellt werden kann (Bild 11.32).

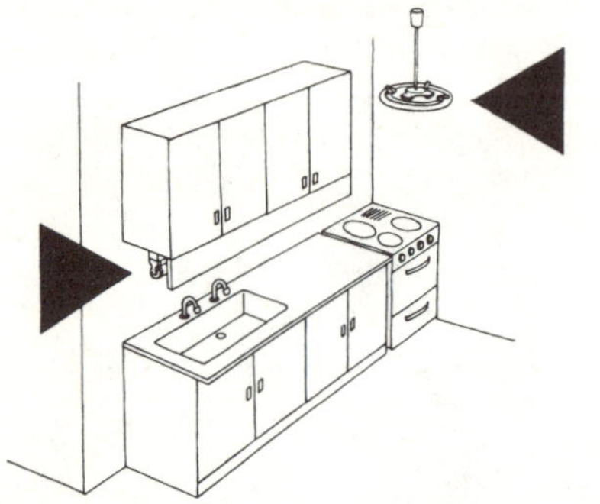

Bild 11.32 Beleuchtungsvorschlag für eine Küche

Die Arbeit im Hobbyraum soll leicht von der Hand gehen. Hier, wo gebohrt, gesägt und gehobelt wird, ist eine einwandfreie Arbeitsplatzbeleuchtung besonders notwendig (Bild 11.33). Das gilt auch für die Garage, wo eine gute Beleuchtung jeden Handgriff erleichtert.

Bild 11.33 Beleuchtungsvorschlag für einen Werkraum

11.3.2. Licht aus Stromschienen

Unter den Leuchten für den Wohnraumbereich haben sich die Strahler einen von Jahr zu Jahr größer werdenden Anteil erobert. Nicht zuletzt deshalb, weil man sich dank ihrer Mobilität, die durch die Anwendung von Stromschienen noch mehr gefördert wird, an allen beliebigen Plätzen in der Wohnung dekorative Lichtinseln und gutes Arbeitslicht schaffen kann (Bild 11.34).

Bild 11.34 Beleuchtungsbeispiel mit der Philips Stromschiene RCS 605. Die Stromschiene ist bestückt mit Strahlern vom Typ DRN 455 aluminiumfarben. Diese Strahler, die es auch in den Farben Weiß, Orange und Violett gibt, können mit Reflektorlampen bis max. 150 W bestückt werden

Auf der Hannover-Messe 1973 stellte Philips als erster Hersteller ein Stromschienensystem vor, das ohne Abdeckung auch in Handreichweite installiert werden kann (Bild 11.35). Das neue Stromschienensystem wurde übrigens wegen seiner klaren Struktur und modernen Gestaltung in die Sonderschau »Die gute Industrieform« aufgenommen. Weitere Vorteile dieses Einphasensystems mit zwei separaten Schaltkreisen sind seine kleinen Abmessungen (Profilquerschnitt 26 × 16,5 mm), die denkbar einfache Montage, das leichte Anpassen der Schiene an jegliches Längenmaß und die Beschränkung auf wenige universelle Zubehörteile.

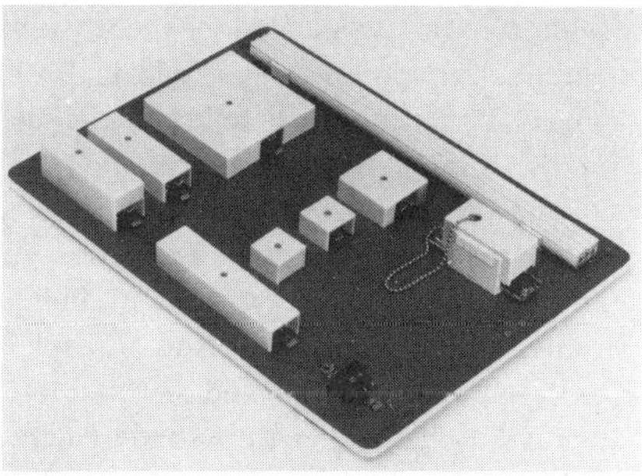

Bild 11.35 Die Stromschiene RCS 605 ist eine auch im Handbereich zu verwendende Einphasen-Stromschiene, die sich durch geringes Gewicht und geringe Abmessungen auszeichnet (Profilquerschnitt 26 mm × 16,5 mm). Sie besteht aus Polycarbonat, der Schutzleiter aus vernickeltem Messing, die Befestigungsbügel sind aus Federstahl, der weiß lackiert ist. Eine leichte Montage wird durch Einschnappen der Stromschiene in die beigefügten Federstahlbügel möglich. Es kann jedes beliebige Längenmaß durch einfaches Absägen der Schiene erreicht und dieses abgesägte Stück ohne jegliche Vorkehrungen elektrisch angeschlossen werden. Die Stromschiene ist für zwei Schaltgruppen geeignet

Die Stromschiene besteht aus einem weißen Polycarbonatprofil, in das drei Kupferleiter eingelassen sind. Der vernickelte Erdleiter befindet sich auf der deckenseitigen Fläche. Die Schiene ist bei einem Anschluß an 220 V mit 16 A bzw. 3500 W belastbar. Der Stromabnehmer hat zwei Kontaktstifte und zwei Schutzleiterklemmen, die beim Zusammenstecken stets zuerst die Erdverbindung herstellen. Der mittlere Kontaktstift ist der Nulleiter, der seitliche die Phase. Durch Drehen des Stromabnehmers um 180° kann der Schaltkreis eins oder zwei gewählt werden.

Die Montage der Stromschiene erfolgt durch Einsprengen des Stromschienenprofils in mitgelieferte Federstahlbügel, die zuvor an der Decke oder an der Wand montiert werden. Sollen zwei Schienenstücke gekürzt und miteinander verbunden werden, so sind die Schienen nur gerade abzusägen. Die Verbindung wird durch Kupplungsstücke hergestellt, die in das Stromschienenprofil hineingreifen, so daß eine besondere Herstellung der elektrischen Verbindung nicht nötig ist. Als Standardeinzelteile gibt es für dieses System eine Einspeisung, eine Endkappe, einen Längenverbinder und einen Universalverbinder, der gleichzeitig Winkel-, T- und Kreuzverbinder ist. Für ganz spezielle Anwendungsfälle wird eine Einspeisung mit Panzerrohr-Gewinde, ein Kupplungsstück mit Einspeisung und ein Verbinder mit einer eingebauten Kontaktbrücke als Einspeisung geliefert. Dieser Verbinder kann durch zusätzliche Kontaktbrücken als Längenverbinder, Winkel-, T- und Kreuzverbinder verwendet werden.

Außerdem gibt es für Bastelfreunde die Stromschienen als Set in einem Tragekarton (Bild 11.36). Der Set besteht aus einer Stromschiene, einer Endkappe mit Stromanschluß sowie einer Endkappe ohne Stromanschluß und drei Strahlern. Die Stromschiene ist für zwei separat schaltbare Schaltkreise geeignet; die Strahler sind dreh- und schwenkbar und haben eine Arretier- und Fokussiereinrichtung. Selbstverständlich enthält der Set auch Montagehinweise sowie Schrauben und Dübel als Befestigungsmaterial.

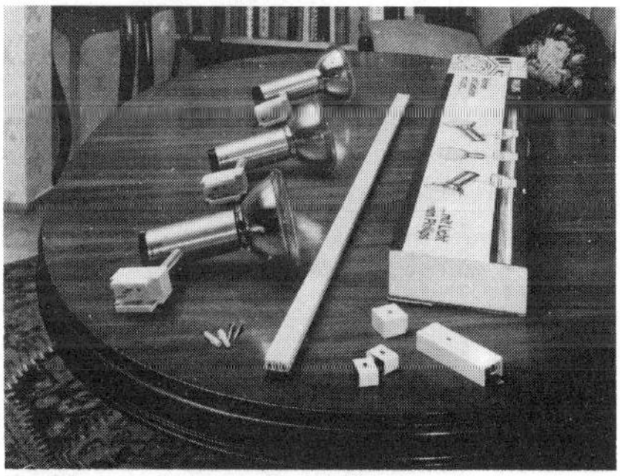

Bild 11.36 Für Bastelfreunde gibt es die Stromschiene als Set zusammen mit drei Strahlern in einem Tragekarton

11.3.3. Licht im Garten

Das Thema »Licht im Garten« ist sehr vielgestaltig. Neben der zweckdienlichen Beleuchtung von Eingängen, Einfahrten oder

Treppen kommt der Effektbeleuchtung, der Anstrahlung von Pflanzen, Sträuchern und Bäumen eine immer größer werdende Bedeutung zu. Richtig dosiertes Licht setzt besondere Akzente.

Will man Pflanzen, Bäume und Sträucher anstrahlen, so benötigt man dazu optische Geräte, und zwar Spiegelreflektoren, die auf die zur Bestückung vorgesehene Lampenart abgestimmt sind. Normalerweise ist der Spiegel in der Leuchte enthalten. Nur im Sonderfall der Preßglaslampen ist die Spiegeloptik in die Lampe eingebracht, so daß die Leuchte praktisch nur aus der wasserdichten Lampenhalterung, einem Anschluß und dem Befestigungsteil besteht.

Die Lichtbündelung mittels Spiegeloptik gestattet eine wirksame und gezielte Anstrahlung der Pflanzen über eine mehr oder weniger große Entfernung bei gleichzeitiger guter Abblendung. Nun braucht aber keineswegs das gesamte Panorama angestrahlt zu sein, es genügt vielmehr, wenn kleine Lichtinseln entstehen (Bild 11.37).

Die Lichtleistung ist selbstverständlich von der Größe des verwendeten Geräts und von der Bestückung abhängig. Kleine **Gartenstrahler** eignen sich besonders gut zum »ersten Probieren«. Der Philips Strahler »Pux« (Bild 11.38) mit Erdspieß, Kunststoff-Fassungsteil und zwei Meter langem Anschlußkabel ist besonders handlich. Er wird auch als Set zu zwei Strahlern auf einer Traverse mit einem sechs Meter langen Anschlußkabel geliefert (Bild 11.39).

Jeder der kleinen Strahler ist mit einer Lampe von 100 W/220 V bestückt und gibt eine beachtliche Lichtleistung ab. Beim K-Pux-Set lassen sich auch verschiedene Lichtrichtungen einstellen, wodurch die Licht- und Schattenverteilung auf den Pflanzen sehr plastisch wirken kann. Das Gerät darf im Freien mit der angegebenen Bestückung auch bei Regen und Schnee betrieben werden.

Bild 11.37 Gartenpanorama mit »Lichtinseln«

Bild 11.38 K-Pux mit Erdspieß und Anschlußkabel

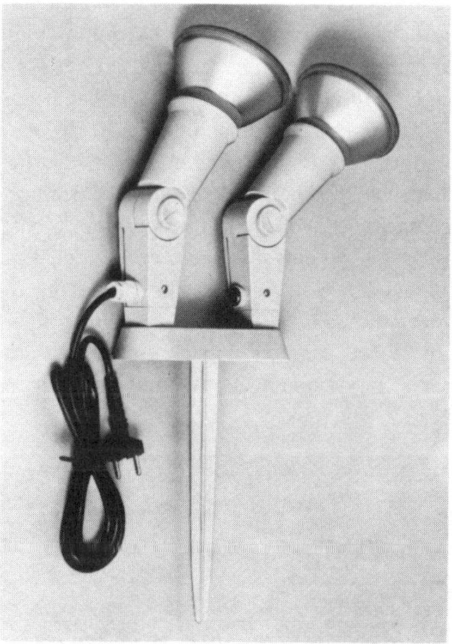

Bild 11.39 K-Pux-Set mit zwei Strahlern

Preßglaslampen bis 150 W können im größeren S-Pux verwendet werden. Benutzt man die Bodenplatte, so kann der Strahler auf jede vorbereitete Fläche montiert werden, wogegen der Erdspieß ein einfaches Einstecken in das Erdreich erlaubt. Die Lichtrichtung ist mittels Gelenk einstellbar. Der S-Pux ist ebenfalls staub- und strahlwassergeschützt, außerdem sind die Preßglaslampen gegen Regen unempfindlich.

Die Preßglaslampen Comptalux flood gibt es in den Farben Rot, Gelb, Grün und Blau. Da diese Lampen auch ohne weiteres in den Pux eingeschraubt werden können, werfen Anstrahlungen mit farbigem Licht überhaupt keine Probleme auf. Für die größere 300-W-Reflektorlampe mit Preßglaskolben in engstrahlender und breitstrahlender Ausführung ist eine regengeschützte Armatur mit Abschlußglas erhältlich. Das Gehäuse besteht aus Siluminguß, die Dichtung ist aus Silicon gefertigt. Der Deckel mit der Sicherheitsglasscheibe kann für einen Lampenwechsel leicht geöffnet werden. Die Lichtleistung der Lampe reicht aus, um ganze Baumgruppen zu beleuchten.

Für größere Gärten und parkähnliche Anlagen verwendet man **Scheinwerfer.** Sie stehen als robuste, zweckmäßige Geräte mit hohem Wirkungsgrad zur Verfügung. Klein und handlich sind vor allem die 1- und 2-kW-Scheinwerfer für Halogenglühlampen. Daneben benutzt man Scheinwerfer, die mit Lichtwurflampen bestückt werden und spezielle Scheinwerfer für Entladungslampen.

Während die kleinen Anstrahlgeräte kaum Probleme bei der Installation aufwerfen, wird man bei Scheinwerfern und bei der Verwendung von Entladungslampen diesbezügliche Überlegungen anstellen müssen. So ist es in jedem Fall nützlich, wenn im Garten eine Ringleitung mit mehreren Außensteckdosen verlegt ist. Dadurch bleibt man in der Wahl der Aufstellungsorte für die Anstrahlgeräte variabel und schafft sich weiterhin den Vorteil, daß die Lichteinwirkungen dem Pflanzenwuchs und der Jahreszeit angepaßt werden können.

Wesentlich für einen »Licht-Garten« ist die Anstrahlzone. Kann von der Terrasse aus die Rasenfläche überblickt werden und sind im Hintergrund beleuchtete Strauch- und Baumgruppen sichtbar, so sollten sie den Abschluß des beleuchteten Geländes bilden. In der Nähe der Terrasse können niedrige Pflanzen und Blumen angestrahlt werden. Die Beleuchtung des Gartens dient somit in erster Linie der Erholung und Entspannung, während die anderen Beleuchtungsinstallationen eine mehr oder weniger zweckgebundene Bedeutung haben (Bild 11.40).

Bild 11.40 Typische Gartenleuchte (Philips V-NPH) für Glühlampen, besonders geeignet für Vorgärten und Terrassen

11.4. Außenbeleuchtungen

Aus dem enorm vielgestaltigen Bereich der Außenbeleuchtungen sollen hier nur vier Beispiele herausgegriffen werden, an denen der Umfang und die Bedeutung derartiger Anlagen abgelesen werden können.

Im Düsseldorfer Rheinstadion wurde eine moderne **Flutlichtanlage** errichtet, bei der vier vorhandene 45 m hohe Masten – so lautete die Forderung des Bauherrn – mit den Empfehlungen des DIN-Normblatt-Entwurfs 67 526 betreffend »Sportstättenbeleuchtungs-Anforderungen für Fernseh- und Filmaufnahmen« in Einklang zu bringen waren. Die Installation der Anlage erfolgte in enger Zusammenarbeit zwischen dem Hochbauamt der Stadt Düsseldorf und Philips. Dabei wurde die für deutsche Stadien neuartige Konzeption gefunden, vier Lichtmaste und zwei Lichtbänder – je eins unterhalb der beiden Tribünendächer – zu einer Flutlichtanlage zu verbinden (Bild 11.41). Die hierfür optimalen Werte ermittelte man mit Computern nach modernsten Berechnungsmethoden der Lichttechnik.

Bild 11.41 Die Philips Flutlichtanlage im Düsseldorfer Rheinstadion besteht aus Lichtbändern und Lichtmasten und liefert auf dem Spielfeld eine maximale vertikale Beleuchtungsstärke von 1650 Lux

Jeder Mast trägt 42 engbündelnde Scheinwerfer, die jeweils mit einer 2-kW-Hochdruck-Halogen-Metalldampflampe bestückt sind; jedes Lichtband weist 60 Muschelscheinwerfer mit asymmetrischer Optik auf, wobei hier jeder Scheinwerfer zwei Hochdruck-Halogen-Metalldampflampen von 3,5 kW enthält. Der Lichtstrom aller 408 Lampen ist mit insgesamt über 100 Millionen Lumen außerordentlich groß. Ein Vergleich macht dies deutlich: Um denselben Lichtstrom mit Glühlampen zu erzielen, müßten 250 000 Stück zu je 40 Watt installiert werden. Der Anschlußwert stiege damit von 1225 kW auf 10 000 kW, was eine sehr kostspielige Betriebsgröße ausmachen würde.

Für den Verkehrsverteiler »Olympia« in München wurde eine **Hochmast-Beleuchtungsanlage** erstellt. Das Bauwerk, in dessen Bereich der Verkehr stellenweise in drei Ebenen fließt, weist vier Brücken auf, darunter eine 430 m lange Stelzenbrücke. Der Höhenunterschied zwischen der unteren und der oberen Fahrbahn beträgt 13,70 m (Bild 11.42).

Die neuartige Hochmast-Beleuchtungsanlage weist keine großflächige Lichtausstrahlung, sondern ein vorwiegend auf die Fahrbahn und gegen die Fahrtrichtung fallendes Licht auf. Das hierdurch entstehende, weit überschaubare »Lichtband Straße« ermöglicht neben seiner verkehrsführenden Wirkung auch eine hervorragende Vorausorientierung für den Autofahrer.

Diese neuartige und erstmals in Europa angewendete Lichtquellenanordnung (Bild 11.43) hat mehrere Vorteile:

1. Bedingt durch das Reflexionsverhalten von Straßenoberflächen, führt das gegen die Beobachtungsrichtung im flachen Winkel einfallende Licht zu höheren Leuchtdichten als senkrecht oder mit der Beobachtungsrichtung auftreffendes Licht. Außer einer erheblichen Verbesserung in der Leuchtdichtewirkung tragen die geringeren Abstände zwischen Lichtquelle und Straße insbesondere in den mastnahen Bereichen zur Wirkungsgraderhöhung bei.
2. Darüber hinaus wird an den Stellen, an denen das Licht gegen die Fahrtrichtung strahlt, die Kontrastwirkung zwischen

Bild 11.42 Nachtansicht des »Verkehrsverteilers Olympia« in München mit der von Philips erstellten Hochmast-Beleuchtungsanlage. Das Foto zeigt einen Teilabschnitt des kreuzungsfreien Verkehrsknotenpunkts, in dessen Bereich der Verkehr stellenweise in drei Ebenen fließt

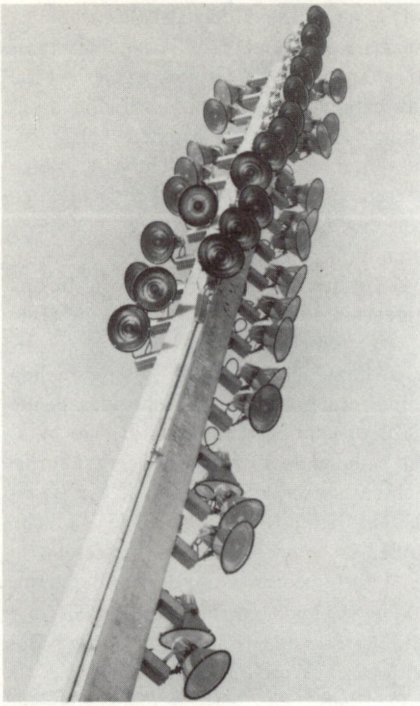

Bild 11.43 Dieser Mast am »Verkehrsverteiler Olympia« wurde mit 39 Scheinwerfern S-HNF 010 in vertikaler Anordnung bestückt. Die Scheinwerfer sind auf Konsolen befestigt, die gleichzeitig die für die Hochdruck-Natriumdampflampen SON-T 250 W bzw. 400 W erforderlichen Vorschalt- und Zündgeräte aufnehmen

einem Hindernis (Fahrzeug) und der Straße durch einen nahezu absoluten Negativkontrast außergewöhnlich gefördert.

3. Ein weiterer Vorteil der Anlage liegt in der vom Kraftfahrer so geschätzten Lichtführungslinie »Straße«. Dies wurde durch die Verwendung von engbündelnden Scheinwerfern erreicht, die vorwiegend die Straße beleuchten und nur eine ganz geringe Geländeaufhellung bewirken. Die Blendung ist wesentlich geringer als bei konventionellen Straßenbeleuchtungsanlagen.

4. Schließlich sei noch auf die gute ästhetische Wirkung dieser Anlage sowohl bei Nacht als auch bei Tag hingewiesen.

Auf den 23 Masten mit Lichtpunkthöhen von 35 m sind insgesamt ca. 650 Scheinwerfer mit drei verschiedenen Lichtverteilungs-Charakteristiken installiert. Als Lichtquellen werden die Philips Hochdruck-Natriumdampflampen SON-T 250 W und 400 W eingesetzt.

In Hamburg wurde eine **Beleuchtungsanlage** für das Container-Terminal errichtet (Bild 11.44). Der Transport der Container von der Verladerampe zu den Stellplätzen erfolgt mit schnellen Hubwagen (Geschwindigkeit bis zu 40 km/h), die zum verkehrssicheren Manövrieren eine hohe Umfeldbeleuchtungsstärke benötigen. Dies muß durch möglichst wenige Lichtmaste erreicht werden, um die Abstellfläche frei von Hindernissen zu halten.

Bild 11.44 30-m-Mast der Philips Beleuchtungsanlage für das Container-Terminal im Hamburger Hafen

Außerdem dürfen die Hubwagenfahrer, deren Augenhöhe je nach Hubwagentyp bis zu 7,5 m beträgt, nicht durch niedrige Lichtpunkte geblendet werden. Darüber hinaus verlangt die oft farbige Container-Beschriftung nach einer guten Farbwiedergabeeigenschaft des zu verwendenden

Lampentyps, und nicht zuletzt wird von der gesamten Beleuchtungsanlage gefordert, daß die benachbarte Schiffahrt nicht durch Blendung beeinträchtigt wird.

Auch hier konnten diese Bedingungen am besten durch eine Hochmastanlage mit Lichtpunkthöhen von 30 m erfüllt werden. Jeder der Gittermaste ist mit einer begehbaren Bühne ausgerüstet, auf der maximal sechs Scheinwerfer des Typs S-HNF 101 untergebracht sind, die je zwei Hochdruck-Natriumdampflampen SON-T 400 W enthalten. Der Mastabstand beträgt rund 110 m.

Zu den technischen Besonderheiten des neuen Hamburger Elbtunnels zählen auch die von Philips an den Einfahrtstrecken installierten Hochmast- und Hochketten-Beleuchtungsanlagen sowie die erstmalig in Europa angewandten **Straßen-Unterflurleuchten** zur Verkehrslenkung.

Für jede Richtung stehen dem Verkehr normalerweise drei Fahrspuren in $1^1/_2$ Tunnelröhren zur Verfügung (Bild 11.45). In der Praxis ist es aber notwendig, einmal eine Fahrspur oder vielleicht sogar eine ganze Tunnelröhre zu sperren. Dann muß der Verkehr entsprechend »geschwenkt« werden.

Um allen nur denkbaren möglichen Verkehrszuständen gewachsen zu sein, wurden im Norden des Elbtunnels drei und im Süden zwei Leitlinien aus Unterflurleuchten als variable Fahrbahnmarkierungen installiert (Bild 11.46). Die fünf Lichtleitlinien haben eine Länge von zusammen 480 m. Der Leuchtenabstand beträgt bei jeder Leitlinie auf gerader Strecke 7,5 m, in Kur-

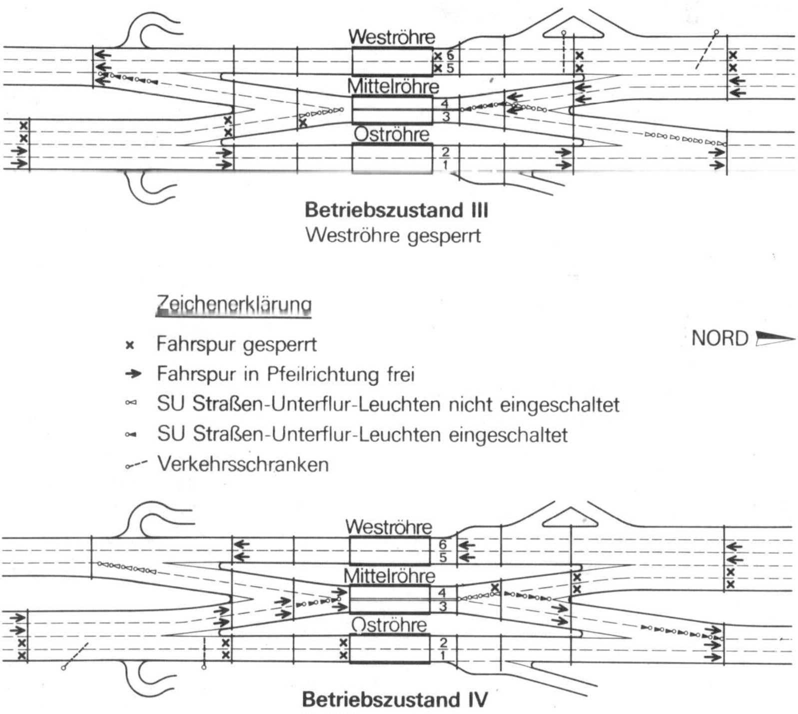

Bild 11.45 Planskizzen der Streckenführung im neuen Elbtunnel bei den Betriebszuständen III und IV. Im Betriebszustand I wären alle drei Tunnelröhren befahrbar (der Mitteltunnel im Gegenverkehr), bei II wäre die Mittelröhre gesperrt

ven 5 m. Als Lichtquelle dient eine 45-W-Halogenlampe mit einer Nennspannung von 6,8 V. Über einen Lichtwertgeber wird die Spannung an den Lampen und damit auch der Lichtstrom so geregelt, daß die eingeschalteten Lampen immer der Umfeldleuchtdichte angepaßt sind und den Autofahrer nicht blenden.

Bild 11.46 »Bewegliche« Lichtleitlinien an der Einfahrt zum Autobahn-Elbtunnel in Hamburg

11.5. Jenseits des Sichtbaren: Infrarot und Ultraviolett

Die Strahlung, die sich jenseits 760 nm in Richtung größerer Wellenlängen an das sichtbare Rot anschließt, bezeichnet man heute allgemein als Infrarotstrahlung (infra = jenseits). Früher war auch der Ausdruck Ultrarotstrahlung gebräuchlich, jedoch ist man hiervon wieder abgekommen, um Verwechslungen mit der kurzwelligen Ultraviolettstrahlung zu vermeiden. Die Wellenlängen der IR-Strahlung (IR = Infrarot) reichen bis etwa 1 mm, dort schließen sich die kurzen Radarwellen (1 cm) an, denen dann die Fernseh- und Rundfunkwellen folgen.

11.5.1. Eigenschaften der Infrarotstrahlung

Bei der Einwirkung von elektromagnetischer Strahlung auf irgendwelche Substanzen verhält sich die Strahlung so, als ob sie aus kleinen Energieteilchen bestehen würde. Diese unvorstellbar kleinen Energieteilchen nennt man Quanten. Ihr Energiegehalt E wurde von dem bekannten deutschen Physiker Max Planck mit der Formel

$$E = h \cdot \frac{c}{\lambda}$$

angegeben. Darin sind h und c eine konstante Zahl und λ die Wellenlänge der Strahlung. Die Formel sagt also, daß Strahlung kurzer Wellenlänge energiereichere Quanten besitzt als Strahlung längerer Wellenlänge. So ist z. B. das Quant violetten Lichts ($\lambda = 400$ nm) doppelt so kräftig wie ein IR-Quant von 800 nm.

Das Gesamtgebiet der Infrarotstrahlung wird aus praktischen Gründen in folgende Bereiche unterteilt:

IR-A von 780 bis 1400 nm (kurz)
IR-B von 1,4 bis 3 µm (mittel)
IR-C von 3 µm bis 1 mm (lang)

Einige Effekte, die bei der Einwirkung von Strahlung auf Substanzen auftreten, z. B. Fluoreszenz von Leuchtstoffen, Schwärzung von Photoschichten, Photosynthese der Pflanzen oder Photospannung bei Belichtungsmessern, verlangen Quanten relativ hoher Energie, d. h. Strahlung mit kurzer Wellenlänge. Die Infrarotquanten sind daher meist zu schwach, um diese besonderen Effekte zu erzielen. IR-Strahlung wird von den Substanzen praktisch nur absorbiert und bewirkt dabei eine Temperaturerhöhung des bestrahlten Objekts. Wegen dieser Wärmewirkung wird deshalb auch häufig von Wärmestrahlung gesprochen, obwohl normalerweise jede Strahlung bei ihrem Auftreffen auf eine Materie auch etwas Wärme erzeugt.

Da sich die Infrarotstrahlung bei ihrer Ausbreitung ganz ähnlich wie Licht verhält, bezeichnet man sie auch als eine quasioptische Strahlung. So sind auch fast alle lichttechnischen Gesetzmäßigkeiten und Einheiten auf die IR-Strahlung zu übertragen. Lediglich die Augeneigenschaften sind herauszunehmen, und außerdem ist der Vorgang rein energetisch zu betrachten. An die Stelle des Lichtstroms in Lumen tritt der Strahlungsfluß in Watt, d. h., statt Lichtausbeute in Lichtstrom pro Leistungsaufnahme wird die IR-Strahlungsausbeute in Strahlungsfluß pro Leistungsaufnahme angegeben. Die exakte Messung der IR-Strahlung erfolgt mit Empfängern, die rein energetisch bewerten, z. B. Thermoelemente. Wenn ein konstantes Verhältnis zwischen IR-Strahlung und anderer meßbarer Strahlung besteht, sind auch andere Empfänger benutzbar. Beispielsweise läßt sich beim IR-Hellstrahler ein Luxmeter zur Ermittlung der Bestrahlungsstärke verwenden (1 Lux entspricht etwa 0,2 W/m^2).

11.5.2. Infrarot-Strahlungsquellen

Für künstlich erzeugte IR-Strahlung kommen Temperaturstrahler, Gasentladungsstrahler und Laser-Strahler in Frage. Bei den in der Praxis gebräuchlichen IR-Strahlern des erstgenannten Typs unterscheidet man zwischen dem Dunkelstrahler, der praktisch kein Licht ausstrahlt, und dem Hellstrahler, der im sichtbaren Gebiet etwa 4 Prozent Strahlung aufweist (Bild 11.47).

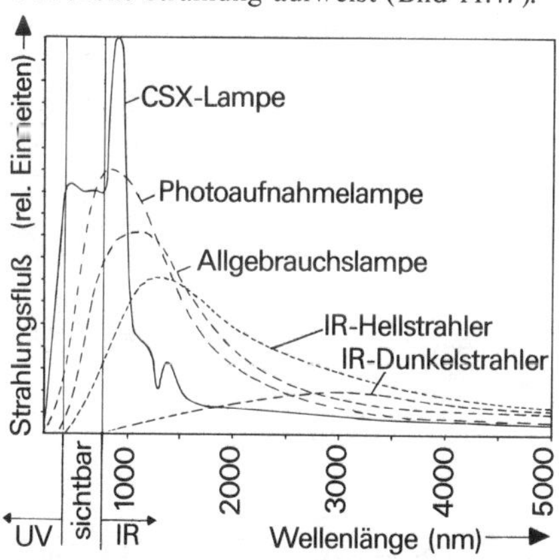

Bild 11.47 Strahlungsflußverteilung, bezogen auf gleiche Leistungsaufnahme der Strahlungs- und Lichtquellen

Beim **Dunkelstrahler** ist eine Heizspirale in eine temperaturfeste und isolierende Masse oder in ein Pulver mit gleichen Eigenschaften eingebettet. Als äußerer Mantel dient ein Stahlrohr (CrNi) oder auch eine Keramikglasur. Die Wärme der Heizspirale wird in etwa 5 bis 15 Minuten auf die Manteloberfläche übertragen, die je nach Belastung eine Temperatur von 200 bis 1000° C annimmt. Das Strahlungsmaximum liegt ziemlich langwellig zwischen 2000 und 6000 nm. Infolge der großen, heißen Manteloberfläche entstehen erhebliche Wärmeverluste an die umgebende Luft, so daß die Infrarotausbeute sehr niedrig ist. Die Lebensdauer des Dunkelstrahlers ist sehr hoch, soweit keine korrodierenden Gase und Dämpfe vorhanden sind.

Der **Infrarot-Hellstrahler** leitet sich konstruktiv von der Glühlampe ab. Als Strahlungselement dient eine vom elektrischen Strom auf ca. 2000° C aufgeheizte Wolframwendel. Die Aufheizung geschieht in einer Sekunde, d. h., der IR-Hellstrahler ist praktisch trägheitslos und daher für exakte und schnelle Regelung sowie diskontinuierlichen Betrieb hervorragend geeignet. Die hochbelastete Wendel befindet sich in einem evakuierten oder mit einem nichtoxidierenden Gas gefüllten Hartglas- oder Quarzglaskolben, durch den die IR-Strahlung mit nur geringen Absorptionsverlusten nach außen tritt. Da die Wärmeleitung an die Außenfläche gering ist und Temperatur bzw. Oberfläche sehr günstig sind, ergibt sich eine sehr hohe IR-Ausbeute von 65 bis 80 Prozent. Die mittlere Lebensdauer bei Nennspannungsbetrieb ist auf rund 5000 Stunden ausgelegt. Spezielle Kopier- und Therapiestrahler haben eine Lebensdauer von etwa 500 Stunden.

Für geringe Leistungskonzentrationen und Temperaturen bis maximal 400° C wurden Strahler mit einem innenverspiegelten Reflektorkolben entwickelt. Für hohe Energiekonzentrationen, große Arbeitsgeschwindigkeiten und Guttemperaturen bis etwa 1200° C sind die Quarzrohrstrahler vom Typ IRK mit Leistungen bis zu 3000 W gedacht (Bild 11.48 a), ihre spe-

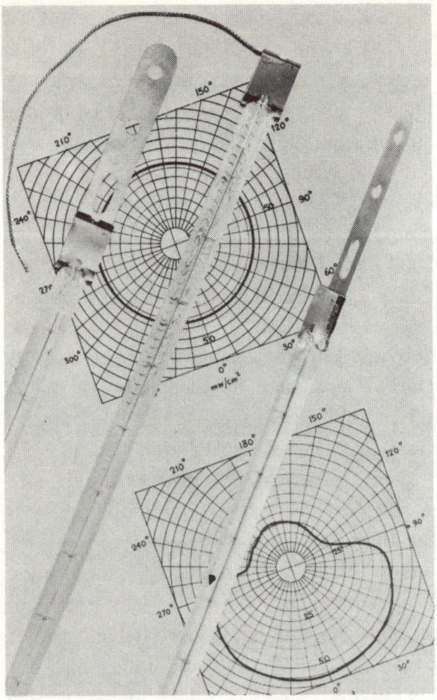

Bild 11.48a Quarzrohrstrahler IRK mit Strahlungs-Diagrammen

zifische Leistung beträgt etwa 40 W/cm. Demgegenüber weist einer der stärksten Infrarotstrahler der Welt, der IRH 20 000 W (Bild 11.48 b), eine spezifische Leistung von 300 W/cm auf. Damit erreicht man Arbeitstemperaturen zwischen 1000 und 2000° C.

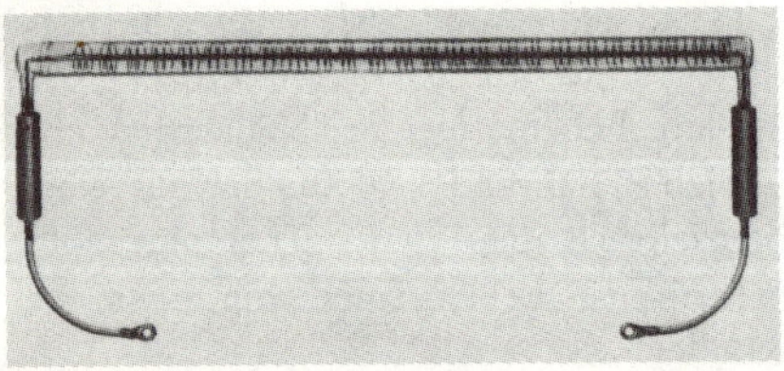

Bild 11.48b Einer der stärksten Infrarotstrahler der Welt ist der Philips Typ IRH 20 000 W (Länge des Strahlers ca. 80 cm)

Zwischen die Hellstrahler und die Dunkelstrahler haben sich seit einiger Zeit die einfachen **Quarzrohrstrahler** vom Typ IRQ geschoben. Bei ihnen liegt die Heizspirale in einem Rohr aus Quarzgut. Das Rohr ist nicht evakuiert, und daher kann die Edelstahlspirale nur Temperaturen von etwa 1000 bis 1500° C annehmen. Die Spirale strahlt zum Teil durch das Quarzrohr hindurch, außerdem wird das Quarzrohr durch Wärmeleitung und Konvektion aufgeheizt und dient somit auch als Strahler. Die IR-Ausbeute liegt bei etwa 40 bis 50 Prozent, die Aufheizzeit beträgt etwa eine Minute. Dieser Strahlertyp liegt auch preislich zwischen Hell- und Dunkelstrahler.

Obwohl **Gasentladungslampen** oft als Kaltlichtquellen bezeichnet werden, gilt dieser Ausdruck doch nur im Vergleich zu Glühlampen. In der Tabelle 11.7 sind einige Strahlungsquellen mit ihrer Infrarotausbeute angegeben. Leuchtstofflampen haben einen sehr niedrigen Infrarotanteil, der vornehmlich von den geheizten Elektroden und der Verlustwärme in der Lampenwandung herrührt. Als IR-Strahlungsquellen werden sie daher nicht verwendet, zumal die Energiekonzentration gering ist und besonderes Zubehör (Vorschaltgerät, Starter usw.) benötigt wird. Anders liegen die Verhältnisse bei den Quecksilber-Kapillar-Lampen vom Typ SP und den Xenon-Kurzbogenlampen vom Typ CSX (Bild 11.49). Ihre Infrarotausbeute von 40 bis 50 Prozent ist deshalb interessant, weil die Infrarotstrahlung hier aus einem äußerst kleinen Lichtbogen (2 bis 20 mm) stammt, in dem 150 bis maximal 6500 W umgesetzt werden. Diese Strahlung setzt sich aus einer starken, kontinuierlichen Grundstrahlung sowie verbreiteten Linien und Banden im nahen Infrarot zusammen (s. auch Bild 11.47).

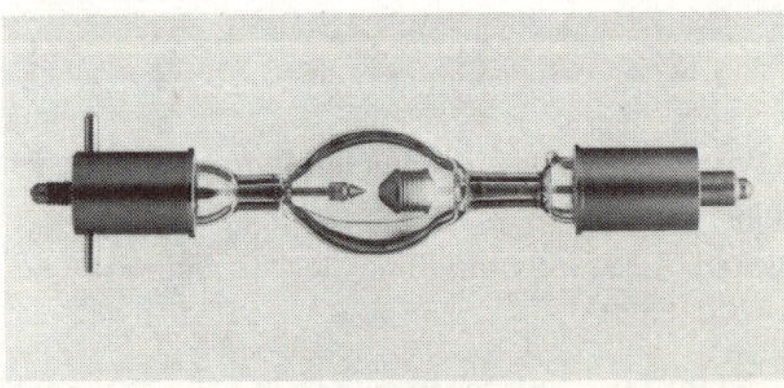

Bild 11.49 Xenon-Kurzbogenlampe vom Typ CSX 1000 W für horizontale Betriebsweise

Tabelle 11.7 **Infrarotausbeute verschiedener Strahlungsquellen**

Strahlungsquellen	IR-Ausbeute in %	Strahldichte
IR-Laser	0,1 — 10	extrem hoch
TL-Leuchtstofflampe	≈ 30	sehr klein
IR-Dunkelstrahler	20 — 40	niedrig
IRQ Quarzrohrstrahler	30 — 50	mittel
CSX-Xenon-Kurzbogenlampe	≈ 45	sehr hoch
SP-Quecksilberdampflampe	≈ 50	sehr hoch
Glühlampe 2 700 °	≈ 60	hoch
Photoflux-Blitzlampe	≈ 60	hoch
Projektionslampe 3 200 °	≈ 70	hoch
IR-Hellstrahler	65 — 80	hoch

Laser-Lichtquellen senden ihre scharfgebündelten Strahlen vorzugsweise im infraroten Wellenbereich aus. Der Wirkungsgrad dieser Licht- oder Strahlungserzeugung ist sehr niedrig, wie die erste Zeile in der Tabelle 11.7 zeigt. Dies ist durch den sehr verlustreichen Erzeugungsprozeß bedingt, der jedoch andererseits für die besonderen Eigenschaften der Laser-Strahlung wie Kohärenz (Gleichphasigkeit), Monochromasie (extrem schmales Wellenlängenband) und Parallelität (Divergenz < 1 °) erforderlich ist. Beim Impulslaser ist die kurzzeitige Strahlungsintensität außerordentlich hoch, während der Dauerstrichlaser ständig eine relativ kleine Leistung abgibt.

Die in der Tabelle 11.7 aufgeführten Photoflux-Blitzlampen kann man als Verbrennungslampen den Temperaturstrahlern zurechnen. Die Infrarotausbeute liegt dementsprechend hoch.

11.5.3. Infrarot-Anwendungen

Bei den Beispielen für die Verwendung der aufgeführten IR-Strahlungsquellen unterscheidet man zwischen den thermischen Anwendungen, bei denen also die entstehende Wärme eine Rolle spielt, und den nichtthermischen Anwendungen, bei denen photoelektrische und photochemische Effekte ausgenutzt werden.

Ein breites Gebiet ist die Wärmeerzeugung für den industriellen Bedarf. Bei einem bestimmten Lötverfahren befindet sich die IR-Strahlungsquelle, z. B. die Wendel einer Projektionslampe mit sehr hoher Belastung, im Brennpunkt eines elliptischen Reflektors. Die Wendel wird durch den Reflektor im Lötbereich abgebildet und heizt diese Stelle in kurzer Zeit auf die Löttemperatur auf. Hierbei wird das Werkstück nicht berührt, und die Arbeitsatmosphäre (normaler Luftdruck, Schutzgas oder Vakuum) ist ohne Belang. Das Erwärmungsgebiet ist genau begrenzt, ebenfalls wird die Temperatur exakt eingehalten. Es ist weiterhin möglich, auf Glas und Quarz zu löten, ohne daß Spannungen auftreten, und ferner kann man durch Glas- und Quarzwände hindurch im Inneren eines solchen Gefäßes löten.

Für die Stahlverarbeitung sind die Hochleistungsstrahler vom Typ IRK und IRH von großer Bedeutung. Falls der Stahl nach dem Gießen nicht sofort weiterverarbeitet werden kann, muß er bei der späteren Verarbeitung erst wieder auf eine Temperatur gebracht werden, die eine Warmverformung gestattet. Mit IRK-Strahlern kann man Erwärmungsöfen mit niedrigen Investitionskosten bauen. Außerdem besitzen diese Öfen eine sehr geringe Masse, was sowohl dem Raumbedarf als auch der Aufheizzeit zugute kommt.

Infrarot-Öfen werden aus Reflektoreinheiten zusammengesetzt. In der Brennlinie jedes Reflektors, der aus massivem Aluminium mit eingebauter Wasserkühlung besteht, liegt die Wendel des IR-Strahlers. Der Ofenwirkungsgrad ändert sich bei Variation des Erwärmungsgutes in bezug auf Abmessung und Absorptionsvermögen kaum. Mit Werten zwischen 50 und 70 Prozent liegt der Wirkungsgrad höher als bei besten konventionellen und Induktionsöfen. Bild 11.50 zeigt den Versuchsaufbau eines Strahlungs-»Ofens« mit IR-Flächen.

Bild 11.50 Aufnahme eines Versuchsaufbaus von IR-Flächen für Strahlungs-»Öfen«

Eine intensive IR-Strahlungsquelle wird auch für IR-Kopiergeräte benötigt. Bei ihnen liegt die genau justierte Wendel eines speziellen Quarzrohrstrahlers in der Brennlinie eines elliptischen Zylinderreflektors. Dieser erzeugt in der zweiten Brennlinie einen feinen Streifen sehr hoher Bestrahlungsstärke (Bild 11.51). Befindet sich in diesem Streifen ein bedrucktes oder beschriebenes Papier, so erhitzt sich diese Vorlage an den bedruckten oder beschriebenen Stellen infolge der Absorption im Farbstoff viel schneller und stärker als an den hellen, reflektierenden oder durchlässigen Stellen.

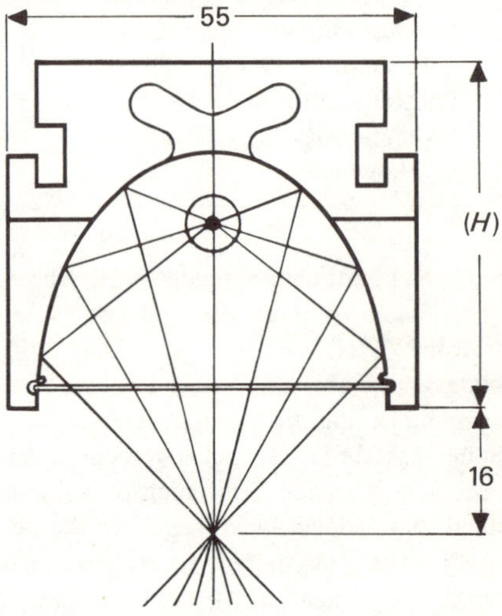

Bild 11.51 Schnittbild eines Infrarot-Strahlungselements mit elliptischem Reflektorprofil

Weitere Anwendungsgebiete finden sich speziell in der Kunststoffindustrie beim Verformen, Schweißen, Schmelzen, Schrumpfen und Trocknen der Materialien.

Ein anderer, parabelförmiger Reflektor ist so konstruiert, daß bei paralleler Anordnung der Elemente an der Unterkante ein gleichmäßiges Strahlungsfeld entsteht (Bild 11.52). Anwendungsgebiete ergeben sich in der Kunststoff-, Leder- und Textilindustrie, in grafischen Betrieben sowie im weiten Bereich der metallverarbeitenden Industrie, und zwar besonders für das Härten, Formen, Schrumpfen, Trocknen und Tempern.

In der **Therapie** entdeckte man bereits frühzeitig, daß sich die Infrarotstrahlung bei der Behandlung gewisser Krankheiten

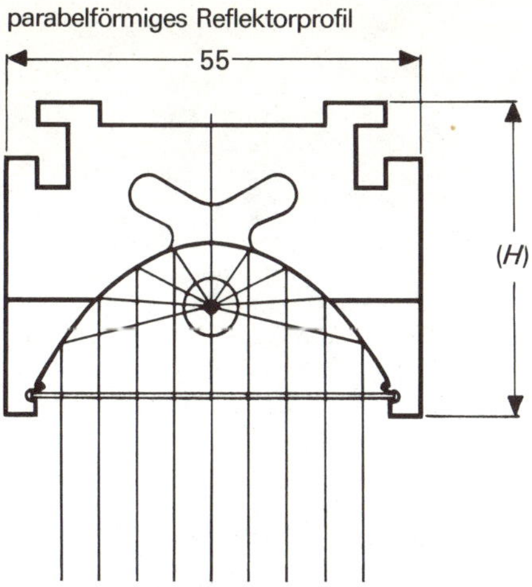

Bild 11.52 Schnittbild eines Infrarot-Strahlungselements mit parabelförmigem Reflektorprofil

sehr günstig auswirkt. Die Wirkung rührt ausschließlich von der in tieferen Gewebeschichten erzeugten Wärme her. Dieser Reiz ruft eine verstärkte Blutzufuhr hervor, die den Stoffwechsel fördert und sich vermutlich dadurch in unspezifischer Weise auf Entzündungen aller Art, Verstauchungen und rheumatische Erkrankungen positiv auswirkt.

Obwohl die Wellenlänge der IR-Strahlung keinen direkten Einfluß ausübt, ist sie doch von großer Bedeutung für die Eindringtiefe und die zulässige Bestrahlungsstärke. Bild 11.53 zeigt, daß kurzwellige Strahlung um 1000 nm in den obersten Gewebeschichten, die auch die Nervenzellen enthalten, kaum absorbiert wird, sondern ziemlich tief eindringt. Dadurch werden die

		Ultraviolett				sichtbares Licht			Infrarot	
Wellenlänge in nm		200	250	280	300	400	550	750	1000	1400
einfallende Strahlung in %		100	100	100	100	100	100	100	100	100
0,3 mm	Hornschicht	100%	81%	85%	66%	20%	13%	22%	29%	56%
0,5 mm	Keimschicht		8%	6%	18%	23%	10%	13%	6%	16%
	Cutis		11%	9%	16%	56%	72%	40%	48%	20%
2,0 mm	Sub-Cutis					1%	5%	20%	17%	8%
25 mm								5%		

Bild 11.53 Eindringtiefe der IR-Strahlung in die Haut in Abhängigkeit von der Wellenlänge

entzündeten Gewebeschichten nicht nur viel besser, sondern auch mit einer viel höheren Intensität erreicht. Die maximale Intensität bis zur Schmerzschwelle ist bei kurzwelligem IR doppelt so hoch wie bei langwelligem IR, man führt also mit kurzwelligem IR die doppelte Wärmemenge zu. Als geeignete Strahlungsquelle bietet sich daher der IR-Hellstrahler mit hochbelasteter Wendel an.

Für die praktische Anwendung wurde die Infraphil-Preßglaslampe geschaffen, die einen speziellen Reflektorkolben verwendet und eine sehr gleichmäßige Bestrahlungsstärke in einem Feld von ca. 10 cm Durchmesser hat (Bild 11.54). Bei Verwendung der Infraphil-Lampe oder des IR-Kolbenstrahlers (Bild 11.55) wird mit rubinisierten Filtergläsern gearbeitet, die das unerwünschte sichtbare Licht weitgehend absorbieren, während die für die Therapie wichtigen kurzwelligen IR-Strahlen transmittiert werden.

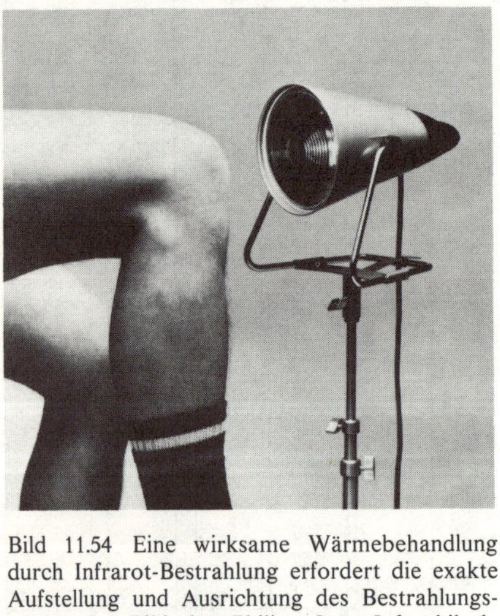

Bild 11.54 Eine wirksame Wärmebehandlung durch Infrarot-Bestrahlung erfordert die exakte Aufstellung und Ausrichtung des Bestrahlungsgeräts. Im Bild der Philips Set »Infraphil de Luxe« HP 3608 S, bestehend aus Lampe und Stativ

Infrarotstrahler finden auch als **Strahlungsheizung** zunehmend Anklang. Während man bei den Therapiestrahlen eine Tiefenwirkung wünscht, legt man bei der

Bild 11.55 Philips IR-Kolbenstrahler mit einer Leistung von 250 W

Strahlungsheizung Wert auf eine Oberflächenwirkung, lange Lebensdauer und gute Wirtschaftlichkeit. Für die Anwendung in Bad und Küche sowie auf Terrassen und Balkonen sind diese Wärmestrahler mit einem IRQ-Strahler bestückt, der in weniger als einer Minute seine volle Heizleistung erreicht. Während die Anwendung in Badezimmern oder anderen Räumen in der Übergangszeit bereits weit verbreitet ist, steckt die private Außenanwendung noch in den Anfängen. Dabei stellt gerade dieser Wärmestrahler in unserem Klima eine ideale Lösung für Balkon und Terasse dar.

Eine andere Anwendung für Infrarot-Hellstrahler zeigt Bild 11.56 mit dem Auftauen und Erwärmen von Tiefkühlkost in speziell dafür konstruierten Geräten.

Von Bedeutung ist die Strahlungsheizung mit IR-Hellstrahlern auch in der Jungtieraufzucht. Da die eigene Wärmeregulierung des Jungtiers noch ungenügend ist, können bis zu 20 Prozent Aufzuchtverluste vor allem in der kühlen Jahreszeit auftreten. Durch zusätzliche, geeignete Wärmequellen kann das Wärmedefizit der Tiere aber ausgeglichen werden. Dieses kann durch Wärmeplatten oder auch Wärmehauben

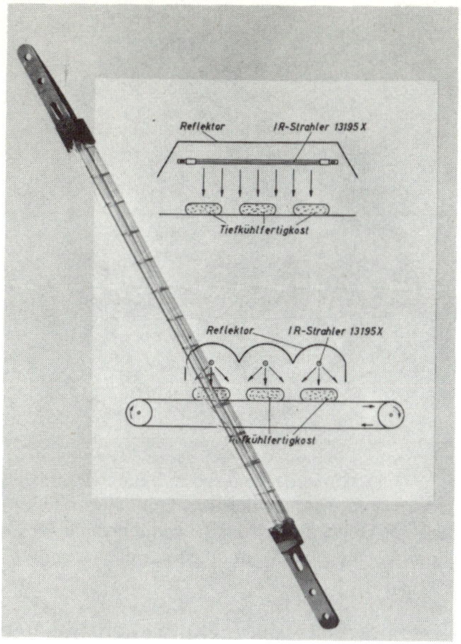

Bild 11.56 Mit der starken Zunahme von Tiefkühlfertigkost dürfte der Infrarot-Hellstrahler 1000 W aus Quarzrohr als Strahlungsquelle in »schnellen« Auftau- und Erwärmungsgeräten Eingang finden. Das Bild zeigt außerdem schematisch die Anordnung von Philips IR-Strahlern zum Auftauen und Erwärmen von Tiefkühlfertigkost. Obere Skizze: Querschnitt durch ein Standgerät für etwa 3 Portionen; untere Skizze: Querschnitt durch ein Durchlaufgerät zur kontinuierlichen Bearbeitung

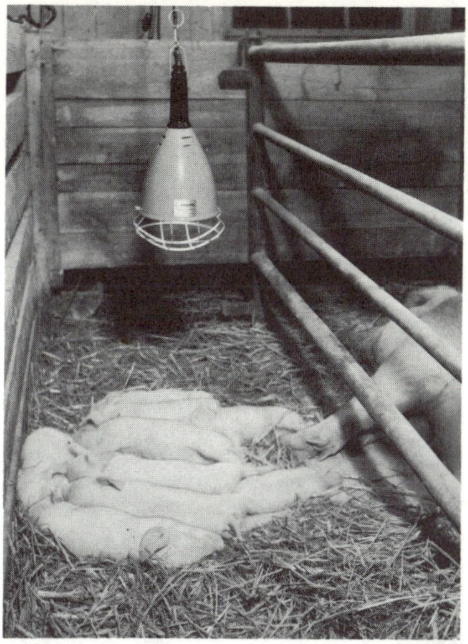

Bild 11.57 Jungtiersonne PK 1600, bestückt mit IR-Reflektorstrahlern 250 W

geschehen. Idealer ist jedoch die IR-Strahlung, da sie gleichsam die Sonne im Freien ersetzt und die Tiere in frischer Luft aufwachsen läßt. Für die Kükenaufzucht ist vor allem der rubinisierte Infrarotstrahler mit 150 und 250 W Leistungsaufnahme zu nennen, während bei den Ferkeln auch innensatinierte Strahler verwendet werden (Bild 11.57).

Neben den vorherrschenden thermischen Anwendungen gibt es auch interessante nichtthermische Anwendungen. Die IR-Anwendung in der Nachrichtentechnik ist bekannt, ein weiteres Gebiet sind die Infrarot-Scheinwerfer. Bei ihnen befindet sich eine IR-Strahlungsquelle (Projektionslampe oder Xenonkurzbogenlampe) in einem Reflektor, der einen gebündelten Strahl großer Reichweite aussendet. Das sichtbare Licht der Strahlungsquelle wird durch ein geeignetes Infrarotfilter verschluckt, so daß praktisch nur die Infrarotstrahlung nach außen tritt. Das unsichtbare Infrarotstrahlenbündel wird beim Auftreffen auf Gegenstände — gleich welcher Art — reflektiert und kann in einem Infrarot-Bildwandler sichtbar gemacht werden.

Das hierin erscheinende Bild ist dem Normaleindruck des Auges bezüglich der Form praktisch gleich, es treten jedoch oft bei der Umsetzung der Farben in Grautöne merkliche Verschiebungen auf, deren Ausmaße von der IR-Reflexion der jeweiligen Gegenstände abhängen. Man kann mit »Infrarot-Augen« also bei Nacht sehen, ohne selbst gesehen zu werden und ohne blendendes Licht auszusenden.

Wie ein menschliches Gesicht als »Wärmebild« aussieht, zeigt das in völliger Dunkelheit mit Hilfe eines neuen Infrarot-Bildwiedergabesystems aufgenommene Foto in Bild 11.58. Das im Philips Forschungslaboratorium Eindhoven entworfene System unterscheidet sich in mancher Beziehung von anderen Infrarotsystemen, die zumeist aus den im zweiten Weltkrieg für militärische Zwecke entwickelten Thermokameras entstanden sind. Trotz der hohen Abtastgeschwindigkeit von 50 Bildern pro Sekunde ist der Thermograph in der Lage, Objektzonen, deren Temperaturen sich nur um 0,2 °C voneinander unterscheiden, deutlich voneinander getrennt wiederzugeben.

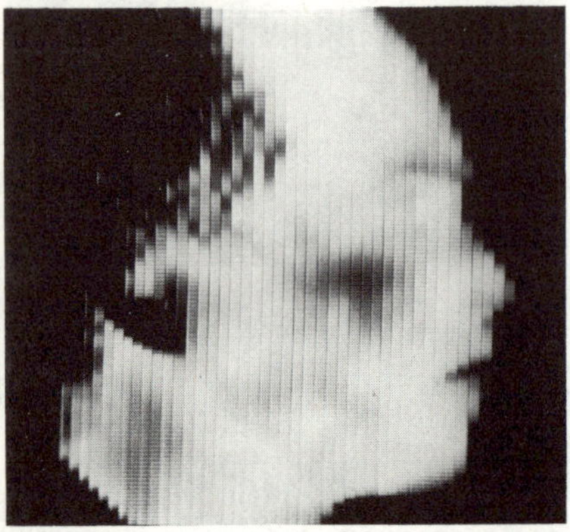

Bild 11.58 IR-Wärmebild eines menschlichen Gesichts

Auch im Gebiet der Unterhaltungselektronik macht man sich die Infrarotstrahlung zunutze, indem mit Hilfe von IR-emittierenden Dioden als Sender eine »drahtlose Tonübertragung« vom Fernseh- oder Rundfunkgerät zu den im Raum befindlichen Personen vorgenommen wird. Die IR-Empfänger sind in die Kopfhörer eingebaut und nehmen die Strahlung mit IR-empfindlichen Dioden auf (Bild 11.59).

11.5.4. Eigenschaften der Ultraviolettstrahlung

Die kurzwelligste sichtbare Strahlung wird von den Menschen als Farbeindruck »Violett« empfunden. Man bezeichnet daher die anschließende, noch kurzwelligere Strahlung als »Ultraviolett« (ultra = über). Das

Bild 11.59 Infrarot-Tonsender zur drahtlosen Übertragung des Begleittons beim Fernsehempfang im Heim. Die Infrarot-Leistungsdiode ist im Hintergrund des »Strahlungstrichters« zu erkennen

Gesamtgebiet der Ultraviolettstrahlung wird üblicherweise in drei Bereiche aufgeteilt, und zwar in:

UV-A von 400 bis 310 nm,
UV-B von 310 bis 280 nm,
UV-C von 280 bis 100 nm.

Noch kürzere Wellenlängen zählen dann schon zum Bereich der »weichen« Röntgenstrahlung.

Während die Energie der Infrarotstrahlungsquanten von 1050 nm Wellenlänge sehr schwach ist (sie verursachen bei Absorption vorzugsweise nur Erwärmung), ist die Energie der UV-Quanten von 350 nm Wellenlänge dreimal so hoch. Ein UV-Quant ist daher in der Lage, photochemische Umwandlungen zu bewirken, photoelektrische Effekte zu erzeugen und Leuchtstoffe zur Fluoreszenz anzuregen. Nebenbei treten natürlich auch noch Erwärmungen durch Verlustvorgänge auf.

11.5.5. Ultraviolett-Strahlungsquellen

Die Sonne dürfte als natürliche Quelle ultravioletter Strahlung wohlbekannt sein. Ihre gesamte Strahlungsintensität liegt sehr hoch, und durch ihre Farbtemperatur von 5000–6000 K entfällt ein großer Anteil auf den ultravioletten Strahlungsbereich. Für technische Zwecke läßt sich dies aber aus vielerlei Gründen kaum ausnutzen.

Zu den künstlichen ultravioletten Strahlungsquellen zählt auch die Glühlampe. Ihre Strahlungsleistung und die Strahlungsausbeute ist bei der auftretenden Farbtemperatur von max. 3400 K aber so gering, daß sie in der Praxis als UV-Quelle ausscheidet. Der freibrennende Kohlelichtbogen war bereits eine für den Anfang brauchbare UV-Quelle, aber erst die Erfindung der Gasentladungslampen brachte künstliche UV-Quellen hoher Intensität. Durch die Wahl von Füllgas, Fülldruck und Abmessungen kann das Emissionsspektrum variiert werden. Für die Emission von Spektrallinien im UV-Bereich stellte sich Quecksilberdampf als am geeignetsten heraus.

In **Quecksilberdampf-Niederdrucklampen** findet bei niedrigem Fülldruck und bei relativ geringen Leistungen eine Anregung der Quecksilberatome statt, die vorzugsweise zur Ausstrahlung der kurzwelligen UV-Linie bei 254 nm führt. Wesentlich schwächer sind eine Linie bei 189 nm und einige Linien im sichtbaren (blauen) Gebiet. Diese Lampen zeigen also ein schwaches, hellblaues Leuchten. Elektrisch und geometrisch sowie in der Primärstrahlung entsprechen sie den bekannten Leuchtstofflampen für Beleuchtungszwecke. Während man bei diesen jedoch die UV-Strahlung durch den inneren Leuchtstoffbelag auffängt und ins Sichtbare transformiert, kann bei den speziellen UV-Lampentypen die kurzwellige UV-Strahlung mit hoher Ausbeute nach außen treten.

Als Sonderformen sind die länglichen UV-Glimmlampen TW 60 und TUV 6 W (Maximum bei 350 nm) mit Gewinde E 27 zu betrachten, die mit ihrem eingebauten Vorwiderstand direkt an 220 V angeschlossen werden können, sowie die kleine, kugelförmige Ozonlampe OZ 4 W, deren Spezialglas auch die Linie 185 nm durchläßt. Sie wird über einen Transformator betrieben und mit einem Widerstand stabilisiert. Die Zündung erfolgt durch Aufheizen der durchgehenden Glühwendel bis auf Emissionstemperatur, woraufhin sich eine Gasentladung zwischen den Zuführungsstiften ausbildet, da diese Strecke einen geringeren Widerstand hat als die Glühwendel.

Die **UV-Leuchtstofflampen** entsprechen elektrisch den bekannten »normalen« Leuchtstofflampen, enthalten jedoch Leuchtstoffe, die im langwelligen Ultraviolett emittieren. Hierzu gehören die superaktinischen (aktinisch = durch Strahlung hervorgerufen) Leuchtstofflampen TL/05 mit größter Intensität bei 360, 420 oder 550 nm je nach Lampentyp sowie die bei 350 nm emittierenden Schwarzlichtleuchtstofflampen TL/08. Bei letzteren besteht das Glasrohr aus einem alles sichtbare Licht absorbierenden dunklen Kobaltglas, so daß sie auch als Schwarzglasleuchtstofflampen bezeichnet werden.

Bei den **Quecksilberdampf-Hochdrucklampen** tritt eine wesentliche Änderung der Spektralverteilung aufgrund der Erhöhung des Quecksilberdrucks auf annähernd 1 bar bei gleichzeitiger Leistungserhöhung ein. Der Anteil der kurzwelligen UV-Strahlung verringert sich zugunsten der mittel- und langwelligen Strahlung, vor allem bei 365 und 407 nm liegen starke Spektrallinien. Für Sonderanwendungen in der Photochemie gibt es Quecksilberdampf-Hochdrucklampen in Röhrenform (HOKI-Lampen). Je nach Quarzrohrmaterial und Art des äußeren Schutzrohrs wird mehr oder weniger kurz- und mittelwelliges UV abgestrahlt. Die Belastung des Rohrs beträgt etwa 10 bis 40 W/cm, die Leistungsaufnahme beträgt je nach Bogenlänge bis zu 5000 W.

Eine Erhöhung des Quecksilberdrucks auf mehrere bar führt zu kleinen, dünnen Entladungsgefäßen aus Quarzglas mit Wandtemperaturen von etwa 800 °C. Die UV-A- und UV-B-Ausbeute steigt bei diesen sogenannten Quarzbrennern merklich an. Durch Einbau in einen Reflektorkolben, der UV-A durchläßt (Bild 11.60), erzielt man eine gute Bündelung der wirksamen Strahlung und eine gleichmäßige Bestrahlungsstärke. Es besteht aber auch die

Bild 11.60 Quecksilberdampf-Hochdrucklampe mit Reflektorkolben HPR 125 W

Möglichkeit, eine Glühwendel als Infrarot-Quelle und Stabilisierungswiderstand zusammen mit einem Quecksilberbrenner in einen Reflektorkolben einzubauen, der die UV-A- und UV-B-Strahlung in einer bestimmten Mischung durchläßt (Lampentyp MLU 300, siehe Bild 11.61). Filtert man darüber hinaus mit einem Außenkolben aus Spezialglas (Woodglas) alles sichtbare Licht sowie das UV-B und UV-C ab, so erhält man die UV-A emittierende Schwarzglaslampe HPW 125 W mit einem Maximum bei etwa 365 nm.

Bild 11.61 Philips MLU-Bestrahlungslampe mit einer Leistung von 300 W

Die **Quecksilberdampf-Höchstdrucklampen** vom Typ CS *(compact source)* haben einen Betriebsdruck von etwa 20 bar. In Verbindung mit dem relativ kleinen kegel-ellipsoidförmigen Quarzgefäß, der hohen Leistung und der kurzen Bogenlänge von 0,5 bis 5 mm erhält man sehr hohe Strahldichten und eine sehr starke UV-A-Ausbeute. Die Leistung der Lampen (Bild 11.62) reicht von 50 bis 1000 W. Sie werden entweder durch das Aufheizen der Elektroden mit einem Wechselstrom höherer Spannung gezündet, oder es wird ein hochfrequenter Hochspannungsimpuls in die Lampenzuleitung eingekoppelt. Je nach den Anforderungen sind die Lampen für Gleich- oder Wechselstrom ausgelegt. Die Stabilisierung erfolgt über eine Drosselspule bzw. einen entsprechenden Gleichrichter.

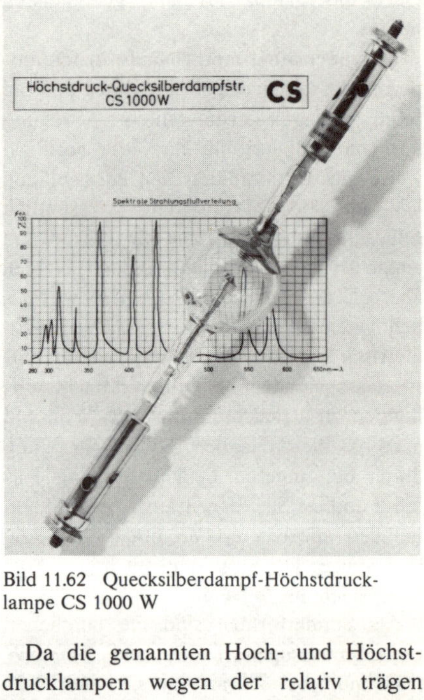

Bild 11.62 Quecksilberdampf-Höchstdrucklampe CS 1000 W

Da die genannten Hoch- und Höchstdrucklampen wegen der relativ trägen Verdampfungs- bzw. Kondensationsgeschwindigkeit des Quecksilbers eine gewisse Anlauf- bzw. Abkühlzeit von einigen Minuten besitzen, ist in manchen Fällen die trägheitslose Xenonimpulslampe vom Typ XOP vorteilhafter (Bild 11.63). Xenongas garantiert gute Lichtausbeute und korrekte

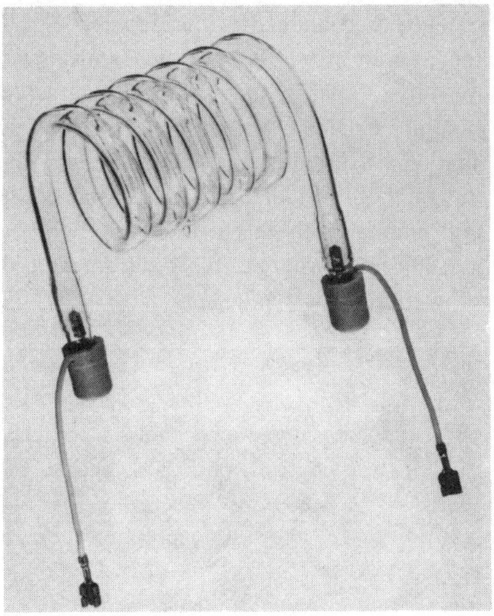

Bild 11.63 Xenonimpulslampe XOP 800 W

Farbwiedergabe im sichtbaren und gleichzeitig eine nennenswerte Ausstrahlung im UV-A-Bereich. Der Aufwand für Impulsspeisegerät, Zündgerät und Kühlvorrichtung ist jedoch beträchtlich höher als bei Quecksilberdampflampen.

11.5.6. Ultraviolett-Anwendungen

UV-A: Bei den Reaktionen im langwelligen UV-Bereich handelt es sich einerseits um photochemische und photobiologische Effekte und andererseits um Fluoreszenzerscheinungen. Unter photochemischen Effekten sind nicht nur die Produktion chemischer Substanzen unter Licht- und Strahlungseinfluß, sondern auch Lichtpausen und Kopien in der Reprotechnik zu verstehen. Beim Lichtpausen wird eine strahlungsundurchlässige Vorlage auf ein transparentes, gelbliches Lichtpauspapier gelegt und im Kontakt belichtet bzw. bestrahlt. An den von der UV-Strahlung getroffenen Stellen verändert sich das Lichtpauspapier photochemisch (es wird gebleicht), während unter der Vorlage die Substanz erhalten bleibt. Durch Behandlung mit einer Flüssigkeit oder mit Ammoniakdampf geht die unveränderte Substanz in eine stabile, kräftige Färbung über, während gleichzeitig die bestrahlten Restprodukte zerstört werden.

Da der Ausbleicheffekt im langwelligen UV bis ins Violette reicht, kommen als UV-Quellen röhrenförmige superaktinische Leuchtstofflampfen TL/05 für Plankästen und Durchlaufgeräte kleiner bis mittlerer Raumleistung in Frage, während die röhrenförmigen Quecksilberdampf-Hochdrucklampen vom Typ HOKI o.ä. für Hochleistungsmaschinen geeignet sind. Will man von Mikrokopien preiswerte Rückvergrößerungen herstellen, so verwendet man die punktförmig strahlenden CS-Lampen, da sie einen hohen optischen Wirkungsgrad und eine hohe UV-Leistung aufweisen.

In der Repro- und Kopiertechnik liegen die spektralen Verhältnisse ähnlich wie bei Lichtpausen, d.h., man benötigt langwelliges UV und Violett. Falls eine diffuse Beleuchtung statthaft ist, können auch superaktinische Leuchtstofflampen verwendet werden. Bei feinen Rastern braucht man dagegen das gerichtete Licht einer quasipunktförmigen Lichtquelle, die für kleine Leistungen und Flächen mit den Lampen HPR 125 W oder HPK 125 W/L zur Verfügung stehen. Bei größeren Flächen und sehr schnellem Arbeitsrhythmus werden heute in großem Umfang Xenonimpulslampen in gewendelter Form vom Typ XOP verwendet.

Die Fluoreszenz wird für Analysenzwecke eingesetzt, um gleichartige Erscheinungen im Sichtbaren durch verschiedenartiges Verhalten unter UV-Licht zu differenzieren. Für analytische Zwecke im mikroskopischen Bereich werden z. B. Quecksilberdampf-Höchstdrucklampen vom Typ CS 150 W oder CS 200 W verwendet. Nach Abfiltern des sichtbaren Lichts erhält man auch hier eindeutige Unterscheidungen beispielsweise von gesundem und krankem Gewebe.

Ein ganz anderes Gebiet ist die Effektbeleuchtung mit Schwarzlichtlampen. Bei

Partys, im Karneval oder zu sonstigen Gelegenheiten läßt sich mit Schwarzglasleuchtstofflampen TL/08 oder mit der Schwarzglaslampe MLW 160 W eine phantastische Atmosphäre zaubern. Der Aufwand ist sehr gering, da mit ein paar Leuchtfarben und nur wenigen Lampen eindrucksvolle Effekte erzielt werden. Nebenbei bemerkt: Schwarzlicht ist völlig ungefährlich für Haut und Augen.

UV-B: Der wichtigste Effekt des mittelwelligen UV ist die kosmetische (bräunende) und therapeutische (hautreizende) Wirkung. Die UV-Strahlung des Quecksilberbrenners hat aber nicht nur eine Rötung bzw. Bräunung und damit ein gesundes Aussehen zur Folge, sondern der gesamte Stoffwechsel wird bei regelmäßigen Bestrahlungen positiv beeinflußt. Die UV-Strahlung wirkt appetitanregend und ist, vermutlich über eine photochemische Vitamin-D-Bildung in der Haut, auch ein Mittel gegen Abgespanntsein und »Frühjahrsmüdigkeit«.

Mit einer Latenz von 2 bis 6 Stunden nach einer UV-Bestrahlung bildet sich eine Hautrötung aus, das UV-Erythem. Dies beruht auf einer Kapillarerweiterung und ist keine primäre Reaktion (wie etwa das Hitzeerythem bei reiner IR-Bestrahlung), sondern eine Sekundärreaktion auf die Bestrahlung, durch die auf photochemischem Wege die Bildung bestimmter Stoffe in der Haut bewirkt wird. Das Erythem steigt bis zu einem Maximum an, um dann allmählich abzuklingen, wobei der zeitliche Ablauf der Rötung bei verschiedenen Personen sehr unterschiedlich ist.

Nicht nur bei Verwendung von üblichen Heimsonnen (Bild 11.64), sondern auch bei Bestrahlung unter Solarien sollte auf einen Augenschutz nicht verzichtet werden. Selbst wenn dort die Intensität der Strahlung unterhalb von 315 nm nicht mehr sehr hoch ist, so sind die Bestrahlungszeiten in Solarien doch relativ lang. Die Augen sollten daher durch entsprechende Brillen oder durch angefeuchtete, auf die Augenlider gelegte Verbandwatte vor den UV-Strahlen geschützt werden, da sich sonst zwar harmlose, aber schmerzhafte Reizerscheinungen einstellen können. Diese äußern sich als Konjunktivitis (Bindehautentzündung) oder Blepharitis (Lidentzündung) und machen sich durch stechende Schmerzen, Fremdkörpergefühl, Lidkrampf, Lidschwellung usw. bemerkbar.

Bild 11.64 Die Philips Kurheimsonne HP 3110 ist ein kombiniertes Bestrahlungsgerät der Luxusklasse mit Programmwähler, Tageswähler, Merkplättchen, Ein-/Ausschalter und gesondertem Fach zur Unterbringung von Zuleitung und Schutzbrille. Das Gerät ist zudem mit einem 125-W-Quarzbrenner und einem Reflektor ausgestattet, der sich aus 52 Facetten zusammensetzt. Dieser hochglänzende Aluminium-Reflektor gewährleistet eine schnelle, gleichmäßige Bräunung. Ein Heliosil-Quarzfilter filtert die UV-C-Strahlen aus. Das Gerät erlaubt auch eine Wärmebehandlung (Schaltung IR)

Solarien bestehen in der Regel aus Kombinationen von UV- und IR-Strahlern (Kolben- oder Quarzbrenner). Das Infrarot hat hier lediglich die Aufgabe, das allgemeine Wohlbefinden zu steigern (angenehme Wärme). Eine bestimmte Anordnung der Strahler zueinander, sowohl der UV- als auch der IR-Lampen, kann nicht generell empfohlen werden. Da in der Regel die Aufhängehöhen für die Strahler oberhalb von 1,50 m liegen, ist somit eine definierte Bestrahlungsstärke-Verteilung in der Bestrahlungsebene nicht mehr zu erreichen, und zwar wegen Überschneidung der Strahlungsanteile einzelner Lampen.

Die **UV-Kolbenstrahler** der MLU- und MLU-E-Lampen sind kolbenförmige Bestrahlungslampen, die sowohl mit einem Hochdruck-Quecksilberdampfbrenner als auch mit einer Wolfram-»Heizwendel« zur Stabilisation versehen sind (Bild 11.65). Die Lampen können direkt an das Wechselstromnetz angeschlossen werden. Neben sichtbarer Strahlung wird auch lang- und mittelwelliges UV sowie IR emittiert. Die IR-Strahlung ist nicht so sehr für therapeutische Tiefenwirkung gedacht, sie soll vielmehr angenehm und — wie die sichtbare Strahlung — physiologisch auf den Menschen wirken. Der MLU-Lampenkolben ist aus Hartglas und absorbiert Strahlung unterhalb von 275 nm. Ein innen aufgedampfter Reflektor gewährleistet eine gerichtete, gleichmäßige Strahlungsintensität.

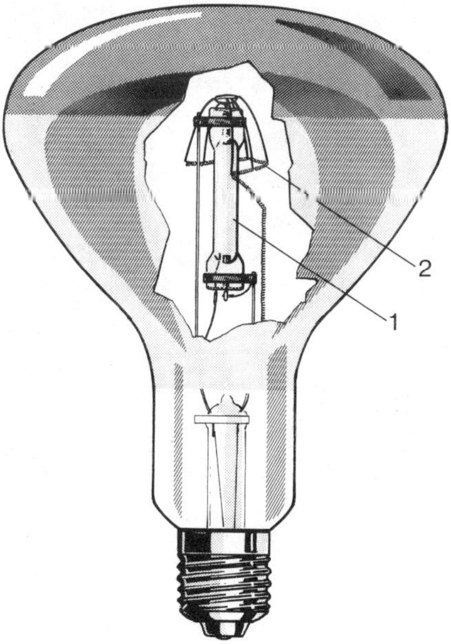

Bild 11.65 Aufbau einer MLU-Lampe:
1 = Hochdruck-Quecksilberdampfbrenner
2 = Wolfram-Heizwendel

HPQ-Quarzbrenner (Bild 11.66) für Bestrahlungsgeräte sind Hochdruck-Quecksilberdampfstrahler und werden aus einem hochwertigen Spezialquarz hergestellt. Es wird kein kurzwelliges UV unterhalb 240 nm abgestrahlt, so daß eine Ozonbildung verhindert wird. Zusätzliche Filter können somit entfallen, die wirksame Strahlung wird ohne weitere Absorptionsverluste emittiert. Die Strahler sind so dimensioniert, daß sich optimale Betriebswerte nur einstellen, wenn die Lampen in geeigneten Reflektoren brennen. Es besteht sonst die Möglichkeit, daß aufgrund einer »Unterkühlung« keine maximale Strahlungsabgabe erfolgt.

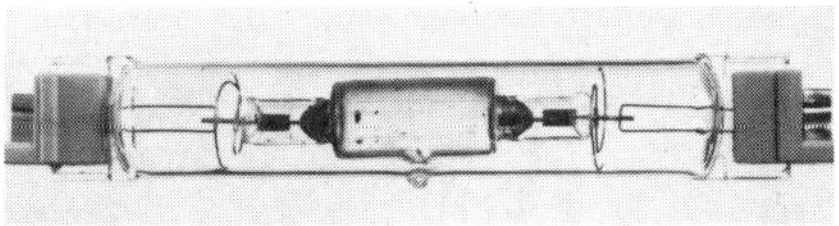

Bild 11.66 HPQ-Quarzbrenner mit Leistungen von 70, 80 und 125 W

HPI-TD-Quarzbrenner (Bild 11.67) sind Hochdruck-Halogen-Metalldampfstrahler, die aufgrund der im bestimmten Mischungsverhältnis vorhandenen Metalljodide eine stark dem Sonnenlicht angeglichene Farbwiedergabe haben. Gleichzeitig wird lang- und mittelwelliges UV emittiert, so daß diese Strahler auch für therapeutische Zwecke geeignet sind. Beim Einbau in Geräte ist darauf zu achten, daß die maximal zulässigen Temperaturen nicht überschritten werden. Die Anlaufzeit bis zum Erreichen der vollen Leistung beträgt zwei bis drei Minuten. Nach dem Ausschalten muß der Brenner abkühlen, ehe er erneut gezündet werden kann.

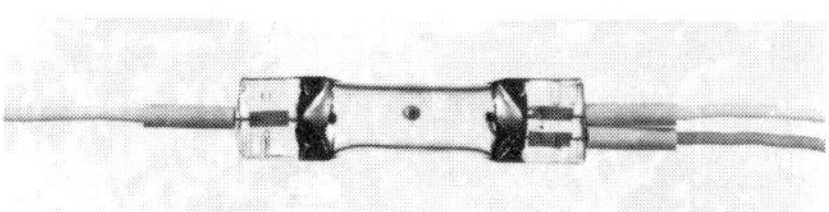

Bild 11.67 HPI-Quarzbrenner mit Leistungen von 400 und 1000 W

UV-C: Das kurzwellige UV ist sehr aggressiv und kann beim Menschen Hautrötungen und Augenbindehautentzündungen hervorrufen. Dies bedeutet eine Schädigung der Oberflächenzellen, die dann, z. B. nach einem starken Sonnenbrand, vom Körper abgestoßen werden. Bei einzelligen Lebewesen wie Bakterien oder Viren wirkt dagegen eine intensive UV-C-Bestrahlung tödlich. Wie wissenschaftliche Untersuchungen gezeigt haben, fällt das Empfindlichkeitsmaximum von Bakterien fast mit der starken UV-Linie 254 nm der bakterientötenden TUV-Lampen zusammen (Bild 11.68).

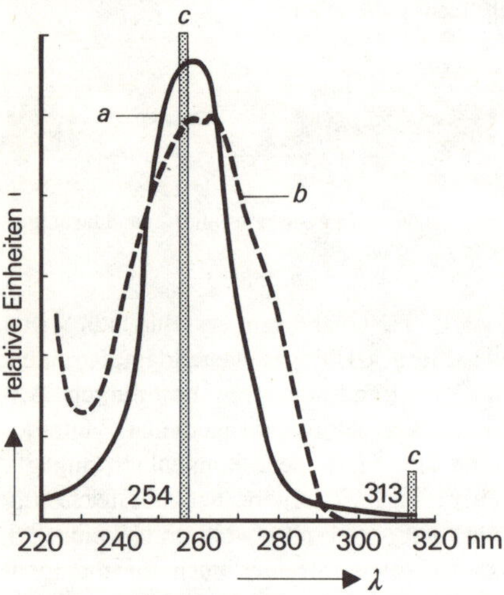

Bild 11.68 Zusammenhang zwischen der Wellenlänge des Lichts und der Bakterientötung; a) die stärkste Wirkung wird mit einer Strahlung im Bereich von 250 bis 270 nm Wellenlänge erreicht; b) Absorptionskurve der Thymonukleinsäure, einer Substanz, aus der die Chromosomen aufgebaut sind. Durch UV-Bestrahlung ändert sich dieser Stoff, und es findet keine Zellteilung mehr statt. Die Bakterien sterben aus; c) Primärstrahlung der Quecksilberdruckentladung

Diese Lampen werden daher im großen Stil zur direkten Bestrahlung von Lebensmitteln, Pharmazeutika oder Instrumenten eingesetzt oder aber in noch stärkerem Maße zur sogenannten individuellen Bestrahlung, d. h. zur Entkeimung der Raumluft (Bild 11.69). Dadurch verhindert man

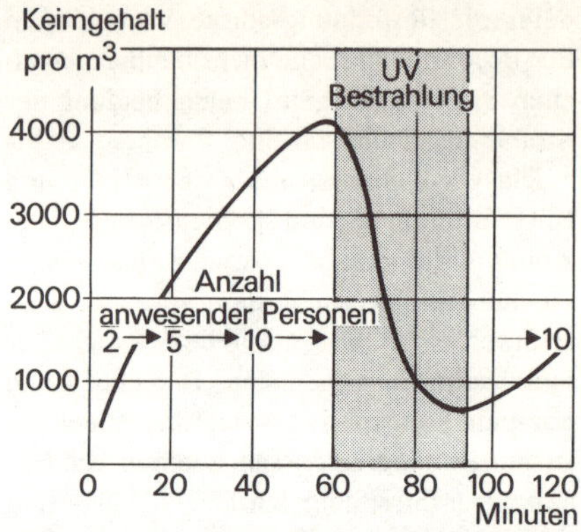

Bild 11.69 Keimpegel in einem Operationssaal. Die nach der 60. Minute eingeschaltete UV-Bestrahlung senkt den Keimgehalt der Luft beträchtlich

u. a., daß Substanzen, die während der Herstellung keimfrei sind, z. B. Backwaren oder medizinische Präparate, bei der Weiterverarbeitung durch Reinfektion aus der normalerweise keimreichen Luft angesteckt werden (Bild 11.70).

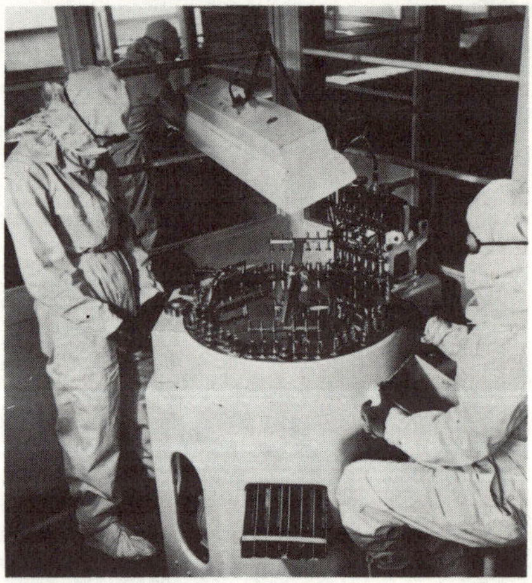

Bild 11.70 Arzneimittelabfüllung setzt eine keimfreie Umgebung voraus

Kurzwellige UV-Strahlung durchdringt neben Luft auch flüssige Medien: der Wirkungsgrad ist stark von der Beschaffenheit der Flüssigkeit abhängig. So ist beispielsweise die Durchlässigkeit der natürlichen

Wasserarten wegen ungleicher Spuren an Eisenverbindungen sehr verschieden und kann um den Faktor 10 voneinander abweichen. Verschmutztes Gebrauchswasser macht eine Aufbereitung, verbunden mit einer anschließenden Entkeimung, unerläßlich, wobei die UV-Strahlung die herkömmliche Chlorierung z.T. ergänzt oder ersetzt. Wasserentkeimung mit Hochdruck- oder Niederdruck-UV-Brennern ist letztlich eine Frage der Wirtschaftlichkeit, die wiederum nach unterschiedlichen Maßstäben bewertet werden kann.

Sollen Algen vernichtet oder eine Veralgung verhindert werden, z.B. in Schwimmbecken, muß mit einer verhältnismäßig hohen UV-Strahlendosis (oder entsprechend langer Bestrahlungszeit) gearbeitet werden. Prinzipiell ist das Problem aber relativ einfach zu lösen. Eine Oxidation von Schwebstoffen und eine konservierende Wirkung werden dabei durch relativ geringe Chlorbeimengungen erzielt, die wesentlich niedriger sind als bei alleiniger Chlorierung.

In der Praxis gibt es verschiedene Möglichkeiten der Wasserentkeimung. Sie sind abhängig von anlagebedingten Gegebenheiten und vom Einsatzgebiet:

1. Entkeimung in Durchlaufarmaturen, wobei die UV-Strahler aus thermischen und Sicherheitsgründen entweder in einem Quarz-Tauchgefäß untergebracht sind oder – wie bei der Entkeimung von Schwimmbecken (Bild 11.71) – direkt mit dem Wasser in Berührung stehen. Bei dieser Entkeimungsart wird der beste Wirkungsgrad erzielt. Anwendungsgebiete sind unter anderem: Trinkwasseraufbereitung, Laborwasser, Schwimmbeckenwasser, Aquarienwasser usw.

2. Bestrahlung unter Wasser mit Spezialarmaturen zur Schwimmbeckenentkeimung, die entweder in die Beckenwände eingelassen sind oder aus separaten Anlagen bestehen.

3. Bestrahlung durch über dem Wasser angeordnete Feuchtraumarmaturen, beispielsweise bei Schwimmhallen und vor der Quellwasserabfüllung.

UV-Strahlung unter 200 nm Wellenlänge ist schließlich schon so energiereich, daß sie z.B. drei Sauerstoffmoleküle (O_2) in sechs Sauerstoffatome (O) zersetzt, die sich wieder zu zwei Ozonmolekülen (O_3) verbinden. Diese Ozonmoleküle sind jedoch recht kurzlebig und zerfallen wieder in ein Sauerstoffmolekül O_2 und ein freies Sauerstoffatom O, das sich sofort irgendwo binden will. Dieser Bindungs- oder auch Oxidationsvorgang kann beispielsweise dazu ausgenutzt werden, eine unangenehm duftende Radikalgruppe in eine geruchsfreie Verbindung umzuwandeln. Spezielle Ozonlampen (z.B. OZ4W) sind Quecksilberdampflampen, deren Kolben sowohl für die ozonerzeugende Strahlung bei 185 nm als auch für einen großen Teil der bakterientötenden Strahlung bei 254 nm durchlässig ist.

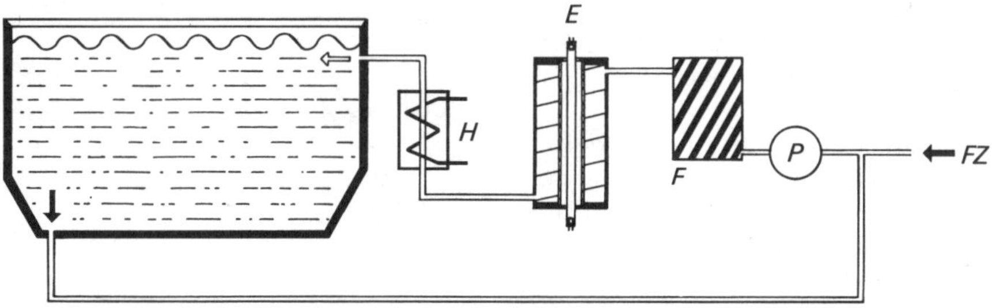

Bild 11.71 Schematische Darstellung einer Privat-Schwimmbecken-Wasseraufbereitung (*E* = Entkeimungsarmatur, *F* = Filter, *H* = Heizung, *P* = Pumpe, *FZ* = Frischwasserzufuhr)

12. Technik für Haus und Umwelt

12.1. Kleine Hausgeräte

Zu den traditionellen Philips Hausgeräten gehört ohne Zweifel der elektrische Rasierapparat, der 1939 als Einkopfrasierer eingeführt wurde. 1951 folgte das Zweikopfsystem, das später durch das Dreikopfsystem ergänzt wurde.

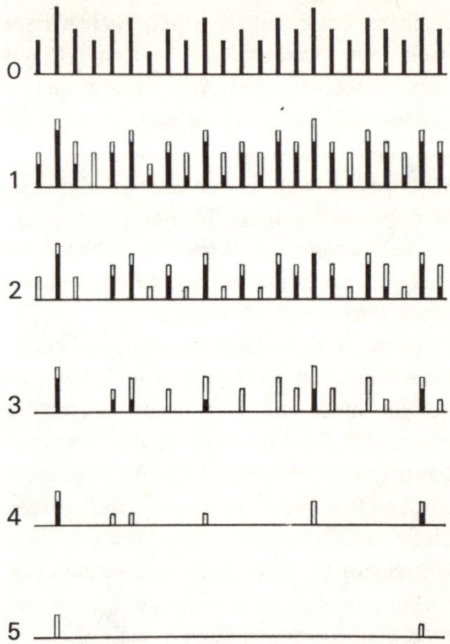

Bild 12.1 Schematische Darstellung des Rasiervorgangs mit einem Rotor-Elektrorasierer in fünf Zeitphasen

12.1.1. Etwas über das Rasieren

Die Qualitätsbeurteilung einer Rasur hängt in gewissem Umfang von der kritischen Einstellung der betreffenden Person und von ihrem Wahrnehmungsvermögen ab. Das Gefühl, glatt rasiert zu sein, ist daher als sehr individuell aufzufassen. Es steht jedoch fest, daß eine Rasur, bei der ungleichmäßig kurze »Resthaarlängen« übrigbleiben, allgemein als schlecht bezeichnet wird, dagegen gleichmäßig kurz abrasierte Haare den Eindruck einer guten Rasur vermitteln. In beiden Fällen ist dabei jedoch die Gesamtlänge der übrigbleibenden Barthaare gleich.

Man kann das Rasieren aber nicht nur rein gefühlsmäßig beurteilen, sondern auch mit modernen Methoden untersuchen. So haben Messungen z.B. ergeben, daß bei einer Testrasur 17600 Barthaare in 70400 Teilen abgeschnitten wurden, Bild 12.1 zeigt in fünf Zeitphasen den Rasiervorgang. Die ungleich langen Haare werden jedesmal durchschnittlich um 125 µm Länge kürzer geschnitten. Fast alle Männer beenden eine Rasur etwa bei der vierten Zeitstufe, weil sie das Gefühl haben, dann gut rasiert zu sein.

Die Grafik in Bild 12.2 zeigt das Rasieren eines Barts als Funktion der Zeit in zwei Kurven. Die gestrichelte gilt für den Dreikopf-, die durchgezogene Kurve für den Zweikopfrasierer. Unter Berücksichtigung der Wahrnehmbarkeitsgrenze wird die Rasierdauer mit dem Dreikopfgerät um etwa 40% verringert, die vorher erwähnte Zeitstufe 4 gibt an, daß in dieser Phase bereits eine glatte Hautoberfläche erzielt wird.

Es gibt natürlich noch zahlreiche andere Faktoren, die sich mittelbar und unmittelbar auf das Rasierergebnis auswirken.

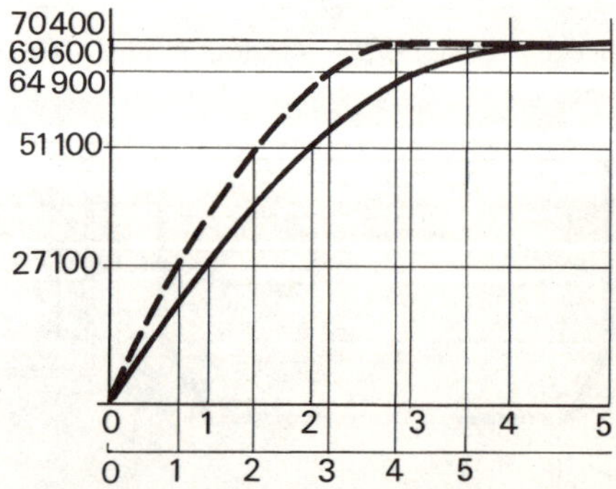

Bild 12.2 Rasiervorgang als Funktion der Zeit: gestrichelte Kurve = Dreikopfrasierer, durchgezogene Kurve = Zweikopfrasierer

Hierzu zählen die Gesichtsform, die Hautbeschaffenheit, die Wuchsrichtung und Dicke der Barthaare, die Regelmäßigkeit der Wuchsrichtung, die Hautempfindlichkeit sowie deren relative Feuchtigkeit und nicht zuletzt auch die allgemeine physische und psychische Verfassung des Rasierenden. Diese Faktoren müssen soweit wie möglich berücksichtigt werden. Umfangreiche Versuche im Philips Entwicklungszentrum haben viele wichtige Daten über die Eigenschaften von Barthaaren gegeben. Diese und andere Ergebnisse werden mit Computern ausgewertet und dienen als Grundlage für die stetigen Verbesserungen der Philips Rasierersysteme.

Weil die Benutzer sehr unterschiedliche Haut- und Bartprobleme haben, muß man zur Lösung dieser Probleme auch darauf abgestimmte Rasierersysteme entwickeln und anbieten. Philips hat dies mit zwei Rasierersystemen getan, die sich im technischen Aufbau und damit in der Wirkungsweise voneinander unterscheiden:

Das **Philips Rotor-System** mit drei bzw. zwei Scherköpfen und rotierenden Messern ist als äußerst hautschonend und sauber ausrasierend bekannt. Der **Philips Klingenblatt-Rasierer** mit dem oszillierenden System ist u.a. für alle diejenigen interessant, die einen starken Bart haben und scharf ausrasiert sein möchten. Man kann die Definition auch auf die unterschiedlichen Rasierprobleme beziehen und im Prinzip sagen: Das Rotor-System löst Hautprobleme; das Klingenblatt-System löst Bartprobleme.

12.1.2. Runde Scherköpfe und rotierende Messer

Eingehende Untersuchungen über die optimale Leistungsfähigkeit von Rasierersystemen ergaben, daß die Form des abnehmbaren Rasiererkopfs und die Ausführung der Schlitze bzw. Öffnungen eine wichtige Rolle beim Rasieren spielen. Da die Barthaare keine einheitliche Wuchsrichtung haben, bietet demzufolge ein runder Scherkopf mit Schlitzen in allen Richtungen höchste Gewähr für ein einwandfreies Erfassen der Haare (Bild 12.3).

Bild 12.3 Die Scherköpfe des Rotor-Systems sind besonders fein ausgeschliffen; an den Stellen, wo die Barthaare geschnitten werden, sind sie nur 0,07 mm (70 µm) stark – viermal dünner als ein normales Barthaar

Zur Steigerung der Rasierleistung trug ebenfalls das Verringern der Scherkopf-Lamellendicke bei. Die konzentrischen Mikrorillen in den Scherkopfschneidflächen sind so dünn wie Zigarettenpapier. Diese Verbesserungen ließen sich erzielen, weil die wirksame Scherfläche beim Rasieren nur einen geringen Auflagedruck benötigt.

Für eine schnelle und glatte Rasur ist außerdem die hohe Drehzahl der Schermesser von ca. 5000/min beim Sechs-Messer-System und ca. 4200/min beim neuen Zwölf-Messer-System maßgebend. Die Schneidgeschwindigkeit beträgt beim Sechs-Messer-System 4,3 m/s oder anders ausgedrückt, es werden über 5,4 Millionen Schnitte in der Minute ausgeführt und die einzelnen Barthaare in nur 0,00003 Sekunden abgeschnitten. Beim Zwölf-Messer-System konnte die Schnittfolge um 60 % gesteigert werden (Bild 12.4). Hieraus ergibt sich deutlich, weshalb ein Rotor-Rasierer relativ schnell auf der Gesichtsfläche bewegt werden kann.

Über das »Innenleben« eines Rotor-Rasierers gibt Bild 12.5 Auskunft. Antriebs-

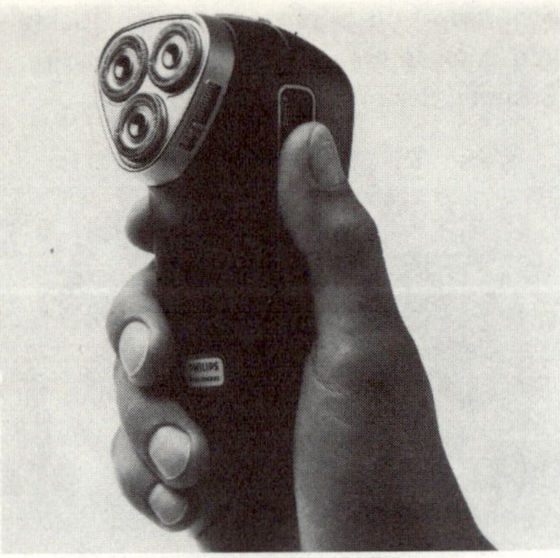

Bild 12.4 Bei den Rasiermodellen der »Ro 12«-Serie hat man die Zahl der Messer verdoppelt und erreicht damit eine erhebliche Verkürzung der Schnittfolge gegenüber bisherigen Rasierern. Dies bedeutet eine wesentlich kürzere Rasierdauer

quelle des Rasierers ist der frei aufgehängte Kollektormotor mit seinem selbstjustierenden, dreipoligen Rotor. Dieser wird nach einem speziellen Verfahren hergestellt, das einen sehr schmalen Luftspalt garantiert, der zur hohen Leistung des Motors entscheidend beiträgt. Die Motorachse läuft praktisch wartungsfrei in zwei Bronzelagern mit Dauerschmierung. Ein Ritzel auf der Motorachse überträgt das Drehmoment auf drei Nylonräder (Übersetzung 3:1), die mit den beweglichen Antriebswellen der Schermesser gekoppelt sind. Die große Haarkammer besitzt eine flexible Abdeckung gegen den Motorteil. Der Scherkamm wird über eine Hebelmechanik — und nur im ausgefahrenen Zustand — automatisch vom Motor angetrieben.

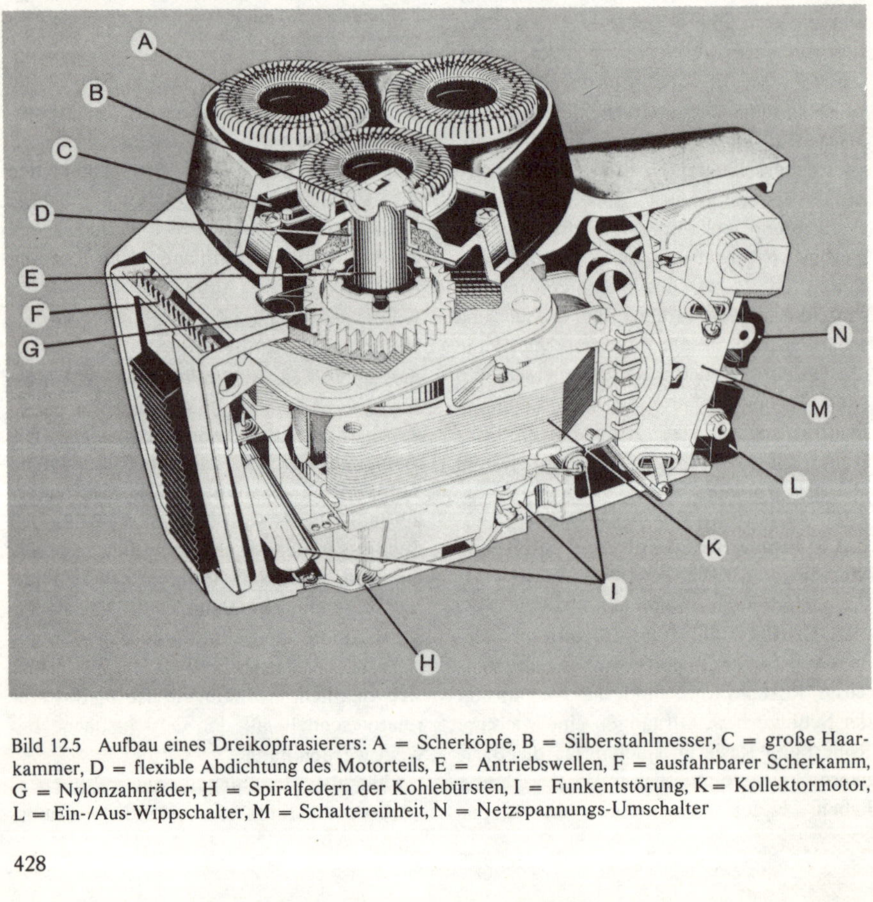

Bild 12.5 Aufbau eines Dreikopfrasierers: A = Scherköpfe, B = Silberstahlmesser, C = große Haarkammer, D = flexible Abdichtung des Motorteils, E = Antriebswellen, F = ausfahrbarer Scherkamm, G = Nylonzahnräder, H = Spiralfedern der Kohlebürsten, I = Funkentstörung, K = Kollektormotor, L = Ein-/Aus-Wippschalter, M = Schaltereinheit, N = Netzspannungs-Umschalter

Zwei Spiralfedern drücken die Kohlebürsten gegen die Kollektor-Schleifbahn; diese kann von den Federn, auch wenn die Kohlebürsten ganz verbraucht sind, nicht berührt werden. Der funkentstörte Motor ist für Wechsel- und Gleichstrom-Anschluß geeignet, seine Drehzahl beträgt 15000/min. Über ein dehnbares Spiralkabel und den praktisch für alle Steckdosen passenden Eurostecker wird der Rasierer mit dem Lichtnetz verbunden. Außerdem gibt es Rotor-Rasierer auch für Batteriebetrieb.

Bei Geräten mit einer Neun-Stufen-Regelung für die Wahl der Rasiertiefe kann der Benutzer den Rasierer genau auf die Rasiertiefe einstellen, die ihm individuell am besten behagt. Der Rasiertiefe-Regler wird ähnlich wie der Blendenring eines Fotoapparats bedient (Bild 12.6). Je nach Hautelastizität wählt man zwischen den Einstellungen 0 und 8. In der Stellung 0 dringt die Haut am tiefsten in die 90 Super-Scherschlitze ein, während in der Position 8 sehr empfindliche Haut gut ausrasiert wird.

Bild 12.6 Rasiertiefe-Einstellung in neun Stufen

12.1.3. Schwingende Schneidklingen

Zwei konstruktive Besonderheiten verleihen dem Klingenblatt-Trockenrasierer ausgezeichnete Rasiereigenschaften.

1. Das Gerät hat einen abgewinkelten Scherkopf. Darum kann man das handliche Gerät außerordentlich bequem führen (Bild 12.7).

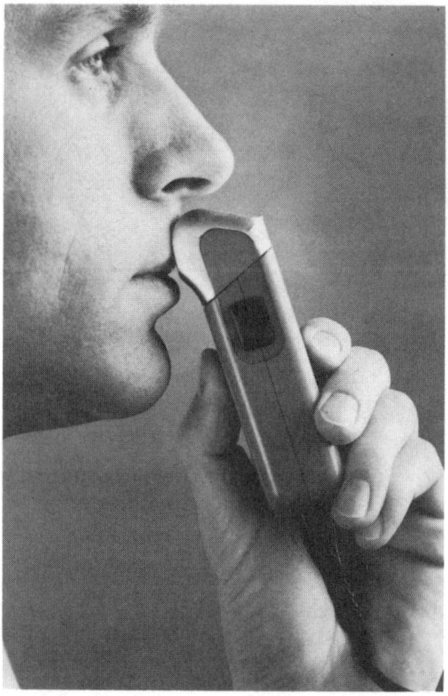

Bild 12.7 Klingenblatt-Rasierer mit abgewinkeltem Scherkopf

2. Der Scherkopf ist mit einem Edelstahl-Klingenblatt ausgerüstet, das eine ungewöhnlich hohe Rasierqualität gewährleistet.

Wichtigstes technisches Merkmal ist der um 30° abgewinkelte, fugen- und kantenlos in das Gehäuse eingebettete Scherkopf. Er erlaubt eine konturenharmonische Führung des Geräts, d.h., es wird ein sehr wirksamer Kontakt zwischen Haut und Scherfläche hergestellt. Der Arm bleibt dabei in einer normalen Haltung. Der Scherkopf ist komplett abnehmbar, Innenkammer und Schersystem lassen sich somit bequem reinigen (Bild 12.8).

Ausschlaggebend für die gründliche, aber dennoch sanfte Rasur ist das neu entwickelte Klingenblatt. Es ist aus Chromstahl hergestellt, einem besonders bruchsicheren und verschleißfesten Material; dennoch ist es extrem dünn (Stärke des Herstellungs-

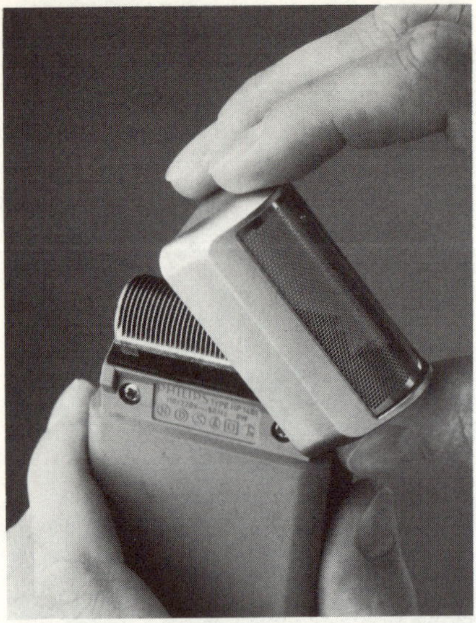

Bild 12.8 Der Scherkopf ist leicht abnehmbar

materials: 0,038 mm) und hochelastisch (Bild 12.9). Diese Elastizität ermöglicht die volle Ausnutzung der 805 mm^2 großen Scherfläche, die 1872 präzise gestanzte Löcher mit einem Durchmesser von 0,6 mm aufweist. Nach dem Stanzvorgang sind die

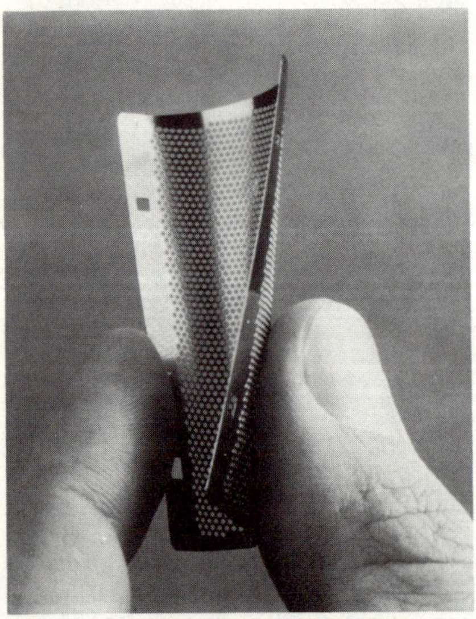

Bild 12.9 Das Klingenblatt ist hochelastisch

Stege zwischen den Löchern nur 0,063 mm stark (Bild 12.10). Die Kombination von Stegstärke und Lochdurchmesser, verbunden mit der richtigen Abrundung der Stege, ergibt eine maximale Rasiertiefe ohne Hautreizung. Das Klingenblatt ist so verschleißfest, daß Philips darauf ein Jahr Garantie gibt. Auf der ganzen Welt sind nur wenige Hersteller in der Lage, das Folienmaterial gemäß der Philips Spezifikation anzufertigen.

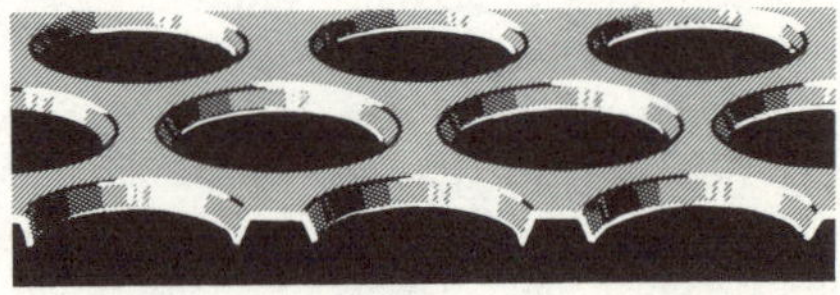

Bild 12.10 Vergrößerte Darstellung des gestanzten Klingenblatts

Unterhalb des hochelastischen Klingenblatts oszillieren die eigentlichen Schneidklingen. Auf einem stabilen Träger sitzen 35 mikrofein geschliffene Edelstahlschneidklingen, die eine außergewöhnliche Schnitthaltigkeit garantieren. Der Schneidklingenträger ist direkt mit dem Antrieb des Schwinganker-Motors verbunden und hat somit dieselbe Bewegungsfrequenz wie der Schwinganker. Der haarstaubgeschützte Motor hat eine Leistungsaufnahme von 8 W und kann nur an Wechselstromnetzen betrieben werden.

12.1.4. Staubsauger mit Anzeige

Das Prinzip des Staubsaugers ist in Bild 12.11 angegeben. Ein Gebläse drückt Luft aus dem Staubsauger heraus, wodurch auf der anderen Seite eine Unterdruckzone entsteht, in die von außen Luft einströmt. Diese staub- und schmutzbelastete Luft passiert ein Filter, in dem die aufgenommenen Partikel hängenbleiben. Man kennt zwei verschiedene Filterarten, deren Wirkungsweise aus Bild 12.12 hervorgeht. Bei Haushaltstaubsaugern wird allgemein die »Filtertüte« oder der »Staubbeutel« verwendet.

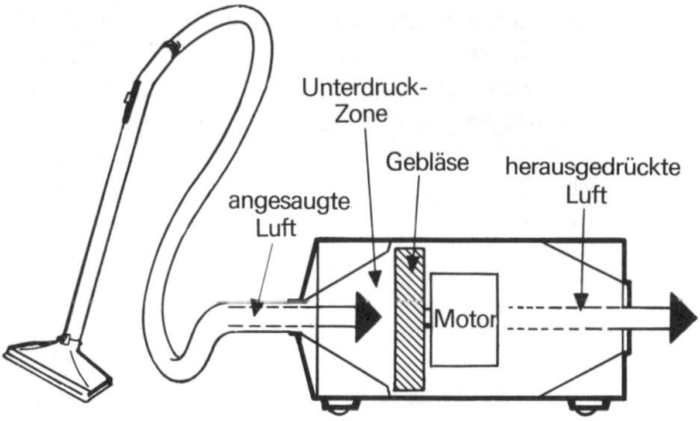

Bild 12.11 Prinzip des Staubsaugers

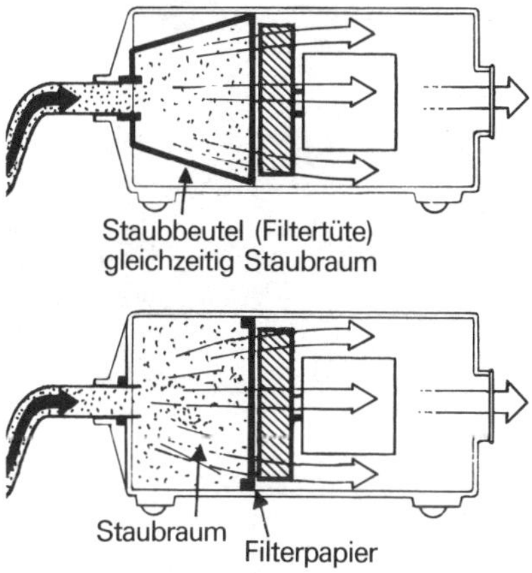

Bild 12.12 Mögliche Ausführungen und Anordnungen der Staubfilter

Befindet sich eine zu große Schmutzmenge im Staubbeutel, so wird die Saugleistung eines Staubsaugers geringer. Boden- und Handstaubsauger der Ober- und Mittelklasse sind deshalb in der Regel mit einer Vorrichtung ausgestattet, die anzeigt, wann der Staubbeutel gewechselt werden muß. Bei Philips heißt diese Einrichtung »Staubfüllanzeige« und besteht aus einem Gehäuse mit Sichtfenster und einer Einheit roter Kunststoffscheiben. Sie befindet sich z.B. am vorderen Gehäuseteil (Bild 12.13). Im ausgeschalteten Zustand des Staubsaugers sind die Kunststoffscheiben als rote Flächen sichtbar.

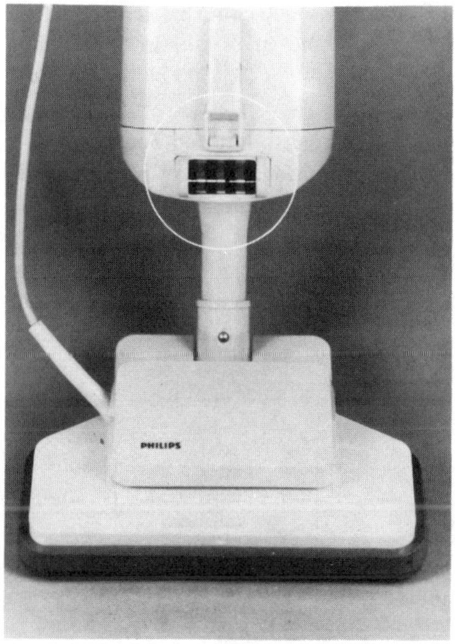

Bild 12.13 Staubanzeige an einem Philips Staubsauger

Die Anzeigescheiben verändern bei eingeschaltetem Gerät ihre Lage, weil sie jetzt dem Sog bzw. dem Unterdruck ausgesetzt sind. Sie werden dadurch aus dem Bereich des Sichtfelds gedrückt und verschwinden. Wird der Unterdruck geringer, werden die Scheiben wieder sichtbar, ist es Zeit, den Staubbeutel zu leeren. Aus diesem Grund kann es aber auch vorkommen, daß das Signal Rot zeigt, obwohl der Staubbeutel noch nicht »ganz voll« ist. Die unterschiedliche Zusammensetzung des Schmutzes, seine Dichte bzw. seine schlechte Luftdurchlässigkeit, kann hierfür die Ursache sein. Um eine gleichmäßige Saugwirkung zu erreichen, sollte daher der Staubbeutel immer dann geleert werden, wenn es die Staubanzeige signalisiert.

Der Unterdruck wurde bisher in mmWS (Millimeter-Wassersäule) angegeben, nach dem SI-System heißt es künftig Pa (Pascal), wobei 1000 mmWS rund 10000 Pa = 10 kPa sind. Moderne Haushaltstaubsauger haben einen maximalen Unterdruck von z. B. 1200–1600 mmWS entsprechend 12–16 kPa und einen Luftstrom bzw. eine Luftfördermenge von 1500 bis 2600 l/min.

12.1.5. Kaffeeautomat und Toastautomat

Der in Bild 12.14 gezeigte **Kaffeeautomat** hat eine Leistungsaufnahme von 700 W, die sich auf das Erhitzen des Wassers und der Warmhalteplatte verteilt. Das System arbeitet nach dem Dampfpumpenprinzip und hat den Vorteil, daß sich kaum Kalk absetzen und kein Restwasser im Behälter zurückbleiben kann. Die Schemazeichnungen 1 bis 4 in Bild 12.15 machen das Prinzip deutlich, dessen Arbeitsweise und Vorteile nachstehend zusammengefaßt sind:

1. Wasser wird in den Tank gefüllt. Es kann in die Verdampfungszelle eindringen, da

Bild 12.14 Moderner Philips Kaffeeautomat für den Haushalt

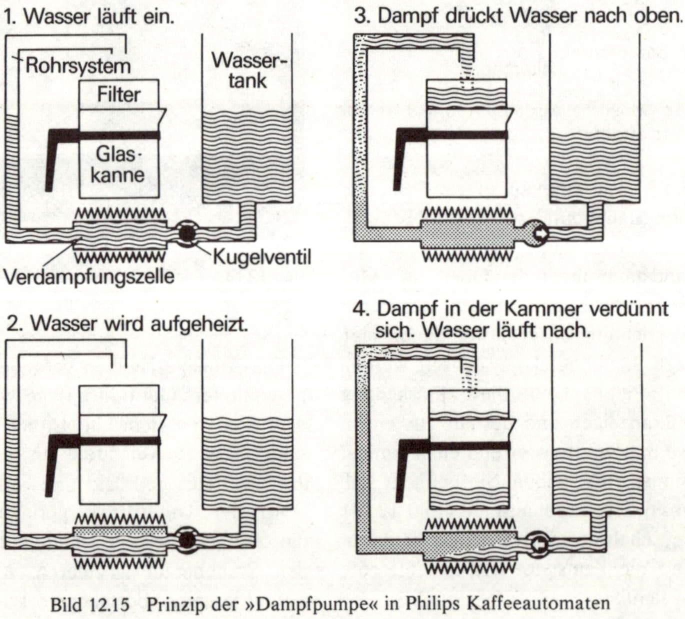

Bild 12.15 Prinzip der »Dampfpumpe« in Philips Kaffeeautomaten

sich das trennende Kugelventil in Mittenstellung befindet.

2. Das Wasser wird in der Verdampfungszelle aufgeheizt. Der entstehende Druck schließt das Kugelventil, so daß kein kaltes Wasser nachlaufen kann.

3. Im Rohrsystem drückt der Dampf das Wasser hinaus.

4. Der Dampfdruck in der Zelle und im Rohrsystem wird geringer. Der Wasserdruck aus dem Vorratsbehälter überwiegt, das Kugelventil öffnet sich, und kaltes Wasser läuft nach. Der Gesamtvorgang wiederholt sich anschließend.

Da das winkelige Rohrsystem nur mit Wasserdampf und sehr heißem Wasser in Berührung kommt, kann Kalk sich dort praktisch nicht absetzen, weil er schon beim Aufheizen in der Verdampfungszelle ausgefallen ist. Hier wiederum kann er vom Fachmann innerhalb von Minuten leicht entfernt werden. Das eingefüllte Wasser verdampft restlos. Altes, abgestandenes Wasser gibt es bei diesem Aufbereitungsprinzip nicht mehr.

Bei dem in Bild 12.16 als Schnittbild dargestellen **Toastautomaten** wird die Temperatur nach einem besonderen Verfahren gemessen. Die meisten Toastautomaten schalten sich nach einer bestimmten, voreingestellten Zeit ab — ganz gleich, wie hell oder dunkel der Toast ist. Dagegen mißt der im Bild mit einem Pfeil markierte »Bogenthermostat« die Temperatur über die gesamte Breite des Brots und schaltet die Heizung erst dann ab, wenn die vorher eingestellte Temperatur (d.h. der Bräunungsgrad) tatsächlich erreicht ist.

Mit dieser Automatik können daher sämtliche Brotsorten, egal ob frisch oder tiefgefroren, in einem einzigen Gang optimal getoastet werden. Die gewünschte Temperatur wird mit einem runden Drehknopf eingestellt, auf Wunsch kann der Toastvorgang auch vorzeitig unterbrochen werden. Zwei Stahlfedern im Toastraum verhindern ein Hinausschleudern des Brots beim Abschalten des Geräts (Bild 12.17).

Bild 12.16 Schnitt durch einen Toastautomaten mit Temperaturfühler

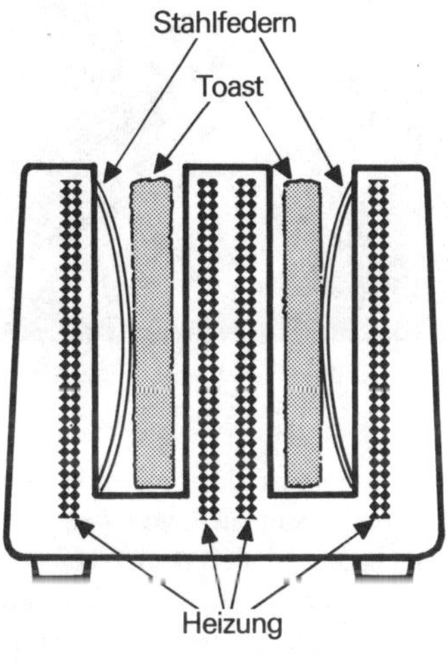

Bild 12.17 Zwei dünne Federn halten den Toast beim Abschalten fest

12.1.6. Dampfbügelautomaten und Temperaturregelung

Dampfbügelautomaten nehmen unter den Bügeleisen eine Sonderstellung ein. Wie sie funktionieren, zeigt die Skizze in Bild 12.18. Der Wasserbehälter innerhalb des Geräts kann mit normalem Leitungswasser gefüllt werden, da ein Kalksieb vorhanden ist, das jederzeit leicht herausgenommen und gereinigt werden kann. Es befindet sich in der Dampfaustrittsöffnung an der Sohle des Bügelautomaten (Bild 12.19).

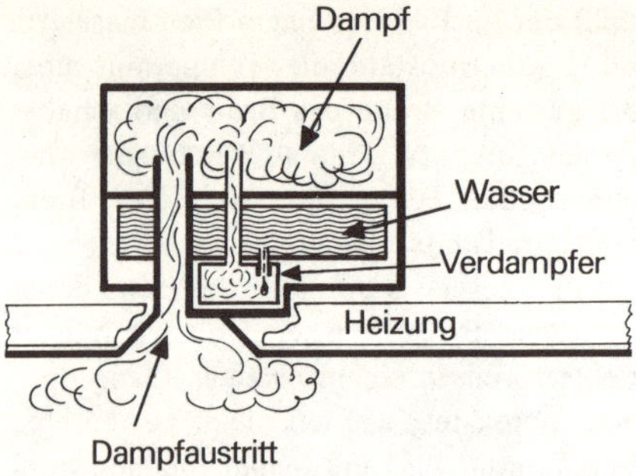

Bild 12.18 Prinzip des Dampfbügeleisens

Bild 12.19 Kalksieb am Boden des Philips Dampfbügeleisens

Das von Philips verwendete Dampfsystem unterscheidet sich von den meisten anderen dadurch, daß sich die Dampfmenge stets individuell der Stoffart anpaßt, bei dichtem Gewebe tritt der Dampf also verstärkt aus. Der »Dampfbereich« umfaßt die Bügeltemperaturskala von 100 bis 240 °C, d.h. von leichter Seide bis zu schwerem Leinen. Bei besonders hartnäckigen Falten kann das Gewebe manuell per Drucktaste zusätzlich eingesprüht werden.

Bei Dampfbügelautomaten ist eine hohe Genauigkeit der Temperaturregelung besonders wichtig, weil es gerade bei empfindlichen Geweben (Seide und Synthetics) sehr darauf ankommt, die vorgegebene Bügeltemperatur nicht zu überschreiten. Wie in Bild 12.20 gezeigt, wird die Leichtmetallsohle selbst als Regelelement und ihre Wärmeausdehnung als Regelgröße benutzt. Als zweites Metall des Reglers fungiert ein gebogener Invarstreifen mit weitgehender Ausdehnungskonstanz.

Wird die Leichtmetallsohle erhitzt, so dehnt sie sich aus. Der gebogene Invarstreifen streckt sich unter der Einwirkung

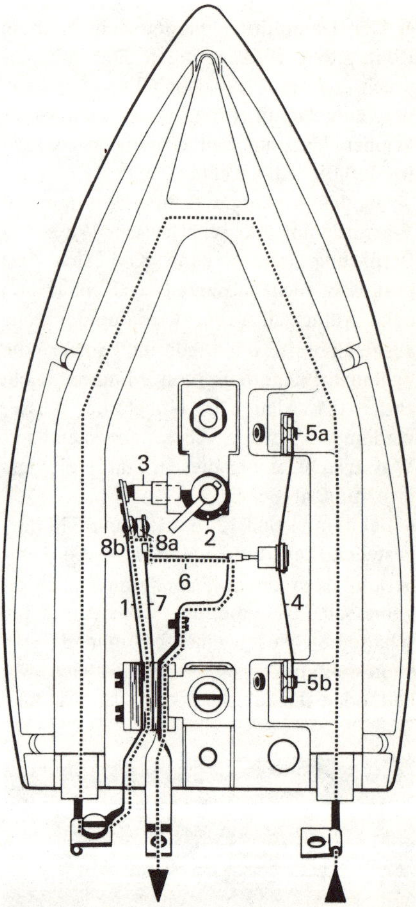

Bild 12.20 Schema der Temperaturregelung beim Dampfbügeleisen: Die Drehbewegung des Temperaturwählers wird über die Nockenscheibe (2) und den Keramikstift (3) auf den Kontaktstreifen (1) übertragen. Der Stromkreis ist geschlossen, da die Kontakte (8a) und (8b) schließen. Die Sohle wird aufgeheizt und dehnt sich aus, der Invarstreifen (4) streckt sich (er ist in den Punkten (5a) und (5b) mit der Sohle verbunden) und öffnet über (6) die Kontakte. Bei Abkühlung wird der Stromkreis wieder geschlossen

der Zugspannung, sein Bogen wird flacher, und ein Schaltvorgang (Kontaktunterbrechung) wird ausgelöst. Lange Wärmebrükken sind vermieden, es wird eine optimale Genauigkeit erreicht. Schrumpft die abkühlende Bügeleisensohle, so erhöht sich der Bogen des Invarstreifens wieder. Dadurch wird der Kontakt erneut geschlossen, und durch das Heizelement fließt wieder Strom. Die Wahl der jeweiligen Bügeltemperatur erfolgt, genau wie beim einfachen Bimetallregler, durch Verändern des Kontaktabstands mit dem Temperaturwählknopf.

12.2. Große Hausgeräte

Kühlschränke und Waschmaschinen gehören zu den meistverbreiteten Großgeräten im Haushalt. Gefriertruhen, Geschirrspüler, Wäschetrockner und Mikrowellenherde werden ihnen mit Sicherheit folgen — je nach Bedarf mehr oder weniger schnell.

12.2.1. Kühl- und Gefriertechnik

Das Prinzip des Kühlschranks ist in Bild 12.21 vereinfacht dargestellt. Als Medium wird ein Kältemittel benutzt (z.B. Frigen), das beim Übergang vom flüssigen in den dampfartigen Zustand Wärme aus der Umgebung aufnimmt und diese beim Übergang vom dampfartigen in den flüssigen Zustand wieder abgibt. Hierbei spielt auch der auf das Kühlmittel ausgeübte Druck eine Rolle, denn wenn dessen Siedepunkt bei normalem Luftdruck unterhalb der gewünschten Kühltemperatur liegt, so wird das Kühlmittel dann schon verdampfen und Wärme aufnehmen. Bringt man den jetzt »warmen« Dampf jedoch auf einen hohen Druck (komprimieren, verdichten), so steigt auch der Kühlmittelsiedepunkt an, und zwar auf Temperaturen oberhalb der Raumtemperatur. Dadurch verflüssigt sich das Kühlmittel wieder (es kondensiert) und gibt Wärme ab.

Der Verflüssiger ist in der Regel an der Geräterückseite in Form einer schwarzen

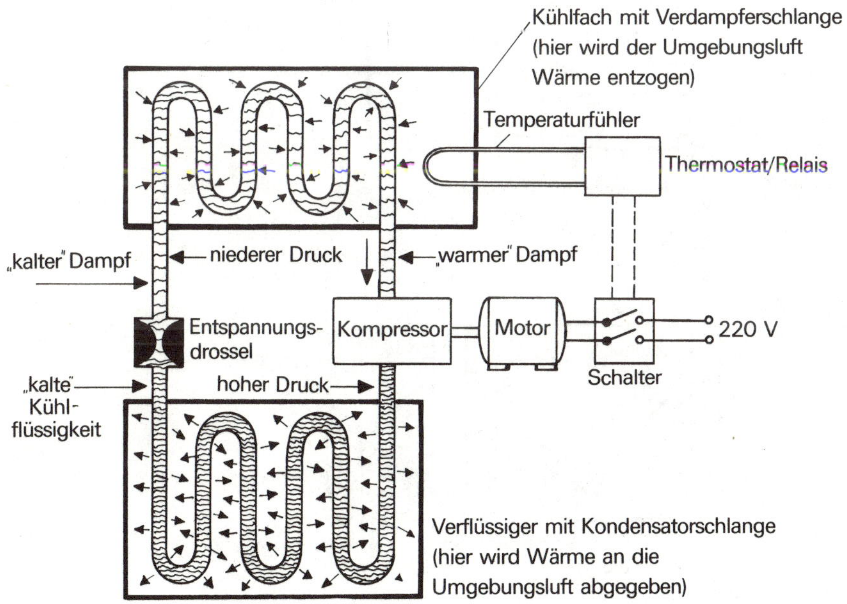

Bild 12.21 Prinzip des Kompressor-Kühlschranks

Rohrschlange angebracht. Anschließend gelangt das nun »kalte« Kühlmittel über eine Entspannungsdrossel unter niederem Druck wieder in den Verdampfer, und der Kreislauf kann abermals beginnen. Der Kompressormotor wird mit einem Relaisschalter ein- und ausgeschaltet, der seine Steuerimpulse von einem Temperaturfühler erhält. Die Ansprechschwelle (und damit die Kühltemperatur) kann mit einem Drehknopf gewählt werden.

Außer dem Kompressortyp gibt es den Absorbertyp, dessen Arbeitsprinzip ähnlich ist (Bild 12.22). Statt des Motors dient hier jedoch ein Erhitzer zum Erzeugen des Drucks, durch den das Kühlmittel (z. B. Ammoniak) im Verflüssiger kondensiert. Nach Durchlaufen des Verdampfers wird das Kühlmittel im sogenannten Absorber vom Wasser aufgenommen und gelangt über einen Wärmetauscher zum Erhitzer zurück, wo sich das Ammoniak wieder vom Wasser trennt und im Verflüssiger den erneuten Kreislauf antritt.

12.2.1.1. Begriffe und Hinweise

In einem Kühlschrank ohne Stern kann man normale Speisen frischhalten, Getränke kühlen und Eis zubereiten. In einem Kühlschrank mit Sternsymbol läßt sich auch Tiefkühlkost lagern, und zwar bei

- * (mindestens −6 °C) Zum kurzfristigen Aufbewahren von Tiefkühlkost — beispielsweise über Nacht.
- ** (mindestens −12 °C) Bei dieser Kälte halten sich tiefgekühlte Lebensmittel bis zu zwei Wochen.
- *** (mindestens −18 °C) Zur langfristigen Lagerung von Tiefkühlkost. Eingefrorenes bleibt mehrere Monate lang frisch.

Unter dem Begriff **Tiefkühlkost** werden alle industriell vorbereiteten und tiefgefrorenen Lebensmittel zusammengefaßt. Beim

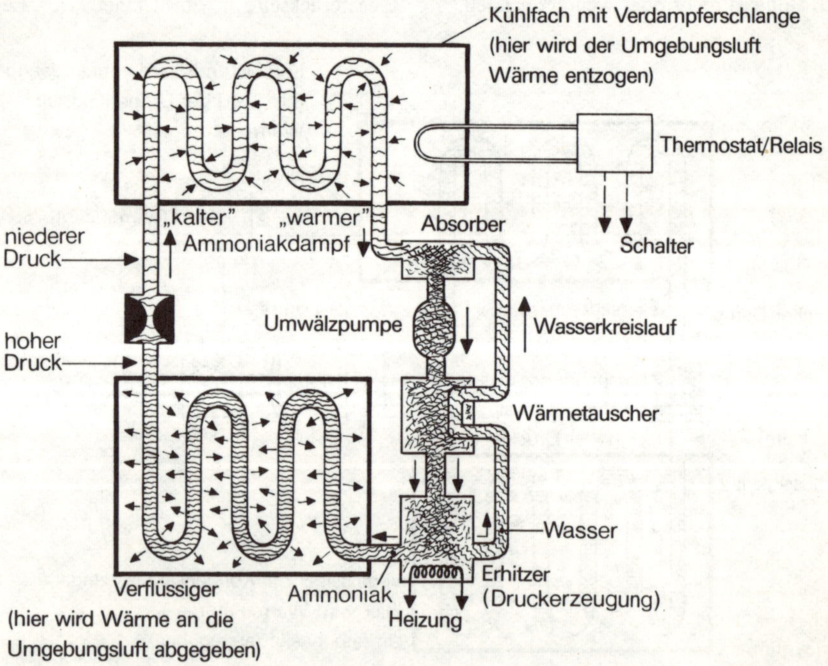

Bild 12.22 Prinzip des Absorber-Kühlschranks

Einfrieren bleiben Aroma, Vitamine und Nährstoffe in weit höherem Maße erhalten als bei jeder anderen Konservierungsmethode. Der zweite Vorteil: Farbe und Beschaffenheit des Gefrierguts verändern sich nicht.

Im **Vorgefrierfach** werden frische Lebensmittel schnellgefroren, und zwar bei so tiefen Temperaturen, daß Zellgewebe, Vitamine und Aroma voll erhalten bleiben. Der kritische Bereich von 0 bis −5 °C, in dem sich die Eiskristalle bilden, wird in kürzester Zeit durchlaufen.

Beim **Kühlschrank** wird die Abtau-Automatik manuell durch Knopfdruck eingeschaltet. Nach dem Abtauvorgang muß das Wasser aus der Auffangschale entfernt werden. Bei **Kühlautomaten** mit Abtau-Vollautomatik verdunstet das Tauwasser automatisch. Beim Spitzengerät im Philips Kühl-/Gefriergeräte-Programm verhindert die »Reiflos«-Kaltstrom-Luftkühlung jegliche Reifbildung – auch im Gefrierteil. Kühlautomaten mit Abtau-Vollautomatik sorgen für konstante relative Luftfeuchtigkeit im Kühlteil. Die Luftfeuchtigkeit verhindert das Austrocknen der Speisen und erhält ihr natürliches Aroma.

Gefrierschränke und **-truhen** zeichnen sich durch eine besonders hohe Gefrierleistung aus. Nach DIN 8953 müssen innerhalb von 24 Stunden (bei einer Umgebungstemperatur von + 32 °C und pro 100 Liter Nutzraum) sieben Kilogramm Lebensmittel von +25 °C auf −18 °C tiefgefroren werden können. Die Gefrierleistungen moderner Geräte liegen erheblich über diesen Mindestanforderungen, teilweise sogar um etwa 50 Prozent.

Mehrere Kontrolleinrichtungen sichern das eingelagerte Gefriergut. Eine Kontrolllampe leuchtet auf, wenn das Gerät an das Netz angeschlossen ist. Sollte die Innentemperatur unzulässig ansteigen, schaltet sich eine rote Warnlampe ein, während eine gelbe zu erkennen gibt, daß die Schnellgefriereinrichtung in Betrieb ist (Bild 12.23).

Bild 12.23 Farbige Lampen signalisieren die verschiedenen Betriebszustände einer Gefriertruhe

Die hochwertige **Polyurethan-Schaumstoffisolation** ermöglicht dünne Wandstärken und einen großen Rauminhalt bei kleinem Stellplatzbedarf. Gleichzeitig wird ein hoher Kälteschutz gewährleistet. Die Innenbehälter der Gefriergeräte bestehen aus gehämmertem Aluminium. Zum Bedienungskomfort der Truhen gehört auch ein abschließbarer, federentlasteter Deckel, der beim Hochklappen in jeder gewünschten Position stehenbleibt.

12.2.2. Wasch- und Trockengeräte

12.2.2.1. Geschirrspüler

Geschirrspüler arbeiten ähnlich wie Waschautomaten, wobei natürlich die Trommel durch ein System von Sprüharmen ersetzt wird. Die Schnittzeichnung in Bild 12.24 zeigt die Anordnung der drei Sprühebenen, von denen das mittlere und untere System als drehbarer Sprüharm in Edelstahl »rostfrei« ausgeführt sind. Mit einem Einstellknopf kann die Hausfrau den Wasserdruck in beiden Sprüharmen der

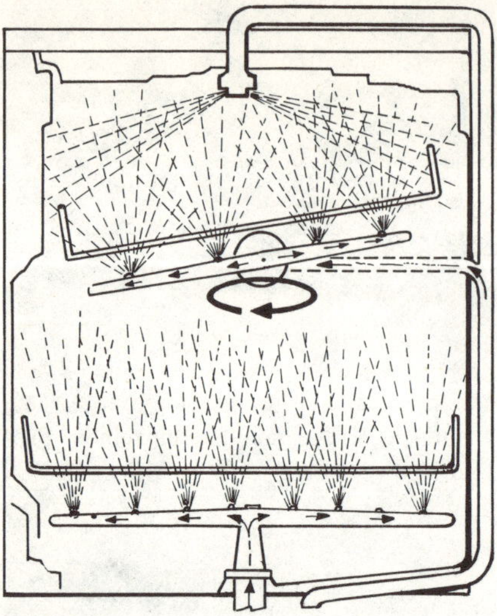

Bild 12.24 Schnittzeichnung durch einen Geschirrspüler

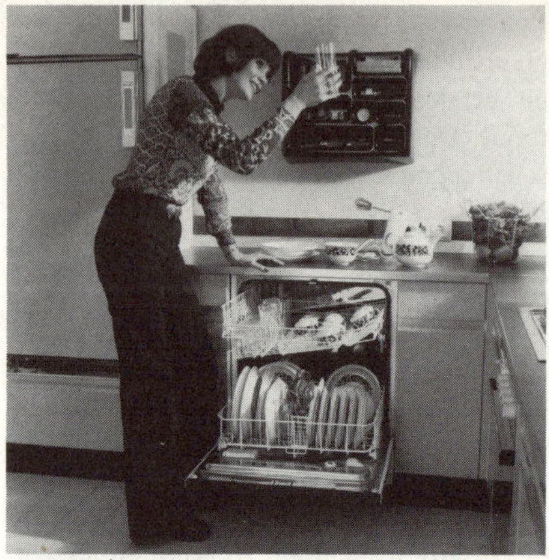

Bild 12.25 Bottich und Türinnenseite des Philips Geschirrspülautomaten GS 2000 L sind aus geräuschdämpfendem Material. Sieben vollautomatische Programme, automatischer Sprühdruck-Regler sowie Heiß- und Kaltwasseranschluß gehören zu den Vorzügen des Geräts

Empfindlichkeit der Geschirrteile anpassen. Geringer Wasserdruck im oberen Geschirrkorb sorgt z. B. für das schonende Reinigen von Gläsern, während der bei dieser Einstellung stärker werdende Druck im unteren Korb sich u. a. zur Reinigung besonders verschmutzter Töpfe und Pfannen ausnutzen läßt.

Das Arbeitsprogramm eines Geschirrspülers umfaßt im allgemeinen das Vorspülen, das Starkspülen für besonders verschmutztes Geschirr, ein für alle Geschirrarten entwickeltes Normalspülen sowie das Feinspülen für weniger verschmutztes Geschirr. Moderne Geräte können zehn bis zwölf internationale Maßgedecke aufnehmen. Der obere Geschirrkorb ist bei vielen Geräten geneigt (Bild 12.25), so daß im unteren Korb große Platten bis zu 30 Zentimeter Durchmesser einsortiert werden können. Auch größere Töpfe und Pfannen lassen sich mühelos spülen.

Alle Philips Geschirrspüler sind mit einer automatischen Wasserenthärtungsanlage ausgestattet, weil sich die im harten Wasser zunächst gelösten Salze bei Erwärmung oder bei der Zugabe von Alkali störend bemerkbar machen. Sie bilden dann einen schmutziggrauen Schleier und lagern sich als Kesselstein (Kalk) ab — »sie fallen aus« — wie es in der Fachsprache heißt.

In der Waschmaschine (s. Abschnitt 12.2.2.2.) wird die Enthärtung durch das eingegebene Waschmittel vorgenommen und ist daher ein relativ einfacher Vorgang, weil moderne Waschmittel durch ihre Phosphate diese sogenannten Härtebildner am Ausfallen hindern und gleichzeitig die Waschaktivität des Wassers erhöhen. Erheblich komplizierter ist der Ablauf in einer Geschirrspülmaschine. Die verschiedenen Spül- und Erwärmungsvorgänge, der Trocknungs- und Verdunstungsprozeß sowie die glatte Materialoberfläche des Geschirrs verlangen eine aufwendigere Behandlung des Wassers, da anderenfalls jeder dieser Arbeitsgänge den Ausfall von Härtebildnern zur Folge hätte. Ablagerungen auf dem Geschirr und in der Maschine wären die sichtbaren Nachteile bei hartem Wasser.

Wesentlich vereinfacht wird dieses Problem, wenn man das Wasser von vornherein enthärtet, dies geschieht bei allen Philips Geschirrspülern im sogenannten Ionenaustauscher. Im Ionenaustauscher werden Kalzium- und Magnesiumionen gebunden und statt dessen Natriumionen an das Wasser abgegeben. Im Gegensatz zu Kalzium- und Magnesiumionen hinterlassen Natriumsalze keine Rückstände auf dem Geschirr.

Wichtig ist die regelmäßige Regeneration des Ionenaustauschers durch Kochsalz (Natriumchlorid). Diese Regeneration erfolgt bei den meisten Geschirrspülern automatisch. Man muß nur noch darauf achten, daß genügend Salz im Vorratsbehälter vorhanden ist. In Bild 12.26 ist dieses Prinzip der automatischen Wasserenthärtung dargestellt. Vom Wasserhahn strömt

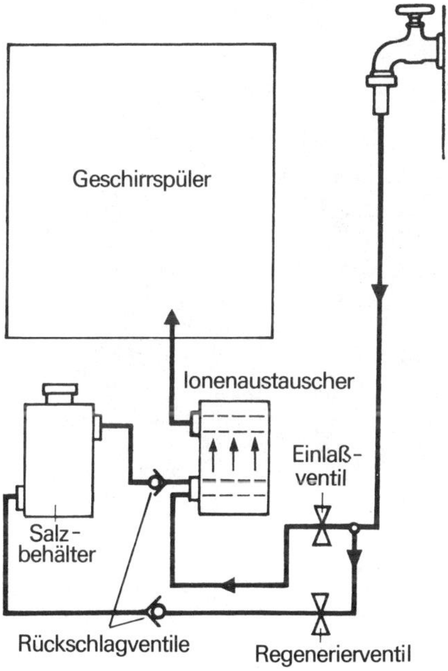

Bild 12.26 Schema der automatischen Wasserenthärtungsanlage

Wasser über das Einlaßventil in den Ionenaustauscher. Hier wird das Wasser enthärtet und gelangt in den Bottich des Geschirrspülautomaten. Nach jedem Programmablauf öffnet das Regenerierventil, und das Wasser fließt über ein Rückschlagventil in den Salzvorratsbehälter. Hier nimmt das Wasser Natriumchlorid auf und gelangt dann über ein weiteres Rückschlagventil in den Ionenaustauscher, der auf diese Weise regeneriert wird.

12.2.2.2. Waschmaschinen

Das Hauptmerkmal moderner Waschmaschinen ist der automatische Ablauf eines vorher eingestellten Programms. Dabei ist neben den unterschiedlichen Temperaturstufen vor allem die Trommeldrehzahl ein wichtiges Kriterium der einzelnen Programmschritte. Für Waschen, Spülen, Verteilen und Schleudern werden spezielle Tourenzahlen benötigt, die besonders im Schleudergang auch noch dem Waschgut und dem gewünschten Trocknungsgrad angepaßt werden müssen. Waschmaschinen wurden ständig in kleinen Entwicklungsschritten verbessert, wobei es allerdings keine grundlegenden Veränderungen in der Technik gab. Bei Philips hat man daher nach anderen Lösungen gesucht und ein technisches Konzept realisiert, das zu einer neuen Waschmaschinen-Generation führte, die vor allem durch die *s*tufenlos *e*instellbare *S*chleuder-*A*utomatik gekennzeichnet ist (SESA-electronic).

Das größte Problem bei Waschmaschinen besteht in der Unwucht beim Schleudern. Sie entsteht durch das Zusammenballen von Wäscheteilen am Trommelmantel (Bild 12.27). Die notwendige Stabilisierung

Bild 12.27 Schleuderunwucht entsteht durch einseitige Wäschezusammenballungen

beim Schleudern wurde bisher u.a. mit Hilfe schwerer Gewichte und massiver Bauweise der Maschine erreicht (Bild 12.28). Bei der neuen Technik nutzt man

Bild 12.28 Aufbau einer konventionellen Waschmaschine

das ohnehin in der Trommel befindliche Wasser als ausgleichendes Element, d.h., der Schleudergang läuft mit niedriger

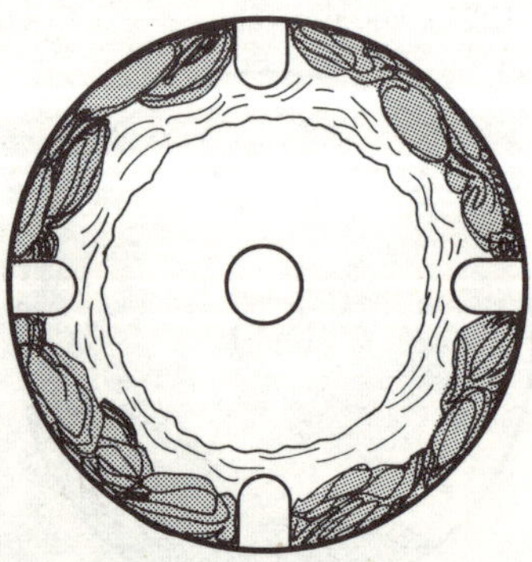

Bild 12.29 Im Wasserkranz verteilt sich die Wäsche gleichmäßig, wodurch die Unwucht vermieden wird

Drehzahl und wassergefüllter Trommel an. Dadurch verteilt sich die Wäsche gleichmäßig und ohne Unwuchtbildung im Wasserkranz am Trommelmantel (Bild 12.29). Dann erst wird das Wasser abgepumpt und die Trommel beschleunigt. Dieser automatische Unwuchtausgleich ergibt eine optimale Laufruhe. Der Aufwand an Dämpfungsgewichten, Stoßdämpfern und Federbeinen kann daher erheblich kleiner gehalten werden als früher, und das Gesamtgewicht einer Waschmaschine wird dadurch bis zu 45 kg geringer (Bild 12.30).

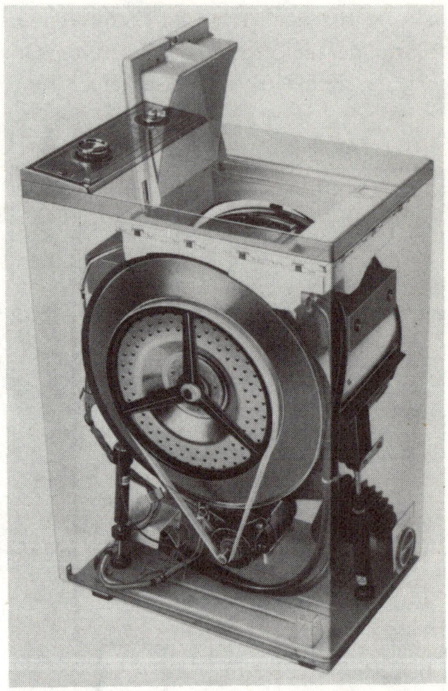

Bild 12.30 Aufbau einer SESA-eletronic Waschmaschine

Die erwähnten Vorteile beim Schleudern sowie eine zur Wäscheschonung erforderliche gleichmäßige Waschdrehzahl der Trommel konnten durch ein neuartiges Antriebssystem mit einem elektronisch regelbaren Gleichstrommotor verwirklicht werden. Die sonst verwendeten Asynchronmotoren sind hierfür nicht geeignet, weil sie u.a. nur mit großem Aufwand regelbar sind, ein niedriges Anlaufdrehmoment haben und bis zu 20 kg wiegen (Bild 12.31). Der kleine Philips Gleichstrommotor wiegt dagegen nur noch 4 kg, hat ein sehr hohes Anlaufdrehmoment, ermöglicht zum erstenmal bei Waschmaschinen eine stufenlose Drehzahlwahl von 50 bis 800 Umdrehungen in der Minute und ist robust gegenüber mechanischen Belastungen. Durch dieses Prinzip konnten auch die bisher erforderlichen Getriebe- und Kupplungsmechaniken entfallen.

Bild 12.31 Der Gleichstrommotor (links) wiegt nur noch ca. 4 kg, bisher verwendete Wechselstrommotoren dagegen bis zu 20 kg (rechts)

Außerdem wurden aufwendige elektromechanische Türverriegelungen durch die starke Bremswirkung des Motors bei Unterbrechung der Stromzufuhr überflüssig. Beim Öffnen der Tür während des Schleuderns wird automatisch der Strom abgeschaltet, und die Trommel steht innerhalb kürzester Zeit. Dieser Vorzug des Gleichstrommotors bietet nicht nur hohe Sicherheit, sondern vereinfacht auch den Aufbau der Waschmaschine und verringert die Stör- und damit die Reparaturanfälligkeit

Bild 12.32 Das steckbare Modul der Elektroniksteuerung ist nur 12,5 × 4,5 cm groß

erheblich. Hinzu kommt die praktisch wartungs- und verschleißfreie elektronische Steuerung, die als Steckmodul ausgeführt ist (Bild 12.32).

12.2.2.3. Wäschetrockner

Der natürliche Trocknungsvorgang an der Luft kann in einem Wäschetrockner (Bild 12.33) mit ausgezeichneten Ergebnissen nachvollzogen werden. Besonders auffällig

Bild 12.33 Wäschetrockner aus dem Philips Haushaltsprogramm

ist die sehr einfache Konstruktion eines solchen Trockenautomaten, ein Querschnitt ist in Bild 12.34 skizziert. Die geschleuderte Wäsche kann durch die große Einfülltür bequem in die Innentrommel gelegt werden. Sie ist einseitig gelagert und besteht aus dem Kunststoff Polypropylen. Der Trommelmantel ist gelocht, die Rückwand hat die Form eines Kegelstumpfs, durch dessen obere Fläche der Luftstrom in die Trommel eintritt. Ein Motor treibt über zwei Keilriemen sowohl die Innentrommel als auch den Ventilator im Uhrzeigersinn an.

Der Luftbewegungsvorgang verläuft hierbei wie folgt: Der Ventilator saugt Frischluft und von den Heizelementen erwärmte Umluft an. Dieser gemischte Luftstrom geht in Längs- und Querrichtung durch die Innentrommel. Die Wäsche wird

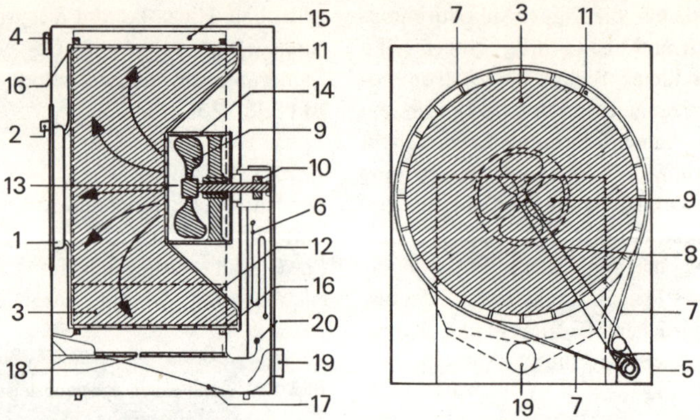

Bild 12.34 Querschnitt durch einen Wäschetrockner: 1 = Einfülltür, 2 = Türöffner, 3 = Innentrommel, 4 = Zeitschalter, 5 = Motor, 6 = Heizung, 7 = Keilriemen für Trommel, 8 = Keilriemen für Ventilator, 9 = Ventilator, 10 = Lagerung Innentrommel, 11 = gelochter Trommelmantel, 12 = Rückwand Innentrommel (kegelförmig), 13 = Eintrittsöffnung für Luftstrom (Schutzgitter), 14 = Gehäuse für Ventilator, 15 = Außentrommel, 16 = Filzdichtung Innen-/Außentrommel, 17 = Luftverteilungskammer, 18 = Flusensieb, 19 = Abluftstutzen, 20 = Heizungsschacht

intensiv vom Luftstrom erfaßt, weil sie durch zwei Mitnehmerrippen in der Trommel hochgehoben und durch die kegelstumpfförmige Trommelrückwand (Wäsche-Verteilungskonus) diagonal durch die Innentrommel bewegt wird. Das Trockengut fällt somit aufgelockert durch den Bereich der stärksten Luftbewegung in der Trommel.

Über die Außentrommel gelangt die mit Feuchtigkeit angereicherte Luft durch das Flusensieb in die Luftverteilungskammer. Von dort wird der größte Teil der feuchten Luft über die Heizung und damit wieder erwärmt in die Innentrommel geleitet, während ein geringerer Teil der Luft durch den Abluftstutzen aus der Maschine ins Freie abgeführt wird. Die Menge der abgeleiteten Luft wird gleichzeitig durch Frischluft ergänzt. In einer Stunde werden etwa 800 bis 820 m^3 Luft im Gerät umgewälzt, während die Zufuhr an Frischluft und gleichzeitig das entsprechende Wegleiten der feuchten Abluft (Luftdurchsatz) lediglich ca. 120 bis 140 m^3 beträgt. Ein Thermostat begrenzt die Temperaturhöhe des Trocknens auf ca. 50 °C (Bild 12.35).

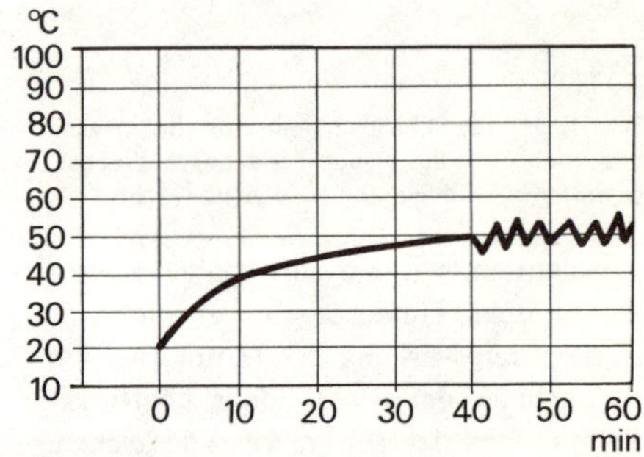

Bild 12.35 Ein Thermostat hält die Temperatur auf etwa 50 °C

12.3. Mikrowellen- und Elektroherde

Bei der herkömmlichen Art, Nahrungsmittel zu erwärmen oder durch längere Wärmezufuhr, z. B. durch Kochen, Dünsten und Braten, aufzuschließen (zu »garen«), wird die Wärme von außen zugeführt. Wegen der geringen Wärmeleitfähigkeit der meisten Lebensmittel entsteht ein Wärmegefälle nach innen, so daß entweder eine lange Garzeit oder, für ein schnelles Garen, eine hohe Außentemperatur nötig ist. Temperatur und Zeit sind dadurch begrenzt, daß die Lebensmittel »zerkocht«

und dadurch im Geschmack und Nährwert verändert oder unansehnlich werden. In vielen Fällen wird die Wärme durch ein temperaturbegrenzendes Medium wie Wasser oder Fett übertragen, das zusätzlich aufgeheizt werden muß und das Kochgut ebenfalls nachteilig verändern kann.

12.3.1. Garen mit Mikrowellen

Die Erwärmung eines nicht- oder schlechtleitenden Stoffs im hochfrequenten, elektromagnetischen Feld kann mit dielektrischen Verlusten erklärt werden, die daher rühren, daß die Moleküle der meisten nichtleitenden Stoffe polarisiert sind und sich mit dem auf sie einwirkenden Feld drehen, das entsprechend der Frequenz seine Richtung ständig ändert. Durch die gegenseitige Reibung der Moleküle entsteht dann die erwünschte Wärme. Hinzu kommt, daß viele Lebensmittel infolge ihres Wassergehalts eine gewisse elektrolytische Leitfähigkeit und damit Stromverluste haben, die ebenfalls als Wärme auftreten.

Die HF-Erwärmung konnte erst dann sinnvoll für Lebensmittel genutzt werden, als leistungsfähige Generatoren mit sehr kurzen Wellenlängen unterhalb 1 m entwickelt worden waren. In Deutschland werden ausschließlich Mikrowellen im 12-cm-Band verwendet (2450 MHz). Als Generatorröhre für dieses Band eignet sich am besten das Magnetron, da es zuverlässig und betriebssicher ist und einen guten elektrischen Wirkungsgrad hat (s. auch Abschnitt 10.2.).

Beim **Mikrowellenherd** (Bild 12.36) gelangt die HF-Energie in einen Garraum, der so ausgebildet ist, daß die von den Wänden reflektierte HF-Energie möglichst diffus von allen Richtungen auf das Kochgut einwirken kann. Dies ist notwendig, da die Welle je nach Struktur und Konsistenz, d.h. je nach den physikalisch-chemischen Eigenschaften des Guts, nur bis zu einer bestimmten Tiefe in das Gut eindringt; durch die allseitige Bestrahlung wird deshalb eine gleichmäßigere Erwärmung auch bei solchem Kochgut erreicht, dessen Abmessungen über die gegebene Eindringtiefe hinausgehen.

Bild 12.36 Mit einer Ausgangsleistung von 800 Watt ist der relativ kleine Mikrowellenherd 800 D speziell für private Haushalte konstruiert worden. Mit ihm eröffnen sich neue Kochperspektiven. Schnelligkeit bei der Zubereitung und hohe Qualität der Mahlzeiten kennzeichnen die Mikrowellen-Kochmethode

In Bild 12.37 ist schematisch der Aufbau eines Mikrowellenherds gezeigt. In Anlehnung an die Form herkömmlicher Backöfen ist der Garraum quaderförmig und aus rostfreiem Stahl hergestellt. Die Energie wird aus dem Magnetron, das auf der oberen Seite des Garraums angeordnet ist, über einen Wellenleiter in Form eines Hohlleiters und schlitzförmige Einkopplungsöffnungen in den Garraum eingestrahlt. Der Garraum läßt sich hochfrequenzdicht durch eine Tür abschließen, die an einem Scharnier befestigt ist und beim Schließen Schutzkontakte betätigt, so daß sich die Anodenstromversorgung erst bei geschlossener Tür einschalten kann.

Die Sicherheitsbestimmungen der Internationalen Technischen Kommission (IEC) (sie sind auch in die VDE-Vorschriften aufgenommen worden) schreiben vor, daß die sogenannte Leckstrahlung an der Oberfläche des Geräts in fünf Zentimeter Abstand lediglich max. 5 mW betragen darf. Sie wird bei allen Geräten in der Regel weit unterschritten und liegt bei 0,5 bis 1 mW oder sogar noch darunter.

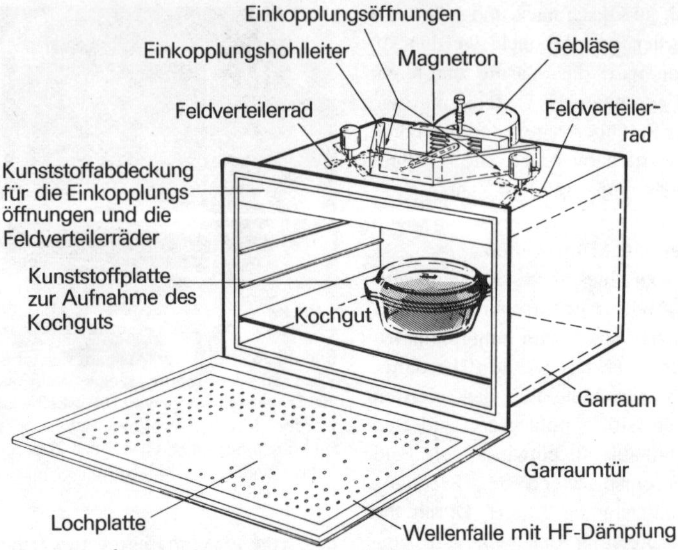

Bild 12.37 Schematischer Aufbau des HF-Teils eines Mikrowellenherds

Die Speisen können bei der HF-Erwärmung in Kochgefäßen, auf dem Teller oder in der Verpackung erhitzt werden, sofern diese die Strahlung durchlassen, d.h. kein Metall enthalten, keine wesentlichen Hochfrequenzverluste haben und genügend wärmebeständig sind. Für die Verpackung eignen sich Folien aus Kunststoffen und wärmebeständig imprägnierte Pappgefäße. Kochgefäße und Teller können aus Porzellan und Jenaer Glas und aus Kunststoffen bestehen. Da Kochgefäße oder Verpackung kaum Energie aus dem Strahlungsfeld entnehmen, zeigt sich im Betrieb die

Bild 12.38 Philips Mikrowellenherde finden in vielen gastronomischen Bereichen Anwendung, hier im Olympia-Segelzentrum Kiel-Schilksee

ungewohnte Erscheinung, daß die Speise warm wird, die Verpackung aber kalt bleibt und sich höchstens durch Wärmeleitung miterwärmt. Das Kochgut kann durch eine Lochplatte in der Tür betrachtet werden.

Die Vorteile der Mikrowellenerwärmung liegen u. a. zunächst im Zeitgewinn, denn die Garzeiten werden erheblich kürzer. Für das Auftauen und Erwärmen von Tiefkühlkost, Fertiggerichten, Geflügel und Würstchen ist das HF-Verfahren daher konkurrenzlos (Bild 12.38). Die Nährstoffe werden bei sehr kurzen Garzeiten geschont, Vitamine und Mineralsalze bleiben besser erhalten; das Gut wird nicht ausgelaugt, sondern gart im eigenen Saft, und man braucht weniger oder gar kein Salz zuzugeben. Außerdem werden Geschmack und äußere Eigenschaften (Farbe, Form) nicht so stark verändert, sondern bleiben vielfach in bisher unbekannter Weise erhalten. Die Wärme entsteht im Kochgut, und die Temperatur begrenzt sich von selbst, so daß ohne weitere Bedienung nach Zeit gekocht werden kann. Der Verbrauch an elektrischer Arbeit (Stromkosten) ist sehr viel niedriger als beim Elektroherd.

12.3.2. Elektroherde und -backöfen

Bei modernen Elektroherden und -backöfen gehören beispielsweise Automatikplatten, Selbstreinigung nach dem pyrolytischen oder katalytischen Verfahren, elektronische Temperaturüberwachung aller Arbeitsgänge innerhalb des Backofens zu den besonders herausragenden Merkmalen. Die Geräte werden in der Regel nach den Normenempfehlungen der AMK (Arbeitsgemeinschaft Die moderne Küche e.V.) gebaut.

Neben den bekannten »freistehenden« Herden und Backöfen haben sich in den letzten Jahren auch Einbaugeräte stärker im Markt etablieren können. Sie sind für den Einbau in spezielle Küchenmöbel bestimmt (Küchenzeilen, Einbauküchen, Küchenblocks). Bild 12.39 zeigt dies an einem

Bild 12.39 Philips Einbauherd EH 3000 Royal L samt Kochmulde in einem Küchenmöbel

Beispiel. **Einbauherde** bestehen im allgemeinen aus dem Backteil bzw. Backofen und einem Kochteil, der sich aus der Einbaumulde mit den Heizungen bzw. Kochplatten sowie dem Schaltfeld mit den Bedienungsknöpfen zusammensetzt. Die Einbaumulde ist mit Verbindungskabeln versehen, die den elektrischen Kontakt zum Schaltfeld herstellen. Die Einbaumulde selbst ist ein separates Gerät und wird erst nach Montage ein Funktionsteil des Herds.

Einbaubacköfen haben einen emaillierten Backraum und häufig auch noch ein emailliertes, beheiztes Wärmefach, das dann mit einer separaten Tür unterhalb der Backraumtür versehen ist (Bild 12.40). Eine Sichtscheibe in der Tür gestattet bei beleuchtetem Backraum die optische Kontrolle des Garguts. Mit einer (zusätzlichen) eingebauten Grilleinrichtung, bestehend aus Infrarotelement und Motor, kann der Anwendungsbereich des Backofens erweitert werden.

Der eingebaute elektronische Thermostat regelt die Back- und Brattemperatur in einem Temperaturbereich von 50 bis 275 °C. Beide Heizelemente können auch getrennt voneinander betrieben werden

Bild 12.40 Philips Einbaubackofen EB 3000 Royal L mit Sichtscheibe, pyrolytischer Selbstreinigung des Backraums und zusätzlichem Wärmefach unterhalb des Ofens

(Unterhitze-Oberhitze-Grillschalter). Es erfolgt bei dieser Betriebsart aber keine thermostatische Regelung, der Thermostat schützt jedoch vor Überhitzung. Das Grillelement und die Backofen-Heizelemente sind elektrisch gegeneinander verriegelt und können daher nicht gleichzeitig in Betrieb genommen werden.

Am Backraum anhaftende Verunreinigungen können mit einer Selbstreinigungsanlage beseitigt werden, und zwar entweder nach dem pyrolytischen oder dem katalytischen Verfahren. Beim **pyrolytischen Prozeß** handelt es sich um einen Aufheizvorgang bis zu einer Temperatur von ca. 500 °C, bei dem die vorhandenen Rückstände zu Asche werden. Diese kann am Ende des Selbstreinigungsvorgangs mit einem Tischbesen oder feuchten Tuch entfernt werden.

Die Selbstreinigung kann manuell oder vollautomatisch durch zusätzliches Einschalten der Automatikuhr eingeleitet werden. Die Reinigungszeit liegt zwischen 1,5 und 3 Stunden und ist vom Verschmutzungsgrad des Backraums abhängig. Nach Erreichen von 250 °C wird die Tür automatisch verriegelt und der Backraum weiter bis auf 500 °C aufgeheizt. Diese Temperatur wird so lange gehalten, bis der Selbstreinigungsvorgang manuell oder automatisch abgeschaltet wird. Der Backraum kühlt sich dann langsam bis auf etwa 300 °C ab. Erst danach wird die Türverriegelung freigegeben.

Das **katalytische Verfahren** ist einfacher und beruht auf chemischen Vorgängen. Diese sind ständig »in Betrieb«, da der auf die Innenwände des Backraums aufgetragene Katalysator die sich auf ihn niederschlagenden Stoffe zersetzt und so die Metallwände sauber hält. Während das pyrolytische Verfahren praktisch ohne Verschleiß arbeitet und alle Stellen des Backraums reinigt, nutzt sich das katalytische Verfahren im Laufe einiger Jahre ab, ist auch nicht überall wirksam (Glasflächen) und wird mit gröberen Rückständen nicht immer fertig. Es ist aber wesentlich billiger, da es nur aus einer Spezial-Emaille besteht.

12.4. Heizen mit Sonnenenergie

Sonnen- bzw. Solarenergie ist in den Blickpunkt des Interesses getreten, nachdem steigende Energiepreise und die zu erwartende Erschöpfung von Erdöl und Erdgas zum Nachdenken über die langfristige Sicherung der Energieversorgung zwingen. Gleichwohl gehen die Auffassungen über den Wert der Solarenergie auch heute noch weit auseinander. Im folgenden werden zunächst einmal die wichtigsten Konzepte der Solarenergiegewinnung unter dem Gesichtspunkt ihrer Wirtschaftlichkeit und noch zu lösender technologischer Probleme betrachtet.

12.4.1. Die Möglichkeiten der Nutzung von Sonnenenergie

Die Sonne ist eine nach menschlichen Zeitmaßstäben unerschöpfliche Energiequelle, die ihre Energie aus einem Kernfusionsprozeß bezieht, bei dem Wasserstoffisotope in Helium verwandelt werden. Die Strahlungsdichte, welche die Sonne auf der

Erde erzeugt, beträgt außerhalb der Erdatmosphäre 1,35 kW/m², wovon nach Passieren der Lufthülle in unseren Breiten etwa 800 W/m² übrigbleiben. Die Leistung, welche die gesamte Erdoberfläche als Solarstrahlung empfängt, beträgt $1{,}7 \times 10^{14}$ kW, ein ungeheuer großer Energiestrom, der rund 20 000mal größer ist als die Weltenergieproduktion Mitte der siebziger Jahre. Mit diesen Werten läßt sich abschätzen, was Solarenergie maximal leisten könnte. Würde man 1 Prozent der Erdoberfläche, entsprechend 3,5 Prozent der Landfläche, für Solarenergiegewinnung mit einem Wirkungsgrad von 20 Prozent bereitstellen, so erhielte man 2×10^{11} kW, also etwa das 30fache des heutigen Weltenergiebedarfs.

Die Verfügbarkeit von Solarenergie wird allerdings durch zeitliche Schwankungen, wie Tag-Nacht-Zyklus, Schlechtwetterperioden und schließlich den jahreszeitlichen Verlauf, eingeschränkt. Deshalb sind alle terrestrischen Methoden der Solarenergiegewinnung zwingend auf Energiespeicherung angewiesen. Die Kosten dieser Energiespeicherung spielen bei fast allen Konzepten der Solarenergiegewinnung eine erhebliche Rolle. Während die Überbrükkung des Tag-Nacht-Zyklus noch mit vertretbarem Aufwand gelingt, gibt es für die jahreszeitliche Energiespeicherung noch keine wirtschaftlich befriedigende Lösung. Eine Ausnahme ist allenfalls die Erdoberfläche selbst, die schon in einigen Metern Tiefe ein von jahreszeitlichen Schwankungen unabhängiges Temperaturniveau aufweist, das zur thermischen Ankopplung für Heiz- und Kühlanlagen durchaus in Betracht gezogen werden kann.

Die geographische Verteilung der Solarstrahlung ist naturgemäß sehr unterschiedlich. Während in den günstigsten Gegenden der Erde die Sonne über 4000 Stunden scheint, sind es in Mitteleuropa nur 1500 Stunden im Jahr. Nicht alle Methoden der Solarenergienutzung bedürfen allerdings der direkten Sonnenstrahlung. Mit geeigneten Sonnenkollektoren läßt sich nämlich auch der diffuse Anteil der Globalstrahlung, der in unseren Breiten im Jahresmittel überwiegt, ausnutzen. Unter Berücksichtigung aller einschränkenden Faktoren erhält man als (über Tag und Nacht) gemit-

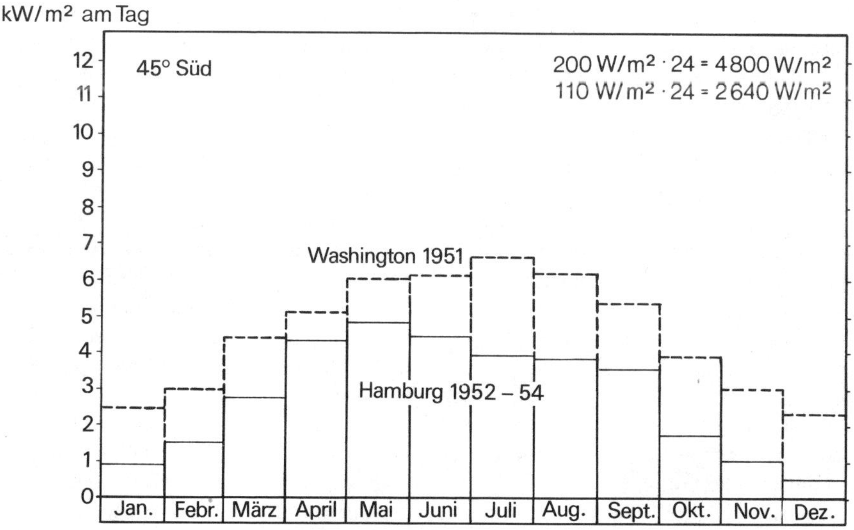

Bild 12.41 Monatsmittel der Tagessummen der Bestrahlungsstärke, Empfangsfläche 45° nach Süden geneigt. (Quelle: W. Collmann, Bericht des Deutschen Wetterdienstes Nr. 42, 1958)

telte Jahresleistung, die auf eine horizontale Fläche entfällt, z. B. in Texas 250 W/m², in den USA (Mittel) 200 W/m² und in der Bundesrepublik 110 W/m² (siehe auch Bild 12.41, S. 447).

Es gibt eine ganze Reihe von Konzepten für die Nutzung der Solarstrahlung, von denen die wichtigsten in der Tabelle 12.1 aufgeführt sind. Die linke Seite dieser Tabelle zeigt eine Gliederung der verschiedenen Methoden, die rechte Seite weist auf bestimmte Anwendungen bzw. auf die Art der entstehenden Sekundärenergie hin. Fast allen diesen Methoden ist gemeinsam, daß sie eigentlich schon heute auf der Basis bestehender wissenschaftlicher Erkenntnisse realisierbar wären. Sie unterscheiden sich im wesentlichen durch ihre Wirtschaftlichkeit, gemessen an den konventionellen Energieträgern, sowie durch die Größe des Beitrags, welchen sie zur Gesamtenergieerzeugung erbringen könnten.

12.4.1.1. Photothermale Umsetzung

Bei der photothermalen Umsetzung benutzt man den hinlänglich bekannten Effekt, daß sich schwarze Flächen durch Absorption von Sonnenstrahlung aufheizen. Einfache Solarkollektoren, die dieses Prinzip benutzen, bestehen aus zwei geschwärzten Platten, von denen die eine wärmeisoliert ist (Bild 12.42). Zwischen den beiden Platten fließt ein Arbeitsmedium, z. B. Wasser, und überträgt die absorbierte Wärme zu einem nachgeschalteten Verbraucher. Ein solcher einfacher Kollektor hat Wärmeverluste durch Abstrahlung und Konvektion, die mit der Temperatur des Arbeitsmediums rasch ansteigen. Durch eine Reihe von Maßnahmen, wie Vorschalten von Glasplatten, Verwendung selektiv absorbierender oder reflektierender Schichten und schließlich Evakuierung des Kollektors, lassen sich diese Verluste beträchtlich reduzieren.

Es existiert daher schon heute eine ganze Palette von verschiedenartig aufgebauten, flachen Kollektoren, von denen die lei-

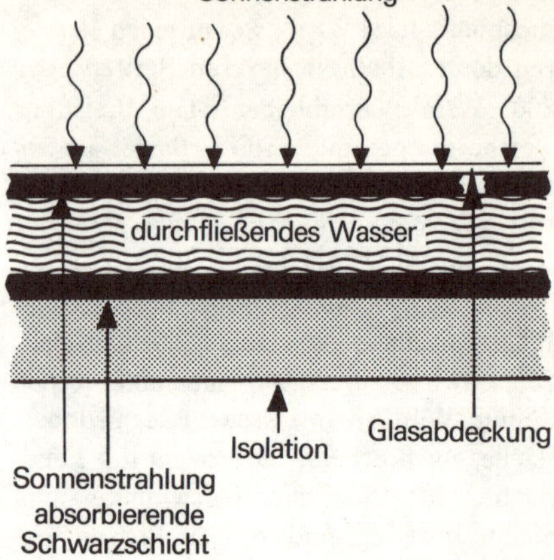

Bild 12.42 Prinzip eines einfachen Solarkollektors

stungsfähigsten den Bereich der Arbeitstemperaturen bis etwa 200 °C erschließen. Einfache Kollektoren eignen sich vornehmlich für Zwecke der Heizung und Warmwasserbereitung, leistungsfähigere Kollektoren auch für den Betrieb von Klimaanlagen (Absorptionskühlsysteme).

Das Erzeugen höherer Arbeitstemperaturen, wie sie etwa zum Betrieb von konventionellen Dampfkraftmaschinen (500–600 °C) benötigt werden, setzt zumindest die lineare Fokussierung der Sonnenstrahlung durch Parabolspiegel oder Fresnel-Linsen auf wärmeisolierte Röhren voraus, die z. B. von flüssigem Natrium durchflossen werden, welches die Energie an einen Wärmespeicher überträgt. Dieser kann auf der Schmelzwärme von Salzen beruhen und dient einer nachgeschalteten Dampfturbine als Energiequelle.

Unter Benutzung zweidimensionaler Fokussierung durch sphärische oder parabolische Spiegel lassen sich, wie der Sonnenofen von Odeille beweist, noch wesentlich höhere Temperaturen (max. etwa 3800 °C) erreichen. Derart hohe Temperaturen würden auch unkonventionelle Anwendungen der Solarstrahlung zulassen, wie z. B. den Betrieb von magneto-hydrodynamischen Generatoren (MHD), thermioni-

Tabelle 12.1 Konzepte für Solarenergienutzung

Direkte Nutzung der Solarstrahlung	Photothermale Konversion	Temperatur ∼ 100°C	Raumheizung u. Warmwasserbereitung (∼ 100°C)
		Temperatur ∼ 200 – 700°C	Wärmebetriebene Wärmepumpen (∼ 150–300°C)
			Niedertemperierte Kraftmaschinen
			Konventionelle Dampfkraftmaschinen
			Katalytische Dissoziation von Wasser (∼ 700°C)
		Temperatur > 800°C	Magneto-hydrodynamischer Generator (MHD, > ∼ 1 700°C)
			Thermische Dissoziation von Wasser (∼ 1 500°C)
	Photovoltaische Konversion	Terrestrisch	Elektrizität
		Extraterrestrisch	Elektrizität
Indirekte Nutzung der Solarstrahlung	Biologische Konversion	Am Land: Pflanzenanbau	Organischer Kraftstoff
		Auf See: Algen, Pytoplankton	Organischer Kraftstoff
	Kinetische Energie	Wind	Elektrizität
		Ozeanströme	Elektrizität
	Potentielle Energie	Wasserkraft	Elektrizität
	Thermische Energie	Temperaturgradienten im Ozean	Elektrizität
		Kapazität des Erdreichs	Niedertemperierte Wärme

schen Generatoren oder die Wasserstofferzeugung durch thermische Dissoziation von Wasser. Die letztgenannten Prozesse sind jedoch für sich allein so wenig entwickelt, daß die dafür erforderliche Solartechnologie nicht als der eigentliche Engpaß anzusehen ist.

12.4.1.2. Solarzellen

Die Umwandlung von Sonnenstrahlung in elektrische Energie mittels Solarzellen (photovoltaische Umwandlung, Bild 12.43) ist besonders durch die Satelliten- und Raumfahrttechnik bekanntgeworden. Der theoretische Wirkungsgrad solcher Solarzellen liegt bei 24 Prozent. Mit dem Fortschreiten der Halbleitertechnologie konnten mit Silizium-Solarzellen Wirkungsgrade bis maximal 16 Prozent, mit Zellen auf Gallium-Aluminium-Arsenid-Basis bis maximal 19 Prozent erreicht werden.

Bild 12.43 Solarzellen liefern direkt elektrischen Strom. Im hier gezeigten Beispiel wird eine Wasserpumpe von Philips Solarzellen mit Strom versorgt

Obwohl die in der Serienproduktion erreichbaren Werte noch um einige Prozent niedriger liegen, wären diese Wirkungsgrade für eine Nutzung keinesfalls uninteressant. Einer breiteren Verwendung steht jedoch der hohe Preis der Silizium-Solarzellen mit ca. 6000,– DM/m² entgegen. Bei einem Kapitaldienst von 10 Prozent ergibt sich daraus selbst unter optimalen Einstrahlungsbedingungen (250 W/m²) ein Energiepreis von mindestens 6,– DM/kWh, also über 100mal mehr als derzeitige Preise für elektrische Energie. Auf dieser Basis sind zwar einige Spezialanwendungen möglich, für eine Energiegewinnung im großen hat jedoch die derzeitige Siliziumzelle keine Chance.

Deshalb bemüht man sich um völlig neue Technologien zum Ziehen von dünnen Einkristallbändern und hofft, auf diesem Weg die Preise wesentlich senken zu können. Der geringere Preis wird allerdings weitgehend durch die erhöhten Systemkosten kompensiert, die durch den niedrigeren Wirkungsgrad dieser polykristallinen Zellen verursacht werden (bei Cadmiumsulfid ca. 6 Prozent).

Bei einem der anspruchsvollsten Projekte für Solarenergieerzeugung handelt es sich um ein Solarzellenkraftwerk, das, ähnlich wie die bekannten Nachrichtensatelliten, in eine geostabile Umlaufbahn (Abstand ca. 36000 km) gebracht werden soll. Die von einer riesigen Solarzellenfläche gesammelte elektrische Energie würde dabei in Mikrowellen verwandelt, von einer scharf bündelnden Antenne auf die Erde abgestrahlt, dort von einer entsprechend großen Antenne empfangen und als Elektrizität weiterverarbeitet werden. Das Projekt hätte gegenüber terrestrischen Anwendungen vor allem den Vorteil, daß die Solarzellen nahezu ununterbrochen die volle Bestrahlungsstärke von 1,35 kW/m² empfangen könnten. Für das Projekt liegt eine sorgfältige Kostenanalyse vor, die zeigt, daß es z. Z. am hohen Preis der Solarzellen scheitern würde, also aus dem gleichen Grund wie bei der terrestrischen Anwendung. Solarzellen müßten in beiden Fällen rund 100mal billiger werden, um zur wirtschaftlichen Energieerzeugung beitragen zu können.

12.4.1.3. Biologische Konversion

Bei der biologischen Konversion bewirkt die Solarstrahlung durch Photosynthese das Wachstum von Pflanzen. Diese Form der Solarenergienutzung hatte für die

Menschheit bisher die bei weitem größte Bedeutung. Sie sichert einen kleinen, aber wichtigen Teil unseres Energieverbrauchs in Form von Nahrung, sie diente unseren Vorfahren in Form von Holz über Jahrtausende als einzige Wärmequelle und erzeugte nicht zuletzt in vielen Jahrmillionen unsere fossilen Brennstoffe. Im Prinzip wäre es denkbar, geeignete Pflanzen oder Bäume ausschließlich zum Zweck der Energiegewinnung anzubauen, um sie entweder direkt zu verheizen oder durch Pyrolyseverfahren in flüssige oder gasförmige Kraftstoffe umzuwandeln. Die Ausbeute der Photosynthese ist aus zum Teil grundsätzlichen Ursachen schon niedrig und liegt in der Praxis bei ca. 1 Prozent. In gemäßigten Klimazonen kann man deshalb selbst unter günstigen Bedingungen nicht mehr als 20 t organische Trockenmasse pro Jahr und Hektar ernten.

Immerhin ergibt sich unter Berücksichtigung des Brennwerts dieser Trockenmasse ein Ertrag, der durchaus mit Erträgen anderer landwirtschaftlicher Produkte vergleichbar wäre, sofern man die Veredelung in Gas oder Öl außer Betracht läßt. Ein entscheidender Nachteil der biologischen Methoden ist die geringe Ausbeute und der daraus resultierende Flächenbedarf. Angesichts der sich schon heute abzeichnenden Schwierigkeiten bei der Nahrungsmittelversorgung wird es sich die Menschheit nicht leisten können, landwirtschaftlich nutzbare Flächen zum Zwecke der Energieversorgung mit einem Wirkungsgrad von nur einem Prozent bereitzustellen.

12.4.1.4. Windkraft

Die Windkraft ist eigentlich nichts Neues, sie wurde – wie die Mühlen Hollands beweisen – schon im Mittelalter in großem Umfang genutzt. In den Windbewegungen rund um den Globus steckt eine Leistung von etwa 10^{12} kW, wovon unter realistischen Annahmen vielleicht einige 10^{10} kW ausgenutzt werden könnten. Der Energieinhalt des Windes nimmt mit der 3. Potenz der Windgeschwindigkeit zu. Man wird Windkraftanlagen deshalb nur dort aufstellen, wo Winde entsprechender Stärke und Regelmäßigkeit auftreten (Bild 12.44). Da moderne Rotorkonstruktionen dem Wind 80–90 Prozent der Energie entziehen, muß der Abstand zwischen den »Mühlen« relativ groß sein.

Bild 12.44 Windkraft-Versuchsanlage auf der Insel Sylt. Höhe des Turms: 12 m, Durchmesser der Rotoren: 11 m, Nennleistung bei 12 m/s Windgeschwindigkeit: 70 kW (Drehstrom 50 Hz/380 V)

Der Bau solcher Anlagen setzt keine neuen Technologien voraus, auch die geschätzten Kosten liegen mit 2–6 Pfennig/kWh nicht zu hoch. Die Anlagen müssen jedoch aus Gründen des Windprofils und des Wirkungsgrads ziemlich groß gebaut werden, wobei man letztlich an Rotordurchmesser von 70 m und an Höhen von 100 m und mehr denkt. Solche Monster-Windmühlen, die sich in gewissen Abständen wiederholen, sind gewiß kein ästhetischer Anblick. Darüber hinaus nehmen die Windgeschwindigkeiten während der Nacht stark ab, so daß man hier wieder vor dem Problem der Speicherung von elektrischer Energie steht. Es sind wohl diese beiden Gründe, die dazu führten, daß man die Windkraft bislang selbst in windbegünstigten Gebieten nur wenig ausgenutzt hat.

12.4.1.5. Temperaturgradienten

Eine andere indirekte Methode ist die Nutzung der Temperaturgradienten in Ozeanen. Es gibt viele Stellen auf der Erde, z.B. an der Karibischen See, wo man schon in Küstennähe zwei unterschiedlich temperierte Ströme auf kleinem Abstand antrifft. Temperaturdifferenzen von 20—26°C treten häufig in einem Abstand von weniger als 1000m auf und lassen sich im Prinzip dazu benutzen, um eine Niederdruck-Wärmekraftmaschine zu betreiben (Bild 12.45). Der Wirkungsgrad einer solchen Maschine ist wegen der kleinen Temperaturdifferenz zwar niedrig, aber andererseits sind die verfügbaren Wassermengen fast unerschöpflich. Das Potential, welches in dieser Methode steckt, ist gewaltig und würde leicht ausreichen, um den Gesamtenergiebedarf der USA des Jahres 2000 allein zu decken.

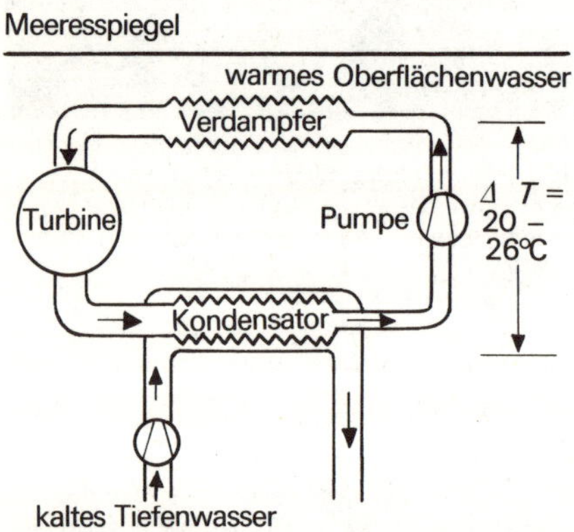

Bild 12.45 Schema einer Niederdruck-Wärmekraftmaschine im Meer

Zur Realisierung der Methode bedarf es in erster Linie der Entwicklung von effizienten, aber billigen Wärmeaustauschern, die den rauhen Bedingungen auf See standhalten. Die Zerstörung einer Versuchsanlage vor Kuba durch einen Hurrikan gibt eine Vorstellung auch von den mechanischen Problemen einer solchen Anlage. Es ist zu erwarten, daß diese Methode in den USA weiterentwickelt wird, zumal das Projekt von der National Science Foundation und der NASA gestützt wird.

Versucht man abschließend die Chancen der einzelnen Methoden zu bewerten, so ergibt sich, daß kurzfristig nur die photothermale Umsetzung zur Erzeugung niedertemperierter Wärme und die Ausnutzung der Temperaturgradienten der Ozeane realisierbar und akzeptabel sein dürften. Nicht zuletzt diese Einsicht in Verbindung mit guten technologischen Voraussetzungen hat dazu geführt, daß Philips sich auch mit Energiesystemen für Gebäude unter Einbeziehung der Sonnenenergie beschäftigt.

12.4.2. Analyse und Konsequenzen der Energiesituation

Eine Analyse des Energieverbrauchs der Bundesrepublik Deutschland zeigt, daß rund die Hälfte der Endenergie in Form von Niedertemperaturwärme, d.h. Wärme mit einer Temperatur unter 100°C verwendet wird, und zwar zur Gebäudeheizung und Warmwasserversorgung (Bild 12.46). Etwa die Hälfte der hochwertigen elektrischen Energie wird ebenfalls zur Erzeugung von Niedertemperaturwärme benötigt, wovon der größte Teil auf die privaten Haushalte entfällt. Hier läßt sich der Verbrauch von konventioneller Energie durch Verringerung der Wärmeverluste bei Gebäuden, Wärmerückgewinnung aus Abwässern und Abluft sowie durch den Einsatz alternativer, umweltfreundlicher Energien, beispielsweise Sonnenenergie und Erdwärme, erheblich herabsetzen.

Das Untersuchungsprogramm des Philips Forschungslaboratoriums Aachen ist auf diese Maßnahmen ausgerichtet und mündet in der Entwicklung von integrierten Energiesystemen für Gebäude, wobei die Möglichkeiten der Sonnenenergie, der Erdwärme sowie der Wärmerückgewin-

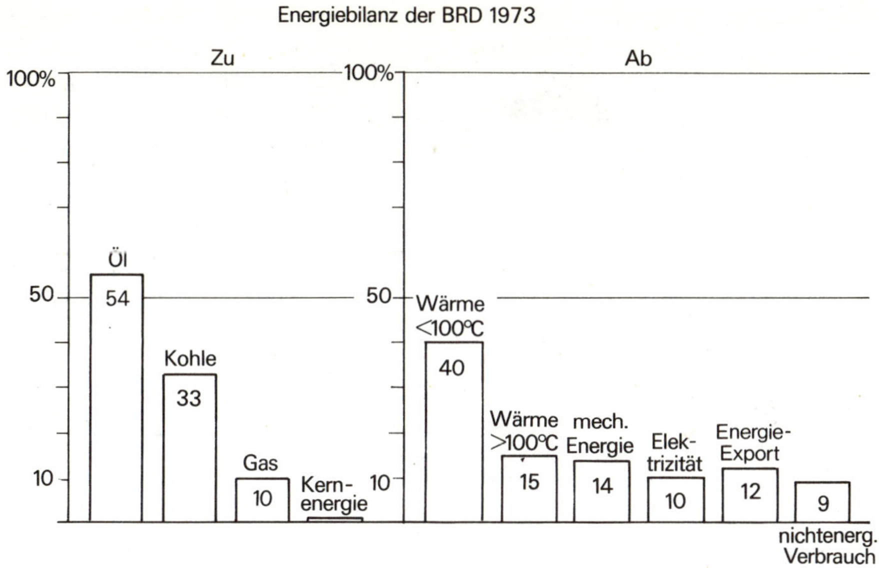

Bild 12.46 Grafische Darstellung der Energiebilanz der Bundesrepublik Deutschland 1973

nung in Verbindung mit der Verwendung konventioneller Energie optimal berücksichtigt werden.

12.4.2.1. Das Philips Experimentierhaus

Auf dem Aachener Laboratoriumsgelände wurde ein Experimentierhaus in Fertigbauweise errichtet, das die Möglichkeit bietet, alle aufgezeigten Maßnahmen konsequent zu untersuchen (Bild 12.47). Das Gebäude ist in folgende Bereiche unterteilt:

Dachboden: Sonnenkollektoren

Dachgeschoß: Datenerfassung und Steuerung

Erdgeschoß: Wohnbereich

Keller: Energiesystem mit Wärmespeichern, Wärmepumpe und Klimazentrale.

Ein Querschnitt durch das Experimentierhaus mit der schematischen Darstellung des Gesamtsystems ist in Bild 12.48 angegeben.

12.4.2.2. Computer simuliert Durchschnittsfamilie

Das Sonnen-Experimentierhaus ist in Größe, Ausstattung und Energieverbrauch auf die Lebensgewohnheiten einer vierköpfigen Familie ausgerichtet, die auch zwei Jahre nach Inbetriebnahme in das Haus einziehen wird. Für den ersten Teil des Untersuchungsprogramms wurden im Dachgeschoß zwei Prozeßrechner P 855 zur Steuerung des Energiesystems, zur Simulation des Energieverbrauchs im Wohnbereich und zur Erfassung aller Meßdaten auf Magnetband installiert. Sie sind so programmiert, als ob die Familie bereits dort wohnen würde, und automatisch schalten sich Licht, Elektroherd und Dusche, Stereoanlage und Fernsehgerät ein und aus. Nahezu hundert Meßstellen sind im Experimentierhaus vorhanden, die erhaltenen Daten werden auf Magnetband gespeichert und sind Ausgangspunkt für eine Systemanalyse, die der Entwicklung und Dimensionierung optimal integrierter Haus-Energiesysteme dient.

12.4.2.3. Hochwirksame Sonnenkollektoren modernster Technik

Der einfachste Weg zur Energieeinsparung ist die richtige Isolation einer Wohnung.

Bild 12.47 Ansicht des auf dem Gelände des Philips Forschungslaboratoriums Aachen errichteten Energie-Experimentierhauses. Es entspricht bezüglich Größe, Ausstattung und Energieverbrauch den Lebensgewohnheiten einer vierköpfigen Durchschnittsfamilie. Durch zusätzliche Isolation der Wände, Böden und Decken sowie durch Reduzierung der Lüftungsverluste und Verwendung von Fenstern mit geringem Wärmedurchgang konnte der Bedarf an Heizenergie erheblich gesenkt werden, und zwar auf ein Sechstel gegenüber einem Normalhaus und auf ein Drittel gegenüber einem Haus mit Vollwärmeschutz

Hier konnte beim Aachener Experimentierhaus durch zusätzliche Isolation der Wände, Böden und Decken sowie durch Reduzierung der Lüftungsverluste und Verwendung von Fenstern mit geringem Wärmedurchgang der Bedarf an Heizenergie erheblich gesenkt werden, und zwar auf ein Sechstel gegenüber einem Normalhaus und auf ein Drittel gegenüber einem Haus mit sogenanntem Vollwärmeschutz.

Der verbleibende Bedarf an Heizenergie von ca. 8300 kWh kann durch Sonnenenergie gedeckt werden. Hierfür wurden im Süddach des Experimentierhauses auf einer $20 m^2$ großen Fläche insgesamt 324 Sonnenkollektoren installiert, welche die einfallende Sonnenenergie in Niedertemperaturwärme bis zu 95 °C umwandeln. Diese Energie wird einem hochisolierten Tank mit $40 m^3$ Wasser zugeführt. Die auf diese Art im Jahresmittel gespeicherte Energie von etwa 10000 bis 12000 kWh reicht aus, um den gesamten Heizbedarf des Hauses zu decken.

Ein Jahresspeicher wurde deshalb gewählt, um das Verhalten der Sonnenkollektoren in Verbindung mit Langzeitspeichern untersuchen zu können. Eine ökonomische Lösung setzt möglicherweise die Verwendung anderer Speicherprinzipien voraus, die u. a. ebenfalls im Philips Forschungslaboratorium Aachen untersucht werden.

Die verwendeten Philips Sonnenkollektoren bestehen aus evakuierten Glasröhren von etwa 1 m Länge und 7 cm Durchmesser (Bild 12.49 a und 12.49 b), in die der Absorber (wasserdurchströmtes Rohr) eingebaut ist. Bild 12.50 (S. 456) zeigt einen Querschnitt des Sonnenkollektors. Wärmereflexionsfilter aus Indium-Oxid verbessern den Wirkungsgrad erheblich. Die Sonnenkollektoren weisen selbst bei geringen Einstrahlungsstärken der Sonne (z. B. geschlossene Wolkendecke) und großen Temperaturdifferenzen noch hohe Wirkungsgrade auf.

Es wird erwartet, daß solche Kollektoren unter mitteleuropäischen Klimabedingun-

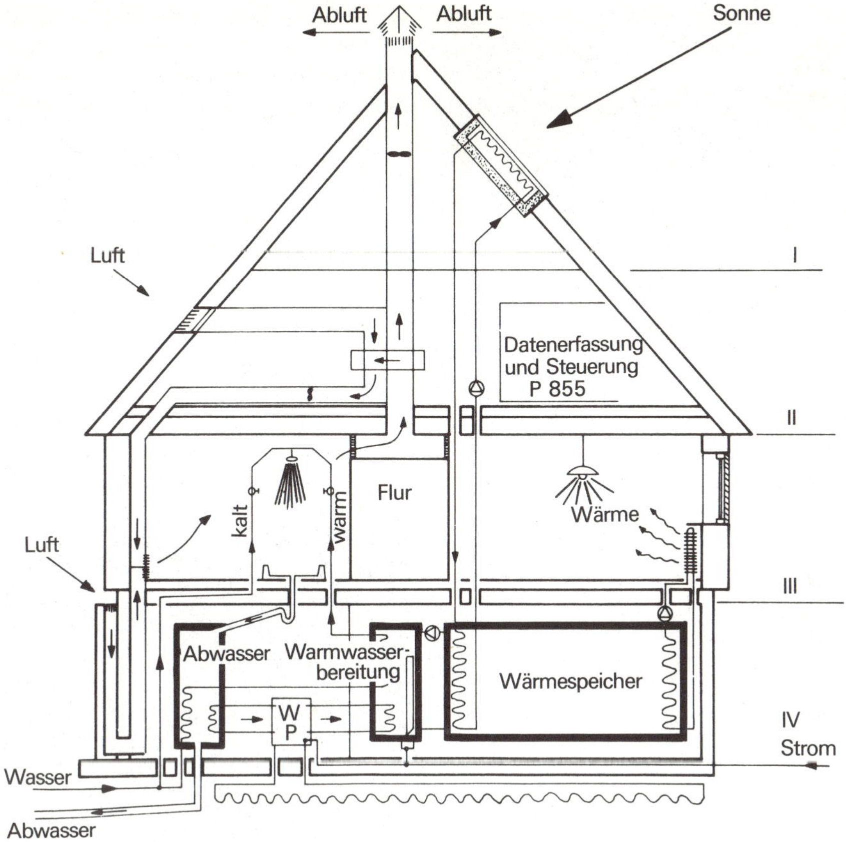

Bild 12.48 Schema des Experimentierhaus-Energiesystems

gen zur Warmwasserversorgung und unter südlichen Klimabedingungen zum Betreiben von Kühlmaschinen mit Vorteil eingesetzt werden können. Die Weiterentwicklung dieses Prinzips zielt auf eine Vereinfachung und damit Verbilligung der Kollektoren ab, ohne dabei die Wirksamkeit zu verringern.

Bild 12.49a Die im Energie-Experimentierhaus verwendeten Philips Sonnenkollektoren bestehen aus einer evakuierten Glasröhre von etwa 1 m Länge und 7 cm Durchmesser, in die der Absorber (wasserdurchströmtes Rohr) eingebaut ist. Filter und Reflektoren verbessern den Wirkungsgrad erheblich. Die Sonnenkollektoren weisen selbst bei geringen Einstrahlungsstärken der Sonne (z. B. geschlossene Wolkendecke) und großen Temperaturdifferenzen noch hohe Wirkungsgrade auf

Bild 12.49b Im Energie-Experimentierhaus sind insgesamt 324 Sonnenkollektoren vorhanden, die in 18 klappbaren Einheiten zu je 18 Kollektoren zusammengefaßt sind

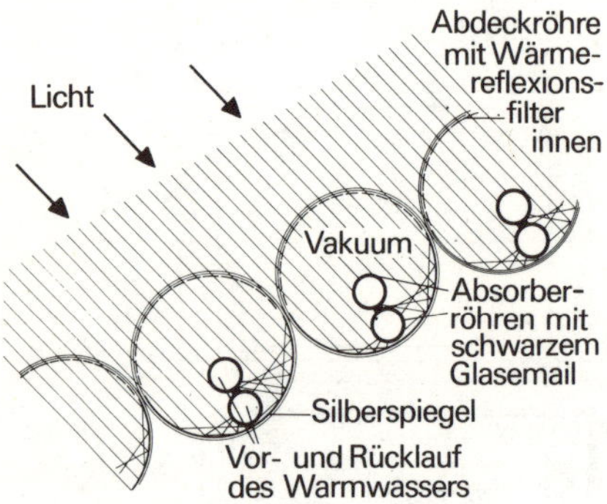

Bild 12.50 Querschnitt des Philips Sonnenkollektors mit Absorber-Rohrschlange für den Wasserdurchlauf, Wärmereflexionsfilter und Silberspiegel

In der Tabelle 12.2 sind einige Prozentwerte für den jeweiligen Wirkungsgrad bei verschiedenen Wetterbedingungen eingetragen, und zwar für den Philips Kollektor mit zusätzlicher Abdeckscheibe im Vergleich zu einem Flachkollektor mit selektivem Absorber und Doppelglasabdeckung. Die Werte wurden experimentell ermittelt für den Anwendungsfall der Warmwasserbereitung im Sommer (Wassertemperatur 50 °C über der Außentemperatur).

12.4.2.4. Nutzung der Erdwärme wird ebenfalls erprobt

Auch die Energie des Erdreichs wird im Experimentierhaus zum Zwecke des Heizens und Kühlens herangezogen. Dazu wurde unter der 150 m² großen Kellersohle ein Wärmetauscher angebracht, der aus 120 m wasserdurchflossenem Kunststoffrohr besteht (Bild 12.51). Mit einer Wärmepumpe kann man dem Erdreich bei einer durchschnittlichen Temperatur von etwa 7 °C thermische Energie entziehen, auf

Bild 12.51 Im Philips Energie-Experimentierhaus wird auch die Energie des Erdreichs für Heiz- und Kühlzwecke herangezogen. Unterhalb des Fundaments ist auf einer Fläche von 150 m² ein Wärmetauscher vorhanden, der aus 120 m Kunststoffrohr besteht; unser Bild zeigt die Verlegung des Rohrsystems

Tabelle 12.2 Wirkungsgrad von Sonnenkollektoren

Wetterbedingungen	Global-Strahlung W/m²	Flach-Kollektor $\eta = \%$	Philips-Kollektor $\eta = \%$
wolkenloser Himmel	800	53	61
leicht bewölkt, dunstig	600	46	58
leichte, geschlossene Wolkendecke	300	17	45
geschlossene Wolkendecke	150	0	20

etwa 50 °C hochpumpen und in einem Warmwassertank speichern, von dem aus die Versorgung des Hauses erfolgt.

Die Wärmepumpe arbeitet unter diesen Betriebsbedingungen mit einer Leistungsziffer von etwa 3,5, d.h.: Mit einer Kilowattstunde elektrischer Energie werden 3,5 Kilowattstunden thermischer Energie nutzbar gemacht. Berechnungen zeigen, daß unter den in Aachen angetroffenen günstigen Bedingungen des Erdreichs sogar die vollständige Beheizung des Hauses mit dieser Energiequelle vorgenommen werden kann.

Die hierbei verwendete Wärmepumpe von 1,2 kW Leistung wird übrigens auch zur Wärmerückgewinnung aus den Abwässern benutzt (Bild 12.52). Der Bedarf an elektrischer Energie wird durch Wärmerückgewinnung aus den Abwässern auf etwa die Hälfte verringert, wie Tabelle 12.3 zeigt.

Zur Deckung des Kühlbedarfs während der Sommerzeit wird die zur Versorgung des Hauses benötigte Frischluft durch eine

Tabelle 12.3 Verringerung des Energiebedarfs durch Wärmerückgewinnung

Haushalt	mit Wärmerückgewinnung kWh	ohne Wärmerückgewinnung kWh
Brauchwasser Waschmaschine Geschirrspüler	3 980	980
Wäschetrockner Gefrierschrank Kühlschrank Herd, Beleuchtung Fernseher etc.	2 915	2 915
	6 895	3 895

poröse Wand (eine »Porwand«) entlang der Kellerwände geführt. Sie kann so auf eine Temperatur bis zu 18 °C abgekühlt werden und gewährleistet eine Raumtemperatur von unter 24 °C.

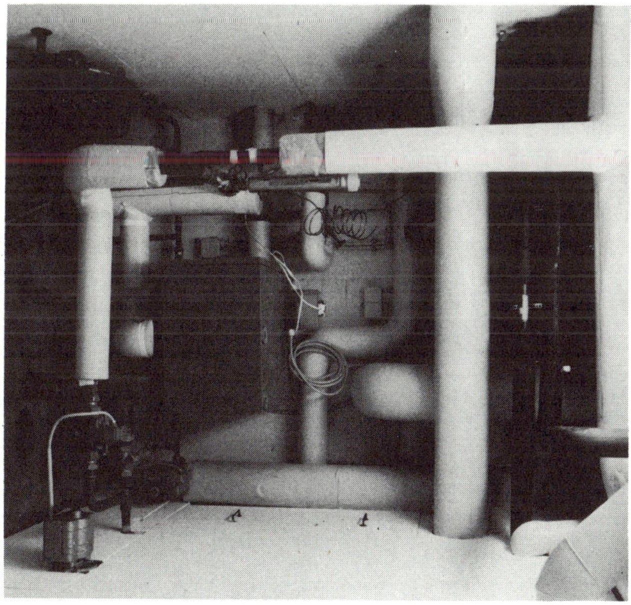

Bild 12.52 Teilansicht des im Keller untergebrachten Energiesystems mit der Wärmepumpe, die sich in dem dunklen Kasten befindet

Bild 12.53 Zum Energiesystem gehört auch der regenerative Wärmetauscher, mit dem der Abluft bis zu 90 % Wärme entzogen und damit zurückgewonnen werden kann

Bild 12.54 Teilansicht des hochisolierten 40-m^3-Tanks

12.4.2.5. Energiezentrale im Keller

Im Keller ist das gesamte Energiesystem mit den drei Wärmespeichern, der Wärmepumpe und der Klimazentrale untergebracht. Für die Klimatisierung des Experimentierhauses wurden folgende Werte ermittelt: Zuluft: 300—600 m^3/h, Abluft: 300—600 m^3/h. Die Wärmerückgewinnung aus der Abluft beträgt 90 %, es wird ein regenerativer Wärmetauscher (Econovent) verwendet (Bild 12.53). Die Klimatisierung umfaßt: Kontrollierte Be- und Entlüftung, Luftheizung mit Konvektoren, Strahlungsheizung mit Radiatoren (mit konvektivem Anteil) und Kühlung der Luft.

Die drei Speichertanks (s. auch Bild 12.54 und Bild 12.55) haben folgende Daten:

Langzeitwärmespeicher mit Wasser

Volumen:	42 m^3
Isolation:	25 cm Steinwolle
Temperaturbereich:	5 °C—95 °C
Wärmetauscher für Sonnenkollektor:	12 kW

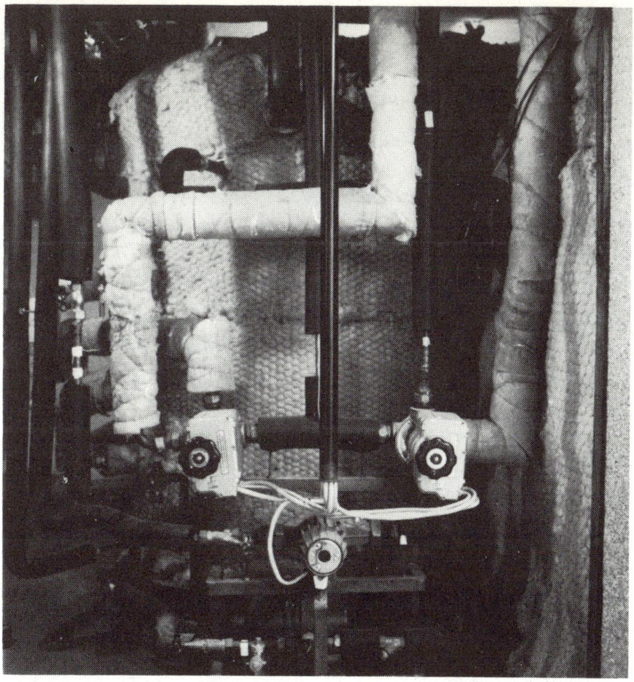

Bild 12.55 Auch der 4-m^3-Tank für Brauchwasser ist hochisoliert

Heiz- und Warmwasserspeicher

Volumen:	4 m^3
Isolation:	25 cm Steinwolle
Temperaturbereich:	45 °C – 55 °C
Wärmetauscher für Heizung und Sonnenkollektor:	4 kW
Warmwasser:	28 kW

Abwassertank

Volumen:	1 m^3
Isolation:	10 cm Steinwolle
Wärmetauscher für Frischwasservorwärmung:	7 kW
Wärmepumpe:	3,5 kW
Kühl- und Gefrierschrank:	0,5 kW

Die flexible Auslegung des Energiesystems gestattet unter anderem die Untersuchung der in den Bildern 12.56 bis 12.59 aufgezeigten Energieversorgungskonzepte:

1. Warmwasserbereitung mit Sonnenenergie.
2. Warmwasserbereitung aus Abwasser mit der Wärmepumpe.
3. Sommer: Kühlen mit der Kühlkapazität des Erdreichs. Winter: Heizen mit Sonnenenergie.
4. Winter: Lüften mit Wärmerückgewinnung, Heizen mit der Erdwärmepumpe.

Das Philips Energie-Experimentierhaus in Aachen ist ein erster Schritt auf dem Weg zur Nutzung dieser umweltfreundlichen und unerschöpflichen Energiequelle. Erste praktische Anwendungsmöglichkeiten (z.B. Warmwasserbereitung) könnten schon in Kürze realisierbar sein, große integrierte Nutzungssysteme brauchen dagegen wohl noch eine längere Zeit bis zur Verwirklichung.

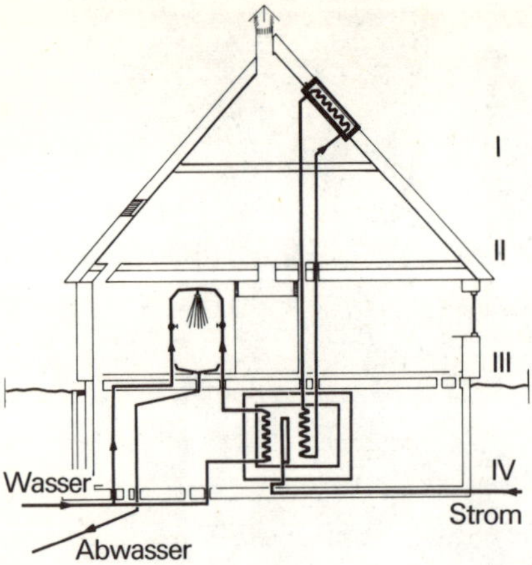

Bild 12.56 Warmwasserbereitung mit Sonnenenergie

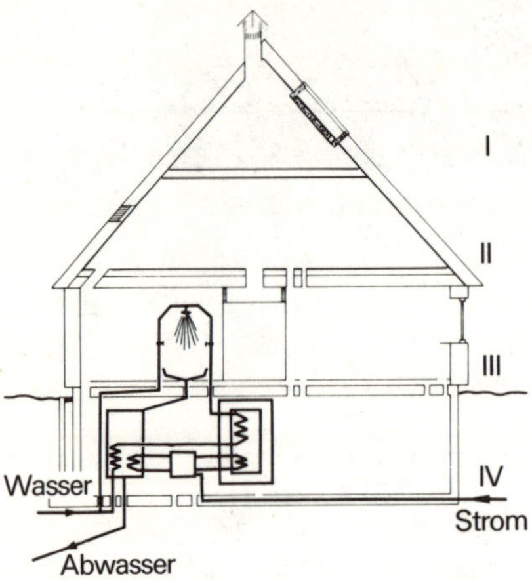

Bild 12.57 Warmwasserbereitung aus Abwasser mit der Wärmepumpe

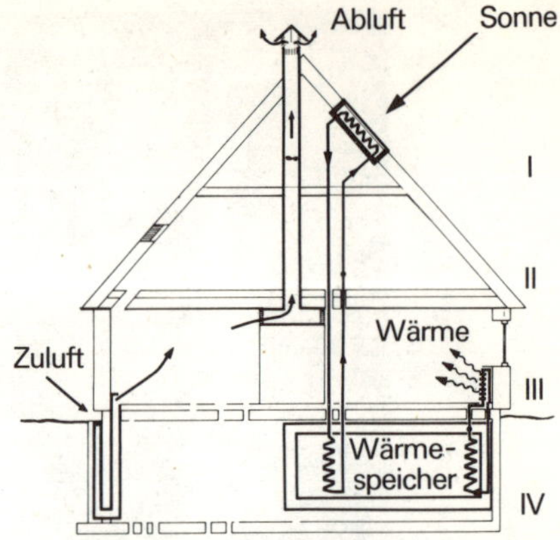

Bild 12.58 Sommer: Kühlen mit der Kühlkapazität des Erdreichs, Winter: Heizen mit Sonnenenergie

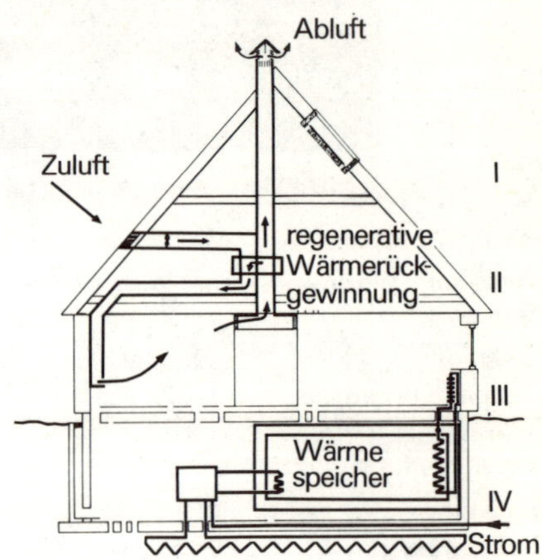

Bild 12.59 Winter: Lüften mit Wärmerückgewinnung, Heizen mit der Erdwärmepumpe

12.5. Stirlingmotor — eine saubere Antriebsquelle

Zu Beginn des 19. Jahrhunderts, als die Weiterentwicklung der Dampfmaschine — sie war damals die einzige Kraftquelle hoher Leistung — im Gange war, versuchten zahlreiche Erfinder, das als Arbeitsmedium benutzte Wasser durch Luft zu ersetzen. So entstand eine große Vielfalt von Heißluftmotorsystemen, eines davon wurde im Jahre 1816 dem Schotten Dr. Robert Stirling patentiert (Bild 12.60).

Mitte der dreißiger Jahre wandte man sich im Philips Forschungslaboratorium Eindhoven erneut der Untersuchung des Heißluftmotors zu. Das Stirlingsystem war um so interessanter, weil sich schon bei vorläufigen Untersuchungen herausstellte, daß man bei den seinerzeit noch auf dem

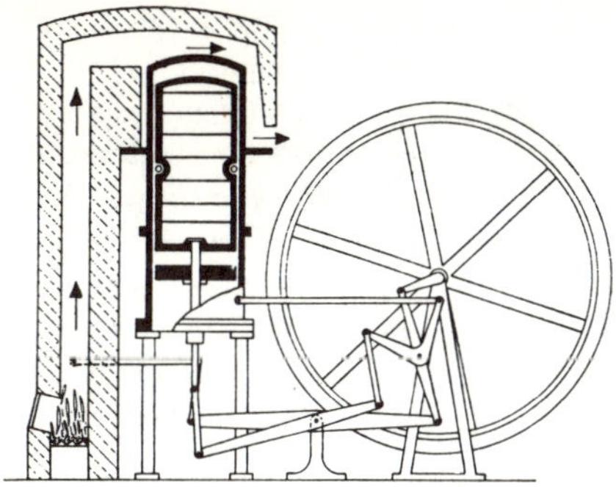

Bild 12.60 Zeichnung des ersten Stirlingmotors nach der Patentanmeldung von 1816

Markt befindlichen Heißluftmotoren völlig an neuen wärme- und oxidationsbeständigen Werkstoffen vorbeigegangen war. Ebenso waren die modernen Erkenntnisse auf dem Gebiet der Strömungstechnik und Wärmeübertragung unberücksichtigt geblieben.

Man beschäftigte sich bei Philips zunächst mit dem Bau von kleineren Motoren, die als Antriebsquelle für Stromerzeuger benutzt wurden. Durch die ständigen Verbesserungen der Rundfunkröhren und vor allem durch das Auftauchen der Transistoren wurde der Stirlingmotor zwar für den ursprünglich gedachten Verwendungszweck immer weniger wichtig, zugleich wiesen die theoretischen Untersuchungen aber eindeutig auf die Verwendbarkeit des Prinzips für größere Motoren hin.

12.5.1. Arbeitsprinzip des Stirlingmotors

Beim Motor mit **innerer** Verbrennung erhält man einen Arbeitsgewinn, indem man eine bestimmte Luftmenge bei niedriger Temperatur komprimiert (vor oder nach dem Zusatz von Brennstoff), sie sodann durch eine schnelle Verbrennung erhitzt und danach bei hoher Temperatur expandieren läßt. Dasselbe Prinzip, nämlich eine Gasmenge bei niedriger Temperatur zu komprimieren und sie bei hoher Temperatur expandieren zu lassen, liegt auch dem Stirlingmotor zugrunde. Das Arbeitsgas wird hier jedoch immer wieder verwendet sowie in ganz anderer Weise erhitzt, und zwar durch Wärmezufuhr von außen. Man spricht daher auch von einem Motor mit **äußerer** Verbrennung.

Schon Stirling hatte erkannt, daß eine periodische Änderung der Gastemperatur erreicht werden kann, wenn man das Gas mit Hilfe eines »Verdrängerkolbens« zwischen einem Raum mit konstanter hoher Temperatur und einem Raum mit konstanter niedriger Temperatur ständig hin und her schiebt (Bild 12.61). Um hierbei nicht unnötigerweise Wärme zu vergeuden, ist ein sogenannter Regenerator eingefügt, der im Prinzip aus einer porösen Masse besteht (»Wärmeschwamm«), an die das heiße Gas Wärme abgibt, bevor es in den Kühler strömt, während der zurückkehrende Gasstrom die gespeicherte Wärme wieder aufnimmt, bevor er in den Erhitzer gelangt.

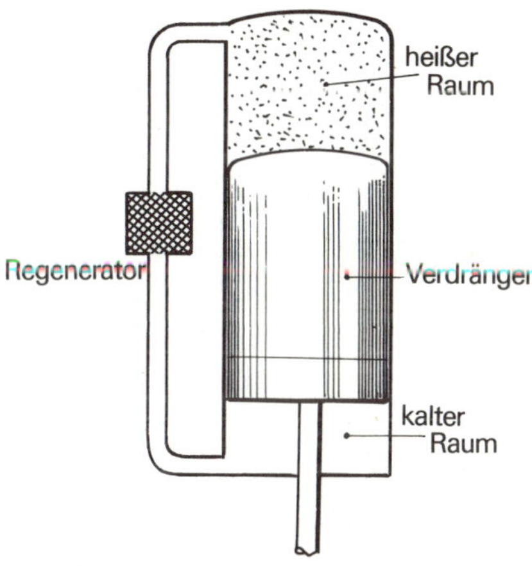

Bild 12.61 Prinzip des Verdrängersystems

Wird nun der skizzierte Verdrängerkolben mit einem Arbeitskolben kombiniert, so erhält man einen Stirlingmotor nach dem Verdrängersystem. Der Arbeitskolben ist so in den Ablauf einbezogen, daß er das Arbeitsgas immer dann komprimiert, wenn es sich im kalten Raum befindet (der deshalb auch Kompressionsraum genannt wird). Beim Expandieren wird der Kolben wieder in seinen unteren Totpunkt geschoben. In Bild 12.62 ist der vom System zu durchlaufende Prozeß in vier Phasen dargestellt. In Bild 12.63 sind die hierbei auftretenden Lageänderungen von Kolben und Verdränger als Funktion der Zeit aufgetragen.

In der Praxis entstehen durch ein Getriebe mit Kurbelwelle und Pleuelstangen kontinuierliche Übergänge zwischen den vier Phasen, was aber das Prinzip des Prozesses nicht beeinträchtigt (Bild 12.64). Für das Entstehen eines Arbeitsüberschusses ist allein wesentlich, daß die Änderung des warmen Raums derjenigen des kalten Raums phasenmäßig voreilt; dies bedeutet, daß die gezeichneten p-V-Diagramme im Uhrzeigersinn durchlaufen werden.

Mit der Erfindung des sogenannten Rhombengetriebes im Jahre 1953 wurde ein Durchbruch in Richtung großer Motoren erzielt, da es dieser Kurbeltrieb gestattete, auf einfache Weise ein druckloses Kurbelgehäuse zu verwenden, was für größere Motoren entscheidend wichtig ist. Bild 12.65 (S. 464) zeigt schematisch das Prinzip des Verdrängermotors mit dem Rhombengetriebe an einem Längsschnitt. Überdies läßt sich das Rhombengetriebe selbst bei einem Einzylindermotor völlig auswuchten, was im Hinblick auf die Geräuscharmut des Motors ein willkommener zusätzlicher Vorteil ist. Mit diesem Getriebe wurden mehrere Prototypen verschiedener Leistung entwickelt, darunter auch der in Bild 12.66 gezeigte 4-Zylinder-Motor mit einer Endleistung von ca. 140 kW (200 PS), der in einen Demonstrationsbus eingebaut wurde (Bild 12.67, S. 465).

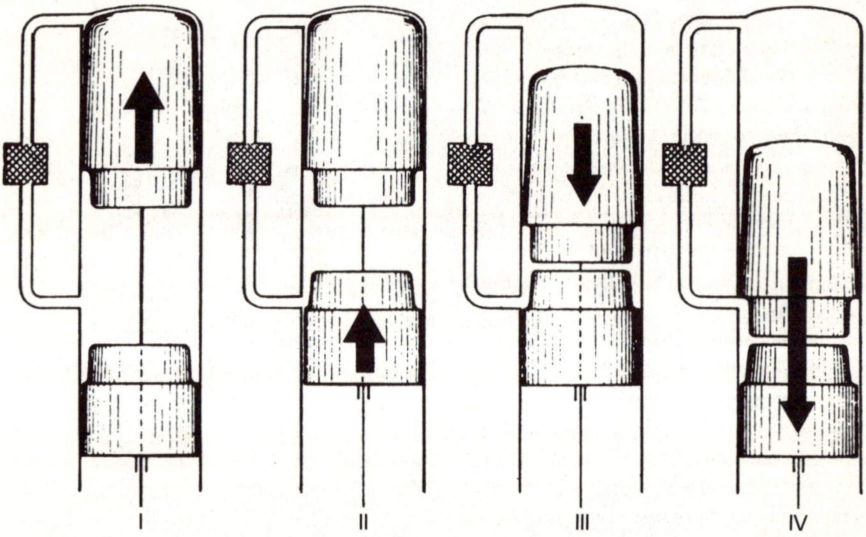

Bild 12.62 Schema des Stirlingprozesses. Vier Stadien sind durch folgende Situationen gekennzeichnet: I. Kolben in tiefster Lage, Verdränger in höchster Lage; das ganze Gas befindet sich im kalten Raum. II. Der Verdränger ist in der höchsten Lage geblieben; der Kolben hat das Gas bei niedriger Temperatur komprimiert. III. Der Kolben ist in der höchsten Lage geblieben; der Verdränger hat das Gas über Kühler, Regenerator und Erhitzer in den heißen Raum geschoben. IV. Das heiße Gas ist expandiert, Verdränger und Kolben sind zusammen in der tiefsten Lage angekommen. Anschließend wird der Verdränger (während der Kolben stehenbleibt) das Gas über Erhitzer, Regenerator und Kühler in den kalten Raum schieben, so daß sich wieder Situation I einstellt

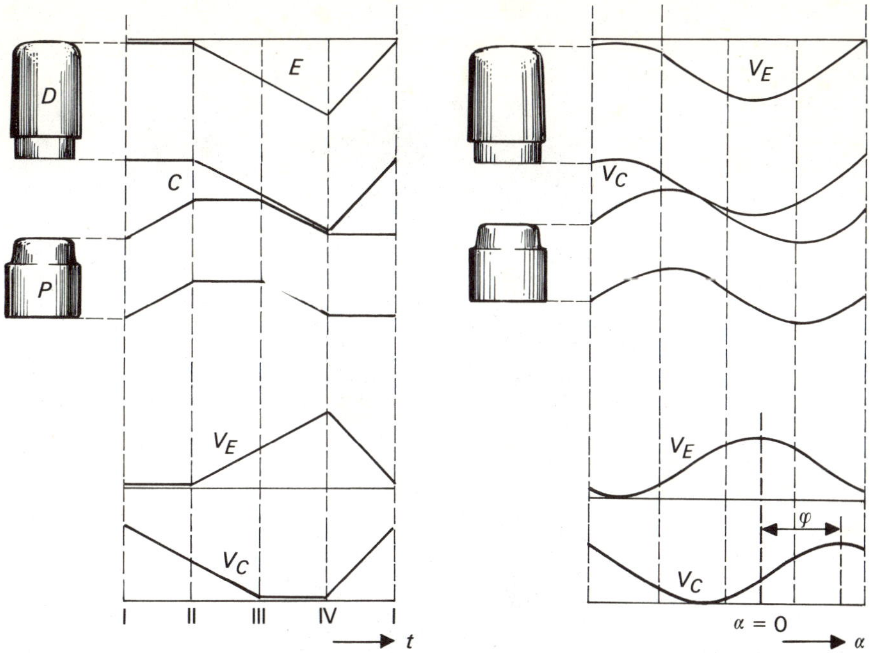

Bild 12.63 Links: Die in Bild 12.62 vorausgesetzten diskontinuierlichen Bewegungen von Kolben *P* und Verdränger *D* in Abhängigkeit von der Zeit. Streifen *E* zeigt die Volumenänderungen des warmen Raums V_E, Streifen *C* die des kalten Raums V_C. Die Volumenänderungen sind unten gesondert aufgetragen. Rechts: Kontinuierliche Bewegungen von Kolben und Verdränger (auf der Abszisse ist der Kurbelwinkel aufgetragen). Die Phasen des Prozesses sind nun nicht mehr scharf zu trennen

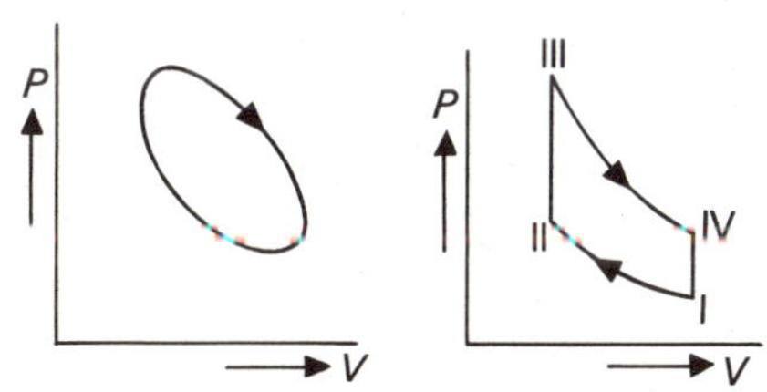

Bild 12.64 p-V-Diagramme für kontinuierliche und diskontinuierliche Kolbenbewegungen beim Stirlingprozeß

Eine wichtige Forderung war, daß der Wirkungsgrad des Stirlingmotors gleich oder besser als der von Otto- oder Dieselmotoren sein sollte und daß auch die spezifische Leistung gleich oder höher liegen mußte. Desgleichen sollte die Maschine auch eine lange Lebensdauer aufweisen. Zur Verbesserung von Wirkungsgrad und spezifischer Leistung des Motors wurden deshalb Wasserstoff oder Helium anstelle von Luft als Arbeitsmedium für den geschlossenen Kreislauf verwendet, und man ging zu wesentlich höheren Drücken über (aus dem Heißluft- wurde somit ein Heißgasmotor).

Die Arbeiten am Stirlingmotor sind jetzt so weit fortgeschritten, daß die derzeitigen Modelle dieser Motoren in ihrer Leistung den zur Zeit üblichen Pkw-Motoren gleichen. Hieran hat der zweite Motortyp, die sogenannte doppeltwirkende Ausführung, entscheidenden Anteil. Mit diesem Prinzip war der Weg frei zu kompakteren Motoren höherer spezifischer Leistung, bei denen das Kurbelgehäuse ebenfalls nicht unter Druck steht. Das Grundprinzip geht aus Bild 12.68 hervor. Es ist im Zylinder nur der Arbeitskolben vorhanden, der für den benachbarten Zylinder zugleich als Verdrängerkolben wirkt. Hierauf beruht die Bezeichnung »doppeltwirkend«.

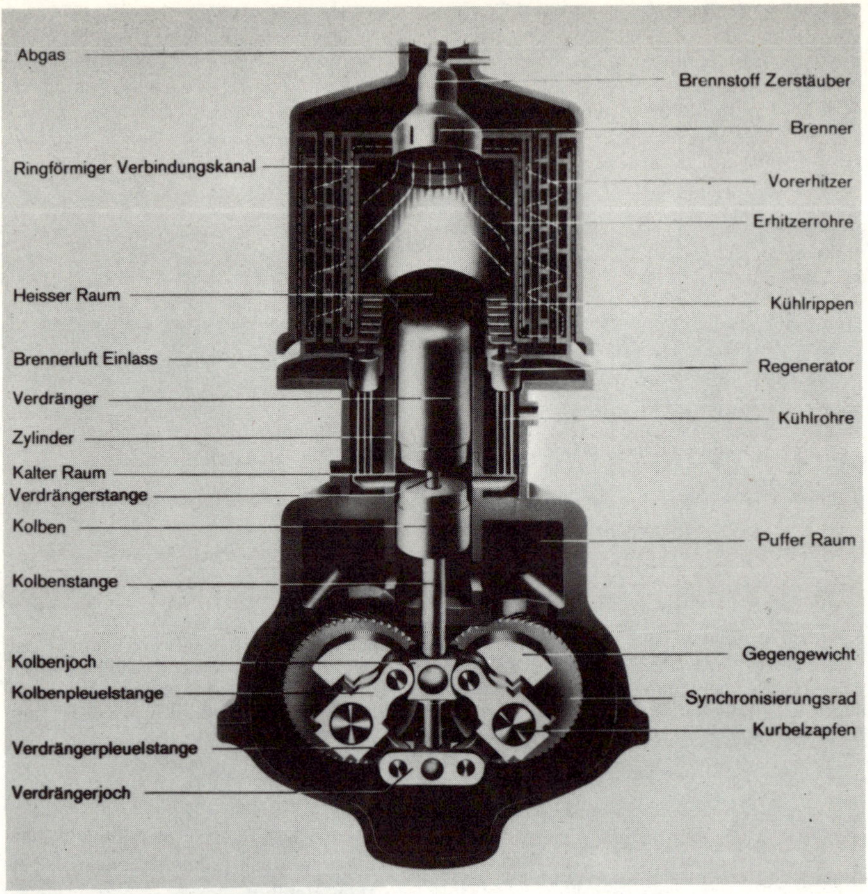

▲ Bild 12.65 Schnitt durch einen Einzylinder-Stirlingmotor mit Rhombengetriebe

Bild 12.66 140-kW-Vierzylinder-Stirlingmotor nach dem Verdrängerprinzip

Bild 12.67 Demonstrationsbus mit Stirlingmotorantrieb

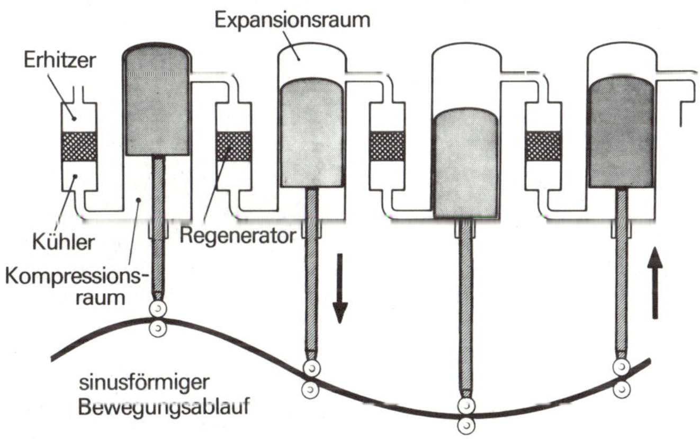

Bild 12.68 Prinzip eines doppelt wirkenden Stirlingmotors

Die aufeinanderfolgenden Zylinder sind jeweils durch einen Regenerator miteinander verbunden. Da der Bewegungsablauf der Kolben jeweils um 90° phasenverschoben ist und sich dadurch ein sinusförmiger Verlauf ausbildet, konnte man zur Umwandlung der hin- und hergehenden Kolbenbewegung in eine Drehbewegung auch eine sogenannte Taumelscheibe benutzen. Bei ihr handelt es sich um eine schräg auf der Zentralwelle montierte kreisförmige Platte, die über spezielle Gleitlager mit den Pleuelstangen der Arbeitskolben verbunden ist. Bild 12.69 zeigt einen doppeltwirkenden Stirlingmotor im Schnitt.

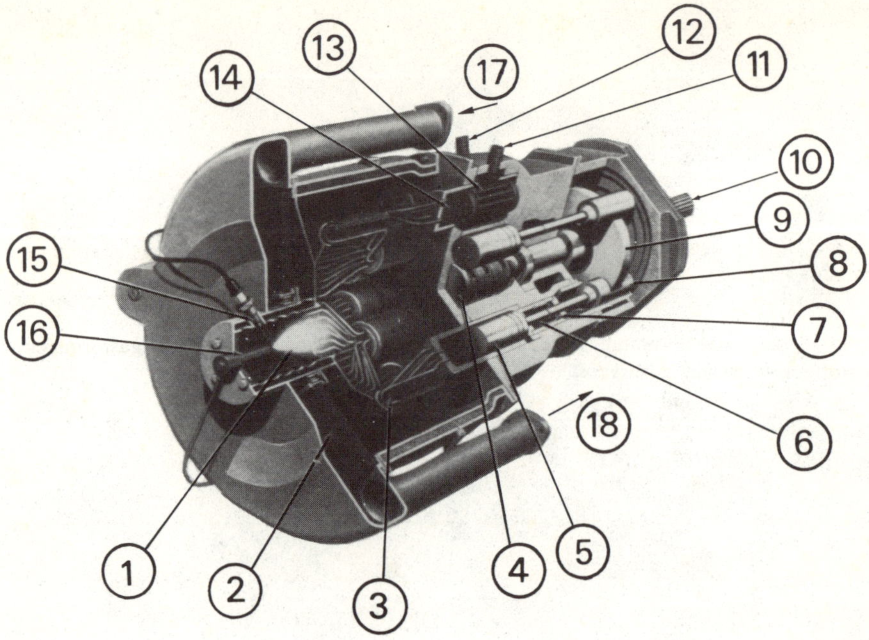

Bild 12.69 Schnitt durch einen doppeltwirkenden Stirlingmotor mit Taumelscheibe: 1 = Erhitzer (Brenner), 2 = rotierender Vorerhitzer, 3 = Heizröhren, 4 = Ölpumpe, 5 = doppeltwirkender Kolben, 6 = Pleuelstange, 7 = »Rollsocken«-Dichtung, 8 = Führungskolben, 9 = Taumelscheibe, 10 = Kurbelwelle, 11 = Wasserauslaß, 12 = Wassereinlaß, 13 = Kühlröhren, 14 = Regenerator, 15 = Zündkerze, 16 = Zerstäuber, 17 = Lufteinlaß, 18 = Auspuff

Bei dieser Konstruktion sind die vier einzelnen Erhitzer natürlich zu einem gemeinsamen Brenner zusammengefaßt worden, der alle vier Zylinderköpfe versorgt. Ein rotierender Vorerhitzer gewinnt Wärme aus der Abluft zurück und führt sie der angesaugten Frischluft zu. Durch die Anordnung der vier Zylinder in einem Viereck entstand ein sehr kompakter Motor, der sich gut für den Einbau auch in Personenkraftwagen eignet. Der Vierzylinder-Taumelscheiben-Stirlingmotor ist hervorragend ausgewuchtet und hat vier Arbeitshübe pro Umdrehung. Das ist vom Prinzip her mit einem Achtzylinder-Hubkolbenmotor vergleichbar. Bild 12.70 zeigt einen Stirlingmotor für Personenkraftwagen, der aufgrund eines Lizenzabkommens für Ford/USA entwickelt wurde und mit dem 1975 erste Erprobungen und Testfahrten begannen.

Bild 12.70 Moderner Stirlingmotor für Personenkraftwagen

12.5.2. Eigenschaften des Stirlingmotors

Da der Stirlingmotor auf einem geschlossenen System beruht, besitzt er völlig andere Eigenschaften als Motoren mit innerer Verbrennung. Die äußere Verbrennung gestattet die Verwendung verschiedener

Wärmequellen, ohne daß am Motor wesentliche Änderungen nötig sind. So kann der Motor mit zahlreichen flüssigen Gasen und Brennstoffen beheizt werden, z.B. Benzin, Leuchtgas, Propangas, Butangas, Petroleum, Dieselöl oder dünnflüssiges Heizöl. Für die flüssigen Brennstoffe wird der Brenner mit einem Zerstäuber versehen, der diese Brennstoffe fein vernebelt in den oberen Teil des Brenners bringt.

Der extrem niedrige Anteil von Kohlenmonoxid und unverbrannten Kohlenwasserstoffen ist darauf zurückzuführen, daß die Verbrennung kontinuierlich in einem von heißen Wänden umgebenen Raum stattfindet und man frei ist in der Wahl des Luftüberschusses, so daß die Entstehung unverbrannter Restgase vermieden werden kann. Stirlingmotoren können also einen sehr wichtigen Beitrag für die Reinhaltung der Luft leisten.

Die äußere Verbrennung geschieht kontinuierlich und verursacht dadurch praktisch keinen Auspufflärm. Es entfallen ebenso die Geräusche der hier nicht benötigten Ein- und Auslaßventile. Körperschall und Luftschall eines Stirlingmotors sind daher außerordentlich gering.

Bei Philips werden außerdem nachstehende, nicht-konventionelle Wärmequellen für Stirlingmotoren untersucht:

1. Nukleare Erhitzung durch radioaktive Isotope. Dieses System ist u.a. dort brauchbar, wo der Motor längere Zeit unbeaufsichtigt arbeiten soll. In diesem Zusammenhang wird an die Raumforschung, Herzpumpen (künstliche Herzen), Verbindungsstationen in schlecht zugänglichen Gebieten und Unterwasser-Anwendungen gedacht.
2. Bestimmte Fluoridgemische eignen sich hervorragend als Wärmespeicher. Durch Erwärmen und Schmelzen kann man diesen Stoffen pro Gewichtseinheit große Wärmemengen zuführen. Auf diese Weise läßt sich Wärme im Material bei einer hohen Temperatur speichern und dann zur Erhitzung von Stirlingmotoren verwenden. Wärmespeicher sind u.a. in solchen Fällen am Platze, in denen keine Abgase auftreten dürfen, z.B. in Bergwerken und bei Unterwasser-Anwendungen. Daneben kommt der Einsatz von Wärmespeichern in Verbindung mit Wärmerohren vor allem auch für dichte Siedlungsgebiete und Ballungsräume in Betracht, in denen wegen der hohen Kraftfahrzeugdichte besondere Luftverunreinigungsprobleme bestehen.
3. Chemische Reaktionen, bei denen Wärme unter Bildung nicht gasförmiger Reaktionsprodukte frei wird. Ein Beispiel hierfür ist die Reaktion von Lithium-Metall mit Schwefelhexafluorid. Hierbei entstehen Lithiumfluorid und Lithiumsulfid. Die Wärmeerzeugung ist derart groß, daß ein Unterwasserfahrzeug etwa 50mal länger als bei elektrischem Antrieb durch Akkumulatoren im getauchten Zustand bleiben kann.

12.6. Kontrollsysteme für den Umweltschutz

Als erstes Land der Welt haben die Niederlande ein überregionales Luftkontrollsystem eingerichtet. Es besteht in seinem Grundnetz aus rund 100 unbemannten, ständig arbeitenden Stationen, die in einem Gittermuster gleichmäßig über das ganze Land verteilt sind. Der Abstand in Nord-Süd- und Ost-West-Richtung beträgt etwa 28 km. Diesem einheitlichen Muster sind 100 weitere Stationen angegliedert, die in dichtbevölkerten, stark industrialisierten Gebieten und solchen mit besonderen topografischen Merkmalen installiert sind. Insgesamt besteht das Netz aus 217 Stationen. Jede Station hat die Aufgabe, einen oder mehrere Luftverschmutzer regelmäßig zu überwachen. Vierzig Stationen sammeln darüber hinaus auch meteorologische Daten über Windgeschwindigkeit, Windrichtung und Lufttemperatur.

In den regionalen Stationen werden die Meßwerte elektronisch erfaßt und an einen Zentral-Computer im nationalen Meßzentrum der RIV-Zentrale Bilthoven weitergeleitet, der das gesamte System und alle Informationen kontrolliert, sortiert und verarbeitet. Bild 12.71 gibt einen Blick in den Kontrollraum der Zentrale.

Bild 12.71 Blick in die Zentrale des Luftüberwachungssystems der Niederlande

In der ersten Phase messen die Meßstationen über einen sogenannten Schnüffelpfahl (Bild 12.72) nur Schwefeldioxid (SO_2). Es ist in Industriegebieten immer in besonders starkem Maße vorhanden; diese chemische Verbindung kann deshalb als Indikator verwendet werden. Wenn die SO_2-Konzentration den üblichen Wert überschreitet, ist das ein Indiz dafür, daß auch der Anteil der übrigen Schmutzstoffe angestiegen ist. Später sollen auch Überwachungsgeräte für CO, NO, NO_2 und Ozon installiert werden. Die Windrichtung und -geschwindigkeit messenden Stationen können darüber hinaus auch Instrumente zum Erfassen von Temperatur, Feuchtigkeit, Niederschlag und Sonnenstrahlung aufnehmen.

Jedes regionale Meßzentrum ist mit einem Prozeßrechner ausgestattet, der die von einer Minute zur anderen erfaßten

Bild 12.72 »Schnüffelpfahl« eines SO_2-Monitors zur Entnahme von Luftproben

Werte verarbeitet und den Stundendurchschnitt ermittelt. Alle 12 Stunden senden die regionalen Meßzentren Signale aus, mit denen die peripheren Monitoren automatisch geeicht werden. Im nationalen Meßzentrum ist auch der jeweilige Umfang der Luftverunreinigung leicht feststellbar, denn beim Überschreiten der kritischen Werte werden die gefährdeten Distrikte auf einer Landkarte mit Lichtsignalen sichtbar gemacht. So lassen sich die Situationen in den einzelnen Gebieten genau überblicken. Man kann kritisch werdende Zustände frühzeitig erkennen und dies den Behörden und der Industrie mitteilen, damit die Schadstoff-Emission zurückgeschraubt werden kann. Das System dient deshalb nicht nur zum Sammeln von Meßdaten, sondern auch zum Einleiten von korrigierenden Maßnahmen.

Mit der Lieferung von fünf Philips Anlagen für die Messung von Schadgasen begann 1974 auch in Bayern der Bau eines Luftmeßnetzes. Es sieht in seiner Endphase eine Vielzahl von Meßstationen vor, die nicht nur in den industriellen Ballungsgebieten, sondern auch in den landwirtschaftlich orientieren Bezirken die Verunreinigung der Luft messen werden. Das im Auftrag des Bayerischen Landesamts für Umweltschutz von Dornier, Friedrichshafen/ München, konzipierte System wird in der Endphase bis zu zehn Schadstoffe simultan messen, die Meßergebnisse in den örtlichen Meßstationen elektronisch verarbeiten und zweimal täglich über öffentliche Telefonleitungen an die Zentrale nach München melden können. In Grenzsituationen, also z.B. bei einem plötzlich auftretenden Schadgasanfall, werden die Meßergebnisse sofort übertragen.

Das Modell eines von Philips entwickelten Mehrkomponenten-Systems zur Bestimmung gasförmiger Luftverschmutzungen ist in Bild 12.73 zu sehen, während Bild 12.74 eine computerbestückte Wasserüberwachungsstation zeigt. Hier können automatisch der pH-Wert sowie Leitfähigkeit, Temperatur, Redoxpotential, gelöster Sauerstoff, Chloridgehalt und Trübung mit

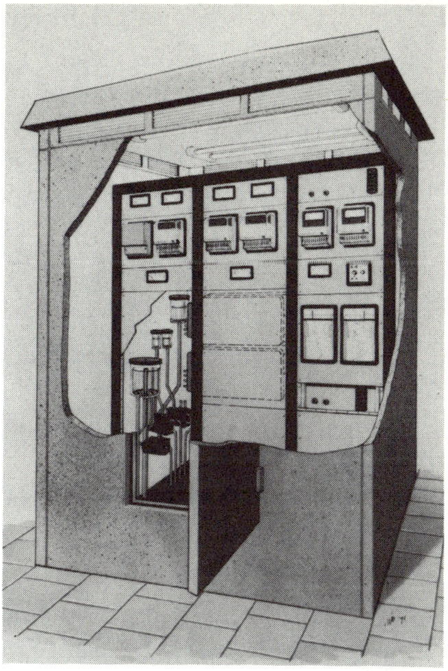

Bild 12.74 Automatische Philips Wasser-Meßstation zur Erfassung von pH-Wert, Leitfähigkeit, Redoxpotential, gelöstem Sauerstoff, Chloridgehalt, Temperatur und Trübung mit kontinuierlicher Probeentnahme durch ein Spezial-Tauchpumpensystem

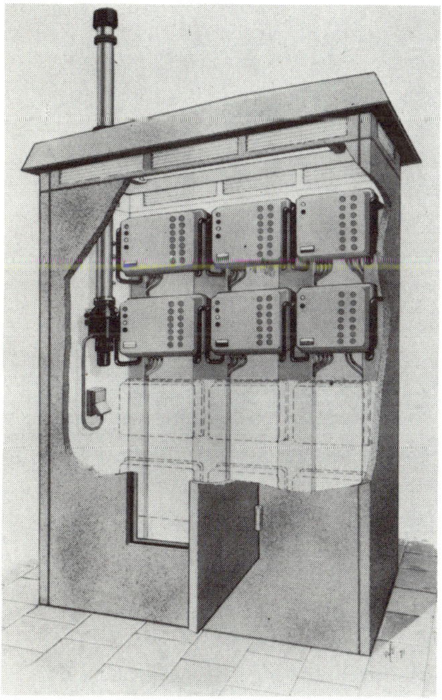

Bild 12.73 Modell eines Multi-Komponentensystems zur Bestimmung gasförmiger Luftverschmutzung

kontinuierlicher Probenentnahme durch ein Spezial-Tauchpumpensystem ermittelt werden, das sich unterschiedlichen Pegelständen anpaßt.

Die Kalibrierung der Meßparameter wird automatisch alle 24 Stunden durchgeführt; die zyklische Reinigung der Sensoren mit Hilfe von Ultraschall ist vorgesehen. Die Registrierung aller Meßwerte erfolgt über Mehrfach-Kompensationsschreiber, jedoch können diese Meßwerte auch durch Zusatzeinrichtungen an eine Zentrale übertragen werden. Über einen separaten Probensammler kann man zu bestimmten Zeitpunkten Proben ziehen lassen und diese mit Hilfe eines Kühlaggregats auf niedriger Temperatur halten. Die Station arbeitet vier bis fünf Wochen wartungsfrei.

13. Literaturhinweise

»Philips Lehrbriefe« sollen — wie auch im Vorwort dargelegt — dem an Elektrotechnik und Elektronik interessierten Leser erste Kenntnisse und Grundlagen vermitteln. Als Ergänzung gibt es eine große Anzahl Sach- und Fachbücher, die das Wissen abrunden bzw. den Leser in die betreffende Fachrichtung weiterführen. In der folgenden Aufstellung sind diesbezügliche Beispiele angegeben, die natürlich keinen Anspruch auf Vollständigkeit erheben, sondern nur als Anregung und Hinweis auf die vielfältigen Möglichkeiten dienen sollen.

H. BAHR: **Magnetische Aufzeichnung von Farb-Videosignalen,** Philips GmbH, Hamburg, 1972

A. C. J. BEERENS und A. W. N. KERKHOFS: **101 Versuche mit dem Elektronenstrahl-Oszillografen,** Philips GmbH, Hamburg, 1975

Dipl.-Phys. K. BREH: **High-Fidelity-Jahrbuch 6,** G. Braun Verlag, Karlsruhe, 1973

WALTER BRUCH: **Die Fernseh-Story,** Franckhsche Verlagshandlung, Stuttgart, 1969

H. CARTER und G. SCHANZ: **Kleine Oszillografenlehre,** Philips GmbH, Hamburg, 1974

Ing. F. DOKTER und Dipl.-Ing. J. STEINHAUER: **Digitale Elektronik in der Meßtechnik und Datenverarbeitung,** Band I, Theoretische Grundlagen und Schaltungstechnik, Philips GmbH, Hamburg, 1975

GERHARD O. W. FISCHER: **Heimelektronik leicht gemacht,** Verlagsgesellschaft Rudolf Müller, Köln, 1973

Grundlagen der Büro-Computer, Herausgeber: Philips Electrologica, Siegen-Weidenau

G. FONTAINE: **Dioden und Transistoren,** Band I, Grundlagen, Philips GmbH, Hamburg, 1974

Dipl.-Ing. W. A. HOLM: **Fernseh-Technik ohne Mathematik,** Philips GmbH, Hamburg, 1966

Dipl.-Ing. W. A. HOLM: **Farbfernseh-Technik ohne Mathematik,** Philips GmbH, Hamburg, 1968

Informationen zur Lichtanwendung, Schriftenreihe der Fördergemeinschaft Gutes Licht, Frankfurt, 1974/75

Internationales Handbuch für Rundfunk und Fernsehen, Verlag Hans Bredow Institut, Hamburg, 1975

H. E. KADEN: **Das neue Transistorlehrbuch,** Philips GmbH, Hamburg, 1974

A. W. N. KERKHOFS: **Einführung in die Gleich- und Wechselstromtechnik,** Philips GmbH, Hamburg, 1966

J. KLEEMANN: **Digitale Elektronik für den Anfänger,** Franzis-Verlag, München, 1974

H. KRIEBEL: **Elektronik-Baubuch für Praxis und Hobby,** Franzis-Verlag, München, 1972

H. LAAS: **Gesetzliche Maßeinheiten,** Verlag Hoppenstedt + Co, Darmstadt, 1971

K. LEUCHT: **Die elektronischen Grundlagen der Radio- und Fernsehtechnik,** Franzis-Verlag, München, 1974

O. LIMANN: **Funktechnik ohne Ballast** sowie **Fernsehtechnik ohne Ballast,** Franzis-Verlag, München, 1973

R. LOHBERG und T. LUTZ: **Keiner weiß, was Kybernetik ist,** Franckhsche Verlagshandlung, Stuttgart, 1969

H. G. MENDE: **Daten- und Tabellensammlung für Radiopraktiker und Elektroniker,** Franzis-Verlag, München, 1971

H. G. MENDE: **Praktischer Antennenbau** sowie **Fernsehantennen-Praxis,** Franzis-Verlag, München, 1975

Philips Licht-Handbuch, Herausgeber: N. V. Philips' Gloeilampenfabrieken, 1975

J. PÜTZ: **Einführung in die Elektronik** sowie **HiFi, Ultraschall und Lärm, die Welt des Schalls;** Verlagsgesellschaft Schulfernsehen, Köln, 1973

Dr. H. RÖSCHLAU: **Handbuch der angewandten Impulstechnik,** R. v. Decker's Verlag G. Schenk GmbH, Hamburg, 1975

J. SCHAAP: **Kleine Kurzwellenamateur-Lehre,** Philips GmbH, Hamburg, 1964

Technik der Empfangsantennen für Rundfunk und Fernsehen, Heft 1 und 2, Herausgeber: ZVEI, Fachverband Empfangsantennen, Nürnberg, 1973/74

R. THEILE: **Hinter dem Bildschirm,** Deutsche Verlagsanstalt, Stuttgart, 1970

Valvo-Briefe, Bauelemente für die gesamte Elektronik, Herausgeber: Valvo GmbH, Hamburg

J. VASTENHOUD: **Kurzwellen-Empfangspraxis,** Philips GmbH, Hamburg, 1972

Wer sich darüber hinaus auch mit der elektronischen Praxis beschäftigen möchte, dem sei das Philips Experimentierkästen-Programm empfohlen. Die Elektronik-Serie 2000 führt in logischer Folge von einfachen Aufgaben bis hin zum selbstgebauten Fernsehgerät. Auch für die Computertechnik, Physik und Chemie stehen interessante Lehrbaukästen zur Verfügung. Als Fortsetzung des genannten Programms ist die Hobby-Elektronik-Serie zu betrachten: sie enthält selbstgebaute Geräte von der Wechselsprechanlage bis hin zu elektronischen Steuerungen für Modelleisenbahnen.

14. Bildnachweis

H. Bahr, Hamburg (38); BBC, London (1); Deutsche Forschungs- und Versuchsanstalt für Luft- und Raumfahrt e. V., Oberpfaffenhofen (1); Fotostudio G. Diedrichs, Berlin (1); Lichtbild-und Werbeagentur H. Glauth, Sylt (1); Philips (174); Tekade (1); Telefunken (2); Valvo (8)

Philips Lehrbriefe

Elektrotechnik und Elektronik

Band 1, Einführung und Grundlagen

8., völlig neubearbeitete und erweiterte Auflage

XI, 380 Seiten, 814 Abb., davon 193 SW-Fotos, 10 vierfarbige Abb., 24 Tabellen, Gr.-8°, 1975

Ganzleinen mit Schutzumschlag

Erste Bekanntschaft mit der Elektrizität: Was sind Elektronen? • Leiter, Halbleiter, Nichtleiter • Elektrische Spannung • Elektrischer Strom • Widerstände im Stromkreis • Ohmsches Gesetz • Elektrische Leistung • Wirkungsgrad • Elektrische Arbeit • Elektrochemische Wirkung des Stroms. **Etwas über Wechselspannung und Wechselstrom:** Elektronen fließen hin und her • Periode und Amplitude • Frequenz und Hertz • Phase und Zeiger. **Einfache elektrische Bauelemente:** Widerstände • Kondensatoren allgemein • Elektrisches Feld • Zeitkonstante • Wechselspannung am Kondensator • Kapazitiver Widerstand • Phasenverschiebung im Kondensator • Kondensatoren als Bauelemente • Spulen allgemein • Magnetisches Feld • Induktion und Selbstinduktion • Induktiver Widerstand • Phasenverschiebung in der Spule • Transformatoren. **Elektronenröhren und ihre Arbeitsweise:** Prinzip der Röhre • Gleichrichtung mit Dioden • Verstärkung mit Trioden und Pentoden • Kennzeichnung und Arten der Röhren • Röhren-Grundschaltungen. **Aufbau und Eigenschaften des Halbleiter-Materials:** Bindung und Kristallstruktur • Eigenleitung des Halbleiters • Halbleiter mit N- und P-Leitfähigkeit • PN-Übergang oder Sperrschicht. **Halbleiter- oder Kristall-Dioden:** Sperren und Leiten des Stroms • Dioden-Kennlinien • Gleichrichtung von Wechselspannungen • Was sind Z-Dioden? • Kapazitäts-, Foto- und Leucht-Dioden • Thyristoren und Triacs • Kennzeichnung der Dioden-Arten. **Transistoren und ihre Arbeitsweise:** Aufbau und Eigenschaften des Flächentransistors • NPN-Schichtenfolge im Flächentransistor • PNP-Schichtenfolge im Flächentransistor • Flächentransistor-Grundschaltungen • Flächentransistor-Kennlinien • Verschiedene Betriebsarten des Flächentransistors • Feldeffekt-Transistoren • Kennzeichnung der Transistor-Arten • Einige Anmerkungen zur Geschichte des Transistors. **Integrierte Schaltungen:** Was sind integrierte Schaltungen? • Warum Miniaturisierung? • Aufbauschema einer integrierten Schaltung • Kennzeichnung der integrierten Schaltungen. **Elektroakustik und Niederfrequenztechnik:** Schall, Ton, Klang • Mikrofon als Schallaufnehmer • Lautsprecher als Schallabstrahler • Verstärker für den Tonbereich • Mono – Stereo – Quadro • Schallplatte als Schallspeicher. **Grundlagen der Rundfunktechnik:** Wellen und Frequenzen • Ausbreitung der Hochfrequenzwellen • Resonanz und Schwingkreis • Vom Schwingkreis zur Antenne • Modulieren einer Senderwelle • Baugruppen eines Rundfunkempfängers. **Einführung in die Fernsehtechnik:** Einfache Grundlagen des Sehens • Vom Standbild zum Laufbild • Verschachtelungstrick mit den Zeilen • Wie ein elektronisches Fernsehbild entsteht • Spannungswerte werden zu Helligkeitseindrücken • Bildröhre für Schwarzweißwiedergabe • Elektronen fliegen um die Ecke • Baugruppen eines Schwarzweißfernsehgeräts • Von Fernsehbändern, -bereichen und -bandbreiten • Bildröhren-Entwicklung • Wie die Farbe ins Bild kommt • Drei Kanonen und drei Farbpunkte • Drei Kanonen und drei Farbstreifen. **Magnetische Aufzeichnung von Ton und Bild:** Etwas über Magnetbänder • Wozu man Magnetköpfe braucht • Magnetische Aufnahme • Magnetische Wiedergabe • Magnetisches Löschen • Was heißt Vormagnetisierung • Von der Vollspur- zur Vierspurtechnik • Bandgeschwindigkeit und Frequenzumfang • Einführung in die Fernsehbildaufzeichnung. **Etwas von Computern und logischen Funktionen:** Computer – der schnelle Rechner • Analog und digital • Dezimal- und Dualsystem • Logische Verknüpfungen • Von UND-ODER-NICHT zu NAND und NOR • Ohne »Speicher« kein Gedächtnis. **Licht und Beleuchtung:** Was ist Licht? • Spektrum des Lichts • Lichttechnische Grundgrößen • Elektrische Glühlampen • Grundlagen der Entladungslampen • Hochdruck-Entladungslampen • Etwas über Leuchten.

15. Stichwortverzeichnis